D1691725

Wasser, Energie und Umwelt

Markus Porth · Holger Schüttrumpf · Ulrich Ostermann
(Hrsg.)

Wasser, Energie und Umwelt

Aktuelle Beiträge aus der Zeitschrift Wasser und Abfall III

Die Beiträge dieses Buches wurden zuvor veröffentlicht in der Zeitschrift Wasser und Abfall, Bände 20–25, 2018–2023

Springer Vieweg

Hrsg.
Markus Porth
Umweltministerium Hessen
Wiesbaden, Deutschland

Holger Schüttrumpf
Institut für Wasserbau und Wasserwirtschaft
RWTH Aachen
Aachen, Nordrhein-Westfalen, Deutschland

Ulrich Ostermann
Kreisverband der Wasser- und
Bodenverbände Uelzen
Uelzen, Niedersachsen, Deutschland

ISBN 978-3-658-42656-9   ISBN 978-3-658-42657-6   (eBook)
https://doi.org/10.1007/978-3-658-42657-6

Die Deutsche Nationalbibliothek verzeichnet diese Publikation in der Deutschen Nationalbibliografie; detaillierte bibliografische Daten sind im Internet über ▶ http://dnb.d-nb.de abrufbar.

© Der/die Herausgeber bzw. der/die Autor(en), exklusiv lizenziert an Springer Fachmedien Wiesbaden GmbH, ein Teil von Springer Nature 2018–2022, 2023

Das Werk einschließlich aller seiner Teile ist urheberrechtlich geschützt. Jede Verwertung, die nicht ausdrücklich vom Urheberrechtsgesetz zugelassen ist, bedarf der vorherigen Zustimmung des Verlags. Das gilt insbesondere für Vervielfältigungen, Bearbeitungen, Übersetzungen, Mikroverfilmungen und die Einspeicherung und Verarbeitung in elektronischen Systemen.
Die Wiedergabe von allgemein beschreibenden Bezeichnungen, Marken, Unternehmensnamen etc. in diesem Werk bedeutet nicht, dass diese frei durch jedermann benutzt werden dürfen. Die Berechtigung zur Benutzung unterliegt, auch ohne gesonderten Hinweis hierzu, den Regeln des Markenrechts. Die Rechte des jeweiligen Zeicheninhabers sind zu beachten.
Der Verlag, die Autoren und die Herausgeber gehen davon aus, dass die Angaben und Informationen in diesem Werk zum Zeitpunkt der Veröffentlichung vollständig und korrekt sind. Weder der Verlag noch die Autoren oder die Herausgeber übernehmen, ausdrücklich oder implizit, Gewähr für den Inhalt des Werkes, etwaige Fehler oder Äußerungen. Der Verlag bleibt im Hinblick auf geografische Zuordnungen und Gebietsbezeichnungen in veröffentlichten Karten und Institutionsadressen neutral.

Planung/Lektorat: Daniel Froehlich
Springer Vieweg ist ein Imprint der eingetragenen Gesellschaft Springer Fachmedien Wiesbaden GmbH und ist ein Teil von Springer Nature.
Die Anschrift der Gesellschaft ist: Abraham-Lincoln-Str. 46, 65189 Wiesbaden, Germany

Das Papier dieses Produkts ist recyclebar.

Vorwort

BWK - die Umweltingenieure

Liebe Leserin, lieber Leser,
das Fachmagazin WASSER UND ABFALL des BWK begleitet alle im technischen Umweltschutz Tätigen seit 1999 mit Fachbeiträgen bei ihren fachlichen Aufgaben. In dem nun dritten Sammelband sind wiederum ausgewählte Beiträge zusammengestellt, die in WASSER UND ABFALL veröffentlicht wurden und sich mit den aktuellen Themen rund um den technischen Umweltschutz beschäftigen. Redaktion und Verlag lassen sich dabei von dem Gedanken leiten, dass neben der Nutzung von WASSER UND ABFALL oder der elektronischen Medien auch kurzerhand der Griff ins Regal erfolgen kann, um sich einen Überblick verschaffen zu können.

Angemerkt sei, dass eine starke digitale Nutzung der Beiträge der Sammelbände I und II erfolgt ist, was der Unterstützung aller im technischen Umweltschutz Tätigen hilfreich ist. Auch dieser Sammelband wird wiederum digital zur Verfügung stehen.

Das Hochwasser im Juli 2021 in Nordrhein-Westfalen und Rheinland-Pfalz nimmt in diesem Sammelband einen besonderen Raum ein. Hinzu kommen die damit verbundenen Themenkomplexe Starkregen und Hochwasserschutz sowie die Mobilisierung und Motivation von Akteursgruppen, Stakeholdern und der Bürgerschaft. Die Hochwasserkatastrophe an der Ahr hat uns zum einen die Grenze aber auch die Herausforderungen fachlicher Vorbereitungen gezeigt. Zum zweiten wurde uns die Notwendigkeit von Prävention, das Mitnehmen der Gesellschaft und die Auflösung von Widerständen, oft als Folge von Partikulärinteressen geschuldet, vor Augen geführt.

Des Weiteren haben wir Ihnen aktuelle und interessante Beiträge aus den Bereichen Mikroplastik und Kunststoff sowie Recycling zusammengestellt. Die fortgesetzte Umsetzung der Wasserrahmenrichtlinie ist in den Beiträgen zur Verbesserung der Gewässerökologie und der Gewässerstruktur abgebildet.

Unter der Überschrift „Wasserwirtschaft und Klimawandel" wurde und wird auch weiterhin in WASSER UND ABFALL ein zentrales Thema mit sehr breiten Auswirkungen auf alle umweltfachlichen Bereiche aufgegriffen.

Die quantitative Wasserwirtschaft muss den zunehmenden Nutzungsdruck auf die zur Verfügung stehende Wassermenge gestalten. Trockenheit wirkt sich auf die Grundwasserstände aus. Hochwasser und Niedrigstwasser werden uns nicht nur als Wasserwirtschaftler und Wasserwirtschaftlerinnen, sondern werden auch den Sektor Wirtschaft in neuem Maße fordern.

Die qualitative Wasserwirtschaft muss sich neu mit der zunehmenden Empfindlichkeit der Gewässer in Zeiten des Klimawandels auseinandersetzen. Man denke nur an sich vergrößernden Anteil gereinigten Abwassers in den Gewässern während der Niedrigwasserphasen im Sommer. Zu neuen Abwassertechnologien sind hierzu einige Beiträge in diesem Sammelband für Sie zusammengestellt.

Die fachliche Dynamik hat zugenommen, die Vernetzung und die Abhängigkeiten der verschiedenen Fachgebiete ebenfalls. Angeführt sei hier zum Beispiel die Klärschlammbehandlung zum Boden- und Grundwasserschutz, aber auch zur Rückgewinnung von Dünger und mit dem Effekt der Verminderung einer Abhängigkeit von dritten Rohstofflieferanten.

Der BWK – die Umweltingenieure e. V. als Fachverband und Herausgeber von WASSER UND ABFALL wird Sie hier weiterhin auf dem Laufenden halten. Ob Sie sich nun über diesen Sammelband, das Fachmagazin WASSER UND ABFALL, das e-Magazin von WASSER UND ABFALL, die weiteren angeschlossenen elektronischen Medien informieren wollen oder an den Veranstaltungen des BWK teilnehmen: Wir kümmern uns darum.

Ich wünsche Ihnen neue Erkenntnisse und viel Freude bei der Lektüre

Dipl.-Ing. Markus Porth
Verantwortlicher Redakteur
WASSER UND ABFALL

Vorwort

Liebe Leserin, lieber Leser,

Dank der großartigen Unterstützung und der vielen Beiträge unserer Autorinnen und Autoren können wir bereits in diesem Jahr den dritten Sammelband unserer Serie „Wasser, Energie und Umwelt" veröffentlichen. Auch in diesem Band konnten wir wieder aktuelle Beiträge der Zeitschrift „Wasser und Abfall" in kompakter Form zusammenstellen. Hierfür gebührt unser besonderer Dank den Autorinnen und Autoren, die ihre hervorragenden fachlichen Beiträge in den letzten Jahren bei unserer Fachzeitschrift eingereicht und veröffentlicht haben. Wir hoffen, mit diesem dritten Sammelband die Sichtbarkeit und Auffindbarkeit der vielen Beiträge zu erhöhen und zu verbessern, gleichzeitig aber auch ein Nachschlagewerk für Studierende, Promovierende, Fachexpertinnen und -experten aus Umweltverwaltung, Ingenieurbüros und Industrie geschaffen zu haben. Aber auch fachliche Laien können sich im Sammelband bei Interesse einen Überblick verschaffen. Die große Bandbreite der in den drei Sammelbänden adressierten Themen erlaubt es uns, schnell und direkt über aktuelle Umweltthemen sowie Fragestellungen rund um Wasser, Boden, Luft, Abfall und Energie zu berichten.

Einen besonderen Schwerpunkt dieses dritten Sammelbands konnten wir dem Hochwasser 2021 in den Mittelgebirgen von Rheinland-Pfalz und Nordrhein-Westfalen widmen. Das zweitschwerste Hochwasser in Deutschland der letzten hundert Jahre stellt uns vor neue Herausforderungen und Themen, die auch in diesem Sammelband adressiert werden. Das Hochwasser traf auf Mittelgebirgsregionen mit steilen Tälern, felsigem Untergrund und einer intensiven Besiedlung und führte dort zu schweren Schäden an Gebäuden und Infrastruktur. Es wird Jahre, wenn nicht gar Jahrzehnte dauern, bis dieses Ereignis vollständig aufbereitet und ein nachhaltiger Hochwasserschutz etabliert werden kann.

Die vielen Beiträge in diesem Sammelband zum Hochwasserereignis 2021 zeigen aber auch die Aktualität der Zeitschrift „Wasser und Abfall" sowie dieses Sammelbands. Autorinnen und Autoren wird kurzfristig die Möglichkeit gegeben, Beiträge einzureichen und damit in den wissenschaftlichen und fachlichen Diskurs zu gehen. Ein aufwendiger und langwieriger Veröffentlichungsprozess entfällt, Beiträge sind weder veraltet noch überholt!

Gerade Umweltthemen haben eine hohe Aktualität und benötigen schnelle und kompetente Antworten. So stellt uns insbesondere der Klimawandel vor immer größere Herausforderungen und Maßnahmen des Klimaschutzes und der Anpassung an den Klimawandel haben eine hohe Bedeutung. Die Wasserwirtschaft muss sich beispielsweise an diese Herausforderungen anpassen. Auch an dieser Stelle zeigen die letzten Jahre sehr deutlich die Komplexität dieser Herausforderungen. Phasen hydrologischer Extreme im Niedrigwasser- und Hochwasserbereich lösen sich ohne Übergangszeiten ab und erfordern eine permanente Anpassung an neue Situationen. Auch dies sind Themen, die im aktuellen Sammelband enthalten, beschrieben und diskutiert werden.

Gerne möchte ich abschließend alle Leserinnen und Leser motivieren, auch eigene Beiträge bei der Fachzeitschrift Wasser und Abfall einzureichen. Sie machen hiermit nicht nur ihre eigene Tätigkeit und die damit verbundenen Herausforderungen sichtbar, Sie helfen auch Fachkolleginnen und -kollegen bei der Bearbeitung und Beantwortung ähnlicher Fragestellungen.

Bitte zögern Sie nicht, uns zu kontaktieren, wenn Sie Vorschläge oder Hinweise zu diesem und den beiden vorherigen Sammelbänden haben. Wir möchten sicherstellen, dass die Beiträge und die Zusammenstellung der Beiträge den Erwartungen unserer Leserinnen und Leser entsprechen.

Viel Spaß bei der Lektüre der Beiträge!

Univ.-Prof. Dr.-Ing. Holger Schüttrumpf
Institut für Wasserbau und Wasserwirtschaft
RWTH Aachen University

Vorwort

BWK - die Umweltingenieure

Liebe Leserin, lieber Leser,

Sie haben nun den 3. Sammelband mit Veröffentlichungen aus dem Fachmagazin WASSER UND ABFALL des BWK in Händen. Mit dieser Buchreihe ist ein besonderes Kompendium für die Fachöffentlichkeit entstanden, in dem es um viele aktuelle Themen aus der Wasserwirtschaft mit Starkregen, Hochwasserschutz und Gewässerökologie sowie der Abfallwirtschaft mit Mikroplastik, Recycling und Klärschlamm geht. Diese Themen werden vor dem Hintergrund der rasanten Veränderungen der letzten Jahre durch die aktuellen Querschnittsthemen in den Aufgabenfeldern „Wasserwirtschaft unter Klimawandelaspekten" und „Partizipation von Stakeholdern und Bürgern an Planungsprozessen im Umweltbereich" ergänzt.

Die vorstehenden Vorworte weisen aus redaktioneller und fachlicher Sicht zu Recht darauf hin, dass es mit dem 3. Sammelband herausragender Veröffentlichungen erneut gelungen ist der Fachöffentlichkeit ein Werk zur Verfügung zu stellen, das Maßstäbe hinsichtlich Aktualität und Umfang setzt.

Dieser 3. Band wird sicher nicht der letzte Sammelband aus den Fachbeiträgen in WASSER UND ABFALL sein, den das ehrenamtlich tätige Redaktionsteam des BWK verwirklicht. Ein ganz besonderer Dank gilt unseren Chefredakteur Markus Porth für seine herausragende Arbeit.

Ich wünsche Ihnen neue Einsichten und Erkenntnisse sowie viel Freude beim Lesen

Ihr

Ulrich Ostermann
Präsident - BWK-Bundesverband

Inhaltsverzeichnis

I Das Hochwasser im Juli 2021 in Nordrhein-Westfalen und Rheinland-Pfalz

1 **Das Juli-Hochwasser 2021 in NRW – Ein erster Erfahrungsbericht** 3
   Holger Schüttrumpf
2 **Was haben wir aus dem Hochwasser 2021 gelernt?** 11
   Holger Schüttrumpf und Lothar Kirschbauer
3 **Schlussfolgerungen aus der Hochwasserkatastrophe 2021 in Deutschland zur Verbesserung des operativen Hochwasserschutzes** 17
   Robert Jüpner und Hans Hoffmann
4 **Entwicklung eines Masterplans für die Einzugsgebiete von Inde und Vicht zur Verbesserung der Hochwasserresilienz** 25
   Martin Kaleß, Joachim Reichert, Gerd Demny, Holger Schüttrumpf und Elena-Maria Klopries
5 **Beispiele für morphodynamische Prozesse und Verlagerungen in Folge des Hochflutereignisses 2021 im Ahrtal** 35
   Frank Lehmkuhl, Johannes Keßels, Philipp Schulte, Georg Stauch, Lukas Dörwald, Stefanie Wolf, Catrina Brüll und Holger Schüttrumpf
6 **Massenbewegungen und die Flut im Ahrtal** 47
   Ansgar Wehinger, Frieder Enzmann und Jan Philip Hofmann
7 **Analyse der Schäden an Brückenbauwerken in Folge des Hochwassers 2021 an der Ahr** 57
   Lisa Burghardt, Elena-Maria Klopries, Stefanie Wolf und Holger Schüttrumpf
8 **Hochwasser- und Starkregenrisikomanagement in Zeiten des Klimawandels** 67
   Georg Johann
9 **Geodatenbasiertes Dokumentationsverfahren für Starkniederschlagsereignisse und weiterführende Untersuchungen zur detaillierten Gefährdungsanalyse** 75
   Julian Hofmann und Holger Schüttrumpf

II Starkregen und Hochwasserschutz

10 **Ein webbasiertes Tool zur Unterstützung mittelgroßer Städte bei der Anpassung an den Klimawandel** 87
   Helge Bormann und Mike Böge
11 **Der Hochwasser-Pass im nationalen und internationalen Einsatz zur Unterstützung der Eigenvorsorge** 101
   Philip Meier, Helene Meyer, Annika Schüttrumpf und Georg Johann

12 **Integrierte Regenwasserbewirtschaftung für eine wassersensible Freiraumgestaltung**.. 113
    Lucie Haas

13 **Starkregen und Hochwasser in kleinen Einzugsgebieten – Auswirkungen**.. 123
    André Assmann

III Mobilisierung und Motivation von Akteursgruppen, Stakeholdern und der Bürgerschaft

14 **Risikowahrnehmung und Informationsbedarfe der Bevölkerung über die Auswirkungen des Klimawandels auf Hochwasser und Sturmfluten** 131
    Frank Ahlhorn, Jenny Kebschull und Helge Bormann

15 **Umgang mit gesellschaftlichen Widerständen bei Planung eines Hochwasserrückhaltebeckens**... 145
    Andreas Rudolf und Joachim Schimrosczyk

16 **Reallabore als Brücke zu Hochwasser- und Gewässerschutz**............... 151
    Jacqueline Lemm, Julia Kolb, Elena Kaip, Dhenya Schwarz und Nenja Ziesen

17 **Wassersensible und klimagerechte Stadt- und Regionalentwicklung im Ruhrgebiet**... 159
    Stephan Treuke und Anja Kroos

18 **Reallabore als Brücke zu Hochwasser- und Gewässerschutz**............... 169
    Jacqueline Lemm, Julia Kolb, Elena Kaip, Dhenya Schwarz und Nenja Ziesen

19 **Zur Rolle der Stadtentwässerung bei Stark- und Katastrophenregen**...... 177
    Bert Bosseler und Kathrin Sokoll

20 **Akteursbeteiligung bei der Anpassung des Entwässerungsmanagements im norddeutschen Küstenraum**.............. 187
    Frank Ahlhorn, Jan Spiekermann, Peter Schaal, Helge Bormann und Jenny Kebschull

21 **Wissenstransfer und Kommunikation grenzüberschreitend gestalten** ... 201
    Tina Vollerthun, Joachim Hansen und Henning Knerr

IV Mikroplastik und Kunststoff

22 **Mikroplastik weltweit – Die Belastung in Deutschland im internationalen Vergleich**... 213
    Kryss Waldschläger und Simone Lechthaler

23 **Vom Land ins Meer – Modell zur Erfassung landbasierter Kunststoffabfälle**... 221
    Stephanie Cieplik

24 **Qualitätsanforderungen an Komposte und Gärprodukte im Hinblick auf die aktuelle Kunststoffdiskussion**..................................... 229
    Bertram Kehres

25 **Numerische Modellierung der Ausbreitung von Mikroplastik im Weser-Ästuar und angrenzenden Wattenmeer** 237
Gholamreza Shiravani und Andreas Wurpts

26 **Strategien zur Vermeidung von Mikroplastikemissionen der Kunststoffindustrie** 249
Joke Czapla, Wolf Raber und Özgü Yildiz

27 **Ein integrierter Ansatz zur Biopolymerproduktion aus Abwasser** 259
Pravesh Tamang, Aniruddha Bhalerao, Carmen Arndt, Karl-Heinz Rosenwinkel und Regina Nogueira

28 **Abbauverhalten und Entsorgungsoptionen biologisch abbaubarer Kunststoffe** 267
Maria Burgstaller und Jakob Weißenbacher

29 **Anreicherung von Plastikpartikeln in Auenböden** 277
Collin J. Weber, Christian Opp und Peter Chifflard

30 **Kunststoffabfälle aus privaten Haushalten erfassen, sortieren und verwerten** 287
Kerstin Kuchta

31 **Von der P-Rückgewinnung zum tatsächlichen Recycling – Sekundärer Rohstoff, Intermediat oder fertiges Produkt?** 297
Christian Kabbe

32 **Sekundärbrennstoffe im Zeichen höchster Qualität** 307
Sabine Flamme, Sigrid Hams und Claas Fricke

33 **Biopolymerproduktion aus Abwasserströmen für eine kreislauforientierte Siedlungswasserwirtschaft** 317
Thomas Uhrig, Julia Zimmer, Florian Rankenhohn und Heidrun Steinmetz

V Recycling

34 **Komposttoiletten als Ausgangspunkt für sichere Düngeprodukte** 329
Engelbert Schramm, Caroline Douhaire und Tobias Hübner

35 **Vermeidbare Lebensmittel im Abfall** 337
Stefan Gäth, Frances Eck, Christian Herzberg und Jörg Nispel

36 **Schwermetallbelastung und Behandlung von Aschen aus Abfallverbrennungsanlagen** 345
Markus Gleis und Franz-Georg Simon

37 **Einsatz von Ersatzbaustoffen in Kunststoff-Bewehrte-Erde-Konstruktionen für Urbane Grüne Infrastruktur** 353
Petra Schneider, Sven Schwerdt, Dominik Mirschel, Max Wilke und Tobias Hildebrandt

VI Umgang mit Klärschlamm

38 **Circular economy am Beispiel von Phosphor aus Klärschlämmen** 363
Gesa Beck, Volker Kummer und Thilo Kupfer

39 **In die Zukunft gerichtete Klärschlammbehandlung und -verwertung in der Metropole Ruhr** 373
Peter Wulf, Tim Fuhrmann und Torsten Frehmann

40	**Von Klärschlammasche zu Produkten in Chemieparks** .... *Tim Bunthoff*	381
41	**Kompakte Verbrennungsanlage für Klärschlämme** .... *Uldis Kalnins*	389
42	**Neue Konzepte der Schlammentwässerung für kleine Kläranlagen** .... *Josef Wendel und Christopher Willing*	393
43	**Energieeffiziente Hochtemperatur-Wirbeltrocknung für Klärschlämme** .... *Christian Struve*	407

VII Wasserwirtschaft und Klimawandel

44	**Oberflächenwasserentnahme versus Mindestabfluss im Kontext von WRRL und Klimawandel** .... *Dietmar Mehl, Marc Schneider, Anika Lange und Robert Dahl*	415
45	**Zwischen Dürre und Überschwemmung – Wasserhaushaltsgrößen vor dem Hintergrund des Klimawandels** .... *Falk Böttcher*	429
46	**Unterstützungsbedarfe mittelgroßer Städte im Nordseeraum für die Anpassung an den Klimawandel** .... *Helge Bormann und Mike Böge*	435
47	**Wasserhaushalt in Nordostniedersachsen durch Wassernutzung und -management ausgleichen** .... *Ulrich Ostermann*	445
48	**Modellbasierte Szenarioanalyse zur Anpassung des Entwässerungsmanagements im nordwestdeutschen Küstenraum** .... *Helge Bormann, Jenny Kebschull, Frank Ahlhorn, Jan Spiekermann und peter Schaal*	457
49	**Neue Ansätze zur überregionalen Bewirtschaftung von Grundwasserleitern** .... *Michael Bruns, Björn Stiller und Hilger Schmedding*	469
50	**Auswirkungen von Klimaänderungen auf die Grundwasserneubildung in Niedersachsen** .... *Gabriele Ertl, Frank Herrmann, Tobias Schlinsog und Jörg Elbracht*	477
51	**Die Brauchwasserversorgung aus den westdeutschen Schifffahrtskanälen** .... *Burkhard Teichgräber, Michael Wette, Guido Geretshauser und Wolfgang König*	483
52	**Nutzungskonkurrenzen um Wasser in Zeiten des Klimawandels und wie sie gesteuert werden können** .... *Jörg Rechenberg*	497
53	**Zum Klimawandel im Harz und seinen Auswirkungen auf die Wasserwirtschaft** .... *Friedhart Knolle*	503
54	**Machbarkeitsstudie zum Wassermengenmanagement zwischen Oste und Elbe** .... *Heinrich Reincke, Guido Majehrke und Robert Nicolai*	511

55 **Wassermengenmanagement in Schöpfwerksgräben zur Stärkung des Landschaftswasserhaushalts** 519
Timo Krüger, Günter Wolters und Steffen Hipp

56 **Vom Wassernotstand zum integrierten Wasserkonzept** 529
Karsten Kutschera

57 **Begrenzung der landwirtschaftlichen Wasserentnahmen am Beispiel eines Beerenobstanbaugebietes**.. 537
Nikolaus Geiler

VIII Verbesserung der Gewässerökologie und der Gewässerstruktur

58 **Gewässerunterhaltung zwischen notwendigen Unterhaltungsmaßnahmen und naturschutzfachlichen Forderungen**..... 547
Volker Thiele und Claas Meliß

59 **Defizite vor und nach ökologischen Sanierungen von Fließgewässern durch ökologische Profile erkennen**...................... 557
Volker Thiele, Daniela Kempke, Ricarda Börner, Franziska Neumann und André Steinhäuser

60 **Auswirkungen historischer anthropogener Einflüsse auf den heutigen Gewässer- und Hochwasserschutz** 565
Anna-Lisa Maaß

61 **Aktives Flächenmanagement zur Vorbereitung von Fließgewässerrenaturierung** 571
Dietmar Mehl, Johanna Schentschischin, Tim G. Hoffmann, Daniela Krauß, Martina Schimmelmann, Forstingenieur Watzek, Frank Blodow und Steve Bunzel

62 **Angepasste Gewässerunterhaltung** 581
Uwe Heinecke

63 **Totholzmanagement in der Entwicklung von Fließgewässern** 591
Michael Seidel und Sascha Nickel

64 **Kolmationsmonitoring an einer Renaturierungsstrecke der Wupper** 603
Johanna Reineke und Thomas Zumbroich

65 **Neu-Entstehung von Uferabbrüchen durch die natürliche Gewässerdynamik an der mittleren Ruhr** 613
Jörg Drewenskus

66 **Weidenspreitlagen an Flussufern fördern Biodiversität, Selbstreinigung und Klimaschutz**.. 627
Lars Symmank und Katharina Raupach

67 **Sandfangzäune als nature-based Solution im Küstenschutz** 637
Christiane Eichmanns und Holger Schüttrumpf

68 **Kosten und Nutzen von weitergehenden Reinigungsstufen zur Spurenstoffelimination**.. 645
Henning Knerr, Birgit Valerius, Ulrich Dittmer, Heidrun Steinmetz, Ralf Hasselbach, Gerd Kolisch und Yannick Taudien

69 **Reduzierung der Salzabwässer aus der Aufbereitung von Kalisalzen** 659
Heiko Spaniol und Martin Voigt

70 **Dezentrale Grauwasseraufbereitung mit schwerkraftbetriebenen Membransystemen**... 669
David Gaeckle, Andreas Aicher und Jörg Londong

IX Neue Abwassertechnologien

71 **Simultane Pulveraktivkohledosierung im kommunalen Membranbelebungsverfahren** 681
Daniel Bastian, David Montag, Thomas Wintgens, Kinga Drensla, Heinrich Schäfer und Sven Baumgarten

72 **Zur Kombination von Spurenstoff- und weitestgehender Phosphorelimination** 693
Ulrike Zettl

73 **Rückgewinnung von kohlenstoffbasierten Stoffen aus kommunalem Abwasser**... 703
Inka Hobus, Gerd Kolisch und Heidrun Steinmetz

74 **Building Information Modeling in der Abwasserableitung mit openBIM** 713
Bernhard Bock und Eberhard Michaelis

Personenverzeichnis.. 727

Herausgeberverzeichnis

Markus Porth Umweltministerium Hessen, Wiesbaden, Deutschland

Holger Schüttrumpf Institut für Wasserbau und Wasserwirtschaft, RWTH Aachen, Aachen, Nordrhein-Westfalen, Deutschland

Ulrich Ostermann Kreisverband der Wasser- und Bodenverbände Uelzen, Uelzen, Niedersachsen, Deutschland

Das Hochwasser im Juli 2021 in Nordrhein-Westfalen und Rheinland-Pfalz

Das Juli-Hochwasser 2021 in NRW – Ein erster Erfahrungsbericht

Holger Schüttrumpf

Das Juli-Hochwasser 2021 in Nordrhein-Westfalen und Rheinland-Pfalz hat in den betroffenen Regionen zu erheblichen und zum Teil katastrophalen Schäden und zum Verlust von Menschenleben geführt. Der vorliegende Erfahrungsbericht basiert auf subjektiven Eindrücken im Katastrophengebiet und wurde unmittelbar nach dem Ereignis verfasst. Er erhebt keinen Anspruch auf wissenschaftliche Vollständigkeit und Korrektheit, sondern fasst lediglich die Beobachtungen und Erfahrungen vor Ort unter dem Eindruck der Ereignisse zusammen. Der Fokus dieses Beitrags liegt auf der Städteregion Aachen und dem Kreis Düren. Im Nachgang wird es eine umfangreiche Aufarbeitung des Hochwassers geben müssen, die die bisherigen Beobachtungen und Erfahrungen bestätigen oder ggf. auch widerlegen wird.

1.1 Einführung

Große Bereiche von Nordrhein-Westfalen und Rheinland-Pfalz wurden zwischen dem 13. und 16. Juli 2021 von einem extremen Hochwasser heimgesucht. Schwerpunkte des Hochwassergeschehens in Nordrhein-Westfalen waren u. a. die Kreise Düren, Euskirchen, Heinsberg, der Rhein-Erft-Kreis und die Städteregion Aachen. Das Juli-Hochwasser 2021 reiht sich in eine Kette von anderen extremen Hochwasserereignissen in Deutschland ein, zu nennen sind hier insbesondere die Rheinhochwasser 1993 und 1995, das Oderhochwasser 1997 und die Elbehochwasser 2002 und 2013, aber auch regional begrenzte schwere Hochwasserereignisse wie z. B. in Braunsbach 2016 oder im Nordharz 2017. Insbesondere die Anzahl der Todesopfer und betroffenen Menschen, die Höhe des wirtschaftlichen Schadens aber auch die Höhe von Wasserständen und Abflüssen lassen bereits kurz nach dem Hochwasserereignis eine Bewertung als extremes Hochwasserereignis zu. Dies bestätigt auch ein erster Vergleich mit den Hochwassergefahrenkarten für ein HQextrem. Bereichsweise wurden die Wasserstände für ein HQextrem der Hochwassergefahrenkarten sogar nach erster visueller Bewertung deutlich überschritten. Hier werden im Nachgang eine Überprüfung der bisherigen Hochwasserwahrscheinlichkeiten und ggf. eine Überarbeitung der Hochwassergefahren- und Hochwasserrisikokarten dringend erforderlich sein.

Zuerst erschienen in Wasser und Abfall 7–8/2021

© Der/die Autor(en), exklusiv lizenziert an Springer Fachmedien Wiesbaden GmbH, ein Teil von Springer Nature 2023
M. Porth et al. (Hrsg.), *Wasser, Energie und Umwelt*,
https://doi.org/10.1007/978-3-658-42657-6_1

> **Kompakt**
> - Macht es Sinn, die am meisten vom Hochwasser betroffenen Bereiche wiederaufzubauen? Denn: Vulnerabilitäten sind zu reduzieren, das Konzept „Raum für den Fluss" ist umzusetzen.
> - Grenzen eines auf digitale Kommunikation ausgerichteten Informationswesen wurden erkennbar. Bei Bedarf muss sofort auf traditionelle Kommunikationsmethoden zurückgegriffen werden können.
> - Die Politik sollte überlegen, inwieweit sie den Hochwasserschutz mit der CO_2-Minderung im Klimaschutz kombiniert. Denn: Effektiver Hochwasserschutz muss unmittelbar bei Landes- und Bauleitplanung, bei Neubauten oder im Bestand umgesetzt werden.

Der vorliegende Beitrag basiert auf Beobachtungen in der Städteregion Aachen, in den Kreisen Düren und Heinsberg, teilweise auch auf Beobachtungen in den angrenzenden Hochwassergebieten in Belgien und den Niederlanden. Der Beitrag erhebt keinen Anspruch auf wissenschaftliche Vollständigkeit und Korrektheit, es geht im Wesentlichen darum, die Beobachtungen und Erfahrungen kurzfristig unter dem Eindruck der Geschehnisse zu dokumentieren.

1.2 Hochwasserschäden

Viele Bürgerinnen und Bürger in den am meisten betroffenen Gebieten stehen vor den Trümmern ihrer wirtschaftlichen Existenz. Es ist sehr bedrückend durch Straßenzüge zu gehen, in denen sich das komplette Hab und Gut unbrauchbar in hohen Bergen am Straßenrand türmt und auf die Müllabfuhr wartet (Abb. 1.1). Die Luft riecht nach Öl, Benzin und Fäkalien. Infrastrukturen sind zerstört. Vielen Bewohnerinnen und Bewohnern standen Verzweiflung und Tränen im Gesicht, da nicht nur die Keller, sondern vielfach auch das Erdgeschoss oder sogar das ganze Gebäude betroffen war. Viele Betroffene haben auch keine Elementarschadensversicherung, da das Risiko einer derartigen Naturkatastro-

Abb. 1.1 Eine Sammlung von Waschmaschinen. (© Holger Schüttrumpf, 2021)

phe als gering eingeschätzt wurde. Anwohner berichten, dass sie gerade ihr Haus neu eingerichtet haben und nun ihr neues Mobiliar auf der Straße wiederfinden, aber leider über keine Versicherung verfügen. Am meisten hat mich ein älteres Ehepaar in Stolberg an der Vicht berührt, die vor ihrem Gebäude standen und gewartet haben. Es war unklar, auf was sie eigentlich gewartet haben, sie wussten es wahrscheinlich in diesem Moment selber noch nicht. Ihre gesamte Existenz lag schlammverdreckt im Garten, das Auto hatte nur noch Schrottwert, Strom, Gas, Wasser und Telefon waren abgeschaltet. Das ganze Umfeld ihres Hauses war ein Trümmerfeld, Straße und Zufahrt zum Haus unterspült und nur noch auf eigenes Risiko zu nutzen (Abb. 1.2). Materielle Erinnerungen waren genauso wie Zukunftspläne davongespült. Wir werden uns im Nachgang fragen müssen, ob es wirklich Sinn macht, die am meisten vom Hochwasser betroffenen Bereiche wiederaufzubauen. Wie können wir sonst das Konzept „Raum für den Fluss" umsetzen und Vulnerabilitäten reduzieren?

Auf der anderen Seite zeigt sich insbesondere in den Dörfern und kleineren Städten eine funktionierende Nachbarschaftshilfe. Ganze Familien, Vereine und Gruppen waren unterwegs, um zu helfen. Deutlich wurde an dieser Stelle aber auch ein Mangel an Material, so waren insbesondere Pumpen und Generatoren Mangelware, denn auch Feuerwehr und THW können nicht überall gleichzeitig sein. Lufttrockner sind jetzt dringend gesucht, um das Wasser wieder aus den Gebäuden, d. h. Böden und Wänden, zu bekommen. Die Hilfsbereitschaft auch in den umliegenden Kommunen und aus ganz Deutschland ist riesig, bereits jetzt werden keine Hilfslieferungen mehr angenommen, da schon so viel vorhanden ist.

Die Wiederherstellung der betroffenen Bereiche wird viele Wochen, wenn nicht sogar Monate und Jahre dauern. Insbesondere in den engen Eifeltälern konnte das Wasser seine volle Kraft entfalten und hat zu massiven Schäden an der Infrastruktur geführt. Zum Zeitpunkt dieses Berichts ist noch gar nicht absehbar, wie groß die wirt-

Abb. 1.2 Hochwasserschäden. (© Holger Schüttrumpf, 2021)

schaftlichen Schäden eigentlich sind. Hinzu kommen die psychischen Belastungen und die Angst vor einem neuen Hochwasser. Es wird wahrscheinlich Jahre dauern, bis viele Betroffene dieses für sie einschneidende Erlebnis verarbeitet und verkraftet haben.

1.3 Risikokommunikation

Ein großes Problem ist die Risikokommunikation gewesen. Viele Betroffene berichteten, dass man sie nicht gewarnt hätte. Hier zeigt sich ein großes Dilemma. Einerseits produzieren wir seit Jahren Hochwassergefahren- und Hochwasserrisikokarten. Diese zeigen das Ausmaß möglicher Überflutungen bei einem häufigen, einem 100-jährlichen und einem extrem Hochwasserereignis, sind frei im Internet verfügbar, erreichen aber scheinbar vielfach weder die Stadt- und Raumplanung, noch gefährdete Bürgerinnen und Bürger. Andererseits werden Warn-Apps wie Katwarn oder Nina nicht flächendeckend genutzt und warnen dann nur für ganze Bundesländer und Kreise. Es bringt für den Nutzer nicht viel, wenn in den Warn-Apps als betroffene Region Nordrhein-Westfalen angegeben wird und man nur mit viel Mühe auch noch eine Unterscheidung nach Kreisen erhält. Ich selber wurde von Nina mehrfach vor Hochwasser gewarnt, wohne und arbeite aber viele Kilometer vom nächsten Fluss entfernt. Hier sind in Zukunft straßenabschnittsbezogene Warnungen erforderlich. Die technischen Möglichkeiten hierfür sind vorhanden, wurden aber bislang nicht umgesetzt.

Ein zweites Problem in diesem Zusammenhang war der Ausfall von Mobilfunk und Internet. Die beste Warn-App bringt nichts, wenn das Internet ausgefallen ist. Hier muss man sich in Hinblick auf Wasserwirtschaft 4.0 fragen, ob für den Katastrophenfall eine digitale Kommunikation wirklich in letzter Konsequenz geeignet ist. Bei kleinen und mittleren Hochwasserereignissen mag dies funktionieren, nicht aber bei einem Extremereignis wie jetzt im Juli 2021, wenn auch die Kommunikationsinfrastruktur zerstört ist bzw. nicht funktioniert. Wir müssen entweder sicherstellen, dass auch bei extremen Katastrophen das mobile Internet funktioniert, oder wir müssen zusätzlich auf eher traditionelle Kommunikationsmethoden zurückgreifen. Dies wurde z. B. in Eschweiler und Stolberg im Nachgang zum Hochwasserereignis gemacht, um die Bevölkerung vor einer Nutzung des Trinkwassers zu warnen. Dort fuhren in den letzten Tagen Lautsprecherwagen durch die Straßen und zentral wurden Trinkwasserstellen aufgebaut. Gleichzeitig wurden entsprechende Informationen über die sozialen Medien und den Hörfunk verbreitet.

Eine weitere Beobachtung, die der Autor dieses Beitrags machen musste, waren in einer ohnehin schon unübersichtlichen Situation Fehl- und Falschinformationen. Viele Bürgerinnen und Bürger wurden durch Falschinformationen zusätzlich in Panik und Unruhe versetzt. Dies betraf z. B. vielfach die Warnung vor einem möglichen Versagen der Talsperren (Dammbruch) in der Nordeifel. Hier wurde von den Bürgerinnen und Bürgern ein planmäßiger Überlauf der Hochwasserentlastungsanlagen mit einem Versagen der Dämme und Mauern gleichgesetzt. Die Gerüchte über einen möglichen Dammbruch verschiedener Talsperren in der Nordeifel breiteten sich in den sozialen Medien schneller als die Hochwasserwelle aus. Auf diese Falschinformationen wurde vom zuständigen Wasserverband in seinen Pressemitteilungen kurzfristig und fachlich korrekt reagiert. Dennoch wird es im Nachgang wichtig sein, eine Strategie zur Kommunikation von Hochwassergefahrenkarten einerseits, aber auch zur Funktion technischer Bauwerke andererseits zu erarbeiten. Mehrfach wurde ich gefragt, wieso man nicht das ganze Wasser in einer kleinen Trinkwassertalsperre hätte speichern können. Der zuständige Betreiber hätte doch die Talsperre einfach nur vorab leeren müssen, um das Wasser dann während des Hochwasserereignisses zu speichern. Wäre das doch alles so einfach mit einem Blick in die Glaskugel!

1.4 Hochwasserschutzbauwerke

Insgesamt haben die technischen Bauwerke in der besuchten Region ihren Aufgaben sehr gut erfüllt. Insbesondere die Studierenden können sich nun über viele Fotos und Filme von der Funktionsfähigkeit der Hochwasserentlastungsanlagen ein Bild machen (◘ Abb. 1.3). Hier ist wertvolles Bildmaterial entstanden, das nicht nur an der RWTH Aachen für Lehrzwecke genutzt werden darf. Besonders beeindruckend war auch ein Deich entlang der Inde, der auf einer Strecke von mehreren Hundertmetern überströmt wurde und dennoch gehalten hat (◘ Abb. 1.4 und 1.5). Es ist zu keinem Deichbruch gekommen und Schäden am Deich waren nicht zu erkennen. Dies führt zu einem weiteren Fazit. Hochwasserschutz ist konsequent umzusetzen. Wir müssen aber nicht nur vor kleinen und mittleren Hochwasserereignissen schützen und warnen, sondern auch vor extremen Hochwasserereignissen. Hoffentlich wird sich die Wahrnehmung des Themas Hochwasser in den betroffenen Gebieten verändern, wo in den letzten Jahren Hochwasserschutzmaßnahmen wie Hochwasserrückhaltebecken und Deiche aus unterschiedlichen Gründen bekämpft wurden und die jetzt unter Wasser stehen. Es muss uns in Zukunft gelingen, den Hochwasserschutz zu gewährleisten, gleichzeitig aber auch Aspekte des Natur- und Klimaschutzes zu berücksichtigen.

1.5 Fazit

Abschließend möchte ich noch auf ein weiteres Thema eingehen, das mir in Zusammenhang mit dem Ereignis aufgefallen ist.

◘ Abb. 1.3 Die Hochwasserentlastung der Rurtalsperre. (© IWW, 2021)

◘ **Abb. 1.4** Ein Deich nach einer Überströmung. (© Holger Schüttrumpf, 2021)

◘ **Abb. 1.5** Eine Fußgängerbrücke nach dem Hochwasser. (© Holger Schüttrumpf, 2021)

Ingenieurinnen und Ingenieure müssen auch in den Medien präsent sein und dürfen das Thema Hochwasserschutz nicht anderen überlassen. Die Wasserwirtschaft verfügt über viele kompetente und erfahrene Hochwasserschützerinnen und Hochwasserschützer, die leider in der medialen Öffentlichkeit insbesondere in Wahlkampfzeiten stark unterrepräsentiert sind. Es darf nicht sein, dass in den Medien Maßnahmen zum Schutz vor extremen Hochwasserereignissen empfohlen werden, die zwar vor einem kleinen Hochwasserereignis schützen, aber nicht vor einer Hochwasserkatastrophe, wenn sich gewaltige Wassermassen zu Tal wälzen.

Auch sollte sich die Politik überlegen, inwieweit sie den Hochwasserschutz gebetsmühlenartig mit dem Klimaschutz und hier mit der CO_2-Reduktion kombiniert. Der Klimaschutz inkl. Climate Mitigation und Climate Adaptation sind zentrale und wichtige Herausforderungen für unsere Gesellschaft. Es sollte aber nicht suggeriert werden, dass sich mit einer CO_2-Reduktion effizienter Hochwasserschutz betreiben ließe, um damit von anderen Fehlentwicklungen abzulenken. Solange Neubaugebiete noch in überflutungsgefährdeten Gebieten ausgewiesen werden, der Hochwasserschutz weder für Neubauten noch Bauten im Bestand eine Rolle spielt und Hochwassermaßnahmen nicht umgesetzt werden, müssen wir uns nicht über Hochwasserschäden wundern. Daher sind Klimaanpassung (Climate Adaptation) und Hochwasserschutz zwei eng miteinander verbundene und dringende Herausforderungen der Gegenwart. Das neu etablierte ABCD-Global Water and Climate Adaptation Centre der Universitäten Aachen, Bangkok, Chennai und Dresden, das mit Mitteln des Deutschen Akademischen Austauschdienstes (DAAD) von 2021–2025 gefördert wird, soll hier national wie international einen Beitrag zur Klimaanpassung der Wasserwirtschaft leisten.

Das Hochwasserereignis vom Juli 2021 wird vermutlich als besonders katastrophales Ereignis ähnlich wie die Hamburg-Sturmflut 1962 oder das Elbe-Hochwasser 2002 in unserer Erinnerung bleiben. Hoffentlich gelingt es uns, daraus Lehren zu ziehen, um die Konsequenzen ähnlicher Ereignisse in Zukunft zu reduzieren.

Denn, das nächste extreme Hochwasserereignis kommt auf jeden Fall, wir wissen nur noch nicht wo und wann!

Was haben wir aus dem Hochwasser 2021 gelernt?

Holger Schüttrumpf und Lothar Kirschbauer

Das Hochwasser 2021 hat uns insbesondere die Gefahren durch Hochwasser in Mittelgebirgsregionen aufgezeigt. Sturzfluten haben zu schweren Schäden an Leib, Eigentum, Gebäuden und Infrastrukturen geführt. Hieraus sind Lehren zu ziehen, um nicht nur in den betroffenen Regionen in Rheinland-Pfalz und Nordrhein-Westfalen, sondern gleichzeitig auch in anderen Mittelgebirgsregionen Deutschlands und seiner Nachbarländer künftige Katastrophen zu vermeiden oder deren Auswirkungen zu reduzieren. Ausgewählte Lehren werden aufgezeigt und erläutert.

Dieser Beitrag stellt eine Fortsetzung eines Erfahrungsberichts dar, der bereits kurz nach dem Hochwasser in WASSER UND ABFALL [1] erschienen ist. Während der damalige Erfahrungsbericht insbesondere eine Beschreibung von Beobachtungen und ersten Lehren aus dem Hochwasser enthält, nimmt dieser Bericht mehr die „Lessons learned" mit größerer zeitlicher Distanz in den Fokus. Viele Aspekte des Hochwasserereignisses 2021 haben sich gerade in der Retrospektive als besonders wichtig herausgestellt. Diese Themen sollen im Folgenden kurz adressiert und diskutiert werden.

2.1 Brücken haben das Hochwasser verstärkt

An unseren Gewässern gibt es zu viele Brücken, die Nadelöhre bei extremen Hochwasserereignissen darstellen. So konnten wir an der Ahr 117 Brücken, an der Erft (bis Erftstadt) 135 Brücken, an der Inde 90 und an der Vicht 70 Brücken zählen. Diese Brücken haben das Hochwassergeschehen teilweise erheblich verstärkt.

Brücken stellen vielfach lokale Engstellen dar, die bei Hochwasserereignissen nach Oberstrom das Wasser aufstauen und damit erheblich zu einem Wasserspiegelanstieg beitragen. Durch Verklausung wurde dieser Effekt zusätzlich verstärkt. Manche Brückenquerschnitte waren regelrecht verstopft. Auch die Verklausung erhöhte die Wasserstände zusätzlich signifikant. Aufgrund der Verklausung sind die Wasserstände in einigen Bereichen der Ahr um 2–2,5 m angestiegen.

Zuerst erschienen in Wasser und Abfall 9/2022

Kompakt

- Das Hochwasser 2021 hat die Gefahren durch Hochwasser in Mittelgebirgsregionen aufgezeigt, woraus Lehren zu ziehen sind.
- Ein wirkungsvoller Hochwasserschutz benötigt das Zusammenspiel von natürlichen und technischen Hochwasserrückhalteräumen, mehr Raum für den Fluss, Objektschutz und Eigenvorsorge, weniger dafür hochwasserresiliente Brücken.
- Ein nach dem zu schützenden Objekt differenzierter Hochwasserschutz wird benötigt, um die kritischen Infrastrukturen besser vor Hochwasser zu schützenden bzw. Kapazitäten zu deren Schutz frei zu setzen.
- Ernüchternd bleibt, dass dennoch alle Maßnahmen bei einem Katastrophenhochwasser wie 2021 jenseits unserer Bemessungswerte auch nur bedingt geholfen hätten.

Brücken wurden aber auch durch Anprallasten und/oder Überströmung bzw. Umströmung zerstört und konnten nach dem Hochwasser ihre Verkehrsträgerfunktion nicht mehr erfüllen (◘ Abb. 2.1). Anwohnerinnen und Anwohner der Ahr und anderer betroffener Gewässer berichten von Tsunami-Wellen. Gemeint sind hiermit vermutlich Wellen, die auf ein plötzliches Versagen von Brücken bzw. deren Zuwegungen oder ein plötzliches Lösen von Verklausungen zurückzuführen sind. Aber auch Bauwerksschäden wurden an vielen Brücken beobachtet. Hierzu zählen ein geotechnisches Versagen, Schäden infolge Überströmung bis hin zu Umströmungen und Unterströmungen von Brückenpfeilern und Brückenauflagern.

In Zukunft müssen wir uns darüber Gedanken machen, ob wir wirklich (i) in so großer Zahl Brücken benötigen und (ii) wie Brücken hochwasserresilient gebaut werden können. Ist es uns wirklich nicht zumutbar, kleine Umwege in Kauf zu nehmen? So entspricht die Brückendichte an der Ahr ei-

◘ **Abb. 2.1** Zerstörte Eisenbahnbrücke an der Ahr. (© Schüttrumpf, 2021)

ner Brücke auf 700 m. Im Vergleich dazu finden sich auf der ca. 60 km langen Strecke zwischen Bonn und Köln gerade mal 10 Brücken (eine Brücke auf 6000 m) am Rhein, die aufgrund der Schifffahrt zudem ein wesentlich größeres Lichtraumprofil in der Höhe aufweisen. Viele Brücken dienen gerade in den Hochwassergebieten zudem nur einer einzigen Aufgabe (Bahn, Straße, Fahrradfahrer, Fußgänger), hier könnte man in Zukunft auch verstärkt Synergien nutzen, um die Anzahl der Brücken zu reduzieren.

Weiterhin sind hochwasserresiliente Brücken zu entwickeln. Ideen hierfür gibt es bereits viele und diese reichen von weniger Brückenfeldern, größeren Brückenhöhen, strömungsgünstigen Querschnitten, größeren Spannweiten bis hin zu Hub- und Zugbrücken.

2.2 Flüsse brauchen Raum, um Hochwassergefahren zu reduzieren

Das Konzept „Raum für den Fluss" ist nicht neu! Die Niederländer haben bereits 2006 mit ihrem Programm *„Ruimte voor de Rivier"* begonnen. Zu dem Programm zählen neben der Rückverlegung von Deichen oder der Tieferlegung von Überflutungsflächen auch die Entfernung von Strömungshindernissen. Insgesamt haben die Niederländer ca. 2,3 Mrd. EUR in das Programm investiert [2]. Durch das Programm konnte der Rhein in den Niederlanden hydraulisch leistungsfähiger, die Hochwasserstände reduziert und die Schadenspotenziale verringert werden.

Städte und Ortschaften sind im Mittelgebirge an den Gewässern historisch vielfach durch die Nutzung des Wassers z. B. für die Getreideindustrie, die Eisenverarbeitung oder die Textilindustrie entstanden. Auch Wohngebäude sind in der Folge flussnah entstanden, um die Wege zwischen Wohnung und Arbeit kurz zu halten. Aufgrund des begrenzten Platzes in den engen Mittelgebirgstälern wurden in der Folge alle ufernahen Flächen bebaut (◨ Abb. 2.2). Gebäude ragen senkrecht am Flussufer in die Höhe und Überflutungsgebiete fehlen nahezu vollständig. Bei einem extremen Hochwasser bleibt dem Wasser aufgrund der fehlenden Überflutungsflächen dann keine andere Möglichkeit, als sich in die Höhe auszudehnen. Dies führt zu den Schäden, die in vielen betroffenen Gebieten beobachtet wurden. Somit hat gerade die ufernahe Bebauung und Nutzung die Schäden an Mensch und Gut erheblich verstärkt.

Um Schäden im Mittelgebirge in Zukunft zu reduzieren, ist dem Fluss mehr Raum zu geben. Zerstörte oder beschädigte Gebäude am Gewässer sollten nicht wiederaufgebaut werden, Neubaugebiete in überschwemmungsgefährdeten Gebieten dürfen nicht mehr ausgewiesen werden, jegliche intensive Nutzung überschwemmungsgefährdeter Gebiete sollte vermieden werden. Das Land Rheinland-Pfalz geht hier schon einen ersten Schritt mit dem Verbot des Wiederaufbaus von 34 beim Ahrhochwasser zerstörten und beschädigten Gebäuden. Aus Sicht des Hochwasserschutzes wäre es wünschenswert, wenn viel mehr Gebäude mit strukturellen Bauwerksschäden nicht wiederaufgebaut würden. Der Gesetzgeber aber insbesondere auch die Versicherungsunternehmen sollten hier Anreize setzen, um den Wiederaufbau an anderer (hochwassersicherer) Stelle zu ermöglichen und zu fördern.

Die Strategie, den Flüssen wieder Raum zu geben, ist ein langwieriger Prozess. Gebäude können nicht kurzfristig aus der Nutzung genommen und als Überschwemmungsgebiet ausgewiesen werden. Vielfach wird es wohl Jahrzehnte brauchen, bis Gebäude aus der Nutzung genommen werden und so dem Fluss mehr Raum gegeben wird. Aber genau dies machen die Niederländer uns vor und wir sollten dem Beispiel unbedingt folgen, denn die Niederländer

Abb. 2.2 Beispiel für ufernahe Bebauung nach dem Hochwasser 2021. (© Schüttrumpf, 2021)

ziehen hier immer noch die Lehren aus der Katastrophensturmflut vom 1. März 1953.

2.3 Natürliche und technische Rückhalteräume müssen identifiziert werden

Natürliche und technische Rückhalteräume sind eine wichtige Komponente eines nachhaltigen Hochwasserschutzes. Der Rückhalt des Wassers in den Hochwasserentstehungsgebieten dämpft die Hochwasserwelle und reduziert damit insbesondere die Scheitelwerte. Zu den natürlichen und technischen Hochwasserrückhalteräumen zählen Böden, Wälder, Auen und Moorgebiete, Vorlandbereiche, naturnahe Gewässerabschnitte, Hochwasserrückhaltebecken, künstliche Polder und Talsperren. Jede dieser Maßnahmen speichert Wasser übergangsweise und gibt dieses zeitlich versetzt nach Unterstrom ab.

Eine Analyse des Hochwasserereignisses 2021 zeigt weniger Schäden in stauregelten Gewässern mit großen Talsperren oder entlang naturnaher Gewässerstrecken im Vergleich zu Gewässern ohne große Talsperren und ohne naturnahe Gewässerstrecken.

Allerdings gilt es anzuerkennen, dass insbesondere bei Extremereignissen die Aufnahmekapazität aller natürlichen und technischen Rückhalteräume irgendwann erschöpft ist. Selbst eine vollständige Entsiegelung hätte beim Hochwasser 2021 die Schäden nur minimal reduziert, da das Niederschlagsereignis auf die nahezu voll gesättigten, wenig durchlässigen Böden der Eifel getroffen ist. Somit war die Aufnahmekapazität der Böden schnell erschöpft und das Wasser musste oberflächlich abfließen.

Gleiches gilt für das Konzept der Schwammstadt, das momentan in der Stadtplanung vielfach propagiert wird. Dieses Konzept zielt auf lokal anfallendes Regenwasser in der Stadt, die Schäden beim Hochwasserereignis 2021 sind aber auf Sturzfluten und Niederschlagswasser in den Hochwasserentstehungsgebieten außerhalb der Städte zurückzuführen.

2.4 Ein differenzierter Hochwasserschutz wird benötigt

In Deutschland werden mit wenigen Ausnahmen alle potenziellen Überschwemmungsgebiete gleich vor Hochwasser geschützt. Die EU-Hochwasserrisikorichtlinie sieht Hochwassergefahrenkarten und Hochwasserrisikokarten für drei verschiedene Szenarien vor:

Hochwasser mit niedriger Wahrscheinlichkeit oder Szenarien für Extremereig-nisse

Hochwasser mit mittlerer Wahrscheinlichkeit (voraussichtliches Wiederkehrintervall ≥ 100 Jahre)

gegebenenfalls Hochwasser mit hoher Wahrscheinlichkeit (voraussichtliches Wiederkehrintervall deutlich unter 100 Jahren)

Hochwasserschutz wird üblicherweise für ein HQ_{100}, d. h. ein Ereignis mit einer Eintrittswahrscheinlichkeit von einmal in 100 Jahren festgelegt. Für das Extremereignis HQ_{extrem} wird je nach Region ein Ereignis mit einer Jährlichkeit von einmal in 200 Jahren oder einmal in 1000 Jahren angesetzt [3].

Das Hochwasserereignis 2021 ist an vielen Gewässern gekennzeichnet durch eine Eintrittswahrscheinlichkeit weit jenseits der 1000 Jahre. Für ein derart seltenes Ereignis sieht die Gesetzgebung derzeit keinen flächendeckenden Hochwasserschutz vor. Somit stehen die Hochwasserverantwortlichen in vielen Ortschaften vor einem großen Dilemma. Einerseits ist ein Hochwasserschutz für ein HQ_{100} kaum mehr vermittelbar, andererseits ein Hochwasserschutz für ein HQ_{2021} technisch, ökonomisch und sozial nicht realisierbar und damit ebenfalls nicht vermittelbar. Das Land Rheinland-Pfalz hat hier mit der Ausweisung neuer, vorläufiger Überschwemmungsgebiete an der Ahr bereits einen ersten Schritt getan.

Wir werden uns in Zukunft aber überlegen müssen, ob es wirklich sinnvoll ist, dass ein Einfamilienhaus den gleichen Schutz erhält wie ein Krankenhaus, eine Feuerwehrwache oder Versorgungsleitungen für Gas, Strom, Telekommunikation und Trinkwasser. Wir müssen weg von starren Bemessungswasserständen und im Sinne einer Risikobetrachtung auch die Schutzwürdigkeit und Bedeutung einzelner Objekte und Funktionen (z. B. Ärzte, Apotheken, Pflegedienste) für die zivile Infrastruktur und Daseinsvorsorge stärker berücksichtigen. Dies erfordert differenzierte Hochwasserschutzkonzepte und einen besonderen Schutz besonders kritischer Infrastrukturen oder ggf. auch besonders vulnerable Bereiche in Gebäuden (z. B. IT-Infrastruktur, (Not-)Stromversorgung). Der Schutz der besonders vulnerablen Bereiche ist dann auch für Wasserstände jenseits unserer klassischen Hochwasserstände wünschenswert.

2.5 Fazit

Ein nachhaltiger Hochwasserschutz benötigt natürliche und technische Hochwasserrückhalteräume, Raum für den Fluss, Objektschutz und Eigenvorsorge. Dieses Konzept ist nicht neu und wird schon seit Jahrzehnten durch die Hochwasserschutzverantwortlichen immer wieder vorgetragen, die Umsetzungsgeschwindigkeit ist aufgrund sonstiger Rahmenbedingungen jedoch zu langsam und insbesondere in den Mittelgebirgsregionen im Vergleich zu den großen Flüssen weniger ausgeprägt. Dennoch hätten uns alle Maßnahmen bei einem Katastrophenhochwasser wie 2021 jenseits unserer Bemessungswerte auch nur bedingt geholfen.

Danksagung Die Hochwasserdokumentation sowie die anschließenden Auswertungen wurden gefördert durch die Deutsche Forschungsgemeinschaft (DFG,

Projektnummer 496274914) sowie das Bundesministerium für Bildung und Forschung (BMBF, 01LR2102H, 13N16226).

Literatur

1. Schüttrumpf, H. (2021) Das Juli-Hochwasser 2021 in NRW – Ein erster Erfahrungsbericht. Wasser und Abfall. Ausgabe 7–8/2021
2. Rijkswaterstaat (o.A.) Raum für die Flüsse. ▶ https://www.rijkswaterstaat.nl/water/waterbeheer/bescherming-tegen-het-water/maatregelen-om-overstromingen-te-voorkomen/ruimte-voor-de-rivieren#nieuwe-aanpak. Zugriff: 27.06.2022
3. Ministerium für Klimaschutz, Umwelt, Energie und Mobilität Rheinland-Pfalz (o.A.) Hochwassergefahren- und Hochwasserrisikokarten. ▶ https://hochwassermanagement.rlp-umwelt.de/servlet/is/8662/, Zugriff 27.06.2022

Schlussfolgerungen aus der Hochwasserkatastrophe 2021 in Deutschland zur Verbesserung des operativen Hochwasserschutzes

Robert Jüpner und Hans Hoffmann

Erste Schlussfolgerungen aus dem Juli-Hochwasser 2021 können gezogen werden. Notwendig sind eine systematische und umfassende Vorbereitung auch auf seltene Hochwasser- und Starkregenereignisse, die fachliche Interpretation von Hochwasservorhersagen für Einsatzkräfte und vor allem die kontinuierliche Verbesserung der Aus- und Weiterbildung im Bereich des operativen Hochwasserschutzes durch die Aufarbeitung und Einbindung der Einsatzerfahrungen.

Während des Juli-Hochwassers 2021 wurden die Einsatzkräfte im operativen Hochwasserschutz bei der Bewältigung der Hochwasserkatastrophe mit außergewöhnlichen und teilweise bis dato unbekannten Einsatzszenarien konfrontiert. Was kann aus den Ereignisanalysen gelernt und für die zukünftige systemische Optimierung abgeleitet werden? Auch wenn der Aufarbeitungsprozess noch andauert, sind erste Schlussfolgerungen zu ziehen. Sie beinhalten u. a. die Notwendigkeit einer systematischen und umfassenden Vorbereitung auch auf seltene Hochwasser- und Starkregenereignisse, die fachliche Interpretation von Hochwasservorhersagen für Einsatzkräfte und vor allem die kontinuierliche Verbesserung der Aus- und Weiterbildung im Bereich des operativen Hochwasserschutzes durch die Aufarbeitung und Einbindung der Einsatzerfahrungen, z. B. des THW in Zusammenarbeit mit Universitäten und Hochschulen.

3.1 Das Juli-Hochwasser 2021

Außergewöhnlich große Niederschlagsmengen des Sturmtiefs „Bernd" führten im Juli 2021 zu sehr großen Abflussmengen und

Zuerst erschienen in Wasser und Abfall 11/2022

damit verbundenen hohen Wasserständen. Sie verursachen ein ungewöhnlich heftiges Hochwasserereignis, dessen Jährlichkeit in vielen Fließgewässerabschnitten deutlich über 100 Jahren, in manchen Bereichen sogar im Bereich $HQ_{10.000}$ lag. Das führte in der Konsequenz in den betroffenen Bundesländern Nordrhein-Westfalen und Rheinland-Pfalz vor allem an Ahr, Ruhr, Wupper, Sieg, Agger, Eifel-Rur und ihren Nebengewässern zu Scheitelwasserständen, die teils deutlich über den bisherigen Höchstwasserständen lagen [1]. Das Hochwasserereignis ist demnach aus hydrologischer Sicht in vielen betroffenen Bereichen als sehr seltenes, teilweise extremes Ereignis einzustufen.

> **Kompakt**
> - Ein erfolgreiches gemeinsames Handeln von Katastrophenschutz und Wasserwirtschaft ohne ein gemeinsames fachliches Verständnis und eine gemeinsame Sprache ist nur schwer möglich, ist aber unabdinglich.
> - Hochwasserwissen auf allen Ebenen der Akteure ist zentral für den Erfolg.
> - Beispielsweise erlaubt der Einsatz von Virtual Reality bei der Ausbildung von Technischen Beratern das Üben von realistischen Lagebeurteilungen.

Betroffen wurden vor allem der südliche Teil von NRW und damit Regionen, die vorwiegend Mittelgebirgscharakter besitzen. In diesen Bereichen waren besonders hohe Schäden durch die Kraft des fließenden Wassers, namentlich Erosionen (und Akkumulationen) sowie Verklausungen infolge von mitgeführtem Treibgut zu beobachten. Diese Faktoren führten – zusammen mit einer Reihe weiterer Umstände – zu den katastrophalen Auswirkungen des Naturereignisses.

Das Hochwasser vom 14./15. Juli 2021 traf zudem eine Region, die lange Zeit keine großen und verheerenden Hochwasser erleben musste. Diese Feststellung ist insbesondere vor dem Hintergrund des allgemeinen gesellschaftlichen Bewusstseins der Hochwassergefährdung erwähnenswert. Es ist dennoch anzumerken, dass bundesweit vergleichbare Hochwasserereignisse in jüngerer Vergangenheit durchaus aufgetreten sind, u. a. im Osterzgebirge 2002 [2].

3.2 Operative Hochwasserschutzmaßnahmen während des Ereignisses

Die Charakteristik des Hochwassers mit den für Mittelgebirgsverhältnisse typischen sehr schnell ansteigenden und abfallenden Abflussganglinien verbunden mit den sehr kurzen Vorwarnzeiten beschränkten die operativen Hochwasserschutzmaßnahmen auf den Schutz der betroffenen Bevölkerung („Schutz von Leib und Leben") sowie die Verhinderung größerer Hochwasserschäden. Gezielte Beeinflussungen der Hochwassersituation waren nur dort möglich, wo technische Hochwasserschutzanlagen, wie Talsperren oder Hochwasserrückhaltebecken, vorhanden waren. Die aus der Hochwasservorhersage resultierenden kurzen Vorwarnzeiten schränkten auch hier die praktisch realisierbaren Möglichkeiten z. T. erheblich ein.

Unter den geschilderten Rahmenbedingungen ist das Zusammenwirken von Wasserwirtschaft und Katastrophenschutz von zentraler Bedeutung für die Wirksamkeit des operativen Hochwasserschutzes und der angemessenen Bewältigung der Hochwasserkatastrophensituation. Das umfasst primär das (möglichst frühzeitige) Erkennen der absehbaren wasserwirtschaftlichen Lage als auch das zielgenaue und effektive Agieren der verschiedensten Einsatzkräfte im Katastrophenschutz.

3.3 Erfahrungen und Schlussfolgerungen

Seit der Hochwasserkatastrophe vom Juli 2021 laufen die politischen Aufarbeitungsprozesse, u. a. durch die Parlamentarischen Untersuchungsausschüsse in Nordrhein-Westfalen und Rheinland-Pfalz, die Enquete-Kommission in Rheinland-Pfalz sowie verschiedene Institutionen, z. B. der Feuerwehren und des THW. Erste Ergebnisse liegen vor, u. a. in [3, 4]. Zudem sind Forschungsvorhaben zu diesem Themenkomplex, u. a. „KAHR-Klimaanpassung, Hochwasser und Resilienz" [9] initiiert und in der Bearbeitung. Auch wenn noch keine abschließende Bewertung möglich ist, sind wesentliche Erfahrungen und Schlussfolgerungen bereits zu ziehen.

3.3.1 Hochwasservorsorge ist auch und vor allem für seltene Hochwasser- und Starkregenereignisse zwingend erforderlich

Die Vorbereitung auf seltene und in ihren Auswirkungen katastrophale Hochwasserereignisse muss in einem umfassenden und wissenschaftlich fundierten systemischen Ansatz erfolgen, der in den Hochwasserrisikomanagement-Kreislauf integriert werden muss. Obschon die Bewältigung während des Hochwasserereignisses ausreichend Aufmerksamkeit erfährt, mangelt es erkennbar an einer angemessenen Vorbereitung (operative Hochwasservorsorge) sowie einer fundierten Nachbereitung (operative Hochwassernachsorge). Ein wissenschaftlich fundierter Ansatz ist in [5] beschrieben (◘ Abb. 3.1).

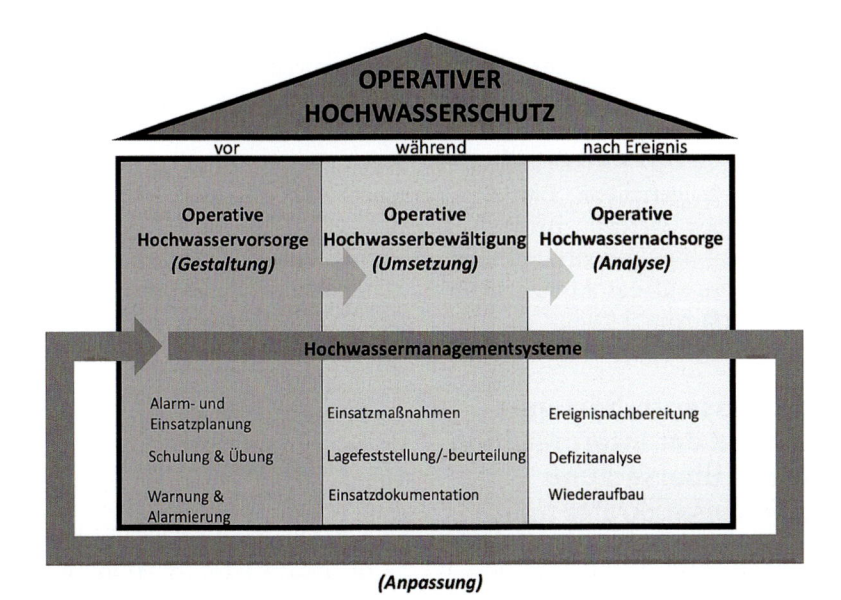

◘ Abb 3.1 Leitbild des operativen Hochwasserschutzes mit den drei Säulen Vorsorge, Bewältigung und Nachsorge [5]. (© Dr. Alexandra Schüller)

Abb. 3.2 Verklauste Brücke an der Ahr im Juli 2021. (© Dr. Alexandra Schüller)

Dabei müssen die charakteristischen Ausprägungen von Hochwasserereignissen (Flachland: räumliche Überflutung; Mittelgebirge: Sediment- und Treibguttransport; urbane Bereiche: Starkregenauswirkungen) wesentlich stärker als bisher für die Einsatzkräfte des Katastrophenschutzes dargestellt und angemessen dokumentiert werden. Damit kann bereits in der Vorbereitung eine spezifische und zielgerichtete Einsatzplanung vorgenommen werden. Beispielhaft sei hierzu nur auf die Auswirkungen des Treibguttransportes auf das Abflussgeschehen hingewiesen (Abb. 3.2).

3.3.2 Hochwasservorhersagen bedürfen der Interpretation und der Übersetzung für die Einsatzkräfte im Katastrophenschutz

Die „klassische" Hochwasservorhersage bezieht sich auf die sogenannten Hochwassermeldepegel. Die prognostizierten Wasserstände werden üblicherweise mithilfe von Hochwassergefahrenkarten in räumlichen Überflutungsszenarien dargestellt. Das System hat sich jedoch als unzureichend erwiesen, nicht nur wegen des Mangels an Hochwasservorhersagen für kleinere Fließgewässer, an denen keine Hochwassermeldepegel vorhanden sind. Die von den Hochwasservorhersagezentralen der Bundesländer standradmäßig eingesetzten Ensemblevorhersagen (siehe dazu u. a. [6]) geben als Ergebnis eine Bandbreite wahrscheinlicher Scheitelwasserstände an, wie am Beispiel des Pegels Ahrweiler in Abb. 3.3 veranschaulicht. Dort ist die Vorhersage vom 14. Juli 2021 um 14:00 Uhr dargestellt, die 20 Ensemble-Wettervorhersagen des DWD verwendet und für den zu erwartenden Maximalwasserstand eine Spannbreite von etwa 3,80–6,50 m angibt; tatsächlich eingetreten sind ca. 10,00 m. Diese Information ist für Einsatzkräfte im Katastrophenschutz ohne Interpretation nicht zu nutzen und vor allem nicht in konkrete Maßnahmen, z. B. die Errichtung von Sandsackverbau-

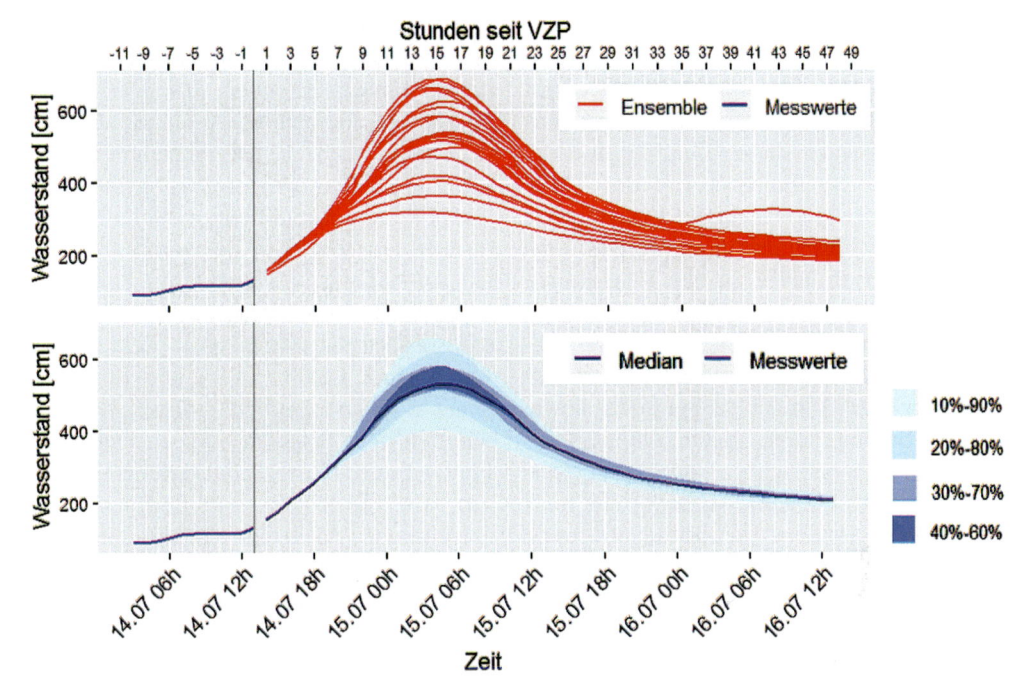

Abb. 3.3 Spanne der Wasserstandsvorhersagen für den Pegel Altenahr zum Vorhersagezeitpunkt (VZP) 14.07. 14:00 MESZ unter Verwendung von 20 Ensemble-Wettervorhersagen (ICON-D2-EPS); 20 Einzelvorhersagen (oben) und Quantildarstellung (unten) [7]. (© LfU-RLP 2022)

ungen einer spezifischen Höhe, umzusetzen. Damit soll beispielhaft illustriert werden, dass ein erfolgreiches gemeinsames Handeln von Katastrophenschutz und Wasserwirtschaft ohne ein gemeinsames fachliches Verständnis und eine gemeinsame Sprache auch zukünftig nur schwer möglich sein wird.

3.3.3 Umfassendes und aktuelles Hochwasserwissen ist zentral für den Erfolg

Für die Bewältigung von Hochwasserereignissen stehen in den Bundesländern hauptsächlich ehrenamtliche Einsatzkräfte zur Verfügung. Diese werden in der Regel von den Feuerwehren gestellt. Für den Zivil- und Bevölkerungsschutz wurde die Bundesanstalt Technisches Hilfswerk (THW) 1950 gegründet und als operative taktische Organisation extra für diesen Fall aufgestellt. Sie untersteht dem Bundesministerium des Innern und für Heimat (BMI) und kann von jeder Behörde angefordert werden, um in Einsatzsituationen zu unterstützen. Das ist gerade bei Hochwasserereignissen eine wichtige Ergänzung, da das THW mit seinen 668 Ortsverbänden und 80.000 Ehrenamtlichen in den verschiedensten technischen Aufgaben ausgebildet ist. Im Einzelnen können sie unter anderem folgende Aufgabengebiete selbstständig bearbeiten: Infrastruktur, Räumen, Wassergefahren, Ortung, Elektroversorgung, Wasserschaden/Pumpen, Notversorgung und Notinstandsetzung, Schwere Bergung, Logistik-Materialwirtschaft und Verpflegung, Führungsunterstützung, Kommunikation, Trinkwasserversorgung, Ölschaden, Brückenbau, Sprengen. Das THW bildet seine Einsatzkräfte an drei Ausbildungszentren in diesen Fähigkeiten aus. In den Einsätzen der letzten Jahrzenten sind die Einsatzkräfte zunehmend mit seltenen und außergewöhnlichen Situationen konfrontiert worden. Durch das methodische und fundierte Aufarbeiten dieser Einsätze und die Erfahrungen der Einsatzkräfte des THW können kontinuierlich neue Erkenntnisse für die Ausbildung gewonnen werden. Das kann man beim THW an den Lehrgängen für den Hochwasserschutz und Naturgefahren sehr gut illustrieren. Das THW-Ausbildungszentrum Hoya hat die „Hochwasser-Lehrgänge" (Spez 05a, Spez 05b) sowie die Ausbildung zum „Technischen Berater für Hochwasserschutz und Naturgefahren" (Spez 90) mit Unterstützung von qualifizierten Dozenten, die selbst erfahrene Einsatzkräfte sind und sich im beruflichen Umfeld der Wasserwirtschaft bewegen, an die veränderten Anforderungen angepasst. Zusätzlich kann über die Zusammenarbeit mit Universitäten und Hochschulen weiteres Wissen in die Qualifikation der Einsatzkräfte eingebracht werden. Durch die aktive Mitwirkung des THW an Forschungsprojekten kann das so gewonnene Wissen mit anderen Einsatzkräften geteilt werden. Am Beispiel des Projekts BiWaWehr [8] (Bildungsmodul zum Umgang mit außergewöhnlichen wasserbezogenen Naturgefahren für die Feuerwehr) kann man diese Zusammenarbeit besonders gut erkennen [8]. Durch das vom Bundesministerium für Umwelt, Naturschutz, Bau und Reaktorsicherheit geförderte Projekt wurden in Zusammenarbeit der TU Kaiserslautern, den Feuerwehren und dem THW Handlungsempfehlungen für die Ausbildung in Hochwassersituationen zur Verfügung gestellt. Das modular aufgebaute digitale Bildungsmodul enthält dabei sowohl theoretische Anteile als auch praktische Methoden. Es wird seit dem Projektende 2021 kontinuierlich weiterentwickelt. Die Inhalte des Projekts BiWaWehr sind auch in die Lehrgänge Spez 05a,b und Spez 90 des THW integriert, und somit lernen die Einsatzkräfte gleiche Vorgehensweisen.

Hochwasserszenarien lassen sich aufgrund der spezifischen Parameter oft sehr schwer einsatznah üben. Ein Deichbruch, überflutete Gemeinden oder Städte sind in einem realistischen Schadensszenario nicht darstellbar. Der Einzug der modernen Technik kann hier Abhilfe verschaffen. Der rasante Fortschritt in der computerbasierten Ausbildung und das damit bezahlbare Equipment unterstützen die Ausbildung in realistischen Szenarien. Mit dem Einsatz von Virtual Reality (VR) und der geeigneten Software werden realistische Landschaften oder Schäden z. B. an Deichen in Echtzeit und naturnah dargestellt. Der Einsatz von VR erlaubt zum Beispiel bei der Ausbildung von Technischen Beratern das Üben von realistischen Lagebeurteilungen. Auch in der Ausbildung von Deichläufern ist der Einsatz von VR in der Ausbildung eine realistische Vorbereitung für den späteren „echten" Einsatz. Die schnelle Weiterentwicklung dieser Technik wird unterstützt durch die wissenschaftlichen Arbeiten und Projekte der Universitäten, die im Bereich Hochwasserschutz genutzt werden. Durch den guten und engen Kontakt zu den Einsatzorganisationen fließen die erlangten Ergebnisse in die Ausbildung der Einsatzkräfte zurück. Hochwasserwissen wird damit auf allen Ebenen zentral für den Erfolg.

Literatur

1. MULNV-Ministerium für Umwelt, Landwirtschaft, Natur und Verbraucherschutz des Landes Nordrhein-Westfalen (2021): „Zweiter fortgeschriebener Bericht zu Hochwasserereignissen Mitte Juli 2021" (zu Landtags-Vorlage 17/5485) (▶ https://www.landtag.nrw.de/portal/WWW/dokumentenarchiv/Dokument/MMV17-5548.pdf)
2. LfLUG-Sächsisches Landesamt für Umwelt und Geologie (2004): „Ereignisanalyse – Hochwasser 2002 in den Osterzgebirgsflüssen" (▶ https://www.umwelt.sachsen.de/umwelt/infosysteme/lhwz/download/Ereignisanalyse_neu.pdf)
3. Verband der Feuerwehren in NRW, Arbeitsgemeinschaft der Leiter der Berufsfeuerwehren und der Ar-

beitsgemeinschaft der Leiter hauptamtlicher Feuerwachen in NRW (2021): „Katastrophenschutz in NRW – Vorschläge für eine Weiterentwicklung" (▶ https://www.feuerwehrverband.nrw/fileadmin//Downloads/Verband/Themen/Verband/2021-10_VF_Verbesserungsvorschlaege_Katastrophenschutz.pdf)

4. Zwischenbericht des Parlamentarischen Untersuchungsausschusses „Hochwasserkatastrophe" des Landtags Nordrhein-Westfalen, Drucksache 17/16930 vom 25.03.2022 (▶ https://www.landtag.nrw.de/portal/WWW/dokumentenarchiv/Dokument/MMD17-16930.pdf)

5. Schüller, Alexandra (2022): „Möglichkeiten zur Weiterentwicklung des operativen Hochwasserschutzes – ein Beitrag aus wasserwirtschaftlicher Perspektive", Dissertation, TU Kaiserslautern, Bericht Nr. 23 des Fachgebietes Wasserbau und Wasserwirtschaft, Shaker-Verlag Aachen, ISBN 978-3-8440-8730-7

6. Disse, Markus (2020): „Hydrologische Grundlagen" in „Hochwasser-Handbuch: Auswirkungen und Schutz"; Hrsg: Patt, Heinz und Jüpner, Robert; Springer-Vieweg, ISBN 978-3-658-26743-8

7. Bettmann, Thomas (2022): „Das Juli-Hochwasser 20121 in Rheinland-Pfalz" in „13. Forum Hochwasserrisikomanagement 2021 in Jena"; Hrsg.: Jüpner, R. und Müller, U., Shaker-Verlag, Aachen; ISBN 978-3-8440-8650-8

8. Scheid, C.; Zeddies, M; Kopp, M.; Jüpner, R. (2021): „BiWaWehr – DAS: Bildungsmodul für Feuerwehren zum Umgang mit wasserbezogenen Naturgefahren", Korrespondenz Wasserwirtschaft 08/2021

9. ▶ https://hochwasser-kahr.de/index.php/de/

Entwicklung eines Masterplans für die Einzugsgebiete von Inde und Vicht zur Verbesserung der Hochwasserresilienz

Martin Kaleß, Joachim Reichert, Gerd Demny, Holger Schüttrumpf und Elena-Maria Klopries

Die Hochwasserkatastrophe im Juli 2021 hat auch das Einzugsgebiet der Gewässer Inde und Vicht enorm getroffen. Der Wasserverband Eifel-Rur hat daraufhin zusammen mit dem Institut für Wasserbau und Wasserwirtschaft der RWTH Aachen University einen Masterplan entwickelt, um die Hochwasserresilienz im Einzugsgebiet dieser Gewässer zu verbessern. Zahlreiche Fachexperten aus unterschiedlichen Disziplinen sowie detaillierte Ortskenntnisse besitzende kommunale Vertreter und Behördenvertreter wurden dabei eingebunden. Weitere Masterpläne für andere Einzugsgebiete im Verbandsgebiet folgen der geschilderten Vorgehensweise.

Der Wasserverband Eifel Rur (WVER) ist ein sondergesetzlicher Wasserverband in Nordrhein-Westfalen. Das Verbandsgebiet umfasst das in Nordrhein-Westfalen gelegene oberirdische Einzugsgebiet der Rur von Heinsberg im Norden bis Hellenthal im Süden und von Aachen im Westen bis Düren im Osten. Die Aufgaben des WVER reichen von der Abwasserreinigung der im Verbandsgebiet anfallenden Abwässer über die Gewässerunterhaltung sowie die Wiederherstellung naturnaher Verhältnisse an den Gewässern, den Hochwasserschutz bis hin zur Verstetigung des Wasserflusses in den durch Talsperren regulierten Gewässerabschnitten. Von den zahlreichen der Rur zufließenden Nebengewässern haben Inde und Vicht, die ein Teileinzugsgebiet der Inde darstellen, für diesen Beitrag eine herausgehobene Bedeutung.

> **Kompakt**
>
> – Die Hochwasserkatastrophe im Juli 2021 im Westen Deutschlands und in angrenzenden Nachbarländern hat auch Inde und die Urft im Verbandsgebiet des Wasserverbandes Eifel-Rur stark getroffen.

Zuerst erschienen in Wasser und Abfall 11/2022

- Eine vollständige Beherrschung von Extremereignissen ist mit technischen Hochwasserschutzmaßnahmen nicht möglich, jedoch sind Maßnahmen im Einzugsgebiet von Inde und Vicht umsetzbar, die der Stärkung der Widerstandskraft gegenüber Hochwasser und der Erhöhung der Hochwasserresilienz dienen.
- Eine Steigerung der Hochwasserresilienz darf nicht an kommunalen Grenzen aufhören, sondern muss ganzheitlich für das Einzugsgebiet gedacht werden.
- Ein konsensualer, dynamischer Masterplan unter Einbezug aller relevanten Akteure, unterstützt durch interdisziplinäre Fachexperten, wurde entwickelt und beinhaltet Maßnahmen zur hochwasserresilienten Einzugsgebietsentwicklung. Zur Umsetzung ist eine regionale Struktur eingerichtet.

Die durch das Institut für Wasserbau und Wasserwirtschaft der RWTH Aachen University (IWW) der RWTH Aachen University betriebene Forschung konzentriert sich auf die drei Forschungsschwerpunkte „Morphodynamik und Sedimente", „Energie und Umwelt" und „Küste und Hochwasser". In letzterem bearbeiten die Mitarbeiterinnen und Mitarbeiter des IWW nationale sowie internationale Projekte zur angewandten Forschung wie auch zur Grundlagenforschung in den Bereichen Hochwasserrisikomanagement, Starkregen, Sturmflut- und Tsunamischutz sowie „nature-based solutions". Das Institut kann auf eine Jahrzehnte lange Erfahrung sowie eine Vielzahl erfolgreich abgeschlossener Projekte in diesen Themenfeldern zurückblicken.

Der Fördermittelantrag des WVER wurde bereits wenige Monate nach der Hochwasserkatastrophe von der Bezirksregierung Köln mit einer Förderzusage beschieden, sodass ein kurzfristiger Projektstart möglich war.

4.1 Einzugsgebiete von Inde und Vicht

Die *Vicht,* auch als Vichtbach bezeichnet, ist ein knapp 23 km langer grobmaterialreicher, silikatischer Mittelgebirgsbach. Im Jahresverlauf treten große Abflussschwankungen auf. Die Vicht, die als Grölisbach in der Gemeinde Roetgen bei Aachen entsteht, durchfließt anschließend weitere Ortschaften der StädteRegion Aachen sowie die ebenfalls zur StädteRegion gehörende Stadt Stolberg. Hier finden sich besonders im historischen Altstadtbereich zahlreiche Ufermauern und Brücken, die durch die Begrenzung des Querschnitts die Leistungsfähigkeit des Gewässers definieren. Dem historischen Stadtkern Stolbergs vorgelagert haben zahlreiche Industriebetriebe Produktionsstandorte in unmittelbarer Nähe zur Vicht. Stadtauswärts mündet die Vicht im weiteren Verlauf im nördlichen Stadtgebiet Stolbergs in die Inde. In die Vicht fließen zahlreiche Nebengewässer, insbesondere sei hier im Kontext der Hochwasserkatastrophe der Hasselbach genannt. Die Vicht durchfließt ein vergleichsweise enges Tal, sodass sich steigende Abflüsse in entsprechend starken und kurzfristigen Pegelanstiegen niederschlagen. Das Einzugsgebiet der Vicht an der Mündung umfasst 104 km^2.

Die *Inde* hat ihre Quelle im Hohen Venn im Gebiet der belgischen Gemeinde Raeren. Auf deutscher Seite passiert sie auf Aachener Stadtgebiet einige Ortschaften wie Friesenrath, Hahn und Kornelimünster. Anschließend durchfließt die Inde Stolberger Gebiet; als wesentlicher Nebenfluss fließt hierbei auch die Vicht hinzu. Anschließend weitet sich die Landschaft auf und die Inde durchfließt auf dem Weg zu ihrer Mündung viele Siedlungsstruktu-

Entwicklung eines Masterplans für die Einzugsgebiete …

ren, beispielsweise die Stadt Eschweiler sowie die Gemeinde Inden sowie Langerwehe. Auf Höhe des Tagebaus Inden wurde die Inde im Zuge des fortschreitenden Tagebaus verlegt. In Teilen wird die Inde durch Deiche flankiert. In der Nähe des Jülicher Stadtteils Kirchberg mündet die Inde in die Rur. Die Einzugsgebiete von Inde und Vicht sind ◘ Abb. 4.1 zu entnehmen.

Die beiden Einzugsgebiete sind nicht durch Talsperren reguliert. Es besteht zwar eine durch die Wassergewinnungs- und -aufbereitungsgesellschaft Nordeifel mbH (WAG) betriebene Talsperre, die Dreilägerbachtalsperre. Diese staut den Dreilägerbach im Einzugsgebiet der Vicht. Die Talsperre mit einem Speicherraum von 3,67 Mio. m^3 dient jedoch der Bereitstel-

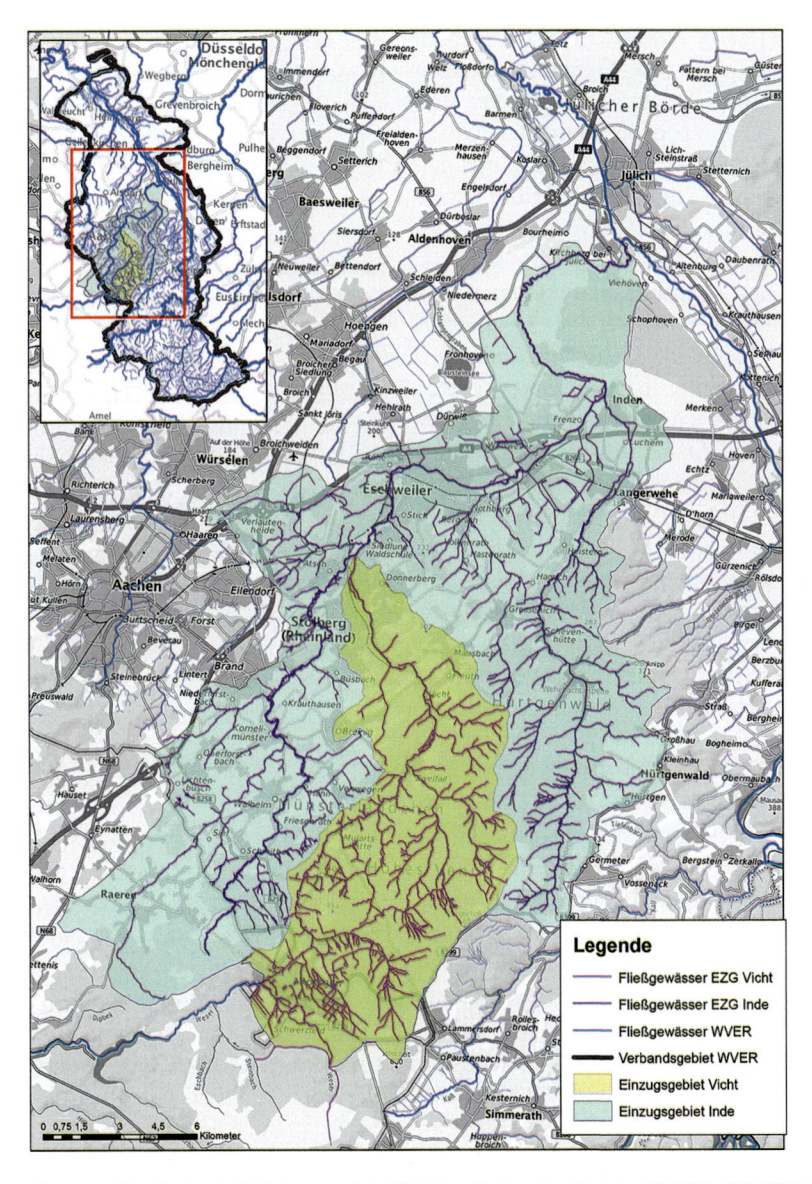

◘ **Abb. 4.1** Einzugsgebiet Inde mit Teileinzugsgebiet Vicht im Verbandsgebiet des WVER. (© WVER)

lung von Rohwasser für die Trinkwasseraufbereitung und hält keinen Hochwasserschutzraum bereit.

Beide Gewässer fließen mit Ausnahme einiger naturnaher Abschnitte in dicht besiedelten Siedlungsstrukturen, sodass das Schadenspotenzial bei Hochwasserereignissen per se hoch ist, forciert durch ufernahe Bebauung. Die beiden Städte Stolberg und Eschweiler tragen dabei am meisten zum Schadenspotenzial bei; weitere Ortschaften innerhalb der Stadtgrenzen der beiden Städte sowie auf den Gemeindegebieten von Roetgen, Inden und Langerwehe sind bei Hochwasser ebenfalls betroffen. Auch die Stadt Aachen ist beispielsweise mit den Ortschaften Friesenrath und Hahn sowie Kornelimünster durch Hochwasser an der Inde gefährdet.

In der Bestandsituation bestehen Maßnahmen zum Hochwasserschutz; überdies liegen weit fortgeschrittene, im Genehmigungsprozess befindliche Planungen für den Bau von Hochwasserrückhalteben im Oberlauf der Vicht vor. Mit den im Masterplanprozess gefundenen Maßnahmen wird insbesondere auf die Erhöhung der Hochwasserresilienz in dem vorgestellten Einzugsgebiet abgezielt. Dabei sollen die identifizierten Maßnahmen dazu beitragen, die Hochwasserresilienz bei Extremhochwasser zu verbessern und somit das Schadensausmaß zu verringern.

Aus der Beschreibung des Einzugsgebiets zeigt sich, dass bei einem ganzheitlichen Hochwasserschutz und-resilienzkonzept zahlreiche Kommunen involviert sind. Für wasserrechtliche Fragestellungen übernehmen drei Untere Wasserbehörden Verantwortung. Daher ist der Grundgedanke des Masterplanprozesses, alle relevanten Akteure in die Ideenfindung einzubinden, um ein größtmögliches Verständnis einzelner Belange zu bekommen und einen einheitlichen Wissensstand zu erlangen sowie eine transparente Vorgehensweise sicherzustellen.

4.2 Rückblick auf das Hochwasserereignis 2021

Das Tiefdruckgebiet „Bernd" führte zwischen dem 12. und 19. Juli 2021 zu tagelangen Dauerregenfällen, überlagert von eingebetteten Starkregenereignissen. Die 72h-Niederschlagssumme an zahlreichen Messstellen im südlichen und westlichen Verbandsgebiet überstieg die Höhe von 150 mm. Die Niederschlagsmessstation in Roetgen des Umweltministeriums Nordrhein-Westfalen (damals namentlich Landesamt für Natur, Umwelt und Verbraucherschutz Nordrhein-Westfalen, LANUV) ermittelte über 72 h gar eine Höhe von 223 mm, was statistisch an dieser Messstation einem 1.000-jährlichen Ereignis entspricht. Bereits im Vorfeld des Tiefdruckgebiets hatte es Tage zuvor bereits signifikante Niederschläge gegeben, sodass die Böden gesättigt waren.

Den enormen Niederschlagsmengen folgend führten Inde und Vicht extremes Hochwasser. Das Beispiel der Pegelmessung in Mulartshütte, die den Pegel der Vicht erfasst, zeigt in ◘ Abb. 4.2 das Ausmaß deutlich. In der Nacht vom 13. Juli. auf den 14. Juli. steigt der Pegel innerhalb weniger Stunden von deutlich unter 50 cm auf über zwei

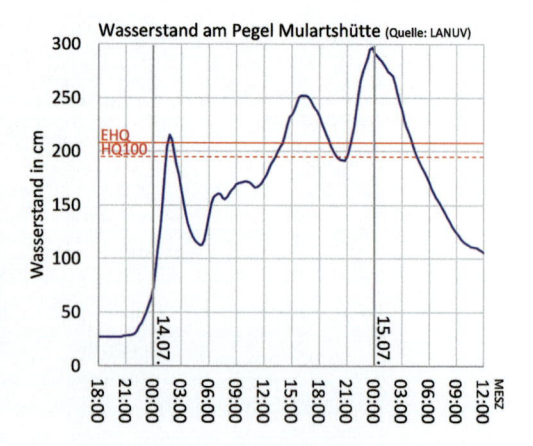

◘ Abb. 4.2 Pegelmessung Pegel Mulartshütte während des Extremhochwassers 2021. (© LANUV, freigegeben am 8.12.2021)

Meter an. Dieser Wert entspricht bereits einem Extremhochwasser. Zunächst konnte anschließend ein rasches Absinken der ersten Welle beobachtet werden. Weitere Niederschläge führten jedoch zu einem neuerlichen Anstieg des Pegels ab etwa 6:00 des 14. Juli. Ab der Mittagszeit baute sich die zweite Welle auf, die in ihrer Spitze die Spitze der ersten Welle deutlich übertraf. Ein in dem Dauerregen stattfindendes Starkregenereignis führte im weiteren Verlauf der Hochwasserkatastrophe zur dritten Welle und zur absoluten Hochwasserspitze am Datumsübergang vom 14. Juli auf den 15. Juli Die Pegelmessung weist zu diesem Zeitpunkt einen Pegel von annähernd 3 m auf.

Folgen des Extremhochwassers waren zahlreiche Schäden an Infrastruktur, Gebäuden sowie an den Gewässern selbst. Große Mengen an Treibgut wurden durch das Extremhochwasser mitgeführt. Die Gewässerqualität wurde durch das Eintragen zahlreicher Stör- und Schadstoffe (z. B. Heizöl) beeinträchtigt. Im Bereich der Vicht führte die enge Tallage zu hohen Strömungsgeschwindigkeiten und folglich zu einem hohen Geschiebetransport. Beide Effekte verstärkten das Ausmaß der Katastrophe. An der Inde hingegen waren die großflächigen Überschwemmungen, besonders in Eschweiler, Grund für das hohe Schadensausmaß. Überdies ist anzuführen, dass ein Indedeich in der Nähe des Tagebaus Inden aufgrund der Wassermengen überströmt wurde. Das überströmende Wasser folgte dem Verlauf der Inde vor deren durch den Tagebau bedingten Verlegung und drang in den Tagebau ein.

4.3 Masterplanprozess

4.3.1 Projektstruktur

Die im Masterplanprozess involvierten Personengruppen sind im Folgenden erläutert und in einer Übersicht zur Projektstruktur in ◘ Abb. 4.3 dargestellt.

Das Team der Fachexperten setzte sich im Wesentlichen zusammen aus Fachexperten unterschiedlicher Fachdisziplinen (Wasserbau, Siedlungswasserwirtschaft, Städtebau und Stadtentwicklung sowie Katastrophenschutz) sowie aus Fachexperten mit sehr guten Ortskenntnissen, zum Teil Vertreter der Kommunen, Gebietsingenieure

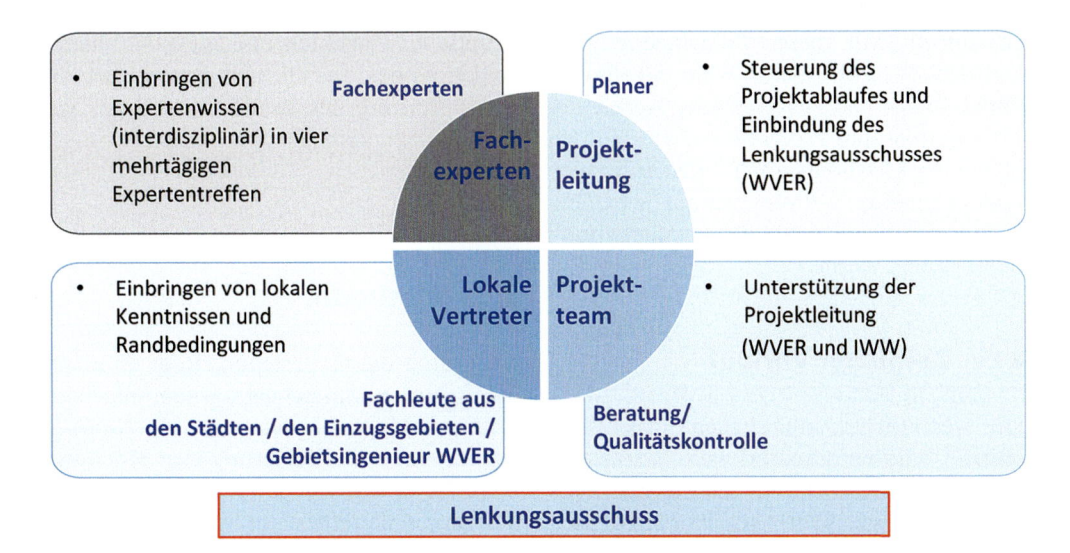

◘ **Abb. 4.3** Projektstruktur der im Masterplanprozess involvierten Personengruppen. (© WVER)

des WVER und der Unteren Wasserbehörden. Überdies waren Vertreter der Bezirksregierung Köln, der Industriebetriebe an der Vicht und der WAG in der Expertengruppe eingebunden, um die gesamtheitliche Beteiligung aller betroffener Akteure zu gewährleisten. Diese Personengruppe brachte im Laufe des Masterplanprozesses die zahlreichen Ideen und Maßnahmenvorschläge zur Verbesserung der Hochwasserresilienz ein.

Die Projektleitung zeigte sich verantwortlich für die Durchführung des Masterplanprozesses und regelte die organisatorischen Erfordernisse. Vor- und Nachbereitung erfolgten in Zusammenarbeit der Projektleitung mit dem Projektteam, besetzt mit Vertretern aus den das Masterprojekt initiierenden Institutionen IWW und WVER. Ein Management-Consulting-Unternehmen beriet zusätzlich bei wichtigen Weichenstellungen.

Über den Projektfortschritt und die erzielten Ergebnisse wurde der Lenkungsausschuss zum Masterplanprojekt informiert. Dieser setzte sich aus den Bürgermeistern der involvierten Kommunen, der Bezirksregierung Köln, Vertretern des Umweltministeriums NRW sowie des Vorstands des WVER und des Institutsleiters des IWW zusammen. Mit dieser Zusammensetzung konnten Projektergebnisse in den politischen Raum getragen werden. Neben der Information zum Projektfortschritt wurden in diesem Gremium auch Entscheidungen über den weiteren Projektverlauf getroffen, womit eine konsensuale Projektausrichtung sichergestellt wurde.

4.3.2 Zeitlicher Verlauf

Die wesentlichen inhaltlichen Projektfortschritte wurden während vier Workshops zwischen September 2021 und Januar 2022 erzielt. Im ersten Workshop wurden grundsätzliche Möglichkeiten zum Hochwasserschutz und zur Steigerung der Hochwasserresilienz durch die Fachexperten aus unterschiedlicher fachlicher Sicht zusammengetragen. Überdies fanden Begehungen der Städte Stolberg und Eschweiler statt, um die hochwasserbedingten Zerstörungen zu erfassen.

In den beiden folgenden Workshops identifizierte der Expertenkreis unter Berücksichtigung der Gegebenheiten der Einzugsgebiete von Inde und Vicht zum einen Maßnahmen zur Steigerung der Hochwasserresilienz für den urbanen Raum und zum anderen Maßnahmen in den Hochwasserentstehungsgebieten. Die dabei angewendete Methodik wird im folgenden Kapitel „Methodik" erläutert.

Flankierend wurde der Kontakt zu den Industriebetrieben an der Vicht gesucht. Hierbei erfolgte auf die jeweilige spezifische Situation eines Unternehmens angepasste Hochwasserberatung durch Vertreter des Expertengremiums. Der anschließende bilaterale Austausch ermöglichte die Aufnahme der individuellen Ansätze und Problematiken der Unternehmen in Bezug auf die Hochwasserthematik in den Masterplanprozess.

Im Vorfeld des letzten Expertenworkshops bündelte das Projektteam die einzelnen Maßnahmenvorschläge der Expertengruppe zu Projekten mit entweder thematischem oder räumlichem Bezug. Bei der Durchführung des letzten Workshops gab die Fachexpertengruppe Einschätzungen zu verschiedenen, systematisch abgefragten Kriterien.

4.3.3 Methodik

Die durch das Expertengremium im ersten Workshop zusammengetragenen, allgemein gültigen Möglichkeiten zum Hochwasserschutz und zur Steigerung der Hochwasserresilienz wurden durch das Projektteam systematisch aufbereitet und in Maßnahmenkategorien sowie -optionen eingeteilt. Die Maßnahmenkategorien wurden mittels

Icons symbolisiert (◼ Abb. 4.4) und dienten als Grundlage der in der Folge durchgeführten Workshops zur Ermittlung von Maßnahmen im urbanen Raum respektive für die Einzugsgebiete. Die blau gefärbten Icons repräsentieren Maßnahmenkategorien mit Optionen, die eher im urbanen Bereich einsetzbar sind, wohingegen grün hinterlegte Icons übergeordnet für kategorisierte Optionen stehen, die im Einzugs-/Hochwasserentstehungsgebiet Anwendung finden.

Im Vorfeld der Workshops zu den urbanen Bereichen, insbesondere Stolberg und Eschweiler, sowie zu den Einzugsgebieten teilte das Projektteam die zu untersuchenden Gewässerabschnitte in Planungsabschnitte ein, um ein definiertes räumliches Gebiet als Diskussionsbasis für den Expertenkreis zu schaffen. Bei der Diskussion möglicher, spezifischer Maßnahmen im jeweiligen Planungsabschnitt dienten die zuvor zusammengetragenen, allgemein möglichen Maßnahmen als Grundlage. Alle Ideen sollten geäußert werden; Denkverbote wurden nicht erteilt. Für eine Vorstellung eines mit Maßnahmenvorschlägen versehenen Planungsabschnitts sei auf ◼ Abb. 4.5 verwiesen.

Maßnahmenvorschläge aus dem Expertenkreis wurden mittels GIS-Anwendung im Planungsabschnitt digital verortet, in einer Liste aufgenommen und präzisiert. Einzelne Maßnahmenvorschläge wurden zum Abschluss jedes Workshops durch die anwesenden Fachexperten bewertet. Hierzu standen die Bewertungsmöglichkeiten „interessanter" (1 Punkt), „guter" (2 Punkte) und „favorisierter" (3 Punkte) Lösungsvorschlag zur Auswahl. Die Einzelbewertungen wurden über die Bildung eines arithmetischen Mittels zu einem aggregierten Meinungsbild zusammengeführt.

Das Projektteam hat im Nachgang der beiden Workshops die zahlreichen einzelnen Maßnahmenvorschläge zu Projekten gebündelt. Dabei wurden entweder Maßnahmenvorschläge mit räumlichem oder mit thematischem Bezug zusammengefasst. Die Initialeinzelbewertungen der Maßnahmenvorschläge wurden über die Bildung des arithmetischen Mittels in eine Gesamtbewertung eines Projekts überführt.

Im letzten Workshop wurden die gebündelten Projekte vorgestellt und eine detaillierte, die Initialbewertung übersteigende Einschätzung der Fachexperten eingeholt. Die Fachexperten äußerten ihre Einschät-

◼ **Abb. 4.4** Hochwasserschutzmaßnahmen bzw. Resilienz steigernde Maßnahmen repräsentiert durch Icons als Grundlage der Ideenworkshops. (© WVER)

◻ **Abb. 4.5** Planungsabschnitt nach der Expertendiskussion mit verorteten Maßnahmen zur Verbesserung der Hochwasserresilienz oder zum Hochwasserschutz, hier beispielhaft Innenstadtbereich Eschweiler. (© WVER)

zung bezüglich der nächsten erforderlichen Schritte, der Verantwortung bezüglich der Umsetzung sowie der zeitlichen Dauer bis zur Umsetzung eines jeweiligen Projektes.

4.4 Ergebnisse

Insgesamt äußerten die Fachexperten im Laufe der Workshops Ideen über 192 Einzelmaßnahmen. Maßnahmen, die bei der aggregierten Initialbewertung als „interessanter Vorschlag" bewertet wurden, wurden aufgrund der Vielzahl der gefundenen Einzelmaßnahmen im weiteren Prozessverlauf nicht weiter berücksichtigt. Daher bilden 172 Maßnahmenvorschläge die Grundlage des Masterplans.

Diese 172 Maßnahmenvorschläge wurden zu 63 Projekten gebündelt. Eine Übersicht über die Projekte sowie konkretisierende Informationen zu den jeweiligen Projektinhalten sind auf der Internetseite des Projekts abrufbar [1]. Einzelne kurzfristige Projekte sind bereits umgesetzt; für viele der Projekte sind Machbarkeits- bzw. Wirksamkeitsstudien begonnen, um das Verhältnis von Kosten und Nutzen fundiert bewerten zu können. Diese Studien erfolgen unter anderem in dem durch das Bundesministerium für Bildung und Forschung (BMBF) geförderten Projekt Klimaanpassung, Hochwasser und Resilienz, KAHR [2]. Es sei betont, dass der Masterplan dynamisch ist; weitere Ideen können jederzeit in den Masterplan einfließen.

Umgesetzt wurde die Empfehlung der Experten zur Etablierung einer regionalen Struktur zur Umsetzung der möglichen Projekte durch die Gründung eines regionalen Hochwasserrisikomanagements.

Über die konkreten, für das Inde/Vicht-Einzugsgebiet spezifischen Maßnahmenvorschläge hinaus äußerten die Fachexperten in zahlreichen Diskussionen allgemein gültige Empfehlungen. Beispielhaft seien das Einräumen eines Vorkaufrechts bei Eigentümerwechseln in Grundstücksfragestellungen für Verbände oder Kommunen oder das Anpassen des Hochwasserschutzziels an das Schadenspotenzial genannt.

Projektflankierend wurde Betroffenen vor Ort im Verbandsgebiet des WVER an mehreren Dutzend Terminen Hochwasserberatung durch das HochwasserKompetenzCentrum (HKC) [3] angeboten, bei denen Fachexperten des HKC konkrete Empfehlungen unter Einbeziehung der jeweiligen Gegebenheiten vor Ort aussprachen und Objektschutzmaßnahmen anhand von Ausstellungsstücken erläuterten. Diese Direktmaßnahme erwies sich als sehr hilfreich, um vom Hochwasser Betroffenen eine unkomplizierte Anlaufstelle zu Fragen rund um das Thema Hochwasserschutz sehr zeitnah nach der Katastrophe anbieten zu können.

Eine aus dem Expertenkreis stammende, allgemeingültige Empfehlung bestand darin, zwecks Erinnerung und Mahnung Hochwassermarken an betroffenen Gebäuden oder Infrastruktureinrichtungen anzubringen. Daraufhin ließ das Projektteam Hochwassermarken fertigen, die seit dem Jahrestag Betroffenen zur Verfügung gestellt werden. Die Marken dienen neben der Erinnerungs- bzw. Mahnfunktion auch dazu, modelltechnische Berechnungen zu kalibrieren und sind somit auch von hohem fachlichen Nutzen.

4.5 Zusammenfassung

Die Hochwasserkatastrophe im Juli 2021 im Westen Deutschlands und in angrenzenden Nachbarländern hat auch Gewässer im Verbandsgebiet des WVER hart getroffen. Besonders starke Zerstörungen fanden in den Einzugsgebieten der Gewässer Inde und Urft statt. Der Verlust von Menschenleben sowie Schäden immensen Ausmaßes an Gebäuden, Infrastruktur sowie an den Gewässern selbst sind zu beklagen. Um die Hochwasserresilienz zu stärken, hat der WVER zusammen mit dem IWW kurz nach der Hochwasserkatastrophe ein Projekt initiiert. Das Ziel dieses Vorhabens war es, Maßnahmen im Einzugsgebiet von Inde und Vicht zu identifizieren, die der Stärkung der Widerstandskraft gegenüber Hochwasser dienen. Die erarbeiteten Maßnahmenvorschläge zur Hochwasserresilienz sind im Masterplan Inde/Vicht zusammengefasst. Die Vorgehensweise zur Erstellung des Masterplans, die Beteiligten sowie die Ergebnisse sind Bestandteil dieses Beitrags.

4.6 Fazit

Der geschilderte Masterplanprozess zur Steigerung der Hochwasserresilienz hat in besonderem Maße berücksichtigt, dass Ideen und Planungen zu Hochwasserschutz und -resilienzmaßnahmen nicht an kommunalen Grenzen aufhören dürfen, sondern ganzheitlich bezogen auf das Einzugsgebiet gedacht werden müssen. Alle relevanten Akteure, unterstützt durch interdisziplinäre Fachexperten, haben während der Ideenworkshops gemeinschaftlich Maßnahmenvorschläge unterbreitet und bewertet. Entstanden ist ein konsensualer, dynamischer Plan mit derzeit 63 Projekten, durch deren mögliche Umsetzung die Hochwasserresilienz in den Einzugsgebieten von Inde und Vicht deutlich verbessert wird.

Rückblickend hat es sich bewährt, die Masterplaninhalte auch im politischen Raum vorzustellen und Rückmeldungen in den Masterplan einfließen zu lassen. Dazu wurden zahlreiche interfraktionelle Feedbackrunden und öffentliche Ausschusssitzungen auf kommunaler Ebene durchgeführt. Derzeit steht neben der inhaltlichen Fortführung der Projekte des Masterplans die Information der Bevölkerung über die Masterplaninhalte an.

Die Vorgehensweise zur Erstellung des Masterplans hat große Zustimmung erfahren, sodass weitere Masterpläne für andere Gewässer im Verbandsgebiet erarbeitet werden.

Danksagung Der Dank des WVER und des IWW gilt den zahlreichen Fachexperten, die ihr interdisziplinäres Fachwissen bzw. ihre detaillierten Ortskenntnisse in den Masterplan eingebracht haben und zahlreiche Maßnahmenvorschläge geäußert haben. Ebenso möchten sich die beiden Institutionen beim HKC für die zahlreichen Beratungsaktionen herzlich bedanken. Dem Fördermittelgeber sei ebenfalls für die zeitnahe Bereitstellung der finanziellen Ressourcen gedankt.

Literatur

1. ► www.hochwassergefahrenvorbeugen.de
2. BMBF-Projekt Klimaanpassung, Hochwasser und Resilienz, KAHR: ► https://www.hochwasser-kahr.de/index.php/de/
3. HochwasserKompetenzCentrum e.V. (HKC): ► www.hkc-online.de

Beispiele für morphodynamische Prozesse und Verlagerungen in Folge des Hochflutereignisses 2021 im Ahrtal

Frank Lehmkuhl, Johannes Keßels, Philipp Schulte, Georg Stauch, Lukas Dörwald, Stefanie Wolf, Catrina Brüll und Holger Schüttrumpf

Das extreme Hochwasser im Juli 2021 veränderte die Morphologie der Ahr in einem erheblichen Umfang. Eine Analyse ausgewählter Abschnitte der Ahr hinsichtlich geomorphologischer Erosions- und Akkumulationsbereiche vor, unmittelbar nach und einige Monate später nach dem Hochwasser wird vorgestellt. Dabei werden auch Veränderungen durch Sofortmaßnahmen nach dem Hochwasser erfasst.

Die besondere Wetterlage zwischen dem 12. und 19. Juli 2021 resultierte in einem extremen Hochwasser vor allen in den Flüssen der Nordeifel [1–3]. Die Niederschläge der vorangegangenen Tage hatten die Böden der Region bereits vollständig wassergesättigt. Daher wurde der zusätzliche Niederschlag zum benannten Zeitraum als Direktabfluss ausschließlich oberirdisch abgeführt. Die folglich schnelle Wasserzuführung aufgrund der topographischen Gegebenheiten zu den Gewässern insbesondere in den Einzugsgebieten von Ahr, Erft und Inde hatte schwere Zerstörungen zur Folge. Erste wissenschaftliche Berichte und auch Beispiele für morphodynamische Veränderungen und die Verbreitung von Schadstoffen wurden an anderer Stelle bereits vorgelegt [4–8]. Insbesondere im Ahrtal zwischen Rech und Dernau erreichte der rekonstruierte Scheitelabfluss Werte von 1.000 bis 1.200 m^3/s und überstieg den bis dato größten direkt gemessenen Abfluss (236 m^3/s am 2. Juni 2016 am Pegel Altenahr) um ein Vielfaches. Roggenkamp und Herget

Zuerst erschienen in Wasser und Abfall 11/2022

© Der/die Autor(en), exklusiv lizenziert an Springer Fachmedien Wiesbaden GmbH, ein Teil von Springer Nature 2023
M. Porth et al. (Hrsg.), *Wasser, Energie und Umwelt*,
https://doi.org/10.1007/978-3-658-42657-6_5

(2022) legten in einem ersten Projektbericht Abflussabschätzungen und deren Einordnung vor [9].

> **Kompakt**
> - Hochwässer in Mittelgebirgsflüssen unterliegen sehr dynamischen Abläufen aufgrund der meist steilen Einzugsgebiete mit kurzen Fließzeiten.
> - Typische geomorphologische Prozesse im fluvialen System haben die flussnahe Infrastruktur überlagert, aber auch mit dieser interagiert.
> - Die Schadwirkung durch das Hochwasser unterscheidet sich im Ober-, Mittel- und Unterlauf; in Abhängigkeit von der Sohlneigung und dem Hanggefälle.
> - Der potenziellen Interaktion zwischen geomorphologischen Prozessen bei Hochwasser und gewässernaher Infrastruktur sollte in Zukunft mehr Beachtung geschenkt werden, da diese sich wiederum auf die Schadensbilder auswirkt.

Die Auswirkungen des Hochwassers im Ahrtal zeigen auch umfassende geomorphodynamische Veränderungen entlang des Flusslaufes. Erste Beschreibungen der Landschaftsveränderungen und morphodynamischen Prozesse wurden von Dietze et al. vorgelegt [10]. Neben den verheerenden Überschwemmungen wurden Uferbereiche, vor allem die Prallhänge und nachgelagerte Talhänge, unterschnitten und erodiert. Dabei wurden große Sedimentmengen abgetragen und verlagert. Die gröberen Sedimente, wie Schotter und Kiese, wurden in Bereichen mit geringeren Fließgeschwindigkeiten, z. B. in flacheren Gewässerabschnitten, nach Engstellen oder nach Brücken, abgelagert. Es kam u. a. bei Antweiler und Müsch zu Rutschungen durch Hangunterscheidung. Bei Hönningen oder Biersdorf traten darüber hinaus zahlreiche Murengänge auf [11, 12].

Aus den Höhendaten der Befliegungen vor und nach dem Hochwasser 2018/2019 und am 12. August 2021 können Bereiche von Erosion und Akkumulation identifiziert und abgeschätzt werden. Dabei müssen allerdings anthropogene Ufermodellierungen unmittelbar nach dem Hochwasser und vor der Befliegung aus dem Jahr 2021 bei einer Analyse berücksichtigt werden. Anhand von Drohnenaufnahmen vom 28. und 29. März 2022 können auch die Sofortmaßnahmen beispielsweise spontane Böschungswiederherstellungen der letzten neun Monate in ausgewählten Flussabschnitten ausgewertet werden.

5.1 Das Untersuchungsgebiet

5.1.1 Geomorphologie und Geologie

Die Ahr ist ein 85 km langer Mittelgebirgsfluss im Nordosten des Rheinischen Schiefergebirges mit einem Einzugsgebiet von 897 km² und mündet als linksseitiger Zufluss bei Remagen in den Rhein (◘ Abb. 5.2). Naturräumlich weisen die Ahr und ihr Einzugsgebiet von der Mündung bis zur Quelle sehr heterogene Charakteristika auf und können in vier verschiedene Teilabschnitte untergliedert werden (◘ Abb. 5.1 und 5.2). Dabei ist das Relief maßgeblich mit vom geologischen Untergrund, den gefalteten Gesteinen des Rheinischen Schiefergebirges, und den pleistozänen Prozessen bestimmt. Die junge Ahr im Oberlauf (Abschnitt I, ◘ Abb. 5.1 und ▶ Abschn. 5.1, ◘ Abb. 5.2) hat sich noch recht gering in die weichen Massenkalke des Devons und in die Rumpffläche des Schiefergebirges eingeschnitten und zeigt eine wenig reliefierte Hügellandschaft mit einem sanft geschwungenen Flussver-

Beispiele für morphodynamische Prozesse und Verlagerungen…

Abschnitt	Profil	Charakteristika
I. junge Ahr (Oberlauf) Quellregion — Müsch	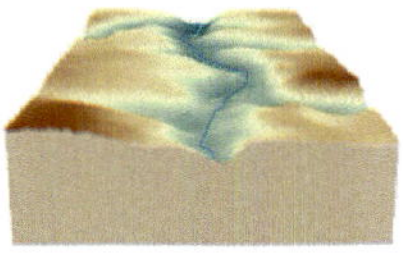	Fließstrecke: 21 km Sohlneigung: 8 ‰ Ø-Hangneigung im EZG: 6°
II. obere Ahr (oberer Mittellauf) Müsch — Altenahr		Fließstrecke: 30,2 km Sohlneigung: 4 ‰ Ø-Hangneigung im EZG: 10°
III. mittlere Ahr (unterer Mittellauf) Altenahr — Walporzheim		Fließstrecke: 17,4 km Sohlneigung: 3 ‰ Ø-Hangneigung im EZG: 12°
IV. untere Ahr (Unterlauf) Walporzheim — Mündung		Fließstrecke: 16,6 km Sohlneigung: 4 ‰ Ø-Hangneigung im EZG: 4°

Abb. 5.1 Die morphologisch verschiedenen Flussabschnitte der Ahr (nach [13], eigene Berechnungen auf Basis des DGM 25). (© Johannes Keßels)

lauf. An einigen Bereichen, wie bei Antweiler und Müsch, sind fossile Rutschkörper vorhanden. Ab der Ortschaft Müsch beginnt der Mittellauf der Ahr (Abschnitt II und III). Hier hat sich der Fluss 200–300 m tief in das Grundgebirge eingeschnitten und weist sowohl im oberen als auch im unteren Mittellauf typische Talmäander auf. Die Differenzierung dieser beiden Abschnitte erfolgt aufgrund der Zunahme der Hangneigung und der deutlichen Verkleinerung des Talquerschnittes ab Kreuzberg bei Altenahr (◘ Abb. 5.1 und 5.3a). Die Ahr hat in diesem Abschnitt steile, schroffe Felsklippen herausgearbeitet. Die Zweigliederung geht einher mit der Veränderung der Geologie. Während die Ahr ab Müsch die Grauwackenzone durchfließt, stehen ab Altenahr sehr verwitterungsresistente glimmerreiche flaserige Schiefer an. Ab Walporzheim (Abschnitt IV) wechselt der Talcharakter von einem Engtal zu einem breiten, flachen Sohlental. Dieses weitet sich trichterförmig talabwärts und geht bei Sinzig in die Niederterrasse des Rheines über. In dieses pleistozäne Sohlental hat sich die Ahr im Holozän wenige Dezimeter bis Meter eingeschnitten.

5.1.2 Besiedlungsgeschichte und Landnutzung

Die Besiedlungsgeschichte und Landnutzung des Ahrtals ist durch das Relief und den oberflächennahen Untergrund maß-

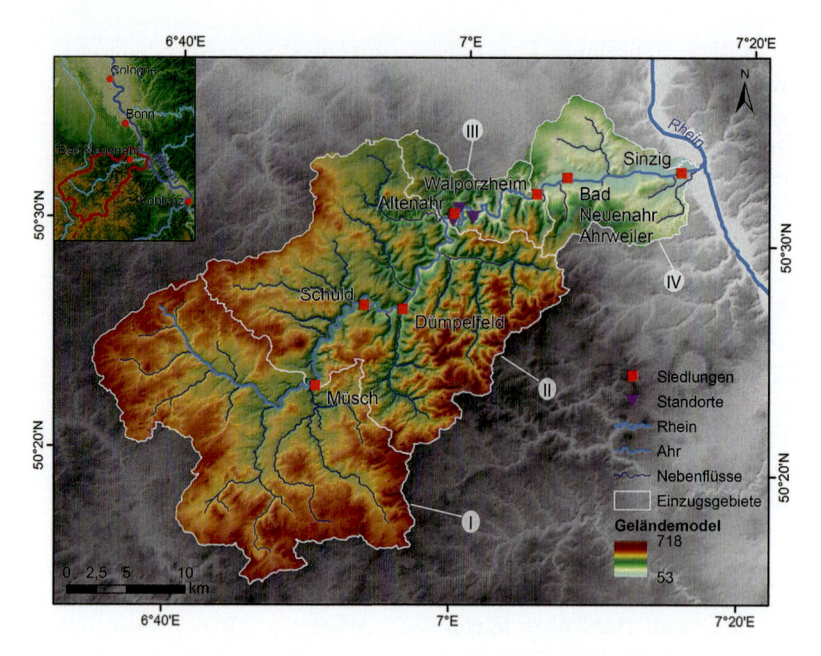

Abb. 5.2 Das Relief im Einzugsgebiet der Ahr und die vier Teileinzugsgebiete. (© Johannes Keßels)

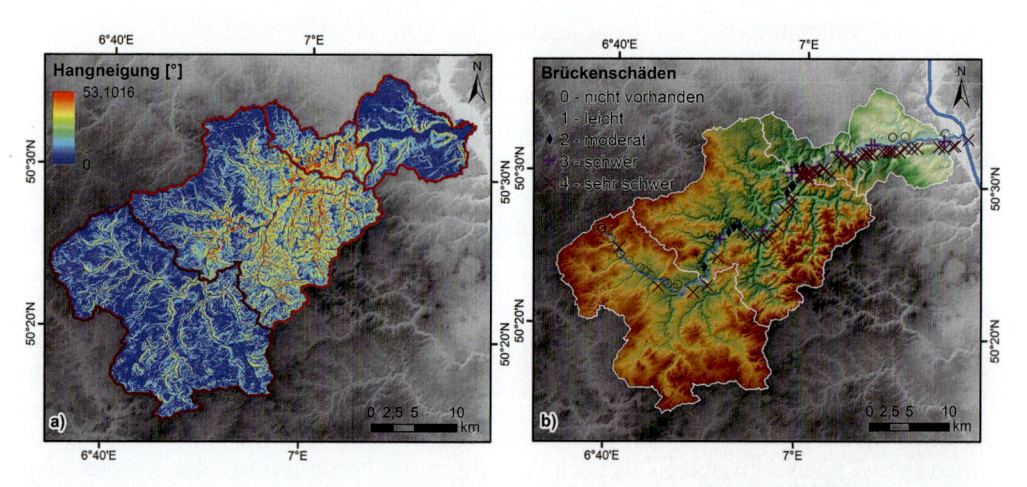

Abb. 5.3 a) Hangneigung im Einzugsgebiet der Ahr (links, Berechnung: G. Stauch). b) Brückenschäden in den vier Teileinzugsgebieten (rechts). (© Johannes Keßels; Aufnahme der zerstörten Brücken: IWW)

geblich geprägt. Während der Unterlauf mit der Weitung zum Rhein und den lokal fruchtbaren Böden sowie die flachen Hochflächen schon früh besiedelt und landwirtschaftlich in Wert gesetzt wurden, ist dagegen vor allem der Mittellauf erst recht spät erschlossen worden. Im Ahrtal selbst sind vor allem die Gleithänge der Talmäander, Altarme und Talweitungen günstige Besiedlungsplätze [13]. Noch um 500 v. Chr galt die gesamte Eifel als geschlossenes Waldgebiet. Zur Römerzeit waren der Unterlauf und die Hochfläche des Oberlaufs erschlossen, der Mittellauf blieb wahrscheinlich weiterhin ohne dauerhafte Besiedlung. Für die fränkische Zeit finden sich wenig Belege für die Siedlungsgeschichte in diesem Abschnitt, lediglich weilerartige Siedlungen sind möglichlicherweise angelegt worden [14]. Erst im Hochmittelalter wurden weitere Bereiche erschlossen. Dabei liegen diese alten Siedlungsplätze häufig relativ hochwassersicher auf der Niederterrasse und auf höher gelegenen Terrassenresten.

Für die letzten 200 Jahre kann grundsätzlich sowohl eine deutliche Zunahme der landwirtschaftlichen Inwertsetzung als auch der Besiedlungsdichte festgestellt werden. Die Siedlungsfläche reicht nun unmittelbar an das aktive Gewässerbett der Ahr heran. Dies gilt vor allem für den Unterlauf, wo inzwischen fast die gesamte Fläche des Sohlentals durch eine zusammenhängende Siedlungsfläche von Bad Neuenahr-Ahrweiler bis Sinzig ausgefüllt wird [14]. Darüber hinaus haben sich die Siedlungen entlang des Mittellaufs erheblich ausgedehnt. ◘ Abb. 5.4 vergleicht beispielhaft die historische Landnutzung um 1809 mit der Sonderbefliegung im Juli 2021 für den Flussabschnitt zwischen Altenburg und Altenahr. Im heutigen Bild sind die alte Mäanderschlaufe aber auch die Uferbereiche im Haupttal der Ahr dicht besiedelt. Damit ist das wenig Platz bietende Engtal der Ahr durch die Siedlungs- und Verkehrsinfrastruktur mittlerweile fast vollständig ausgefüllt. Die Vulnerabilität gegenüber Hochwässern hat durch diese Entwicklung in den letzten Jahrzehnten stark zugenommen [15].

5.2 Methoden

Typische geomorphologischen Prozesse, die aufgrund des Hochwassers der Ahr im Juli 2021 aufgetreten sind, werden hinsichtlich ihrer Charakteristik und der raum-zeitlichen Entwicklung ausgewertet. Neben der Auswertung von Luftaufnahmen durch das Land Rheinland-Pfalz [16, 17] wurden eigene Drohnenbefliegungen durchgeführt. Die digitalen Geländemodelle von Rheinland-Pfalz mit einer Auflösung von 1 m decken den Zeitpunkt vor der Flut (2018/2019) und unmittelbar nach der Flut (Sonderbefliegung im August 2021) ab. Luftbildaufnahmen mit Orthophotos einer Sonderbefliegung Ende Juli 2021 ergänzen die Datenlage. Die eigenen Drohnenbefliegungen (UAV – Flüge) an zuvor ausgewählten Flussabschnitten am 28. und 29.

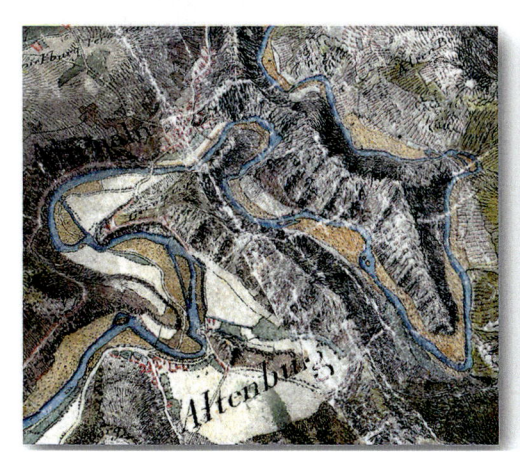

◘ **Abb. 5.4** Flussabschnitt der Ahr bei Altenburg. Der Vergleich der topographischen Aufnahme der Rheinlande (Tranchotkarte) zu Beginn des 19. Jhd. (1809, links) und die aktuelle Sonderbefliegung vom 24. Juli 2021 zeigt deutlich die Bebauung einer alten Mäanderschlaufe. (© Georg Stauch)

März 2022 mit einer DJI-Drohne des Typens Phantom 4 Pro V2.0 ermöglichen die fernerkundliche Auswertung neun Monate nach dem Flutereignis. Aufbauend auf diesen Datensatz mit Luftbildaufnahmen und entsprechenden Geländemodellen (Auflösung 1 m und besser) ist es möglich, das Relief und die Morphologie der Ahr für die drei Zeitscheiben vor der Flut (im Folgenden abgekürzt durch „A"), nach der Flut (B) und März 2022 (C) gegenüberzustellen. Die fernerkundlichen Datensätze werden ergänzt durch mehrere gemeinsame vor-Ort-Begehungen. Die fernerkundliche Auswertung der Daten erfolgte mittels eines Geographischen Informationssytems (GIS) unter ständiger Validierung der Informationen aus den Begehungen vor Ort. Es wurden typische Flussabschnitte im Gelände indentifiziert und gezielt beflogen.

5.3 Geomorphologische Prozesse während des Hochwassers

Drei wesentliche Prozesse beeinflussen die Morphologie eines Fließgewässers und des zugehörigen Einzugsgebietes: dies sind erstens die rückschreitende Erosion als Funktion des horizontalen Abstandes in Kombination mit der vertikalen Höhendifferenz zweier lokaler Erosionsbasen, zweitens der Sedimenttransport als Ausdruck der Beziehung zwischen Sohlschubspannung (engl.: bed shear stress) und der Reynoldszahl sowie drittens die Entwicklung von Mäanderbögen mit steilen Prallhängen und flachen Gleithängen durch die Verlagerung des Stromstrichs. Besonders während Hochwasserereignissen mit entsprechenden Abflussspitzen und somit resultierenden erhöhten Fließgeschwindigkeiten verstärken sich die Prozesse der Erosion und Akkumulation. Dies trägt maßgeblich zur geomorphologischen Weiterentwicklung des Flusses bei. Im Folgenden werden anhand von zwei ausgewählten Fallbeispielen aus dem unteren Mittellauf die geomorphologischen Prozesse gezeigt, die während der Hochwasserwelle sowie im Zeitraum bis März 2022 das Flussbett verändert haben.

5.3.1 Fallbeispiel 1: Die Ahr-Schleife bei Laach

Die Ahr-Schleife unterhalb von Laach bei Flusskilometer 26 ist ein typisches Beispiel für einen Talmäander am Mittellauf der Ahr. ◘ Abb. 5.5 stellt zu den drei Zeitscheiben das Relief und die wirksamen geomorphologischen Prozesse des Talmäanders gegenüber. Karte A zeigt das ursprüngliche Relief vor dem Hochwasser. Morphologisch sind zwei Bereiche innerhalb des Mäanderbogens zu kategorisieren. (1.) Die beiden Gleithänge mit einem zum Gewässer hin deutlich abgeflachtem Relief. (2.) Die Prallhänge auf der jeweiligen Außenseite der Flussbiegungen. Die beiden ausgewählten Ausschnitte mit einer Detailanalyse (1 und 2) beschränken sich auf die beiden Prallhänge. Die unmittelbar durch die hochwasserführende Ahr initialisierten morphologischen Prozesse der Erosion und Akkumulation werden in den Karten B1 und B2 beschrieben. Etwaige Veränderungen bis März 2022 sind in den Karten C1 und C2 dargestellt.

Ausschnitt 1 in ◘ Abb. 5.5 zeigt die Ufer- und Hangentwicklung am Prallhang zu Beginn der Ahr-Schleife. Karte A zeigt das Prallhangprofil vor dem Hochwasser. Während der Hang unterhalb der Höhenlage von etwa 155 m NHN konkav bis gestreckt war, ging diese Form oberhalb dieser Grenze in einen konvex gekrümmten Hang über. Die Veränderungen im Relief durch das Hochwasser werden in Karte B1 verdeutlicht. Sie ist das Ergebnis von mehreren ineinandergreifenden morphologischen Prozessen: (1.) Eine verstärkte Lateralerosion, die dann (2.) den Hang durch Unterschneidung der Uferböschung desta-

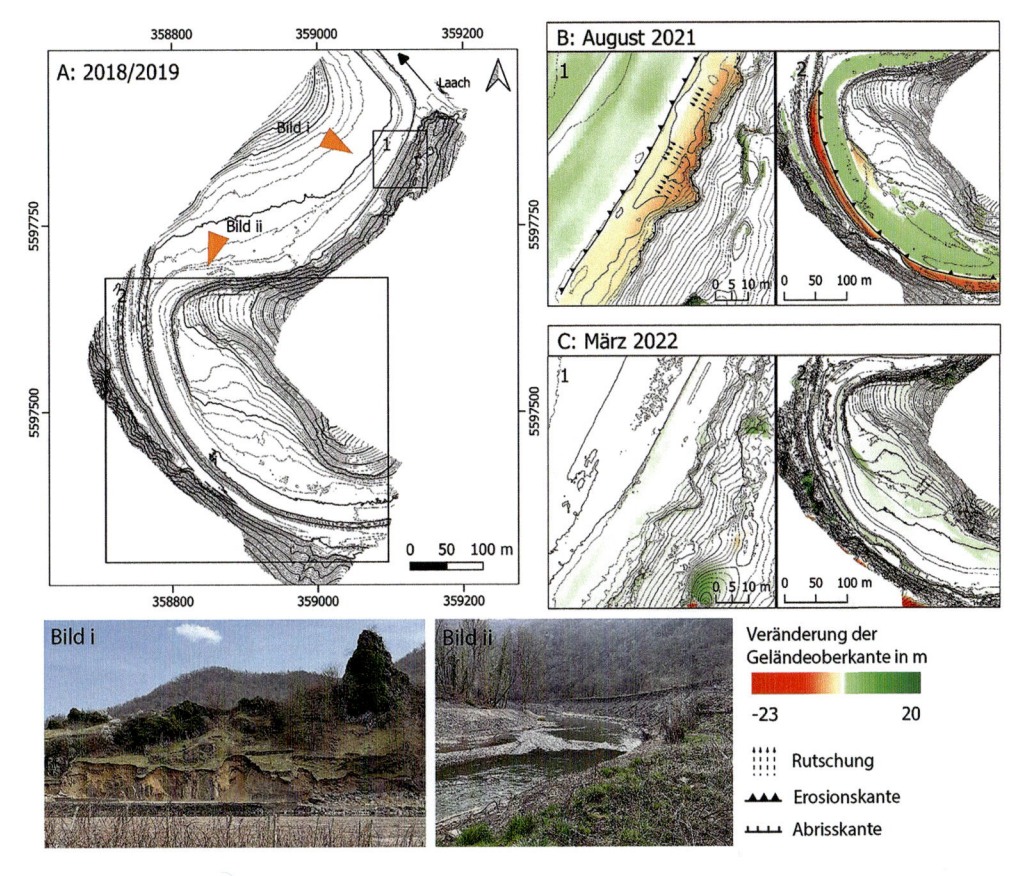

Abb. 5.5 Ahr-Schleife bei Laach. Karte A zeigt das ursprüngliche Relief vor dem Hochwasserereignis. Die Akkumulation- und Erosionsprozesse und Veränderungen durch das Hochwasser zeigen die Ausschnitte B1 und B2. Veränderungen August 2021 bis März 2022 werden durch die Aufnahmen in den Karten C1 und C2 dargestellt. Bild i zeigt die Abtragung am Unterhang von Kartenausschnitt 1, Bild ii zeigt den Prallhang aus Auschnitt 2. (© Johannes Keßels, F. Lehmkuhl, P, Schulte, Fotos: F. Lehmkuhl)

bilisiert hat. Anschließend, auch durch die anhaltenden Niederschläge, wurde (3.) die Grenzscherspannung durch den gestiegenen Wassergehalt im Boden verringert sowie der Porenwasserdruck erhöht, wodurch es in den unteren Hanglagen zu rückschreitender Hangdenudation gekommen ist. In Bild i sind die lobenförmigen Abrisskanten auf Höhe der Knickpunkte des Hangprofiles deutlich zu erkennen. Im Maximum ist die Geländeoberkante (GOK) um bis zu 6 m erniedrigt worden. Resultat der Prozesse ist die Schaffung einer markanten, planaren bis zu 12,5 m breiten Überschwemmungsfläche sowie eine deutliche Versteilung der Hänge. Diese wiesen vor dem Hochwasser eine Hangneigung von 10° bis 40° auf, die nach dem Ereignis auf 40° bis 80° angestiegen ist (Abb. 5.5).

Ausschnitt 2 in Abb. 5.5 zeigt die Situation ausgangs des Talmäanders. An dieser Stelle ist dem Prallhang durch die künstliche Aufschüttung von Lockermaterial ein 10 m hoher Bahndamm vorgelagert. Die Sohlbreite lag in etwa bei 20 m an der tiefsten Stelle mit seitlich stark ansteigenden Böschungen. Weiter Unterstrom blieb die Sohlbreite identisch (Abb. 5.5, Karte A2). An diesem Ausschnitt werden zwei Prozesse besonders deutlich (Abb. 5.5,

Karte B2). Auf der gesamten Lauflänge von 500 m des Prallhanges bzw. Bahndammes ist es (1.) zu einer starken Lateralerosion gekommen. Insgesamt ist der Hang um etwa 15 m nach außen versetzt worden. Die hier stattgefundene Materialumlagerung ist größer als am Prallhang in Abschn. 1. Gleichzeitig ist es (2.) zu einer starken Aufhöhung der Gewässersohle gekommen. Das Gerinnebett ist auf der gesamten Fläche um 1–2 m angehoben worden. Dabei handelt es sich sowohl um Material von Oberstrom als auch aus dem Uferbereich des Bahndammes. Die Fläche gleicher Isolinien ist hierdurch von 20 m Breite vor der Flut, auf 50 m Breite nach der Flut vergrößert worden.

5.3.2 Fallbespiel 2: Flussabschnitt nach Tunneln unterhalb von Altenahr

Das zweite Fallbeispiel liegt ebenfalls innerhalb des Engtals im Flusslaufabschnitt III unterhalb von Altenahr bei Flusskilometer 27 (◘ Abb. 5.6). Im Gegensatz zum Talmäander bei Laach (◘ Abb. 5.5) ist dieser stärker durch anthropogene Einflüsse verändert. Dazu gehören drei Brücken unterschiedlicher Bauweise sowie Tunneldurchbrüche für die Ahrtalbahn und die Bundesstraße 267. Die Ausgangssituation zeigt ◘ Abb. 5.6, Karte A1. Der Gleithang 1 als breiter flacher Akkumulationskörper ist den steilen Talflanken vorgelagert und ist

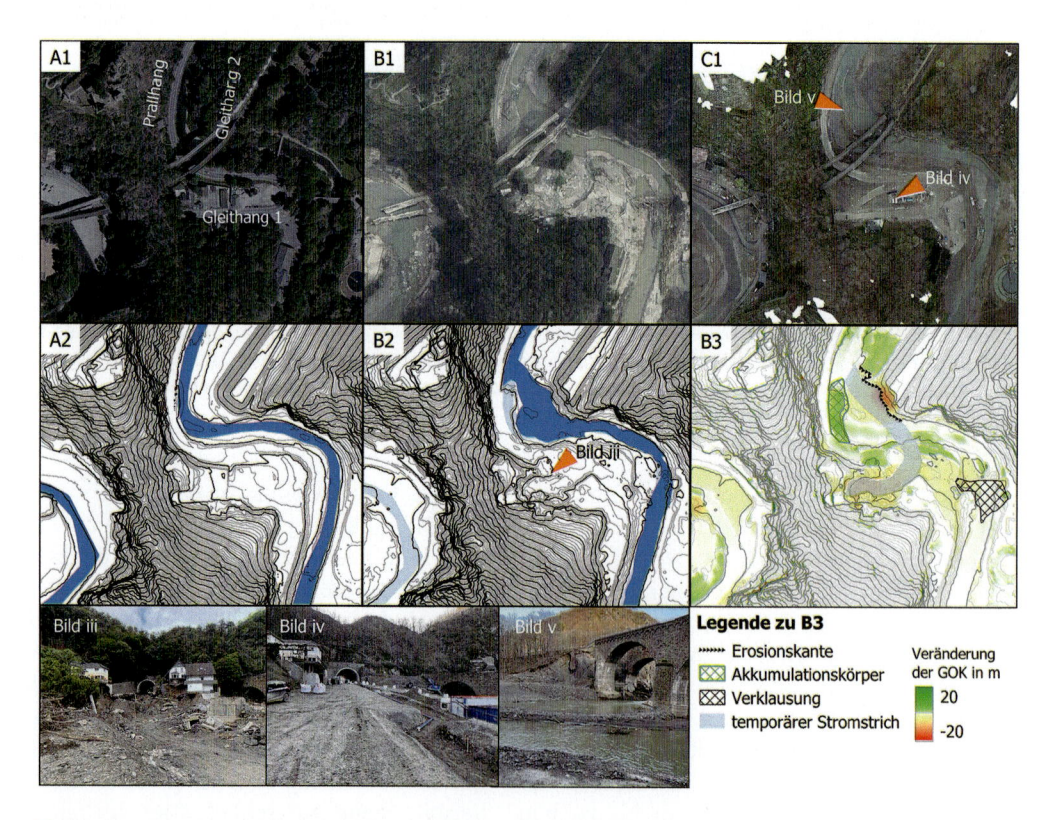

◘ **Abb. 5.6** Prozesse an einem baulich modifizierten Flussabschnitt bei Altenahr zu den drei Phasen: vor der Flut (A), nach der Flut (B) und im März 2022 (C). Dargestellt jeweils als Luftbild- oder Drohnenaufnahme (Nr. 1), als Reliefkarte mit altem und neuem Flussverlauf (Nr. 2) sowie mit einzelnen Prozessregionen während des Ereignisses (Nr.3). (© Johannes Keßels, Frank Lehmkuhl, Philipp Schulte, Fotos: Frank Lehmkuhl, Holger Schüttrumpf)

bebaut. Die Uferböschung des Prallhanges ist für den Straßenverlauf befestigt. Mit den Karten B1 bis B3 werden zwei direkt mit dem Hochwasser in Verbindung stehende Prozesse gezeigt. (1.) Die Brücken hatten unterschiedliche Wirkungen auf das Hochwasser. An der ersten Brücke kam es zur Verklausung mit weiteren Ablagerungen von Treibgut flussaufwärts durch reduzierte Fließgeschwindigkeiten, aufgrund der Stauwirkung der verklausten Brücke. Die zweite Brücke ist vollständig zerstört worden, während das Zwillingsviadukt der Ahrtalbahn zwar beschädigt wurde, aber nicht sichtbar betroffen ist. (2.) Des Weiteren ist es durch den Tunnel der Bundesstraße B267 zu einem Durchstich des Mäanderbogens gekommen. Sobald die Ahr einen Pegelstand von 162 m NHN erreicht hatte (> 2 m über normalem Mittelwasser), hat die Ahr den Autotunnel als neuen Hauptflussarm genutzt. Durch rückschreitende Erosion hat sich die Ahr ein neues Flussbett im Material des Gleithanges geschaffen (◌ Abb. 5.5, B3). Hinzukommend ist es am Tunnelausgang durch die hohen Strömungsgeschwindigkeiten zur Tiefenerosion im Größenbereich von 2 m bis 8 m gekommen, wodurch sich die Sohle der Ahr auf den veränderten Flusslauf durch den Autotunnel eingestellt hat. Das während dieses Zeitraums geschaffene Gerinnebett ist in Karte B3 grau hervorgehoben. Der neue Flusslauf hat zudem die natürliche Gleithang-Prallhang-Situation umgekehrt. Lockermaterial des natürlichen Gleithanges, welches nicht durch die massiven Stützpfeiler der Brücke geschützt wurde, ist abgetragen worden. Seitenerosion und denudative Prozesse sind wie bei Fallbeispiel 1 gemeinsam aufgetreten. Auf der Seite des eigentlichen Prallhanges hat die Ahr mitgeführtes Material abgelagert. Der in Karte B3 gezeigte Akkumulationskörper war kurz nach der Flut wahrscheinlich größer als zum Zeitpunkt der Luftbildaufnahme, da, nachdem die Ahr wieder in ihr altes Flussbett verlagert wurde, an dieser Stelle wieder erosive Prozesse stattgefunden haben.

5.4 Geomorphologische Charakteristik in den verschiedenen Abschnitten der Ahr

Hochwässer in Mittelgebirgsflüssen verhalten sich sowohl auf der temporären als auch auf der räumlichen Skala sehr dynamisch. Die steilen, meist kleinen Teileinzugsgebiete bedingen kurze Fließzeiten und kanalisieren sowie kumulieren einzelne Abflüsse zu schnell anwachsenden Hochwasserwellen. Die Lage des Starkregenniederschlages ist entscheidend für das Abflussverhalten im weiteren Flussverlauf aufgrund der Heterogenität der Teileinzugsgebiete. Während eines Hochwassers mit entsprechenden Abflussspitzen sowie erhöhten Fließgeschwindigkeiten wird die Morphologie eines Flusses weiterentwickelt.

In den vier anfänglich skizzierten Abschnitten der Ahr (◌ Abb. 5.1 und 5.2) lassen sich sowohl Schäden an Infrastruktur als auch die geomorphologischen Veränderungen aufgrund dieser sowie der Größenordnung des Abflusses und der Morphologie des Tales erkennen.

In Abschnitt I (◌ Abb. 5.1 und 5.2) ist das Tal zumeist breiter und die Reliefenergie geringer als in den übrigen Abschnitten, was sich mit geringeren lokalen Hangneigungen in Vergleich zu Abschnitt II begründen lässt (◌ Abb. 5.3a). Dennoch wurden bei Antweiler und Müsch fossile Rutschungskörper unterschnitten und reaktiviert. Die Besiedlungsdichte ist hier gering und folglich die Infrastruktur weniger entwickelt als in den anderen drei Abschnitten der Ahr. Darüber hinaus ist hier die Hochwasserwelle im Oberlauf noch nicht kulminiert und fällt damit niedriger aus. Im Unterlauf (Abschnitt IV) geht aufgrund des nachlassenden Gefälles und der Weitung des Tales die Flutwelle (soweit möglich) in die Fläche mit zahlreichen Überflutungen. Mit der Aufweitung reduziert sich die Fließgeschwindigkeit der Hochwasserwelle und die Welle flacht sich ab. An Engstellen, wie beispielsweise bei Heimersheim unterhalb von Bad Neuenahr-Ahrweiler (◘ Abb. 5.2), wo Schnellstraße und Bahnstrecke den Fluss eingeengt haben, kommt es zu Lateralerosion und anschließender Aufschotterung bedingt durch geringeres Gefälle [18]. Aufgrund der dichten und ausgedehnten Besiedlung in der flachen und weiten Talmündung zum Rhein sind hier zwar große Flächen überflutet worden, jedoch nicht die Intensität der Schäden aufgetreten.

Die größten Schäden, markentesten Erosionsprozesse und Umlagerungen sind im Engtal des Mittellaufes (Abschnitt II und III) festzustellen. Das zeigen auch die ausgewählten Fallbeispiele, sowie eine erste Auswertung von Brückenbeschädigungen entlang der Ahr (◘ Abb 5.3b). Die Vulnerabilität und die Gefahr sind in diesem Abschnitt am höchsten, was sich auch in der hohen Anzahl sehr schwer beschädigter Brücken zeigt (◘ Abb. 5.3b). Besonders in Abschn. 3 (◘ Abb. 5.3a), in dem sich die vorgestellten Fallbeispiele befinden, sind lokale Hangneigungen an der Ahr sehr hoch; es kommen also ein hoher akkumulierter Abfluss und eine hohe Reliefenergie zusammen. Der künstliche Durchstoß der Ahr durch den Mäanderhals mittels des Autotunnels und die dadurch verursachte temporäre Umkehr der Gleithang-Prallhang Situation, in Kombination mit der hochauflaufenden Flutwelle hat die Straßen und Gebäude zerstört sowie die Morphologie stark verändert. Inwiefern die aufstauende Wirkung der Verklausung an der Brücke vor der Ahrschleife das Aktivieren des Tunnels als Hauptfließrichtung begünstigt hat (◘ Abb. 5.6), ist mit aktuellem Kenntnisstand kaum einzuschätzen. Dass Verklausungen Pegelstände im Meterbereich angehoben haben, gilt als wahrscheinlich [15, 18]. Die Ahrschleife bei Laach aus Fallbeispiel 1 hebt stärker die natürlichen Prozesse in einem Mittelgebirgsfluss hervor, wobei die künstlich aufgeschütteten Lockersedimente des Bahndammes besonders betroffen waren durch die Seitenerosion. Die Lateralerosion, vor allem an den Prallhängen, hat das Tal in diesem Ausschnitt im Meter-Bereich erweitert. Auf natürliche Weise sind beim Hochwasser so neue Überflutungsflächen entstanden. Prallhänge, Gleithänge sowie aktive Auenflächen sind Zonen entlang der Ahr, welche besonders exponiert gegenüber höheren Pegelständen sowie erhöhten Fließgeschwindigkeiten sind. Gleichzeitig sind es Gleithang und Aue, die als vom Fluss geschaffene Überflutungsfläche Hochwasserwellen dämpfen können.

5.5 Fazit

Besonders in Mittelgebirgstälern sind die gewässermorphologischen Änderungen nach einem Hochwasser zwischen Ober-, Mittel- und Unterlauf sehr unterschiedlich. Auch unterschiedliche Schadensbilder an Infrastruktur und Bebauung gehen hiermit einher, hängen aber zusätzlich noch von der Besiedelungsdichte ab. Im Oberlauf akkumulieren sich die Wassermassen andererseits erst, andererseits ist ein hohes Sohlgefälle vorhanden. Die Auswertung des Einzugsgebiets der Ahr hat allerdings deutlich gezeigt, dass neben dem Sohlgefälle die Hangneigung entscheidend für die Ausprägung von Gewässerbettveränderungen und Schadensbildern ist. Bereiche in denen eine hohe Hangneigung in einem engen Talabschnitt auf hohe Abflussakkumulationen trifft sind besonders aktiv gewesen und zeichnen sich durch große Schäden aus. Bezogen auf die Infrastruktur konnte gezeigt werden, dass (1.) morphologische Prozesse sich trotz Verbau der Auen ausbilden, und (2.) Infrastrukturen in morphologische Prozesse integriert werden, wenn dies leichter als ihr Aufbruch ist. So wurde (1.) der Bahndamm bei Laach bei der Ausbildung einer verbreiterten Aue mit abgetragen, (2.) der Autotunnel bei Altenahr hingegen wurde als neuer Hauptflussarm genutzt. Insgesamt sollte der potenziellen Interaktion zwischen geomorphologischen Prozessen bei Hochwasser und gewässernaher Infrastruktur in Zukunft mehr Beachtung geschenkt werden, da diese sich wiederum auf die Schadensbilder auswirkt.

Danksagung Gemeinsame Geländebegehungen mit wertvollen Diskussionen fanden gemeinsam mit T. Becker (Grafschaft) und Prof. Dr. W. Römer (Aachen) statt. Zu den reaktivierten fossilen Rutschkörpern und Murereignissen gab es wichtige Hinweise von Prof. F. Enzmann und Dr. A. Wehingen (beide Mainz) während einer vorangegangenen Exkursion. Die Daten der Sonderbefliegungen vom Juli und August 2021 wurden vom Land Rheinland-Pfalz zur Verfügung gestellt. Die Hochwasserdokumentation sowie die anschließenden Auswertungen wurden gefördert durch die Deutsche Forschungsgemeinschaft (DFG, Projektnummer 496274914) und den BMBF-Projekten HoWas21 (13N16226) und KAHR (01LR2102H).

Literatur

1. Junghänel, T.; Bissolli, P.; Daßler, J.; Fleckenstein, R.; Imbery, F.; Janssen, W. et al. (2021): Hydro-klimatologische Einordnung der Stark- und Dauerniederschläge in Teilen Deutschlands im Zusammenhang mit dem Tiefdruckgebiet „Bernd" vom 12. – 19. Juli 2021. Hg. v. Deutscher Wetterdienst. DWD. Online verfügbar unter ▶ https://www.dwd.de/DE/leistungen/besondereereignisse/niederschlag/20210721_bericht_starkniederschlaege_tief_bernd.pdf?__blob=publicationFile&v=6, zuletzt geprüft am 05.01.2022.
2. Faust, E. (2021): Überschwemmungskatastrophe Mitteleuropa Juli 2021. Bamberg/München: Transformateure. Hg. v. Transformateure 2021. Online verfügbar unter ▶ https://transformateure.org, zuletzt geprüft am 12.04.2022.
3. Schäfer, A.; Mühr, B.; Daniell, J.; Ehret, U.; Ehmele, F.; Küpfer, K. et al. (2021): Hochwasser Mitteleuropa, Juli 2021 (Deutschland): 21. Juli 2021 – Bericht Nr. 1 „Nordrhein-Westfalen & Rheinland-Pfalz".
4. Lehmkuhl, F., Esser, V., Schulte, P., Weber, A., Wolf, S., & Schüttrumpf, H. (2022). Sediment pollution and morphodynamics of an extreme event: Examples from the July 2021 flood event from the Inde River catchment in North Rhine-Westphalia (No. EGU22–5114). Copernicus Meetings. ▶ https://doi.org/10.5194/egusphere-egu22-5114
5. Lehmkuhl, F., Stauch, G., Schulte, P., Wolf, S., & Brüll, C. (2022b). Enormous erosion in mining areas during the 2021 July flood in western Germany: Examples from the Inde and Erft River (No. EGU22–4510). Copernicus Meetings. ▶ https://doi.org/10.5194/egusphere-egu22-4510
6. Lehmkuhl, F.; Weber, A.; Esser, V.; Schulte, P.; Wolf, S.; Schüttrumpf, H. (2022c): Fluviale Morphodynamik und Sedimentkontamination bei Extremereignissen: Das Juli-Hochwasser 2021 im Inde-Einzugsgebiet (Nordrhein-Westfalen). In: Korrespondenz Wasserwirtschaft (15), 422–427.
7. Brüll, C.; Esser, V.; Lehmkuhl, F.; Schulte, P.; Wolf, S. (2022): Geomorphologen und Wasserbauingenieure betrachten die Auswirkungen des Juli-Hochwassers. In: im Auftrag des Rektors (Hg.): RWTH Themen. Hochwasser – Beiträge zu Risiken, Folgen und Vorsorge. Forschungsmagazin. Unter Mitarbeit von Dezernat 3.0 – Presse und Kommunikation. Aachen, 12–17.
8. Esser, V.; Wolf, S.; Schwanen, C.; Schulte, P.; Brüll, C.; Lehmkuhl, F.; Schüttrumpf, H. (2022): Schadstoffverlagerungen bei Hochwasserereignissen. Ergebnisse aus Langzeitstudien an der neuen Inde im Kontext des Juli-Hochwassers. In: im Auftrag des Rektors (Hg.): RWTH Themen. Hochwasser – Beiträge zu Risiken, Folgen und Vorsorge. Forschungsmagazin. Unter Mitarbeit von Dezernat 3.0 – Presse und Kommunikation. Aachen.
9. Roggenkamp, T.; Herget, J. (2022a): Projektbericht - Hochwasser der Ahr im Juli 2021 - Abflussabschätzung und Einordnung. HW 66 (1), 40–49.
10. Dietze, M., Bell, R., Ozturk, U., Cook, K.L., Andermann, C., Beer, A.R., Damm, B., Lucia, A., Fauer, F.S., Nissen, K.M., Sieg, T., Thieken, A.H. (2022): More than heavy rain turning into fast-flowing water – a landscape perspective on the 2021 Eifel floods. In: Natural Hazards and Earth System Sciences 22, 1845–1856. ▶ https://doi.org/10.5194/nhess-22-1845-2022.
11. Hagge-Kubat, T.; Fischer, P.; Süßer, P.; Rotter, P.;- Wehinger, A.; Vött, A.; Enzmann, F. (2022): Multi-Methodological Investigation of the Biersdorf

Hillslope Debris Flow (Rhein-land-Pfalz, Germany) Associated to the Torrential Rainfall Event of 14 July 2021. In: Geosciences 12, 245. ▶ https://doi.org/10.3390/geosciences12060245.

12. Wehinger, A. (2021): Hochwasser und Starkregen an der Ahr. Ingenieurgeologen im Einsatz. In: Jahresheft des Landesamtes für Geologie und Bergbau Rheinland-Pfalz. National Centre: Mainz, Germany. 6–19.

13. Wendling, W. (1967): Die Ahr und ihr Tal. In: Meynen, E. (Hrsg.): Die Mittelrheinlande. Franz Steiner Verlag. Wiesbaden. 273–286.

14. Erdmann, C. (1972): Die nordwestliche Ahreifel und ihre Stellung als Ergänzungsraum der rheinischen Bucht. Köln.

15. Roggenkamp, T. (2022b): Das Ahrtal als resiliente Flusslandschaft? Möglichkeiten und Grenzen. In: Korrespondenz Wasserwirtschaft 15, 428–433.

16. LVERMGEO (2018/2019): DGM 1 m Gitterweite ASCII (X,Y,Z) 135 Kacheln (1x1 km), Ahrtal Befliegung: 2018/2019. Datenbereitstellung am 2. Februar 2022.

17. LVERMGEO (2021): DGM 1 m Gitterweite ASCII (X,Y,Z) 114 Kacheln (1x1 km), Ahrtal Sonderbefliegung: 12./ 13.08.2021. Datenbereitstellung am 2. Februar 2022.

18. Schüttrumpf, H.; Birkmann, J.; Brüll, C.; Burghardt, L.; Johann, G.; Klopries, E.-M.; Lehmkuhl, F.; Schüttrumpf, A.; Wolf, S. (2022): Die Flutkatastrophe 2021 im Ahrtal und ihre Folgen für den zukünftigen Hochwasserschutz. In: Wasser und Brunnen 14, 43–49. Online verfügbar unter ▶ https://publications.rwth-aachen.de/record/850877.

Massenbewegungen und die Flut im Ahrtal

Ansgar Wehinger, Frieder Enzmann und Jan Philip Hofmann

Vom 14. auf den 15. Juli 2021 ereignete sich in der Eifel die größte Naturkatastrophe in der Geschichte des Bundeslandes Rheinland-Pfalz. Im Zusammenhang mit Starkregen und damit ausgelösten Hochwässern traten auch Massenbewegungen, wie Rutschungen und Murenabgänge, sowie massiver Bodenabtrag sowohl in Hang- als auch Tallagen auf. Hierbei spielen die geologischen und topographischen Gegebenheiten eine wesentliche Rolle.

Zwischen dem 14. und 15. Juli 2021 kam es in den Einzugsbieten der Ahr zu Starkregenereignissen mit einer Niederschlagsmenge zwischen 100 und 150 l pro m^2 in weniger als 24 h. Der Starkregen betraf ein außergewöhnlich großes Gebiet. In Summe lag eine extreme Wassermenge vor. Durch vorhergehende Niederschläge war der Lockergesteinsboden zum Zeitpunkt des Starkregens vom 14. Juli 2021 bereits praktisch wassergesättigt. Die Kombination einer extremen Wassermenge in Verbindung mit einem praktisch vollständigen und raschen Oberflächenabfluss bei einer steilen Topographie führten zu einem außergewöhnlichen starken und schnellen Wasserzufluss ins Ahrtal. Der maximale Abfluss betrug im Ahrtal ca. 1000 bis 1200 m^3/s [1].

Zuerst erschienen in Wasser und Abfall 11/2022

6.1 Geologie und Topographie des Ahrtals

Das Ahrtal ist Teil des Rheinischen Schiefergebirges. Die Festgesteine setzen sich aus Wechselfolgen aus Ton- bis Siltsteinen und quarzitischen Sandsteinen der Siegen- und Ems-Formation (Unter-Devon) zusammen. Im Rahmen des Variskischen Orogenese (370–320 Mio. Jahre) wurden die Gesteine gefaltet, geschiefert und auch gegeneinander verschoben. Die Entstehung des Ahrtals begann vor 800.000 Jahren im Rahmen der Heraushebung des Rheinischen Schiefergebirges. Die daraus resultierende Erhöhung der Reliefenergie ermöglichte den tiefen Einschnitt der Ahr in die bestehende Topographie. Die unterschiedliche Widerstandsfähigkeit der einzelnen geologischen Einheiten sowie die Anisotropie des Untergrunds infolge der Gebirgsbildungsprozesse erklären die prinzipielle Anlage des Tals mit den wechselnden Talbreiten, Hangneigungen und dem mäandrierenden Verlauf der Ahr. An den Gleithängen wird als Sedimentfracht mitgeführtes Lockergestein abgelagert und an den Prallhängen kommt es zur Erosion und Hanginstabilitäten [2]. Künstliche Hindernisse im Abflussquerschnitt verzögerten den Abfluss im Tal. Insbesondere die Verklausungen an zahlreichen Brückenbauwerken führten zu einem zusätzlichen Anstieg der Wasserstände. Bei

© Der/die Autor(en), exklusiv lizenziert an Springer Fachmedien Wiesbaden GmbH, ein Teil von Springer Nature 2023
M. Porth et al. (Hrsg.), *Wasser, Energie und Umwelt*,
https://doi.org/10.1007/978-3-658-42657-6_6

dem Hochwasser von 1804 soll bei einem vergleichbaren Wasserabfluss der maximale Wasserstand bis ca. 2,0 m tiefer gelegen haben.

> **Kompakt**
>
> — Im Gebiet des Ahrtals wurden 164 Massenbewegungen erfasst, die im Zusammenhang mit dem Hochwasser- und Starkregenereignis vom 14. und 15. Juli 2021 entstanden sind. Dabei dominieren flachgründige Rutschungen sowie Hangmuren und Muren.
> — Die im Ahrtal entstandenen Massenbewegungen und Erosionen sollen kartiert, die Verlagerungsprozesse vollständig verstanden und hieraus Maßnahmen zur Unterstützung von Behörden, Kommune und Dritten erarbeitet werden. Nicht alle neu entstandenen Böschungen sind stabil, wie an zwei Beispielen gezeigt wird.
> — Haupteinflussfaktoren für die durch den Starkregen verursachten Massenbewegungen sind die Topographie, die Geologie sowie der Mensch.

Die ◘ Abb. 6.1 und 6.2 geben Eindrücke von den topographischen Verhältnissen und dem Katastrophenereignis im Ahrtal.

6.2 Massenbewegungen im Ahrtal

Als Massenbewegungen gelten in der Geotechnik der Schwerkraft folgende Verlagerungen von Fest- und Lockergesteinen aus höheren in tiefere Lagen. In Anlehnung an die DIN 19663 sowie das Bayerische Landesamt für Umwelt [3] wurden die folgenden Kategorien von Massenbewegungen für die Bestandsaufnahme im Ahrtal definiert:

Rutschungen: Dies sind hangabwärts gleitende oder kriechende schwerkraftbedingte Massenverlagerungen von Fest- und/oder Lockergestein. Die Rutschmasse bewegt sich in der Regel auf einer Gleitfläche oder entlang einer Scherzone im Untergrund. Das Hochwasser vom 14. Juli 2021 hat über weite Strecken das Ahrufer versteilt. Sofern dies am Fuß von Hängen geschehen ist, fehlte hier nun ein Widerlager. Insbesondere wenn im Hang Lockergesteine und kein Fels anstehen, kam es dann in der Folge zu Rutschungen.

Hangmuren: Hierbei handelt es sich um spontane flachgründige Rutschungen, auch Hanganbrüche genannt. Diese ereignen sich in der Lockergesteins- oder Verwitterungsdecke von Hängen. Das betroffene Material verflüssigt sich dabei plötzlich, was zu erheblichen Schäden führen kann. Im Unterschied zu Muren (siehe unten) sind die Hangmuren nicht an vorhandenen Rinnen o. ä. gebunden. Gemeinsamer wesentlicher Auslöser ist die Entstehung im Zusammenhang mit Starkregen.

Muren: Unter dem Begriff der Mure wird hier ein sich talwärts bewegendes Gemisch aus Feststoffen (Gesteinsmaterial verschiedener Korngrößen, Holz u. a.) und Wasser verstanden. Der Begriff wird hier synonym zu Schutt- und Schlammströmen verwendet. Die Massenbewegung steht in Verbindung mit einem Starkregen und ist zumindest im oberen Hangbereich an morphologisch vorgegebene Rinnen, Tiefenlinien o. ä. gebunden, die bei normalen Witterungsbedingungen zumeist trocken sind. Eine weitere Voraussetzung ist das Vorhandensein von mobilisierbarem Material (Rinnenfüllungen, Schuttkegel u. a. aus Lockergestein). Der Feststoffanteil liegt meist zwischen ca. 50 und 70 %.

6

Massenbewegungen und die Flut im Ahrtal

Abb. 6.1 Situation bei Walporzheim am ehemaligen Steinbruch Katzlay am 17. Juli 2021: Beide Ufer sind weitgehend zerstört. Am Gleithang (im Vordergrund) ist die Bahnstrecke betroffen. Am Prallhang wurde die Uferlinie um bis zu ca. 15 m rückverlegt. In der Folge kam es zu einer Rutschung der Lockergesteinsdecke (roter Kreis) sowie zu einem Felssturz (weißer Kreis). Der ehemals vorhandene Wanderweg ist nicht mehr vorhanden (vergleiche mit Abb. 6.4). (© Ansgar Wehinger)

Abb. 6.2 Ahrschleife bei Schuld am 17. Juli 2022. Das Foto zeigt die Folgen der vollflächigen Überflutung des alten Ortskerns. Weiter sind im Bildausschnitt eine Rutschung infolge einer Prallhangerosion (roter Kreis) sowie eine Hangmure infolge des Starkregens (grüner Kreis) gekennzeichnet. (© Ansgar Wehinger)

Steinschläge und Felsstürze: Hierbei fallen einzelne Gebirgskörper oder eine Gebirgspartie im freien Fall hangabwärts. Bei einzelnen Gesteinskörpern und einem begrenzten Volumen spricht man von Steinschlag ($\leq 10\ m^3$). Bei größeren Sturzmassen spricht man von Felssturz ($> 10\ m^3$).

6.3 Kartierung der Massenbewegungen

Um einen Überblick über die verschiedenen Massenbewegungen im Rahmen der Flutkatastrophe im Ahrtal zu bekommen, wurde im Auftrag und nach den Vorgaben des Landesamtes für Geologie und Bergbau Rheinland-Pfalz (LGB) eine Kartierung der Massenbewegungen im Ahrtal durchgeführt (◘ Abb. 6.3). Insgesamt wurden 164 Massenbewegungen aufgenommen, die sich wie folgt auf verschiedene Kategorien aufteilen:

— 102 Rutschungen
— 12 Hangmuren
— 44 Muren
— 6 Steinschläge und Felsstürze

Zusätzlich zu den oben aufgeführten Massenbewegungen wurden noch 118 Fälle von Prallhangerosionen einschließlich Uferabbrüche festgestellt. Diese Uferabbrüche sind hauptsächlich für die Beschädigung oder den totalen Verlust von Infrastruktur verantwortlich [2].

Die Kartierung der Massenbewegungen wurde durch moderne Fernaufklärungsmethoden unterstützt. Für die Erkennung und Auswertung von Änderungen in der Geländemorphologie, Vegetation und Infrastruktur hat sich das Verfahren des Airborne-Laserscannings (ALS) bewährt.

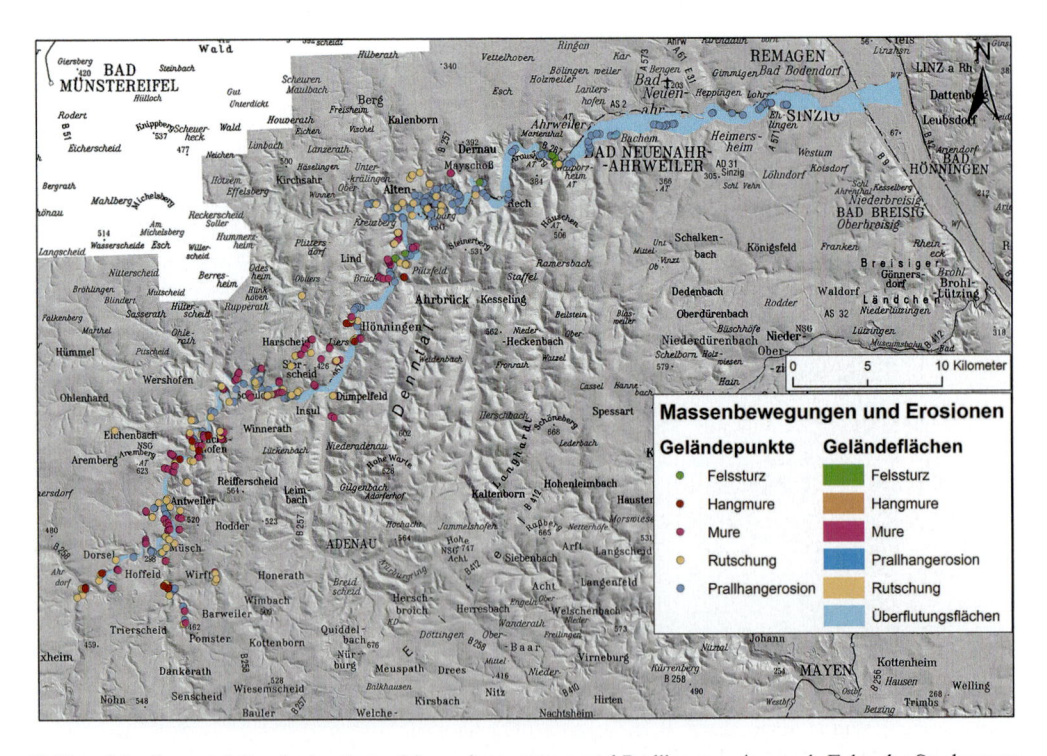

◘ **Abb. 6.3** Lage und Typ der kartierten Massenbewegungen und Prallhangerosionen als Folge des Starkregens und des Hochwassers vom 14./15. Juli 2021 im Ahrtal. Insgesamt wurden 164 Massenbewegungen und 118 Prallhangerosionen einschließlich ihrer Dimensionen und Eigenschaften erfasst. (© LGB)

Die Befliegungen durch das Landesamt für Vermessung und Geobasisinformation (LVermGeo) liefern Daten, aus denen Digitale Gelände-bzw. Oberflächenmodelle mit einer Auflösung von 20 cm berechnet werden können. Auf Basis der Gelände- bzw. Oberflächenmodelle unterschiedlicher Befliegungszeiträume können Differential-ALS erstellt werden. Diese Differential-ALS ermöglichen das gezielte Aufsuchen von Punkten im Gelände und unterstützen die Kartierung der aufgetretenen Massenbewegungen. Im Rahmen der Kartierung der Massenbewegungen im Ahrtal konnte der Nachweis erbracht werden, dass jede Geländeveränderung vor Ort sich auch im Differential-ALS wiederfindet [4] (◘ Abb. 6.4).

6.4 Erfahrungen aus der Kartierung

Aus den Ergebnissen der Kartierung konnten verschiedene Erkenntnisse gewonnen werden:

6.4.1 Einflussfaktoren für die Massenbewegungen

Haupteinflussfaktoren für die durch den Starkregen verursachten Massenbewegungen sind die Topographie (wie Geländeform und -neigung, Wassereinzugsgebietsgröße), die Geologie (wie Art und Mächtigkeit von Lockergesteinsdecken, die Grenzflächen Lockergestein/Festgestein und Störungen)

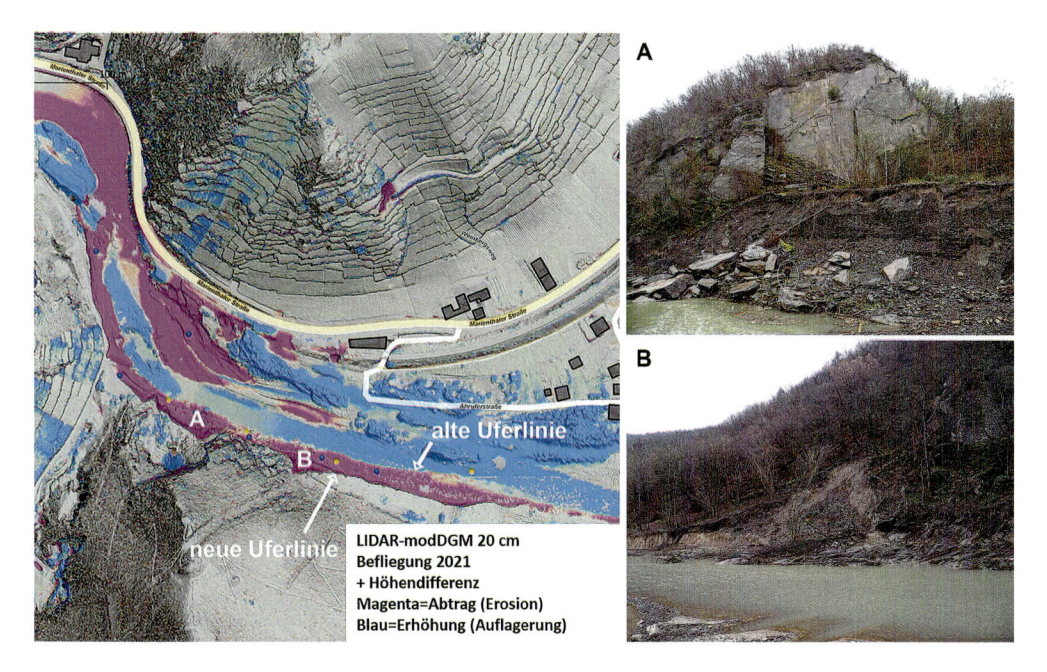

◘ **Abb. 6.4** Digitales Geländemodell mit dem Differenz-ALS 2019/2021 im Bereich Walporzheim. Bereiche mit Geländeabtrag sind in Magenta und Bereiche mit Auffüllungen sind Blau eingefärbt. Bild A: Felssturz infolge der Flut und der Ufererosion. Bild B: Rutschung als Folge der Prallhangerosion (vergleiche mit ◘ Abb. 6.1). (© JGU, Fotos: Ansgar Wehinger)

und der Mensch (wie Landnutzung, Geländeveränderungen/Straßen-/Wegebau, Auffüllungen/Abgrabungen).

6.4.2 Massenbewegungen der Deckschichten

Bei den verschiedenen Arten von Massenbewegungen waren in nahezu allen Fällen Lockergesteine bzw. quartäre Deckschichten betroffen. Diese bestehen in Hanglage zumeist aus Fließerden bzw. aus Hanglehm bis Hangschutt. In Tallage wurden Auen- und Terrassensedimente erodiert bzw. umgelagert. Die Geländeaufnahme zeigte, dass die Mächtigkeit von Lockergesteinsdecken in den meist bewaldeten Hängen des Ahrtals und der Zuflüsse nach bisherigem Kenntnisstand unterschätzt wurde. So wurde vielfach eine Mächtigkeit der Deckschichten von 3 m und mehr beobachtet. Die Deckschichtenrutschungen sind durch Verlagerungen der Lockergesteinsdecke in der Regel als flachgründige, translative Rutschungen ausgebildet.

6.4.3 Typische Entstehungsorte

Die Entstehungsorte für die Rutschungen und Hangmuren sind in der Regel an folgende Unstetigkeiten gebunden:

Grenzflächen von Locker- zu Festgestein: Zahlreiche Ufererosionen und Rutschungen entstanden an solchen Stellen, an den die Grenzfläche von Fels zu mächtigeren Lockergesteinsdecken im Hangverlauf ausstreicht. Herabströmendes oder anprallendes Wasser konnte hier Material lösen. Das ● Abb. 6.4, unten rechts, zeigt ein Beispiel. Außerdem wurde bei den Deckschichtenrutschungen häufig die gesamte Lockergesteinsdecke abgetragen, sodass die Felsoberfläche freigelegt wurde.

Anthropogene Veränderungen: Eingriffe des Menschen in das natürliche Gelände waren an zahlreichen Stellen die Ursache und/ oder der Ursprung für Massenbewegungen. Dies betrifft sowohl Auffüllungen/Terrassierungen, ggfs. mit alten Trockenmauern, als auch Wegebau, ggfs. in Verbindung mit Wasserdurchlässen bei überschütteten Rinnen. Lockere Auffüllmassen konnten bei dem außergewöhnlichen Oberflächenabfluss leicht erodieren, Rohrdurchlässe waren nicht auf solche Extremereignisse dimensioniert bzw. setzten sich unmittelbar zu, Mauern und Wege stellten Hindernisse dar und verursachten Abflusskonzentrationen.

Rinnen und Tälchen: Der flächige Oberflächenwasserabfluss wird durch verschiedene Faktoren zu einem linienhaften Abfluss konzentriert. Insbesondere kann durch quer zum Hanggefälle verlaufende Wege und Straßen der Oberflächenwasserabfluss gebündelt und dann in querende Rinnen abgeleitet werden. Die Mehrzahl dieser Rinnen und Tälchen sind bei normalen Witterungsbedingungen trocken oder weisen nur einen geringen, episodischen Wasserabfluss auf. Die außergewöhnlichen Wassermengen vom 14. Juli 2021 verursachten dann bei sonst unauffälligen Rinnen und Tälchen Murgänge. Dabei hatte von der Hangoberfläche mitgerissenes Material, wie Totholz, Geröll u. a., sicher eine schadensverstärkende Wirkung (● Abb. 6.5).

Hangkanten: Bei einer Vielzahl von Hangmuren und Deckschichtenrutschungen setzt die Abrisskante der Massenbewegungen unmittelbar an Hangkanten an. In den steileren Hangabschnitten führte die höhere Fließgeschwindigkeit ablaufenden Oberflächenwassers zu einer Zunahme der erosiven Kräfte, sodass auch in Verbindung mit den oben genannten Unstetigkeiten hier Massenbewegungen auftraten. Das ● Abb. 6.6 zeigt ein Beispiel.

Massenbewegungen und die Flut im Ahrtal

Abb. 6.5 Murgang oberhalb der Ahr bei Ahrbrück. Der Abfluss des Starkregens in einer vorhandenen Rinne hat diese metertief erodiert und dabei eine mächtige Lockergesteinsdecke im Steilhang angeschnitten. (© MB112; Foto: K. Kurz)

Abb. 6.6 Rutschung bei Schuld am 17.07.2022. Das Foto zeigt eine Deckschichtenrutschung infolge des starken Oberflächenwasserabflusses. Dabei ist der Abriss an der Hangkante typisch. (© Ansgar Wehinger)

Abb. 6.7 Rutschung in Müsch: Bild a: Differenz von zwei digitalen Geländemodellen auf Basis von LiDAR-Daten des LVermGeo (Aufnahmen vor und nach der Flut). Die fossile Großrutschung ist grün umrandet. Der infolge der Flut erodierte und nachgerutschte Rutschungsfuß ist rot umrandet. Die blauen Flächen weisen ein Massendefizit auf. Bild b: Luftaufnahme des erodierten und nachgerutschten Rutschungsfußes vom 17. Juli 2021. Bild c: Blick von oben auf den Rutschungsfuß (Aufnahme vom 24.03.2022). (© LGB, Fotos: Ansgar Wehinger)

Fossile Großrutschungen: Im Ahrtal sind zahlreiche fossile Großrutschungen vorhanden. Diese wurden durch den Starkregen und das Hochwasser bisher nicht reaktiviert (Beispiele in Antweiler, Schuld und Hönningen). Allerdings haben Ufererosionen am Fuß der Rutschungen die haltenden Kräfte verringert, sodass grundsätzlich eine Verringerung der Hangstabilität anzunehmen ist. Insbesondere im Falle von weiteren Hochwasserereignissen kann eine Reaktivierung der Rutschungen nicht ausgeschlossen werden. Ein Sonderfall stellt die Rutschung oberhalb des Ahrufers in Müsch dar, da hier am Fuß der Rutschung laufend weitere Abbrüche eintreten (s. u. bei den ausgewählten Massenbewegungen, Abb. 6.7).

Prallhangerosionen/Uferabbrüche: An den Prallhängen wirken die höchsten Strömungskräfte. Das Wasser und mitgerissenes Material, wie Baumstämme u. a., lösen sowohl an der Uferwandung wie auch an der Flusssohle anstehendes Material. Es kommt zu einem Abtrag und Versteilung des Ufers und Vertiefung der Sohle (Abb. 6.8). Durch das Hochwasser kam es teils zu deutlichen Verlagerungen des Flussbetts. Uferabbrüche weisen Breiten im Meter- bis Zehnermeterbereich auf. In neu entstandenen Anschnitten sind teils

○ **Abb. 6.8** Erodiertes und nachgerutschtes Ufer der Ahr unterhalb des Gebäudes Hauptstraße 4 in Schuld am 10. August 2021. Am Hangfuß sind sog. Big Bags gestapelt, die von der Bundeswehr im Rahmen einer Sofortsicherung angeordnet wurden. Im Bereich der erodierten Böschung ist Lockermaterial und links und rechts hiervon Fels anstehend. (© Ansgar Wehinger)

mehrfache Wechsel von Schotterablagerungen und feinkörnigen Auensedimente sichtbar, was auf wiederkehrende Hochwasserereignisse mit Flussbett-Verlagerungen hinweist.

6.5 Ausgewählte Massenbewegungen

6.5.1 Prallhangerosion und fossile Großrutschung bei Müsch

Im Zuge des Hochwassers im Ahrtal wurde der östlich von Müsch gelegene und nach Südosten ansteigende Hang am Fuß erodiert (○ Abb. 6.7). Hier weist das Ahrtal mit nur ca. 40 m eine der geringsten Breiten auf. Aus diesem Grund konnte hier das Hochwasser einen sehr hohen Wasserstand und mutmaßlich sehr hohe Fließgeschwindigkeiten entwickeln. In der Folge wurden große Teile des südlichen Ufers komplett weggerissen. Die Auswertung der vor und nach dem Flutereignis erstellten Digitalen Geländemodelle zeigt eine Erosion des südlichen Ufers der Ahr auf einer Länge von ca. 115 m und einer Breite bis ca. 15 m. In der erodierten Böschung sind Rutschmassen aus gemischtkörnigem Lockergestein angeschnitten. Darin sind teilweise Festgesteinspakete aus devonischem Sedimentgestein mit mehreren Metern Kantenlänge eingelagert. Der Hang am Südufer stellt den Fuß einer fossilen Großrutschung dar, die im digitalen Geländemodell deutlich sichtbar ist. Infolge von Hangbewegungen in der Vergangenheit wurde das Ahrtal eingeengt und der Fluss auf das Gegenufer gedrängt. Die derzeitige Ahrböschung ist nicht stabil. Aktuelle Vermessungen der Hochschule Mainz zeigen eine Kriechbewegung an. Grundsätzlich besteht die Gefahr, dass durch den Wegfall haltender Kräfte die Großrutschung reaktiviert wird. Zur Beurteilung der tatsächlichen Gefahrensituation sind weitere Erkundungen sowie Monitoringmaßnahmen notwendig. Das Landesamt für Geologie und Bergbau und die Struktur- und Genehmigungsdirektion Nord bereiten derzeit diese Arbeiten vor.

6.5.2 Rutschung in Schuld

Im Zuge des Hochwasserereignisses vom 14. Juli 2021 wurde die Ahrböschung unterhalb des Gebäudekomplexes Hauptstraße 4 in Schuld erodiert (○ Abb. 6.2 und 6.8). In der Folge des Abtrags und der Versteilung der Böschung rutschten hier vorhandene Lockergesteinsmassen nach. Hierdurch entstand für die oberhalb vorhandene Bebauung eine Gefahrensituation. Grundsätzliche Voraussetzungen für die Erosion und Rutschung ist die topographische und geologische Situation. So besteht hier eine Prallhangsituation. In dem Steilufer ist eine Wechselfolge von Ton-/Siltschiefern und Sandstein des Unter-Devon anstehend. Die Schichtenfolge ist verfaltet. In der Faltenachse verläuft eine Störung. Das Gestein ist dadurch lokal stärker verwittert und bildet eine Lockergesteinsdecke auf dem Felsen. Diese ist gegenüber der Witterung und den Erosionskräften der Ahr besonders anfällig. Tatsächlich ist die Rutschung genau im Bereich der Störung aufgetreten.

Die betroffene Ahrböschung ist nicht dauerhaft standsicher. Insbesondere bei einem erneuten Hochwasser sind ein weiterer Bodenabtrag sowie eine Schadensausweitung zu erwarten. Zum Schutz der oberhalb des Hangs vorhandenen Bebauung wird derzeit eine erosionsstabile Sicherung des Ahrufers im Schadensbereich geplant.

6.6 Ausblick

Durch das Ministerium für Wirtschaft, Verkehr, Landwirtschaft und Weinbau Rheinland-Pfalz wurde das Projekt „Vorsorgemaßnahmen gegen die Folgen von Starkregen" ins Leben gerufen, welches vom Landesamt für Geologie und Bergbau sowie der Johannes Gutenberg-Universität Mainz bearbeitet wird. Ziele des Projekts sind unter anderem die Erfassung geologischer Ursachen und die Kartierung von Schäden infolge von Massenbewegungen. Auf Basis der Kartierungen und das Verständnis der stattgefundenen Prozesse sollen die Massenbewegungen und Erosionen mit GIS-Systemen modelliert und die Arbeitsergebnisse auf andere Landesteile übertragen werden. Das Erstellen von Gefahr- und Risikokarten sowie die Identifikation geologischer Problembereiche bei Starkregen- und Hochwasserereignissen bildet die Grundlage für die Entwicklung und Bereitstellung von Fachinformations- und Beratungssystemen als Planungsgrundlage für Behörden, Kommunen und andere. Zusätzlich zu den oben genannten Aufgaben sollen auch Monitoringmaßnahmen entwickelt werden.

Literatur

1. Roggenkamp, T. & Herget, J. (2022): Hochwasser der Ahr im Juli 2021 – Abflussschätzuung und Einordnung.- Hydrologie und Wasserwirtschaft 66. Jg., Heft 1, S. 40–49.
2. Wehinger, A., Rogall, M. & Enzmann, F. (2022): Massenbewegungen im Ahrtal als Folge des Starkregens und der Flut: eine erste Bestandsaufnahme.- Fachtagung Rutschungen, S. 10–18., 20. Weiterbildungsseminar der Forschungsstelle Rutschungen, Universität Mainz.
3. Bayerisches Landesamt für Umwelt (LfU) (Hrsg.) (2016): Gefahrenhinweiskarte Alpen und Alpenvorland: Steinschlag – Felssturz – Rutschung – Hanganbruch – Erdfall.- Augsburg.
4. Enzmann, F., Hagge-Kubat, T., Süßer, P. Kersten, M. & Wehinger, A. (2022): GIS-gestützte Modellierungsansätze zu Auslöseprozessen von Massenbewegungen nach der Flut im Ahrtal.- Fachtagung Rutschungen, S. 20–25., 20. Weiterbildungsseminar der Forschungsstelle Rutschungen, Universität Mainz.

Analyse der Schäden an Brückenbauwerken in Folge des Hochwassers 2021 an der Ahr

Lisa Burghardt, Elena-Maria Klopries, Stefanie Wolf und Holger Schüttrumpf

Brücken spielen eine essentielle Rolle als kritische Infrastruktur und haben in Folge des Hochwassers 2021 im Ahrtal schwere Schäden erlitten. Gerade im Mittel- und Unterlauf der Ahr wurde ein Großteil der Brücken überströmt und im Zuge dessen beschädigt oder zerstört. Zur Unterstützung des Wiederaufbaus wurden die Schäden an den Brücken entlang der Ahr kartiert und erste statistische Zusammenhänge der Schadensbilder analysiert, um hieraus Rückschlüsse für neue Brückenbauwerke zu ziehen.

Im Zuge des BMBF-geförderten Projekts „Wissenschaftliche Begleitung der Wiederaufbauprozesse nach der Flutkatastrophe in Rheinland-Pfalz und Nordrhein-Westfalen: Impulse für Resilienz und Klimaanpassung" (kurz: KAHR für Klimaanpassung, Hochwasser und Resilienz) findet eine wissenschaftliche Aufarbeitung des Hochwasserereignisses 2021 in Nordrhein-Westfalen und Rheinland-Pfalz statt. Bereits kurz nach dem Ereignis war ersichtlich, dass ein Großteil der sogenannten kritischen Infrastruktur zerstört wurde, welche die Versorgung von lebensnotwendigen Gütern und Dienstleistungen sicherstellt. Hierzu zählen unter anderem die Bereiche der Energie- und Wasserversorgung, aber auch der Verkehrssektor. Sowohl im Straßen- als auch im Schienenverkehr sind Brücken entscheidende Anlagen für die Aufrechterhaltung der Infrastruktur [1]. Die Rolle der Brücken für das Ahrtal wurde besonders kurz nach dem Hochwasser deutlich, als Rettungs- und Sicherungsmaßnahmen aufgrund fehlender Anbindungen durch zerstörte Brücken erschwert oder sogar behindert wurden. Weite Bereiche des Ahrtals waren schlicht nicht mehr bzw. nur noch über unbefestigte Wege von den Höhenlagen aus zu erreichen.

> **Kompakt**
> - Die Verklausung von Brücken hat sich als wichtiger Einflussfaktor auf das Abflussgeschehen des Hochwassers herausgestellt.
> - Mit Blick auf die Klimaveränderungen soll ein dauerhafter Baubestand

Zuerst erschienen in Wasser und Abfall 11/2022

© Der/die Autor(en), exklusiv lizenziert an Springer Fachmedien Wiesbaden GmbH, ein Teil von Springer Nature 2023
M. Porth et al. (Hrsg.), *Wasser, Energie und Umwelt*,
https://doi.org/10.1007/978-3-658-42657-6_7

> erreicht werden, der zukünftigen stärkeren und häufigeren Hochwasserereignissen standhalten kann.
> - Empfehlungen für hochwasserangepasste Brücken können aus den vorgefundenen Schadensbildern abgeleitet werden.
> - Der Verzicht auf den Wiederaufbau bestimmter Brücken oder das Zusammenlegen von Straßen- und Radbrücken, um die Zahl der Abflusshindernisse zu verringern, ist in Betracht zu ziehen.

7

Zudem konnte der starke Einfluss von Brückenbauwerken auf das Abflussgeschehen des Hochwassers beobachtet werden [2]. Brücken stellen durch die Brückenpfeiler, die Widerlager und den Überbau eine direkte Verengung des Abflussquerschnitts dar. Durch diverse Treibgutfrachten während des Hochwassers kam es an zahlreichen Brücken zu einer weiteren sekundären Verengung der Abflussquerschnitte. Durch diese Verklausung wurden die Wasserstände vor den Brückenbauwerken zum Teil signifikant erhöht und weite Gebiete überschwemmt, die nicht in den bis dato vorliegenden Hochwassergefahrenkarten als Gefährdungsbereiche identifiziert waren. Das Treibgut, welches sich an den Brücken akkumuliert hat, bestand neben Frisch- und Totholz auch aus Autos, Wohnwagen und Schutt. Auf Basis erster Nachrechnungen des Hochwassers wird geschätzt, dass durch die Verklausung der Brückenbauwerke der Wasserstand der Hochwasserwelle um bis zu drei Meter erhöht wurde [3].

Generell spielen die lichte Öffnungsweite des Brückenbauwerks und die Treibgutzusammensetzung eine entscheidende Rolle für die Verklausungswahrscheinlichkeit eines Brückenbauwerks [4–6]. Im Zuge der Verklausung erhöhen sich die hydraulischen Kräfte, die auf das Brückenbauwerk einwirken. Dies beinhaltet, dass die Erosion der Gewässersohle an den Pfeilern verstärkt und der hydrostatische Druck auf das Bauwerk erhöht werden. Dadurch kann die Standsicherheit der Brückenbauwerke beeinflusst werden und es kann sogar zum kompletten strukturellen Versagen des Brückenbauwerks kommen. Im Juli 2021 kam es durch das plötzliche Versagen einzelner Brücken zu regelrechten zusätzlichen Flutwellen, die sowohl höhere Wasser- als auch Treibgutmengen mit sich führten. Durch die zusätzliche Krafteinwirkung wurden zusätzliche Schäden an Gebäuden aber auch an unterstrom liegenden Brücken verursacht. Diese Flutwellen hatten zudem einen Einfluss auf die Ausdehnung der Überschwemmungsgebiete. Die genauen Entstehungsprozesse und das Ausmaß der Flutwellen sind derzeit allerdings noch unbekannt.

Mithilfe einer ersten Analyse der Schäden an Brückenbauwerken sollen das Schadensausmaß durch das Hochwasser 2021 kartiert und erste Schlussfolgerungen auf die Schadensmechanismen und -ursachen an den Brücken im Ahrtal gewonnen werden.

7.1 Vorgehensweise

In einem ersten Schritt wurden alle Brückenbauwerke entlang der Ahr einheitlich kartiert. Hierzu wurden Satelliten- und Luftbilder vor und nach dem Flutereignis ausgewertet und die Brückenstandorte sowie deren Zustand dokumentiert. Für eine detaillierte Schadensanalyse wurden zudem Begehungen vor Ort im März und April 2022 durchgeführt und stellenweise zusätzliche Luftbilder mithilfe einer Drohne aufgenommen. Zudem wurden die Bauwerksakten der Brücken samt Prüfberichten der Brücken vor und nach der Flut ausgewertet, soweit vorhanden. Hieraus wurden Informationen zu Brückencharakteristika ermittelt, die den Brückentyp, die Anzahl der Felder einer Brücke, das Baujahr und die Brückenmaße umfassten. Die Bauarten der Brücken wurden gezielt mit Fokus auf die lichte Öffnungsweite der Brücken unterteilt. Brücken mit runder oder ovaler Öffnungsform wurden den Bogenbrücken zugeordnet, während Brücken mit annähernd rechteckiger Öffnungsform meist als Platten- und Balkenbrücken vertreten waren. Fachwerk-, Seil- und Plattenbalkenbalkenbrücken wurden ebenfalls zu den Brücken mit rechteckiger Öffnungsform zusammengefasst.

Die Beurteilung der Schäden an den Brückenbauwerken erfolgte unter der Verwendung von Schadensklassen (Tab. 7.1). Ähnlich wie Maiwald und Schwarz (2014), die Schadensmodellierungen an Häusern für extreme Hochwasser erstellen, wurden fünf Schadensklassen für Brückenbauwerke ermittelt [7]. Brücken, die keine Schäden oder lediglich dekorative oder verwitterungsähnliche Schäden erlitten haben, wurden der Schadensklasse D0 zugeteilt. Schäden, die bereits die Verkehrstauglichkeit einer Brücke einschränken, wie beispielsweise der Verlust von Geländern, allerdings nicht die Standsicherheit des Bauwerks beeinträchtigen, werden unter der Schadensklasse D1 zusammengefasst. Sollte eine Nutzung der Brücke beispielsweise durch den Verlust von Zufahrtsrampen eingeschränkt sein, wurde diese der Schadensklasse D2 zugeordnet. Sollte darüber hinaus sofortiges Handeln zur Instandsetzung der Brücke, wie die Wiederherstellung des Überbaus, und die Sicherstellung der Standsicherheit nach Setzungen oder Verschiebungen der Pfeiler nötig sein, wurde diese Brücke der Schadensklasse D3 zugeordnet. Brücken, die durch das Hochwasserereignis vollständig zerstört und abgerissen wurden, zählen zur Schadensklasse D4. Zur Vereinfachung wurden Brücken der Schadensklassen D1 bis D3 als beschädigt zusammengefasst, Brücken der Klasse D0 werden als intakt bezeichnet, Brücken der Klasse D4 als zerstört.

Da die Verklausung von Brücken als eine der maßgeblichen Schädigungsursachen von

Tab. 7.1 Verwendete Schadensklassen (SKL) zur Schadenskartierung der Brücken

SKL	Ausprägung der Beschädigung	Klassenbeschreibung	Beispiele
D0	nicht vorhanden	Zustand annähernd unverändert	dekortaive Schäden
D1	leicht	Standsicherheit nicht beeinträchtigt	Verlust von Geländern
D2	moderat	Standsicherheit nicht akut gefährdet, Nutzung möglicherweise eingeschränkt	Kleine Risse Abriss Zufahrtsrampen
D3	schwier	Sofortiges Handeln notwendig, Standsicherheit akut gefährdet	Setzung/Verschiebung von Pfeilern Abriss des Überbaus
D4	sehr schwer	Bauwerksversagen	Abriss von Stützpfeilern oder des Überbaus Vollständiger Abriss geschehen/in Zukunft nötig

Quelle: Lisa Burghardt

Brückenbauwerken infrage kommt, wurden Luftbilder, Social-Media-Daten und Schadensgutachten der Brücken durch die Bauwerksbetreibenden untersucht sowie Treibgutmengen bei Begehungen vor Ort dokumentiert. Mithilfe der Fotodokumentationen und Treibgutablagerungen konnten auch Rückschlüsse auf die Überströmung von Brücken gezogen werden. Am Beispiel der Rad- und Fußgängerbrücke in Mayschoß (◘ Abb. 7.1) wird deutlich, wie eine Überströmung und auch eine Verklausung der Brücke festgestellt werden können. Das Geländer wurde in Fließrichtung verbogen und es wurden Rückstände von Treibgut im Geländer und auf der Fahrbahn vorgefunden.

7.2 Ergebnisse und Diskussion

Insgesamt befanden sich zum Zeitpunkt des Hochwassers 114 Brücken entlang der Ahr. Über eine Flusslänge von 85 km ergibt sich daraus eine Brückenhäufigkeit von einer Brücke alle 750 m. Die Ortsgemeinden Dümpelfeld und Altenahr sowie die Stadt Bad Neuenahr-Ahrweiler zeichneten sich durch eine hohe Brückendichte entlang der Ahr aus (◘ Abb. 7.2). Während in Dümpelfeld im Schnitt rund 300 m und in Altenahr rund 400 m zwischen den Brücken lagen, betrug der Abstand zwischen den 24 Brücken in Bad Neuenahr-Ahrweiler rund 500 m. An anderen Mittelgebirgsflüssen in dieser Region sind vergleichsweise niedrigere Brückendichten zu vermerken. So liegen an der Rur im Schnitt 1,65 km zwischen den Brücken und an der Olef 1,12 km.

Knapp die Hälfte aller Brücken entlang der gesamten Ahr waren Bogenbrücken. Im Oberlauf der Ahr innerhalb Nordrhein-Westfalens konnten hingegen zum Großteil Plattenbrücken und ähnliche Bauweisen mit einem Brückenfeld ohne Pfeiler identifiziert werden. Am Mittellauf der Ahr zwischen Blankenheim und Ahrweiler befanden sich mehr Bogenbrücken

◘ **Abb. 7.1** Dokumentation der Schäden an der Fußgänger- und Radbrücke in Mayschoß nach dem Hochwasser 2021 im März 2021. (© Lisa Burghardt)

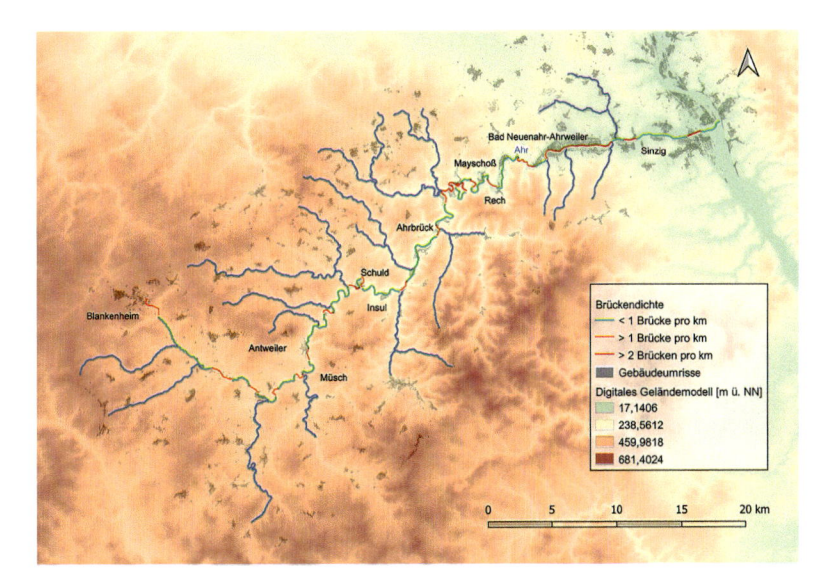

Abb. 7.2 Brückendichte vor dem Hochwasser 2021 entlang der Ahr. (© Lisa Burghardt)

als Plattenbrücken. Im Unterlauf wurden hauptsächlich Brücken mit rechteckiger Durchlassöffnung und nur noch vereinzelt Bogenbauweisen aufgenommen. Rund 90 % der Brücken am Mittellauf der Ahr waren Mehrfeldbrücken mit mehr als einer Durchlassöffnung, während im Unterlauf Ein- und Mehrfeldbrücken annähernd gleich verteilt waren.

Rund drei Viertel der 114 Brücken entlang der Ahr haben einen Schaden erlitten. Davon wurden rund 50 % der Brücken vollständig zerstört und die restlichen beschädigt (Abb. 7.3). Im Oberlauf der Ahr zwischen Blankenheim und Müsch in Nordrhein-Westfalen haben nur zwei der 20 Brücken im Zuge des Hochwassers Schäden erlitten. Am Mittellauf der Ahr sind an rund 90 % der Brücken Schäden aufgetreten, am Unterlauf an rund 85 % der Brücken.

Zu etwa der Hälfte aller Brücken an der Ahr konnten genauere Aussagen bezüglich der Verklausung und des Überströmens getroffen werden. Diese Auswertung konnte nicht vollständig durchgeführt werden, wenn Brücken während des Hochwassers abgerissen wurden oder bereits Räumungsarbeiten stattgefunden hatten. Rund 60 % der hierzu analysierten Brücken waren verklaust, 45 % davon sogar wahrscheinlich vollständig verlegt. Ähnlich zu den Brückenschäden wurden auch Verklausungen vor allem im Mittel- und Unterlauf der Ahr aufgenommen. Im Mittellauf konnten die meisten Brücken bezüglich ihres Verklausungsgrads untersucht werden, rund 80 % der 45 bezüglich Verklausung untersuchten Brücken am Mittellauf waren verklaust. Im Unterlauf traten an rund 63 % der analysierten Brücken Verklausungen auf. Im Oberlauf konnten zu annähernd allen Brücken Aussagen bezüglich Verklausung getroffen werden, lediglich 5 der 20 Brücken wiesen Anzeichen für Verklausung auf. Das Überströmen von Brücken konnte vor allem im Mittel- und Unterlauf der Ahr dokumentiert werden. Während am Unterlauf der Ahr rund 40 % der zu Überströmen untersuchten Brücken überströmt wurden, kam es an rund 66 % der 44 untersuchten Brücken am Mittellauf zum Überströmen.

Die Schadensmechanismen wurden aufgrund der geringen Anzahl der Schäden im

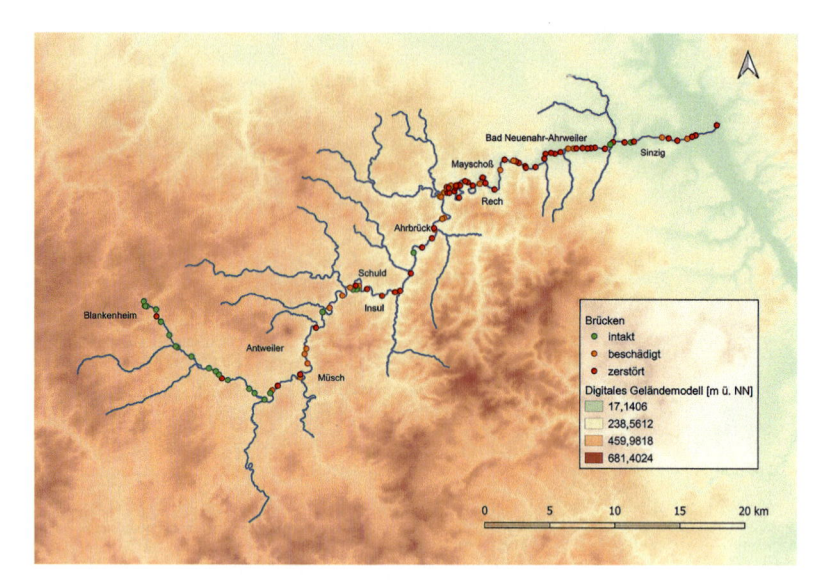

● **Abb. 7.3** Darstellung der Schadensbeschreibungen der Brücken an der Ahr nach dem Hochwasser 2021. (© Lisa Burghardt)

Oberlauf der Ahr gezielt erst ab dem Mittellauf konkret ab der Gemeinde Müsch bis zur Mündung der Ahr in Sinzig analysiert. Die meisten Brücken, rund 66 % aller Brücken an der Ahr, befanden sich in Stadtgebieten. Besonders in den eng besiedelten Bereichen im Mittel- und Unterlauf wurden Schäden an Brücken festgestellt. Fast alle der 24 Brücken mit annähernd rechteckiger Durchlassöffnung haben am Mittellauf der Ahr Schaden erlitten, während rund 80 % der Bogenbrücken am Mittellauf beschädigt wurden. Am Unterlauf hingegen haben fast alle Bogenbrücken und rund 80 % der Plattenbrücken entlang der Ahr Schaden erlitten. Alle Stabbogen-, Schrägseil- und Fachwerkbrücken ab Blankenheim wurden der Schadensklasse D4 zugeteilt. Hierbei konnte keine direkte Korrelation zwischen der Anzahl der Brückenfelder sowie der Bauart, der lichten Öffnung und der Schädigungswahrscheinlichkeit festgestellt werden (● Abb. 7.4). Da der Grad der Beschädigung nicht mit

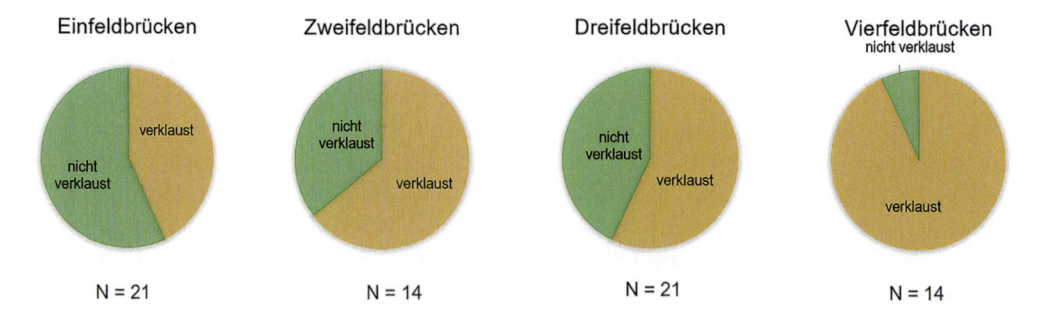

● **Abb. 7.4** Auswertung der Schadensbilder an Brücken in Abhängigkeit von der Anzahl an Brückenfeldern im Mittel- und Unterlauf der Ahr. (© Lisa Burghardt)

der Pfeileranzahl anstieg, konnte die Anzahl der Brückenfelder in diesem Fall nicht als wesentliche Ursache für Schäden an den Brücken identifiziert werden.

Ähnlich wie Bezzola et al. (2002) ermittelt haben [4], ließ sich allerdings eine Korrelation zwischen der Anzahl der Brückenfelder und der Verklausung an 70 Brücken im Ahrtal erkennen. Bei Brücken mit bis zu vier Feldern, erhöht sich der Anteil verklauster Brücken mit der Anzahl der Felder. Zwischen der Bauweise der Brücke bezüglich der Form der Durchlassöffnung hingegen und dem Grad der Verklausung konnte keine direkte Korrelation nachgewiesen werden. Sowohl Bogen- als auch Plattenbrücken und ähnliche Bauweisen waren zu einem ähnlichen Grad verklaust. Brücken, die im Zuge des Hochwassers überströmt wurden, haben zu knapp 95 % auch Schaden erlitten (Abb. 7.5). Im Umland von mehr als 50 % der Brücken waren starke morphologische Veränderungen wie Ufererosionen zu erkennen, vermehrt am Mittellauf der Ahr. An stark beschädigten Brücken war meist ein hoher Grad an morphologischen Veränderungen im Umland sichtbar. Auch Bahndämme haben große Schäden erlitten, da sie nicht für den Einstau von Wassermassen konzipiert waren und dem horizontalen Wasserdruck nicht langanhaltend standhalten konnten [8].

7.3 Empfehlungen zu hochwasserangepassten Brücken

Die Brücken an der Ahr befinden sich in der Verantwortung des Landesbetriebes für Mobilität (LBM), den Kommunen sowie Verkehrsträgern wie der Bahn. Im Austausch mit diesen Bauwerksbetreibenden beispielsweise im Zuge des Brückenworkshops in Remagen, organisiert durch die Hochschule Koblenz, ergaben sich bereits erste Strategien für den Wiederaufbau der Brücken im Ahrtal (Tab. 7.2).

Von der Struktur- und Genehmigungsdirektion (SGD) Nord Rheinland-Pfalz wurden bereits neue Bemessungsgrundlagen für Brückenbauwerke veröffentlicht, die sowohl historische Hochwasserereignisse in der Region in der Abflussstatistik beachten als auch mehr Freibord für den Fall von Verklausungen vorsehen. Diese Bemessungsgrundlagen sehen vor, dass bei der Neuplanung von Brücken eine größere Spannweite erreicht und damit die Anzahl

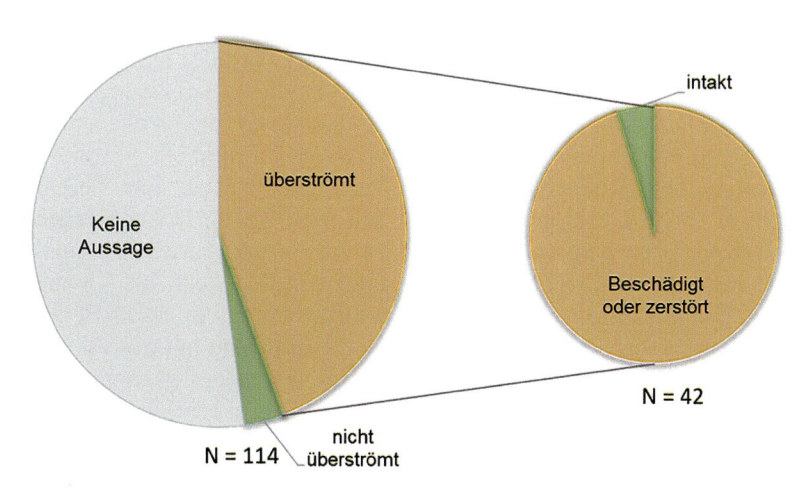

■ **Abb. 7.5** Auswertung Schadensbilder an überströmten Brücken. (© Lisa Burghardt)

Tab. 7.2 Ideen zu hochwasserangepassten Brücken im Ahrtal

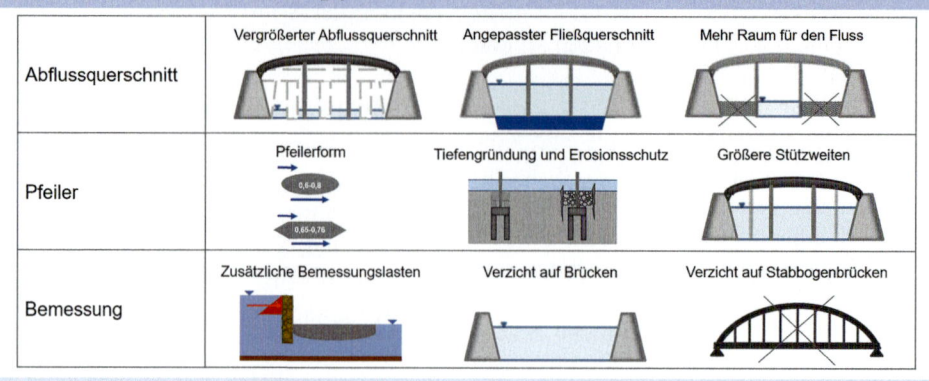

Abflussquerschnitt	Vergrößerter Abflussquerschnitt	Angepasster Fließquerschnitt	Mehr Raum für den Fluss
Pfeiler	Pfeilerform (0,6–0,8; 0,65–0,76)	Tiefengründung und Erosionsschutz	Größere Stützweiten
Bemessung	Zusätzliche Bemessungslasten	Verzicht auf Brücken	Verzicht auf Stabbogenbrücken

Quelle: Lisa Burghardt

der Brückenfelder und Pfeiler reduziert werden soll. Gleichzeitig soll soweit technisch möglich auf Stabbogenbauweisen verzichtet werden. Diese können zwar die Spannweiten vergrößern, weisen aber aufgrund des Überbaus eine erhöhte Rechenwirkung für Treibgut auf. Dies erhöht im Hochwasserfall die Lasten auf das Brückenbauwerk und birgt das Risiko eines Abreißens des Bauwerks. Zudem wird angestrebt, die Überbauten der Brücken möglichst schmal und damit strömungsgünstig zu gestalten, um den Aufstau vor den Brücken und das Verklausungspotenzial zu reduzieren. Um zudem die lichte Brückenöffnung zu erhöhen, soll der Überbau der Brücken angehoben und mehr Abflussquerschnitt garantiert werden. Zusätzlich sollten verbaute Brückenfelder beim Wiederaufbau freigehalten werden, um den Fluss mehr Platz zu bieten [9, 10]. Der Abriss von Zufahrtsrampen zu Brücken ist ein häufiges Schadensbild durch das Hochwasser 2021. Das Deutsche Komitee für Katastrophenvorsorge (DKKV) empfiehlt daher, Zufahrtsrampen überströmsicher zu gestalten. Dadurch sollen die Schäden durch direkte und rückschreitende Erosion verhindert werden und die Einsatzfähigkeit der Brücken erhalten bleiben [11]. Auch die Verwendung strömungsgünstiger Pfeilerformen sowie die Umsetzung von Tiefengründungen und Erosionsschutz für neue Brückenbauwerke werden vom LBM empfohlen. Zudem wurden die Bemessungsverfahren des LBM für die Brückenkonstruktionen angepasst. Schmalere Einfeldbrücken ohne Pfeiler wurden in der Vergangenheit oft nur gegen Windlasten bemessen. Nun sollen zudem Lasten durch Anprall, Aufstau und Überströmen bei der Dimensionierung der Brücken beachtet werden.

Der Verzicht auf den Wiederaufbau bestimmter Brücken oder das Zusammenlegen von Straßen- und Radbrücken, um die Zahl der Abflusshindernisse zu verringern, wird zudem von den Brückenbetreibenden in Betracht gezogen. Hier treffen allerdings die Interessen des Denkmalschutzes und der Erhalt des Stadtbildes aufeinander. Eine bauliche Anpassung der Brücke wie beispielsweise das Anheben der Brücken wird an bestimmten Standorten und bei Verkehrsnutzlasten nur beschränkt möglich sein [9, 10]. Daher werden neben den baulichen und konstruktiven Anpassungsmöglichkeiten auch die Themen Treibgutmanagement und -rückhalt in verschiedenen Gesprächen mit den Akteuren im Ahrtal immer wieder genannt. Diese Themen stellen ein weiteres Forschungsfeld für den Wiederaufbauprozess im Ahrtal dar.

7.4 Fazit und Ausblick

Brücken haben sich während des Hochwassers vom Juli 2021 als entscheidendes Abflusshindernis herausgestellt, während durch den Verlust der Brücken die tragende Rolle dieser für die Infrastruktur im Ahrtal einmal mehr deutlich wurde. Wie auch bei anderen Bauwerken und Infrastrukturen ist ein Aufbau nach dem alten Status quo für die Brücken im Ahrtal wenig nachhaltig und resilient. Aufgrund der großen Wichtigkeit als kritische Infrastruktur und des potenziell hohen Schadenspotenzials, das von Brücken ausgeht, ist ein abgestimmter, erkenntnisbasierter und angepasster Wiederaufbau der Brückeninfrastruktur erforderlich. Die Wichtigkeit wurde von den Betreibern bereits frühzeitig wahrgenommen und spiegelt sich in einem regen Austausch dieser untereinander, aber auch mit der Wissenschaft wider. Eine ganzheitliche Betrachtung der verschiedenen Einflussfaktoren zum Hochwasser findet statt und auch Aspekte der Gewässerunterhaltung, des Katastrophenmanagements, der Raumplanung und der Ausbau von Rückhaltemöglichkeiten werden mit den zahlreichen Akteuren an der Ahr diskutiert. Mit Blick auf die Klimaveränderungen soll ein nachhaltiger Baubestand erreicht werden, der zukünftigen stärkeren und häufigeren Hochwasserereignissen standhalten kann.

Die dargestellte Datensammlung zu Brückenschäden und Schadensursachen kann als qualitativ hochwertige und wichtige Grundlage für die Diskussion von Schädigungsmechanismen und Vulnerabilität bestimmter Bauweisen dienen. Sie wird im Laufe des Forschungsprojektes KAHR weiter ergänzt und ausgewertet. Aufgrund der Unsicherheiten in den statistischen Auswertungen werden zudem zweidimensionale hydronumerische Berechnungen des Abflussgeschehens an ausgewählten Standorten durchgeführt werden, um die Verklausungsprozesse genauer abzubilden. Diese Erkenntnisse sollen auch den neuen Bemessungsverfahren und Entscheidungsprozessen des Wiederaufbaus im Ahrtal dienen.

Literatur

1. Bundesministerium des Inneren (BMI) (2011) Schutz Kritischer Infrastrukturen – Risiko- und Krisenmanagement: Leitfaden für Unternehmen und Behörden. 2nd edn. Berlin. Available at: ▶ https://www.bbk.bund.de/SharedDocs/Downloads/DE/Mediathek/Publikationen/KRITIS/bmi-schutz-kritis-risiko-und-krisenmanagement.pdf?__blob=publicationFile&v=9 (Accessed: 21 July 2022).
2. Schüttrumpf, Holger; Birkmann, Jörn; Brüll, Catrina; Burghardt, Lisa; Johann, Georg; Klopries, Elena; Lehmkuhl, Frank; Schüttrumpf, Annika; Wolf, Stefanie (2022): Herausforderungen an den Wiederaufbau nach dem Katastrophenhochwasser 2021 in der Eifel. In: Technische Universität Dresden, Institut für Wasserbau und technische Hydromechanik (Hg.): Nachhaltigkeit im Wasserbau - Umwelt, Transport, Energie. Dresdner Wasserbauliche Mitteilungen 68. Dresden: Technische Universität Dresden, Institut für Wasserbau und technische Hydromechanik. S. 5–16
3. Joachim Gerke (2022) Neue Brücken für das Ahrtal: Anforderungen aus der Sicht der Wasserwirtschaft. Struktur- und Genehmigungsdirektion Nord Koblenz. 6 May (Accessed: 20 July 2022).
4. Bezzola, G.R. et al. (2002) 'Verklausung von Brückenquerschnitten', Diverse Autoren Internationales Symposium: Moderne Methoden und Konzepte im Wasserbau, Internationals Symposium. VAW, ETH Zürich; Schweizerischer Wasserwirtschaftsverband, Zürich, 7. – 9. Oktober. Zürich: BWG, pp. 87–97 (Accessed: 2 August 2022).
5. Rutschmann, P. (ed.) (2017) Naturgefahren - von der Sturzflut zur Schwemmholzverklausung: Ereignisanalysen, aktuelle Forschungsvorhaben und Projekte : Beiträge zur Fachtagung am 6. Juli 2017 in Obernach. München: TUM Technische Universität München Lehrstuhl für Wasserbau und Wasserwirtschaft (Berichte des Lehrstuhls und der Versuchsanstalt für Wasserbau und Wasserwirtschaft, 137).
6. Schmocker, L. et al. (2016) 'Schwemmholz an Hochwasserentlastungsanlagen von Talsperren', in Rutschmann, P. (ed.) Wasserbau – mehr als Bauen im Wasser: Beiträge zum 18. Gemeinschafts-Symposium der Wasserbau-Institute TU München, TU Graz und ETH Zürich vom 29. Juni bis 1. Juli 2016 in Wallgau, Oberbayern. (Berichte des Lehrstuhls und der Versuchsanstalt für Wasserbau und Wasserwirtschaft, Nr. 134). München: TUM Technische Universität München Lehrstuhl

für Wasserbau und Wasserwirtschaft, pp. 263–274. Available at: ▶ https://www.cee.ed.tum.de/fileadmin/w00cbe/wb/freunde/Symposium_2016/Beitraege_Wallgau2016/27_-_Schmocker.pdf (Accessed: 19 July 2022).
7. Maiwald, H. and Schwarz, J. (2014) 'Schadensmodelle für extreme Hochwasser – Teil 1: Modellbildung und Validierung am Hochwasser 2002', Bautechnik, 91(3), pp. 200–210. ▶ https://doi.org/10.1002/bate.201300101
8. Pohl, R. (2015) 'Brücken aus der Sicht des Wasserbauers', Bautechnik, 92(7), pp. 461–468. ▶ https://doi.org/10.1002/bate.201500034
9. Gleißner, S. (2022) Wiederaufbau im Ahrtal - Sachstand der Brücken. Deutsche Bahn. 6 May (Accessed: 21 July 2022).
10. Jackmuth, D.-I.A. (2022) Flutkatastrophe an der Ahr: Stand der Planungen. Landesbetrieb für Mobilität, Rheinland-Pfalz. 6 May (Accessed: 21 July 2022).
11. Deutsches Komitee Katastrophenvorsorge e.V. (DKKV) (2022) Die Flutkatastrophe im Juli 2021: Ein Jahr danach: Aufarbeitung und erste Lehren für die Zukunft. Bonn. Available at: 978-3-933181-72-5 (Accessed: 4. August 2022).

Hochwasser- und Starkregenrisikomanagement in Zeiten des Klimawandels

Georg Johann

Die Wasserwirtschaft benötigt Lösungsansätze, mit denen flexibel auf neue Entwicklungen und Erkenntnisse reagiert werden kann. Dabei kann nicht mehr alleine auf technische Hochwasserschutzmaßnahmen und Regenwasserbewirtschaftung im Siedlungsraum gesetzt werden. Sie müssen ergänzt werden mit abfluss-mindernden, rückhaltenden Maßnahmen im urbanen als auch land- und forstwirtschaftlichen Raum sowie Maßnahmen, die dämpfend auf den Abfluss im Gewässer wirken. Ein besonderer Fokus muss auf die Aktivierung der Eigenvorsorge der betroffenen Zivilgesellschaft gelegt werden.

Das 865 km² große Einzugsgebiet der Emscher liegt mit 2,3 Mio. Einwohnern im Kernbereich des ehemaligen Steinkohlereviers mit Großstädten wie Dortmund, Essen und Duisburg. Seine hohe Bevölkerungsdichte von ca. 2700 Einwohnern/km² macht die Emscherregion, im Herzen des Ruhrgebietes, zu einem der größten und dichtesten besiedelten Ballungsräume in Europa. Anfang des 20. Jahrhunderts wurde aus der Emscher, einem gewundenen Tieflandfluss in einer dünn besiedelten Agrarlandschaft, ein begradigter, vielerorts von Deichen gefasster Abwasserlauf eines dann von Bergbau und Schwerindustrie geprägten Einzugsgebiets. Dieser technische Umbau, der durch Hochwasserschutzsysteme mit hohem Ausbaugrad gekennzeichnet ist, machte den Weg frei für die Entstehung einer der größten Metropolregionen Deutschlands. Das Hochwasserrisiko ist in dieser Region besonders hoch, da durch den Steinkohlebergbau weit gestreckte Bergsenkungsgebiete entstanden und somit die Wassertiefen in den potenziellen Überflutungsgebieten hinter den Hochwasserschutzanlagen bis 12 m tief sind. Dieses Hochwasserschutzsystem wurde auf historische Hochwasserereignisse ausgelegt. Es zeigt damit eine hohe Resilienz für die dominierenden Bedürfnisse der Vergangenheit. Die Städte entwickeln sich hinter den Hochwasserschutzanlagen weiter und die damit einhergehende Vulnerabilität nimmt weiter zu [1].

Zuerst erschienen in Wasser und Abfall 9/2018

> **Kompakt**
> - Die Wasserwirtschaft benötigt zum Hochwasser- und Starkregenrisikomanagement in Zeiten des Klimawandels Lösungsansätze, mit denen flexibel reagiert werden kann.
> - Integrierte und damit kosteneffiziente Planung von Hochwasserschutzmaßnahmen und Freiraumgestaltung zeigen ihre Wirkung.
> - Das Bewusstsein für die Erhöhung der Hochwassergefahr muss in der Zivilgesellschaft gestärkt und die Fähigkeit zur Eigenvorsorge unterstützt werden.

Mit dem Klimawandel ändert sich bereits heute das Niederschlags- und Hochwasserregime in seiner Ausprägung [2]. Insbesondere die im vergangenen Jahrzehnt zunehmenden Starkregenereignisse zeigen, dass sich das Niederschlagsregime schon beginnt zu verändern [3]. Die Emschergenossenschaft entwickelt deshalb Anpassungsstrategien, um den Folgen des Klimawandels zu begegnen [4].

Bei allen Gewissheiten über konkrete Aussagen zu Veränderungen durch den Klimawandel, sind diese als Zukunftsprognosen systemimmanent mit Unsicherheiten behaftet [5]. Die Wasserwirtschaft benötigt deshalb Lösungsansätze, mit denen flexibel auf neue Entwicklungen und Erkenntnisse reagiert werden kann. „Die" Anpassungsstrategie gibt es nicht, vielmehr dürfen heutige Entscheidungen keine Möglichkeiten verbauen. Sogenannte „no regret"-Lösungen, die effektiv, kostengünstig umzusetzen und in jedem Fall sinnvoll und anpassbar sind, sind mehr denn je gefragt. Diese Maßnahmen sollen also elastisch sein und die Resilienz steigern. Diese Sichtweise ist in der internen Hochwasserrisikomanagement-Strategie der Emschergenossenschaft hinterlegt. Sie basiert auf einer risikobasierten Hochwasserschutzstrategie, d. h. die Abschätzung und Bewertung der Eintrittswahrscheinlichkeiten und Schadenshöhen von Hochwasserereignissen bilden die Grundlage weiterer Maßnahmen [6].

8.1 Was ist zu tun?

Bei der Anpassung an die zunehmenden Niederschläge kommen grundsätzlich zwei Wege in Betracht:

Ein Weg ist die Steigerung des Abflussvermögens (Deiche) und die Vergrößerung zentraler Speichervolumina (Hochwasserrückhaltebecken). Aufgrund der unsicheren Klimawandel-Projektionen steht die Effektivität und erst recht die Effizienz solcher Maßnahmen in Frage. Als letzte Maßnahmenoption kann eine Erweiterung von Hochwasserrückhaltebecken oder eine Deicherhöhung in Betracht gezogen werden. Zentrale Hochwasserschutzanlagen haben bei wild abfließendem Wasser durch Starkregen keine Wirkung, da das Wasser hinter den zentralen Hochwasserschutzanlagen in die zu schützenden Gebäude hineinfließen kann. Die Chance, Sturzfluten mit dezentralen Maßnahmen zumindest abzumildern, ist bedeutend größer als mit zentralen Großmaßnahmen [7]. Technische Hochwasserschutzanlagen stellen einen unverzichtbaren Bestandteil des Hochwasserrisikomanagements für eine Region dar, sie müssen stets auf ihren Ausbaugrad hin überprüft werden – und zwar sowohl bezüglich der veränderten Wiederkehrwahrscheinlichkeiten der Bemessungsabflüsse durch das veränderte Niederschlagsregime durch den Klimawandel, als auch durch die veränderte Einzugsgebietscharakteristik durch die zunehmende Bodenversiegelung [8].

Außer technischen Hochwasserschutzmaßnahmen sind wesentliche Instrumente zur Reduzierung der Abflussbereitschaft die naturnahe Regenwasserbewirtschaftung im Siedlungsraum und abflussmindernde, rückhaltende Maßnahmen in land- und forstwirtschaftlichen Flächen sowie Maßnahmen, die dämpfend auf Abfluss im Gewässer wirken.

Die Anpassungsmaßnahmen der öffentlichen Hand können den potenziell großen Schaden mindern, bringen allerdings nicht alleine die Lösung. Sie müssen flankiert werden durch eine umfassende angepasste Risikovorsorge an den Gebäuden selbst, da in Zeiten des voranschreitenden Klimawandels auch großzügig bemessene Hochwasserschutzanlagen an ihre Leistungskapazität und darüber hinaus kommen können. Das geht nicht ohne eine Risikokommunikation mit der Bevölkerung. Es reicht dabei nicht aus, auf die Hochwasser- und Starkregengefahr hinzuweisen, es müssen auch Handreichungen zur Selbstvorsorge erfolgen. Oftmals sind es für die Eigentümer kostengünstige Maßnahmen am Haus, die großen Schaden mindern oder gar verhindern können. ◘ Abb. 8.1 zeigt das Zusammenspiel von Infrastrukturmaßnahmen der öffentlichen Hand und privater Vorsorge, die nach WHG § 5 (2) ein fester Bestandteil der Hochwasservorsorge sein soll.

8.2 Synergiepotenzial muss genutzt werden

Langfristige, anpassungsfähige Konzepte bergen im Sinne einer klimawandeltauglichen flussgebietsweiten Gewässerbewirtschaftung enormes Synergiepotenzial. Nur mit einer abgestimmten, ganzheitlichen Betrachtung der Belange des Hochwasserrisikomanagements können diese auch unter veränderten Randbedingungen zielführend und effektiv erreicht werden. Im Folgenden werden Schlaglichter auf Maßnahmen gesetzt, die die technischen Hochwasserschutzmaßnahmen ergänzen und durch die im Zuge des Klimawandels veränderte Niederschlagsregimes besondere Aufmerksamkeit verdienen. Diese sind im Emschergebiet dezentrale Maßnahmen im urbanen Raum, naturnahe Umgestaltungsmaßnahmen anthropogen geprägter Gewässer und Eigenvorsorgemaßnahmen zu Objektschutz und Verhalten.

8.3 Dezentrale Maßnahmen

Eine wichtige Rolle bei der Adaptation an den Klimawandel im Ballungsraum Emscher spielt die Zukunftsinitiative „Wasser in der Stadt von morgen" [9]. Mit dieser Vereinbarung bekennt sich die Emscherregion seit 2005 zu dem regionalen Konsens, in den nächsten 15 Jahren 15 % des Regenwasserabflusses von der Kanalisation abzukoppeln und somit die Abflussbereitschaft des Einzugsgebietes durch die zunehmende Bebauung zu kompensieren. Diese Maßnahmen sind multifunktional, da sie auch zur Verbesserung des Stadtklimas beitragen und den urbanen Raum attraktiver machen (◘ Abb. 8.2). Darüber hinaus werden auch städtische Strukturen genutzt und ausgebaut, um Leitbahnen für wild abfließendes Wasser aus Starkregen zu schaffen [10, 11].

◘ Abb. 8.1 Vorsorgefelder im Hochwasser- und Starkregenrisikomanagement in Zeiten des Klimawandels. (© Johann)

Abb. 8.2 Diese dezentrale Retentionsmaßnahme in Bottrop dient sowohl der Retention bei der Abflussbildung und als natürliche Klimaanlage in der Stadt. (© Bildarchiv Emschergenossenschaft)

8.4 Naturnahe Gewässerumgestaltung

Neben Anpassungsmaßnahmen bei der Abflussbildung können auch Maßnahmen zur Dämpfung der Hochwasserwelle im Gewässer durchgeführt werden. Dies ist mit der naturnahen Umgestaltung der Fließgewässer im Rahmen des Emscherumbaus möglich (**Abb. 8.3**). Die prozentuale Abflussminderung des ökologisch verbesserten gegenüber dem technisch ausgebauten Zustands liegt in den Emschernebenläufen für HQ_{100} im Mittel bei rund 20 % und im Minimum bei 10 % [12]. Die hohe Retentionswirkung des ökologisch verbesserten Zustands ergibt sich aus einer Kombination der Schaffung von natürlichem Wasserrückhalt (Gewässerumgestaltung) mit technischem Hochwasserschutz in Form von Regenrückhaltebecken und Hochwasserrückhaltebecken. Einige Nebenläufe der Emscher zeigen, dass auch ohne zusätzlichen technischen Hochwasserschutz eine große Retentionswirkung im Vergleich zum technisch ausgebauten Zustand erreicht werden kann.

8.5 Aktivierung der Eigenvorsorge

Die Auswirkungen der Hochwasser- und Starkregenereignisse in den letzten Jahren mit Todesopfern und Schäden in Milliardenhöhe zeigen klar auf, dass viele Bürger bessere Informationen benötigen, mit welchen Gefahren sie an ihrem Wohnort rechnen müssen, wie sie vorsorgen können und worauf im Ereignisfall zu achten ist. Mit dem Hochwasserpass können sich Hausbesitzer in ganz Deutschland ein Bild über ihr individuelles Überflutungs-Risiko machen [13]. Auf der zugehörigen Website sind die wichtigsten nützlichen Informationen zu möglichen Gefahren in verständlicher Sprache für den Nicht-Fachmann. Mit diesem erweiterten Wissen erhält der Bürger zur Aufklärung eine kostenlose Selbstauskunft per Fragebogen. Hierdurch wird der individuelle Ist-Zustand seines Hauses bewertet. Die Fragestellungen definieren zudem Risikofaktoren und bautechnische Schutzmaßnahmen. Für eine erweiterte, detaillierte Bewertung seines Objekts kann ein Sachkundiger kontaktiert, werden

Abb. 8.3 Naturnah umgestaltete Emscher in Dortmund: links 1957 rechts 2016. (© Bildarchiv Emschergenossenschaft)

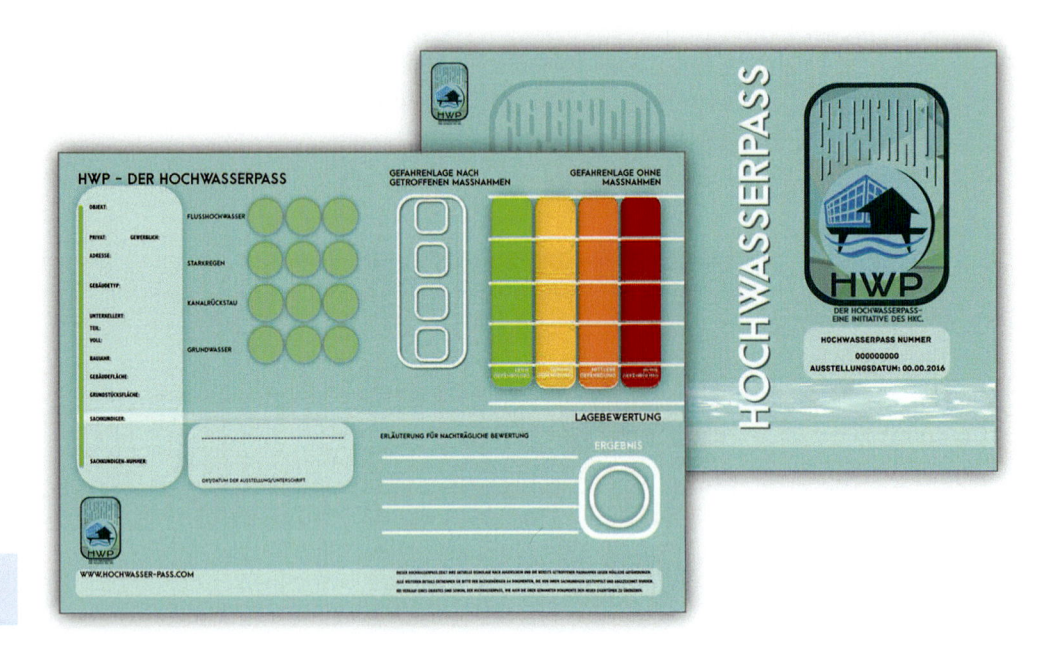

● **Abb. 8.4** Der Hochwasserpass. (© HochwasserKompetenzCentrum e. V.)

der ihm den Hochwasserpass (● Abb. 8.4) ausstellt. Der Inhaber des Hochwasserpasses hat damit eine fundierte Risikoeinschätzung für sein Haus und erhält zudem Tipps, wie durch Vorsorgemaßnahmen eine Hochwassergefährdung reduziert werden kann. Außerdem dient der Hochwasserpass als Nachweis, in welchem Maße das Gebäude hochwassergefährdet, -gesichert oder -angepasst ist. Die Emschergenossenschaft beispielsweise ist dabei, für ihre 162 Wohnimmobilien Hochwasserpässe auszustellen.

8.6 Fazit

Viele Beispiele im gesamten Emschergebiet belegen schon heute, dass die integrierte und damit kosteneffiziente Planung von Hochwasserschutzmaßnahmen und Freiraumgestaltung ihre Wirkung zeigen. Darüber hinaus muss das Bewusstsein für die durch den Klimawandel intensiver erlebte Hochwassergefahr [14] in der Zivilgesellschaft gestärkt und die Fähigkeit zur Eigenvorsorge unterstützt werden.

Literatur

1. Heiser, T., Johann, G. & Schumacher, R. (2015): Wirksame Steuerungsgrößen im integrierten Hochwassermanagement – wie können sie gefunden werden? In: Tag der Hydrologie 2015, Bonn.
2. Kufeld, M., Habets, J., Johann, G., Teichgräber, B. (2017): Einfluss veränderter Starkregencharakteristiken auf die Bemessung von Hochwasserrückhaltebecken (HRB). In: KW Korrespondenz Wasserwirtschaft, Jg.10, Nr.11, 2017, S. 672–677
3. Pfister, A. (2016): Langjährige Entwicklung von Starkregen – Handlungsempfehlungen für die Zukunft. In: „Essener Tagung 2016"
4. Paetzel, U. (2018): Wasserwirtschaft zwischen Klimawandel und Demokratieverdrossenheit. In: „Essener Tagung 2018"
5. IPCC (2012): Managing the Risks of Extreme Events and Disasters to Advance Climate Change Adaptation. A Special Report of Working Groups I and II of the Intergovernmental Panel on Climate Change (IPCC). Cambridge University Press, Cambridge, UK, and New York, NY, USA, ISBN 978-1-107-60780-4.

6. Johann, G., Pfister, A., Becker, M., Teichgräber, B. & Grün, E. (2018): Modelleinsatz zur Planung von Hochwasserrisikomanagement-Maßnahmen beim Emscherumbau – von der modelltechnischen Annäherung bis zur Dimensionierung von Hochwasserschutzmaßnahmen. In: Tag der Hydrologe 2018 „Messen, Modellieren und Managen in der Hydrologie und der Wasserressourcenbewirtschaftung", Dresden.
7. DWA (2015): Merkblatt DWA-M 550 Dezentrale Maßnahmen zur Hochwasserminderung (11 2015). ISBN: 978-3-88721-262-9
8. Statistisches Bundesamt (2018): ▶ https://www.destatis.de/DE/ZahlenFakten/Wirtschaftsbereiche/LandForstwirtschaftFischerei/Flaechennutzung/Tabellen/Bodenflaeche.html, abgerufen am 23.06.2018.
9. Becker, M., Schumacher, R. & Siekmann, M. (2018): Zukunftsinitiative „Wasser in der Stadt von morgen" – ein kooperationsorientierter Ansatz zur Verbesserung des Stadtklimas. Essener Tagung 2018
10. Stemplewski, J, Johann, G, Bender; P & Grün, B. (2015): Das Projekt Stark gegen Starkregen. In: Korrespondenz Wasserwirtschaft 2/2015
11. Starkgegenstarkregen (2018): ▶ www.starkgegenstarkregen.de, abgerufen am 23.06.2018
12. Johann, G. & Frings, H. (2016): Hochwasserrisiko mindern und Ziele des Gewässerschutzes erreichen – geht das? Ein Praxisbeispiel: die ökologische Verbesserung des Gewässersystems der Emscher. In: „39. Dresdner Wasserbaukolloquium 2016"
13. Hochwasserpass (2018): ▶ www.hochwasser-pass.com, abgerufen am 23.06.2018
14. Willner, S. N., Levermann, A., Fang Zhao, F. & Frieler, K. (2018): Adaptation required to preserve future high-end riverflood risk at present levels. In: Sci. Adv. 2018;4: eaao1914 ▶ http://advances.sciencemag.org, abgerufen am 23.06.2018

Geodatenbasiertes Dokumentationsverfahren für Starkniederschlags ereignisse und weiterführende Untersuchungen zur detaillierten Gefährdungs analyse

Julian Hofmann und Holger Schüttrumpf

Die Dokumentation von Starkniederschlagsereignissen und deren Auswirkungen ist von essenzieller Bedeutung für ein effektives Risikomanagement. Die raumzeitliche Verknüpfung von Niederschlagsradardaten, automatisiert verorteten Überflutungsaufnahmen sowie zusätzlichen ereignisbezogenen Daten ermöglicht die Wirkungsanalyse des Starkregen-Überflutungsverlaufes und bereitet die Grundlage einer ersten Gefährdungsanalyse sowie der Validierung hydrodynamisch-numerischer Modelle. Darüber hinaus sind im Rahmen der hydraulischen Gefährdungsanalyse weiterführende Untersuchungen zur Ermittlung kritischer Niederschlagsdauern an neuralgischen Punkten notwendig.

Zuerst erschienen in Wasser und Abfall 9/2019

Das Thema Starkregenereignisse und dadurch induzierte urbane Überflutungen bzw. Sturzfluten ist weltweit von zunehmender Relevanz. Die vergangenen Ereignisse wie z. B. in Münster (2014), Simbach/Braunsbach (2016) oder Aachen und Wuppertal (2018) haben gezeigt, dass konvektive Unwetterereignisse nahezu jederzeit, überall und mit sehr kurzer Reaktionszeit in Deutschland auftreten können. Aber auch im Ausland führen extreme Niederschläge beispielsweise in Form von tropischen Stürmen wie Hurrikane Harvey, USA (2017) oder Taifun Prapiroon, Japan (2018) zu pluvialen Hochwasserereignissen mit katastrophalen Ausmaßen. Trotz dieser Ereignisse ist die Sensibilität der Bevölkerung gegenüber den Gefahren durch Starknieder-

© Der/die Autor(en), exklusiv lizenziert an Springer Fachmedien Wiesbaden GmbH, ein Teil von Springer Nature 2023
M. Porth et al. (Hrsg.), *Wasser, Energie und Umwelt*,
https://doi.org/10.1007/978-3-658-42657-6_9

schläge immer noch gering, da Hochwasser stets mit der Überschwemmung großer Flüsse assoziiert wird [1].

> **Kompakt**
> - Die numerische Modellierung starkregeninduzierter Überflutungsvorgänge erweist sich aufgrund nicht ausreichender Validierungsdaten als besondere Herausforderung in der hydraulischen Gefährdungsanalyse für Starkniederschlagsereignisse
> - Die raumzeitliche Verknüpfung ereignisbezogener, geodätischer Daten zum Niederschlag, zur Überflutungssituation bzw. zu den aufgenommenen Schäden ermöglicht die gezielte und effektive Dokumentation von Starkniederschlagsereignissen
> - Eine detaillierte hydraulische Gefährdungsanalyse erfordert weiterführende Untersuchungen wie bspw. die Ermittlung kritischer Niederschlagsdauern für überflutungskritische urbane Bereiche

Einige Kommunen in Deutschland haben bereits auf die sich häufenden Ereignisse reagiert und führen notwendige risikoanalytische Untersuchungen zur Ermittlung des Starkregenrisikos durch. Auf diesem Weg erstellte Starkregengefahrenkarten basieren zumeist auf hydrodynamisch-numerischen 1D/2D-Modellen zur Abbildung der oberflächlichen Abfluss- und Strömungsprozesse. Im Ergebnis stellen die Gefahrenkarten szenarienabhängig die maximalen Überflutungsausdehnungen, Fließtiefen und ggf. Fließgeschwindigkeiten dar [2].

Starkregeninduzierte Überflutungsprozesse sind neben der Ausprägung des Niederschlags von vielen Faktoren abhängig, wodurch eine realitätsnahe numerische Abbildung der Abfluss- und Strömungsvorgänge mit einigen Unsicherheiten belegt ist. Anders als bei Überschwemmungen durch Flusshochwasser sind es bei Starkregen vielmehr relativ kleine räumliche Strukturen in der Topographie, der Bebauung, der Straßenführung, der Kanalisation etc., die zu einer Gefährdung beitragen. Hochintensive Niederschlagsbereiche können innerhalb kürzester Zeit zur Überflutung tiefliegender urbaner Bereiche (Unterführungen, U-Bahnstationen etc.) führen [3]. Welcher Niederschlagstyp kritisch und in welchem Zeitraum ein neuralgischer Punkt überflutet wird, wird durch die bisherigen Standardverfahren der hydraulischen Gefährdungsanalyse nicht abgebildet.

Notwendige Validierungen hydro-numerischer Modelle sind aufgrund fehlender hydraulischer Messdaten oftmals nicht möglich. Zudem stellte die letzte Umweltministerkonferenz fest, dass bislang ein Verfahren zur systematischen und fachübergreifenden Dokumentation von Starkregenereignissen fehlt [4]. Während in den deutschen Sommermonaten gefühlt ein Starkniederschlagsereignis das nächste jagt, schießen Betroffene zahlreiche Fotos von Überflutungen und teilen es in sozialen Netzwerken. Gleichzeitig wird das Niederschlagsgeschehen deutschlandweit durch Radare aufgezeichnet und innerhalb eines Cloud-Services, wie dem HydroMaster [5], sowie als entgeltfreie Daten in einer Wetterdatenbank des Deutschen Wetterdienstes (DWD) [6] bereitgestellt.

Im Folgenden wird ein Ansatz für ein geodatenbasiertes Dokumentationsverfahren beschrieben, in welchem lokale Radardaten eines Starkniederschlagsereignisses mit Überflutungsaufnahmen sowohl in räumlicher als auch zeitlicher Dimension miteinander in Verbindung gebracht werden. Durch die GIS-basierte Lokalisierung und Verknüpfung der Daten können somit im Nachgang eines Ereignisses Wirkungsanalysen durchgeführt werden. Auf diese Weise können systematisch die Überflutungsfolgen in ihrem Verlauf untersucht und für erste Gefährdungsabschätzungen sowie für notwendige Validierungen hydrodynamischer Modelle und entsprechender Frühwarnsysteme herangezogen werden [7].

Darüber hinaus wird eine Analysemethodik vorgestellt, welche innerhalb einer hydraulischen Gefährdungsanalyse zur Ermittlung kritischer Niederschlagsdauern an Überflutungs-Hotspots Anwendung finden kann. Auf der Grundlage eines hydrodynamischen Modells werden die Auswirkungen unterschiedlich intensiver Niederschlagsdauerstufen ermittelt. Durch numerisch implementierte Wasserstands- und Durchflussmesser ist es möglich, Aussagen über den Verlauf und über das Gefahrenpotenzial einer starkregeninduzierten Hochwasserwelle für einen bestimmten überflutungskritischen Bereich zu treffen. Beide Verfahrensansätze werden anhand des Fallbeispiels eines ausgewählten Bereichs der Stadt Aachen illustriert.

9.1 Gefährdungsanalyse von Starkniederschlagsereignissen

Eine systematische Starkregen-Gefährdungsanalyse hat das Ziel, besonders kritische Gefahrenbereiche einzugrenzen und das Ausmaß der Überflutungen zu ermitteln, um eine möglichst klare Vorstellung über die örtliche Situation bei einem Starkniederschlagsereignis zu bekommen. Derzeit existieren mehrere Arbeitshilfen und Merkblätter (z. B. DWA-M119 [2], Kommunales Starkregenrisikomanagement in Baden-Württemberg [3], Arbeitshilfe NRW [8]), die das methodische Vorgehen zur Ermittlung des Starkregenrisikos in urbanen Gebieten beschreiben. Grundsätzlich stimmen diese in der Verfahrensmethodik überein, wobei allgemein zwischen vereinfachten Methoden ohne Berücksichtigung der Niederschlagsbelastung (belastungsunabhängigen) und hydraulischen (niederschlagsbelastungsabhängigen) Methoden unterschieden wird.

Im Rahmen der hydraulischen Gefährdungsanalyse haben sich mittlerweile Simulationen auf Grundlage hydrodynamisch-numerischer 1D/2D-Modelle zum Stand der Technik entwickelt, welche die detaillierte Abbildung starkregeninduzierter Strömungsvorgänge ermöglichen. Als Input für diese Modelle dienen standardmäßig Starkniederschlagsereignisse mit Niederschlagshöhen, die der Dauerstufe von 1 h entsprechen und die sich an definierten, statistischen Auftretenswahrscheinlichkeiten (z. B. 30, 50 oder 100 Jahre) orientieren. Als Ergebnis werden die maximalen Überflutungsausdehnungen, Fließtiefen und ggf. Fließgeschwindigkeiten in Starkregengefahrenkarten dargestellt. Der Grad der Gefährdung ist dabei sowohl von dem erwarteten Überflutungsausmaß in Bezug auf betroffene Objekte, als auch von dem betrachteten Starkniederschlagsereignis und dessen statistischer Jährlichkeit abhängig. Somit ergibt sich eine höhere Überflutungsgefährdung hinsichtlich eines bestimmten Wasserstands aus einer größeren Auftretenswahrscheinlichkeit der ursächlichen Niederschlagsbelastung.

Die besondere Herausforderung in der hydrodynamischen Modellierung besteht allerdings in der Verifizierung der Simulationsergebnisse. Urbane Überflutungen bzw. Sturzfluten treten in Form von wild abfließendem Oberflächenwasser häufig außerhalb von überwachten Gewässern auf [9], weshalb hydraulische Messdaten, Wasserstands- und Fließgeschwindigkeitsmessungen, i. d. R. nicht vorhanden sind [10, 11]. Aufnahmen von Überflutungen ohne raumzeitlichen Bezug und ohne Kenntnis des Niederschlagsverlaufs sind für eine Validierung der Modelle nur in sehr bedingtem Maße zu gebrauchen.

9.2 Geodatenbasiertes Dokumentationsverfahren

9.2.1 Verfahrensmethodik

Das Dokumentationsverfahren beruht auf dem Ansatz einer GIS-basierten Kartierung ereignis- und raumzeitlich bezogener Daten und deren direkten Verknüpfung mit radarbasierten Niederschlagsdaten. Dazu werden zunächst überflutungsrelevante Aufnahmen anhand ihrer GPS-Information automatisiert, in ein GIS-System importiert und georeferenziert kartiert. Im zweiten Schritt erfolgt die Auswertung der lokalen Radardaten mit einer räumlichen Auflösung von 1 km x 1 km und einer zeitlichen Auflösung von 5 min (bzw. räumlich und zeitlich höher aufgelöst). Anschließend werden dem aufgenommenen Überflutungspunkt die bis zum Zeitpunkt der Aufnahme akkumulierte Niederschlagsmenge für das abflussrelevante urbane Gebiet zugeordnet.

◘ Abb. 9.1 zeigt hierzu exemplarisch die Dokumentation des Starkniederschlagsereignisses am 29.05.2018 in Aachen. Hier verursachte eine konvektive Gewitterzelle innerhalb kürzester Zeit großflächige Überflutungen in der Aachener Innenstadt. Gemäß der Aufzeichnungen der Wetterradare traf die Gewitterzelle die Stadt um 14:25 Uhr und dauerte bis 15:20 Uhr an. Die einstündige Niederschlagssumme betrug dabei im Stadtzentrum zwischen 45 und 50 mm, welches nach KOSTRA-DWD einem Ereignis mit einer Auftretenswahrscheinlichkeit von einmal in 100 Jahren entspricht.

Durch vorangegangene risikoanalytische Untersuchungen waren die Überflutungs-Hotspots der Stadt bekannt, wodurch in kürzester Zeit reagiert und die

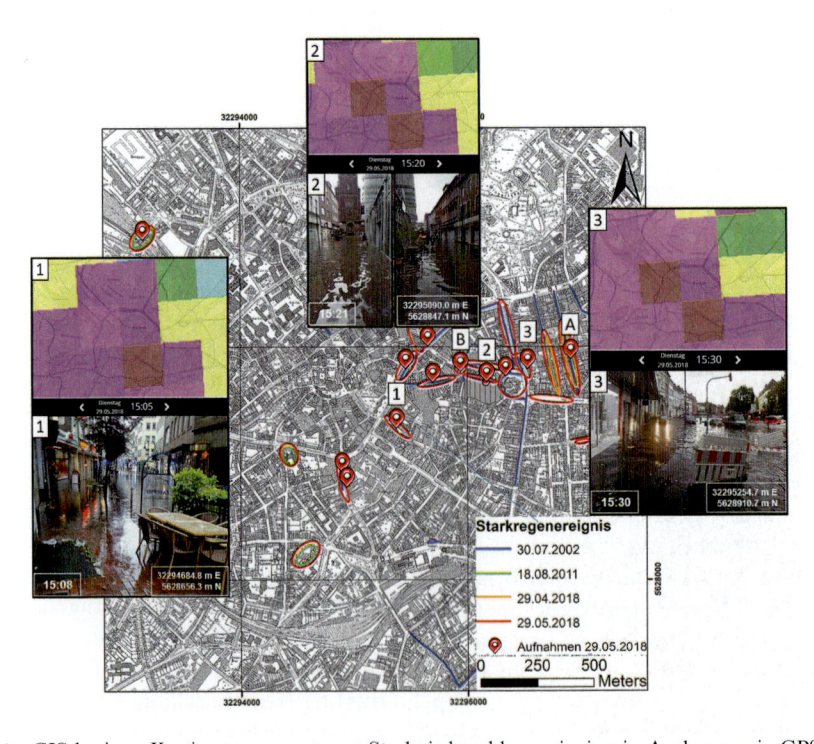

◘ **Abb. 9.1** GIS-basierte Kartierung vergangener Starkniederschlagsereignisse in Aachen sowie GPS – lokalisiert importierte Überflutungsaufnahmen inkl. Niederschlagsinformation (© Julian Hofmann; Radaraufnahmen aus HydroMaster)

Auswirkungen dokumentiert werden konnten. Im Nachgang wurden die Aufnahmen anhand ihrer GPS-Information automatisiert in ein GIS-Modell übertragen. Auf Grundlage lokaler Radardaten des Hydro-Masters [5] konnte die akkumulierte Niederschlagsmenge dem Aufnahmepunkt zugewiesen werden. Darüber hinaus wurde eine Kartierung vorangegangener Starkniederschlagsereignisse mit deren Überflutungsauswirkungen vorgenommen. Dies ermöglicht zum einen die schnelle Lokalisierung von Hotspots und zum anderen eine ganzheitliche Analyse der Ereigniskette des Starkregen-Überflutungsverlaufs. Auf diese Weise lassen sich Muster und kausale Wirkungszusammenhänge verschieden intensiver Niederschlagsbereiche erkennen.

Überflutungsschäden entstehen im städtischen Raum nicht nur durch unkontrolliert abfließendes Oberflächenwasser, sondern auch durch Rück- und Überstau von Entwässerungs- und Kanalisationssystemen. Zur Untersuchung der lokalen Überflutungsursachen sind Schadensbilder infolge überlasteter Systeme hilfreich (◘ Abb. 9.2a). Auf Grundlage einer solchen forensischen Analyse können ebenso Informationen zu maximalen Überflutungstiefen anhand von Nahaufnahmen von Gebäudeteilen, PKWs etc. ermittelt werden (◘ Abb. 9.2b). Ziel ist es, die ganzheitliche Dokumentation eines Ereignisses anhand starkregenrelevanter Daten (Niederschlagsinformationen, Überflutungsaufnahmen, Einsatzberichte der Feuerwehr, Schadensberichte sowie Informationen aus sozialen Netzwerken) inklusive ihres geodätischen Bezugs zu gewährleisten.

9.3 Anwendungsmöglichkeiten

Eine geodätische Verknüpfung überflutungsbezogener Daten ermöglicht nicht nur die ganzheitliche Analyse von Starkregen-Überflutungsverläufen, sondern bietet zugleich die Basis für die Validierung hydrodynamisch-numerischer Modelle. Dabei dienen die räumlich und zeitlich hochaufgelösten Niederschlagsaufnahmen als Eingangsdaten für die Modelle bzw. als Referenz bereits durchgeführter Überflutungssimulationen. Durch die GIS-basierte Überlagerung, bzw. dem Abgleich der numerisch ermittelten Überflutungsprozesse mit den in-situ Aufnahmen erfolgt die gezielte Verifizierung der zeitabhängigen, numerisch ermittelten Überflutungstiefen. Die Ergebnisse von Hofmann und Schüttrumpf

◘ **Abb. 9.2** (a) Schaden am Kugelplatz nach Ereignis; (b) Sedimentablagerungen an einem PKW nach Ereignis. (© Julian Hofmann)

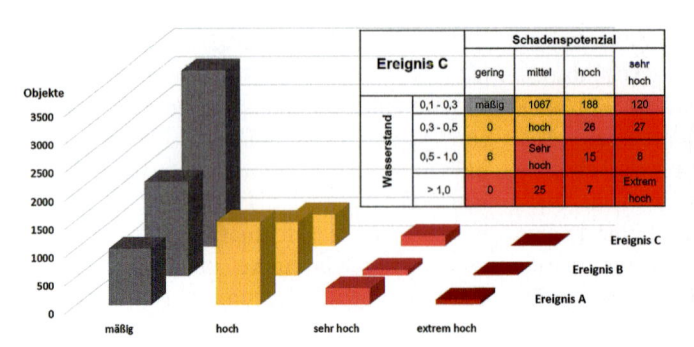

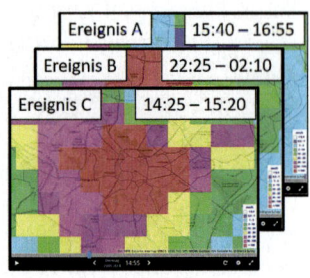

Abb. 9.3 Beispielhafte Auswertung und Verknüpfung von Niederschlags- und Schadensmustern. (© Julian Hofmann)

[12] demonstrieren an dieser Stelle eine gute Anwendbarkeit des Verfahrens.

Weiterhin können stadtweite Auswertungen objektbezogener Schadensmeldungen (Schadensmuster) in Relation zu auslösenden Starkregenereignistypen (Intensität, Dauer und Verteilung) gesetzt werden. Im Falle eines prognostizierten Starkniederschlagsereignisses könnten solche Informationen bereits im Vorfeld erste Abschätzungen zur Gefahren- und Schadenslage liefern. Gleichsam ermöglicht ein regionaler sowie auch überregionaler Vergleich von Ereignissen eine Grundlage zur Analyse der komplexen Kausalzusammenhänge und liefert damit die Basis für ein bundesweites Starkregenrisiko-Informationssystem.

Die zunehmende Verwaltung von Geo- und Radardaten über Open Data Server ermöglicht zudem automatisierte Abfragen (Request) an entsprechende Dienstserver sowie standardisierte, OGC-konforme Schnittstellen (WFS oder WMS). So werden die Wetter- und Radardaten des DWD aktuell bereits entgeltfrei als offene Geodaten zur Verfügung gestellt [6, 13]. Die Geobasisdaten NRW bieten seit 2017 die Grundlage für hochaufgelöste Stadt- und Geländemodelle [13]. Analog dazu könnten ebenso ereignisbezogene Überflutungsaufnahmen und -daten in eine entsprechende Geodatenbank gespeichert werden. Folglich lassen sich notwendige Operationen zunehmend automatisieren und dadurch wesentlich schneller und effizienter durchführen. Auf Grundlage webbasierter Geodienste könnten die Geodatenbanken abgefragt, analysiert und dem Endnutzer ohne zusätzliche GIS-Software grafisch zur Verfügung gestellt werden (Abb. 9.3).

9.4 Ermittlung kritischer Niederschlagsdauern für neuralgische Punkte

Starkregeninduzierte Abflüsse konzentrieren sich auf der Oberfläche in Abhängigkeit von vielen Einflussfaktoren, wie z. B. kleinräumige Strukturen in der Topografie, Infrastruktur, Kanalisation etc. Dabei wird das Gefährdungspotenzial von oberflächlichen Abflüssen im Wesentlichen durch die hydraulischen Parameter Wassertiefe, Fließgeschwindigkeit oder deren Produkt bestimmt. Im Ausnahmezustand müssen Rettungs- und Feuerwehreinsätze nach Dringlichkeit statt chronologisch bearbeitet und koordiniert werden. Im Rahmen risikoanalytischer Untersuchungen muss somit ebenfalls geprüft werden, in welchem Zeitraum neuralgische Punkte wie Fußgängerunterführung, U-Bahnstation, etc. überflutet werden können. Neben den topografischen Charakteristiken des Gebiets wird dies im Wesentlichen durch die Niederschlagsintensität bzw. der Niederschlagshöhe und -dauer bestimmt.

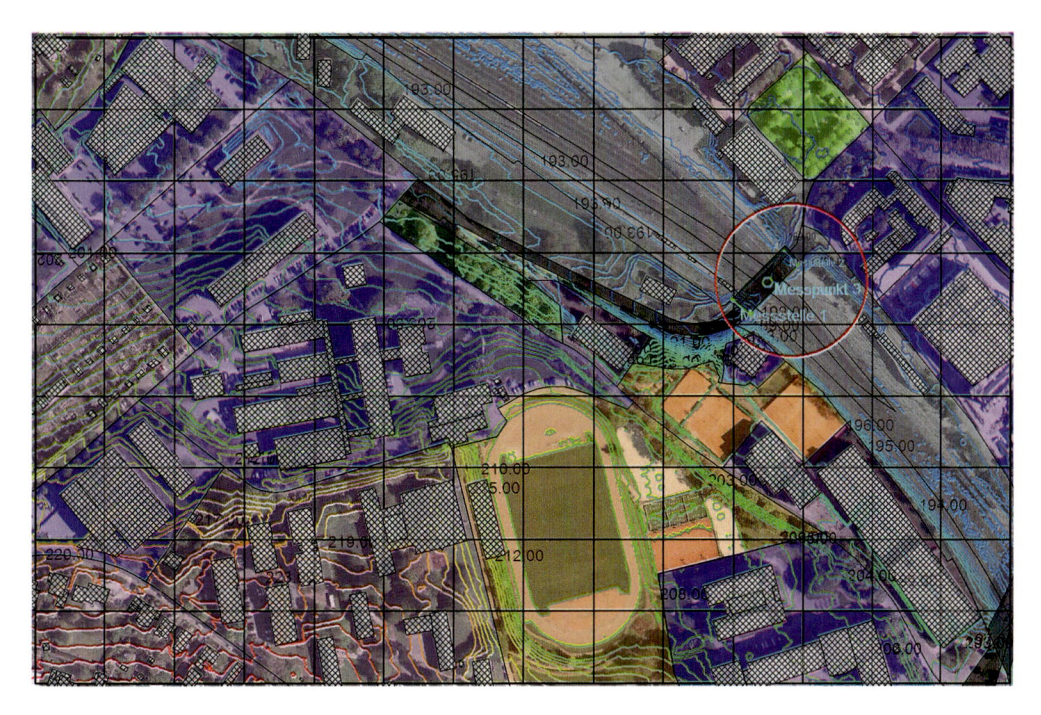

Abb. 9.4 Untersuchungsgebiet Westbahnhof mit eingezeichneten Höhenlinien und Messpunkten. (© Julian Hofmann)

Die KOSTRA-DWD (Koordinierte Starkniederschlagsregionalisierung und -auswertung des Deutschen Wetterdienstes) Datenbank liefert extremwertstatistische Niederschlagsdaten auf der Grundlage einheitlicher Auswertungen (1951–2010) von stationsbezogen ermittelten Starkniederschlagshöhen, verschiedener Niederschlagsdauern und Wiederkehrintervalle. Die Niederschlagshöhen (in mm) werden regionalisiert und in Abhängigkeit von verschiedenen Dauerstufen D (5 min bis 72 h) und verschiedenen Jährlichkeiten T (1 a bis 100 a) ermittelt [14].

Vor diesem Hintergrund wurde ein Verfahrensansatz entwickelt, welcher als Bewertungsgrundlage zur Ermittlung kritischer Dauerstufen für neuralgische Punkte herangezogen werden kann. Diese Untersuchungen sind insofern interessant, als sie Aufschluss über die Energie und den zeitlichen Verlauf einer starkregeninduzierten Hochwasserwelle für einen konkreten Hotspot/Risikobereich geben. Objektspezifisch kann auf diese Weise vereinfacht und systematisch der Starkniederschlagstyp mit dem größten Gefährdungspotenzial ermittelt werden.

In einem Beispiel (Abb. 9.4) wurden die Auswirkungen unterschiedlicher Niederschlagsdauern, eines statistisch 100-jährlichen Ereignisses nach KOSTRA, an einer Unterführung des Aachener Westbahnhofes untersucht, welcher einen überflutungskritischen Punkt der Stadt darstellt. Numerisch wurde dazu ein Untersuchungsgebiet mit einer räumlichen Auflösung von 1 m x 1 m sowie einem fixierten Zeitschritt von 0,25 Sek mit Hilfe der Software XPSMM erstellt. Das dafür verwendete digitale Geländemodell betrug eine räumliche Auflösung von 1 m x 1 m. Zudem wurde das Gebiet gemäß den ATKIS-klassifizierten Flächennutzungen mit angepassten Rauheitskoeffizienten belegt sowie Gebäude als polygonartige Fließhindernisse abgebildet. Infiltration und Interzeption wurden ebenso berücksichtigt und finden sich innerhalb einer exakten Modellbeschreibung in Hofmann und Schüttrumpf [7]. Um die Auswirkungen der verschiedenen Niederschlagsdauern besser abbilden zu können wurde das Testgebiet leicht modifiziert, indem die Unterführung auf einer Länge von 40 m und einer Straßenbreite von 6 m um einen Wert von 1,75 m nachträglich vertieft wurde. Anschließend wurde die Unterführung mit einem numerischem Durchflussmesser (Messstelle 1) und einem Wasserstandsmesser (Messpunkt 3) versehen.

Die Ergebnisse zeigen, dass die 15-minütige Dauerstufe den größten Durchflusswert hervorruft (◘ Abb. 9.5 links). Dahingegen verdeutlichen die Wasserstandsmessungen (◘ Abb. 9.5 rechts), dass die 60-minütige Dauerstufe in Bezug auf Wasserstandshöhe und Geschwindigkeit zum Erreichen des höchsten Wasserstandes als kritisch bzw. gefährdend einzustufen ist. In diesem kleinen und steilen Untersuchungsgebiet zeigt sich, dass kürzere Niederschlagsdauern aufgrund ihrer relativ höheren Niederschlagsintensität zu einer größeren Abflussreaktion und damit zu einer stärkeren Hochwasserwelle führen. In Abhängigkeit zur Topografie können kurze Dauerstufen aufgrund ihrer höheren Niederschlagsintensität. i. d. R. energiereichere Hochwasserwellen mit höheren Fließgeschwindigkeiten erzeugen.

Darüber hinaus machen die Untersuchungen deutlich, dass mithilfe dieses Ansatzes die Zeitspanne bis zum Zeitpunkt der vollständigen Überflutung ermittelt werden kann. So ergibt sich in diesem Anwendungsbeispiel, dass die Unterführung bei einer Niederschlagsintensität ab 0,8 mm/min innerhalb einer Stunde vollständig überflutet ist (◘ Tab. 9.1).

9.5 Ausblick

Ein geodatenbasiertes Dokumentationsverfahren, welches ereignisbezogene Daten systematisch, (halb-)automatisiert speichert und verwaltet, bietet viele Anwendungsbereiche im Rahmen eines effektiven Starkregenrisikomanagements. Es ermöglicht nicht nur einen ersten Ansatz zur Analyse der komplexen Ereigniskette Niederschlagsverlauf, Überflutungsentwicklung und Schadensausprägung, sondern bildet gleichsam die notwendige Validierungsgrundlage für hydrodynamisch-numerische Modelle.

Neben der Verknüpfung mit bestehenden Geodatenbanken für systematische Ab-

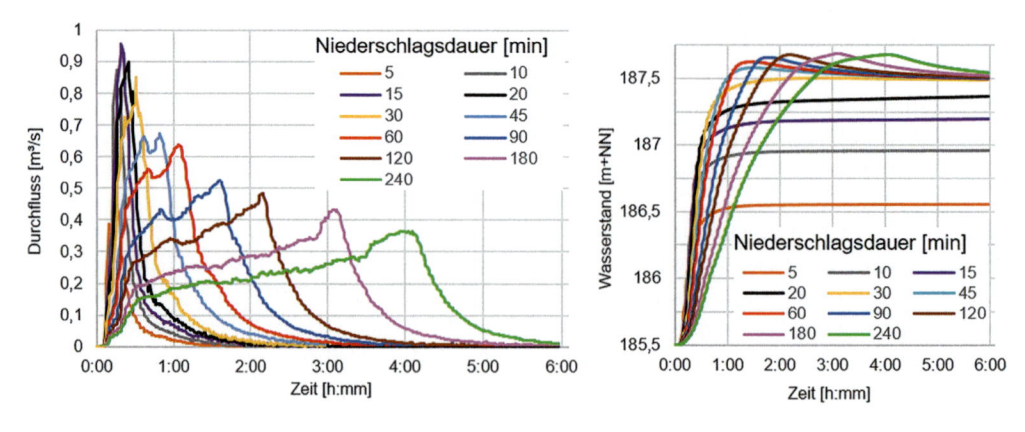

◘ **Abb. 9.5** Durchfluss- (links) und Wasserstandsmessungen (rechts) verschiedener Niederschlagsdauern an der Unterführung im Aachener Westbahnhof. (© Julian Hofmann)

Tab. 9.1 Niederschlagshöhe und Intensität verschiedener Dauerstufen für ein 100 jährliches Starkniederschlagsereignis für die Region Aachen [14]

Dauerstufe [min]	5	10	15	20	30	45	60	90	120	180	240
Niederschlagshöhe [mm]	12,7	19,2	24,1	28,0	34,2	41,3	47,0	50,7	53,5	57,8	61,1
Intensität [mm/min]	2,5	1,9	1,6	1,4	1,1	0,9	0,8	0,6	0,4	0,3	0,3

© modifiziert nach KOSTRA-DWD

fragen ereignisbezogener Bereiche zeigen sich weitere Modifikationen. So bieten beispielsweise soziale Netzwerke in Verbindung mit dem entwickelten Dokumentationsverfahren die Möglichkeit einer deutlichen Verbesserung der Datengrundlage, indem zahlreiche stadtweite Bildaufnahmen von lokalen Überflutungen und Schäden inkl. GPS Informationen automatisiert erfasst und kartiert werden können. An dieser Stelle ist die Entwicklung einer Citizen-Science-Plattform angedacht. Auf diese Weise könnten eigene Bildaufnahmen und starkregenrelevante Informationen einfach und direkt bereitgestellt werden. Mittels Applikation besteht die Möglichkeit via Smartphone oder sonstigem digitalen Endgerät Fotos in eine Cloud hochzuladen.

Zur verbesserten Ermittlung von zeitabhängigen Überflutungstiefen wäre die Anbringung von Messstreifen an Objekten innerhalb bekannter Hotspot-Bereiche möglich. Durch die mehrmalige Aufnahme festgelegter Messpunkte könnte der Verlauf der Überflutung wesentlich genauer dokumentiert werden. Ebenso vielversprechend sind Installationen und automatisierte Auswertungen von Webcams bzw. Überwachungssysteme mit Internetkonnektivität. Auf diese Weise könnte ein Starkregen-Überflutungsmonitoring durchgeführt werden, welches in ereignisorientierten Intervallen wiederholte Erfassungen von Wasserständen und dadurch eine kontinuierliche Abflussverfolgung ermöglicht.

Dank

Für die Bereitstellung des Webservices HydroMaster bedanken wir uns bei der Firma Kisters AG und bei dem Unternehmen Innovyze für die zur Verfügung gestellte Software XPSWMM.

Literatur

1. BKK: Die unterschätzten Risiken „Starkregen" und „Sturzfluten". Bonn: Bundesamt für Bevölkerungsschutz und Katastrophenhilfe, 2015
2. DWA: M119 – Risikomangement in der kommunalen Überflutungsvorsorge für Entwässerungssysteme bei Starkregen. Hennef: Deutsche Vereinigung für Wasserwirtschaft, Abwasser und Abfall e.V, 2016
3. LUBW: Leitfaden Kommunales Starkregenrisikomanagement in Baden-Württemberg. Karlsruhe: Landesanstalt für Umwelt, Messungen und Naturschutz Baden-Württemberg, 2016
4. UMK; LAWA Bund-/Länder-Arbeitsgemeinschaft Wasser (Mitarb.): 90. Umweltministerkonferenz. Bremen, 2018
5. Kisters AG: ▶ https://www.hydromaster.com/de/
6. DWD: Open Data. URL ▶ https://www.dwd.de/DE/leistungen/opendata/opendata.html
7. Hofmann, Julian; Schüttrumpf, Holger: Risk-Based Early Warning System for Pluvial Flash Floods: Approaches and Foundations. In: Geosciences 9 (2019), Nr. 3, S. 127

8. MULNV: Arbeitshilfe kommunales Starkregenrisikomanagement. Hochwasserrisikomanagementplanung in NRW. Düsseldorf, 2018
9. Schmitt, Theo G.: Regenwasser in urbanen Räumen : aqua urbanica trifft RegenwasserTage 2018. In: Korrespondenz Wasserwirtschaft (2019), Nr. 9, S. 502–504
10. Muschalla, Dirk; Gruber, Günter: Überflutungsschutz urbaner Siedlungsgebiete. 2013
11. Zevenbergen, Chris; Cashman, Adrian; Evelpidou, Niki; Pasche, Erik; Garvin, Stephen; Ashley, Richard: Urban Flood Management. Hoboken: CRC Press, 2012
12. Hofmann, Julian; Schüttrumpf, Holger: Ein holistischer Modellansatz für ein multifunktionales Starkregenrisiko-Informationssystem. In: WasserWirtschaft (2019), Nr. 4, S. 39 – 45
13. Bez.-Reg Köln; Geobasis Bezirksregierung Köln: Open Data - Digitale Geobasisdaten NRW. Köln, 2018
14. KOSTRA-DWD; DWD – Der deutsche Wetterdienst, Abteilung Hydrometeorologie: Bericht zur Revision von KOSTRA-DWD-2010. Offenbach, 2017

Starkregen und Hochwasserschutz

Ein webbasiertes Tool zur Unterstützung mittelgroßer Städte bei der Anpassung an den Klimawandel

Helge Bormann und Mike Böge

Vorgestellt wird ein webbasiertes Klimaanpassungstool zur Unterstützung mittelgroßer Städte im Nordseeraum für die Anpassung an den Klimawandel, bei dem Aspekte im Umgang mit Starkregen und Hochwasser im Vordergrund stehen. Es richtet sich an die kommunal Verantwortlichen und die Planenden. Eine Kombination aus Selbsteinschätzung und Hinweisen zum strukturierten Vorgehen bei der Klimaanpassung von Städten wird durch Beispiele guter Praxis ergänzt.

Der aktuelle 6. Sachstandsbericht des Weltklimarates IPCC [1] weist nachdrücklich darauf hin, dass mit einer weiteren Intensivierung des Klimawandels zu rechnen ist. Aktuelle Beobachtungen bestätigen die Fortsetzung der in der Vergangenheit beobachteten Klimawandeltrends. Die aktuellen Klimaprojektionen legen nahe, dass auch bei einer mittelfristig erfolgreichen Klimawandelvermeidung eine Klimaanpassung der Gesellschaft erforderlich sein wird [2]. Eine solche Klimaanpassung wird besonders in Bezug auf Extremereignisse, die in Zukunft häufiger und ausgeprägter zu erwarten sind (z. B. Starkregen und Überschwemmungen), essentiell sein.

Die aktuellen Hochwasserereignisse im Sommer 2021 in Nordrhein-Westfalen und Rheinland-Pfalz haben darüber hinaus gezeigt, dass die Gesellschaft bereits heute nicht ausreichend auf derartige Extremereignisse vorbereitet ist. Defizite im Umgang mit solchen Ereignissen wurden in der Öffentlichkeit im Hinblick auf viele Handlungsbereiche diskutiert, es wurde aber auch bereits aufgezeigt, dass viele Beispiele guter Praxis bereitstehen, deren konsequente Umsetzung das Risiko vergleichbarer Extremereignisse erheblich senken könnte [3].

Zuerst erschienen in Wasser und Abfall 3/2022

> **Kompakt**
> — In Küstenstädten werden die Verwundbarkeit gegenüber dem Klimawandel und damit die Anpassungserfordernisse zunehmen.

© Der/die Autor(en), exklusiv lizenziert an Springer Fachmedien Wiesbaden GmbH, ein Teil von Springer Nature 2023
M. Porth et al. (Hrsg.), *Wasser, Energie und Umwelt*,
https://doi.org/10.1007/978-3-658-42657-6_10

- Auch hat infolge der Extremereignisse der letzten Jahre in vielen Städten bereits ein städtebauliches Umdenken begonnen.
- Identifiziert wurden die Unterstützungsbedarfe kleiner und mittelgroßer Städte in Bezug auf die Klimaanpassung. Aspekte im Umgang mit Starkregen und Hochwasser stehen hier im Vordergrund, da deren Folgen die urbanen Gebiete besonders betreffen.
- Für die Gestaltung des Anpassungsprozesses steht ein webbasiertes Klimaanpassungstool (CATCH-Tool) zur Unterstützung mittelgroßer Städte zur Verfügung.

Potenziell besonders betroffen von den Folgen von Starkregen und Hochwasser sind urbane Gebiete. Während hohe Versiegelungsgrade die Abflussbildung fördern, sind die Schadenspotenziale aufgrund der in Städten geschaffenen finanziellen Werte besonders hoch. Speziell in Küstengebieten wird zukünftig die Verwundbarkeit gegenüber dem Klimawandel noch verstärkt zunehmen, da sich der Meeresspiegelanstieg mit anderen Klimafolgen wie z. B. Starkregen überlagern wird [4]. Damit werden die Anpassungserfordernisse besonders in Küstenstädten zunehmen.

Infolge der Extremereignisse der letzten Jahre (v. a. Starkregen und Hochwasser) hat in vielen betroffenen Städte bereits ein städtebauliches Umdenken begonnen. Auch die Umsetzung der EU-Hochwasserrisikomanagementrichtlinie [5] hat einen Teil zur Initiierung von Maßnahmen beigetragen. Implizit hat man damit bereits mit Maßnahmen zur Klimaanpassung begonnen.

Die Klimaanpassung erfolgt auf verschiedenen räumlichen und administrativen Ebenen. Den Rahmen setzt die Deutsche Anpassungsstrategie an den Klimawandel [6] in Verbindung mit dem Aktionsplan Anpassung der Bundesregierung. Auch die Bundesländer haben Klimaanpassungsstrategien entwickelt (z. B. Niedersachsen [7]), während auf der kommunalen Ebene der Großteil der Umsetzung der notwendigen Maßnahmen stattfindet. Große Städte wie Hamburg sind im Hinblick auf eine Klimaanpassung schon relativ gut aufgestellt. Dahingegen fehlt kleinen und mittelgroßen Städten oft die Kapazität, um einen strategischen Prozess der Klimaanpassung zu durchlaufen.

Im Rahmen des EU-Interreg-Vb-Projekts CATCH (*water sensitive Cities: the Answer To CHallenges of extreme weather events*) wurden bereits Unterstützungsbedarfe kleiner und mittelgroßer Städte in Bezug auf die Klimaanpassung identifiziert. Neben der Unterstützung bei der integrativen Strategieentwicklung werden v. a. Beispiele guter Klimaanpassungspraxis nachgefragt. Unterstützungsbedarfe bestehen darüber hinaus in den Bereichen Klimaanpassungsstandards, Maßnahmenpriorisierung, Kommunikation und Evaluation von Klimaanpassungsmaßnahmen [8].

Dieser Beitrag setzt direkt an den formulierten Unterstützungesbedarfen an. Vorgestellt wird ein frei zugängliches webbasiertes Klimaanpassungstool, das im Rahmen des Projekts CATCH entwickelt wurde, um die Unterstützungsbedarfe kleiner und mittelgroßer Städte bei der Klimaanpassung zu bedienen.

10.1 Herausforderung und Unterstützungsbedarfe kleiner und mittelgroßer Städte bei der Klimaanpassung

Kleinen und mittelgroßen Städten (20.000–200.000 Einwohner) fehlt es oft an geeigneten finanziellen und personellen Mitteln, an Expertise sowie an Kapazitäten, um Prozesse und Strategien der Klimaanpassung zu definieren und entsprechende Projekte umzusetzen. Ihre Anpassungsfähigkeit an den Klimawandel (Resilienz) ist damit begrenzt [9]. Aufgrund des geringen Budgets bieten sich ihnen auch nur in Ausnahmefällen Gelegenheiten, größere Investitionen im Rahmen der Klimaanpassung zu tätigen [10].

Die spezifischen Unterstützungsbedarfe dieser Städte wurde im Rahmen des CATCH-Projekts bei den sieben beteiligten Pilot-Städten abgefragt und analysiert [8]. Unterstützungsbedarfe bestehen demnach insbesondere bei der Strategieentwicklung für eine Klimaanpassung. Während die meisten Städte bei der Entwicklung und Umsetzung sektoraler Lösungen gut aufgestellt sind, fehlt es oft an Beispielen guter und v. a. integrativer Klimaanpassungspraxis. Nachgefragt werden darüber hinaus fehlende Klimaanpassungsstandards sowie Hilfestellung bei der Priorisierung, der Kommunikation und der Evaluation von Klimaanpassungsmaßnahmen (Details siehe [8]).

10.2 CATCH-Klimaanpassungstool

Das CATCH-Klimaanpassungstool unterstützt kleine bis mittelgroße Städte und Gemeinden bei einer wassersensiblen Stadtentwicklung. Eine solche Entwicklung stellt einen wichtigen Baustein der Klimaanpassung dar und unterstützt beim Umgang mit Extremwetterereignissen wie Starkregen.

Das Tool baut entsprechend der Ziele und Rahmenbedingungen des EU-Programms auf bestehenden Werkzeugen und Konzepten auf. Es basiert auf der Theorie der wassersensiblen Stadtentwicklung [11], die u. a. das Prinzip der Schwammstadt beinhaltet, auf einem Konzept für die Klimaanpassung von Küstenregionen [12] und einem Tool für die *Governance*-Analyse [13].

Das CATCH-Klimaanpassungstool wurde im Rahmen des EU-Interreg-Vb- Projekts CATCH entwickelt [10], steht im Einklang mit dem ISO Standard 14090 [14] und ist in englischer Sprache frei im Internet zugänglich [15]. Es besteht aus vier Komponenten, die im Folgenden näher beschrieben werden (◘ Abb. 10.1):
1. Das Selbsteinschätzungstool *(Self Assessment)*
2. Der Klimaanpassungskreislauf *(Climate Adaptation Cycle)*
3. Die Governance-Analyse *(Governance Assessment)*
4. Die Einschätzung der Ökosystemfunktionen *(Ecosystem Services Assessment)*

10.2.1 Selbsteinschätzungstool (Self Assessment)

Mit dem Selbsteinschätzungstool *(Self Assessment)* wird der aktuelle Status einer Stadt innerhalb der wassersensiblen Stadtentwick eingeordnet. Der Status quo einer Stadt wird bzgl. der Entwicklung von einer sektoral organisierten Stadt hin zu einer integrativ gemanagten, klimaresilienten Stadt eingeschätzt. Die Selbstbewertung erfolgt für die drei Bereiche bzw. Säulen der Theorie der wassersensiblen Stadtentwicklung [8, 11]:
1. Stadt als Einzugsgebiet: Förderung von Maßnahmen zur Infiltration und Wasserspeicherung;
2. Stadt als Standort von Ökosystemdienstleistungen: Bewertung der positiven Synergieeffekte von blau-grünen Strukturen im Stadtgebiet;
3. Wasserbewusste Gemeinschaften und Netzwerke: Bewertung von Beteiligung und Zusammenarbeit.

Das Tool besteht aus einem Katalog von 23 Fragen (◘ Tab. 10.1) mit jeweils 6 vorgegebenen Antwortmöglichkeiten. Als Ergebnis ergibt sich für alle drei Säulen der wassersensiblen Stadtentwicklung jeweils eine

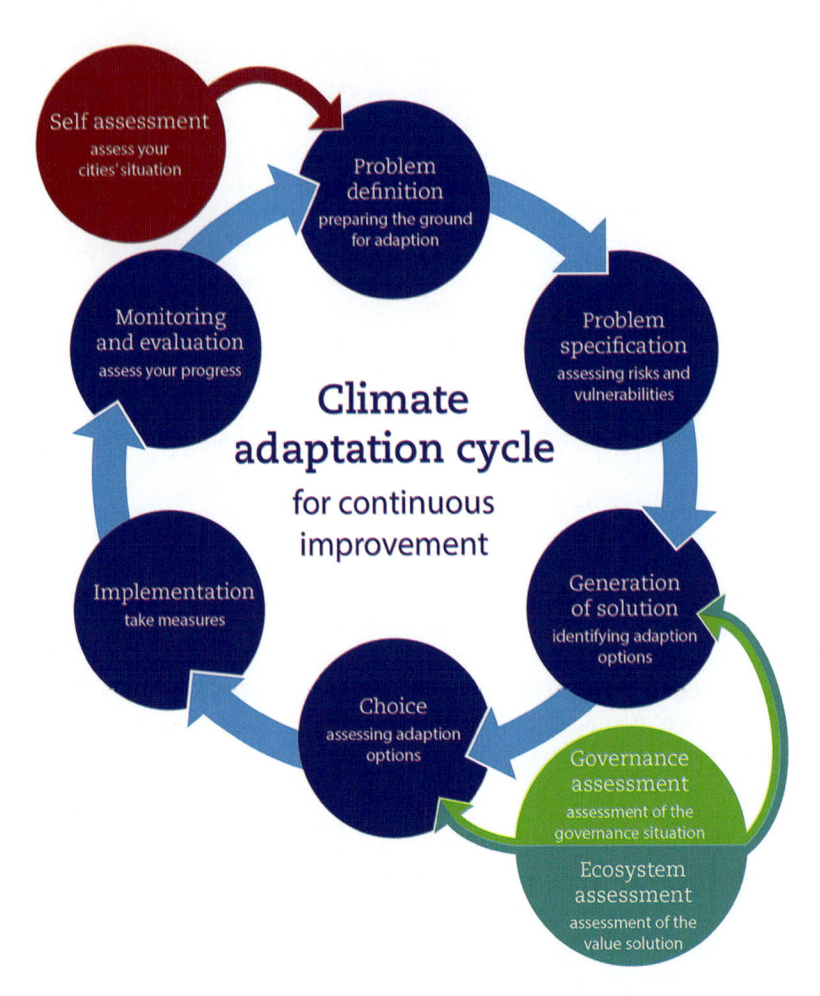

● **Abb. 10.1** Aufbau des CATCH-online-Klimaanpassungstools; Start: Selbsteinschätzung (rot); Schritte des Klimaanpassungskreislaufs (blau): Problemdefinition, Problemspezifizierung, Generierung von Lösungen, Auswahl, Implementierung, Monitoring und Evaluation der Maßnahme; Zusatz-Tools (grün): Analysen der *Governance* und der Ökosystemdienstleistungen. (© Helge Bormann et al.)

Selbst-Einschätzung (● Abb. 10.2) sowie eine Dokumentation der Selbstbewertung, die insbesondere im Hinblick auf die Verbesserungspotenziale in der weiteren Anwendung des Klimaanpassungs-Kreislaufs berücksichtigt werden sollte. Das Selbsteinschätzungstool wurde im Rahmen von CATCH in den 7 beteiligten Pilotstädten im Nordseeraum angewendet und als sehr hilfreich eingeschätzt [16].

10.2.2 Klimaanpassungs-Kreislauf *(Climate Adaptation Cycle)*

Die Ergebnisse der Selbstbewertung werden verwendet, um auf Basis der identifizierten Stärken und Schwächen maßgeschneidert den Klimaanpassungs-Kreislauf zu durchlaufen. Dieser Kreislauf beschreibt den Planungszyklus der Klimaanpassung. Je nach Status einer Stadt können eine pas-

Tab. 10.1 Themenbereiche der Selbsteinschätzung; jeweils 6 vorgegebene Antworten ermöglichen die Zuordnung zum aktuellen Status im Rahmen des Konzepts der wassersensiblen Stadtentwicklung (siehe Bild 2)

Gemeinschaften und Netzwerke	1	Organisatorischen Kapazitäten (Kenntnisse, Fähigkeiten) zur Klimaanpassung auf Stadtebene
	2	Wasser als Schlüsselelement in der Stadtplanung und -gestaltung
	3	Sektor-übergreifende integrative Arrangements auf Stadtebene (z. B. Wasser, Energie, Verkehr, Wohnen, Klimaanpassung)
	4	Beteiligung von Akteuren an der Wassermanagement und Klimaanpassung auf Stadtebene
	5	Führung, langfristige Vision und Engagement der Stadtverwaltung
	6	Hochwasserrisikobewusstsein der Bevölkerung
	7	Organisation des Katastrophenschutzes
	8	Verpflichtende Regelungen zur Reduzierung möglicher Hochwasserschäden in der Stadt (z. B. Dachbegrünung oder Wasserrückhalt)
Stadt als Einzugsgebiet	9	Verfügbarkeit und Nutzung von Hochwassergefahren- und Hochwasserrisikokarten für gefährdete Gebiete
	10	Flächen zur temporären Wasserspeicherung in der Stadt mit geringem Schadenspotenzial (oberflächlich/unterirdisch)
	11	Maßnahmen zur Erhöhung der Versickerung (z. B. Entsiegelung)
	12	Status der Wasserversorgungsinfrastruktur
	13	Maßnahmen zur Unterhaltung der Wasserversorgungsinfrastruktur
	14	Zustand des Abwassernetzes
	15	Maßnahmen zur Unterhaltung des Abwassernetzes
	16	Zustand der Hochwasserschutz-Infrastruktur
	17	Maßnahmen zur Unterhaltung der Hochwasserschutz-Infrastruktur
Stadt als Ökosystem	18	Aufmerksamkeit für die Bedürfnisse und den Schutz gefährdeter Gruppen vor den negativen Auswirkungen des Klimawandels
	19	Gesunder und artenreicher Lebensraum
	20	Schutz der Oberflächenwasserqualität und des (natürlichen) Abflussregimes
	21	Schutz der Grundwasserqualität und des Grundwasserhaushalts
	22	Aktivierung vernetzter urbaner Grünflächen und Gewässer (blau-grüne Strukturen)
	23	Vegetationsflächen auf Stadtebene

Quelle: Helge Bormann et al.

sende Strategie oder passfähige Handlungsschwerpunkte/Maßnahmenbereiche identifiziert und analysiert werden.

Der Klimaanpassungskreislauf besteht aus 6 Schritten und damit verbundenen Abfragen (Abb. 10.1). Je nach Antwort

◾ **Abb. 10.2** Darstellung des Ergebnisses der Selbsteinschätzung einer fiktiven Stadt. Für die drei Säulen der der Theorie der wassersensiblen Stadtentwicklung, *Community* (wassersensible Gesellschaft), *Catchment* (Wasserspeicherung und Infiltration) und *Services* (Ökosystemfunktionen), werden auf Basis der gewählten Antworten spezifische Bewertungen abgeleitet. (© Helge Bormann et al.)

werden passfähige Konzepte für den jeweiligen Schritt vorgestellt und Hinweise auf Beispiele guter Klimaanpassungspraxis gegeben. Der Klimaanpassungskreislauf besteht aus den folgenden Schritten:

Schritt 1 – Problemdefinition: Im ersten Schritt des Klimaanpassungs-Kreislaufs wird das primäre Extremwetterrisiko identifiziert, dem eine Stadt ausgesetzt ist. Solche Risiken können Überschwemmungen von Flüssen oder Seen, durch Regen oder Grundwasser verursachte Überschwemmungen, Küstenüberschwemmungen, Probleme mit der Wasserqualität oder auch ein städtisches Hitzeproblem sein. Für die Analyse des ausgewählten Risikos sind Kenntnisse über historische und/oder typische Extremereignisse und deren mögliche Folgen erforderlich. Je nach Bedarf werden exemplarische Beschreibungen historischer Ereignisse in der Nordseeregion vorgestellt, um einen Einblick in nützliche Daten, verantwortliche Organisationen und empfehlenswerte Datenanalysen zu geben.

Schritt 2 – Problemspezifizierung: Um die Dringlichkeit der Klimaanpassung einschätzen zu können, sollte eine Analyse des zu erwartenden Ausmaßes potenzieller Auswirkungen vorliegen, einschließlich der Häufigkeit des Auftretens von Extremereignissen und der Auswirkungen auf verschiedene Sektoren. Daher zielt dieser Schritt auf eine zusätzliche Spezifizierung für die zuvor identifizierte Risikoart ab. Typische Standardprodukte sind die Gefahren- und Risikokarten nach der EU-Hochwasserrichtlinie [5], die von der Europäischen Union für alle Risikogebiete gefordert werden. Auch kommunale Starkregen-Gefahrenkarten können sehr hilfreich sein (z. B. die des Oldenburgisch-Ostfriesischen Wasserverbandes (OOWV) für die Stadt Oldenburg [17]). Eine solche Spezifikation bietet einen Einblick in aktuelle Risiken und erwartete Veränderungen.

Schritt 3 – Identifizierung geeigneter Klimaanpassungsmaßnahmen: In dieser Phase des Klimaanpassungs-Kreislaufs werden Hilfestellungen zur Identifizierung möglicher Strategien und Maßnahmen bereitgestellt. Solche Strategien und Maßnahmen sollen helfen, sich an die im vorherigen Schritt identifizierten Probleme anzupassen. Da die Auswirkungen extremer Wetterereignisse vielfältig sein können, ist auch das Spektrum möglicher Maßnahmen groß. Hinsichtlich des Hochwasserrisikomanagements können mögliche Lösungen nach dem niederländischen System der Mehrebenen-Sicherheit *(Multi-Layer-Safety)* strukturiert werden, das technische Lösungen (z. B. Hochwasserschutz), präventive Lösungen (z. B. Raumplanung) und Notfallmaßnahmen (z. B. Katastrophenmanagement) unterscheidet. Hingewiesen wird auch auf die erforderliche Beteiligung betroffener Personen/Organisationen, wie von der EU-Hochwasserrisikomanagementrichtlinie gefordert. Mögliche Lösungen können analysiert und anhand ihres Potenzials, die Klimawandelprobleme zu lösen (oder zumindest zu reduzieren) und eine mögliche Wertschöpfung zu schaffen, analysiert und vorselektiert werden (siehe z. B. Analyse der Ökosystemfunktionen). Das Ergebnis dieses Schrittes sollte eine Liste potenzieller Lösungen und deren Eigenschaften sein.

Schritt 4 – Auswahl einer geeigneten Klimaanpassungsmaßnahme: In diesem Schritt wird eine Bewertung verschiedener Lösungsmöglichkeiten unterstützt, um nach Möglichkeit die am besten geeignete Anpassungslösung auswählen zu können. Die relevanten Kriterien für eine Auswahl sollten von den beteiligten Akteuren festgelegt werden. Die verantwortlichen Akteure sollten in der Lage sein, zu entscheiden, welche Maßnahmen umgesetzt werden. Die Auswahl basiert oft auf Indikatoren wie Kosten, Lebensdauer, Wartungsaufwand und Flexibilität, die in verfügbare Tools wie Kosten-Nutzen-Analyse, Multi-Kriterien-Analyse oder andere integriert werden können. Ein wichtiger Faktor ist der Zeitrahmen des Planungsprozesses. Im Falle einer kurzfristigen Planung werden im Vergleich zu einem langfristigen, strategischen Planungsprozess wahrscheinlich andere Lösungen priorisiert. Daher sollte im Falle einer Klimaanpassung ein solcher Entscheidungsprozess in einen integrativen Anpassungsprozess (wenn möglich in eine Strategie) der betreffenden Stadt eingebettet sein. Generell kann der Verhandlungsprozess beschleunigt werden, indem sich die Beteiligten zuvor auf eine gemeinsame Vision zur zukünftigen Entwicklung der Region/Stadt einigen.

Schritt 5 – Implementierung: Nachdem eine Lösung gewählt oder eine Strategie vereinbart wurde, kann mit der Umsetzung der Maßnahmen begonnen werden. Maßnahmen können physischer (z. B. der Bau eines Deichs) oder organisatorischer Natur sein oder auch die Entwicklung von Politiken unterstützen. Während der Umsetzung wird der Kommunikation oft zu wenig Aufmerksamkeit geschenkt. Es ist jedoch diese Phase, in der externe Parteien oder Einzelpersonen hinderlich werden können oder die Kosten die Planungen übersteigen. Der Vermeidung von Überraschungen sollte nach Möglichkeit vorgebeugt werden (z. B. durch eine Stakeholder-Analyse, Kosten-Nutzen-Analyse). Da mit dem Klimawandel verbundene Risiken und Lösungsmöglichkeiten vielfältig sind, sollte die Umsetzung aus einer prozessorientierten Perspektive angegangen werden. Dies beinhaltet ausdrücklich eine klare und gut ausgearbeitete Kommunikationsstrategie, die sowohl wichtige Akteure einbindet als auch die Öffentlichkeit informiert. Standards für die Klimaanpassung fehlen zwar meistens noch, jedoch sind sie für die Umsetzung technischer Maßnahmen in der Regel verfügbar.

Schritt 6 – Evaluation: Nach der Umsetzung gilt es, die beabsichtigten und unvorhergesehenen Folgen der Maßnahmen zu überprüfen und zu bewerten. Dieser Schritt wird oft vernachlässigt. Für die Identifikation von Weiterentwicklungsoptionen und strategischen Anpassungen ist die Evaluation jedoch unabdingbar. Allgemeine Evaluationskonzepte sind in der Literatur verfügbar, fallspezifische Checklisten können auch in enger Zusammenarbeit mit regionalen Akteuren entwickelt werden. Auch eine erneute Anwendung des Selbsteinschätzungstools kann wertvolle Hinweise auf den Erfolg einer Maßnahme geben.

Nach Durchlaufen des Klimaanpassungskreislaufs kann sich aus der Evaluation ergeben, dass der Kreislauf erneut – z. B. mit anderem Handlungsschwerpunkt, auf einer anderen Skala oder mit einem strategischen Fokus – durchlaufen werden sollte. Im Falle einer Strategie sollte die

Entwicklung kontinuierlich beobachtet, bewertet und angepasst werden. Gegebenenfalls sind zusätzliche Maßnahmen zu ergreifen. Falls ein Problem nicht gelöst wurde oder ein neues Problem auftaucht, ist eine neue Problemdefinition erforderlich.

10.2.3 Governance-Analyse (Governance Assessment)

Strategien und Projekte haben das Potenzial, eine Stadt wassersensibel und die lokalen Akteure wasserbewusst zu machen. Inwieweit dieses Potenzial in der Praxis ausgeschöpft werden kann, hängt von einer erfolgreichen Umsetzung ab. Die *Governance*-Analyse hilft dabei, die Erfolgschancen einzuschätzen. Vier Bewertungskriterien (Vollständigkeit, Kohärenz, Flexibilität und Veränderungsdruck) werden auf die folgenden fünf Dimensionen angewendet:

1. **Ebene und Skala:** Strategien und Projekte für die Klimaanpassung von Städten zielen auf spezifische Raumskalen ab (z. B. Straßenzug, Quartier oder Stadtgebiet). Die Durchführbarkeit von Maßnahmen auf Stadtebene hängt allerdings nicht nur von der hydrologischen Skala (z. B. Einzugsgebiet), sondern v. a. von der sozialen und administrativen Ebene ab. Die kommunale Ebene kann dabei mit übergeordneten Ebenen wie Landes- und Bundesbehörden verbunden bzw. von ihnen abhängig sein.
2. **Akteure und Netzwerke:** Der Erfolg einer wassersensiblen Stadtentwicklung hängt von mehr Akteuren als nur von der Kommune ab. Es ist wichtig, Interessengruppen wie Gemeindeorganisationen, private Unternehmen, Wasserbehörden und Umwelt-NGOs einzubeziehen. Möglicherweise kooperiert die Gemeinde bereits mit einigen dieser Akteure zu diesem oder anderen Themen.
3. **Problemwahrnehmung und Ambitionen:** Maßnahmen für eine wassersensible Stadtentwicklung interagieren immer mit bestehenden Nutzungen des Stadtraums und anderen Ambitionen wie Energiewende, Wohnen und Schaffung von Arbeitsplätzen. Einige Organisationen werden bei der Betrachtung der Stadt andere Handlungsfelder priorisieren. Das Bewusstsein für ein integratives urbanes Wassermanagement muss kontinuierlich mit anderen Ambitionen abgewogen und nach Möglichkeit in diese integriert werden.
4. **Politikstile und -instrumente:** Die Stadtentwicklung spiegelt oft bestimmte Stile der politischen Umsetzung wider. Es können verschiedene Instrumente zur Verfügung stehen, die beispielsweise durch Gesetze, Verordnungen und Weißbücher bereitgestellt werden. Einige Politikbereiche oder Mittelgeber können auch den Einsatz bestimmter Instrumente, Verfahren oder Zeitpläne verlangen, unabhängig davon, ob dies die Umsetzung einer potenziellen Maßnahme erleichtert.
5. **Verantwortlichkeiten und Ressourcen:** Um Maßnahmen umzusetzen, müssen die Zuständigkeiten und Rollen geklärt sein, insbesondere wenn die Kommune mit mehreren Partnern in mehreren Sektoren zusammenarbeitet. Ressourcen wie Geld, Rechte, Fachwissen und Unterstützung sollten zur Verfügung stehen, um diese Aufgaben zu erfüllen. Wenn die Gemeinde und andere Partner zusammenarbeiten, können sie auch ihre Ressourcen bündeln.

20 Fragen führen schrittweise durch die fünf beschriebenen Dimensionen und vier Kriterien der *Governance* (◘ Tab. 10.2). Bei der Beantwortung der Fragen ist auf der Konsistenz bzgl. der betrachteten Maßnahme (z. B. Projekt, Strategie; räumlicher Fokus) zu achten.

Ergebnis der Analyse ist eine Matrix, die im Ampelsystem die Handlungsfelder bewertet, die aus Sicht der Gover-

◘ **Tab. 10.2** Fragen im Rahmen der *Governance*-Analyse; vorgegebene Antworten ermöglichen die Zuordnung im Ampel-System (siehe Bild 3)

1	Sind alle relevanten übergeordneten Behörden an der Maßnahme beteiligt?
2	Sind alle Akteure, die zu der Maßnahme beitragen könnten, beteiligt?
3	Werden alle anderen Problemwahrnehmungen und Ambitionen, die sich auf denselben Stadtraum beziehen, berücksichtigt?
4	Werden die unterschiedlichen Optionen für Umsetzungsstile und Instrumentenkombinationen bei der Konzeption der Maßnahme berücksichtigt?
5	Sind die Verantwortlichkeiten für verschiedene Teile der Maßnahme klar zugeordnet und mit den notwendigen Ressourcen ausgestattet, um sie zu erfüllen?
6	Sind die Problemwahrnehmungen nicht so unterschiedlich, dass eine gemeinsame Basis für Vereinbarungen fehlt? Stellen unterschiedliche Politikbereiche wie Raumplanung, Energiewende, Gesundheit und Hochwasserschutz widersprüchliche Anforderungen?
7	Hat die Gemeinde kollegiale Beziehungen zu den anderen beteiligten Akteuren?
8	Schafft Ihre Maßnahme Synergien und trägt zu den Ambitionen anderer Sektoren bei?
9	Schafft die Kombination der Instrumente Synergien und erleichtert deren Umsetzung?
10	Unterstützen sich die Verantwortlichkeiten und Ressourcen der beteiligten Akteure gegenseitig und ermöglichen sie kooperative Aktivitäten zur Umsetzung der Maßnahme?
11	Können übergeordnete Behörden bei der Umsetzung Ihrer Maßnahme oder zur Problemlösung eingesetzt werden?
12	Ist es möglich, bei Bedarf und je nach Maßnahme neue Stakeholder einzubeziehen?
13	Können die Ambitionen der Maßnahme geändert werden, wenn sich im Laufe der Zeit (neue) Chancen oder Probleme ergeben?
14	Kann die Kombination der Instrumente geändert werden, wenn sich im Laufe der Zeit (neue) Chancen oder Probleme ergeben?
15	Ist es möglich, die Ressourcen aus verschiedenen Bereichen der Gemeinde und anderer Partner zu bündeln, um Aufgaben zu realisieren, die niemand alleine bewältigen könnte?
16	Gibt es genügend stabilen Druck von übergeordneten Behörden, um sich in Richtung einer wassersensiblen Stadt zu bewegen?
17	Gibt es genügend stabilen Druck von Interessensgruppen, um sich in Richtung einer wasserempfindlichen Stadt zu bewegen?
18	Unterscheiden sich die Ambitionen Ihrer Maßnahme stark von der aktuellen Situation?
19	Fordern die Instrumente von den Bürgern oder anderen Akteuren mehr Anpassung als die aktuelle Situation?
20	Reichen die Gesamtressourcen aus, um die Maßnahme langfristig umzusetzen?

Helge Bormann et al.

nance für eine erfolgreiche Klimaanpassung als unterstützend oder auch als hinderlich eingeschätzt werden (◘ Abb. 10.3). Für den weiteren Umsetzungsprozess hinderliche Faktoren sollten im Klimaanpassungs-Kreislauf Berücksichtigung finden oder auch separat im Rahmen der Akteursarbeit angegangen werden.

Dimensionen	Kriterien			
	Vollständigkeit	Kohärenz	Flexibilität	Druck für Veränderung
Ebenen und Skalen	rot	orange	rot	orange
Akteure und Netzwerke	orange	orange	orange	orange
Perspektiven und Ambitionen	grün	grün	grün	grün
Stile und Instrumente	grün	orange	orange	grau
Verantwortlichkeiten und Ressourcen	orange	orange	rot	orange

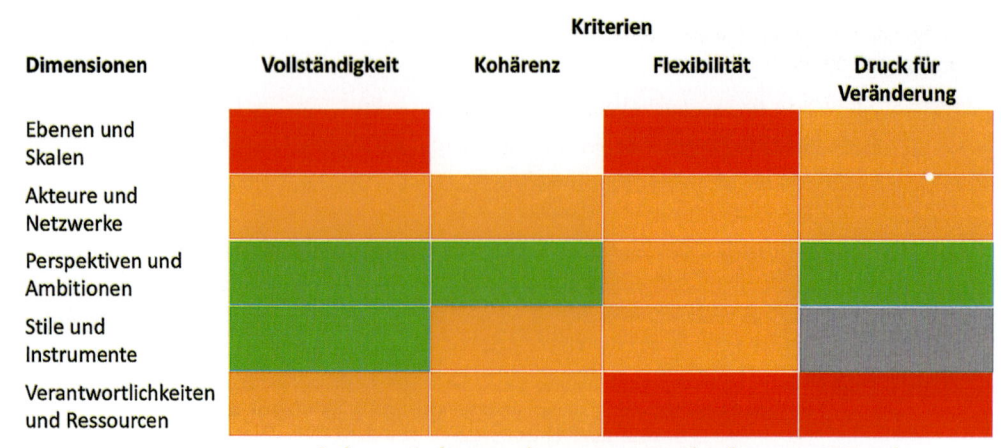

Farben: **rot** = hemmend; **orange** = neutral; **grün** = unterstützend; **grau** = unwichtig; **weiß** = unbekannt

■ **Abb. 10.3** Darstellung der Ergebnisse einer beispielhaften *Governance*-Analyse für eine fiktive Stadt: Matrix aus den Kriterien (Vollständigkeit, Kohärenz, Flexibilität, Druck für Veränderung) und den Dimensionen (Ebenen und Skalen, Akteure und Netzwerke, Perspektiven und Ziele, Stile und Instrumente, Verantwortlichkeiten und Ressourcen) der *Governance*. Das Ampel-System weist u. a. auf die Bereiche hin, in denen Handlungsbedarf besteht (rot: limitierend, orange: neutral; grün: unterstützend; grau: nicht wichtig; weiß: unbekannt). (© Helge Bormann et al.)

10.2.4 Einschätzung der Ökosystemfunktionen (Ecosystem Services Assessment)

Die Anpassung an den Klimawandel erfordert erhebliche Anstrengungen, macht im Idealfall eine Stadt aber auch zu einem angenehmeren, naturnäheren und gesünderen Ort. Gefragt sind Strategien, Pläne und Maßnahmen, die Hitze, Dürre und Überschwemmungen gleichzeitig adressieren. Interventionen sollen nicht kontraproduktiv wirken und die Stadt attraktiver machen.

Die Einschätzung der Ökosystemfunktionen gibt Hinweise, wie dieses Ziel erreicht werden kann. Es unterstützt die Bewertung von Strategien, Plänen und Projekten zur Anpassung an den Klimawandel im Hinblick auf die dadurch erbrachten Ökosystemleistungen. Im Rahmen eines Frage-Antwort-Spiels (■ Tab. 10.3) gibt das Tool Orientierung zum städtischen Ökosystem, seinem biophysikalischen Zustand und den Dienstleistungen für die Bürgerinnen und Bürger. Es werden bewährte Praktiken bei der Kombination von grüner, blauer und grauer Infrastruktur sowie Ansätze für die Analyse und Bewertung entsprechender Alternativen bereitgestellt. Schließlich werden Hinweise gegeben, wie der Planungs- und Umsetzungsprozess als iterative und kontinuierliche Aktivität organisiert werden kann, die von langfristigen Ambitionen geleitet wird. Das Tool verweist zudem auf Quellen, die die jeweiligen Schritte veranschaulichen oder anleiten.

Für den weiteren Umsetzungsprozess hinderliche Faktoren oder auch fehlende Kenntnisse und Praktiken sollten im Klimaanpassungs-Kreislauf adressiert werden.

◻ **Tab. 10.3** Fragen im Rahmen der Analyse der Ökosystemfunktionen; vorgegebene Antworten (ja/nein) ermöglichen die Identifizierung notwendiger Handlungsfelder in der Klimaanpassung

1	Ist der Begriff urbanes Ökosystem unter Stadtplanern bekannt?
2	Haben Stadtplaner Kenntnisse über Ökosystemleistungen und deren Relevanz?
3	Verfügen die Stadtplaner über die Fähigkeit, Ökosystemleistungen von Maßnahmen zur Anpassung an den Klimawandel zu analysieren?
4	Wenden die Stadtplaner einen integrativen Ansatz gegenüber Hochwasser, Trockenheit und der Wärmeversorgung der Stadt an?
5	Ist Wissen über Komponenten der grauen, der grünen und der blauen Infrastruktur vorhanden?
6	Gibt es ein ausreichendes Bewusstsein für die Vorteile integrativer blau-grüner Strategien?
7	Sind die verfügbaren „schlüsselfertigen" Bausteine grüner und blauer Infrastruktur bekannt?
8	Verfügen Stadtplaner über das Wissen und die Fähigkeiten, Ökosystemleistungen für alternative Maßnahmen zu erarbeiten und zu vergleichen?
9	Sind die Werkzeuge zur effizienten Kosten-Nutzen-Berechnung bekannt und verfügbar?
10	Ist das Wissen vorhanden, wie eine integrative Klimaanpassung in Politik, Entscheidungsfindung und Umsetzung sichergestellt werden kann?

Quelle: Helge Bormann et al.

10.2.5 Empfehlungen für die Anwendung des Tools

Das CATCH-Klimaanpassungs-Tool wurde im Rahmen des CATCH-Projekts von den sieben beteiligten Pilotstädten systematisch getestet. Für die Anwendung werden aufgrund dieser Erfahrungen folgende Empfehlungen gegeben:

- Für die Anwendung des Klimaanpassungstools sollte eine vorab durchgeführte Stakeholderanalyse zur Verfügung stehen. Bei der Anwendung des Tools in den Pilotstädten hat sich gezeigt, dass die Akteursbeziehungen nicht in jedem Fall ausreichend bekannt sind und ggfs. weitere Personen oder Bereiche hinzugezogen werden sollten.
- Die Anwendung des Tools sollte nach Möglichkeit in einem interdisziplinären Team erfolgen, das Kenntnis vom relevanten Akteursspektrum hat. Auch die Management-Ebene sollte einbezogen werden. Falls sinnvoll kann auch frühzeitig externe Expertise eingebunden und die Anwendung in Form eines Workshops geplant werden.
- Vor Beginn der Anwendung des Tools muss eine Einigung über den Zielraum der Anwendung erfolgen (z. B. Pilotfläche, gesamtes Stadtgebiet), um diesen während der Tool-Anwendung konsistent beizubehalten.
- Die Anwendung des Klimaanpassungstools sollte zunächst mit dem Ziel erfolgen, eine qualitative Aussage zur aktuellen Situation zu treffen. Bei ausreichender Datenlage kann anschließend eine quantitative Analyse nachgeschaltet werden.
- Die Anwendung des Tools in den Pilotstädten hat gezeigt, dass viele Städte sich zunächst auf kurzfristig umsetzbare Pilotaktivitäten konzentrieren und erst in einem zweiten Schritt die strategische Klimaanpassung angehen. In diesem Fall kann es sinnvoll sein, den Klimaanpassungs-Kreislauf mehrmals nacheinander zu durchlaufen und dabei den raumzeitlichen Bezug anzupas-

sen und ggfs. weitere Handlungsbereiche zu integrieren. Auch kann (bzw. sollte, wenn nötig) der Klimaanpassungskreislauf mehrmals mit dem Fokus auf unterschiedliche Extremwetter-Risiken durchlaufen werden.

- Nicht zuletzt sollte angestrebt werden, das „institutionelle Gedächtnis" zu stärken. Die Anwendung des Tools in den Pilot-Städten hat gezeigt, dass sich die Fluktuation von Personal auch im Klimaanpassungsprozess sehr nachteilig auswirkt. Die nachhaltige Dokumentation von Aktivitäten im Anpassungsprozess und in der Nutzung des Klimaanpassungstools ist somit ebenfalls von großer Bedeutung.

10.3 Schlussfolgerungen

Das vorgestellte Klimaanpassungstool ist ein frei verfügbares, einfach zu bedienendes Online-Werkzeug zur Unterstützung des Klimaanpassungsprozesses kleiner und mittelgroßer Städte. Der Schwerpunkt des Tools liegt darauf, die Nutzenden bei der Identifizierung der drängenden Handlungsfelder im Rahmen der Klimaanpassung zu unterstützen, durch den Anpassungsprozess zu leiten und Beispiele guter Klimaanpassungspraxis vorzustellen. Die Beispiele sind zwar nicht in jedem Falle direkt übertragbar, stellen aber einen wichtigen Erfahrungsschatz dar.

Das Tool generiert keine *„One size fits all"*-Lösungen und ersetzt keinen Diskussions- und Entscheidungsprozess, stellt aber zielgerichtete Fragen, mit denen passfähige Lösungen erarbeitet werden können. Nach deren Umsetzung werden kleine und mittelgroße Städte besser auf die zu erwartenden Klimawandelfolgen vorbereitet sein als zuvor.

Danksagung Die Autoren danken der EU für die Förderung des Projekts CATCH im Rahmen des EU-Interreg-VB-Programms („North Sea Region"-Programme; 2017–2022; ▶ https://northsearegion.eu/catch/).

Literatur

1. IPCC (2021) Summary for Policymakers. In: Climate Change 2021: The Physical Science Basis. Contribution of Working Group I to the Sixth Assessment Report of the Intergovernmental Panel on Climate Change [Masson-Delmotte, V., P. Zhai, A. Pirani, S. L. Connors, C. Péan, S. Berger, N. Caud, Y. Chen, L. Goldfarb, M. I. Gomis, M. Huang, K. Leitzell, E. Lonnoy, J.B.R. Matthews, T. K. Maycock, T. Waterfield, O. Yelekçi, R. Yu and B. Zhou (eds.)]. Cambridge University Press. In Druck. ▶ https://www.ipcc.ch/report/ar6/wg1/downloads/report/IPCC_AR6_WGI_Full_Report.pdf (Zugriffsdatum: 1.9.2021)
2. Bronstert, A., Bormann, H., Bürger, G., Haberlandt, U., Hattermann, F., Heistermann, M., Huang, S., Kolokotronis, V., Kundzewicz, Z.W., Menzel, L., Meon, G., Merz, B., Meuser, A., Paton, E.N., Petrow, T. (2018) Hochwasser und Sturzfluten an Flüssen in Deutschland. In: Brasseur, G., Jacob, D., Schuck-Zöller, S. (Hrsg.): Klimawandel in Deutschland – Entwicklung, Folgen, Risiken und Perspektiven. SpringerOpen. S. 87–101.
3. Schüttrumpf, H. (2021) Das Juli-Hochwasser 2021 in NRW - Ein erster Erfahrungsbericht. Wasser und Abfall 23(7–8), S. 14–17.
4. Bormann, H., Kebschull, J., Ahlhorn, F., Spiekermann, J., Schaal, P. (2018): Modellbasierte Szenarioanalyse zur Anpassung des Entwässerungsmanagements im nordwestdeutschen Küstenraum. Wasser und Abfall 20(7/8), 60–66.
5. European Commission (2007) Directive 2007/60/EC of the European Parliament and of the Council of 23 October 2007 on the assessment and management of flood risks.
6. Bundesregierung (2008) „Deutsche Anpassungsstrategie an den Klimawandel". Beschlossen vom Bundeskabinett am 17. Dezember 2008. Die Bundesregierung. Berlin.
7. Regierungskommission Klimaschutz (2012): Empfehlung für eine niedersächsische Strategie zur Anpassung an die Folgen des Klimawandels. Ministerium für Umwelt, Energie und Klimaschutz, Hannover.
8. Bormann, H., Böge, M. (2020): Unterstützungsbedarfe mittelgroßer Städte im Nordseeraum für die Anpassung an den Klimawandel. Wasser und Abfall, 22(12), 38–43.
9. Dolman, N.J. , Lijzenga, S., Özerol, G., Bressers, H., Böge, M., Bormann, H. (2018): Applying the Water Sensitive Cities framework for climate ad-

aptation in the North Sea Region: First impressions from the CATCH project. Water Convention 2018, Marina Bay Sands, Singapore.
10. Böge, M., Bormann, H., Dolman, N.J., Özerol, G., Bressers, H., Lijzenga, S. (2019): CATCH – der Umgang mit Starkregen als europäisches Verbundprojekt. gwf Wasser/Abwasser, 160/2, S. 53–56.
11. Wong, T., Brown, R. (2008): Transitioning to water sensitive cities: ensuring resilience through a new hydro-social contract. 11th International Conference on Urban Drainage, Edinburgh, Scotland, UK. IWA.
12. Bormann, H., van der Krogt, R., Adriaanse, L., Ahlhorn, F., Akkermans, R., Andersson-Sköld, Y., Gerrard, C., Houtekamer, N., de Lange, G., Norrby, A., van Oostrom, N., De Sutter, R. (2015): Guiding Regional Climate Adaptation in Coastal Areas. In: Walter Leal Filho (Hrsg.): Handbook of Climate Change Adaptation. Springer-Verlag. S. 337–357.
13. Bressers, H., de Boer, C., Lordkipanidze, M., Özerol, G., Vinke-de Kruijf, J., Farusho, C., Lajeunesse, C., Larrue, C., Ramos, M.-H., Kampa, E., Stein, U., Tröltzsch, J., Vidaurre, R., and Browne, A. (2013) Water Governance Assessment Tool – With an Elaboration for Drought Resilience. ▶ https://research.utwente.nl/files/5143036/Governance-Assessment-Tool-DROP-final-for-online.pdf
14. ISO 14090 (2019) Adaptation to climate change — Principles, requirements and guidelines. Verfügbar unter ▶ https://www.iso.org/standard/68507.html (Zugriffsdatum: 1.9.2021)
15. CATCH DST (2021) CATCH decision support tool. ▶ https://www.catch-tool.com/ (Zugriffsdatum:10.2.2022)
16. Özerol, G., Dolman, N., Bormann, H., Bressers, H., Lulofs, K., Böge, M. (2020): Urban water management and climate change adaptation: A self-assessment study by seven midsize cities in the North Sea Region. Sustainable Cities and Society 55, 102066.
17. Stadt Oldenburg (2018) Starkregengefahrenkarte Stadt Oldenburg. ▶ https://gis4ol.oldenburg.de/Starkregengefahrenkarte/index.html (Zugriffsdatum:10.2.2022)

Der Hochwasser-Pass im nationalen und internationalen Einsatz zur Unterstützung der Eigenvorsorge

Philip Meier, Helene Meyer, Annika Schüttrumpf und Georg Johann

Der Hochwasser-Pass ist Teil eines mehrstufigen Programms, das Boden- und Hauseigentümer für das Thema Hochwasser und Starkregen sensibilisiert und die Eigenvorsorge unterstützt. Dabei werden die Überflutungsgefahr eines Hauses bewertet und Empfehlungen für eine effektive Eigenvorsorge gegeben. Der Hochwasser-Pass wird für den internationalen Einsatz angepasst und weiterentwickelt.

Hochwasser- und Starkregenereignisse sind eine große Herausforderung für die Gesellschaft. Die Todesopfer und Schäden zeigen, dass viele betroffene und bedrohte Menschen bessere Informationen benötigen, mit welchen konkreten Gefahren sie an ihrem Wohnort rechnen müssen und wie sie vorsorgen können. Die übergeordneten Starkregen- und Hochwasser-Schutzmaßnahmen der öffentlichen Hand können den potenziell großen Schaden mindern, bringen allerdings nicht alleine die Lösung. Sie müssen flankiert werden durch eine umfassende angepasste Risikovorsorge an den Gebäuden selbst, da in Zeiten des voranschreitenden Klimawandels, auch großzügig bemessene Hochwasserschutzanlagen eher an ihre Leistungskapazität und darüber hinaus kommen können. Das geht nicht ohne eine Risikokommunikation mit der Bevölkerung [1].

In der Regel wird die Risikokommunikation von den Trägern öffentlicher Belange betrieben, die die Informationen über Broschüren und verschiedene Medienkanäle verteilen. Aus zahlreichen Veröffentlichungen (z. B. [2]) geht jedoch hervor, dass die kommunizierten Hochwassergefahren- und Risikokarten nur von einer kleinen Anzahl von Menschen geschätzt und verstanden werden. Eine solche Form zur Kommunikation von Risiken darf in ihrer Wirksamkeit also infrage gestellt werden. Frühere Studien zum In-

Zuerst erschienen in Wasser und Abfall 3/2022

© Der/die Autor(en), exklusiv lizenziert an Springer Fachmedien Wiesbaden GmbH, ein Teil von Springer Nature 2023
M. Porth et al. (Hrsg.), *Wasser, Energie und Umwelt*,
https://doi.org/10.1007/978-3-658-42657-6_11

halt von Hochwasserrisikokarten, die während der Umsetzung der EG-Hochwasserrisikomanagement-Richtlinie durchgeführt wurden, haben aufgezeigt, dass die Karten oftmals missverstanden und falsch interpretiert werden [3]. Dies liegt meist daran, dass die Hochwassergefahren- und Risikokarten keine Schutz- und Minderungsmaßnahmen auf Haushaltsebene enthalten [2].

> **Kompakt**
> — Eigenvorsorgemaßnahmen reduzieren das Hochwasserrisiko wesentlich und erhöhen die gesellschaftliche Resilienz gegenüber der zunehmenden Naturgefahren durch Starkregen und Hochwasser.
> — Eigenvorsorge erfordert eine verständliche Risikokommunikation bis zur Sicht auf das eigene Haus mit Handlungsempfehlungen.
> — Der Hochwasser-Pass unterstützt die Eigenvorsorge von der Risikowahrnehmung bis zur Ergreifung von Maßnahmen und ist weltweit einsetzbar.

Der zusätzliche Hinweis auf Überflutungsschutz-Maßnahmen und damit die Stärkung der Eigenverantwortung der Betroffenen hat gezeigt, dass Schäden durch Überflutungen wesentlich reduziert werden [4]. Eine Risikokommunikation, die auf die spezifischen Bedürfnisse der Menschen abgestimmt ist, beeinflusst also deren Risikowahrnehmung und fördert damit das Anpassungsverhalten [2, 4].

Die Aktivierung der bisher „verborgenen" Gemeinschaftsstärken ist ein wesentlicher Schlüsselfaktor für die Entwicklung einer resilienten Gesellschaft [5]. Ziel des Hochwasser-Passes ist es, genau dies zu realisieren, durch maßgeschneiderte Informationen zu einzelnen Gefahren und Vermittlung von möglichen Risikominderungsmaßnahmen, die dann als Eigenvorsorgemaßnahmen umgesetzt werden können.

11.1 Der Hochwasser-Pass in Deutschland

Mit dem „Hochwasser-Pass" wird in Deutschland die Wissenslücke der Bevölkerung bezüglich ihres Hochwasserrisikos und Anpassungsmöglichkeit geschlossen. Hauseigentümer oder Gewerbebetriebe können sich nicht nur ein Bild über ihre individuelle Überflutungsgefährdung machen, sondern erhalten zudem direkte Anleitungen zu Eigenvorsorgemaßnahmen die individuell auf ihr Objekt zutreffen. Der Hochwasser-Pass hilft den von Überflutungen betroffenen und bedrohten Menschen, sich an die bestehenden Gefahren und auch an weitere Veränderungen durch den Klimawandel anzupassen und handlungsfähig zu sein [6]. ◘ Abb. 11.1 zeigt das Pass-Dokument.

Der Hochwasser-Pass ist nicht nur ein ausgestelltes Dokument, es handelt sich vielmehr um ein mehrstufiges Programm mit dem Ziel, die Öffentlichkeit und vor allem Boden- und Hauseigentümer (Bestand und geplante Bebauung) für die Relevanz des Themas Hochwasser und Eigenvorsorge zu sensibilisieren.

Alle in Deutschland relevanten überflutungsbezogenen Gefährdungen sind dabei integriert:
— Flusshochwasser,
— Starkregen/Sturzfluten,
— Kanalrückstau,
— Grundhochwasser.

Zur ersten Sensibilisierung stellt das HochwasserKompetenzCentrum e. V. (HKC) eine Homepage [s. Kasten] in allgemein zugänglicher Sprache zur Verfügung. Hier wird über eine einfache Selbstauskunft und ziel-

Abb. 11.1 Der Hochwasser-Pass Deutschland. (© HKC)

gruppenorientierte Hintergrundinformationen erweitertes Interesse geweckt. Weiterhin werden Empfehlungen zur Eigenvorsorge gegeben, die selbst realisiert werden können. Darüber hinaus besteht die Möglichkeit, fachkundige Hilfe zu weiteren Fragen und dem detaillierten Risikocheck seines Objektes durch Sachkundige einzuholen, die in Zusammenarbeit mit der DWA (Deutsche Vereinigung für Wasserwirtschaft, Abwasser und Abfall e. V.) ausgebildet werden, um eine qualifizierte Beratung zu gewährleisten.

Auf der Homepage sind über 150 Sachkundige aus ganz Deutschland aufgeführt, auf die über eine Karte bzw. Liste zugegriffen werden kann. Neben der Bewertung der Gefährdung gibt der Sachkundige Hinweise zu Maßnahmen der Eigenvorsorge, die auf das entsprechende Objekt zugeschnitten sind und stellt den Hochwasser-Pass als analogen Beleg mit einer ausführlichen Sachanlage aus. Im Hochwasser-Pass werden für die realisierten Eigenvorsorgemaßnahmen Aufkleber im Pass verteilt und die Gefahrenbewertung des Hauses kommt in eine bessere Kategorie (zum Beispiel von „rot = hohe Gefahr" zu „gelb = niedrige Gefahr"). Dies dient sowohl der Dokumentation der Maßnahmen und deren Wirkung, als auch der Stärkung der Motivation der Hauseigentümer zur Durchführung von Eigenvorsorge-Maßnahmen.

Der Hochwasser-Pass ist auch vom Klimaanpassungsportal der Bundesregierung empfohlen [7]. Auch wird das Konzept des Hochwasser-Passes in angepasster Form in weiteren Risikokommunikationsdiensten zum Thema Hochwasser- und Starkregen genutzt. Ein Beispiel hierfür ist die Smartphone-App FloodCheck von Emschergenossenschaft und Lippeverband, die automatisiert die möglichen Wassertiefen, an einem beliebig wählbaren Haus, von Überflutungen durch Flusshochwasser und Starkregen anzeigt – und das für unterschiedliche Szenarien. Auch die Stadt Bonn nutzt den Hochwasser-Pass bei der Risiko-Kommunikation für ihre Bürger [Kasten]. Hier kann auf der Grundlage eines kurzen Fragebogens ein Risiko-Check durchgeführt werden, bei dem der Wasserstand und mögliche Eindringwege am Haus identifiziert werden. Daraufhin werden der potenzielle Schaden ermittelt und konkrete Eigenvorsorgemaßnahmen vorgeschlagen (Abb. 11.2).

11.2 Hochwasser-Pass international

Laut den *Guidelines for Reducing Flood Losses* der Vereinten Nationen UN haben Überschwemmungen das größte Zerstörungspotenzial von allen Naturkatastrophen weltweit und betreffen die höchste Anzahl von Menschen [8]. 40 % aller schadenrelevanten Naturkatastrophen von 1980–2019 sind nach der Münchner Rückversicherung auf Überflutungen zurückzuführen, wovon nur 12 % gegen Überschwemmung versichert waren [9].

Die grundsätzliche Idee, das Risiko für ein Objekt hinsichtlich Überflutung zu analysieren und Möglichkeiten zur Minderung aufzuzeigen, ist also nicht nur für Deutschland von hoher Relevanz. Eine Übertragung des Hochwasser-Passes als Floodlabel in andere Länder ist aber nicht mit einer einfachen Übersetzung getan. Wie bereits beschrieben, handelt es sich um ein Konzept und der Pass ist ein für den Objektbesitzer greifbares Ergebnis am Ende eines Prozesses.

Um das Risiko eines Objektes einschätzen zu können, muss vorher eine Analyse in größerem Maßstab vorgenommen werden, in die die spezielle Lage des Gebäudes hinsichtlich der Topographie, die hydrologischen Verhältnisse, die Nähe zu Gewässern und vieles mehr einfließen. Das kann sich deutlich von den in Deutschland anzutreffenden Gegebenheiten unterscheiden, wenn z. B. die Niederschlagsmengen betrachtet werden (Abb. 11.3), oder die Tatsache berücksichtigt wird, dass Wadis nicht immer Wasser führen.

In einem zweiten Schritt kann das Risiko für das Objekt in kleinerem Maßstab ermittelt werden. Auch hier ist eine Übertragung nicht ohne weiteres möglich, denn es herrschen in anderen Ländern auch hier grundlegend andere Bedingungen. Die Vorgaben der Behörden und die Überwachung ihrer Einhaltung sind nicht überall identisch. Eine Festlegung von Überschwemmungsgebieten und deren Freihaltung von Bebauung, generell die Stadtplanung und die tatsächliche Entwicklung sind also nicht unbedingt mit hiesigen Bedingungen zu vergleichen. Zudem gibt es eine große Vielfalt von Bauweisen, die sich zum Teil grundlegend unterscheiden, betrachtet man z. B. die Baumaterialien und die durchschnittli-

Abb. 11.2 Darstellung der Eindringwege ins Haus, der Hochwassergefahr am Haus inkl. Ihrer Bewertung und des potenziellen Schadens – aus ▶ www.bonn-unter.de. (© HKC)

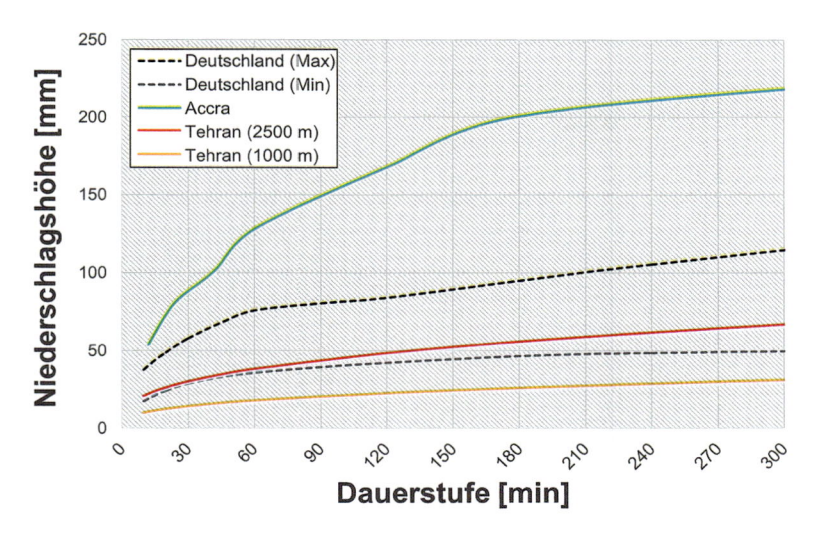

Abb. 11.3 Niederschlagshöhen. © HKC

che Lebensdauer eines Gebäudes. Entsprechend ist ein angepasster Maßnahmenkatalog erforderlich. Die Vermittlung der ermittelten Risiken und der Minderungsmöglichkeiten, d. h. die Kommunikation, ist in ihrer Art und Weise dem jeweiligen kulturellen Kontext anzupassen. Um all diese Punkte bei der Erweiterung des Anwendungsgebietes zu erfassen, konnte das Floodlabel nach dem JPI Urban Europe Project nun in zwei Verbundprojekte eingebettet werden: PARADeS für Ghana und HoWaMan für den Iran.

Im Rahmen der Projekte „Partizipative Hochwasserkatastrophenprävention und angepasste Bewältigungsstrategie in Ghana – PARADeS „und „Nachhaltige Strategien und Technologien für das Hochwasserrisikomanagement in ariden und semiariden Gebieten – HoWaMan" im Iran ist das HKC als Projektpartner integriert. Die Verbundprojekte werden zur Bekanntmachung „Internationales Katastrophen- und Risikomanagement – IKARIM" des BMBF und im Rahmen des Programms „Forschung für die zivile Sicherheit" der Bundesregierung gefördert.

Das Projekt PARADeS in Ghana wird vom Geographischen Institut der Rheinschen Friedrich-Wilhelms-Universität in Bonn koordiniert. Die Hochschule Magdeburg-Stendal (FH) und die Albert-Ludwigs-Universität Freiburg sind weitere deutsche Projektpartner. Ghanaische Partner sind das West African Science Service Center on Climate Change and Adapted Land Use (WASCAL), die Water Resources Commission (WRC) und die National Disaster Management Organization (NADMO).

Das Projekt HoWaMan im Iran wird von dem Institut für Wasserbau und Wasserwirtschaft (IWW) der RWTH Aachen koordiniert, zu der auch das Institut für Soziologie, Lehrstuhl für Technik und Organisation (STO) und das Forschungsinstitut für Wasser- und Abfallwirtschaft an der RWTH Aachen (FIW) e. V. gehören, die neben der Arbeitsgruppe Hochwasserrisikomanagement, Hochschule Magdeburg-Stendal, Kisters AG, Geschäftsbereich Wasser, DMT GmbH&Co.KG, Fachbereich Hydrogeologie und Wasserwirtschaft weitere Projektpartner sind.

11.3 Hochwasser-Pass in Ghana

Ghana ist eines der am stärksten von Überschwemmungen betroffenen Länder in Westafrika. Neben den jährlich auftretenden Hochwasserereignissen kann es in Ghana zu zahlreichen durch Hochwasser induzierten Kaskadeneffekten kommen, die den Zusammenbruch von kritischer Infrastruktur zur Folge haben. Die Häufigkeit und Intensität der Hochwasserereignisse wird in Ghana aufgrund des Klimawandels in den nächsten Jahren weiter zunehmen [10]. Ziel ist es, Präventions- und Bewältigungsstrategien zu entwickeln, um die Resilienz des Landes in Bezug auf die Hochwassergefahr zu erhöhen. An dieser Stelle soll der Floodlabel$_{GHANA}$ ansetzen und einen Beitrag zur Stärkung der Eigenvorsorge leisten.

Es wurden in der Definitionsphase mit den ghanaischen Partnern drei Projektgebiete in Ghana, unter Berücksichtigung der Überflutungsgefährdung und der siedlungswasserwirtschaftlichen Infrastruktur, ausgewählt (Abb. 11.4).

Das an der Küste gelegene Accra ist durch Pluvial-, Fluvial- und Küstenhochwasser und Kumasi von pluvialen und fluvialen Überflutungen gefährdet. Das Einzugsgebiet des White Volta im Norden Ghanas ist als drittes Projektgebiet durch fluviale Überflutungen gefährdet. Das Klima in Ghana wird durch die Monsunwinde beeinflusst und ist ganzjährig tropisch. Im jährlichen Mittel fallen in Accra 800 mm Niederschlag an durchschnittlich 80 Regentagen. Über 50 % des Niederschlags fallen in der Hauptregenzeit von Mai bis Juli. Die erste Regenzeit im etwas weiter nördlich angesiedelten Kumasi erreicht ihren Höhepunkt im Juni mit einem Durchschnitt von 211,7 mm. Juni und Juli sind die Monate mit den meisten verzeich-

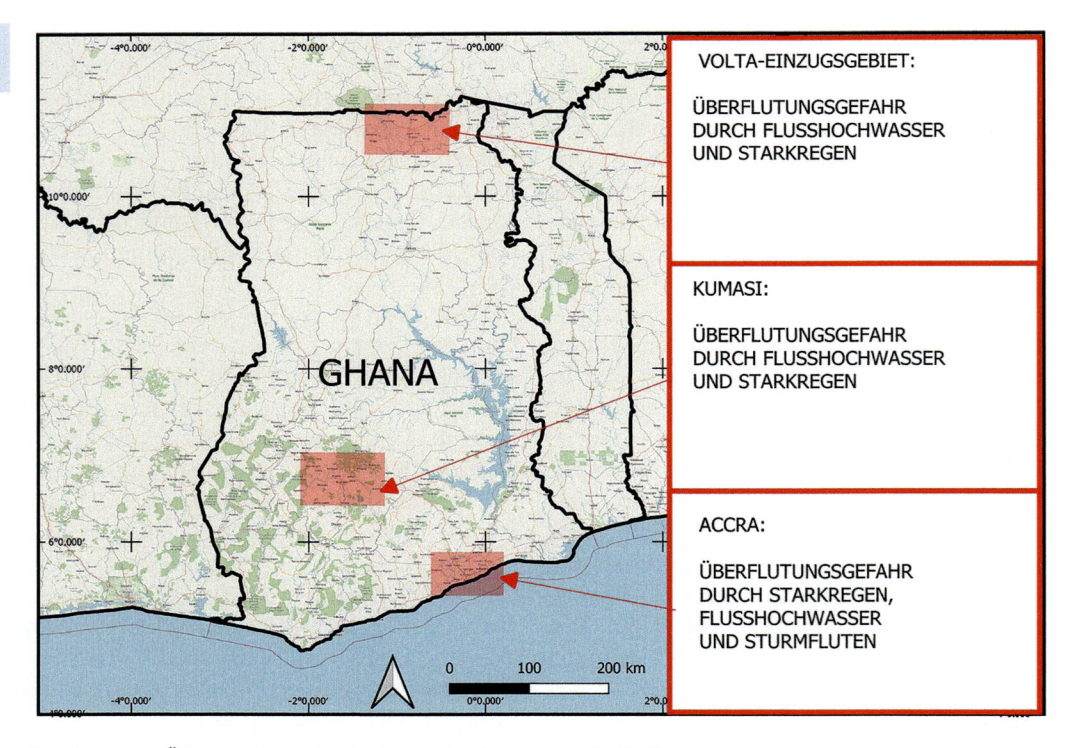

Abb. 11.4 Übersichtskarte der Projektgebiete in Ghana. (© HKC)

neten Hochwasserereignissen in der Region. Der Norden hat eine unimodale Regenzeit, die von Mai bis September andauert. Die durchschnittliche jährliche Niederschlagsmenge beträgt 1100 mm, wobei der Spitzenwert der Niederschläge auf Ende August bis Anfang September fällt.

Die Häufigkeit und Intensität der Überschwemmungen haben in den letzten Jahren in Ghana erheblich zugenommen. Im Großraum Accra werden fast jährlich Überschwemmungen infolge von Starkniederschlägen verzeichnet [11]. Im Norden Ghanas führen Starkregen und das Überlaufen des Bagre-Stausees flussaufwärts in Burkina Faso zu ausgedehnten Überschwemmungen. Von 1950–2020 waren über fünf Millionen Menschen von Überschwemmungen in Ghana betroffen. Durchschnittlich hatte ein Hochwasser in diesem Zeitraum Auswirkungen auf 200.000 Menschen und verursachte bei jedem Hochwasserereignis einen durchschnittlichen wirtschaftlichen Schaden von 5,2 Mio. US$ [11]. Die Datengrundlage der Diagramme weist Lücken auf, da die Dokumentation der Überflutungsereignisse nicht durchgehend erfolgte. Trotzdem lässt sich eine Korrelation zwischen der zunehmenden Anzahl von Überflutungen und der Anzahl der Betroffenen, der Schäden und Todesfälle ableiten (◘ Abb. 11.5).

Ghanas Gesamtbevölkerung beträgt mehr als 29 Mio., mit einem jährlichen Bevölkerungswachstum von 2,15 %. Besonders in Accra führen der Bevölkerungsdruck und die Wohnungsproblematik dazu, dass 25 % der Bevölkerung in überschwemmungsgefährdeten Gebieten leben, wobei fast die Hälfte der Stadt als hochwassergefährdet gilt. Die Hochwasserschutzmaßnahmen und die Kanal-infrastruktur sind in großen Teilen Ghanas unzureichend ausgebaut.

Die Entwässerung durch die Flüsse führt dazu, dass große Mengen Abfall und

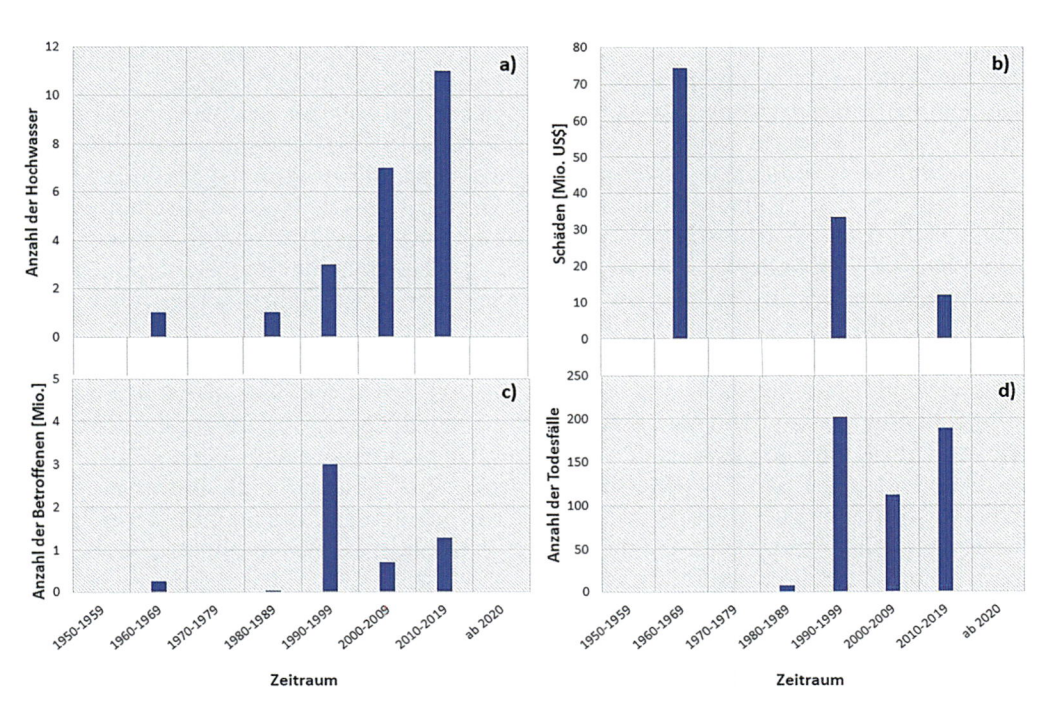

◘ **Abb. 11.5** Überflutungsstatistik Ghana 1950–2020 (Anzahl der Hochwasser a), Schäden b), Anzahl der Betroffenen c) und Todesfälle d) im Zusammenhang mit Überflutungen) [11] (© CRED)

erodierte Materialien von den unbefestigten Straßen in die Flussläufe gelangen. Der hohe Anteil von Menschen, die in informellen Siedlungen wohnen, spiegelt die Wohnungsproblematik wieder, die durch den Bevölkerungsanstieg noch verschärft wird [12]. Informelle Siedlungen in Ghana, insbesondere in Accra, sind häufig von Hochwasser betroffen. Trotzdem zeigen Studien, dass die Bevölkerung in hochwassergefährdeten Gebieten Accras seit 2000 aufgrund der informellen Urbanisierung stetig zunimmt. Insbesondere in informellen Siedlungen soll das ganzheitliche Konzept des Floodlabels die Informationsvorsorge verbessern und hat damit großes Potenzial, die Resilienz der Bevölkerung zu erhöhen.

Für die Konzeptionierung des Floodlabels ist es entscheidend, neben der Bevölkerungsentwicklung auch die Bebauungsstruktur und die verwendeten Baumaterialien zu berücksichtigen. Der Anteil der Bevölkerung, die in Zimmern in Mehrfamilienhäusern leben, ist in den Städten höher als auf dem Land. Im suburbanen Raum liegt der Anteil der Einfamilienhäuser über dem nationalen Durchschnitt. In den Städten ist diese Wohnform seltener vertreten [12]. Auffällige Unterschiede bestehen zwischen den für den Wohnungsbau verwendeten Materialien in den städtischen und ländlichen Gebieten Ghanas. Die wichtigsten Materialien, die für den Bau von Wänden und Fußböden verwendet werden, sind Lehm und Zement. Lehm wird überwiegend in ländlichen Regionen und Zement in den Städten verbaut. Die Menschen halten Zement für ein haltbareres und sichereres Material für den Bau. Die seltenere Verwendung von Zement für den Bau in ländlichen Regionen könnte auf die höheren Kosten zurückzuführen sein. Für die Dächer sind Stroh, Wellblech und Asbest die wichtigsten Baumaterialien. In den Städten werden Wellblech, Asbest, Zement oder Dachziegel verbaut. In den ländlichen Regionen werden die Dächer hauptsächlich mit Stroh, Wellblech, Lehm, Bambus oder Holz gedeckt.

Der Floodlabel$_{GHANA}$ soll mit einem Konzept zur Stärkung der Eigenvorsorge unter Berücksichtigung der Andersartigkeit der Naturgefahren und der Bauweise der Häuser an die sozialen und kulturellen Gegebenheiten angepasst, nach Ghana überführt und eingesetzt werden.

11.4 Hochwasser-Pass im Iran

Der Iran steht aufgrund seiner Lage in einer ariden und semiariden Region vor besonderen Herausforderungen. Die im Vergleich zu humiden Regionen geringe Eintrittswahrscheinlichkeit von Hochwasserereignissen, sowie deren stärkeren räumlichen und zeitlichen Schwankungen, führen bei der öffentlichen Hand und bei den Bewohnern zu einem geringen Risikobewusstsein für Überflutungen. Übergeordnete Schutzmaßnahmen sowie Aufklärung über Hochwassergefahren könnten den potenziellen Schaden der Bewohner mindern. Im Vergleich zu Deutschland gibt es jedoch weder definierte strukturelle Maßnahmen zur Verringerung der Hochwasserschäden noch eine Gefahrenaufklärung. Eigenverantwortliches Handeln zur Reduzierung möglicher Schäden durch Überflutungen hat somit hohe Priorität und Potenzial im Iran. Der Hochwasser-Pass soll an dieser Stelle ansetzen mit der Vermittlung von Informationen zu den Hochwassergefahren und möglichen Risikominderungsmaßnahmen, mit dem Ziel, dass diese durch die Bürger als Eigenvorsorgemaßnahmen umgesetzt werden.

Im Iran ist das Flusseinzugsgebiet des Kan (◘ Abb. 11.6) ein repräsentatives Beispiel für ein Einzugsgebiet, in dem in der Geschichte aufgrund seines steilen Gebirgsgeländes, der kargen Vegetation und seiner kurzen hydrologischen Konzentrationszei-

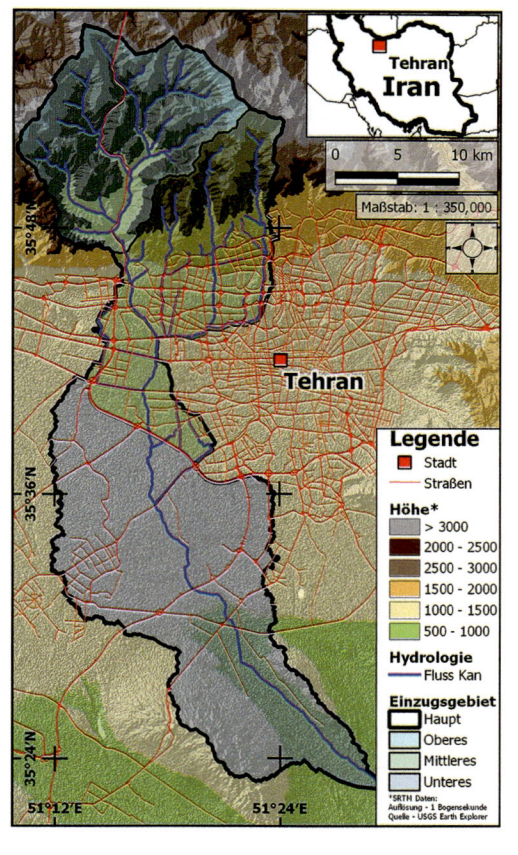

Abb. 11.6 Projektgebiet im Iran ist das Kan-Einzugsgebiet. (© HKC)

Das geringe Risikobewusstsein für Hochwasser der öffentlichen Hand zeigt sich auch in der Bebauungsgeschichte im Einzugsgebiet. Das aufgrund von Modernisierung, Zentralisierung und Binnenmigration nach Teheran erhebliche Bevölkerungswachstum im 20. und 21. Jahrhunderts führte zu einer starken Urbanisierung. Es wurde dabei keine Rücksicht auf die natürlichen Eigenschaften des Einzugsgebiets genommen. Die herbeigeführten Modifikationen führten zu einem veränderten Abflussgeschehen des Kan, dass sich in einem erhöhten Hochwasserrisiko ausdrückt. In der Folge kam es in der Vergangenheit wiederholt zu Überschwemmungen mit zum Teil starken Auswirkungen auf die lokale Infrastruktur (Abb. 11.7).

Die im Vergleich zu Deutschland geringe Eintrittswahrscheinlichkeit von Hochwasser sollte nicht darüber hinwegtäuschen, dass auch im Iran die Anzahl der Hochwasser zugenommen hat. In der Zeitperiode zwischen 1950–2030 gab es, anhand von Daten des „Centre for Research on the Epidemiology of Disasters" [11], 93 signifikante Hochwasser mit einem ökonomischen Gesamtschaden direkter und indirekter Auswirkungen von fast 13 Mrd. US$. Im gleichen Zeitraum starben durch Hochwasser über 8.169 Menschen mit 14.329.120 Betroffenen (Abb. 11.8).

ten zahlreiche Sturzfluten aufgetreten sind. Wie Abb. 11.3 zeigt, sind gemäß des semiariden Klimas die möglichen Niederschlagssummen in Teheran (1000 m) zwar deutlich geringer als in Deutschland, allerdings können im höhergelegenen Einzugsgebiet des Kan (2500 m), insbesondere über kurze Zeiten, beträchtliche Regensummen fallen, die den durchschnittlichen Niederschlagssummen in Teilen Deutschland ähnelt. Im Vergleich zu den überwiegenden Teilen Deutschlands besteht zudem eine erhöhte Gefahr von Murenabgängen.

Anhand der Daten lassen sich im Gegensatz zu den zuvor genannten Quellen allerdings keine eindeutigen Trends ablesen. Im Gegensatz zu Ghana gibt es zudem keine Korrelation zwischen der Anzahl der Hochwasser mit der Opferzahl und durch Hochwasser betroffenen Menschen. Es gibt lediglich eine geringe Korrelation zwischen der Anzahl der Hochwasser und ökonomischen Schäden. Wie zuvor für Ghana beschrieben, liegen in der Datenbank auch für den Iran Datenlücken vor, die eine Analyse erschweren.

● **Abb. 11.7** Eindrücke von Hochwasserereignissen im Kan-Einzugsgebiet. (© links: M. Bolourian; rechts: O. Rajabipour)

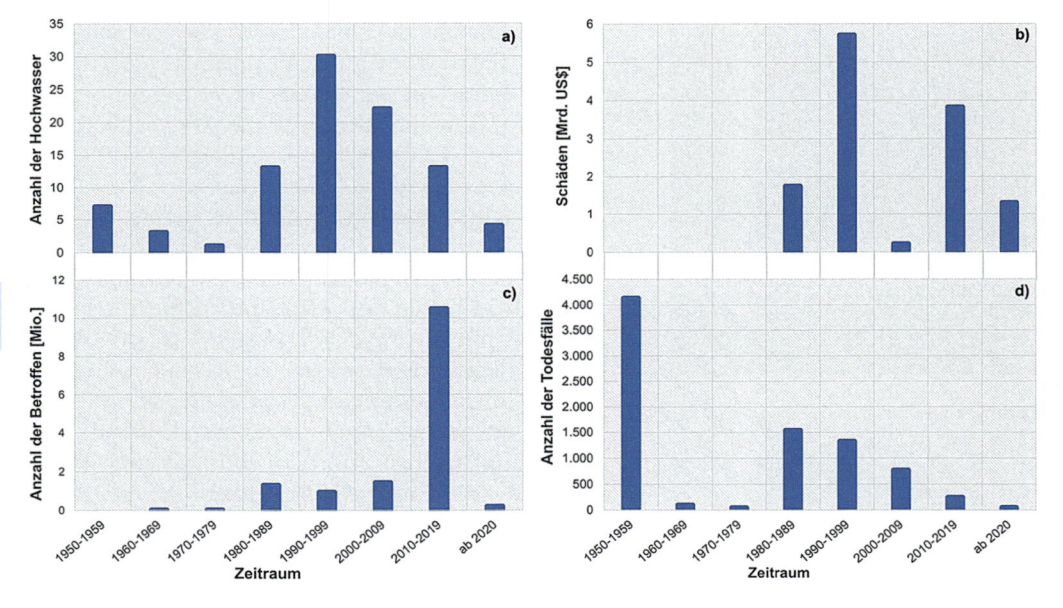

● **Abb. 11.8** Überflutungsstatistik Iran 1950–2020 (Anzahl der Hochwasser a), Schäden b), Anzahl der Betroffenen c) und Todesfälle d) im Zusammenhang mit Überflutungen) [11]. (© CRED)

Die Anzahl der Hochwasser, die Todesfälle, Betroffenen und ökonomischen Schäden weisen zudem eine starke Varianz zwischen den Jahren und Jahrzehnte auf, welche typisch für ein semi-arides Klima ist und nicht mit humiden oder tropischen Gebieten vergleichbar ist. Das unregelmäßige Auftreten von Hochwasserereignissen und deren Auswirkungen könnte das geringe Risikobewussten in der Bevölkerung erklären.

Die in der Vergangenheit aufgetretenen Hochwasserereignisse und Auswirkungen, in Verbindung mit dem geringen Bewusstsein für Hochwassergefahren, zeigen die Notwendigkeit eines verbesserten Hochwasserrisikomanagements auf allen Ebenen auf. Durch die Bebauungsgeschichte wird deutlich, dass die Bürger sich zudem auf übergeordnete Schutzmaßnahmen der öffentlichen Hand nicht verlassen können. Zeitnah kann eine Risikoreduktion nur durch Maßnahmen auf Haushaltsebene erreicht werden. Der Hochwasser-Pass soll dem Bürger die auf den Iran angepasste Hochwassergefahr sowie Risikominderungsmaßnahmen aufzeigen, die dann als Eigenvorsorgemaßnahmen umgesetzt werden können mit dem Ziel einer Erhöhung der Resilienz in der Gesellschaft.

11.5 Ausblick

Die Übertragung des Floodlabels in ein weiteres Land bzw. Gebiet erfolgt optimalerweise innerhalb eines Verbund-Projekts, denn die Risikobewertung und -minderung eines Objekts ist nur dann umfassend möglich, wenn zuvor die zu erwartenden Szenarien in großmaßstäblichen Betrachtungen ermittelt wurden und ein Maßnahmenkatalog entsprechend den baulichen Gegebenheiten zur Verfügung steht. Für die verschiedenen Bearbeitungsschritte sind umfangreiche Datensätze mit entsprechender Genauigkeit notwendig. Im Rahmen der Bearbeitung des $Floodlabel_{GHANA}$ und $Floodlabel_{IRAN}$ wird bereits eine möglichst universelle Strategie zur Minderung des Aufwands und Sicherung der Qualität auch für eine mögliche zukünftige Erweiterung angestrebt bzw. erarbeitet.

Eigenvorsorge hat gegenüber übergeordneten Starkregen- und Hochwasser-Schutzmaßnahmen der öffentlichen Hand den Vorteil, dass sie in der Regel schneller und unkomplizierter umsetzbar ist. Wurden die Möglichkeiten identifiziert und stehen die finanziellen Mittel bzw. die Arbeitskraft und das Material zu Verfügung, kann sie bereits erfolgen und wirken, selbst wenn große Maßnahmen aufgrund des deutlich höheren Aufwandes bzgl. Planung, Genehmigung, Finanzierung etc. noch nicht umgesetzt werden konnten.

Wenn die Notwendigkeit und die Möglichkeit zur Eigenvorsorge mehr thematisiert und darüber aufgeklärt wird, profitieren aber auch die Menschen, die kein Haus oder Grundstück besitzen. Sie können sich über den Risikostatus ihrer Unterkunft informieren und ggf. ihre Besitztümer schützen und sichere Fluchtwege bzw. Aufenthaltsorte identifizieren. So können auch einkommensschwache Bürger, die oft besonders betroffen sind [8], Nutzen aus den Informationen ziehen. Voraussetzung ist jedoch, dass diese die Menschen auch erreichen, verstanden werden und somit umgesetzt werden können. Deshalb müssen zunächst die wirksamen Wege zur Verbreitung identifiziert und die Informationen speziell für die Adressaten aufbereitet werden.

Entscheidend für eine Risikominderung der Bevölkerung ist jedoch, dass nach seiner Einführung das Floodlabel auch langfristig angewandt wird. Das kann, wie in Deutschland, auf freiwilliger Basis aufgrund von Information und Einsicht geschehen, denkbar wäre aber auch eine durch behördliche Vorgaben verbindliche Einführung, vergleichbar mit dem Energieausweis für Gebäude. Letztendlich ist ein langfristiger Effekt nur zu erreichen, wenn jemand vor Ort die Verantwortung für die Verbreitung und Pflege des Zertifikats übernimmt und das Thema Hochwasser – Eigenvorsorge sichtbar vertritt.

> **Kompakt**
>
> Der Hochwasser-Pass, zu finden im Web unter ▶ www.hochwasser-pass.com, ist ein mehrstufiges Programm, das Boden- und Hauseigentümer für das Thema Hochwasser- und Starkregen sensibilisiert und die Eigenvorsorge unterstützt. Dabei wird die Überflutungsgefahr eines Hauses bewertet und Empfehlungen für eine effektive Eigenvorsorge geben. Die Eigenvorsorge kann mit Do-it-yourself-Maßnahmen realisiert werden oder

mithilfe eines Sachkundigen, der einen Hochwasser-Pass ausstellt.

Auch die Stadt Bonn nutzt mit ▶ www.bonn-unter.de den Hochwasser-Pass für die Risiko-Kommunikation für ihre Bürger. Hier kann ein Risiko-Check durchgeführt werden, bei dem der Wasserstand am Haus gezeigt wird und mögliche Eindringwege identifiziert werden. Der potenzielle Schaden wird ermittelt und Eigenvorsorgemaßnahmen werden vorgeschlagen.

Literatur

1. G. Johann, "Die App FloodCheck – einfache und direkte Informtion zur Hochwasser- und Starkregengefahr vor Ort," Korrespondenz Wasserwirtschaft, vol. 7, p. 350 f, 2020.
2. T. Haer, W. J. W. Botzen and J. C. J. H. Aerts, "The effectiveness of flood risk communication strategies and the influence of social networks –Insights from an agent-based model," Environmental Science & Policy, pp. 44–52, 2016.
3. V. Meyer, C. Kuhlicke, J. Luther, S. Fuchs, S. Priest, W. Dorner, . K. Serrhini, J. Pardoe, S. McCarthy, J. Seidel, G. Palka, H. Unnerstall, C. Viavattene and S. Scheuer, "Recommendations for the user-specific enhancement of flood maps," Nat. Hazards Earth Syst. Sci., vol. 5, pp. 1701–1716, 2012.
4. P. Bubeck, W. J. W. Botzen, H. Kreibich and J. C. J. H. Aert, "Long-term development and effectiveness of private flood mitigation measures: an analysis for the German part of the river Rhine," Natural Hazards and Earth System Science, vol. 11, p. 35, 2012.
5. V. Srinivasan, M. Konar and M. Sivapalan, "A dynamic framework for water security," Water Security, vol. 1, pp. 12–20, 2020.
6. T. Hartmann and M. Scheibel, "Flood Label for buildings : a tool for more flood-resilient cities. FLOODrisk 2016 - 3rd European Conference on Flood Risk Management, volume 7, E3S Web of Conferences, volume 7;," E3S Web of Conferences, 2016.
7. Bundesministerium für Umwelt, Naturschutz und nukleare Sicherheit, „KLIVO – DEUTSCHES KLIMAVORSORGEPORTAL," 2020. [Online]. Available: ▶ https://www.klivoportal.de/SharedDocs/Steckbriefe/DE/HochwasserPass/HochwasserPass_steckbrief.html. [Accessed 13. Oktober 2020].
8. "Guidelines for Reducing Flood Losses, United Nations," [Online]. Available: ▶ https://www.un.org/esa/sustdev/publications/flood_guidelines.pdf. [Accessed 17. November 2020].
9. "Munich Re," [Online]. Available: ▶ https://www.munichre.com/de/risiken/naturkatastrophen-schaeden-nehmen-tendenziell-zu/ueberschwemmungen-und-sturzfluten-hochwasser-eine-unterschaetzte-gefahr.html#1258490336. [Accessed 17. November 2020].
10. A. Almoradie, M. d. Brito, M. Evers, A. Bossa, M. Lumor, Norman C., Y. Yacouba and J. Hounkpe, "Current flood risk management practices in Ghana: Gaps and opportunities for improving resilience," Journal of Flood Risk Management, 2020.
11. Centre for Research on the Epidemiology of Disasters – CRED, "EM-DAT The International Disaster Database," 2020. [Online]. Available: ▶ https://www.emdat.be/. [Accessed 24. Juli 2020].
12. Ghana Statistical Service & United Nations fund for population activities (GSS & UNFPA), "Population Data Analysis Report: Policy implications of population trends," Ghana Statistical Service, 2005.

Integrierte Regenwasserbewirtschaftung für eine wassersensible Freiraumgestaltung

Lucie Haas

Durch die Zunahme von Starkregenereignissen und den damit einhergehenden Zielkonflikten bei der Umsetzung einer gefahr- und schadlosen Ableitung der Oberflächenabflüsse kommen die „konservativen" Entwässerungsstrategien an ihre Grenzen. Es sind deshalb interdisziplinäre Lösungen gefragt, welche gemeinschaftlich zu erarbeiten sind. Vorgestellt wird eine Arbeitshilfe für die Stadt- und Landschaftsplanung zur Stützung einer ganzheitlichen und nachhaltigen Konzeption für die Regenwasserbewirtschaftung.

Mit dem voranschreitenden Klimawandel und der damit einhergehenden Häufung an Starkregenereignissen einerseits und der Zunahme an hochsommerlichen Hitzeperioden andererseits, werden insbesondere die Städte gefordert sein, sich künftig noch mehr an Extremwetterereignisse anzupassen. Die zunehmende Urbanisierung und die damit verbundene Zunahme versiegelter Flächen erhöhen den Oberflächenabfluss und bringen damit den lokalen Wasserhaushalt aus dem Gleichgewicht. Der derzeitige Kenntnisstand in Forschung und Praxis zeigt, dass den Herausforderungen der zukunftsfähigen Regenwasserbewirtschaftung (RWB) und Überflutungsvorsorge bei extremen Niederschlagsereignissen mit integrierten Planungskonzepten begegnet werden kann [4, 5].

Kompakt
- Städte müssen sich zukünftig mehr an Extremwetterereignisse anpassen.
- Die interdisziplinäre Zusammenarbeit in der Stadt- und Freiraumplanung für eine wassersensible Freiraumgestaltung und städtebauliche Anpassungskonzepte im urbanen Raum gewinnen zunehmend an Bedeutung, was in den gesetzlichen Vorgaben verankert werden sollte.
- Die vorgestellte Arbeitshilfe bildet eine erste Arbeitsgrundlage für die Stadt- und Freiraumplanung bei einer Konzeption für die Regenwasserbewirtschaftung.

Zuerst erschienen in Wasser und Abfall 3/2022

© Der/die Autor(en), exklusiv lizenziert an Springer Fachmedien Wiesbaden GmbH, ein Teil von Springer Nature 2023
M. Porth et al. (Hrsg.), *Wasser, Energie und Umwelt*,
https://doi.org/10.1007/978-3-658-42657-6_12

In der Arbeitshilfe werden Regelwerke und Leitfäden der Siedlungswasserwirtschaft in kompakter und übersichtlicher Weise für fachfremde Disziplinen (Stadt- und Freiraumplaner sowie Architekten) aufbereitet und zusammengestellt, um den Austausch bereits vorhandener Informationen zwischen den verschiedenen Fachbereichen zu verbessern und deren Nutzung bei der Planung zu ermöglichen [1]. Dabei werden wesentliche Handlungsmuster anwendungsorientiert und benutzerfreundlich in Fließschemata visualisiert und als Checklisten zusammengefasst. Zusätzlich kann eine Berechnung der Wasserbilanz, wie sie derzeit im Entwurf des DWA-Merkblatt M102-4 veröffentlicht ist, von Hand oder mit dem Programm WABILA durchführt werden. Damit lässt sich die Wasserbilanz des bebauten Zustands mit dem des unbebauten Zustands vergleichen und Rückschlüsse auf die Effektivität verschiedener Entwurfsvarianten einer RWB ziehen. Es können verschiedene Entwurfskonzepte mit einander verglichen werden und anschließend fundierte Aussagen zu der Nachhaltigkeit einer zukünftigen Stadt- und Freiraumplanung getroffen werden. Eine detaillierte Beschreibung der Berechnung inklusive Berechnungsbeispielen lässt sich im Gelbdruck des DWA-Merkblatts M102-4 nachlesen.

Durch die Umsetzung nachhaltiger Regenwasserbewirtschaftungskonzeptionen werden die Ziele der wassersensiblen RWB umgesetzt. Diese sind:

— den lokalen, natürlichen Wasserhaushalt eines unbebauten Gebietes auch im bebauten Zustand weitestgehend zu erhalten (Abb. 12.1),
— die stoffliche und hydraulische Belastung der Oberflächengewässer zu reduzieren (Gewässerschutz),
— die Überflutungsvorsorge im Hinblick auf Starkregenereignisse durch Erarbeitung von oberflächennahen Lösungen zu unterstützen.

12.1 Methodik der Arbeitshilfe

12.1.1 Planungsansätze

In Deutschland gibt es zahlreiche Planungsansätze und -konzepte mit unterschiedlichen Schwerpunkten für eine wassersensible Stadtgestaltung. Drei wesentliche Planungsansätze sind integrierte Planungskonzepte, das Schwammstadtprinzip und die multi-

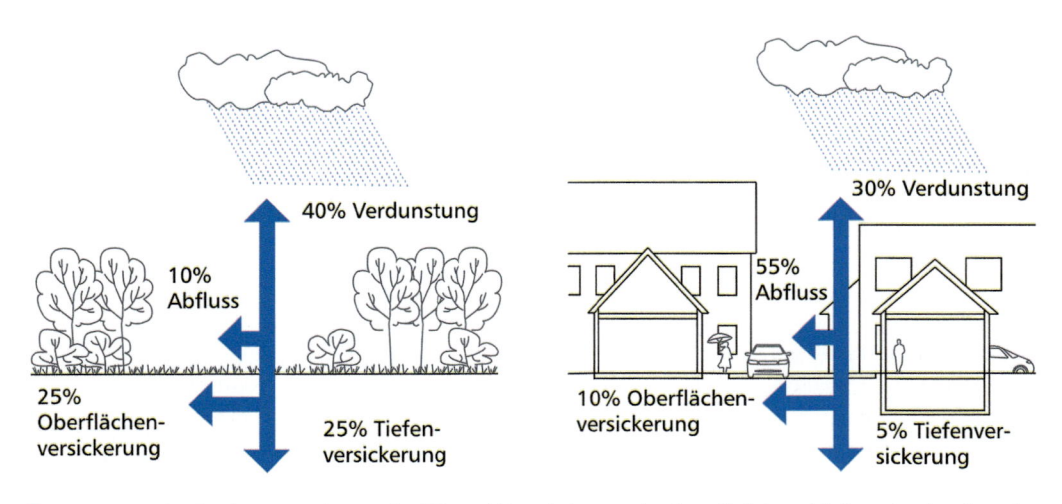

Abb. 12.1 Qualitative Veränderung der Wasserbilanz bei unversiegelten (links) und bei versiegelten bzw. bebauten Oberflächen (rechts) [2]. (© Benden 2013)

funktionale Flächennutzung. Diese Planungsansätze verdeutlichen, dass die RWB keine Fachdisziplin ist, welche inhaltlich isoliert und zeitlich anderen Planungen untergeordnet werden kann. Die RWB ist vielmehr wichtiger Bestandteil der nachhaltigen Siedlungswasserwirtschaft und damit auch der wassersensiblen Stadtgestaltung und -anpassung [6].

12.1.2 Maßnahmen der dezentralen RWB

Die dezentrale RWB umfasst ein breites Spektrum an Einzelmaßnahmen, welche sich vielseitig kombinieren lassen. Dazu gehören: die Regenwasserbehandlung, die Regenwassernutzung, die Flächenentsiegelung, die Versickerung, die Dachbegrünung, die Regenwasserrückhaltung und die (offene) Ableitung. Je nach örtlichen Randbedingungen eines Gebietes und den Anforderungen an den Erhalt der natürlichen Wasserbilanz bzw. der Überflutungsvorsorge, eignen sich bestimmte Maßnahmen oder deren Kombination.

12.1.3 Aufbau der Arbeitshilfe

Da der Begriff „wassersensible Stadtgestaltung" weitaus mehr als die technische Umsetzung von RWB-Maßnahmen umfasst, ist diese Arbeitshilfe für diejenigen am Planungsprozess Beteiligten erstellt worden, die keinen siedlungswasserwirtschaftlichen Hintergrund haben. Konkret soll die Arbeitshilfe Stadt- und Landschaftsplanern sowie im weitesten Sinne auch Investoren helfen, die Möglichkeiten und komplexen Zusammenhänge in der Siedlungswasserwirtschaft zu verstehen, um Entwässerungsplanungen zu fördern, die den naturnahen Wasserhaushalt erhalten.

Aufgrund der notwendigen integrierten und frühzeitig involvierten Planung der RWB ist es wichtig, die Zusammenhänge und Ziele der jeweiligen Fachdisziplin zu verstehen, um der Entwässerungsplanung, auch im Hinblick auf den Klimawandel (Überflutungs- und Hitzevorsorge), einen höheren Stellenwert zu geben. Die Arbeitshilfe zeigt vielseitige Möglichkeiten der gestalterischen Umsetzung von Entwässerungsanlagen in Neubaugebieten sowie Anpassungsmaßnahmen in Bestandsgebieten auf. Dabei erhalten in den frühen Planungsphasen fachfremde Akteure einen Überblick über die Möglichkeiten. Die Arbeitshilfe ersetzt jedoch keine Fachplanung seitens der Siedlungswasserwirtschaft. Entwässerungskonzepte sind stets mit den entsprechenden Fachbehörden abzustimmen. Eine detaillierte und vollständige Dimensionierung der einzelnen Anlagen ist nicht Ziel der Arbeitshilfe.

Kernbestandteil der Arbeitshilfe bilden drei Arbeitsschritte (◘ Abb. 12.2), welche mithilfe von Fließschemata bearbeitet werden, die auf Basis zuvor ermittelter Randbedingungen zu durchlaufen sind. Zur Veranschaulichung stehen die Fließdiagramme der Arbeitshilfe im Internet zur Verfügung [1].

Jeder der drei Arbeitsschritte ist wiederum in fünf Bearbeitungsschritte aufgeteilt, zu welchen es jeweils ein Diagramm gibt: 1. Vorbehandlung – 2. Nutzung – 3. Versickerung – 4. Retention – 5. Ableitung/Einleitung. Diese werden chronologisch bearbeitet.

Über die Diagramme der „Grundlagenermittlung" (◘ Abb. 12.3) werden alle Eingangsdaten zur Bearbeitung des nachfolgenden Fließschemas „Maßnahmenwahl" erhoben. Dabei gibt die Arbeitshilfe entsprechende Arbeitsanweisungen, um die geogenen und siedlungsstrukturellen Randbedingungen des zu untersuchenden Gebietes zu ermitteln. Dazu werden entsprechende In-

Abb. 12.2 Schema der Arbeitshilfe. Es sind drei Arbeitsschritte zu durchlaufen: Die „Grundlagenermittlung" als Basis für die darauffolgende „Maßnahmenwahl" und die „Übersicht Maßnahmenwahl", welche die Ergebnisse zusammenstellt. (© Lucie Haas)

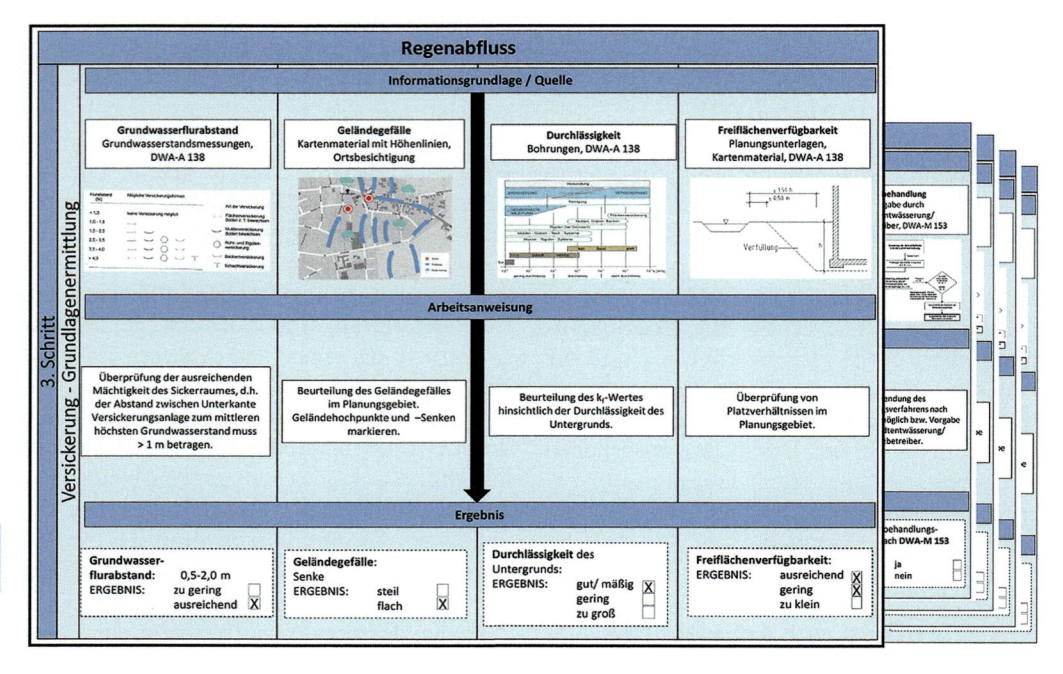

Abb. 12.3 Diagramme zur Grundlagenermittlung; hier beispielhafte Darstellung des Bearbeitungsschrittes „Versickerung". (© Lucie Haas)

formationsgrundlagen oder Hinweise auf Bezugsquellen zur Verfügung gestellt.

Folgende Randbedingungen und Einflussfaktoren sind zu überprüfen und zu erarbeiten:

Schritt 1 – Vorbehandlung

Im ersten Schritt „Vorbehandlung" sind folgende Fragestellungen zu bearbeiten:

Ist die Schadstoffbelastung der angeschlossenen Flächen (an eine potenzielle Versickerung) gering und ist eine Vorbehandlung erforderlich und möglich?

Dazu sind folgende Entscheidungsfaktoren bzw. Randbedingungen zu prüfen:

- Kontaminierung des Untergrunds durch Altlasten. Eine weitere Bewirtschaftung des Regenwassers (Ausnahme: Retention) ist nicht möglich; eine Ableitung des Regenwassers ist erforderlich,
- qualitative Bewertung des Regenwassers aufgrund der Herkunftsfläche,
- Einschränkungen der Bewirtschaftung durch Schutzgebiete,
- Vorbehandlung erforderlich/möglich.

Schritt 2 – Nutzung

Im zweiten Schritt „Nutzung" ist zu entscheiden, ob eine Regenwassernutzung möglich oder gewünscht ist.

Dazu sind folgende Entscheidungsfaktoren bzw. Randbedingungen zu prüfen:
- Ist das Planungsgebiet oder das zu betrachtende Grundstück ein Neubaugebiet? Vereinfachend wird in der Arbeitshilfe die Regenwassernutzung ausschließlich in Neubaugebieten als Maßnahmenwahl angeboten, da die Umsetzung von Regenwassernutzungsanlagen in Bestandsgebieten zwar möglich, aber meistens sehr aufwendig in der Umsetzung ist. Diese erfordern eine Einzelfallprüfung der Wirtschaftlichkeit der Anlage.
- Da das Regenwasser zur Nutzung in einer Anlage über die Dachflächen gesammelt wird, ist die Dachdeckungsart entscheidend für den Regenwasserertrag bzw. die stoffliche/farbliche Beeinträchtigung des Wassers. Diese muss entsprechend bewertet werden.
- Die Berechnung des Betriebswasserjahresbedarfs sowie des jährlichen Regenwasserertrags bedarf der Ermittlung einiger Randbedingungen (z. B. Anlagenstandort, Jahresniederschlag, personenbezogene Tagesbedarfe, etc.). Daher wird in der Arbeitshilfe ausschließlich auf Online-Berechnungstools der Hersteller von Anlagen zur Nutzung des Regenwassers verwiesen, um die Bearbeitung benutzungsfreundlich zu halten und eine Einschätzung der Machbarkeit zu ermöglichen.

Schritt 3 – Versickerung

Im dritten Schritt „Versickerung" ist zu prüfen, ob eine Versickerung bei den örtlichen Gegebenheiten möglich ist.

Dazu sind folgende Entscheidungsfaktoren bzw. Randbedingungen zu prüfen:
- der Grundwasserflurabstand,
- das Geländegefälle,
- die Durchlässigkeit und Versickerungsfähigkeit des Untergrunds,
- die Freiflächenverfügbarkeit.

Schritt 4 – Retention

Im vierten Schritt „Retention" ist folgende Fragestellung zu beantworten:

Ist eine Speicherung/Abflussverzögerung vor Ort (dezentral) oder zentral möglich?

Dazu sind folgende Entscheidungsfaktoren bzw. Randbedingungen zu prüfen:
- Eine Beschränkung der Einleitung ist die maßgebende Bedingung für eine Rückhaltungsmaßnahme, um das Regenwasser nach den Vorgaben des Netzbetreibers bzw. der Stadtentwässerung gedrosselt abzuleiten.
- Da die dezentralen Rückhalteanlagen mit und ohne zusätzlichen Flächenbedarf ausführbar sind, wird die Freiflächenverfügbarkeit im Planungsgebiet bewertet. Diese Bewertung stützt sich auf die Einschätzung der Flächenverfügbarkeit aus der Grundlagenermittlung „Versickerung" (Schritt 3).
- Im Hinblick auf die Hitzevorsorge in Städten, ist eine Verdunstung (z. B. über Gründächer) auch bei einer nicht zwingend notwendigen Rückhaltung einzuplanen.
- Ist das Rückhaltevolumen der dezentralen Anlage ausreichend für die gedrosselte Ableitung in die Kanalisation, ist eine zentrale Anlage nicht mehr erforderlich.

Schritt 5 – Ableitung/Einleitung

Im fünften Schritt „Ableitung/Einleitung" ist zu prüfen, ob bei den örtlichen und siedlungsstrukturellen Gegebenheiten eine oberflächennahe Ab- und Einleitung möglich ist.

Dazu sind folgende Entscheidungsfaktoren bzw. Randbedingungen zu prüfen:
- Ein wichtiges Kriterium für ein gesichertes, offenes Ableitungssystem ist die

Topographie. In Hanglage ist die offene Ableitung im Hinblick auf Überflutungs- und Erosionsschäden technisch schwierig, aufwendig und damit teurer als die unterirdische Ableitung in Kanälen.
- Weitere Randbedingungen sind die Bebauungsdichte und die Flächennutzungsintensität. Bei dichter Bebauung und hoher Flächennutzung ist der oberirdische Platzbedarf einer offenen Regenwasserführung nicht gegeben und es muss eine unterirdische Ableitung geplant werden.

Die ermittelten Randbedingungen aus dem Arbeitsschritt „Grundlagenermittlung" werden dann in die entsprechenden Diagramme des Arbeitsschritts „Maßnahmenwahl" übertragen. Hier wird mithilfe von fünf Fließschemata eine entsprechende RWB-Lösung des jeweiligen Bearbeitungsschritts ermittelt (Abb. 12.4).

Anschließend werden die Ergebnisse der RWB-Maßnahmenwahl in einem letzten Arbeitsschritt „Übersicht Maßnahmenwahl" zusammengestellt (Abb. 12.5). Aufgrund der vielen Einflussmöglichkeiten der geogenen und siedlungsstrukturellen Randbedingungen wird es stets mehrere konkrete Lösungen geben, die je nach Planungsziel bewertet werden können.

12.2 Anwendungsbeispiel

Um die Variations- und Auswahlmöglichkeiten der RWB-Maßnahmen mithilfe der Fließdiagramme zu demonstrieren wird die Vorgehensweise bei einem Beispiel-Gebiet mit den folgenden markanten Gebietseigenschaften vorgestellt (Tab. 12.1).

Schritt 1 – Vorbehandlung:
Die Schadstoffbelastung wird als nicht gering eingeschätzt. Daher wird eine Vor-

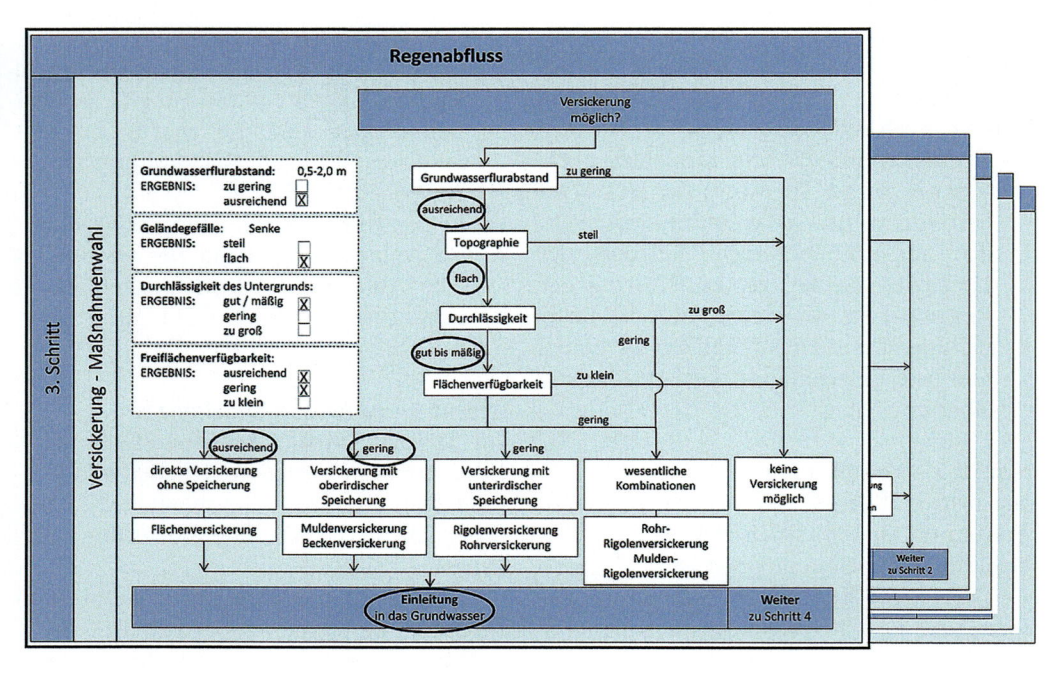

Abb. 12.4 Fließdiagramm zur Maßnahmenwahl; hier: beispielhafte Darstellung des Bearbeitungsschrittes „Versickerung". (© Lucie Haas)

◘ **Tab. 12.1** Geogene und siedlungsstrukturelle Merkmale des Beispiel-Gebiets

	Geogene Merkmale	Siedlungsstrukturelle Merkmale
Beispiel-Gebiet	Hanglage	– Neubau eines Einzelhandelbetriebs – Gewerbegebiet – Vorhabensbezogener Bebauungsplan für ein Einzelgrundstück – Einleitbeschränkung

Quelle: Lucie Haas

behandlung erforderlich, welche auf dem Grundstück umsetzbar ist.

Schritt 2 – Nutzung:
Die Regenwassernutzung wird zu Gunsten der Rückhaltung und Verdunstung eines geplanten Gründaches nicht umgesetzt.

Schritt 3 – Versickerung:
Eine Versickerung wird aufgrund der Hanglage sowie der geringen Durchlässigkeit des Untergrundes ausgeschlossen.

Schritt 4 – Retention:
Eine Speicherung/Verzögerung vor Ort wird erforderlich. Diese kann über Retentionsmaßnahmen (mit zusätzlichen Flächenbedarf) sowie einer Verdunstung über ein Gründach ausreichend umgesetzt werden. Eine Überprüfung für eine zentrale Rückhaltung ist daher nicht erforderlich.

Schritt 5 – Ableitung:
Aufgrund der Hanglage ist eine unterirdische Ableitung des Niederschlagswassers zum Anschluss an den Regenwasserkanal vorzusehen. Der Anschluss der befestigten Flächen an die Rückhaltemulde sollte aufgrund der Sohltiefe in einem oberflächennahen Ableitungssystem erfolgen. Es eignen sich geschlossene Rinnensysteme.

12.3 Zusammenfassung

Die vorgestellte Arbeitshilfe bildet eine erste Arbeitsgrundlage für die Stadt- und Freiraumplanung bei einer Konzeption für die Regenwasserbewirtschaftung, welche in der Praxis weiter zu entwickeln ist. Die interdisziplinäre Zusammenarbeit in der Stadt- und Freiraumplanung gewinnt zunehmend an Bedeutung. Um schon in frühen Planungsstadien (Städtebauliche Wettbewerbe, Bebauungspläne, etc.) die Beteiligung von Fachplanungen zu fördern, empfiehlt sich in Zukunft eine Verankerung dieser in gesetzlichen Vorgaben. Hierbei ist auch ein Umdenken in der Bewertung von Grundstücken in urbanen Räumen notwendig. Die Fokussierung auf monetäre Gewinne, und damit einer Verdichtung der Innenstadtgebiete, sollte im Hinblick auf die positiven Effekte der wassersensiblen Freiraumgestaltung, überdacht werden. Weiterhin sollten städtebauliche Anpassungskonzepte an den Klimawandel (Multifunktionale Flächennutzung, Schwammstadt-Prinzip, etc.) über gesetzliche Vorgaben gestützt werden, um damit das Bewusstsein der Bevölkerung für das Thema „Wasser im urbanen Raum" zu stärken.

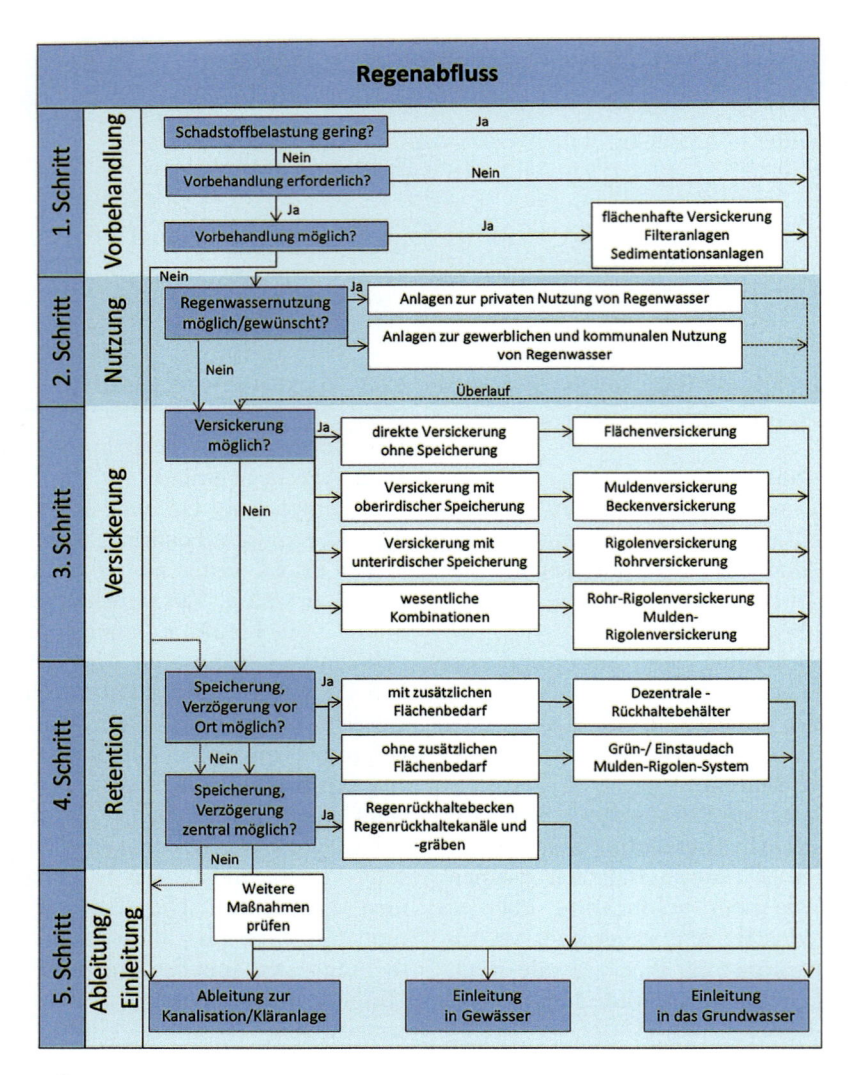

Abb. 12.5 Übersicht Entscheidungsdiagramm RWB-Maßnahmen [3]. (© Schema in Anlehnung an Geiger und Dreiseitl 2001 – Inhalte verändert)

Naturnahe Regenwasserbewirtschaftung...

... verbessert die Lebensqualität in Städten und macht diese klimaresilient.

... schützt Leben und Infrastruktur.

... reduziert die Auswirkungen von Überflutungen durch Starkregen und trägt zur Grundwasserneubildung bei.

Die Arbeitshilfe...

... unterstützt den Austausch zwischen Fachdisziplinen wie Entwässerungsingenieuren und Stadtplanern.

... fördert Lösungen im Sinne einer ökologischen und ökonomisch vertretbaren Regenwasserbehandlung.

... bietet Städten und Gemeinden ein praxisorientiertes Tool, welches dazu beiträgt, urbane Gebiete in Zukunft klimaresilient zu gestalten.

Literatur

1. ▶ https://infraconsult.de/postfach/Anlage-RWB-Lucie-Haas.pdf.
2. Benden, Jan (2013): Möglichkeiten und Grenzen einer Mitbenutzung von Verkehrsflächen zum Überflutungsschutz bei Starkregenereignissen. RWTH, Aachen. Institut für Stadtbauwesen und Stadtverkehr.
3. Geiger, W.; Dreiseitl, H. (2001): Neue Wege für das Regenwasser. München: Oldenbourg Verlag.
4. BBSR Bundesinstitut für Bau-, Stadt- und Raumforschung (Hg.) (2015): Überflutungs- und Hitzevorsorge durch die Stadtentwicklung. Strategien und Maßnahmen zum Regenwassermanagement gegen urbane Sturzfluten und überhitzte Städte. Ergebnisbericht der fallstudiengestützten Expertise „Klimaanpassungsstrategien". Bonn.
5. Deister, Lisa; et al. (2016): Wassersensible Stadt- und Freiraumplanung. Handlungsstrategien und Maßnahmenkonzepte zur Anpassung an Klimatrends und Extremwetter. SAMUWA-Publikationen.
6. Schmitt, Theo G. (Hg.) (2018): Regenwasser in urbanen Räumen – aqua urbanica trifft Regenwasser-Tage 2018. Landau in der Pfalz 18./19. Juni 2018; Tagungsband: Technische Universität Kaiserslautern (Schriftenreihe Wasser Infrastruktur Ressourcen, Band 1).

Starkregen und Hochwasser in kleinen Einzugsgebieten – Auswirkungen

André Assmann

Für die Erstellung von Starkregengefahrenkarten steht eine erprobte Methodik zur Verfügung. Wichtig ist jedoch, dass diese Informationen in einer Risikoanalyse detailliert zusammen mit den Betroffenen ausgewertet werden. Da ein großer Anteil der Vorsorge durch die Bürger selbst erfolgen muss, ist die Bereitstellung geeigneter Karten-Grundlagen, eine regelmäßige Sensibilisierung und Information ein Schwerpunkt der kommunalen Aktivitäten.

In den vergangenen Jahren wurden für viele Gewässer Hochwassergefahrenkarten erstellt und damit eine wichtige Grundlage für die Planung von Hochwasserschutzmaßnahmen gelegt. Demgegenüber haben die Starkregenereignisse der letzten Jahre mit ihren teils drastischen Folgen gezeigt, dass die Thematik bisher deutlich vernachlässigt wurde. Viele Kommunen wurden von den Ereignissen weitestgehend unvorbereitet getroffen, obwohl sie sich aufgrund durchgeführter Maßnahmen am Gewässer in Sicherheit glaubten. Einzelne Maßnahmen an den Gewässern können dabei potenziell sogar kontraproduktiv sein, z. B. kann eine Hochwasserschutzmauer den Starkregenabfluss so zurückstauen dass es hinter der Schutzeinrichtung zu Überflutungen führt. In diesen Fällen sollten zumindest die unterschiedlichen Risiken untereinander abgewägt werden, was aber nur möglich ist, wenn beide Gefährdungslagen einigermaßen gut abgeschätzt werden können.

Zuerst erschienen in Wasser und Abfall 9/2018

> **Kompakt**
> - Hochwertige Starkregengefahrenkarten können erstellt werden. Die notwendigen Daten, Modelle und Verfahren stehen zur Verfügung.
> - Vorsorgemaßnahmen können nicht nur alleine an die Kommunen adressiert werden.
> - Die Mobilisierung der privaten Vorsorge ist langwierig, anspruchsvoll aber unerlässlich, die Maßnahmen hingegen meist eher wenig aufwendig.

13.1 Starkregenabfluss und Hochwasser: zwei verschiedene Dinge?

Um beide Prozesse zu unterscheiden hilft folgende Beschreibung: Starkregenabfluss bezeichnet das Wasser auf seinem Weg zum Gewässer während Hochwasser die vom Gewässer ausgehenden Überflutungen bezeichnet. Starkregenabfluss, auch als Hangwasser, Sturzfluten etc. bezeichnet, ist dabei nicht eindeutig definiert. Je nach fachlichem Hintergrund orientiert man sich bei der Bezeichnung eher an der Niederschlagsmenge und so an den entsprechenden Definitionen des Deutschen Wetterdienstes oder aber an den siedlungswasserwirtschaftlichen Bemessungsgrößen. Nähert man sich der Thematik jedoch vonseiten der Prozessbeschreibung, sind insbesondere die Bereiche interessant, die überproportional zum Abflussgeschehen beitragen, sowie solche die flächig bzw. abseits der Gewässer durchflossen werden. Zudem sind für die Schadensbilder auch der mitgeführte Sedimentanteil sowie die Füllung von Senken von Bedeutung. Vergleichbare Effekte können auch durch Rückstau hinter Verkehrswegen etc. entstehen.

Die Trennung zu einem von den Gewässern ausgehenden Hochwasser ist dabei unscharf. Dies liegt insbesondere daran, dass vom Auftreffen des Niederschlags auf den Boden bis hin zu den großen Gewässern die unterschiedlichen Prozesse kontinuierlich ineinander übergehen. Die künstliche Trennung erfolgt aus rechtlichen oder modellierungstechnischen Gründen und ist zudem auch durch teilweise unterschiedliche Vorsorgemaßnahmen gekennzeichnet.

In der ◘ Tab. 13.1 sind einige Eigenschaften von Starkregen- und Gewässerhochwasser einander gegenübergestellt, zu beachten ist jedoch, dass die Prozesse sprichwörtlich fließend ineinander übergehen.

13.2 Modellierung von Starkregen

Die Simulation von Starkregen setzt eine räumlich hochaufgelöste und gekoppelte hydrologisch-hydraulische Modellkette (z. B. HydroRAS und FloodAreaHPC) voraus [1–3]. Dies ist von besonderer Bedeutung, weil hier kleine Strukturen oft über die Abflussbildung sowie die Abflusswege entscheiden. Typisches Beispiel sind Wege, die bei ungünstigem Verlauf das Wasser aus Teilflächen sammeln und evtl. direkt in die Ortslage leiten. Hier ist entscheidend, dass sowohl der Wegverlauf als auch relevante Kleinstrukturen wie Mauern oder Bordsteine mit erfasst werden, da sie im Zweifelsfall darüber entscheiden, ob das Wasser in ein Seitental abgeschlagen wird oder dem Weg- bzw. Straßenverlauf in die Siedlung folgt.

In der Bearbeitung hat sich ein mehrstufiges, zwischen Modellierung und Datenerfassung iterierendes Verfahren bewährt. Dazu werden im ersten Schritt alle digital verfügbaren Informationen für einen ersten Modelllauf aufbereitet. Mit dem hydrologischen Modell findet ein erster Rechenlauf statt. Beim hydrologischen Modell ist es wichtig, dass es flächendetailliert arbeitet und zeitvariant die Daten für die Hydraulik bereitstellt. Da der Sättigungsprozess von z. B. Ackerflächen eine große Bedeutung für die Entstehung der Abflussganglinie hat, ist eine räumlich verteilte Berücksichtigung der Bodeneigenschaften notwendig. Dennoch muss man beachten, dass insbesondere bzgl. der Landwirtschaft die Abflusseigenschaften eine Mittelung über verschiedene Nutzungen, Bearbeitungsmethoden und üblicherweise auch unterschiedliche Jahreszeiten darstellen. Reale Ereignisse können damit selbst bei vergleichbaren Niederschlagsmengen deutlich in beide Richtungen von den erzeugten Gefahrenkarten abweichen. Dies ist bei der In-

Tab. 13.1 Eigenschaften von Starkregen- und Gewässerhochwasser

Themenbereich	Starkregen-Hochwasser	Gewässer-Hochwasser
Relevante Niederschläge	Kurze und heftige konvektive Ereignisse	Flächige, länger-anhaltende advektive Niederschläge
Hauptfaktoren der Abflussentstehung	Aktuelle Vegetation und Wuchsstadium, Verschlämmungseffekte, Vorsättigung	Vorsättigung des Bodens, Bodengefrornis
Hydraulisch relevante Strukturen	Relief und Kleinstrukturen	Gewässerquerschnitt und Bauwerke am Gewässer
Betroffene Bereiche	Nur wenige Bereiche nicht betroffen, sehr kleinteilige Differenzierung je nach lokaler Topographie	Überflutungsbereiche entlang der Gewässer inkl. der durch Maßnahmen geschützten Bereiche
Zeitliche Problematik	Sehr schnelle Wellen, keine Vorwarnung möglich	Lange Belastungszeiten, Kombination mit Grundwasser-Hochständen
Problematische Reliefpositionen	Mulden, Rückstaubereiche, Fließwege	Ausuferungsbereiche der Gewässer
Hauptfaktoren für Schadensentstehung	Hohe Fließgeschwindigkeiten, Eindringen in vermeintlich sichere Gebäude, hoher Anteil von Erosionsmaterial und Geschiebe	Große Überflutungstiefen, Auftriebsprobleme, langanhaltende Überflutungen
Akteure bei Maßnahmen	Bürger, Unternehmen und Kommune	Kommunal bis national
Maßnahmen-Beispiele (ohne die für beide Hochwasserarten geltende Beispiele)	Dezentraler Hochwasserschutz, geplante Notwasserwege, Doppelnutzung von Flächen etc.	Rückhaltebecken, Polder, Deiche, Auenrenaturierung

terpretation und Kommunikation der Karten immer zu berücksichtigen.

Mit den Ergebnissen des hydrologischen Modells wird dann ein erster Rechenlauf der Hydraulik gerechnet und ein erster Kartensatz generiert. Auf dessen Basis wird der Kartierungsbedarf ermittelt und die Geländeaufnahme der relevanten Strukturen durchgeführt. Hierbei sind die aus dem ersten Modelllauf erhaltenen Ergebnisse, insbesondere bezüglich der Fließwege und Einstaubereiche, eine wichtige Grundlage. Mit ihnen kann man sich beim Kartieren auf die relevanten Bereiche konzentrieren und zugleich auch einen Plausibilitätscheck durchführen. Ein besonderes Augenmerk wird zudem auf Bereiche mit besonders vulnerablen Einrichtungen gelegt, um hier ein noch höheres Maß an Genauigkeit zu erhalten. Da bei der Kartierung die Relevanz von Strukturen beurteilt werden muss, ist hier ein großes Maß an Fachverstand erforderlich. Zudem müssen sich die unterschiedlichen Bearbeiter untereinander eng abstimmen, damit der jeweilige Detaillierungsgrad zwischen ihnen vergleichbar ist.

Nach der Integration aller Strukturen in die Simulationsdaten wird ein zweiter Rechenlauf durchgeführt. Mit den daraus resultierenden Karten wird ein Validierungstermin mit Mitarbeitern der Kommune durchgeführt. Insbesondere sind dabei Personen mit guter Ortskenntnis (Bauhof, Feuerwehr, Landwirte, etc.) einzubeziehen, die die Ergebnisse anhand ihrer Erfahrung mit kleineren Ereignissen auf Plausibilität prüfen können. Sollten weitere Information (weitere Baugebiete, eine neue Straßenführung etc.) bei der Bereitstellung der Daten übersehen worden sein, können sie an diesem Punkt noch gut in das Modell integriert werden.

Nach diesen Arbeiten erfolgen die finalen Rechenläufe des Modells in der höchst möglichen Auflösung und Qualität (Modellparametrisierung). Die Ergebnisse werden danach entsprechend aufbereitet und als Karten (Abb. 13.1) und GIS-Daten bereitgestellt.

13.3 Risikoanalyse

Bei der Risikoanalyse fällt zunächst ins Auge, dass es kaum Bereiche gibt, die komplett ungefährdet sind. Dennoch lassen sich häufig auch recht schnell besondere Brennpunkte lokalisieren [1]. Dabei ist es hilfreich, mit unterschiedlichem fachlichen Hintergrund auf die Karten zu sehen, da sich manche Probleme nur indirekt erschließen. Dies sind insbesondere indirekt Auswirkungen, wie z. B. eine Einschränkung der Erreichbarkeit bestimmter Gebäude oder Ortsteile sowie der Ausfall von Infrastruktur, insbesondere der Stromversorgung. Zunächst sind aber auch Gefährdungsbereiche wie Mulden oder stark durchströmte Bereiche zu analysieren. Weitere Risikobereiche sind Bereiche, in denen vermehrt sensible Infrastruktur bzw. Gebäude vorkommen und somit in einer Ereignissituation auch überproportional mit Problemen zu rechnen ist. Auf der Ebene einzelner Objekte macht es besonders bei sensiblen Einrichtungen wie Kindergärten oder Krankenhäusern Sinn, diese detailliert zu analysieren. Dazu sind standardisierte Steckbriefe [2, 3] eine gute Bearbeitungshilfe. Dies gilt sowohl für die Analyse, die Dokumentation und die Abarbeitung.

Abb 13.1 Ausdehnung der Überflutungsflächen für 3 unterschiedliche Szenarien (unterschiedliche Blautöne) und betroffene Risikoelemente (Kartenausschnitt) (© geomer GmbH)

13.4 Maßnahmenplanung zwischen Eigenverantwortung und kommunaler Fürsorgepflicht

Bei der Diskussion über Maßnahmen wird sehr schnell der Ruf nach mehr Aktivitäten durch die Kommune laut, obwohl gemäß Wasserhaushaltsgesetz die Verantwortung zunächst beim Einzelnen liegt. Die Kommune kann zudem nur selten mit wenigen Maßnahmen eine deutliche Verbesserung des Schutzniveaus erreichen. Meist zeigt sich in der Planung, dass nur eine Vielzahl von Maßnahmen eine Reduzierung des Risikos bringen können. Die gute Nachricht dabei ist, dass teilweise mit relativ günstigen Maßnahmen relativ viel erreicht werden kann. In der Praxis können jedoch bereits kleine Maßnahmen im Konflikt mit anderen Planungszielen stehen, so behindert beispielsweise die Erhöhung eines Bordsteins die Barrierefreiheit. Dazu kommt, dass viele Maßnahmen nur durch die Eigentümer der jeweiligen Gebäude durchzuführen sind. Hier ist jedoch die Quote derer, die ohne die Erfahrung eines selbst erlebten, eigenen größeren Schaden Vorsorge betreiben noch sehr gering. Trotz vielfältiger Informationen und Planungshilfen ist die Handlungsbereitschaft bzw. der Handlungsdruck nicht ausreichend, proaktiv dieses Thema anzugehen und auch Maßnahmen wirklich umzusetzen. Hier kann eine Kommune nur kontinuierlich informieren und mit unterschiedlichen Aktivitäten versuchen, für das Thema zu sensibilisieren. Ohne eigenes Handeln, ohne eigene Vorsorge der gefährdeten Bürger ist aber keine optimale Verbesserung zu erreichen.

Ein weiterer Punkt in der Vorsorge ist, dass alle möglichen Handlungsfelder, wie Maßnahmen in Wirtschaft und Gewerbe, Land- und Forstwirtschaft, kommunaler Planung (insbesondere Bebauungspläne), Krisenmanagement (insbesondere Alarm- und Einsatzplanung) sowie auch bauliche Rückhaltemaßnahmen abgeprüft werden. Diese sind dann gemäß der Priorisierung der jeweils betroffenen Schutzgüter unter Berücksichtigung einer Nutzen-Kosten-Betrachtung abzuarbeiten.

13.5 Schlussfolgerungen und Ausblick

Inzwischen stehen sowohl ausreichend genaue Daten als auch Modelle und Verfahren zur Verfügung, um Starkregengefahrenkarten in guter Qualität zu erstellen. Defizite bestehen eher in der Risikobewertung der Starkregen, da hier, noch mehr als beim Hochwasser von den Gewässern, die lokale Einzelsituation entscheidend das Schadensbild prägt. Es gibt inzwischen eine gute Auswahl von Informationsblättern und Leitfäden, die Maßnahmen aufzählen und darstellen. Die Umsetzung dieser ist hier jedoch noch deutlich im Rückstand, insbesondere im Hinblick auf die private Vorsorge. Hier steht mit einer stetigen Information der Bevölkerung eine große Aufgabe an: in Konkurrenz zur allgemeinen Werbungs- und Informationsflut ein eher unangenehmes Thema zu bewerben und auf der Agenda zu halten ist keineswegs eine einfache Aufgabe, jedoch der vermutlich effektivste Einzelbaustein der Starkregenrisikovorsorge.

Literatur

1. Assmann, A., Fritsch, K., & Jäger, S. (2012) Starkregengefahrenkarten und Risikomanagement im Glems-Einzugsgebiet. In J. Strobl, T. Blaschke, & G. Griesebner [Hrsg.], Angewandte Geoinformatik 2012, Beiträge zum 24. AGIT-Symposium Salzburg (pp. 576–585).
2. Tyrna, B., Assmann, A., Fritsch, K., & Johann, G. (2017) Large-scale high-resolution pluvial flood hazard mapping using the raster-based hydrodynamic two-dimensional model FloodAreaHPC. Journal for Flood Risk Management, 11(2).
3. Landesanstalt für Umwelt, Messungen und Naturschutz Baden-Württemberg [Hrsg.] (2016) Leitfaden Kommunales Starkregenrisikomanagement in Baden-Württemberg. Karlsruhe.

Mobilisierung und Motivation von Akteursgruppen, Stakeholdern und der Bürgerschaft

Risikowahrnehmung und Informationsbedarfe der Bevölkerung über die Auswirkungen des Klimawandels auf Hochwasser und Sturmfluten

Frank Ahlhorn, Jenny Kebschull und Helge Bormann

Die Betrachtungsweisen für den Küsten- und Hochwasserschutz in Deutschland haben sich verändert. Die auf einen Sicherheitsstandard ausgelegten Vorschriften wären an einen Risikoansatz anzupassen. Hier ist die Bevölkerung einzubinden, um eine Informations- und Verhaltensvorsorge zu unterstützen. Vorgestellt werden die Ergebnisse einer Befragung der Bevölkerung in einer nordwestdeutschen Küstenkommune zu den Themen Hochwasserrisiko und Katastrophenschutz.

Mit der Umsetzung der EU Hochwasserrisikomanagement Richtlinie (EU HWRM-RL, [1]) im Jahr 2007 ist ein europäischer Rahmen für den Umgang mit Sturmflut- und Hochwasserereignissen gesetzt worden. Die EU HWRM-RL zielt auf die Einführung einer Risikobetrachtung für die Hochwassergefahren ab, in dem drei wesentliche Aspekte in allen Hochwasserschutz relevanten Regelungen der Mitgliedstaaten berücksichtigt werden sollen: i) Eine Bewertung des vorhandenen Risikos für die Hochwassergefährdung sowohl durch fluviale, pluviale als auch für Sturmfluten durchzuführen, ii) Hochwassergefahren- sowie Hochwasserrisikokarten und iii) Hochwasserrisikomanagementpläne zu erstellen. Speziell in Niedersachsen ist die Umsetzung der EU HWRM-RL mit umfangreichen Veränderungen verbunden. Die bisher auf Sicherheit beruhende Strategie des Hochwasser- und Küstenschutzes [5] muss nun mit der Risikobetrachtung der EU Richtlinie in Einklang gebracht werden [4].

Das Risiko wird in der Regel definiert als Produkt der Versagenswahrscheinlichkeit eines technischen Bauwerkes (hier z. B. der Deich) mit dem (geschützten) Schaden-

Zuerst erschienen in Wasser und Abfall 11/2018

spotenzial (Menschen und Sachwerte). Die Versagenswahrscheinlichkeit eines Bauwerkes lässt sich zwar hinreichend genau ermitteln, doch ein Restrisiko für das Versagen ist nicht komplett auszuschließen. Das Schadenspotenzial hat z. B. an der nordwestdeutschen Küste in den vergangenen Jahren immer weiter zugenommen und wird aufgrund der wirtschaftlichen Entwicklung auch weiterhin steigen. Im Rahmen eines Risikomanagements ist aber nicht nur die Anpassung der Immobilien für die Minimierung eines Schadens entscheidend, sondern auch die Informiertheit und das Bewusstsein der in hochwassergefährdeten Bereichen lebenden Bevölkerung. Die Erfahrung aus wiederkehrenden Flusshochwassern z. B. an Rhein und Elbe hat gezeigt, dass eine Verhaltensvorsorge erheblich zur Minimierung der hochwasserbedingten Schäden beitragen kann.

> **Kompakt**
>
> — Die Ergebnisse der Befragung haben gezeigt, dass bereits Wissen vorhanden ist, aber dass die Bereitschaft zu vorsorgendem Handeln unterschiedlich ist. Jüngere Einwohner müssen mehr für diese Themen interessiert werden.
>
> — Die Bevölkerung ist nicht ausreichend über die richtigen Verhaltensweisen im Katastrophenfall informiert.

14.1 Motivation

In [6] wird der Küstenschutz im Rahmen eines Küstenrisikomanagements diskutiert, welches als ein Regelkreis beschrieben wird, in dem verschiedene Glieder einer Kette ineinander fassen. Diese konzeptionelle Beschreibung spiegelt sich in der einschlägigen niedersächsischen Gesetzgebung für den Küsten- und Hochwasserschutz noch nicht wieder. Weder das Niedersächsische Wassergesetz [7] noch das Niedersächsische Deichgesetz [3] beinhalten einen risikobasierten Ansatz.

Länder übergreifend wurde in [8] der HWRM-Zyklus eingeführt, der drei Aspekte hervorhebt: i) Vorsorge, ii) Bewältigung und iii) Regeneration. In beiden Betrachtungen spielt die Informationsvorsorge der Bevölkerung und das Gefahrenbewusstsein eine wichtige Rolle. Schlaglichtartig wurden in der Vergangenheit Befragungen zu diesen Themen in der Küstenbevölkerung durchgeführt, z. B. [9]. Um adäquate Informationsmaterialien bereitzustellen, ist es aber erforderlich, den Informationsstand, den Informationsbedarf und darüber hinaus die bevorzugten Informationskanäle der verschiedenen Bevölkerungsgruppen zu kennen.

Die Umsetzung der EU HWRM-RL in deutsches Recht bedingt eine Veränderung der bisherigen Betrachtungsweise. Aus diesem Grund haben sich die LAWA [8] und andere Organisationen mit Risiko-basierten Konzepten auseinandergesetzt. In den Niederlanden ist eine probabilistische Betrachtung der Hochwassergefahren seit Ende der 1950er eingeführt [10] und Anfang der 2000er erweitert worden [11]. Diese Herangehensweise wurde in 2012 [12] durch das Konzept der Mehrebenen-Sicherheit (Multi-Layer Safety, MLS) ergänzt. Vorausgegangen waren umfangreiche Untersuchungen, die in der Strategie der Delta Kommission in 2008 veröffentlicht wurden und in die Anpassung des niederländischen Wassergesetzes in 2009 mündeten [13]. Das MLS Konzept beruht auf drei Ebenen: i) Prävention, ii), Räumliche Anpassung und iii) Katastrophenschutz. Die unter (i) fallenden Maßnahmen und Konzepte sind durch umfangreiche Forschungs- und Bauprogramme in den vergangenen Jahren untersucht bzw. umgesetzt worden. Eine Neuerung ist die in (ii) angestoßene Einbeziehung der räumlichen Beplanung des geschützten Gebietes an die Herausforderungen des Hochwasserrisikos. Im Falle eines Hochwasser- oder Sturmflutereignisses ist es unabdingbar, dass der Katastrophenschutz (KatS) gut ausgestattet und adäquat vorbereitet ist.

Im Rahmen des EU Interreg Forschungsprojektes FRAMES (Flood Resilient Areas by Multi Layered Safety) wird diese Ebene für die Pilotstudie in der Wesermarsch in den Fokus gestellt. Der deutsche Partner in diesem europäischen Projekt, die Jade Hochschule Wilhelmshaven/Oldenburg/Elsfleth, hat aus diesem Grund einen küstennahen Landkreis ausgewählt, um herauszufinden, wie der KatS aufgestellt und organisiert ist. Darüber hinaus lassen die schlaglichtartigen Befragungen der Vergangenheit darauf schließen, dass sich die Bevölkerung aufgrund der sicheren Deiche kaum noch mit Hochwasserschutzthemen auseinandersetzt. Die Deiche haben den letzten Sturmfluten, die höher als die 1962er Sturmflut aufliefen, problemlos standgehalten.

Es stellen sich damit folgende konkrete Fragen: Wie viel Wissen ist bei der Bevölkerung zu den Themen Hochwasserrisiko und Klimawandel vorhanden? Auf welchen Informationswegen kann ein solches Wissen zielgruppengerecht unterstützt werden? Welches Gefahrenbewusstsein haben die Einwohner einer Küstengemeinde, die von drei Seiten von Salzwasser umschlossen ist (hier: Butjadingen im Landkreis Wesermarsch)? Inwiefern führt das Wissen über Hochwasserereignisse und deren mögliche Folgen zu vorbeugendem Handeln? In der Gemeinde Butjadingen spielt darüber hinaus die landwirtschaftliche Nutzung eine große Rolle. Es gilt also auch herauszufinden, wie gut landwirtschaftliche Betriebe auf ein Hochwasserereignis vorbereitet sind.

14.2 Methodik

14.2.1 Aufbau des Fragebogens

Der Fragebogen für die Befragung der Bevölkerung in der Gemeinde Butjadingen (Landkreis Wesermarsch) war in fünf Abschnitte unterteilt, die sich mit der persönlichen Betroffenheit, der Risikowahrnehmung, dem Informationsbedarf, der Vorsorge vor Hochwasserereignissen und persönlichen Angaben (freiwillig auszufüllen) befassten (◘ Tab. 14.1). Letzteres wurde abgefragt, um die Möglichkeit zu erhalten, die Auswertungen beispielsweise nach Altersgruppen durchzuführen. Die Fragen waren sowohl als Multiple Choice als auch als offene Fragen formuliert, sodass die Teilnehmer die Möglichkeit hatten, eigene Ideen und Gedanken zu formulieren.

14.2.2 Verteilung und Rücklauf

In einer ländlichen Gemeinde die Verteilung eines Fragebogens zu organisieren ist ohne die Hilfe der Gemeindemitarbeiter nicht erfolgversprechend. Hier hat die Gemeinde Butjadingen sowohl die Verteilung als auch die Sammlung der ausgefüllten Fragebögen vielfältig unterstützt.

Die Zielgemeinde pflegt einen Newsletter, in dem sie für den Fragebogen geworben hat. Der Fragebogen wurde bei verschiedenen Organisationen (Gemeinde, Wasser- und Bodenverbände, Jade Hochschule, Küste und Raum, etc.) zum Herunterladen aus dem Internet angeboten. Um eine möglichst große Abdeckung und auch die nicht so sehr mit den neuen Medien vertrauten Personen zu erreichen, wurden die Autoren von drei Supermärkten und einer lokalen Bank unterstützt, die sowohl die Verteilung als auch den Rücklauf von Fragebögen organisierten. Darüber hinaus sprach das Projektteam an zwei Abenden

Tab. 14.1 Aufbau und Inhalt des Fragebogens

Fragenblock	Inhalte (Auszüge)
Persönliche Betroffenheit	Die Teilnehmer sollten wichtige Politikbereiche in Ihrer Gemeinde benennen, angeben, ob Sie schon von einem Hochwasserereignis betroffen waren und wie schlimm welche Schäden für sie persönlich wären
Risikowahrnehmung	Die Teilnehmer wurden gefragt, wie groß das Interesse an den Themen Hochwasser- und Küstenschutz ist. Daran anschließend zielten die beiden nächsten Fragen auf die Einschätzung zwischen natürlichen Ursachen und menschlichen Eingriffen und dem Klimawandel sowie zwischen dem Klimawandel und Hochwasserereignissen ab
Informationsbedarf	Neben der Abfrage, welche Medien genutzt werden, wurde auch abgefragt, welchen Eindruck die Teilnehmer über die Ausführlichkeit der Berichterstattung in den Medien und den Behörden haben. Die letzte Frage in diesem Abschnitt zielte auf die Kenntnis und Teilnahme im Rahmen von öffentlichen Beteiligungsmöglichkeiten und -formaten ab
Vorsorge	Wie gut sind die Teilnehmer auf ein Hochwasserereignis vorbereitet, wie würden Sie sich vorbreiten? Die Autoren haben die Fragen teilweise unterteilt, da die Zielgemeinde eine stark landwirtschaftliche Prägung hat und viele Landwirte Milchviehwirtschaft betreiben, die im Falle eines Hochwasserereignisses eventuell gesonderte Vorkehrungen treffen müssen
Persönliche Angaben (freiwillig)	In diesem Abschnitt ging es um Angaben, wie hoch liegt das bewohnte Gebäude liegt, ob die Befragten Mieter oder Eigentümer sind und wie lange diese bereits in der Gemeinde leben. Diese und weitere Fragen unterstützen die Möglichkeit, Zielgruppen spezifische Auswertungen durchführen zu können

auf den Parkplätzen der Supermärkte Einwohner direkt an, wies auf die Befragung hin und übergab bei Interesse den Fragebogen.

Nach der Hälfte der Zeit, die zum Ausfüllen und Zurücksenden der Fragebögen veranschlagt war, stellte sich heraus, dass die ältere Generation sehr aktiv an der Befragung teilnahm, während Rückmeldungen der jüngeren Generation deutlich seltener waren. Um eine „Schieflage" gegenüber der Altersstruktur der Zielgemeinde zu vermeiden, besuchten die Autoren daraufhin eine Schule, in der sowohl eine Oberschule als auch ein Gymnasium angegliedert sind. An der Veranstaltung nahmen ca. 90 Schüler teil, die überwiegend in der Zielgemeinde wohnten. Für die Anpassung der Stichprobe an die Altersverteilung der Gemeinde wurde dann eine zufällige Auswahl von Fragebögen getroffen, die im Rahmen der Auswertung berücksichtigt wurden.

14.2.3 Auswertung

Die Rückläufer wurden als Datenbank abgespeichert, sodass sowohl eine Zielgruppen- als auch eine Themen-spezifische Auswertung durch MatLab® möglich waren.

14.3 Ergebnisse

In den folgenden Abschnitten werden ausgewählte Ergebnisse aus dem gesamten Umfang des Fragebogens erläutert.

Die Küstengemeinde hat gut 6.000 Einwohner. An der Fragebogenaktion haben sich ca. 280 Menschen beteiligt. Da die Autoren nur Einwohner der Zielgemeinde und eine Altersverteilung entsprechend der Altersverteilung in der Gemeinde berücksichtigen wollten, wurden am Ende 166 Rückläufer in den folgenden Ergebnissen berücksichtigt. Diese Stichprobe entspricht einem Stichprobenfehler von 7,5 % und einem Vertrauensniveau von 95 %.

14.4 Wie viel Wissen ist bei der Bevölkerung zu den Themen Hochwasserrisiko und Klimawandel vorhanden?

Sowohl das Wissen als auch das Bewusstsein über ein Hochwasserrisiko ist in der Wesermarsch vorhanden (Abb. 14.1, HWR 1), jedoch werden menschliche Aktivitäten nicht als verstärkend für dieses Risiko angesehen (Abb. 14.1, HWR 2). Dass der Klimawandel Einfluss auf das Hochwasserrisiko hat, ist mehr als 90 % der Einwohner bekannt (Abb. 14.1, HWR 3). Darüber hinaus ist eine Mehrheit (ca. 90 %) der Meinung, dass menschliches Handeln eher als natürliche Klimaschwankungen für den Klimawandel verantwortlich sind (Abb. 14.1, Klima 1 und Klima 2). Basierend auf der Erkenntnis der Antworten zu HWR 1 und HWR 3 sind fast 100 % der Meinung, dass der Küsten- bzw. Hochwasserschutz verstärkt werden sollte. Aber nur knapp 80 % sind der Meinung, dass diese Erkenntnis kostspielige Investitionen für die Zukunft rechtfertigt (s. Legende zu Abb. 14.1 in Tab. 14.2).

14.4.1 Welches Gefahrenbewusstsein haben die Einwohner einer Küstengemeinde, die von drei Seiten von Salzwasser umschlossen ist?

Hochwasserschutz (ca. 90 %) und Umweltschutz (ca. 60 %) sind die wichtigsten Politikbereiche für die Einwohner der Küstengemeinde. Dies spiegelt sich auch in der Beantwortung der Frage wieder, wovon sich die Gesamtheit der Antwortenden am meisten bedroht fühlen. Neben den Folgen des Klimawandels und Hochwasser wird die Umweltverschmutzung als Bedrohung wahrgenommen (Abb. 14.2).

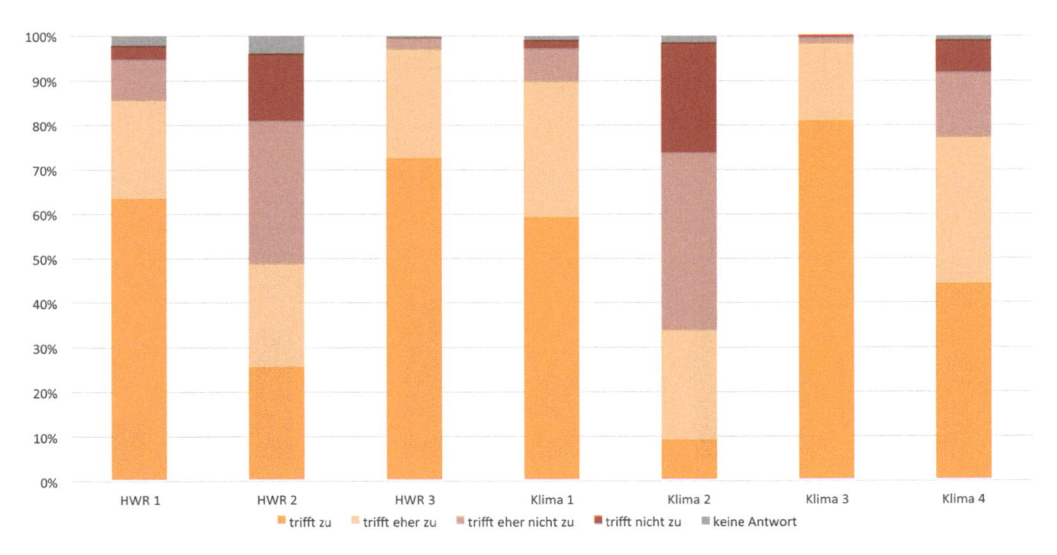

Abb. 14.1 Wissen zu den Themen Hochwasserschutz und Klimawandel. (© FRAMES Team (Autoren))

● **Tab. 14.2** Erläuterung zu ● Abb. 14.1

HWR 1	Das Hochwasserrisiko in meiner Region ist ein natürliches Phänomen, das hauptsächlich durch Wetterereignisse verursacht wird	
HWR 2	Vor allem menschliche Aktivitäten wie Flussbegradigungen verstärken das Hochwasserrisiko in einer Region	
HWR 3	Der Klimawandel wird das Hochwasserrisiko/Sturmflutrisiko in meiner Region verstärken	
Klima 1	Der Klimawandel wird vor allem durch den Menschen verursacht	
Klima 2	Der Klimawandel ist ein natürliches Phänomen, das hauptsächlich durch natürliche Klimaschwankungen verursacht wird	
Klima 3	Wegen der Gefahr eines zukünftigen Klimawandels sollte der Hochwasser- bzw. Küstenschutz in der Wesermarsch verstärkt werden	
Klima 4	Der mögliche Klimawandel rechtfertigt den kostspieligen Ausbau der Deiche oder anderer Hochwasserschutzanlagen in der Wesermarsch	

14.4.2 Gibt es einen Wissensunterschied zwischen den Generationen?

Die Aussagen zu Klimawissen und Gefahrenbewusstsein spiegeln die Meinung aller Antwortenden Bürger aus der Gemeinde wieder. Wie sieht es mit dem Unterschied zwischen den Generationen aus? In ● Abb. 14.3 sind die Antworten in den Altersgruppen jünger als 20 Jahre, 20 bis, 40 bis 60 und älter als 60 Jahre aufgeteilt dargestellt. Es ist deutlich zu erkennen, dass das Interesse am Hochwasser- bzw. Küstenschutz mit dem Alter zunimmt (● Abb. 14.3, links). Ebenso verhält es sich mit dem Gefühl der Bedrohung durch ein Hochwasser (● Abb. 14.3 rechts).

14.4.3 Inwiefern führt das Wissen über Hochwasserereignisse und deren mögliche Folgen zu vorbeugendem Handeln?

78 % aller Befragten haben die im Fragebogen genannten Maßnahmen als sehr wirksam bis wirksam angesehen. Nach dem

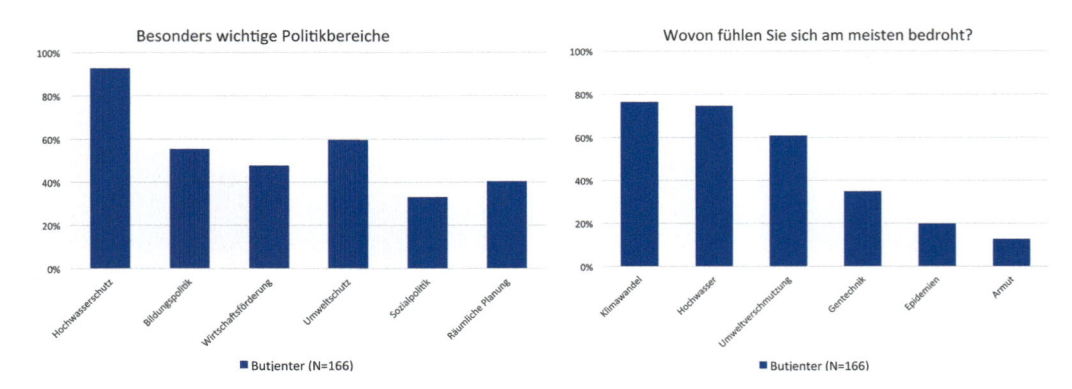

● **Abb. 14.2** Darstellung der als besonders erachteten Politikbereiche und wovon sich die Bürger der Gemeinde am meisten bedroht fühlen. (© FRAMES Team (Autoren))

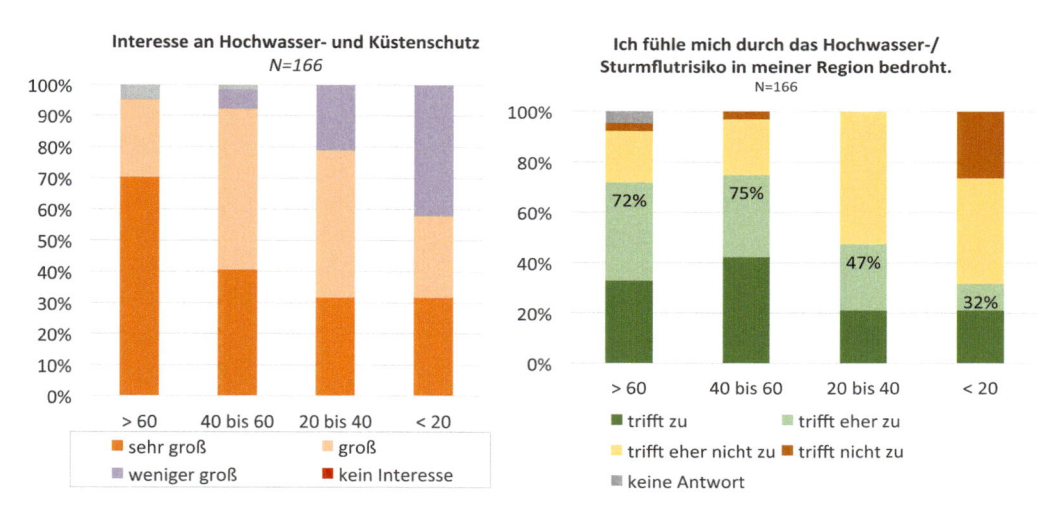

Abb. 14.3 Darstellung des Interesses am Hochwasser- bzw. Küstenschutz je Alstersgruppe (links). Darstellung, wie sich die jeweilige Altersgruppe durch Hochwasser- bzw. Sturmflutrisiko bedroht fühlt. (© FRAMES Team (Autoren))

Aufwand für die Umsetzung dieser Maßnahmen gefragt, beurteilten 64 % die Maßnahmen als nicht bis eher aufwendig. Die genannten Maßnahmen sicher umzusetzen, gaben 46 % der Befragten an, 31 % antworteten, dass sie die Maßnahmen vielleicht umsetzen würden. Bei den Jüngeren wendet sich diese Bereitschaft, 25 % antworteten mit sicher, 41 % mit vielleicht. Wertet man die Daten nach Altersgruppen aus, zeigt sich ein deutliches Altersgefälle in den Antworten (Abb. 14.4).

14.4.4 Welche Informationskanäle werden bevorzugt?

In Abb. 14.5 ist klar zu erkennen, dass die klassischen Informationskanäle Fernsehen und Radio von den meisten Befragten bevorzugt genutzt werden. Mit deutlich abnehmender Tendenz zu den jüngeren Altersgruppen spielen die Printmedien dagegen eine unbedeutendere Rolle. Ein hoher Anteil aller Befragten (>70 %) gibt an, dass sie Amtliche Bekanntmachungen als Informationsquelle zu den Themen Hochwasser und Klimawandel nutzen. Der im letzten Jahrhundert genutzte Handzettel, beispielsweise im Nachgang der Sturmflut von 1962, wird nur noch von gut der Hälfte der Bevölkerung bevorzugt, in der jüngsten Altersgruppe von nur gut 25 %. Moderne digitale Informationskanäle werden gegenüber den klassisch analogen doch vermehrt bevorzugt. So scheinen mehrheitlich die jüngeren Altersgruppen (zwischen 80 und 90 %) der Befragten Warn-Apps und das Internet als Informationsquellen zu nutzen. Eine Tendenz, ob eher individuelle oder gemeinschaftliche Formate als Informationsquellen bevorzugt werden, lässt sich aus den Befragungsergebnissen nicht eindeutig ableiten. Zu sehen ist, dass persönliche Gespräche gegenüber den mehr gemeinschaftlichen Formaten nicht besonders bevorzugt werden. Die gemeinschaftlichen Informationsformate wie Bürgerbeteiligung und Informationsveranstaltung werden von über 60 % in allen Altersgruppen als präferierte Quelle angegeben.

In einer darauf folgenden Frage sind die in Abb. 14.5 genannten Informationsquellen Bürgerbeteiligung und Informationsveranstaltung etwas differenzierter aufgeschlüsselt worden, um herauszufinden,

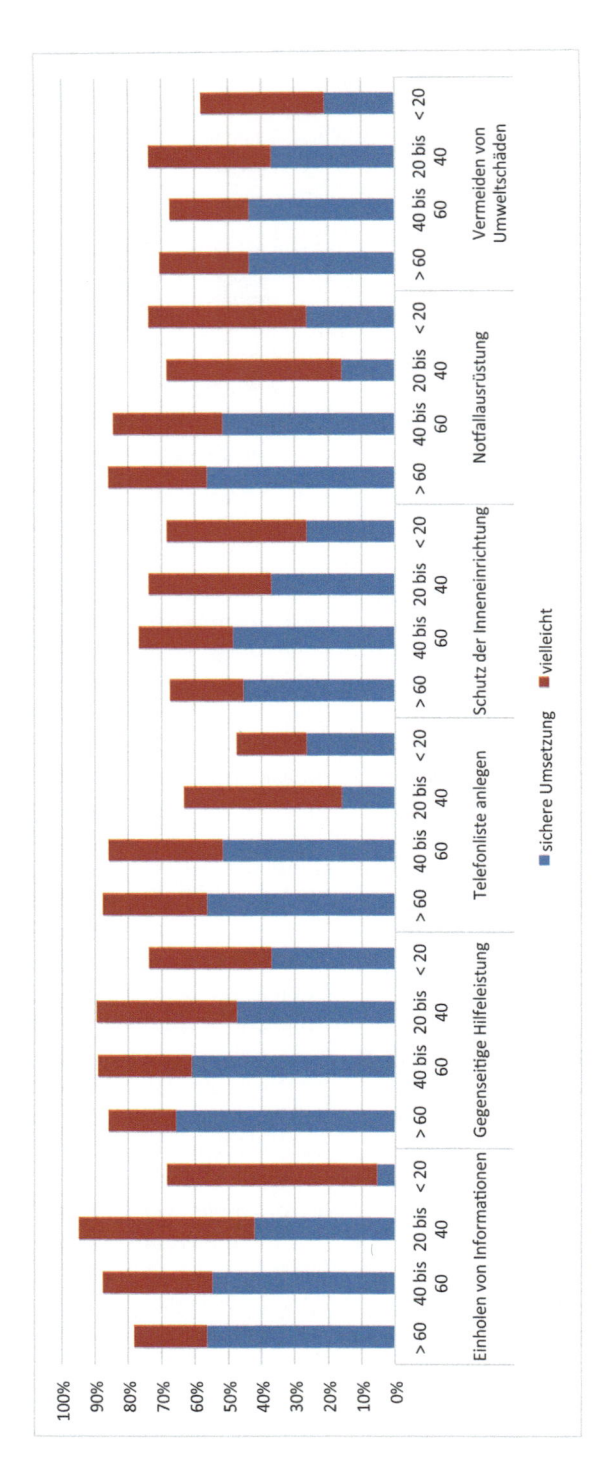

Abb. 14.4 Führt das Wissen um Maßnahmen zur Eigenvorsorge und deren Einschätzung über Wirksamkeit und Aufwand zur sicheren Umsetzung? (© FRAMES Team (Autoren))

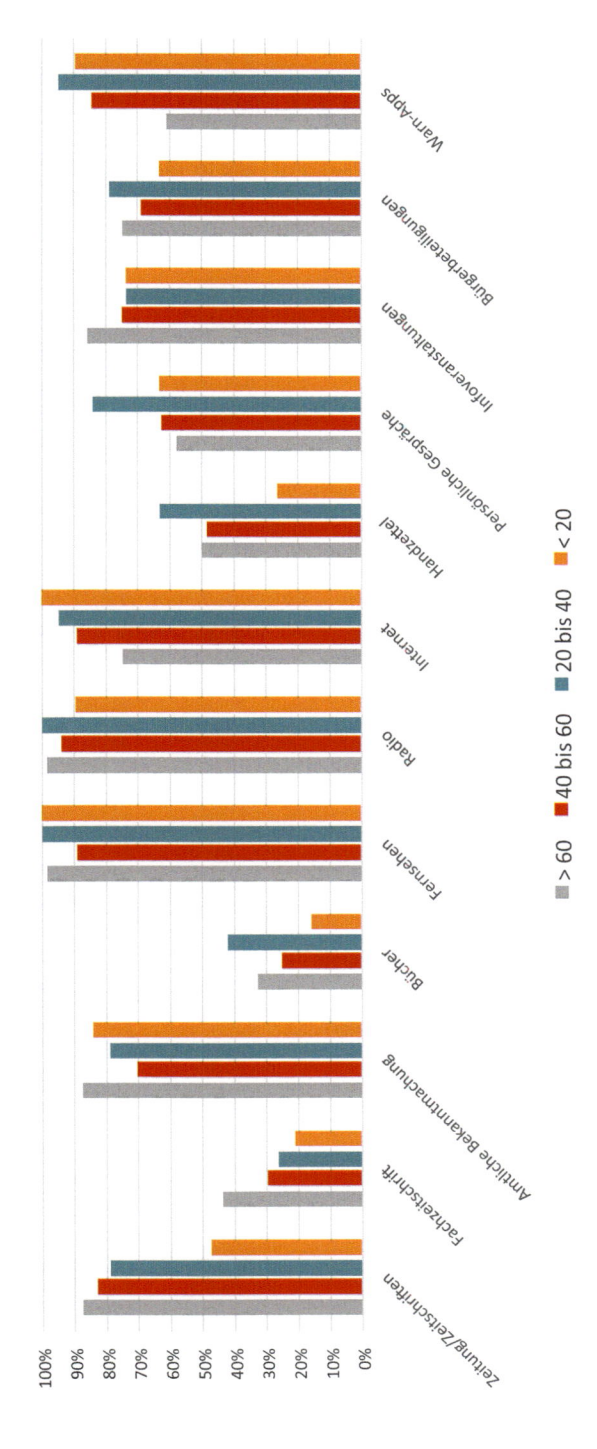

Abb. 14.5 Welche Informationskanäle werden von welchen Altersgruppen bevorzugt? (© FRAMES Team (Autoren))

ob eher passive oder aktive Beteiligungsformate bekannt sind und wenn ja, ob dieser Teil der Bevölkerung auch schon einmal an entsprechenden Veranstaltungen teilgenommen hat. Das Ergebnis ist in ◘ Abb. 14.6 dargestellt. Deutlich zu erkennen ist, dass die passiven Formate gegenüber den aktiven bevorzugt werden. Auch der Anteil der Teilnahme ist in den passiven Formaten höher als in den aktiven.

14.4.5 Wie sind landwirtschaftliche Betriebe auf ein Hochwasserereignis vorbereitet?

Die Gemeinde ist stark landwirtschaftlich geprägt. In den Rückläufern haben 30 Bürger, die mit der Landwirtschaft in Berührung stehen oder selbst aktive Landwirte sind, auf die Frage geantwortet, wie Sie auf ein Hochwasserereignis vorbereitet sind. Knapp die Hälfte der Antworten lautete „Wir sind nicht vorbereitet" (◘ Abb. 14.7). In der Gemeinde liegen viele Ansiedlungen und landwirtschaftlichen Betriebe auf Wurten (Warften) oder in deren Nähe, sodass knapp ein Viertel der Landwirte ihre Tiere auf diese höher gelegenen Flächen treiben würden. Immerhin ein Siebtel gibt an „keine Chance" zu haben, wenn ein Hochwasserereignis eintritt.

Die ersten Ergebnisse wurden im Rahmen einer Posterausstellung im Rathaussaal der Gemeinde vorgestellt. Mit diesem Format wollten die Autoren zum einen den interessierten Bürgern die Möglichkeit geben, sich direkt und ausführlich über die Ergebnisse zu informieren. Zum anderen hofften die Autoren durch dieses Format, direkt mit den Bürgern ins Gespräch zu kommen und einige Fragenkomplexe vertiefen zu können. Über eine Pressemitteilung wurde auf dieses offene Format hingewiesen, welches ca. 40 interessierte Bürger für einen Dialog sowohl mit den Autoren als auch

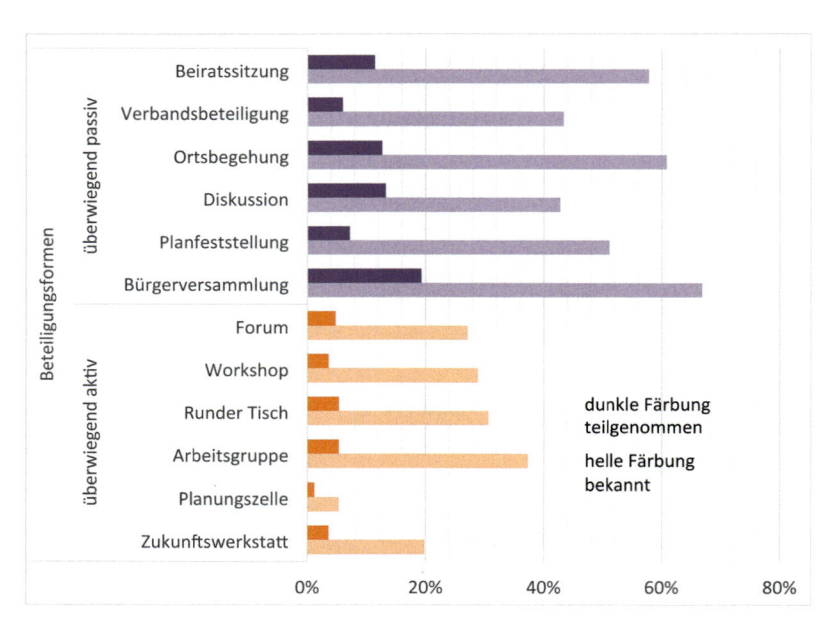

◘ **Abb. 14.6** Welche Beteiligungsformen sind den Befragten bekannt, an welchen haben sie schon einmal teilgenommen? (© FRAMES Team (Autoren))

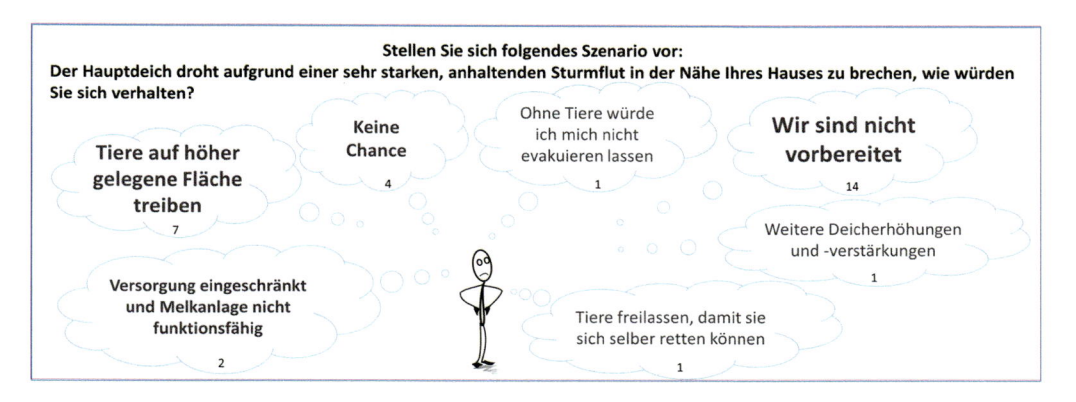

Stellen Sie sich folgendes Szenario vor:
Der Hauptdeich droht aufgrund einer sehr starken, anhaltenden Sturmflut in der Nähe Ihres Hauses zu brechen, wie würden Sie sich verhalten?

- Tiere auf höher gelegene Fläche treiben — 7
- Keine Chance — 4
- Ohne Tiere würde ich mich nicht evakuieren lassen — 1
- Wir sind nicht vorbereitet — 14
- Weitere Deicherhöhungen und -verstärkungen — 1
- Versorgung eingeschränkt und Melkanlage nicht funktionsfähig — 2
- Tiere freilassen, damit sie sich selber retten können — 1

Abb. 14.7 Häufigkeit der Antworten teilnehmender Landwirte. (© FRAMES Team (Autoren))

mit anwesenden Experten aus verschiedenen Institutionen und Organisationen aus dem Hochwasser-, Küsten- sowie Katastrophenschutz nutzten.

14.5 Fazit

Die im Rahmen des FRAMES-Vorhabens durchgeführte Bevölkerungsbefragung in der Küstengemeinde Butjadingen im Landkreis Wesermarsch zeigt, dass die Themen Hochwasserrisiko und Klimawandel zentrale politische Handlungsfelder sind. Die Mehrheit der Befragten ist der Meinung, dass der Klimawandel hauptsächlich anthropogen verursacht wird, nur ein Bruchteil sieht die natürliche Ursache als Hauptgrund an. Erstaunlich ist in diesem Zusammenhang das Ergebnis der Frage nach der Verstärkung des Hochwasserrisikos durch menschliche Eingriffe (Abb. 14.1, HWR 2). Die Gemeinde ist von drei Seiten von Wasser umschlossen und würde in Extremfällen nicht nur von den Sturmfluten der Nordsee, sondern auch von Flusshochwässern durch die Weser bedroht werden. Menschliche Eingriffe, die die Weser in den letzten 130 Jahren zu einem der meist kanalisierten Flüsse Europas haben werden lassen, führten beispielsweise dazu, dass der Tidenhub in der Weser um 4 m angestiegen

und die Standsicherheit einiger Deichstrecken durch veränderte Strömungsgeschwindigkeiten gefährdet ist [14]. Mit diesem Wissen ließe sich im Sinne eines verstärkten Ausbaus von Hochwasser- und Küstenschutzmaßnahmen argumentieren. Allerdings hält die Mehrheit einen kostspieligen Ausbau in heutiger Zeit für nicht gerechtfertigt. Erklärt werden kann diese Einschätzung entweder durch fehlende eigene Erfahrung mit Hochwasserereignissen oder durch die Annahme, dass die Bürger zwar hinter den Deiche in Sicherheit leben und arbeiten wollen, aber den Sicherheitszuwachs nicht ausschließlich im Bau immer höherer Deiche sehen.

Die Bemessung der Deiche beruht in Niedersachsen [3] nicht auf dem Risikobegriff, wie ihn die EU HWRM-RL eingeführt hat, sodass das Schadenspotenzial in die Bemessung der Schutzbauwerke nicht mit einbezogen wird. Einige Bürger, die an der Posterausstellung teilnahmen, versuchten die Beantwortung der oben genannten Frage folgendermaßen zu erklären: „Wenn immer höhere Deiche gebaut würden, dann würde der Wasserstand bei Sturmflut vermutlich höher auflaufen. Sollte das der Fall sein, dann würde sich vor dem Deich doch eine größere Gefahr aufbauen, die eine verheerende Wirkung bei einem Deichbruch erzielen könnte. Als Folge könnte das

Nordseewasser viel weiter in das Landesinnere dringen und größeren Schaden verursachen." Gemäß Aussagen des Deichbandes werden die heutigen Deiche bereits als sogenannte Überlaufdeiche gebaut, sodass ein bestimmter Wellenüberlauf im Sturmflutfall zugelassen werden kann, ohne den Deich auf der Binnenseite zu schädigen.

Sowohl die Altersstruktur in den Rückläufern des Fragebogens als auch die Teilnehmer an der Posterausstellung spiegelten deutlich wider, in welcher Altersgruppe das meiste Interesse an den Themen Hochwasser- und Küstenschutz vorhanden ist. Ältere Menschen zeigten deutlich mehr Interesse an diesen Themen als die Jüngeren. Obwohl die von den Autoren durchgeführte Veranstaltung in der Schule belegte, dass auch bei Schülern durchaus Interesse vorhanden ist bzw. durch geeignete Formate geweckt werden kann, ist deren Bereitschaft für eine aktive Rolle (z. B. direkte Beteiligung oder aktives Einholen von Informationen) eher gering. Das gewählte Format der Präsentation der Ergebnisse in Form einer Posterausstellung könnte das mangelnde Interesse erklären, wobei in den Ergebnissen der Befragung diese Formate von mehr als 60 % präferiert wurden. Darüber hinaus wurde im Vorfeld auf diese Veranstaltung sowohl in Form von klassischen Zeitungsartikeln als auch über digitale Informationskanäle wie Newsletter oder soziale Medien hingewiesen.

Das mangelnde Interesse der jüngeren Generation spiegelt auch die nach Altersgruppen ausgewertete Antwort auf die Frage wieder, wodurch sich die Bürger in ihrer Region bedroht fühlen: Die Älteren fühlen sich mehr durch ein Hochwasserereignis bedroht als die Jüngeren. Dies ist möglicherweise darauf zurückzuführen, dass einige der Älteren bereits viele Sturmfluten miterlebten, einige vielleicht sogar während der Sturmflut von 1962 für die Deichsicherheit tätig waren. Der Umstand, dass die höher aufgelaufenen Sturmfluten der letzten Jahre keine verheerenden Schäden verursacht haben, wird besonders bei der jüngeren Generation zu einem erhöhten Sicherheitsgefühl beigetragen haben. Diese Erkenntnis lässt sich durch die Beantwortung der Frage nach der Eigenvorsorge untermauern. Gefragt wurde nach der Wirksamkeit, dem Aufwand und der Umsetzungswahrscheinlichkeit von Maßnahmen, die die Eigenvorsorge im Katastrophenfall erhöhen würden. Zwar stufen die meisten Befragten die Wirksamkeit der genannten Maßnahmen als hoch und den Aufwand diese Maßnahmen umzusetzen als gering ein, die Umsetzungswahrscheinlichkeit war aber stark altersabhängig. So nimmt die Wahrscheinlichkeit, mit der die Bürger die Maßnahmen im Rahmen der Eigenvorsorge umsetzen würden, mit dem Alter zu.

Besonderes Augenmerk sollte auf die Landwirtschaft als wichtigen Wirtschaftsfaktor der Küstenregion gelegt werden. Die Antworten der Landwirte zeigen einen dringenden Handlungsbedarf in Sachen Eigenvorsorge und die Notwendigkeit einer engeren Einbindung in den Katastrophenschutz auf. Landwirtschaftliche Betriebe mit mehr als 200 Tieren sind im Katastrophenfall schwer bis gar nicht zu evakuieren [15]. Stattdessen müssen alternative Schutz- oder Vorsorgekonzepte entwickelt werden, um diese Betriebe in solchen Lagen besser aufzustellen. Mit über 125.000 Rindern und weiteren tausenden Großvieheinheiten wie Schweinen und Pferden steht der Landkreis Wesermarsch vor einer enormen Aufgabe. Aktivitäten im Rahmen des FRAMES-Vorhabens im Landkreis Wesermarsch und die Fragebogenaktion führen dazu, dass die Situation der Landwirte in Bezug auf ein Hochwasserrisiko wieder neu betrachtet wird. Landwirte sind auf die Autoren zugekommen, um gemeinsam Lösungsmöglichkeit und -ideen für den Katastrophenfall zu entwickeln. Ein solcher Katastrophenfall fokussiert nicht ausschließlich auf ein Hochwasserereignis, sondern bezieht explizit mit ein, dass in einer solchen Lage auch mit Stromausfällen gerechnet werden muss.

Dadurch wäre beispielsweise ein Milchviehbetrieb nicht mehr in der Lage, seine Melkanlage zu betreiben. Darüber hinaus sind Notstromaggregate entweder gar nicht oder in nicht ausreichender Dimension und Anzahl bei Hilfsorganisationen vorhanden.

Die Ergebnisse der Befragung haben gezeigt, dass die befragten Bürger bereits über ein erhebliches Wissen verfügen, aber dass die Bereitschaft, daraus vorsorgendes Handeln abzuleiten, je nach Altersgruppe unterschiedlich ist. Jüngere Einwohner müssen mehr für diese Themen interessiert werden. Darüber hinaus wurde deutlich, dass die Bevölkerung nicht ausreichend über die richtigen Verhaltensweisen im Katastrophenfall informiert ist. Dies spiegelt sich auch in der Beantwortung der Frage wieder, wie sich die Menschen im Falle eines Deichbruches verhalten würden. Eine häufige Antwort war, „ins Auto setzen und auf höher gelegene Flächen flüchten". Betrachtet man die Höhenkarte der Wesermarsch, müssten die Menschen zunächst die am höchsten gefährdeten Gebiete durchqueren, um in sichere Höhenlagen zu gelangen. Weiterhin gibt es nur zwei gut ausgebaute Straßen, die in Richtung Süden zur höher gelegenen Geest führen, die aber im Katastrophenfall bevorzugt für Rettungskräfte und Hilfsorganisationen freigehalten werden sollten. Auch hier ist demnach ein erheblicher Informationsbedarf vorhanden, um auf den Katastrophenfall vorbereitet zu sein.

Auf Basis der Ergebnisse der Befragung arbeitet nun ein Regionalforum bestehend aus verschiedenen BOS-Einheiten (Behörden und Organisationen mit Sicherheitsaufgaben) darunter Kommunen und der Landkreis Wesermarsch mit den Autoren daran, Ideen zur Behebung der genannten Defizite zu entwickeln und diese kurz- bis mittelfristig umzusetzen.

Mit der Umsetzung der EU Hochwasserrisikomanagement Richt-linie im Jahr 2007 [1] haben sich die Betrachtungsweisen für den Küsten- und Hochwasserschutz in Deutschland verändert. Das deutsche Wasserhaushaltsgesetz [2] wurde in 2009 an die neuen Rahmenbedingungen aus den Vorgaben der EU Richtlinie angepasst und hat in Abschnitt 6 „Hochwasser" die Vorgaben für die deutsche Wasserwirtschaft Rahmen gebend umgesetzt. Im Nieder-sächsischen Deichgesetz [3] findet eine Berücksichtigung des Risikoansatzes bisher noch nicht statt. Das auf einen Sicherheitsstandard ausgelegte Gesetz müsste, um den Erfordernissen der EU-Gesetzgebung zu entsprechen, an die Risikobetrachtung angepasst werden [4]. Darüber hinaus ist die Bevölkerung bei einem Übergang von einer Sicherheitsphilosophie in eine Risikobetrach-tung unbedingt einzubinden, um eine Informations- und Ver-haltensvorsorge zu unterstützen. In diesem Artikel werden Ergebnisse einer Befragung der Bevölkerung vorgestellt, die in einer nordwestdeutschen Küstenkommune zu den Themen Hochwasserrisiko und Katastrophenschutz durchgeführt wurde.

■ **Dank**

Die Autoren werden im Rahmen des Forschungsprojektes FRAMES (Flood Resilient Areas by MulitLayered Saftey) durch das EU INTERREG VB Nordseeprogramm gefördert. Darüber hinaus danken die Autoren der Gemeinde Butjadingen, dem Landkreis Wesermarsch und allen Butjenter Bürgern für die Unterstützung bei der Durchführung dieser Befragung.

Literatur

1. EC (2007): Directive 2007/60/EC on the assessment and management of flood risk.
2. WHG (2017): Gesetz zur Ordnung des Wasserhaushalts (Wasserhaushaltsgesetz-WHG) vom 31. Juli 2009 (BGBl. I 2585), das zuletzt durch Artikel

1 des Gesetzes vom 18. Juli 2017 (BGBl. I 2771) geändert worden ist.
3. NDG (2004): Niedersächsisches Deichgesetz (NDG) vom 23. Februar 2004 (Nds. GVBl. Nr. 6/2004).
4. Ahlhorn, F., Bormann, H. (2015): Entwicklungsmöglichkeiten des Hochwasserschutzes im Küstenraum – Risiko oder Sicherheit? Wasser und Abfall 6: 26-30.
5. Kunz. H. (2004): Sicherheitsphilosophie für den Küstenschutz. Jahrbuch der HTG 54: 253-288.
6. Hofstede, J. (2007): Küstenschutz im Küstenrisikomanagement. HANSA International Maritime Journal 6: 103–105.
7. NWG (2010): Niedersächsisches Wassergesetz (NWG) vom 19. Februar 2010 (Nds. GVBl. 64/2010).
8. LAWA (2010): Empfehlungen zur Aufstellung von Hochwasserrisikomanagementplänen beschlossen auf der 139. LAWA-VV am 25./26. März 2010 in Dresden.
9. Peters, H. P., Heinrichs, H. (2005): Öffentliche Kommunikation über Klimawandel und Sturmflutrisiken. Bedeutungskonstruktion durch Experten, Journalisten und Bürger. In: Schriften des Forschungszentrums Jülich, Reihe Umwelt/Environment, Bd. 58.
10. Technisch Advies Committee Water [TAW] (1998): Fundamentals on Water Defence.
11. Technisch Advies Committee Water [TAW] (2000): From Probability of Exceedance to Probability of Flooding.
12. Rijkswaterstaat (2012): Flood Risk and Water Management in the Netherlands. A 2012 update.
13. Ministry of Transport, Public Works and Water Management (2010): Water Act, Februar 2010.
14. Niedersächsischer Landesbetrieb für Wasserwirtschaft, Küsten- und Naturschutz [NLWKN] (2007): Generalplan Küstenschutz Niedersachsen/Bremen -Festland-.
15. Bundesamt für Bevölkerungsschutz und Katastrophenhilfe [BBK] (2016): Erfahrungsbericht LÜKEX 15. Sturmflut an der deutschen Nordseeküste.

Umgang mit gesellschaftlichen Widerständen bei Planung eines Hochwasserrückhaltebeckens

Andreas Rudolf und Joachim Schimrosczyk

In der Hochwasserschutzkonzeption für die Selke, einem Mittelgebirgsbach im Harz, sind zwei grüne Hochwasserrückhaltebecken elementare Bestandteile. Da das Gebiet in vielfältiger Weise naturschutzfachlich geschützt ist, ergaben sich früh gegen die Planung eines der beiden Anlagen erhebliche Widerstände. Der Umgang mit einer solchen Situation und Lösungsvorschläge werden vorgestellt.

Im Harz, dem nördlichstes Mittelgebirge Deutschlands, entspringt die Selke als Nebenfluss der Bode nahe dem Ort Stiege, auf einer Höhe von ca. 525 m ü. NHN. Die Selke ist fast 65 km lang. Sie hat im Ober- und Mittellauf ein Längsgefälle von 2,4 % bis 0,4 %, steile Kerbtäler und eine schmale Talaue. Unterhalb von Meisdorf verlässt die Selke den Harz, das Tal weitet sich zu einer Ebene auf, das Längsgefälle beträgt nur noch ca. 0,1 %.

An der Selke liegen zwölf Orte mit ca. 14.100 Einwohnern. Das gesamte Einzugsgebiet besteht zu etwa 80 % aus Wälder und Wiesen, die Siedlungsflächen machen nur 4 % aus.

Die gesamte Selke, ihre Nebentäler und die im Einzugsgebiet vorhandenen Bergwiesen, wurden durch das Land Sachsen-Anhalt als FFH – Gebiet an die EU gemeldet, außerdem sind große Teile als SPA Vogelschutzgebiet ausgewiesen. Weiterhin ist der Bereich als Landschaftsschutzgebiet und als Naturschutzgebiet national geschützt, zahlreiche verschiedenartige Biotope sind auch vorhanden.

Das Selketal ist eines der ursprünglichsten Täler im Ostharz. Die geringe Besiedelung und vielfältige Schutzstatus der hochwertigen Naturraumausstattung, tragen dazu bei, dass der Veränderungsdruck auf die Natur vergleichsweise gering ist. Gerade deswegen besteht auch eine hohe touristische Anziehungskraft, u. a. führt durch das Tal der „Selketal-Stieg" als Fernwanderweg.

Zuerst erschienen in Wasser und Abfall 6/2019

© Der/die Autor(en), exklusiv lizenziert an Springer Fachmedien Wiesbaden GmbH, ein Teil von Springer Nature 2023
M. Porth et al. (Hrsg.), *Wasser, Energie und Umwelt*,
https://doi.org/10.1007/978-3-658-42657-6_15

> **Kompakt**
>
> — Zur Verbesserung des Hochwasserschutzes wurde an der Selke ein Hochwasseraktionsplan erarbeitet, der auch die Errichtung zweier grüner Hochwasserrückhaltebecken vorsah.
> — Gegen eines dieser Becken regte sich Widerstand, eine Bürgerinitiative dagegen und drei Bürgerinitiativen dafür wurden gegründet.
> — Mit Einrichten eines Dialogs mit betroffenen Körperschaften, Stakeholdern und Verwaltungen, dem „Selkedialog" wurde ein konstruktives Vorgehen wieder ermöglicht. Der gegründete „Selkebeirat" stellt die Information der interessierten Öffentlichkeit sicher.

Kennzeichnend für Hochwasserereignisse ist ein erheblicher Anstieg des Durchflusses innerhalb weniger Stunden auf das 70- bis 80-fache des normalen Abflusses MQ. Aus der Scheitelganglinie in Abb. 15.1 ist ersichtlich, dass bis Meisdorf, wo die Selke den Harz verlässt, der Scheitel ansteigt. Die große Dynamik zeigt sich in den Fließzeiten, die Abflussspitze benötigt vom Pegel Straßberg bis Pegel Meisdorf (Entfernung 22 km) nur acht Stunden, von Meisdorf bis zur Mündung (29 km) sind es nur zwölf Stunden.

15.1 Zeitlicher Ablauf der Hochwasserereignisse

Das letzte große Hochwasserereignis 1994 verursachte Schäden von 17 Mio. €. Während dieses Hochwassers kamen glücklicherweise keine Menschen zu Tode.

Nach Abschluss der Planungen und der vergleichenden Betrachtung von neun Alternativen, wurde mit der Vorzugsvariante im Jahr 2002 der Hochwassersaktionsplan (HWAP) Selke, zur Umsetzung durch die Landespolitik verabschiedet. Es sollte für die Ortschaften ein Hochwasserschutz HQ 100 gewährleistet werden.

Der HWAP umfasst die Bestandteile
— Bewirtschaftungsänderung vorhandener Harzteiche (historische Bergbauteiche) mit Vergrößerung Hochwasserschutzraum
— zwei grüne Hochwasserrückhaltebecken (HRB) bei Straßberg und Meisdorf
— in den Orten Hochwasserschutzanlagen wie z. B. Deiche, Mauern
— Umbau/Rückbau von Wehranlagen unter Berücksichtigung Durchgängigkeit

Der Talsperrenbetrieb Sachsen-Anhalt (TSB) ist für Planung, Bau und Betrieb der Hochwasserrückhaltebecken verantwortlich, den innerörtlichen Hochwasserschutz setzt der Landesbetrieb für Hochwasserschutz und Wasserwirtschaft (LHW) um.

Für das HRB Straßberg begann die Planung in 2003, die Unterlagen wurden 2013 zur Genehmigung eingereicht. Bereits im Jahr 2004 begann auch die Planung für das HRB Meisdorf. Wegen erheblicher Widerstände ist diese Planung ins Stocken geraten.

15.2 Ausgangssituation, Darstellung des Konfliktes

Gegen das HRB Meisdorf regte sich mit Bekanntwerden des HWAP Selke Widerstand von Naturschützern und Vertretern touristischer Interessen. Im Jahr 2004 wurde die Bürgerinitiative „Naturnaher Hochwasserschutz Selke" gegründet. Diese machte ihre ablehnende Haltung zum HRB Meisdorf mit Demonstrationen, Flyern, Resolutionen und Informationsveranstaltungen deutlich.

Trotz gegenseitiger Informationen verhärteten sich die Fronten zwischen Talsperrenbetrieb und Bürgerinitiative immer

Längsschnitt Selke Scheiteldurchflüsse HQ 100 (PGSL 2015)

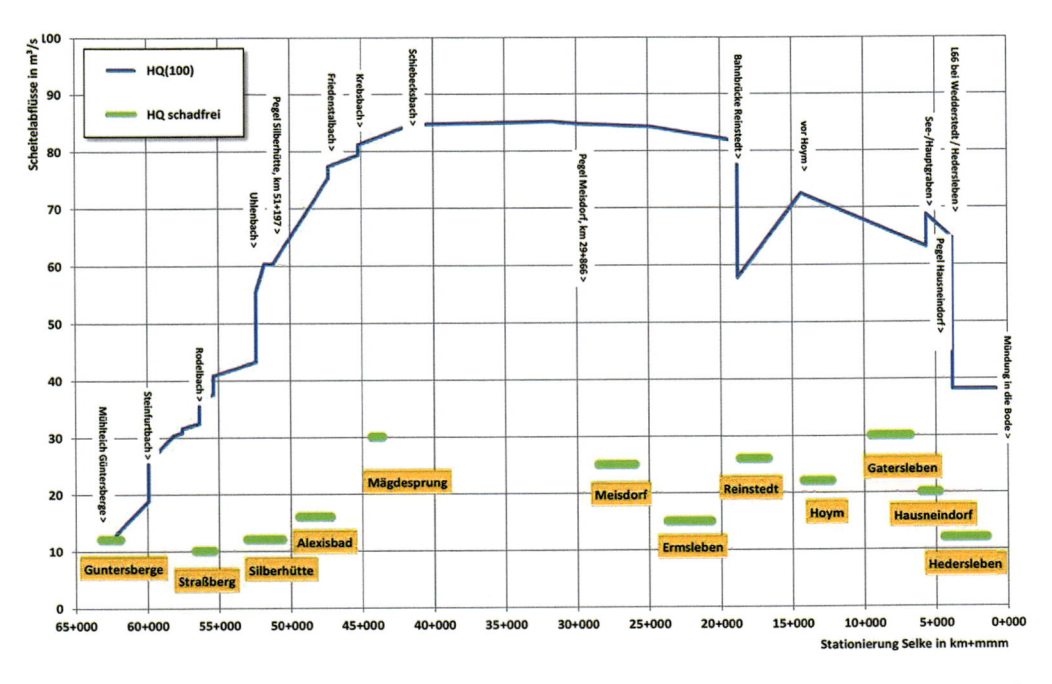

Abb. 15.1 Scheitelganglinie Selke HQ 100. (© Umsetzung der HWRM-RL, Stufe 3 für die Selke, 2015, Planungsgesellschaft Scholz + Lewis)

mehr. So fanden seit 2007 mehrere Informationsveranstaltungen statt, in denen der TSB über die von der Bürgerinitiative vorgeschlagenen Lösungen Rechenschaft ablegte und nachwies, dass deren wasserwirtschaftliche Wirksamkeit nicht ausreichend ist.

Die verhärteten Standpunkte machten eine Annäherung unmöglich und somit war eine beidseitig akzeptierte Verbesserung des Hochwasserschutzes an der Selke nicht erreichbar. Es war zu befürchten, dass eine langwierige gerichtliche Auseinandersetzung drohte.

15.3 Lösungsansatz

Die Bewohner, Unternehmen und Verwaltungen der Anliegerorte wurden langsam ungeduldig, denn in Sachen Hochwasserschutz hat sich seit 1994 fast nichts getan. Auch deswegen wurden in drei Orten Bürgerinitiativen pro HRB Meisdorf gegründet.

Alle vier Bürgerinitiativen forderten wegen der Stagnation Unterstützung, bei der seit April 2016 zuständigen Umweltministerin, Frau Prof. Dr. Claudia Dalbert, um eine schnelle Verbesserung des Hochwasserschutzes an der Selke zu erreichen. Nach Gesprächen fiel Ende 2016 die Entscheidung, mit allen Beteiligten an einem Tisch, den Selkedialog durchzuführen.

Unter Federführung des Ministeriums für Umwelt, Landwirtschaft und erneuerbaren Energien (MULE), wurden folgende Akteure zur Mitwirkung am Selkedialog eingeladen:
- Vertreter der betroffenen Landkreise
- Vertreter der Verwaltungsgemeinschaften und Kommunen

- Vertreter der Bürgerinitiativen pro HRB Meisdorf
- Vertreter der Bürgerinitiative Naturnaher Hochwasserschutz Selke
- Vertreter von Bauern- und Waldbesitzerverbände
- Vertreter eines Umweltschutzverbandes (BUND)
- Vertreter des Harzklubs (für touristische Belange)
- Vertreter des Landesamtes für Umweltschutz

Diese bildeten mit dem Talsperrenbetrieb und dem MULE einen „Runden Tisch".

15.4 Durchführung Selkedialog

Der Selkedialog bestand aus dem Arbeitsgremium „Runder Tisch". Für die Öffentlichkeit wurden 3 Informationsveranstaltungen durchgeführt.

15.4.1 Arbeit des „Runden Tisches"

Eine unerlässliche Voraussetzung für ein erfolgreiches Gelingen war dabei die Moderation durch eine geeignete Person. Es wurde nach Ausschreibung ein Mediator gefunden, der neutral den Dialog vorbereitete, leitete und auswertete.

Zuerst wurde durch den Mediator die einzuhaltenden Regeln und die Arbeitsweise vorgeschlagen und vom Runden Tisch bestätigt.
1. Freiwilligkeit
2. Ergebnisoffenheit
3. Informiertheit
4. Vertraulichkeit der Dokumente und Unterlagen
5. Selbstverantwortlichkeit
6. Neutralität bzw. „Allparteilichkeit" des Mediators

Die Mitglieder des „Runden Tisches" sind keine Wasserwirtschaftler, daher erfolgte anfangs die Vermittlung von Grundlagen zu Hydrologie und Hydraulik, zu Hochwasserentstehung und Verlauf. Außerdem wurden Informationen zum Planungsrecht und zu naturschutzfachlichen Fragestellungen gegeben.

Ausgehend vom Konflikt zum HRB Meisdorf, als ein Baustein des Gesamtkonzeptes, wurden von den Teilnehmern des „Runden Tisches" innerhalb von zehn Monaten, in neun Sitzungen (Dauer je fünf Stunden), über 20 verschiedene Vorschläge diskutiert und im Vergleich mit dem HRB Meisdorf und dem Gesamtkonzept bewertet. Außerdem wurde eine Exkursion der Teilnehmer zur Baustelle eines vergleichbaren Hochwasserrückhaltebeckens und zu potenziellen Dammstandorten der eingebrachten Vorschläge durchgeführt.

15.4.2 Information der Öffentlichkeit

Die Einbeziehung der Öffentlichkeit in den Selkedialog erfolgte über drei Veranstaltungen, unter Schirmherrschaft und Anwesenheit der zuständigen Ministerin. Zum Auftakt im Juni 2017 wurden mehr als 200 Interessierte über das Arbeitsgremium „Runder Tisch" über dessen Teilnehmer und über dessen Arbeitsweise informiert. Nach einem halben Jahr, gab es in einer weiteren Veranstaltung Zwischenergebnisse und der Ausblick auf die weiteren Arbeiten. Ende Juni 2018 legte der „Runde Tisch" Rechenschaft über die geleistete Arbeit ab, die von fast 300 Besuchern verfolgt wurde. Die Veranstaltungen waren auch in den modernen Medien als Live-Übertragungen zu sehen. Auf der Homepage des MULE ist eine Projektseite vorhanden.

15.5 Ergebnis Selkedialog

Es zeigte sich bei exakter Betrachtung, dass das gemeinsame Ziel, nämlich die Verbesserung des Hochwasserschutzes an der Selke, unterschiedlich interpretiert wurde. Während der HWAP Selke als Schutzziel das HQ 100 festschrieb, strebte die Bürgerinitiative nur die Verbesserung des Hochwasserschutzes ohne feste Zielvorgabe an.

Aus den über 20 eingebrachten Vorschlägen selektierten sich fünf Vorschläge heraus, deren weitere Bearbeitung der Hauptinhalt der Abschlusserklärung des „Runden Tisches" war.

Das MULE nahm die Erklärung an und sicherte zu, die verbliebenen Vorschläge in die Planungen einzubeziehen.

Als konkrete Ergebnisse sind festzuhalten:
a) Als Schutzziel für alle Orte an der Selke wird einheitlich das hundertjährliche Hochwasserereignis HQ 100 definiert.
b) Das Planfeststellungsverfahren HRB Straßberg wird fortgeführt.
c) Für den technischen Hochwasserschutz wird dem Rückhalt durch grüne Hochwasserrückhaltebecken der Vorrang gegenüber dem innerörtlichen Hochwasserschutz eingeräumt.
d) Die Flächeninanspruchnahme, insbesondere von landwirtschaftlich genutzten Flächen, ist auf das Minimum zu beschränken, dies betrifft auch Kompensationsmaßnahmen aus dem Naturschutzrecht.
e) Die weiteren Planungen der Vorschläge werden durch einen Selkebeirat begleitet.

Neben der Annäherung der sich gegenüberstehenden Seiten und der Wiederbelebung des Dialogs, gab es noch weitere „weiche" Ergebnisse. Das Verständnis für die Mehrdimensionalität der komplexen Fragestellungen vor Entscheidungen für Bausteine der Schutzkonzeption Selke, ist gewachsen. Einfache Entscheidungen ohne Kompromisse gibt es nicht. Auch wuchs das Verständnis für mitunter längere Planungsprozesse. Es ist auch festzuhalten, dass alle Bürgerinitiativen sich mit ihren Anliegen durch den Selkedialog ernstgenommen fühlen.

15.6 Weiteres Vorgehen

Mit Berufung des Selkebeirates aus den Teilnehmern des „Runden Tisches", wird der Selkedialog fortgeführt und die weiteren Planungen schrittweise und kontinuierlich begleitet. Es ergibt sich dadurch für den TSB auch die Möglichkeit, Planungsabläufe zu kommunizieren und gegenseitige Abhängigkeiten verschiedener Planungsfachgebiete darzustellen.

Der maßgebliche Unterschied zwischen Beirat und dem „Runden Tisch" ist die Tatsache, dass der Beirat lediglich informiert wird, da die Planungshoheit beim Talsperrenbetrieb liegt.

Der Selkebeirat soll zweimal im Jahr informiert werden. Damit wird auch der Informationstransfer zur interessierten Öffentlichkeit möglich.

Letztlich ist es eine Rückkehr an den Planungsanfang. Mit dem Neustart Selkebeirat wird hier ein Instrumentarium geschaffen, das auch für andere Vorhaben als Beispiel dienen kann.

Reallabore als Brücke zu Hochwasser- und Gewässerschutz

Jacqueline Lemm, Julia Kolb, Elena Kaip, Dhenya Schwarz und Nenja Ziesen

Die Soziologie kann mit der Methode der Reallabore interdisziplinäre Forschungsvorhaben durch eine hohe Beteiligung verschiedener Akteure bereichern. Einige Projekte werden an dieser Stelle vorgestellt.

Reallabore können Wissen zugänglich machen, sie ermöglichen es, technische Neuerungen vor Ort gemeinsam mit der Bevölkerung auszuprobieren, Wissen vor Ort zu integrieren und so zusätzliche Akzeptanz für das Forschungsergebnis herzustellen. Reallabore agieren inter- und transdisziplinär, sodass verschiedene Forschungsgruppen gegenseitig von ihrem Wissen profitieren können.

Am Institut für Soziologie der Rheinisch-Westfälischen-Technischen-Hochschule Aachen (RWTH Aachen) gibt und gab es bisher vier solche Reallabore. Hierfür haben sich das Institut für Wasserbau und Wasserwirtschaft (IWW) und das Institut für Soziologie (IfS) zusammengeschlossen. Die teilweise schon beendeten, teilweise gerade begonnen Projekte beschäftigen sich mit Landunter- und Sturmflut-Situationen auf Halligen an der deutschen Nordseeküste, Überflutungen in (semi-)ariden Gebieten im Iran und Hochwasserereignissen in einer flusslosen Stadt durch Starkregen [1].

16.1 Theorie

Bei Reallaboren handelt es sich um Erprobungsräume der Gesellschaft, in welchen Transformationsprozesse gezielt angeregt und begleitet werden. Sie sind sowohl zeitlich als auch räumlich begrenzt. Durch die interdisziplinäre Zusammenarbeit und den Einbezug von Bürgern bilden Reallabore die Gesellschaft im Kleinen ab [2]. Das Reallabor hat zum Ziel, Ursachen und Wirkungen besser zu verstehen, Probleme frühzeitig zu erkennen und dann gemeinsam mit Betroffenen vor Ort oder virtuell Maßnahmen zu ihrer Lösung zu finden. Ein wichtiges Mittel ist hierbei neben der Transdisziplinarität das Co-Design, die Co-Produktion und die Co-Evaluation [3]. Weitere Definitionselemente sind neben der Transdisziplinarität die realweltliche Einbettung des Forschungsthemas, transformative

Zuerst erschienen in Wasser und Abfall 4/2021

Forschung – ein Aspekt der Nachhaltigkeit – Partizipation und Resilienz [2]. In der Transdisziplinarität ist es wichtig, dass nicht nur unterschiedliche wissenschaftliche Fachrichtungen an der Forschung beteiligt sind, sondern auch das Wissen vor Ort, namentlich das Erfahrungswissen und das implizite Wissen der betroffenen Bevölkerung einbezogen wird [2]. Relevant dafür ist die Kommunikation auf Augenhöhe. Der Habitus des Wissenschaftlers im Elfenbeinturm soll bewusst abgelegt und die Bevölkerung als gleichberechtigter Forschungspartner anerkannt werden. Im Gegensatz zu der Forschung im Labor sind in einem Reallabor die Umwelteinflüsse nicht zu unterdrücken, sondern vielmehr wertzuschätzen. Wichtig ist jedoch, dass auch in einem Reallabor sowohl die Teilnehmerzahl als auch die Dauer begrenzt sind. Dies ist für die gezielte Forschung und für die mögliche Partizipation aller Beteiligten relevant. Auch muss eine klare thematische Eingrenzung erfolgen. Die Themen müssen hierbei nah an der Erfahrungswelt der Betroffenen ausgerichtet sein. Durch den engen Bezug werden die Teilnehmenden eher zu einer kreativen Mitgestaltung motiviert, woraus sozial nachhaltige Ergebnisse resultieren [2]. Die Partizipation ist ein für das Reallabor besonders relevanter Faktor. In allen Phasen, angefangen mit der Ideengenerierung über die komplette Phase der Transformation bis hin zur Lösung, muss die Bevölkerung mit in den Prozess einbezogen werden [2].

> **Kompakt**
> - Reallabore können Brücken zwischen den Forschenden und den Bewohnern schlagen, welche zu Akzeptanz und nachhaltigen Ergebnissen führen.
> - Reallabore sind daher eine Methodik, welche das Potenzial hat, die Forschung interdisziplinärer und deutlich besser auf die Betroffenen zugeschnitten auszurichten.
> - Hierbei sollen nicht nur unterschiedliche wissenschaftliche Fachrichtungen beteiligt sein, sondern auch das Wissen vor Ort und das implizite Wissen der betroffenen Bevölkerung einbezogen werden.

Die Reallabore müssen auf nachhaltige und resiliente Ergebnisse ausgerichtet sein [2]. Nachhaltig meint in diesem Kontext sowohl eine Ausrichtung auf einen Aspekt des Umweltschutzes als auch die Langfristigkeit der Ergebnisse, während sich Resilienz auf den Umgang mit Risiken bezieht.

16.2 „Zukunft Hallig"

Obwohl es sich bei dem Projekt „Zukunft Hallig" noch nicht um ein Reallabor handelte, wurde doch in diesem Projekt der Grundstein für die Reallaborforschung am IfS gelegt. Das Projekt lief zwischen dem 1. Dezember 2010 und dem 30. April 2014 und wurde vom BMBF und dem KFKI gefördert. Es war auch die erste Zusammenarbeit zwischen dem IfS und dem IWW, wobei zusätzlich noch das Forschungsinstitut Wasser und Umwelt der Universität Siegen, der Landesbetrieb für Küstenschutz, Nationalpark und Meeresschutz Schleswig–Holstein und das Geowissenschaftliche Zentrum der Universität Göttingen beteiligt waren.

Ursprünglich war die Aufgabe der Soziologen im interdisziplinären Forschungsteam die Bestandsaufnahme der gewaltenbezogenen Risikominimierung vor dem Hintergrund des kulturellen Erbes und der sozialen Kontexte. Dieses Vorhaben wurde jedoch im laufenden Projekt erweitert. Ausschlaggebend hierfür waren qualitative Interviews, welche die Soziologen mit den Hallig-Bewohnern führten. Es sollte ergründet werden, wie eine Akzeptanz gegenüber von extern herangetragenen Schutzideen und Projekten gefördert werden kann. Zentrale Erkenntnis aus den Interviews war, dass sich die Bewohner und Bewohnerinnen nicht mitgenommen und zu wenig einbezogen fühlten sowie ihren Erfahrungen mehr Berücksichtigung geschenkt werden sollte. Das über Generationen angesammelte, implizite Hallig-Wissen bezüglich Sturmfluten und Landunter-Situationen wurde aus Sicht der Bewohner in vorangegangenen Forschungsprojekten nicht hinreichend berücksichtigt. Daher reagierten die Hallig-Bewohner ablehnend auf die akademischen Lösungsvorschläge von außen, die als Hallig-fern empfunden wurden, und akzeptierten diese daher nicht. Die Wissenschaftler initiierten daher Zukunftswerkstätten auf der Hallig Hooge und der Hallig Langeneß, die den Hallig-Bewohnern in freiwilliger Teilnahme die Möglichkeit eröffneten, selber kreativ Ideen für neue Schutzkonzepte ihres Lebensraumes zu entwickeln. In drei Phasen – Kritikphase, Phantasiephase, und Realisierungsphase – wurde in der Zukunftswerkstatt zunächst Gelegenheit gegeben, Stellung zum Projekt zu beziehen und danach der Kreativität freien Lauf gelassen. Anschließend wurden die gemeinschaftlichen Ideen bewertet sowie sortiert. Alle Vorschläge der Bewohner und Bewohnerinnen, von mobilen Schutzsystemen bis hin zu einer Aufwartung und kompletten Neubauten, fanden Berücksichtigung. Zuletzt standen in jeder der beiden Zukunftswerkstätten je fünf von den Bewohnern vorgeschlagene und präferierte Ideen fest.

» *„Jede Äußerung und Idee der Bewohner und Bewohnerinnen, von mobilen Schutzsystemen bis hin einer Aufwartung und kompletten Neubauten fanden Berücksichtigung."*

In „Zukunft Hallig" wurde durch die Fokusschärfe von der Akzeptanz zur Partizipation der Grundstein für die Idee eines Reallabors auf den Halligen gelegt. Es wurde erkannt, dass das implizite Wissen der Bevölkerung, beispielsweise über spezifisches Strömungsverhalten des Meeres oder vergangene Land unter oder Sturmfluten, Relevanz in der Forschung hat und diese bereichern kann.

16.3 „Living Coast Lab Halligen"

Das Projekt „Living Coast Lab Halligen" schloss sich als Nachfolgeprojekt an „Zukunft Hallig" von Oktober 2016 bis September 2019 an. Auch bei dem Projekt setzte sich das Forschungsteam aus Mitgliedern des IWW, des IfS, dem Forschungsinstituts Wasser und Umwelt der Universität Siegen, dem Landesbetrieb für Küstenschutz, Nationalpark und Meeresschutz Schleswig–Holstein und dem Geowissenschaftlichen Zentrum der Universität Göttingen zusammen. Zusätzlich war noch das Institut für Biologie und Umweltwissenschaften der Universität Oldenburg beteiligt.

Das Projekt „Living Coast Lab Hallig" war als ein Reallabor geplant, konnte jedoch durch administrative Gründe nicht vollumfänglich als Reallabor durchgeführt werden. Der Forschungsantrag beschrieb die Idee, auf einer unbewohnten Warft verschiedene Hochwasserschutzkonzepte zu errichten und unter realen Bedingungen gemeinsam mit den Hallig-Bewohnern zu beobachten und zu testen. Das angestrebte Ziel war, durch ein Reallabor herauszufinden, welche Küstenschutzmaßnahmen und -strategien einerseits von den Bewohnern als sinnvoll erachtet werden und andererseits technisch umsetzbar sind. Hierfür wäre ein Aufbau der Maßnahmen direkt vor Ort optimal gewesen, da die Bewohner die Maßnahmen in Aktion hätten sehen und testen können. Auch Effekte äußerer Einflüsse, wie der salzhaltigen Meeresluft oder die dortigen Windverhältnisse, hätten in Interaktion mit den Maßnahmen beobachtet werden können und die Forschung bereichert. Während Probleme mit der Genehmigung durch die Küstenschutzbehörden vielleicht noch hätten behoben werden können, scheiterte der geplante Praxistest dann aber durch das Nichteintreten eines Landunters während der Projektlaufzeit. Die Wissenschaftler mussten sich dementsprechend in ihrer Forschung anpassen. Daher verlegten die Ingenieure die Testungen in das Labor bzw. in die Versuchshalle, wo unter möglichst realitätsnahen Bedingungen die Schutzmaßnahmen getestet wurden. Auch der soziologische Ansatz erfuhr eine notwendige Anpassung, denn Interviews und Gespräche mit den Bewohnern vor Ort zu den Maßnahmen konnten nicht mehr geführt werden. Über Experten-Interviews wurde erneut das Erfahrungswissen der Bewohner abgefragt, um ein genaueres Bild vom Leben auf den Halligen und den Umgang mit Extremwetterereignissen wie Sturmfluten herauszufinden, wodurch bisherige Forschungserkenntnisse bestätigt bzw. erweitert werden konnten. Während in den qualitativen Interviews in „Zukunft Hallig" auch Fragen zu den allgemeinen Lebensumständen gestellt wurden, lag im Projekt „Living Coast Lab Halligen" der Fokus der Befragungen nicht nur auf dem Erfahrungswissen, sondern auch auf der erfahrungsbasierten Einschätzung zu den Entwicklungen auf den Halligen und einer Bewertung verschiedener Schutzmaßnahmen. Die Den Hallig-Bewohnern wurden dann in einer Gruppendiskussion – einem weiteren Verfahren der qualitativen Sozialforschung – die bisherigen Ergebnisse der Ingenieure vorgestellt und sie hatten Gelegenheit diese zu bewerten. Diese Methode ersetzte die eigentlich geplanten Methoden einer Besichtigung, Anwendung und Testung von Schutzmaßnahmen im Setting eines Reallabors. Dabei sollte die Partizipation der Bewohner bei der Bewertung der Maßnahmen gesichert werden. Zur Einführung stellten die Ingenieure die getesteten Maßnahmen vor, mit einer besonderen Berücksichtigung der jeweiligen Kosten- und Zeitaufwandsaspekte.

> „Es sollen Lösungen für den Kulturraum Iran gefunden werden, welche auch eine Übertragbarkeit in andere aride und semiaride Gebiete mit ähnlichem kulturellem Setting ermöglichen."

Zwar wäre der Aufbau der Schutzvorrichtungen auf einer leerstehenden Warft interessant gewesen, jedoch konnten auch so im Projekt „Living Coast Lab Halligen" interessante Erkenntnisse bezüglich des Hochwasserschutzes in der interdisziplinären Zusammenarbeit in diesem Reallabor gesammelt werden.

16.4 „HOWAMAN"

Im Gegensatz zu den beiden Projekten auf den Halligen, welche abgelaufen sind, befindet sich das vom BMBF geförderte Forschungsprojekt „HOWAMAN" (Fördermaßnahme Internationales Katastrophen- und Risikomanagement – IKARIM) aktuell im Förderzeitraum. Das „HOWAMAN"-Konsortium ist ein deutsches inter- und transdisziplinäres Team aus den Bereichen Wasserbau- und Wirtschaft, hydrodynamische Modellierung, Wasser- und Hochwassermanagement sowie Soziologie. Weiterhin bestehen Allianzen mit assoziierten Partnern im Iran aus Wissenschaft und Wirtschaft. Im Zuge des Forschungsprojektes werden nachhaltige Strategien und Technologien für den Einsatz im Hochwasserrisikomanagement in ariden und semiariden Gebieten untersucht und entwickelt. Es sollen Lösungen für den Kulturraum Iran gefunden werden, welche auch eine Übertragbarkeit in andere aride und semiaride Gebiete mit ähnlichem kulturellem Setting ermöglichen. Ein gutes Beispiel – und damit Untersuchungsgebiet für das Projekt – ist die Region rund um den Kan, ein Fluss, welcher einerseits in einem semiariden Gebiet liegt und andererseits dank seiner Lage in einem steilen Gebirgsgelände Schauplatz zahlreicher Sturzfluten wurde.

> „Es bedarf neuer inter- und transdisziplinärer Ansätze, weil die klassischen Flusshochwasserschutzkonzepte aufgrund wesentlicher Unterschiede im Entstehungs- und Wirkungsprozess der beiden Naturgefahren nicht auf das Starkregenrisikomanagement übertragen werden."

Das Projekt ist besonders interessant als Reallabor, da hier nicht nur eine technische Herausforderung existiert, sondern auch die Akzeptanz der Bevölkerung ein Problem darstellt. Da die meiste Zeit keine ultimative Gefahr in Form von Fluten zu erwarten ist und die Vorhersage solcher Ereignisse schwierig ist, ist auch das Adaptionsverhalten von Bevölkerung und involvierten Interessengruppen niedrig. Aus diesem Grund zielt das Projekt nicht nur auf eine technische Modellierung von Starkregenereignissen und deren Folgen ab, sondern vor allem auch auf die Untersuchung des Adaptionsverhaltens und das Capacity Building zur nachhaltigen Stärkung der iranischen Gesellschaft. Ein zentrales Ziel des soziologischen wie auch des Verbundprojekts ist es, das Risikobewusstsein und die Widerstandsfähigkeit der Gesellschaft zu erhöhen, in dem öffentliches Engagement und die Interaktion zwischen Menschen und Hochwasser auf kleinskaliger Ebene untersucht werden.

Bezogen auf eine Evaluation in Anlehnung an das Reallabor sind folgende Projektteilziele relevant: Nach der Visualisierung eines Stakeholdernetzwerkes (welches während des Projektzeitraumes fortwährend aktualisiert wird, um das Transformationsgeschehen zu überprüfen) werden Interviews mit Betroffenen und Interessengruppen geführt. Zunächst mit Experten, zur Beurteilung der Gefährdungslage und in einer weiteren Studie auch mit weiteren Stakeholdern aus den Sphären Zivilgesellschaft, Politik, Wissenschaft und Wirtschaft, um das Adaptionsverhalten der Bevölkerung zu untersuchen. Dies wird in einer quantitativen Fragebogenumfrage vertieft. Diese Schritte dienen als Basis für das Capacity Building und werden in partizipativen Workshops entworfen sowie evaluiert. Mit dieser Vorarbeit geht es in das Experiment, welches in Form von öffentlichem Bau der im Projekt identifizierten und erarbeiteten Schutzmaßnahmen in Kooperation mit der lokalen Bevölkerung stattfindet. Durch Workshops, Befragungen und ständige Feedbackschleifen will das Konsortium von Beginn an dem Co-Design-Anspruch gerecht werden und diesen im Experiment finalisieren.

16.5 „ERS Rainlab"

Das im Rahmen von Exploratory Research Space @ RWTH Aachen University (ERS) geförderte Forschungsprojekt „Rainwater Living Lab Aachen – Wasser in der Stadt gemeinsam denken" verfolgt das Ziel, ein bislang einzigartiges Rainwater Living Lab am Beispiel der Stadt Aachen mit Pilotcharakter für andere Städte und Regionen zur ganzheitlichen Analyse von Starkregenereignissen zu initiieren. Allein in Deutschland sind 50 % der Überflutungsschäden auf Starkregen zurückzuführen [4]. Besonders hohe Schäden entstehen oft kleinräumig in urbanen Gebieten. Die Starkniederschlagereignisse können im Gegensatz zu Flusshochwasserereignissen, die ausschließlich flussnahe Bereiche betreffen, überall auftreten, sind kaum vermeidbar und ein absoluter Schutz ist nicht möglich.

Das Risikomanagement von Starkniederschlägen stellt dabei eine Querschnittsaufgabe unterschiedlicher Fachdisziplinen und Akteure dar und erfordert ein Zusammenwirken unterschiedlicher Tätigkeitsfelder. Es bedarf neuer inter- und transdisziplinärer Ansätze, weil die klassischen Flusshochwasserschutzkonzepte aufgrund wesentlicher Unterschiede im Entstehungs- und Wirkungsprozess der beiden

Naturgefahren nicht auf das Starkregenrisikomanagement übertragen werden. Das ERS-Projekt setzt an diesen Anforderungen an und soll im Rahmen einer Proof-of-Concept- Studie prüfen, inwieweit interdisziplinäre Ansätze für Frühwarnung und Risikoreduktion, wie z. B. einer nachhaltigen und naturverträglichen Regenwasserbewirtschaftung, nach dem Prinzip der „Schwammstadt" erarbeitet werden können. Die Ergebnisse dieses einjährigen Forschungsvorhabens sollen dabei unterstützen, multi- und transdisziplinär die Analyse-, Planungs- und Kommunikationsprozesse und -tools für eine nachhaltige Überflutungs- und Schadensvorsorge bei Extremereignissen zu entwickeln.

Durch das Rainwater Living Lab soll ein Erfahrungspool gebildet werden, das eine holistische Analyse von Starkregenereignissen ermöglicht. Um die Ergebnisse auch mit interdisziplinären Akteuren ausbauen zu können bzw. in die Praxis einzuführen, soll am Ende des Projektes ein Workshop „Rainwater Living Lab Aachen" organisiert werden, in dem die erforschten Ansätze mit weiteren Fachexperten diskutiert werden.

Das Rainwater-Living-Lab-Aachen-Konsortium ist ein transdisziplinäres Team aus den Bereichen Wasserbau und Wasserwirtschaft, Stadtbauwesen und Stadtverkehr, Siedlungswasserwirtschaft, Soziologie mit dem Schwerpunkt Technik- und Organisationssoziologie sowie Physische Geografie und Klimatologie. Alle Fachdisziplinen sind an der RWTH Aachen University angesiedelt.

16.6 Fazit

Anhand der vier vorgebrachten Beispiele lässt sich erkennen, inwiefern die Forschung zu Hochwasser und Überflutungsereignissen von der Methode der Reallabore profitieren kann. Auch wenn noch nicht bei allen Projekten aufgrund ihrer Laufzeit Ergebnisse vorliegen, lässt sich erkennen, dass die Soziologie einen wichtigen Beitrag zu Hochwasser- und Gewässerschutz leisten kann. Reallabore haben das Potenzial, Brücken zwischen den Forschenden und den Bewohnern zu schlagen, welche zu Akzeptanz und nachhaltigen Ergebnissen führen. Dabei ist es irrelevant, um welche Thematik es sich handelt. Die vorgebrachten Beispiele zeigen, dass sich Reallabore sowohl an der Meeresküste, bei Flusshochwassern als auch bei Starkregenereignissen einsetzen lassen. Auch eventuell entstehende Probleme bezüglich unterschiedlicher Kulturen, wie beispielsweise im Projekt „HOWAMAN" lassen sich durch Reallabore und ein kultursensitives Vorgehen vermeiden.

Reallabore stellen sich als eine neue, zukunftsweisende Methodik vor, welche das Potenzial hat, die Forschung interdisziplinärer und deutlich besser auf die Betroffenen zugeschnitten zu gestalten.

Danksagung Das Forschungsvorhaben ZukunftHallig wurde vom Bundesministerium für Bildung und Forschung (BMBF) unter der Leitung des Projektträgers Jülich (PTJ) gefördert (Fördernummer: 03KIS093; 03KIS094; 03KIS095; 03KIS096). Das Vorhaben wurde fachlich vom Kuratorium für Forschung im Küsteningenieurwesen (KFKI) begleitet. Wir danken dem PTJ und dem KFKI für die organisatorische und finanzielle Unterstützung. Außerdem danken wir seitens des IfS Frau Ziesen, Co-Autorin in diesem Beitrag, für die gelungene Durchführung des Projektes. Frau Ziesen verantwortete außerdem das Anschlussprojekt „Living Coast Lab Halligen".

Literatur

1. Diese Veröffentlichung basiert auf: Shaker Band 2 (Hrsg. Häußling/Lemm): Reallabore als Gestaltungsräume für soziotechnische Innovationen. Publiziert in: Schriftenreihe empirische Studien zur

angewandten Technik- und Organisationssoziologie, Häußling, R. (Hrsg.), Shaker Verlag, Aachen. In Vorbereitung (05/2021).
2. Häußling, Roger „Reallabore als Testräume für soziotechnische Innovationen – ein Praxiseinblick" in: Schriftenreihe Empirische Studien zur angewandten Technik- und Organisationssoziologie. Band 2 Häußling, Lemm (Hrsg.). Im Erscheinen.
3. Rose, Schleicher & Maibaum, 2017, S. 4 n. Rose, Wanner & Hilger „Das Reallabor als Forschungsprozess und -infrastruktur für nachhaltige Entwicklung" 2019 S. 4.
4. Goderbauer-Marchner et al. „Die unterschätzten Risiken ‚Starkregen' und ‚Sturzfluten'." 2015. BKK; Bundesamt für Bevölkerungs- und Katastrophenhilfe, Bonn.

Wassersensible und klimagerechte Stadt- und Regionalentwicklung im Ruhrgebiet

Stephan Treuke und Anja Kroos

Der Emscher-Umbau übernimmt als Europas größtes Infrastrukturprojekt die Rolle eines Impulsgebers für eine wassersensible Stadt- und Regionalentwicklung. Für die nachhaltige Transformation der Emscher-Region werden wasserwirtschaftliche Themen mit städtebaulichen, ökologischen und gesellschaftlichen Handlungsfeldern verknüpft. Dabei kommen im Rahmen eines transformativen Governance-Ansatzes verschiedene Planungs- und Dialogformate zum Einsatz.

Seit Mitte des 19. Jahrhunderts wurde das Bild des Ruhrgebietes durch offene Schmutzwasserläufe im Zuge intensiver Industrialisierungsprozesse der Montanindustrie geprägt. Die Emscher übernahm dabei weitgehend die Funktion der kanalisierten Ableitung industriellen und privaten Abwassers – mit zahlreichen ökologischen und sozialen Konsequenzen für die Bewohner der Region. Die mit dem Kohleabbau einhergehenden Bergsenkungen verhinderten eine unterirdische Entsorgung von Brauchwasser.

Der schrittweise Bedeutungsniedergang des Bergbaus und das umfassende Struktur- und Erneuerungsprogramm des Landes Nordrhein-Westfalen – die Internationale Bauausstellung (IBA) Emscher Park – eröffneten im Jahr 1991 die Möglichkeit einer ganzheitlichen Revitalisierung des gesamten Flusssystems und gaben den Impuls für Europas größtes Infrastrukturprojekt, den Emscher-Umbau.

> **Kompakt**
>
> – Der Emscher-Umbau, Europas größtes wasserwirtschaftliches Infrastrukturprojekt, wird Ende 2021 abgeschlossen sein.
> – Schlüssel zum Erfolg ist die zielorientierte, abteilungsübergreifende und interdisziplinäre Kooperation zwischen den Kommunen, der Emschergenossenschaft, den beteiligten Ministerien, der Zivilgesellschaft und weiteren Stakeholdern.
> – Zur Anpassung der Region an den Klimawandel wird diese Kooperation ausgebaut, um weitere Themen-

Zuerst erschienen in Wasser und Abfall 11/2021

felder und Governance-Methoden erweitert. Beispielsweise sind sog. Stadtkoordinatoren jeder Kommune das Bindeglied zu den Stakeholdern der kommunalen Ebene.

17.1 Der Emscher-Umbau ist der Impulsgeber für die nachhaltige Entwicklung der Region

Im Rahmen dieses Generationenprojekts wurden innerhalb von drei Jahrzehnten die Emscher und ihre Nebenläufe auf ihrer Gesamtlänge von 329 km zu naturnahen Gewässern umgebaut. Das oberste Ziel war zu trennen, was nicht zusammengehört: in der naturnah umgestalteten Emscher fließt im offenen Gewässer sauberes Fluss- und Regenwasser, während Abwasser unterirdisch durch Kanäle zu den Kläranlagen transportiert wird (Abb. 17.1).

Der Abwasserkanal Emscher (AKE), welcher das Schmutzwasser aus den Zuflusskanälen aufnimmt, ist 51 km lang und besteht aus Stahlbeton-Rohren mit Innendurchmessern zwischen 1,60 und 2,80 m. Ein Gefälle von 1,5 ‰ ist notwendig, damit das Abwasser mit einer Geschwindigkeit von vier Kilometern in der Stunde fließt. Würde der Kanal mit diesem Gefälle in einer Linie verlaufen, würde er Dinslaken in 80 m Tiefe erreichen. Dies wäre zu tief, um das Abwasser anschließend in die Kläranlage Emscher-Mündung im Städte-Dreieck Oberhausen, Duisburg und Dinslaken zu heben. Daher gleichen drei Pumpwerke das Gefälle aus und sorgen dafür, dass das Abwasser in acht bis 40 m Tiefe fließt.

Die Pumpwerke in Gelsenkirchen und Bottrop sind bereits im September 2018 in Betrieb genommen worden. Das Pumpwerk in Oberhausen wurde am 20. August 2021 eröffnet und stellt das größte Schmutzwasserpumpwerk in Deutschland dar. Die zehn Pumpen heben mit einer Maximalleistung von 16.500 l pro Sekunde das Abwasser aus einer Tiefe von rund 40 m. Die Pumpwerkseröffnung in Oberhausen bildet einen weiteren Meilenstein des Emscher-Umbaus und macht es möglich, bis Ende 2021 alle noch verbliebenen Abwassereinleitungen der Emscher an den unterirdischen Abwasserkanal Emscher anzu-

 Abb. 17.1 Die renaturierte Alte Emscher in Duisburg. (© Emschergenossenschaft, Gaby Lyko)

Abb. 17.2 Einweihung des Pumpwerks Oberhausen. (© Emschgenossenschaft, Andreas Fritsche)

binden (Abb. 17.2). Damit wird Europas größtes wasserwirtschaftliches Infrastrukturprojekt mit seinen 300 Teilprojekten abgeschlossen.

17.2 Das interkommunale Handlungskonzept „Emscherland" stärkt die blau-grüne Infrastruktur

Die zahlreichen Chancen und Potenziale des wasserwirtschaftlichen Projektes Emscher-Umbau werden durch das Projekt „Emscherland" sichtbar und erlebbar gemacht. Das aus den Mitteln des Europäischen Fonds für Regionale Entwicklung geförderte interkommunale Handlungskonzept wird bis 2023 von der Emschergenossenschaft umgesetzt und umfasst drei große Projektbausteinen: den Natur- und Wasser-Erlebnis-Park, die Emscher-Promenade sowie den „Sprung über die Emscher".

Am Treffpunkt von Rhein-Herne-Kanal, Emscher und Suderwicher Bach entsteht der interkommunale Natur- und Wasser-Erlebnis-Park. Ein Wasserspielplatz, ein Staudengarten, ein Imkerhaus, eine Streuobstwiese, verschiedene Themen-Gärten sowie die Emscher-Terrassen mit Weingärten stellen die vielfältigen Angebote des Parks dar. Sowohl unter ökologischen als auch unter sozialen Gesichtspunkten bildet der Park ein gelungenes Beispiel für die Verbindung von Stadt und Natur. Er bietet naturnahe Erholungsmöglichkeiten verknüpft mit Bildungsangeboten und dient als Kombination aus Unterhaltung, Entspannung, Bildung und Naturerlebnis. Im Einklang mit wasserwirtschaftlichen und ökologischen Ansprüchen impliziert der städtebauliche Ansatz der Emschergenossenschaft die Integration der neuen Gewässerfreiräume in die umgebene Stadtlandschaft durch Beteiligung lokaler Akteure. Mithilfe der Kooperationen auf Streuobstwiesen, Weideflächen und verschieden nutzbaren Themengärten werden unter Beteiligung lokaler Akteure sowohl produktive Ansprüche erfüllt als auch die Grundlage für ein weites Spektrum an Bildungsangeboten zu nachhaltiger Entwicklung geschaffen (Abb. 17.3).

● **Abb. 17.3** Das interkommunale Projekt Emscherland. (© Emschergenossenschaft, Andreas Fritsche)

Die neue Emscher-Promenade wird die Emscher auf einer Länge von 18 km von Castrop-Rauxel über Recklinghausen und Herne bis Herten begleiten und dabei auch durch den Natur- und Wasser-Erlebnis-Park verlaufen. Die neu entstehenden und verbesserten Wege und Brücken bieten der Bevölkerung die Möglichkeit, die Revitalisierung der Emscher zu erleben. Gleichzeitig wird die Aufenthaltsqualität durch neue Erholungsräume am Wasser gesteigert.

Ein besonders eindrucksvolles Bauwerk entsteht in direkter Nähe zum Natur- und Wasser-Erlebnis-Park in Castrop-Rauxel: Über die Brücke „Sprung über die Emscher" können zukünftig Radfahrer und Spaziergänger die Emscher und den Rhein-Herne-Kanal am Wasserkreuz überqueren. Der aus den Bundesmitteln des Förderprogramms „Nationale Projekte des Städtebaus" finanzierte „Sprung über die Emscher" stellt eine neue Verbindung der Castrop-Rauxeler Stadtteile Henrichenburg und Habinghorst mit der Stadt Recklinghausen her und schließt sich damit direkt an das „Emscherland"-Projektgebiet an. Die Brücke wird nach ihrer Fertigstellung mit einer Gesamtlänge von 412 m in doppelter S-Form über die Gewässer führen.

17.3 Die Herausforderung zunehmender Starkregenereignisse: Hochwasserschutz durch multifunktionale Retentionsflächen

Neben der Schaffung blau-grüner Infrastruktur stellt der Emscher-Umbau die Weichen für weitreichende Veränderungen in der Region in Bezug auf den Hochwasserschutz. Die Emscher-Auen, die an der Stadtgrenze zwischen Dortmund-Mengede und Castrop-Rauxel-Ickern entstanden sind, bilden eine dieser technischen Hochwasserschutzeinrichtungen. Das 33 ha große Gebiete kann im Hochwasserfall 1,1 Mio. m^3 Wasser fassen und somit die unterhalb des Beckens liegenden Städte (Castrop-Rauxel bis Dinslaken) vor den Hochwassermassen schützen. Aufgrund des Starkregens im Juli 2021 kam das Rückhaltebecken zum vollen Einsatz. Im Rahmen dieses Starkregenereignisses trat die Emscher zwischen den Regenrückhaltebecken Nagelpöttchen und Phoenix-See in Dortmund Hörde in Form eines kontrollierten Notüberlaufs über die Ufer. Eine Überflutung konnte jedoch durch das Einleiten von 100.000 m³ Wasser aus der Emscher in den Phoenix-See verhindert werden. Nahezu alle Pumpwerke der Emschergenossenschaft liefen während dieses Starkregens unter Volllast. Es wurde sichtbar, wie wichtig die über 22 Hochwasserrückhaltebecken der Emschergenossenschaft mit einem Rückhaltevolumen von 2,8 Mio. m³ für die Sicherheit der Bevölkerung sind (Abb. 17.4).

Mit dem Hochwasserschutz können weitere Funktionen, wie die Verbesserung der Lebensqualität der Menschen vor Ort und die Steigerung der Biodiversität, vereinbart werden: Wird die Fläche nicht als Retentionsfläche gebracht, können Radfahrer und Spaziergänger Flora und Fauna genießen. Gleichermaßen bietet der direkt am Retentionsbecken gelegene Hof Emscher-Auen in Castrop-Rauxel die Möglichkeit, sich über wasserwirtschaftliche Themen zu informieren und auszutauschen. Gemeinnützige Partner wie der Naturschutzbund, ein Imkerverein oder der örtliche Bürgerverein nutzen den Hof Emscher-Auen, sodass dieser zu einem lebendigen Ort der Erholung, Unterhaltung, Information, Integration und des kulturellen Austausches wird.

Ebenso wie das Hochwasserrückhaltebecken Emscher-Auen fungiert der Phoenix-See als multifunktionale Fläche. So dient er sowohl als Hochwasserrückhaltebecken für Starkregenereignisse und Überflutungen als auch als Touristenmagnet und beliebtes Naherholungsgebiet.

17.4 Lösungsansätze für die Generationenaufgabe eines klimafesten Umbaus der Region

Die durch den Emscher-Umbau erzielte Stärkung der blau-grünen Infrastruktur zahlt auch auf den klimafesten Um-

Abb. 17.4 Hochwasserschutz Emscher-Auen. (© Emschergenossenschaft, Michael Kemper)

bau der Region ein, wobei insbesondere der hohe Versiegelungsgrad und die industrielle Überprägung der Emscher-Region die Kommunen vor eine Vielzahl von Herausforderungen stellt.

Der hohe Versiegelungsgrad hat zur Folge, dass Regenwasser nicht gespeichert, sondern kanalisiert und abgeleitet wird, wodurch sich die Städte durch die klimawandelbedingten langen Hitzeperioden wie im Dürresommer 2018 stark aufheizen können, weil keine Möglichkeit auf Abkühlung durch Verdunstung besteht. Ein Leben in derart aufgeheizten Städten wirkt sich negativ auf die Gesundheit und die Lebensqualität der Menschen aus. Darüber hinaus hat der Mangel an Grün- und Erholungsflächen in vielen Kommunen der Emscher-Region negativen Einfluss auf Stadtklima, Biodiversität und Wirtschaft.

Kommt es durch den Klimawandel stattdessen zu Starkregenereignissen wie im Juli 2021, wird das hohe Schadenspotenzial bei Hochwasser durch die hohe Bevölkerungs- und Bebauungsdichte im einwohnerstärksten Bundesland Deutschlands sichtbar. Aufgrund der Flächenknappheit in der Region muss über deren gemeinsame Nutzung von Landwirtschaft und Wasserwirtschaft reflektiert werden, um im Falle von Starkregenereignissen über genug Retentionsfläche zu verfügen. Eine besondere Herausforderung des Ruhrgebiets stellen zusätzlich die 327 km^2 Polderflächen dar, also durch den Bergbau abgesackte Bereiche, welche künstlich entwässert werden müssen. Diese Belastungen durch den Bergbau, der hohe Grad an versiegelten Flächen sowie die hohe Bevölkerungsdichte und das hohe Schadenspotenzial bei Hochwasser machen den Handlungsbedarf zur Verbesserung der Klimaresilienz der Region deutlich.

Um den Herausforderungen der klimawandelbedingten Zunahme von Starkregenereignissen und Hitzeperioden zu begegnen, wurde 2016 von der Emschergenossenschaft die Zukunftsinitiative „Wasser in der Stadt von morgen" gegründet. Das bei der Zukunftsinitiative angesiedelte Großprojekt „Klimaresiliente Region mit internationaler Strahlkraft" hat sich in diesem Kontext zum Kernziel gesetzt, mithilfe der vom Umweltministerium NRW geförderten Mittel von 250 Millionen Euro 25 % der befestigten Flächen vom Kanalnetz bis 2040 abzukoppeln und den Verdunstungsgrad um zehn Prozent in der Region zu erhöhen. Gefördert werden innerhalb der Gebietskulisse des Regionalverbandes Ruhr insbesondere Dach- und Fassadenbegrünungen oder verschiedene Formen der Abkopplung, wie beispielsweise Baumrigolen oder Versickerungsanlagen, primär im Bestand aber auch in Neubauten. Ein Beispiel für die erfolgreiche Umsetzung der Klimawandelanpassungsmaßnahmen ist die Dach- und Fassadenbegrünung der Gemeinschafts-Müll-Verbrennungsanlage in Oberhausen (◘ Abb. 17.5).

17.5 Neue Arbeitsformate für eine regionale Kooperation durch transformative governance

Eine fundamentale Rolle für die erfolgreiche Transformation der Region sind Austausch und Dialog der verschiedenen beteiligten Institutionen sowie zwischen Vertretern verschiedener Disziplinen. In einem geteilten Zielbild vereint zu sein und gemeinsam über die Zukunft der Region zu sprechen, sind Grundprämissen, um Ideen Wirklichkeit werden zu lassen und etwas zu bewegen. Dafür müssen die Arbeitsformate passend ausgewählt sowie Organisationsstrukturen und Prozessabläufe etabliert werden, um Entscheidungen im Dialog zu treffen und eine reibungslose Projektabwicklung zu gewährleisten. Durch die aktive Beteiligung und Initiative der Kommunen wird eine stärkere Identifikation und somit eine höhere Trägerschaft erreicht, sodass durch Vernetzung und Zusammenarbeit der Kommunen ein konsensbasiertes und interkommunales Handeln möglich wird. Das methodische Umdenken traditionell sektoral aufgebauter Arbeitsstrukturen und die Etablierung einer regionalen Kooperation zwischen verschiedenen Institutionen, Arbeitsbereichen und Fachdisziplinen sind Schlüssel zum Erfolg für einen nachhaltigen Lösungsansatz für die Generationenaufgabe der Klimawandelfolgenanpassung. Ein neuer regionaler Governance-Ansatz, in dem verschiedene Austauschformate Menschen aus unterschiedlichen Kommunen und Bereichen eine Plattform bieten, um miteinander in Kontakt zu treten und gemeinsam ganzheitliche Lösungen zu erarbeiten, bilden dafür die Grundlage (◘ Abb. 17.6).

In diesem Sinne finden sich im Rahmen des Projekts „Klimaresiliente Region mit Internationaler Strahlkraft" Vertreter verschiedener Städte, Schlüsselakteure und Stakeholder in Experten-Netzwerken zusammen, die jeweils verschiedene Themen bearbeiten. In jeder Kommune etablieren designierte Stadtkoordinatoren feste Schnittstellen zu der Zukunftsinitiative „Wasser in der Stadt von morgen" und bringen in einem konstruktiven Dialog ihre Anliegen und Impulse in die periodisch stattfindenden sog. Stadtkoordinatorentreffen ein. Durch regelmäßige Dezernententreffen wird auf Führungsebene die Legitimation für die entwickelten Handlungsstrategien hergestellt; gleichzeitig wird durch das gelebte „bottom up"-Prinzip die Möglichkeit geschaffen, Ideen auf Eigeninitiative und durch intensive Vernetzung auf Arbeitsebene Wirklichkeit werden zu lassen. Dadurch wird das Potenzial aller beteiligten Abteilungen ausgeschöpft und gleichzeitig die Motivation sowie Identifikation mit dem Projekt gesteigert. Das jährlich stattfindende Experten-Forum bildet einen weiteren Grundstein für die Weiterentwicklung und Umsetzung des regionalen Handlungskonzepts: neue Perspektiven eröffnen sich den Teilnehmern, indem sie an einem runden Tisch mit Menschen aus den unterschiedlichsten Bereichen in einen direkten Austausch kommen.

◘ **Abb. 17.5** Dach- und Fassadenbegrünung Gemeinschafts-Müll-Verbrennungsanlage/Oberhausen. (© Emschergenossenschaft, Oliver Hasselluhn)

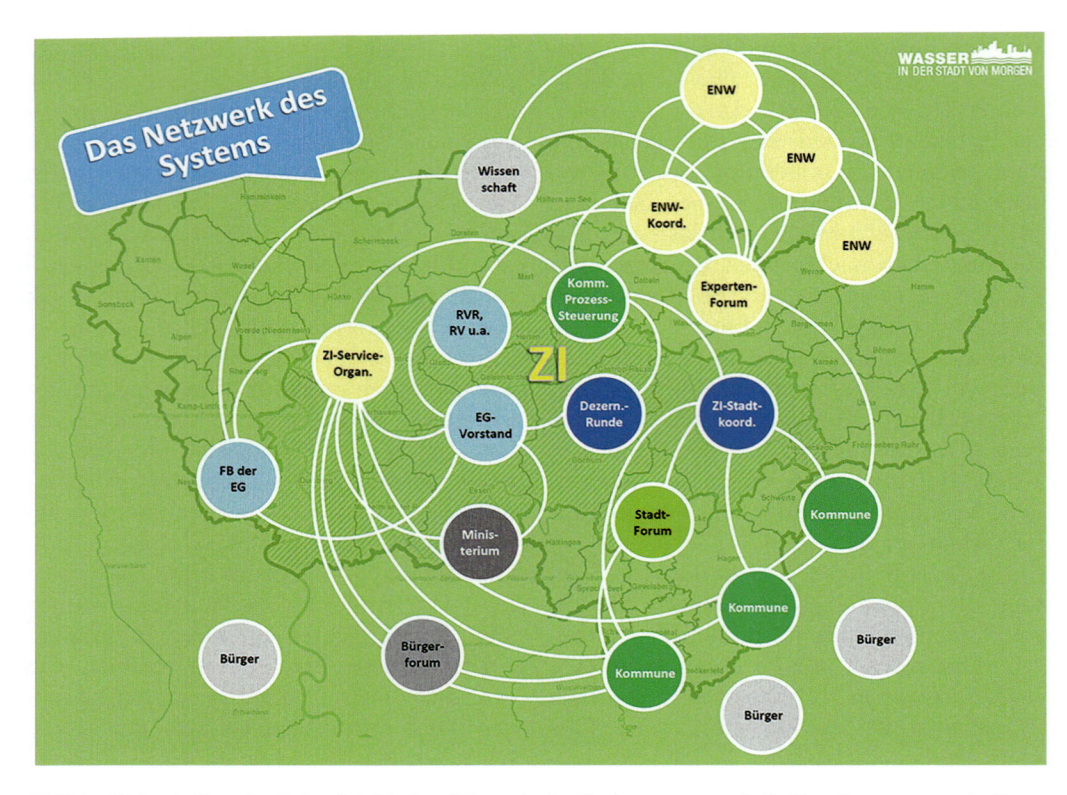

● Abb. 17.6 Aufbau der Zukunftsinitiative „Wasser in der Stadt von morgen". (© Emschergenossenschaft)

17.6 Ausblick: Die Zukunft der Emscher-Region gemeinsam gestalten!

Der Abschluss des Emscher-Umbaus und die Eröffnung des Pumpwerks in Oberhausen stellen die Weichen für weiterführende Transformationsprozesse der Emscher-Region und ebnen den Weg für eine wassersensiblen und klimagerechten Stadt- und Regionalentwicklung. Nicht als Abschluss, sondern als Startschuss für die Zukunft nimmt das Generationenprojekt die Rolle eines Impulsgebers für die Entwicklung einer nachhaltigen regionalen Strategie ein, deren Ziel es ist, die Quartiere über die Abwasserfreiheit der Emscher hinaus weiter aufzuwerten und die Lebensqualität der Anwohnerinnen und Anwohner weiter zu verbessern.

Als transversales und generationsübergreifendes Thema spielen dabei der klimafeste Umbau und die Stärkung der blau-grünen Infrastruktur eine immer bedeutsamere Rolle. Vor dem Hintergrund dieser Herausforderungen kann die Region nach dem Abschluss des Emscher-Umbaus erneut unter Beweis stellen, dass sie als zukunftsfähiger Transformations- und Innovationsraum Modellregion für weitere Metropolregionen Europas sein kann.

Auf regionaler Ebene wird die Weiterentwicklung des integralen Handlungsansatzes auf dem sechsten Expertenforum im November 2021 angestrebt werden. Hierbei sollen Wasserwirtschaft, Klimawandelfolgenanpassung, wassersensible Stadtentwicklung, Freiraumplanung und viele andere Themen integral gedacht werden, denn nur durch eine ganzheitliche regionale

Handlungsstrategie kann die Transformation der Region gelingen.

Auf regionaler, bundesweiter und internationaler Ebene bietet der Emscher-Kongress im März 2022 ebenfalls die Möglichkeit, die Zukunft gemeinsam zu gestalten. In diesem Sinne werden im Rahmen des Projekts „Faszination.Transformation." die Erfolge des Emscher-Umbaus gemeinsam mit dem vom Ministerium für Heimat, Kommunales, Bau und Gleichstellung des Landes Nordrhein-Westfalen geförderten Stadterneuerungsmaßnahmen in Form eines zweitägigen internationalen Kongresses präsentiert. Auf der Fachveranstaltung soll vermittelt werden, wie wasserwirtschaftliche und städtebauliche Leistungen gemeinsam dazu beigetragen haben, eine nachhaltige Stadt- und Regionalentwicklung mit intensiver Mitwirkung der Zivilgesellschaft zu initiieren und umzusetzen. Doch auch diese Fachveranstaltung soll nicht als Retrospektive verstanden werden: vielmehr geht es darum, einen weiten Blick in die Zukunft zu werfen und die Zukunft der Emscher-Region gemeinsam zu gestalten.

Reallabore als Brücke zu Hochwasser- und Gewässerschutz

Jacqueline Lemm, Julia Kolb, Elena Kaip, Dhenya Schwarz und Nenja Ziesen

Trailer

Reallabore können Wissen zugänglich machen, sie ermöglichen es, technische Neuerungen vor Ort gemeinsam mit der Bevölkerung auszuprobieren, Wissen vor Ort zu integrieren und so zusätzliche Akzeptanz für das Forschungsergebnis herzustellen. Reallabore agieren inter- und transdisziplinär, so dass verschiedene Forschungsgruppen gegenseitig von ihrem Wissen profitieren können.

Am Institut für Soziologie der Rheinisch-Westfälischen-Technischen-Hochschule Aachen (RWTH Aachen) gibt und gab es bisher vier solche Reallabore. Hierfür haben sich das Institut für Wasserbau und Wasserwirtschaft (IWW) und das Institut für Soziologie (IfS) zusammengeschlossen. Die teilweise schon beendeten, teilweise gerade begonnen Projekte beschäftigen sich mit Landunter- und Sturmflut-Situationen auf Halligen an der deutschen Nordseeküste, Überflutungen in (semi-)ariden Gebieten im Iran und Hochwasserereignissen in einer flusslosen Stadt durch Starkregen [1].

Die Soziologie kann mit der Methode der Reallabore interdisziplinäre Forschungsvorhaben durch eine hohe Beteiligung verschiedener Akteure bereichern. Einige Projekte werden an dieser Stelle vorgestellt.

18.1 Theorie

Bei Reallaboren handelt es sich um Erprobungsräume der Gesellschaft, in welchen Transformationsprozesse gezielt angeregt und begleitet werden. Sie sind sowohl zeitlich als auch räumlich begrenzt. Durch die interdisziplinäre Zusammenarbeit und den Einbezug von Bürgern bilden Reallabore die Gesellschaft im Kleinen ab [2]. Das Reallabor hat zum Ziel, Ursachen und Wirkungen besser zu verstehen, Probleme frühzeitig zu erkennen und dann gemeinsam mit Betroffenen vor Ort oder virtuell Maßnahmen zu ihrer Lösung zu finden. Ein wichtiges Mittel ist hierbei neben der Transdisziplinarität das Co-Design, die Co-Produktion und die Co-Evaluation [3]. Weitere Definitionselemente sind neben der Transdisziplinarität die realweltliche Einbettung des Forschungsthemas, transformative Forschung – ein Aspekt der Nachhaltigkeit – Partizipation

---

Zuerst erschienen in Wasser und Abfall 04/2021

© Der/die Autor(en), exklusiv lizenziert an Springer Fachmedien Wiesbaden GmbH, ein Teil von Springer Nature 2023
M. Porth et al. (Hrsg.), *Wasser, Energie und Umwelt*,
https://doi.org/10.1007/978-3-658-42657-6_18

und Resilienz [2]. In der Transdisziplinarität ist es wichtig, dass nicht nur unterschiedliche wissenschaftliche Fachrichtungen an der Forschung beteiligt sind, sondern auch das Wissen vor Ort, namentlich das Erfahrungswissen und das implizite Wissen der betroffenen Bevölkerung einbezogen wird [2]. Relevant dafür ist die Kommunikation auf Augenhöhe. Der Habitus des Wissenschaftlers im Elfenbeinturm soll bewusst abgelegt und die Bevölkerung als gleichberechtigter Forschungspartner anerkannt werden. Im Gegensatz zu der Forschung im Labor sind in einem Reallabor die Umwelteinflüsse nicht zu unterdrücken, sondern vielmehr wertzuschätzen. Wichtig ist jedoch, dass auch in einem Reallabor sowohl die Teilnehmerzahl als auch die Dauer begrenzt sind. Dies ist für die gezielte Forschung und für die mögliche Partizipation aller Beteiligten relevant. Auch muss eine klare thematische Eingrenzung erfolgen. Die Themen müssen hierbei nah an der Erfahrungswelt der Betroffenen ausgerichtet sein. Durch den engen Bezug werden die Teilnehmenden eher zu einer kreativen Mitgestaltung motiviert, woraus sozial nachhaltige Ergebnisse resultieren [2]. Die Partizipation ist ein für das Reallabor besonders relevanter Faktor. In allen Phasen, angefangen mit der Ideengenerierung über die komplette Phase der Transformation bis hin zur Lösung, muss die Bevölkerung mit in den Prozess einbezogen werden [2].

> **Kompakt**
> – Reallabore können Brücken zwischen den Forschenden und den Bewohnern schlagen, welche zu Akzeptanz und nachhaltigen Ergebnissen führen.
> – Reallabore sind daher eine Methodik, welche das Potenzial hat, die Forschung interdisziplinärer und deutlich besser auf die Betroffenen zugeschnitten auszurichten.
> – Hierbei sollen nicht nur unterschiedliche wissenschaftliche Fachrichtungen beteiligt sein, sondern auch das Wissen vor Ort und das implizite Wissen der betroffenen Bevölkerung einbezogen werden.

Die Reallabore müssen auf nachhaltige und resiliente Ergebnisse ausgerichtet sein [2]. Nachhaltig meint in diesem Kontext sowohl eine Ausrichtung auf einen Aspekt des Umweltschutzes als auch die Langfristigkeit der Ergebnisse, während sich Resilienz auf den Umgang mit Risiken bezieht.

18.2 „Zukunft Hallig"

Obwohl es sich bei dem Projekt „Zukunft Hallig" noch nicht um ein Reallabor handelte, wurde doch in diesem Projekt der Grundstein für die Reallaborforschung am IfS gelegt. Das Projekt lief zwischen dem 1. Dezember 2010 und dem 30. April 2014 und wurde vom BMBF und dem KFKI gefördert. Es war auch die erste Zusammenarbeit zwischen dem IfS und dem IWW, wobei zusätzlich noch das Forschungsinstitut Wasser und Umwelt der Universität Siegen, der Landesbetrieb für Küstenschutz, Nationalpark und Meeresschutz Schleswig-Holstein und das Geowissenschaftliche Zentrum der Universität Göttingen beteiligt waren.

Ursprünglich war die Aufgabe der Soziologen im interdisziplinären Forschungsteam die Bestandsaufnahme der gewaltenbezogenen Risikominimierung vor dem Hintergrund des kulturellen Erbes und der sozialen Kontexte. Dieses Vorhaben wurde jedoch im laufenden Projekt erweitert. Ausschlaggebend hierfür waren qualitative Interviews, welche die Soziologen mit den Hallig-Bewohnern führten. Es sollte ergründet werden, wie eine Akzeptanz gegenüber von extern herangetragenen Schutzideen und Projekten gefördert werden kann. Zentrale Erkenntnis aus den Interviews war, dass sich die Bewohner und Bewohnerinnen nicht mitgenommen und zu wenig einbezogen fühlten sowie ihren Erfahrungen mehr Berücksichtigung geschenkt werden sollte. Das über Generationen angesammelte, implizite Hallig-Wissen bezüglich Sturmfluten und Landunter-Situationen wurde aus Sicht der Bewohner in vorangegangenen Forschungsprojekten nicht hinreichend berücksichtigt. Daher reagierten die Hallig-Bewohner ablehnend auf die akademischen Lösungsvorschläge von außen, die als Hallig-fern empfunden wurden, und akzeptierten diese daher nicht. Die Wissenschaftler initiierten daher Zukunftswerkstätten auf der Hallig Hooge und der Hallig Langeneß, die den Hallig-Bewohnern in freiwilliger Teilnahme die Möglichkeit eröffneten, selber kreativ Ideen für neue Schutzkonzepte ihres Lebensraumes zu entwickeln. In drei Phasen – Kritikphase, Phantasiephase, und Realisierungsphase – wurde in der Zukunftswerkstatt zunächst Gelegenheit gegeben, Stellung zum Projekt zu beziehen und danach der Kreativität freien Lauf gelassen. Anschließend wurden die gemeinschaftlichen Ideen bewertet sowie sortiert. Alle Vorschläge der Bewohner und Bewohnerinnen, von mobilen Schutzsystemen bis hin zu einer Aufwarfung und kompletten Neubauten, fanden Berücksichtigung. Zuletzt standen in jeder der beiden Zukunftswerkstätten je fünf von den Bewohnern vorgeschlagene und präferierte Ideen fest.

» *„Jede Äußerung und Idee der Bewohner und Bewohnerinnen, von mobilen Schutzsystemen bis hin einer Aufwartung und kompletten Neubauten fanden Berücksichtigung."*

In „Zukunft Hallig" wurde durch die Fokusschärfe von der Akzeptanz zur Partizipation der Grundstein für die Idee eines Reallabors auf den Halligen gelegt. Es wurde erkannt, dass das implizite Wissen der Bevölkerung, beispielsweise über spezifisches Strömungsverhalten des Meeres oder vergangene Land unter oder Sturmfluten, Relevanz in der Forschung hat und diese bereichern kann.

18.3 „Living Coast Lab Halligen"

Das Projekt „Living Coast Lab Halligen" schloss sich als Nachfolgeprojekt an „Zukunft Hallig" von Oktober 2016 bis September 2019 an. Auch bei dem Projekt setzte sich das Forschungsteam aus Mitgliedern des IWW, des IfS, dem Forschungsinstituts Wasser und Umwelt der Universität Siegen, dem Landesbetrieb für Küstenschutz, Nationalpark und Meeresschutz Schleswig–Holstein und dem Geowissenschaftlichen Zentrum der Universität Göttingen zusammen. Zusätzlich war noch das Institut für Biologie und Umweltwissenschaften der Universität Oldenburg beteiligt.

Das Projekt „Living Coast Lab Hallig" war als ein Reallabor geplant, konnte jedoch durch administrative Gründe nicht vollumfänglich als Reallabor durchgeführt werden. Der Forschungsantrag beschrieb die Idee, auf einer unbewohnten Warft verschiedene Hochwasserschutzkonzepte zu errichten und unter realen Bedingungen gemeinsam mit den Hallig-Bewohnern zu beobachten und zu testen. Das angestrebte Ziel war, durch ein Reallabor herauszufinden, welche Küstenschutzmaßnahmen und -strategien einerseits von den Bewohnern als sinnvoll erachtet werden und andererseits technisch umsetzbar sind. Hierfür wäre ein Aufbau der Maßnahmen direkt vor Ort optimal gewesen, da die Bewohner die Maßnahmen in Aktion hätten sehen und testen können. Auch Effekte äußerer Einflüsse, wie der salzhaltigen Meeresluft oder die dortigen Windverhältnisse, hätten in Interaktion mit den Maßnahmen beobachtet werden können und die Forschung bereichert. Während Probleme mit der Genehmigung durch die Küstenschutzbehörden vielleicht noch hätten behoben werden können, scheiterte der geplante Praxistest dann aber durch das Nichteintreten eines Landunters während der Projektlaufzeit. Die Wissenschaftler mussten sich dementsprechend in ihrer Forschung anpassen. Daher verlegten die Ingenieure die Testungen in das Labor bzw. in die Versuchshalle, wo unter möglichst realitätsnahen Bedingungen die Schutzmaßnahmen getestet wurden. Auch der soziologische Ansatz erfuhr eine notwendige Anpassung, denn Interviews und Gespräche mit den Bewohnern vor Ort zu den Maßnahmen konnten nicht mehr geführt werden. Über Experten-Interviews wurde erneut das Erfahrungswissen der Bewohner abgefragt, um ein genaueres Bild vom Leben auf den Halligen und den Umgang mit Extremwetterereignissen wie Sturmfluten herauszufinden, wodurch bisherige Forschungserkenntnisse bestätigt bzw. erweitert werden konnten. Während in den qualitativen Interviews in „Zukunft Hallig" auch Fragen zu den allgemeinen Lebensumständen gestellt wurden, lag im Projekt „Living Coast Lab Halligen" der Fokus der Befragungen nicht nur auf dem Erfahrungswissen, sondern auch auf der erfahrungsbasierten Einschätzung zu den Entwicklungen auf den Halligen und einer Bewertung verschiedener Schutzmaßnahmen. Die Den Hallig-Bewohnern wurden dann in einer Gruppendiskussion – einem weiteren Verfahren der qualitativen Sozialforschung – die bisherigen Ergebnisse der Ingenieure vorgestellt und sie hatten Gelegenheit diese zu bewerten. Diese Methode ersetzte die eigentlich geplanten Methoden einer Besichtigung, Anwendung und Testung von Schutzmaßnahmen im Setting eines Reallabors. Dabei sollte die Partizipation der Bewohner bei der Bewertung der Maßnahmen gesichert werden. Zur Einführung stellten die Ingenieure die getesteten Maßnahmen vor, mit einer besonderen Berücksichtigung der jeweiligen Kosten- und Zeitaufwandsaspekte.

> „Es sollen Lösungen für den Kulturraum Iran gefunden werden, welche auch eine Übertragbarkeit in andere aride und semiaride Gebiete mit ähnlichem kulturellem Setting ermöglichen."

Zwar wäre der Aufbau der Schutzvorrichtungen auf einer leerstehenden Warft interessant gewesen, jedoch konnten auch so im Projekt „Living Coast Lab Halligen" interessante Erkenntnisse bezüglich des Hochwasserschutzes in der interdisziplinären Zusammenarbeit in diesem Reallabor gesammelt werden.

18.4 „HOWAMAN"

Im Gegensatz zu den beiden Projekten auf den Halligen, welche abgelaufen sind, befindet sich das vom BMBF geförderten Forschungsprojekt „HOWAMAN" (Fördermaßnahme Internationales Katastrophen- und Risikomanagement – IKARIM) aktuell im Förderzeitraum. Das „HOWAMAN"-Konsortium ist ein deutsches inter- und transdisziplinäres Team aus den Bereichen Wasserbau- und Wirtschaft, hydrodynamische Modellierung, Wasser- und Hochwassermanagement sowie Soziologie. Weiterhin bestehen Allianzen mit assoziierten Partnern im Iran aus Wissenschaft und Wirtschaft. Im Zuge des Forschungsprojektes werden nachhaltige Strategien und Technologien für den Einsatz im Hochwasserrisikomanagement in ariden und semiariden Gebieten untersucht und entwickelt. Es sollen Lösungen für den Kulturraum Iran gefunden werden, welche auch eine Übertragbarkeit in andere aride und semiaride Gebiete mit ähnlichem kulturellem Setting ermöglichen. Ein gutes Beispiel – und damit Untersuchungsgebiet für das Projekt – ist die Region rund um den Kan, ein Fluss, welcher einerseits in einem semiariden Gebiet liegt und andererseits dank seiner Lage in einem steilen Gebirgsgelände Schauplatz zahlreicher Sturzfluten wurde.

> „Es bedarf neuer inter- und transdisziplinärer Ansätze, weil die klassischen Flusshochwasserschutzkonzepte aufgrund wesentlicher Unterschiede im Entstehungs- und Wirkungsprozess der beiden Naturgefahren nicht auf das Starkregenrisikomanagement übertragen werden."

Das Projekt ist besonders interessant als Reallabor, da hier nicht nur eine technische Herausforderung existiert, sondern auch die Akzeptanz der Bevölkerung ein Problem darstellt. Da die meiste Zeit keine ultimative Gefahr in Form von Fluten zu erwarten ist und die Vorhersage solcher Ereignisse schwierig ist, ist auch das Adaptionsverhalten von Bevölkerung und involvierten Interessengruppen niedrig. Aus diesem Grund zielt das Projekt nicht nur auf eine technische Modellierung von Starkregenereignissen und deren Folgen ab, sondern vor allem auch auf die Untersuchung des Adaptionsverhaltens und das Capacity Building zur nachhaltigen Stärkung der iranischen Gesellschaft. Ein zentrales Ziel des soziologischen wie auch des Verbundprojekts ist es, das Risikobewusstsein und die Widerstandsfähigkeit der Gesellschaft zu erhöhen, in dem öffentliches Engagement und die Interaktion zwischen Menschen und Hochwasser auf kleinskaliger Ebene untersucht werden.

Bezogen auf eine Evaluation in Anlehnung an das Reallabor sind folgende Projektteilziele relevant: Nach der Visualisierung eines Stakeholdernetzwerkes (welches während des Projektzeitraumes fortwährend aktualisiert wird, um das Transformationsgeschehen zu überprüfen) werden Interviews mit Betroffenen und Interessengruppen geführt. Zunächst mit Experten, zur Beurteilung der Gefährdungslage und in einer weiteren Studie auch mit weiteren Stakeholdern aus den Sphären Zivilgesellschaft, Politik, Wissenschaft und Wirtschaft, um das Adaptionsverhalten der Bevölkerung zu untersuchen. Dies wird in einer quantitativen Fragebogenumfrage vertieft. Diese Schritte dienen als Basis für das Capacity Building und werden in partizipativen Workshops entworfen sowie evaluiert. Mit dieser Vorarbeit geht es in das Experiment, welches in Form von öffentlichem Bau der im Projekt identifizierten und erarbeiteten Schutzmaßnahmen in Kooperation mit der lokalen Bevölkerung stattfindet. Durch Workshops, Befragungen und ständige Feedbackschleifen will das Konsortium von Beginn an dem Co-Design-Anspruch gerecht werden und diesen im Experiment finalisieren.

18.5 „ERS Rainlab"

Das im Rahmen von Exploratory Research Space @ RWTH Aachen University (ERS) geförderte Forschungsprojekt „Rainwater Living Lab Aachen – Wasser in der Stadt gemeinsam denken" verfolgt das Ziel, ein bislang einzigartiges Rainwater Living Lab am Beispiel der Stadt Aachen mit Pilotcharakter für andere Städte und Regionen zur ganzheitlichen Analyse von Starkregenereignissen zu initiieren. Allein in Deutschland sind 50 % der Überflutungsschäden auf Starkregen zurückzuführen [4]. Besonders hohe Schäden entstehen oft kleinräumig in urbanen Gebieten. Die Starkniederschlagereignisse können im Gegensatz zu Flusshochwasserereignissen, die ausschließlich flussnahe Bereiche betreffen, überall auftreten, sind kaum vermeidbar und ein absoluter Schutz ist nicht möglich.

Das Risikomanagement von Starkniederschlägen stellt dabei eine Querschnittsaufgabe unterschiedlicher Fachdisziplinen und Akteure dar und erfordert ein Zusammenwirken unterschiedlicher Tätigkeitsfelder. Es bedarf neuer inter- und transdisziplinärer Ansätze, weil die klassischen Flusshochwasserschutzkonzepte aufgrund wesentlicher Unterschiede im Entstehungs- und Wirkungsprozess der beiden Naturgefahren nicht auf das Starkregenrisikomanagement übertragen werden. Das

ERS-Projekt setzt an diesen Anforderungen an und soll im Rahmen einer Proof-of-Concept- Studie prüfen, inwieweit interdisziplinäre Ansätze für Frühwarnung und Risikoreduktion, wie z. B. einer nachhaltigen und naturverträglichen Regenwasserbewirtschaftung, nach dem Prinzip der „Schwammstadt" erarbeitet werden können. Die Ergebnisse dieses einjährigen Forschungsvorhabens sollen dabei unterstützen, multi- und transdisziplinär die Analyse-, Planungs- und Kommunikationsprozesse und -tools für eine nachhaltige Überflutungs- und Schadensvorsorge bei Extremereignissen zu entwickeln.

Durch das Rainwater Living Lab soll ein Erfahrungspool gebildet werden, das eine holistische Analyse von Starkregenereignissen ermöglicht. Um die Ergebnisse auch mit interdisziplinären Akteuren ausbauen zu können bzw. in die Praxis einzuführen, soll am Ende des Projektes ein Workshop „Rainwater Living Lab Aachen" organisiert werden, in dem die erforschten Ansätze mit weiteren Fachexperten diskutiert werden.

Das Rainwater-Living-Lab-Aachen-Konsortium ist ein transdisziplinäres Team aus den Bereichen Wasserbau und Wasserwirtschaft, Stadtbauwesen und Stadtverkehr, Siedlungswasserwirtschaft, Soziologie mit dem Schwerpunkt Technik- und Organisationssoziologie sowie Physische Geografie und Klimatologie. Alle Fachdisziplinen sind an der RWTH Aachen University angesiedelt.

18.6 Fazit

Anhand der vier vorgebrachten Beispiele lässt sich erkennen, inwiefern die Forschung zu Hochwasser und Überflutungsereignissen von der Methode der Reallabore profitieren kann. Auch wenn noch nicht bei allen Projekten aufgrund ihrer Laufzeit Ergebnisse vorliegen, lässt sich erkennen, dass die Soziologie einen wichtigen Beitrag zu Hochwasser- und Gewässerschutz leisten kann. Reallabore haben das Potenzial, Brücken zwischen den Forschenden und den Bewohnern zu schlagen, welche zu Akzeptanz und nachhaltigen Ergebnissen führen. Dabei ist es irrelevant, um welche Thematik es sich handelt. Die vorgebrachten Beispiele zeigen, dass sich Reallabore sowohl an der Meeresküste, bei Flusshochwassern als auch bei Starkregenereignissen einsetzen lassen. Auch eventuell entstehende Probleme bezüglich unterschiedlicher Kulturen, wie beispielsweise im Projekt „HOWAMAN" lassen sich durch Reallabore und ein kultursensitives Vorgehen vermeiden.

Reallabore stellen sich als eine neue, zukunftsweisende Methodik vor, welche das Potenzial hat, die Forschung interdisziplinärer und deutlich besser auf die Betroffenen zuzuschneiden zu gestalten.

Danksagung Das Forschungsvorhaben ZukunftHallig wurde vom Bundesministerium für Bildung und Forschung (BMBF) unter der Leitung des Projektträgers Jülich (PTJ) gefördert (Fördernummer: 03KIS093; 03KIS094; 03KIS095; 03KIS096). Das Vorhaben wurde fachlich vom Kuratorium für Forschung im Küsteningenieurwesen (KFKI) begleitet. Wir danken dem PTJ und dem KFKI für die organisatorische und finanzielle Unterstützung. Außerdem danken wir seitens des IfS Frau Ziesen, Co-Autorin in diesem Beitrag, für die gelungene Durchführung des Projektes. Frau Ziesen verantwortete außerdem das Anschlussprojekt „Living Coast Lab Halligen".

Literatur

1. Diese Veröffentlichung basiert auf: Shaker Band 2 (Hrsg. Häußling/Lemm): Reallabore als Gestaltungsräume für soziotechnische Innovationen. Publiziert in: Schriftenreihe empirische Studien zur angewandten Technik- und Organisationssoziologie, Häußling, R. (Hrsg.), Shaker Verlag, Aachen. In Vorbereitung (05/2021).
2. Häußling, Roger „Reallabore als Testräume für soziotechnische Innovationen – ein Praxiseinblick" in: Schriftenreihe Empirische Studien zur angewandten Technik- und Organisationssoziologie. Band 2 Häußling, Lemm (Hrsg.). Im Erscheinen.
3. Rose, Schleicher & Maibaum, 2017, S. 4 n. Rose, Wanner & Hilger „Das Reallabor als Forschungsprozess und -infrastruktur für nachhaltige Entwicklung" 2019 S. 4
4. Goderbauer-Marchner et al. „Die unterschätzten Risiken ‚Starkregen' und ‚Sturzfluten'." 2015. BKK; Bundesamt für Bevölkerungs- und Katastrophenhilfe, Bonn.

- Klimaanpassungsmaßnahmen gewinnen grundsätzlich an Bedeutung, einige Stichworte sind: zentraler oder dezentraler Rückhalt, Schutz durch Lenkungsmaßnahmen, Objektschutz, Verhaltensschulung für Bevölkerung und Katastrophenschutz.
- Weitere Lösungsvorschläge setzen dann bei einer Verbesserung der Robustheit der Warn- und Meldesysteme an, um z. B. Pegel vor Zerstörung zu schützen und auch im Hochwasserfall zugänglich zu halten.

Unmittelbar nach einem Katastrophenregen kommt aber auch den Stadtentwässerungsbetrieben eine besondere Rolle zu. So gilt es, die geschädigte Entwässerungsinfrastruktur möglichst rasch wieder in einen funktionsfähigen Zustand zurückzuversetzen. „Resilienz der Systeme" ist auch hier gefragt, ebenso wie Hilfe und Unterstützung durch Fachleute aus nicht betroffenen Regionen. So hat das IKT unmittelbar in der ersten Woche nach der Flutkatastrophe 2021 mit dem Kommunalen Netzwerk Abwasser (KomNetAbwasser) Hilfseinsätze koordiniert, bei denen nicht betroffene Abwasserbetriebe in der Krisenregion mit Spülfahrzeugen, Pumpen und Personal ausgeholfen haben. Über die Erfahrungen und Erkenntnisse wurde in [26] umfassend berichtet. Die wichtigsten Punkte sind hier zusammengefasst:

- Bei einem kritischen Ereignis zielen die Maßnahmen der Abwasserbetriebe darauf ab, die Funktionsfähigkeit der Entwässerungsnetze z. B. durch Reinigungsmaßnahmen wiederherzustellen, um die von Starkregen betroffenen Gebiete vor künftigen, unmittelbar bevorstehenden kleineren Ereignissen wieder zuverlässig zu schützen.
- Abwasserbetriebe werden von den staatlichen Krisenstäben in der Regel nicht als direkte Akteure der akuten Gefahrenabwehr gesehen – im Gegensatz zu Armee, Rotes Kreuz, Technisches Hilfswerk und Polizei –, sondern überwiegend nur als ergänzende Unterstützer oder Helfer. Die Rolle als Betroffene, die selbst Hilfe und Unterstützung bei der Wiederherstellung der Infrastruktur benötigen, wird kaum gesehen. Dementsprechend wichtig ist es, einen direkten Kontakt zwischen den Abwasserverantwortlichen der betroffenen und der helfenden Gemeinden herzustellen, damit konkrete Hilfsaktionen direkt zwischen ihnen koordiniert werden können.
- Obwohl die Betroffenen im Sommer 2021 grundsätzlich auf Überflutungsereignisse vorbereitet waren, rechneten sie aufgrund der zunächst eher unspezifischen Warnungen nicht mit einer solch extremen Ausnahmesituation. Frühere Erfahrungen mit geringeren Starkregenereignissen ließen die Befragten nicht auf eine solche Katastrophe schließen. In Zukunft sollten deshalb Extremszenarien in Warnungen spezifiziert und in Übungen trainiert werden. So sollten die Gemeinden auf Worst-Case-Szenarien wie Überschwemmungen in der Nacht oder an Wochenenden und Feiertagen vorbereitet sein.
- Viele Hilfsaktionen waren nur möglich, weil die Verantwortlichen dies spontan organisierten und die rechtliche und kaufmännische Abwicklung zunächst offenließen. In anderen Fällen konnte die Hilfe erst gar nicht aktiviert werden, weil lange Entscheidungsprozesse zu tage- oder gar wochenlangen Verzögerungen führten. Hier erscheint es unabdingbar, die rechtlichen Rahmenbedingungen für Hilfeleistung im Vorfeld zu klären, damit im Ereignisfall schnell gehandelt werden kann.
- Grundsätzlich muss die Organisation der Hilfsmaßnahmen im Katastrophenfall neu überdacht werden. Derzeit sind die Notfallsysteme der Abwasserbetriebe nur auf durchschnittliche Starkregenszenarien ausgerichtet, nicht aber

auf Extremereignisse. Dies gilt auch für die Vorhaltung von Netz- und Betriebsdaten. Im Katastrophenfall können alle lokalen Systeme zerstört werden, sodass es möglich sein sollte, wesentliche Netzdaten zu sichern und über einfache Kommunikationswege wie Ausdrucke und Handy-Informationen zur Verfügung zu stellen.

19.5 Eine wichtige Konsequenz: Kommunale Informationsvorsorge

Eine frühzeitige Beratung und Aufklärung der Bürger durch Kommune und Entwässerungsbetrieb tut not, am besten schon bevor es zu Schadensereignissen kommt. Denn schließlich handelt es sich bei den dargestellten Sachverhalten noch immer um äußerst komplexe Zusammenhänge, mit denen viele Bürger überfordert sind. Damit stehen Kommunen in einer besonderen Verantwortung, und gerade Stadtentwässerungsbetriebe können hier eine starke Rolle übernehmen, denn sie haben eine lange Tradition als städtischer Infrastruktur-Dienstleister und werden als erfahrene Kompetenzträger wahrgenommen.

19.6 Hinweis

Der Beitragt basiert auf einem umfangreicheren Skript, das im April 2022 auf den 48. Aachener Bausachverständigentagen veröffentlicht wurde [27].

Literatur

1. DWA-M 119: Risikomanagement in der kommunalen Überflutungsvorsorge für Entwässerungssysteme bei Starkregen. Deutsche Vereinigung für Wasserwirtschaft, Abwasser und Abfall, Hennef, November 2016: Abschnitt 6.3.
2. Gesetz zur Ordnung des Wasserhaushalts (Wasserhaushaltsgesetz – WHG), vom 31. Juli 2009 (BGBl. S. 2585), zuletzt geändert durch Artikel 2 des Gesetzes vom 18. August 2021 (BGBl. I S. 3901): § 54 und § 56.
3. Wassergesetz für das Land Nordrhein-Westfalen (Landeswassergesetz - LWG) in der Fassung des Artikels 1 des Gesetzes zur Änderung wasser- und wasserverbandsrechtlicher Vorschriften vom 08 Juli 2016 (GV. NRW. S. 559). Zuletzt geändert durch Artikel 1 des Gesetzes vom 04. Mai 2021 (GV. NRW. S. 560,718): §46, Absatz 1 und 2.
4. Anforderungen an die Niederschlagsentwässerung im Trennverfahren, RdErl. d. Ministeriums für Umwelt und Naturschutz, Landwirtschaft und Verbraucherschutz - IV-9 031 001 2104 – vom 26.5.2004 (NRW), Abschnitt 2.2 und Anlage 1.
5. Arbeitsblatt DWA-A 102–1/BWK-A 3–1: Grundsätze zur Bewirtschaftung und Behandlung von Regenwasserabflüssen zur Einleitung in Oberflächengewässer – Teil: Allgemeines. Dezember 2020: Abschnitt 5.2.1 und 5.3.3.
6. Niederschlagswasserbeseitigung gemäß § 51a des Landeswassergesetztes. RdErl. d. Ministeriums für Umwelt, Raumordnung und Landwirtschaft IV B 5 -673/2–29010/IV B 6 – 031 002 0901 v. 18.5.1998: Abschnitt 14.2.
7. Richtlinie für die Anlage von Straßen RAS, Teil: Entwässerung RAS-Ew. Forschungsgesellschaft für Straßen- und Verkehrswesen, Arbeitsgruppe Erd- und Grundbau, Ausgabe 2005: Abschnitt 7.2.1.
8. DIN EN 752: Entwässerungssysteme außerhalb von Gebäuden – Kanalmanagement; Deutsche Fassung EN 752:2017. Beuth Verlag, Juli 2017.
9. ATV-Handbuch Planung der Kanalisation. 4. Auflage, Verlag Ernst & Sohn, Berlin, 1994: Abschnitt 11.1.2.4.
10. Grohmann, A. N.; Jekel, M.; Grohmann, A.; Szewzyk, R; Szewzyk, U.: Wasser – Chemie, Mikrobiologie und Nachhaltige Nutzung. De Gruyter, Berlin, 2011: Abschnitt 5.5.3.
11. Wissensdokument: Hinweise für eine wassersensible Straßenraumgestaltung. Hamburger Regelwerke für Planung und Entwurf von Stadtstraßen [ReStra]. Freie und Hansestadt Hamburg. Behörde für Wirtschaft, Verkehr und Innovation, Ausgabe 2015: Kapitel 3.1.
12. Appeler, N.: Rechtliche Würdigung der kommunalen Pflichten zur Starkregenvorsorge. Vortrag, Deutscher Tag der Grundstücksentwässerung, Köln, 22. Juni 2017.
13. Hochwasserschutzfibel – Objektschutz und bauliche Vorsorge. Bundesministerium des Innern, für Bau und Heimat, Dezember 2018.
14. Überflutungs- und Hitzevorsorge durch die Stadtentwicklung. Strategien und Maßnahmen zum

Regenwassermanagement gegen urbane Sturzfluten und überhitze Städte: Bundesinstitut für Bau, Stadt- und Raumforschung (BBSR), April 2015.
15. Verordnung zur Selbstüberwachung von Abwasseranlagen - Selbstüberwachungsverordnung Abwasser – SüwVO Abw des Landes Nordrhein-Westfalen, 17. Oktober 2013. Zuletzt geändert am 18.05.2021
16. Anforderungen an den Betrieb und die Unterhaltung von Kanalisationsnetzen. Runderlass des Ministeriums für Umwelt, Raumordnung und Landwirtschaft – IV B 6 – 031 002 0201 – vom 3.1. 1995.
17. Kommunaler Hinweis „Starkregen- und Überflutungsvorsorge im Kanalbetrieb – Betriebliche Maßnahmen nach Runderlass NRW mit Beitrag zur Überflutungsvorsorge. IKT – Institut für Unterirdische Infrastruktur, Gelsenkirchen, 27. März 2017.
18. Handbuch Stadtklima – Maßnahmen und Handlungskonzepte für Städte und Ballungsräume zur Anpassung an den Klimawandel. Ministerium für Umwelt und Naturschutz, Landwirtschaft und Verbraucherschutz des Landes Nordrhein-Westfalen, Januar 2011.
19. Handlungsstrategie für den Umgang mit Starkregenereignissen. Stadt Dortmund - Stadtentwässerung, November 2014.
20. Wie schütze ich mein Haus vor Starkregenfolgen? Stadt Hamburg, Hamburg Wasser, Landesbetrieb Straßen, Brücken und Gewässer Hamburg, Neuauflage August 2012.
21. Arbeitshilfe Kommunales Starkregenrisikomanagement des Ministeriums für Umwelt, Landwirtschaft, Natur- und Verbraucherschutz des Landes Nordrhein-Westfalen. November 2018. ► https://www.flussgebiete.nrw.de/system/files/atoms/files/arbeitshilfe_kommunales_starkregenrisikomanagement_2018.pdf
22. Leitfaden Kommunales Starkregenrisikomanagement in Baden-Württemberg. 29.05.2016 ► https://pudi.lubw.de/detailseite/-/publication/47871-Leitfaden_Kommunales_Starkregenrisikomanagement_in_Baden-W%C3%BCrttemberg.pdf
23. Web-Informationen des Landes NRW: Starkregenhinweiskarte NRW, siehe: ► http://www.klimaanpassung-karte.nrw.de/Hochwassergefahrenkarten und Hochwasserrisikokarten NRW, siehe: ► https://www.flussgebiete.nrw.de/hochwassergefahrenkarten-und-hochwasserrisikokarten-8406
24. Stellungnahme des BWK (Bund der Ingenieure für Wasserwirtschaft, Abfallwirtschaft und Kulturbau) zur Drucksache 17/14892 des Landtages Nordrhein-Westfalen, Autoren: Daniel Bachmann, Christian Sustrath ► https://www.landtag.nrw.de/portal/WWW/dokumentenarchiv/Dokument/MMST17-4587.pdf
25. BWK-Pressemitteilung Nr. 02/2021, BWK fordert Konsequenzen aus den Hochwasserereignissen 2021.
26. Bosseler, B.; Salomon, M.; Schlüter, M.; Rubinato, M.: Living with Urban Flooding: A Continuous Learning Process for Local Municipalities and Lessons Learnt from the 2021 Events in Germany. Water 2021, 13, 2769. ► https://doi.org/10.3390/w13192769
27. Bosseler, B.: Stark- und Katastrophenregen – Konsequenzen aus wasserwirtschaftlicher Sicht, 48. Aachener Bausachverständigentage, AIBau - Aachener Institut für Bauschadensforschung und angewandte Bauphysik gGmbH, 25. April 2022.
28. Entwicklung und Stand der Abwasserbeseitigung in Nordrhein-Westfalen. 18. Auflage, Ministerium für Klimaschutz, Umwelt, Landwirtschaft, Natur- und Verbraucherschutz des Landes Nordrhein-Westfalen, 31.12.2018.

Akteursbeteiligung bei der Anpassung des Entwässerungsmanagements im norddeutschen Küstenraum

Frank Ahlhorn, Jan Spiekermann, Peter Schaal, Helge Bormann und Jenny Kebschull

Im Rahmen des Aktionsplans zur „Deutschen Anpassungsstrategie an den Klimawandel" (DAS) werden vom Bundesumweltministerium Vorhaben mit Pilotcharakter gefördert, die Strategien zur Anpassung an die Folgen des Klimawandels erarbeiten. Das Verbundprojekt „KLEVER – Klimaoptimiertes Entwässerungsmanagement im Verbandsgebiet Emden" zielte darauf ab, im Rahmen eines regionalen Akteursforums geeignete Maßnahmenoptionen zur Anpassung des Entwässerungsmanagements an die hydrologischen Veränderungen im Küstenraum zu identifizieren.

Die Entwässerung der eingedeichten Niederungsgebiete entlang der Nordseeküste bildet die zentrale Voraussetzung für deren Nutzung als Siedlungs- und Wirtschaftraum. Nur mithilfe der historisch gewachsenen Entwässerungssysteme können überschüssige Niederschlagsmengen abgeführt und Hochwassersituationen im Deichhinterland weitgehend vermieden werden. Die heutigen Entwässerungssysteme im nordwestdeutschen Küstenraum basieren hauptsächlich auf der Daten- und Erkenntnisgrundlage der 1950/60er Jahre, in denen die meisten wasserwirtschaftlichen Rahmenpläne erstellt wurden.

Die Entwässerung der eingedeichten Niederungsgebiete entlang der Nordseeküste bildet die zentrale Voraussetzung für deren Nutzung als Siedlungs- und Wirtschaftraum. Nur mithilfe der historisch gewachsenen Entwässerungssysteme können überschüssige Niederschlagsmengen abgeführt und Hochwassersituationen im Deichhinterland weitgehend vermieden werden. Die heutigen Entwässerungssysteme im nordwestdeutschen Küstenraum basieren hauptsächlich auf der Daten- und Erkenntnisgrundlage der 1950/60er Jahre, in denen die meisten wasserwirtschaftlichen Rahmenpläne erstellt wurden. Es ist daher dringend geboten, über strategische

Zuerst erschienen in Wasser und Abfall 7–8/2018

Anpassungserfordernisse der Entwässerungssysteme nachzudenken, um den sich verändernden Randbedingungen begegnen zu können – insbesondere den Folgen des Klimawandels [1, 2].

Vor diesem Hintergrund war es das Ziel des KLEVER-Projekts, im Rahmen eines sektorübergreifenden Beteiligungsprozesses integrative Lösungsansätze für eine zukunftsfähige Anpassung des Entwässerungsmanagements im Verbandsgebiet des Ersten Entwässerungsverbandes Emden (I. EVE) zu erarbeiten.

20.1 Motivation für einen sektorübergreifenden Beteiligungsprozess

Das Entwässerungsmanagement hat historisch wie aktuell eine existenzielle Bedeutung für die Nutzung und Entwicklung des Küstenraumes. Dies bedingt, dass nahezu alle raumrelevanten Handlungsbereiche in der Küstenregion von der Entwässerungsthematik mehr oder weniger stark berührt sind. Um bei der Entwicklung von Anpassungsoptionen die jeweiligen Belange und Anforderungen betroffener Handlungsbereiche berücksichtigen zu können, wurde im Rahmen von KLEVER ein projektbegleitendes Akteursforum mit regionalen Akteuren aus den Bereichen Wasserwirtschaft, Naturschutz, Landwirtschaft, Binnenfischerei, Tourismus/Freizeit, Raumplanung und Gefahrenabwehr/Katastrophenschutz eingerichtet (Tab. 20.1). Das Ziel dieser Vorgehensweise war es, regionale Kenntnisse und Institutionen übergreifendes Expertenwissen zusammenzutragen, die Integration verschiedener Interessenlagen zu gewährleisten, im Falle divergierender Vorstellungen einen Diskussionsprozess zu eröffnen und zu einer gesteigerten Akzeptanz identifizierter Anpassungsoptionen beizutragen. Aufgrund der breit angelegten Beteiligung von Akteuren aus allen berührten Handlungsbereichen lag der Fokus der Betrachtungen im KLEVER-Projekt nicht allein auf rein wasserbaulichen und wasserwirtschaftlichen Maßnahmenoptionen sondern insbesondere auf integrativen Lösungsansätzen, die neben den Zielen des Hochwasserschutzes gleichzeitig weitere gesellschaftliche Anforderungen an das Entwässerungsmanagement, z. B. seitens des Ökosystemschut-

Tab. 20.1 Übersicht zur Zusammensetzung des KLEVER-Akteursforums

Handlungsbereich	Vertretene Institutionen
Wasserwirtschaft	Erster Entwässerungsverband Emden, Deichacht Krummhörn, NLWKN (Betriebsstelle Aurich), untere Wasserbehörden (Landkreis Aurich, kreisfreie Stadt Emden), Bau- und Entsorgungsbetrieb Emden
Naturschutz	NLWKN (Geschäftsbereich: Regionaler Naturschutz), untere Naturschutzbehörden (Landkreis Aurich, kreisfreie Stadt Emden), Naturschutzverbände (NABU, BUND)
Landwirtschaft	Landwirtschaftlicher Hauptverein für Ostfriesland, Landwirtschaftskammer Niedersachsen (Bezirksstelle Ostfriesland), Grünlandzentrum Niedersachsen/Bremen
Binnenfischerei	Bezirksfischereiverband für Ostfriesland
Tourismus/Freizeit	Wirtschaftsförderung, kommunale Touristikgesellschaften
Raumplanung	Amt für regionale Landesentwicklung Weser-Ems, untere Raumordnungsbehörde (Landkreis Aurich), kommunale Planungs- und Bauämter
Katastrophenschutz	Katastrophenschutzbehörden (Landkreis Aurich, kreisfreie Stadt Emden)

zes, mit in den Blick nehmen. Der Ökosystemschutz umfasst hier den Gewässerschutz, den Arten- und Biotopschutz sowie den Boden- und Klimaschutz.

> **Kompakt**
>
> — Integrative Lösungsansätze für das Entwässerungsmanagement gewinnen wegen der unterschiedlichen sektoralen Anforderungen an die Flächen zunehmend an Bedeutung. Die Bereitschaft regionaler Akteure/Stakeholder zur Mitwirkung ist hoch.
> — Derart identifizierte Maßnahmenoptionen zur Anpassung des Entwässerungsmanagements können übertragbar sein. Die Datenbasis muss jedoch angepasst sein.

20.2 Methodik des Beteiligungsprozesses

Die folgende Darstellung zur Methodik des Beteiligungsprozesses untergliedert sich in drei Abschnitte: Der erste Abschnitt beleuchtet die Akteursanalyse, mit der die zu beteiligenden Akteure identifiziert wurden. Der zweite Abschnitt erläutert die Vorgehensweise zur Einbindung der Akteure im Rahmen des Beteiligungsprozesses. Der dritte Abschnitt beschreibt das multikriterielle Bewertungsverfahren, das im Beteiligungsprozess zum Einsatz kam.

20.3 Akteursanalyse

Um alle relevanten Akteure im Rahmen des Beteiligungsprozesses einzubinden, wurde zunächst eine Akteursanalyse durchgeführt, mit der die erforderliche Zusammensetzung des KLEVER-Akteursforums ermittelt wurde. Mithilfe einer Desktop-Studie wurden im ersten Schritt die Akteure, die mit dem Untersuchungsschwerpunkt des KLEVER-Projektes in Verbindung stehen, identifiziert. Die daraus resultierende Akteursliste wurde im Projektkonsortium (bestehend aus den Projektbearbeitern und den assoziierten Partnern) abgestimmt und bildete die Grundlage für die erste Beteiligungsphase. Im Rahmen der folgenden Einzelgespräche wurden die Akteure nach weiteren zu beteiligenden Institutionen bzw. Organisationen befragt, sodass am Ende der ersten Beteiligungsphase eine umfassende Akteursliste vorlag.

20.4 Einbindung der Akteure

Der Beteiligungsprozess im Rahmen des KLEVER-Projekts erfolgte in drei Beteiligungsphasen mit aufeinander aufbauenden Zielstellungen, in denen unterschiedliche Beteiligungsformate zum Einsatz kamen (◘ Tab. 20.2).

Beteiligungsphase 1: Für die gemeinsame Erarbeitung von Lösungsansätzen für das Entwässerungsmanagement ist ein ausreichendes Systemverständnis wichtig. Nur wenn alle Beteiligten ihre gegenseitigen Ansichten transparent darstellen, können diese als Arbeitsgrundlage für die Entwicklung von Maßnahmenoptionen zur Anpassung an zukünftige Herausforderungen dienen. In der ersten Beteiligungsphase wurden die Akteure daher im Rahmen von Einzel- bzw. Kleingruppengesprächen nach den aus ihrer Sicht bestehenden Anforderungen und Defiziten im Zusammenhang mit dem Entwässerungsmanagement befragt. Gleichzeitig wurden diese Gespräche dazu genutzt, um vonseiten der Akteure benannte Anpassungsoptionen für das Entwässerungsmanagement im Untersuchungsgebiet zu sammeln. Die zu einer kategorisierten Gesamtübersicht zusammengestellten Maßnahmenvorschläge wurden schließlich im Rahmen eines gemeinsamen Akteursforums allen Beteiligten vorgestellt.

◻ **Tab. 20.2** Übersicht der verschiedenen Phasen, Formate und Zielstellungen des Beteiligungsprozesses

Phase	Beteiligungsformate	Zielstellungen
1	Einzel-/Kleingruppengespräche	– Identifikation der sektorspezifischen Anforderungen an das Entwässerungsmanagement – Sammlung von Maßnahmenvorschlägen zur Anpassung des Entwässerungsmanagements
	Akteursforum mit Plenumsdiskussion	– Vorstellung und Diskussion der kategorisierten Gesamtübersicht aller Maßnahmenvorschläge
2	Einzel-/Kleingruppengespräche	– Präferenzermittlung der vorgeschlagenen Maßnahmenbereiche mithilfe eines multikriteriellen Bewertungsverfahrens
	Akteursforum mit Plenumsdiskussion	– Vorstellung der Ergebnisse der Präferenzermittlung – IDiskussion von Synergie- und Konfliktpotenzialen im Hinblick auf die unterschiedlichen sektorspezifischen Anforderungen
3	Arbeitsgruppentreffen	– Konkretisierung potenzieller Realisierungsoptionen für präferierte Maßnahmenbereiche

Beteiligungsphase 2: In der zweiten Beteiligungsphase wurde ein multikriterielles Bewertungsverfahren durchgeführt, mit dem präferierte Maßnahmenbereiche für die Anpassung des Entwässerungsmanagements ermittelt werden sollten (▶ Abschn. 13.3). Hierzu wurden die beteiligten Akteure im Rahmen erneuter Einzel- bzw. Kleingruppengespräche gebeten, eine Bewertung der in der ersten Beteiligungsphase identifizierten Maßnahmenbereiche vorzunehmen. Die Ergebnisse der aus dieser Bewertung resultierenden Präferenzermittlung wurden anschließend in einer gemeinsamen Veranstaltung des Akteursforums präsentiert. Im Rahmen von Gruppendiskussionen wurden zudem mögliche Synergien und Konflikte bestimmter Maßnahmenbereiche im Hinblick auf die unterschiedlichen sektorspezifischen Anforderungen erörtert.

Beteiligungsphase 3: Jeder der von den Akteuren vorgeschlagenen Maßnahmenbereiche kann eine Vielzahl differenzierter Maßnahmenoptionen umfassen, die sich z. B. hinsichtlich ihrer Verortung, Dimensionierung, Ausgestaltung und Wirkung unterscheiden. In der dritten Beteiligungsphase wurden zur weiteren Konkretisierung daher insgesamt drei Arbeitsgruppentreffen zu übergeordneten Maßnahmenkategorien durchgeführt, die der Diskussion konkreter Realisierungsoptionen in einzelnen Maßnahmenbereichen dienten. Da im Rahmen der Arbeitsgruppentreffen nicht alle vorgeschlagenen Maßnahmenbereiche gleichermaßen betrachtet werden konnten, wurde eine Vorauswahl auf Basis der in Beteiligungsphase 2 durchgeführten Präferenzermittlung getroffen.

20.5 Multikriterielles Bewertungsverfahren zur Präferenzermittlung von Maßnahmenbereichen

Im Rahmen der zweiten Beteiligungsphase wurde zur Präferenzermittlung der identifizierten Maßnahmenbereiche ein multikriterielles Bewertungsverfahren eingesetzt, bei dem die beteiligten Akteure anhand eines definierten Kriteriensatzes eine entsprechende Einschätzung vornehmen sollten. Die Auswertung erfolgte mithilfe der PROMETHEE-Methode [3].

20.5.1 Definition der Kriterien

Für das multikriterielle Bewertungsverfahren wurden hinreichende Kriterien definiert, anhand derer grundsätzliche Tendenzen hinsichtlich der Präferenz der Maßnahmenbereiche abgeschätzt werden konnten. Insgesamt wurden drei Hauptkriterien zugrunde gelegt, die sich in jeweils drei zugehörige Teilkriterien untergliedern (◘ Abb. 20.1).

Wasserwirtschaftliche Relevanz: Dieses Kriterium diente dazu, die Relevanz der vorgeschlagenen Maßnahmenbereiche im Hinblick auf die erforderliche wasserwirtschaftliche Anpassung an die in [1] dargestellten Veränderungen der Randbedingungen zu bewerten. Dabei kamen folgende Teilkriterien zum Einsatz (◘ Abb 20.1):

1. Abflussreduktion: Der Abfluss stellt die wesentliche Einflussgröße für die Kapazitätsauslastung des Entwässerungssystems dar. Durch die Reduktion des Abflusses kann daher grundsätzlich eine Entlastung des Systems erreicht werden. Mithilfe dieses Teilkriteriums sollte eingeschätzt werden, inwieweit die einzelnen Maßnahmenbereiche zu einer Vermeidung bzw. Verzögerung der Abgabe von Niederschlagswasser in das Entwässerungssystem und damit zur Reduktion von Abflussmengen und -spitzen beitragen können.
2. Wasserstandsregulierung: Um auch unter den sich ändernden Randbedingungen bestimmte Zielwasserstände gewährleisten und kritische Hochwassersituationen vermeiden zu können, wird es erforderlich sein, die Möglichkeiten der (kurzfristigen) Wasserstandsregulierung zu verbessern. Dieses Teilkriterium diente der Abschätzung, inwiefern die einzelnen Maßnahmenbereiche geeignet sind, um zusätzliche Kapazitäten in diesem Bereich bereitzustellen.
3. Verminderung von Schadenspotenzialen: Extremwetterereignisse wie Starkniederschläge oder langanhaltend hohe Sturmflutwasserstände, Technikversagen wie z. B. Schöpfwerksdefekte oder externe Störeinflüsse wie z. B. Stromausfälle können zur Folge haben, dass die Kapazitätsgrenzen des Entwässerungssystems überschritten werden und es zu hochwasserbedingten Schäden an Gebäuden, (kritischer) Infrastruktur oder landwirtschaftlich genutzten Flächen kommt. Anhand dieses Teilkriteriums sollte abgeschätzt werden, inwieweit die jeweiligen Maßnahmenbereiche zu einer Verminderung solcher Schadenspotenziale beitragen können.

Effekte auf andere Anforderungsbereiche: Ein zentrales Anliegen des KLEVER-Projekts bestand darin, integrative Anpassungsoptionen für das Entwässerungsmanagement zu identifizieren, die nach Möglichkeit auch positive Effekte auf andere Anforderungsbereiche haben. Hierzu war es erforderlich, die Synergie- bzw. Konfliktpotenzi-

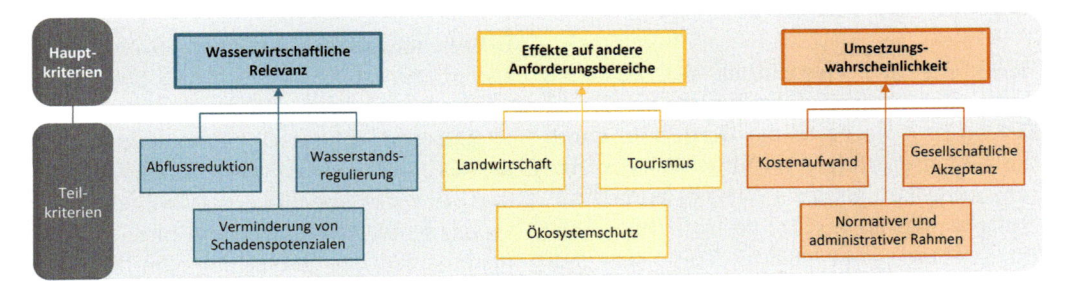

◘ **Abb 20.1** Bewertungskriterien für die Präferenzermittlung der Maßnahmenbereiche

ale der vorgeschlagenen Maßnahmenbereiche abzuschätzen. Der Fokus lag dabei auf den drei als Teilkriterien eingesetzten Anforderungsbereichen 1) Landwirtschaft, 2) Tourismus/Freizeit und 3) Ökosystemschutz, die regional eine besondere Bedeutung besitzen und allesamt besonders stark von der Ausgestaltung des Entwässerungssystems bzw. -managements abhängig bzw. betroffen sind (◘ Abb. 20.1). Bei der Bewertung der drei Teilkriterien sollte eingeschätzt werden, ob sich die verschiedenen Maßnahmenbereiche positiv, neutral oder negativ auf die jeweiligen Anforderungsbereiche auswirken.

Umsetzungswahrscheinlichkeit: Dieses Kriterium zielte darauf ab, die potenziellen Realisierungschancen der vorgeschlagenen Maßnahmenbereiche abzuschätzen. Als Teilkriterien wurden drei wesentliche Einflussgrößen auf die Umsetzungswahrscheinlichkeit zugrunde gelegt: 1) Der zu erwartende Kostenaufwand für z. B. Planung, Realisierung und Unterhaltung entscheidet über die Finanzierbarkeit einer Maßnahme. 2) Der normative und administrative Rahmen bestimmt, ob bzw. inwieweit die Realisierung einer bestimmten Maßnahme durch existierende Rechtsvorschriften (Gesetze, Verordnungen etc.), bestehende Strukturen (z. B. Zuständigkeitsregelungen) oder vorhandene Ressourcen (z. B. Personalkapazitäten) begünstigt oder erschwert wird. 3) Der Grad der gesellschaftlichen Akzeptanz bedingt, ob die Umsetzung einer Maßnahme breite Unterstützung findet oder nur gegen Widerstände möglich ist (◘ Abb. 20.1).

Bewertung und Gewichtung der Kriterien durch die Akteure: Die Bewertung der in ◘ Abb 20.1 dargestellten Kriterien durch die Akteure erfolgte mithilfe verbaler Abschätzungskategorien auf Basis einer fünfstufigen Skala („sehr gering" bis „sehr hoch" bzw. „sehr negativ" bis „sehr positiv"). Zusätzlich zur Bewertung wurden die Akteure darum gebeten, für die drei Hauptkriterien eine Gewichtung vorzunehmen, die bei der späteren Präferenzermittlung entsprechend berücksichtigt wurde. Der Ansatz des partizipativen Bewertungsprozesses ist in [4] genauer beschrieben bzw. wurde bereits in anderen praxisorientierten Vorhaben erfolgreich eingesetzt [5, 6].

Präferenzermittlung mithilfe der Outranking-Methode PROMETHEE: Zur Ermittlung der Präferenz der Maßnahmenbereiche war es notwendig, die einzelnen Bewertungen zu den in ◘ Abb. 20.1 dargestellten Kriterien miteinander zu verknüpfen sowie die jeweiligen Gewichtungen der Hauptkriterien zu berücksichtigen. Hierzu wurde im KLEVER-Projekt die Outranking-Methode PROMETHEE eingesetzt, die in der Lage ist, dem multikriteriellen Bewertungsansatz auf der einen und der umfassenden Beteiligung der Akteure auf der anderen Seite gerecht zu werden [3, 4].

20.5.2 Ergebnisse des Beteiligungsprozesses

Akteursanalyse: ◘ Tab. 20.1 kann das Ergebnis der durchgeführten Akteursanalyse entnommen werden. Die aufgeführten Institutionen wurden als besonders relevante Akteure innerhalb der von der Entwässerungsthematik berührten Handlungsbereiche (Sektoren) identifiziert und in den sektorübergreifenden Beteiligungsprozess des KLEVER-Projekts eingebunden.

Beteiligungsphase 1: *Identifikation sektorspezifischer Anforderungen und potenzieller Maßnahmenbereiche*

Die erste Phase der Beteiligung diente der Ermittlung der verschiedenen sektor- und nutzungsspezifischen Anforderungen an das Entwässerungssystem und -management sowie der Sammlung von Maßnahmenvorschlägen zu dessen Optimierung.

Hochwasserschutz

Gewährleistung eines schadlosen Abflusses von Niederschlagswasser

Schutz von Siedlungen, baulichen Anlagen und Infrastrukturen vor Schäden durch zu hohe Wasserstände und Überschwemmungen

Landwirtschaft

Schaffung der wasserwirtschaftlichen Voraussetzungen für eine optimale Bewirtschaftungs- und Ertragsfähigkeit landwirtschaftlich genutzter Böden

Tourismus & Freizeit

Nutzbarkeit von Gewässern für Bootsverkehr und Wassersport

Bedeutung der Gewässer als regionaltypische Landschaftselemente

Ökosystemschutz

Gewässerschutz
z. B. Strukturvielfalt, Fischdurchgängigkeit, Nähr- und Schadstoffreduktion

Biotop- und Artenschutz
z. B. Schutz (grund-)wasserstandsabhängiger Lebensräume und ihrer typischen Lebensgemeinschaften

Boden- und Klimaschutz
z. B. Reduktion von Treibhausgasemissionen aus (grund-)wasserstandsabhängigen organischen Böden

Abb. 20.2 Übersicht der sektorspezifischen Anforderungen an das Entwässerungsmanagement (© KLEVER-Team)

Wie Abb. 20.2 verdeutlicht, wird das Entwässerungsmanagement neben seiner primären Aufgabe, der Gewährleistung des Hochwasserschutzes, mit einer Reihe weiterer Anforderungen aus unterschiedlichen Bereichen konfrontiert: Die Landwirtschaft fordert als größter Flächennutzer im Verbandsgebiet des I. EVE ein auf ihre Ansprüche zugeschnittenes Wassermanagement. Der Tourismus- und Freizeitsektor hat ein starkes Interesse an den Nutzungsmöglichkeiten der Gewässer für Bootsverkehr und andere Wassersportaktivitäten. Der Ökosystemschutz stellt besondere Anforderungen an den Zustand der Gewässerstruktur und des Landschaftswasserhaushalts. Auf Basis der zusammengetragenen unterschiedlichen Anforderungsbereiche konnten im weiteren Projektverlauf Synergie- und Konfliktpotenziale möglicher Anpassungsoptionen des Entwässerungssystems bzw. -managements identifiziert und diskutiert werden.

Die von den beteiligten Akteuren in den Einzel- und Kleingruppengesprächen der Beteiligungsphase 1 genannten Anpassungsoptionen wurden zur weiteren Bearbeitung in insgesamt 22 Maßnahmenbereiche zusammengefasst und den drei Kategorien „Wasserwirtschaftliche Infrastruktur", „Wasserstandsregulierung" und „Hochwasserrisikomanagement" zugeordnet (Tab. 20.3, Spalten 1 und 2).

Beteiligungsphase 2: *Präferenzermittlung der Maßnahmenbereiche*

Die zweite Phase der Beteiligung zielte darauf ab, mithilfe des multikriteriellen Bewertungsverfahrens präferierte Maßnahmenbereiche zu ermitteln. Die Präferenzermittlung resultierte dabei aus der Kombination der von den beteiligten Akteuren vorgenommenen Gewichtungen der Hauptkriterien und Bewertungen der Teilkriterien.

In Tab. 20.4 sind die **Gewichtungen der drei Hauptkriterien** aufgeführt. Die 15 Einzelgewichtungen resultieren aus den Einzel- und Kleingruppengesprächen mit den beteiligten Akteuren. Für etwas mehr als die Hälfte der befragten Akteure stellte die „Wasserwirtschaftliche Re-

Tab. 20.3 Übersicht der Maßnahmenbereiche (Spalte 2), Ergebnisse der Präferenzermittlung (Spalten 3 und 4), Ergebnisse der Differenzberechnung (Spalte 5) und daraus abgeleiteter Diskussionsbedarf (Spalte 6)

Spalte 1 Maßnahmenkategorien			Spalte 2 Maßnahmenbereiche		Spalte 3 Präferenz Wasserwirtschaft	Spalte 4 Präferenz Andere Bereiche	Spalte 5 Differenz zwischen Akteuren	Spalte 6 abgeleiteter Diskussionsbedarf
Wasserwirtschaftliche Infrastruktur		Siele	Anpassung von Sielkapazitäten	01	hoch	mittel	mittel	mittel
		Schöpfwerke	Anpassung von Schöpfwerkskapazitäten	02	hoch	hoch	hoch	mittel
			Reorganisation von Schöpfwerksgebieten	03	mittel	niedrig	niedrig	niedrig
			Einsatz erneuerbarer Energien für den Schöpfwerksbetrieb	04	mittel	niedrig	mittel	niedrig
	Gewässersystem	Hydraulik	Anpassung des Vorflutsystems an veränderte Randbedingungen	05	mittel	niedrig	hoch	hoch
			regelmäßige Unterhaltung des Vorflutsystems	06	hoch	hoch	niedrig	niedrig
		Ökologie	ökologisch optimierte Gewässergestaltung	07	niedrig	hoch	hoch	hoch
			Schaffung von Gewässerrandstreifen	08	niedrig	mittel	mittel	niedrig
			Verbesserung der Fischdurchgängigkeit von Querbauwerken	09	niedrig	mittel	niedrig	niedrig
Wasserstandsregulierung		Speicher- und Rückhaltekapazitäten für Niederschlagswasser	Erhaltung/Wiederherstellung der Retentionskapazitäten des Bodens	10	mittel	hoch	mittel	mittel
			Maßnahmen des dezentralen Regenwassermanagements	11	hoch	hoch	mittel	niedrig
			Nutzung von Retentionsmöglichkeiten im Gewässersystem	12	mittel	mittel	mittel	mittel
			Schaffung von Speicher- und Entlastungspoldern	13	hoch	mittel	niedrig	mittel
		veränderte Wasserstandshaltung	nutzungsdifferenzierte Anpassung von Zielwasserständen	14	mittel	mittel	hoch	hoch
			Wiedervernässung tiefliegender Bereiche	15	niedrig	niedrig	hoch	hoch
			Aufspülung tiefliegender Bereiche	16	niedrig	niedrig	niedrig	niedrig
Hochwasserrisikomanagement		Flächen-/Planungsvorsorge	Darstellung von Bereichen mit besonderer Hochwassergefahr	17	mittel	mittel	mittel	mittel
			Planungs- und Genehmigungsrestriktionen in Bereichen mit besonderer Hochwassergefahr	18	hoch	niedrig	hoch	hoch
		Bauvorsorge	Anpassung von Siedlungsentwässerungssystemen	19	hoch	hoch	hoch	mittel
			Objektschutz für Gebäude und Infrastruktureinrichtungen	20	niedrig	niedrig	niedrig	niedrig
		Gefahren-/Katastrophenvorsorge	Verbesserung des Informationsaustausches zwischen zuständigen Stellen	21	niedrig	hoch	mittel	mittel
			Vorhaltung erforderlicher Notfallausrüstung	22	mittel	mittel	niedrig	niedrig

© KLEVER-Team

levanz" das wichtigste Kriterium dar. Alle anderen Teilnehmer werteten das Kriterium „Effekte auf andere Anforderungsbereiche" am höchsten. Das Kriterium „Umsetzungswahrscheinlichkeit" wurde jedoch von keinem Teilnehmer als stärkstes der drei Krite-

Tab. 20.4 Gewichtung der Kriterien durch die beteiligten Akteure (Einzelgewichtungen 1–15)

Kriterien	Einzelgewichtungen															Gesamtpunktzahl
	1	2	3	4	5	6	7	8	9	10	11	12	13	14	15	
Wasserwirtschaftliche Relevanz	100	100	60	100	80	90	40	100	70	100	80	100	90	100	100	1.310
Effekte auf andere Anforderungsbereiche	60	50	100	60	100	100	100	50	100	90	100	60	100	70	90	1.230
Umsetzungswahrscheinlichkeit	90	70	70	40	90	90	10	80	70	50	60	90	40	60	90	1.000

rien gewichtet. Die Gewichtungen machen insgesamt deutlich, dass zwar die wasserwirtschaftliche Relevanz bei der regionalen Klimaanpassung grundsätzlich an erster Stelle stehen muss, bei der Maßnahmenfindung und -umsetzung gleichzeitig aber ein verstärktes Augenmerk auf integrative Lösungen gelegt werden sollte.

Abb. 20.3 zeigt eine Gesamtauswertung der Zustimmung zu den jeweiligen Maßnahmenbereichen. Zu sehen ist, dass in der Summe aller befragten Akteure neben der Erhaltung der Retentionskapazität des Bodens (Nr. 10) vor allem bewährte wasserwirtschaftliche Maßnahmen, wie z. B. die Anpassung von Schöpfwerkskapazitäten (Nr. 2), die Unterhaltung des Vorflutsystems (Nr. 6), das dezentrale Regenwassermanagement (Nr. 11) oder die Schaffung von Speicher- und Entlastungspoldern (Nr. 13), die höchste Zustimmung erhielten. Die Aufspülung tiefliegender Flächen mit Sedimentmaterial (beispielsweise aus der Außenems) (Nr. 16), der Objektschutz (Nr. 20) und die Reorganisation von Schöpfwerksgebieten (Nr. 3) wurden dagegen mit der geringsten Zustimmung belegt.

Zur weiteren Bearbeitung wurde im Rahmen der Auswertung für die drei Maßnahmenkategorien „Wasserwirtschaftliche Infrastruktur", „Wasserstandsregulierung" und „Hochwasserrisikomanagement" jeweils eine dreistufige Einteilung (hoch, mittel, niedrig) der ermittelten Präferenz der zugehörigen Maßnahmenbereiche vorgenommen (Tab. 20.3, Spalten 3 und 4). Dabei wurde zwischen der Präferenz der Akteure aus dem Bereich der Wasserwirtschaft (Spalte 3) und der Präferenz der Akteure aus den anderen Handlungsbereichen (Spalte 4) unterschieden. Diese Unterteilung wurde gewählt, um Abweichungen der jeweiligen Einschätzungen zu verdeutlichen. Als Ergebnis ist zu konstatieren, dass im Großen und Ganzen die Einschätzungen beider Gruppen nur geringe Abweichungen aufweisen. Deutliche Unterschiede in der Präferenz zeigen sich le-

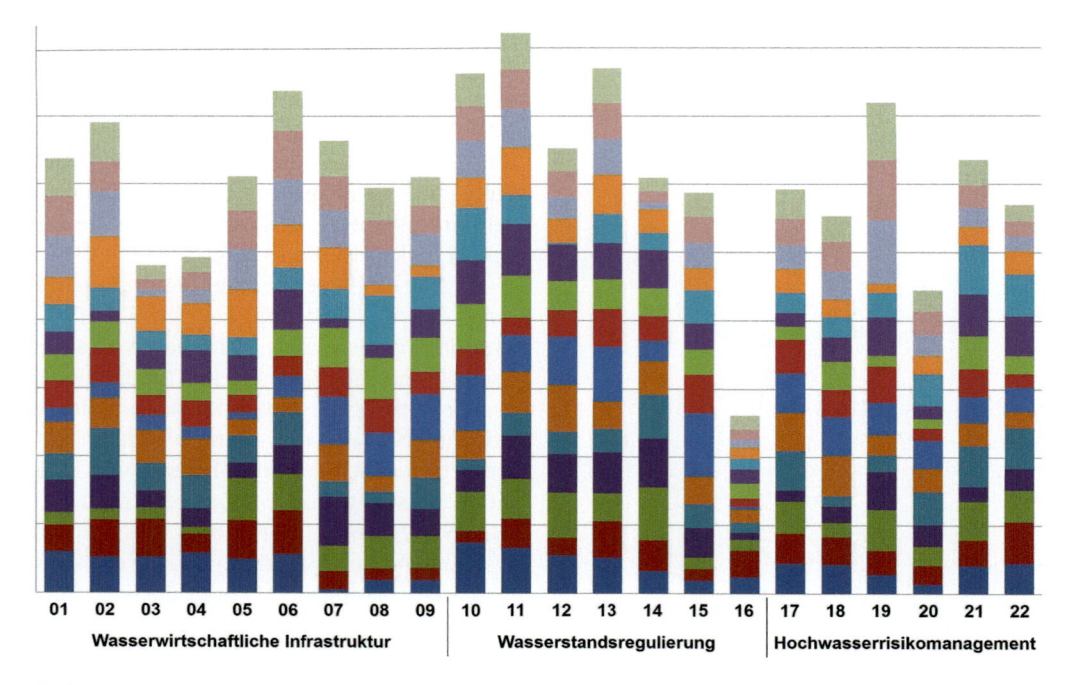

Abb. 20.3 Zustimmung zu den Maßnahmenbereichen (1–22, siehe Tab. 1.3) in den drei Maßnahmenkategorien (Aufsummierung aller Einzelergebnisse). (© KLEVER-Team)

diglich für die Maßnahmenbereiche „ökologisch optimierte Gewässergestaltung" (Nr. 7), „Planungs- und Genehmigungsrestriktionen" (Nr. 18) und „Verbesserung des Informationsaustausches" (Nr. 21). Bei ersterem ist dies darauf zurückzuführen, dass der Fokus der wasserwirtschaftlichen Akteure vor allem auf der hydraulischen Leistungsfähigkeit der Gewässer liegt, wohingegen andere Akteure, insbesondere aus dem Bereich des Naturschutzes, vielfach ökologische Belange stärker berücksichtigt sehen wollen.

Mithilfe der PROMETHEE-Methode wurde für die einzelnen Maßnahmenbereiche zudem die Bandbreite der Einschätzungen aller befragten Akteure berechnet. Tab. 20.3, Spalte 5 gibt anhand einer dreistufigen Skala (hoch, mittel, niedrig) einen Überblick über die jeweiligen Differenzen. Bei ca. einem Drittel der Maßnahmenbereiche liegt eine hohe Differenz zwischen den Einzelbewertungen der Akteure vor. Dies deutet auf eine unterschiedliche Interessenlage hinsichtlich der Umsetzung und/oder ein unterschiedliches Verständnis bezüglich der Ausgestaltung und Auswirkungen der betroffenen Maßnahmenbereiche hin. Große Differenzen zwischen den Einzelbewertungen wurden insofern als Anhaltspunkt für eine erforderliche vertiefende Diskussion der entsprechenden Maßnahmenbereiche angesehen.

Bei der Ableitung des weiteren Diskussionsbedarfs (Tab. 20.3, Spalte 6) wurden neben den bestehenden Differenzen der Einzelbewertungen (Spalte 5) zusätzlich die ermittelten Präferenzen der beiden Akteursgruppen (Spalten 3 und 4) herangezogen. Die in der jeweiligen Maßnahmenkategorie mit einem hohen Diskussionsbedarf versehenen Maßnahmenbereiche bildeten schließlich die Grundlage für weitere Erörterungen im Rahmen eines die zweite Beteiligungsphase abschließenden Akteursforums.

Beteiligungsphase 3: *Konkretisierung präferierter Maßnahmenbereiche*

In der dritten Beteiligungsphase ging es um die Erörterung konkreter Maßnahmenoptionen in den präferierten Maßnahmenbereichen. Hierzu wurden drei Arbeitsgruppen entsprechend der Maßnahmenkategorien gebildet.

In der Arbeitsgruppe „Wasserwirtschaftliche Infrastruktur" lag der Diskussionsschwerpunkt auf den möglichen Anpassungspotenzialen der Siel- und Schöpfwerkskapazitäten. Von den beteiligten Akteuren wurden u. a. Vorschläge zur Ertüchtigung bestehender, Reaktivierung ehemaliger und Schaffung neuer Schöpfwerksstandorte im Verbandsgebiet des I. EVE erörtert. Hinsichtlich der Anpassung von Sielkapazitäten ergab die Diskussion, dass die kostenintensive Erweiterung bestehender bzw. Errichtung neuer Siele nicht zielführend sei, da aufgrund des Meeresspiegelanstiegs in absehbarer Zeit nur noch bedingt bzw. gar nicht mehr gesielt werden kann [1]. In der Summe identifizierten die Akteure Potenzial für eine Steigerung der bestehenden Schöpfwerkskapazitäten um 50 %. Damit könnten die langfristig wegfallenden Sielkapazitäten kompensiert werden.

In der Arbeitsgruppe „Wasserstandsregulierung" ging es vorrangig um die Diskussion konkreter Maßnahmenoptionen zur Schaffung zusätzlicher Speicherkapazitäten für Niederschlagswasser innerhalb des Verbandsgebietes. Neben möglichen Ansätzen zur Erhaltung bzw. Wiederherstellung der Retentionskapazitäten des Bodens (z. B. durch Instrumente der Raumplanung und Agrarpolitik) wurden verschiedene Varianten zur Nutzung von Retentionsmöglichkeiten im Gewässersystem (z. B. Bewirtschaftung von Stillgewässern als Pumpspeicher) und zur Errichtung von Speicherpoldern betrachtet. Zusätzlich zur Lokalisierung geeigneter Bereiche wurden Vor- und Nachteile sowie mögliche Synergie- und Konfliktpotenziale der Maßnahmenoptionen thematisiert. Würde es gelingen, sowohl die Pumpspeicherung an bestehenden Gewässern wie auch die Einrichtung eines neuen Speicherpolders in einem der trockengelegten Meere umzusetzen, könnte dadurch ein zusätzlicher Speicherraum von etwa 5 Mio. m^3 geschaffen werden, der ca. 3 % des jährlichen Entwässerungsvolumens entspräche. Dadurch könnte das bestehende Entwässerungssystem flexibilisiert werden. Eine Anpassung der Zielwasserstände im Entwässerungssystem wurde hingegen mehrheitlich als nicht sinnvoll erachtet.

Die Arbeitsgruppe „Hochwasserrisikomanagement" beschäftigte sich in erster Linie mit den Möglichkeiten der planerischen Risikovorsorge. Die kartographische Darstellung von Bereichen mit besonderer Hochwassergefahr wurde von den beteiligten Akteuren dabei grundsätzlich als hilfreiche Maßnahme eingestuft, um zu einer Steigerung des Risikobewusstseins beizutragen und – im Idealfall – verantwortliche Entscheidungsträger zu risikoangepasstem Handeln anzuregen. In der Diskussion wurden allerdings auch erhebliche methodische Schwierigkeiten hinsichtlich der Definition und räumlichen Abgrenzung entsprechender Bereiche in den Küstenniederungen deutlich. Hier ergibt sich ein erhebliches Potenzial für eine methodische Überarbeitung der Gefahren- und Risikokarten, die im Rahmen der Implementierung der EU-Hochwasserrisikomanagementrichtlinie [7] erarbeitet wurden. Neben der reinen Darstellung von Gefahrenbereichen wurden zudem die Möglichkeiten planungs- und genehmigungsrechtlicher Restriktionen auf den Ebenen der Raumordnung und Bauleitplanung sowie im Rahmen der allgemeinen Genehmigungspraxis von Planvorhaben diskutiert.

20.6 Fazit

Bereitschaft zur Teilnahme am Beteiligungsprozess: Die Bereitschaft und Motivation der regionalen Akteure zur Teilnahme am Beteiligungsprozess im Rahmen des KLEVER-Projekts war sehr hoch. Neben den unmittelbar betroffenen Institutionen aus dem Bereich der Wasserwirtschaft nahmen eine Vielzahl weiterer Akteure aus angrenzenden Handlungsbereichen an den Einzel- bzw. Kleingruppengesprächen sowie den Akteursforen und Arbeitsgruppentreffen teil. Dies verdeutlicht, welch hohen Stellenwert das Entwässerungsmanagement im Verbandsgebiet des I. EVE (bzw. in Küstenniederungen im Allgemeinen) hat und warum ein gemeinsamer Diskussionsprozess zur Entwicklung von Lösungsansätzen für künftige Herausforderungen erforderlich und sinnvoll ist. Durch eine integrative Herangehensweise können tragfähige Strategien und Maßnahmen erarbeitet werden, um sich an die klimawandelbedingten und sonstigen Veränderungen im Küstenraum anzupassen.

20.7 Bedeutung und Notwendigkeit integrativer Lösungsansätze

Dass integrative Lösungsansätze für das Entwässerungsmanagement vor dem Hintergrund der unterschiedlichen sektoralen Anforderungen (◘ Abb. 20.2) zunehmend an Bedeutung gewinnen, wurde insbesondere auch bei der Gewichtung der im Bewertungsverfahren angewandten Kriterien deutlich (◘ Tab. 20.4). Insgesamt wurde von den befragten Akteuren zwar die „Wasserwirtschaftliche Relevanz" am höchsten gewichtet, jedoch dicht gefolgt vom Kriterium „Effekte auf andere Anforderungsbereiche", dem eine ähnlich hohe Bedeutung beigemessen wurde.

Auch die Bandbreite der von den Akteuren benannten potenziellen Maßnahmenbereiche (◘ Tab. 20.3, Spalte 2) macht deutlich, dass unterschiedliche Anforderungen bestehen, die integrativ zu betrachten sind und ein abgestimmtes Zusammenwirken von Akteuren aus unterschiedlichen Handlungsbereichen erforderlich machen. Neben den wasserbaulichen Maßnahmenoptionen zur Verbesserung des Entwässerungsmanagements wurden z. B. auch solche genannt, die primär auf die Aufwertung der Gewässerökologie und die Umsetzung anderer naturschutzfachlicher Aspekte abzielen. Darüber hinaus wurden Maßnahmen zum Hochwasserrisikomanagement vorgeschlagen, die sich in erster Linie an die Bereiche Raumplanung und Gefahrenabwehr/Katastrophenschutz richten.

Die Einzel- und Kleingruppengespräche zu Beginn des Beteiligungsprozesses zeigten, dass es unter allen Akteuren zwar einen Grundkonsens für eine funktionierende Wasserwirtschaft gibt, die jeweiligen Positionen hinsichtlich der Ausgestaltung des Entwässerungssystems und -managements allerdings teilweise deutlich auseinanderliegen. Durch den anschließenden intensiven Diskussionsprozess im Rahmen der gemeinsamen Akteursforen und Arbeitsgruppentreffen konnten das gegenseitige Verständnis der Akteure verbessert und Lösungsansätze für integrative Maßnahmenoptionen, die Synergieeffekte für verschiedene Anforderungsbereiche beinhalten, erörtert werden. Ein prominentes Beispiel dafür ist die Wiedervernässung, die vonseiten des Naturschutzes in bestimmten Bereichen gefordert wird, aus Sicht der Entwässerung aber aufgrund der damit einhergehenden reduzierten Bodenspeicherkapazität traditionell abgelehnt wird. Durch die im Beteiligungsprozess vorgeschlagene Kombination der Wiedervernässung von Flächen einerseits und deren Nutzung als bewirtschaftbare Speicherpolder andererseits ist Bewegung in die Diskussion der Akteure gekommen.

20.8 Verstetigung und Übertragbarkeit der Ergebnisse

Die im Rahmen des KLEVER-Projekts identifizierten Maßnahmenoptionen zur Anpassung des Entwässerungsmanagements können als Ansatzpunkte für konkrete Planungen und Vorhaben im Verbandsgebiet des I. EVE und in vergleichbaren Küstenräumen dienen. Die am Beteiligungsprozess mitwirkenden Akteure können dabei wichtige Multiplikatorfunktionen übernehmen, indem sie Ergebnisse und Erfahrungen aus dem Projekt in ihr jeweiliges Handlungsfeld hineintragen. Die im KLEVER-Projekt gewählte Vorgehensweise lässt sich grundsätzlich auf andere Verbandsgebiete übertragen, muss aber den jeweiligen Gegebenheiten angepasst werden. Zentrale Voraussetzung hierfür ist eine umfangreiche Bereitstellung und Aufbereitung von Daten zum regionalen Wassermanagement sowie eine regionsspezifische Folgenabschätzung [1].

- **Dank**

Die Autoren danken dem Bundesministerium für Umwelt, Naturschutz und nukleare Sicherheit für die Förderung des KLEVER-Projektes im Rahmen des DAS-Programms sowie den Kooperationspartnern des KLEVER-Projekts, dem I. Entwässerungsverband Emden, dem Niedersächsischen Landesbetrieb für Wasserwirtschaft, Küsten- und Naturschutz, dem Landkreis Aurich und der Stadt Emden, für die gute Zusammenarbeit, die Bereitstellung von Daten und Expertenwissen und ihren finanziellen Beitrag zum Projekt.

- **Hinweis**

Parallel dazu wurden modellbasierte Szenarioanalysen zu den Auswirkungen von Klimawandel und Meeresspiegelanstieg sowie fortschreitender Flächenversiegelungen auf das Entwässerungssystem durchgeführt, deren Ergebnisse in einem separaten Beitrag dieser Ausgabe von WASSER UND ABFALL dargestellt sind [1].

Literatur

1. H. Bormann, J. Kebschull, F. Ahlhorn, J. Spiekermann und P. Schaal, „Modellbasierte Szenarioanalyse zur Anpassung des Entwässerungsmanagements im nordwestdeutschen Küstenraum." WASSER UND ABFALL 7/8 2018.
2. H. Bormann, J. Kebschull, J. Spiekermann, F. Ahlhorn und P. Schaal, „Nutzung von Modellprojektionen für eine akteursbasierte Anpassung des Entwässerungsmanagements entlang der Nordseeküste an den Klimawandel". M3 – Messen, Modellieren, Managen in Hydrologie und Wasserressourcenbewirtschaftung. Forum für Hydrologie und Wasserbewirtschaftung, H. 39.18, S. 181–191, 2018.
3. J. P. Brans und P. Vincke, „A Preference Ranking Organisation Method", Manage. Sci., Bd. 31, Nr. 6, S. 647 – 657, 1985.
4. F. Ahlhorn, Long-term Perspective in Coastal Zone Development. Berlin, Heidelberg: Springer Berlin Heidelberg, 2009.
5. F. Ahlhorn, J. Meyerdirks und I. Umlauf; „Speichern statt pumpen. Abschlussbericht", Wilhelmshaven, 2010.
6. F. Ahlhorn, Integrated Coastal Zone Management. Wiesbaden: Springer Fachmedien Wiesbaden, 2018.
7. EU, Richtlinie 2007/60/EG des europäischen Parlaments und des Rates vom 23. Oktober 2007 über die Bewertung und das Management von Hochwasserrisiken. Amtsblatt der Europäischen Union L 288/27, 2007.

Wissenstransfer und Kommunikation grenzüberschreitend gestalten

Tina Vollerthun, Joachim Hansen und Henning Knerr

Die EU-Mitgliedsstaaten gehen mit dem Thema des Eintrags von Spurenstoffen in die aquatische Umwelt und dessen Reduzierung zum Teil sehr unterschiedlich um. Das Interreg V A-Projekt CoMinGreat vereint Partner aus Wallonie, Luxemburg, Lothringen, Rheinland-Pfalz und Saarland, um Werkzeuge zu entwickeln, die bei der Entwicklung von gemeinsamen Strategien helfen sollen.

Mit Einführung der EU-Wasserrahmenrichtlinie (WRRL) [1] wurde die Wasserpolitik in der Europäischen Union (EU) grundlegend reformiert. Schon früh wurden auch sogenannte Mikroschadstoffe – auch (anthropogene) Spurenstoffe genannt – in die Betrachtungen einbezogen. So wurde bereits 2001 mit dem Anhang X zur WRRL [1] eine erste Liste von prioritären und prioritär gefährlichen Stoffen veröffentlicht. 2008 folgte dann mit der Richtlinie über Umweltqualitätsnormen (UQN) [2] ein weiterer wesentlicher Schritt mit einer gleichzeitigen Erweiterung der Liste prioritärer Stoffe. Die beiden Richtlinien wurden schließlich 2013 durch die Richtlinie 2013/39/EU [3] angepasst und erweitert. Somit besteht in der EU grundsätzlich Einigkeit, dass Gewässerschutz auch im Hinblick auf Mikroschadstoffe vorangetrieben werden muss. Durch die Liste prioritärer Stoffe besteht auch Konsens über die Auswahl der zu betrachtenden Substanzen. Seit 2018 müssen 45 Stoffe bei der Bewertung des chemischen Zustands von Gewässern mittels UQN in allen europäischen Ländern berücksichtigt werden. Mit der UQN-Richtlinie [2] wurde auch eine Beobachtungsliste („Watch List") eingeführt, die Stoffe beinhaltet, „die nach verfügbaren Informationen ein erhebliches Risiko für bzw. durch die aquatische Umwelt in der EU darstellen, für die aber keine ausreichenden Überwachungsdaten vorliegen, anhand deren das tatsächlich bestehende Risiko festgestellt werden könnte." [4] Die Beobachtungsliste soll die Ermittlung prioritärer Stoffe unterstützen. Sie wird alle zwei Jahre aktualisiert, zuletzt im Juli 2022 [4].

Zuerst erschienen in Wasser und Abfall 10/2022

> **Kompakt**
> - Die EU-Mitgliedsstaaten setzen die EU-Rahmengesetzgebung zur Reduzierung von Mikroschadstoffeinträgen in Gewässer verschieden um.
> - Ein geringer Austausch führt dazu, dass Maßnahmen nicht koordiniert werden, sodass der Mitteleinsatz nicht immer effizient und ein abgestimmter Gewässerschutz für ein internationales Einzugsgebiet flächendeckend nicht gewährleistet ist.
> - Abgestimmte Strategien und Konzepte sind erforderlich. Angepasste Technologien und Werkzeuge sind vonnöten.

Es gibt somit einen einheitlichen Rahmen, der allerdings viel Raum lässt für individuelle Strategien der einzelnen Mitgliedsstaaten und darüber hinaus bei einer föderalen Struktur wie in der Bundesrepublik Deutschland sogar für die einzelnen Bundesländer. Um Gewässer wirkungsvoll zu schützen, ist es jedoch sinnvoll, das gesamte Einzugsgebiet (EZG) eines Gewässers zu betrachten [5]. Dieses erstreckt sich oft über mehrere (Bundes-)Länder bzw. über mehrere Mitgliedsstaaten der EU.

Im Interreg V A Großregion-Projekt „EmiSûre – Entwicklung von Strategien zur Reduzierung des Mikroschadstoffeintrags in Gewässer im deutsch-luxemburgischen Grenzgebiet" wurde am Beispiel der Sauer (frz. Sûre) als grenzüberschreitendem Fluss untersucht, welche Spurenstoffe in den einzelnen Flussgebietsabschnitten in welchen Konzentrationen vorkommen und über welche Punktquellen sie eingetragen werden. Parallel wurde ein Stoffflussmodell entwickelt, das sowohl die eingeleiteten Stofffrachten als auch die resultierenden Immissionen bilanziert [5–7]. Mit Hilfe dieses Modells konnten dann verschiedene Szenarien zum Ausbau von Kläranlagen mit additiven Reinigungsstufen betrachtet werden. Die Vorgehensweise entspricht dabei der von Knerr et al. [8] in dieser Ausgabe für das EZG der oberen Blies beschriebenen.

Im Rahmen der Datensammlung für die Erfassung und Bewertung des Ist-Zustandes für das grenzüberschreitende Gewässer der Sauer wurde deutlich, dass Art und Umfang der bisher durchgeführten Untersuchungen und auch die Verfügbarkeit von Daten und Informationen in den beteiligten Ländern sehr unterschiedlich war. Das EZG der Sauer umfasst Gebiete in Luxemburg, der Wallonie, Lothringen und Rheinland-Pfalz. ◘ Abb. 21.1 stellt die verfügbare Datengrundlage beispielhaft für die Arzneimittelwirkstoffe Diclofenac und Carbamazepin an den im EZG der Sauer relevanten WRRL-Gewässermessstellen „Mündung Sauer" (Rheinland-Pfalz), „Ettelbrück" an der Alzette und „Erpeldange" an der Sauer (beide Luxemburg) dar.

Während an der Mündung der Sauer in die Mosel für beide Substanzen in beiden Jahren monatliche Messwerte vorliegen, gibt es für Diclofenac sowohl in Ettelbrück als auch in Erpeldange nur halbjährliche Messungen, obwohl Diclofenac zum damaligen Zeitpunkt auf der Beobachtungsliste der EU stand. Für Carbamazepin, das nicht Bestandteil der Beobachtungsliste war, liegen hingegen monatliche Messungen vor, jedoch nur von einem Jahr. Die Messungen in Erpeldange konnten zudem für die Bilanzierung nicht oder nur sehr eingeschränkt herangezogen werden, da bei Diclofenac die Hälfte der Messwerte unterhalb der Bestimmungsgrenze (BG) lag und somit analytisch nicht quantifizierbar war. Bei Carbamazepin war dies sogar bei zwölf von dreizehn Analysen der Fall. Die BG der gewählten Analysenmethode für Carbamazepin lag in Ettelbrück und Erpeldange mit 25 ng/l zweieinhalb Mal so hoch wie an der Mündung der Sauer mit 10 ng/l. Möglicherweise hätte die Wahl einer Methode mit

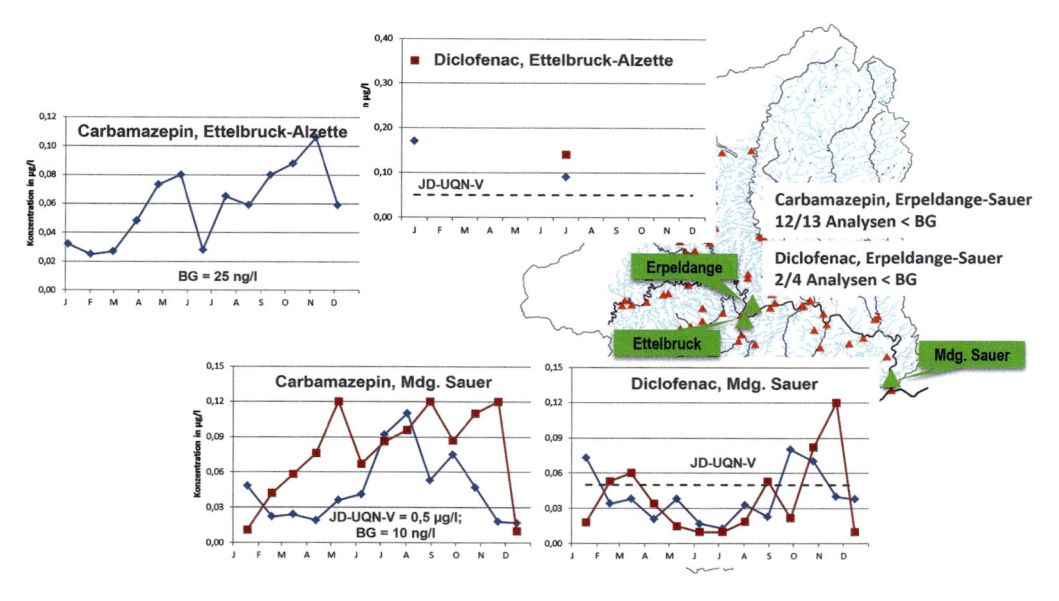

Abb. 21.1 Gemessene Konzentrationen von Diclofenac und Carbamazepin in zwei aufeinanderfolgenden Jahren (blau und rot dargestellt) an der Mündung der Sauer in die Mosel, in der Alzette bei Ettelbrück und in der Sauer bei Erpeldange [9]. (© Tina Vollerthun et al.)

niedrigerer BG quantifizierbare Ergebnisse geliefert.

Deutlich wurde im Projekt auch, dass der Eintrag mancher Stoffe, wie z. B. Röntgenkontrastmittel, bestimmte Arzneimittel wie Antibiotika oder Pestizide regional bzw. länderspezifisch sehr unterschiedlich ist.

Schließlich konnte mit Hilfe der Stoffflussmodellierung gezeigt werden, dass sich bei Betrachtung des gesamten EZG die Zahl der mit weitergehenden Reinigungsstufen auszustattenden Kläranlagen gegenüber eigenen Strategien in jedem der Länder minimieren lässt. Dies verdeutlicht Abb. 21.2. Die Belastung der Oberflächengewässer wird dabei mit Hilfe des Belastungsfaktors BF dargestellt, der den Verhältniswert aus der simulierten Gewässerkonzentration PEC (Predicted Environmental Concentration) und einem substanzspezifisch festgelegten Qualitätskriterium QK darstellt [8].

Das erste Szenario entspricht der bereits beschlossenen nationalen Strategie Luxemburgs, nach der im EZG der Sauer zehn Kläranlagen mit weitergehenden Reinigungsstufen ausgestattet werden sollen, mit dem Ziel der allgemeinen Frachtreduktion. Hierbei verbleiben aber einige Gewässerabschnitte mit einem BF > 1, insbesondere in den Anrainerstaaten bzw. den Quellbereichen der Gewässer. Wenn das Ziel ist, in allen Gewässerabschnitten einen BF < 1 zu erreichen, müssen also noch weitere Kläranlagen im gesamten EZG ausgebaut werden. Im Szenario 2+ wurde untersucht, welche Kläranlagen das sind, wenn gleichzeitig die luxemburgische Strategie umgesetzt wird. Es ergeben sich insgesamt siebzehn Kläranlagen mit weitergehenden Reinigungsstufen. Das Szenario 3 schließlich blendet die nationale Strategie in Luxemburg aus und stellt die Kläranlagen unabhängig von ihrer Ausbaugröße dar, die mindestens auszubauen sind, um flächendeckend einen BF < 1 zu erreichen; hierbei reduziert sich die Anzahl um fünf auf dann zwölf Kläranlagen. Eine gemeinsame grenzüberschreitende Strategie kann somit insgesamt zu einem effizienteren Mitteleinsatz bei gleichem Ergebnis für den Gewässerschutz führen.

21.1 Ziele des Projekts CoMinGreat

Die oben beschriebenen Erfahrungen aus dem Projekt EmiSûre haben gezeigt, dass eine grenzüberschreitende Zusammenarbeit wichtig und sinnvoll ist, es aber gleichzeitig noch erhebliche Hürden zu überwinden gibt, damit diese funktionieren kann. Daher wurde ein auf EmiSûre aufbauendes Interreg V A Großregion-Projekt aufgelegt, das den verschiedenen Akteuren die Mittel in die Hand geben soll, um gemeinsame Strategien zu entwickeln und umzusetzen.

Im Projekt „CoMinGreat – Konzeption einer Mikroschadstoff-Plattform für die Großregion (Competence platform for Micropollutants in the Greater Region)" sind aktive Partner aus allen Teilen der Großregion beteiligt (◘ Abb. 21.3). Dazu gehören der Entsorgungsverband Saar (EVS) als Lead-Partner, die Université du Luxembourg, die Technische Universität Kaiserslautern, ein Labor für Verfahrenstechnik der Université de Lorraine und des Centre National de la Recherche Scientifique (CNRS), der Cluster der Wasserbranche in der Region Grand Est HYDREOS sowie das belgische Centre de recherche et de l'expertise pour l'Eau CEBEDEAU.

Das Projekt soll zum einen Kontakte (insbesondere zwischen Behörden) herstellen und den Austausch fördern sowie Informationen leicht für alle Akteure in der GR verfügbar machen. Deshalb wurde das Konsortium der aktiven Partner mit Beteiligten aus allen Teilen der Großregion gebildet, nicht nur – wie im Projekt EmiSûre – aus Deutschland und Luxemburg. Gleichzeitig wurden Behörden und Verbände aus allen Teilregionen als strategische Projektpartner gewonnen, die über den Projektbeirat intensiv eingebunden werden.

Zum anderen sollen Technologien und Werkzeuge (weiter-)entwickelt werden, die an die Bedingungen in der Großregion an-

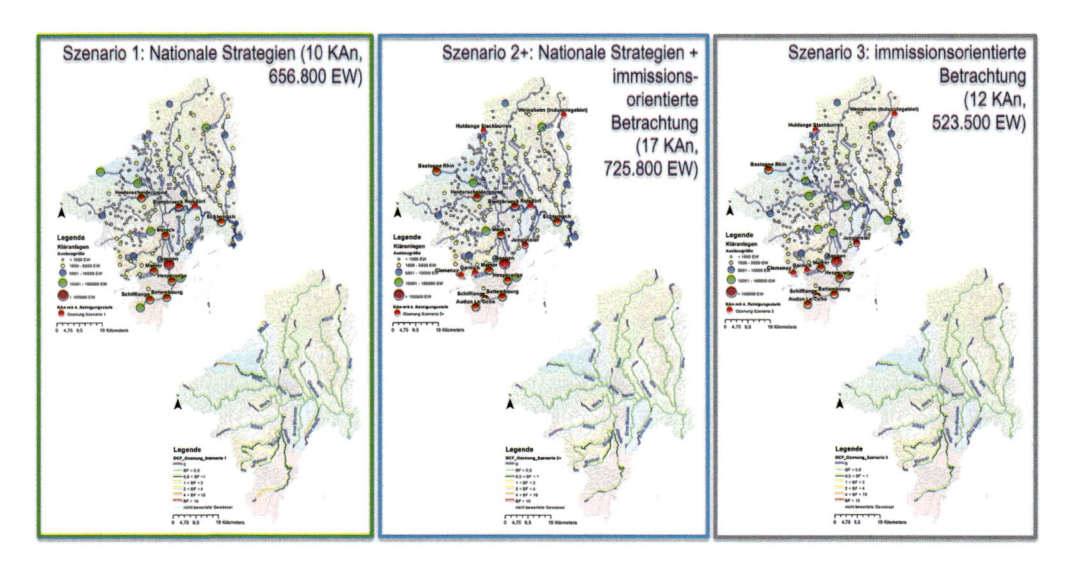

◘ **Abb. 21.2** Ergebniskarten mit Darstellung der mit weitergehenden Reinigungsstufen ausgestatteten Kläranlagen (rot markiert) sowie der Auswirkungen auf den Belastungsfaktor (PEC/QK) für Diclofenac bei MQ in drei betrachteten Kläranlagenausbauszenarien; BF = 0 resultiert aus Modellannahme [5]. (© Henning Knerr)

● **Abb. 21.3** Darstellung der Großregion im Sinne des Programms Interreg V A Großregion mit Lokalisierung der aktiven Projektpartner. (© Tina Vollerthun et al. unter Verwendung einer Karte von GIS-GR 2021)

gepasst sind und zusammen mit entsprechenden Handreichungen, die auf dieser Basis erstellt werden, Hilfestellung für die Definition von Strategien und die Ableitung von Maßnahmen geben.

Letztlich sollen die Sprachbarrieren überwunden werden, indem alle Daten und Informationen über eine zweisprachige (Deutsch/Französisch) Internetplattform verfügbar gemacht werden.

21.2 Teilprojekte und Inhalte

Zur Erreichung der beschriebenen Ziele gliedert sich das Projekt in mehrere Teilprojekte. Dies sind im Wesentlichen folgende:
— Erprobung von vier Verfahren bzw. Verfahrenskombinationen für weitergehende Reinigungsstufen im ländlichen Raum,
— Dynamische Modellierung der Kläranlage mit Integration der weitergehenden Reinigungsstufen und des Gewässers mit anschließender Kopplung der beiden Modelle,
— Konzeption und Errichtung eines Informations- und Demonstrationszentrums für Schulungen und Workshops mit unterschiedlichen Zielgruppen,
— Erstellung einer Internetplattform zum Datenaustausch und Wissenstransfer zwischen Wallonie, Luxemburg, Lothringen, Rheinland-Pfalz und Saarland.

21.2.1 Demonstrationsanlage zur Erprobung von Verfahren für weitergehende Reinigungsstufen

Auf der saarländischen Kläranlage Bliesen des EVS wurde eine Demonstrationsanlage errichtet, in der mehrere Technologien für weitergehende Reinigungsstufen parallel mit dem realen Abwasser aus dem Ablauf der Kläranlage betrieben werden. Die Demonstrationsanlage wurde dabei bewusst mobil in einem 40'-Container errichtet, damit sie nach Ende der Projektlaufzeit (01/2021–12/2022) anderen interessierten Akteuren in der Großregion zur Verfügung gestellt werden kann. Bei den Technologien wurden innovative naturnahe Verfahren bewährten technischen Verfahren gegenübergestellt. Im Einzelnen handelt es sich um folgende vier Linien:

- Linie 1: Bepflanzte Bodenfilter mit Spezialsubstrat
- Linie 2: Kombination aus einem Photo-Fenton-Prozess mit bepflanzten Bodenfiltern mit Spezialsubstrat
- Linie 3: Adsorption an granulierter Aktivkohle
- Linie 4: Kombination aus Ozonung mit granulierter Aktivkohle

Die Bodenfilter in den Linien 1 und 2 entsprechen dem im Interreg-Projekt EmiSûre entwickelten Bodenfilter, dessen Substrat aus einer Mischung von 85 % Sand und 15 % aktivierter Pflanzenkohle besteht [7, 10]. In jeder der beiden Linien gibt es zwei Bodenfilter, die alternierend und intermittierend beschickt werden. In Linie 1 konnte jedoch zunächst nur ein Bodenfilter aufgestellt werden. Der zweite Bodenfilter wird noch nachgerüstet. Er unterscheidet sich von den übrigen drei dahingehend, dass die im Filtermaterial verwendete Kohle aus Zellulose-basiertem Material aus dem Rechengut einer Kläranlage hergestellt wird. Diese Kohle wurde im Interreg North-West Europe-Projekt „WOW! – Wider business Opportunities for raw materials from Wastewater" entwickelt.

Wie von Venditti et al. [7] beschrieben, hat sich im Projekt EmiSûre gezeigt, dass bepflanzte Bodenfilter auf kleineren und mittleren Kläranlagen im ländlichen Raum – wie er in der Großregion vorherrscht – eine leistungsfähige und kostengünstige Alternative zu bislang angewandten Technologien sein können, die eher für größere Kläranlagen konzipiert sind.

Da der Platzbedarf für die Bodenfilter recht hoch ist, wurde diesen in Linie 2 eine weitergehende Oxidation (Advanced Oxidation Process, AOP) in Form eines Photo-Fenton-Prozesses vorgeschaltet. Dadurch soll bereits ein teilweiser Abbau der Spurenstoffe erfolgen bzw. diese für die Adsorptions- und biologischen Abbauprozesse im Bodenfilter leichter verfügbar sein, sodass die Bodenfilter kleiner dimensioniert werden bzw. noch effektiver arbeiten können.

Für die Linien 3 und 4 wurden jeweils drei Säulen mit granulierter Aktivkohle vom Typ CarboTech CGF $8 \times 30/85$ befüllt. Sie sind je Linie in Reihe geschaltet, können aber optional auch parallel betrieben werden. In Linie 4 ist den Säulen eine Ozonung vorgeschaltet.

Die ◼ Abb. 21.4 und 21.5 zeigen die einzelnen Linien der Demonstrationsanlage.

21.2.2 Modellierung

Ein möglichst effizienter und ressourcenschonender Betrieb setzt eine Optimierung des Systems aus konventioneller Kläranlage und weitergehender Reinigungsstufe unter Berücksichtigung der Vorflutersituation voraus. Dies soll mit Hilfe modellgestütz-

◼ **Abb. 21.4** Außenansicht der Demonstrationsanlage mit den bepflanzten Bodenfiltern der Linien 1 und 2. (© EVS)

Abb. 21.5 Innenansicht der Demonstrationsanlage; links im Vordergrund die Photo-Fenton-Anlage der Linie 2, rechts im Vordergrund die Säulen der Linie 3, im Hintergrund Ozonung und Säulen der Linie 4. (© EVS)

ter Methoden untersucht werden. Dafür wurde zum einen das Massenbilanzmodell, welches im Projekt „EmiSûre" entwickelt wurde [7, 8, 11] zu einem Modell weiterentwickelt, das die Gewässerbelastung sowohl räumlich als auch zeitlich hoch aufgelöst abbildet und auf das EZG der Blies angewendet. Zum anderen wird ein dynamisches Modell der bestehenden Kläranlage Bliesen erstellt, in das die weitergehenden Reinigungsstufen der Demonstrationsanlage eingebunden werden. Diese beiden Modelle werden schließlich miteinander gekoppelt. Das Gesamtmodell erlaubt dann, verschiedene Belastungs- und Abflusssituationen zu simulieren und darauf aufbauend bspw. Empfehlungen zur möglichst effizienten Betriebssteuerung des Systems aus konventioneller Kläranlage und weitergehender Reinigungsstufe zu erarbeiten.

21.2.3 Informations- und Demonstrationszentrum

Die Demonstrationsanlage dient nicht nur der Untersuchung der Tauglichkeit und der Leistungsfähigkeit der dort installierten Technologien, sondern in Form eines Demonstrationszentrums auch der Schulung. Dazu wird es ergänzt durch einen weiteren Container (20'), der als Informationszentrum dient (◘ Abb. 21.6). Darin befinden sich verschiedene Lernstationen, die über Arten von Mikroschadstoffen, Eintragspfade in die Umwelt, Auswirkungen, Möglichkeiten der Entfernung von Mikroschadstoffen aus dem Abwasser und nicht zuletzt die Vermeidung des Eintrags von Mikroschadstoffen in die (aquatische) Umwelt auf spielerische Weise aufklären wollen. Dazu gibt es beispielsweise Informationstafeln und Videoclips, aber auch die Möglichkeit, eigene einfache Experimente durchzuführen.

Im Projektverlauf finden Schulungen und Workshops mit unterschiedlichen Zielgruppen wie Behördenvertretern, Kläranlagenbetreibern, Ingenieurbüros, Studierenden, aber auch Schulklassen und der allgemeinen Öffentlichkeit statt.

Sowohl das Informations- als auch das Demonstrationszentrum stehen interessierten Akteuren aus der Großregion nach Projektende zur unentgeltlichen Ausleihe zur Verfügung, damit auch in den anderen Teilen der Großregion interessierten Zielgruppen die

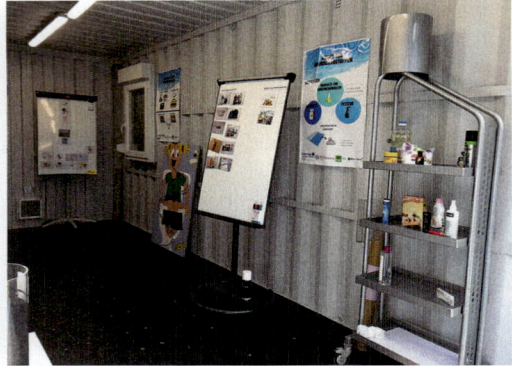

■ Abb. 21.6   Innenansicht des Informationszentrums mit den Lernstationen. (© EVS)

Möglichkeit gegeben werden kann, wohnortnah von diesem Angebot zu profitieren.

21.2.4 Internetplattform

Als namensgebendes Herzstück des Projekts CoMinGreat wird eine Internetplattform aufgebaut, die umfassend über alles informiert, was in der Großregion im Zusammenhang mit Mikroschadstoffen an Daten und Wissen vorhanden ist. Dazu gehört insbesondere eine interaktive Karte der Großregion, die alle Gewässermessstellen und Kläranlagen darstellt und auf einen Mausklick hin ein Fenster öffnet, das Informationen zu (Mess-)Daten und Kampagnen, Projekten sowie installierten und geplanten Technologien liefert. Dazu gibt es allgemeine Informationen über die rechtlichen Rahmenbedingungen und bestehenden Strategien in den einzelnen Ländern der Großregion, über Technologien für weitergehende Reinigungsstufen einschließlich der im Projekt CoMinGreat erprobten. Ergänzt wird das Ganze durch eine Literatursammlung zum Stand der Wissenschaft und der Technik, einen Überblick über Veranstaltungen und Publikationen und eine Zusammenstellung der in der Großregion vorhandenen Kompetenzen mit entsprechenden Ansprechpartnern.

21.3 Zusammenfassung und Ausblick

Bislang füllt jedes Land die EU-Rahmengesetzgebung zur Reduzierung von Mikroschadstoffeinträgen in Gewässer auf unterschiedliche Art mit Leben. Es findet wenig Austausch untereinander statt, sodass teilweise sehr eingeschränktes Wissen darüber vorhanden ist, wie in den jeweiligen Nachbarländern vorgegangen wird. Das führt dazu, dass auch innerhalb eines grenzüberschreitenden Gewässereinzugsgebiets Maßnahmen nicht koordiniert werden, sodass der Einsatz der finanziellen Mittel nicht immer effizient ist und letztendlich ein abgestimmter Gewässerschutz nicht flächendeckend gewährleistet ist.

Das Interreg V A Großregion-Projekt „CoMinGreat – Konzeption einer Mikroschadstoff-Plattform für die Großregion" führt erstmals Akteure aus dem Bereich der Spurenstoffelimination aus allen Teilen der Großregion Saarland, Rheinland-Pfalz, Luxemburg, Wallonie und Lothringen als aktive Partner zusammen und ergänzt diese Partnerschaft durch die Einbindung von Behörden und Betreiberverbänden aller beteiligten Länder über einen Projektbeirat. Somit ist gewährleistet, dass die Interessen und Bedürfnisse aller Beteiligten in der Flussgebietseinheit Mosel-Saar berücksichtigt und Kontakte geknüpft oder intensiviert werden.

Über eine umfassende Datensammlung, die in den Aufbau einer mehrsprachigen Internetplattform mit einer interaktiven Karte der gesamten Großregion mündet, wird die Verfügbarkeit von Informationen als Grundlage für die Erstellung von Strategien und Konzepten für alle sichergestellt. Darüber hinaus werden geeignete Technologien und Werkzeuge (weiter-)entwickelt und erprobt, die an die Rahmenbedingungen der Großregion mit ihrer dezentral geprägten Struktur angepasst sind und somit den Bedürfnissen dort entsprechen.

Die Internetplattform, das Informations- und Demonstrationszentrum und das weiterentwickelte Gewässermodell stehen allen Akteuren innerhalb der Großregion auch nach Ende der Projektlaufzeit weiter zur Verfügung. Die Internetplattform wird fortlaufend ergänzt und aktualisiert. Die Container mit dem Informationszentrum bzw. der Demonstrationsanlage können (unabhängig voneinander) entliehen und für weitere Projekte genutzt werden. Das Gewässermodell kann auf andere Gewässereinzugsgebiete übertragen werden, um zielführende Strategien zum Umgang mit Spurenstoffen zu entwickeln.

Somit sind die Voraussetzungen für eine intensive Zusammenarbeit und die künftige Entwicklung abgestimmter und angepasster Strategien zum Umgang mit Spurenstoffen und zum Ausbau von Kläranlagen mit weitergehenden Reinigungsstufen gegeben. Davon können und sollen auch Akteure außerhalb der Großregion profitieren.

Danksagung Die Autoren bedanken sich bei der EU für die Förderung des Projektes CoMinGreat über den Europäischen Fonds für regionale Entwicklung im Rahmen des Programms Interreg V A Großregion sowie beim Ministerium für Umwelt, Klima, Mobilität, Agrar und Verbraucherschutz des Saarlandes, beim Ministerium für Klimaschutz, Umwelt, Energie und Mobilität des Landes Rheinland-Pfalz, beim Ministère de l'Environnement, du Climat et du Développement durable du Luxembourg und beim Service public de Wallonie für die Ko-Finanzierung.

Literatur

1. EU (2000): Richtlinie 2000/60/EG des Europäischen Parlaments und des Rates vom 23. Oktober 2000 zur Schaffung eines Ordnungsrahmens für Maßnahmen der Gemeinschaft im Bereich der Wasserpolitik, ABl. L 327
2. EU (2008): Richtlinie 2008/105/EG des Europäischen Parlaments und des Rates vom 16. Dezember 2008 über Umweltqualitätsnormen im Bereich der Wasserpolitik und zur Änderung und anschließenden Aufhebung der Richtlinien des Rates 82/176/EWG, 83/513/EWG, 84/156/EWG, 84/491/EWG und 86/280/EWG sowie zur Änderung der Richtlinie 2000/60/EG, ABl. L 348
3. EU (2013): Richtlinie 2013/39/EU des Europäischen Parlaments und des Rates vom 12. August 2013 zur Änderung der Richtlinien 2000/60/EG und 2008/105/EG in Bezug auf prioritäre Stoffe im Bereich der Wasserpolitik, L. 226
4. EU (2022): Durchführungsbeschluss (EU) 2022/1307 der Kommission vom 22.07.2022 zur Erstellung einer Beobachtungsliste von Stoffen für eine unionsweite Überwachung im Bereich der Wasserpolitik gemäß der Richtlinie 2008/105/EG des Europäischen Parlaments und des Rates, ABl. L 197
5. Knerr, H.; Dittmer, U.; Schmitt, T.G.; Srednoselec, I.; Zhou, J. (2021): Immissionsorientierte Ableitung von Maßnahmen zur Reduzierung des Mikroschadstoffeintrags in grenzüberschreitende Gewässer. Vortrag im Rahmen der Online-Fachtagung „Reduzierung des Eintrags an Mikroschadstoffen und Phosphor in die Gewässer der Großregion" am 28. und 29. April 2021. ▶ https://www.bauing.uni-kl.de/fileadmin/WIR/pdfs/fachtagungen/2021-04-27/2021_0428_02_Knerr.pdf. Letzter Zugriff am 28.07.2022
6. Knerr, H.; Gretzschel, O.; Valerius, B.; Srednoselec, I.; Zhou, J.; Schmitt, T. G.; Steinmetz, H.; Dittmer, U.; Taudien, Y.; Kolisch, G. (2020): Modellgestützte Bilanzierung von Mikroschadstoffen in Gewässern. In: gwf-Wasser|Abwasser, 3/2020, S. 55–65
7. Venditti, S.; Kiesch, A.; Brunhoferova, H.; Schlienz, M.; Knerr, H.; Dittmer, U.; Hansen, J. (2022): Assessing the impact of micropollutant mitigation measures using vertical flow constructed wetlands for municipal wastewater catchments in the greater region: a reference case for rural areas.

Water Science & Technology 86(1). ▶ https://doi.org/10.2166/wst.2022.191

8. Knerr, H.; Valerius, B.; Dittmer, U.; Steinmetz, H.; Hasselbach, R.; Kolisch, G. und Taudien, Y. (2022): Kosten und Nutzen von weitergehenden Reinigungsstufen zur Spurenstoffelimination. In: WASSER und Abfall, 10/2022. 38–45

9. Vollerthun, T.; Hansen, J.; Knerr, H. (2022): CoMinGreat – grenzüberschreitende Kooperation. Vortrag im Rahmen der Tagung des Landesverbands Hessen/Rheinland-Pfalz/Saarland der Deutschen Vereinigung für Wasserwirtschaft, Abwasser und Abfall e. V. am 13. Juli 2022 in Frankenthal. ▶ https://portal.dwa.de/s/IJ01ReKuynBBzfT/download?path=%2FBlock%20IV&files=03_Vollerthun_CoMinGreat.pdf. Letzter Zugriff am 29.07.2022.

10. Venditti, S.; Brunhoferova, H.; Hansen, J. (2022): Behaviour of 27 selected emerging contaminants in vertical flow constructed wetlands as post-treatment for municipal wastewater. Science of the Total Environment 819 (2022) 153234. ▶ https://doi.org/10.1016/j.scitotenv.2022.153234

11. Knerr, H.; Srednoselec, I.; Schmitt, T.G.; Hansen, J.; Venditti, S. (2018): EmiSûre - Entwicklung von Strategien zur Reduzierung des Mikroschadstoffeintrags in Gewässer im deutsch-luxemburgischen Grenzgebiet. Wasser und Abfall (20). Nr. 12. 22–28.

Mikroplastik und Kunststoff

Mikroplastik weltweit – Die Belastung in Deutschland im internationalen Vergleich

Kryss Waldschläger und Simone Lechthaler

Mikroplastik ist ein hoch aktuelles und viel diskutiertes Thema. Aus deutscher Sicht wird das Problem gerne in andere Regionen verlagert. Diskutiert werden die nachgewiesenen Mikroplastikbelastungen in deutschen Gewässern im internationalen Vergleich.

Aufgrund zahlreicher Eintragspfade und der Persistenz des Materials Kunststoff kann in die Umwelt eingetragenes Mikroplastik, Kunststoffpartikel mit einem Durchmesser < 5 mm, in aquatischen, terrestrischen und atmosphärischen Bereichen akkumulieren [1]. Zusätzlich zu den in der Produktion zugegebenen Additiven können sich in der Umwelt Schadstoffe an das Mikroplastik anlagern, welche mit den Partikeln transportiert und damit verbreitet oder aus dem Werkstoff ausgewaschen werden. Die Additive und die Schadstoffe stehen unter dem Verdacht, krebserregend zu sein, die Fruchtbarkeit zu beeinträchtigen, Verhaltensstörungen hervorzurufen sowie das Hormonsystem zu beeinflussen [2]. Eine fundierte Risikoanalyse ist jedoch aufgrund nicht standardisierter Mess- und Analysemethoden und damit wenig vergleichbaren Umweltkonzentrationen beinahe unmöglich. Hierzu wird vor allem ein besseres Wissen über Einträge, Transportprozesse und Senken in der Umwelt benötigt.

Beruhend auf unzureichendem Abfallmanagement und hohen Populationsdichten wurde lange davon ausgegangen, dass ein besonders hoher Mikroplastikeintrag vorwiegend den asiatischen Ländern zuzuschreiben ist [3]. Doch es wird immer deutlicher, dass Europa und damit auch Deutschland einen erheblichen Beitrag zum Mikroplastikeintrag in die Umwelt liefern. Vor dem Hintergrund der großen Produktions- und Konsummengen, den deutlich höheren Einleitvolumina aus Kläranlagen im Vergleich zu afrikanischen und asiatischen Ländern [4] sowie dem hohen Verkehrsaufkommen auf deutschen Straßen [5] konnten in deutschen Fließgewässern vergleichsweise hohe Mikroplastikkonzentrationen nachgewiesen werden. Um diesen Umstand umfassend zu beleuchten, werden nachfolgend dokumentierte Umweltkonzentrationen von Mikroplastik in unterschiedlichen Kompartimenten in Deutschland mit internationalen Belastungen verglichen.

Zuerst erschienen in Wasser und Abfall 5/2020

> **Kompakt**
>
> - Mikroplastik wurde in Deutschland in der fluvialen, limnischen und marinen sowie in der terrestrischen und der atmosphärischen Umwelt nachgewiesen.
> - Im internationalen Vergleich sind die deutschen Meere sowie die Sedimente von Flüssen und Seen stark belastet.
> - Fehlende Standardisierungen hinsichtlich Größeneinteilung, Probenahme, Aufbereitung und Analytik erschweren eine Vergleichbarkeit und ein einheitliches Vorgehen.

Primäres Mikroplastik, industriell hergestellt, und sekundäres Mikroplastik, durch Degradation und Fragmentierung entstanden, wird über Wind und Regen (Oberflächenabflüsse) sowie Einleitungen aus abwassertechnischen Anlagen und der Industrie in Fließgewässer eingetragen. Wagner et al. (2018) [5] ermittelten einen jährlichen Mikroplastikeintrag aus Reifenabrieb, der ebenfalls zu Mikroplastik gezählt wird, von 11.000 t allein für deutsche Autobahnen in die umliegenden Oberflächengewässer. Van Wijnen et al. (2019) [4] gehen davon aus, dass weltweit etwa ein Drittel des entstehenden Reifenabriebs in die Umwelt gelangt. Zusätzlich werden über sogenanntes Littering, das wissentliche Entsorgen von Abfall in der Umwelt, laut Bertling et al. (2018) [6] in Deutschland jährlich pro Kopf 1,4 kg an Kunststoffabfällen in die Umwelt eingetragen. Bei einer Bevölkerungszahl von 82 Mio. entspricht dies einem jährlichen Gesamteintrag von 116.319 t. Dieser Eintrag ist als Quelle für sekundäres Mikroplastik anzusehen. Ausgehend von den Quellen verteilt sich Mikroplastik in der Umwelt. Anhand von untersuchten und ermittelten Mikroplastikkonzentrationen kann die Belastung national und im internationalen Vergleich aufgezeigt werden.

Bei der Betrachtung der Mikroplastikkonzentrationswerte ist anzumerken, dass aufgrund der Ungenauigkeiten in der Probennahme und -analyse die Aussagekraft der Belastungswerte nicht geprüft werden kann und zudem stark variiert. Eine weitere Problematik ist die Wahl von repräsentativen Messpunkten, -dauern und -wiederholungen, da sich besonders bei der Beprobung von fluvialen Gewässern aufgrund der starken Strömungsdynamik große Variationen in den vorhandenen Mikroplastikkonzentrationen ergeben können. Zusätzlich unterscheiden sich die Konzentrationseinheiten zwischen den Studien stark: je nach Medium werden masse-, volumen- und flächenbezogene Einheiten verwendet, unter Angabe der Partikelanzahlen oder der Partikelmasse. Die Einheit wird je nach Forschungsfrage gewählt, wodurch jedoch der Vergleich unterschiedlicher Studien verhindert wird. Die Partikelgröße wird bisher kaum angegeben, obwohl sie besonders für Transportvorgänge und für die Ökotoxikologie eine starke Aussagekraft besitzt und gegebenenfalls für eine Umrechnung von Partikelanzahlen auf Partikelmassen verwendet werden könnte.

Nach einem Umwelteintrag kann Mikroplastik über Fließgewässer transportiert werden und so in Seen und Ozeane gelangen. Die aufgeführten Belastungen mit Mikroplastikpartikeln in diesen Bereichen werden daher zuerst in der fluvialen Umwelt dargestellt, gefolgt von limnischen und marinen Bereichen. Anschließend werden die terrestrische und die atmosphärische Umwelt betrachtet.

22.1 Mikroplastik in der fluvialen Umwelt

Bisher wurden etwa 80 Fließgewässer hinsichtlich ihrer Mikroplastikbelastung im Wasser und 20 Fließgewässer hinsichtlich ihrer Mikroplastikbelastung im Sediment untersucht [1]. Geographisch betrachtet fokussieren sich die Beprobungen jedoch vorwiegend auf europäische und nordamerikanische Fließgewässer, während Afrika, Südamerika und Australien bisher nur vereinzelt oder gar nicht untersucht wurden. Maximale Konzentrationswerte für die Belastung des Wassers von Fließgewässern wurden bisher, je nach Konzentrationseinheit, im Los Angeles River in den USA (12.932 Partikel/m^3) [7] oder im Rhein (892.777 Partikel/km^2) [8] nachgewiesen. Im Sediment liegen die maximalen Werte bei 517.000 Partikel/m^2 in Flüssen im Nordwesten Englands [9] beziehungsweise bei 5440 Partikeln/kg Trockenmasse im Rhein [10].

Aufgrund der noch geringen Datenlage werden außerdem numerische Simulationen verwendet, um die Belastungssituation in der fluvialen Umwelt, und besonders den Eintrag von Mikroplastik in die marine Umwelt, abzubilden. Basierend auf den Modellierungen von Lebreton et al. (2012) [3] ergab sich eine Menge von 1,15–2,41 Mio. t Kunststoffabfall, der über die Flüsse in die Ozeane gelangt. Zusätzlich wurden die 20 Flüsse definiert, die weltweit gesehen am stärksten verschmutzt sind. Diese lagen vorwiegend im asiatischen Raum und es befand sich kein europäischer Fluss unter ihnen. Diese Abschätzung ist jedoch stark abhängig von den Eingangsvariablen der Modelle und daher kritisch zu hinterfragen.

Es stellt sich daher die Frage, wie stark die deutschen Fließgewässer im internationalen Vergleich belastet sind. In einer bundesländerübergreifenden Modellstudie wurden in Baden-Württemberg, Bayern, Hessen, Nordrhein-Westfalen und Rheinland-Pfalz insgesamt 19 Fließgewässer an der Wasseroberfläche hinsichtlich ihrer Mikroplastikbelastung beprobt [11]. Es wurde jedoch kein Reifenabrieb berücksichtigt, sodass die tatsächliche Belastung vermutlich deutlich höher liegt. Besonders belastet zeigten sich die Emscher, die Ruhr sowie die Donau, die Inn und die Isar. Im Rhein konnten Mikroplastikkonzentrationen zwischen 2,9 und 22,2 Partikeln/m^3 gefunden werden, während in den Zuläufen, wie beispielsweise in der Emscher, die höchste Belastung mit 214,2 Partikeln/m^3 nachgewiesen wurden. Die Zuflüsse waren grundsätzlich stärker belastet als der Rhein selbst. Besonders interessant ist, dass weder in der Studie von Heß et al. (2018) [11] noch bei Mani et al. (2015) [8] ein Anstieg der Mikroplastikkonzentrationen entlang des Flussverlaufes des Rheins beobachtet werden konnte, obwohl durch weitere kontinuierliche Einleitungen davon ausgegangen werden könnte. Gemeinsam mit weiteren, unabhängigen Studien sind bisher die großen Flüsse Rhein, Neckar, Donau und Weser sowie ausgewählte Nebengewässer dieser Flusseinzugsgebiete beprobt worden.

◘ Abb. 22.1 zeigt einige Studien zu deutschen und internationalen Fließgewässern im Vergleich. Der Übersicht halber werden jedoch nur Studien mit der Einheit Partikel/m^3 für Wasserproben und Partikel/kg Trockenmasse (*dry weight,* dw) für Sedimentproben betrachtet. Hier scheint das Wasser der deutschen Flüsse geringer belastet zu sein als die internationalen Höchstwerte, jedoch deutlich stärker belastet als vergleichbare Flüsse in Italien, Frankreich oder Schweden.

22.2 Mikroplastik in der limnischen Umwelt

Zu Mikroplastikkonzentrationen in Seen gibt es bisher nur wenige Studien. Bekannt ist jedoch, dass auch in abseits gelegenen Seen, wie beispielsweise in der Mongolei, Mikroplastik nachgewiesen werden konnte. Bisher wurden etwa 40 Seen hinsichtlich ihrer Mikroplastikbelastung im Wasser, und 20 Seen hinsichtlich ihrer Mikroplastikbelastung im Sediment untersucht. Am stärksten belastet war dabei Lake Taihu in China mit 6.800.000 Partikeln/km^2 [12] und

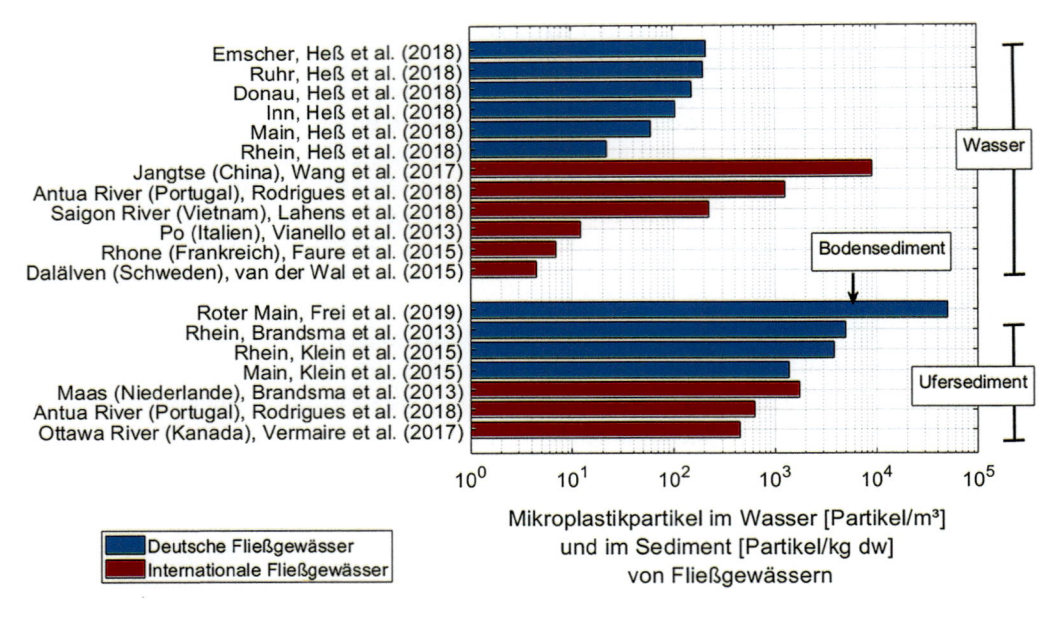

Abb. 22.1 Vergleich von maximalen Mikroplastikkonzentrationen im Wasser und im Sediment deutscher und internationaler Fließgewässer. (© Kryss Waldschläger)

Lake Ontario in Kanada mit 27.830 Partikel/kg Trockenmasse [13].

Abb. 22.2 zeigt die Belastung des Grund- und Ufersediments verschiedener Seen im Vergleich. Die Belastung ist in allen Untersuchungsbereichen in Deutschland deutlich höher als in China, Kanada oder Indien. Zusätzlich ist dort auch die Belastung im Wasser unterschiedlicher Seen zu sehen. Hier ist die Konzentration an Mikroplastikpartikeln in Deutschland deutlich niedriger als beispielsweise in China und Finnland.

22.3 Mikroplastik in der marinen Umwelt

In der marinen Umwelt ist Mikroplastik bisher am umfangreichsten untersucht worden. Die ersten Untersuchungen wurden bereits 1972 von Carpenter und Smith Jr. [14] durchgeführt. Belastungen wurden bereits auf offener See, an Küsten, in der Tiefsee und in Ästuaren nachgewiesen. Besonders hohe Konzentrationen konnten bisher in den sogenannten Müllstrudeln *(garbage patches)*, aber auch in der Nordsee, dem Mittelmeer, dem Schwarzen Meer und der Südlichen Chinesischen See aufgezeigt werden. Maximale Konzentrationen lagen bei 9.200 Partikeln/m^3 im Pazifik [15] bzw. 64.812.600 Partikeln/km^2 im Mittelmeer vor Israel [16]. Konzentrationen am Strand lagen bei maximal 285.673 Partikeln/m^2 in Südkorea bzw. 50.000 Partikeln/kg Trockenmasse an den Ostfriesischen Inseln [17].

Auch hier wird wieder deutlich, dass die deutschen Meere und ihre Strände, beispielsweise auf den Ostfriesischen Inseln, hohe Mikroplastikbelastungen aufweisen. Eine Übersicht kann Abb. 22.3 entnommen werden.

22.4 Mikroplastik in der terrestrischen Umwelt

Die Belastung der terrestrischen Umwelt mit Mikroplastik fand in der Forschung zuerst keine große Betrachtung. Seit Beginn

Mikroplastik weltweit – Die Belastung in Deutschland ...

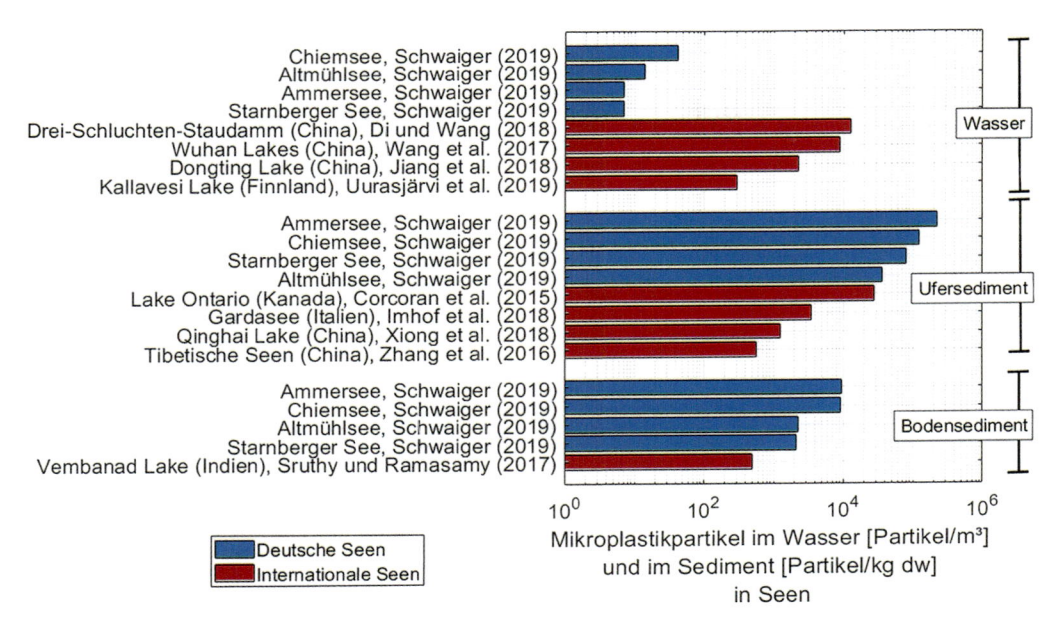

Abb. 22.2 Vergleich von maximalen Mikroplastikkonzentrationen im Wasser und im Sediment deutscher und internationaler Seen. (© Kryss Waldschläger)

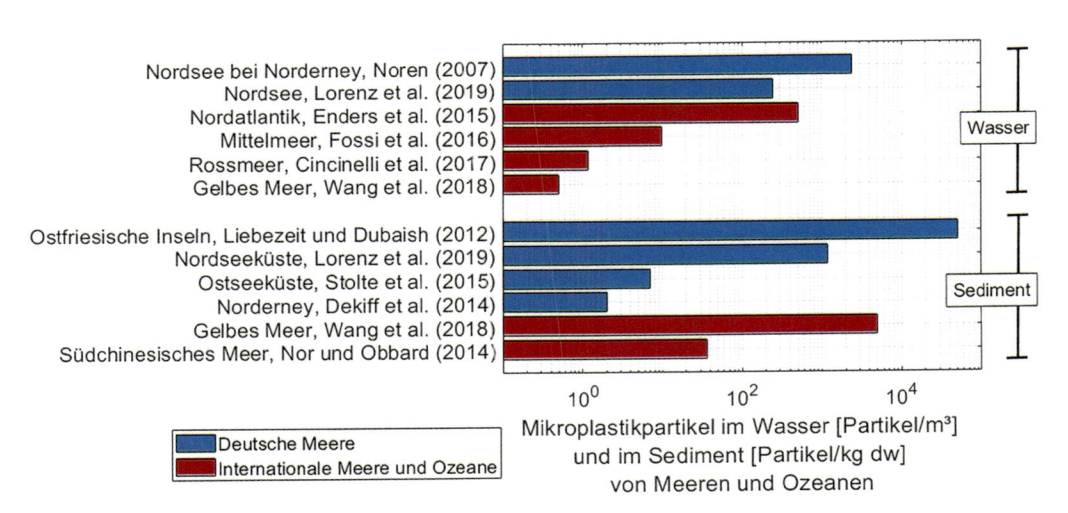

Abb. 22.3 Vergleich von maximalen Mikroplastikkonzentrationen im Wasser und im Sediment deutscher und internationaler Meere und Ozeane. (© Kryss Waldschläger)

der Untersuchung zu Mikroplastik in Böden gelten diese jedoch als eine der größten Senken von Mikroplastik in der Umwelt. Im Vergleich zu fluvialen und marinen Sedimenten sind besonders die Böden von landwirtschaftlichen Flächen stärker belastet. Gefundene Konzentrationen liegen hier bei bis zu 43.000 Partikeln/kg Trockenmasse [18]. Besonderen Einfluss auf den Mikroplastikgehalt in Böden hat die Verwendung von Kunststoffen, wie Mulchfolien, und die Auftragung von Klärschlamm, der einen hohen Anteil an Mikroplastikfasern aufweist und wozu bereits 1996 erste Arbeiten veröffentlicht wurden [19]. Flächen unter Verwendung von Kunststoffmulchfolien weisen jedoch deutlich höhere Mikroplastikkonzentrationen auf als landwirtschaftliche Flächen auf die Klärschlamm aufgebracht wurde [1].

Piehl et al. (2018) [20] untersuchten eine landwirtschaftliche Fläche in Mittelfranken, die bisher nicht mit mikroplastikhaltigem Dünger, wie zum Beispiel Klärschlamm, oder Mulch behandelt wurde. Dort fanden sie 206 Makroplastikpartikel/ha und 0,34 Mikroplastikpartikel/kg Trockenmasse. Ein Vergleich zu den internationalen Studien gestaltet sich schwierig, da die Mikroplastikbelastung landwirtschaftlicher Flächen vorwiegend von den Bewirtschaftungsarten sowie der Düngemittelauswahl abhängt.

22.5 Mikroplastik in der atmosphärischen Umwelt

Gelangt Mikroplastik in die Luft, wie beispielsweise als Reifenabrieb oder als Textilfasern, kann es über weite Strecken transportiert werden und über Regen oder die eigene Gewichtskraft wieder auf den Boden gelangen [21]. International wurden bereits einige Orte hinsichtlich ihrer Mikroplastikbelastung in der Luft untersucht. So fanden sich in Dongguan City in China täglich durchschnittlich 36 Partikel/m^2 [22], in Paris 118 Partikel/m^2 [23] und in den französischen Pyrenäen 365 Partikel/m^2 [24]. Die Belastungen der abgelegenen Gebirgsregion weisen auf den weitreichenden Transport von Mikroplastik innerhalb der atmosphärischen Umwelt hin.

Eine erst kürzlich veröffentlichte Studie analysiert die Mikroplastikkonzentrationen in Hamburg sowohl innerhalb der Stadt als auch in zwei Gegenden nördlich und südlich der Stadt [21]. Über einen Zeitraum von 12 Wochen konnte eine tägliche Belastung zwischen 136,5 und 512,0 Partikeln/m^2 festgestellt werden. Die durchschnittliche Konzentration an allen Messstellen liegt damit bei 275 Partikel/m^2 und Tag. Die höchste Konzentration wies eine Messstelle unterhalb von Bäumen auf. Dies wird auf den sogenannten Auskämmeffekt (*comb-out effect*) zurückgeführt, wonach Pflanzen Partikel aus der Luft filtern können, sodass diese nicht den Boden erreichen. Auch die Nähe zu einer Autobahn lieferte höhere Konzentrationswerte, wo von einem erhöhten Einfluss durch Reifenabrieb auszugehen ist. Außerdem wurde eine Korrelation zwischen starken Windgeschwindigkeiten und der Mikroplastikkonzentration festgestellt. Beruhend auf diesen Einflussfaktoren ist die Annahme, dass die Mikroplastikbelastung in Städten grundsätzlich höher ist als im Umfeld, nicht zu bestätigen. Im Vergleich zu der internationalen Belastung sind die Mikroplastikkonzentrationen in Deutschland vergleichsweise hoch.

22.6 Zusammenfassung und Ausblick

Der jährliche Mikroplastikeintrag in die Umwelt wird in Deutschland auf Mengen zwischen 330.000 t [6] und 182.000–423.000 t [25] geschätzt. Der große Schwankungsbereich nach Essel et al. (2015) [25] verdeutlicht jedoch, wie viele Wissenslücken und Unsicherheiten noch bestehen. Fehlende Standardisierungen hinsichtlich Größeneinteilung, Probenahme, Aufbereitung und Analytik erschweren eine Vergleichbarkeit und ein einheitliches Vorgehen. Weiterhin sind bisherige Quantifizierungsmethoden sehr komplex und aufgrund dessen auch fehlerbehaftet. Dennoch zeigen die dargestellten Gegenüberstellungen der bisherigen Forschungsergebnisse in den verschiedenen Umweltbereichen, dass Mikroplastik in Deutschland ein wichtiger Konta-

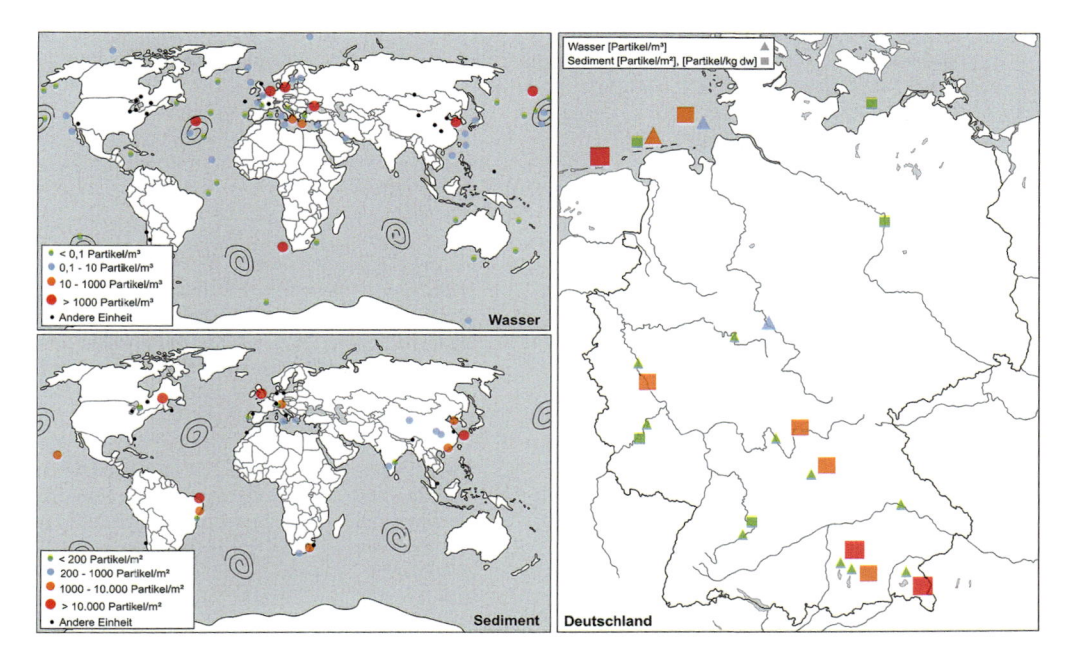

Abb. 22.4 Mikroplastikkonzentrationen in Wasser und Sediment weltweit und in Deutschland (geändert und erweitert nach Waldschläger et al. (2020) [1]). (© Kryss Waldschläger)

minationsfaktor ist und im internationalen Vergleich der Mikroplastikkonzentrationen nicht zu vernachlässigen ist.

Abschließend zeigt ◘ Abb. 22.4 eine weltweite Übersicht der Mikroplastikkonzentrationen in Wasser und Sediment und zusätzlich eine Darstellung der bisher ermittelten Belastungen in Deutschland.

Hinweis: Eine umfangreiche Literaturliste ist bei den Autorinnen verfügbar.

Literatur

1. Waldschläger K, Lechthaler S, Stauch G et al. (2020) The way of microplastic through the environment – Application of the source-pathway-receptor model (review). Science of the Total Environment 713: 136584. ▶ https://doi.org/10.1016/j.scitotenv.2020.136584
2. GESAMP (2015) Sources, fate and effects of microplastics in the marine environment: a global assessment. Rep. Stud. GESAMP No. 90
3. Lebreton LC-M, Greer SD, Borrero JC (2012) Numerical modelling of floating debris in the world's oceans. Mar Pollut Bull 64(3): 653–661. ▶ https://doi.org/10.1016/j.marpolbul.2011.10.027
4. van Wijnen J, Ragas aMJ, Kroeze C (2019) Modelling global river export of microplastics to the marine environment: Sources and future trends. Sci Total Environ 673: 392–401. ▶ https://doi.org/10.1016/j.scitotenv.2019.04.078
5. Wagner S, Hüffer T, Klöckner P et al. (2018) Tire wear particles in the aquatic environment - A review on generation, analysis, occurrence, fate and effects. Water Res 139: 83–100. ▶ https://doi.org/10.1016/j.watres.2018.03.051
6. Bertling J, Hamann L, Bertling R (2018) Kunststoffe in der Umwelt. Fraunhofer UMSICHT
7. Moore CJ, Lattin GL, Zellers AF (2011) Quantity and type of plastic debris flowing from two urban rivers to coastal waters and beaches of Southern California. RGCI 11(1): 65–73. ▶ https://doi.org/10.5894/rgci194
8. Mani T, Hauk A, Walter U et al. (2015) Microplastics profile along the Rhine River. Sci Rep 5: 17988. ▶ https://doi.org/10.1038/srep17988
9. Hurley R, Woodward J, Rothwell JJ (2018) Microplastic contamination of river beds significantly reduced by catchment-wide flooding. Na-

ture Geosci 10: 124006. ► https://doi.org/10.1038/s41561-018-0080-1
10. Brandsma SH, Nijssen P, van Velzen MJM et al. (2013) Microplastics in river suspended particulate matter and sewage treatment plants, R14/02, Version 1
11. Heß M, Diehl P, Meyer J et al. (2018) Mikroplastik in Binnengewässern Süd- und Westdeutschlands: Bundesländerübergreifende Untersuchungen in Baden-Württemberg, Bayern, Hessen, Nordrhein-Westfalen und Rheinland-Pfalz Teil 1: Kunststoffpartikel in der oberflächennahen Wasserphase, Karlsruhe, Augsburg, Wiesbaden, Recklinghausen, Mainz
12. Su L, Xue Y, Li L et al. (2016) Microplastics in Taihu Lake, China. Environ Pollut 216: 711–719. ► https://doi.org/10.1016/j.envpol.2016.06.036
13. Ballent A, Corcoran PL, Madden O et al. (2016) Sources and sinks of microplastics in Canadian Lake Ontario nearshore, tributary and beach sediments. Mar Pollut Bull 110(1): 383–395. ► https://doi.org/10.1016/j.marpolbul.2016.06.037
14. Carpenter EJ, Smith KL (1972) Plastics on the Sargasso sea surface. Science 175(4027): 1240–1241
15. Desforges J-PW, Galbraith M, Dangerfield N et al. (2014) Widespread distribution of microplastics in subsurface seawater in the NE Pacific Ocean. Mar Pollut Bull 79(1–2): 94–99. ► https://doi.org/10.1016/j.marpolbul.2013.12.035
16. van der Hal N, Ariel A, Angel DL (2017) Exceptionally high abundances of microplastics in the oligotrophic Israeli Mediterranean coastal waters. Mar Pollut Bull 116(1–2): 151–155. ► https://doi.org/10.1016/j.marpolbul.2016.12.052
17. Liebezeit G, Dubaish F (2012) Microplastics in beaches of the East Frisian islands Spiekeroog and Kachelotplate. Bull Environ Contam Toxicol 89(1): 213–217. ► https://doi.org/10.1007/s00128-012-0642-7
18. Zhang GS, Liu YF (2018) The distribution of microplastics in soil aggregate fractions in southwestern China. Sci Total Environ 642: 12–20. ► https://doi.org/10.1016/j.scitotenv.2018.06.004
19. Habib D, Locke DC, Cannone LJ (1996) Synthetic fibers as indicators of municipal sewage sludge, sludge products and sewage treatment plant effluents. Water, Air, and Soil Pollution(103): 1–8
20. Piehl S, Leibner A, Löder MGJ et al. (2018) Identification and quantification of macro- and microplastics on an agricultural farmland. Sci Rep 8(1): 17950. ► https://doi.org/10.1038/s41598-018-36172-y
21. Klein M, Fischer EK (2019) Microplastic abundance in atmospheric deposition within the Metropolitan area of Hamburg, Germany. Sci Total Environ 685: 96–103. ► https://doi.org/10.1016/j.scitotenv.2019.05.405
22. Cai L, Wang J, Peng J et al. (2017) Characteristic of microplastics in the atmospheric fallout from Dongguan city, China: preliminary research and first evidence. Environ Sci Pollut Res Int 24(32): 24928–24935. ► https://doi.org/10.1007/s11356-017-0116-x
23. Dris R, Gasperi J, Saad M et al. (2016) Synthetic fibers in atmospheric fallout: A source of microplastics in the environment? Mar Pollut Bull 104(1-2): 290–293. ► https://doi.org/10.1016/j.marpolbul.2016.01.006
24. Allen S, Allen D, Phoenix VR et al. (2019) Atmospheric transport and deposition of microplastics in a remote mountain catchment. Nature Geoscience 71: 299. ► https://doi.org/10.1038/s41561-019-0335-5
25. Essel R, Engel L, Carus M et al. (2015) Quellen für Mikroplastik mit Relevanz für den Meeresschutz in Deutschland. Im Auftrag des Umweltbundesamtes. TEXTE, vol 63. Umweltbundesamt, Dessau-Roßlau

Vom Land ins Meer – Modell zur Erfassung landbasierter Kunststoffabfälle

Stephanie Cieplik

Im Auftrag der BKV GmbH wurde das Modell „Vom Land ins Meer – Modell zur Erfassung landbasierter Kunststoffabfälle" entwickelt. Dieses Modell erfasst erstmals systematisch Einträge von nicht ordnungs-gemäß entsorgten Kunststoffabfällen aus Deutschland, die in die Nordsee, die Ostsee und das Schwarze Meer gelangen. Dabei werden alle Eintragspfade und -quellen berücksichtigt. Unterschieden wird zwischen Einträgen von Mikro- und Makroplastik.

Die Meeresstrategie-Rahmenrichtlinie hat zum Ziel, die nachhaltige Nutzung der Meere zu fördern und die Meeresökosysteme zu erhalten. Auf Basis dieser Richtlinie sollen die Mitgliedstaaten der Europäischen Union notwendige Maßnahmen ergreifen, um spätestens bis zum Jahr 2020 einen guten Zustand der Meeresumwelt zu erreichen oder zu erhalten. Ein wichtiges Kriterium für die Beurteilung des guten Umweltzustandes der Meere sind Abfälle im Meer. Wird von Abfällen im Meer gesprochen, so stehen Kunststoffe insbesondere aufgrund ihrer Langlebigkeit, ihrer Zusatzstoffe und ihrer Zersetzung zu Mikroplastik im Fokus der Diskussionen.

Zwar sind Kunststoffe Wertstoffe und somit viel zu wertvoll, um am Ende ihrer Nutzungsphase als Abfall ungenutzt in den Meeren zu schwimmen. Ob und wie der in den Meeren bereits vorhandene Abfall einer geordneten Entsorgung zugeführt werden kann, ist eine Herausforderung unserer Zeit; die Vermeidung weiterer Einträge von Abfällen eine andere. In diesem Zusammenhang spielen regionale Gegebenheiten, verantwortungsvolles Handeln und Verhalten von Menschen und Institutionen sowie funktionierende Abfallmanagementsysteme eine entscheidende Rolle. Um einen wirkungsvollen Beitrag zur Vermeidung weiterer Einträge von Abfällen in die Meere zu leisten, erscheint eine Identifikation und Analyse der Eintragspfade sowie der korrespondierenden Massenströme der Abfälle wünschenswert.

Im Auftrag der BKV GmbH mit Unterstützung von FCIO Fachverband der Chemischen Industrie Österreich, IK Industrieverr-einigung Kunststoffverpackungen e. V., PlasticsEurope Deutschland und VDMA Verband Deutscher Maschinen- und Anlagenbau e. V. – Fachverband Kunststoff- und Gummimaschinen hat die Conversio Market &Strategy GmbH erstmalig einen Modellansatz zur Erfassung landbasierter Kunststoffabfälle im Hinblick auf ihre

Zuerst erschienen in Wasser und Abfall 1–2/2019

Eintragspfade und Eintragsquellen in die Meere vorgestellt. Die Methodik wurde dabei in einem ersten Schritt auf die Einträge von nicht ordnungsgemäß entsorgten Kunststoffabfällen aus Deutschland in die Nordsee angewandt und nun um die Einträge in die Ostsee und das Schwarze Meer erweitert. Damit wird ein Gesamtbild für die Deutschland zurechenbaren Einträge von nicht ordnungsgemäß entsorgten Kunststoffabfällen in die Meere präsentiert. Ziel der Arbeit ist es, auf Basis einer methodischen Herangehensweise die Haupteintragspfade für Kunststoffe systematisch zu erfassen, zu strukturieren sowie quantitativ zu beschreiben.

Kompakt

- Der Großteil der aus Deutschland in die Meere eingetragenen Kunststoffe sind Makrokunststoffe.
- Die Eintragspfade „Fluss" und „Küste" dominieren.
- Der mit Abstand größte Eintrag von Makrokunststoffen erfolgt in die Ostsee. Grund hierfür sind eine starke Besiedlung an der Küste, Direkteinleitungen ins Meer und geringe Transportverluste entlang der Flüsse.

Die entwickelte Methodik verfügt über eine offene Struktur, was es grundsätzlich ermöglicht, sie auch auf andere Regionen bzw. Staaten anzuwenden sowie weitere Eintragspfade einzubeziehen. Das Modell ist auf eine leichte und flexible Anpassung der Variablen und Berechnungen angelegt. Eine Übertragbarkeit auf andere regionale Zusammenhänge ist daher möglich.

Bericht und Handbuch zu dem Modell werden kontinuierlich aktualisiert und überarbeitet. Auch die Modellparameter werden weiter überprüft und soweit erforderlich modifiziert. Dabei wird die Evaluation des Modells von externen Experten begleitet.

23.1 Untersuchungsgegenstand

Im Fokus des Modells stehen nicht ordnungsgemäß entsorgte Kunststoffabfälle. Unter Kunststoff werden dabei polymere Werkstoffe verstanden.

Im Modell wird zwischen Mikro- und Makrokunststoff unterschieden. Für den Begriff „Mikrokunststoff" – oder auch „Mikroplastik" – gibt es keine einheitliche Definition. Im Rahmen des Modells zählen Kunststoffe, die beim Eintrag in einen der Eintragspfade <5 mm sind, zu Mikrokunststoffen (primäre Mikrokunststoffe). Kunststoffe, die beim Eintrag >5 mm sind, werden als Makrokunststoffe erfasst.

Eine Besonderheit gibt es im Modell bei der Unterscheidung von primärem und sekundärem Mikrokunststoff. Für die Konstruktion des Modells muss der Kunststoffeintrag über die verschiedenen Eintragspfade analytisch von dem Kunststoffeintrag in die Meere getrennt werden. Entscheidend für die Zuordnung zu Mikro- bzw. Makrokunststoffen ist demnach die Größe bei Eintrag in den Eintragspfad.

Es handelt sich um primäre Mikrokunststoffe, wenn Kunststoffe beim Eintrag in einen der Eintragspfade <5 mm sind. Sekundäre Mikrokunststoffe entstehen demgegenüber erst durch Zersetzungsprozesse. Kunststoffe, die beim Eintrag in einen Eintragspfad >5 mm sind, und sich erst im Eintragspfad zersetzen (sekundäre Mikrokunststoffe) werden im Rahmen der Modellberechnung als Makrokunststoffe erfasst. Folglich finden auch sekundäre Mikrokunststoffe im Modell Berücksichtigung, werden jedoch gemäß den getroffenen Modellannahmen als Makrokunststoffe ausgewiesen. Die „Entwicklung" von Makro- zu Mikroplastik, die Zersetzung, ist nicht Gegenstand des Modells.

23.2 Methodik

Das Modell dient in erster Linie dazu, Ursprung, Menge und Beschaffenheit der in die Meere gelangenden Kunststoffabfälle besser einschätzen zu können. Es stellt dabei die möglichen Eintragspfade von ins Meer gelangenden Kunststoffabfällen (Mikro- und Makrokunststoffe) im Einzelnen vor. Es wird dabei der landbasierte Kunststoffeintrag (Land Sourced Litter), der Deutschland zuzuordnen ist, in die Nordsee, die Ostsee und das Schwarze Meer betrachtet. Abfälle aus der Seeschifffahrt, Kreuzschifffahrt und Fischereiwirtschaft (Sea Sourced Litter) sowie Einträge anderer Regionen in die Meere finden im Modell derzeit noch keine Berücksichtigung.

In einem ersten Schritt wurden zunächst die wesentlichen Eintragspfade und Eintragsquellen identifiziert und ein Datenmodell aufgestellt. Auf Basis dieses Datenmodells wurde eine Datenbank erstellt. In einem zweiten Schritt erfolgte die Analyse der Eintragsmengen auf Basis von Sekundär- und Primärdaten. Neben wissenschaftlichen Studien und Untersuchungen wurden statistische Daten, u. a. von Eurostat und dem Statistischen Bundesamt Deutschland, genutzt sowie auch Primärdaten in Form von Expertengesprächen generiert. Die ergänzende Auswertung weiterer Literatur und Quellen und deren anschließende mögliche Nutzung in dem Modell wird beständig fortgeführt.

23.3 Modellannahmen

Landbasierte Abfälle werden unterschieden nach den Eintragspfaden bzw. Eintragsquellen „Fluss", „Flussschifffahrt", „Küste", „Hafen" und „Deponie". Auf den Meeren anfallende Abfälle (z. B. von der Fischereiwirtschaft, Frachtschiffen oder Kreuzfahrtschiffen) sind im Modell nicht berücksichtigt.

In dem Modell wird durchgängig von Eintragspfaden gesprochen, auch wenn z. B. eine Deponie oder ein Hafen eher eine Quelle darstellt. Weitere Punktquellen, wie z. B. Kläranlagen, oder diffuse Quellen, wie z. B. Einträge aus der Landwirtschaft, werden den Eintragspfaden zugerechnet und fließen in die Berechnung der Eintragsmenge des jeweiligen Pfades in das Meer mit ein. Je nach Relevanz werden in dem Modell einzelne Quellen separat und vertieft dargestellt.

Nur ein Teil der Abfälle, die in die Umwelt gelangen, landet mit zeitlicher Verzögerung auch im Meer. Gewisse Mengen verbleiben in der Landschaft, lagern sich in Flussbetten und Auen ab oder werden wieder eingesammelt und beseitigt (z. B. über Rechen an Staustufen sowie Kläranlagen). Neben den Einträgen von Abfällen in die Umwelt müssen daher unterschiedliche „Verlustfaktoren" beim Transport in die Meere berücksichtigt werden.

23.4 Übersicht der Eintragspfade

In dem Modell wurden fünf wesentliche Eintragspfade bzw. Eintragsquellen identifiziert (◘ Abb. 23.1).

Mikro- und Makrokunststoffe können über Flüsse ins Meer gelangen. Unklar ist allerdings, an welcher Stelle der Kunststoffeintrag in die Flüsse erfolgt. Damit nicht nur die Hauptflüsse, die direkt ins Meer münden, im Modell Beachtung finden, werden mittels Flussgebietseinheiten (FGE) die Einzugsgebiete der Flüsse erfasst. Flussgebietseinheiten bestehen aus einem oder mehreren benachbarten Flusseinzugsgebieten. Diese umfassen einen Fluss von der Quelle bis zur Mündung in das Meer. Hierzu zählen ebenfalls alle seine Seitenflüsse und -bäche sowie das Grundwasser, das in diesem Gebiet vorkommt. Im Zuge der Studie werden FGE in Europa betrachtet, deren Hauptfluss in die Nord-

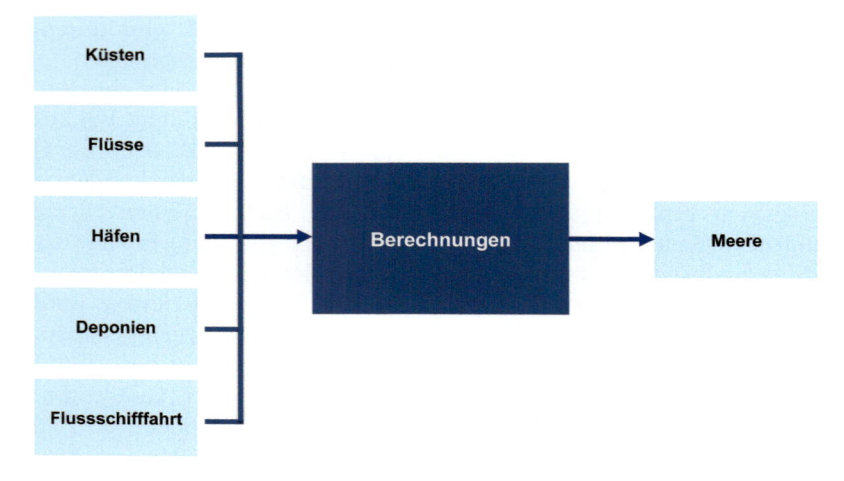

Abb. 23.1 Eintragsquellen und -pfade in das Meer. (© BKV)

see, die Ostsee oder das Schwarze Meer mündet bzw. die direkt an die Nordsee, die Ostsee oder das Schwarze Meer grenzen. Folglich finden neben den entsprechenden Meeresanrainerstaaten auch Länder Berücksichtigung, die Teil einer internationalen FGE sind und damit für den Eintrag in die Nordsee, die Ostsee oder das Schwarze Meer von Bedeutung sind.

Bei dem Eintragspfad „Fluss" werden Abfälle betrachtet, die vom Land aus in den Fluss gelangen. So können Mikrokunststoffe in Abwässern entweder direkt über den Kläranlagenabfluss in den Vorfluter gelangen oder über den ausgebrachten Klärschlamm aus Feldern verweht oder ausgeschwemmt werden. Nicht ordnungsgemäß entsorgte Makrokunststoffe können über Verwehungen, Regenwasserabfluss oder illegale Verklappung in Bäche und Flüsse gelangen.

Zum Eintragspfad „Fluss" zählen in der angewandten Systematik nur die Kunststoffabfälle, die im Landesinneren in den Eintragspfad gelangen. Der Eintrag von Kunststoffabfällen in Bäche und Flüsse nahe der Küste wird unter dem Eintragspfad „Küste" betrachtet. Diese gesonderte Betrachtung begründet sich darin, dass die Transportverluste bei küstennah eingebrachten Abfällen geringer sind.

Aufgrund der räumlichen Nähe zum Meer müssen Küstenregionen gesondert betrachtet werden. Kunststoffabfälle können hier entweder direkt in das Meer gelangen oder ebenfalls über Oberflächengewässer ins Meer getragen werden. Im Gegensatz zum Eintragspfad „Fluss" sind die Verlustfaktoren der Kunststoffabfälle aufgrund der Nähe zum Meer wesentlich geringer. Im Modell werden die Küste sowie die küstennahen Regionen der Nordsee und der Ostsee betrachtet. Als Grundlage zur geographischen Abgrenzung dient die Küstendefinition nach EUROSTAT. Danach ist eine Küstenregion der Europäischen Union eine Region der NUTS-Ebene 3, die über eine Küste verfügt oder deren Bevölkerung zu mehr als der Hälfte weniger als 50 km vom Meer entfernt lebt. Bei der Betrachtung des Eintragspfads „Küste" wurde zudem auch das Touristenaufkommen berücksichtigt.

Im Rahmen der Flussschifffahrt fallen Abfälle (Makrokunststoffe) an, die über Verwehungen, individuelle „Fehlwürfe" oder illegale Verklappung zunächst im Fluss und letztendlich im Meer landen können. Die Binnenschifffahrt in allen Ländern, deren FGE relevant für den Eintrag von Kunststoffabfall in die Nordsee, die Ostsee oder das Schwarze Meer sind, wird betrachtet.

Deponierte Abfälle in küstennahen Deponien können durch Verwehungen in die Meere gelangen. Der Eintrag von Kunststoffabfällen aus Deponien in die Nordsee oder die Ostsee kann punktuell erfasst werden. Hierbei werden aktive küstennahe Deponien mit einer maximalen Entfernung von 5 km zur Nordsee oder Ostsee betrachtet. Für den Deutschland zurechenbaren Eintrag in das Schwarze Meer spielt der Eintragspfad „Deponie" aufgrund der fehlenden Küste keine Rolle.

In Häfen anfallende Abfälle können über Verwehungen, individuelle „Fehlwürfe" oder illegale Verklappung im Meer landen. Im Modell werden Häfen in Ländern mit direktem Nordsee- und Ostseezugang berücksichtigt, die an der Küste bzw. küstennah liegen. Auch dieser Eintragspfad findet für den Eintrag in das Schwarze Meer keine Berücksichtigung.

23.5 Sonderbetrachtung Kompost und Gärrückstände

Komposte und Gärrückstände können in unterschiedlichem Umfang Mikrokunststoffe enthalten. Kunststoffe gelangen dabei in der Regel über die Sammlung von Bioabfällen aus Haushalt und Gewerbe in die Bioabfallverwertung. Insbesondere bei der Sammlung von Bioabfällen aus privaten Haushalten spielt fehlerhaftes Verbraucherverhalten eine entscheidende Rolle. Durch Fehlwürfe gelangen Kunststoffe und andere Fremdstoffe in die Biotonne. Im gewerblichen Bereich sind vor allem nicht ordnungsgemäß entsorgte Kunststoffverpackungen am Anteil der Kunststoffe in Komposten und Gärrückständen von Bedeutung. Werden Komposte und Gärrückstände in der Land und Forstwirtschaft, in der Landschaftsgestaltung und -pflege sowie bei privaten Haushalten aufgebracht, besteht die Möglichkeit, dass Mikrokunststoffpartikel über Verwehungen und Ausschwemmungen in Flüsse oder direkt ins Meer gelangen.

In dem Modell werden Komposte und Gärrückstände aus Haushalt und Gewerbe als mögliche Eintragsquelle für Kunststoffe in die Meere ausgewiesen. Pro Jahr tragen Komposte und Gärrückstände mit ca. 3 t weniger als 1 % zu dem Deutschland zuzurechnenden Gesamteintrag in die Nordsee, die Ostsee und das Schwarze Meer bei. Die Berechnungen stützen sich dabei auf Daten der RAL-Gütesicherungen der Bundesgütegemeinschaft Kompost sowie auf Angaben des statistischen Bundesamtes.

Für den Eintrag in die Nordsee wurde als Ergänzung zum Modell eine „Sonderbetrachtung Kompost/Gärrückstände" erstellt, in der die einzelnen Berechnungsschritte detailliert dargelegt werden. Diese „Sonderbetrachtung Kompost/Gärrückstände" ist über die Website der BKV erhältlich. Für 2019 ist eine Aktualisierung dieser Sonderbetrachtung geplant, die nicht nur neue Informationen und Daten berücksichtigen wird, sondern auch die Einträge in die Ostsee und das Schwarze Meer abbilden wird.

23.6 Sonderbetrachtung Littering

Für die Bestimmung des mengenmäßigen Anteils von Makroplastik an Marine Litter wird aufgrund unzureichender Daten und Informationen eine Berechnung auf Basis nicht ordnungsgemäß entsorgter Kunststoffabfälle, sog. Littering, durchgeführt. Obwohl eine direkte Korrelation zwischen der Menge des ordnungsgemäß erfassten Abfallaufkommens und der nicht ordnungsgemäß erfassten Abfallmengen nur bedingt möglich ist, wird in Ermangelung an verfügbaren Daten eine solche Korrelation als erste Hilfsgröße herangezogen.

Im Hinblick auf den mengenmäßigen Anteil des Litterings am gesamten Abfallaufkommen in Deutschland gibt es nur wenige Untersuchungen. Eine bundesweite Betrachtung der nicht ordnungsgemäß entsorgten Abfälle liegt bisher nicht vor. Basis für die Berechnung in dem Modell ist daher eine Untersuchung des LfU Bayern; 2001 wurde eine „Sonderauswertung zur Abfallbilanz 2001 – Wilde Müllablagerungen" veröffentlicht.

Die in dem Modell getroffenen Annahmen zum Littering wurden in 2018 in einer separaten Studie vertieft betrachtet und verifiziert. Insbesondere die aufgrund der Untersuchung des LfU aus dem Jahr 2001 getroffenen Annahmen wurden mithilfe zusätzlicher Quellen und Ansätze überprüft.

Die Ergebnisse der „Sonderbetrachtung Littering" zeigten, dass bei den im Modell gemachten Annahmen im Hinblick auf das Littering nur geringfügige Änderungen vorzunehmen sind. Diese werden im Rahmen der nächsten Überarbeitung des Berichts und Handbuchs zum Modell in 2019 vorgenommen. Auch diese „Sonderbetrachtung Littering" ist bei der BKV erhältlich.

23.7 Datenlage

Das Modell stützt sich auf die Daten und Informationen, die durch Dritte erhoben und weitergegeben wurden. Die ermittelten, absoluten Eintragsmengen sind als Abschätzung auf Basis der existierenden Studienlage sowie Gesprächen mit jeweilgen Marktexperten zu verstehen. Vor diesem Hintergrund ist es verständlich, dass Qualität und Quantität der vorhandenen Daten stark zwischen den untersuchten Bereichen Mikro- und Makrokunststoffe variieren (Abb. 23.2).

Im Mikrokunststoffbereich steht das Modell auf einer breiten Datenbasis, da hier bereits eine hohe Anzahl an Studien und Untersuchungen vorliegen. Da zur Berechnung einzelner Faktoren eine Vielzahl an Variablen herangezogen wird, kommt es allerdings auch im Bereich der Mikrokunststoffe zu vereinzelten Datenlücken. Aus diesem Grund wurde dort auf Abschätzungen von Experten zurückgegriffen.

Zu einigen Faktoren, die sich über mehrere Eintragspfade und auch Applikationen erstrecken (z. B. Transportverluste), stehen

Aufzubauende Datenlage

Mikrokunststoffe:
- Sonstige Mikrokunststoffe im Haushaltsabwasser/Industrieabwasser
- Anteil der in der Kläranlage zurückgehaltenen Mikrokunststoffe/Mikrokunststoff im Klärschlamm
- Ausschwemmungen Mikrokunststoff aus Klärschlamm bzw. Komposte/Gärrückstände
- Transportverlust Mikrokunststoffe (Küste, Binnenland)

Grundsätzlich gute Datenlage mit vereinzelten Datenlücken

Mikrokunststoffe:
- Menge Mikrokunststofffasern im Haushaltsabwasser
- Menge Mikrokunststoffe aus Kosmetik im Haushaltsabwasser
- Mikrokunststoffe im Industrieabwasser – Produktion und Verarbeitung
- Anteil landwirtschaftliche Nutzung des Klärschlamms

Umfangreiche Datenlage

Mikrokunststoffe:
- Mikrokunststoffe im Kompost/in Gärrückständen

Makrokunststoffe:
- Daten zum Abfallaufkommen

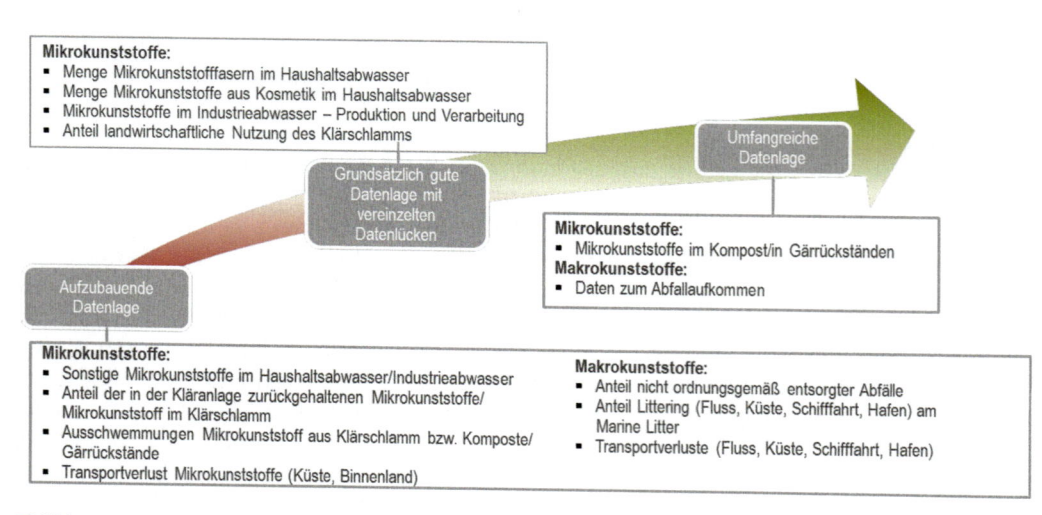

Makrokunststoffe:
- Anteil nicht ordnungsgemäß entsorgter Abfälle
- Anteil Littering (Fluss, Küste, Schifffahrt, Hafen) am Marine Litter
- Transportverluste (Fluss, Küste, Schifffahrt, Hafen)

Abb. 23.2 Qualität der verfügbaren Daten. (© Conversio GmbH, Vom Land ins Meer – Modell zur Erfassung landbasierter Kunststoffabfälle, 2018)

bislang nur rudimentäre Daten zur Verfügung. Folglich ist bei einer Mengenbetrachtung des Kunststoffeintrags in die Meere eine Bewertung der Datengenauigkeit nach Applikation bzw. Eintragspfad nur bedingt möglich.

Im Makrokunststoffbereich liegen bislang kaum Studien vor, die in das Modell integriert werden können. Daher wird bislang eine Herleitung über die Menge der nicht ordnungsgemäß entsorgten Abfälle in Deutschland gewählt.

23.8 Wesentliche Ergebnisse

Der Großteil der aus Deutschland in die Meere eingetragenen Kunststoffe sind Makrokunststoffe. Dieses Ergebnis muss stets unter Berücksichtigung der in dem Modell gewählten Abgrenzung von Mikro- zu Makrokunststoffen als auch der verwendeten Definition „Kunststoffe" betrachtet werden. Zudem variiert der Anteil der Makrokunststoffe am Gesamteintrag je nach Meer. Der mit Abstand größte Anteil findet sich in der Ostsee. Dies erklärt sich durch den hohen Küstenanteil der ostseerelevanten Flussgebietseinheiten. Der Großteil der für einen Eintrag in die Ostsee relevanten Bevölkerung lebt demnach an der Küste. Aufgrund der Nähe zum Meer bzw. der teilweisen Direkteinleitung ins Meer sind die Transportverluste geringer. Folglich gelangen mehr Makrokunststoffe in das Meer und werden auf ihrem Weg nicht dauerhaft wieder aus dem Eintragspfad ausgetragen.

Im Hinblick auf die Eintragspfade dominieren die Eintragspfade „Fluss" und „Küste". Über diese beiden Eintragspfade erfolgt der Großteil (ca. 80 %) des Gesamteintrags in die Meere, also in die Nordsee, die Ostsee und das Schwarze Meer. Der Eintragspfad „Deponie" ist für Deutschland nicht relevant; auf eine Darstellung in der Übersicht wurde daher verzichtet (Abb. 23.3).

- **Hinweis**

Das Modell sowie die ergänzenden Sonderbetrachtungen sind kostenfrei bei der BKV

Gesamteintrag Deutschland in die Meere

Deutschland 2014			Eintragspfade								Gesamt	
			Fluss		Flussschifffahrt		Küstenregion		Häfen			
Mikro-kunststoff	Haushalt	Fasern	79 t	14%	-	-	14 t	2%	-	-	93 t	7%
		Verbraucherprodukte	39 t	7%	-	-	7 t	1%	-	-	46 t	3%
		Sonstiges	24 t	4%	-	-	4 t	1%	-	-	27 t	2%
	Haushalt / Gewerbe	Kompost / Gärrückstände	3 t	<1%	-	-	<1 t	<1%	-	-	3 t	<1%
	Industrie / Gewerbe	Produktions- und Verarbeitungsabfälle	7 t	1%	-	-	1 t	<1%	-	-	8 t	1%
		Sonstiges	2 t	<1%	-	-	1 t	<1%	-	-	3 t	<1%
Gesamt Mikrokunststoff			153 t	27%	-	-	27 t	5%	-	-	181 t	13%
Makrokunststoff		Verpackungen	247 t	44%	23 t	61%	322 t	58%	149 t	61%	741 t	53%
		Agrar	22 t	4%	-	-	28 t	5%	-	-	50 t	4%
		Sonstiges	140 t	25%	15 t	39%	182 t	33%	97 t	39%	434 t	31%
Gesamt Makrokunststoff			408 t	73%	38 t	100%	532 t	95%	246 t	100%	1224 t	87%
Total			561 t	100%	38 t	100%	559 t	100%	246 t	100%	1405 t	100%

 Abb. 23.3 Ergebnisse der Berechnungen des Eintrags. (© Conversio GmbH, Vom Land ins Meer – Modell zur Erfassung landbasierter Kunststoffabfälle, 2018)

erhältlich. Bericht und Handbuch zu dem Modell liegen in Deutsch und Englisch vor und können auf der BKV-Website bestellt werden:

▶ www.bkv-gmbh.de/infothek/studien.html

▶ www.bkv-gmbh.de/en/info-zone/studies.html

Qualitätsanforderungen an Komposte und Gärprodukte im Hinblick auf die aktuelle Kunststoffdiskussion

Bertram Kehres

Die breite Diskussion über Ursachen und Folgen der Meeresverschmutzung mit Kunststoffen hat auch landbasierte Einträge von Kunststoffen in den Fokus der Wissenschaft sowie des öffentlichen Interesses gerückt. Mittelbar sind hiervon die Qualitätsanforderungen an Komposte und Gärprodukte betroffen.

24.1 Kunststoffe in Kompost und Gärprodukten

Die Menge an Kunststoffeinträgen in die Umwelt in Deutschland wird auf jährlich bis zu 450.000 t geschätzt [10]. Die Frage nach den Quellen und Wirkungen dieser Einträge sowie Möglichkeiten ihrer Vermeidung sind gleichermaßen berechtigt wie erforderlich. Zu den Quellen zählen u. a. auch Dünge- und Bodenverbesserungsmittel aus der Verwertung von Bioabfällen.

Zuerst erschienen in Wasser und Abfall 3/2020

24.1.1 Quellen

Biotonne: Kunststoffe und andere Fremdstoffe werden i. d. R. durch „Fehlwürfe", d. h. durch fehlerhafte Nutzung der Biotonne, eingetragen. Verursacher ist der einzelne Bürger. Bei den in Biogut gefundenen Kunststoffen handelt es sich v. a. um

- Kunststoffbeutel zur Auskleidung von Vorsortierbehältern, die zusammen mit den darin befindlichen Bioabfällen in die Biotonne geworfen werden,

> **Kompakt**
>
> - Die Menge an Kunststoffeinträgen in die Umwelt in Deutschland wird auf jährlich bis zu 450.000 t geschätzt, der über Kompost und Gärprodukte verursachte Anteil etwa 0,2 %.
> - In der Praxis liegen die Fremdstoffanteile von getrennt erfassten Bioabfällen (Biotonne) in einer Spannweite von < 1 Gew.-% bis > 3 Gew.-%. Beeinflusst wird der Anteil von der Siedlungsstruktur des Erfassungsgebietes, der Vegetationszeit

© Der/die Autor(en), exklusiv lizenziert an Springer Fachmedien Wiesbaden GmbH, ein Teil von Springer Nature 2023
M. Porth et al. (Hrsg.), *Wasser, Energie und Umwelt*,
https://doi.org/10.1007/978-3-658-42657-6_24

> sowie den Maßnahmen des Entsorgungsträgers für eine sortenreine Getrenntsammlung.
> – Aus Bioabfällen mit Fremdstoffanteilen von über 3 % können Komposte, die frei oder weitgehend frei von Fremdstoffen sind, nach Auffassung der BGK auch mit hohem technischem Aufwand kaum noch hergestellt werden.
> – Alle Beteiligten sollen daher darauf hinwirken, dass getrennt erfasste Bioabfälle (Biotonne) weniger als 1 % Fremdstoffe aufweisen.

- Kunststoffverpackungen (mit Resten von Lebensmitteln),
- Kunststoffprodukte wie Kaffeekapseln, Milchdöschen, Blumentöpfe etc.

Über die Biotonne werden v. a. organische Küchen- und Gartenabfälle aus Haushaltungen erfasst. Das Aufkommen beträgt jährlich 4,34 Mio. t [19].

Garten- und Parkabfälle: Mit 4,787 Mio. t sind separat erfasste Garten- und Parkabfälle ein weiterer relevanter Stoffstrom [18]. Es handelt sich v. a. um Abfälle aus der öffentlichen Grünflächenpflege, der Pflege privater Gärten (soweit diese nicht Inhalte der Bio-tonne sind, sondern zusätzlich erfasst werden) sowie pflanzliche Abfälle aus dem Garten- und Landschaftsbau. Bei den im Grüngut gefundenen Kunststoffen handelt es sich v. a. um

- Kunststoffsäcke, in denen die Pflanzenabfälle transportiert werden (soweit die Säcke nicht entleert wurden),
- Pflanztöpfe sowie Materialien wie Schnüre, Klammern, Bindedrähte u. a. aus Kunststoff, die in Gärten verwendet werden, sowie Friedhofsabfälle.

Grüngut enthält aufgrund seiner Herkunft weniger Kunststoffe als Biogut. Frei von Kunststoffen ist Grüngut nicht.

Gewerbliche Bioabfälle: Im Gegensatz zu Bioabfällen aus Privathaushalten unterliegen aus dem Einzelhandel oder der Nahrungsmittelverarbeitung stammende Bioabfälle nicht der Überlassungsplicht an die zuständigen Gebietskörperschaften. Gewerbliche Erzeuger von Bioabfällen sind vielmehr selbst für die Entsorgung ihrer Abfälle verantwortlich. Bezüglich der Bioabfälle gilt aber auch hier die Getrenntsammelpflicht (§ 3 Abs. 1 Satz 1 Nr. 7 GewAbfV) [2].

Bei den gewerblichen Bioabfällen handelt es sich v. a. um Speisereste aus der Gastronomie sowie Kantinen und Großküchen, überlagerte oder verdorbene Lebensmittel aus dem Handel (i. d. R. verpackt) sowie Rückstände aus der Herstellung von Lebensmitteln. Allein aus dem Handel kommen so mehr als 730.000 t meist in Kunststoff verpackte Lebensmittelabfälle zusammen [12]. Diese werden über die Gewerbeabfallsammlung getrennt erfasst und in der Regel in Biogasanlagen verwertet. Aus Branchensicht wird vermutet, dass die Mengen deutlich höher sind.

Kunststoffe gelangen in diesem Bereich v. a. über Kunststoffverpackungen in das System. Vor einer biologischen Behandlung müssen eine Entpackung sowie die Abtrennung der Verpackungsmaterialien erfolgen. Rechtliche Vorgaben dazu werden in 2020 erwartet. Grundlagen dazu wurden von einer ad-hoc-AG der Länderarbeitsgemeinschaft Abfall (LAGA) vorgeschlagen [13].

24.1.2 Grenzwerte

Für Düngemittel, Bodenhilfsstoffe, Kultursubstrate und Pflanzenhilfsmittel – darunter auch Komposte und Gärprodukte – gelten die Grenzwerte der Düngemittelverordnung (DüMV) [3]:

- Altpapier, Karton, Glas, Metalle und plastisch nicht verformbare Kunststoffe über 1 mm Siebdurchgang zusammen maximal 0,4 % i.d.TM,

- sonstige nicht abgebaute Kunststoffe über 1 mm Siebdurchgang maximal 0,1 % i.d.TM.

Bis zum 31. Dezember 2020 gilt eine Übergangsfrist, in der die Grenzwerte noch auf Kunststoff- bzw. Fremdstoffpartikel > 2 mm Siebdurchgang bezogen werden können.

Wird einer der Grenzwerte überschritten, ist das betroffene Erzeugnis nach den düngerechtlichen Bestimmungen nicht verkehrsfähig. Es darf weder abgegeben noch angewendet werden.

Im Rahmen der RAL-Gütesicherungen der Bundesgütegemeinschaft Kompost (BGK) gilt neben den gravimetrischen Grenzwerten der Rechtsbestimmungen ein weitergehender Grenzwert für die Flächensumme (Aufsichtsfläche) der ausgelesenen Fremdstoffe in Höhe von maximal 15 cm^2/l Prüfsubstrat. Der Parameter ist in der Wirkung strenger als die Rechtsbestimmungen. Wird dieser Grenzwert überschritten, darf das Erzeugnis nicht mehr mit dem RAL-Gütezeichen abgegeben werden.

24.1.3 Gehalte

Gravimetrische Gehalte an Kunststoffen > 2 mm sind in ◘ Tab. 24.1 dokumentiert. Die Daten stammen aus Regeluntersuchungen der RAL-Gütesicherungen der BGK.

Bei Kompost sind sowohl die Angaben über alle Komposte dargestellt, als auch differenziert nach Komposten aus Biogut (Biotonneninhalte, gemischte organische Küchen- und Gartenabfälle) und Grüngut (ausschließlich Garten- und Parkabfälle, ohne Biotonne).

Bei den Gärprodukten sind die Ergebnisse für flüssige Gärprodukte aus der Bioabfallverwertung dokumentiert. Feste Gärprodukte sind nicht angeführt, weil diese i. d. R. nachkompostiert werden und bei der BGK dann in die Statistik für Kompost eingehen. Reine NawaRo-Gärprodukte werden hier nicht betrachtet, da eine Relevanz von Kunstsoffen kaum anzunehmen ist.

Da nach der neuen DüMV ab dem 01. Januar 2021 Fremdbestandteile > 1 mm zu bewerten sind (und nicht wie bisher > 2 mm) stellt sich die Frage nach der Bedeutung von Partikeln der Größenklasse 1–2 mm. Hierzu

◘ **Tab. 24.1** Gehalte an Kunststoffen > 2 mm in Kompost und in Gärprodukten (arithmetische Mittelwerte). (© Bertram Kehres)

Komposte/Gärprodukte	Analysen [5] Anzahl	Folien-kunststoffe Gew.-% TM	Hart-kunststoffe[6] Gew.-% TM	Kunststoffe gesamt Gew.-% TM
Kompost gesamt [1]	3.536	0,008	0,020	0,028
Kompost aus Biogut [2]	1.900	0,011	0,024	0,035
Kompost aus Grüngut [3]	1.636	0,005	0,015	0,020
Gärprodukt flüssig [4]	1.047	0,009	0,010	0,019

(1) Kompost aus Behandlungsanlagen, die Biogut und Grüngut behandeln
(2) Kompost aus Behandlungsanlagen, die sowohl Inhalte der Biotonneals auch separat erfasstes Grüngut behandeln
(3) Kompost aus Behandlungsanlagen, die ausschließlich separat erfasstes Grüngut behandeln
(4) Gärprodukt aus der Behandlung von Bioabfällen (hier nicht enthalten: reine NawaRo-Gärprodukte)
(5) Regeluntersuchungen der RAL-Gütesicherungen 2018
(6) Gehalt an Hartkunststoffen rechnerisch geschätzt (Hartkunststoffe = Fremdstoffe gesamt abzgl. Glas abzgl. Folienkunststoffe)

liegen sowohl Untersuchungen der BGK, als auch Untersuchungen aus der Schweiz vor. Danach liegt der Anteil an Fremdstoffen der Größenklasse 1–2 mm bei unter 10 % der gesamten Fremdstoffpartikel > 1 mm. Gleiches gilt für den Anteil an Kunststoffen an den Gesamtkunststoffen. Bei den flüssigen Gärprodukten liegt der Anteil an Fremdstoffen von 1–2 mm ebenfalls in dieser Größenordnung [5, 16].

Die Bestimmung von Kunststoffpartikeln < 1 mm wird in Matrices wie Böden oder Kompost derzeit nur im wissenschaftlichen Bereich durchgeführt [9, 15]. Validierte Verfahren sind noch nicht verfügbar. Bisherige Ergebnisse zeigen, dass Mikrokunststoffe < 1 mm in Kompost und in Gärprodukten erwartungsgemäß enthalten sind. In welchen Anteilen es sich dabei um vermeidbare Verunreinigungen oder um unvermeidbare Hintergrundgehalte handelt, die über Bioabfälle selbst eingetragen werden, ist noch zu klären.

24.1.4 Frachten

Bei der Berechnung von Kunststofffrachten aus Komposten und Gärprodukten wird von den in Deutschland erzeugten Mengen an Komposten (3,870 Mio. t p. a.) und Gärprodukten (3,352 Mio. t p. a.) ausgegangen, die aus Bioabfällen hergestellt werden und beim statistischen Bundesamt dokumentiert sind [17]. Bezüglich der Gehalte an Kunststoffen werden die in ◘ Tab. 24.1 genannten Mittelwerte zugrunde gelegt. Daraus ergibt sich, dass die durch Kompost und Gärprodukte bundesweit verursachten Einträge an Gesamtkunststoffen in Böden derzeit im Bereich von jährlich 715 t liegen. Angaben von 12.000 t, wie sie 2018 von [10] publiziert wurden, sind unzutreffend.

24.1.5 Einordnung

Die Gehalte an folienartigen Kunststoffen liegen im Mittel bei etwa 1/10 des dün- gerechtlichen Grenzwertes. Für Gehalte an Gesamtfremdstoffen trifft dies in der Größenordnung ebenfalls zu.

Bei Annahme von Gesamteinträgen an Kunststoffen in die Umwelt in Höhe von 450.000 t beträgt der über Kompost und Gärprodukte verursachte Anteil etwa 0,2 % der Gesamteinträge in Deutschland. Der über den Abrieb von Skateboards verursachte Eintrag wird als etwa doppelt so hoch angenommen [10].

Die Gehalte an Kunststoffen in Kompost und Gärprodukten aus der getrennten Sammlung von Bioabfällen können jedoch in einem breiten Spektrum variieren. In den Prüfzeugnissen der RAL-Gütesicherung sind die Gehalte an folienartigen Kunststoffen sowie an sonstigen Fremdstoffen inkl. Hartkunststoffen jeweils angegeben [7].

24.2 Vermeidung von Kunststoffeinträgen.

Um potenzielle Risiken von Verunreinigungen mit Kunststoffen zu begrenzen oder erst gar nicht entstehen zu lassen, muss es in erster Linie darum gehen, entsprechende Einträge in die Bioabfallverwertung am Ort ihrer Entstehung zu vermeiden.

24.2.1 Sortenreine Getrennterfassung

Wie bereits erläutert, werden Kunststoffe vor allem über Fehlwürfe in die Biotonne eingetragen. Aufgrund von Kontrollen von Biotonnen ist bekannt, dass die große Mehrheit der Bürger die Getrenntsammlung sehr gut durchführt. Es gibt überall aber auch Gebiete oder einzelne Haushalte, wo dies nicht der Fall ist [6].

Getrenntsammelsysteme bedürfen einer kontinuierlichen Öffentlichkeitsarbeit und Einbindung der Bürger. Sinn und Konsequenzen der Kreislaufwirtschaft von Wertstoffen müssen regelmäßig erklärt werden. Im Fall von Bioabfällen ist dies von besonderer Bedeutung, weil die Wahrnehmung dieser Abfälle als Wertstoffe weniger ausgeprägt ist, als dies bei Papier oder anderen Wertstofffraktionen der Fall ist. Oft ist noch nicht einmal bekannt, dass es sich bei den Bioabfällen um die größte Wertstofffraktion der Haushaltsabfälle handelt und sie der Erzeugung organischer Dünge- und Bodenverbesserungsmittel dienen.

Für die langfristige Wirksamkeit der Fremdstoffvermeidung ist neben der Öffentlichkeitsarbeit v. a. die Ahndung von Verstößen gegen die Getrenntsammelpflicht von Bedeutung. Ohne Kontrollen der Sortenreinheit der Bioabfälle wird das Risiko erhöht, dass Maßnahmen der Öffentlichkeitsarbeit wirkungslos bleiben. Wiederholte Stichproben von Biotonnen in wechselnden Sammelgebieten oder zur Feststellung von Punktquellen sind in der Regel ausreichend [11, 14]. Permanente Punktquellen von Fremdstoffeinträgen müssen von der Bioabfallverwertung ausgeschlossen werden.

Die BGK hat in ihrem Positionspapier zum Thema „Sortenreinheit von Bioabfällen gewährleisten" eindringlich darauf hingewiesen, dass hochwertige Recyclingprodukte nur aus hochwertigen Ausgangsstoffen hergestellt werden können. In dem Papier werden auch Ansatzpunkte aufgezeigt, wie dies erreicht werden kann [4].

24.2.2 Keine biologisch abbaubaren Kunststoffe

Die Verbände der deutschen Entsorgungswirtschaft haben zum Thema der Entsorgung von biologisch abbaubaren Kunststoffen (BAK) über die Bioabfallbehandlung/Kompostierung eine gemeinsame Position veröffentlicht [20]. Die Unterzeichner halten die Entsorgung von Produkten aus biologisch abbaubaren Kunststoffen über die Kompostierung für den falschen Weg. Sie lehnen die Zuweisung solcher Stoffe in die biologische Abfallbehandlung ab!

In Anhang 1 der Bioabfallverordnung (BioAbfV) sind biologisch abbaubare Kunststoffe unter ASN 20 01 39 zwar als mögliche Inputstoffe in die Biotonne genannt. Die Nennung bezieht sich aber ausschließlich auf Bioabfallsammelbeutel und nicht auf andere Produkte wie z. B. Tragetaschen, Verpackungen, Cateringmaterialien oder Kaffeekapseln, die in letzter Zeit besonders intensiv als ‚kompostierbar' beworben werden [8]. Eine Miterfassung von biologisch abbaubaren Kunststoffen und Kaffeekapseln in der Biotonne, sowie deren weitere Behandlung und Aufbringung im Anwendungsbereich der BioAbfV, ist nicht zulässig.

Im düngerechtlichen Bereich ist auf Anlage 2 Tab. 8.3.5 der Düngemittelverordnung (DüMV) zu verweisen. Dort sind biologisch abbaubare Kunststoffe nach den Normen DIN EN 13432 und 14995 als zulässige Fremdbestandteile zwar ebenfalls genannt, aber nur „unvermeidliche Anteile" im Rahmen der Verwertung von Stoffen nach Tabelle 7 DüMV (z. B. Nr. 7.4.4 Biotonneninhalte). Dies bedeutet z. B., dass kompostierbare Kaffeekapseln (auch wenn sie nach den genannten Normen biologisch abbaubar sind) als Ausgangsstoff für Dünger unzulässig und Einträge über die getrennte Sammlung von Bioabfällen zu vermeiden sind.

24.3 Qualitätsanforderungen

24.3.1 Anforderungen an Endprodukte

Abnehmer von Komposten und Gärprodukten aus der Verarbeitung von Bioabfällen erwarten, dass die Produkte frei oder weitgehend frei von Fremdstoffen sind. Es genügt nicht, dass die düngerechtlichen Grenzwerte (gerade noch) eingehalten sind.

Dies gilt insbesondere für Folienkunststoffe (DüMV-Grenzwert 0,1 Gew.-% TM). In den RAL-Gütesicherungen der BGK wird der Gehalt an folienartigen Kunststoffen durch den zusätzlichen Grenzwert für die Flächensumme der Fremdstoffe deutlich besser erfasst und wirksamer begrenzt, als in den Rechtsbestimmungen.

Aufgrund des hohen spezifischen Gewichtes von Kompost und Gärprodukten sowie damit verbundenen Transportkosten ist der Hersteller beim Absatz i. d. R. auf lokale Märkte angewiesen. Diese Märkte müssen mit Qualitäten bedient werden, die eine dauerhafte Zufriedenheit der Kunden sicherstellen. Dies bedeutet vor allem, dass Kunststoffe und andere Fremdstoffe nicht oder nur selten in geringem Umfang enthalten sein dürfen.

Vorfälle mit stark verunreinigten Komposten oder Gärprodukten, wie sie vereinzelt vorgekommen sind, sind ‚ohne Wenn und Aber' zu verurteilen und vom Inverkehrbringer zu verantworten. Sie finden in der Presse einen breiteren Niederschlag und diskreditieren – zu Unrecht – die ganze Produktgruppe.

Um bestehende Märkte zu erhalten und neue zu erschließen, ist es geboten, sich als Hersteller (Anlagenbetreiber) selbst anspruchsvollere Ziele zu setzen, als die der Rechtsbestimmungen. Schließlich ist jeder Bioabfallbehandler auch Erzeuger von Düngemitteln und als solcher darauf angewiesen, dass für seine Produkte ein Markt besteht und auf Dauer erhalten werden kann.

24.3.2 Anforderungen an Einsatzstoffe (Bioabfälle)

Bioabfälle aus der getrennten Sammlung (Biogut) weisen in den vergangenen Jahren zunehmende Gehalte an Kunststoffen und anderen Fremdstoffen auf. Kunststoffeinträge können, wenn sie künftig nicht wirksamer als bislang begrenzt werden, die Kreislaufwirtschaft von Bioabfällen ernsthaft gefährden.

Biotonneninhalte zeigen in der Praxis Fremdstoffanteile in einer Spannweite von weniger als 1 Gew.-% bis über 3 Gew.-%. Die Höhe der Anteile wird v. a. von der Siedlungsstruktur des Erfassungsgebietes, dem Vegetationszeitraum (Anteil Gartenabfälle) sowie den Maßnahmen des Entsorgungsträgers für eine sortenreine Getrenntsammlung beeinflusst [6].

Aus Biogut mit Fremdstoffanteilen von über 3 % können Komposte, die frei oder weitgehend frei von Fremdstoffen sind, nach Auffassung der BGK auch mit hohem technischem Aufwand kaum noch hergestellt werden. Alle Beteiligten sollen daher darauf hinwirken, dass getrennt erfasste Bioabfälle (Biotonne) weniger als 1 % Fremdstoffe aufweisen [1].

Um dies zu erreichen, wird den für die Sammlung von Biogut (Biotonne) verantwortlichen Gebietskörperschaften ein gezieltes Qualitätsmanagement empfohlen, das v. a. auf eine hohe Sortenreinheit der getrennt erfassten Bioabfälle abzielt.

Ein Qualitätsmanagement der Bioguterfassung sollte folgende Funktionsbereiche einbeziehen:

- Abfallwirtschaftssatzung (Vorsortiervorgaben, Sanktionsmaßnahmen)
- Abfallgebührensatzung (Lenkungswirkungen)
- Untersuchungen (z. B. zur tatsächlichen Fremdstoffbelastung des Biogutes)
- öffentliche Ausschreibung der Bioabfallsammlung und/oder Bioabfallverwertung (mit Angaben über zu erwartende Fremdstoffgehalte aus unterschiedlichen Sammelbezirken zur Abschätzung der Verwertungsrisiken)
- Maßnahmen der Öffentlichkeitsarbeit, ‚Kundenansprache'
- Maßnahmen der Abfallberatung
- Durchführung von Behälterkontrollen
- Sanktionsmaßnahmen bei Fehlbefüllungen

Bislang werden Erfolge der getrennten Sammlung von Bioabfällen im Wesentlichen quantitativ beurteilt. Erforderlich ist aber eine gleichzeitig qualitative Bewertung des Biogutes bzw. der Qualität der Getrenntsammlung.

Literatur

1. Abfalltechnikausschuss (ATA) (2017): Beschlussfassung der Sitzung des Abfalltechnikausschuss der Bund/Ländergemeinschaft Abfall (LAGA) vom 24./25.01.2017, wonach von allen beteiligten Akteuren darauf hingewirkt werden soll, soweit erforderlich geeignete Maßnahmen zu ergreifen, um den Fremdstoffeintrag (Fehlwürfe) bei der getrennten Bioabfallsammlung auf eine Zielgröße von maximal 1 Gew.% zu minimieren. Unveröffentlicht.
2. Anonym (2017): Verordnung über die Bewirtschaftung von gewerblichen Siedlungsabfällen und von bestimmten Bau- und Abbruchabfällen (Gewerbeabfallverordnung GewAbfV) vom 18.04.2017 (BGBl. I S. 896), die durch Artikel 2 Absatz 3 des Gesetzes vom 5. Juli 2017 (BGBl. I S. 2234) geändert worden
3. Anonym (2012): Düngemittelverordnung vom 5. Dezember 2012 (BGBl. I S. 2482), die zuletzt durch Artikel 1 der Verordnung vom 2. Oktober 2019 (BGBl. I S. 1414) geändert worden ist.
4. BGK (2016): „Sortenreinheit von Bioabfällen gewährleisten". Positionspapier der BGK-Bundesgütegemeinschaft Kompost e.V., Köln, vom 31.05.2016. BGK-Positionspapier.
5. BGK (2018): „Bedeutung von Fremdstoffen der Partikelgröße 1 – 2 mm für den Gesamtgehalt an Fremdstoffen sowie an Kunststoffen in Kompost und in Gärprodukten". Zwischenergebnisse einer laufenden Untersuchungsreihe der BGK-Bundesgütegemeinschaft Kompost e.V., Köln, 2018, unveröffentlicht.
6. BGK (2018): „Ergebnisse zweier Gebietsanalysen". Erhebung von Daten zur Sortenreinheit von Bioabfällen am Beispiel von zwei öffentlich-rechtlichen Entsorgungsträgern in Baden-Württemberg. Studie des Witzenhausen-Institut im Auftrag der Landesanstalt für Umwelt Baden-Württemberg (LUBW) und der BGK-Bundesgütegemeinschaft Kompost e.V., Köln. Zusammenfassung der Ergebnisse in H&K, Q2–2018. Ergebnisbericht des LUBW (Hrsg.), April 2018.
7. BGK (2018): Musterprüfzeugnis der RAL-Gütesicherung der BGK-Bundesgütegemeinschaft Kompost e. V., Köln. Musterprüfzeugnis Kompost mit Erläuterungen.
8. BGK (2019): Kompostierbare Kaffeekapseln – Nein Danke. Humuswirtschaft & Kompost 4-2019, S. 3.
9. Bundesministerium für Bildung und Forschung BMBF (2017): Forschungsschwerpunkt „Plastik in der Umwelt - Quellen, Senken, Lösungsansätze".
10. Fraunhofer-Institut UMSICHT (2018): „Kunststoffe in der Umwelt: Mikro- und Makroplastik". Studie des Fraunhofer-Instituts für Umwelt-, Sicherheits- und Energietechnik (UMSICHT), Oberhausen, vom 21.06.2018.
11. Kern, Dr. Michael; Siepenkothen, Jörg; Neumann, Falk (2017): „BiogutRADAR - Bonitierung von Biotonnen zur Prognose von Fremdstoffgehalten im Biogut". Witzenhausen-Institut für Abfall, Umwelt und Energie GmbH, Witzenhausen. Kasseler Abfallforum 2017, Tagungsbeitrag.
12. Kranert, Prof. Dr. Martin et al. (2012): Ermittlung der weggeworfenen Lebensmit-telmengen und Vorschläge zur Verminderung der Wegwerfrate bei Lebensmitteln in Deutschland. Studie im Auftrag der Bundesanstalt für Landwirtschaft und Ernährung (BLE), Förderkennzeichen: 2810HS033, März 2012.
13. Länderarbeitsgemeinschaft Abfall (2019): ‚Konzept für eine ordnungsgemäße und schadlose Verwertung von verpackten Lebensmittelabfällen'. Verabschiedung von der LAGA-Vollversammlung am 01.10.2019 sowie von der Umweltministerkonferenz im November 2019.
14. Landkreis Kitzingen (2017): Behälterkontrollen im Landkreis Kitzingen. Kontrollen von Biotonnen zur Feststellung der Sortenreinheit der Bioabfälle. Ergebnisbericht der Fabion GbR, Würzburg, im Auftrag des Landratsamtes Kitzingen.
15. Ministerium für Umwelt, Klima und Energiewirtschaft Baden-Württemberg, Projektträger Karlsruhe KIT (2018): „MiKoBo Mikrokunststoffe in Komposten und Gärprodukten aus Bioabfallverwertungsanlagen und deren Eintrag in Böden - Erfassen, Bewerten, Vermeiden.
16. Schleiß, Konrad (2018): Problem Kunststoffe/ Fremdstoffe in Bioabfall und Kompost – Aktuelle Situation und Lösungsansätze in der Schweiz. Tagungsband Bioabfall und stoffspezifische Verwertung 2018 des Witzenhausen-Institut, S. 229–246. Download des Beitrages [Link zur Datei: Schleiss-Kassel-2018.pdf]
17. Statistisches Bundesamt: Fachserie 19, Reihe 1, Abfallentsorgung 2017, 7.3 Abgesetzter Kompost, abgesetzte Gärrückstände nach Verwendungszweck. Summe der abgesetzten Mengen aus Bioabfall- und Grünabfallkompostierungsanlagen, kombinierten Kompostierungs- und Vergärungsanlagen sowie Biogas-/Vergärungsanlagen, ohne Klärschlammkompostierungsanlagen und sonstige biologische Behandlungsanlagen.

18. Statistisches Bundesamt: Fachserie 19, Reihe 1, Abfallentsorgung 2017, 7. Biologische Behandlungsanlagen, 7.1 Input nach Art der Anlage, Abfallarten und Jahren. Hier: EAV 20 02 01 (biologisch abbaubare Abfälle), 4,787 Mio. t.
19. Statistisches Bundesamt: Fachserie 19, Reihe 1, Abfallentsorgung 2017, 7. Biologische Behandlungsanlagen, 7.1 Input nach Art der Anlage, Abfallarten und Jahren. Hier: EAV 20 03 01 04 (Abfälle aus der Biotonne), 4,346 Mio. t.
20. Verbände der deutschen Entsorgungswirtschaft (2019): Gemeinsame Position zur Entsorgung von biologisch abbaubaren über die Bioabfallbehandlung/Kompostierung.

Numerische Modellierung der Ausbreitung von Mikroplastik im Weser-Ästuar und angrenzenden Wattenmeer

Gholamreza Shiravani und Andreas Wurpts

Die numerische Modellierung des Transportes und der Bilanz von Mikroplastik kann das Systemverständnis für das Ausbreitungs- und Ablagerungsverhalten verbessern, messtechnische Erhebungen zu unterstützen oder auch Lösungsstrategien zu entwickeln und zu optimieren. Eine modelltechnische Abbildung dessen wird für das Weser-Einzugsgebiet erarbeitet und hierbei eine disziplin- und ökosystemübergreifende Analyse der Kontamination mit Mikroplastik durchgeführt. Verschiedene punktuelle und diffuse Quellen und Eintragspfade werden analysiert.

Die weltweite jährliche Plastikmüllmenge ist von 1,7 Mio. t in den 1950er-Jahren auf etwa 348 Mio. t im Jahr 2017 angestiegen [1]. Aktuelle Untersuchungen zeigen, dass jährlich zwischen 1,15 und 2,41 Mio. t von Plastikmüll durch die Flüsse ins Meer transportiert werden [2]. Mikroplastik (MP) kann wegen seiner Größe von Meeres- und Flussorganismen einfach aufgenommen werden. Darüber hinaus hat MP zumeist eine sehr große spezifische Oberfläche im Vergleich zu anderem Plastikmüll, was seine Schadstoffaufnahmefähigkeit erhöht.

Der vorliegende Beitrag skizziert Ziel und Arbeitsstand eines Teilprojektes aus dem BMBF-geförderten PLAWES Verbundvorhaben [3]. In PLAWES wird für das gesamte Einzugsgebiet der Weser bis einschließlich ihres Ästuars und der angrenzenden Wattengebiete weltweit erstmals und umfassend die Kunststoffbelastung eines großen Flusseinzugsgebietes mit europäischer Dimension untersucht. Dabei wird im Sinne einer Pionierstudie u. a. eine disziplin- und ökosystemübergreifende Analyse der Kontamination mit MP durchgeführt sowie exemplarisch verschiedene punktuelle (Kläranlagen, Trennsysteme) und diffuse (Dränage, Atmosphäre) Quellen und Eintragspfade analysiert. Die Erkenntnisse fließen u. a. ein in einen Modellierungsansatz zur Bilanzierung und zur Identifikation

Zuerst erschienen in Wasser und Abfall 10/2019

© Der/die Autor(en), exklusiv lizenziert an Springer Fachmedien Wiesbaden GmbH, ein Teil von Springer Nature 2023
M. Porth et al. (Hrsg.), *Wasser, Energie und Umwelt*,
https://doi.org/10.1007/978-3-658-42657-6_25

von Transportmechanismen und Akkumulationszonen.

> **Kompakt**
>
> – Mikroplastik kann wegen seiner Größe von Meeres- und Flussorganismen einfach aufgenommen werden und weist zumeist eine sehr große spezifische Oberfläche im Vergleich zu anderem Plastikmüll, was seine Schadstoffaufnahmefähigkeit erhöht.
> – Für den gesamten Gezeitenbereich der Weser bis einschließlich ihres Ästuars und der angrenzenden Wattengebiete werden MP-Transport und Akkumulation mithilfe eines dreidimensionalen, eng mit der ästuarinen Hydro- und Sedimentdynamik gekoppelten Ansatzes untersucht.
> – Erste Ergebnisse deuten darauf hin, dass die oberflächennahe PE-Konzentration abhängig von der Partikelgröße unterschiedlich weit in die Außenweser hinaustransportiert wird. Die feineren Partikel überwinden deutlich leichter die ästuarine Trübungszone und werden oberflächennah nach seewärts transportiert, während die größere MP-Fraktion verstärkt in die ästuarine Zirkulation eingeht.

Der hier dokumentierte Projektteil befasst sich mit der massenkonsistenten Beschreibung des Transports und der Akkumulation von MP im Gezeitenbereich der Weser bis zur offenen See und dem angrenzenden Wattenmeer mithilfe eines dreidimensionalen, eng mit der ästuarinen Hydro- und Sedimentdynamik gekoppelten Transportansatzes. Das hierzu entwickelte Modellverfahren berücksichtigt neben der Interaktion des MP mit dem Feinsediment zudem Effekte wie Biofouling und Fragmentierung.

Eine enge Zusammenarbeit innerhalb PLAWES besteht insbesondere mit den Projektpartnern, die mit der Durchführung der Beprobung des Natursystems und der Probenanalytik befasst sind. Im weiteren Verlauf des Vorhabens wird so eine verbesserte Modellsteuerung durch konsistentere Randbedingungen und eine weitergehende Validierung der Ergebnisse möglich.

25.1 Modellansatz

Das Teilprojekt fokussiert auf die Modellierung des gezeitenbeeinflussten Bereiches der Weser, die hier den Hauptteil des MP-Transportmediums für mit dem Oberwasser hereinkommendes MP aus dem Binnenland und aus weiteren MP-Quellen entlang des Untersuchungsgebietes bildet. Die Ästuardynamik ist hier explizit durch dreidimensionale, d. h. eine Auflösung der Wassersäule und der vertikalen Partikelbewegung erfordernde Dynamik gekennzeichnet: Das teildurchmischte Weser-Ästuar weist eine großräumige barokline Zirkulation und als deren Folge eine Trübungszone mit starker Akkumulation von Feinsedimenten auf.

Die wesentliche Basis des Modellansatzes besteht daher aus einem dreidimensionalen, gekoppelten hydro-morphodynamischen Modellsystem, welches die großräumige Ästuardynamik einschließlich der baroklinen Zirkulation abzubilden vermag. Das in der Wassersäule suspendierte und im Bodenkörper abgelagerte/erodierte Sediment wird durch mehrere Fraktionen unterschiedlicher Korngröße, Dichte und Kohäsion beschrieben.

Da die modelltechnisch zu beschreibenden Medien teils Fluid, teils partikuläre Feststoffe sind, können grundsätzlich unterschiedliche Formulierungen für deren Impulserhaltungs-/Massenerhaltungsgleichungen unter Berücksichtigung Ihrer Wechselwirkungen herangezogen werden. In der Vergangenheit wurden hierzu für MP meist gemischte Euler-Lagrangesche Ansätze verwendet [4, 5].

Diese Ansätze berücksichtigen MP mittels einer begrenzten, diskreten Anzahl von Partikeln. Deren Impulsaustausch erfolgt durch Interaktion mit dem umgebenden Fluid, mit anderen Partikeln, mit der Wand usw. Die Wechselwirkungen zwischen den Medien werden hierbei zwangsläufig vereinfacht in der Berechnung berücksichtigt, was insbesondere dann problematisch ist, wenn der Transport über die Wassertiefe zu berücksichtigen ist. Aus Rechenzeitgründen ist zudem häufig die Anzahl der Partikel stark limitiert.

In der hier gewählten, vollständig eulerschen Form der Gleichungen werden beide Medien als Kontinuum berücksichtigt und die Verteilung des partikulären Stoffes (MP) wird als Konzentration des transportierenden Mediums (Wasser) durch gekoppelte Advektions-Diffusions-Gleichungen beschrieben. Die Impulserhaltung folgt aus der Impulsbilanz des transportierenden Mediums. Die vorgenannten Nachteile der lagrangeschen Verfahren entfallen auf diese Weise. Darüber hinaus können alle drei Dimensionen des Mediums konsistent in der Modellierung berücksichtigt werden. Durch die eulersche Diskretisierung kommt, besonders für langfristige Rechnungen, der Massenerhaltung der Modellformulierung eine wesentliche Bedeutung zu. Dies erfordert geeignete Modellformulierungen für die räumliche und zeitliche Integration der gekoppelten Advektions-Diffusions-Gleichungen (u. a. FV-Diskretisierung, TVD-Schemata für Advektion und Zeitintegration höherer Ordnung).

Die National Oceanic and Atmospheric Adminstration der Vereinigten Staaten definiert als obere Grenze für Mikroplastik (MP) Partikel 5 mm [6]. Für die untere Grenze gibt es bislang keine einheitliche Festlegung. In dieser Studie werden als MP alle Partikel kleiner 5 mm berücksichtigt. Heß et al. (2018) weisen darauf hin, dass die Grenzen der analytischen Bestimmung in bestehenden Untersuchungen für MP in Binnengewässern im Bereich Süd- und Westdeutschlands bei etwa 20 µm liegen [7].

Die Berücksichtigung des MP im vorliegenden Modell erfolgt fraktioniert nach Partikelgrößen sowie gruppiert nach Polymersorten vergleichbarer Eigenschaften.

Die Implementierung des Modellansatzes erfolgt im Rahmenwerk Delft3D-FLOW, Delft3D-MOR und D-Water Quality (DELWAQ). Das DELWAQ-Modul fungiert hierbei als Postprozessor zu den Ergebnisdaten des Hydro- und Morphodynamikmoduls. DELWAQ liegt als open-source-Software vor und stellt bereits aufgrund der Ausrichtung auf die Nährstoffmodellierung Mechanismen zur konsequenten Einhaltung der Massenkonsistenz bereit. Auch erlaubt der Ansatz im Sinne eines Rahmenwerks die Implementierung zusätzlicher physikochemischer Prozesse bei vergleichsweise geringem Aufwand.

Für das MP-Transportmodell wurden daher zunächst die nachfolgenden Eigenschaften implementiert:

- Massenkonsistenter Transport verschiedener MP-Fraktionen nach
  - MP-Dichte und
  - Partikelgröße
- Formulierungen für die MP-Sinkgeschwindigkeit/Auftrieb nach
  - MP-Dichte
  - Partikelgröße
  - Berücksichtigung von Biofouling nach [8]
- Interaktion der MP-Partikel mit suspendierten Feinsedimenten
- Ablagerung/Suspension/Resuspension basierend auf einer Formulierung zum Bewegungsbeginn (krit. Sohlschubspannung)

Entsprechend der Dichte und Partikelgröße werden derzeit drei MP-Polymere (Polyethylen (PE), Polypropylen (PP) und Polystyrol (PS)) für zwei Partikelfraktionen (größer/kleiner 500µm) berücksichtigt. Die

Tab. 25.1 Diskrete MP-Partikelgrößen (derzeit zwei Klassen) für PE (941 kg/m^3), PP (905 kg/m^3) und PS (1.070 kg/m^3). (© Shiravani/Wurpts)

MP-Größenklassen	d_1 (µm)	d_2 (µm)	Oberfläche (m^2)
d > 500 µm	1.340	898	2,25 e-06
d < 500 µm	75	50	9,93 e-09

Wahl der Fraktionen resultiert aus der den bisher verwendeten Randbedingungen zugrunde liegenden Probenanalytik [9].

Die Eigenschaften der beispielhaft modellierten MP-Polymere können Tab. 25.1 entnommen werden, wobei elliptische Partikel mit dem größeren Durchmesser (d1) und kleineren Durchmesser (d2) angenommen wurden. Hierzu wurde zunächst d1 entsprechend [9] als repräsentativ bestimmt und d2 als 0.67d1 entsprechend [10] berücksichtigt. Die Oberfläche der Partikel ist erforderlich, um den Einfluss des Biofouling auf die Sinkgeschwindigkeit des MPs berücksichtigen zu können [8].

Die Größenklassifizierung und die implementierten physikochemischen Prozesse können und sollen bei Bedarf und insbesondere mit Vorliegen weiterer Messwerte erweitert werden. Dies ist bei der erfolgten Implementierung mit vergleichsweise geringem Aufwand und unter Beibehaltung der Konsistenzeigenschaften möglich. Arbeitsfelder hierzu sind derzeit die Wechselwirkung mit Sediment, Biofouling, Salzwasser und die Fragmentierung durch UV-Strahlung und Verwitterung.

25.2 Untersuchungsgebiet

Das Teilprojekt fokussiert auf die Modellierung des gezeitenbeeinflussten Bereiches der Weser, deren Ästuars und des angrenzenden Wattenmeeres. Abb. 25.1 zeigt das mithilfe eines dreidimensionalen Berechnungsgitters diskretisierte Untersuchungsgebiet. Die Tideweser wird bis Bremerhaven auch als Außenweser bezeichnet, von dort bis zur Tidegrenze in Bremen dann als Unterweser. Der Tideeinfluss endet am Wehr in Bremen-Hemelingen.

Der mittlere Oberwasserabfluss der Weser während des Zeitraums 1941–2018 beträgt 318 (m^3/s) [11] und das Maximum der gemessenen Durchflüsse am Pegel Intschede beträgt 1120 (m^3/s).

Abb. 25.2 zeigt die Lage der berücksichtigten Abwasserkläranlagen (KA) im Untersuchungsgebiet. Die Vorflutvolumina der zugeführten MP-Konzentrationen wurden durch Daten aus den Lageberichten [12, 13] sowie des Abwasserkatasters von NLWKN und hanseWasser Bremen GmbH abgeschätzt. Auf der Basis gemessener MP-Konzentrationen aus [9] wurde die entsprechenden MP-Fraktionen und Polymersorte abgeschätzt und als Randwerte eingesteuert.

Der PLAWES Verbundansatz beinhaltet insbesondere die Erhebung von Naturdaten, u. a. zur Abstützung der Modellrechnungen. Um geeignete Kalibrierungs- und Validierungsdaten zur Verfügung zu haben, wurden Probenahmestellen (26 Messstellen, Bild1) an charakteristischen Positionen im Untersuchungsgebiet festgelegt und in zwei Probenahmekampagnen beprobt. Hierbei wurden ortsabhängig entweder die obere oder bodennahe Wassersäule oder auch das Sohlsediment beprobt. Die Auswahl erfolgte mit Blick auf brauchbare Daten für die Modellvalidierung an solchen Positionen, die eine Akkumulation des MP infolge der großräumigen Ästuar- und Sedimentdynamik erwarten lassen.

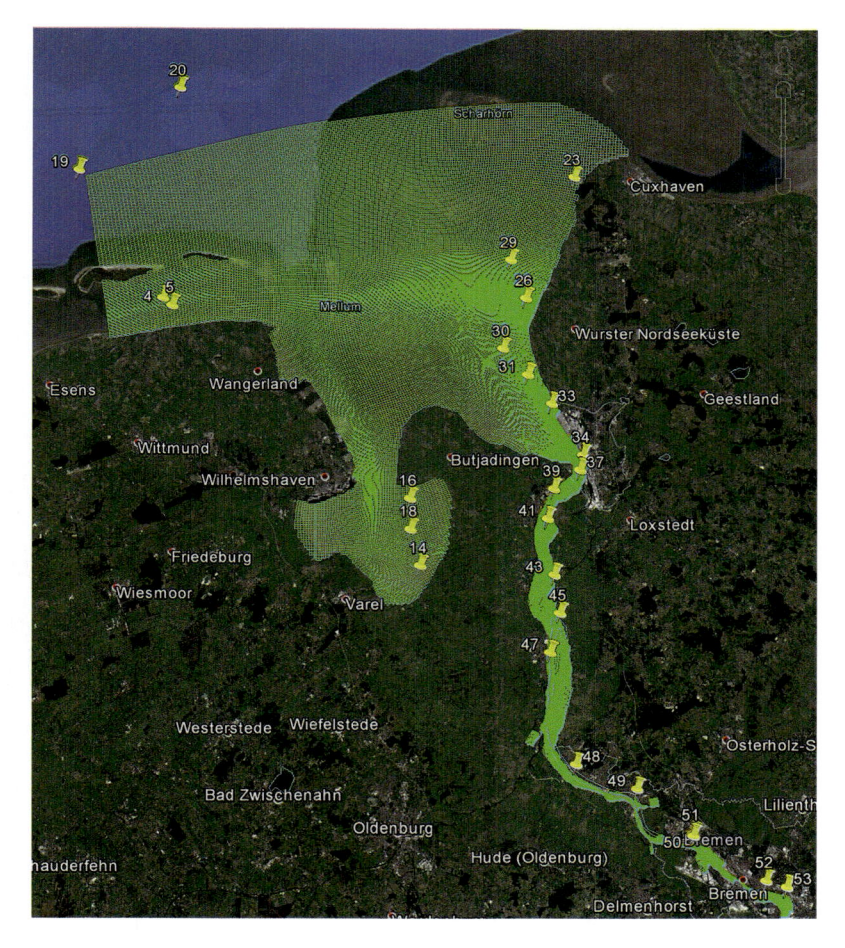

Numerische Modellierung der Ausbreitung von Mikroplastik ...

Abb. 25.1 Untersuchungsgebiet mit Rechengitter und Beprobungsorten (gelbe Markierungen). (© Hintergrundgrafik: GoogleEarth)

25.3 Modellaufbau

25.3.1 Hydrodynamisches Modell

Zur Berücksichtigung der baroklinen Effekte in Ästuaren und ihren Auswirkungen auf Schwebstofftransport und Turbulenz in der Wassersäule wurde ein bereits bestehendes 2D Jade-Weser-Modell [14, 15] in ein dreidimensionales (3D) hydrodynamisches Modell weiterentwickelt. Das Modell besteht aus jeweils 68.216 Rechenzellen zehn vertikalen Schichten. ◘ Abb. 25.1 zeigt die Ausdehnung des Rechengitters des numerischen Modells.

Zur Randsteuerung und Kalibrierung des hydrodynamischen Modells werden Zeitreihendaten der Pegel der Wasserstraßen- und Schifffahrtsverwaltung des Bundes (WSV) verwendet [16].

Offene Modellränder befinden sich am seeseitigen Rand und am Weserwehr in Bremen, wo der Oberwasserabfluss der Weser eingesteuert wird.

Die Zeitreihe für Strömung und Wasserstand für jede Rechenzelle innerhalb des of-

☐ **Abb. 25.2** Im Modell berücksichtigte MP-Quellen/Abwasserkläranlagen. (© Hintergrundgrafik: GoogleEarth)

fenen See-Randes wird durch eine Modellkaskade (Nesting-Verfahren) aus den übergeordneten Kontinentalen-Schelf- und dem Deutsche-Bucht-Modell ermittelt und eingesteuert. ☐ Abb. 25.3 zeigt die Modellkaskade, wobei die Auflösung der Rechengitter in Richtung Untersuchungsgebiet zunimmt. Die Auflösung des Modellgitters im Untersuchungsgebiet variiert zwischen etwa 20 m in der Unterweser und etwa 400 m im Küstenvorfeld.

Die Ergebnisse des übergeordneten Modells werden als Randwerte für das Jade-Weser-Modell verwendet.

Als Untersuchungszeitraum ist – zunächst und mit Blick auf die erste PLAWES-Messkampagne – der 01. Januar 2018 bis 30. April 2018 berücksichtigt. Ziel des Projektes sind längerfristige Rechenläufe.

25.3.2 MP-Transportmodellierung

Die Ergebnisse des hydrodynamischen Modells werden als Eingangsdaten des auf Basis der instationären Advektions-Diffusionsgleichung formulierten MP-Transportmodells verwendet.

Die Massenkonsistenz der MP-Gesamtmenge wird in jedem Modell-Zeitschritt explizit sichergestellt.

Das MP-Transportmodell benötigt seinerseits Randbedingungen. Hierzu werden MP-Zulaufkonzentrationen aus seitlichen MP-Quellen (z. B. Abwasserkläranlagen (KA)) berücksichtigt, die in den Fluss entwässern, sowie die MP-Konzentration am binnenseitigen Weser-Zufluss und der offenen See.

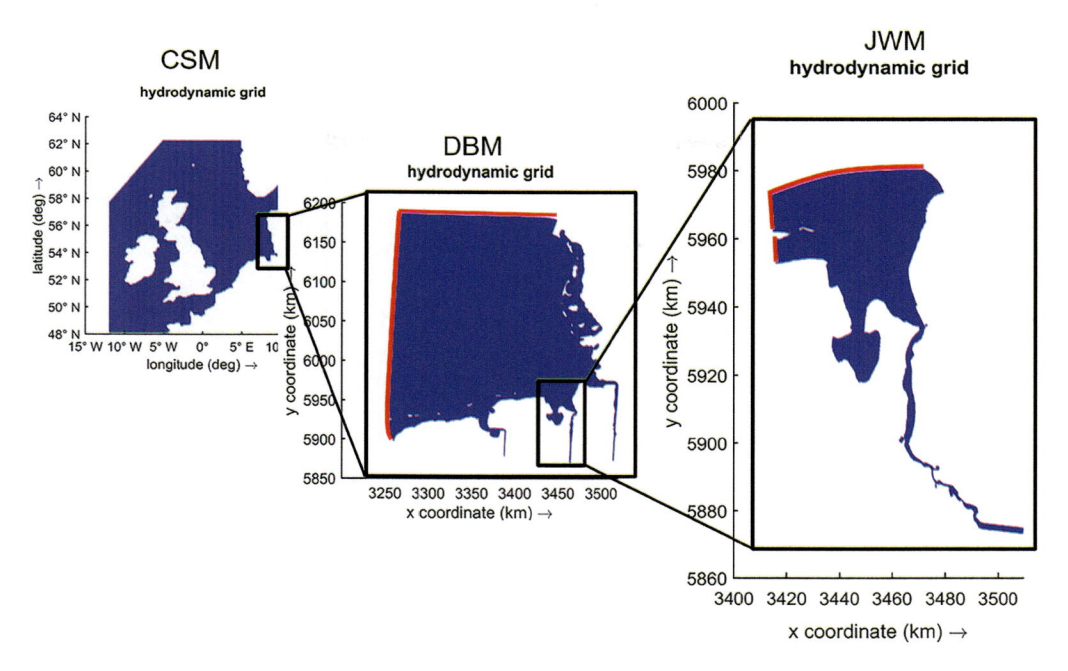

Numerische Modellierung der Ausbreitung von Mikroplastik ...

Abb. 25.3 Modellkaskade (Nesting); CSM: Continental Shelf Modell [17], DBM: Deutsche Bucht-Modell [18] und JWM: Jade-Weser-Modell [14, 15] (die roten Linien zeigen die entsprechenden dynamisch eingesteuerten Modellränder). (© Shiravani/Wurpts)

Als MP-Quellen werden über den Oberwasserzufluss am Tidewehr hinaus die bestehenden Abwassereinleiter entlang der Weser berücksichtigt. Der Zufluss der 24 Kläranlagen innerhalb des zu den Bundesländern Bremen und Niedersachsen gehörenden Untersuchungsgebietes wurde anhand teilweise gemessener MP-Konzentrationen [9] und Vorflutmengen [12, 13] abgeschätzt und als Randbedingungen für das Modell aufbereitet (Abb. 25.4). Hierbei liegt die Annahme zugrunde, dass die MP-Konzentration mit der Vorflut nicht variiert.

Es wird deutlich, dass der MP-Zulauf einzelner KA aufgrund der zugeordneten Zahl von Haushalten/Fläche deutlich höher ausfällt als der Durchschnitt.

Der Rechenzeitschritt des als Postprocessor für die hydro- und sedimentdynamische Lösung betriebenen MP-Transportmodells beträgt 15 min.

Alle MP-Fraktionen werden durch den Biofouling-Effekt beeinflusst [8].

Die Wechselwirkung zwischen MP-Partikeln und Feinsediment ist im Modell zum gegenwärtigen Zeitpunkt noch nicht berücksichtigt.

25.4 Erste Ergebnisse des MP-Transportmodells

Nach erfolgreicher Kalibrierung des hydrodynamischen Modells stehen konsistente Werte für Wasserstand, Strömungsgeschwindigkeit, Salzgehalt und Temperatur in jeder Rechenzelle und zu jedem Zeitschritt für die MP-Transportmodellierung zur Verfügung.

 Abb. 25.5 zeigt beispielhaft erste Ergebnisse für die berechnete MP-Verteilung in der Weser für die Polymersorte PE und die entsprechenden Fraktionen >500 µm

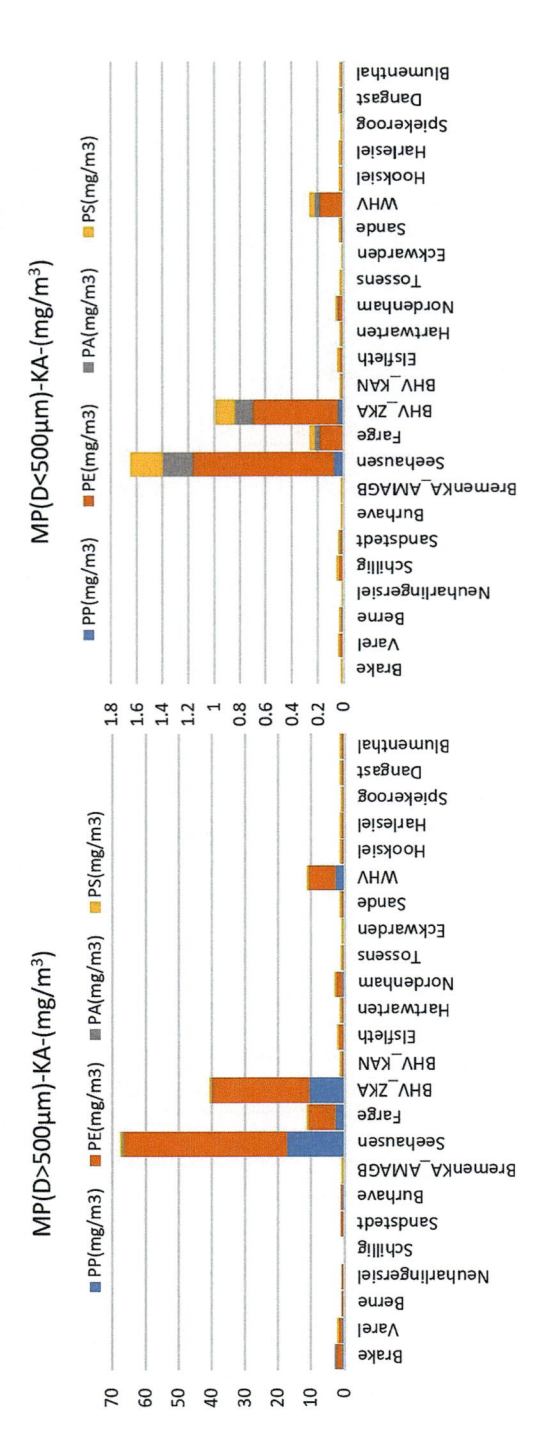

Abb. 25.4 MP-Konzentrationen aufbereitet als Randbedingungen für das MP-Modell. Links: MP-Fraktionen >500 µm Rechts: MP-Fraktionen <500 µm. (© Shiravani/Wurpts)

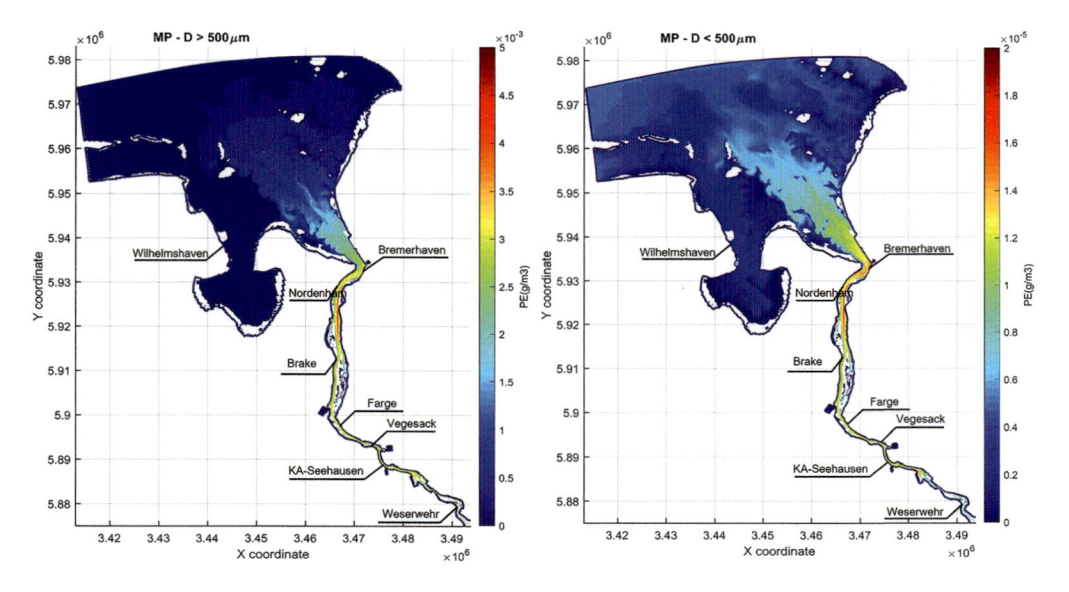

Abb. 25.5 Beispielhafte Darstellung der berechneten PE-Konzentration an der Wasseroberfläche für die Fraktionen >500 µm (links) und <500 µm (rechts). (© Shiravani/Wurpts)

bzw. <500 µm an der Wasseroberfläche. Da das Modell dreidimensional ist, können die MP-Konzentrationen in jeder Tiefenlamelle (Abb. 25.6) quantifiziert werden.

Es soll in diesem Beispiel nicht um die konkreten Zahlenwerte gehen, sondern um die Darstellung der grundsätzlichen Möglichkeiten des implementierten Ansatzes. Es wird deutlich, dass die oberflächennahe PE-Konzentration abhängig von der Partikelgröße unterschiedlich weit in die Außenweser hinaustransportiert wird. Die feineren Partikel überwinden deutlich leichter die durch die ästuarine Trübungszone charakterisierten Bereiche um Nordenham und werden oberflächennah weiter nach seewärts transportiert, während die größere MP-Fraktion verstärkt in die ästuarine Zirkulation eingeht.

Aus dem Längsschnitt in Abb. 25.6 wird zudem deutlich, dass die exemplarisch dargestellte Verteilung der PE-Fraktionen auch über die Vertikale erheblich variiert: In der Unterweser landeinwärts der Trübungszone stellt sich das Maximum der Konzentration in Sohlnähe ein. Im Bereich seewärts der Trübungszone (seewärts von Nordenham/Bhv) werden insbesondere die kleineren MP-Partikel über den sich ausbildenden Salzkeil in die oberflächennahen Bereiche transportiert und von dort hinaus auf die offene See. Dieses Verhalten kann durch die salzgehalts- und oberwassergetriebene, großräumige Ästuarzirkulation erklärt werden und korrespondiert mit dem seeseitigen Rand der ästuarinen Trübungszone.

25.5 Zusammenfassung und Ausblick

Die numerische Modellierung des Transportes und der Bilanz von Mikroplastik (MP) kann u. a. helfen, das Systemverständnis für das Ausbreitungs- und Ablagerungsverhalten zu verbessern, messtechnische Erhebungen zu unterstützen oder auch Lösungsstrategien zu entwickeln und zu optimieren.

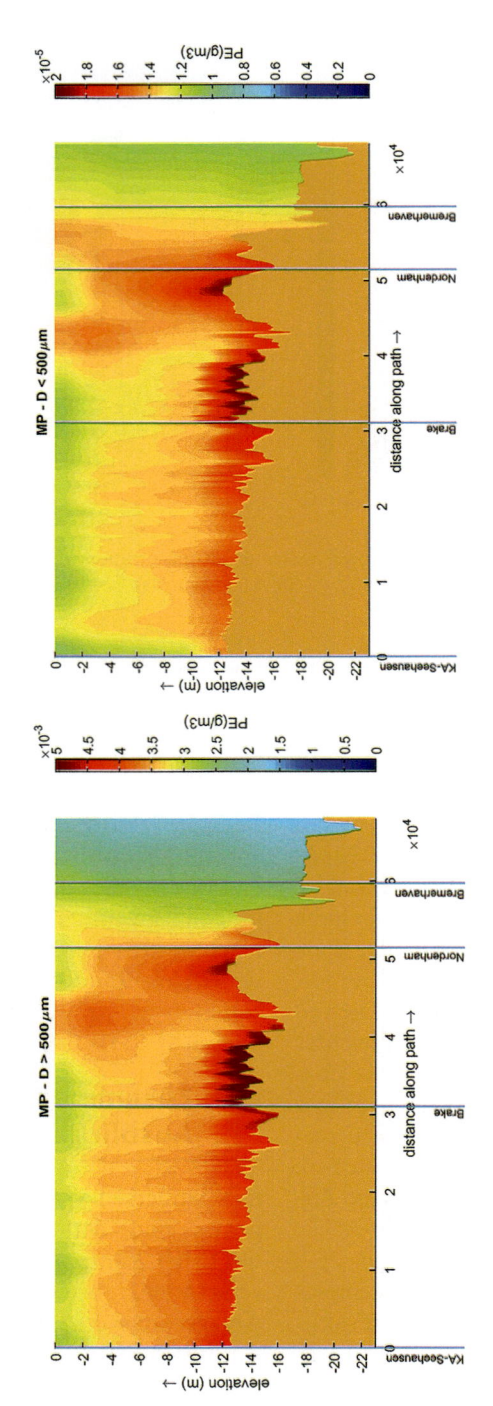

Abb. 25.6 Beispielhafte Darstellung der berechneten PE-Konzentration im Längsschnitt von Seehausen bis seewärts Bhv. für die Fraktionen >500 μm (links) und <500 μm (rechts). (© Shiravani/Wurpts)

Im derzeit laufenden PLAWES Verbundprojekt [3] wird u. a. eine modelltechnische Abbildung der MP-Bilanz und des MP-Transports für das Weser-Einzugsgebiet erarbeitet. Der vorliegende Beitrag beleuchtet den derzeitigen Stand des Teilprojekts zur Modellierung des Gezeitenbereiches einschließlich der angrenzenden Watten und offenen See.

Das im Teilprojekt erstellte Modellwerkzeug berücksichtigt MP in einer nach Partikelgrößen und Polymerklassen fraktionierten Form. Der auf einem eulerschen Rechengitter diskretisierte Ansatz stellt explizit die Massenerhaltung des transportierten MP sicher. Das implementierte Verfahren löst in direkter Kopplung mit einem dreidimensionalen hydro- und morphodynamischen Ästuarmodell die dreidimensionale Advektions-Diffusions-Gleichung für mehrere Mikroplastikfraktionen.

Die Implementierung ist für eine sukzessive Erweiterung entsprechend neuer wissenschaftlicher Erkenntnisse ausgelegt, sodass mit geringem Aufwand und unter Beibehaltung der numerischen Eigenschaften und insbesondere der Massenkonsistenz weitere oder verbesserte physikochemische Prozesse integriert werden können.

Im Rahmen des PLAWES Verbundes besteht enge Zusammenarbeit insbesondere mit den Teilprojekten, die sich mit Probennahme und Probenanalytik befassen. So ist eine umfangeiche Validierung des Modellansatzes basierend auf Messdaten aus zwei Beprobungskampagnen vorgesehen, deren Analytik Informationen sowohl zu Partikelzahlen als auch zu Polymerarten und -massen beinhaltet. Weiterhin wird in einer späteren Projektphase der MP-Eintrag aus der Mittelweser als Ergebnis des mit der Modellierung des Einzugsgebietes befassten Teilprojektes verwendet werden.

Erste Modellergebnisse zeigen, dass die Ausbreitung des MP im Ästuar deutlich durch die dreidimensionale großräumige Ästuarzirkulation beeinflusst ist. Verstärkt durch Effekte wie Biofouling kann daher nicht von einer Ausbreitung als vorrangig schwimmendem oder an der Sohle transportiertem partikulärem Material ausgegangen werden, wie bislang häufig in der Modellierung von Partikelbahnen angenommen.

Derzeit erfolgt die weitere Implementierung der MP-Feinsediment-Interaktion, von der erheblicher Einfluss auf die MP-Akkumulation innerhalb des Gezeitenbereiches erwartet wird. Dies betrifft die Feinsedimentsuspension in der ästuarinen Trübungszone, aber auch die angrenzenden Bodenschichten im alluvialen und marinen Bereich.

Ein weiteres Arbeitsfeld in diesem Zusammenhang und mit Blick auf die langfristige Modellierung über ganze Abflussjahre ist die Fragmentierung des MP durch Verwitterung und UV-Strahlung.

Literatur

1. PlasticsEurope, 2018. Plastics –the Facts 2018. An analysis of European plastics production, demand and waste data. PlasticsEurope, Brussels, Belgium.
2. Lebreton, L.C., van der Zwet, J., Damsteeg, J.W., Slat, B., Andrady, A., Reisser, J., 2017. River plastic emission to the world's oceans. Nat. Commun. 8, 15611.
3. BMBF-Förderkennzeichen 03F0789F; ▶ https://bmbf-plastik.de/de/verbundprojekt/plawes
4. Stuparu, D., van der Meulen, M., Kleissen, F., Vethaak, D., Serafy, G., 2015. Development a transport model for plastic distribution in the North Sea., E-proceedings of the 36th IAHR World Congress, the Hague, the Netherlands.
5. Iwasaki, S., Isobe, A., Kako, S., Uchida, K., Tokai, T., 2017. Fate of microplastics and mesoplastics carried by surface currents and wind waves: A numerical model approach in the Sea of Japan. Marine Pollution Bulletin. 121, 85–96.
6. NOAA, 2009. Proceedings of the International Workshop on the Occurrence, Effects and Fate of Microplastic Marine Debris.
7. Heß, M., Diehl, P., Mayer, J., Rahm, H., Reifenhäuser, W., Stark, J., Schwaiger, J., 2018. Mikroplastik in Binnengewässern Süd- und Westdeutschlands. Teil 1: Kunststoffpartikel in der oberfächennahen Wasserphase.
8. Kooi, M., van Nes, E.H., Scheffer, M. und Koelmans, A.A, 2017. Ups and Downs in the Ocean:

Effects of Biofouling on Vertical Transport of Microplastics. Environ. Sci. Technol. 51, 7963–7971.
9. Mintenig, S.M., Int-Veen, I., Löder, M.G.J., Primpke, S. und Gerdts, G., 2017. Identification of microplastic in effluents of waste water treatment plants using focal plane array-based micro-Fourier-transform infrared. Water Res.108, 365–372.
10. Simon, M., van Alst, N., Vollertsen, J., 2018. Quantification of microplastic mass and removal rates at wastewater treatment plants applying Focal Plane Array (FPA)-based Fourier Transform Infrared (FT-IR) imaging. Water Res.142,1–9.
11. ▶ https://www.fgg-weser.de
12. Schneider, B., Hinterbauer, S., Gatzenmeier, M. und Kleiner, T., 2017. Kommunale Abwasserentsorgung im Bundesland Bremen -Lagebericht 2017- Hrsg.: Senator für Umwelt, Bau und Verkehr der Freien Hansestadt Bremen. Bremen, Deutschland.
13. Haun, W., Bellack, E., Knölke, L. und Steinhoff, U., 2017. Die Beseitigung kommunaler Abwässer in Niedersachsen - Lagebericht 2017 -, NLWKN-Hannover, Hrsg.: MU-Niedersachsen, Hannover, Deutschland.
14. Hartsuiker, G., 2003. Tidal model Weser estuary. Alkyon Report A 589 (unveröff.).
15. Knaack, H., Kaiser, R., Hartsuiker, G., Mayerle, R.und Niemeyer, H. D., 2006. Ermittlung der Bemessungswasserstände für die Unterweser mit mathematischen Modellen, Forschungsbericht 01/06 NLWKN-Forschungsstelle Küste (unveröff.).
16. ▶ https://www.gdws.wsv.bund.de
17. Verboom, G.K., de Ronde, J.G., und van Dijk R.P.A, 1992. Fine grid tidal flow and storm surge model of the north sea. Continental Shelf Research, 12(2–3):213–233.
18. WL|Delft Hydraulics (1997): Set-up and Calibration of Tidal Flow Models Deutsche Bucht und Dithmarschen Bucht. Rapp. H 1821 (unveröff.).

Strategien zur Vermeidung von Mikroplastikemissionen der Kunststoffindustrie

Joke Czapla, Wolf Raber und Özgü Yildiz

Kunststoff in der Umwelt nimmt aktuell eine zentrale Stellung im gesellschaftlichen und politischen Diskurs ein. Im Rahmen einer Befragung von rund 100 Stakeholdern wurden die Bedeutung von Mikroplastikemissionen der Kunststoffindustrie konkretisiert sowie Treiber, Hemmnisse und geeignete Gegenmaßnahmen ausdifferenziert.

Seit Mitte des 20. Jahrhunderts steigt die Kunststoffproduktion und der Einsatz des Materials an. Weltweit wurden im Jahr 2018 rund 359 Mio. t Kunststoff produziert. In Deutschland belief sich die Produktion im Jahr 2018 auf 18,9 Mio. t. Davon werden ca. 35 % in der Verpackungsindustrie, ca. 22 % im Baugewerbe, ca. 12 % im Fahrzeugbau, ca. 7 % in Elektrogütern, jeweils < 5 % in Haushaltswaren, Möbeln, Medizin und in der Landwirtschaft eingesetzt. Die verbleibenden ca. 18 % verteilen sich zu kleineren Anteilen auf sonstige Branchen [1]. Die steigenden Produktionsmengen sind insofern problematisch, als dass entlang der Wertschöpfungskette bei der Herstellung von Kunststoff sowie beim Gebrauch und der (unsachgemäßen) Entsorgung von Gütern, die Kunststoff enthalten, es zu Emissionen von größeren und kleineren Kunststoffpartikeln mit einem Durchmesser von < 5 mm (sogenanntes Mikroplastik) in die Umwelt kommt. Infolgedessen können Kunststoffpartikel und weitere Schadstoffe, deren toxische Auswirkungen bislang nur wenig bekannt sind, in Ökosysteme und unsere Nahrungskette gelangen und gesundheitliche Probleme hervorrufen. In diesem Zusammenhang steht dabei insbesondere der Eintrag von Mikroplastik in der fluvialen, limnischen und marinen Umwelt im Fokus, da Oberflächengewässer den Hauptverbreitungspfad des (Mikro-)Plastiks in der Umwelt darstellen [2].

> **Kompakt**
> - Zur Eingrenzung der industriellen Mikroplastikemissionen muss an verschiedenen Stellschrauben gedreht werden.
> - Die Unternehmenslandschaft der Kunststoffindustrie ist sehr divers. Daher ist neben einer Kombination verschiedener Maßnahmen hier auch eine differenzierte Entscheidungsunterstützung erforderlich.
> - Verschiedene Betrachtungsebenen sind zusammenzubringen: Abwasserpfad und betriebliche Aspekte für die

Zuerst erschienen in Wasser und Abfall 5/2021

> Kunststoffindustrie, Wirtschaftlichkeit der Abwasserbehandlung (Emissions- und Immissionsansatz) für die planerische Ebene und ökologische Effektivität für den Bereich der Wissenschaft.

Untersuchungen identifizieren verschiedene Quellen für die Emissionen von Mikroplastik in die Umwelt, unter anderem Reifenabrieb, Textilien, Pellets, die als Grundmaterial dienen, Baufarben, Straßenfarben und Kosmetika [3]. Neben dieser Identifikation der wichtigsten Eintragspfade von Plastikpartikeln in Gewässer müssen für die Behandlung der Mikroplastikproblematik in Gewässern das Ausmaß auf Grundlage belastbarer Daten beziffert und anschließend im gemeinsamen Dialog mit relevanten Stakeholdern Lösungsansätze erörtert werden. Beides sind Ziele des vom BMBF geförderten Projektes EmiStop [4], das im Zeitraum von Januar 2018 bis Juni 2021 Kunststoffbelastungen des Abwassers von Kunststoffproduzierenden und -verarbeitenden Betrieben systematisch erfasst und Optimierungsstrategien bei der Abwasseraufbereitung entwickelt und analysiert, um den Eintrag von Mikroplastik über den Abwasserpfad zu reduzieren [4].

Ergebnisse von punktuellen Untersuchungen zur Quantifizierung von Mikroplastikemissionen konnten in EmiStop einen Eindruck geben, welche Mikroplastikmengen im Industrieabwasser nach der Aufbereitung mit Industriekläranlagen enthalten sind. Bedingt durch die eingesetzten Filter lag die Nachweisgrenze für Mikroplastikpartikel bei 10 Mikrometern. Die Beprobung von drei Betrieben ergab Massefunde an Mikroplastik von 5–36 mg pro m^3 Wasser im Ablauf [5, 6]. Für einen weiterverarbeitenden Betrieb mit 13 mg Mikroplastik pro m^3 Wasser im Ablauf einer Kammerfilterpresse wurden ebenfalls die Partikelanzahlen erfasst. So enthielt der Zulauf $2{,}2 \cdot 10^8$ Partikel pro m^3 Wasser und der Ablauf $1{,}7 \cdot 10^6$ Partikel. Bei dem genannten Betrieb erfolgt eine erneute Reinigung durch die kommunale Kläranlage, wodurch die Partikelzahl erneut um bis zu 99 % reduziert werden kann. Im Ablauf der kommunalen Kläranlage sind somit noch $3 \cdot 10^5$ Partikel pro m^3 aus dem Kunststoffbetrieb zu erwarten [5]. Aufgrund der schwierigen Untersuchungsbedingungen konnten in EmiStop keine repräsentativen Aussagen zu Mikroplastikemissionen mit dem Regenwasser getroffen werden [7]. Standortbegehungen und Beprobungen im Rahmen von EmiStop weisen jedoch darauf hin, dass auch dieser Bereich relevant ist.

Die Diskussion von Optimierungsansätzen erfolgte unter anderem über einen Expertendialog. Übergeordnetes Ziel der Expertenbefragung war es, den Entwicklungsprozess von Lösungsansätzen möglichst früh an Nutzungsanforderungen und Einsatzbedingungen einer zukünftigen Breitenanwendung auszurichten. Ergebnisse der Diskussion von Optimierungsansätzen werden in diesem Beitrag vorgestellt.

26.1 Eine Expertenbefragung in zwei Stufen

Der Dialog mit Expertinnen und Experten aus verschiedenen Stakeholdergruppen erfolgte über eine mehrstufige Befragung im Zeitraum von April bis August 2019. Die Befragung wurde online durchgeführt und richtete sich an Akteure der Kunststoffindustrie, der Verwaltung und Regulierungsbehörden sowie aus Wissenschaft und Forschung in Deutschland. Expertinnen und Experten wurden direkt via E-Mail oder über die entsprechenden Verbände und die BMBF-Initiative „Plastik in der Umwelt" angesprochen. Die Ergebnisse wurden anonymisiert.

Entsprechend des zweistufigen Delphi-Verfahrens wurde in einer ersten Befragung die Einschätzung zentraler Akteure aus Industrie, Verwaltung und Wissenschaft zu drei Themenblöcken eingeholt: Zu Fragen (1) der Relevanz von Mikroplastikemissionen der Kunststoffindustrie, (2) des aktuellen und zukünftigen rechtlichen und organisatorischen Umfelds für den Umgang mit Mikroplastikemissionen der Kunststoffindustrie und (3) zu Maßnahmen zur Vermeidung von industriellen Mikroplastikemissionen.

Für die zweite Befragungsstufe wurden ausgewählte Aussagen der Stakeholder aus der ersten Befragung zu prägnanten Aussagen zusammengefasst und den 108 Teilnehmerinnen und Teilnehmern der Befragung in einer erneuten Befragungswelle zur Stellungnahme präsentiert. Diese Möglichkeit zur wiederholten Stellungnahme wurde von 44 Teilnehmerinnen und Teilnehmern genutzt (◘ Abb. 26.1).

26.2 Motive zur Reduktion von Mikroplastikemissionen

Bevor konkrete Maßnahmen zur Reduktion von Mikroplastikemissionen in der Kunststoffindustrie diskutiert wurden, haben die teilnehmenden Expertinnen und Experten die Frage nach Motiven für eine Reduktion erörtert. Dabei haben 45 % der befragten Vertreterinnen und Vertreter von Industriestandorten angegeben, dass Mikroplastik in sichtbarer bzw. signifikanter Menge anfällt. Im Spezifischen gaben 44 % der Industrievertreterinnen und Industrievertretern an, dass die industriellen Mikroplastikverluste in der Abfallentsorgung verbleiben. Rund 26 % der Industrievertreterinnen und Industrievertretern gaben an, dass Mikroplastikverluste ins industrielle Abwasser gelangen und 16 % gaben an, dass diese im Regenwasser

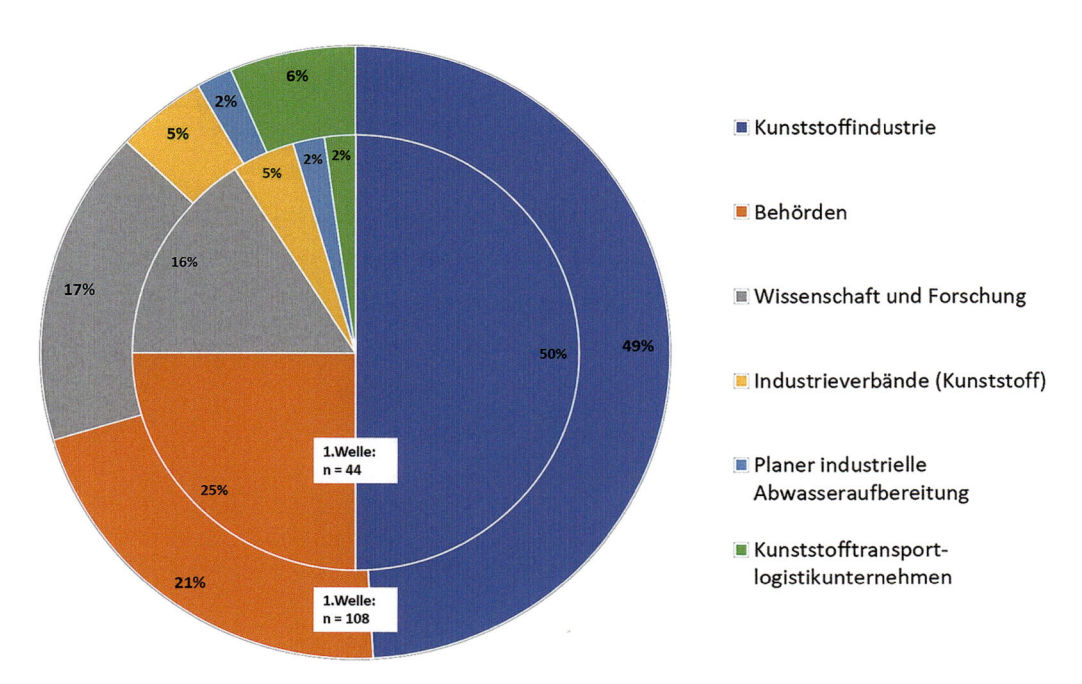

◘ **Abb. 26.1** Übersicht Teilnehmerinnen, Teilnehmer und Stakeholdergruppen der Befragung. (© inter 3 GmbH)

verbleiben. Die Befragten konnten hier die Optionen mehrfach auswählen.

Wichtige Treiber und Hemmnisse zur Umsetzung von Maßnahmen zur Reduzierung von industriellen Mikroplastikemissionen wurden in der ersten Umfragewelle untersucht. Hierbei wurden 14 mögliche Treiber identifiziert. Die Befragten konnten aus diesen 14 Treibern in der zweiten Befragungswelle, die drei für sie wichtigsten treibenden Faktoren auswählen. Demnach sind für die befragten Expertinnen und Experten die wichtigsten Treiber für Maßnahmen zur Reduktion von Mikroplastikemissionen an Standorten der Kunststoffindustrie mögliche drohende monetäre Auswirkungen für die Industrie (53 % der Befragten), gefolgt von einem drohenden Imageverlust (47 % der Befragten) und Verboten von Materialien und Produkten der Kunststoffindustrie (38 % der Befragten). Treibende Kräfte scheinen zudem in der gestiegenen Aufmerksamkeit für das Thema Mikroplastik in der Öffentlichkeit und in einem veränderten Konsumentenverhalten zu liegen (◘ Abb. 26.2).

Bei der anschließenden Ausdifferenzierung geeigneter Maßnahmen, um industrielle Mikroplastikemissionen zu verhindern, wurden zum einen rechtliche Mittel sowie Normen und Selbstverpflichtungen zur Reduzierung von Mikroplastikemissionen und zum anderen technische und kapazitätsbildende Maßnahmen inhaltlich vertieft.

26.3 Reduzierung von Mikroplastikemissionen durch rechtliche Vorgaben, Normen und Selbstverpflichtungen

Wirksame rechtliche Vorgaben, Normen und Selbstverpflichtungen zur Reduzierung von Mikroplastikemissionen der Kunststoffindustrie sind gemäß den befragten

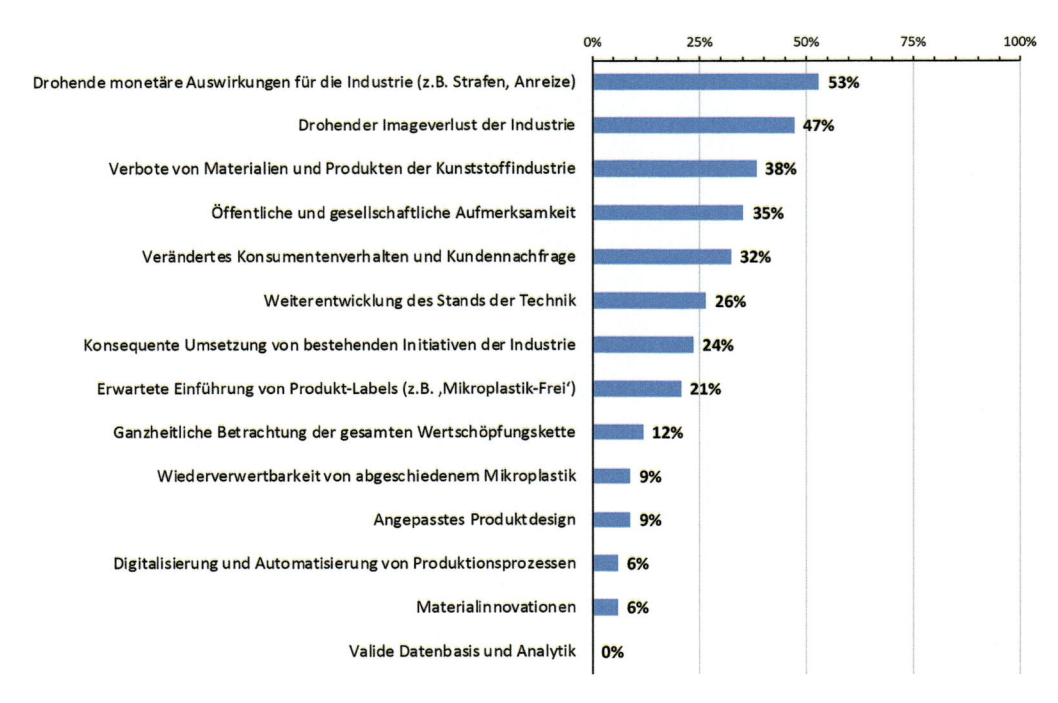

Treiber	Anteil
Drohende monetäre Auswirkungen für die Industrie (z.B. Strafen, Anreize)	53%
Drohender Imageverlust der Industrie	47%
Verbote von Materialien und Produkten der Kunststoffindustrie	38%
Öffentliche und gesellschaftliche Aufmerksamkeit	35%
Verändertes Konsumentenverhalten und Kundennachfrage	32%
Weiterentwicklung des Stands der Technik	26%
Konsequente Umsetzung von bestehenden Initiativen der Industrie	24%
Erwartete Einführung von Produkt-Labels (z.B. ‚Mikroplastik-Frei')	21%
Ganzheitliche Betrachtung der gesamten Wertschöpfungskette	12%
Wiederverwertbarkeit von abgeschiedenem Mikroplastik	9%
Angepasstes Produktdesign	9%
Digitalisierung und Automatisierung von Produktionsprozessen	6%
Materialinnovationen	6%
Valide Datenbasis und Analytik	0%

◘ **Abb. 26.2** Übersicht Treiber für die Umsetzung von Maßnahmen zur Vermeidung von Mikroplastikemissionen. (© inter 3 GmbH)

Experteninnen und Experten sowohl Initiativen und Selbstverpflichtungen der Industrie (z. B. „Null Granulatverlust" oder „Operation Clean Sweep") als auch Anpassungen der Abwasserverordnung sowie die Entwicklung und Anpassung von Normen (z. B. ISO-Normen 14040 und 14044). Die Meinungen der Befragten bezüglich der wirksamsten Ansätze unterscheiden sich dabei zwischen den verschiedenen Stakeholdergruppen. Während insbesondere Industrievertretern Initiativen der Industrie zu Mikroplastik als wirksamstes organisatorisches Mittel für die Reduzierung von Mikroplastikemissionen der Kunststoffindustrie befinden, sprechen sich Behördenvertreter und andere Teilnehmer für eine Anpassung der Abwasserverordnung als wirksamstes Mittel aus. Dieses Ergebnis spiegelt den Wunsch der Industrievertreter wider, Einschränkungen des eigenen Handlungsspielraums durch rechtliche Regelungen zu vermeiden und Maßnahmen zur Reduktion von Mikroplastikemissionen flexibel an Produktionsstandorte und -prozesse anpassen zu können. Die Präferenz behördlicher Vertreter für die Anpassung der gesetzlichen Rahmenbedingungen wurde von den Teilnehmern unter anderem damit begründet, dass bei Selbstverpflichtungen und teilweise auch bei der Auditierung nach ISO 9001 typischerweise Managementprozesse und Maßnahmen zur Sensibilisierung und Schulung von Mitarbeiterinnen und Mitarbeitern im Vordergrund stehen. Die mengenbezogene Reduktion von Mikroplastikemissionen durch Grenzwerte oder Benchmarks ist in der Regel nicht Bestandteil der Initiativen. Damit resultiert eine Reduktion der Emissionen nicht unmittelbar, wohingegen durch die Anpassung von Einleitgrenzwerten über die Abwasserverordnung oder Best Available Techniques Reference (BREF) der EU eindeutige Emissionsziele mit dem Stand der Technik verankert und alle beteiligten Akteure einen verlässlichen Orientierungsrahmen erhalten.

Des Weiteren wurde untersucht, welche neuen Aktivitäten seitens der Kunststoffindustrie zur Reduzierung von Mikroplastikemissionen erwartet werden. Demnach halten die befragten Experten die Eintrittswahrscheinlichkeit von Zertifizierungssystemen mit Auditierung sowie von angepasstem Produktdesign für am höchsten. In letzterem wird zudem die höchste Wirksamkeit gesehen. Die Umfrage zeigt auch, dass von Behördenseite insbesondere Ansätze der Kreislaufwirtschaft für besonders wirksam gehalten werden, wohingegen die befragten Industrievertreter in diesen Ansätzen wenig Potential sehen.

Neben der Frage nach möglichen freiwilligen Initiativen von Seiten der Kunststoffindustrie wurde ebenfalls untersucht, welche Regelungen durch Regulierungsbehörden wahrscheinlich sind und wie wirksam diese sein könnten. Bezüglich der Eintrittswahrscheinlichkeit von Regulierungsmaßnahmen in den nächsten zehn Jahren sind die befragten Expertinnen und Experten mehrheitlich der Ansicht, dass Regelungen zu industriellen Emissionen (z. B. Grenzwerte) und für Immissionen in Gewässer (z. B. Grenzwerte für Wasserqualitäts-Parameter) eingeführt werden. 57 % der Befragten erwarten sicher bzw. ganz sicher die Einführung von Regelungen zu industriellen Emissionen (z. B. Grenzwerte) und 53 % sicher bzw. ganz sicher die Einführung von Regelungen für Immissionen in Gewässer (z. B. Grenzwerte für Wasserqualitäts-Parameter). Rückfragen bei Personen, die die Wahrscheinlichkeit für gering oder ausgeschlossen halten, gaben als Begründung an, dass der fehlende politische Wille und die verzögerte Gesetzgebung in Deutschland eine Umsetzung von entsprechenden Regelungen in den kommenden 10 Jahren verhindern wird. Weitere Maßnahmen, deren Eintrittswahrscheinlichkeit von den Expertinnen und Experten beurteilt wurde, sind Regelungen für die industrielle Abwasseraufbereitung (z. B. vorgeschriebene Filtration), Regelungen, die eine Verwendung von Materialien einschränken, sowie Regelungen, die Komponenten industrieller Produktionsverfahren neu regeln. Knapp 50 % der Befragten erwarten sicher bzw. ganz sicher die Einführung von Regelungen für die industrielle Abwasseraufbereitung (z. B. vorgeschriebene Filtration). Dem widersprechen einige Stimmen in der zweiten Befragungswelle, unter anderem mit Verweis auf den langsamen Gesetzgebungsprozess. Aber auch auf die Vielfältigkeit der Abwasseraufbereitungsverfahren an Industriestandorten wurde hingewiesen, da infolge der enormen Diversität von Mengen und Qualitäten industrieller Abwässer die Art der Abwasseraufbereitung schwierig zu regulieren ist. Für unwahrscheinlich bzw. ausgeschlossen hingegen halten 30 % der Befragten die Einführung von Regelungen, die eine Verwendung von Materialien einschränken. In der Stellungnahme der zweiten Befragungswelle widersprechen dem jedoch Stimmen und begründen unter anderem damit, dass die aktuelle Politik bereits Verbote für Kunststoffprodukte erlassen hat. Auch die Einführung von Regelungen, die Komponenten industrieller Produktion neu regeln, werden im Vergleich zu anderen Maßnahmen eher als unwahrscheinlich betrachtet. Rund 42 % der Befragten halten diese Maßnahme für unwahrscheinlich oder ausgeschlossen (◨ Abb. 26.3).

Bezüglich der Wirksamkeit von Regelungen für die Reduzierung von industriellen Mikroplastik-Emissionen sind sich die befragten Vertreterinnen und Vertreter von Industrie und Behörden weitestgehend einig: Mit Regelungen für die industrielle Abwasseraufbereitung sowie zu industriellen Emissionen und Immissionen in Gewässer könnte die größte Wirksamkeit zur Reduzierung von Mikroplastikemissionen der Kunststoffindustrie erreicht werden.

26.4 Technische Maßnahmen und Sensibilisierung von Mitarbeiterinnen und Mitarbeitern zur Reduzierung von Mikroplastikemissionen

Neben der vorangegangenen Analysen von regulativen und organisatorischen Mitteln wurden Experten auch gezielt zu ihren Einschätzung der Wirksamkeit von konkreten Maßnahmen auf den Industriestandorten zur Vermeidung von Verlusten und Emissionen von Mikroplastik befragt. Dabei wurden Maßnahmen in drei Handlungsfeldern genauer betrachtet: 1) Anpassung von Produktionsprozessen für eine Reduzierung der Mikroplastikverluste, 2) Maßnahmen zur Optimierung des Abwasser- und Regenwassermanagements für einen verbesserten Mikroplastikrückhalt sowie 3) Maßnahmen der

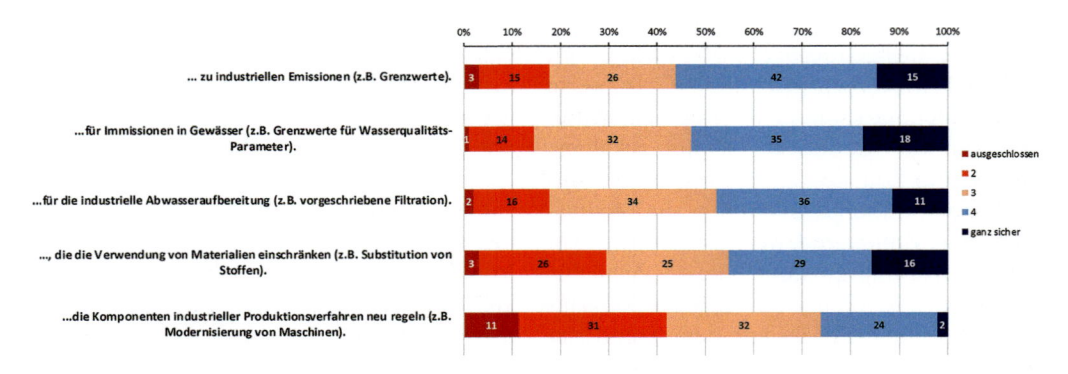

◨ **Abb. 26.3** Übersicht Eintrittswahrscheinlichkeit von Regelungen zur Vermeidung von Mikroplastikemissionen. (© inter 3 GmbH)

Strategien zur Vermeidung von Mikroplastikemissionen …

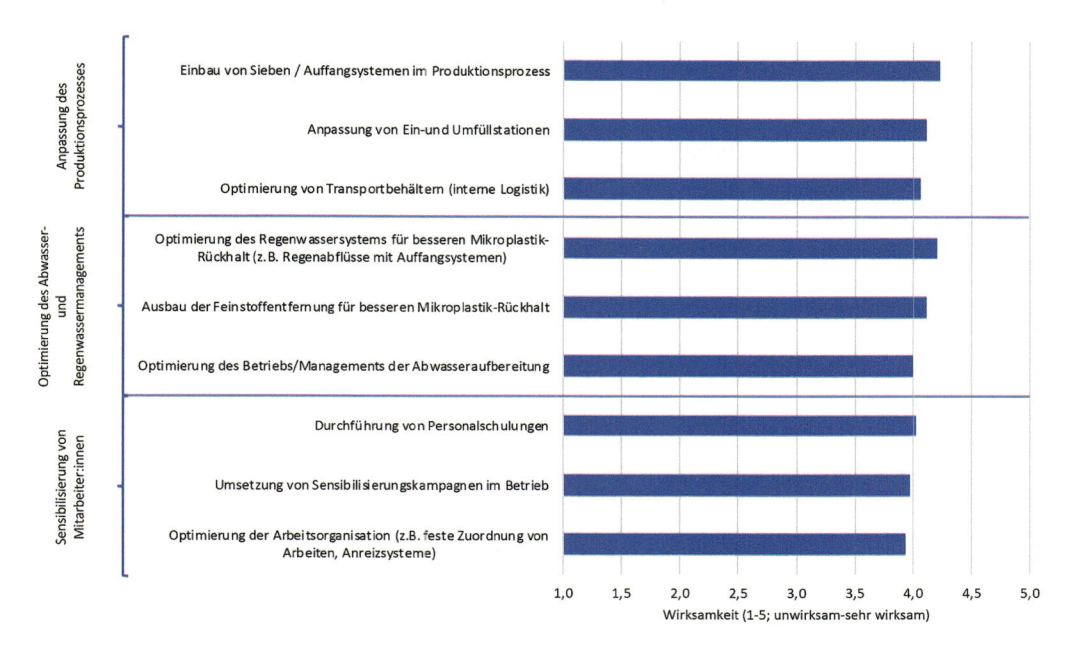

Abb. 26.4 Übersicht der Maßnahmen mit höchster Wirksamkeitseinschätzung (Mittelwert; n = 43). (© inter 3 GmbH)

Sensibilisierung von Mitarbeiterinnen und Mitarbeitern für eine Reduzierung von Verlusten und Emissionen von Mikroplastik. Mit Hilfe der Umfrage kann das Potential von einzelnen Maßnahmen aus Sicht aller Befragten in diesen Bereichen abgeschätzt werden und wird folgend dargestellt (Abb. 26.4).

26.4.1 Produktionsnahe Vermeidungsmaßnahmen

Im Rahmen der Befragung haben die Expertinnen und Experten eine Reihe von möglichen Modifikationen von Produktionsprozessen an Standorten der Kunststoffindustrie bezüglich ihrer Wirksamkeit zur Vermeidung von Mikroplastikverlusten beurteilt.

Demnach schätzen die Befragten die Wirksamkeit aller Modifikationen ähnlich hoch ein. Die Einschätzungen von Industrie- und Behördenvertreterinnen und Behördenvertretern scheinen weitestgehend im Einklang – auffällig ist lediglich, dass Behörden eine besondere Wirksamkeit in der Einhausung von derzeit offenen Produktionsprozessen sehen.

Eingeschränkt wird die Umsetzung von Maßnahmen im Bereich der Produktion laut der Umfrageergebnisse primär (42 % der Antworten) durch erwartete nötige Umstellungen von Arbeitsroutinen und bestehenden Prozessen in der Produktion. 24 % der Befragten halten hingegen die fehlende Sensibilität und Konsequenz des Managements für das größte Hindernis zur Umsetzung von entsprechenden Maßnahmen im Produktionsprozess.

26.4.2 Anpassung des Abwasser- und Regenwassermanagements

Die Anpassung des Abwasser- und Regenwassermanagements bietet ein weiteres wichtiges Handlungsfeld, um Mikroplastikemissionen der Kunststoffindustrie zu reduzieren. Anders als bei den anderen identifizierten Handlungsfeldern betreffen Maßnahmen in diesem Bereich nicht eine Vermeidung der Entstehung von Mikroplastik, sondern zielen vielmehr auf den Rückhalt von Mikroplastik ab, das in das Regen- oder Abwasser gelangt ist. Im Dialog mit den Expertinnen und Experten wurde eine Reihe von Maßnahmen zur Optimierung des Abwassermanagements ermittelt. Den Ergebnissen der Befragung zufolge liegt das größte Potenzial in einer Optimierung des Regenwassersystems für einen verbesserten Rückhalt von Mikroplastik aus dem Regenwasser, was vor dem Hintergrund der Erkenntnis, dass 35 % aller befragter Industriestandorte das Regenwasser ungereinigt direkt in Oberflächengewässer abschlagen, folgerichtig erscheint. Ein hohes Potenzial wird aber auch in der Optimierung der Feinstoffentfernung aus dem industriellen Abwasser gesehen. Dabei gaben knapp 50 % der befragten Betriebe aus Kunststoffproduktion und -verarbeitung an, eine betriebseigene Abwasseraufbereitung zu betreiben, 10 % leiten in gemeinsame Kläranlagen in Industrieparks ein und 40 % führen Abwasser der öffentlichen Kläranlage ohne eine Vorbehandlung zu. In kommunalen Kläranlagen ist ein Mikroplastikrückhalt von etwa 85–99 % zu erwarten. Unterschiede zwischen der Meinung von Behörden und Industrie sind weitestgehend gering, die Behördenvertreterinnen und Behördenvertreter sehen jedoch besonders Potenzial in der Digitalisierung, um den Mikroplastikrückhalt im Abwassermanagement zu optimieren. Eingeschränkt wird die Umsetzung von Maßnahmen in diesem Bereich, nach Einschätzung der Befragten, primär durch den bautechnischen Aufwand, der in Verbindung mit einer Anpassung des Abwasser- und Regenwassermanagements erwartet wird (31 % der Befragten). 22 % der Befragten sind der Meinung, dass das größte Hindernis zur Anpassung des Abwassermanagements die fehlenden Grenzwerte und gesetzlichen Regelungen mit Bezug zu Mikroplastik im Abwasser ist.

26.4.3 Sensibilisierung von Mitarbeiterinnen und Mitarbeiter

Personalschulungen, Sensibilisierungskampagnen und eine veränderte Arbeitsorganisation (z.B. feste Zuordnung von Verantwortlichkeiten) sehen die Befragten laut der Umfrageergebnisse als wirksamste Mittel auf der Ebene der Sensibilisierung der Mitarbeiterinnen und Mitarbeiter, um die Emissionen von Mikroplastik zu reduzieren. Die Perspektiven von Industrie und Behörden auf die Wirksamkeit von Maßnahmen sind weitestgehend gleich. Wie für die Umsetzung von Maßnahmen im Bereich der Produktion, sehen 31 % der Befragten auch in diesem Maßnahmenbereich das größte Hindernis in den erwarteten nötigen Umstellungen von Arbeitsroutinen und bestehenden Arbeitsprozessen. Ebenso viele Befragte (31 %) halten zusätzlichen Stress, Zeit- und Arbeitsaufwand für den wichtigsten Faktor, der einer Umsetzung von Maßnahmen im Bereich der Mitarbeiter-Sensibilisierung entgegensteht. Sensibilisierungsmaßnahmen spielen bereits in diversen Initiativen und Selbstverpflichtungen der Industrie (z. B. „Null Granulatverlust", „Operation Clean Sweep") eine zentrale Rolle.

26.5 Zusammenfassung und Ausblick

Die Ergebnisse der Expertenbefragung legen nahe, dass zur effektiven Eingrenzung der industriellen Mikroplastikemissionen nicht in einem Handlungsfeld Maßnahmen ergriffen werden sollten, sondern an verschiedenen Stellschrauben gedreht werden muss. Hierbei müssen auch standortspezifische Aspekte berücksichtigt werden, um passende Maßnahmen zu wählen. Dies gilt vor allem bei technischen und kapazitätsbildenden Maßnahmen. Um standortspezifisch zu beurteilen, welche Maßnahmen am effektivsten eingesetzt werden können, bedarf es aber auch einer praxistauglichen Entwicklung und breiten Anwendung der Analytik im Bereich Mikroplastikmonitoring auf Industriestandorten. Dazu hat das Forschungsvorhaben EmiStop im Projektverlauf wichtige Grundlagen geschaffen. Neben der datenbasierten Beurteilung der Wirksamkeit von Maßnahmen für den Rückhalt von Mikroplastik, hängt eine praktische Umsetzung auch davon ab, wie hoch die Kosten, der bautechnische Aufwand, die nötige Umstellung von Arbeitsroutinen und bestehenden Prozessen sowie Zeit- und Arbeitsaufwand für die Umsetzung sind.

Die Unternehmenslandschaft der Kunststoffindustrie ist sehr divers und somit ist neben der Kombination verschiedener Maßnahmen auch eine sehr differenzierte Entscheidungsunterstützung bei der Auswahl geeigneter Maßnahmen erforderlich. Für die industrielle Abwasseraufbereitung konnten im Verlauf des EmiStop-Projekts Ergebnisse der Untersuchung von Technologien im Labor-, Pilot-, und Realmaßstab ausgewertet und unter Einbindung zentraler Stakeholder in einer multikriteriellen Bewertung als Grundlage für eine Entscheidungsunterstützung erörtert werden. Hierdurch wurden die besten Verfahren identifiziert, Stärken und Schwächen verschiedener Technologien der industriellen Abwasseraufbereitung herausgearbeitet und Präferenzen der Akteure offengelegt. Demnach sind für die Kunststoffindustrie besonders die Reinigungsleistung und betriebliche Aspekte wichtig, wohingegen Planerinnen und Planer von Abwasseranlagen die Kosten für besonders relevant halten und die Wissenschaft den Schwerpunkt auf ökologische Effektivität legt. In technischer Hinsicht wurden insbesondere Mehrschichtfilter sowie der Einsatz von Flockungsmitteln in Kombination mit Flotation oder Absetzbecken als besonders wirksamer Ansatz identifiziert, wohingegen Tuchfilter sich lediglich für geringe Volumenströme und Belastungen als geeignet erwiesen haben. Diese pilothaften Untersuchungen und Erkenntnisse gilt es, im Praxistest weiter zu prüfen, um eine effektive Eingrenzung der industriellen Mikroplastikemissionen zu erreichen.

Literatur

1. PlasticsEurope Deutschland e. V. (2019) Geschäftsbericht 2019 – PlastisEurope Deutschland e. V. ▶ https://www.plasticseurope.org/download_file/force/3748/319
2. Waldschläger K, Lechthaler S (2020) Mikroplastik weltweit - Die Belastung in Deutschland im internationalen Vergleich. Wasser und Abfall 22(5): 20–24.
3. Bertling J, Bertling R, Hamann L (2018) Kunststoffe in der Umwelt: Mikro- und Makroplastik – Ursachen, Mengen, Umweltschicksale, Wirkungen, Lösungsansätze, Empfehlungen. Fraunhofer-Institut für Umwelt-, Sicherheits- und Energietechnik UMSICHT, Oberhausen. ▶ https://www.umsicht.fraunhofer.de/content/dam/umsicht/de/dokumente/publikationen/2018/kunststoffe-id-umwelt-konsortialstudie-mikroplastik.pdf
4. EmiStop - Identifikation von industriellen Plastik-Emissionen mittels innovativer Nachweisverfahren und Technologieentwicklung zur Verhinderung des Umwelteintrags über den Abwasserpfad, ▶ www.emistop.de
5. Barkmann L et al. (2020) Industrieller Eintrag von Mikroplastik in die Umwelt. Erste Erkenntnisse aus dem Projekt EmiStop. Korrespondenz Abwasser, Abfall 67 (2): 112–117.
6. Bitter H, Lackner S (2020) First quantification of semi-crystalline microplastics in industrial wastewaters. Chemosphere 258: 127388.
7. Weber F et al. (2020) Regenentwässerung eines kunststoffverarbeitenden Industriebetriebs als Quelle für Mikroplastik. Mitteilungen der Fachgruppe Umweltchemie und Ökotoxikologie 26(3): 90–96.

Ein integrierter Ansatz zur Biopolymerproduktion aus Abwasser

Pravesh Tamang, Aniruddha Bhalerao, Carmen Arndt, Karl-Heinz Rosenwinkel und Regina Nogueira

Der Einsatz biologisch abbaubarer biobasierter Kunststoffe kann durch die Nutzung von Produktionsabwässern aus der Lebensmittel- und Getränkeindustrie unterstützt werden. Über Untersuchungen zur integrierten Herstellung von biologisch abbaubaren biobasierten Kunststoffen aus verschiedenen Industrieabwässern bestehender Kläranlagen mittels bakteriellen Mischkulturen wird berichtet. Ihre potenzielle Anwendung als Ersatz für petrochemische Kunststoffe wird diskutiert.

Kunststoffe sind heute ein unverzichtbarer Teil unseres täglichen Lebens. Trotz zahlreicher nationaler und internationaler Initiativen gibt es für sie aber keine integrierten Produktzyklen, die Herstellung, Nutzung und Recycling umfassen. Die meisten heute genutzten Kunststoffe sind petrochemischen Ursprungs und verbrauchen nicht-regenerative Rohstoffe, produzieren Treibhausgase und belasten bei mangelndem Recycling und unsachgemäßer Entsorgung unsere Umwelt über Jahrzehnte.

Biobasierte Kunststoffe, die unter marinen Bedingungen abbaubar sind, werden nicht alle diese Probleme lösen, können aber die mittlere Verweilzeit unsachgemäß entsorgter Kunststoffe in der Umwelt deutlich verkürzen. Die Weltproduktion von Kunststoffen erreichte im Jahr 2018 nach einem exponentiellen Wachstum während der letzten Jahrzehnte einen Wert von 359 Mio. t [1]. 2,61 Mio. t davon entfielen auf Biokunststoffe, von denen 38,5 % biologisch abbaubar waren und 3,7 % aus Polyhydroxyalkanoaten (PHA) bestanden. Bis 2023 wird ein Anstieg der Biokunststoffproduktion auf jährlich 4,35 Mio. t erwartet, von denen 3,8 % auf PHAs entfallen, was einem absoluten Anstieg um 71 % entspricht [2]. Hauptproduzent von PHA ist derzeit China mit jährlich 50.000 t der Marke ENMAT, die aus Saccharose hergestellt werden. In Deutschland werden jährlich etwa 10.000 t PHA unter der Marke Biomer hergestellt, ebenfalls aus Saccharose.

PHA sind Polymere aus Hydroxyfettsäuren, die von vielen Bakterien zur zellinternen Kohlenstoffspeicherung gebildet werden, wenn Phosphor- oder Stickstoffmangel die normale Kohlenstoffaufnahme verhindern. Da der bisherige Einsatz von

Zuerst erschienen in Wasser und Abfall 6/2020

kostenintensiven Kohlenstoffquellen und bakteriellen Reinkulturen die Produktion stark verteuert, stellt die alternative Nutzung von Industrieabwässern mit hohem Kohlenstoffgehalt als Substrat einen interessanten Ansatz dar, wobei die Reinkulturen durch bakterielle Mischkulturen („microbial mixed cultures", MMC) mit erhöhtem Anteil an PHA-Bildnern ersetzt werden.

> **Kompakt**
>
> — Die Beständigkeit petrochemischer Kunststoffe führt bei unsachgemäßer Entsorgung zu einem Umweltproblem.
> — Die alternative Nutzung biologisch abbaubarer biobasierter Kunststoffe könnte zur Minimierung dieses Problems beitragen, ist aber bei einer Herstellung über teure Substrate und Bakterien-Reinkulturen derzeit wirtschaftlich nicht darstellbar.
> — Einen möglichen Lösungsansatz stellt eine integrierte Herstellung von Biopolymeren aus Produktionsabwässern aus der Lebensmittel- und Getränkeindustrie dar.

Die PHA-Produktion aus Abwasser besteht aus drei Schritten: a) Versäuerung des Abwassers zur Erzeugung leichtflüchtiger Fettsäuren („volatile fatty acids", VFA), b) Anreichern von PHA-Bildnern in einer bakteriellen Mischkultur und c) Anreicherung und anschließende Extraktion der PHA (◘ Abb. 27.1). Der VFA-reiche Inhalt der Versäuerung wird absatzweise einem Sequencing Batch Reactor (SBR) zugeführt, dessen kurze Beschickungs- und lange Belüftungsphasen den PHA-Bildnern ein kontinuierliches und damit im Vergleich zu anderen Bakterienarten schnelleres Wachstum ermöglichen und sie somit in der MMC anreichern. Die so konditionierte MMC wird dann absatzweise mit frischem, VFA-reichen Versäuerungsablauf im PHA-Reaktor gemischt und belüftet, bis die PHA-Bildner ein Maximum an VFA umgesetzt und in ihre Zellen eingelagert haben. Im nächsten Schritt wird die Reaktion gestoppt und die PHA aus der Bakterienkultur extrahiert.

Berichtet wird über Untersuchungen der PHA-Produktion mittels einer identischen MMC und verschiedenen versäuerten Industrieabwässern aus Zellstoff-, Hefe- und Stärkefabriken sowie aus Brauereien, Molkereien und Brennereien. Das Einsatz- und Ersatzpotenzial von PHA wird anschließend diskutiert.

27.1 Methodik

Der SBR für die Produktion von MMC mit hohem PHA-Bildner-Anteil wurde mit Belebtschlamm der kommunalen Kläranlage Herrenhausen in Hannover angefahren. Er hatte ein Volumen von 1,0 l und wurde in einem 12-h-Zyklus betrieben, wovon die Beschickungsphase 10 min, die Reaktionsphase 690 min und die Abzugsphase 20 min ausmachten. In allen Phasen wurde belüftet. Aus diesem SBR wurde jeweils in der Abzugsphase ein Volumen von 0,5 l mit MMC dem PHA-Reaktor zugeführt und standardmäßig mit jeweils 1,5 l der verschiedenen versäuerten Industrieabwässer gemischt, wodurch diese auf das 0,75-fache der Anfangskonzentration verdünnt wurden. In einigen Fällen mussten die Abwässer auch noch weiter verdünnt werden, um Inhibierung zu vermeiden (◘ Tab. 27.1). Der PHA-Reaktor wurde belüftet und bis zum Erreichen des höchsten PHA-Gehaltes wurden stündlich Proben genommen und analysiert. Alle Betriebsparameter, der Extraktionsprozess und die analytischen Methoden sind in [3] und [4] detailliert beschrieben.

Ein integrierter Ansatz zur Biopolymerproduktion aus Abwasser

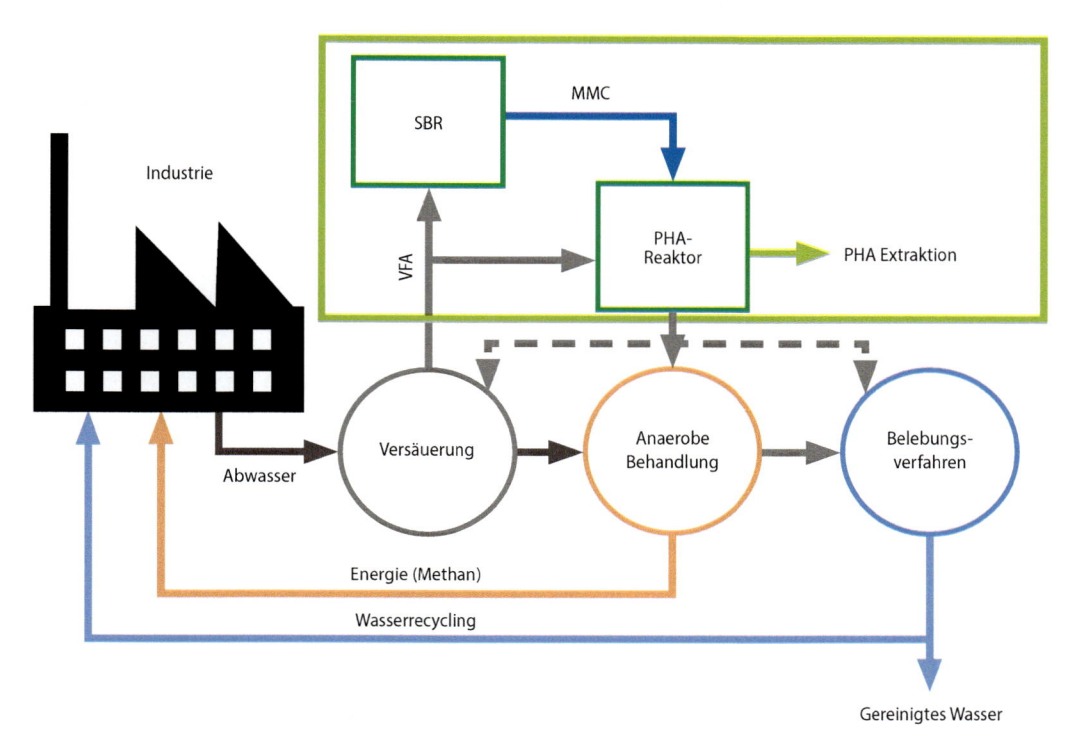

Abb. 27.1 Integrierte PHA-Produktion und Abwasserbehandlung (mögliche Abwandlungen gestrichelt, siehe Abschnitt Fallstudie). (© Institut für Siedlungswasserwirtschaft und Abfalltechnik)

Tab. 27.1 Maximale PHA-Anreicherung und Polymerzusammensetzung für verschiedene Industrieabwässer. (© Institut für Siedlungswasserwirtschaft und Abfalltechniks)

Abwasserherkunft	VFA (als mg/L Essigsäureequivalent)		Verdünnungsfaktor	PHA (% TSS)	Verhältnis PHB zu PHV (%)
	Versäuertes Abwasser	PHA-Reaktor			
Brauerei	1326	995	0,75	45,0	62:38
Zellstoff	1626	1220	0,75	46,5	74:26
Hefeproduktion	4688	1800	0,40	72,0	77:33
Molkerei	4704	941	0,20	37,1	95:05
Brennerei	2334	1751	0,75	37,5	91:09
Stärkefabrik	1625	813	0,50	43,3	100:00

27.2 Ergebnisse und Diskussion

27.2.1 Vergleich der PHA-Produktion aus versäuerten Industrieabwässern

Aus Abwasser der Hefeproduktion wurde mit 72 % der Trockensubstanz („Total Suspended Solids", TSS) die höchste PHA-Anreicherung erzielt, für die anderen Abwässer lagen die PHA-Konzentrationen zwischen 37 % und 47 % TSS. Bei den Abwässern aus Molkerei, Brennerei und Stärkefabrik lag eine starke Inhibierung vor, sodass im Urzustand weder eine PHA-Anreicherung noch Ammonium- oder Sauerstoffaufnahme zu beobachten waren. Diese Inhibierung wurde beim Brennereiabwasser nach drei Stunden Belüftung überwunden, während dies bei den Molkerei- und Stärkefabrikabwässern erst durch Verdünnung erreicht werden konnte (◘ Tab. 27.1). Es ist allerdings bekannt, dass Polyphenole und Schwermetalle in Brennereiabwässern sowie Emulgatoren, Entschäumer, Bleichmittel, Natriumazid und Chloramphenicol aus Molkereien den Sauerstoffumsatz inhibieren [5–7]. Laut chemischer Analyse der gewonnenen PHA besteht diese aus Copolymeren der Polyhydroxybuttersäure (PHB) sowie der Polyhydroxyvaleriansäure (PHV) zu verschiedenen Anteilen (◘ Tab. 27.1). ◘ Abb. 27.2a gibt das Aussehen der gewonnenen PHA nach der Extraktion wieder, ◘ Abb. 27.2b zeigt eine Rasterelektronenmikroskopaufnahme von PHA-Fasern mit ca. 2 µm Durchmesser.

27.2.2 Integration der PHA-Produktion in eine Industriekläranlage

Die konventionelle Behandlung von Abwässern aus der Lebensmittel- und Getränkeindustrie umfasst i. d. R. zwei anaerobe Stufen, die zunächst organische Inhaltstoffe zu VFA und diese dann zu Methan umsetzen. Eine vollständige Reinigung erfordert eine weitere Stufe als aerobe Behandlung, z. B. als Belebungsstufe, in der die verbleibende Organik sowie die Phosphor- und Stickstofffracht entfernt wird (◘ Abb. 27.1). Die Integration einer PHA-Produktion in eine Industriekläranlage erfordert die Installation zweier zusätzlicher Reaktoren, die den VFA-rei-

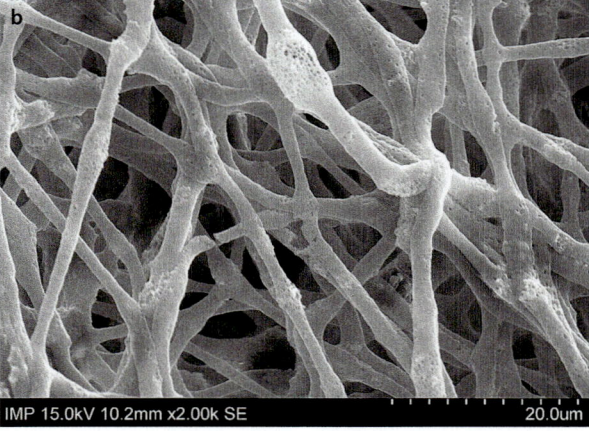

◘ **Abb. 27.2** a) PHA aus Industrieabwasser; b) REM-Aufnahme von PHA-Fasern (© **a**: Institut für Siedlungswasserwirtschaft und Abfalltechnik; © **b**: Dr. Marc Müller, Institut für Mehrphasenprozesse, LUH)

chen Ablauf der Versäuerungsstufe zur PHA-Produktion nutzen. Der erste Reaktor produziert Biomasse (MMC), die mit PHA-akkumulierenden Bakterien angereichert ist. Diese Biomasse wird in den zweiten Reaktor überführt, in dem die PHA-Produktion stattfindet. Abschließend wird PHA extrahiert und zu einem marktfähigen Produkt aufbereitet. Der restliche Stoffstrom kann in die anaerob-aeroben Stufen der konventionellen Anlage zurückgeführt und dort behandelt werden. Ob die anaerobe Nachbehandlung aufgrund der Abbauraten im SBR und im PHA-Reaktor noch sinnvoll ist, oder ob die Einleitung der Abläufe direkt in die aerobe konventionelle Anlage erfolgen sollten, muss näher untersucht werden.

Für kommunale Abwässer und solche der Zuckerindustrie wurden bereits Pilotstudien durchgeführt [8, 9]. Optimierungspotenzial besteht in diesem Zusammenhang bei dem Versäuerungsgrad der Abwässer, bei der Qualitätssicherung der erzeugten PHA unter veränderlichen Abwasserzusammensetzungen sowie bei der vergleichsweise geringen PHA-Ausbeute, die die Extraktions- und Aufbereitungskosten negativ beeinflusst. Zu letzteren liegen bisher allerdings noch keine Veröffentlichungen vor. Bei dem Versäuerungsgrad, der bei der im Folgenden beschriebenen Fallstudie für Hefeabwasser bei ca. 20 % lag, ist das Verbesserungspotenzial sehr hoch, da nur der versäuerte CSB in die Produktion von PHA eingeht und der verbleibende CSB zum einen die Anlage mit Kosten für die Belüftung belastet und zum Anderen die gesamte Wirtschaftlichkeit durch minderen Biogasertrag reduziert. Forschungsbedarf besteht noch beim Upscaling und der optimalen Technologie, bei den notwendigen Verdünnungs- und ggf. auch Rückführraten sowie bei der Extraktion der PHAs aus der Trockensubstanz im technischen Maßstab.

27.2.3 Fallstudie: Theoretische PHA-Produktionskapazitäten aus Abwässern der Hefeproduktion

Bei diesem Awässern ergibt sich, auf den gesamten CSB von ca. 25.000 mg/L mit einem Versäuerungsanteil von ca. 20 % bezogen eine spezifische PHA-Produktion von lediglich ca. 2,2 % des CSB als PHA. Eine Erhöhung des Versäuerungsanteils stellt daher bei diesem Abwasser ein großes Optimierungspotenzial dar. Dies ließe sich durch eine starke Verdünnung erreichen, die mit rückgeführtem Abwasser aus derm PHA-Reaktor erfolgen könnte und möglicherweise den Umstieg auf eine Technologie mit Durchlaufreaktoren erfordern würde.

In den Laborversuchen wurde mit realem Abwasser einer Hefeproduktionsanlage ein spezifischer Ertrag von 0,55 g PHA pro Gramm VFA erzielt, wobei eine auf die notwendige Verdünnung optimierte Konfiguration mit einem SBR-Reaktor von 1,0 l und einem PHA-Reaktor von 1,5 l Volumen zum Einsatz kam.

Würde für dieses Abwasser eine zu behandelnde Menge von 300 m^3/d bei einer identischen Konzentration von 4690 mg/l VFA angesetzt, dann würden sich theoretisch Reaktorgrößen und Erträge ergeben, die um den Faktor 170.000 vergrößert sind. Der großtechnische SBR und der PHA-Reaktor hätten dann ein Volumen von jeweils 170 m^3 bzw. 225 m^3 und würden bei gleicher Betriebsweise aus der vorhandenen VFA-Fracht von 1400 kg/d etwa 770 kg/d an PHA erzeugen, was im Ganzjahresbetrieb 280 t pro Jahr entsprechen würde. Bei üblichen Marktpreisen für PHA, die zwischen 3000 und 4000 € pro t liegen, könnte mit dieser Erzeugung ein Ertrag in der Größenordnung von 1 Mio €/a erzielt werden.

Hierbei sind allerdings die hohen Energiekosten für die Belüftung und die reduzierten Erträge aus der minderen Biogaserzeugung nicht berücksichtigt. Darüber hinaus wäre neben der CSB-Bilanz auch die Treibhausgasbilanz im Vergleich zu der bisher üblichen Technologie zu beachten. Insofern besteht sowohl für die Ausbeute (2,2 % des CSB als PHA) als auch für die Technologieentwicklung und das Upscaling (Versäuerungsgrad, Verdünnung, ggf. Rückführung, Durchlaufbetrieb usw.) noch Optimierungsbedarf, um einen nächsten Schritt in die Anwendung zu ermöglichen.

27.2.4 Anwendungsgebiete und Substitutionspotenzial von PHA

Mögliche Anwendungsgebiete von Kunststoffen hängen stark von den mechanischen und physikalischen Eigenschaften, wie z. B. Schlagzähigkeit, Zugfestigkeit und Schmelzpunkt ab. Die Eigenschaften von PHA werden durch unterschiedliche Faktoren bestimmt. Die Wahl des Substrats und des Bakterienstammes können die monomere Struktur des Polymers beeinflussen (z. B. Verhältnis von PHB:PHV) und damit auch die mechanischen Eigenschaften. Ein höherer PHV-Anteil führt zu einem geringeren Schmelzpunkt und einer höheren Flexibilität des Materials [10]. Im medizinischen Bereich gewinnt PHA in den letzten Jahren mehr an Bedeutung. Aufgrund seiner Abbaubarkeit und Biokompatibilität wird es in der Medizin als Einsatz für 3D-Implantate, Wundverschluss oder als Trägermaterial für Medikamente erforscht [11]. PHA zeichnet sich desweiteren durch eine geringe Sauerstoffpermeabilität im Vergleich zu PE aus. Dies kann ein Vorteil bei Verpackungen sein; so können Lebensmittel länger konserviert werden. Verpackungen stellen im Gegensatz zu medizinischen Produkten jedoch einen Niedrig-Kosten-Sektor dar. Um die Kosten der PHA-Produktion zu senken, könnte der oben beschriebene Ansatz Abwasser als Substrat zu verwenden eine wichtige Rolle spielen.

Meeresmüll, der zu einem großen Anteil aus Plastik besteht, richtet weltweit hohen ökologischen als auch ökonomischen Schaden an. Als Gegenmaßnahmen gibt es Ansätze, Entsorgungswege zu verbessern und die Entstehung von Müll zu vermeiden, indem man Mehrwegartikel und Pfandsysteme fördert. Ein zusätzlicher Ansatz kann der Einsatz von marin abbaubaren Kunststoffen sein. Dies sollte zunächst bei Produkten in Erwägung gezogen werden, bei denen der Verlust wahrscheinlich und auch schwer zu vermeiden ist. Dazu zählen u. a. Produkte aus der Aquakultur und Fischerei. Bisherige Untersuchungen zeigten, dass PHB unter marinen Bedingungen abbaubar ist. Die Abbaurate wird von Faktoren wie der Temperatur, dem Habitat und dem Oberflächen/Volumenverhältnis des Produktes beeinflusst und lässt sich somit schwer verallgemeinern. Dilkes-Hoffman et al. (2019) haben jedoch in einer Meta-Analyse eine Abbaurate von 0,04–0,05 mg/Tag und cm^2 für PHB ermittelt [12]. Eine Wasserflasche würde somit 1,5–3,5 Jahre benötigen, um vollständig abgebaut zu werden. Mithilfe von weiterer Materialentwicklung kann evaluiert werden, welche Produkte sinnvoll durch PHA ersetzt werden können. Dies wird aktuell im MabiKu-Projekt durchgeführt, welches sich damit beschäftigt, inwieweit marin abbaubare Kunststoffe eine sinnvolle Lösungsoption der Meeresmüll-Problematik sein können.

27.3 Zusammenfassung

Die extreme Beständigkeit petrochemischer Kunststoffe macht sie bei unsachgemäßer Entsorgung zu einem Umweltproblem, insbesondere in Form von Mikroplastik und Meeresmüll. Die alternative Nutzung biologisch abbaubarer biobasierter Kunststoffe könnte zur Minimierung dieses Problems beitragen, ist aber bei einer Herstellung über teure Substrate und Bakterien-Reinkulturen derzeit wirtschaftlich nicht darstellbar.

Einen möglichen Lösungsansatz stellt die Nutzung von Produktionsabwässern aus der Lebensmittel- und Getränkeindustrie dar, deren Biomasseanteil sich in besonderer Weise zur bioverfahrenstechnischen Herstellung von Biopolymeren wie Polyhydroxyalkanoate (PHA) eignet. Die integrierte Herstellung von PHA aus verschiedenen Industrieabwässern bestehender Kläranlagen mittels bakteriellen Mischkulturen wird untersucht und ihre potenzielle Anwendung als Ersatz für petrochemische Kunststoffe diskutiert.

Literatur

1. Grand View Research 2018: Plastic Packaging Market Size, Share & Trends Analysis Report By Product (Bottles, Bags, Wraps & Films), By Type (Rigid, Flexible), By Application (Food & Beverages, Industrial), And Segment Forecasts, 2018 – 2025. ► https://www.grandviewresearch.com/industry-analysis/plastic-packaging-market. April 2020.
2. IfBB 2019, Biopolymers facts and statistics, Hochschule Hannover, Institute for Bioplastics and Biocomposites, ► https://www.ifbb-hannover.de/en/facts-and-statistics.html.
3. Bhalerao, A., Banerjee, R., Nogueira, R., 2019. Continuous cultivation strategy for yeast industrial wastewater-based polyhydroxyalkanoate production. J. Biosci. Bioeng. xxx. ► https://doi.org/10.1016/j.jbiosc.2019.11.006.
4. Tamang, P., Banerjee, R., Köster, S., Nogueira, R., 2019. Comparative study of polyhydroxyalkanoates production from acidified and anaerobically treated brewery wastewater using enriched mixed microbial culture. J. Environ. Sci. 78, 137–146. ► https://doi.org/10.1016/J.JES.2018.09.001.
5. Bustamante, M.A., Paredes, C., Moral, R., Moreno-Caselles, J., Pérez-Espinosa, A., Pérez-Murcia, M.D., 2005. Uses of winery and distillery effluents in agriculture: characterisation of nutrient and hazardous components. Water Sci. Technol. 51, 145–151. ► https://doi.org/10.2166/wst.2005.0018.
6. Omil, F., Garrido, J.M., Arrojo, B., Méndez, R., 2003. Anaerobic filter reactor performance for the treatment of complex dairy wastewater at industrial scale. Water Res. 37, 4099–4108. ► https://doi.org/10.1016/S0043-1354(03)00346-4.
7. Berg, J.M., Tymoczko, J.L., Stryer, L., 2002. The Regulation of Cellular Respiration Is Governed Primarily by the Need for ATP.
8. Anterrieu, S., Quadri, L., Geurkink, B., Dinkla, I., Bengtsson, S., Arcos-Hernandez, M., Alexandersson, T., Morgan-Sagastume, F., Karlsson, A., Hjort, M., Karabegovic, L., Magnusson, P., Johansson, P., Christensson, M., Werker, A., 2014. Integration of biopolymer production with process water treatment at a sugar factory. N. Biotechnol. 31, 308–323. ► https://doi.org/10.1016/j.nbt.2013.11.008.
9. Bengtsson, S., Karlsson, A., Alexandersson, T., Quadri, L., Hjort, M., Johansson, P., Morgan-Sagastume, F., Anterrieu, S., Arcos-Hernandez, M., Karabegovic, L., Magnusson, P., Werker, A., 2017. A process for polyhydroxyalkanoate (PHA) production from municipal wastewater treatment with biological carbon and nitrogen removal demonstrated at pilot-scale. N. Biotechnol. 35, 42–53. ► https://doi.org/10.1016/J.NBT.2016.11.005.
10. Wang, Yuanpeng; Chen, Ronghui; Cai, JiYuan; Liu, Zhenggui; Zheng, Yanmei; Wang, Haitao et al. (2013): Biosynthesis and thermal properties of PHBV produced from levulinic acid by Ralstonia eutropha. In: PloS one 8 (4), e60318. ► https://doi.org/10.1371/journal.pone.0060318.
11. Koller, Martin (2018): Biodegradable and Biocompatible Polyhydroxy-alkanoates (PHA): Auspicious Microbial Macromolecules for Pharmaceutical and Therapeutic Applications. In: Molecules (Basel, Switzerland) 23 (2).
12. Dilkes-Hoffman, Leela Sarena; Lant, Paul Andrew; Laycock, Bronwyn; Pratt, Steven (2019): The rate of biodegradation of PHA bioplastics in the marine environment: A meta-study. In: Mar. Pollut. Bull. 142, S. 15–24. ► https://doi.org/10.1016/j.marpolbul.2019.03.020.

Abbauverhalten und Entsorgungsoptionen biologisch abbaubarer Kunststoffe

Maria Burgstaller und Jakob Weißenbacher

Der Einsatz sowie die Entsorgung biologisch abbaubarer Kunststoffe (BAK) werden in Deutschland kontrovers diskutiert. Die Ergebnisse eines Gutachtens zum praktizierten Umgang mit den Kunststoffen werden vorgestellt.

Kunststoffe sind aufgrund ihrer besonderen Stoffeigenschaften und ihrer flexiblen Verarbeitungsmöglichkeiten ein wichtiger Bestandteil unseres Alltags. Biokunststoffe werden als mögliche Alternative zu konventionellen Kunststoffen betrachtet. Aktuell tragen diese mit einem Anteil von ca. ein Prozent zur globalen Kunststoffproduktion bei [2]. Für die Zukunft wird ein weiterer Anstieg erwartet.

Biologisch abbaubare Kunststoffe (BAK), deren Entsorgung und Abbauverhalten werden jedoch kontrovers diskutiert. So gilt die biologische Abbaubarkeit sowohl als Chance im Kampf gegen die Vermüllung der Umwelt, wird aber auch als Risiko für den verstärkten Eintrag von Kunststoffen in die Umwelt betrachtet. In der Folge gibt es unterschiedliche Ansichten über die ökologische Vorteilhaftigkeit des Einsatzes von BAK und abweichende Ansätze im Umgang mit entsprechenden Abfällen.

Vor diesem Hintergrund beauftragte das Umweltbundesamt die Ramboll Deutschland GmbH und Fraunhofer UMSICHT mit der Studie „Gutachten zur Behandlung von biologisch abbaubaren Kunststoffen" (UBA-Texte 57/2018) [1]. Ziel war es, den derzeit praktizierten Umgang mit BAK-Abfällen vor dem Hintergrund der ökologischen Sinnhaftigkeit, der technischen Umsetzbarkeit und der Praktikabilität zu bewerten.

Das Gutachten wird vorgestellt. Schwerpunkt sind dabei das Abbauverhalten und die Entsorgungsoptionen für BAK. Eine ausführliche Darstellung einschließlich einer Referenzliste ist unter [1] zu finden.

Kompakt

— Das Gutachten des Umweltbundesamts beinhaltet eine Analyse des Abbauverhaltens biologisch abbaubarer Kunststoffe und eine Diskussion möglicher Entsorgungswege.

Zuerst erschienen in Wasser und Abfall 6/2020

© Der/die Autor(en), exklusiv lizenziert an Springer Fachmedien Wiesbaden GmbH, ein Teil von Springer Nature 2023
M. Porth et al. (Hrsg.), *Wasser, Energie und Umwelt*,
https://doi.org/10.1007/978-3-658-42657-6_28

- Die Vorteilhaftigkeit des Einsatzes biologisch abbaubarer Kunststoffe kann nur produktspezifisch diskutiert werden.
- Grundsätzlich ist der biologische Abbau von Kunststoffen erst dann vorteilhaft, wenn durch die Eigenschaft der biologischen Abbaubarkeit ein Zusatznutzen entsteht.

28.1 Spektrum biologisch abbaubarer Kunststoffe

Als Biokunststoff vermarktete Produkte sind entweder zum Teil oder vollständig aus nachwachsenden Rohstoffen gefertigt oder sie genügen Standards der biologischen Abbaubarkeit. Demnach kann ein Biokunststoff biobasiert und gleichzeitig biologisch abbaubar, biobasiert und nicht biologisch abbaubar oder aber erdölbasiert und biologisch abbaubar sein [2]. Diese Einteilung wird in ◘ Abb. 28.1 verdeutlicht.

28.1.1 Biologisch abbaubarer Kunststoff (BAK)

Als biologisch abbaubar wird ein Kunststoff bezeichnet, der durch Mikroorganismen unter Sauerstoffzufuhr in Kohlenstoffdioxid, Wasser, mineralische Salze und Biomasse bzw. ohne Sauerstoffzufuhr in Kohlenstoffdioxid, Methan, mineralische Salze und Biomasse umgewandelt werden kann. Kompostierbar sind biologisch abbaubare Produkte, wenn der vollständige Abbau im Kompost in vergleichsweiser kurzer Zeit stattfindet. Die Rohstoffbasis von biologisch abbaubaren Kunststoffen kann sowohl biogen als auch erdölbasiert sein [3].

28.1.2 Materialen, Marktaspekte und Anforderungen

BAK werden weltweit vor allem als Verpackungen, in der Landwirtschaft, im Gartenbau, als Beschichtung oder Klebstoff, in kurzlebigen Konsumgütern, in Textilien, sowie in der Bau- oder Automobilbranche eingesetzt. Als Materialien finden vor allem
- Stärke,
- Polymilchsäure/Polylactid (PLA),
- Polybutylenadipat-terephthalat (PBAT),
- Polybutylensuccinat (PBS) und
- Polyhydroxyalkanoate (PHA)

Verwendung [2]. Im Jahr 2019 lag die globale Produktion von BAK bei ca. 1,17 Mio. t/a während die Produktionskapazität aller Biokunststoffe 2,1 Mio. t/a) [2] betrug.

Der Kunststoff/das Kunststoffprodukt muss entsprechend geprüft und zertifiziert werden, um als biologisch abbaubar zu gelten. Die Dauer des biologischen Abbaus wird von verschiedenen Umgebungsbedingungen wie etwa dem Umweltkompartiment, der Temperatur, der Feuchtigkeit oder dem pH-Wert beeinflusst. Aus diesem Grund existieren aktuell unterschiedliche Zertifizierungsverfahren für bestimmte Kompartimente oder Entsorgungswege. Zertifiziert werden können sowohl Werkstoffe als auch Produkte, sofern alle Anforderungen der entsprechenden Zertifizierungsprogramme und zugehörigen Normen erfüllt werden. Wichtig sind in diesem Zusammenhang die Anforderungen der biologischen Abbaubarkeit sowie der Desintegration. Je nach Norm sind jedoch auch Anforderungen an die chemische Charakterisierung und Keimungsraten zu erfüllen. Die ◘ Tab. 28.1 gibt einen Überblick über wichtige europäische Normen im Bereich BAK.

Abbauverhalten und Entsorgungsoptionen biologisch abbaubarer ...

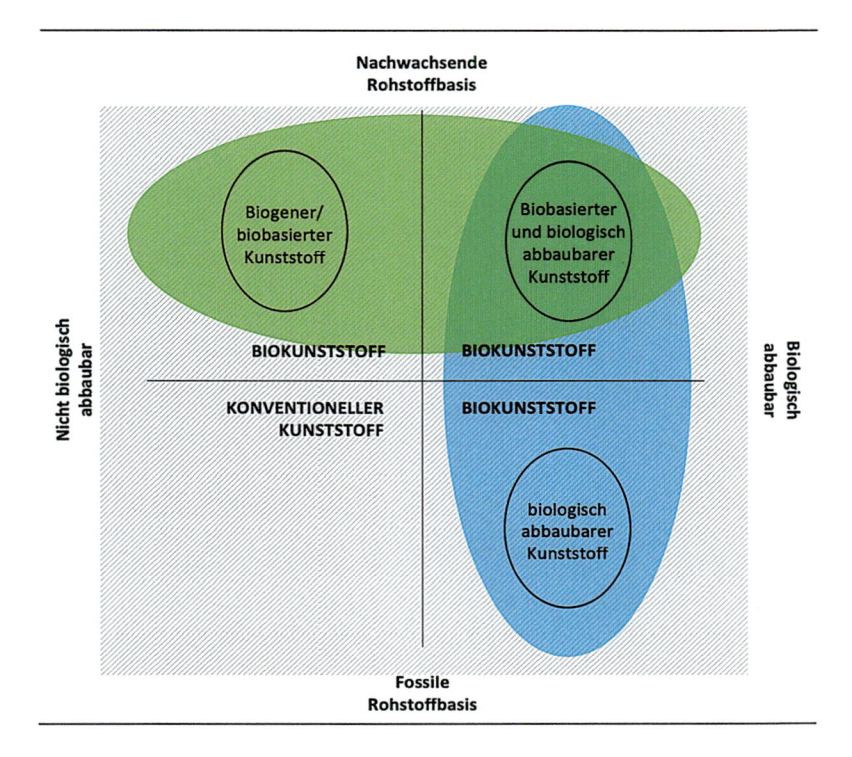

Abb. 28.1 Abgrenzung konventioneller Kunststoffe und Biokunststoffe. (© Ramboll Deutschland GmbH)

Tab. 28.1 Auswahl an Normen für BAK in Europa

	Industrielle Kompostierung	Heim- und Gartenkompostierung	Biologischer Abbau im Boden	Biologischer Abbau im Meer	Abbau in Gewässern
Norm	EN 13432 (EN 14995)	AS 5810 NF T 51–800	EN 17033 Bzw. ISO 17556	ASTM D 6691 (weitere ISO Standards verfügbar, z. B. ISO 22404)	EN 13432 und EN 14995 (adapted for degradation in fresh water)
Biologische Abbaubarkeit	Max. 6 Monate bei 58 ± 2 °C	Max. 12 Monate bei 20–30 °C	Max. 24 Monate bei 20–28 °C (mögl. 25°C)	Max. 6 Monate	Max. 56 Tage bei 20–25 °C
Desintegrationstest	Max. 12 Wochen	Max. 6 Monate bei 25 ± 5 °C	Nicht notwendig	84 Tage 30 ± 2 °C	Nicht notwendig

© Ramboll Deutschland GmbH

28.2 Prüfung der biologischen Abbaubarkeit

Die Untersuchung der biologischen Abbaubarkeit von organischen Materialien erfolgt in der Regel im Labormaßstab. Die optimalen Bedingungen für den biologischen Abbau lassen sich unter Laborbedingungen definiert einstellen. Parameter wie Temperatur, Feuchtigkeit und Belüftung können geregelt und kontrolliert werden. Die Erfassung der Mineralisierung ist praktisch nur im Labormaßstab möglich, ebenso eine Bilanzierung der Kohlenstoffverbindungen.

Jedoch können aus den Ergebnissen dieser Labortests keine Schlussfolgerungen zur Abbaukinetik in natürlicher Umwelt unter realen Bedingungen gezogen werden.

Im Rahmen einer Literaturrecherche wurden Ergebnisse von biologischen Abbauprüfungen der verschiedenen Werkstoffe ausgewertet. Dabei wurden nur Ergebnisse berücksichtigt, bei denen der Abbaugrad mittels Mineralisierung bestimmt wurde. In ◘ Tab. 28.2 sind diese Ergebnisse vereinfacht zusammengefasst; die vollständige Darstellung der Ergebnisse und der zugrunde liegenden Literatur enthält [1].

◘ Tab. 28.2 Zusammenfassung der Testergebnisse der biologischen Abbaubarkeit

Biologischer Abbau unter Bedingung der Prüfung zur „Industriellen Kompostierbarkeit" (Abbauzeit zum Bestehen des Tests: max. 6 Monate):	
– Je nach Material Abbau zwischen 4 und 21 Wochen	
Biologischer Abbau bei der Vergärung (kein Standard verfügbar, optional Abbauzeit in DIN EN 13432 enthalten: max. 2 Monate):	
– Ein biologischer Abbau unter anaeroben Bedingungen wird für eine Zertifizierung bisher nicht gefordert, kann aber optional festgestellt werden – TPS, PCL und PHA sind unter anaerob Bedingungen abbaubar; PLA nur bei Temperaturen > 50°C – Co-Polyester wie PBS, PBAT und PBST sind nicht anaerob abbaubar	
Biologischer Abbau unter Bedingungen der Prüfung zur „Abbaubarkeit im Boden" (Abbauzeit zum Bestehen des Tests: max. 2 Jahre)	
– TPS[1], PHA, PBSe[3], PBSeT[4], PBAT, PCL[2] – PLA:	ca. 7–12 Monate kein Abbau nach einem Jahr
Biologischer Abbau unter Bedingungen der Prüfung zur "Gartenkompostierung" (Abbauzeit zum Bestehen des Tests: max. 12 Monate)	
– In der Literatur sind kaum Ergebnisse zum biologischen Abbau von Kunststoffen unter Bedingungen der „Gartenkompostierung" zu finden – Einige Testergebnisse zeigen jedoch, dass grundsätzlich nur wenige PLA-Produkte, im Gegensatz zu Stärke-, PHA- und PBS-Produkten als „gartenkompostierbar" zertifiziert sind	
Biologisch abbaubar in Süßwasser (Abbauzeit zum Bestehen des Tests: max. 56 Tage)	
– Je nach Material Abbau unter 56 Tage bis über 1,5 Jahre	
Biologisch abbaubar in Meerwasser (Abbauzeit zum Bestehen des Tests: max. 6 Monate)	
– Je nach Material Abbau unter 6 Monate bis über 1,5 Jahre	

[1] *TPS:* Thermoplastische Stärke; [2] *PCL:* Polycaprolacton; [3] *PBSe:* Polybutylen-Sebacat; [4] *PBSeT:* Polybutylen Sebacat-cobutylenterephtalat
© Ramboll Deutschland GmbH

28.3 Nachweis der Desintegration in realen Umweltkompartimenten

In realen Umweltkompartimenten ist es aufgrund der offenen Systeme nicht möglich, den biologischen Abbau über die Erfassung des entstehenden Endproduktes Kohlendioxid gezielt zu bestimmen. Wichtigster Parameter ist daher die Betrachtung der Zersetzung des Kunststoffes, meist über den Masseverlust und/oder eine Oberflächenbestimmung oder eine visuelle Beurteilung (Desintegrationstests).

Die Recherche zur Desintegration von Kunststoffen unter naturnahen, realen Bedingungen erfolgte für die Umweltkompartimente Süßwasser, Meerwasser und Boden. ◘ Tab. 28.3 fasst diese Rechercheergebnisse zusammen; die vollständige Darstellung der Ergebnisse und der zugrunde liegenden Literatur enthält [1]).

Aus den ◘ Tab. 28.2 und 28.3 wird deutlich, dass zwar einige BAK in der definierten Zeitspanne der entsprechenden Norm abbauen bzw. desintegrieren, dies jedoch nicht bei allen BAK gegeben ist. Die ermittelten Ergebnisse zeigen, dass die Geschwindigkeit des biologischen Abbaus bzw. der Desintegration stark von den Umgebungsbedingungen abhängt.

28.4 Chancen und Herausforderungen potenzieller Entsorgungswege

BAK können theoretisch allen Stufen der Abfallhierarchie entsprechend entsorgt werden. Für einige dieser Entsorgungsoptionen ist jedoch die Erfüllung bestimmter Normen notwendig (◘ Tab. 28.1). Die möglichen Optionen werden in ◘ Abb. 28.2 dargestellt.

Aus ökobilanzieller Sicht ist im Einklang mit der Gesetzgebung (§ 6 KrWG) stets eine Vermeidung, Wiederverwendung oder ein Recycling (werkstofflich, rohstofflich) von Kunststoffen anzustreben. Grundsätzlich ist der biologische Abbau von Kunststoffen erst dann vorteilhaft, wenn durch die Eigenschaft der biologischen Abbaubarkeit ein Zusatznutzen entsteht.

◘ **Tab. 28.3** Zusammenfassung der Testergebnisse Desintegration in realer Umwelt

Desintegration im Boden:
- Kunststoffe, die als „biologisch abbaubar im Boden" zertifiziert sind, werden auch unter realen Bedingungen zersetzt
- Stärkebasierte Polymere, PHA, PCL, PBAT, PBS und PBSA sind nach 12 Monaten vollständig abgebaut (unter guten Bedingungen)
- PLA zeigt sehr schwankende Ergebnisse (teilweise nicht vollständig nach 24 Monaten aufgelöst)
- Mulchfolien (z. B. Stärkebasis, PBAT) sind nach einem Jahr vollständig zerfallen (ansonsten ist der Abbau/Zerfall nach dem Unterpflügen möglich)
- Generell zerfallen die Kunststoffe unter trockenen Bedingungen sehr langsam

Desintegration in Süßwasser:
- Wenige Publikationen vorhanden; hauptsächlich für PHA untersucht
- Unter realen Bedingungen dauert der Zerfall mehrere Monate (sehr unterschiedliche Ergebnisse)

Desintegration in Meerwasser:
- Vollständige Zersetzung von PHA, PCL und stärkebasierten Materialien nach ca. einem Jahr
- Zersetzung synthetischer Polyester wie PBS und PBAT sehr langsam

© Ramboll Deutschland GmbH

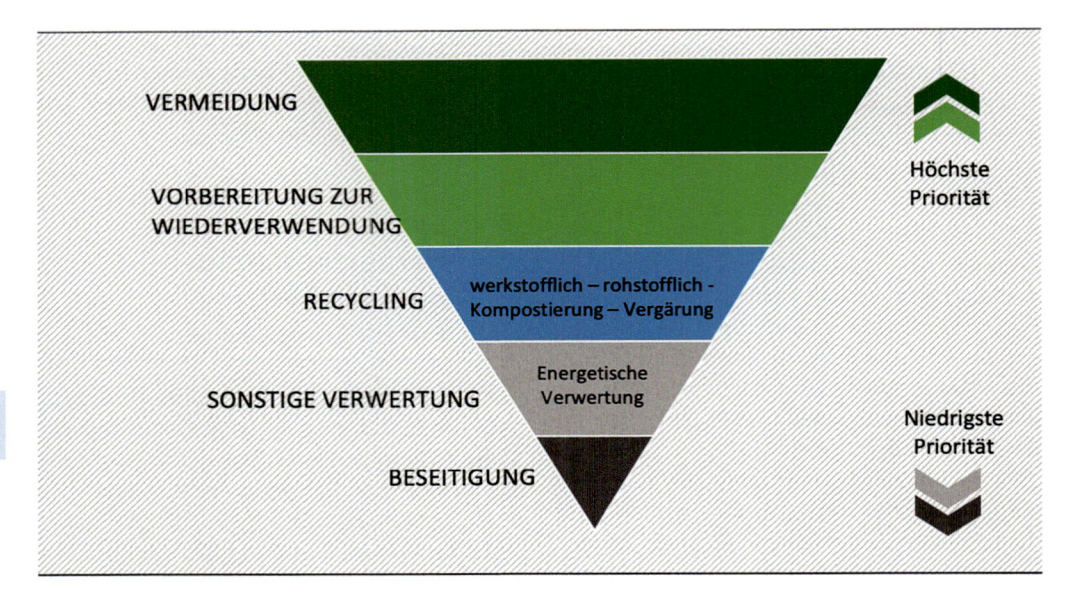

Abb. 28.2 Abfallhierarchie nach der Abfallrahmenrichtlinie 2008/98/EG. (© Ramboll Deutschland GmbH)

28.4.1 Werkstoffliches und rohstoffliches Recycling

Aufgrund der geringen Mengen an BAK werden die separate Erfassung und ein anschließendes Recycling von Post-Consumer BAK-Abfällen aus wirtschaftlichen Aspekten, trotz technischer Machbarkeit, zum jetzigen Zeitpunkt in Deutschland nicht verfolgt. Vielmehr werden BAK, welche in Recyclingströme konventioneller Kunststoffe gelangen, vor Recyclingprozessen aussortiert und energetisch verwertet [4–6]. Bei steigenden Mengen könnten die Sortierprozesse jedoch entsprechend angepasst werden.

28.4.2 Industrielle Kompostierung

Abfallbeutel zur Sammlung von Bioabfall sind in Deutschland laut Bioabfallverordnung (BioAbfV) für die Verwertung als Düngemittel oder zum Zweck der Aufbringung zugelassen, sofern diese nach EN 13432 zertifiziert sind und aus überwiegend nachwachsenden Rohstoffen bestehen. Gleiches gilt für BAK-Abfälle der Landwirtschaft, des Gartenbaus, der Teichwirtschaft, der Forstwirtschaft, der Jagd und der Fischerei, wie z. B. Mulchfolien. Für biologisch abbaubare Mulchfolien ist jedoch vor allem der Abbau im Boden relevant.

Verpackungen gehören hingegen laut BioAbfV nicht zu den Abfällen, welche zur Verwertung in einer industriellen Kompostier- bzw. Vergärungsanlage zugelassen sind – auch nicht, wenn deren Abbau nach EN 13432 nachgewiesen und zertifiziert wurde.

Rahmenbedingungen zur Sammlung und Aufbereitung haushaltsnaher Abfälle können durch kommunale Satzungen definiert bzw. eingegrenzt werden. So besteht die Möglichkeit, dass Bioabfallbeutel aus BAK zwar laut BioAbfV zur industriellen Kompostierung zugelassen, nach der kommunalen Abfallsatzung jedoch untersagt sind.

Die Zertifizierung nach EN 13.432 unterliegt anspruchsvollen Prüfungen. So sind neben dem vollständigen biologischen

Abbau und dem erfolgreichen Desintegrationstest auch die Einhaltung bestimmter chemischer Grenzwerte und ein Ökotoxizitätstest mit Pflanzen gefordert.

Der größte Nutzungsvorteil von entsprechend zertifizierten Bioabfallbeuteln aus BAK wird in einer gesteigerten Menge an getrennt erfasstem Bioabfall gesehen, die mit einer Verringerung des Bioabfalls im Restmüll einhergeht. Der erhöhte Komfort für Verbraucher resultiert aus der sauberen Sammlung und dem sicheren Transport des Bioabfalls im BAK-Beutel. Studien zeigen dabei eine Steigerung getrennt erfasster Bioabfallmengen um bis zu 50 % [7–9]. Ein direkter Zusatznutzen für das Endprodukt Kompost entsteht durch die Kompostierung des BAK-Beutels allerdings nicht, da BAK keine Nährstoffe, wie z. B. Phosphor und Stickstoff enthalten; sie tragen folglich nach ihrem Abbau zu keiner Nährstoffanreicherung des Kompostes bei [10].

Zudem gibt es eine Diskrepanz zwischen den Anforderungen der Norm und den realen Kompostierpraktiken. Eine Zertifizierung nach DIN EN 13.432 setzt die 90-%ige Desintegration innerhalb von drei Monaten und einen 90-%igen Abbau innerhalb von sechs Monaten voraus. Die Verweilzeiten in deutschen Anlagen betragen jedoch oft nur wenige Wochen. Diese Zeit reicht nicht immer aus, um zertifizierte BAK vollständig abzubauen. In einer Nachsortierung werden mögliche Reste zusammen mit anderen Störstoffen aussortiert und energetisch verwertet, was zusätzliche Entsorgungskosten bedeuten kann.

In ca. 65–70 % der deutschen Kompostierungsanlagen werden alle Kunststoffe bereits vor dem Kompostierungsvorgang aussortiert [11], sodass die BAK bereits vor der Kompostierung mit der Störstofffraktion aussortiert und energetisch verwertet werden. Jedoch gibt es auch Praxistests, die den einwandfreien Abbau der Bioabfallbeutel aus BAK in industriellen Kompostierungsanlagen bestätigen.

Anzumerken ist jedoch, dass selbst 10 % der BAK Rückstände < 2 mm im Kompost, die laut EN 13.432 nach dreimonatiger Kompostierung akzeptiert werden, für die Bewertung des Fremdstoffgehalts im Prüflabor als problematisch gelten, um beispielsweise entsprechende Qualitätssiegel zu erhalten. Grundsätzlich gilt jedoch, je kleiner die Partikel von BAK, desto besser sind die Voraussetzungen für einen weiteren biologischen Abbau. Folglich wird davon ausgegangen, dass sich diese Partikel – im Gegensatz zu konventionellen Kunststoffen – im Kompost oder Boden weiter abbauen.

28.4.3 Vergärung

Durch die Vergärung von Bio- und Grünabfällen entsteht im Gegensatz zur industriellen Kompostierung neben Kompost auch Biogas. Die meisten BAK werden jedoch erst unter aeroben Bedingungen abgebaut. Eine aerobe Nachrotte ist laut [11] bei nur ca. der Hälfte der untersuchten Vergärungsanlagen Bestandteil des Verwertungsprozesses. Sollten folglich BAK in eine Vergärungsanlage ohne Nachrotte gelangen, in welcher typischerweise mesophile Bedingungen vorherrschen, sind Abbau und Desintegration in geforderter Zeit nicht gesichert. Zudem gibt es bislang weder eine entsprechende Norm noch ein entsprechendes Zertifizierungsprogramm für den Nachweis des Abbaus unter anaeroben Bedingungen.

28.4.4 Gartenkompostierung

Die Eigenkompostierung von BAK im Garten ist grundsätzlich möglich, sofern die Produkte als „home compostable" bzw. „gartenkompostierbar" zertifiziert sind (nach AS 5810; NF T 51–800) und BAK laut der entsprechenden kommunalen Abfallsatzung zur Eigenkompostierung zugelassen sind. Die Rahmenbedingungen für die Eigenkompostierung von Küchen-, Speise- und anderen organischen Abfällen können durch die kommunale Satzung definiert bzw. eingegrenzt werden.

Bei nicht sachgerechter Handhabung der Eigenkompostierung besteht das Risiko, dass Treibhausgase entweichen oder Stickstoff in Boden oder Grundwasser eingetragen werden [12]. Andererseits kann die Einsparung von Transportemissionen und Transportenergie gegenüber der Verwertung in einer industriellen Anlage als ökologischer Vorteil betrachtet werden [13]. Weiter können durch die Eigenkompostierung Kosten für die Sammlung, den Transport und die Verwertung von Bioabfällen gesenkt und damit die Entsorgungsgebühren der Grundstückseigentümer verringert werden [12].

Eine großflächige Eigenverwertung ist in Deutschland aufgrund der geringen Gartenflächen nicht möglich. Besonders in städtischen Regionen findet diese Art der Verwertung von biologisch abbaubaren Abfällen kaum statt.

Um als „gartenkompostierbar" zertifiziert zu werden, müssen Produkte hohe Anforderungen (v. a. Abbau unter geringen Temperaturen) erfüllen, sodass diese Produkte auch die Anforderungen an eine industrielle Kompostierung erfüllen.

28.4.5 Biologischer Abbau im Boden

Die Zertifizierung als „biologisch abbaubar im Boden" nach EN 17.033 richtet sich nur an Produkte, bei welchen dieser Vorgang als sinnvoll/angemessen erachtet wird. Aufgrund ihrer Anwendung in der Landwirtschaft bzw. im Gartenbau ist der biologische Abbau im Boden besonders für Mulchfolien relevant. Das Konzept der Bodenkompostierung kann auch für biologisch abbaubare Pflanzen- und Anzuchttöpfe, Bindegarne, -bänder und Clips angewendet werden [14]. Der Zusatznutzen im biologischen Abbau im Boden wird in der Arbeits- und Kostenersparnis gesehen, da keine aufwendige Entsorgung der Materialien nötig ist.

Der Abbau im Boden ist jedoch stark von den Umgebungsbedingungen abhängig, welche von Region zu Region stark variieren. Ein Zertifizierungsprogramm kann diese Vielfalt nicht abdecken. So zeigen verschiedene Testergebnisse und einige Studien, dass die Desintegration im Boden in der geforderten Zeit unter realen Bedingungen stattfinden kann, andere jedoch, dass die Anforderungen des Standards unter realen Bedingungen nicht erfüllt werden können (siehe Ergebnisse oben und [1]).

28.4.6 Energetische Verwertung

Die energetische Verwertung ist besonders für stark verschmutze Stoffe sinnvoll, die keinem sinnvollen Recycling mehr zugeführt werden können. Bei der Mitverbrennung von BAK in Siedlungsabfallverbrennungsanlagen gibt es keine technischen Probleme oder Einschränkungen, weshalb diese Verwertungsoption heute großflächig durchgeführt wird [15].

28.4.7 Beseitigung

Anhang 1 der Abfallrahmenrichtlinie enthält eine nicht abschließende Liste von Beseitigungsverfahren für Abfälle, welche jedoch nach dem Prinzip der hochwertigen Verwertung nicht beschritten werden sollten. In Deutschland gilt darüber hinaus seit 2005 ein Ablagerungsverbot für nicht vorbehandelte organische Siedlungsabfällen

28.5 Zusammenfassung

Die Anforderungen existierender Normen bilden oftmals nicht die realen Bedingungen für einen biologischen Abbau ab. Vielmehr zeigen die Ergebnisse, dass die Geschwindigkeit des biologischen Abbaus bzw. der Desintegration stark von den Umgebungsbedingungen abhängt. Auch beeinflusst die vorherrschende, lokale Infrastruktur die Umsetzbarkeit des biologischen Abbaus.

Die vorstehende Diskussion verdeutlicht die Komplexität der Bestimmung geeigneter Entsorgungsoptionen für BAK. Allgemeingültige Aussagen sind kaum möglich. Der Einsatz biologisch abbaubarer Kunststoffe kann nur produktspezifisch diskutiert werden. Als entscheidender Faktor muss hier neben der Vorteilhaftigkeit, technischen Umsetzbarkeit und Praktikabilität auch der Zusatznutzen betrachtet werden.

Literatur

1. Umweltbundesamt, 2018, Gutachten zur Behandlung biologisch abbaubarer Kunststoffe, ▶ https://www.umweltbundesamt.de/sites/default/files/medien/421/publikationen/18-07-25_abschlussbericht_bak_final_pb2.pdf. Abruf 08.04.2020.
2. European Bioplastics, 2019, Bioplastics Facts and Figures. ▶ https://docs.european-bioplastics.org/publications/EUBP_Facts_and_figures.pdf. Abruf 08.04.2020.
3. European Bioplastics, no year, What are bioplastics. ▶ https://www.european-bioplastics.org/bioplastics/. Abruf 08.04.2020.
4. Kreindl, G., 2013, Einsatz von Biokunststoffverpackungen aus Sicht der Abfallwirtschaft. In: Thomé-Kozmiensky, Goldmann (Hg.), 2013, Recycling und Rohstoffe. S. 262–291.
5. Endres, H.-J.; Siebert-Raths, A., 2009, Technische Biopolymere. Rahmenbedingungen, Marktsituation, Herstellung, Aufbau und Eigenschaften. Carl Hanser Verlag. München.
6. Partnern des BMEL-Verbundvorhabens „Nachhaltige Verwertungsstrategien für Produkte und Abfälle aus biobasierten Kunststoffen", 2018, PLA-Abfälle im Abfallstrom. In: Müll und Abfall. 04-2018. S. 200–202.
7. Öko-Institut, FH Mainz, IGW, 2008, Optimierung der Abfallwirtschaft in Hamburg unter dem besonderen Aspekt des Klimaschutzes. Freiburg. ▶ https://www.hamburg.de/contentblob/2986416/7fdd8a1834412e62c11ce03cc3300930/data/gutachten-klima.pdf;jsessionid=BCD7E4D809F1F821315225620D5168D2.liveWorker2. Abruf 08.04.2020.
8. Kanthak, M.; Söling, F., 2012, Bewertung des Einsatzes von kompostierbaren Sammelbeuteln aus ecovio®-Material. In: Müll und Abfall. 44 (8), S. 402–404.
9. Schmidt, H., 2016, Praxisversuch zur Steigerung der Bioabfallerfassung in München. „Neuhausens wertvollste Sammlung". Abfallwirtschaftsbetriebe München. Präsentation.
10. Detzel, A.; Kauertz, B.; Derreza-Greeven, C., 2012, Endbericht Untersuchung der Umweltwirkungen von Verpackungen aus biologisch abbaubaren Kunststoffen. Erstellt für das Umweltbundesamt. Herausgeber: Institut für Energie- und Umweltforschung Heidelberg GmbH (IFEU). Heidelberg. ▶ https://www.umweltbundesamt.de/sites/default/files/medien/461/publikationen/3986.pdf. Abruf 08.04.2020.
11. Umweltbundesamt, 2012, Handbuch Bioabfallbehandlung. Erfassung des Anlagenbestands Bioabfallbehandlung. ▶ https://www.umweltbundesamt.de/sites/default/files/medien/461/publikationen/4324.pdf. Abruf 08.04.2020.
12. European Bioplastics, 2015, Home Composting. Factsheet. ▶ https://docs.european-bioplastics.org/publications/bp/EUBP_BP_Home_composting.pdf. Abruf 08.04.2020.
13. Umweltbundesamt, 2016, Kompost, Eigenkompostierung. ▶ https://www.umweltbundesamt.de/umwelttipps-fuer-den-alltag/garten-freizeit/kompost-eigenkompostierung. Abruf 08.04.2020.
14. Fachagentur Nachwachsende Rohstoffe e. V., 2013, Biokunststoffe - Pflanzen, Rohstoffe, Produkte. Gülzow-Prüzen. ▶ https://mediathek.fnr.de/biokunststoffe.html . Abruf 08.04.2020.
15. European Bioplastics, 2015, Energy Recovery. Factsheet. ▶ https://docs.european-bioplastics.org/publications/bp/EUBP_BP_Energy_recovery.pdf. Abruf 08.04.2020.

Anreicherung von Plastikpartikeln in Auenböden

Collin J. Weber, Christian Opp und Peter Chifflard

Rückstände von Plastik, welches heute aus dem Alltag nicht mehr wegzudenken ist, gelangen nicht nur in die Weltmeere, sondern auch in die Böden. Der „neue" Schadstoff Mikroplastik ist dabei auch in Auenböden weit verbreitet und gefährdet zusätzlich die bedeutenden Funktionen von Auen und ihren Böden.

Die zunehmende Umweltverschmutzung durch Plastik sowie deren ökologischen Folgen sind inzwischen einer breiten Öffentlichkeit bekannt. Bilder von Müllteppichen an Stränden oder den sogenannten „Plastikstrudeln" des Atlantiks sind in den Medien allgegenwärtig. Nach den ersten wissenschaftlichen Nachweisen von Mikroplastik in den Weltmeeren konnte inzwischen die weltweite Verbreitung von Plastikpartikeln in den Meeren selbst, in Meeresorganismen oder auch im arktischen Meereis nachgewiesen werden [1, 2]. In den letzten 20 Jahren zeigte sich allerdings auch, dass Plastik und Mikroplastik sowohl in Flüssen und Seen als auch in entlegenen Bergregionen nachweisbar sind. Spricht man heute von Plastik in der Umwelt gilt es zu beachten, dass es sich dabei immer um (Plastik-)„Partikel" handelt, welche nach ihrer Größe zumeist als Makro- (>25 mm), Meso- (>5 mm), Mikro- (5 mm bis 1 µm) und Nanoplastik (<1 µm) definiert werden [3]. Es handelt sich dabei immer um rein menschlich erzeugte Kunststoffe, sogenannte Polymere, wie beispielsweise Polyethylen (PET), die heutzutage aus dem Alltag nicht mehr weg zu denken sind. Die globale Kunststoffproduktion, welche im größeren Ausmaß seit den 1950er-Jahren besteht, hat seit den 1960er-Jahren um das Zwanzigfache zugenommen (368 Mrd. t in 2019) [4–6] (◘ Abb. 29.1). Mit dieser Zunahme, gelangt seit nun über 60 Jahren auch zunehmend mehr Kunstsoff in die Umwelt. Plastikpartikel können dabei beispielsweise durch das achtlose Wegwerfen von Müll (sogenanntes „Littering"), Abwasser (bspw. Bekleidungsfasern) oder durch den Verkehr (bspw. Reifenabrieb) in die Umwelt gelangen [7].

> **Kompakt**
> - Der Wissensstand zu Mikroplastik in Böden und Auenböden ist mit großen Unsicherheiten behaftet; Quantifizierung und Identifizierung von Plastikpartikeln in Böden sind häufig sehr aufwendig und kaum standardisiert.

Zuerst erschienen in Wasser und Abfall 5/2021

- Meso- und Mikroplastik ist in Auenböden weiter verbreitet als bisher angenommen, die räumliche Verteilung des Schadstoffs ist sehr heterogen.
- Mikroplastik wird in Auen durch Sedimentation in den oberen Bodenschichten abgelagert und kann durch vertikale Verlagerungsprozesse auch tiefere Bodenschichten erreichen.

Durch die Eigenschaften der Polymere, werden größere Plastikpartikel mit der Zeit zerkleinert, was dazu führt, dass zunehmend mehr Mikro- oder Nanoplastik in den Umweltmedien Wasser, Luft und Boden nachweisbar ist. Nachweise von Mikroplastikpartikeln in Pflanzen und Tieren, Trinkwasser und sogar im Menschen selbst (bspw. in menschlichen Plazentas), in Verbindung mit möglichen Gefahren durch die Aufnahme dieser Fremdkörper sollten aufhorchen lassen [8].

Innerhalb des vergleichsweise jungen Forschungsfeldes, welches sich mit Plastik in der Umwelt beschäftigt, stellen die Böden ein Umweltmedium dar, welches erst seit wenigen Jahren in den Fokus der Forschung gerückt ist. Stand 2020 beschäftigen sich nur 4 % der Studien mit Schwerpunkt auf Mikroplastik überhaupt mit Böden [9]. Die potenziellen Gefahren durch Mikroplastik für Bodenökosysteme, aber auch uns Menschen selbst als Hauptnutzer des Bodens, macht jedoch eine genaue Betrachtung von Mikroplastik in Böden dringend notwendig, da nicht zuletzt 95 % der globalen Nahrungsmittel direkt oder indirekt auf Böden produziert werden [10]. Die ersten Studien, welche sich seit dem Jahr 2016 mit Mikroplastik in Böden auseinandersetzen, konnten zeigen, dass Makro- und Mikroplastik weltweit in ackerbaulich genutzten Böden, Auenböden, Gartenböden und auch urbanen Böden auffindbar ist [9]. Vor dem Hintergrund, dass gerade

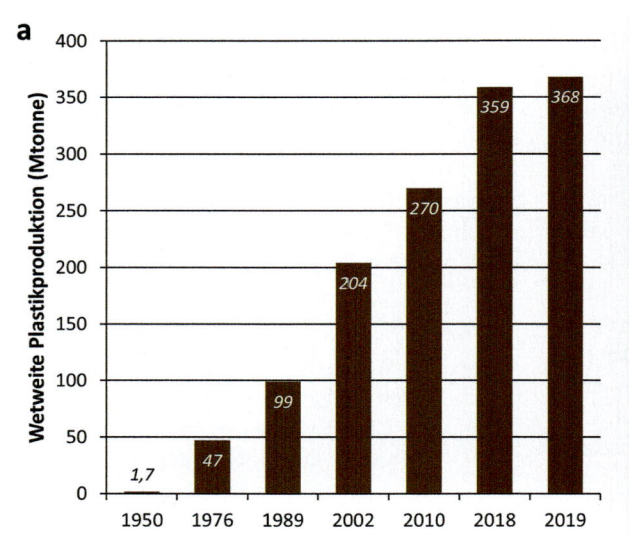

◻ **Abb. 29.1** Weltweite Plastikproduktion und Makroplastik auf einer Ackerfläche in der Nidda-Aue: a) Weltweite Plastikproduktion seit 1950 (Quelle: [6]); b) und c) Makroplastikartikel. (© Collin J. Weber)

die Landwirtschaft selbst durch die Verwendung von Plastikfolien oder die Applikation von Klärschlamm (bis zu 200.000 Plastikpartikel kg–1) und Kompost (bis zu 180 mg kg–1 visuell erkennbares Plastik) als Düngemittel, zu einem stetigen potenziellen Plastikeintrag beiträgt, verwundert es nicht, dass landwirtschaftlich genutzte Böden gegenüber Mikroplastik als besonders vulnerabel gelten [11].

Darüber hinaus konnte in ersten Studien gezeigt werden, dass Mikroplastik von Bodenorganismen wie Regenwürmern oder Pflanzen aufgenommen werden kann und damit Einfluss auf die Bodenfruchtbarkeit aber auch andere chemische wie physikalische Bodeneigenschaften nehmen kann [12]. Darüber hinaus können andere Schadstoffe mit Mikroplastik in Böden interagieren oder eingetragen werden. So können beispielsweise Schwermetalle an Mikroplastikpartikel gebunden werden oder Weichmacher (bspw. Diethylhexylphthalat, DEHP) aus den Plastikpartikeln in den Boden gelangen [12]. Nicht zu vernachlässigen ist dabei, dass Mikroplastik in Böden sehr lange Zeiten überdauern kann. Modellierte Halbwertszeiten für „vergrabene" Plastikpartikel, welche gegenüber UV-Licht abgeschirmt sind, werden mit 4,6 (Polyethylen Tüte) bis >2500 (PET Wasserflasche) Jahren angegeben [13].

Derzeit steht die Forschung zu Mikroplastik in Böden noch in ihrer Anfangsphase. Wie jedes neue Forschungsfeld verlangt auch dieses zunächst die Entwicklung neuer Analysemethoden und Untersuchungsansätze, um Plastik in Böden überhaupt finden zu können und eine repräsentative Beprobung von Böden zu ermöglichen. Neben der reinen Quantifizierung von Plastikgehalten oder der Untersuchung von Einflüssen auf Bodeneigenschaften, stellt sich ebenfalls die Frage, welche Rolle Böden als mögliche Senken für Mikroplastikpartikel darstellen.

29.1 Auen als potenzielle Plastiksenken

Auenböden, bekannt als Landschaftsarchive durch ihre Entstehung in Folge von Sedimentablagerungen bei Hochwässern, aber auch ihre verbreitete Nutzung als landwirtschaftlicher Standort, sind für die Untersuchung von Plastikgehalten besonders interessant. Versucht man die globalen Prozesse, welche zu einer Verbreitung und Verteilung von Plastik innerhalb der Umwelt beitragen, zu erfassen, rücken Flüsse und Flusssysteme als potenzielle Transportrouten in den Fokus. Es stellt sich die Frage, wie Plastik in die Weltmeere gelangt, da nur ein Bruchteil der globalen Plastikproduktion und Nutzung im direkten Umfeld der Meere stattfindet. Inzwischen hat sich gezeigt, dass vor allem Flüsse, welche immer von (Fluss-)Auen und ihren Böden umgeben sind, einen erheblichen Anteil an dem Transport von Plastik haben. Bis zu 91 % des globalen Plastikmülls welcher in die Umwelt gelangt, wird wahrscheinlich durch Flüsse transportiert [14]. Diese Feststellung wirft unter anderem die Frage auf, welche Rolle Auenböden als mögliche Senken für Plastikpartikel spielen, da die Senkenfunktion von Auenböden für Sedimentfrachten selbst, aber auch Nährstoffe und Schadstoffe (bspw. Schwermetalle) bekannt ist. Auch wenn die gesamte Auenfläche der Welt nur 0,61 % der gesamten Fläche aller Kontinente umfasst (0,08 % in Europa), sind Auen jedoch wichtige Ökosysteme [15]. Auen sind als natürliche Retentionsräume für den Hochwasserschutz unverzichtbar, filtern das Wasser und tragen zur Verbesserung der Wasserqualität in Flüssen bei. Darüber hinaus beherbergen sie eine Vielzahl von seltenen Tier- und Pflanzenarten und sind nicht zuletzt ein wichtiger Nutzungsraum innerhalb der Kulturlandschaft. Die Auenfläche von Flüssen mit einem Einzugsgebiet >1000 km2 macht dabei in Deutschland rund 4,4 % der Landesfläche aus [16].

Eine erste Studie zu Mikroplastik in Auenböden der Schweiz aus dem Jahr 2018, welche die oberen 5 cm von Auenböden in Schweizer Naturschutzgebieten untersucht hat, konnte zeigen, dass Mikroplastik in 90 % der untersuchten Böden zu finden ist und die Menge an gefundenem Plastik (0–55,5 mg kg–1) deutlich mit der Bevölkerungsdichte im jeweiligen Flusseinzugsgebiet zusammenhängt [17]. Eine weitere Studie aus dem Jahr 2020 konnte am Beispiel der Auen des Flusses Inde (Nordrhein-Westfalen) aufzeigen, dass Mikroplastikgehalte mit zunehmender Fließlänge zunehmen und vor allem Gleithänge von Mäanderbögen als Mikroplastik-Hotspots fungieren [18]. Diese ersten Ergebnisse zeigen, dass Mikroplastik in Auen vorkommt und in den Auenböden abgelagert werden kann (Abb. 29.2). Dabei ist bisher offen, ob Mikroplastik vor allem durch den Fluss selbst in Form von Hochwasserereignissen in die Auen gelangt oder ob zeitgleich andere Quellen wie beispielsweise die Landwirtschaft eine größere Rolle spielen.

29.2 Methodenvielfalt in der (Mikro-)Plastikanalyse

Der derzeitige Wissenstand zu Mikroplastik in Böden und Auenböden im Speziellen ist nach wie vor mit großen Unsicherheiten behaftet. Sowohl die Quantifizierung als auch Identifizierung von Plastikpartikeln in Böden ist, im Gegensatz zur Analyse von Plastikpartikeln in Wasserproben, häufig sehr aufwendig und kaum standardisiert. Dies hat zur Folge, dass sich Ergebnisse unterschiedlicher Studien nur unzureichend miteinander vergleichen lassen und eine allgemeingültige Risikoabschätzung derzeit unmöglich machen [19]. Die zur Verfügung stehenden Methoden reichen dabei von einfacher manueller oder visueller Untersuchung von Plastikpartikeln bis hin zu thermogravimetrischen oder spektroskopischen Methoden [20]. Zu beachten gilt es dabei, dass bereits die Probennahme im Gelände an den neuen „Schadstoff" Mikroplastik

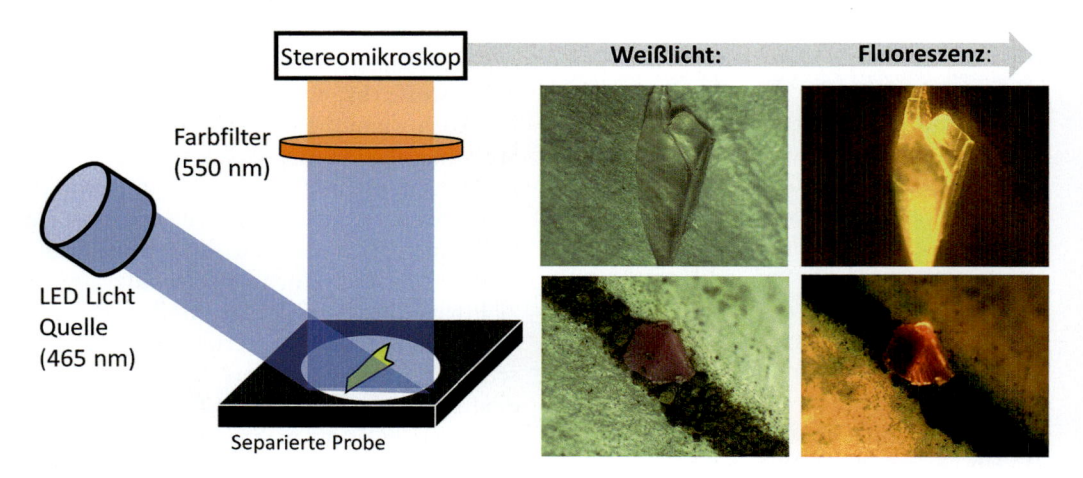

Abb. 29.2 Hochwasser als Transportmedium für Plastik und Mikroplastik: a) Lahn Hochwasser im Frühjahr 2019 bei Niederweimar; b) PET-Flasche am Rande des Überflutungsbereiches; c1 Polyethylene Mikroplastikpartikel; c2) Harzbeschichteter Mikroplastikpartikel; c3) Polyurethane Mikroplastikpartikel. (© Collin J. Weber)

angepasst werden muss: Bei Plastikrückständen in Böden handelt es sich immer um Partikel, welche im Gegensatz zu anderen Stoffen nicht homogen im Boden verteilt sind. Des Weiteren muss bereits während der Probenahme und stringent in allen darauffolgenden Analyseschritten die Kontamination der Proben durch Plastik (bspw. Bekleidungsfasern, Plastiktüten etc.) bestmöglich verhindert werden. Die Analyse von Plastikpartikeln in Böden setzt sich aus fünf Schritten zusammen: 1) Entwicklung einer Beprobungstrategie, 2) Probenahme, 3) Probenaufbereitung, 4) Probenmatrix Separation und der abschließenden 5) Identifizierung und Quantifizierung [9]. Grundsätzlich steht dabei zumeist die Trennung des gesuchten Materials (Plastik und Mikroplastikpartikeln) von der Probenmatrix (mineralische und organische Bodenkomponenten) im Fokus. Diese Trennung wird zumeist in zwei Schritten durch (a) Abtrennung der mineralischen Fraktion (bspw. manuell, Dichteseparation, Öl-Extraktion, Flotation) und (b) Entfernung der organischen Fraktion (bspw. durch saure, alkalische oder enzymatische Verdauung oder Oxidation) erreicht. Die abschließende Identifikation der Partikel kann durch visuelle Methoden, chromatographische (Pyr GC–MS, TED GC–MS), thermogravimetrische (TGA) oder spektroskopische Methoden (Raman- oder Fourier-Transform-Infrarot (FTIR)-Spektroskopie) erreicht werden.

Die Vor- und Nachteile sowie Unsicherheiten und Limitierungen der einzelnen Methoden oder einer entsprechenden Kombination sind derzeit Gegenstand der wissenschaftlichen Diskussion. Dennoch lässt sich festhalten, dass inzwischen Methoden zur Verfügung stehen, welche die Analyse von Plastikpartikeln aus Bodenproben möglich machen. Auch wenn die vielfältige Methodenentwicklung ein wichtiges Ziel innerhalb eines jungen Forschungsgebietes ist, sollte eine Standardisierung ausgewählter Methoden ebenfalls ein zeitnahes Ziel sein, um umfassendere und vergleichbare Quantifizierungsstudien zu ermöglichen.

29.3 Angewendete Methoden

Im Projekt „Microplastic in floodplain soils" (Mikroplastik in Auenböden), welches am Fachbereich Geographie der Philipps-Universität Marburg durchgeführt wird, werden seit 2019 die Plastikgehalte in Auenböden der Flüsse Lahn und Nidda (Hessen) untersucht. Ziel des Projekts ist es dabei, einen neuen, räumlich prozess-orientierten Untersuchungsansatz zu entwickeln, um die räumlichen Dynamiken von Mikroplastik und möglichen Zusammenhängen mit Schwermetallen zu verstehen. Um eine räumlich systematische Erfassung der Mikroplastikgehalte in Auenböden zu ermöglichen, wurde ein transektbasierter Untersuchungsansatz gewählt. Dabei wurden im Auenquerschnitt Reihen von Bodenprofilen in Form von Bohrungen bis 2 m Tiefe angelegt. Die systematische Auswahl repräsentativer Standorte erfolgte über die Einteilung des Flusseinzugsgebietes nach geologischen und geomorphologischen Merkmalen sowie der Annahme, dass mit zunehmender Fließlänge des Gewässers auch die Anzahl potenzieller Plastikquellen im Einzugsgebiet ansteigt. Jeder ausgewählte Transekt- bzw. Querschnittstandort entspricht dabei mehreren zuvor festgelegten Kriterien (bspw. Lage innerhalb des Überflutungsbereiches, wenige anthropogene Störungen). Die Beprobung erfolgte lateral mit zunehmendem Abstand zum Fließgewässer und vertikal nach festen Tiefenstufen. Um Kontaminationen zu vermeiden, wurden alle Kunststoffteile von Bohrgestängen entfernt und die Proben in Tüten aus Maisstärke (MaterBi, BioFotura) transportiert und gelagert. Um eine höhere Repräsentativität zu erzielen, wurden ebenfalls das Umfeld der Transekte bodenkundlich durch Kleinbohrungen (bis 1 m Tiefe) untersucht und an zwei Standorten hochaufgelöste Beprobungen für die Datierung der Böden durchgeführt. Alle Bohrungen wurden nach internationalen und nationalen bodenkundlichen Standards dokumentiert.

Innerhalb des Projektes werden zur Mikroplastikquantifizierung bestehende Methoden adaptiert und kombiniert. Die Bodenproben werden dazu zunächst bei <50 °C getrocknet und anschließend gemörsert und in die Fraktionen >5 mm (Makroplastik), >2 mm (grobes Mikroplastik) und < 2 mm (Mikroplastik) gesiebt. Plastikpartikel in den Makro- und groben Mikroplastikfraktionen werden anschließend visuell mittels Stereomikroskop identifiziert, dokumentiert und zur abschließenden Identifikation aufbewahrt [21]. Der Hauptanteil des Probenmaterials, welcher im Bereich der Mikroplastikfraktion liegt, wird nach einer Probenhomogenisierung der Dichteseparation innerhalb des MikroPlastik Sediment Separator (MPSS, HYDRO-BIOS, Kiel) unter Anwendung einer Natriumchlorid-Lösung ($\rho = 1{,}2$ g cm^{-3}) unterzogen [22]. Anschließend werden die separierten Probenbestandteile, welche Plastikpartikel und organisches Material mit einer Dichte <1,2 g cm^3 beinhalten, erneut fraktioniert (Siebung und Filtration in >1 mm und >0,5 mm). Zur Identifikation potenzieller Plastikpartikel innerhalb dieser Fraktion wurde ein Stainingverfahren (Anfärben) mittels des Farbstoffes Nil-Rot angewendet [23]. Dieser Fluoreszenz Farbstoff bindet an polymeren Oberflächen und ermöglicht eine visuelle Unterscheidung von organischem Material und potenziellen Plastikpartikeln mithilfe von Farbfiltern unter dem Stereomikroskop (Bild 3). Die identifizierten Partikel können somit von den Filtern abgenommen und separat aufbewahrt werden. Zeitgleich wurden zu jedem Partikel die Partikelform und die Oberflächeneigenschaften beschrieben sowie eine Fotodokumentation und Vermessung vorgenommen. Um eine sichere Identifikation aller potenziellen Partikel größer 0,5 mm zu gewährleisten, wurden diese anschließend mittels eines spektroskopischen Verfahrens (ATR-FTIR) vermessen. Die so erhaltenen Adsorptionsspektren wurden mit bestehenden Datenbanken (Bruker, OpenSpecy.com) abgeglichen, um den eindeutigen Polymertyp (bspw. PP) zu bestimmen.

Neben der Mikroplastikanalytik werden Analysen zu Bodeneigenschaften (bspw. Korngrößenverteilung, Gehalt an organischer Substanz), Schwermetallanalysen (Königswasser-Extrakte via ICP-MS) und Datierungen rezenter Auensedimente (Pb/Cs-Datierungen) durchgeführt, um eine umfassende Bewertung der Plastikvorkommen und Interpretation sowie Rekonstruktion der Ablagerungsbedingungen von Plastik in Auenböden vornehmen zu können.

29.4 Meso- und Mikroplastik in Auenböden der Lahn (Hessen)

Neben ersten Ergebnissen auf konzeptioneller Ebene [9] liegen zurzeit erste Ergebnisse zu Meso- und Mikroplastikgehalten aus einer systematischen Feldstudie im Auenbereich der Lahn vor. Innerhalb der Forschungsarbeiten wird zwischen Mesoplastik (>5 mm), groben Mikroplastik (5–2 mm) und größerem Mikroplastik (2–0,5 mm) unterschieden. Gehalte an Plastik werden in Anzahl der Partikel je kg Boden (Trockenmasse) angegeben. Für die drei Größenklassen konnten im Bereich der Lahnaue aus 12 Bodenprofilen an vier Untersuchungsstandorten mittlere Gehalte von 2,06 p kg^{-1} für Mesoplastik und grobes Mikroplastik sowie von 1,24 p kg^{-1} für Mikroplastik festgestellt werden. Deutlich

Abb. 29.3 Schematische Darstellung des Stainingverfahrens mittels Nil-Rot zur Identifizierung von Mikroplastikpartikeln. (© Collin J. Weber)

unterscheiden sich hier die maximalen Gehalte, welche zwischen 5,37 p kg^{-1} (Mesoplastik), 8,59 p kg^{-1} (grobes Mikroplastik) und 13,54 p kg^{-1} (Mikroplastik) liegen. Im Vergleich mit anderen Studien scheinen diese Gehalte zunächst vergleichsweise gering, wobei dies nicht zuletzt auf die unterschiedlichen Untersuchungs- und Analysemethoden zurückzuführen ist. Grundsätzlich sollte jedoch ebenfalls beachtet werden, dass es bei Plastikrückständen im Gegensatz zu anderen potenziellen Schadstoffen keine natürlichen Hintergrundgehalte gibt, da Kunststoffe nur durch den Menschen produziert werden und in die Umwelt gelangen können.

Die maximalen Gehalte treten unabhängig von Landnutzung und Bodentyp in den oberen 40–50 cm der Auenböden auf. Allerdings konnten in Ufernähe ebenfalls grobe Mikroplastikpartikel bis zu einer Tiefe von 100 cm und Mikroplastikpartikel bis zu einer Tiefe von 150–200 cm nachgewiesen werden (◘ Abb. 29.4). Hauptsächlich finden sich bekannte Polymertypen wie beispielsweise Polyethylen (PE), Polyamide (PA) oder verschiedene Harze. Diese entsprechen häufig verwendeten Kunststoffarten, welche sowohl in der Industrie oder Landwirtschaft aber vor allem für Verpackungen im Alltag Verwendung finden.

Die meisten gefundenen Partikel sind stark degradiert oder verwittert, was auf eine längere Verweildauer im Boden oder in der Umwelt schließen lässt. Frische Partikel mit nichtdegradierten Oberflächen treten lediglich in landwirtschaftlich genutzten Oberböden auf, was auf einen stetigen Eintrag durch die Landwirtschaft schließen lässt. Die Auswertung der räumlichen Verteilung und der Einbezug von regionalen Sedimentationsraten (Raten cm/Jahr der Flusssedimentablagerung in mittelhessischen Auen) ergab, dass sowohl Plastikeinträge durch den Fluss (Hochwässer) als auch weitere diffuse Quellen (bspw. Müll, Landwirtschaft) zusammenwirken. Des Weiteren ist die Tiefenverteilung der

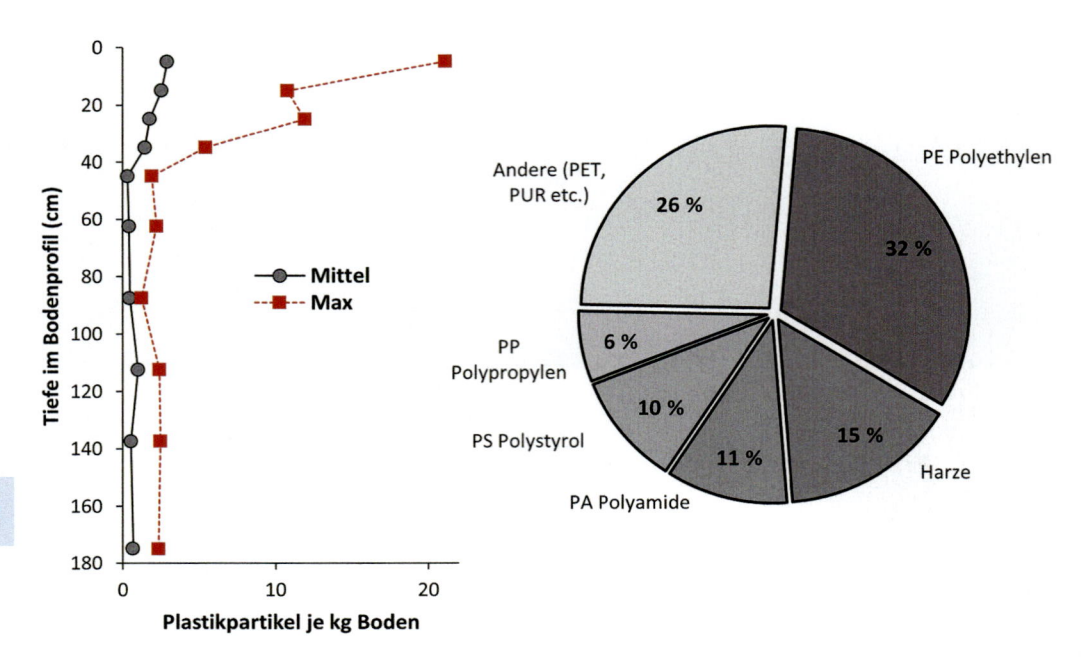

◘ **Abb. 29.4** Vertikale Makro- und Mikroplastikverteilung sowie Zusammensetzung der identifizierten Polymertypen im Bereich der Lahnaue. (© Collin J. Weber)

Plastikpartikel nicht nur auf natürliche Ablagerungsprozesse, sondern wahrscheinlich ebenfalls auf vertikale Tiefenverlagerungen innerhalb der Böden für die vergleichsweise großen Partikel zurückzuführen. Zusammenfassend lässt sich aus den bisherigen Ergebnissen festhalten, dass Plastikpartikel in Auenböden zwar weiter und tiefer verbreitet sind als bisher angenommen, jedoch räumlich sehr heterogen auftreten. Des Weiteren kann ein komplexes Zusammenspiel unterschiedlicher Plastikquellen in den Auenlandschaften angenommen werden [21].

Weitere bisher noch unveröffentlichte und derzeit in Auswertung befindliche Ergebnisse zeigen, dass die räumlich heterogene Verteilung auch für kleinere Partikel im Größenbereich 2,0–0,5 mm besteht. Maxima finden sich vor allem in ufernahen Bereichen und wie bei den größeren Partikeln in Oberböden. Die Einbeziehung von Schwermetallanalysen und weiteren Bodendaten in Kombination mit ersten Datierungsergebnissen eines Sedimentkerns, deuten an, dass Mikroplastik in den oberen 50 cm der Böden durch rezente Sedimentablagerungen seit den späten 1950er- bis 1960er-Jahren abgelagert wurde; allerdings nach dieser Ablagerung auch vertikal durch natürliche Prozesse (bspw. Bodentiere, Regenwasser, Grundwasser) in tiefere Bodenschichten gelangen konnte (◘ Abb. 29.5).

29.5 Ausblick

Die Forschung zu Mikroplastik in Böden und Auenböden im speziellen ist derzeit ein sehr schnell fortschreitendes Forschungsfeld. Wie in den letzten Jahren für den Bereich der Meere und Gewässer werden auch für das Umweltmedium Boden in den kommenden Jahren eine Vielzahl von Studien und daraus resultierenden neuen Erkenntnissen zu erwarten sein. Dies betrifft nicht zuletzt auch die Entwicklung, sondern vor allem auch die Standardisierung

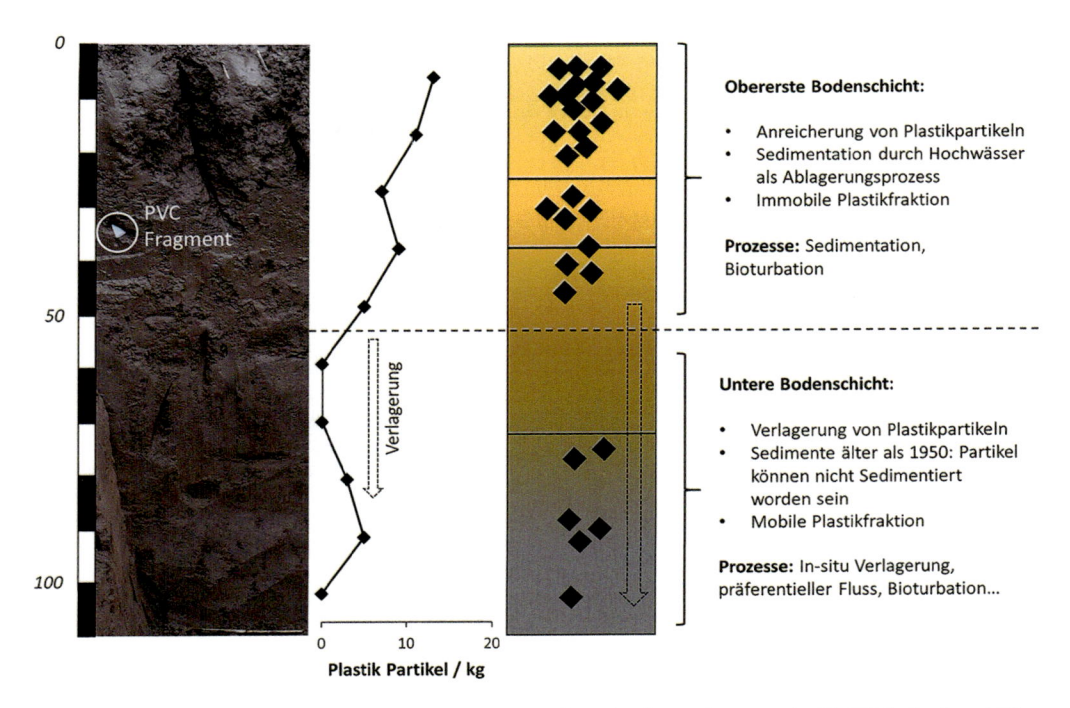

Abb. 29.5 Schematische Darstellung der vertikalen Mikroplastikverteilung sowie Mobilität in Auenböden und verantwortlicher Umweltprozesse. (© Collin J. Weber)

von Analysemethoden, welche dringend erforderlich ist. Daneben wurde die Problematik von Mikroplastik in Böden inzwischen auch von politischer Seiter erkannt. Die Aufnahme von Mikroplastik als mögliche Bodenkontamination in die neue Bodenstrategie der Europäischen Kommission ist ein wichtiges Beispiel dafür. In den kommenden Jahren ist somit eine weitere Auseinandersetzung mit dem Themenkomplex Mikroplastik insbesondere für den Bodenschutz zu erwarten!

Für die Studien im Auenbereich der Lahn und Nidda, welche bis zum Ende des Jahres 2021 abgeschlossen sein sollen, werden ebenfalls neue Ergebnisse erwartet, welche einen tieferen Einblick in die Ablagerungsbedingungen von Mikroplastik in Auenböden zulassen. Nicht zuletzt geht es dabei vor allem um ein vertieftes Prozessverständnis, wie Mikroplastik in die Böden gelangt und sich dort verhält. Nur auf der Basis von umfangreichen räumlichen Quantifizierungen wird man sich in Zukunft auch den aufkommenden Fragen zum Umgang mit der Mikroplastikbelastung von Böden und Ökosystemen weltweit stellen können.

Literatur

1. Carpenter EJ, Smith KL (1972) Plastics on the Sargasso Sea Surface. Science:1240–1243
2. Cole M, Lindeque P, Halsband C et al. (2011) Microplastics as contaminants in the marine environment: a review. Mar Pollut Bull 62:2588–2597. ▶ https://doi.org/10.1016/j.marpolbul.2011.09.025
3. Andrady AL (2017) The plastic in microplastics: A review. Mar Pollut Bull 119:12–22. ▶ https://doi.org/10.1016/j.marpolbul.2017.01.082
4. Ellen MacArthur Foundation (2017) The new plastics economy: Rethinking the future of plastics & catalysing action. Ellen McArthur Foundation, Cowes

5. Heinrich-Böll-Stiftung, Bund für Umwelt und Naturschutz Deutschland (eds) (2019) Plastikatlas 2019: Daten und Fakten über eine Welt voller Kunststoffe. Heinrich-Böll-Stiftung, Berlin.
6. PlasticsEurope (2020) Plastics – the facts 2020: An analysis of European plastic production, demand and waste data. PlasticsEurope, Berlin
7. Karbalaei S, Hanachi P, Walker TR et al. (2018) Occurence, sources, human health impacts and mitigation of microplastic pollution. Environmental Science and Pollution Research:36046–36063. ▶ https://doi.org/10.1007/s11356-018-3508-7
8. Ragusa A, Svelato A, Santacroce C et al. (2021) Plasticenta: First evidence of microplastics in human placenta. Environ Int 146:106274. ▶ https://doi.org/10.1016/j.envint.2020.106274
9. Weber CJ, Weihrauch C, Opp C et al. (2020) Investigating microplastic dynamics in soils: Orientation for sampling strategies and sample pre-procession. Land Degradation & Development:270–284. ▶ https://doi.org/10.1002/ldr.3676
10. Food and Agriculture Organization of the United Nations (2015) Healthy soils are the basis for healthy food production. Fact sheet. FAO, Rome
11. Bläsing M, Amelung W (2018) Plastics in soil: Analytical methods and possible sources. Sci Total Environ 612:422–435. ▶ https://doi.org/10.1016/j.scitotenv.2017.08.086
12. Zhang B, Yang X, Chen L et al. (2020) Microplastics in soils: a review of possible sources, analytical methods and ecological impacts. J Chem Technol Biotechnol 37:1045. ▶ https://doi.org/10.1002/jctb.6334
13. Chamas A, Moon H, Zheng J et al. (2020) Degradation Rates of Plastics in the Environment. ACS Sustainable Chem Eng 8:3494–3511. ▶ https://doi.org/10.1021/acssuschemeng.9b06635
14. Lechthaler S, Waldschläger K, Stauch G et al. (2020) The Way of Macroplastic through the Environment. Environments 7:73. ▶ https://doi.org/10.3390/environments7100073
15. Nardi F, Annis A, Di Baldassarre G et al. (2019) GFPLAIN250m, a global high-resolution dataset of Earth's floodplains. Sci Data 6:180309. ▶ https://doi.org/10.1038/sdata.2018.309
16. Bundesministerium für Umwelt, Naturschutz und Reaktorsicherheit (2009) Auenzustandsbericht: Flussauen in Deutschland. Bundesministerium für Umwelt, Naturschutz und Reaktorsicherheit, Bonn
17. Scheurer M, Bigalke M (2018) Microplastics in Swiss Floodplain Soils. Environ Sci Technol 52:3591–3598. ▶ https://doi.org/10.1021/acs.est.7b06003
18. Lechthaler S, Esser V, Schüttrumpf H et al. (2021) Why analysing microplastics in floodplains matters: application in a sedimentary context. Environ Sci.: Processes Impacts 71:299. ▶ https://doi.org/10.1039/D0EM00431F
19. Brandes, E., Braun, M., Rillig, M.C., Leifheit, E.F., Steinmetz, Z., Fiener, P., Thomas, D. (2020) (Mikro-)Plastik im Boden Eintragspfade, Risiken und Handlungsoptionen. Bodenschutz. ▶ https://doi.org/10.37307/j.1868-7741.2020.03.10
20. Möller JN, Löder MGJ, Laforsch C (2020) Finding Microplastics in Soils: A Review of Analytical Methods. Environ Sci Technol 54:2078–2090. ▶ https://doi.org/10.1021/acs.est.9b04618
21. Weber CJ, Opp C (2020) Spatial patterns of mesoplastics and coarse microplastics in floodplain soils as resulting from land use and fluvial processes. ENVIRONMENTAL POLLUTION 267:115390. ▶ https://doi.org/10.1016/j.envpol.2020.115390
22. Imhof HK, Schmid J, Niessner R et al. (2012) A novel, highly efficient method for the separation and quantification of plastic particles in sediments of aquatic environments. Limnol Oceanogr Methods 10:524–537. ▶ https://doi.org/10.4319/lom.2012.10.524
23. Thomas Maes, Rebecca Jessop, Nikolaus Wellner et al. (2017) A rapid-screening approach to detect and quantify microplastics based in fluorescent tagging with Nile Red. Sci Rep. ▶ https://doi.org/10.1038/srep44501

Kunststoffabfälle aus privaten Haushalten erfassen, sortieren und verwerten

Kerstin Kuchta

Kunststoffabfälle aus Verpackungen (LVP) werden über derzeit neun duale Systeme und in verschiedenen Erfassungsarten zu 60 bis 75 % gesammelt. Während sich die Erfassung auf dem Niveau der klassischen Wertstoffe wie Altpapier oder Glas befindet, treten in der nachgeschalteten Sortierung und Aufbereitung hohe Verluste auf.

Der weltweite Einsatz von Kunststoffen steigt seit Jahren kontinuierlich an. 2017 umfasste allein der deutsche Markt mehr als 21 Mio. Mg Kunststoffe. Für die Herstellung von Kunststoffprodukten der Bereiche Verpackungen, Möbel, Bau, Automobil, Elektro, etc. wurden knapp 12 Mio. Mg verwendet, wovon allein der Verpackungssektor 3,15 Mio. Mg eingesetzt hat [1]. Kunststoff als Verpackungsmaterial, insbesondere für Lebensmittel, kann einen wesentlichen Beitrag zum Schutz der Güter leisten und zur Stärkung eines nachhaltigen Konsums beitragen. Die Möglichkeiten für Innovationen in Bezug auf Kunststoffverpackungen werden sowohl national als auch international auf breiter Basis erforscht und entwickelt. Neben Produktverboten, Quoten für Rezyklateinsatz und Wiederverwendung werden auch Abgabenmodelle und Mehrwertsteuerreduktion bei Recycling diskutiert.

30.1 Verwertung von Kunststoffabfällen in Deutschland

Die Gesamtmenge der Kunststoffabfälle aus Haushalten, Gewerbe und Industrie betrug 2017 annähernd 6,2 Mio. Mg und nahm gegenüber den Vorjahren weiter zu. Die Zunahme ist überwiegend auf den Post–Consumer Bereich zurück zu führen [1]. Kunststoffabfälle aus Leichtverpackungs-Fraktionen (LVP), aus dem Gewerbeabfall und als getrennt erfasster Industrie- und Gewerbemengen repräsentieren etwa 5,5 % des Abfalls aus Haushaltungen, Industrie und Gewerbe oder ca. 2 % der gesamtdeutschen Abfälle [2].

Zuerst erschienen in Wasser und Abfall 1–2/2019

> **Kompakt**
> - Verpackungsabfälle aus privaten Haushaltenwerden im Rahmen der erweiterten Produktverantwortung gegenwärtig von neun dualen Systemen erfasst, sortiert und verwertet.
> - Verpackungsabfälle aus Kunststoff (LVP) werden bundesweit in verschiedenen Sammelsystemen erfasst, wobei die Quoten, Qualitäten und Kosten der Erfassung erhebliche Unterschiede aufweisen.
> - Während die von lokal unterschiedlichen Siedlungsstrukturen und Erfassungssystemen abhängigen Sammlungsquoten bundesweit zwischen 60 bis 75 % betragen, liegen die Recyclingquoten von Kunststoffverpackungen zum Teil deutlich unter 40 %.

Da Kunststoffverpackungen in der Regel nur eine kurze Zeitspanne in der Nutzung sind, gelangte in 2017 bereits wieder annähernd die gesamte Einsatzmenge in den Abfall. Die aktuelle Conversio Studie verzeichnet entsprechend 3 Mio. Mg Kunststoffabfälle aus Verpackungen in 2017 [1]. Diese Abfälle finden sich zu 60–75 % in der getrennten Wertstofferfassung der Kommunen.

Weitere Kunststoffabfälle aus dem Bereich Sperrmüll und Haushaltsrestabfälle werden zum Teil als Stoffgleiche Nichtverpackung (StNVP) über die LVP- bzw. Wertstoffsammlung miterfasst. Nach eigenen Untersuchungen und der Literatur werden gemeinsam mit den deutschen Wertstoff-Sammlungssystemen ca. 10 % StNVP-Kunststoffabfälle erfasst und weiter aufbereitet.

Während Produktionsabfälle überwiegend sortenrein und definiert anfallen und daher recycelt werden, liegt die Recyclingrate im Post-Consumer-Bereich bei lediglich etwa 30 %. Wird als Grundlage der Berechnung der Recyclingquote nicht der Eingang in eine weitergehende Recyclinganlage gesehen, sondern wie von der EU Kommission vorgeschlagen, der Output an wiedereinsatzfähigem Material herangezogen, so liegt die Recyclingquote der deutschen Kunststoffverpackungen 2017 unter 25 %. Der Rest wird mit leicht rückläufiger Tendenz auf hohem Umweltniveau energetisch verwertet. Damit besteht für den Verpackungsbereich eine Diskrepanz zu der EU-Vorgabe der Abfallrahmenrichtlinie 2008/98/EC, welche eine Recyclingquote von mind. 50 % der Kunststoffe aus Haushaltsabfällen fordert.

Entsprechend zeigen Berechnungen, dass etwa 0,8 Mio. Mg Kunststoffabfall aus dem Post-Consumer-Bereich hochwertig in Deutschland recycelt werden, entsprechend 0,5 % des gesamten deutschen Abfalls aus Haushaltungen, Industrie und Gewerbe. Ergänzend wird das Kunststoffrecycling aus anderen Sektoren mit insgesamt 2,4 Mio. Mg berechnet, wovon 0,8 Mio. Mg Industrie und Gewerbe, 0,4 Mio. Mg der getrennten PET Sammlung, 0,4 Mio. Mg der LVP Sammlung und 0,7 Mio. Mg anderen gewerblichen Rücknahmesystemen zuzuordnen ist [3]. Die deutschen Behandlungskapazitäten für Kunststoffabfälle sind aktuell noch begrenzt und werden teilweise auch für die qualifizierte Behandlung von Kunststoffabfällen aus Nachbarländern, z. B. den Niederlanden, genutzt. In 2017 wurden 0,8 Mio. Mg Kunststoffabfälle zum Recycling exportiert.

Zur weiteren Steigerung der Sammelmengen wurden verschiedene Studien durchgeführt. Nach Wilst et al. 2014 bestand 2012 ein Kunststoffrecycling-Potenzial von 1,5 Mio. Mg Kunststoffabfälle aus dem Gewerbebereich, 1,4 Mio. Mg aus den LVP und StNVP sowie 0,25 Mio. Mg aus Elektroaltgeräten und Altfahrzeugen, wovon jedoch lediglich 0,6 Mio. Mg recycelt wurden [4]. Im Ergebnis ging das Umweltbundesamt davon aus, dass die getrennt erfassten Kunststoffabfallmengen um 3 kg/E · a gesteigert werden können [5]. Dazu ist anzumerken, dass zum einen das abgeschätzte

Steigerungspotenzial mit bis zu 80 % des Aufkommens sehr ambitioniert ist und zum anderen die hohe Schadstoffbelastung der Kunststoffabfälle aus Elektroaltgeräten, Altfahrzeugen und anderen Gewerbebereichen eine Vermischung mit qualitativ hochwertigen Kunststoffabfällen und ein Recycling grundsätzlich deutlich einschränken.

» „Mit steigendem Komfort für die Nutzenden steigt auch die Sammelmenge deutlich an, wobei die größten Mengen in Tonnensystemen gesammelt werden."

Gleichzeitig wurde die Trennung von Kunststoffen aus Restabfall vom Umweltbundesamt als nicht zielführend bewertet. Basierend auf der Studie von Wengenroth 2015 bewertet das UBA die tatsächlich abtrennbare Menge von 11 % als nicht verhältnismäßig [6]. In den Niederlanden wird die Abtrennung seit vielen Jahren und aktuell verstärkt durchgeführt und liefert ca. 25 % der Kunststoffabfälle zur Verwertung.

30.1.1 Bewertung der Sammel- und Verwertungsquote.

Die Erfassung von Leichtverpackungen dient vor allem der Rückführung von Kunststoffabfällen zum Zwecke des Recyclings und zum Wiedereinsatz der gewonnenen Rezyklate in der Produktion. Während in Recyclingsystemen die Erfassung oftmals die größte Herausforderung darstellt, liegt die Sammelquote der Kunststoffverpackungsabfälle in der getrennten Wertstofferfassung bereits heute bei 60–75 %. Sie ist damit vergleichbar mit der Rücklaufquote von Altpapier oder Altglas und fällt deutlich höher aus als für andere getrennt erfasste Abfallströme, wie z. B. Elektroaltgeräte (44 %) und Batterien (45 %). Diese Tatsache verdeutlicht die hohe Effizienz der Sammelsysteme, das große und geschärfte öffentliche Bewusstsein und die breite Unterstützung durch die Bevölkerung und die Kommunen.

In der Detailbetrachtung der folgenden Verwertungsschritte sinkt die Effizienz des LVP-Recyclingsystems im Vergleich zu anderen Recyclingsystemen erheblich. Im Altpapierrecycling fallen in der Regel 10–20 % Rejekte, d. h. Abfall aus minderwertigen Fasern, Farben oder Fremdstoffen an und 80 bis 90 % der gesammelten Menge kann wieder im Produkt eingesetzt werden. Für die zweistufige Aufbereitung – die Sortierung der gesammelten Wertstoffe in LVP-Sortieranlagen und die technische Aufbereitung der Kunststofffraktion beim Recycler – der Kunststoffverpackungsabfälle sind deutlich höhere Verluste und Rejekte zu verzeichnen. So zeigen Erhebungen bei Recyclern und aktuelle Studien, dass in Bezug auf die LVP Verwertung „etwa die Hälfte der enthaltenen Kunststoffe für eine energetische Verwertung aussortiert wird und zusätzlich Mengen aus der stofflichen Verwertung aufgrund unzureichender Qualität nachträglich energetisch verwertet werden." [7]

Dies wird auch durch den Schweizer „Projektausschuss Runder Tisch Kunststoff", bestehend aus Umweltbehörden und Vertretern von Einzelhandel und Kunststoffverband, bestätigt. Die im Dezember 2016 veröffentliche Bewertung verschiedener Szenarien für die Zukunft der Abfallbehandlung im Bereich Kunststoff zeigt, dass ein positiver ökologischer Effekt des Recyclings des Kunststoffverpackungsabfalls nur durch hohe Sortenreinheit erreichbar ist, welche das deutschen System noch nicht im notwendigen Maß liefert [8].

30.2 Definition Kreislauffähigkeit von Kunststoffen.

Das Konzept der Kreislaufführung verfolgt das Ziel der Minderung von Umweltbelastungen aus der Rohstoffbereitstellung durch die Mehrfachnutzung von Rohstoffen, direkt oder indirekt durch Recycling. Die weitgehende Kreislaufführung wird gemäß der *Circular Economy Strategie* der Europäischen Kommission für alle Materialien angestrebt.

Die Anforderungen für kreislauffähige Produkte umfassen einen modularen Aufbau, demontagegerechte Baustruktur und Verbindungstechniken, die Reduktion der Materialvielfalt, die umfassende Kennzeichnung von Werkstoffen und die Auswahl verwertbarer Werkstoffpaarungen, z. B. durch die Vermeidung von Verbunden.

Im Rahmen der im Jahr 2018 intensivierten Kunststoffdiskussion sind weitere grundsätzliche Anforderungen an die Rezyklierbarkeit von Kunststoffen veröffentlicht worden. Recyclingfähig ist ein Produkt demnach, wenn es aus einem Kunststoff hergestellt ist, der aufgrund seines Marktwertes zum Recycling gesammelt wird oder hierfür eine rechtliche Verpflichtung gibt. Weiterhin muss die Sortierbarkeit und Aufbereitung mit vorhandener Technik möglich und für das Rezyklat muss ein Markt vorhanden sein.

Dementgegen zeigt sich, dass die Herstellung der heutigen Verpackungen und Gebrauchsgüter überwiegend aus komplexen Vielstoffgemischen erfolgt, welche die vielfältigen technischen und gestalterischen Produkt-Anforderungen durch Stoffkombinationen, gezielte Mischungen oder Zugaben von Additiven sicherstellen. Als Konsequenz ist die Kreislaufführung von Produkten, Komponenten und Werkstoffen in der Regel nicht ohne zusätzlichen Energie- und Stoffeinsatz möglich.

Dies trifft vor allem für Verpackungen und Produkte aus Kunststoffen zu und führt in der Konsequenz dazu, dass das Verpackungsgesetz mit 63 % eine deutlich geringere Recyclingquote für Kunststoffverpackungen als für alle anderen Verpackungsmaterialien fordert.

30.3 Systemerfassung und -analyse der Leichtverpackungsabfälle in Deutschland.

Zur Bewertung der potenziellen Verwertbarkeit und der aktuellen Verwertung von Kunststoffabfällen aus Haushaltungen wurde vor allem die Erfassung in LVP-Systemen, d. h. den Dualen Systemen untersucht. Dabei wurde berücksichtigt, dass die LVP-Erfassung auch Verpackungen aus anderen Materialien umfasst. Die entsprechenden Mengen an kunststofffremden Materialien wurden auf der Basis von Einzelbetrachtungen und pauschal mit Spannen gewürdigt.

Mit der Einführung des Dualen Systems Deutschlands (DSD) im September 1990 wurde angestrebt, (Leicht-)Verpackungsabfälle getrennt vom übrigen Hausmüll zu sammeln und zu recyceln. Durch die erweiterte Produktverantwortung der beteiligten Hersteller und Vertreiber entstand parallel zu der öffentlich-rechtlich organisierten Entsorgung ein privatwirtschaftlich organisiertes Entsorgungssystem. Inzwischen gibt es in Deutschland neun rechtlich zugelassene duale Systeme, welche die Sammlungen auf lokaler Ebene durchführen oder beauftragen. Neben eigenen Erhebungen [9, 10] wurden Veröffentlichungen und Daten einzelner Gebietskörperschaften ausgewertet, vergleichend gegenübergestellt und die Zusammenhänge von Sammlungsmenge, verwendetem System und Qualitäten dargestellt. Die erreichbaren Qualitäten von Kunststofffraktionen in LVP-Abfällen und im Restabfall wurden anhand eigener Abfallanalysen und ausgewählter Literaturdaten bewertet.

30.3.1 Datengrundlage

Die nachfolgenden Daten zum Aufkommen von LVP-Abfällen sowie Restmüll stammen aus den Abfallbilanzen der Bundesländer, welche im jeweiligen Landesrecht den § 21 des Kreislaufwirtschaftsgesetzes umsetzen und „Abfallwirtschaftskonzepte und Abfallbilanzen über die Verwertung, insbesondere der Vorbereitung zur Wiederverwendung und des Recyclings und die Beseitigung der in ihrem Gebiet anfallenden und ihnen zu überlassenden Abfälle" erstellen. Die Bundesländer führen demnach Daten zu Art, Herkunft und Menge der Abfälle der öffentlich-rechtlichen Entsorgungsträger zusammen und stellen sie jährlich der Öffentlichkeit zur Verfügung. Für die vorliegende Auswertung war eine Vereinheitlichung der jeweils unterschiedlich ausgestalteten Bilanzen zu leisten. Die Bevölkerungszahlen wurden der amtlichen Bevölkerungsstatistik entnommen.

Obgleich es sich bei den Verkaufsverpackungen der dualen Systeme nicht um überlassungspflichtige Abfälle für die öffentlich-rechtlichen Entsorger handelt, werden diese in den Abfallbilanzen dennoch ausgewiesen, da die Stoffströme oftmals miteinander verwoben sind. Einzig das Saarland präsentierte keine kreisgenauen Zahlen, da dort die Vertragsgebiete der dualen Systeme nicht immer deckungsgleich mit den Kreisen sind.

Für die Bestimmung, welches Erfassungssystem im jeweiligen Landkreis bzw. in den kreisfreien Städten genutzt wird, wurde auf die öffentlich verfügbaren Daten der Abfallentsorger zurückgegriffen. Sofern mehr als eine Art der Erfassung angegeben und die exakte prozentuale Aufteilung nicht anhand von zusätzlichen Informationen zu ermitteln war, wurde pauschal von einer paritätischen Verteilung ausgegangen. Dies betrifft vor allem die parallele Nutzung vom „Gelben Sack" und „Gelber Tonne". Für die Stadtstaaten Berlin und Hamburg wurde anhand von Daten der Wohnungswirtschaft eine möglichst realgetreue Verteilung der Systeme nachgebildet.

◘ Abb. 30.1 zeigt die Ergebnisse der für die Jahre 2015 und 2016 ausgewerteten einwohnerspezifischen Sammelmengen in den Bundesländern. Die Mengen sind in 2016 in allen Bundesländern weiter angestiegen.

30.3.2 Erfassungssysteme

Das Hauptsystem für die Erfassung der LVP-Abfälle sind Gelbe Säcke und Gelbe Tonnen bzw. Wertstofftonnen. Aktuell nutzen 14 Mio. Haushalte in Deutschland eine Wertstofftonne (Holsystem). In Bezug auf die Gesamtzahl der deutschen Haushalte (40,8 Mio.) entspricht dies 34,4 %. Die dritte Möglichkeit zur Sammlung sind in der entsprechenden Region aufgestellte Depotcontainer (Bringsystem). Ein weiteres Bringsystem stellen die Recyclinghöfe bzw. Wertstoffhöfe der Gemeinden dar. Diese sind an einem Ort fest eingerichtet und zu bestimmten Tageszeiten für den Anlieferverkehr geöffnet. In einigen Landkreisen, vereinzelt in Baden-Württemberg und verbreitet in Bayern, können Leichtverpackungen allein auf Recyclinghöfen abgegeben werden. In vielen Kreisen werden verschiedene Erfassungsarten (Gelber Sack und Gelbe Tonne) parallel angeboten. ◘ Abb. 30.2 zeigt die durchschnittliche Sammelmenge der Kreise in Deutschland 2015 nach Erfassungsart.

Insgesamt werden auf Wertstoffhöfen die geringsten Sammelmengen erfasst. Mit steigendem Komfort für die Nutzenden steigt auch die Sammelmenge deutlich an, wobei die größten Mengen in Tonnensystemen gesammelt werden.

Neben deutlich geringeren Sammelmengen weisen Bringsysteme weitere Nachteile auf. So sind im Bringsystem die Erfassungskosten pro kg erfasste LVP bis zum Faktor vier höher als im Holsystem, d. h. wenn die Sammlung der gelben Säcke 0,2 €/kg kostet, liegen die Kosten der Bringsys-

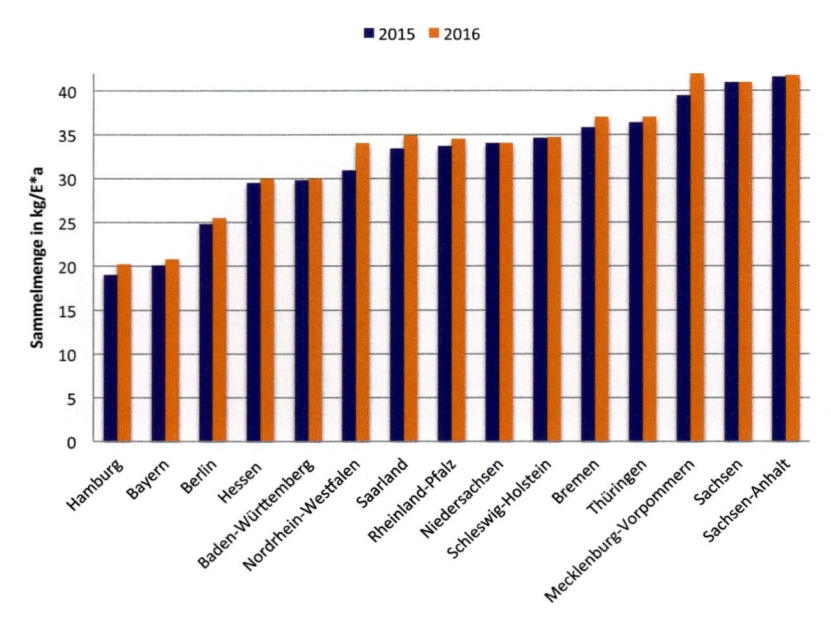

Abb. 30.1 Zusammenstellung der mittleren LVP-Sammelmengen pro Person in den Bundesländern in 2015 und 2016. Die Sammlung erfolgte in GelbenSäcken, Wertstofftonne, Gelben Tonnen, Depotcontainern und auf Wertstoffhöfen. (© Kerstin Kuchta)

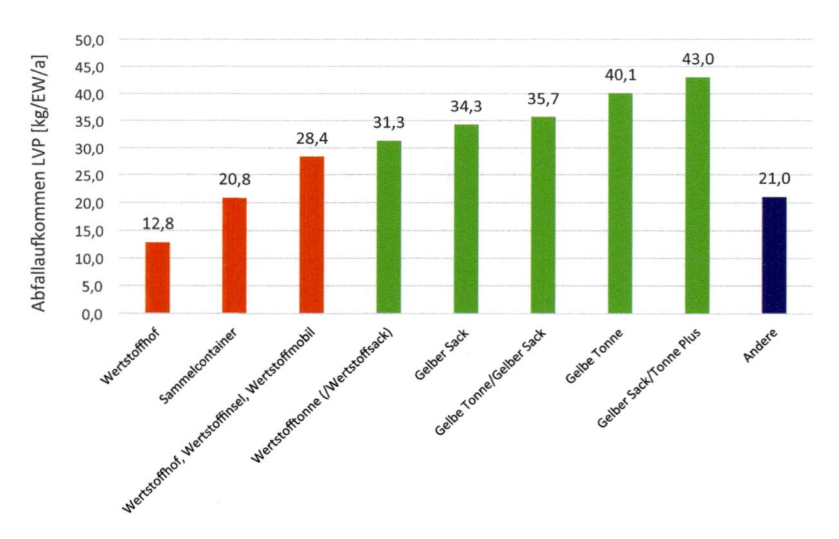

Abb. 30.2 Sammelmenge der Kreise nach Erfassungsart für LVP in 2015. (© Kerstin Kuchta)

teme bei bis zu 0,8 €/kg. Auch sind die mit dem Bringsystem verbundenen Umweltauswirkungen von Bedeutung, sodass der Gesamtumwelteinfluss dieses LVP-Erfassungssystems auch unter Berücksichtigung von Gutschriften aus sehr optimistisch veranschlagten Recyclingerfolgen als umweltbelastend bewertet wird [11].

30.3.3 Sammelerfolg in Abhängigkeit von der Struktur des Sammelgebiets.

Da auch die Struktur des Sammelgebietes die Erfassungsmenge beeinflusst, ist davon auszugehen, dass in Großstädten weniger gesammelt wird als in ländlichen Gebieten. Für die Erhebungen wurde deshalb die jeweilige Struktur eines Kreises gemäß seiner Einwohnerdichte kategorisiert. Für diese Einteilung wurden jeweils die Mittelwerte der LVP-Sammelmengen unabhängig von der Erfassungsart ermittelt und in der ◘ Tab. 30.1 zusammengestellt.

Die zusammengestellten Daten zeigen, dass die Sammelmengen im ländlichen und ländlich-dichtem Bereich ungefähr auf demselben Niveau liegen, während im städtischen, aber vor allem im großstädtischen Bereich, deutlich geringere Sammelergebnisse zu verzeichnen sind.

Der niedrige Erfassungsgrad von LVP-Abfällen in den großstädtischen Bereichen dürfte auf verschiedenen Einflüssen beruhen. Aufgrund der dichten Bebauung fehlt an einigen Stellen der Platz für Gefäße zur getrennten Erfassung. Die zunehmende Urbanisierung durch steten Zuzug aus den ländlichen Gebieten in die Städte verstärkt diesen Effekt. Gleichzeitig fehlt die Motivation, da sich für die Vermieter durch verbesserte Trennung keine Kosteneinsparungs-potenziale ergeben. Erschwerend kommt hinzu, dass die Großstadtbevölkerung im Allgemeinen kein ausgeprägtes Interesse an Abfalltrennung zeigt. Während die Bewohner von Einfamilienhäusern ein persönliches Interesse an der korrekten Trennung in „eigenen" Abfalltonnen haben, sind Bewohner von Mehrfamilienhäusern oder Großwohnanlagen an der Abfalltrennung weniger interessiert.

Der Einfluss der Erfassungsart auf die separat erfasste LVP-Menge ist aus der ◘ Tab. 30.2 ersichtlich, in der die entsprechenden Mittelwerte für 2015, getrennt nach Gebietsstrukturen und den jeweiligen Erfassungsarten, zusammengestellt sind.

Generell werden in Holsystemen und ländlichen Gebieten deutlich höhere Mengen erfasst als in Bringsystemen und Großstädten. Dabei erreichen die Systeme mit Tonnen die höchsten Werte. Im Vergleich dazu können die Bringsysteme auch in diesen Siedlungsstrukturen lediglich ein Drittel bis ein Viertel der mit anderen Sammelsystemen erzielbaren Mengen erreichen. Die geringsten Mengen werden durch Holsysteme in Großstädten erfasst.

30.3.4 Erzielbare Qualität und Fehlwurfanteil in der LVP-Erfassung

Die Qualität der separat erfassten LVP-Abfälle wird durch Fehlwürfe und Verunreinigungen gemindert. Dabei kann es sich um sogenannte „intelligente Fehlwürfe" handeln, deren Stoffstrom mit LVP-Abfällen

◘ **Tab. 30.1** Zusammenstellung der durchschnittlichen LVP Sammelmengen nach Struktur des Sammelgebiets

Einwohnerdichte [EW/km²]	Kategorie	LVP-Menge im Durchschnitt [kg/EwJahr]
bis 125	Ländlich	32,3
> 125–500	Ländlich dicht	32,7
> 500–1750	Städtisch	29,4
> 1750	Großstädtisch	23,5

◘ Tab. 30.2 Erfassungsmenge nach Sammelsystem und –kombination

Sammelsysteme	Ländlich (116 Gebiete mit 19 % der Bevölkerung)	Ländlich dicht (160 Gebiete mit 41 % der Bevölkerung)	Städtisch (81 Gebiete mit 20 % der Bevölkerung)	Großstädtisch (29 Gebiete mit 20 % der Bevölkerung)
Gelber Sack	32,7	31,3	29,4	22,2
Gelbe Tonne	50,5	39,3	30,4	25,2
Gelber Sack/Gelbe Tonne	37,6	39,8	31,4	24,8
Gelber Sack/1.100 l MGB	38,5	30,5	35,0	–
Gelber Sack/Gelbe Tonne/Depotcontainer	–	–	23,1	13,7
Wertstofftonne	35,0	28,3	30,2	23,4
Wertstofftonne/Wertstoffsack	–	43,0	30,5	30,2
Depotcontainer	–	9,0	31,7	5,1
Depotcontainer/Recyclinghof	12,4	31,3		
Recyclinghof	12,7	14,5	11,0	–
Gelber Sack (Bringsystem)	19,8	–		

(zufällig) übereinstimmt. Allerdings weisen diese Stoffe keine Verpackungsfunktion auf und sind dementsprechend nicht von den dualen Systemen lizensiert, d. h. die Entsorgung wird nicht über diese Systeme finanziert. Beispiele hierfür sind Spielzeuge aus Kunststoff oder Töpfe und Pfannen aus Metall. Ebenso finden sich in der LVP-Erfassung fremde Stoffströme, die im Regelfall über andere Abfalltonnen zu erfassen wären. Dabei kann es sich um Wertstoffe wie Papier oder Glas handeln, die zum Teil ebenfalls mit den Lizensierungszeichen gekennzeichnet sind. Aber auch Restmüll oder biologische Abfälle werden zuweilen über die LVP Sammlung entsorgt [12].

Die Wertstofftonnen wurden in vielen Gebieten eingeführt, um die „intelligenten Fehlwürfe" und die Stoffgleichen Nichtverpackungen (StNVP) gezielt mit zu erfassen und unabhängig von der Herkunft der Stoffe das Recycling von Materialien zu steigern. Die StNVP Anteile liegen heute in der Regel bei 10 %, und sie bestehen fast ausschließlich aus Kunststoff.

Seit Einführung der getrennten Erfassung von LVP zu Beginn der 1990er-Jahre wiesen Studien Fehlwurfquoten zwischen 10 und 50 % nach. Dabei wird oftmals vermutet, dass die Qualität der Abfälle aus Bringsystemen den Holsystemen überlegen ist, allen voran das System der Recyclinghöfe. Dementgegen beklagen die nachgeschalteten Kunststoffverwerter, dass die unbeaufsichtigte Befüllung der Container auf dem Recyclinghof sogar zu vermehrten Fehlwürfen führen und diese Behälter oftmals dazu genutzt würden, nicht zuordnungsbare Restabfälle aufzunehmen. Gelbe Säcke hingegen weisen demgegenüber grundsätzlich eine höhere Reinheit (geringe Fremdstoffanteile) auf, während

Kunststoffabfälle aus privaten Haushalten ...

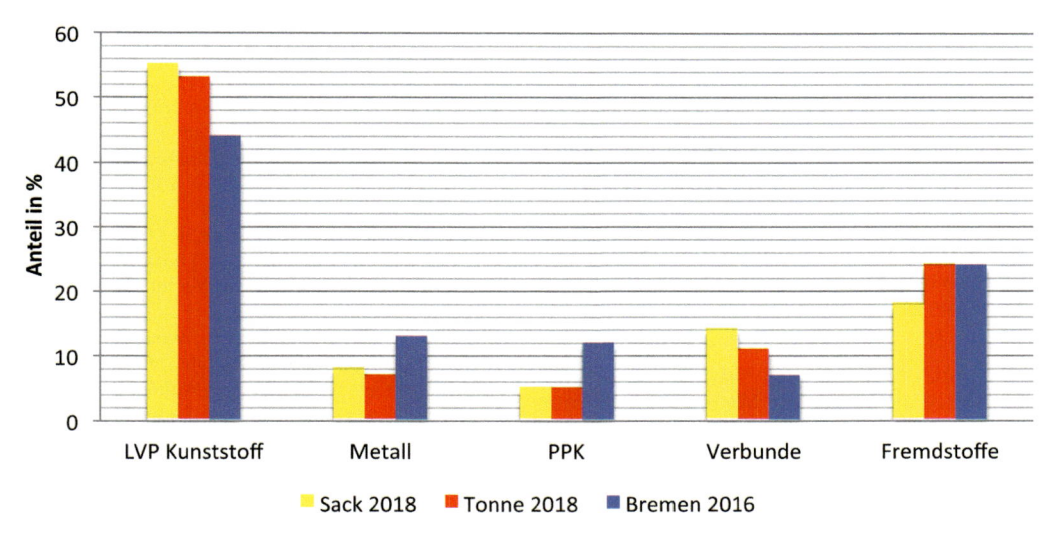

Abb. 30.3 Zusammensetzung der LVP-Sammelmengen aus dem Umfeld von Hamburg (2018) und aus Bremen (2016) nach [11]. (© Kerstin Kuchta)

Tonnen vor allem Großbehälter zu einer erheblichen Minderung der Qualität durch Fehlentsorgung führen. Begründet ist dies durch die optische Transparenz der Gelben Säcke, welche im Zusammenhang mit der sozialen Kontrolle und der begrenzten Reißfestigkeit die Fehlwürfe vermindert.

Die Ergebnisse von verschiedenen Analysen im Hamburger Umfeld zeigen aktuell einen Fremdstoffanteil von 21 % und einen Anteil von 11 % StNVP. Die Untersuchungen von Bothe aus 2016 weisen für LVP aus großstädtischen Bereichen auf etwa 36 % Fremdstoffe und bis zu 20 % StNVP hin [11].

Insgesamt besteht das gesammelte LVP Gemisch überwiegenden aus Kunststoff. Abb. 30.3 zeigt die Zusammenstellung einiger aktueller Analysen der gesammelten LVP Abfälle.

30.4 Verwertung von der Kunststoffabfälle aus LVP

Während die getrennte Sammlung von LVP Kunststoffabfällen eine Erfassungsquote von 60–75 % aufweist, fällt die stoffliche Verwertung der LVP Kunststoffe weit hinter den Recyclingquoten von Papier, Glas oder Metallen zurück. Dies liegt im Wesentlichen in der Gestaltung der Verpackungen selbst begründet. Entgegen den Vorgaben zur Recyclingfähigkeit und den allgegenwärtigen Design-Guidelines für recyclingfähige Verpackungen sind mehr als ein Drittel der Verpackungen heute grundsätzlich nicht recyclebar, wie die Ellen MacArthur Stiftung, Vertreter der Kunststoffindustrie oder die TU Hamburg nachgewiesen haben [12]. Aktuelle Studien aus den Niederlanden zeigen, dass annähernd 50 % der heutigen Kunststoffverpackungen entweder nicht recyclebar sind, noch nicht recyclebar sind oder im Recycling zu erheblichen Qualitätsminderungen führen [13]. Gründe sind die Verwendung von schwarzen oder dunklen Kunststoffen, Etiketten aus Papier, die vielfältigen Multilayer- und Verbundwerkstoffe, welche zum einen in der Sortierung sensortechnisch nicht eindeutig zugeordnet werden können und zum anderen zu erheblichen Fremdstoffeinträgen in den Zielfraktionen führen. Die oftmals eingeschränkte Restentleerbarkeit von Verpackungen sowie die ungenügende Trennung in den Haushalten vermindern die Qualität der aussortierten Kunststofffrak-tionen weiter erheblich.

Entsprechend gering ist die Ausbringung von marktfähigen Kunststofffraktionen aus der LVP Sortierung und entsprechend hoch ist der Ausschuss aus der nachfolgenden Kunststoffaufbereitung beim Recycler. Die Verluste liegen hier bei jeweils bis zu 50 %, sodass gegenwärtig trotz einer erfolgreichen Sammlung von 75 % der Kunststoffabfälle aus Verpackungen nur 25–40 % recycelt werden können.

Literatur

1. Conversio: Stoffstrombild Kunststoffe in Deutschland 2017, Kurzfassung publiziert im September 2018
2. Umweltbundesamt: Statistiken zur Abfallwirtschaft ► https://www.umweltbundesamt.de/daten/abfall-kreislaufwirtschaft/abfallaufkommen#textpart-1; abgerufen am 20.11.2018
3. ITAD: Stoffstrom an Kunststoffen in Deutschland, 08.05.2015, ► https://www.itad.de/information/studien/ITADConsulticStudieKunststoffstrmeBewertung2015.pdf; abgerufen 22.11.2018
4. Willst, H.; Gries, N. von; Dehne, I.; Oetjen-Dehne, R.; Buschow, N.; Sanden, J.: Entwicklung von Maßnahmen und Instrumenten zur Steigerung des Einsatzes von Sekundärrohstoffen – mit Schwerpunkt Sekundärkunststoffen, UFOPLAN-Vorhaben, FKZ 371233340
5. Umweltbundesamt (Hrsrg.): Steigerung des Kunststoffrecyclings und des Rezyklateinsatzes, Positionspaper Oktober 2016, Berlin
6. Wengenroth, K.: Welchen Stellenwert bekommt die EBS-Aufbereitung vor dem Hintergrund der Novellierung der Gewerbeabfallverordnung. VDI Wissensforum Thermische Abfallbehandlung, 1./2. Oktober 2015, Würzburg
7. Franke, M.; Reh, K.; Hense, P.: Ökoeffizienz in der Kunststoffverwertung, in Thome-Kozmiensky, K. (Hrsg.): Entsorgung von Verpackungsabfällen, Neuruppin 2014
8. Seyler, C.; Sommerhalder, M.; Wolfensberger, M.: BAFU (Hrsg.): Bericht Module 3 + 4 Verwertung Kunststoffabfälle Schweiz im Auftrag des Runden Tisches Kunststoff unter der Leitung des BAFU mit Stellungnahmen der Mitglieder des Projektausschusses Runder Tisch Kunststoff, Bern 2016
9. Bajorat, D.: Systemerfassung und -analyse der Leichtverpackungsabfälle in Deutschland, Masterarbeit an der TU Hamburg Abfallressourcenwirtschaft, 2017
10. Gauß, A.: Balancing and comparison of the collection quantity of lightweight packaging within Germany, Projektarbeit an der TU Hamburg Abfallressourcenwirtschaft, 2017
11. Wagner, J.; Günther, M.; Rhein, H.-B.; Meyer, P.: Analyse der Effizienz und Vorschläge zur Optimierung von Sammelsystemen, UBA Texte 37/2018, Berlin 2018
12. Kuchta, K.: Stand der Erfassung, Sortierung und Aufbereitung von LVP aus Haushaltungen; in: K. Wiemer, M. Kern, T. Raussen (Hrsg.): Bioabfall- und stoffspezifische Verwertung, Witzenhausen 2018
13. Thoden van Velzen, U.: Die lange Strecke zu einer Kreislaufwirtschaft für Kunststoffverpackungen 4. VDI Fach Konferenz Recycling von Kunststoffen, Wien 2018

Von der P-Rückgewinnung zum tatsächlichen Recycling – Sekundärer Rohstoff, Intermediat oder fertiges Produkt?

Christian Kabbe

Bisher hat sich die fachliche Diskussion vornehmlich um die Rückgewinnung des Phosphors gedreht. Die Kreislaufführung, also das Zurückführen des Nährstoffes Phosphor in den Nährstoffkreislauf (Recycling) spielte eher eine Nebenrolle. Die Diskussion fand eher marktentkoppelt statt. Dies ist zu ändern.

In den vergangenen Jahren, wenn nicht gar Jahrzehnten wurde viel über Phosphorrecycling diskutiert, geforscht und entwickelt, sowie rechtliche Rahmenbedingungen debattiert, wie dieser essentielle Nährstoff nachhaltiger als heute (oder gestern) zu nutzen sei. Dem aufmerksamen Beobachter fiel auf, dass der Fokus dabei stark auf der Rückgewinnung lag, die tatsächliche Kreislaufführung, also das Zurückführen des Nährstoffes Phosphor in den Nährstoffkreislauf (Recycling) selbst

Zuerst erschienen in Wasser und Abfall 11/2019

nur eine Nebenrolle spielte, sowohl qualitativ, als auch quantitativ. Zwar wurde auch viel über Schadstoffe und eine sogenannte Pflanzenverfügbarkeit gesprochen, jedoch spielte sich das eher marktentkoppelt ab.

Nun, da zumindest in Deutschland und der Schweiz rechtliche Rahmenbedingungen für eine Phosphorrückgewinnung aus Abfällen wie z. B. Klärschlamm umzusetzen sind, rückt die Thematik, wie denn diese zurückgewonnenen phosphorhaltigen Stoffe überhaupt wieder in den Nährstoffkreislauf zurückgeführt werden sollen, zwangsläufig in den Fokus.

Neben rein qualitativen Anforderungen werden es auch die quantitativen sein, die den Erfolg eines Materials bestimmen werden, welches in den Kreislauf zurückgeführt werden soll. Dabei spielt es zunächst eine untergeordnete Rolle, wo in Wertschöpfungsketten oder besser -kreisläufen die Einspeisung stattfindet. Ein beispielhaftes Kriterium wie Pflanzenverfügbarkeit oder besser Düngewirksamkeit muss lediglich das finale Produkt aufweisen, welches als Dünger ausgebracht wird, nicht zwingend jedoch eine Zwischenstufe auf dem Weg dorthin, wenn die nachfolgende Prozesskette diese Stoffeigenschaft herstellt. Letztlich wird in der konventionellen Düngemittelproduktion stark vereinfacht formuliert auch nichts anderes getan, als aus einem nicht oder schlecht düngewirksamen Material (z. B. P-Erz) ein einsatzfähiges Düngemittel entsprechend den gesetzlichen und anwenderseitigen Anforderungen zu generieren und zu konfektionieren.

> **Kompakt**
>
> – Nachdem die politischen Weichen in Richtung zur technischen P-Rückgewinnung mit anschließendem P-Recycling gestellt wurden, rückt das Gestalten der Rückführung der P-Rezyklate in den Nährstoff- und Wirtschaftskreislauf zunehmend in den Fokus.
> – Die Verordnungen in der Schweiz und Deutschland beflügeln die Rückgewinnung, doch es fehlt an Anreizen, die gewonnenen P-Rezyklate auch tatsächlich anzuwenden.
> – In Zeiten globaler Wirtschaftsverflechtungen wird man nicht umhinkommen, Europa als regionalen Markt für zurückgewonnenen Phosphor anzuerkennen.

Die folgenden Abschnitte greifen einige marktbezogene Herausforderungen auf, die bei der Einspeisung von P-Rezyklaten in den Nährstoffkreislauf auf uns zukommen können.

31.1 Mengen und Schnittstellen

Wird davon ausgegangen, dass in Deutschland in Zukunft die meisten phosphorhaltigen Rezyklate aus Klärschlamm mit einer Rückgewinnungsrate von über 80 % aus der Ascheroute zurückgewonnen werden, kann von einem theoretischen Marktvolumen von etwa 40.000 bis 50.000 Mg P/a ausgegangen werden, welches spätestens ab 2029/32 materiell zu Verfügung stehen dürfte. Dies entspräche 40–50 % des in den vergangenen Jahren in Deutschland durchschnittlich abgesetzten Phosphates in Mineraldüngern von etwa 100.000 Mg P/a [2]. Das hört sich auf den ersten Blick nach einem hohen Anteil an, doch ist Deutschland keine Insel und nicht vom europäischen bzw. globalen Wirtschaftssystem entkoppelbar. Wird ferner davon ausgegangen, dass in einigen unserer Nachbarländer der Anteil der expliziten Klärschlammverbrennung ebenfalls steigt, kann in etwa ab 2030 mit rund 100.000 Mg P in verschiedenen, klärschlammbürtigen mineralischen P-Rezyklatformen gerechnet werden. Dies entspräche dann wiederum rein theoretisch einem Anteil von 9 % des europäischen Absatzes (EU plus CH und N) [1, 2]. Dabei ist zu beachten, dass Absatz und Bedarf nicht zwingend deckungsgleich sein müssen. Der Absatz kann durch Preisschwankungen stärker fluktuieren als der tatsächliche Bedarf. Ist der Handelspreis niedrig, steigt der Absatz und umgekehrt.

Die spannenden Fragen sind, was passiert mit dem Preisgefüge, wenn diese Mengen anfangs ja definitiv zusätzlich in den Markt drängen und in welche Routen, also welche Phosphate überhaupt in Umlauf gebracht werden. Mengenmäßig am größten und gleichzeitig am vielseitigsten sind Rohstoffe bzw. Intermediate. Mit zunehmender Spezialität nimmt die Anwendungsbreite (Versatilität) ab. Das heißt das Marktvolumen sinkt und die Vulnerabilität steigt. Neben den Preisschwankungen des globalen Marktes haben Rezyklate nach wie vor eine schwächere Position gegenüber konventionell hergestellten Materialien. Die derzeitige Rechtslage diskriminiert nach wie vor abfallbürtige Stoffe gegenüber sogenannten Primärstoffen, egal ob qualitativ besser oder nicht. Nach wie vor entscheidet die Herkunft eines Materials maßgeblich über die Zulässigkeit der Verwendung des finalen Produktes und nicht ausschließlich die Qualität des erzeugten Produktes. Ein gewichtiger Punkt, der eine mögliche Kreislaufwirtschaft eher be- oder verhindert, als befördert. Damit verbunden ist auch die Frage, ob es sich um eine Abfallbehandlungsanlage oder eine Produktionsanlage handelt, wenn dort z. B. aus Klärschlammaschen Intermediate oder gar finale Produkte generiert werden.

31.2 Gesetzgebung – Eigeninterprätation der Ziele und Chancen

Auch wenn der Text der neuen AbfKlärV in mehreren Punkten nicht zielführend formuliert ist und Raum für Interpretationen lässt ist eines klar: die landwirtschaftliche Ausbringung von Klärschlämmen, als der traditionellen Recyclingroute für die darin enthaltenen Nähr- und auch Schadstoffe wird ein baldiges Ende beschieden. Im Zusammenwirken mit dem Inkrafttreten der Düngeverordnung kann in manchen Regionen auch von einem jähen Ende gesprochen werden. Durch das in der AbfKlärV intendierte Rückgewinnungsgebot für den Nährstoff Phosphor soll sichergestellt werden, dass diese essentielle und nicht synthetisch herstellbare Ressource weitestgehend im Nährstoffkreislauf gehalten und weniger verschwendet wird. Leider sind die diesbezüglichen Vorgaben (z. B. §§ 3a und b) in dieser Hinsicht ungünstig formuliert, fordern sie doch lediglich eine Abreicherung der P-Gehalte (Konzentrationen) in Klärschlammaschen bzw. Klärschlämmen, jedoch keine Rückgewinnung. Hier besteht klarer Nachbesserungsbedarf, damit am Ende auch das gemacht wird, was vom zuständigen Ministerium beabsichtigt war –

eine Phosphorrückgewinnung zur Erhöhung der Recyclingrate des Pflanzennährstoffes Phosphor. Dies betrifft konkret die beiden folgenden Aspekte:

- Anstatt der P-Gehalte (Gehalt gleich Konzentrationsangabe) müssen die P-Frachten (Mengen) im Inputmaterial und im P-Rezyklat bilanziert werden. Gehalte sind Konzentrationen und nicht geeignet, die tatsächliche P-Rückgewinnungsrate zu bestimmen.
- Es ist richtig, wenn die P-Menge im Inputmaterial, sei es Asche oder Klärschlamm erhoben wird und als Basis für die Bilanzierung dient. Jedoch macht es wenig Sinn, diesen Wert nur mit einem verbliebenen P-Rest im Reststoff zu vergleichen. Bei vielen Rückgewinnungsverfahren gibt es mehrere Stoffströme (P-Rezyklat, Nebenprodukte, andere Reststoffe) in denen Phosphor verteilt werden kann. Werden zudem wie derzeit noch gefordert die P-Gehalte verglichen, kann es unter Umständen sogar zu einer P-Anreicherung (Erhöhung des P-Gehaltes) kommen, da die P-Konzentration durch die Gesamtmassenreduktion der Ausgangsmatrix sogar zunehmen kann.

Einfacher und letztlich einzig zielführend zur Bilanzierung der Rückgewinnung des Nährstoffes Phosphor in genau dieser Funktionalität ist der Vergleich der P-Mengen im tatsächlichen P-Rezyklat und dem Inputmaterial. Denn es darf unterstellt werden, dass nur der Phosphor im P-Rezyklat auch tatsächlich als Nährstoff genutzt werden soll. Phosphor in den Reststoffen und ggf. Nebenprodukten (z. B. Gips oder Eisensalze) wird keinem nachfolgenden Nährstoffrecycling zugeführt. Sobald dies korrigiert wurde, kann die neue AbfKlärV auch tatsächlich als P-Rückgewinnungsverordnung bezeichnet und als Beitrag zu mehr P-Recycling betrachtet werden.

31.3 Welche Möglichkeiten bietet technisches P-Recycling?

31.3.1 Ausschleusung von Schadstoffen zum Schutz von Gesundheit und Umwelt

Bietet die Klärschlammverbrennungsroute die einzig sichere Dekontamination hinsichtlich organischer Schadstoffe, muss das anschließende P-Rückgewinnungsverfahren die enthaltenen Schwermetalle effizient vom Phosphor abtrennen um zu verhindern, dass diese ebenfalls rezirkuliert und ggf. in der Umwelt akkumuliert werden. Es besteht also die Chance, qualitativ etwas zu verbessern, indem saubere und vor allem definierbare Alternativen zur heterogenen Schadstoffsenke Klärschlamm als Dünger eingesetzt werden. In einigen Fällen können P-Rezyklate sogar sauberer sein als die derzeit eingesetzten sauberen Phosphate aus Primärrohstoffen.

31.3.2 Steigerung der Unabhängigkeit bei einer strategischen Ressource

Durch Schließung des Phosphorkreislaufes, auch wenn es nur partiell ist, wird die Abhängigkeit Deutschlands bzw. Europas von Importen dieser strategischen Ressource verringert.

31.3.3 Sicherung von europäischen Arbeitsplätzen und Erhöhung der Ernährungssicherheit

Die Ressource Phosphor ist global gesehen sehr heterogen verteilt. Ferner ist ein Trend erkennbar, dass die Länder mit den größten Vorkommen auch die Wertschöpfungsketten mehr und mehr an sich ziehen. Das heißt, es ist gut möglich, dass Deutschland oder gar Europa eines Tages nur noch Fertigprodukte importieren können und Teile der Wertschöpfungskette fortschreitend abwandern. Dies geht auf Kosten inländischer bzw. europäischer Arbeitsplätze. Mit stärkerem Recycling aus hierzulande stabil verfügbaren erneuerbaren Quellen wie Klärschlamm kann diesem Trend entgegengewirkt werden und langfristig auch die Versorgung sichergestellt werden.

Im Gegensatz zur Solar- oder Windenergie ist Klärschlamm sogar die zuverlässigere und berechenbarere erneuerbare Ressource. Sie fällt kontinuierlich an, solange es Menschen gibt und diese Klärwerke betreiben.

31.4 Zielmärkte, Regionalität vs. kontinentaler bzw. globaler Markt?

Die sich abzeichnende Verfahrenspalette zur Phosphorrückgewinnung legt nahe, dass auch entsprechend unterschiedliche Materialien für unterschiedliche Segmente innerhalb von Wertschöpfungsketten generiert werden.

Das prominente Beispiel Struvit ($MgNH_4PO_4 \times 6\ H_2O$), welches auf wenigen Kläranlagen im Rahmen der Schlammbehandlung gewonnen werden kann, wird aktuell in zwei Segmente entlang der Düngemittelwertschöpfungskette eingespeist. Zum einen als Zuschlagstoff in der konventionellen Düngemittel-Produktion, als auch als direkt vermarktetes Düngemittel für Spezialanwendungen wie z. B. unter dem Namen Crystal Green. Allerdings ist das Volumen und damit auch das Potenzial im Vergleich zum gesamten Düngemittemarkt als gering einzustufen und allenfalls als Nischenmarkt zu bezeichnen.

Anders ist es bei den P-Rezyklaten aus Aschen oder besser gesagt mineralischen

Konzentraten, die wie in Deutschland absehbar, mengenmäßig ein zweistelliges prozentuales Marktpotenzial haben werden. Ob als Aschen direkt eingemischt oder als konfektioniertes Düngemittel, der Phosphor aus der sogenannten Ascheroute wird in mehreren Segmenten der Wertschöpfungskette für Düngemittel Eingang finden (◘ Abb. 31.1).

Generell kann jedes P-haltige, mineralische Düngemittel als calciumphosphatbürtig angesehen werden. Auch die zur Herstellung von TSP, MAP, DAP und NP/NPK der *mixed acid route* eingesetzte Phosphorsäure wird originär aus calciumphosphathaltigem Gestein generiert (◘ Tab. 31.1). Das heißt, 100 % der konventionellen, P-haltigen mineralischen Düngemittel stammen quasi von natürlichen Calciumphosphaten ab. Die aus Rohphosphat hergestellte Phosphorsäure trägt zur Erzeugung von etwa 78 % der in Deutschland eingesetzten mineralischen P-Dünger bei. Den größten Anteil an den als Dünger eingesetzten Phosphaten haben die Ammoniumphosphate (MAP und DAP), und dass nicht nur in Deutschland, sondern weltweit (◘ Tab. 31.1).

31.5 Recyclingrouten

Momentan sind folgende Recyclingrouten im Gespräch: Der direkte Einsatz von Klärschlammaschen als Dünger ist zwar formal in Deutschland noch erlaubt, sofern die Schadstoffgrenzwerte eingehalten werden, doch trifft das nur für einen Teil der Aschen zu. Zudem gibt es berechtigte Zweifel an der Düngewirksamkeit aufgrund der äußerst geringen Löslichkeiten der darin enthaltenen Phosphate. Diese Art der Düngung ließe sich nur noch auf sehr sauren Böden als wirksam beschreiben bzw. in Gegenden mit saurem Regen als saure Verwitterung. Das heißt, die Klärschlammaschen müssen einer Behandlung unterzogen werden um düngewirksam zu werden.

Das Einmischen von Klärschlammaschen in z. B. die sauren Aufschlüsse bzw. Granulatoren bestehender Düngemittelfabriken wird vereinzelt praktiziert, kann jedoch nicht wirklich als zukunftsfähige Lösung bezeichnet werden, da zwar der enthaltene Phosphor letztlich in einen Dünger eingemischt und ggf. mobilisiert wird, jedoch auch die in der Asche konzentrierten Schwermetalle. Die Einhaltung der düngerechtlichen Grenzwerte wird hier letztlich nur über den Verdünnungseffekt mit der Rohphosphatbasis erreicht, nicht jedoch durch eine reale Entfrachtung (Dekontamination). Das heißt, die in den Klärschlammaschen enthaltenen Schwermetalle werden weiterhin in der Umwelt verteilt, was sicher im Kontrast zu Bestrebungen steht, die Nachhaltigkeit menschlichen Tuns im positiven Sinne zu beeinflussen.

Die thermochemische Behandlung von Klärschlammaschen ist zwar in der Lage, die Düngewirksamkeit des Phosphates in der Asche in begrenztem Maße positiv zu verändern, und kann bei entsprechender Prozessführung und Zugabe von Additiven störende Schwermetalle partiell über die Gasphase abtrennen, jedoch ist es kaum vorstellbar, dass am Ende definierbare und standortunabhängig replizierbare Materialien entstehen. Die Abhängigkeit des Outputmaterials von der Inputqualität (Klärschlamm/Klärschlammasche) bleibt weiterhin bestehen, es sei denn, die Menge der zugegebenen Additive ist so groß, dass die Matrix dadurch definiert wird. Hier muss sich noch zeigen, dass die so generierten P-Rezyklate nicht nur Rohphosphat sondern auch höherwertige Phosphate substituieren können. Angesichts des hohen Sandanteils ist dies aber zu bezweifeln.

Nasschemische Aufschlüsse von Klärschlammaschen mit Mineralsäuren sind die derzeit einzigen Verfahrensansätze, die

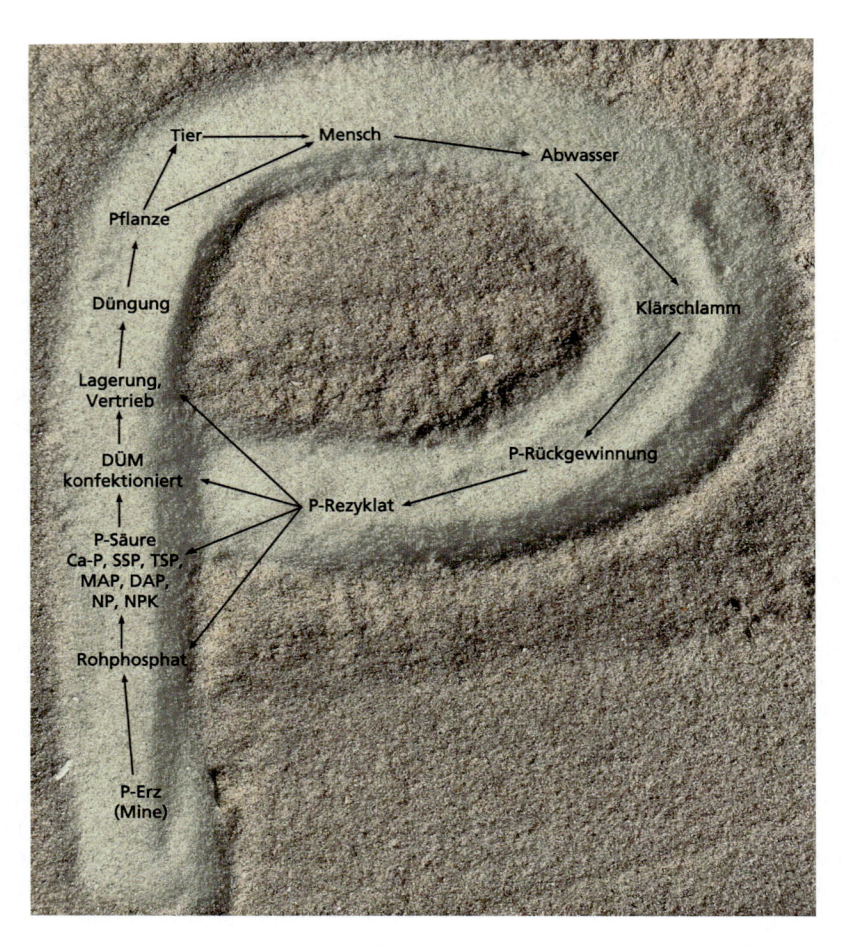

◘ **Abb. 31.1** Vereinfachter P-Cycle und Schnittstellen zur Rückführung der Rezyklate. (© Christian Kabbe)

standortunabhängig replizier- und definierbare P-Rezyklate ermöglichen und, je nach Verfahren, Schwermetalle effizient vom Phosphor separieren. Ferner und ebenso wichtig ermöglicht der Aufschluss auch die Trennung der Sandfraktion vom später in Düngemitteln einsetzbaren Phosphat. Ziel der Düngung ist es ja, Böden mit Nährstoffen zu versorgen und nicht einfach nur aufzuschütten. Zudem erhöht die Sandfraktion den Transportaufwand entlang der Vertriebskette und des Landwirtes bei der Düngung, ohne substanziell zur Düngung beizutragen.

31.6 Logistische Aspekte und Dimensionen der Regionalität

Da P-Düngemittel nur saisonal eingesetzt werden, spielt die Lagerung eine wichtige Rolle. Auch hier ist ein hoher Sandanteil im Dünger als Nachteil zu sehen.

Für Lagerung und Transport spielt auch der Aggregatzustand des P-Rezyklats eine Rolle. Gemeinhin lassen sich Feststoffe einfacher lagern und transportieren. Für Flüssigkeiten werden Tanks bzw.

Tab. 31.1 Intermediate bzw. Phosphate in Düngemitteln (DÜM) mit Absatz in Deutschland [3]; SSP – Single Superphosphat, TSP – Triple Superphosphat, PK – Phosphor-Kali-Dünger, NP – Stickstoff-Phosphor-Dünger, NPK – Stickstoff-Phosphor-Kali-Dünger

Phosphat		Aggregatzustand	CAS-Nummer, Gefährdung	Rohstoff	DÜM	DE Marktanteil als DÜM
Calciumphosphate	P-Säure (H$_3$PO$_4$)	flüssig	7664-38-2, ätzend	x		
	Apatit (Ca-P)	fest	1306-05-4	x	x	2 %
	SSP (Ca-P)	fest	8011-76-5, ätzend, reizend	x	x	0,5 %
	(und PK aus SSP)	fest				(7,5 %)
	TSP (Ca-P)	fest	65996-95-4, ätzend, reizend	x	x	5 %
	MAP (Mono-Ammoniumphosphat)	fest	7720-76-1, reizend	x	x	5 %
	DAP (Di-Ammoniumphosphat)	fest	7783-28-0, reizend	x	x	56,5 %
mixed acid route			Verschiedene, konfektionierte Endprodukte			
	NP	fest			x	4 %
	NPK	fest			x	7,5 %
Nitrophoska-Route						
	NP	fest			x	4,5 %
	NPK	fest			x	7,5 %

SSP – Single Superphosphat, TSP – Triple Superphosphat, PK – Phosphor-Kali-Dünger,
NP – Stickstoff-Phosphor-Dünger, NPK – Stickstoff-Phosphor-Kali-Dünger
© Christian Kabbe

Rohrleitungssysteme benötigt, die zwar lokal vorteilhaft sein können, jedoch bei längeren Distanzen als nachteilig anzusehen sind.

Wird ein flüssiges P-Rezyklat erzeugt, sollte es in diesem Fall möglichst vor Ort weiterverarbeitet werden, um aufwendigere Tanklogistik zu vermeiden. Ideal wäre in einem solchen Fall ein Chemiepark, in dem z. B. die erzeugte Phosphorsäure direkt weiterverarbeitet werden kann.

Ohnehin ist die direkte Weiterverarbeitung von Intermediaten wie Phosphorsäure oder auch anderen P-Rezyklaten zu finalen Produkten in unmittelbarer Nähe sinnvoll. Letztlich erscheint der Transport der Klärschlammaschen mehrerer Monoverbrennungsanlagen hin zu einer größeren Aufbereitungsanlage sowohl ökologisch, als auch ökonomisch sinnvoller. Aschen stellen im Straßen- und Güterverkehr ein deutlich geringeres Risiko für Mensch und Umwelt dar, als korrosive Flüssigkeiten wie Säuren oder Laugen, die aus Chemieparks heraus zu z. B. Monoverbrennungsstandorten transportiert werden. Zudem stellen Klärschlammaschen ein Mineralkonzentrat dar, welches ohne weiteres über längere Distanzen transportiert werden kann, im Gegensatz z. B. zum entwässerten Klärschlamm. Die Transportkosten werden den Einzugsradius einer Ascheaufbereitungsanlage mitbestimmen.

Somit stellt sich gar nicht die Frage, ob es besser ist, die Aschen an strategisch günstig gelegenen Hotspots (z. B. Chemieparks) aufzubereiten, wo auch gleich die ggf. mögliche Veredlung der Rezyklate in finale Produkte erfolgen kann und im besten Fall sogar die Reststoffe einer Verwertung bzw. einer sachgerechten Entsorgung zugeführt werden können, oder dezentrale Strukturen näher am Ort des Ascheanfalls zu schaffen mit der dann aufwendigeren Logistik? Die Antwort liegt auf der Hand, zumal der Aspekt der *economy of scale* noch gar nicht in die Betrachtung einbezogen wurde.

Das wiederum wirft abschließend die Frage auf, was wir in Deutschland unter regional und nicht regional verstehen wollen.

Als Europäer kann z. B. ganz Deutschland als Region gesehen werden, wohingegen ein Berliner ggf. nur Berlin-Brandenburg als Region ansieht. In der globalen Dimension kann ganz Europa oder Zentraleuropa als Region betrachtet werden. Letztlich ist es den P-Rezyklaten egal, in welcher Dimension sie dem P-Kreislauf wieder zufließen. Angesichts der zu erwartenden Mengen und globalisierten Wirtschaftsstrukturen wird es wohl überwiegend auf überregionales P-Recycling hinauslaufen. Die Rezyklate werden dorthin fließen, wo die Bedingungen für eine Wertschöpfung günstig sind und vor allem dorthin, wo Nährstoffe gebraucht werden.

Aus deutscher Sicht ist zu hoffen, dass Regionalität nicht mit der Verwaltungsebene gleichgesetzt wird, wie z. B. ein Bundesland sei eine Region, sondern hier zumindest auf nationaler Ebene sinnvolle Konzepte ermöglicht werden, die eher der gewachsenen Logistik folgen und nicht künstlichen, politischen Grenzen. Immerhin gibt es gute Beispiele in Europa, wie beispielsweise die Wasserrahmenrichtlinie, Rheinkommission etc., die sich an Flusseinzugsgebieten orientiert und politische Grenzen überwindet.

Für das Phosphorrecycling böten sich Kooperationen im Rahmen von *International Green Deals* an, wie sie ja derzeit politisch zumindest auf dem Papier hoch im Kurs stehen.

31.7 Zusammenfassung

Nachdem nun die Schweiz 2016 und Deutschland 2017 die politischen Weichen in Richtung zur technischen P-Rückgewinnung mit anschließendem P-Recycling gestellt haben, rücken das Wo?, Wie viel? und Wie? hinsichtlich der Rückführung der P-Rezyklate in den Nährstoff- und Wirtschaftskreislauf zunehmend in den Fokus. Gleichzeitig bereiten sich mehr und mehr Nachbarstaaten darauf vor, ähnliche Wege einzuschlagen, was zu einer steigenden Klärschlammverbrennungsquote in Europa führen wird und den Anteil technischer P-Rezyklate sukzessive erhöhen wird. Das heißt das potenzielle Marktvolumen wird steigen und die Mengen werden selbst für größere, bereits im Düngemittelmarkt etablierte Akteure interessanter. Aber, noch ist es nicht soweit, die Markterschließung für P-Rezyklate hat erst begonnen. Zwar beflügeln die Verordnungen in der Schweiz und Deutschland die Rückgewinnung, doch fehlt es nach wie vor an Anreizen, die gewonnenen P-Rezyklate auch tatsächlich anzuwenden. Rein rechtlich besteht sogar nach wie vor eine Diskriminierung abfallbürtiger Materialien gegenüber aus primären Rohstoffen hergestelltem Material unabhängig von der Qualität.

Anfangs wird sicher eine größere Vielfalt an P-Rezyklaten antreten, um den Markt zu erobern, wobei schon jetzt erkennbar ist, dass die größten Mengen als sogenannte Intermediate bzw. Rohstoffe (commodities) zur Herstellung etablierter Endprodukte eingespeist werden.

Fraglich ist ferner, wie in Zukunft Regionalität definiert werden wird. In Zeiten globaler Wirtschaftsverflechtungen ist es kaum vorstellbar, dass in Deutschland zurückgewonnener Phosphor allein in Deutschland in den Kreislauf zurückführt werden kann. Hier wird man zumindest nicht umhinkommen, Europa als regionalen Markt anzuerkennen.

Mit den neuen Verordnungen in Schweiz und Deutschland wurde der Startschuss gegeben. Das nächste Jahrzehnt verspricht substanzielle Schritte zu einem nachhaltigeren Klärschlammmanagement und unserer Evolution in Richtung Kreislaufwirtschaft. Konservativismus (Bewahrertum) kann Fortschritt zwar bremsen, aber niemals aufhalten.

Die Evolution in ihrem Lauf, halten weder Mensch noch veraltete Gesetze auf!

> Der Beitrag basiert auf Inhalten der Berliner KlärschlammKonferenz vom 4.–5. November 2019 und ist parallel im dazugehörigen Tagungsband [s] erschienen.

Literatur

1. Cohen, Y.; Enfält, P.; Kabbe, C.: Production of clean phosphorus products from sewage sludge ash using the Ash2Phos process, Proceedings International Fertiliser Society 832, pp.1 – 18, Colchester, Juni 2019, ISSN 1466-1314.
2. EUROSTAT: Sales of fertilisers by type of nutrient (source Fertilizers Europe), last update 01.03.2019 ► https://ec.europa.eu/eurostat/tgm/table.do?tab=table&init=1&plugin=1&language=de&pcode=tai01 (Zugriff am 20. Mai 2019).
3. Kraus, F. et al.: Ökobilanzieller Vergleich der P-Rückgewinnung aus dem Abwasserstrom mit der Düngemittelproduktion aus Rohphosphaten unter Einbeziehung von Umweltfolgeschäden und deren Vermeidung; Umweltbundesamt, Texte 13/2019, Dessau-Roßlau, ISSN 1862-4804.
4. Kabbe, C.: Von der P-Rückgewinnung zum tatsächlichen Recycling – Sekundärer Rohstoff, Intermediat oder fertiges Produkt? In: Verwertung von Klärschlamm 2; Holm, O., Thomé-Kozmiensky, E., Quicker, P., Kopp-Assenmacher, S. (Hrsg.) TK Verlag, Neuruppin, November 2019, pp. 388–398, ISBN 978-3-944310-49-7.

Sekundärbrennstoffe im Zeichen höchster Qualität

Sabine Flamme, Sigrid Hams und Claas Fricke

Die Mitverbrennung von Sekundärbrennstoffen in Industriefeuerungen hat sich als feste Säule der Kreislaufwirtschaft etabliert. Ein umweltfreundlicher, hochwertiger und schadloser Sekundärbrennstoffeinsatz erfordert eine regelmäßige Qualitätskontrolle. In Deutschland hat sich hierzu das Gütesicherungssystem nach RAL-GZ 724 etabliert.

In Deutschland hat sich die Mitverbrennung von Sekundärbrennstoffen in Industriefeuerungsanlagen als feste Säule der Kreislaufwirtschaft etabliert, da heizwertreiche Stoffe hier als emissionsarme Energieträger hochwertig verwertet werden können. Sekundärbrennstoffe werden im Wesentlichen in der Zement-, Kraftwerks- und Kalkindustrie zur Mitverbrennung eingesetzt und ersetzen direkt Primärbrennstoffe. Die insgesamt in Deutschland eingesetzte Sekundärbrennstoffmenge lag in den letzten Jahren bei ca. 3 Mio. Mg/a. [1] Die Zementindustrie war und ist Hauptabnehmer und es ist zu erwarten, dass der Sekundärbrennstoffeinsatz hier zukünftig noch weiter ansteigen wird. Im Gegensatz dazu wird die Mitverbrennung in Kohlekraftwerken in Deutschland aufgrund eines steigenden Einsatzes von erneuerbaren Energien und dem geplanten Ausstieg aus der Kohleverstromung zukünftig voraussichtlich an Bedeutung verlieren.

Für einen umweltfreundlichen und schadlosen Einsatz von Sekundärbrennstoffen ist eine regelmäßige Qualitätssicherung erforderlich. Auf europäischer Ebene wurden hierzu verschiedene Normen entwickelt. In Deutschland hat sich darüber hinaus die Gütesicherung der Gütegemeinschaft Sekundärbrennstoffe und Recyclingholz e. V. (BGS e. V.) etabliert. Im Folgenden werden die Begriffe Ersatz- und Sekundärbrennstoff definiert, die jeweiligen Anforderungen und die Qualitäten gütegesicherter Sekundärbrennstoffe – kategorisiert nach ihrem überwiegenden Ausgangsmaterial (Hausmüll (HM), Gewerbeabfall (GEW) und Leichtverpackungen (LVP)) – dargestellt.

32.1 Qualitätsanforderungen an Ersatzbrennstoffe

Auf nationaler Ebene wird unter dem Begriff Ersatzbrennstoffe ein breites Spektrum verschiedener Brennstoffe, hergestellt aus nicht gefährlichen Siedlungs- und Produktionsabfällen, zusammengefasst. Nach RAL-Gütezeichen „Sekundärbrennstoffe" (RAL-GZ 724) wird dieser Ersatzbrennstoff unterteilt in Heizwertreiche Fraktionen für die Monoverbrennung

Zuerst erschienen in Wasser und Abfall 3/2019

(in Ersatzbrennstoffkraftwerken) und Sekundärbrennstoffe (für die Mitverbrennung in Zement- oder Kraftwerken) [2], (◘ Tab. 32.1).

Bei der Mitverbrennung ersetzen Sekundärbrennstoffe direkt Primärbrennstoffe in einem Produktionsprozess. Aus diesem Grund müssen ihre physikalische und chemische Beschaffenheit möglichst gleichbleibend sein; dazu zählen u. a.:
- geringe Schwermetallgehalte,
- gleichbleibender Heizwert,
- niedriger Chlorgehalt,
- definierte Korngröße sowie Schüttdichte,
- geringe Störstoffanteile.

Aus diesen Anforderungen sowie den eingesetzten Abfällen – entweder Monofraktionen produktionsspezifischer Abfälle oder Abfallgemische (z. B. heizwertreiche Fraktionen von Siedlungs- und Gewerbeabfällen oder Sortierreste) – ergeben sich angepasste Aufbereitungsschritte zur Herstellung von Sekundärbrennstoffen.

32.1.1 Anforderungen an Ersatzbrennstoffe auf europäischer Ebene

Im Gegensatz zur o. g. Definition nach RAL-GZ 724 wird auf europäischer Ebene unter festen Sekundärbrennstoffen ein breites Spektrum an für die energetische Verwertung bereitgestellten Fraktionen verstanden. Laut DIN EN 15359 – „Feste Sekundärbrennstoffe – Spezifikationen und Klassen" können feste Sekundärbrennstoffe aus nicht gefährlichen Abfällen wie produktionsspezifische oder gewerbliche Abfälle, Siedlungsabfall, Bau- und Abbruchabfall oder auch Altholz und Klärschlamm [3] hergestellt und anschließend energetisch verwertet werden. Sekundärbrennstoffe nach der europäischen Einordnung sind somit eine heterogene Gruppe, die einer Spezifikation und Klassifizierung bedürfen. Letztere erfolgt aufgrund der Kenngrößen Heizwert, Chlor und Quecksilber (◘ Tab. 32.2).

> **Kompakt**
> - Sekundärbrennstoffe können aus unterschiedlichen nicht gefährlichen Abfällen hergestellt werden; die Qualität wird hier vor allem durch eine entsprechende Inputauswahl sowie den Aufbereitungsprozess gesteuert.
> - Der umweltfreundliche, hochwertige und schadlose Einsatz von Sekundärbrennstoffen erfordert eine regelmäßige Qualitätskontrolle.
> - Das Gütesicherungssystem des RAL-Gütezeichens „Sekundärbrennstoffe" (RAL-GZ 724) stellt eine

◘ **Tab. 32.1** Charakterisierung von Ersatzbrennstoffen [1]

	Sekundärbrennstoffe	Heizwertreiche Fraktionen
Abbildung		
Ausgangsmaterial	Heizwertreiche Fraktionen des Siedlungsabfalls oder produktionsspezifische Abfälle	Hausmüll- und/oder gewerbeabfall-stämmige Stoffströme
Aufbereitungstiefe	Hoch	Gering
Korngröße	< 30 mm	> 80 mm bis 500 mm
Heizwertband	Überwiegend > 20 MJ/kg FS	11–15 MJ/kg FS
Verwertung	Mitverbrennung (Zement-, Kraft- oder Kalkwerke)	Monoverbrennung (Ersatzbrennstoffkraftwerke)

gleichbleibend gute Qualität von Sekundärbrennstoffen, dessen neutrale Bewertung und eine entsprechende Datentransparenz sicher.

Im Rahmen der Spezifikation nach DIN EN 15359 (2012) [3], d. h. der Dokumentation charakteristischer Sekundärbrennstoffeigenschaften, sind weitere physikalische und chemische Parameter (z. B. Asche-, Wasser-, Schwermetallgehalte) zu dokumentieren. Nachfolgend werden nur noch gütegesicherte Sekundärbrennstoffe betrachtet.

32.1.2 Anforderungen an gütegesicherte Sekundärbrennstoffe in Deutschland

In Deutschland hat sich das Qualitätssicherungssystem des BGS e. V. mit dem RAL-Gütezeichen 724 etabliert. Hiermit können Sekundärbrennstoffe aus heizwertreichen Fraktionen des Siedlungsabfalls, aus gewerblichen und/oder aus produktionsspezifischen Abfällen ausgezeichnet werden (◘ Tab. 32.1), sofern sie die entsprechenden Anforderungen einhalten. Die Führung des Gütezeichens erfordert eine regelmäßige Probenahme und eine analytische Überwachung der Herstellung des Sekundärbrennstoffes durch eine Eigen- und Fremdüberwachung, die eine kontinuierliche Prozesskontrolle darstellt. Darüber hinaus gewährleisten festgelegte Schwermetallrichtwerte einen hochwertigen und schadlosen Einsatz dieser Brennstoffe als Substitut für Primärbrennstoffe. Sekundärbrennstoffe können mit diesem Gütezeichen ausgezeichnet werden, wenn sie den Anforderungen der „Allgemeinen und besonderen Güte- und Prüfbestimmungen für Sekundärbrennstoffe" entsprechen und dieses regelmäßig in den Produktionsanlagen nachgewiesen wird. Sie können dann auch mit der Markenbezeichnung „SBS®"

gekennzeichnet werden. Für die Gütesicherung müssen einerseits die Parameter Heizwert, Asche- und Chlorgehalt analysiert und dokumentiert werden. Da es sich bei diesen um verfahrensspezifische Parameter handelt, die vom Verwertungsweg abhängen und bilateral zwischen den Vertragspartnern festgelegt werden, sind hierfür keine spezifischen Richtwerte festgelegt. Andererseits sind die in ◘ Tab. 32.3 aufgeführten Richtwerte für Schwermetallgehalte einzuhalten. Zusätzlich ist auch der Kupfergehalt zu analysieren und zu dokumentieren. Da Kupfer aufgrund der Schwierigkeiten bei der Probenaufbereitung und Analytik nur mit großen Unsicherheiten (Entmischung der Probe) bestimmt werden kann, wurde der ursprünglich festgelegte Richtwert gestrichen und Kupfer als Dokumentationsparameter eingeordnet.

Zur Beurteilung der Sekundärbrennstoffe werden die statistischen Größen des Medians und des 80. Perzentils genutzt, da bei der Untersuchung der chemischen Zusammensetzung von Sekundärbrennstoffen Streubreiten von einzelnen Werten vorkommen können, die von den überwiegend auftretenden Konzentrationsbereichen deutlich abweichen können (linkssteile Verteilung im Gegensatz zur Normalverteilung). So können bestimmte, nicht repräsentative Partikel in der Analysenprobe, wie z. B. Farbpigmente oder Metallanteile zu nicht repräsentativen Ergebnissen führen. Aus diesem Grund ist die Betrachtung von Einzelwerten fehleranfällig, sodass im Rahmen der kontinuierlichen Gütesicherung je Parameter Analysenwerte von 10 Mischproben zur Beurteilung herangezogen werden.

32.2 Qualitäten gütegesicherter Sekundärbrennstoffe

Im Rahmen der fast 20-jährigen Qualitätssicherung von Sekundärbrennstoffen liegen dem BGS e. V. umfassende Daten zu Qualitäten von Sekundärbrennstoffen vor, die aus verschiedenen Abfallarten hergestellt wurden. Dabei ist zu berücksichtigen, dass in jeder Sekundärbrennstoffproduktion im Rahmen der Gütesicherung auch spezifische Anforderungen einzelner Verwertungsanlagen erfüllt werden. Diese sowie die RAL-Anforderungen (vgl. Tab. 32.3) sind in regelmäßig wiederkehrenden Überwachungsintervallen jeweils über 10 aufeinanderfolgende Analysenwerte nachzuweisen. Die im Folgenden dargestellten aggregierten Qualitäten gütegesicherter Sekundärbrennstoffe wurden inputspezifisch über jeweils mehrere Anlagen und über die Jahre 2006 (nach Umsetzung des Deponierungsverbotes von unbehandelten Abfällen) bis 2018 ausgewertet. Da sich der eingesetzte Abfall (in Abhängigkeit der eingesetzten Aufbereitungstechnik) auf die physikalische und chemische Beschaffenheit des produzierten Sekundärbrennstoffs auswirken kann, wurden die betrachteten gütegesicherten Sekundärbrennstoffe anhand der eingesetzten Abfallarten in drei verschiedene Kategorien eingeteilt (Abb. 32.1). Die dargestellten Abfallgruppen 1–5 entsprechen der Einteilung der Inputmaterialien nach den „Besonderen Güte- und Prüfbestimmungen" des RAL-GZ 724 und umfassen vor allem Kunststoffe (Gruppe 3) und hochkalorische Fraktionen aus gemischt erfassten Abfällen (Gruppe 5). Holz, Papier, Pappe, Kartonagen (Gruppe 1), Textilien, Fasern (Gruppe 2) und sonstige Stoffe (Gruppe 4) sind bislang weniger relevant. [2] Der mit „HM" gekennzeichnete Sekundärbrennstoff wurde im Mittel zu 98 % aus heizwertreichen Fraktionen aus gemischten Siedlungsabfällen hergestellt. Bei den Sekundärbrennstoffen „GEW" wurden diese dagegen im Mittel zu 22 % eingesetzt. Hier haben die verschiedenen Kunststofffraktionen z. B. aus Gewerbeabfall mit ca. 75 % den überwiegenden Anteil am Input. Textilien und Fasern sowie Holz, Papier, Pappe und Kartonagen (PPK) werden nur in geringen Anteilen eingesetzt. Für die Herstellung des hier dargestellten Sekundärbrennstoffs „LVP" werden überwiegend Kunststofffraktionen (im Mittel ca. 92 %) und zu 8 % Holz und PPK eingesetzt.

Einige ausgewählte Sekundärbrennstoffcharakteristika (hier Heizwert, Chlor- sowie Quecksilbergehalt) werden im Folgenden aggregiert dargestellt. Abweichend von

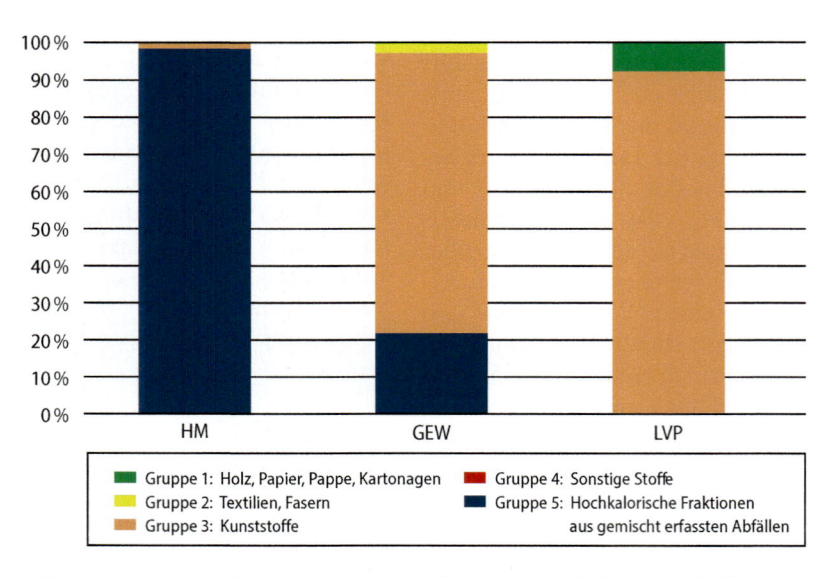

Abb. 32.1 Für die Herstellung des Sekundärbrennstoffs eingesetzte Abfallarten. (© Gütegemeinschaft Sekundärbrennstoffe und Recyclingholz e. V.)

der im Rahmen der Gütesicherung stattfindenden Betrachtung von jeweils 10 aufeinanderfolgenden Analysewerten je Parameter, wurden hierzu die für den jeweiligen Parameter insgesamt vorliegenden Daten in Form von sogenannten Box-Plots dargestellt. Dabei stellt die untere Kante der Box das 20. Perzentil und die obere Kante das 80. Perzentil dar. Der Median ist die Linie zwischen dem hellen und dem dunkel gefärbten Bereich der Box (◘ Abb. 32.2).

32.2.1 Heizwert in gütegesicherten Sekundärbrennstoffen

Für den Parameter Heizwert ist je nach Verwertungsweg ein angepasstes Heizwertband gefordert. So sind für die Mitverbrennung in der Primärfeuerung in Zementwerken z. B. Heizwerte von >20 MJ/kg FS gefordert. Sekundärbrennstoffe für Braunkohlekraftwerke sollten hingegen eher einen Heizwert von 13–16 MJ/kg FS aufweisen und Sekundärbrennstoffe für Kalk- und Steinkohlekraftwerke >25 MJ/kg FS. [4] Diese Heizwertkategorien werden bei der Sekundärbrennstoffherstellung durch den eingesetzten Abfall in Verbindung mit der eingesetzten Aufbereitungstechnik erreicht. So liegt der aggregierte Heizwert in den überwiegend aus Hausmüll hergestellten Sekundärbrennstoffen (ohne Trocknung) niedriger (HM, Median: 13 MJ/kg FS, 80. Perzentil bei 14 MJ/kg FS), als in Sekundärbrennstoffen, die überwiegend aus Gewerbeabfällen (GEW, Median: 24 MJ/kg FS, 80. Perzentil 25 MJ/kg FS) oder aus Leichtverpackungen (LVP, Median ca. 24 MJ/kg FS, 80. Perzentil ca. 28 MJ/kg FS) hergestellt wurden (◘ Abb. 32.2).

Die Heizwerte der Sekundärbrennstoffe aus gemischten Siedlungsabfällen (HM) lassen sich durch die Zusammensetzungen (z. B. höherer Anteil an PPK, Holz und Textilien) und einen höheren Wasser- und Aschegehalt (hier nicht dargestellt) erklären. Sekundärbrennstoffe aus Gewerbeabfall (GEW) bzw. aus Leichtverpackungen (LVP) weisen demgegenüber einen deutlich höheren Anteil an Kunststoffen und somit höhere Heizwerte auf.

Dass der Heizwert neben dem Inputmaterial auch von der Aufbereitungstechnik abhängen kann, wird deutlich, wenn im Aufbereitungsprozess zur Sekundärbrennstoffherstellung aus gemischten Siedlungsabfällen (HM) eine Trocknung eingesetzt ist. Hier können dann auch Heizwerte

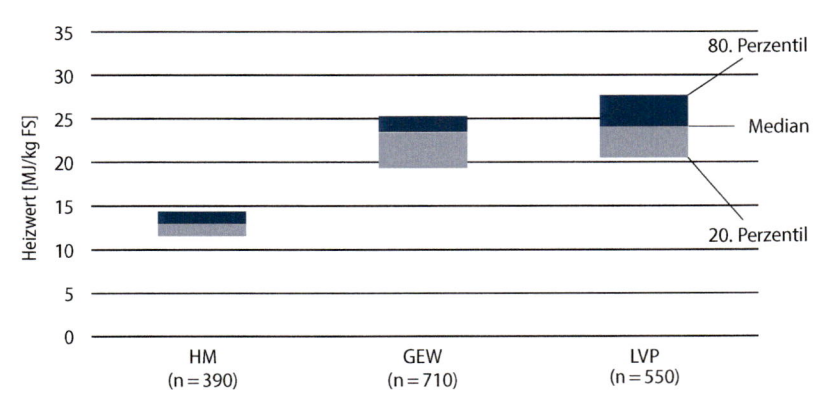

◘ Abb. 32.2 Heizwerte in gütegesicherten Sekundärbrennstoffen (jeweils aggregiert über mehrere Anlagen und die Jahre 2006 bis 2018). (© Gütegemeinschaft Sekundärbrennstoffe und Recyclingholz e. V.)

von 19 MJ/kg FS und höher erreicht werden. Andererseits können Sekundärbrennstoffe aus Gewerbeabfällen mit relevanten Anteilen an Holz (ca. 16 Massen-%) und gemischten Siedlungsabfällen (HM, ca. 25 Massen-%) Heizwerte aufweisen, die mit 15 MJ/kg FS bis 23 MJ/kg FS in ähnlichen Größenordnungen liegen, wie die hier dargestellten Sekundärbrennstoffe „HM" inkl. Trocknung.

32.2.2 Chlorgehalt in gütegesicherten Sekundärbrennstoffen

Der Chlorgehalt ist besonders im Hinblick auf die Korrosion im Verbrennungsprozess relevant und somit ein wichtiger Qualitätsparameter für die Vermarktung von Sekundärbrennstoffen. [5] Anforderungen an den Chlorgehalt variieren je nach Abnehmer zwischen 0,7 und 1,0 % und lassen sich durch eine gezielte Auswahl der Zusammensetzung des Abfallinputs und eine angepasste Aufbereitungstechnik erreichen. So können z. B. Monochargen produktionsspezifischer Abfälle entsprechend geringe Chlorgehalte aufweisen. Chlorgehalte in den hier aggregiert dargestellten Sekundärbrennstoffen aus gemischten Siedlungsabfällen (HM) liegen im Median bei ca. 0,6 Massen-% TS (80. Perzentil: 0,8 Massen-% TS). Die Sekundärbrennstoffe aus Gewerbeabfällen bzw. Leichtverpackungen weisen mittlere aggregierte Chlorgehalte von 0,7 bzw. 0,8 Massen-% TS auf (80. Perzentile: GEW LVP: 1,0 Massen-% TS; ◘ Abb. 32.3).

Dabei ist zu berücksichtigen, dass vor allem heizwertreiche Fraktionen aus gemischt erfassten Siedlungsabfällen sowie Verpackungen Anhaftungen anorganischer Chloride wie Kalium- und Natriumchlorid aufweisen können, die so zu einer Grundbelastung von ca. 0,3 Masse-% TS führen können. [6] Dieses anorganische Chlor ist auch mit einer NIR-Spektroskopie, die zur Chlor-Entfrachtung in Aufbereitungsanlagen eingesetzt wird, nicht weiter zu reduzieren. Darüber hinaus können Verbundverpackungen und sonstige Verbunde mit Anteilen an PVC zu einem Chloreintrag in den Sekundärbrennstoff führen. [7] Diese können im Rahmen der Sekundärbrennstoffherstellung z. B. mittels NIR-Technologie abgetrennt werden.

32.2.3 Quecksilber in gütegesicherten Sekundärbrennstoffen

Quecksilber ist ein emissionsrelevanter Parameter, der in den Vorgaben für das

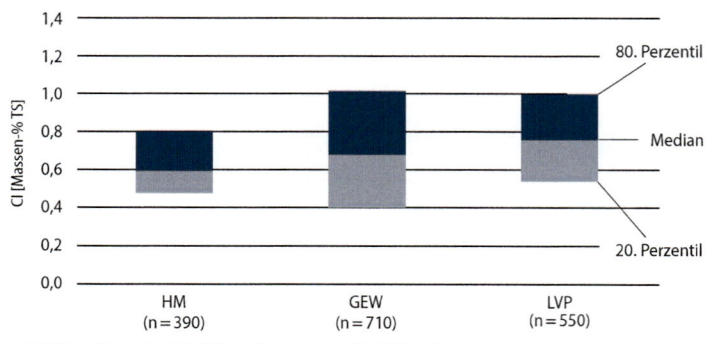

◘ **Abb. 32.3** Chlorgehalt in gütegesicherten Sekundärbrennstoffen (jeweils aggregiert über mehrere Anlagen und die Jahre 2006 bis 2018). (© Gütegemeinschaft Sekundärbrennstoffe und Recyclingholz e. V.)

Tab. 32.2 Klassifizierungssystem für feste Sekundärbrennstoffe auf europäischer Ebene. (Quelle: DIN EN 15359, 2012)

Kenngröße zur Klassifizierung	Statistisches Maß	Einheit	Klassen				
			1	2	3	4	5
Heizwert	Mittelwert	MJ/kg FS	≥ 25	≥ 20	≥ 15	≥ 10	≥ 3
Chlor (Cl)	Mittelwert	Massen-% TS	≤ 0,2	≤ 0,6	≤ 1,0	≤ 1,5	≤ 3
Quecksilber(Hg)	Median	mg/MJ FS	≤ 0,02	≤ 0,03	≤ 0,08	≤ 0,15	≤ 0,50
	80. Perzentil	mg/MJ FS	≤ 0,04	≤ 0,06	≤ 0,16	≤ 0,30	≤ 1,00

© Gütegemeinschaft Sekundärbrennstoffe und Recyclingholz e. V.

Gütezeichen RAL-GZ 724 festgelegt ist (◘ Tab. 32.3) und in der DIN EN-Norm 15359 als Parameter für die Brennstoffklassifizierung dient (◘ Tab. 32.2). Bei der Auswertung der Quecksilbergehalte in gütegesicherten Sekundärbrennstoffen, die zunächst massenbezogen bestimmt werden, konnte festgestellt werden, dass 51 % der Werte unterhalb von 0,2 mg/kg TS liegen, was bei einigen Untersuchungsmethoden der Bestimmungsgrenze entspricht. Letztere liegt für Quecksilber je nach Bestimmungsmethode zwischen 0,2 und 0,07 mg/kg TS. Für die Berechnung des energiebezogenen Quecksilbergehaltes, der die Grundlage für die Beurteilung nach den Vorgaben des RAL-GZ 724 sowie für die Klassifizierung nach DIN EN 15359 ist, ist festgelegt, dass Analysenwerte unterhalb der Bestimmungsgrenze mit der Hälfte dieser in die Berechnung eingehen. Je nach ermitteltem Heizwert, resultieren hieraus Schwankungen der energiebezogenen Quecksilbergehalte. Die aggregierte Auswertung der energiebezogenen Quecksilbergehalte (◘ Abb. 32.4) zeigt, dass die drei Sekundärbrennstoffkategorien im Median und im 80. Perzentil deutlich unter dem Richtwert des RAL-GZ 724 für den Median (◘ Tab. 32.3) liegen. Darüber hinaus wird deutlich, dass der Sekundärbrennstoff „HM" mit aggregierten Werten von ca. 0,01 und 0,02 mg/MJ TS im Median und 80. Perzentil im Vergleich aller drei Sekundärbrennstoffkategorien zwar höhere Quecksilbergehalte aufweist, insgesamt aber ebenfalls deutlich unterhalb der Richtwerte des RAL-GZ 724 für Quecksilber liegen (◘ Tab. 32.3).

32.3 Fazit und Ausblick

Gehalte verschiedener Parameter in Sekundärbrennstoffen sind sowohl vom Inputmaterial als auch von der eingesetzten Aufbereitungstechnik abhängig. Dabei ist zu berücksichtigen, dass in jeder Sekundärbrennstoffproduktion im Rahmen der Gütesicherung auch spezifische Anforderungen einzelner Verwertungsanlagen erfüllt werden. Diese sowie die RAL-Anforderungen sind in regelmäßig wiederkehrenden Überwachungsintervallen jeweils über 10 aufeinanderfolgende Analysenwerte nachzuweisen. Die inputspezifisch jeweils über mehrere Anlagen und über die Jahre 2006 bis 2018 aggregiert ausgewerteten Qualitäten gütegesicherter Sekundärbrennstoffe zeigen, dass Sekundärbrennstoffe aus Hausmüll (ohne Trocknung im Aufbereitungsprozess) einen niedrigeren Heizwert sowie höhere Wasser- und Aschegehalte (hier nicht dargestellt) aufweisen, als Sekundärbrennstoffe aus Gewerbeabfallfraktionen oder aus Fraktionen aus Leichtverpackungen. Durch die jeweilige Ausgestaltung des Aufbereitungsprozess, z. B. durch Installation einer Trocknung, können aber

Tab. 32.3 Richtwerte des RAL-GZ 724 [2]

Parameter*	Einheit	Schwermetallgehalte	
		Medianwerte	80. Perzentil Werte
Cadmium	mg/MJ	0,25	0,56
Quecksilber	mg/MJ	0,038	0,075
Thallium	mg/MJ	0,063	0,13
Arsen	mg/MJ	0,31	0,81
Kobalt	mg/MJ	0,38	0,75
Nickel	mg/MJ	5	10
Antimon	mg/MJ	3,10	7,5
Blei	mg/MJ	12	25
Chrom	mg/MJ	7,80	16
Mangan	mg/MJ	16	31
Vanadium	mg/MJ	0,63	1,6
Zinn	mg/MJ	1,9	4,4

* zusätzlich Dokumentation von Heizwert, Wasser-, Asche-, Kupfer-, Chlorgehalt

auch höhere Heizwerte erreicht werden. Auch der Chlorgehalt kann durch den Einsatz von Aufbereitungstechnologie beeinflusst werden; durch die Nutzung von NIR-Technologie kann z. B. PVC ausgeschleust werden. Mit dieser Technik nicht zu beeinflussen ist aber der Anteil an anorganischem Chlor, sodass v. a. bei der Aufbereitung von heizwertreichen Fraktionen aus gemischt erfassten Abfällen und Verpackungen eine Grundbelastung mit Chlor nicht zu vermeiden ist.

Die aggregierte Auswertung hat weiterhin gezeigt, dass die Quecksilbergehalte in den meisten Fällen den Richtwert für den Median nach RAL-GZ 724 unterschreiten. Ein Großteil der Quecksilberanalysenwerte liegt zudem unterhalb der Bestimmungsgrenze der jeweiligen Bestimmungsmethode.

Bei der zusätzlich durchgeführten Einstufung im europäischen Kontext nach DIN EN 15359 (Tab. 32.4) sind die hier dargestellten gütegesicherten Sekundärbrennstoffe auf Grundlage des Quecksilbergehaltes der Klasse 1 zuzuordnen. Die Heizwerte des Sekundärbrennstoffs „HM" entsprechen der Klasse 4, diejenigen der Sekundärbrennstoffe „GEW" und „LVP" der Klasse 3. Basierend auf den Chlorgehalten sind alle drei Sekundärbrennstoffe der Klasse 3 zuzuordnen.

Zusammenfassend stellt die Gütesicherung von Sekundärbrennstoffen aus unterschiedlichen Abfallzusammensetzungen die hochwertige Verwertung dieser sicher. Gesteuert wird die Sekundärbrennstoff-Qualität dabei vor allem durch eine entsprechende Inputüberwachung und den Aufbereitungsprozess. Darüber hinaus kann festgestellt werden, dass die Gehalte verschiedener Parameter in der Gütesicherungs-Routine kaum noch Schwankungsbreiten aufweisen.

Die Einhaltung der festgelegten Randbedingungen führt zu einer gleichbleibend guten Qualität, die im Rahmen der Gütesicherung nach RAL-GZ 724 einer unabhängigen Bewertung unterliegt und damit auch eine entsprechende Datentransparenz zwischen Herstellern und Verwertern schafft.

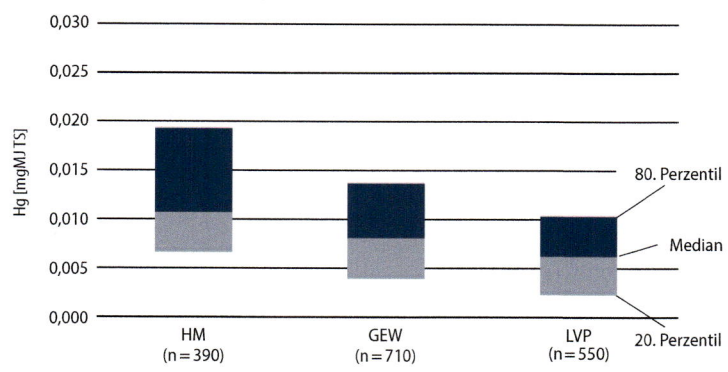

Sekundärbrennstoffe im Zeichen höchster Qualität

Abb. 32.4 Quecksilbergehalt in gütegesicherten Sekundärbrennstoffen (jeweils aggregiert über mehrere Anlagen und die Jahre 2006 bis 2018). (© Gütegemeinschaft Sekundärbrennstoffe und Recyclingholz e. V.)

HM: SBS® aus Hausmüll; GEW: SBS® aus Gewerbeabfall; LVP: SBS® aus Leichtverpackungen

Tab. 32.4 Klassifizierung der Sekundärbrennstoffe nach DIN EN 15359 Tab. 32.1 [3]

Sekundärbrennstoff	Statistisches Maß	HM	Klasse	GEW	Klasse	LVP	Klasse
Heizwert [MJ/kg FS]	Mittelwert	13,00	4	22,40	2	24,10	2
Chlor (Cl) [Massen-% TS]	Mittelwert	0,70	3	0,70	3	0,80	3
Quecksilber (Hg) [mg/MJ FS]	Median	0,01	1	0,01	1	0,01	1
	80. Perzentil	0,02	1	0,01	1	0,01	1

So stellt die Mitverbrennung gütegesicherter Sekundärbrennstoff eine hochwertige und schadlose Verwertung sicher.

Glossar

a annoanno

BGS e. V. Gütegemeinschaft Sekundärbrennstoffe und Recyclingholz e. V.Gütegemeinschaft Sekundärbrennstoffe und Recyclingholz e. V.

Cl ChlorChlor

EBS ErsatzbrennstoffErsatzbrennstoff

FS FeuchtsubstanzFeuchtsubstanz

Hg QuecksilberQuecksilber

HM HausmüllHausmüll

GEW GewerbeabfallGewerbeabfall

LVP LeichtverpackungenLeichtverpackungen

Mg MegagrammMegagramm

NIR Nahinfrarot-TechnologieNahinfrarot-Technologie

RAL-GZ 724 Sekundärbrennstoffe – Gütesicherung RAL-GZ 724Sekundärbrennstoffe – Gütesicherung RAL-GZ 724

SBS geschützter Markenname für gütegesicherte Sekundärbrennstoffegeschützter Markenname für gütegesicherte Sekundärbrennstoffe

TS TrockensubstanzTrockensubstanz

Literatur

1. Sudhaus, Michael; Flamme, Sabine; Hams, Sigrid (2018): Stand und Perspektiven für gütegesicherte Sekundärbrennstoffe (SBS®), In: Wiemer, Klaus;

Kern, Michael; Raussen, Thomas (Hrsg.): Bioabfall- und stoffspezifische Verwertung, S. 565–576. Witzenhausen-Institut für Abfall, Umwelt und Energie GmbH. Witzenhausen, 2018, ISBN: 3928673769

2. RAL (2012): RAL Gütezeichen Sekundärbrennstoffe. Gütesicherung RAL-GZ 724. Herausgeber: Deutsches Institut für Gütesicherung und Kennzeichnung e. V. RAL, Ausgabe Januar 2012

3. DIN EN 15359 (2012): Feste Sekundärbrennstoffe – Spezifikationen und Klassen, DIN Deutsches Institut für Normung e. V. (Hrsg.), Beuth Verlag, Berlin, 01/2012; ICS: 75.160.10

4. Flamme, Sabine; Hams, Sigrid (2017): Stand der Mitverbrennung in Deutschland, In: Kühle-Weidemeier, Matthias; Büscher, Katrin (Hrsg.): Waste-to-Resources 2017, Hannover, S. 24–33, 2017, ISBN: 978-3-7369-9533-8

5. Flamme, Sabine; Geiping, Julia (2012): Quality standards and requirements for solid recovered fuels - A review, In: Waste management & research: the journal of the International Solid Wastes and Public Cleansing Association, ISWA 30, 4/2012, S. 335–353; ▶ https://doi.org/10.1177/0734242X12440481

6. Flamme, Sabine; Hams, Sigrid (2008): Derzeitiger Stand der Chlorbestimmung für Ersatzbrennstoffe - EBS-Analytik - Anforderungen, Probleme, Lösungen, In: Bilitewski, Bernd (Hrsg.): EBS-Analytik, Band 54. Technische Universität Dresden, S. 129 – 136. Eigenverlag des Forums für Abfallwirtschaft und Altlasten e. V. Pirna, 2008, ISBN: 9783934253469

7. Bilitewski, Bernd; Schirmer, Matthias; Hoffmann, Gaston: Chlorstudie. – Untersuchung zu Hauptchlorträgern in verschiedenen Abfallströmen. Studie im Auftrag des Wirtschaftsförderungszentrum Ruhr für Entsorgungs- und Verwertungstechnik e. V. (WFZ Ruhr), 9/2007

Biopolymerproduktion aus Abwasserströmen für eine kreislauforientierte Siedlungswasserwirtschaft

Thomas Uhrig, Julia Zimmer, Florian Rankenhohn und Heidrun Steinmetz

In Laborversuchen wurden Primärschlamm, Braunwasser, Schwarzwasser, Brauerei- und Molkereiabwasser anaerob versäuert, um damit kurzkettige organische Säuren zu gewinnen, die als Substrat zur Biopolymerproduktion genutzt werden können. Ausgehend von den Versäuerungsergebnissen der jeweiligen Abwasserströme wurden Potenzialabschätzungen zur Biopolymerproduktionskapazität für Deutschland durchgeführt.

Ist eine kreislauforientiere Siedlungswasserwirtschaft umsetzbar? Was können wir aus anderen Bereichen wie der Abfallwirtschaft lernen? Wenn in der Abfallwirtschaft keine Vermeidung oder Wiederverwendung von Abfällen möglich ist, priorisiert die Abfallhierarchie aus dem Kreislaufwirtschaftsgesetz eine stoffliche Verwertung vor der energetischen Verwertung oder gar der Beseitigung [1]. Aus der Abfallwirtschaft sind viele positive und bereits seit Jahren etablierte Beispiele zum stofflichen Recycling bekannt. 2017 lagen die Recyclingquoten von Glas bei 100 %, von Papier bei 99 % und bei nicht gefährlichen Bau- und Abbruchabfällen bei 89 %, um nur wenige Beispiele zu nennen [2]. Zumindest bei kommunalen Abwässern sind eine Vermeidung und direkte Wiederverwendung nicht, beziehungsweise nur eingeschränkt möglich, allerdings stehen hier vielfältige Möglichkeiten zur stofflichen Verwertung offen. Im Fokus künftiger Entwicklungen sind hierbei vor allem Wasser, Phosphor, Stickstoff, Kalium und organischer Kohlenstoff zu nennen [3]. Abwasserbehandlungsanlagen haben zwar als zentrale Aufgabe die Reinigung von Abwässern und damit den Schutz von Gewässern, dennoch sollte angesichts steigender Bevölkerungszahlen und der Verknappung von Ressourcen die Entwicklung kreislauforientierter Verfahren nicht vernachlässigt werden. Die Siedlungswasserwirtschaft hat hierbei Nachholbedarf. Mit der Novellierung der Klärschlammverordnung von 2017 gibt es zwar Bemühungen, die stoffliche Rückgewinnung von Phosphor voranzutreiben [4], allerdings gilt es auch, die weiteren Rohstoffe zu beachten.

Zuerst erschienen in Wasser und Abfall 6/2020

> **Kompakt**
>
> - Die Rückgewinnung von organischem Kohlenstoff zur Herstellung von Biopolymeren aus Abwasserströmen stellt ein vielversprechendes und nachhaltiges Verfahren dar.
> - Die untersuchten Abwasserströme zeigen gute Versäuerungseigenschaften und weisen ein hohes Potenzial auf, um als Substrate für die Biopolymerherstellung genutzt zu werden.
> - Weitere Schritte umfassen die Steigerung der PHA-Ausbeute, die Steuerung der PHA-Zusammensetzung, das Einstellen eines stabilen Betriebs und das Schließen der Verfahrenskette.

Nach Wasser bietet der organische Kohlenstoff das zweithöchste massenbezogene Ressourcenpotenzial in kommunalem Abwasser und sollte daher stärker in den Fokus künftiger Betrachtungen rücken. In der konventionellen kommunalen Abwasserbehandlung mit getrennter aerober und anaerober Stabilisierung werden etwa 37 % des im Abwasser enthaltenen Kohlenstoffs (auf CSB-Basis) unter hohen Energieaufwand aerob zu Kohlendioxid und Wasser umgewandelt und damit beseitigt, weitere 6 % verbleiben im Ablauf [5]. Bei der anaeroben Behandlung werden etwa 30 % des CSBs zu Biogas umgewandelt und im Anschluss einer nach der Abfallhierarchie „minderwertigen" energetischen Verwertung zugeführt. Im Faulschlamm bleiben noch ca. 27 % des Kohlenstoffs übrig [5]. Diese 27 % machten 2016 bezogen auf kommunale Kläranlagen in Deutschland 1,77 Mio. Mg Trockenmasse aus [6]. Davon wurden 2016 rund 65 % thermisch entsorgt und damit wieder einer nach der Abfallhierarchie „minderwertigen" energetischen Verwertung zugeführt. 35 % des Schlamms wurden beispielsweise in der Landwirtschaft oder zu landschaftsbaulichen Maßnahmen stofflich verwertet [6]. Durch die vielfach enthaltenen Schadstoffe im Klärschlamm ist eine direkte stoffliche Nutzung des Klärschlamms auf landwirtschaftlichen Flächen problematisch [7]. Daher ist die bisherige stoffliche Verwertung durch die Novellierung der Klärschlammverordnung von 2017 ab 2032 für Kläranlagen mit einer Ausbaugröße von über 50.000 Einwohnerwerten nicht mehr möglich. Bei kleineren Anlagen wird der Anteil der stofflichen Verwertung aufgrund der Einschränkungen der bodenbezogenen Grenzwerte und der Düngemittelverordnung ebenfalls weiter abnehmen.

Insgesamt lässt sich damit erkennen, dass der organische Kohlenstoff im Rahmen der kommunalen Abwasser- und Schlammbehandlung nur sehr eingeschränkt im Sinne einer kreislauforientieren Siedlungswasserwirtschaft behandelt wird. In Anbetracht des großen Ressourcenpotenzials in kommunalen aber vor allem auch in industriellen Abwässern, sollte dem organischen Kohlenstoff mehr Beachtung geschenkt werden.

33.1 Biopolymerproduktion als Alternative

Eine vielversprechende Möglichkeit zur stofflichen Verwertung des Kohlenstoffs ist die Produktion von Polyhydroxyalkanoaten (PHA). PHA sind eine Gruppe von Biopolymeren, die vergleichbare Eigenschaften wie Polypropylen haben, mit dem Vorteil, dass sie biologisch abbaubar sind und aus nachwachsenden Rohstoffen oder organischen Abfällen produziert werden können. Viele Bakterienarten, die auch im Belebtschlamm auf Kläranlagen vorkommen, nutzen PHA als zellinternen Kohlenstoff- und Energiespeicher [8].

Die PHA-Produktion aus Abwasserströmen erfolgt über ein zweistufiges Verfahren (siehe ◘ Abb. 33.1).

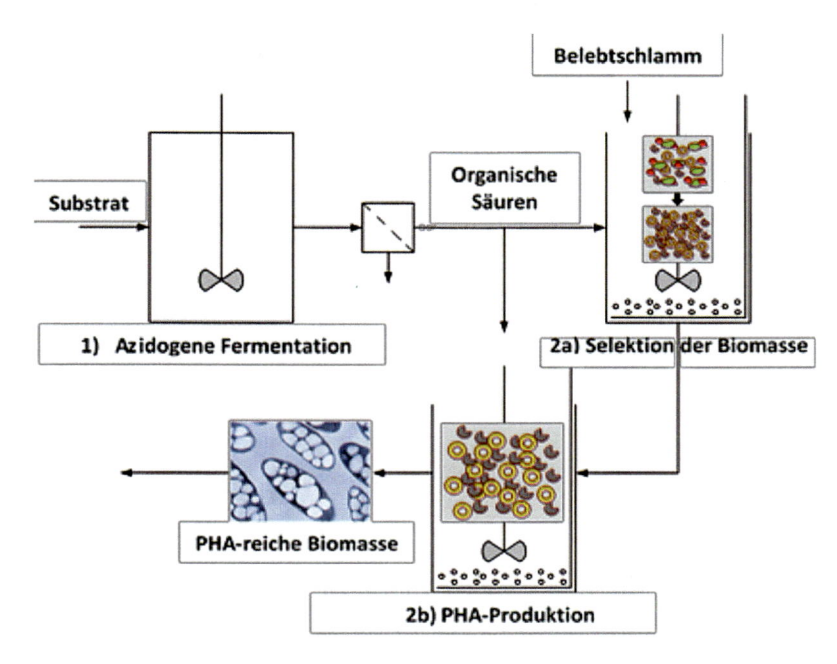

Abb. 33.1 Verfahrenskette zur Biopolymerherstellung bearbeitet nach [9] (Quelle der Mikroskopaufnahme [10]). (© Polymedia Publisher)

Im ersten Prozessschritt werden unter anaeroben Bedingungen die im Abwasser und Klärschlamm enthaltenen Proteine, Fette und Kohlenhydrate zu großen Teilen in kurzkettige Fettsäuren (engl. „volatile fatty acids", kurz VFA) umgesetzt [9]. Durch die Anteile der VFA (Essigsäure, Propionsäure, Buttersäure und Valeriansäure) kann die spätere PHA-Zusammensetzung beeinflusst werden. Essigsäure und Buttersäure führen dabei zu Polyhydroxybutyrat (PHB). Aus Propionsäuren und Valeriansäure wird tendenziell Polyhydroxyvalerat (PHV) produziert. Mischungen der VFA führen zu Mischformen von PHB und PHV. PHB und PHV besitzen etwas unterschiedliche mechanische Eigenschaften, woraus sich verschiedene Anwendungsmöglichkeiten ergeben [8].

In einem aeroben zweiten Schritt werden die VFA von PHA-produzierenden Bakterien als Substrat genutzt und in Form von PHA in den Zellen gespeichert. Dabei wird zunächst eine Selektion und Anreicherung PHA-produzierender Bakterien durch einen feast-famine-Prozess durchgeführt. Hierzu erfolgt eine zyklische Zugabe von VFA und Nährstoffen, die von den Bakterien zum Wachstum, zur Zellatmung und teilweise zur Energiespeicherung verwendet werden (feast). Danach folgen lange Phasen mit Substratmangel (famine), in denen PHA produzierende Bakterien auf ihre Kohlenstoff- und Energiespeicher zurückgreifen können. Sie haben somit einen Vorteil gegenüber anderen Bakterien, die während dieser Phase absterben. Nach mehrfacher Wiederholung der Zyklen ist eine Anreicherung der PHA-Produzenten erreicht. Daraufhin wird die selektierte Biomasse zur Akkumulierung von PHA genutzt. Hierzu erfolgen unter ständiger Belüftung und unter Ausschluss von Nährstoffen kurze Substratzugaben, was zur vermehrten Speicherung von PHA führt. Das Zellwachstum und der damit verbundene PHA-Abbau werden durch den Nährstoffmangel unterdrückt. Im Anschluss kann die Biomasse geerntet, entwässert und das PHA extrahiert werden [8, 9, 11].

33.2 Fragestellung und Methoden

Zur Abschätzung, ob Abwasserströme zur PHA-Produktion geeignet sind, muss nicht immer die gesamte Verfahrenskette untersucht werden. Viele Erkenntnisse und Folgerungen können durch gezielte Untersuchungen der ersten Prozessstufe, der Versäuerung abgeleitet werden. Anhand von vorhandenen Erfahrungswerten aus der Literatur können bereits mögliche Zusammenhänge abgeleitet werden.

Daher wurden in Laboruntersuchungen Versäuerungsversuche durchgeführt, um die PHA-Produktionspotenziale verschiedener Abwasserströme beurteilen zu können. Dazu wurden Stoffströme mit hohem Gehalt an organischen Verbindungen aus dem kommunalen und industriellen Bereich ausgewählt: Aus dem kommunalen Bereich wurde ausgehend von den Ergebnissen bisheriger Studien [8, 12], Primärschlamm gewählt. Bei konsequenter Weiterführung der Idee einer kreislauforientieren Siedlungswasserwirtschaft, könnten künftig auch abgekoppelte Stoffströme aus neuartigen Sanitärsystemen als potenzielle Quellen zur PHA-Produktion infrage kommen. Braun- und Schwarzwasser weisen hierbei die höchsten organischen Frachten bei gleichzeitig hoher Konzentration auf und wurden daher ausgewählt. Um zusätzlich Potenziale industrieller Abwasserströme zu ermitteln, wurden Brauerei- und Molkereiabwasser untersucht.

Folgende Fragen sollen dabei mithilfe der jeweils genannten Methoden beantwortet werden:

1. Wie viel VFA können aus den Abwasserströmen als Substrat für die PHA-Produktion gewonnen werden und welche VFA-Zusammensetzung ist in Abhängigkeit der Ausgangssubstanz zu erwarten?

Hierzu wurden Versuche zum Versäuerungspotenzial im batch-Test durchgeführt. Die verschiedenen Stoffströme wurden dazu unter mesophilen Bedingungen ($34 \pm 3\ °C$) für mindestens 7 Tage in Laborreaktoren (8–50 L) versäuert. Für Primärschlamm, Braun- und Schwarzwasser war kein Inokulum nötig, da davon ausgegangen werden kann, dass bereits ausreichend Bakterien zur Versäuerung enthalten sind [8, 12]. Um den Start der Versäuerung bei Molkerei- und Brauereiabwasser zu beschleunigen, wurde ausgefaulter Faulschlamm einer kommunalen Kläranlage als Inokulum verwendet. Zur Verhinderung einer Methanbildung, wurde der pH-Wert zu Beginn mit Salzsäure ($w = 35\ \%$) auf unter 6 eingestellt.

2. Bleibt die VFA Zusammensetzung bei schwankenden Substratzusammensetzungen im Zulauf stabil?

Mit diesen Versuchen sollte die Stabilität der VFA-Produktion im kontinuierlichen Betrieb ermittelt werden. Für die Aufbereitung der produzierten PHA und die gewählte Anwendung des Endprodukts ist eine möglichst konstante Produktzusammensetzung von Bedeutung. Da die PHA-Zusammensetzung maßgeblich von der VFA Zusammensetzung abhängt [13], ist bereits in diesem Schritt darauf zu achten, dass trotz schwankender Zusammensetzung des Abwasserstroms eine konstante VFA-Zusammensetzung erzielt wird. Dazu wurde zunächst mit Primärschlamm über 30 Tage ein Versäuerungsreaktor betrieben, bei dem nach einer Einfahrphase von 7 Tagen, alle drei Tage die Hälfte des Reaktorvolumens mit frischem Primärschlamm ausgetauscht wurde.

3. Wie viel PHA kann theoretisch produziert werden und wie hoch ist der PHA-Marktanteil, der damit erreicht werden könnte?

Für erste Einschätzungen, ob mit in der Entwicklung befindliche Verfahren lohnenswerte Mengen an Biokunststoffen produziert werden können, sind Potenzialabschätzungen von besonderer Bedeutung. Daher wurden die PHA-Produktionspotenziale für die untersuchten Abwasserströme berechnet. Ausgehend von den Versäuerungsgraden aus den batch-Tests und Literaturwerten lassen sich erste Potenzialabschätzungen zum PHA-Produktionspotenzial für Deutschland hochrechnen.

33.3 Versäuerungspotenzial im batch-Test

Als Bewertungsparameter der Versäuerung wird der Versäuerungsgrad herangezogen, der den Anteil der produzierten VFA (umgerechnet in CSB) an der CSB-Fracht des homogenisierten Abwasserstroms zum Startzeitpunkt angibt.

Bereits mit einfachen batch-Ansätzen konnten Versäuerungsgrade von 11–60 % erreicht werden (siehe ◘ Tab. 33.1). Tendenziell weisen die kommunalen Substrate niedrigere Versäuerungsgrade auf als die beiden untersuchten industriellen Abwässer, was an dem hohen Anteil partikulärer Bestandteile liegen könnte. So werden unverdaute Ballaststoffe oder Cellulose aus dem Toilettenpapier unter den gewählten Prozessbedingungen vermutlich nur unvollständig und langsam hydrolysiert. Für eine Steigerung der Versäuerungsgrade könnten Vorbehandlungsstufen wie die Desintegration (thermisch, chemisch oder mechanisch) für einen Aufschluss komplexer Abwasserbestandteile sorgen und damit den Versäuerungsgrad erhöhen.

Beim Blick auf die VFA-Zusammensetzung ist vor allem die Summe von Essig- mit Buttersäure und von Propion- mit Valeriansäure wichtig, um Voraussagen für die erwartete PHA-Zusammensetzung zu treffen. Braunwasser, Brauerei- und Molkereiabwasser enthielten jeweils in Summe 72–92 % Essig- und Buttersäure (siehe ◘ Abb. 33.2). Die Ergebnisse von Primärschlamm und Schwarzwasser wiesen hingegen eine ausgeglichene VFA-Zusammensetzung auf. Hier lag die Summe bei 52 und 63 %. Je höher der Essig- und Buttersäureanteil ist, desto höher ist der zu erwartende PHB-Anteil. Mit zunehmendem Anteil von Propion- mit Valeriansäure wird vermehrt PHV produziert [13].

Demnach ist zu erwarten, dass bei einer späteren PHA-Akkumulation aus Braunwasser, Brauerei- und Molkereiabwasser das Polymer PHB dominant ist. Die Ergebnisse bei Primärschlamm und Schwarzwasser deuten darauf hin, dass das produzierte Polymer aus einer Mischung von PHB und

◘ **Tab. 33.1** Erreichte Versäuerungsgrade ausgehend von den CSB-Konzentrationen

Substrat	$C_{CSB, Start}$ in mg/L	$C_{CSB, VFA, Ende}$ in mg/L	Versäuerungsgrad in %
Primärschlamm	58.338	10.088	17
Braunwasser	40.759	4330	11
Schwarzwasser	12.994	1379	11
Brauereiabwasser	2887	1736	60
Molkereiabwasser*	9999	1993	20

*Wurde vor Versuchsbeginn auf einen Wert von $C_{CSB} \approx 10.000$ mg/L verdünnt
© Thomas Uhrig et al.

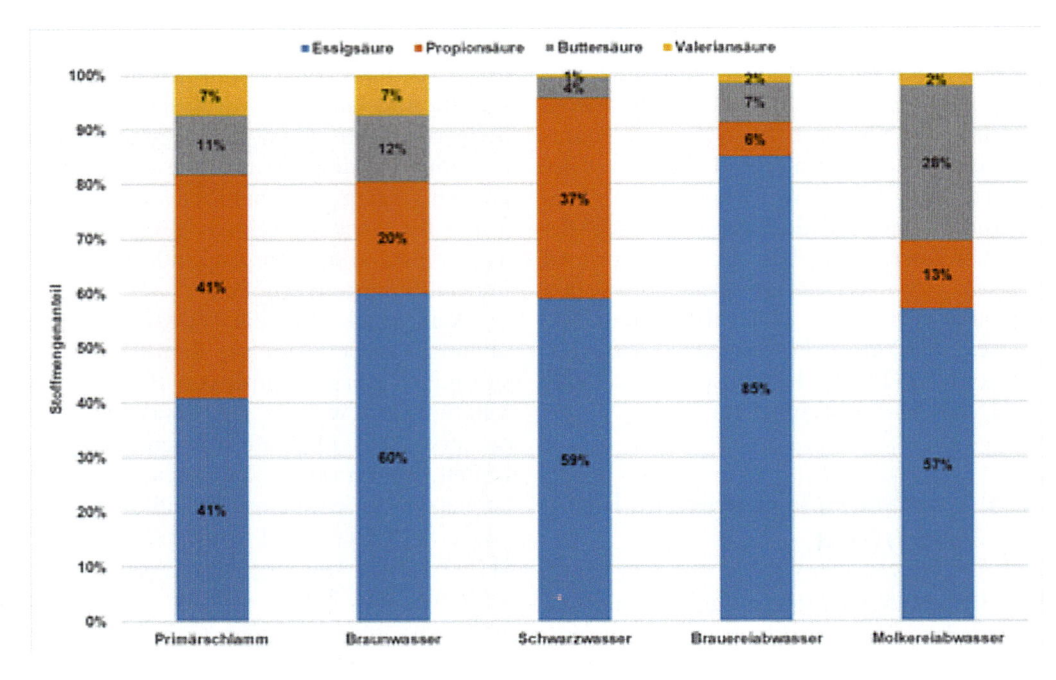

● Abb. 33.2 VFA-Zusammensetzung der untersuchten Abwasserströme. (© Thomas Uhrig et al.)

PHV bestehen wird. Somit können diese Ergebnisse in Abhängigkeit möglicher Verwendungsmöglichkeiten der Polymere als Grundlage zur Auswahl in Frage kommender Abwasserströme dienen.

33.4 Stabilität der VFA-Produktion im kontinuierlichen Betrieb

● Abb. 33.3 zeigt, dass sich bereits in der Einfahrphase (Tag 0–7) eine gleichbleibende Zusammensetzung der VFA eingestellt hat und die Schwankungen im semi-kontinuierlichen Betrieb (Tag 7–30) über etwa 4 Schlammalter mit maximal 2 % bezogen auf die einzelne Säure niedrig waren. Es konnte ebenfalls beobachtet werden, dass die Zusammensetzung aus dem batch-Test mit der Zusammensetzung im semi-kontinuierlichen Betrieb Wesentlichen übereinstimmen.

In diesem Versuch konnte über den Untersuchungszeitraum eine stabile VFA-Zusammensetzung erreicht werden. Darauf aufbauend wird angestrebt, die Versäuerung über ca. ein Jahr zu betreiben, um einen möglichen Einfluss jahreszeitlicher Schwankungen der Primärschlammeigenschaften auf die VFA-Zusammensetzung untersuchen zu können.

33.5 PHA-Produktionspotenzial

Zur Berechnung der Potenziale wurden für jeden Abwasserstrom die jährlichen CSB-Frachten aus der Literatur für Deutschland ermittelt. Mit den Versäuerungsgraden aus den jeweiligen batch-Tests können daraus ungefähre VFA-Frachten berechnet werden, die bei weiterer Prozessoptimierung noch gesteigert werden können. Unter der Annahme, dass 50 % der VFA in der Selektionsstufe verbraucht werden, stehen die restlichen 50 %

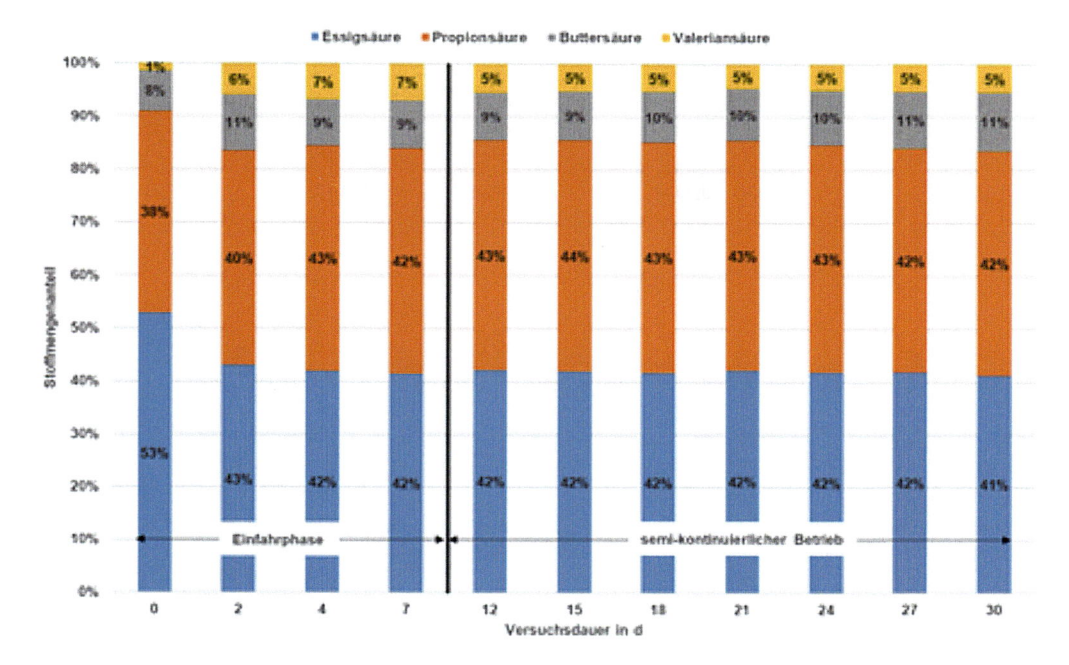

Abb. 33.3 VFA-Zusammensetzung bei einer semi-kontinuierlich betriebenen Versäuerung von Primärschlamm. (© Thomas Uhrig et al.)

zur PHA-Akkumulation zur Verfügung. Nach Bengtsson et al. können bei geschickter Prozessführung nahezu 100 % der in der PHA-Akkumulation eingesetzten VFA zu PHA umgewandelt werden [12]. Bei einem mittleren Umrechnungsfaktor von 0,63 g PHA/g CSB [12] lässt sich ein theoretisches PHA-Produktionspotenzial berechnen (siehe ◘ Tab. 33.2). Zur besseren Einordnung der Ergebnisse wurde ausgehend von der im Jahr 2019 weltweit produzierten Menge an PHA von 25.200 Mg [14] ein theoretischer Marktanteil berechnet.

Bei den Potenzialabschätzungen geht es vor allem darum, ungefähre Größenordnungen aufzuzeigen. Eine Studie von 2017 zeigte mit einem anderen Berechnungsansatz für Primärschlamm zwar ein wesentlich höheres Produktionspotenzial von 166.518 Mg PHA/a auf [23], aber trotz unterschiedlicher Ansätze ist deutlich zu erkennen, dass Primärschlamm hohe Potenziale im Vergleich zur aktuellen PHA-Produktion bietet. Gleiches gilt für die Teilströme Braun- und Schwarzwasser, wobei zu beachten ist, dass die genannten Produktionspotenziale von Primärschlamm, Braun- und Schwarzwasser nicht additiv zu verstehen sind, da sich die Ursprünge der Stoffströme größtenteils überschneiden.

Neben den kommunalen Strömen können auch die exemplarisch gewählten Industrieabwässer nicht zu vernachlässigende Beiträge zur weltweiten PHA-Produktion liefern, vor allem, wenn die Vielzahl, der hier nicht betrachteten weiteren industrieller Quellen, zusätzlich berücksichtigt werden.

33.6 Weiteres Vorgehen

Neben der Untersuchung weiterer Abwasserströme auf ihre Versäuerungseigenschaften, wird in weiteren Schritten angestrebt, die gesamte PHA-Prozesskette über ca.

Tab. 33.2 Berechnete PHA-Produktionspotenziale für Deutschland ausgehend von den Ergebnissen der Voruntersuchungen zum Versäuerungspotenzial (*Die Werte für Brauerei- und Molkereiabwasser beziehen sich auf die CSB-Fracht im Abwasser pro produzierter Einheit des Produkts)

Substrat	Theoretisches PHA-Produktionspotenzial pro Jahr für Deutschland in Mg/a	Theoretischer weltweiter PHA-Marktanteil 2019 in %	Annahmen
Primärschlamm	63.142	251	30 g CSB/(E*d) [15], 107,1 Mio. E [16], VG = 17 %
Braunwasser	40.276	160	50 g CSB/(E*d) [17], 83,1 Mio E [18], VG = 11 %
Schwarzwasser	50.313	200	40 g CSB/(E*d) [17], 83,1 Mio E [18], VG = 11 %
Brauereiabwasser	7.796–18.711	31–74	0,45–1,08 kg CSB/hL Bier* [19], 92,2 Mio. hL Bier/a [20], VG = 60 %
Molkereiabwasser	1.619–8.095	6–32	0,8–4 kg CSB/Mg Milch* [21], 32,5 Mio. Mg Milch/a [22], VG = 20 %

© Thomas Uhrig et al.

ein Jahr in einem halbtechnischen Pilotbetrieb auf einer Kläranlage zu schließen. Dabei soll unter realen und damit schwankenden Rahmenbedingungen eine stabile und kontinuierliche PHA-Produktion gewährleistet werden. Durch angepasste Betriebsbedingungen soll eine hohe PHA-Ausbeute und eine Steuerung der Produkteigenschaften erzielt werden. Dazu ist es wichtig, den Prozess der Biomassenanreicherung und der PHA-Akkumulation besser zu verstehen und Erkenntnisse über die zugrunde liegende Biozönose zu erlangen. Bisher ist wenig über die dominanten PHA produzierenden Bakterienarten in realen Abwassersystemen und den Einfluss der Bakterienzusammensetzung auf die PHA-Zusammensetzung und -ausbeute bekannt. Als Ansatz hierzu sollen in weitergehenden Versuchen die bakterielle Zusammensetzung und Abundanz der PHA-Produzenten bei verschiedenen Betriebsbedingungen und zu verschiedenen Zeitpunkten und damit zusammenhängend die PHA-Ausbeute und -zusammensetzung untersucht werden. Die Charakterisierung von Kernorganismen und das Einstellen der optimalen Bedingungen für diese stehen dabei im Fokus der Untersuchungen.

Die Ergebnisse sollen dazu dienen, nötige Vorgaben und Rahmenbedingungen für ein späteres Up-Scaling des PHA-Prozesses zu erarbeiten. Durch eine konsequente Übertragung der Erkenntnisse und der Überprüfung im realen Betrieb einer Kläranlage kann ein Beitrag geleistet werden, mit dem ein weiterer Schritt hin zu einer kreislauforientierten Siedlungswasserwirtschaft möglich wird.

Danksagung Die vorliegenden Ergebnisse stammen aus den Projekten „WOW! Wider busines opportunities for raw materilas from waste water" gefördert durch Interreg NWE, „Biopolymerproduktion aus industriellen Abwasserströmen" gefördert durch die Willy-Hager-Stiftung und „RUN – Rural Urban Nutrient Partnership" gefördert durch das Bundesministerium für Bildung und Forschung. Die Autoren danken den Projektträgern für die Finanzierung der Projekte.

Literatur

1. Kreislaufwirtschaftsgesetz vom 24. Februar 2012 (BGBl. I S. 212), das zuletzt durch Artikel 2 Absatz 9 des Gesetzes vom 20. Juli 2017 (BGBl. I S. 2808) geändert worden ist.
2. Abfallbilanz 2017 (Abfallaufkommen/-verbleib, Abfallintensität, Abfallaufkommen nach Wirtschaftszweigen): Statistisches Bundesamt (Destatis), 2019.
3. Steinmetz, H. (2017) Perspektiven der kommunalen Abwasserbehandlung. In: Wasser, Energie und Umwelt. Aktuelle Beiträge aus der Zeitschrift Wasser und Abfall I. S. 2 – 9. Springer Vieweg, Wiesbaden.
4. Klärschlammverordnung vom 27. September 2017 (BGBl. I S. 3465), die zuletzt durch Artikel 6 der Verordnungvom 27. September 2017 (BGBl. I S. 3465) geändert worden ist.
5. Gottardo Morandi, C.; Wasielewski, S.; Mouarkech, K.; Minke, R.; Steinmetz, H. (2018) Impact of new sanitation technologies upon conventional wastewater infrastructures, Urban Water Journal, 15:6, 526–533, ▶ https://doi.org/10.1080/1573062X.2017.1301502.
6. Abwasserbehandlung – Klärschlamm Tabellenband 2015/2016: Statistisches Bundesamt (Destatis), 2018.
7. KlärschlammEntsorgung in der Bundesrepublik Deutschland: Umweltbundesamt, 2018.
8. Montano-Herrera, L.; Laycock, B.; Werker, A.; Pratt, S. (2017) The Evolution of Polymer Composition during PHA Accumulation: The Significance of Reducing Equivalents. Bioengineering, 4, 20; ▶ https://doi.org/10.3390/bioengineering4010020.
9. Pittmann, T.; Steinmetz, H. (2013) Influence of operating conditions for volatile fatty acids enrichment as a first step for polyhydroxyalkanoate production on a municipal waste water treatment plant, Bioresource Technology, Volume 148, Pages 270–276, ▶ https://doi.org/10.1016/j.biortech.2013.08.148.
10. Polymedia Publisher GmbH (2020) Hydal earns Frost & Sullivan Award for its PHA technology using waste cooking oil. Online verfügbar unter ▶ https://www.bioplasticsmagazine.com/en/news/meldungen/20150408-Hydal-wins-award.php, zuletzt geprüft am 14.04.2020
11. Pittmann, T.; Steinmetz, H. (2014) Polyhydroxyalkanoate production as a side stream process on a municipal waste water treatment plant, Bioresource Technology, Volume 167, Pages 297–302, ▶ https://doi.org/10.1016/j.biortech.2014.06.037.
12. Bengtsson, S.; Werker, A.; Visser, C.; Korving, L. (2017) PHARIO: Stepping stone to a sustainable value chain for PHA bioplastic using municipal activated sludge, STOWA.
13. Montano-Herrera, L. (2015) Composition of Mixed Culture PHA Biopolymers and Implications for Downstream Processing, A thesis submitted for the degree of Doctor of Philosophy, University of Queensland, School of Chemical Engineering.
14. Euopean bioplastics e.V. (2020) Photos, graphics & videos. Online verfügbar unter ▶ https://www.european-bioplastics.org/news/multimdia-pictures-videos/, zuletzt geprüft am 14.04.2020.
15. ATV-DVWK-Arbeitsblatt A 131 (2000): Bemessung von einstufigen Belebungsanlagen. Deutsche Vereinigung für Wasserwirtschaft, Abwasser und Abfall e. V. (DWA).
16. Leistungsnachweis kommunaler Kläranlagen (2019) Deutsche Vereinigung für Wasserwirtschaft, Abwasser und Abfall e. V. (DWA).
17. DWA Arbeitsblatt A 272: Grundsätze für die Planung und Implementierung Neuartiger Sanitärsysteme (NASS) (2014) Deutsche Vereinigung für Wasserwirtschaft, Abwasser und Abfall e. V. (DWA).
18. Statistisches Bundesamt (2020) Bevölkerungsstand. Online verfügbar unter ▶ https://www.destatis.de/DE/Themen/GesellschaftUmwelt/Bevoelkerung/Bevoelkerungsstand/_inhalt.html, zuletzt geprüft am 14.04.2020.
19. DWA Merkblatt M 732: Abwasser aus Brauereien (2010) Deutsche Vereinigung für Wasserwirtschaft, Abwasser und Abfall e. V. (DWA).
20. Statistisches Bundesamt (2020) Bierabsatz im Jahr 2019. Online verfügbar unter ▶ https://www.destatis.de/DE/Presse/Pressemitteilungen/2020/01/PD20_032_799.html, zuletzt geprüft am 14.04.2020.
21. DWA Merkblatt M 708: Abwasser aus der Milchverarbeitung (2011) Deutsche Vereinigung für Wasserwirtschaft, Abwasser und Abfall e. V. (DWA).
22. Statistisches Amt der Europäischen Union (2020) Milchaufnahme (alle Milcharten) und Gewinnung von Milcherzeugnissen - jährliche Daten. Online verfügbar unter ▶ http://appsso.eurostat.ec.europa.eu/nui/show.do?query=BOOKMARK_DS052400_

QID_BD5474_UID_3F171EB0&layout=TIME,C,X,0;GEO,L,Y,0;DAIRYPROD,L,Z,0, zuletzt geprüft am 14.04.2020.

23. Pittmann, T.; Steinmetz, H. (2017) Polyhydroxyalkanoate Production on Waste Water Treatment Plants: Process Scheme, Operating Conditions and Potential Analysis for German and European Municipal Waste Water Treatment Plants. Bioengineering, Volume 4, Article number 54, ▶ https://doi.org/10.3390/bioengineering4020054.

Recycling

Komposttoiletten als Ausgangspunkt für sichere Düngeprodukte

Engelbert Schramm, Caroline Douhaire und Tobias Hübner

Mobile Toilettenanlagen können Alternativen zur wasserwirtschaftlichen Entsorgung der menschlichen Fäkalien sein. Sie ermöglichen es dabei, Kreisläufe gewässerschonend zu schließen, wenn die aufgefangenen Fäkalien nicht anschließend als Abwasser behandelt werden. Untersucht wurden die Akzeptanz von Komposttoiletten sowie die Möglichkeiten zur Aufbereitung der Inhalte. Sachgerechte Abfallschlüssel und düngerechtliche Vorschriften können so einen stofflichen Kreislauf sichern.

Eine aktuelle Untersuchung des Umweltbundesamtes zeigt, dass die deutschen Fließgewässer massiv durch den Kläranlagenablauf beeinflusst sind. Dies hat zum Teil erhebliche Auswirkungen auf die Trinkwassergewinnung [1]. Für kleinere Flüsse ist teilweise zu beobachten, dass die Beeinflussung durch Einleitungen aus der Abwasserbehandlung dazu führen, dass die gesetzten Ziele nach Wasserrahmenrichtlinie zunächst nicht erreicht werden konnten [2, 3]. Für einen verbesserten Gewässerschutz wird es daher nicht nur eine Nachrüstung der Abwasserbehandlung und einen besseren Umgang mit Mischwasserentlastungen gehen, sondern auch um eine Verringerung der Abwasserlasten.

Die Nutzung mobiler Toilettenanlagen erlaubt es technisch, Alternativen zur wasserwirtschaftlichen Entsorgung der menschlichen Fäkalien zu beschreiben und dabei Kreisläufe gewässerschonend zu schließen, wenn die aufgefangenen Fäkalien nicht anschließend als Abwasser behandelt werden. Das Bundesministerium für Umwelt (BMU) qualifiziert in einem internen Vermerk über „Die Anwendbarkeit des Abfallrechts auf Komposttoiletten" [4] die in Komposttoiletten anfallenden menschlichen Fäkalien zwar eindeutig als Abwasser. Diese Rechtsauffassung ist allerdings unter Berücksichtigung der einschlägigen Rechtsprechung und des Abfallrechts kritisch zu hinterfragen [5].

Die anschließende praktizierbare Verrottung der Fäkalien erlaubt es zudem, Gesichtspunkte von Ressourcenschonung, Bodenschutz, lokalem Ressourcenmanagement und Klimaschutz wahrzunehmen. Für den Einsatz von Trocken- bzw. Komposttoiletten hat dies eine interdisziplinäre wissenschaftliche Begleitung des Einsatzes der Toiletten auf Großveranstaltungen gezeigt [6]. Eigene Untersuchungen zeigen, dass bei sorgfältiger Prozessführung aus menschlichen Fäkalien Substrate erzeugbar sind,

Zuerst erschienen in Wasser und Abfall 10/2021

© Der/die Autor(en), exklusiv lizenziert an Springer Fachmedien Wiesbaden GmbH, ein Teil von Springer Nature 2023
M. Porth et al. (Hrsg.), *Wasser, Energie und Umwelt*,
https://doi.org/10.1007/978-3-658-42657-6_34

die als sehr kohlenstoff- und zudem nährstoffreicher Humuskompost vermarktbar und für die Endverbraucher interessant sind [5, 7].

> **Kompakt**
> - Menschliche Fäkalien aus mobilen Komposttoiletten lassen sich zu umwelthygienisch unbedenklichen Produkten für landwirtschaftliche Absatzmärkte verarbeiten.
> - Komposttoiletten, die eine deutlich höhere Akzeptanz als Chemietoiletten haben, können dem Regime des Abfallrechts unterworfen werden.
> - Geeignete Abfallschlüssel und düngerechtliche Positivlisten führen letztlich zur Vermeidung von Abwasser und zur Entlastung der Gewässer.

Angesichts der sich ökonomisch und ökologisch zeigenden Potenziale ist zu überlegen, ob die Beurteilung der Möglichkeiten der stofflichen Verwertung von in Komposttoiletten anfallenden menschlichen Fäkalien geändert werden sollte, um so möglichst wirksam zur Gewässerentlastung beizutragen. Während das Abfallrecht vorsieht, das eine Verwertung von Abfällen durch die Abfallwirtschaft (oder den Abfallerzeuger selbst) erfolgen kann, müssen menschliche Fäkalien, wenn sie auch in Komposttoiletten analog Chemietoiletten als Bestandteile des Abwassers gelten, immer den Kommunen zur Beseitigung in Kläranlagen überlassen werden.

34.1 Akzeptanz von Komposttoiletten

Komposttoiletten wurden seit 2013 auf zahlreichen Großveranstaltungen in Deutschland eingesetzt, auf Festivals, aber auch auf dem Evangelischen Kirchentag in Stuttgart 2015. Dort hat das ISOE-Institut für sozial-ökologische Forschung eine sozial-empirische Befra-gung zur Wahrnehmung und Akzeptanz der Komposttoiletten durchgeführt [6]. Sie fand während des Kirchentages als Face-to-Face-Befragung statt. Nutzer der Komposttoiletten wurden in unmittelbarer Nähe der Komposttoiletten an zwei Standorten für etwa 10 min befragt. Den Fragebogen füllten die Interviewer aus; er enthielt offene und geschlossene Fragen. Die Stichprobe bestand aus 115 Befragten, mit 57 % Frauen und 43 % Männern im Alter zwischen 12 und 82 Jahren. Das Durchschnittsalter betrug 40,9 Jahre. Eine Repräsentativität der Stichprobe wurde nicht angestrebt.

Als Ergebnis der Befragung ist zu erkennen, dass Komposttoiletten nicht nur toleriert wurden, sondern bei den Besuchern des Kirchentags auf große Zustimmung stießen: Die Idee faszinierte und das Konzept der dort aufgestellten Trockentoiletten und der anschließen-den stofflichen Verwertung (Aufarbeitung als Kompost) überzeugte. Im Urteil der Befragten sind die Komposttoiletten für 83 % ein „gelungenes Toilettenkonzept" und für 79 % „ein zukunftsweisendes Konzept für mobile Toiletten"; für 74 % eignen sie sich gut für Großveranstaltungen wie den Kirchentag. Größte Zustimmung mit 93 % bekommt ihre Umweltfreundlichkeit; ausdrücklich hervorgehoben wurde nicht nur der Recycling-Gedanke, sondern auch die Wasserfreiheit des Systems. Weiterhin erhielten die Sauberkeit und die Geräumigkeit der Toiletten ebenso wie die einfache und angenehme Benutzung und die Geruchsverhältnisse gute Noten. Überwiegend wurden die (künstlerisch gestalteten) Komposttoiletten als originell und sympathisch empfunden. Für 95 % der Befragten sind sie eine gute Alternative zu den üblicherweise auf Großveranstaltungen eingesetzten Chemie-Toiletten. Für 76 % sind sie sogar „wesentlich besser" als die Chemie-Toiletten [6].

Nur ein Fünftel der Befragten empfanden die Komposttoiletten beim ersten

Eindruck als gewöhnungsbedürftig oder befremdlich. Ein Kritikpunkt war die Händereinigung mit Desinfektionsgel. Ein knappes Drittel fand diese suboptimal. Hinsichtlich der Gebrauchsanleitung und Informationen zu den Komposttoiletten sahen die Interviewten noch Optimierungsmöglichkeiten, um die Benutzung klarer und einfacher zu gestalten. Zur Bezeichnung wurde dem Begriff „Komposttoiletten" eindeutig gegenüber „Trockentoiletten" oder „Humustoiletten" der Vorzug gegeben [6].

34.2 Behandlung von Komposttoilettenrückständen und Aufarbeitung zu einem Düngeprodukt

In Komposttoiletten werden als Nachwurfmaterial beim Toilettengang Holzspäne eingesetzt. Dies dient der Feuchtigkeitsabsorption, der Geruchsminderung und der optischen Abdeckung. Bei der Benutzung der Komposttoiletten sickert der anfallende Urin durch die bis dahin in die Toilette eingebrachten Schichten aus Fäzes, Holzspänen und Toilettenpapier, sowie durch eine am Boden der Toilette befindliche Schicht aus Drainagestroh. Der sich am Grund der Behälter sammelnde Urin ist folglich nicht mehr sortenrein, sondern kann als Urindrainage behandelt und getrennt entsorgt werden.

Fäkalien können grundsätzlich dem Begriff der Düngemittel nach § 2 Nr. 1 Düngemittelgesetz (DüngG) unterfallen; der Gesetzgeber meint damit „Stoffe, ausgenommen Kohlendioxid und Wasser, die dazu bestimmt sind, Nutzpflanzen Nährstoffe zuzuführen, um ihr Wachstum zu fördern, ihren Ertrag zu erhöhen oder ihre Qualität zu verbessern, oder die Bodenfruchtbarkeit zu erhalten oder zu verbessern". Bei entsprechender Zweckbestimmung könnten demnach auch Abfallstoffe wie menschliche Fäkalien, Klärschlamm oder Bioabfall als Düngemittel gelten.

Fäkalien (menschlicher sowie tierischer Herkunft) waren in der Vergangenheit ebenso wie Gärrückstände (und auch Klärschlamm) als „Sekundärrohstoffdünger" in den Anwendungsbereich des ehemaligen Düngemittelgesetzes (DüMG) einbezogen. Zwar hat der Gesetzgeber die Bezeichnung „Sekundärrohstoffdünger" bei der Schaffung des seit 2009 geltenden Düngegesetzes (DüngG) aufgegeben; hiermit waren jedoch keine inhaltlichen Einschränkungen verbunden [5].

Die Andienung von Komposttoilettenrückständen auf existierenden Kompostierungsanlagen wird durch sog. Abfallschlüssel gesteuert. Die Abfallverzeichnis-Verordnung (AVV) hat in Umsetzung des Gemeinschaftsrechts spezifischen Wertstoffen/Abfallfraktionen sog. Abfallschlüssel zugeteilt. Damit existiert für die meisten Arten von Abfall ein spezifischer sechsstelliger Schlüssel, der sowohl Transport als auch die Verwertung bzw. den Entsorgungsweg regelt. Zugleich wird mit den Abfallschlüsseln in einem Positivkatalog gekennzeichnet, welche Verwertungsanlagen welche Abfälle/Wertstoffe verarbeiten dürfen. Vor dem Aufkommen von Komposttoiletten im größeren Umfang gab es in der deutschen Abfallwirtschaft keinen Bedarf, einen Abfallschlüssel für Feststoffe aus Komposttoiletten zu definieren. Ein eigener Abfallschlüssel, der genau zu den Eigenschaften dieser Feststoffe passt und gleichzeitig eine sowohl ökologisch als auch ökonomisch sinnvolle stoffliche Verwertung in Kompostieranlagen zulässt, ist daher nicht definiert [6].

Die Ergänzung dieses Positivkataloges mit einer bestimmten Abfallschlüsselnummer haben die Betreiber von Kompostierungsanlagen zunächst aus Aufwandsgründen aufgrund der in der Vergangenheit verhältnismäßig geringen Mengen für Feststoffe aus Komposttoiletten vernachlässigt. Im Rahmen des Kirchentag-Projektes legte die AVL Ludwigsburg in Abstimmung mit dem Umweltministerium Baden-Württemberg für die gesammelten Komposttoilettenrückstände den Abfallschlüssel „200,304 Fäkalschlamm" fest [6]. Dieser Abfallschlüssel beschreibt eigentlich Materialien, die menschliche Fäkalien enthalten, ist aber in Bezug auf die Eigenschaften Struktur, Wassergehalt und Gehalt organischer Substanz weit von den Feststoffen aus den Komposttoiletten entfernt. 2015 wurde aus den Komposttoiletten eine stichfeste Masse aus ca. 60 Vol.-% Hobelspäne, 15 Vol.-% Toilettenpapier, 15 Vol.-% Kot und 10 Vol.-% Urin angedient [6].

Möglicherweise sind andere Abfallschlüssel besser geeignet, um die Komposttoilettenrückstände abfallwirtschaftlich zu kennzeichnen. Genannt wurden in diesem Zusammenhang die folgenden Abfallschlüssel [6]:
— 02 01 06: Tierische Ausscheidungen, Gülle, Jauche und Stallmist (einschließlich verdorbenem Stroh), Abwässer, getrennt gesammelt und extern behandelt,
— 19 08 05: Schlämme aus der Behandlung von kommunalem Abwasser,
— 20 03 99: Siedlungsabfälle anders nicht genannt.

Bei Inhalten von Komposttoiletten ist gegenüber anderen kompostierbaren Ausgangsstoffen ein erhöhtes seuchenhygienisches Risiko aufgrund der potenziell hohen Zahl in Fäzes und Urin enthaltenen Pathogene zu beachten. Auch besteht ein erhöhtes Risiko durch die in Fäzen und Urin enthaltenen Mikroschadstoffe, vor allem Medikamentenrückstände [8].

Zur Behandlung von Komposttoiletteninhalten eignet sich nach derzeitigem Stand der Technik insbesondere die thermophile Kompostierung. Aufgrund der hierbei erreichbaren hohen Temperaturen (< 60 °C) über mehrere Wochen kann eine sichere Hygienisierung erzielt und dadurch seuchenhygienische Sicherheit gewährleistet werden [9]. Aktuell durchgeführte wissenschaftliche Studien weisen darauf hin, dass während der thermophilen Kompostierung ein Großteil enthaltener Medikamentenrückstände teilweise oder vollständig abgebaut wird [10].

Die thermophile Kompostierung von Komposttoilettenrückständen erfolgt in Mieten von ca. 2,5–3 m Sohlenbreite und ca. 1 m Höhe. Komposttoilettenrückstände weisen aufgrund ihrer Zusammensetzung aus größtenteils Holzspänen (hoher C-Gehalt), sowie Fäzes und Urin (hoher N-Gehalt) ein für die Kompostierung optimales C/N-Verhältnis von 25–30 zu 1, sowie eine relativ hohe Luftdurchlässigkeit auf. Allerdings werden Holzspäne aufgrund ihres hohen Lignocellulose-Gehaltes relativ langsam abgebaut und geben dadurch den für die Kompostierung nötigen Kohlenstoff nur langsam frei. Fäzes und Urin werden dagegen relativ schnell abgebaut, wodurch ein Überschuss an frei verfügbarem Stickstoff eintreten kann. Dies kann zu einer verminderten Wärmeentwicklung (die wichtig für die Hygienisierung ist), einem verlangsamten Abbau des organischen Materials sowie zur vermehrten Bildung von Ammoniak führen. Ammoniak wird wiederum zu einem großen Teil emittiert, wodurch dem Kompost Stickstoff verloren geht. Um dem entgegenzuwirken, können den Komposttoilettenrückständen Zuschlagstoffe mit hohem Anteil an frei verfügbarem Kohlenstoff beigemengt werden. Gut geeignet sind beispielsweise zuckerhaltige Reststoffe wie Trester oder Obstabfälle. Auch der Zusatz von Pflanzenkohle ist möglich, wodurch Stickstoffverluste während der Kompostierung reduziert werden können [7]; aus Prozessoptimierungen resultiert der BioFAVOR-Prozess, dessen Verfahrensschema ◘ Abb. 34.1 entnommen werden kann.

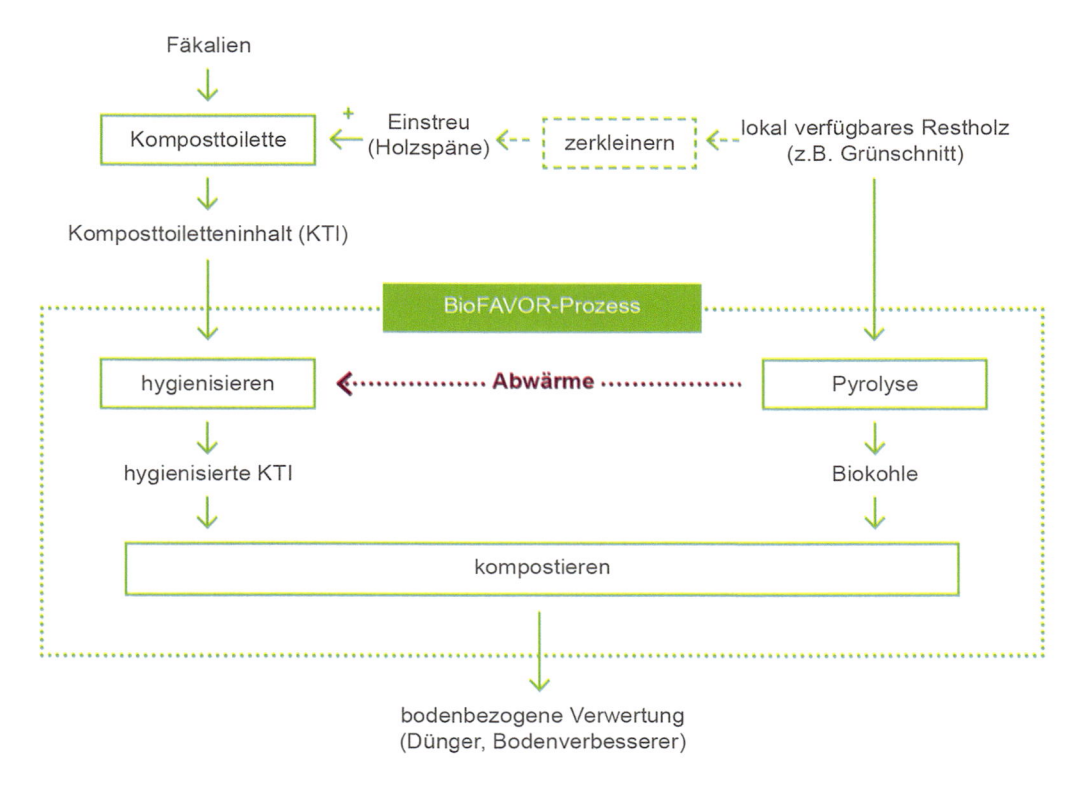

Komposttoiletten als Ausgangspunkt für sichere Düngeprodukte

Abb. 34.1 BioFAVOR-Prozess: Gewässerschonende Möglichkeit zur Kompostierung und Wieder-verwendung menschlicher Fäkalien aus mobilen Toiletten. (© ISOE)

34.3 Aktuelle Möglichkeit der Verwendung

Im BMBF-Vorhaben BioFavor wurde weiterhin geprüft, wieweit eine Verwertung der bei Großveranstaltungen in Komposttoiletten gesammelten menschlichen Fäkalien möglich ist. Diese werden von einem Transportunternehmen, das z. B. dem Komposttoilettenunternehmen und dem Komposthersteller gemeinsam gehört, in Containern zur Kompostierungsanlage abgefahren.

In der Landwirtschaft ist Kompost als Düngemittel und Bodenverbesserer entsprechend der Düngeverordnung anzuwenden. Sekundärrohstoffdünger dürfen aber nur dann als Düngemittel verwendet werden, wenn sie den Anforderungen der Düngemittelverordnung (DüMV) an das Inverkehrbringen entsprechen. Diese Verordnung enthält in Anhang 2 Tab. 7 eine Liste mit „Hauptbestandteilen". Menschliche Fäkalien aus mobilen Toiletten werden, auch auf Europäischer Ebene, nicht als erlaubte Komponente in den Positivlisten aufgeführt, ohne dass dazu zwingende Gründe bestehen [5]. Nach den in der DüMV festgelegten Bestimmungen können menschliche Fäkalien ausschließlich als „Klär-schlämme" (Gruppe 7.4.3.), nicht aber z. B. als „organischer Abfall" (Gruppe 7.4.2.) gefasst werden. Bei Vergabe anderer Abfallnummern durch den Kompostierer dürfen die menschlichen Fäkalstoffe kein Hauptbestandteil mehr sein, sondern sind als Nebenbestandteil der Kompostierung entsprechend Anhang 2. Tab. 8 (8.2.9.:

„alle anderen zur Unterstützung einer sachgerechten Anwendung eingesetzten Stoffe") zu betrachten.

Klärschlamm ist nach § 2 Nr. 1 AbfKlärV „ein Abfall aus der abgeschlossenen Behandlung von Abwasser in Abwasserbehandlungsanlagen" und entspricht dem Abfallschlüssel 19 08 05. Folgt man der in der Einleitung benannten Auffassung des BMU [4] und der Rechtsprechung vieler Verwaltungsgerichte, nach dem die menschlichen Fäkalien ein Abwasser sind, so könnte dieser Sicht zufolge auch der Absetzbereich einer Komposttoilette oder eine Kompostierungsanlage mit menschlichen Fäkalien eine Abwasserbehandlungsanlage sein. Entsprechend könnte aus Fäkalien hergestellter Kompost als „Klärschlamm" im Sinne von § 2 Nr. 1 Klärschlammverordnung (AbfKlärV) betrachtet werden, welcher nach der Tabelle . zulässiger Ausgangsstoff für organische Düngemittel nach der DüMV ist.

Bei der Kompostierung, die mit Pflanzenkohle stattfindet, ist durch Prozesssicherung zu gewährleisten, dass potenzielle Krankheitserreger abgebaut werden; zugleich kann der Produzent sicherstellen, dass im hergestellten Substrat Schwermetalle und Spurenstoffe nicht in besorgniserregenden Konzentrationen enthalten sind [5, 6]. Ein Inverkehrbringen ist grundsätzlich auf land- und forstwirtschaftlichen Flächen möglich. Dazu kann auch über den regionalen Gartenbaufachhandel vermarktet werden.

Aufgrund der derzeitigen Rechtslage ist jedoch keine Vermarktung in den Gartenbereich möglich, weil § 15 Abs. 5 AbfKlärV ein Verbot des Auf- oder Einbringens von Klärschlamm in einen Boden mit einer Nutzung als Haus-, Nutz- oder Kleingarten vorsieht. Unterbleiben muss daher eine Vermarktung gerade an die Zielgruppen der Balkon- und Kleingärtner, die ersten empirischen Erhebungen zufolge an diesem Produkt ein großes Interesse haben [5].

34.4 Angemessene Formen der Verwertung

Insbesondere in der Gartenwirtschaft können die aus menschlichen Fäkalien kontrolliert mit Pflanzenkohle hergestellten kohlenstoff- und nährstoffreichen Komposte wichtige Einsatzmöglichkeiten als Bodenverbesserer und als Düngemittel haben. Wenn sachlich adäquate Komponentenlisten bzw. Abfallschlüssel geschaffen werden, sind daher weitere Verwertungsmodelle realisierbar (◘ Abb. 34.2), die in Zusammenarbeit unterschiedlicher Akteure angemessene Formen der stofflichen Verwertung garantieren können [5]. Beispielsweise ist dann eine Eigenkompostierung durch Kleingartenvereine denkbar, aber auch die Zusammenarbeit von (mehreren) Kleingartenvereinen mit Unternehmen der Abfallwirtschaft, um hinsichtlich der Unschädlichkeit der Produkte eine kontrollierte Rotte besser zu gewährleisten bzw. eine Vermarktung der Komposte sicherzustellen.

34.5 Ausblick

Mobile Komposttoiletten lassen sich auf Großveranstaltungen ebenso einsetzen wie auf Baustellen und Campingplätzen sowie in Gärten. Menschliche Fäkalien aus diesen Toiletten lassen sich mithilfe der hier vorgestellten Verfahrensweise grundsätzlich so sammeln und verarbeiten, dass sie hygienisch und nach dem gesundheitlichen Vorsorgeprinzip unbedenklich sind. Diese stoffliche Verwertung lässt sich dauerhaft nur etablieren, wenn sie ausdrücklich dem Regime des Abfallrechts unterworfen wird. Denn die derzeit allein in der Land- und Forstwirtschaft mögliche Verwertung analog Klärschlamm ist sachlich eine problematische Einordnung und zudem umweltpolitisch ein Auslaufmodell (was abfall- und wasserpolitisch nicht hinterfragt werden sollte). Daher sind angemessene

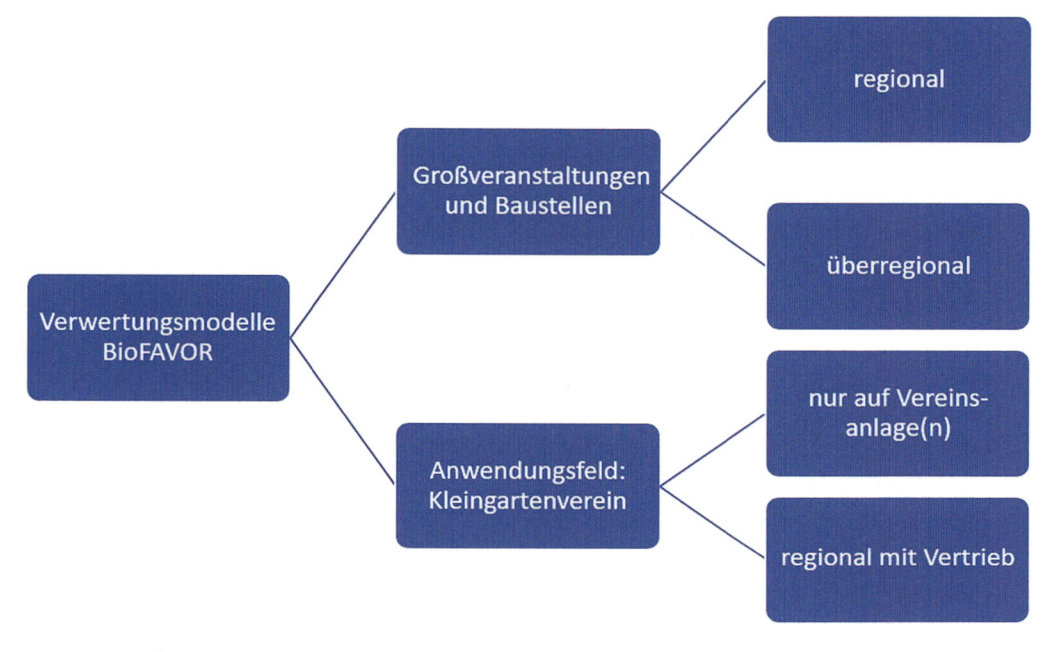

Abb. 34.2 Übersicht unterschiedlicher Verwertungsmodelle von BioFAVOR-Komposten für zwei exemplarische Anwendungsfelder in Hinsicht auf die räumliche Reichweite. (© ISOE)

Möglichkeiten einer dauerhaften stofflichen Verwertung der menschlichen Fäkalien aus Trockentoiletten als Kompost zu eröffnen.

Hierzu sind entsprechende Ergänzungen in den Positivlisten für Düngeproduktkomponenten nach dem Düngemittelrecht und sachlich adäquate Abfallschlüssel zu schaffen, die nicht alleine in Deutschland fachlich und politisch abzustimmen sind, sind auch innerhalb der Europäischen Gemeinschaften. Erst dann wird es möglich sein, dass die bereits seit mehreren Jahren in Nischen bestehenden Verwertungsmodelle sich gegenüber der gewässerbelastenden Entsorgung über Chemietoiletten durchsetzen können. Nur in diesem Fall werden auch über das Ende der landwirtschaftlichen Klärschlammausbringung hinaus die Fäkalien aus mobilen Toiletten als hochwertiges Düngeprodukt bzw. Bodenverbesserer vermarktet und als Ergebnis einer Europäischen Kreislaufwirtschaft breit und ohne Flächenbeschränkungen anwendbar sein.

Danksagung Die Autoren danken dem Bundesministerium für Bildung und Forschung, das das Verbundvorhaben „BioFAVOR – Verwertung von menschlichen Fäkalien aus dezentralen Quellen" unter dem Aktenzeichen 031B0483 gefördert hat, für seine finanzielle Unterstützung und Björn Ebert sowie Dr. Martina Winker (ISOE) für zahlreiche inhaltliche Diskussionen.

Literatur

1. Drewes, Jörg E., Karakurt, Sema, Schmidt, Ludwig, Bachmaier, Marian, Hübner, Uwe, Clausnitzer, Volke, Timmermann, Rolf, Schätzl, Peter, McCurdy, Simone 2018. Dynamik der Klarwasseranteile in Oberflächengewässern und mögliche Herausforderung für die Trinkwassergewinnung in Deutschland. Texte 59/2018. Dessau-Roßlau.
2. Brettschneider, Denise J., Misovic, Andrea, Schulte-Oehlmann, Ulrike, Oetken, Matthias, Oehlmann, Jörg, 2019. Detection of chemically induced ecotoxicological effects in rivers of the

Nidda catchment (Hessen, Germany) and development of an ecotoxicological, Water Framework Directive-compliant assessment system. Environmental Sciences Europe 31 (1), 1524.
3. Schaum, Christian, Cornel, Peter, 2016. Abwasserbehandlung der Zukunft: Gesundheits-, Gewässer- und Ressourcenschutz. Österreichische Wasser- und Abfallwirtschaft, 68 (3–4), 134–145.
4. Bundesministerium für Umwelt, Naturschutz, Bau und Reaktorsicherheit: Die Anwendbarkeit des Abfallrechts auf Komposttoiletten. Vermerk vom 7.3.2018, Bonn
5. Ebert, Björn, Birzle-Harder, Barbara, Douhaire, Caroline, Hübner, Tobias, Schramm, Engelbert, Winker, Martina, 2021. Kompostprodukte aus hygienisierten Fäkalien und Pflanzenkohle: Bedürfnisse der Nutzenden, Kooperationsmodelle und rechtliche Rahmenbedingungen. MSÖ-Materialien Soziale Ökologie 65.
6. Hertel, Christoph, Steinmetz, Heidrun (Hg.) 2017. Nutzung von Komposttoiletten auf dem Stuttgarter Kirchentag 2015 als praktisches Beispiel von Nachhaltigkeitskommunikation in den Bereichen Ressourcenschonung, Stoffstrommanagement, Kreislaufwirtschaft und Klimaschutz des deutschen Kirchentags. DBU-Abschlussbericht Z 32799.
7. Hübner, Tobias, 2021. BioFAVOR II - Entwicklung und Evaluierung eines Demonstrators für die dezentrale Verwertung menschlicher Fäkalien (Forschungsbericht). Helmholtz-Zentrum für Umweltforschung (UFZ), Leipzig.
8. Krause, Ariane, Häfner, Franziska, Augustin, Florian, Harlow, Emma, Boness, Jan-Ole, 2020. Risikoanalyse zur Anwendung von Recyclingdüngern aus menschlichen Fäkalien im Gartenbau (Risikoanalyse). Leibniz-Institut für Gemüse-und Zierpflanzenbau (IGZ) e.V., Großbeeren.
9. Anand, Chirjiv, Apul, Defne, 2014. Composting toilets as a sustainable alternative to urban sanitation - A review. Waste Management 34, 329–343. ▶ https://doi.org/10.1016/j.wasman.2013.10.006
10. Mulder, Ines, Probst, Katharina, Hübner, Tobias, Heinzelmann, Annika, Heyde, Benjamin Siemens, Jan, Krauss, Martin (in Vorbereitung): When the party is over: Occurrence and fate of pharmaceuticals and personal care products in compost from festival toilets. PLOSone.

Vermeidbare Lebensmittel im Abfall

Stefan Gäth, Frances Eck, Christian Herzberg und Jörg Nispel

Eine Restabfallsortierung in der Landeshauptstadt Wiesbaden zeigt, dass pro Bürger und Jahr rund 16,5 kg vermeidbare Lebensmittel entsorgt werden. 70 Gew.-% sind dabei den schnell verderblichen Produkten (wie Obst, Gemüse etc.) zuzuordnen. Die durchgeführte Analyse beschreibt Vermeidungspotenziale und ermöglicht es, Strategien abzuleiten.

Im August 2021 wurde der aktuelle Weltklimabericht veröffentlicht, der einmal mehr verdeutlicht, dass der Klimawandel maßgeblich vom Menschen verursacht wird. Als primäre Folge des Klimawandels ist mit einem Temperaturanstieg und einem erhöhten Risiko für Starkniederschlagsereignisse zu rechnen. Beide Phänomene sind weltweit schon heute spürbar. Eine der resultierenden sekundären Auswirkungen ist der Ertragsrückgang beim Kulturpflanzenanbau. Betroffen sind bspw. Mais, Reis, Weizen und andere Getreidepflanzen, die für den Menschen eine wesentliche Nahrungsgrundlage darstellen. Des Weiteren ist davon auszugehen, dass die Nutztier-/Fleischwirtschaft von steigenden Temperaturen, verringerter Wasserverfügbarkeit und geminderten Futterqualitäten beeinträchtigt wird [1].

Im Jahr 2020 zählte die Weltbevölkerung rund 7,8 Mrd. Menschen. Damit hat sich die Erdbevölkerung seit 1950 mehr als verdreifacht [2]. Ebenso ist die Nahrungsmittelversorgung pro Kopf seit 1962 um mehr als 30 % angestiegen, was mit einem verstärkten Einsatz an Stickstoffdünger (Anstieg um ca. 800 %) und Wasser (Anstieg um mehr als 100 %) einher ging [1].

Der Ernährungssektor ist weltweit einer der Sektoren mit den höchsten Ressourcenverbräuchen. Zudem wird er maßgeblich und zunehmend vom Klimawandel beeinträchtigt. Unter Berücksichtigung, dass die Weltbevölkerung weiterhin ansteigt und ausreichend mit Nahrungsmitteln versorgt werden will, sind Strategien zur ganzheitlichen sowie nachhaltigen Nutzen von Lebensmitteln unumgänglich.

> **Kompakt**
> - Das Potenzial an vermeidbaren Lebensmittelabfällen liegt in der Landeshauptstadt Wiesbaden bei 16,5 kg pro Einwohner und Jahr.
> - Der so genannte „Abfallwarenkorb" der vermeidbaren Lebensmittelabfälle besteht hierbei überwiegend aus Frischeprodukten, also schnell verderblichen Nahrungsmitteln wie Obst, Gemüse und Backwaren.
> - Maßnahmen zur Vermeidung von Lebensmittelabfällen bzw. gegen die

Zuerst erschienen in Wasser und Abfall 12/2021

> Lebensmittelverschwendung müssen die individuell vorhandenen Lebensbedingungen und -strukturen berücksichtigen. Nur dies führt zu einer effizienten und nachhaltigen Wirkung sowie zu einem Umdenken im Umgang mit den wertvollen Lebensmitteln.

Neben dem Ansatz zur optimierten Produktion – mit Maximierung der Erträge – ist der Betrachtungsfokus auf die nutzeneffiziente Verwertung von Nahrungsmitteln zu legen. Speziell in den heutigen Industrieländern ist es „Gewohnheit" geworden, Lebensmittel aus „nichtigen" Gründen zu entsorgen. Diese Lebensmittelverschwendung hat zur Folge, dass die entlang der Nahrungsmittelproduktionskette eingesetzten Ressourcen grundlos verbraucht werden.

In Deutschland wird die Lebensmittelverschwendung seit einigen Jahren verstärkt diskutiert und es werden die verschiedenen Sektoren hinsichtlich des Abfallaufkommens beleuchtet. Nach wie vor ist der Verbraucher mit 52 % für den größten Anteil der Lebensmittelabfälle verantwortlich. Für Deutschland entspricht dies rund 6 Mio. t pro Jahr [3].

Die Frage nach dem „Warum" und welche Maßnahmen zur Abfallminimierung beitragen können, steht nach wie vor im Raum. Der Entsorgungsbetrieb der Landeshauptstadt Wiesbaden (ELW) hat diese Thematik erkannt und sich im Rahmen erster Untersuchungen mit dem Problem der Lebensmittelverschwendung befasst.

Langfristige Ziele sind dabei der Aufbau und die Implementierung einer validen Untersuchungsmethodik (Monitoring) und die Einführung von Maßnahmen zur Reduktion von Lebensmittelverschwendung. Gegenstand der Untersuchung sind Lebensmittelabfälle, die aus privaten Haushalten stammen und in der Restabfalltonne landen. Zusätzlich werden bei der Bilanzierung organische Küchen- und Lebensmittelabfälle der Bioabfallsammlung (Biotonne) betrachtet.

35.1 Entsorgung von Lebensmitteln

Bei der Entsorgung von Lebensmittelabfällen in privaten Haushalten sind je nach Produkt und Region unterschiedliche Wege zu berücksichtigen. Primär werden Lebensmittelabfälle über die kommunalen Abfallsammelsysteme erfasst. Je nach Studie werden zwischen 67 % und 79 % der Lebensmittelabfälle hierüber entsorgt [3]. Als weitere Entsorgungswege sind die Kanalisation, die Eigenkompostierung und die Nutzung als Tierfutter aufzuführen. Bei diesen handelt es sich um diffuse Entsorgungswege. Dies bedeutet, dass für diese Wege keine objektiven Statistiken über Qualität und Quantität der Entsorgung von Lebensmittelabfällen vorhanden sind. Vielmehr beruhen Aussagen in diesem Bereich allenfalls auf Befragungen von Haushalten. Die Validität der Ergebnisse ist entsprechend gering und subjektiv beeinflusst. Konkrete Analysen der Abfallzusammensetzung liefern hingegen objektive und valide Erkenntnisse. Im Idealfall werden Daten der Abfallzusammensetzung ohne bewusstes Eingreifen in die Privathaushalte ermittelt.

35.2 Untersuchungsdesign und Stichproben.

Mit rund 291.100 Einwohnern und einer Fläche von rund 20.000 ha zählt die Landeshauptstadt Wiesbaden zu den größten Städten in Deutschland [4]. Im Hinblick auf die Analyse von Abfällen sind zudem soziodemographische Unterschiede in der Bevölkerungsstruktur zu berücksichtigen. Für die Landeshauptstadt Wiesbaden ergibt sich hieraus eine Aufteilung des Stadtgebietes in die Strukturen:

- Hochhausbebauung,
- Innenstadt,
- Stadtrand,
- Östliche Vororte.

Für die Abfallsortierung und Ermittlung des Lebensmittelaufkommens wurden aus jeder Siedlungsstruktur repräsentative Stichproben untersucht. Die Probennahme wurde in diesem Zusammenhang zu den regulären Abfuhrterminen durchgeführt. Die Klassierung und Sortierung der Abfälle erfolgte im unmittelbaren Nachgang auf dem Gelände der Entsorgungsbetriebe der Landeshauptstadt Wiesbaden.

35.3 Methodik der Sortierung

Das methodische Vorgehen der Restabfallsortierung untergliederte sich in eine Vorsortierung, Klassierung und Nachsortierung (◘ Abb. 35.1). In der Vorsortierung wurde der Restabfall gesichtet und Abfallsäcke, Tüten sowie Beutel – zur Vorbereitung auf die weiteren Schritte – geöffnet und große Bestandteile entnommen.

Die anschließende zweistufige Klassierung führte zur Separierung einer Fein- (< 10 mm), Mittel- ($\geq 10 - \leq 40$ mm) und Grobfraktion (> 40 mm).

In der Nachsortierung wurde die Grobfraktion manuell in definierte Stofffraktionen sortiert. Bei einer dieser Fraktionen handelte es sich um die so genannten Küchenabfälle, welche die Lebensmittelabfälle beinhalteten. Zur näheren Charakterisierung der Lebensmittelabfälle wurden die Küchenabfälle in unvermeidbare und vermeidbare Lebensmittelabfälle gegliedert. Vermeidbare Lebensmittelabfälle wurden zudem in insgesamt 12 weitere Unterfraktionen eingeteilt.

Im Anschluss an die Sortierung wurden die einzelnen Stofffraktionen verwogen. Dementsprechend sind die im Weiteren aufgeführten prozentualen Anteile immer auf das Gewicht bezogen. Anzuführen ist auch, dass noch verpackte oder teilverpackte Lebensmittelabfälle vor der Erfassung von Verpackungsmaterialien befreit wurden. Dementsprechend handelt es sich bei den aufgeführten Lebensmittelabfallmengen um reale Nettogewichte.

Die Sortierung und Analyse von Bioabfällen der Landeshauptstadt Wiesbaden wurde mit Ausnahme der Nachsortierung der Küchenabfälle identisch durchgeführt. Die Ergebnisse ermöglichen in Kombination mit den Ergebnissen der Restabfallanalyse eine Darstellung des gesamten organischen Abfallpotenzials der Landeshauptstadt Wiesbaden.

35.4 Organische Potenziale der kommunalen Sammlung

Die Ergebnisse der Restabfallsortierung der Landeshauptstadt Wiesbaden zeigen, dass die Fraktion Organik 30,9 Gew.-% der Restabfalltonne ausmacht. Hiervon entfallen 3,5 Gew.-% auf Gartenabfälle, 4,2 Gew.-% auf sonstige organische Stoffe und der überwiegende Anteil mit 23,2 Gew.-% auf Küchenabfälle. ◘ Abb. 35.2 verdeutlicht in diesem Zusammenhang die prozentualen und spezifischen Unterschiede der untersuchten Strukturgebiete im Hinblick auf die organische Fraktion des Restabfalls.

Statistisch betrachtet entsorgt ein Wiesbadener Bürger jährlich ca. 48,1 kg Organik über die Restabfalltonne. Interessant ist hierbei, dass mit einem Anteil von 75,1 % bzw. 36,1 kg pro Einwohner und Jahr Küchenabfälle bzw. Lebensmittel in vermeidbarer und unvermeidbarer Form entsorgt werden.

Für die Siedlungsstrukturen zeigt sich ein differenziertes Bild. Die organischen Abfälle im Restabfall beziffern für Hochhausbebauung rund 98,9 kg pro Einwohner und Jahr. Hiervon entfallen ca. 60,5 kg auf Küchenabfälle. Im Vergleich dazu weisen

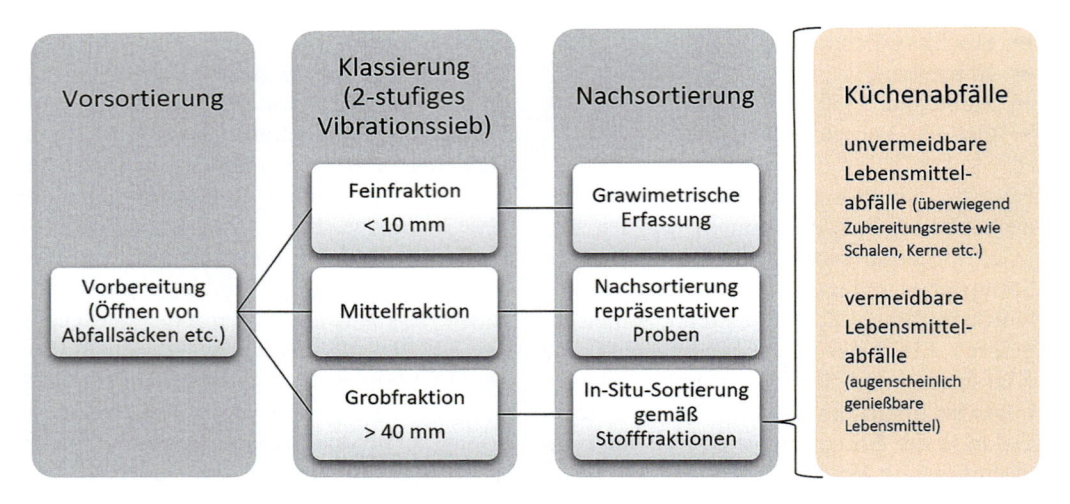

Abb. 35.1 Methodische Schritte der Restabfallsortierung. (© Ecowin 2021)

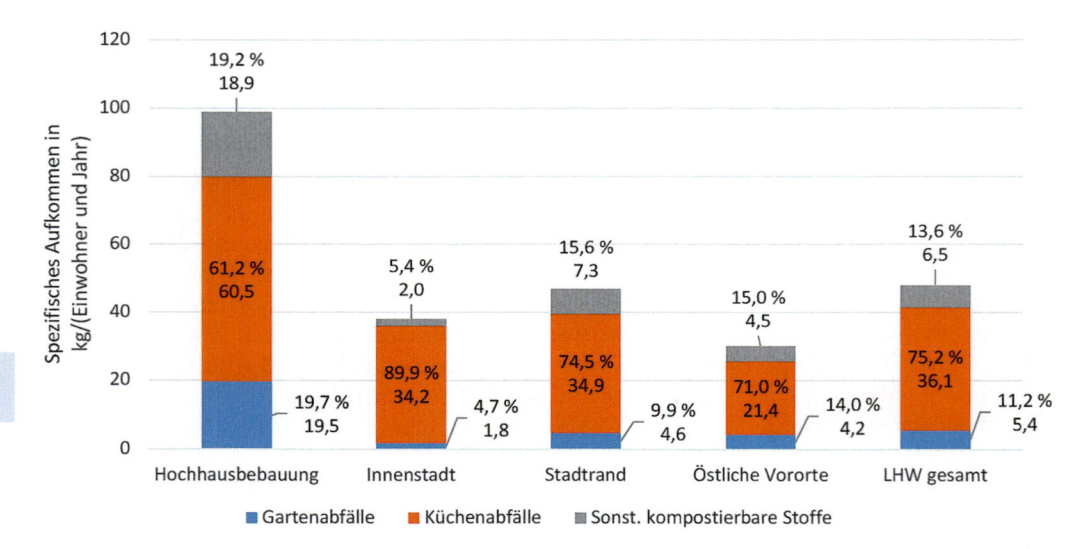

Abb. 35.2 Spezifisches Aufkommen und prozentuale Anteile der organischen Restabfallbestandteile der Grobfraktion der Landeshauptstadt Wiesbaden (Bezug Einwohnerzahl 2019 und Gew.-% der Gesamtorganik des Restabfalls). (© ELW 2021)

die übrigen Strukturgebiete mit 21,4–34,9 kg pro Einwohner und Jahr deutlich geringere organische Anteile auf. Dementsprechend geringer fällt auch das Aufkommen an Küchenabfällen aus.

Über alle Strukturgebiete hinweg zeigt sich, dass Küchenabfälle die wesentliche Fraktion des organischen Anteils der Restabfalltonne bilden.

Neben dem Restabfall ergeben sich organische Potenziale und somit Potenziale der Vermeidung von Lebensmittelabfällen aus der Sammlung von Bioabfällen.

Insgesamt werden in der Landeshauptstadt Wiesbaden pro Bürger und Jahr rund 86,3 kg Abfall über die Biotonne gesammelt. Hiervon sind rund 14,6 Gew.-% bzw. 12,6 kg pro Einwohner und

Jahr den Küchenabfällen (>40 mm) zuzuordnen.

In Summe (Restabfall- und Biotonne) machen bei ausschließlicher Betrachtung der Grobfraktion (>40 mm) die Küchenabfälle somit ein Potenzial in Höhe von 48,7 kg pro Einwohner und Jahr aus [5].

In Bezug auf die Strukturgebiete kristallisiert sich heraus, dass das höchste Potenzial im Bereich der Hochhausbebauung vorzufinden ist. Hier beziffern Küchenabfälle mit rund 86,9 kg pro Einwohner und Jahr ein nahezu doppelt so hohes Potenzial, wie die Strukturgebiete Innenstadt und Stadtrand. Für Östliche Vororte fällt das Potenzial mit 33,1 kg pro Einwohner und Jahr am geringsten aus (◘ Tab. 35.1) [5].

Für die verbundene Frage der Lebensmittelverschwendung ergibt sich somit, dass im Gebiet der Hochhausbebauung größere Defizite bestehen als in den übrigen Siedlungsstrukturen. Dementsprechend sollten vorrangig für Bereiche der Hochhausbebauung individuelle Ansätze gegen die Lebensmittelverschwendung entwickelt und eingeführt werden.

35.5 Lebensmittel im Restabfall

Küchenabfälle können in vermeidbare oder unvermeidbare Lebensmittelabfälle gegliedert werden. Von unvermeidbaren Lebensmittelabfällen wird gesprochen, wenn es sich um nicht essbare und damit ernährungsphysiologisch uninteressante Bestandteile, wie beispielsweise Obstkerne und -schalen, Kaffeesatz oder Knochen handelt. Als vermeidbare Lebensmittelabfälle werden jene Abfälle bezeichnet, die eine ernährungsphysiologische Funktion erfüllen, jedoch durch unsachgemäßen Umgangen nicht konsumiert wurden bzw. werden.

Die nachfolgenden Betrachtungen beziehen sich in diesem Zusammenhang auf die untersuchte Grobfraktion (>40 mm) des Restabfalls der Landeshauptstadt Wiesbaden. Abfälle der Biotonne werden aufgrund des vorgefundenen sehr geringen Aufkommens an vermeidbaren und unvermeidbaren Lebensmittelabfällen nicht betrachtet.

Wie bereits aufgeführt, entsorgt ein Wiesbadener Bürger über die Restabfalltonne durchschnittlich 36,1 kg Küchenabfälle pro Jahr. Hiervon sind ca. 16,5 kg vermeidbare und 19,6 kg unvermeidbare Lebensmittelabfälle [5]. Im Vergleich dazu hat eine Erhebung im Landkreis Gießen aus dem Jahr 2016 ein spezifisches Aufkommen an vermeidbaren Lebensmittelabfällen in Höhe von rund 22,6 kg pro Bürger und Jahr zum Ergebnis gehabt [6]. Dabei ist zu berücksichtigen, dass für den Landkreis Gießen alle Fraktionsgrößen betrachtet wurden. Die Differenz der Ergebnisse ist dementsprechend erklärbar. Nach Berechnungen des Thünen-Institutes werden bundesweit 16,3–17,4 kg pro Bürger und Jahr an vermeidbaren Lebensmittelabfällen über

◘ **Tab. 35.1** Spezifisches Aufkommen an Küchenabfällen (>40 mm) nach Strukturgebieten der Landeshauptstadt Wiesbaden [5]

Betrachtungsgröße		Hochhausbebauung	Innenstadt	Stadtrand	Östliche Vororte	Wiesbaden
		in kg pro Einwohner und Jahr				
Küchenabfälle > 40 mm im	Bioabfall	10,4	10,7	11,7	12,6
	Restabfall	34,2	34,9	21,4	36,1
	Summe	44,6	45,6	33,1	48,7

© ELW, 2021

◘ **Abb. 35.3** Impressionen von Lebensmittelabfällen aus der Restabfallsortierung der Landeshauptstadt Wiesbaden. (© Ecowin)

den Restabfall entsorgt [1]. Dieses Ergebnis deckt sich mit der durchgeführten Analyse.

Die Betrachtung des detaillierten „Lebensmittel-Abfallwarenkorbs" macht deutlich, dass sich im Restabfall Nahrungsmittel aus allen Produktgruppen/-kategorien wiederfinden. Eindrücke hiervon vermittelt ◘ Abb. 35.3.

Mit Werten von 24,5 Gew.-% für Obst, 23,6 Gew.-% für Backwaren und 20,6 Gew.-% für Gemüse nehmen diese Produktgruppen den höchsten Anteil der vermeidbaren Küchenabfälle in der Landeshauptstadt Wiesbaden ein (◘ Abb. 35.4). Vergleichbare Untersuchungen in anderen Städten und Regionen zeigen in diesem

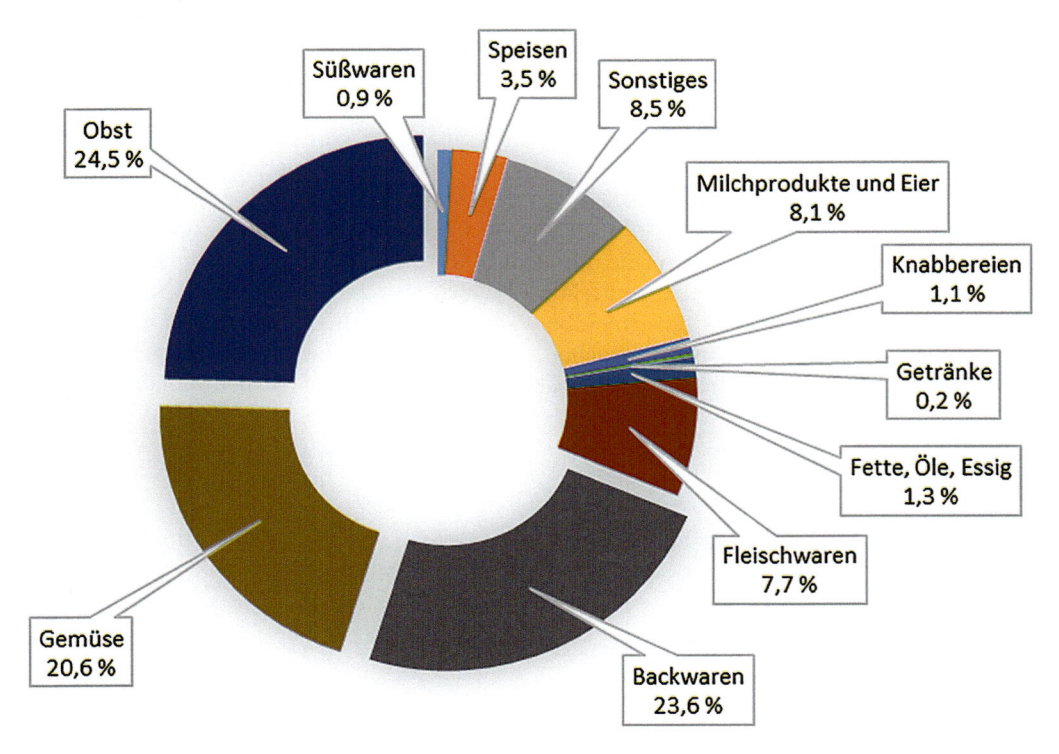

◘ **Abb. 35.4** Prozentuale Verteilung von vermeidbaren Lebensmittelabfällen nach Produktgruppen für die Landeshauptstadt Wiesbaden. (© ELW 2021)

Kontext ein ähnliches Bild auf. Oben genannte Nahrungsmittel besitzen dabei einen sehr kurzen Frischezeitraum und somit auch optimalen Verzehrzeitraum. Ist dieser erreicht oder überschritten, werden die Produkte im Regelfall – ohne weitere Überlegung entsorgt.

In nennenswerten Anteilen von etwa 8 % treten auch die Fraktionen Fleischprodukte, Milchprodukte und Eier sowie sonstige Lebensmittelabfälle auf [5]. Bei den Sonstigen Lebensmittelabfällen handelt es sich dabei beispielsweise um Gewürze und -mischungen, Mehl, Nudeln oder Zucker.

Abschließend ist anzuführen, dass die Eindrücke, die während der Bioabfallsortierung gesammelt werden konnten, zeigen, dass keine nennenswerten Mengen an vermeidbaren Lebensmittelabfällen in den Küchenabfällen vorzufinden waren. Bei den Küchenabfällen der Biotonne handelt es sich vielmehr um unvermeidbare Lebensmittelabfälle wie Schalen etc., die auch über dieses Sammelsystem erfasst und verwertet werden sollten.

35.6 Fazit

Die Einwohner der Landeshauptstadt Wiesbaden entsorgen wie andere Regionen in Deutschland auch wertvolle Lebensmittel über den Restabfall. Das Aufkommen und die Zusammensetzung der vermeidbaren Lebensmittelabfälle der Landeshauptstadt Wiesbaden ist dabei typisch für die aktuell vorhandene bundesweite Situation. Der Handlungsbedarf ist als entsprechend hoch einzustufen. Dies gilt vor allem für definierte Wohnstrukturen – mit ohnehin verbesserungsbedürftigem Abfallverhalten.

Unter Berücksichtigung, dass die Bundesregierung bis 2030 die Lebensmittelabfallmenge um 50 % reduzieren will, müssen wirkungsvolle Konzepte gegen die Lebensmittelverschwendung entwickelt werden und Anwendung finden. Neben den „klassischen" Informationskampagnen sollten bürgernahe Beratungen – speziell in Problemhaushalten – helfen, das Bewusstsein für einen sorgsamen Umgang mit Lebensmitteln zu erreichen. Bürgernahe Beratungen können individuelle Probleme der Lebensmittelverschwendung erarbeiten und gezielte Gegenmaßnahmen einleiten.

Wenn vorhanden, sollten Wohnungsgenossenschaften direkt eingebunden werden. Diese kennen in der Regel ihre Mieter und können als zusätzliche Mittler agieren.

Eine entscheidende Rolle ist auch den Kitas, Kindergärten und Schulen zuzuschreiben. Aufklärungsarbeit in diesen Einrichtungen hätte doppelt Wirkung. Zum einen kann primär Kindern der nachhaltige Umgang mit Lebensmitteln nahegebracht werden und zum anderen dienen die Kinder als Multiplikatoren. Eltern lernen so sekundär von ihren Kindern, die auf Fehlverhalten aufmerksam machen.

Abschließend sei auf das finanzielle Potenzial hingewiesen, aus dem gleichermaßen eine Motivation für Privathaushalte abgeleitet werden kann. Für die Landeshauptstadt Wiesbaden liegt die hochgerechnete jährliche Ersparnis eines 4-Personenhaushaltes im Bereich eines hohen dreistelligen Betrags, der durch die Vermeidung von Lebensmittelabfällen erreicht werden kann.

Literatur

1. Masson-Delmotte et. al., 2018: Summary for Policymakers. In: Global Warming of 1.5 °C. An IPCC Special Report on the impacts of global warming of 1.5 °C above preindustrial levels and related global greenhouse gas emission pathways, in the context of strengthening the global response to the threat of climate change, sustainable development, and efforts to eradicate poverty. IPCC, World Meteorological Organization, Geneva, Switzerland, 32 pp.
2. Statista, 2021: Weltbevölkerung von 1950 bis 2020 (in Milliarden). Online: ▶ www.statista.com, Abruf 01.09.2021.
3. Schmidt et. al, 2019: Lebensmittelabfälle in Deutschland – Baseline 2015 –.Braunschweig: Johann Heinrich von Thünen-Institut, Thünen Rep 71.

4. Amt für Statistik und Stadtforschung (2020). Statistisches Jahrbuch 2019. Landeshauptstadt Wiesbaden.
5. ELW, 2021: Abfallwirtschaftskonzept der Landeshauptstadt Wiesbaden. Fortschreibung 2021. Wiesbaden.
6. Vaak, 2016: Indikatoren, Handlungsoptionen und Potenziale zum optimierten Umgang mit Lebensmittelabfällen in privaten Haushalten. Dissertation. Gießen.

Schwermetallbelastung und Behandlung von Aschen aus Abfallverbrennungsanlagen

Markus Gleis und Franz-Georg Simon

Die Thermische Abfallbehandlung in Abfallverbrennungsanlagen sorgt für eine Inertisierung des Restmülls bei gleichzeitiger Minimierung von abgas- und abwasserseitigen Emissionen. Da der Großteil der Rückstände in verwertbare Sekundärprodukte überführt wird, fördert die thermische Abfallbehandlung die Verwirklichung einer Circular Economy in Europa.

Von den 51,7 Mio. t Siedlungsabfällen in Deutschland werden 31,3 % in Anlagen der thermischen Abfallbehandlung verbrannt [1]. Damit geht eine Volumenreduzierung von 90 % einher. Die Reduzierung der Masse beträgt rd. 70 %. Organische Schadstoffe werden bei der Verbrennung zerstört, anorganische Schadstoffe, wie zum Beispiel Schwermetallverbindungen, werden aufkonzentriert, was die weitergehende Behandlung oder eine sichere Entsorgung fördert. Der Großteil dieser festen Rückstände kann nach Aufbereitung verwertet werden, wodurch natürliche Rohstoffquellen geschont werden können [2].

Zuerst erschienen in Wasser und Abfall 3/2021

36.1 Zusammensetzung der Aschen

Feste Rückstände der Abfallverbrennung sind Rostaschen (ca. 25 %) sowie Flugaschen und Produkte der Rauchgasreinigung (je nach Verfahren zwischen 3 und 7 %). Die Zusammensetzungen unterscheiden sich erheblich.

36.2 Filteraschen und Abgasreinigungsprodukte

Je nach Verfahren fallen Filteraschen und Abgasreinigungsprodukte getrennt oder gemeinsam an [3]. In der konditionierten trockenen Abgasreinigung werden Filterasche und Reaktionsprodukte gemeinsam auf Gewebefiltern abgeschieden. Darin enthalten sind mehr als 90 % des Chlors aus dem verbrannten Abfall [4]. Auch das Element Cadmium wird vorwiegend (92 %) in die Flugasche transferiert [5]. Die Hauptbestandteile der Filterasche sind die Oxide von Silicium, Calcium und Aluminium. Wegen der hohen Gehalte an Chloriden, Sulfaten und zum Teil auch organischen Schadstoffen kommt eine Verwertung ohne aufwendige weitere Aufbereitung nicht infrage. Filteraschen und Reaktionsprodukte aus der Abgasreinigung werden daher in Deutschland in der Regel nach Untertage verbracht und dort in freigegebenen Bereichen der Bergwerke abgelagert oder im Rahmen angeordneter Versatzmaßnahmen verwertet [6].

> **Kompakt**
> — Die Thermische Abfallbehandlung, bei der ein Großteil der Verbrennungsrückstände in verwertbare Sekundärprodukte überführt wird, leistet einen wichtigen Beitrag für die Circular Economy.
> — Die Aufbereitung von Rostaschen ermöglicht die Rückgewinnung von Wertstoffen, wobei bereits sehr lange Eisen und NE-Metalle aus Rostasche abgetrennt werden.
> — Nach der Aufbereitung kann der mineralische Anteil nach Maßgabe der neuen Mantelverordnung als Ersatzbaustoff eingesetzt werden.

36.3 Rostaschen

Die Rostasche stellt mit rund 25 % die größte Reststofffraktion in der thermischen Abfallbehandlung dar. Rostasche aus der thermischen Abfallbehandlung besteht aus bereits in den Siedlungsabfällen enthaltenen festen Phasen wie Glasstücke, Keramik, Asche und Metalle (Fe- und Nichteisen-Metalle, NE) sowie neuen Phasen, die während des Verbrennungsprozesses gebildet werden [7]. Die fünf chemischen Hauptelemente in Rostasche sind Si, Ca, Fe, Al und Na. Während Si und Ca als Oxide und Silikate gebunden sind, kommen Al und Fe außer als Oxide auch in ihrer elementaren Form vor. Na liegt zusätzlich als Chlorid vor, Ca auch als Sulfat [8].

Rostasche ist ein extrem inhomogenes Material und seine genaue Zusammensetzung hängt stark von der Art des verbrannten Abfalls, den Bedingungen für die Verbrennung und der weiteren Behandlung ab [7, 10, 11]. Eine typische stoffliche Zusammensetzung ist

— 9 % inertes Material (Glasscherben, Keramik, Steine etc.),
— 1 % Unverbranntes (Restorganik),
— 10 % Metalle (davon 8 % Fe-Metalle und 2 % NE-Metalle, hauptsächlich Al und Cu bzw. Cu-Legierungen),
— 40 % Asche und
— 40 % Schmelzprodukte (Schlacke).

Wie ◘ Tab. 36.1 zeigt, ist die Elementarzusammensetzung von Rostasche sehr variabel. Dennoch ist das Verhalten in der Umwelt auch bei unterschiedlicher Zusammensetzung sehr ähnlich. Bei Kontakt mit Wasser werden leicht lösliche Chloride (NaCl, KCl, $CaCl_2$) freigesetzt. Auch $CaSO_4$ ist mit einer Löslichkeit von 2 g/L noch relativ gut löslich und ist damit die Hauptquelle für die Freisetzung von Sulfat. Die Freisetzung von Schwermetallen wird vor allem durch den pH-Wert, der sich beim Kontakt mit Wasser einstellt, bestimmt. CaO in der Asche reagiert mit Wasser zu $Ca(OH)_2$, wodurch sich gemäß Löslichkeitsprodukt ein maximaler pH-Wert von 12,25 einstellen kann. Allerdings reagieren CaO und $Ca(OH)_2$ mit CO_2 aus der Luft oder dem Regenwasser zu $CaCO_3$, was dazu führt, dass mit der Zeit die pH-Werte sinken. Bei hohen pH-Werten bilden zahlreiche Metalle gut lösliche Hydroxo-Komplexe, während bei pH-Werten von 11 und geringer die Elemente als schwerlösliche Hydroxide ausfallen. Bei sauren pH-Werten nimmt dann die Löslichkeit wieder zu. Exemplarisch zeigt das ◘ Abb. 36.1 für das Element Kupfer.

36.4 Verfahren zur Behandlung

Rostasche wird in den meisten Anlagen durch ein Nassentschlackungssystem (Stößelentschlacker) ausgetragen. Dadurch

Tab. 36.1 Schwankungsbreiten der Elementarzusammensetzung von Rostasche [9]

Aschebildende Elemente (mg/kg)		Spurenelemente (mg/kg)	
Si	4300–308.000	As	0,12–190
Ca	8600–170.000	Ba	69–5.700
Al	14.000–79.000	Cd	0,3–70
Fe	3100–150.000	Cu	190–25.000
Na	2200–42.000	Cr	20–3.400
K	660–16.000	Mo	2,5–280
Mg	240–26.000	Ni	7,0–4.300
Mn	7,7–3200	Pb	74–14.000
P	440–10.500	Se	0,05–10
		Sn	2,0–470
		Tl	0,008–0,23
		V	16–120
		Zn	10–20.000

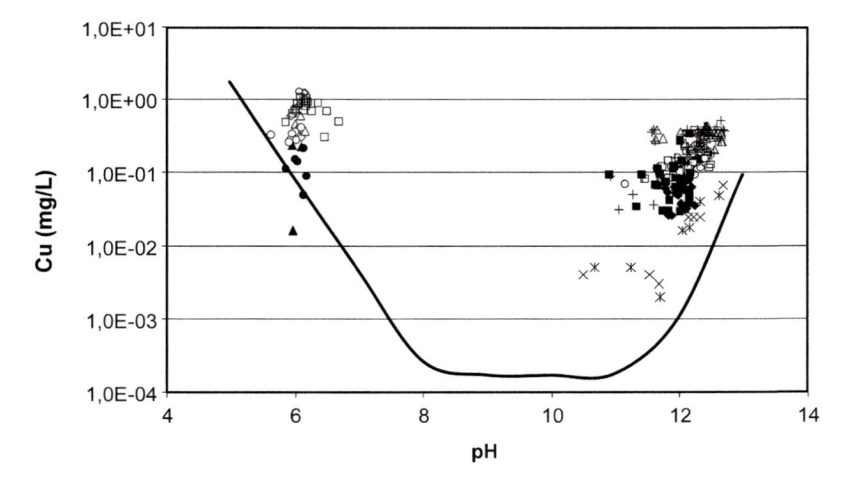

© T. Astrup et al.

Abb. 36.1 Löslichkeitsverhalten von Cu in Auslaugtests mit Wasser- zu Feststoffverhältnis W/F = 10 L/kg. Die Werte bei pH = 6 wurden mit CO_2-gesättigten Wasser (schweizerischer Auslaugtest) erhalten. Die durchgezogenen Linie ist das Ergebnis einer geochemischen Modellierung [12]. (© F.G. Simon et al.)

bekommt die Asche erstmals Kontakt mit Wasser und es laufen die zuvor skizzierten Reaktionen ab. Aluminium wird unter den alkalischen Bedingungen teilweise oxidiert und reagiert zu $Al(OH)_3$ und H_2. Es finden hydraulische Verfestigungsreaktionen statt, die auch zu mineralischen Anhaftungen an den Metallen führen und so die Verwertung der Metalle erschweren. Eine Verfahrensvariante ist es daher, die Aufbereitung der Rostasche möglichst frühzeitig durchzuführen und die Anhaftungen mit nassmechanischen Verfahren wieder zu entfernen. Im Regelfall wird die Rostasche aber einer mindestens 6-wöchigen Lagerung unterzogen, um die Alterungsreaktionen weitgehend zum Abschluss zu bringen. Erst danach findet die Aufbereitung statt.

Der trockene Austrag von Asche zur Optimierung der Metallrückgewinnung wurde in den 1990er-Jahren erstmals in der Schweiz an einer Abfallverbrennungsanlage demonstriert [13, 14]. So werden Verfestigungsreaktionen zunächst vermieden und Al wird nicht oxidiert. Die Bedeutung des Trockenaustrags nimmt seit einigen Jahren wieder zu. Seit 2016 bereitet eine Trockenschlackenaufbereitungsanlage trocken ausgetragene Rostaschen von mehreren Schweizer Kehrichtverbrennungsanlagen im industriellen Maßstab (100.000 Mg/a) auf. Neben Glas und Edelstahl werden ca. 10 % Eisenmetalle und 4 % Nichteisenmetalle (Abscheidewirkungsgrad 90 %) aus den Rostsaschen zurückgewonnen [15, 16]. Nach erfolgter Metallabtrennung können Teile der Asche oder die gesamte Asche angefeuchtet werden, um die beschriebenen Alterungsreaktionen in Gang zu setzen.

Die Aufbereitung von Rostaschen ermöglicht die Rückgewinnung von Wertstoffen. Bereits sehr lange praktiziert wird die Abtrennung von metallischem Eisen, anfangs vor allem mit der Intention, Deponieraum zu sparen [17]. In den Rostaschen sind allerdings auch NE-Metalle wie Kupfer und Aluminium enthalten. Die Abtrennung von NE-Metallen gelingt mit der Wirbelstromtechnik. Zu Anfang wurde diese Technik in der Aufbereitung von Altglas eingesetzt [18], dann aber ab Mitte der 1990er-Jahre zunehmend auch für Rostasche eingesetzt [13]. Inzwischen gibt es Aufbereitungsanlagen für Rostaschen mit bis zu 12 Wirbelstromscheidern für unterschiedliche Korngrößen [19].

Für die Erstellung des Referenzdokuments zur besten verfügbaren Technik (BVT) in der Abfallverbrennung [6] wurden neue Daten zur Aufbereitung von Rostaschen in Europa erhoben. Dazu wurden Fragebögen für die Erhebung anlagenspezifischer Daten zur Überprüfung des BVT-Merkblatts für Abfallverbrennungen an die Betreiber verschickt. Den Ergebnissen zufolge wurden im Jahr 2014 in 43 Anlagen aus 12 europäischen Ländern mehr als 6,2 Mio. t Rostasche behandelt. Im Durchschnitt wurden 6,3 Gew.-% Eisen- und 1,65 Gew.-% NE-Metalle abgetrennt. Der durchschnittliche Energieverbrauch für den Anlagenbetrieb betrug 4,6 kWh pro Tonne behandelter Asche, bei einigen Anlagen jedoch bis über 20 kWh, wie in ◘ Abb. 36.2 [19] dargestellt.

Für die Aufbereitung von Rostaschen kommen zahlreiche Verfahrensvarianten zum Einsatz [20]. Eine einfache Kombination aus Brechen, Sieben und Metallabtrennung mit Magneten und Wirbelstromtechnik ist in ◘ Abb. 36.3 dargestellt. Hier wird vor allem das grobere Kornspektrum aufbereitet.

Neben der bereits nach dem Stand der Technik praktizierten Abtrennung der stückigen Metalle hat die Abtrennung der Metalle aus der Feinfraktion sehr große Vorteile, da einerseits hochpreisige Metalle zurückgewonnen werden können und andererseits die restliche mineralische Fraktion von diesen Metallen, die sehr wesentlich für das Auslaugverhalten verantwortlich sind, befreit wird. Im Hinblick auf den Wert der Metalle in der Feinfraktion der Rostasche stehen die Elemente Cu, Au und Ag [22, 23] im Fokus diverser Verfahrensentwicklungen, da für die elementaren Metalle hohe Erlöse erzielt werden, die deutlich über 1.000 € pro Tonne bei den NE-Metallen [2] liegen. Die Erlöse für Au übertreffen zum Teil die für Kupfer und Kupferlegierungen [24]. Die im Einsatz befindlichen Verfahrensvarianten zur Aufbereitung sind an anderer Stelle detailliert beschrieben [20, 25].

Auch wenn die Metalle vielfach im Fokus stehen, ist die mögliche Verwertung der mineralischen Fraktion wichtig, weil dies 90 % der Asche ausmacht. Bereits jetzt

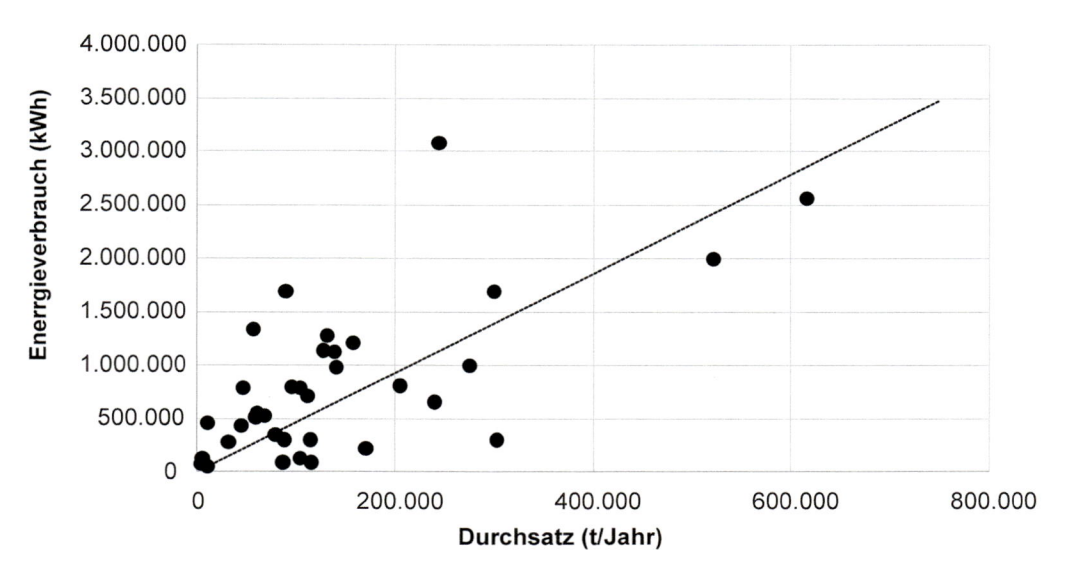

Abb. 36.2 Stromverbrauch der Aufbereitungsaggregate in Rostasche-Aufbereitungsanlagen als Funktion des Durchsatzes [6]. (© F. Neuwahl et al.)

wird das meiste davon verwertet, zum überwiegenden Teil als Baustoff auf Deponien, aber auch bei technischen Bauwerken (z. B. im Straßenbau). Nur ein kleinerer Teil wird ohne weitere Nutzung deponiert [1]. Die neue Ersatzbaustoffverordnung der Bundesregierung sieht zwei Qualitätsstufen für Rostaschen in Verwertungsmaßnahmen vor. Die Anforderungen sind in ◘ Tab. 36.2 aufgeführt. Die Auslaugwerte für Chlorid und Sulfat sind mit trockenen Aufbereitungsverfahren kaum zu erreichen. Mit Nassaufbereitungsverfahren wird Sulfat deutlich reduziert (2/3 des Sulfats werden als Feinstfraktion abgetrennt [26]), dennoch verbleibt noch viel $CaSO_4$ in der Asche.

36.5 Fazit und Ausblick

Schaut man auf die Themen Verbrennungsrückstande und deren Behandlung, so finden sich in dem im letzten Jahr veröffentlichen BVT-Schlussfolgerungen zur Abfallverbrennung einige Hinweis und technische Ansätze, die nicht nur die emissionsmindernden Aspekte, sondern auch Material- und Ressourceneffizienz betreffen [6].

Bei Letzteren ist es allerdings unerlässlich, sich auch die englischsprachigen Kapitel des BVT-Merkblattes vorzunehmen. Hier wird in Deutschland vieles in der VDI 3460 „Thermische Abfallbehandlung" Blatt 3 „Behandlung von Rückstanden" nach dessen Fertigstellung zu finden sein [27].

Bei den nationalen Vorgaben für die rechtsverbindliche Umsetzung der emissionsbezogenen BVT-Schlussfolgerungen zur Abfallverbrennung mit dem thematischen Schwerpunkt der Rückstandsbehandlung wird die im europäischen Rahmen vorgenommene thematische Trennung zum BVT-Merkblatt Abfallbehandlung wieder aufgehoben und die wasserseitigen Anforderungen gemeinsam im Entwurf zum Anhang 27 der Abwasserverordnung zusammengefasst.

Gleiches gilt für die emissionsmindernden Anforderungen an luftseitige Emissionen aus der Asche- und Schlackenaufbereitung, die gemeinsam mit anderen Abfallbehandlungstechniken in einer Technischen

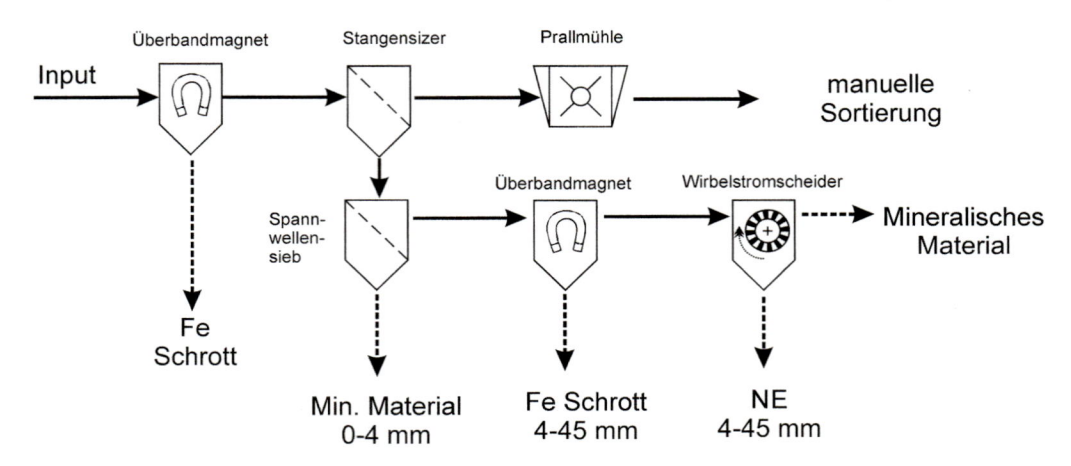

Abb. 36.3 Konventionelle trockene Aufbereitung von nass ausgetragener Rostasche [21]. (© G. Schmelzer)

Tab. 36.2 Anforderung an Rostasche gemäß Ersatzbaustoffverordnung (Auslaugtest nach DIN 19528, W/F = 2 L/kg)

Parameter	Dimension	HMVA-1	HMVA-2
pH-Wert		7–13	7–13
Elektrische Leitfähigkeit	µS/cm	2000	12.500
Chlorid	mg/L	160	5.000
Sulfat	mg/L	820	3.000
Antimon	µg/L	10	60
Chrom, ges	µg/L	150	460
Kupfer	µg/L	110	1.000
Molybdän	µg/L	55	400
Vanadium	µg/L	55	150

© Markus Gleis/Franz-Georg Simon.

Verwaltungsvorschrift national geregelt werden. Allerdings ist in beiden Fällen die nationale Umsetzung noch nicht abgeschlossen.

In der jüngeren Vergangenheit wurden neue Verfahren entwickelt bzw. bestehende Verfahren weiterentwickelt, die sich mit der Qualitätsverbesserung der mineralischen Fraktion z. B. durch Nassaufbereitung [25] und einer noch weitergehenden Abtrennung der Metalle aus der Feinfraktion der Rostasche beschäftigen. Die Kupfergehalte in der Feinfraktion liegen in der Größenordnung natürlich armer Lagerstätten. Im Gegensatz zu den natürlichen Lagerstätten liegt in der Feinfraktion der Rostasche Kupfer aber schon überwiegend in elementarer Form als kleine Kupfer- oder Legierungspartikel vor, sodass im Vergleich zur Primärgewinnung bei der Sekundärproduktion erheblich Energie gespart wird [28]. Somit trägt bereits heute die Aufbereitung von Rostaschen substanziell zur Sekundärrohstoffwirtschaft bei [24, 29, 30].

Literatur

1. ITAD, Jahresbericht 2019, ▶ https://www.itad.de/service/downloads/itad-jahresbericht-2019-webformat.pdf. ITAD – Interessengemeinschaft der Thermischen Abfallbehandlungsanlagen in Deutschland e. V, Düsseldorf, 2019.
2. Simon, F.G., and Adam, C., Ressourcen aus Abfall, Chemie Ingenieur Technik 84(7) (2012) 999–1004.
3. Karpf, R., Emissionsbezogene Energiekennzahlen von Abgasreinigungsverfahren bei der Abfallverbrennung, TK Verlag, Neuruppin, 2012.
4. Gehrmann, H.-J., Hiebel, M., and Simon, F.G., Methods for the Evaluation of Waste Treatment Processes, Journal of Engineering 2017 (2017) 3567865 (1–13).
5. Brunner, P.H., and Rechberger, H., Handbook of material flow analysis for environmental, resource and waste engineers, 2nd edition ed, CRC Press, Taylor&Francis, Boca Raton, FL, USA, 2017.
6. Neuwahl, F., Cusano, G., Gómez Benavides, J., Holbrook, S., and Roudier, S., Best Available Techniques (BAT) Reference Document for Waste Incineration: Industrial Emissions Directive 2010/75/EU (Integrated Pollution Prevention and Control), EUR 29971 EN, Luxembourg, 2019.
7. Bayuseno, A.P., and Schmahl, W.W., Understanding the chemical and mineralogical properties of the inorganic portion of MSWI bottom ash, Waste Manage 30(8–9) (2010) 1509–1520.
8. Chandler, A.J., Eighmy, T.T., Hartlen, J., Hjelmar, O., Kosson, D.S., Sawell, S.E., van der Sloot, H.A., and Vehlow, J., (Eds.) Municipal solid waste incineration residues: An international perspective on characterisation and management of residues from municipal solid waste Incineration. Included in series Studies in Environmental Science (International Ash Working Group), Vol. 67, Elsevier, Amsterdam, 1997.
9. Astrup, T., Muntoni, A., Polettini, A., Pomi, R., Van Gerven, T., and Van Zomeren, A., Chapter 24 –Treatment and Reuse of Incineration Bottom Ash, in: M.N.V. Prasad and K. Shih (editors), Environmental Materials and Waste, Resource Recovery and Pollution Prevention, Academic Press, Amsterdam, 2016, 607–645.
10. Wei, Y.M., Shimaoka, T., Saffarzadeh, A., and Takahashi, F., Mineralogical characterization of municipal solid waste incineration bottom ash with an emphasis on heavy metal-bearing phases, J Hazard Mater 187(1-3) (2011) 534–543.
11. Hyks, J., and Astrup, T., Influence of operational conditions, waste input and ageing on contaminant leaching from waste incinerator bottom ash: A full-scale study, Chemosphere 76(9) (2009) 1178–1184.
12. Simon, F.G., Schmidt, V., and Carcer, B., Alterungsverhalten von MVA-Schlacken, Müll und Abfall 27(11) (1995) 759–764.
13. Simon, F.G., and Andersson, K.H., Das InRec™ Verfahren zur Behandlung von Reststoffen aus der thermischen Abfallbehandlung, ABB Technik(9) (1995) 15–20.
14. Selinger, A., and Schmidt, V., The ABB dry ash concept: InRec™, in: J.J.J.M. Goumans, G.J. Senden and H.A. van der Sloot (editors), Waste Materials in Construction, Putting Theory into Practice, Studies in Environmental Science, Vol. 71, Elsevier, Amsterdam, 1997, 79–84.
15. Böni, D., and Morf, L.S., Thermo-Recycling, Efficient Recovery of Valuable Materials from Dry Bottom Ash, in: O. Holm and E. Thome-Kozmiensky (editors), Removal, Treatment and Utilisation of Waste Incineration Bottom Ash, TK Verlag, Neuruppin, 2018, 25–37.
16. Koralewska, R., and Bourtsalas, A., Metals and Minerals: Opportunities for improved recovery from dry-discharged bottom ash, in: S. Thiel, E. Thome-Kozmiensky, F. Winter and D. Juchelkova (editors), Waste Management, Volume 9, Waste-to-Energy, TK Verlag, Neuruppin, 2019, 743–753.
17. Baccini, P., and Gamper, B., (Eds.) Deponierung fester Rückstände aus der Abfallwirtschaft, Endlagerqualität am Beispiel Müllschlacke (EAWAG/ETHZ), vdf (Hochschulverlag AG, ETH Zürich), Ittingen, 1993.
18. Bilitewski, B., Härdtle, G., and Marek, K., Abfallwirtschaft, 2. Auflage ed, Springer-Verlag, Berlin, 1994.
19. Kuchta, K., and Enzner, V., Ressourceneffizienz der Metallrückgewinnung vor und nach der Verbrennung, in: K.J. Thomé-Kozmiensky (editor), Mineralische Nebenprodukte und Abfälle 2, TK Verlag, Neuruppin, 2015, 105–116.
20. Šyc, M., Simon, F.G., Hyks, J., Braga, R., Biganzoli, L., Costa, G., Funari, V., and Grosso, M., Metal recovery from incineration bottom ash: state-of-the-art and recent developments, Journal of Hazardous Materials 393(122433) (2020) 1–17.
21. Schmelzer, G., Separation of metals from waste incineration residue by application of mineral processing, 19 International mineral processing congress, San Francisco, CA, USA, Society for Mining, Metallurgy, and Exploration (Publisher), Conference Proceedings Vol. 4: Precious metals processing and mineral waste and the environment., 1995, 137–140.
22. Deike, R., Ebert, D., Schubert, D., Ulum, R., Warnecke, R., and Vogell, M., Reste in Schlacke und Asche, ReSource(3) (2013) 24–30.
23. Morf, L.S., Gloor, R., Haag, O., Haupt, M., Skutan, S., Lorenzo, F.D., and Böni, D., Precious

metals and rare earth elements in municipal solid waste – Sources and fate in a Swiss incineration plant, Waste Manage 33(3) (2013) 634–644.
24. Simon, F.G., and Holm, O., Resources from recycling and urban mining, limits and prospects, Detritus 2 (2018) 24–28.
25. Holm, O., and Simon, F.G., Innovative treatment trains of bottom ash (BA) from municipal solid waste incineration (MSWI) in Germany, Waste Manage 59 (2017) 229–236.
26. Kalbe, U., and Simon, F.-G., Potenzial use of incineration bottom ash in construction – Evaluation of the environmental impact, Waste and Biomass Valorization (2020) 1.
27. Verein Deutscher Ingenieure, VDI 3460, Emissionsminderung, Thermische Abfallbehandlung, Behandlung von Rückständen (Blatt 3, Entwurf), Beuth Verlag, Berlin, 2021.
28. Simon, F.G., and Holm, O., Exergetische Bewertung von Rohstoffen am Beispiel von Kupfer, Chemie Ingenieur Technik 89(1–2) (2017) 108–116.
29. Steger, S., Ritthoff, M., Dehoust, G., Bergmann, T., Schüler, D., Kosinka, I., Bulach, W., Krause, P., and Oetjen-Dehne, R., Ressourcenschonung durch eine stoffstromorientierte Sekundärrohstoffwirtschaft (Saving Resources by a Material Category Oriented Recycling Product Industry), TEXTE 34/2019, FKZ 3714933300. Umweltbundesamt (Federal Environmental Agency), Dessau, 2019.
30. Van Caneghem, J., Van Acker, K., De Greef, J., Wauters, G., and Vandecasteele, C., Waste-to-energy is compatible and complementary with recycling in the circular economy, Clean Technologies and Environmental Policy 21(5) (2019) 925–939.

Einsatz von Ersatzbaustoffen in Kunststoff-Bewehrte-Erde-Konstruktionen für Urbane Grüne Infrastruktur

Petra Schneider, Sven Schwerdt, Dominik Mirschel, Max Wilke und Tobias Hildebrandt

Ersatzbaustoffe können aus bodenmechanischer Sicht nicht nur Primärmaterialien in Ingenieurbauwerken ersetzen, sondern stützen in Kombination mit Bodenmaterial eine Begrünung der Bauwerksoberfläche. Bei deren Einsatz in Kunststoff-Bewehrte-Erde-Konstruktionen zur Sicherung von Geländesprüngen lässt sich Urbane Grüne Infrastruktur gestalten. Diese ist geeignet, einen Beitrag zur Erhöhung des Grünflächenanteils und somit zur Hitzepufferung im Rahmen von Klimaanpassungsmaßnahmen im städtischen Raum zu leisten.

Mineralische Abfälle und darunter insbesondere Bauabfälle und Bodenmaterialien sind nach Erreichung eines gewissen Urbanisierungsgrades der mengenmäßig größte Abfallstrom. Auf der EU-Ebene ist dieser Zustand bereits eingetreten, während sich auf globaler Ebene die Entwicklungsländer noch im Urbanisierungsprozess befinden und sich der große Stoffstrom der Bauabfälle und Bodenmaterialien dort zeitversetzt einstellen wird. Nichtsdestotrotz stellt dieser Stoffstrom sowohl eine globale Herausforderung, als auch ein signifikantes Ressourcenpotenzial zum Ersatz von mineralischen Primärrohstoffen dar. In Deutschland fällt der Stoffstrom unter die Klasse der Ersatzbaustoffe, also „anstelle von Primärrohstoffen verwendete Baustoffe aus industriellen Herstellungsprozessen oder aus Aufbereitungs-/Behandlungsanlagen (Abfälle, Produkte) wie z. B. Recyclingbaustoffe (Bauschutt), Bodenmaterial, Schlacken, Aschen, Gleisschotter" [1]. Zur Schonung natürlicher Rohstoffressourcen wird angestrebt, bei Bauvorhaben in Zukunft Ersatzbaustoffe bevorzugt einzusetzen. Einige der vorgenannten Abfälle stellen dabei in der Abfallbranche Problemstoffe dar und werden überwiegend nur für untergeordnete Aufgaben (Verfüllung) oder gar nicht in den Stoffkreislauf zurückgeführt. Die Nutzung eines Teils dieser Massen in Ingenieurbauwerken, Verkehrswegen oder anderen Bereichen des Bauwesens hat erhebliche Relevanz für die Schonung natürlicher Ressourcen durch Einsparung von

Zuerst erschienen in Wasser und Abfall 6/2022

Primärrohstoffen und kann damit auch die Umweltbilanz und die Recyclingquote erheblich verbessern.

> **Kompakt**
> - Ersatzbaustoffe sollten nicht nur bei untergeordneten Einsatzzwecken wie der Verfüllung von Restlöchern, sondern auch in hochwertigen Anwendungen eingesetzt werden.
> - Die Eignung von Ersatzbaustoffen zur Errichtung von Kunststoff-Bewehrte-Erde-Konstruktionen als Füllmaterial und im Gemisch mit organischen Böden als Begrünungsmaterialen wurde bestätigt.
> - Vorteilhaft ist das Wasserspeichervermögen porenhaltiger Ersatzbaustoffe für einen dauerhaften Begrünungserfolg.
> - Diese Konstruktionen erlauben die Gestaltung Urbaner Grüner Infrastruktur und sind geeignet, den Grünflächenanteil im städtischen Raum zu erhöhen.

Neben der Problematik der Reduzierung und Verknappung der Primärrohstoffe ist die Klimapolitik präsenter als je zuvor. Der Klimawandel führt zur Ausbildung von vermehrten Dürre- und Hitzeperioden. Somit bilden sich, vor allem im städtischen Bereich, Wärmeinseln. Definiert sind diese durch den Lufttemperaturunterschied zwischen der wärmeren Stadt und dem kühleren Umland. Diese Wärmeinseln erreichen ihr Maximum bei wolkenfreien und windschwachen Wetterbedingungen. Weitere Einflussfaktoren sind die Gebäudegeometrie, thermische Eigenschaften der Bausubstanzen, die Strahlungseigenschaften der Oberflächen und anthropogene Wärmefreisetzung [2]. Um das Risiko einer innerstädtischen Aufheizung zu reduzieren, eignet sich Urbane Grüne Infrastruktur (UGI). Grüne Infrastruktur ist ein strategisch geplantes Netzwerk natürlicher und naturnaher Flächen mit weiteren Umweltelementen, das so angelegt ist und bewirtschaftet wird, dass es ein breites Spektrum an Ökosystemdienstleistungen gewährleistet [3].

37.1 Forschungsansatz und Methodik

Im Projekt „Recycle – KBE" wurde die Verwendbarkeit von Ersatzbaustoffen (Hochofenschlacke, Elektroofenschlacke, Gleisschotter, Betonrecycling, Porenbeton und Ziegelbruch) in ingenieurtechnischen Bauwerken untersucht.

Die Nutzung von Ersatzbaustoffen in Ingenieurbauwerken, Verkehrswegen oder anderen Bereichen des Bauwesens hat erhebliche Relevanz für die Schonung natürlicher Ressourcen durch Einsparung von Primärrohstoffen und kann damit die Umweltbilanz der Baumaßnahmen verbessern. Daneben war es ein weiteres Ziel, die Begrünbarkeit von Ersatzbaustoffen zu untersuchen. Zum Erreichen dieser Ziele wurde eine begrünte Kunststoff-Bewehrte-Erde-Konstruktion (KBE-Konstruktion) errichtet, deren mineralische Bestandteile nahezu vollständig aus Ersatzbaustoffen bestand. Dabei wurden sowohl für die Füllboden als auch die Außenhaut Ersatzbaustoffe verwendet. Als begrünungsfähige Schichten an der Außenseite wurden Gemische aus Oberboden und verschiedenen Ersatzbaustoffen eingebaut (Abb. 37.1).

Die Auswahl potenzieller Materialien für die KBE-Konstruktion erfolgte im Hinblick auf die bodenmechanischen und chemischen Eigenschaften, die Beständigkeit, die erwarteten Eigenschaften im Verbund mit den Geokunststoffen in der KBE und dem Potenzial zur Rezyklierbarkeit. Als Füllboden wurden Betonrecycling, Hochofenschlacke, Elektroofenschlacke und Gleisschotter ausgewählt. Für das Begrünungssubtrat der Außenhaut wurden

Abb. 37.1 Im Projekt Recycle-KBE eingesetzte Füllmaterialien, von links nach rechts: Betonrecycling, Hochofenschlacke, Elektroofenschlacke, und Gleisschotter. (© Schneider)

Ziegelbruch und Porenbeton als Hauptmaterial im Verhältnis 2:1 mit Oberboden vermischt. Als Saatgutmischung wurde ein handelsübliches Saatgut (Schattenrasen, Acker-Ringelblume, Vergissmeinnicht, Glockenblume) verwendet, das u. a. für Dachbegrünungen geeignet ist.

Die bodenmechanischen Untersuchungen umfassten neben den Standardversuchen, wie Bestimmung von Korngrößenverteilung, Proctordichte und Dichte auch Untersuchungen zur Bestimmung des Scher- und Herausziehverhaltens der Ersatzbaustoffe selber sowie in Verbindung mit dem Geokunststoff in der KBE-Konstruktion. Ferner wurden Untersuchungen zur Einbaubeschädigung der Geogitter innerhalb der Ersatzbaustoffe durchgeführt. Außerdem erfolgten Untersuchungen zur Bestimmung der nutzbaren Feld- und Luftkapazität. Die chemischen Untersuchungen umfassten zunächst Untersuchungen an den eingesetzten Ersatzbaustoffen. Zusätzlich wurde über die gesamte Standzeit der KBE-Konstruktion das Sickerwasser gesammelt und fortlaufend auf chemische Inhaltsstoffe untersucht. Die untersuchten Materialparameter orientierten sich dabei an der LAGA M 20 [4].

Der Großversuch erfolgte auf dem Gelände der Hochschule Magdeburg-Stendal. Zur Korrelation mit den Witterungsbedingungen konnte auf die Messwerte der hochschuleigenen Wetterstation zurückgegriffen werden. Die KBE-Konstruktion bestand aus vier Bereichen, in denen jeweils verschiedene Ersatzbaustoffe als Füllboden verwendet wurden (Abb 53.1). An der Basis wurde jeweils eine Kunststoffdichtungsbahn verlegt. Diese erhielt ein Gefälle von 3 % zur nördlich gelegenen Frontseite. Das durch die Konstruktion sickernde Wasser wird dort gesammelt und in Sickerwassersammelbehälter geleitet (Abb. 37.2 und 37.3).

Seit der Errichtung der KBE-Konstruktion wird die Sickerwassermenge für jeden Abschnitt separat in Schächten erfasst und der Bewuchs dokumentiert. Das Sickerwasser wird regelmäßig chemisch untersucht und die Vegetationsentwicklung kartiert.

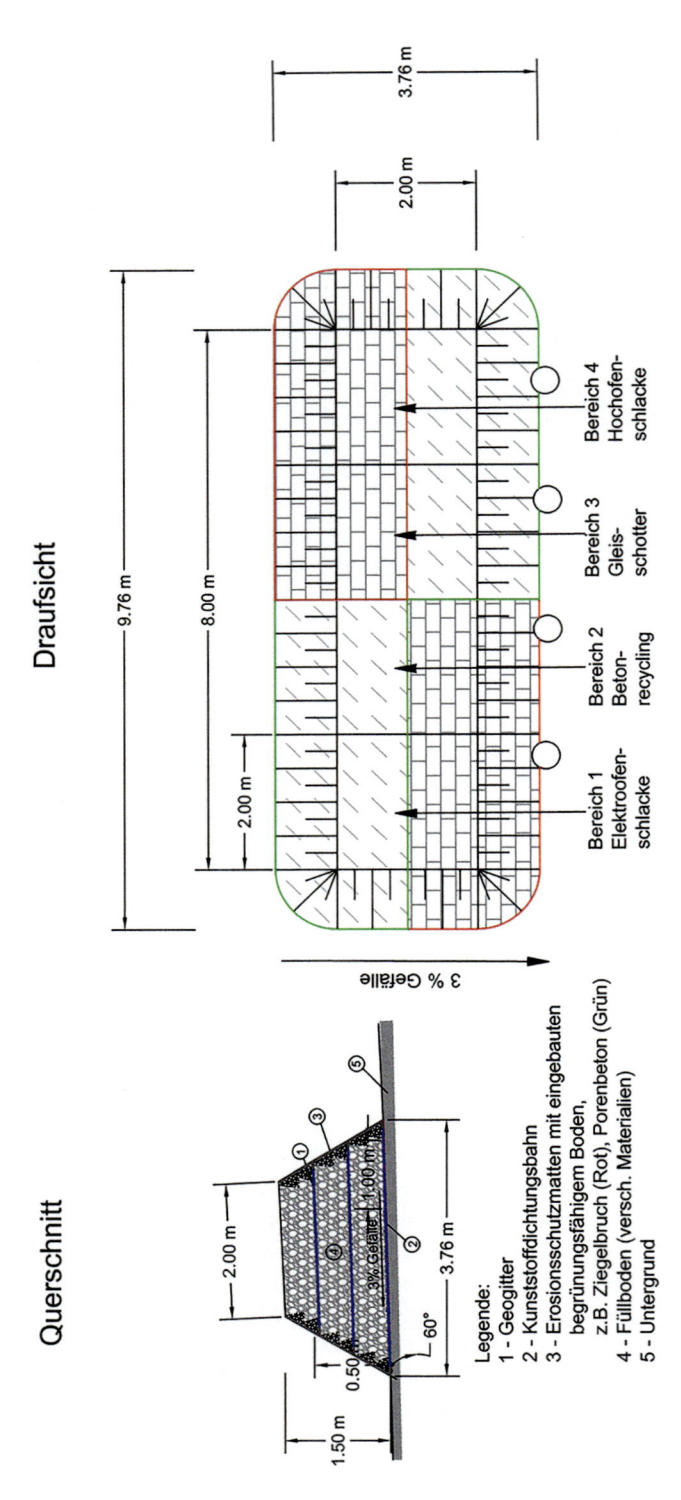

Abb. 37.2 Draufsicht und Querschnitt der KBE-Konstruktion. (© Schwerdt, Mirschel)

Abb. 37.3 Links: Ansicht der Aufstandsfläche vor Beginn der Verlegearbeiten der KBE-Konstruktion; Rechts: Nordwestansicht der begrünten Konstruktion im Oktober 2020. (© Schneider)

37.2 Ergebnisse

Die wichtigsten bodenmechanischen Kenndaten sind in Tab. 37.1 und 37.2 zusammengestellt. Weitere Untersuchungsergebnisse sind in [5] und [6] enthalten.

Die Ergebnisse zeigen, dass die bodenmechanischen Parameter der getesteten Ersatzbaustoffe ausnahmslos im Bereich eines vergleichbaren Kieses liegen. Unterschiede sind nur bei einigen Proctordichten oder Korndichten erkennbar.

Hinsichtlich der chemischen Untersuchungen ist festzuhalten, dass die Sulfatgehalte in allen Materialien (mit Ausnahme von Gleisschotter und EOS) hoch waren und meist zu einer Einstufung in die Verwertungsklasse Z2 nach LAGA M20 führten. Dies führte auch zu vergleichsweise hohen elektrischen Leitfähigkeiten im Eluat. Da Sulfatgehalte in der Regel unkritisch sind, erfolgte die nachfolgende Auswertung unter Vernachlässigung der Sulfatwerte. Das Betonrecycling-Material hat eine Zuordnungsklasse von Z1.2 nach LAGA M 20. Die Werte für Polyzyklische Aromatische Kohlenwasserstoffe (PAK), elektrische Leitfähigkeit und Sulfat verursachten die Z1.2-Klassifizierung. Ziegelbruch unterlag der Zuordnungsklasse Z1.2 aufgrund der entsprechend erhöhten Konzentrationen an PAK, elektrischer Leitfähigkeit, Chlorid und Sulfat. Hochofenschlacke unterlag der Zuordnungsklasse Z0 (unter Vernachlässigung des Sulfatwertes, bei Berücksichtigung von Sulfat Z2). Elektroofenschlacke hatte die Zuordnungsklasse Z0. Auch Gleisschotter war der Zuordnungsklasse Z0 zuzuordnen. Porenbeton war der Zuordnungsklasse Z2 zuzuordnen. Hier wurden die Einstufungswerte für Blei und Sulfat überschritten. Aus bodenmechanischer Sicht wurde der Nachweis erbracht, dass die Ersatzbaustoffe in KBE-Konstruktionen verwendet werden können. Die bodenmechanischen Parameter Proctordichte, Kornverteilung, Korndichte und Scherfestigkeit (Reibungswinkel) entsprechen denen von Primärbaustoffen.

Die Kartierung der Vegetationsuntersuchung zeigt, dass die Art der verschiedenen Ersatzbaustoffe und die Ausrichtung der KBE bzgl. der Sonneneinstrahlung für den Begrünungserfolg ausschlaggebend sind. Je nach Sonneneinstrahlungsdauer war die Vegetation unterschiedlich gut ausgebildet. Wie in den zuvor durchgeführten Vorversuchen [5, 6] zeigte sich auch im Großversuch, dass der Ziegelbruch für einen schnellen Erfolg geeignet ist, während der Porenbeton eine langanhaltende wasserspeichernde Wirkung zeigt (Abb. 37.4). Die Pflanzen, die auf der KBE gewachsen sind, waren alle Pionierpflanzen (Erstbesiedler) oder Ruderalpflanzen. Diese Gattungen haben keine großen Anforderungen an

Tab. 37.1 Ergebnisse der bodenmechanischen und chemischen Untersuchungen an den Füllmaterialien [5, 6]

Materialart Füllkörper	Hochofenschlacke	Elektroofenschlacke	Betonrecycling	Gleisschotter
Bodenart (DIN EN ISO 14688–1)	mgrCGr	cgrMGr	Gr	mgrCGr
Bodenklassifikation (DIN EN ISO 14688–2)	Gleichmäßig abgestufter Kies	Gleichmäßig abgestufter Kies	Mittel bis gut abgestufter Kies	Gleichmäßig abgestufter Kies
Bodengruppe (DIN 18196)	GE	GE	GW	GE
Korndichte [g/cm^3]	2,41–2,83	3,84–3,96	2,55–2,57	2,66
Glühverlust [%]	0	0	0	0
Wassergehalt [%]	24,5	25,8	n. b.	n. b.
Proctordichte [g/cm^3]	1,51–1,58	2,10–2,16	1,96	1,61
pH-Wert	10,2	10,7	9,3	9,3
Feldkapazität [%]	2,29	1,81	9,97	n.b
Luftkapazität [%]	7,90	6,20	9,53	n.b
LAGA M20 Klassifikation	Z 2 (Sulfat)	Z 0	Z 1.2 (Sulfat)	Z 0

Quelle: Schwerdt und Hildebrandt et al.

Abb. 37.4 Ansichten der KBE-Wand: links 3 Monate nach Installation im Mai 2020, rechts: Detailansicht. (© Schneider)

den jeweiligen Boden und können eigentlich überall wachsen. Es wird erwartet, dass in den kommenden Vegetationsperioden ein dichterer, gleichmäßiger Bewuchs auftritt und insbesondere die Wasserspeicherfähigkeit der Ersatzbaustoffe dann zu einer andauernden Begrünung der Konstruktion führt.

37.3 Schlussfolgerungen und Ausblick

Das Forschungsprojekt hat gezeigt, dass Ersatzbaustoffe geeignet sind, Primärmaterialien in Ingenieurbauwerken zu ersetzen. Die bodenmechanischen Eigenschaften waren

Tab. 37.2 Ergebnisse der bodenmechanischen und chemischen Untersuchungen an den Außenhautmaterialien [5, 6]

Materialart Außenhaut	Mischung Porenbeton/Oberboden	Mischung Ziegelbruch/Oberboden
Bodenart (DIN EN ISO 14688–1)	grcsiSa	csisaGr
Bodenklassifikation (DIN EN ISO 14688–2)	Gut abgestufter Sand	Gut abgestufter Kies
Bodengruppe (DIN 18196)	SU	GU
Korndichte [g/cm^3]	1,89	2,47–2,64
Glühverlust [%]	7,04	2,5
Proctordichte [g/cm^3]	1,24	1,96
pH-Wert	8,8	8,0
Feldkapazität [%]	14,96	13,96
Luftkapazität [%]	2,13	5,55
–		
LAGA M20 Klassifikation	Z 2 (Sulfat)	Z 1.2 (Sulfat)

Quelle: Schwerdt und Hildebrandt et al.

vergleichbar. Die chemischen Eigenschaften machen bei einigen Materialien zusätzliche Maßnahmen nötig, die aber ebenfalls bereits Stand der Technik sind (MTSE) [7].

In Bezug auf die chemischen Eigenschaften ist eine Differenzierung sowie eine Anpassung an die konkreten Gegebenheiten erforderlich. Die untersuchten Materialien sind allesamt für die Verwertung geeignet, wobei sich die Verwertungsklassen der Materialien unterscheiden. Insbesondere der hohe Sulfatgehalt ist bei einigen Materialien zu betrachten. Die Sulfatgehalte bewirkten eine Einstufung zahlreicher Materialien in die Verwertungsklasse Z 2 nach LAGA M 20. Unter Vernachlässigung des Sulfatanteils waren die verwendeten Materialien überwiegend den Verwertungsklassen Z0 oder Z1.1 zuzuordnen. Die laufenden chemischen Wasseranalysen bestätigten im Wesentlichen die Ergebnisse. Auch aus den chemischen Analysen lässt sich ableiten, dass die Ersatzbaustoffe in begrünten Ingenieurbauwerken verwendet werden können.

Gegebenenfalls müssen Zusatzmaßnahmen vorgesehen werden, um eine Elution schädlicher Inhaltsstoffe zu verhindern.

Im Hinblick auf die allgemeine Verwendbarkeit folgt daraus, dass die Materialien mit dem Klassifizierungswert Z2 nur mit einer wasserundurchlässigen Schicht oder mit zusätzlichen technischen Sicherungsmaßnahmen verbaut werden können. In einem solchen Fall ist das Merkblatt M TS E [7] maßgebend. Wird Sulfat als nicht kritisch angesehen, sind alle Stoffe den Zuordnungsklassen Z 0 bzw. Z 1.1 zuzuordnen. Damit ist der Einbau an folgenden Stellen möglich [4]:

– Straßen, Wege, Verkehrsflächen (Ober- und Unterbau),
– Industrie-, Gewerbe- und Lagerflächen (Ober- und Unterbau),
– Unterkonstruktion von Gebäuden,
– Unterhalb der durchwurzelbaren Bodenschicht von Erdarbeiten (Lärm- und Schutzwände),
– Unterbau von Sportanlagen.

Ersatzbaustoffe werden auch heute bereits in vielen Bereichen eingesetzt und verfügen über eine gute Recyclingquote. Allerdings beschränkt sich ihr Einsatz häufig auf untergeordnete Einsatzzwecke (downcycling), wie beispielsweise die Verfüllung von Restlöchern. Die Untersuchungen haben gezeigt, dass es hierfür keine Notwendigkeit gibt. Die getesteten Ersatzbaustoffe stehen beispielhaft für die zunehmend mögliche Verwendung dieser Materialien auch in hochwertigen Anwendungen (upcycling).

Die Begrünung der Außenhaut der KBE zeigt, dass Ersatzbaustoffe, im Gemisch mit organischen Böden, als Begrünungsmaterialien geeignet sind. Hier ist insbesondere das Wasserspeichervermögen der porenhaltigen Materialien Ziegelbruch und Porenbeton zu erwähnen, das in zunehmend trockeneren Klimaverhältnissen Vorteile für den dauerhaften Begrünungserfolg aufweist.

Die Konstruktion wird auch nach Ende des Projektes dauerhaft beobachtet. Dabei sollen Erkenntnisse zum langfristigen Begrünungsverhalten der Materialien gewonnen werden. Ferner werden die chemischen Untersuchungen am Sickerwasser fortgeführt. Weiterhin ist eine Ökobilanzierung und Wasserhaushaltsbilanzierung vorgesehen.

Literatur

1. Verordnung zur Einführung einer Ersatzbaustoffverordnung, zur Neufassung der Bundes-Bodenschutz- und Altlastenverordnung und zur Änderung der Deponieverordnung und der Gewerbeabfallverordnung, V. v. 09.07.2021 BGBl. I S. 2598.
2. DWD. [Online] [Zitat vom: 16. 12 2020.] ► https://www.dwd.de/DE/forschung/klima_umwelt/klimawirk/stadtpl/projekt_warmeinseln/projekt_waermeinseln_node.html.
3. Europäische Kommission (2013). Building a Green Infrastructure for Europe European Union: Brussels, Belgium, 2013; ISBN 978-92-79-33428-3, Abruf 20.05.2021
4. LAGA, Länderarbeitsgemeinschaft Abfall. Mitteilungen der Länderarbeitsgemeinschaft (LAGA) 20. Anforderungen an die stoffliche Verwertung von mineralischen reststoffen/Abfällen - Technische Regeln. 2003.
5. S. Schwerdt, P. Schneider und D. Mirschel, „Abschlussbericht Forschungsprojekt Verbesserung und Stärkung der urbanen grünen Infrastruktur durch Einsatz von Ersatzbaustoffen in Kunststoff-Bewehrte-Erde-Konstruktionen (Recycle-KBE)," Magdeburg, 2020.
6. T. Hildebrandt und M. Wilke, Verwendbarkeit von Recyclingbaustoffen als Ersatz zu Primärbaustoffen in Kunststoff-Bewehrte-Erde-Konstruktionen, Magdeburg: Masterarbeit HS Magdeburg-Stendal, unveröffentlicht, 2020.
7. FGSV. M TS E 17. Merkblatt über Bauweisen für Technische Sicherungsmaßnahmen beim Einsatz von Böden und Baustoffen mit umweltrelevanten Inhaltsstoffen im Erdbau. Köln: FGSV-Verlag, 2017.

Umgang mit Klärschlamm

Circular economy am Beispiel von Phosphor aus Klärschlämmen

Gesa Beck, Volker Kummer und Thilo Kupfer

Phosphor ist in seinem Vorkommen limitiert, allerdings für die Sicherstellung der Nahrungsmittelerzeugung lebensnotwendig. Mit der Novellierung der Klärschlammverordnung wird ab 2029 die Phosphorrückgewinnung aus dem Abwasserpfad gesetzlich gefordert. Aufklärungs- und Entwicklungsarbeit zu den Methoden der Rückgewinnung und zur Vermarktung der Produkte ist notwendig.

Klärschlämme aus der Abwasserreinigung enthalten viele Nährstoffe, darunter auch Phosphor, und wurden deshalb über Jahrzehnte in der Landwirtschaft direkt als Dünger verwertet. Allerdings ist der Abwasserreinigungsprozess auch eine Schadstoffsenke, sodass im Klärschlamm neben den Nährstoffen auch Schadstoffe wie Schwermetalle, organische Schadstoffe, Arzneimittelrückstände oder auch Mikroplastik enthalten sind. Vor diesem Hintergrund hat in den letzten Jahren ein Abwägungsprozess über Nutzen und Lasten der bodenbezogenen Klärschlammausbringung stattgefunden, der mit dem perspektivischen Ausstieg aus der landwirtschaftlichen Klärschlammverwertung und hin zur thermischen Entsorgung entschieden wurde. Die aktuellen Vorgaben der novellierten Dünge- und Klärschlammverordnung geben damit den rechtlichen Rahmen für die Einschränkungen der landwirtschaftlichen Klärschlammverwertung.

Phosphor ist ein essenzieller Pflanzennährstoff, der in Europa fast ausschließlich importiert werden muss. Die abgebauten Phosphatsteine sind zunehmend mit Schwermetallen wie Uran und Cadmium belastet und die Verfügbarkeit ist endlich, sodass die Abhängigkeit von Phosphorimporten reduziert werden sollte. Neben der Verringerung der Importabhängigkeit besteht das grundsätzliche Ziel, die Ressourcen durch eine effektive Kreislaufführung zu schonen und so auch nachfolgenden Generationen eine Nutzung zu ermöglichen. Damit bietet sich Phosphor ideal für verstärkte Anstrengungen einer Kreislaufführung an.

Mit der Klärschlammverordnung 2017 hat der Gesetzgeber die Rahmenbedingungen für die Phosphorrückgewinnung festgelegt [1]. Bis 2029 müssen alle Kläranlagen über 100.000 Einwohnerwerten (EW) und einem Phosphorgehalt größer 2 % Phosphorrückgewinnung aus dem Klärschlamm oder der Klärschlammasche umsetzen. Dieser Beitrag fasst die Recherche und Ergeb-

Zuerst erschienen in Wasser und Abfall 12/2020

nisse einer Bachelorarbeit zur Phosphorrückgewinnung [3] zusammen.

> **Kompakt**
>
> - Eine Phosphorrückgewinnung aus Klärschlamm ist auf der Grundlage der Klärschlammverordnung nun erforderlich.
> - Trotz einer Vielzahl von Verfahren verfügen nur wenige Anlagen über ausreichenden Durchsatz, mit dem die vorgegebenen Phosphor-Rückgewinnungsquoten eingehalten werden. Wenige Anlagen sind im großtechnischen Maßstab untersucht.
> - Untersuchungs- und Standardisierungsbedarf zur Pflanzenverfügbarkeit des P-Rezyklates, der damit verbundenen Düngewirkung und der Löslichkeit des Phosphors besteht weiterhin.
> - Die bisherige Zurückhaltung bei Umsetzung des Phosphorrecyclings bei den Betreibern kleinerer und mittlerer Kläranlagen lässt sich sicherlich auch damit erklären, dass dort die Anforderungen und Auflagen nicht bekannt sind.

38.1 Verwertungswege hessischer Klärschlämme

In ◘ Abb. 38.1 ist die Entwicklung der hessischen Klärschlammmengen nach Entsorgungswegen von 2003–2018 dargestellt. Die Darstellung zeigt, dass die Mengen bis zum Jahr 2010 kontinuierlich gesunken sind, aber seit 2011 in der Größenordnung von ca. 150.000 t TS/a liegen. Während die Deponierung als Entsorgungsweg seit 2005 nicht mehr zugelassen ist, spielen die Verwertung zum Landschaftsbau und Rekultivierung nur eine untergeordnete Rolle. Der Anstieg thermisch entsorgter Klärschlämme dagegen nimmt kontinuierlich zu, von 2017 sogar sprunghaft von 87.500 t auf 114.780 t im Jahr 2018. Gleichzeitig hat sich die Menge der in der Landwirtschaft verwerteten Klärschlämme von ca. 55.000 t/a auf 25.250 t im Jahr 2018 quasi halbiert [5].

Eine vergleichbare Entwicklung hat auch bundesweit stattgefunden. Laut des statistischen Bundesamtes sind in Deutschland im Jahr 2017 ca. 1,7 Mio. t Klärschlamm-Trockenmasse angefallen. Davon wurden aktuell 70 % thermisch verwertet und nur knapp 18 % in der Landwirtschaft ausgebracht [8]. Die Tendenz zeigt auch, dass die thermische Verwertung noch weiter ansteigen wird.

38.2 Anforderungen der Klärschlammverordnung

Mit der Neuordnung der Klärschlammverwertung vom 27. September 2017 [1] wird die direkte Verwertung von Klärschlamm eingeschränkt. Der Artikel 5 § 3a und b sieht dabei die P-Rückgewinnung aus Klärschlamm vor, insofern dieser 20 g/kg TS oder mehr aufweist. Wenn der Klärschlamm 2 % Phosphor oder weniger enthält, müssen die Kläranlagenbetreiber den Phosphor nicht zurückgewinnen.

Diese Auflagen gelten ab dem 1. Januar 2029 für Kläranlagen mit mehr als 100.000 EW und ab 1. Januar 2032 auch für Anlagen ab 50.000 EW, sofern der Phosphorgehalt die 2 % im Klärschlamm überschreitet. Anlagen mit einer Ausbaustufe kleiner 50.000 EW dürfen den Klärschlamm weiterhin direkt in der Landwirtschaft verwerten, soweit die Grenzwerte der DüMV [2] eingehalten werden. Ist der Phosphorgehalt im Klärschlamm kleiner als 2 %, ist die P-Rückgewinnung auf freiwilliger Basis möglich. Das heißt, er kann bodenbezogen oder anderweitig verwertet werden oder wird auf der Grundlage des Kreislaufwirtschaftsgesetzes beseitigt.

Circular economy am Beispiel von Phosphor aus Klärschlämmen

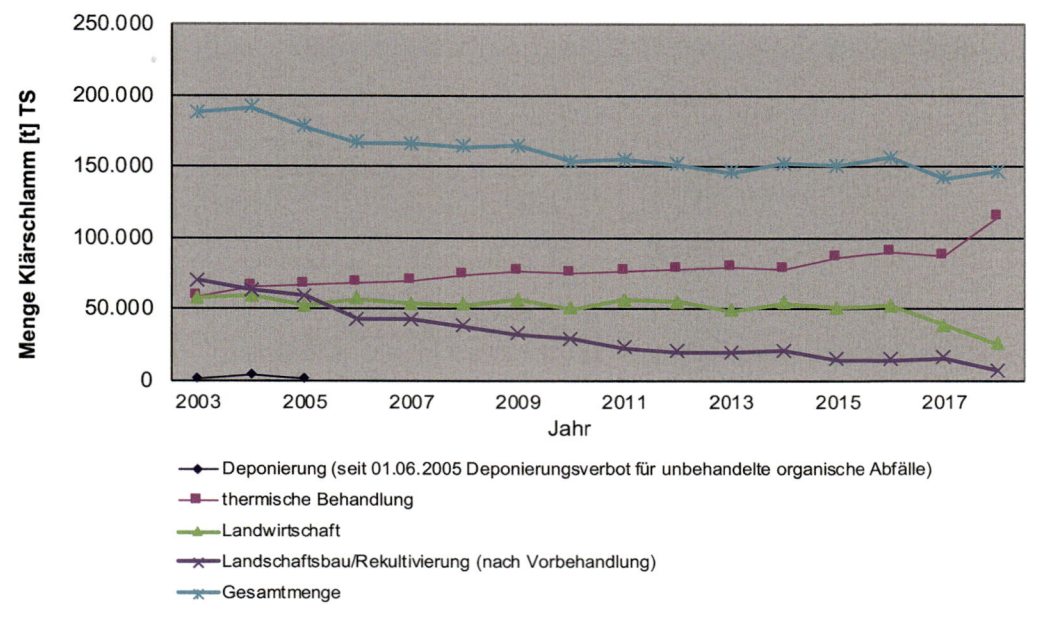

Abb. 38.1 Entwicklung hessischer Klärschlammmengen nach Entsorgungswegen von 2003 bis 2018 [5] (© HLNUG)

Für Verfahren, die auf der Phosphorrückgewinnung aus dem Abwasser basieren, ist diese 2 %-Phosphor-Konzentration, die im Klärschlamm unterschritten werden muss, relevant. Bei der Behandlung des Klärschlamms ist der Betreiber laut Artikel 5 § 3a Abs. 1 Nr. 1 und 2 der Verordnung zur Neuordnung der Klärschlammverwertung (AbfKlärVNOV) verpflichtet, den Phosphorgehalt des Klärschlammes um mindestens 50 % oder auf weniger als 20 g/kg TS zu reduzieren.

Bei Klärschlammmonoverbrennungsanlagen und anderen thermischen Behandlungsmethoden muss Phosphor zu mindestens 80 %, bezogen auf die P-Konzentration im Klärschlamm, aus der Klärschlammasche recycelt werden. Der Sachstand zur Entwicklung der Verfahren zur Rückgewinnung von Phosphor werden unten beschrieben.

38.3 Aktueller Stand der Phosphorrückgewinnung

38.3.1 Verfahrensübersicht

Derzeit gibt es eine Vielzahl von Verfahren und Anbietern zur P-Rückgewinnung. Dies erschwert es für Interessierte und Entscheidungsträger, eine sinnvolle Auswahl unter den Verfahren zu treffen, die den Anforderungen der jeweiligen Standorte gerecht werden.

Die verschiedenen Verfahren zur P-Rückgewinnung aus dem Abwasser, dem Klärschlamm oder der Klärschlammasche sind in Tab. 38.1 aufgelistet. Die Zusammenfassung enthält alle europäischen Verfahren, die im Rahmen der Recherche ermittelt wurden und die aktuell auf dem Markt oder in der Entwicklung sind. Die unterschiedlichen Ausgangsstoffe der

Tab. 38.1 Zuordnung der unterschiedlichen Phosphorrückgewinnungsverfahren. (© Gesa Beck)

Ausgangsstoff Abwasser	Ausgangsstoff Klärschlamm und Faulschlamm	Ausgangsstoff Klärschlammasche
Kristallisations- und Fällungsverfahren	**Kristallisationsverfahren**	**Nasschemischer Aufschluss**
ANPHOS®	AirPrex®	Ash2®Phos
Crystalactor®	eco: P	BioCon
PEARL®	EloPhos®	ecophos
P-RoC	PRISA	LEACHPHOS
Phospaq	PhosphoGREEN	PARFORCE
Phostrip	PHORWater	PASCH
Phosforce	NutriTec®	Phos4Life
STRUVIA™ Veolia	**Adsorptionsverfahren**	SESAL-Phos
NuReSys®	FIX-Phos	TetraPhos®
	Säureaufschluss	
Ionentauschverfahren	Gifhorn	**Thermochemische- und metallurgische Verfahren**
REM NUT®	Stuttgart (MSE)	
PHOSIEDI	EXTRAPHOS®	
	TerraNova Ultra	KRN-Mephrec
Sonderverfahren	**Thermochemische und metallurgische Verfahren**	AshDec Outotec
RECYPHOS		recophos®
	KRN-Mephrec	RecoPhos
	KUBOTA	Phos4green
	EuPhoRe	
	Karbonisierung	**Bioleaching**
	PYREG	P-bac

Verfahren sind farblich gekennzeichnet und in jeder Spalte sind die Verfahren in ihre jeweiligen Verfahrens-Typen unterteilt.

Mehr als 40 Verfahren für das Phosphorrecycling werden beschrieben, die eine Clusterung für einen sinnvollen Vergleich anhand festgesetzter Voraussetzungen aus der Verfahrensübersicht erforderlich machen. Da die Kläranlagenbetreiber nach Art. 4 § 3a AbfKlärVNVO bis Ende 2023 einen Bericht über die Planungen zur Phosphorrückgewinnung vorlegen müssen, sollte die Vielzahl der Verfahren nach wichtigen Kriterien selektiert werden. In diesem Sinne ist der Entwicklungsstand des jeweiligen Prozesses besonders relevant und wurde als Haupt-Auswahlkriterium bestimmt. Außerdem wurden vorzugsweise in Europa ansässige Betreiber und Firmen untersucht, da für diese Informationen effektiver zu beschaffen und der Kontakt einfacher herzustellen ist. Trotz sorgfältiger Literaturrecherche ist eine Gewährleistung auf Vollständigkeit der Liste über alle Verfahren nicht möglich.

38.3.2 Stand der Technik

Der Entwicklungsstand eines Verfahrens gibt wesentliche Informationen zur zeitlichen Realisierbarkeit eines Vorhabens. Dabei wird der Stand des Verfahrens von Betreibern oft als Demo-/Pilotanlage oder großtechnische Anlage gekennzeichnet. Die Bezeichnungen werden jedoch von den Betreibern selbst festgelegt und geben keine Auskunft über eine standardisierte Kenngröße. Die unterschiedlichen Größenangaben wurden entsprechend eigener Berechnungen für Abwasserverfahren auf m^3/d, für Schlammverfahren auf m^3/h und für Ascheverfahren auf kg/h umgerechnet, um dann die Verfahren mit den größten Durchsätzen in bestehenden Anlagen für die weiteren Auswertungen auszuwählen. Das legt eine fundierte Informationsquelle zugrunde.

Durch die Berechnung vergleichbarer Durchsätze konnten Verfahren relevanter Größenordnung bestimmt werden. Für den weiteren, vertiefenden Vergleich der Untersuchung wurden auf dieser Grundlage folgende Verfahren ausgewählt:

— Abwasserbehandelnde Verfahren: Crystalactor, PEARL, PHOSPAQ
— Klärschlammbehandelnde Verfahren: AirPrex, EloPhos, Gifhorn, MSE, NutriTec
— Aschebehandelnde Verfahren: TetraPhos, KRN-Mephrec, ecophos, LEACHPHOS

Das ◘ Abb. 38.2 zeigt die Durchsätze der einzelnen Anlagen, der ausgewählten Verfahren und auch die deutlichen Unterschiede zwischen den Verfahren. Die ecophos-Anlage [9] fällt dabei aus dem Rahmen, da es sich hier um eine konventionelle Phosphatgestein-Aufbereitung handelt, die mittlerweile auch einen nicht bekannten Anteil an Klärschlammasche mitverarbeitet.

38.3.3 Phosphorrückgewinnungsquote

Wie oben beschrieben, gibt die AbfKlärV den Phosphorrückgewinnungsgrad aus dem jeweiligen Ausgangsstoff vor. Mit der Vorgabe gesetzlich festgelegter Quoten soll die Innovation der Verfahren gefördert und nur effektive Verfahren zugelassen werden, um in der Zukunft noch effektiver Phosphor zurückzugewinnen und den Kreislauf noch weiter zu schließen. In ◘ Abb. 38.3 sind die P-Rückgewinnungsraten, einschließlich der Spannweiten, der jeweiligen Verfahren und die gesetzliche Mindestanforderung eingetragen. Die Werte der Abwasserverfahren beziehen sich auf den Gesamtphosphor im Schmutzwasser, die der Schlamm- und Ascheverfahren beziehen sich auf den P-Gehalt der Klärschlammtrockensubstanz.

Einige Verfahren zeigen gute Ergebnisse und deutlich höhere P-Rückgewinnungsraten als gesetzlich vorgeschrieben. ◘ Abb. 38.3 zeigt aber auch, dass noch nicht alle Verfahren die vorgegebenen Quoten erreichen.

Bei den Abwasserverfahren gibt es keine vorgegebene Rückgewinnungsquote, da das Abwasser nicht unter den Rechtsbereich der Klärschlammverordnung fällt, allerdings müssen die Verfahren so viel Phosphor aus dem Abwasser abreichern, dass im Klärschlamm die 2 % Phosphorgehalt nicht überschritten werden. Bei den Ascheverfahren ist die vorgegebene Rückgewinnungsquote deutlich höher als bei den Schlammverfahren. Das liegt an der Aufkonzentrierung des Phosphors vom Klärschlamm zur Asche. Wie die Daten in ◘ Abb. 38.3 zeigen, erreichen einige Verfahren aber durchaus die vorgegebene Quote.

38.3.4 Pflanzenverfügbarkeit

Über den Parameter der Pflanzenverfügbarkeit erhält man Informationen zu zwei Aspekten. Zum einen beschreibt die Pflanzenverfügbarkeit, wie viel Phosphor aus dem Dünger verfügbar ist und von der Pflanze aufgenommen wird oder werden kann, und zum anderen, wie viel Phosphor festgelegt im Boden verbleibt und damit je nach Nutzungsart der Böden auch ein erhöhtes

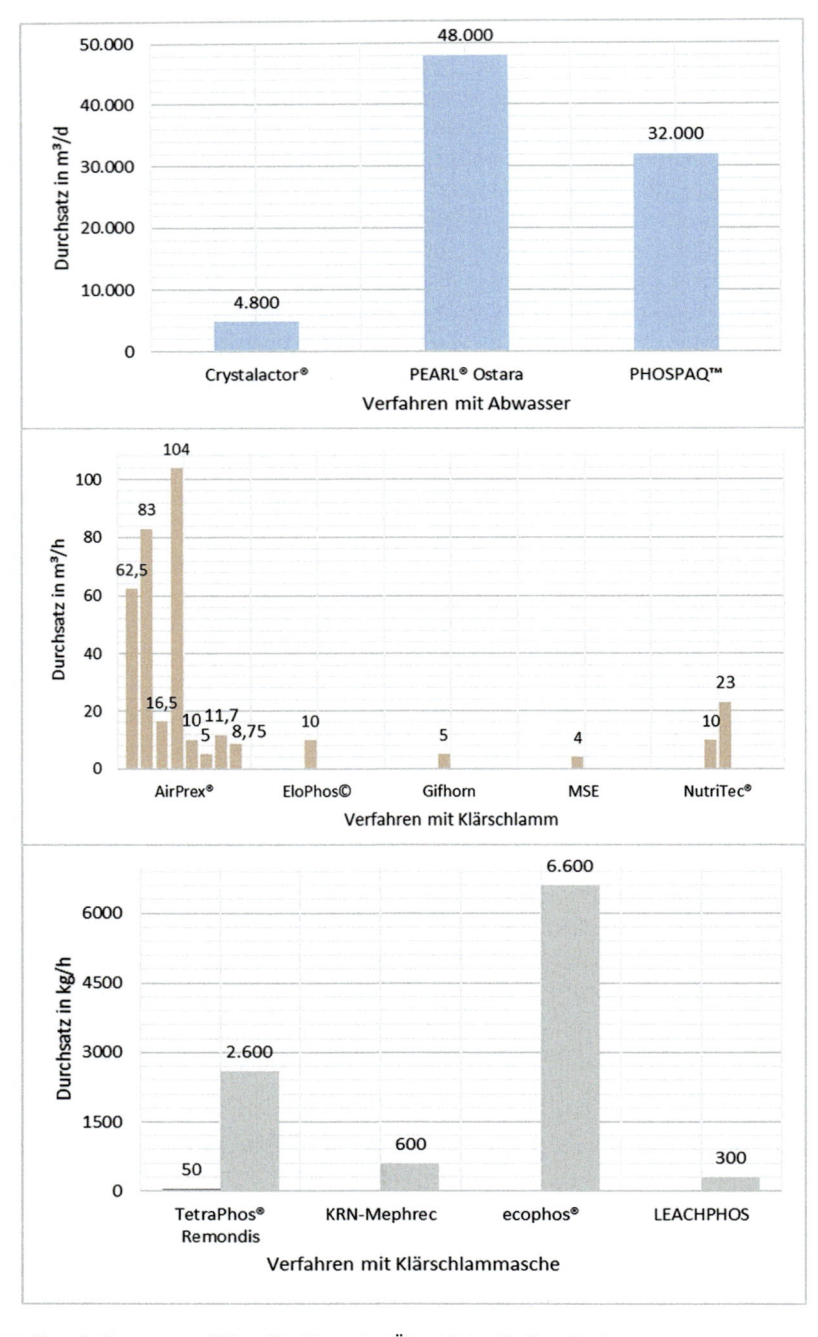

Abb. 38.2 Durchsätze ausgewählter Verfahren im Überblick. (© Gesa Beck)

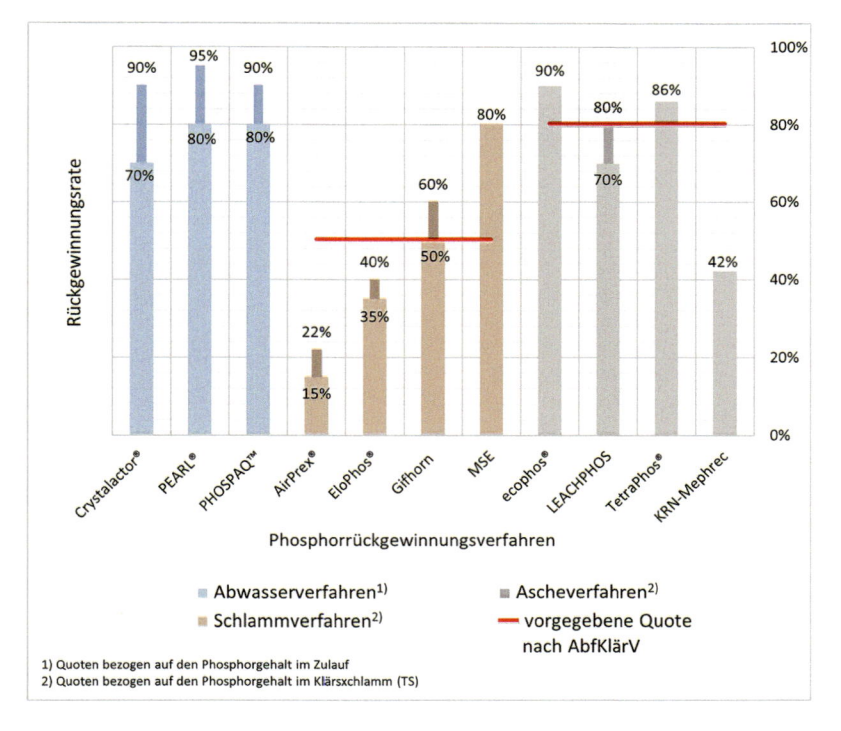

Abb. 38.3 P-Rückgewinnungsraten der ausgewählten Verfahren. (© Gesa Beck)

Risiko für die Auswaschung des Stoffes in Gewässer darstellt. Letztendlich ist eine gute Pflanzenverfügbarkeit der P-Rezyklate Voraussetzung für eine sinnvolle Kreislaufführung.

Orthophosphat ist diejenige Bindungsform des Phosphors, die gut wasserlöslich ist und von Pflanzen gut aufgenommen werden kann. Er stellt nur einen kleinen Teil des gesamten Phosphors im Boden dar. Beim restlichen Phosphor handelt es sich um chemische Formen, die erst gelöst werden müssen, um den Phosphor pflanzenverfügbar zu machen [6]. Deshalb werden die Phosphorprodukte mit zwei unterschiedlichen Methoden untersucht. Zum einen gibt es Pflanzversuche (Gefäß- oder Freilandversuche), bei denen die Phosphoraufnahme aus P-Rezyklaten durch unterschiedliche Pflanzen untersucht werden. Andererseits werden Extraktionsmethoden zur Bestimmung der P-Löslichkeit angewendet.

In Tab. 38.2 wird die Löslichkeit und die Düngewirkung der P-Recyclate der ausgewählten Verfahren zusammengefasst. Dabei wird deutlich, dass die ermittelte Düngewirkung aus Pflanzversuchen und die P-Löslichkeit zum Teil nicht übereinstimmen oder sogar gegensätzliche Ergebnisse aufzeigen. Allerdings zeigt die diesbezügliche Fachliteratur, dass die Rahmenbedingungen bei den Untersuchungen uneinheitlich im Hinblick auf Pflanzenarten und Böden sind. Vergleiche sind deshalb nicht immer aussagekräftig und eine Standardisierung der Untersuchungsmethoden ist dringend geboten. Die Produkte des Crystalactor- und KRN-Mephrec-Verfahren zeigen auf Grundlage der vorliegenden Literatur zwar eine sehr gute Löslichkeit des Phosphors auf, die Düngewirkung wird

◼ Tab. 38.2 Pflanzenverfügbarkeit der Produkte. (© Gesa Beck)

Verfahren	Standort	seit	Produkt	Löslichkeit	Düngewirkung
Crystalactor®	Nanjing (CN)	2010	CaP	bis 100 %[1)]	mittel
PEARL®	Slough (UK)	2012	Struvit	bis 100 %[1)]	gut
	Amersfoort (NL)	2015			
	Madrid (ES)	2016			
PHOSPAQ™	Waterstromen (NL)	2006	Struvit	k.A.	gut
AirPrex®	MG-Neuwerk (DE)	2009	Struvit	bis 100 %[2)]	gut
	Wassmannsdorf (DE)	2010			
	Echten (NL)	2013			
	Amsterdam-West (NL)	2014			
	Salzgitter Nord (DE)	2015			
	Uelzen (DE)	2017			
	Wolfsburg (DE)	2017			
	Göppingen (DE)	2019			
EloPhos®	Lingen (DE), SE Lingen	2016	Struvit	k.A.	gut
Gifhorn	Gifhorn (DE)	2007	Struvit/CaP	65[1)]-80[2)] %	gut
MSE	AZ Riß (DE)	2017	Struvit	50[2)]-60[1)] %	gut
NutriTec®	Zutphen (NL)	2010	Struvit	k.A.	gut
	Tiel (NL)	k.A.			
ecophos®	Dunkerque (F)	2018	H_3PO_4/ DCP	k.A.	k.A.
LEACHPHOS	KVA Bern (CH)	2014	CaP	k.A.	gut
TetraPhos®	Hamburg (DE)	2019	H_3PO_4	50-90 %[3)]	k.A.
	Wehrdohl-Elverlingsen	2018			
KRN-Mephrec	Klärwerk Nürnberg (DE)	2016	P-Karbonisat	ca. 90 %[1)]	mittel

■ = Abwasserverfahren, ■ = Schlammverfahren, ■ = Ascheverfahren

1) Zitronensäure 2) Alkalisch-Ammoncitrat 3) Salzsäure

allerdings nur als mittelmäßig beschrieben. Beim Produkt des MSE-Verfahrens ist eine gute Düngewirkung zu erwarten, aber bisher ist nur eine Löslichkeit von 50–60 % aufgezeigt worden [4].

Die Düngewirkung und die Löslichkeit von P-Rezyklaten können nach derzeitigen Erkenntnissen nur eingeschränkt beurteilt werden, weil die erforderlichen Untersuchungen sehr komplex sind, standardisierte Vorgaben fehlen und damit die Aussagekraft, der in der Literatur zur Verfügung stehenden Informationen, nur bedingt belastbar ist. Allerdings gab es keine Literaturangabe, die eine schlechte bzw. geringe Düngewirkung bei einem der in dieser Arbeit untersuchten Verfahren angegeben hat. Dies zeigt, dass P-Rezyklate sinnvoll als Dünger eingesetzt werden können.

38.4 Fazit und Ausblick

Insbesondere mit der Novellierung der Düngeverordnung durch weitergehende Einschränkungen im Hinblick auf Ausbringungszeiten und Grenzwerte wird die landwirtschaftliche Ausbringung von Klärschlämmen zukünftig zurückgehen. Um die dann notwendige alternative Entsorgung durchzuführen, ist eine Phosphorrückgewinnung auf der Grundlage der Klärschlammverordnung erforderlich. Dazu existieren, wie die vorliegende Recherche und andere Erhebungen [10] zeigen, bereits eine Vielzahl von Verfahren. Die Ergebnisse der weiteren Betrachtungen machen aber auch deutlich, dass noch Entwicklungsbedarf in verschiedenen Bereichen besteht. Zum einen gibt es nicht viele Anlagen mit relevanten Durchsätzen, die die vorgegebenen Phosphor-Rückgewinnungsquoten einhalten, zum anderen bestehen zum heutigen Stand nicht viele Anlagen, die im großtechnischen Maßstab untersucht wurden. Ebenso sind die Pflanzenverfügbarkeit des P-Rezyklates und die damit verbundene Düngewirkung und Löslichkeit des Phosphors wichtige Aspekte, bei denen weiterer Untersuchungs- und Standardisierungsbedarf besteht. Zu den Schlussfolgerungen, dass die konkrete Umsetzung der Phosphorrückgewinnung erst am Anfang steht, führen auch die Auswertungen der LAGA [7]. Zum Zeitpunkt der Veröffentlichung hat danach lediglich ein Projektverfahren die Anforderungen des Artikel 5, § 3a und b AbfKlärV erfüllt. Das zeigt, dass nicht nur Aufklärung, sondern auch Entwicklungsarbeit notwendig ist. Dies betrifft aber auch perspektivisch die Anwendung und Vermarktung des Recycling-Phosphates.

Die bisherige Zurückhaltung zur Umsetzung des Phosphorrecyclings in Teilen bei betroffenen kommunalen Kläranlagenbetreibern und Verantwortlichen ist nicht nur mit den längeren Übergangsfristen zu erklären. Sie lässt sich sicherlich auch damit erklären, dass die Anforderungen und Auflagen gerade bei Betreibern kleinerer und mittlerer Kläranlagen nicht bekannt sind. Nach Artikel 4 AbfKlärV, müssen allerdings alle Klärschlammerzeuger der zuständigen Behörde bis spätestens 31. Dezember 2023 einen Bericht über die geplanten und eingeleiteten Maßnahmen zur Sicherstellung der ab 1. Januar 2029 durchzuführenden Phosphorrückgewinnung zur Auf- oder Einbringung von Klärschlamm auf oder in Böden oder zur sonstigen Klärschlammentsorgung im Sinne des Kreislaufwirtschaftsgesetzes vorlegen. Außerdem müssen die Kläranlagenbetreiber den anfallenden Klärschlamm im Kalenderjahr 2023 auf den Phosphorgehalt und den Gehalt an basisch wirksamen Stoffen untersuchen lassen.

Phosphor lässt sich nicht nur aus kommunalen und gewerblichen Abwässern, Klärschlämmen und Klärschlammaschen zurückgewinnen, sondern auch aus Tiermehl oder Gülle. So besteht gerade in tierreichen Regionen ein Verwertungsproblem für die sog. Überhanggülle, die aufgrund weiterer Einschränkungen des Boden- und Grundwasserschutzes nicht mehr landbaulich direkt verwertet werden kann. Die NDM Naturwertstoffe GmbH hat dies Problematik aufgegriffen und in einer Pilotanlage 200.000 t/a abgesetzte Gülle aufbereitet und dabei 1.200 t/a N. 950 t/a P_2O_5 zurückgewonnen. In mehreren Verfahrensschritten wird die Gülle separiert, vergoren, entwässert und zu einer phosphorreichen Asche verbrannt.

Dieses Beispiel macht deutlich, dass die Thematik Phosphorrückgewinnung als Ressourcen- und Umweltthematik integral betrachtet und weiterentwickelt werden muss.

Literatur

1. Verordnung zur Neuordnung der Klärschlammverwertung vom 27.09.2017, BGBl. I S. 3465 zuletzt geändert am 19.06.2020, BGBl. I S. 1328 – AbfKlärV
2. Verordnung zur Änderung der Düngeverordnung und anderer Vorschriften vom 28.04.2020, BGBl. S. 846 – DüMV
3. BECK, Gesa: Verfahren zur Phosphorrückgewinnung aus Abwasser und Klärschlamm - Stand der Technik von Rückgewinnungsverfahren im Hinblick auf den Verfahrensstand, die Rückgewinnungsquote und die Pflanzenverfügbarkeit der Endprodukte; Bachelorarbeit, TH Bingen, 2020 (▶ https://www.hlnug.de/fileadmin/dokumente/abfall/ressourcenschutz/phosphor/P_aus_Klaerschlamm/BA_P_Klaerschlamm.pdf Abruf 12. Mai 2020)
4. Egle, L., H. Rechberger und M. Zessner: Endbericht Phosphorrückgewinnung aus dem Abwasser. Wien, 2014 (▶ http://iwr.tuwien.ac.at/fileadmin/mediapool-wassergue-te/Projekte/Phosphor/Phosphorr%C3%BCckgewinnung_aus_dem_Abwasser_Endbericht_6.3.14.pdf Abruf 13.12.2019)
5. Hessisches Landesamt für Naturschutz, Umwelt und Geologie (HLNUG) Wiesbaden 2018 (▶ https://www.hlnug.de/fileadmin/dokumente/wasser/

abwasser/kommunales_abwasser/Lagebericht_2018_Hessen_Internetversion.pdf Abruf 10.05.2020)
6. Kratz, S., C. Adam und C. Vogel: Pflanzenverfügbarkeit und anorganische Effizienz von klärschlammbasiertem Phosphor (P)-Recyclingdüngern. 2018 In: Holm, O., E. Thomé-Kozmiensky, P. Quicker und S. Kopp-Assenmacher (Hrsg.) (2018): Verwertung von Klärschlamm. Neuruppin: 391 – 407.
7. LAGA AD-HOC-AG: Ressourcenschonung durch Phosphor-Rückgewinnung, Bund-Länder-Arbeitsgemeinschaft Abfall (2018)
8. statistisches Bundesamt: Wasserwirtschaft: Klärschlammentsorgung aus der öffentlichen Abwasserbehandlung 2017. Datenbank DE STATIS (2019) (▶ https://www.destatis.de/DE/Themen/Gesellschaft-Umwelt/Umwelt/Wasserwirtschaft/Tabellen/ks-012-klaerschlamm-verwert-art-2017.html Abruf 09.12.2019)
9. Takhim, M., M. Sonveaux und R. de Ruiter: The Ecophos Process: Highest Quality Market Products Out of Low-Grade Phosphate Rock and Sewage Sludge Ash. In: Ohtake, H. und S. Tsuneda (Hrsg.): Phosphorus Recovery and Recycling. Singapore (2019) (▶ https://link.springer.com/chapter/10.1007%2F978-981-10-8031-9_14)
10. Umweltbundesamt: Klärschlammentsorgung in der Bundesrepublik Deutschland Dessau 2018; ISSN (print) 2363–8311

In die Zukunft gerichtete Klärschlammbehandlung und -verwertung in der Metropole Ruhr

Peter Wulf, Tim Fuhrmann und Torsten Frehmann

Die zukünftigen Anforderungen an die CO_2-Reduzierung und die Phosphorrückgewinnung bei der Klärschlammentsorgung stellen die Kläranlagenbetreiber vor Herausforderungen. Mit der weltweit größten solarthermischen Klärschlammtrocknung und einer großtechnischen Demonstrationsanlage zum Phosphorrecycling aus Klärschlammaschen werden dazu in Bottrop innovative Lösungen angegangen.

Im Bereich der Klärschlammentsorgung müssen Betreiber von Kläranlagen Lösungen für die gemäß Klärschlammverordnung (AbfKlärV) geforderte Rückgewinnung von Phosphor aus dem Abwasser bzw. dem Klärschlamm ab 2029 bzw. 2032 finden. Daneben gibt es umweltpolitische und wirtschaftliche Zwänge zur Optimierung der Prozesse der Klärschlammbehandlung aufgrund der zukünftig steigenden Kosten für CO_2-Emmissionen.

Auf der von der Emschergenossenschaft betriebenen Kläranlage Bottrop werden diese Herausforderungen durch zwei zukunftsweisende Vorhaben angegangen. Vor einigen Monaten ist eine Anlage zur solarthermischen Klärschlammtrocknung in den Probebetrieb gegangen. Gleichzeitig laufen direkt nebenan die Vorarbeiten für die Errichtung einer großtechnischen Demonstrationsanlage zur Phosphorrückgewinnung aus Klärschlammaschen. Damit sollen wichtige Meilensteine auf dem Weg zur Verminderung von CO_2-Emissionen, der Schonung fossiler Ressourcen und zur Rohstoffrückgewinnung erreicht werden.

39.1 Zentrale Schlammbehandlung auf der Kläranlage In Bottrop

Auf der Kläranlage Bottrop betreibt die Emschergenossenschaft eine zentrale Schlammbehandlung, in der die Entwässerung, Trocknung und Verbrennung von Klärschlämmen der Kläranlagen Emschermündung (1,8 Mio. EW), Bottrop (1,3 Mio. EW), Duisburg Alte Emscher (0,5 Mio. EW) sowie einiger Anlagen des Lippeverbands erfolgen. Insgesamt werden 180.000 t/a entwässerter Klärschlamm von umgerechnet ca. 4 Mio. EW behandelt [1].

39.2 Weltgrößte solarthermische Klärschlammtrocknung realisiert

Die Konditionierung der zugeführten Klärschlämme erfolgte bislang historisch bedingt mit Stein- und Braunkohle sowie Polymer. In der Vergangenheit gelangte die Kohle aufgrund der Kohleförderung im Emschergebiet über den Abwasserpfad in den Zulauf der Kläranlagen und ermöglichte einen Heizwert zur selbstgängigen Verbrennung des Schlammkohlegemisches. Mit dem schrittweisen Ausstieg aus der Kohleförderung veränderte sich sukzessive auch die Abwasserzulaufqualität zu den Kläranlagen im Revier. Steinkohle und Braunkohle mussten schließlich als Zuschlagstoffe für die Schlammentwässerung (SEW) bezogen werden. Zur Verminderung von CO_2-Emissionen und zur Schonung der fossilen Ressourcen wird auf diese Zugabe nun verzichtet, indem die Klärschlämme stattdessen mittels solarthermischer Trocknung (STT) zur selbstgängigen Verbrennung vorbereitet werden. In diesem Jahr ist dazu die weltweit größte STT-Anlage in den Probebetrieb gegangen (◘ Abb. 39.1).

Die Inbetriebnahme aller Anlagenkomponenten unter Volllast ist bis Ende 2021 vorgesehen [2].

> **Kompakt**
> - Die Klärschlammentsorgung steht wegen der Rückgewinnung von Phosphor aus dem Abwasser bzw. dem Klärschlamm und der zukünftig steigenden Kosten für CO_2-Emmissionen vor neuen Herausforderungen.
> - Die solarthermische Klärschlammtrocknung ist unter mitteleuropäischen Klimaverhältnissen realisierbar und trägt zur Reduzierung des CO_2-Ausstoßes bei.
> - Für die Phosphorrückgewinnung zeichnen sich verfahrenstechnische Lösungen ab, die jedoch weiter erprobt werden müssen.
> - Betreiberübergreifende Zusammenarbeit ist für eine wirtschaftliche Umsetzung des Phosphorrecyclings sinnvoll.

Auf einer Gesamtfläche von 61.000 m^2 wurden dafür 32 Trocknungshallen in

◘ Abb. 39.1 Solarthermische Trocknungsanlage in Bottrop. (© Emscher Wassertechnik GmbH)

In die Zukunft gerichtete Klärschlammbehandlung ...

Glashausbauweise mit einer Fläche von 43.000 m² errichtet, die über einen 240 m langen, zentralen Mittelgang mit einer Schlammlogistikhalle verbunden sind [1].

Die angelieferten Schlämme werden per Radlader von der Schlammlogistikhalle den einzelnen Trocknungshallen zugeführt. Insgesamt sollen zukünftig ca. 220.000 t/a entwässerter Klärschlamm angenommen werden (Abb. 39.2). In den Trocknungshallen wird der Klärschlamm mit einer Schütthöhe von 20–30 cm eingebracht. Mittels elektrischer Wenderoboter („elektrische Schweine") wird für eine stetige Umwälzung des Schlamms gesorgt.

Der Abtransport der Feuchte aus den Hallen erfolgt über Abluftventilatoren. Der mittlere Luftstrom beträgt bei Vollbelegung aller Hallen ca. 1.400.000 m³/h. Die Abluft wird über einen sauren Wäscher geleitet und eine anschließende Biofilterstufe behandelt, um die Geruchsbelastung zu minimieren. Für die 32 Hallen steht eine Netto-Biofilterfläche von ca. 5300 m² zur Verfügung. Die Filter sind für eine maximale Abluftmenge von ca. 2.100.000 m³/h ausgelegt.

Nach Abschluss des Trocknungsprozesses auf einen Trockenrückstand (TR) von 60–70 % wird der getrocknete Klärschlamm per Radlader zurück in die Logistikhalle und von dort über ein Schubboden-Verbundsystem bedarfsgesteuert in die Verbrennungsanlage gefördert. Der für die selbstgängige Verbrennung optimale Heizwert wird durch eine Rückmischung des getrockneten mit entwässertem Klärschlamm unmittelbar vor der Verbrennung erzielt (Abb. 39.2). [1]

39.3 Schlammbilanz

Die solarthermische Trocknung (STT) wurde passend zur bestehenden Wirbelschicht-Verbrennungsanlage auf eine Trocknungskapazität von rund 47.000 t/a Trockenmasse ausgelegt, siehe Schlammbilanz in Abb. 39.2. Der mittels Membranfilterpressen auf einen Trocken-

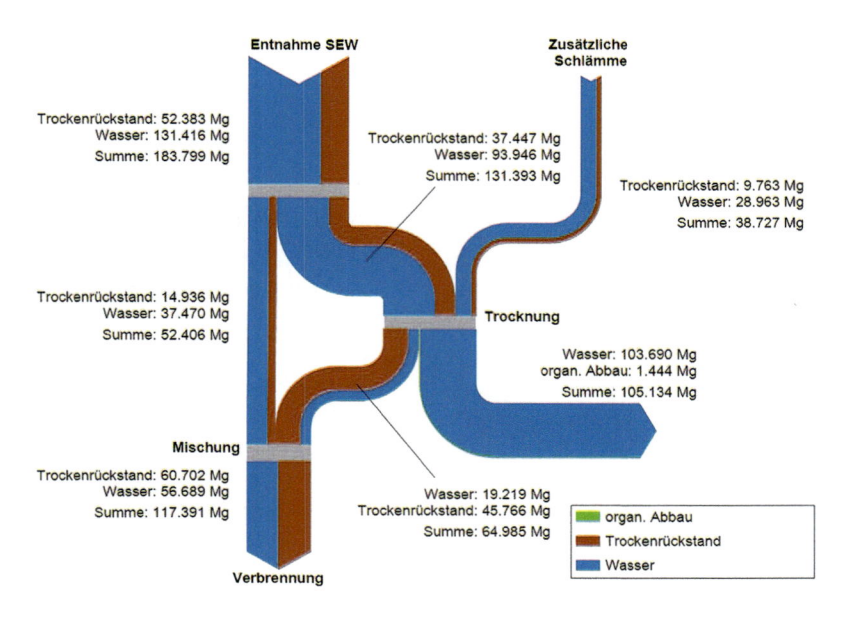

Abb. 39.2 Schlammbilanz am Standort Bottrop [1]. (© C. Essing/Emscher Wassertechnik GmbH)

rückstand (TR) von ca. 25–28 % entwässerte Klärschlamm wird in der STT auf einen Gehalt von 60–70 % TR getrocknet. Durch die Trocknung reduziert sich der jährliche Klärschlammmassenstrom von ca. 170.000 t auf ca. 65.000 t. Jährlich werden ca. 104.000 t Wasser verdunstet. Der Klärschlammverbrennung werden ca. 117.000 t Klärschlamm zugeführt. Die Mengen bestehen aus rd. 52.000 t/a entwässerten Klärschlamm, gemischt mit rd. 65.000 t/a getrocknetem Klärschlamm. [1]

39.4 Umfassendes Wärme-Konzept

Bei der solarthermischen Trocknung wird neben der Solarenergie, mit einem Anteil an der Trocknungsleistung von ca. 20 %, zusätzlich zugeführte Wärmeenergie auf Niedertemperaturebene genutzt. Für die STT-Anlage in Bottrop wird von einem zusätzlichen thermischen Wärmebedarf von ca. 145.000 MWh/a ausgegangen. Dieser wird aus der vorhandenen Dampfturbinen-Anlage der Klärschlammverbrennungsanlage und einer neu errichteten BHKW-Anlage gewonnen.

Der Dampfturbinenprozesses wurde abweichend von den sonst üblichen ca. 30–40 °C für ein Kondensatabwärmeniveau von ca. 65 °C ausgelegt. Die Kondensatabwärme wird damit als nutzbarer Wärmestrom für die Niedertemperaturtrocknung in der STT eingesetzt. Die Dampfturbine der Klärschlammverbrennungsanlage stellt zukünftig ca. 80.000 MWh/a und somit ca. 55 % der benötigten Wärmeenergie für die Klärschlammtrocknung zur Verfügung. Die restlichen ca. 65.000 MWh/a werden durch Erdgas-BHKW-Module mit einer Wärmeleistung von insgesamt 11,5 MW bereitgestellt.

Mit der Anlage in Bottrop wird gezeigt, dass solarthermische Klärschlammtrocknung bei passenden Randbedingungen auch in hiesigem Klima realisierbar ist. Durch den Verzicht auf den Einsatz von Kohle für die Klärschlammkonditionierung und Heizwertanreicherung werden zukünftig jährlich ca. 60.000 t CO_2-Emissionen eingespart. [1]

39.5 Auf dem Weg zur energieautarken bzw. energieproduzierenden Kläranlage

Der in der BHKW-Anlage erzeugte Strom wird auf der Kläranlage Bottrop sowie für die Pumpwerke des Abwasserkanals Emscher in Bottrop und Gelsenkirchen eingesetzt. Die BHKWs sind in den Energieverbund der Kläranlage Bottrop mit Dampfturbine, der BHKW-Anlage zur Faulgasverstromung sowie einer Windenergie- und einer Photovoltaikanlage eingebunden. Alle Elemente des Energiemanagements fügen sich ein in die Strategie der Emschergenossenschaft, den Energieeinsatz auf ihren Anlagen zu optimieren, durch Senken des Energieverbrauchs und Steigerung der Eigenenergieerzeugung mit verstärkter Einbeziehung regenerativer Energieträger.

39.6 Verfahrenstechnik zur Phosphorrückgewinnung großtechnisch testen

Die eingangs genannte weitere aktuelle Herausforderung besteht in der Rückgewinnung des Phosphors aus den erzeugten Klärschlammaschen – ein technisch und wirtschaftlich sehr aufwendiger Prozess. Die meisten der in den letzten Jahren entwickelten verfahrenstechnischen Ansätze sind bisher lediglich im Technikumsmaßstab erprobt worden. Im Rahmen des vom Bundesministerium für Bildung und Forschung

(BMBF) geförderten Forschungsprojekts AMPHORE [3] wird darüberhinausgehend eine großtechnische Anlage zur Demonstration der Phosphorrückgewinnung aus Klärschlammaschen errichtet (Zielgröße ca. 1000 t Asche/a). In einem umfassenden Auswahlprozess wurde dazu aus 25 potenziellen Verfahren ein Konzept auf Basis der Parforce-Technologie ausgewählt [4]. Bei diesem nasschemischen Rückgewinnungsverfahren wird die Klärschlammasche mittels Ionenaustauschern und Elektrodialyse derart aufbereitet, dass als Recyklat passgenaue Phosphorsäure-Qualitäten für regionale Abnehmer erzeugt werden können (◘ Abb. 39.3). Durch Schwermetallausschleusung wird eine weitgehende Schadstoff-Wertstoff-Trennung erreicht, was wegen belasteter Klärschlammaschen in der industriell geprägten Metropole Ruhr von besonderer Bedeutung ist. Das Verfahren wird mit der Realisierung der großtechnischen Anlage weiter optimiert und hinsichtlich relevanter Betriebszustände ausführlich getestet, um es später ggf. in größerem Maßstab als Kerntechnologie eines regionalen Recyclingkonzepts umzusetzen.

39.7 Betreiberübergreifende Zusammenarbeit zum P-Recycling

Das AMPHORE-Projekt geht über die reine Verfahrenstechnik deutlich hinaus: Ziel ist es, für die Metropole Ruhr ein betreiberübergreifendes regionales Konzept zur Umsetzung des Phosphorrecyclings zu entwickeln. Untersucht wird beispielsweise, ob große, zentrale Anlagen oder kleinere, regional verteilte Anlagen wirtschaftlich und ökologisch sinnvoller betrieben werden können. Bestandteil der Betrachtungen sind auch die organisatorischen und rechtlichen Randbedingungen der gesamten neu ausgerichteten Entsorgungskette. [3]

Der AMPHORE-Verbund umfasst regionale Kläranlagenbetreiber, Phosphorverwerter und Forschungspartner. Mit Ruhrverband, Emschergenossenschaft, Lippeverband, Wupperverband und Linksniederrheinischer Entwässerungs-Genossenschaft (LINEG) erarbeiten erstmals fünf große sondergesetzliche Wasserverbände in Nordrhein-Westfalen gemeinsam ein umfassendes, regionales Lösungskonzept zum Phosphorrecycling in der Metropole Ruhr.

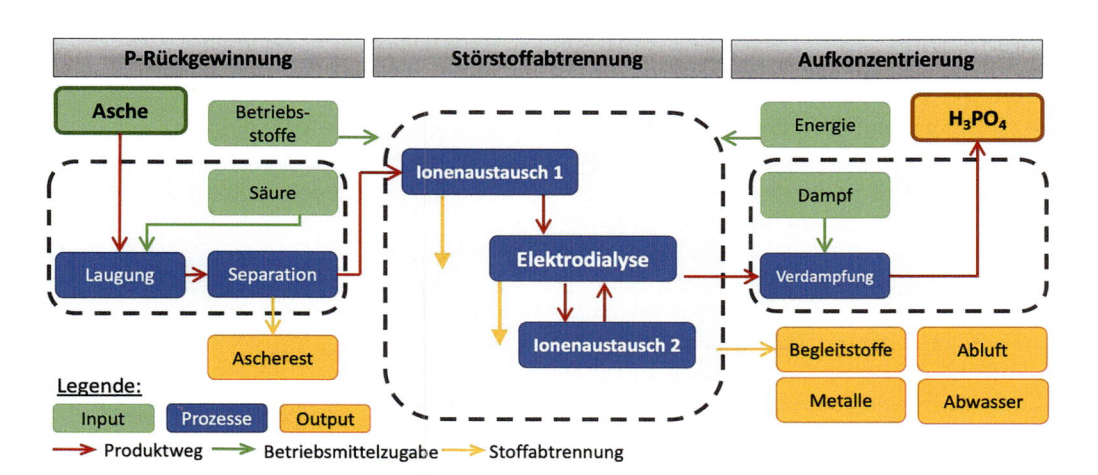

◘ **Abb. 39.3** Fließschema der Parforce-Anlage [4]. (© D. Blöhse/Emschergenossenschaft, modifiziert von Y. Schneider/Ruhrverband)

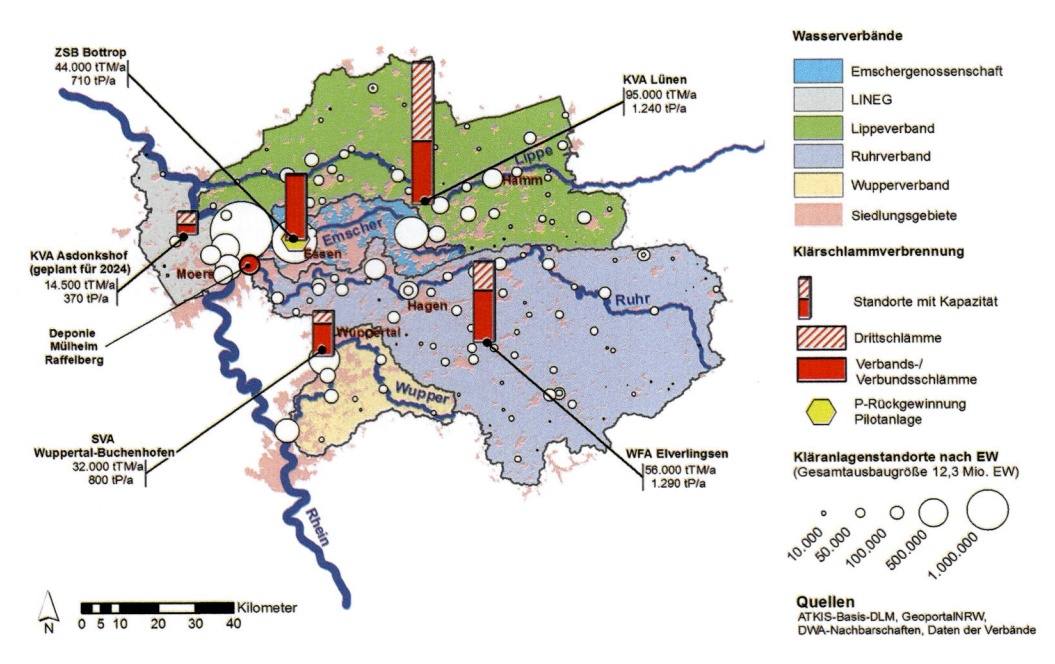

Abb. 39.4 Strukturen der Abwasserreinigung und Klärschlammverbrennung in der AMPHORE-Projektregion [4]. (© Y. Taudien/Wupperverbandsgesellschaft für integrale Wasserwirtschaft mbH)

Die Verbundpartner repräsentieren 139 Kläranlagen mit ca. 9 % des deutschen Klärschlammanfalls (Abb. 39.4). Dies ermöglicht einen innovativen, regionsweiten Management-Ansatz für die Klärschlämme sowie eine gezielte Erzeugung und Weiterbehandlung von Klärschlammaschen unterschiedlicher Qualitäten. So wird auch geprüft, ob neben der Aufbereitung des mit Schwermetallen belasteten Teils der Aschen in dem oben genannten nasschemischen Verfahren zusätzlich auch Asche mit besonders geringen Schadstoffgehalten in einem alternativen, ggf. kostengünstigeren Phosphorrückgewinnungsverfahren verarbeitet werden könnten. Aufgrund der zu erwartenden Synergie- und Skaleneffekte sind deutliche Vorteile für betreiberübergreifende Verbundlösungen zu erwarten. Auf Basis der AMPHORE-Ergebnisse soll ein tragfähiges Konzept für die gesamte Metropolregion Ruhr entwickelt werden.

39.8 Herausforderungen beim Absatz der Recyklate

Neben der erzeugten Phosphorsäure werden auch Verwertungspfade für Nebenprodukte und Reststoffe (u. a. silikatische Rückstände, Gips, Metallkonzentrate) betrachtet, um sowohl eine möglichst hochwertige Verwertung als auch eine hohe Entsorgungssicherheit garantieren zu können. Hierzu werden regionale Vermarktungspfade mit potenziellen Abnehmern geklärt.

Besondere Herausforderungen stellen branchenspezifische Anforderungen an die Recyklate bezüglich spezifischer Qualitätsanforderungen sowie die Vermarktbarkeit in bestehenden oder neu aufzubauenden Märkten dar. Auch wenn die konkreten Gestehungskosten aufgrund fehlender Erfahrungen mit der Skalierbarkeit großtechnischer Anlagen bisher nur schwer abzuschätzen sind, decken die Erlöse für die Phosphorrecyklate gemäß aktuellem Stand nur einen kleinen Teil der Gestehungskosten. Dies wird zukünftig als Treiber für eine weitergehende wirtschaftliche und verfahrenstechnische Optimierung der Phosphorrückgewinnung aus Klärschlamm wirken, für die die Anlage in Bottrop eine wichtige Grundlage darstellt.

39.9 Innovatives Klärschlammmanagement auf der Kläranlage Bottrop

Neben weiterlaufenden Aktivitäten zur Schaffung einer energieautarken bzw. energieproduzierenden Kläranlage entwickelt sich der Standort der Kläranlage Bottrop zu einem Schwerpunkt zukunftsgerichteter Behandlung und Verwertung von Klärschlämmen in der Metropole Ruhr. Die aufgezeigten Verfahrenstechniken zeigen zudem, dass nachhaltige Lösungen im Klärschlammbereich zunehmend greifbar werden.

39.10 Ausblick: Umfassendere Ansätze zur Abwasser- und Klärschlammbehandlung

Die verfahrensbedingt bisher sehr hohen Kosten der zukünftig gesetzlich vorgeschriebenen Phosphorrückgewinnung werden zu finanziellen Mehrbelastungen der Abwassererzeuger führen. Der resultierende wirtschaftliche Druck wird aber auch Potenziale für neue, übergreifender gedachte Wege in der Kette vom Abwasseranfall über die Abwasserbehandlung bis zur Klärschlammverwertung inkl. Nährstoffrückgewinnung eröffnen.

Im Bereich der Abwasserbehandlung betrifft dies insbesondere die gezielte An- und Abreicherung von Phosphor in bestimmten Schlammströmen, um die Effizienz der Phosphorrückgewinnung im zu entsorgenden Klärschlamm zu steigern oder die zu verwertende Klärschlammmenge zu minimieren.

Durch die beim Phosphorrecycling bestehenden Anforderungen an die Schadstoffarmut der erzeugten Produkte werden Lösungen zur weiteren Verringerung dieser Stoffe in den Input-Strömen notwendig. Dies kann über das Management von Klärschlämmen unterschiedlicher Qualitäten oder analog das Management der zur Verwertung eingesetzten Klärschlammaschen erfolgen. Aber auch die Minimierung von Schadstoffeinträgen bereits an der Abwasserquelle über gezieltes Indirekteinleitermanagement kann an Bedeutung gewinnen.

Danksagung Die Autoren danken dem BMBF für die Unterstützung des Forschungsprojekts AMPHORE [3] (Förderkennzeichen 02WPR1543A ff.) im Rahmen der Fördermaßnahme RePhoR [5].

Literatur

1. Knake, A., Günther, L., Reese, P., Essing, C., Grün, E. und Frehmann, T. (2020): Solarthermische Klärschlammtrocknung am Standort der Kläranlage Bottrop. In: KA Korrespondenz Abwasser, Abfall, 2020 (67), Nr. 7, S. 515–519
2. Essing, Chr., Wulf, P., Frehmann, T. (2020): Konzeption und Realisierung einer solarthermischen Trocknungsanlage für Klärschlamm am Beispiel der ZSB Bottrop. VDI Wissensforum Klärschlammbehandlung, Hamburg, 16.–17. September 2020
3. AMPHORE (2021): Regionales Klärschlamm- und Aschen-Management zum Phosphorrecycling für einen Ballungsraum, Website des BMBF-geförderten Verbundprojekts, ▶ https://www.ruhrverband.de/wissen/projekt-amphore
4. Schneider, Y. (2021): Demonstrationsprojekt AMPHORE – Regionale Strategieentwicklung und Verfahrensauswahl für das Phosphorrecycling aus Klärschlammasche, Präsentation auf dem 2. Forum: Phosphor-Rückgewinnung der DWA-Landesverbände Nord, Nord-Ost und NRW, 04.02.2021, Osnabrück
5. RePhoR (2021): Phosphor-Recycling für eine nachhaltige Nutzung von Phosphor, Website der BMBF-Fördermaßnahme, ▶ https://www.bmbf-rephor.de/

Von Klärschlammasche zu Produkten in Chemieparks

Tim Bunthoff

Die Monodeponierung der phosphatreichen Klärschammaschen entspricht nicht dem Kreislaufgedanken und stellt höchstens eine Übergangslösung dar. Durch Stationierung von Recyclinganlagen in Chemieparks können ökonomische und -logische Symbiosen geschlossen sowie qualitative Produkte mit hoher Marktnachfrage hergestellt werden. Hierüber wird berichtet.

Mit der Novellierung der Klärschlammverordnung hat der Gesetzgeber für die Zukunft der Klärschlammentsorgung eine Faktenlage geschaffen, über welche in den vorgegangenen Jahren in Bezug auf Phosphorrecycling vielfach spekuliert, debattiert und geforscht wurde. Im Fokus der Fragestellungen stand dabei insbesondere auch die Frage, ob sich denn eher die asche-, die abwassernahen oder andere Lösungsansätze durchsetzen werden. Es ist unstrittig, dass es auf Seite aller Lager vereinzelt gelungen ist, in Grundansatz und Intention daseinsberechtigte Verfahren zu entwickeln. Somit hätte, aufgrund der noch verbleibenden Zeit zur Weiterentwicklung, eine gute Chance für eine bundesweit gleichverteilte Anwendung aller Verfahrensansätze bestanden. Jedoch ist Phosphorrückgewinnung als Teilgebiet der Klärschlammverwertung zwangsläufig im gemeinsamen Kontext mit der Schlammbeseitigung zu betrachten. Insofern überrascht die weiterhin vorhandene Präsenz der voran beschriebenen Fragestellung in Anbetracht der inzwischen sehr guten Kenntnis über die sich bundesweit entwickelnden thermischen Kapazitäten, denen zukünftig ein Anteil von mindestens ¾ der Veraschung im Zuge der Monoverbrennung attestiert wird [1]. Zudem ist unter den Projekten der Mono-Verbrennung bis dato keines bekannt, welches auf die ausschließliche Annahme P-abgereicherter Schlämme oder solcher mit geringem Phosphorgehalt abzielt. Die Route der zentralisierten Mono-Verbrennung als Hauptverwertungsweg mit anschließender Phosphorrückgewinnung aus Asche kann somit als gesetzt angesehen werden. Nicht zuletzt scheint dies auch die Intention des Gesetzgebers gewesen zu sein, welcher die zeitlichen Rahmenbedingungen durch Einräumen der Möglichkeit zur Monodeponierung der Aschen eindeutig zugunsten dieser Variante gesetzt hat.

> **Kompakt**
> - Die Möglichkeiten zur theoretischen Betrachtung sind ausgeschöpft. Zum weiteren Erkenntnisgewinn bedarf es der Umsetzung konkreter Projekte.
> - Die entstehenden Produkte benötigen Abnehmer. Die im Zuge des Ash2Phos-Verfahrens hergestellten

Zuerst erschienen in Wasser und Abfall 11/2020

© Der/die Autor(en), exklusiv lizenziert an Springer Fachmedien Wiesbaden GmbH, ein Teil von Springer Nature 2023
M. Porth et al. (Hrsg.), *Wasser, Energie und Umwelt*,
https://doi.org/10.1007/978-3-658-42657-6_40

> Phosphatverbindung und Nenprodukte sind gängige Produkte bestehender Märkte.

Das Anlegen einer bundesdeutschen Phosphor-Ressource ist jedoch keinesfalls gegenüber einem Recycling gleichwertig und die Reichweite der hierfür erforderlichen Deponiekapazitäten unklar. Die Monodeponierung darf vor diesem Hintergrund höchstens als kurzfristige Übergangslösung angesehen werden. Soll die gesetzlich geforderte Phosphorrückgewinnungspflicht zeitnah erfüllt werden, bedarf es somit nunmehr dringend konkreter Umsetzungsvorhaben zum Bau und Betrieb von P-Recyclinganlagen für Klärschlammaschen.

Auch die Gelsenwasser AG ist an der Umsetzung von Mono-Verbrennungsanlagen, konkret in Bitterfeld-Wolfen und Bremen, beteiligt. Als kommunales Unternehmen, der Wasser-, Abwasser- und Energiewirtschaft wird in allen Unternehmensbereichen ein starkes Augenmerk auf den Erhalt natürlicher Ressourcen gelegt. Damit einher geht die Zielsetzung, die Aschen aus den eigenen Mono-Verbrennungsanlagen frühestmöglich einem Phosphor-Recycling zuzuführen und dieses auch Dritten zu ermöglichen. Gelsenwasser befindet sich hierfür in einer exklusiven Partnerschaft mit dem schwedischen Unternehmen EasyMining, dem Verfahrensentwickler des Ash2Phos-Verfahrens zur Rückgewinnung von Phosphor aus Klärschlammaschen.

Im Rahmen eines Vorprojekts, das innerhalb der ersten Phase der Richtlinie RePhoR (Förderkennzeichen 02WPR1504) vom BMBF gefördert wurde, erfolgte die Entwicklung eines allgemein übertragbaren Konzeptes zur Integration des Ash2Phos-Verfahrens in die Infrastruktur und umliegende Wirtschaft von Chemieparks, am Beispiel des Chemieparks Bitterfeld-Wolfen. Auf Basis der Erkenntnisse hieraus soll jetzt eine Demonstrationsanlage zur Behandlung von bis zu 30.000 t Klärschlammasche pro Jahr entstehen. Die aus dem kommerziellen Betrieb dieser Anlage gewonnenen Erkenntnisse sollen Grundlage für weitere Ausbaustufen am Standort und die Ausweitung auf weitere Standorte schaffen. Bis zum Jahr 2030 sollen so Kapazitäten zur Rückgewinnung definierter und sauberer Phosphate aus 300.000 t Klärschlammasche pro Jahr in Deutschland geschaffen werden.

40.1 Mono-Verbrennungsprojekte von Gelsenwasser

In der Gelsenwasser-Gruppe werden kommunale Kläranlagen mit einer Kapazität von etwa 4 Mio. Einwohnerwerten betrieben. Bereits seit 2012 wurden verschiedene Verfahren zur thermischen Klärschlammverwertung und zum P-Recycling geprüft. Inzwischen werden mit Partnern zwei große Monoverbrennungsanlagen für kommunalen Klärschlamm gebaut. Konkret handelt es sich um ein Projekt in Bremen mit einer Kapazität von etwa 55.000 t/a TM und eines im gesellschaftseigenen Chemiepark Bitterfeld-Wolfen mit einer Kapazität von 60.000 t/a TM (◘ Abb. 40.1). Die Mono-Verbrennungsanlage am Standort Bitterfeld-Wolfen befindet sich aktuell im Bau und wird ab Mitte des Jahres 2021 erstmalig in Betrieb gehen. Hier wird außerdem seit dem Jahr 1997 eine Mono-Verbrennungsanalage betrieben. Beiden Neubauprojekten ist gemeinsam, dass eine Deponierung der Aschen entsprechend der gesetzlichen Vorgaben vorgesehen ist. Die Möglichkeit zur Mono-Deponierung dieser Aschen ist langfristig abgesichert. Dennoch wird angestrebt, dem Kreislaufgedanken folgend, der Pflicht zur Phosphorrückgewinnung selbst nachzukommen und zeitnah eigene Aufbereitungsanlagen zu betreiben. Darüber hinaus soll mit dem eigenen unternehmerischen Engagement in dieser Technologiesparte auch Dritten die Chance auf

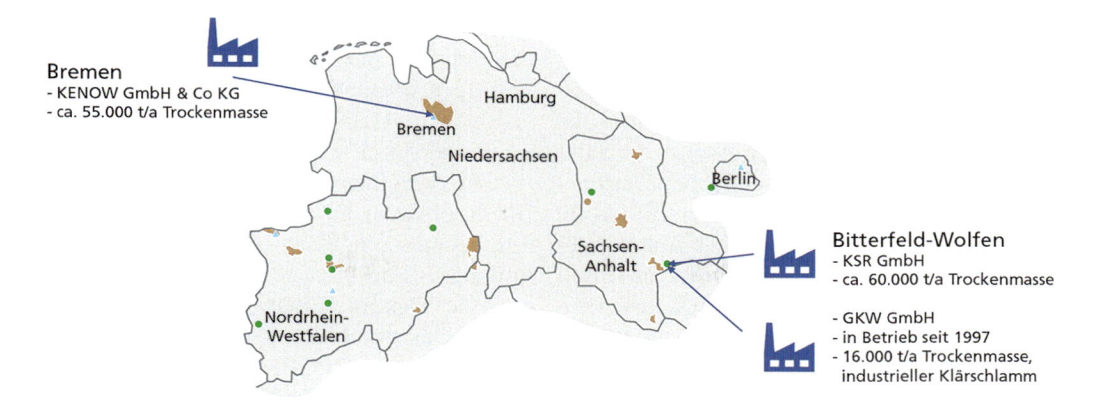

Von Klärschlammasche zu Produkten in Chemieparks

Bremen
- KENOW GmbH & Co KG
- ca. 55.000 t/a Trockenmasse

Bitterfeld-Wolfen
- KSR GmbH
- ca. 60.000 t/a Trockenmasse

- GKW GmbH
- in Betrieb seit 1997
- 16.000 t/a Trockenmasse, industrieller Klärschlamm

Abb. 40.1 Mono-Verbrennungsanlagen und -projekte von Gelsenwasser. (© Gelsenwasser)

Durchführung von Phosphor-Recycling eröffnet werden.

40.2 Exklusive Partnerschaft mit EasyMining

Vor dem Hintergrund des angestrebten Ziels einer frühzeitig durchführbaren Phosphorrückgewinnung an Klärschlammaschen aus den eigenen Verbrennungsanlagen, steht Gelsenwasser in Kooperation mit der Firma EasyMining Sweden AB und ihrer deutschen Tochter EasyMining Germany GmbH (beide EasyMining). EasyMining gehört zu dem schwedischen RagnSells-Konzern und hat einen Prozess zur Rückgewinnung von Phosphor aus Klärschlammaschen mit dem Namen Ash2Phos entwickelt.

Im Jahr 2018 hatten beide Seiten zunächst einen Letter of Intent abgeschlossen, in dem der Wille zur gemeinsamen Weiterentwicklung der Ash2Phos-Technologie mit erstmaliger Realisierung einer großtechnischen Anlage bekundet wurde. Anschließend wurde durch Teilnahme an der vom Bundesministerium für Bildung und Forschung geförderten RePhoR-Richtlinie ein allgemeingültiges Konzept zur Integration des Verfahrens in die Strukturen eines Chemieparks entwickelt sowie erfolgreich auf Umsetzbarkeit und Marktreife überprüft.

Durch Abschluss eines Kooperationsvertrages über die exklusive Verwendung des Ash2Phos-Verfahrens und die gemeinsame Erschließung des deutschen Markts für Phosphor-Recycling aus Klärschlammasche, konnte im September 2020 ein weiterer Meilenstein gesetzt werden. Vorrangiges Ziel ist jetzt die weltweit erstmalige großtechnische Anwendung des Verfahrens durch den Bau und Regelbetrieb einer Demonstrationsanlage in einem Chemiepark. Mit einer Ausbaugröße zur Behandlung von 30.000 t Klärschlammasche wird diese ausreichend bemessen sein, um die anfallenden Verbrennungsaschen einer Mono-Verbrennungsanlage üblicher Größe behandeln zu können. Die Erfahrungen bei Bau und Betrieb dieser Anlage sollen wertvolle Hinweise zur weiteren Optimierung des Prozesses geben, um im Anschluss die Standortkapazitäten zu erweitern. Bis zum Jahr 2030 sollen außerdem an weiteren deutschen Standorten Kapazitäten zum Phosphorrecycling von insgesamt 300.000 t Klärschlammasche pro Jahr geschaffen werden.

40.3 Das Ash2Phos-Verfahren

Ash2Phos ist ein nasschemisches Verfahren zur Rückgewinnung von Phosphor aus Aschen. Nach Lösung der Aschen in Salzsäure (HCl) erfolgt der erste Separationsschritt, bei dem die ungelösten Reststoffe abgetrennt werden. Rückgewinnbare Elemente in der Lösung wie Phosphor, Eisen und Aluminium werden in weiteren Prozessschritten zu Zwischenprodukten verarbeitet (◘ Abb. 40.2). Diese können je nach Bedarf zu unterschiedlichen, schadstoffarmen Endprodukten veredelt werden.

Ash2Phos ermöglicht so eine Rückgewinnung schadstoffarmer, marktfähiger Phosphate, indem eine klare Separation von Schadstoffen, insbesondere Schwermetallen, aus den Produkten erfolgt. Bei dem Verfahren werden zusätzlich Fällsalze produziert. Die für den Prozess zugesetzten Chemikalien sind Bestandteil der Rezyklate. Unabhängig von der Qualität der Ausgangsstoffe werden Produkte von hoher Reinheit erzeugt. Das Verfahren läuft unter Raumtemperatur ab und ist daher energieeffizient.

Das Verfahren zeichnet sich, neben der innovativen Sequenz chemisch-physikalischer Reaktions- und Separationsschritte, außerdem durch hohe Versatilität und Robustheit auf der Ascheinputseite, aber auch auf der P-Produktseite aus. Dies gelingt vor allem durch einen durchdachten Chemismus und durch Einsatz vergleichsweise einfacher Verfahrensschritte und technischer Komponenten [2]. Es liefert P-Rückgewinnungsraten um 90 % bei moderatem Chemikalien- und Energieeinsatz sowie eine effiziente Dekontamination von mindestens 96 %. Das durch den Prozess erzeugte Calcium-Phosphat (PCP) zeichnet sich durch noch höhere Reinheit und höheren Mindest-P-Gehalt aus, als das derzeit sauberste Phosphat im Düngemittelsektor vulkanischen Ursprungs, das sogenannte Kola-Phosphat (◘ Tab. 40.1) und stellt ein zulässiges und begehrtes Substitut zu Rohphosphaten vulkanischen Ursprungs für die bestehenden Strukturen der Phosphorindustrie dar.

40.4 Von der Theorie in die Umsetzung

Nasschemische Verfahren benötigen, bezogen auf die behandelte Aschemenge, größere Mengen an Aufschluss- und anderen Chemikalien. Unter wirtschaftlichen

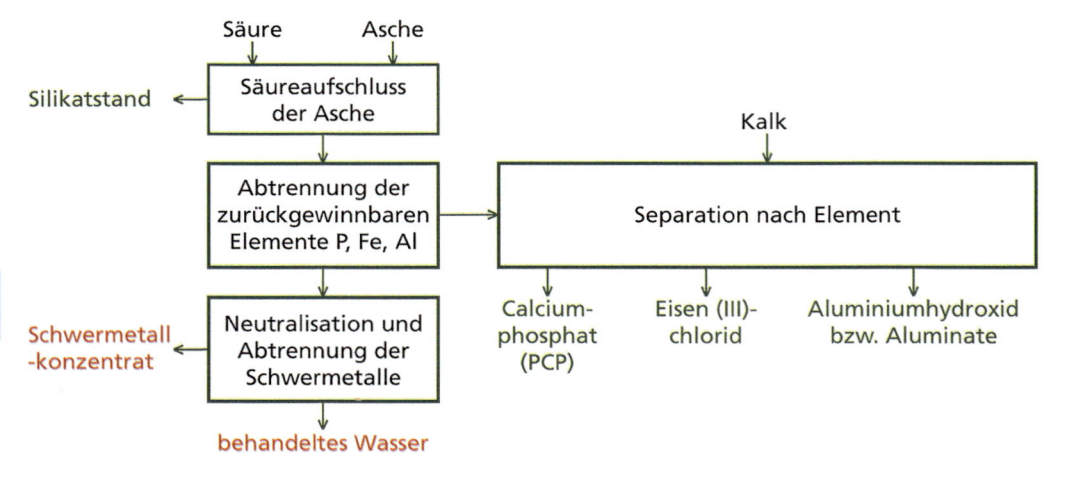

◘ **Abb. 40.2** Schematische Darstellung des Ash2Phos-Prozesses. (© Gelsenwasser)

Von Klärschlammasche zu Produkten in Chemieparks

Tab. 40.1 Vergleich PCP mit marktgängigen Qualitäten

Element	PCP (Ash2Phos)	P-Rock (sedimentär)
P	>16,50 %	12–15 %
Cd	< 0,01 mg/kg	5–50 mg/kg
F	~0,014 %	2–4 %

© Gelsenwasser

Gesichtspunkten ist in diesem Zusammenhang der Transport von Trockensubstanzen wie Aschen oder Calciumphosphatpulver erheblich preiswerter als der von wasserbasierten Substanzen. Auch unter Umweltaspekten, nicht nur in Bezug auf CO_2-Emissionen, sondern auch auf den Gefahrguttransport von Säuren oder Laugen, ist darum der öffentliche Transport von Trockensubstanz zu bevorzugen. Als logische Konsequenz ist deshalb die Positionierung von P-Recyclinganlagen in Chemieparks, in denen die benötigten Chemikalien in Qualität und Menge zur Verfügung stehen, sinnvoll und wird seit Beginn der gemeinsamen Aktivitäten so verfolgt.

40.5 Forschungsvorhaben PhorMi

Im Rahmen des Vorprojekts PhorMi (Phosphorrecycling Mitteldeutschland), das innerhalb der ersten Phase der Richtlinie RePhoR (Förderkennzeichen 02WPR1504) vom BMBF gefördert wurde, erfolgte die Entwicklung eines allgemein übertragbaren Konzeptes zur Integration des Ash2Phos-Verfahrens in die Infrastruktur und umliegende Wirtschaft von Chemieparks am Beispiel des Chemieparks Bitterfeld-Wolfen (Abb. 40.3).

Durch einen Chemiepark als Anlagenstandort werden neben der Genehmigungsfähigkeit die Versorgung mit Wasser, Elektrizität und Wärme sowie die Entsorgung der Abwässer sichergestellt. Zudem steht die Anlage im bilanziellen Stoffstromaustausch mit den im Chemiepark ansässigen Betrieben (industrielle Symbiose). Die für den Prozess benötigten Edukte stammen somit aus durch Dritte am Standort betriebenen Prozessen und werden, je nach Wirtschaftlichkeit und technischem Vermögen, direkt per Pipeline oder auf kurzem Transportweg der Ash2Phos-Anlage zugeführt. Das am Standort produzierte Calciumphosphat kann Betrieben der Phosphorindustrie entgeltlich überlassen werden und, sofern die Weiterverarbeitung zu einem Düngemittel erfolgt, dieses wieder in der umliegenden Landwirtschaft angewendet werden. Die im Zuge des Verfahrens entstehenden Nebenprodukte (Eisen(III)chlorid & Aluminiumhydroxid) werden den üblicherweise in Chemieparks ansässigen Chemikalienhändlern entgeltlich überlassen, welche diese wiederum den regionalen kommunalen Kläranlagen sowie der Kläranlage des Chemieparks anbietet.

Die regionalen kommunalen Kläranlagen sind die Produzenten der Klärschlämme, aus deren Veraschung in den regionalen Monoverbrennungsanlagen die Aschen für die nachfolgende Behandlung in der Ash2Phos-Anlage stammen. Die aus dem Prozess anfallenden mineralischen Rückstände (Sand) können industriell weiterverwendet und die Schwermetalllösung gesondert entsorgt werden.

Neben der Konzeptentwicklung standen insbesondere auch ein Funktionsnachweis des Verfahrens sowie dessen Entwicklungsgrad im Untersuchungsfokus. Die hierfür erforderlichen Arbeiten wurden durch den

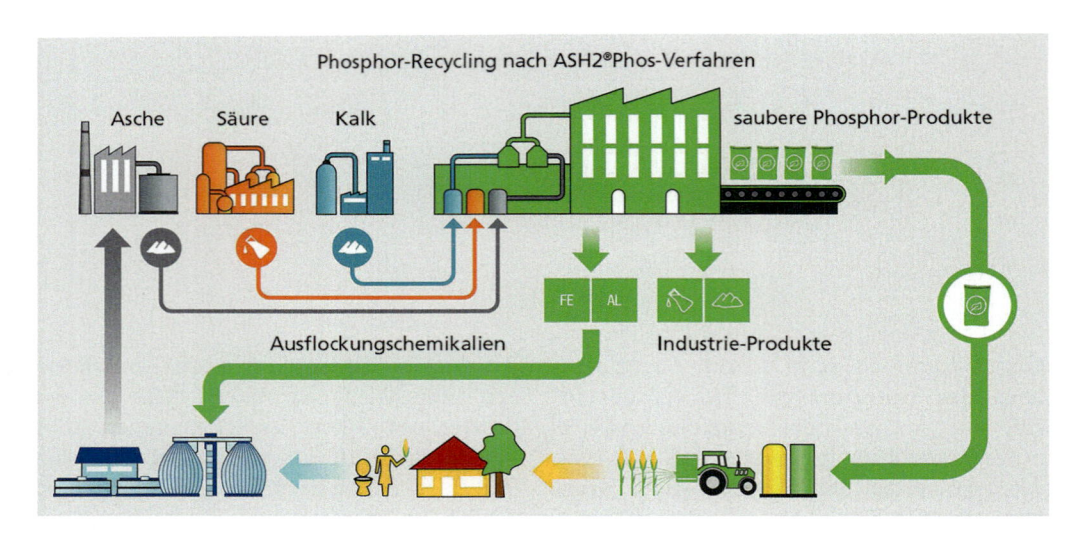

Abb. 40.3 Schematische Darstellung der Integration in das Umfeld eines Chemieparks. (© Gelsenwasser)

Lehrstuhl für Energieverfahrenstechnik der TU Dresden durchgeführt, welcher im Ergebnis die Funktion des Verfahrens bestätigte und dessen Entwicklungsstand einem Technologiereifegrad des Technologiereifelevels (TRL) 6 zuordnete, welcher sich durch die Umsetzung einer ersten großtechnischen Anlage zu einem TRL von 8 weiterentwickelt.

Ebenfalls erfolgte eine Bilanzierung der klimarelevanten Gase, angegeben als CO_2-Äquivalent und des kumulierten Energieaufwands (KEA) zur Bewertung des ökologischen Fußabdrucks. Im Bezug hierauf ist bei einer Realisierung an einem Chemieparkstandort zu berücksichtigen, dass alle Einsatzstoffe am Standort bereits hergestellt und dem Prozess direkt zugeführt werden können. Die Mengen an CO_2-Äquivalenten sowie der KEA sind dadurch bereits in den Ökobilanzen der Herstellungsprozesse enthalten. Entsprechend reduzieren sich die Mengen an CO_2-Äquivalenten und die KEA-Kennwerte für das Ash2Phos-Verfahren auf den elektrischen Energiebedarf und betragen im Fall einer Anlage zur Behandlung von 30.000 t/a konkret 0,13 kg CO_2-Äquivalent/kg Asche bzw. 0,29 kg CO_2-Äquivalent/kg PCP sowie 0,66 kWh/kg Asche und 1,55 kWh/kg PCP, was die ökologische Sinnhaftigkeit des Chemieparkkonzeptes abermals unterstreicht. Noch nicht berücksichtigt in diesen Kalkulationen ist der eventuelle Einsatz des um Schwermetalle und Phosphor abgereicherten Sandes als Zementersatzstoff, der weitere CO_2-Gutschriften mit sich bringt.

Die im Zuge der Projektdurchführung getätigten Markterkundungen zeigten ein großes Interesse der Industrie sowohl an den produzierten Produkten als auch an der Belieferung mit Rohmaterialien wie Asche, Säure und Lauge.

40.6 Umsetzungsprojekt PhorMi2

Die Forschungs- und Entwicklungsarbeiten am Verfahren sind soweit abgeschlossen, dass die Übertragung auf eine Demonstrationsanlage erfolgreich möglich ist. Alle verwendeten Bauteile und Apparaturen sind unter realitätsnahen Bedingungen getestet worden, sind weitestgehend standardisiert und kommerziell verfügbar. Als wichtige Erkenntnis aus dem vorangegan-

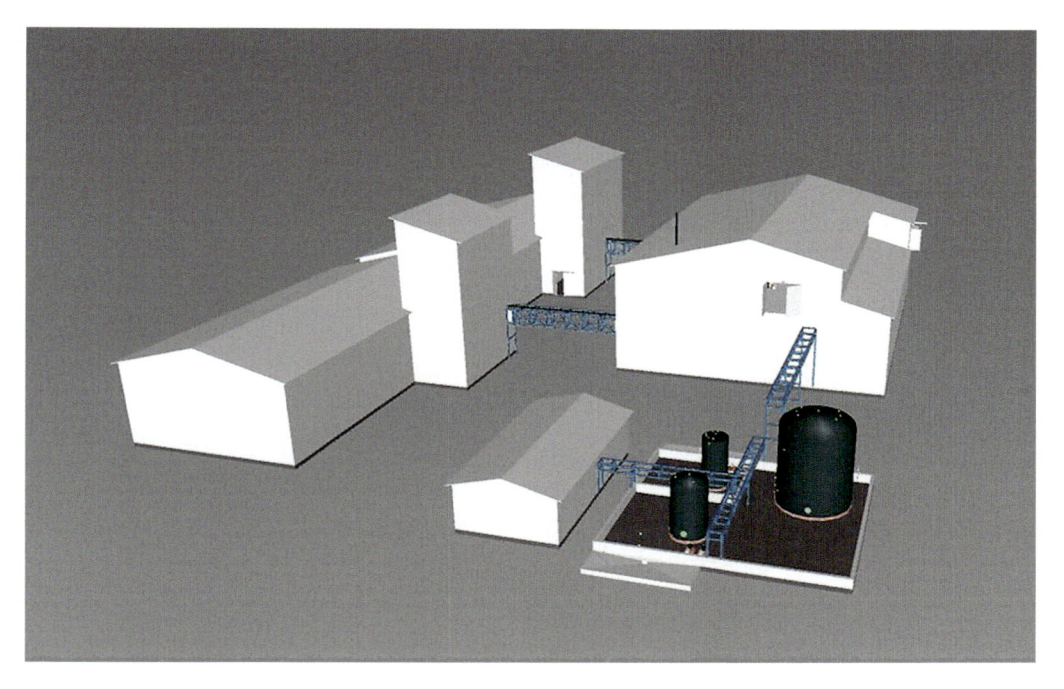

Abb. 40.4 3D-Ansicht Ash2Phos-Anlage. (© Gelsenwasser)

genem Forschungsvorhaben PhorMi ist festzustellen, dass die Möglichkeiten zur weiteren Konkretisierung der elementaren Frage der wirtschaftlichen Bedingungen, ohne eine konkrete Umsetzungsabsicht, ausgeschöpft sind.

Aus diesem Grund haben EasyMining und Gelsenwasser das Umsetzungsprojekt PhorMi2 ins Leben gerufen. Absicht des Projektes ist die weltweit erstmalige großtechnische Anwendung des Verfahrens durch den Bau und Regelbetrieb einer Demonstrationsanlage in einem Chemiepark im Raum Mitteldeutschland, mit einer Ausbaugröße zur Behandlung von 30.000 t Klärschlammasche pro Jahr. Die Erfahrungen hieraus sollen wertvolle Hinweise zur weiteren Optimierung des Prozesses geben, um in Folgeprojekten die Standortkapazität zu erweitern und weitere Standorte zu erschließen. Zum aktuellen Zeitpunkt befindet sich das Projekt in den vorbereitenden Planungsphasen der Standortprüfung und behördlichen Genehmigung. Bis zum Erhalt der Genehmigung sollen alle wirtschaftlichen Bedingungen soweit konkretisiert sein, dass eine Investitionsentscheidung getroffen werden kann. Im positiven Entscheidungsfall wäre dann ein Regelbetrieb der Anlage (Abb. 40.4) ab Mitte des Jahres 2024 denkbar.

40.7 Zusammenfassung

Aufgrund der zukünftig vorherrschenden Dominanz an thermischen Veraschungskapazitäten im Zuge der Mono-Verbrennung und der damit einhergehend prognostizierbaren enormen Verfügbarkeit an phosphorreichen Aschen wird Phosphorrecycling bundesweit vornehmlich an diesen erfolgen. Verfahren hierfür sind verfügbar, befinden sich aber nicht in nennenswerter Weise in der großtechnischen Umsetzung, sodass eine Perspektive fehlt, wann und zu welchen wirtschaftlichen Bedingungen die gesetzlich geforderte Phosphorrückgewinnungspflicht umgesetzt werden kann.

Die Mono-Deponierung der Aschen stellt weder eine dem Kreislaufgedanken entsprechende noch wirtschaftlich angemessene Lösung für den Gebührenzahler dar. Gelsenwasser hat sich zum Ziel gesetzt, die Aschen der eigenen Mono-Verbrennungsanlagen frühestmöglich einem Phosphor-Recycling zuzuführen und dieses auch Dritten zu ermöglichen.

Ein wichtiges Kriterium bei der Verfahrensauswahl war die Rückgewinnung definierter und sauberer Phosphate, indem eine effiziente Abscheidung von Schadstoffen, insbesondere Schwermetallen, aus der Kreislaufführung erfolgt. Nach erfolgreich durchgeführter Entwicklung eines Konzeptes zur Integration einer entsprechenden Anlage in das Umfeld eines Chemieparks soll dieses nunmehr mit einer Ausbaugröße zur Behandlung von jährlich 30.000 t Klärschlammasche in die Praxis umgesetzt werden und dabei ökologisch und ökonomisch sinnvoll in Symbiose mit der Infrastruktur und den Betrieben des Chemieparks stehen.

Derzeit befindet sich das Projekt in den vorbereitenden Planungsphasen der Standortprüfung und behördlichen Genehmigung. Im Fall einer positiven Investitionsentscheidung könnte ein Regelbetrieb bereits ab Mitte des Jahres 2024 erfolgen. Die Erfahrungen bei Bau und Betrieb dieser Anlage sollen wertvolle Hinweise zur weiteren Optimierung des Prozesses geben, um im Anschluss die Standortkapazitäten zu erweitern.

Bis zum Jahr 2030 sollen an weiteren deutschen Standorten Kapazitäten zum Phosphorrecycling von insgesamt 300.000 t Klärschlammasche pro Jahr geschaffen werden.

Der Beitrag basiert auf Inhalten der Berliner KlärschlammKonferenz vom 16.–17. November 2020 und ist im dazugehörigen E-Book *Verwertung von Klärschlamm*, Band 3 erschienen.

Literatur

1. Lehrmann, F; Six, J.; Heidecke, P.: Bestehende Kapazitäten, künftiger Bedarf, Entwicklung der Verbrennungskapazitäten. In: Korrespondenz Abwasser, Abfall, 2020 (67) Nr.1. Hennef: GFA Verlag, 2020, S. 37–42
2. Cohen, Y.; Enfält, P.; Kabbe, C.: Ash2Phos – Saubere kommerzielle Phosphatprodukte aus Klärschlamm. In: Holm, O.; Thomé-Kozmiensky, E.; Quicker, P.; Kopp-Assenmacher, S. (Hrsg.): Verwertung von Klärschlamm, Band 1. Neuruppin: TK Verlag Karl Thomé-Kozmiensky, 2018, S. 513–518

Kompakte Verbrennungsanlage für Klärschlämme

Uldis Kalnins

Der Beitrag basiert auf Inhalten der Berliner KlärschlammKonferenz vom 16.–17. November 2020 und ist parallel im dazugehörigen E-Book *Verwertung von Klärschlamm,* Band 3 erschienen.

Die thermische Verwertung des Klärschlammes mit anschließender Rückgewinnung von Phosphor gewinnt zunehmend an Bedeutung. Umweltschutzaspekte und die sich ändernden globalen Rahmenbedingungen bedingen diese Entwicklungen, aber die Verfahren müssen auch hocheffizient und wirtschaftlich sein. Bald wird thermische Verwertung und Phosphorrückgewinnung nicht nur für die großen, sondern auch für die kleineren Kläranlagen normal sein. Die kleinen Kläranlagen haben meistens keine Faultürme. Die mechanische Entwässerung kann manchmal nur knapp über 20 % Trockenmassenanteil (TM) erreichen. Der Heizwert des Trockenanteiles ist dagegen relativ hoch. Es ist ebenfalls unwirtschaftlich, bei kleineren Anlagen Hochdruckdampfsysteme zu errichten, weil Dampfturbinen in solchen Situationen nur geringe Energiemengen liefern. Anlagen mit angepasstem Wirbelschichtbett können eine Lösung sein.

41.1 Anlagenkonzept

Die entwickelte Klärschlammverbrennungsanlage ist kompakt, wirtschaftlich günstig, energieneutral und wurde entsprechend aktueller Umweltschutzstandards konzipiert. Die Anlage wurde insbesondere für kleine Kläranlagen konstruiert (◘ Abb. 41.1).

41.1.1 Verbrennung

Die Verbrennung des getrockneten Klärschlammes wird in einem Ofen mit einem rotierenden Wirbelschichtbett durchgeführt. Die Verbrennungsanlage besteht wie bei einem Zyklon aus einem konischen und einem zylindrischen Teil. Die Verbrennungsluft wird der Anlage durch mehrere Einlässe, die sich auf verschiedenen

Zuerst erschienen in Wasser und Abfall 12/2020

© Der/die Autor(en), exklusiv lizenziert an Springer Fachmedien Wiesbaden GmbH, ein Teil von Springer Nature 2023
M. Porth et al. (Hrsg.), *Wasser, Energie und Umwelt,*
https://doi.org/10.1007/978-3-658-42657-6_41

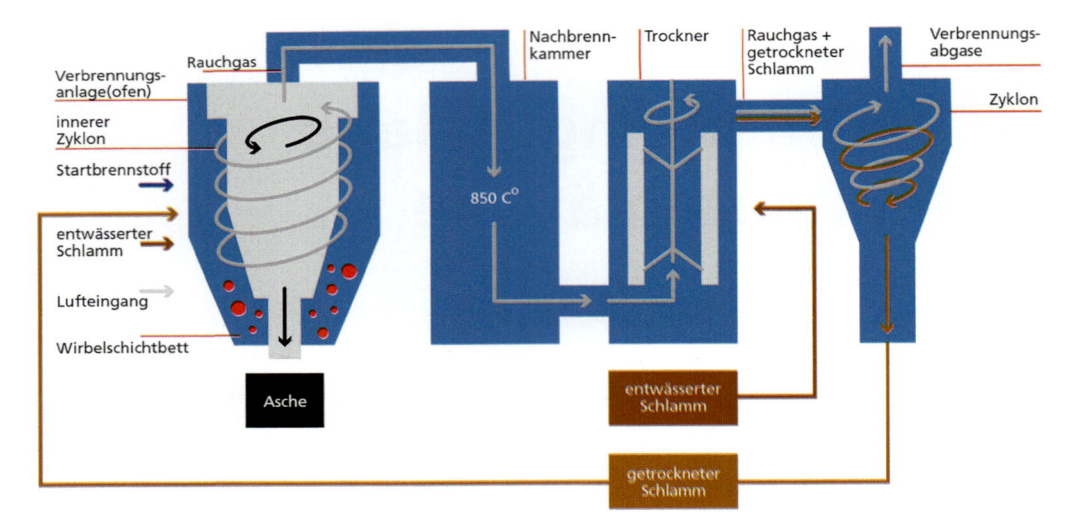

◘ Abb. 41.1 Schematische Darstellung des Verfahrenskonzeptes der kompakten Verbrennungsanlage inklusive Vortrocknung des entwässerten Klärschlamms. (© Empyrio)

Ebenen befinden, meistens tangential zugeführt (◘ Abb. 41.1). Der erste Eingang ist nahe dem Boden positioniert, der letzte am Ende des konischen Teiles. Der getrocknete Schlamm wird mit dem Verbrennungsluftstrom zugegeben. Im Betrieb bildet sich im Verbrennungsring ein aufwärtsgerichteter Wirbel aus, der am oberen Ende in einen im Zentrum der Anlage platzierten Zyklon führt. In diesem Zyklon bilden sich ihrerseits der nach oben gerichtete innere Wirbel und der nach unten gerichtete äußere Wirbel, sodass über den Überlauf am oberen Ende die Verbrennungsgase herausgeführt werden und die Aschepartikel an den Wandungen abgeschieden und mit dem nach unten gerichteten Außenwirbel über den Unterlauf abgeleitet werden. Der untere Teil des Zyklons läuft durch den Boden des Verbrenners und wird mit Schleusen abgeschlossen, wo die abgeschiedene Asche daraufhin in einem Aschebehälter für eine weitere Bearbeitung – einschließlich einer etwaigen Phosphorwiedergewinnung – aufbewahrt wird.

> **Kompakt**
> — Thermische Verwertung des Klärschlammes und Phosphorrückgewinnung werden auch für kleinere Kläranlagen eine Rolle spielen.
> — Mangels Faultürmen ist der Heizwert mechanisch entwässerten Schlammes auf kleinen Kläranlagen relativ hoch.
> — Zur themischen Verwertung können Anlagen mit angepasstem Wirbelschichtbett eine Lösung darstellen.

41.1.2 Nachbrennkammer

Der Strom der Verbrennungsgase wird nach dem Passieren des oberen Teiles des Zyklons durch eine kurze Rohrleitung in die Nachbrennkammer eingeleitet. Eine Nachbrennzeit von mindestens 2 s bei 850°C wird sichergestellt. Anschließend wird der heiße Strom der Verbrennungsgase durch die nächste kurze Rohrleitung in den Schlammtrockner abgeleitet, in dem 40–50 % TM für den Schlamm erreicht werden.

41.1.3 Schlammtrocknung

Die höchste Effizienz der Schlammtrocknung wird bei einem direkten Kontakt zwischen den heißen Rauchgasen und dem feuchten Klärschlamm erreicht. Dafür sollte erstens die Kontaktoberfläche möglichst groß sein und zweitens müssen Maßnahmen getroffen werden, um unerwünschte Reaktionen im Trocknerraum zu vermeiden. Beides wird mit dem speziellen Aufbau des Trockners erreicht. Der auf bis zu 20–25 % TM entwässerte Schlamm wird mit einer Hochdruckschneckenpumpe durch eine Druckleitung und eine speziell konzipierte Düse in den Schlammtrockner gefördert. Ein Teil der Druckleitung verläuft durch die Rauchgasleitung. Der entwässerte Schlamm wird aufgewärmt und es beginnt eine Dampfbildung, deren Geschwindigkeit von dem Druck in der Druckleitung des Schlammes und der Intensität des Wärmeaustausches kontrolliert wird.

Die spezielle Form der Düse führt dazu, dass die Schlammmasse, die in die Rauchgasströmung gedrückt wird, fein zerstäubt wird, wodurch eine große Kontaktoberfläche zwischen den heißen Gasen und den Schlammpartikeln gebildet wird. Gleichzeitig werden durch den Wärmeaustausch die Rauchgase etwas abgekühlt, was die Gefahr einer unerwünschten Entzündung von Schlammpartikeln wesentlich mindert. Die Partikel des zerstäubten Schlammes und die Rauchgase fließen dann weiter durch eine speziell ausgelegte Rohrleitung, in der gleichzeitig die Mischung beider Medien, die Trocknung des Schlammes und die Kühlung der Abgase erfolgt. Die Prozessparameter können so gesteuert werden, dass genau der notwendige Trocknungsgrad von 40–50 % TM erreicht wird.

41.1.4 Rauchgasreinigung und Schlammabscheidung

Die Mischung wird nach dem Trockner in einen Zyklon geleitet, in dem der trockene Schlamm abgeschieden und durch den Unterlauf in den Behälter gelangt, aus dem er dann mit dem Verbrennungsluftstrom zusammengeführt und in den Verbrenner geleitet wird. Ein Anteil von feuchtem Schlamm kann in dieser Stufe dazugegeben werden, um das thermische Gleichgewicht im Verbrenner im Griff zu halten, damit einerseits Grenztemperaturen nicht überschritten werden und sich anderseits keine Stickstoffoxide bilden.

Da die Trocknung durch den einen direkten Kontakt mit heißen Gasen erfolgt, werden die Zusammensetzung und die Parameter des Strommediums wesentlich verändert. Der Wasserdampf und die leichten Teilchen des getrockneten Schlammes werden mit der Strömung mitgerissen, andererseits sinkt die Durchschnittstemperatur um bis zu 200 °C. Das bedeutet, dass der Großteil der Energie, der durch die Verbrennung gewonnen wurde, in den feuchten Schlamm zur Trocknung eingetragen wird. Der Prozess ist damit Energieneutral und es wird kein zusätzlicher Kraftstoff benötigt.

Die Verbrennungsabgase müssen abgereinigt werden, um die gesetzlichen Vorgaben einhalten zu können.

41.1.5 Energierückgewinnung

Die Rekuperation der Wärmeenergie ist auch ein Teil des Prozesses. Die dadurch gewonnene Niedrigtemperaturenergie wird danach zum Vorheizen der feuchten Schlammmasse genutzt. Das im Wärmetauscher entstandene Wasserkondensat wird

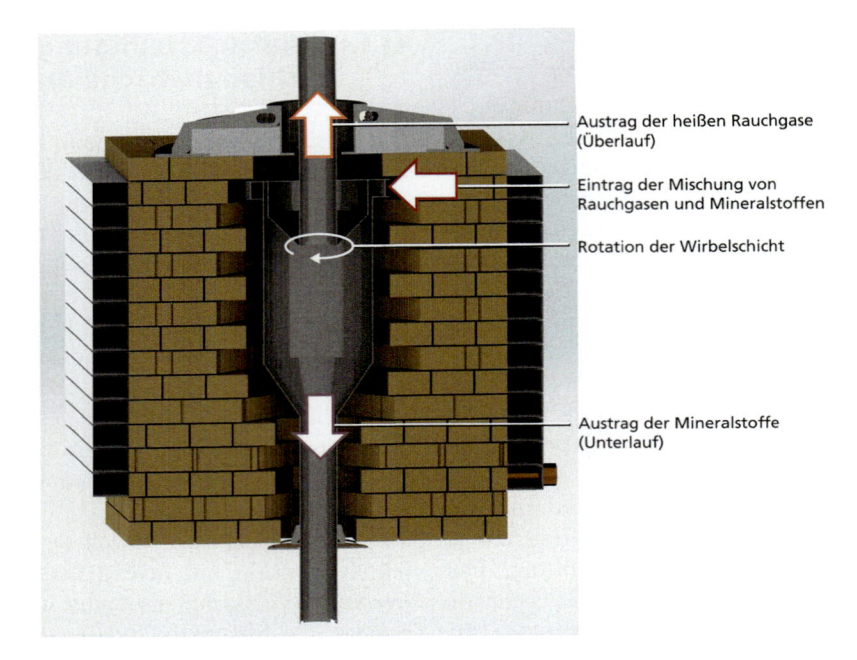

D Abb. 41.2 Schematische Darstellung des inneren Zyklons und der Stoffströme. (© Empyrio)

zurück in die Abwasserkläranlage abgeleitet (D Abb. 41.1).

41.2 Besonderheiten der Anlage

Wesentliches Merkmal der Empyrio-Verbrennungsanlage (Ofen) ist, dass die Reaktionskammer der vorhandenen Anlage mit einem rotierendem ringförmigem spritzendem Wirbelschichtbett in wenigstens einem Teil entlang der Höhe eine nach unten verengende konische Form mit einer stufenartigen inneren Oberfläche hat (D Abb. 41.2). Die Form der Reaktionskammer, zusammen mit dem tangentialen Eintritt von Wirbelschicht- und anderen Gasen, ermöglicht es, in der Reaktionskammer eine adaptierbare toroidale Wirbelschicht zu schaffen, in der die Geschwindigkeit der Partikel des Mediums sowohl waagerecht als auch senkrecht angepasst werden kann, und die Verweilzeit der Partikel mit verschiedenen Größen in der Reaktionszone, die Intensität der Bearbeitung des Mediums und andere Prozessparameter kontrollierbar sind.

Zu den Besonderheiten des Prozesses zählt ferner die Fähigkeit, die rotierende Wirbelschicht in einem weiten Bereich von Durchflusswerten stabil zu halten. Die Anlage erlaubt es zudem, den Prozess ohne zusätzliche inerte Bettmasse durchzuführen, da der Trockenanteil des Klärschlammes etwa 30 % Mineralstoffe enthält. Mehrere Lufteingänge mit Steuerungsfunktion erlauben es, die Gaskinetik so zu kontrollieren, dass die Menge des Mineralstoffes im Verbrenner immer im Gleichgewicht bleibt und keine Reinigung des Bodens erforderlich ist.

Die Empyrio-Verbrennungsanlage (Ofen) wurde zum EU-Patent angemeldet (PCT-Anmeldung WO 2018/111151).

Neue Konzepte der Schlammentwässerung für kleine Kläranlagen

Josef Wendel und Christopher Willing

Die Entsorgungswege der Klärschlämme von kleinen Anlagen haben sich stark verändert. Die bisher übliche Entsorgung auf landwirtschaftlichen Flächen ist fast nicht mehr möglich, auch bei Einhaltung der vorgegebenen Werte. Ausschreibungen von Dienstleistungen der Entsorgung sind oft erfolglos. Lohnentwässerer sind oftmals an den kleinen Anlagen nicht interessiert, da die Maschinen nicht ausgelastet werden können, die Mengen zu gering sind oder zu viele Rüstzeiten entstehen. So wird das Thema einer eigenen Schlammentwässerung immer mehr diskutiert. Dies wird an dieser Stelle beleuchtet.

Zur Anzahl der Kläranlagen in Deutschland gibt es je nach Betrachtungsjahr und Veröffentlichung unterschiedliche Zahlen. Eine Gesamtübersicht aus dem Jahr 2010 [1] ist in ◘ Tab. 42.1 zusammengestellt.

Im Folgenden werden Kläranlagen bis 10.000 EW (also der Größenklassen 1–3) betrachtet. Kleine Kläranlagen im Sinne dieses Beitrages machen demnach immerhin über etwa drei Viertel (76,9 %) der in Deutschland vorhandenen Kläranlagen aus. Auch wenn davon ausgegangen werden kann, dass rund 50 % der genannten Anlagen (Schätzung) bereits über eine eigene Entwässerung verfügen oder vertraglich langfristig gebunden sind, so verbleiben immer noch 3000–3500 Anlagen, für die Handlungsbedarf besteht. Dennoch wurden Kläranlagen dieser Größenordnungen in der Vergangenheit in Bezug auf Schlammentwässerung vom Markt vernachlässigt.

42.1 Aktuelle Siituation

Mit der novellierten Klärschlammverordnung (AbfKlärV 2017) die im Oktober 2017 in Kraft getreten ist, wird die bodenbezogene Verwertung für Kläranlagen der Größenklasse 5 (>100.000 EW ab 2029) und der Größenklasse 4b (>50.000 EW ab 2029) untersagt. Auch wenn die bodenbezogene Verwertung rechtlich nicht verboten wird, bleibt für die kleineren Kläranlagen nicht alles wie bisher. So werden die Betreiber mit folgenden Problemen konfrontiert [2]:

Zuerst erschienen in Wasser und Abfall 11/2020

Der Beitrag basiert auf Inhalten der Berliner KlärschlammKonferenz vom 16.–17. November 2020 und ist im dazugehörigen E-Book *Verwertung von Klärschlamm*, Band 3 erschienen.

© Der/die Autor(en), exklusiv lizenziert an Springer Fachmedien Wiesbaden GmbH, ein Teil von Springer Nature 2023
M. Porth et al. (Hrsg.), *Wasser, Energie und Umwelt*,
https://doi.org/10.1007/978-3-658-42657-6_42

Tab. 42.1 Öffentliche Abwasserbehandlungsanlagen, Gesamtausbaugröße und zentral behandelte Jahresabwassermenge nach Ausbaugrößenklassen in Deutschland, 2010 [3]. Tab. 6.2

Größenklasse	Ausbaugröße von bis unter … in EW	Anzahl öffentlicher Abwasserbehandlungs-anlagen	Anteil in %	Gesamt-ausbau-größe in Mio. EW	Anteil in %	Jahresmittelwert der angeschlossenen EW in Mio	Anteil in %	behandelte Jahresab-wasser-menge in Mio. m³	Anteil in %
	Insgesamt	9632	100	152,1	100	119,7	100	9.988	100
Gk1	unter 1.000	4153	43,1	1,5	1,0	1,1	0,9	113	1,1
Gk2	1.000–5.000	2387	24,8	6,0	3,9	4,5	3,8	528	5,3
Gk3	5.000–10.000	864	9,0	6,2	4,1	4,9	4,1	511	5,1
Gk4a	10.000–50.000	1657	17,2	37,9	24,9	29,5	24,7	2.740	27,4
Gk4b	50.000–100.000	315	3,3	22,2	14,6	16,8	14,1	1.373	13,8
Gk5	100.000 und mehr	256	2,7	78,3	51,4	62,8	52,5	4.722	47,3

© DWA

Kompakt

- Die Betreiber kleinerer Kläranlagen müssen sich verstärkt mit der Entsorgung ihres Klärschlammes befassen. Die Schlammentwässerung wird wichtig.
- Die eigene Entwässerungsmaschine auf der Kläranlage vor Ort ist in vielen Fällen die wirtschaftlich beste Lösung.
- Als Entwässerungsverfahren für die Kläranlagen der Größenklassen 1–3 bietet sich die Schneckenpresse an, die in passender Auslegungsgröße auf dem Markt vorhanden ist.

- Zurückgehende Akzeptanz der Klärschlammverwertung im Rahmen der Nahrungsmittelerzeugung,
- steigender Anteil der Bio- und Ökolandwirtschaft; solche Betriebe nehmen regelmäßig keinen Klärschlamm zur landwirtschaftlichen Verwertung an,
- zunehmende Flächenkonkurrenz insbesondere zur Gülleausbringung auf landwirtschaftliche Flächen; Gülle ist aus Sicht der Landwirtschaft ein wesentlich hochwertigerer Dünger im Vergleich zum Klärschlamm,
- erweiterter Untersuchungsumfang für den Klärschlamm: bodenbezogen zu verwertende Schlämme sind zusätzlich zum bisherigen Untersuchungsumfang auf weitere Parameter wie Arsen, Chrom, PFC etc. zu untersuchen,
- erhöhte Untersuchungshäufigkeit des Klärschlammes: Neben den organischen Schadstoffen, die wie bisher alle 2 Jahre zu analysieren sind, müssen alle anderen Analysen künftig alle 250 t Trockenmasse (TM); höchstens jedoch einmal monatlich und mindestens alle 3 Monate durchgeführt werden.
Es wurden zudem einige Grenzwerte (z. B. für Zink, AOX und PCB) neu festgelegt und verschärft bzw. neu aufgenommen (BaP). Weiterhin wurden neue Parameter bei Bodenuntersuchungen eingeführt. Die Bereitstellung des Klärschlamms (Feldrandlagerung) und Einarbeitung in den Boden wurde limitiert, was einen erhöhten Aufwand für die Logistik mit sich bringt.

Der Anwendungsbereich der AbfKlärV erstreckt sich künftig auch – ohne Übergangsfrist – auf die Verwertung von Klärschlämmen im Landschaftsbau.

Das novellierte Düngegesetz und die Düngemittelverordnung schränken Düngemaßnahmen u. a. durch neue Sperrzeiten und Grenzen für die Zufuhr von Nährstoffen weiter ein. Dies betrifft maßgeblich auch die Verwertung von Klärschlämmen in der Landwirtschaft. Die neuen Vorgaben werden die jährlichen Ausbringungsmengen je Hektar reduzieren. Die längeren Sperrzeiten im Winter erschweren und verteuern die landwirtschaftliche Verwertung durch die Notwendigkeit höherer Lagerkapazitäten.

Zusammengefasst kann gesagt werden, dass die bodenbezogene Verwertung für die Betreiber einen erheblich höheren organisatorischen (Lieferscheinverfahren) und logistischen Aufwand als bisher bedeutet und durch die geänderten Grenzwerte schwieriger, wenn nicht unmöglich geworden ist.

42.2 Schlammentwässerung

Das Thema Schlammentwässerung rückt also aufgrund der zukünftig eingeschränkten „einfachen" Entsorgungswege immer mehr in den Fokus. Im Vergleich zu den größeren Anlagen war es aus folgenden Gründen bisher kaum ein Diskussionsthema.

Aufgrund der bisherigen gesetzlichen Regelungen konnten die vergleichsweise geringen Mengen an Klärschlamm auf Felder in unmittelbarer Umgebung zu gebracht oder in benachbarte größere Kläranlagen transportiert werden. Die Transportkosten waren bisher vergleichsweise niedrig oder die Landwirte haben den flüssigen Klärschlamm gleich selbst abgeholt. Vielfach wird die Entwässerung auch durch Lohnunternehmen durchgeführt oder andere Entsorgungswege gewählt (s. unten). Hinzu kommt die mangelnde Erfahrung mit der Schlammentwässerung, fehlende Messgeräte, manchmal auch Platzprobleme und sehr häufig falsche Vorstellungen über die Kosten und den Personalbedarf einer modernen Entwässerungsmaschine. Noch vor einigen Jahren war eine eigene Entwässerungsmaschine für eine kleine Gemeinde wirtschaftlich nicht darstellbar. Die entsprechenden Maschinen waren nicht für einen dauerhaften 24-h-Betrieb ausgelegt und wurden üblicherweise für eine Acht-Stunden-Schicht bemessen. Dadurch mussten zwangsläufig relativ große Maschinentypen gewählt werden, die oftmals den Preisrahmen der Betreiber gesprengt haben. Berücksichtigt werden muss auch, dass bei einer Entwässerung in einer Schicht das belastete Filtrat zwischengespeichert werden muss und in den Schwachlaststunden (i. d. R. nachts) dem Kläranlagenzulauf zugegeben wird. Die Kosten für einen Filtrat-Speicher erhöhten die Kosten der eigentlichen Schlammentwässerung nochmals.

Mittlerweile ist aber durch Fortschritte in der Steuerungstechnik ein unbeaufsichtigter 24h-Betrieb problemlos möglich, und die erforderlichen Maschinengrößen können dadurch entsprechend kleiner gewählt werden. Auch haben sich inzwischen Hersteller auf dem deutschen Markt etabliert, die sehr kleine Schneckenpressen speziell für kleinere Kläranlagen anbieten. Durch die geringere Pressengröße sind diese Pressen natürlich deutlich preiswerter als die großen Entwässerungsaggregate.

42.3 Vorteile kleiner Kläranlagen

Anlagen in der Größenklasse 1–3 bieten durchaus Vorteile in Hinsicht auf eine eigene Entwässerungslösung. Bedingt durch die demoskopische Entwicklung auf dem Land sind vielfach keine großen Veränderungen in der Einwohnerzahl zu erwarten. Dadurch gibt es nur geringe Veränderungen im Klärschlammaufkommen und langfristig stabile Zahlen. Hierdurch kann die Entwässerungslösung sehr genau und ohne große Sicherheitspuffer geplant werden. Oftmals ist der Industrieanteil relativ gering. Das vergleichsweise geringe Schlammvolumen ermöglicht kleine Maschinengrößen und dadurch Container- oder mobile Entwässerungslösungen.

42.4 Methoden der Schlammentwässerung

Es ist heutzutage weder ökologisch vertretbar noch in Zeiten steigender Transportkosten und ausgelasteter Transportunternehmen wirtschaftlich sinnvoll, Wasser in Form von Dünnschlamm mittels Lastkraftwagen zu transportieren. Die mechanische Entwässerung reduziert das Transportvolumen um den Faktor zehn.

42.4.1 Zentrale Entwässerung

Vielfach schließen sich kleinere Kommunen oder Verbände zusammen, um den anfallenden Schlamm auf einer gemeinsamen, zentralen Schlammentwässerungsanlage zu behandeln. Hierbei stellen sich folgende Fragen:

— Wie groß ist die räumliche Entfernung der einzelnen Kläranlagen zur zentralen Schlammentwässerung?
— Wie hoch sind die daraus folgenden Transportkosten von den Einzelanlagen zur Entwässerung?
— Sind Lagerkapazitäten für Dünnschlamm am Ort der Entwässerung vorhanden?
— Kann das Filtrat aus der Entwässerung vor Ort in die Kläranlage eingeleitet werden und reicht die Behandlungskapazität der Anlage aus, um die zusätzliche Belastung aufzunehmen?

- Gibt es ausreichend Pufferkapazitäten für das Filtrat?
- Ist ausreichend Substrat (BSB) vorhanden, um die Denitrifikation für die zusätzliche Stickstofffracht aus dem Filtrat zu gewährleisten?

Mit Blick auf die künftig obligatorische Phosphorrückgewinnung ist zudem zu beachten, dass es durch die Lagerung des Rohschlamms häufig zu einer Rücklösung von Phosphat kommt.

Alternativ kann der Klärschlamm in eine nahegelegene größere Kläranlage gebracht werden. Die Fragestellungen entsprechen hierbei weitgehend dem vorgenannten Konzept einer gemeinsamen zentralen Entwässerung.

42.4.2 Dienstleister (Lohnentwässerung)

Für viele Betreiber war die Lohnentwässerung bisher die bevorzugte Lösung, wenn eine landwirtschaftliche Verwertung nicht in Betracht kam.

Es wird für die kleineren Kläranlagen allerdings immer schwieriger, geeignete Lohnentwässerer zu finden. Diese sind oftmals an den kleinen Anlagen nicht interessiert, da die Maschinen nicht ausgelastet werden können oder zu lange Rüstzeiten entstehen. Die Folge davon ist, dass die Preise steigen und die Kommunen in hohem Maße abhängig von den Entwässerungsunternehmen sind.

Ein wichtiger Aspekt ist die hohe Stickstoffbelastung verteilt auf einen sehr kurzen Zeitraum. Nach dem Motto „Zeit ist Geld" ist der Dienstleister daran interessiert, möglichst viel Schlamm in möglichst kurzer Zeit zu entwässern. Die Stickstoffbelastung für die Kläranlage durch das Filtrat ist dadurch weit höher als vorgesehen. Das Filtrat muss in jedem Fall gespeichert werden und anschließend zu Schwachlastzeiten der Belebung zugegeben werden. Vielfach sind diese Speicher auf der Kläranlage nicht vorhanden oder zu klein.

Als Folge davon reicht die Nitrifikationskapazität nicht mehr aus und die Denitrifikation findet mangels ausreichender Substratquelle nicht oder nur noch sehr eingeschränkt statt. Oftmals muss der Nährstoff dann künstlich (Methanol) zugesetzt werden. Sehr häufig werden während der Dauer der mobilen Entwässerung die Ablaufwerte nicht eingehalten, was zu entsprechenden Problemen mit den Überwachungsbehörden führt.

Zu beachten ist außerdem der hohe Strombedarf für die vorwiegend eingesetzten Kammerfilterpressen oder Zentrifugen. Es ist nicht immer gewährleistet, dass die erforderliche Anschlussleistung vor Ort zur Verfügung gestellt werden kann.

Viele Lohnentwässerer bieten gleichzeitig auch die Entsorgung und thermische Verwertung mit an. Alternativ kann durch geeignete eigene Entsorgungsverträge der Kommunen mit den Verwertern die Entsorgung separat vergeben werden. Idealerweise werden diese Verträge in Kooperation mit Nachbargemeinden abgeschlossen.

42.4.3 Vererdung

Bei der Klärschlammvererdung mit Schilf in modular angelegten speziellen Beeten handelt es sich um ein naturnahes Entwässerungsverfahren für Klärschlamm. Mithilfe von Schilfpflanzen werden in weitläufigen Pflanzenbecken Wasser und Feststoffe getrennt und die Organik verringert. Alle fünf bis sieben Jahre wird das Beet mit dem humusartigen verbliebenen Reststoff geräumt (◘ Abb. 42.1).

Das Verfahren ist flächenintensiv (0,5–1,5 m^2/EW) und daher mit nicht unerheblichen Investitionen verbunden. Zusätzlich sollten Reserven für eine spätere Nachlagerung des Materials bei der Flächenplanung berücksichtigt werden. Als weiterer Kostenfaktor ist dabei auch die notwendige Pflege

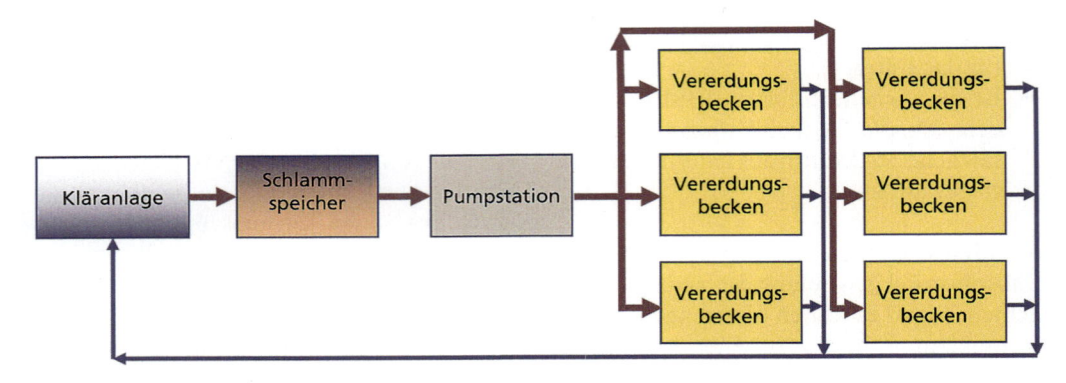

Abb. 42.1 Prozessschema einer Klärschlammvererdung. (© Wendel, Willing)

der Pflanzen in den Beeten zu berücksichtigen. Ein wichtiger Aspekt ist, dass das Filtratwasser bzw. das überschüssige Regenwasser in der Kläranlage mit behandelt und die Kapazität der Anlage entsprechend vergrößert werden muss. Für einen erfolgreichen Betrieb ist eine gute Schlammstabilisierung erforderlich (ausreichend hohes aerobes Schlammalter), was zu höheren Stromkosten führt, wenn die Kläranlage zuvor nur teilstabilisierend gefahren wurde.

Eine betriebsbegleitende Qualitätssicherung zur Überprüfung des Entwässerungserfolges und der qualitativen Eigenschaften des Materials ist daher ebenso anzuraten wie die Bildung von ausreichenden Rückstellungen für eine spätere Entsorgung des Klärschlamms [3].

Aufgrund der neuen Düngeverordnung ist ein Ausbringen der Erde auf landwirtschaftlichen Flächen so gut wie gar nicht mehr möglich. Die Entsorgung der Beete durch den Verkauf der gebildeten Erde hat sich bei vielen Anlagen aufgrund möglicher Schadstoffbelastungen als sehr schwierig erwiesen [5, 6].

Viele Entsorger nehmen den gebildeten Reststoff nur ungern an, da er sehr viele Störstoffe (Wurzeln, Steine etc.) enthält. Die Entsorgung über die Verbrennung ist im Allgemeinen nicht sinnvoll, da der Wassergehalt sehr hoch und der Brennwert niedrig ist. Aufgrund der Entsorgungsproblematik stellt dies dennoch vielfach die letzte Möglichkeit dar. Zur Entsorgungsproblematik kommen gelegentlich auch Probleme mit Anwohnern hinzu, da die Beete – entgegen den Ankündigungen der Hersteller – eben doch nicht ganz geruchsfrei sind.

42.4.4 Eigene festinstallierte Entwässerung

Eine eigene Entwässerung auf der Kläranlage bietet langfristig nicht nur wirtschaftliche Vorteile, sondern auch ein hohes Maß an Unabhängigkeit. Für die Aufstellung einer Entwässerungsmaschine auf einer kleineren Kläranlage kommen zwei Möglichkeiten in Betracht:
– Installation der Entwässerung in einem Gebäude oder
– Installation in einem Container.

Die Vor- und Nachteile der beiden Möglichkeiten sind in **Tab. 42.2** zusammengestellt.

42.4.5 Eigene mobile Entwässerung

Alternativ zu einer festinstallierten Entwässerungsmaschine besteht auch die Möglichkeit, ein mobiles Aggregat einzusetzen.

Tab. 42.2 Gegenüberstellung der beiden Installationsmöglichen im Gebäude und im Container Ausbaugrößenklassen in Deutschland, 2010 [3], **Tab. 6.2**

Installation im Gebäude	Installation im Container
Gebäudeneubau/Umbau erforderlich	Nur Streifenfundament oder Pflasterung erforderlich
Neubau: Baugenehmigung erforderlich	Keine Baugenehmigung notwendig
Rohrleitungsinstallation an Gebäude angepasst	Container komplett verrohrt, nur Anschluss-Rohrleitungen
Elektroverkabelung erforderlich	Komponenten im Container fertig verkabelt, nur Anschlusskabel notwendig
Beleuchtung und Belüftung erforderlich	Beleuchtung und Belüftung im Container vorhanden
Rohrleitungen: Dichtheits- und Drucktest erforderlich	Rohrleitungen im Container komplett geprüft
Platzbedarf i. d. R. eingeschränkt	Aufstellung des Containers flexibel möglich
Lange Lebensdauer der Gebäude	mittlere Lebensdauer
Detaillierte Planung erforderlich	Planung nur für die Container-Anschlüsse notwendig
Sehr lange Genehmigungs-, Bau- und Montagezeit	Installationszeitraum in weniger als vier Monaten bis zur Inbetriebnahme möglich

© Wendel, Willing

In der Regel handelt es sich bei dieser Größenklasse um eine Schneckenpresse, die idealerweise in einem geschlossenen PKW-Anhänger installiert ist. Damit kann mit den vorhandenen Zugfahrzeugen die Entwässerungsmaschine leicht zum Einsatzort transportiert werden. Größere zweiachsige Anhänger können nur mit einem LKW oder Unimog als Zugfahrzeug bewegt werden und sind bei weitem nicht so handlich und flexibel wie ein kleiner Einachs- oder Tandemachsen-Anhänger (Abb. 42.2).

Der Vorteil dieser auf einem Anhänger installierten Einheiten ist die Mobilität. Speziell für Verbände mit mehreren kleineren dezentralen Kläranlagen ist diese Variante interessant. So können unnötige Schlammtransporte vermieden und der Klärschlamm kann dezentral entwässert werden.

42.5 Arten der mechanischen Entwässerung

Die maschinelle Klärschlammentwässerung ist ein wichtiger Teilschritt in der gesamten Verfahrenskette der Klärschlammbehandlung. Ziele der Fest-Flüssigtrennung sind zum einen eine Volumenreduktion der anfallenden Menge und zum anderen den Klärschlamm für seine weitere Behandlung entsprechend den Anforderungen vorzubereiten. Prinzipiell stehen zur mechanischen Klärschlammentwässerung verschiedene Verfahren zur Verfügung, die in der Tab. 42.3 vergleichend aufgeführt sind.

Für geringere Schlammdurchsätze hat sich in den letzten Jahren die Schneckenpresse durchgesetzt (Abb. 42.3). Zwar sind Siebband- und Kammerfilterpressen

◘ **Abb. 42.2** Anhänger mit einer installierten Schneckenpresse als mobile Entwässerungseinheit. (© AMCON Deutschland GmbH)

◘ **Tab. 42.3** Vergleich mechanischer Entwässerungsaggregate

	Kammerfilterpresse	Dekanterzentrifuge	Siebbandpresse	Schneckenpresse
$CaOH_2/FeCl_3$ – Zugabe	Ja	Nein	Nein	Nein
Polymerbedarf	Mittel	Hoch	Mittel	Mittel
Energiebedarf	Mittel	Hoch	Niedrig	Sehr niedrig
Personalaufwand	Sehr hoch	Mittel	Hoch	Sehr niedrig
Lautstärke	Hoch	Sehr hoch	Niedrig	Sehr niedrig
Tägliche Betriebsdauer	Kurz	Mittel	Mittel	Sehr lang
Wartungskosten	Mittel	Hoch	Gering	Gering
TS-Gehalt Austrag	Sehr hoch	Hoch	Mittel	Mittel
Geeignet für kleine Durchsätze	Ja	Nein	Bedingt	Ja

© Wendel, Willing

auch für kleinere Durchsätze verfügbar, aber der sehr hohe Personalbedarf bzw. die hohen Investitionskosten lassen diese Maschinentypen für die betrachteten Größenklassen als weniger geeignet erscheinen.

Abb. 42.3 Beispiel einer Schneckenpresse mit einem Durchsatz 6 kg TS/h aerob stabilisierten Schlamms. (© AMCON Europe)

Zentrifugen haben sich bei vielen größeren Kläranlagen bewährt, sind aber für die GK 1–3 nur sehr bedingt geeignet. So müssen aufgrund des hier niedrigen Schlammdurchsatzes entweder kleine Trommeldurchmesser gewählt werden, die weniger für die Entwässerungsaufgabe geeignet sind, oder alternativ vergleichsweise große Maschinen mit kurzen Laufzeiten gewählt werden. Hinzu kommen die hohen Stromkosten sowie der hohe Genehmigungs- und Überwachungsaufwand bei der Zentrifuge (TÜV-Prüfungen, hohe Drehzahlen).

Neben den aufgeführten Maschinentypen gibt es weitere Entwässerungsverfahren wie die Schlauchentwässerung oder die simple Sackentwässerung. Beide Verfahren bieten zwar Vorteile, konnten sich aufgrund ihrer spezifischen Nachteile aber nicht durchsetzen. So ermöglicht die Schlauchentwässerung zwar sehr gute Entwässerungsergebnisse, erfordert jedoch einen hohen Investitionsbedarf. Die Sackentwässerung ist eher für Kleinstanlagen geeignet und benötigt für die Lagerung der gefüllten Säcke große Lagerflächen.

42.6 Kostenvergleich zwischen dezentraler Entwässerung, Dienstleistern und eigener Entwässerung (Nettopreise)

Um die Kostensituation zu beleuchten, wurde beispielhaft eine Gegenüberstellung für eine reale Kläranlage mit 8500 EW und aktuell etwa 5500 angeschlossenen Einwohnern durchgeführt. Die Anlage besitzt einen Feinrechen mit 6 mm, einen Längssandfang und ein Kombibecken in dem das Abwasser aerob teilstabilisiert wird. Im langjährigen Mittel fallen etwa 3300 m^3 Schlamm pro Jahr an, der in zwei Stapelbehältern gelagert wird. Der Schlamm hat im Mittel einen TS-Gehalt von 3,2 %, woraus sich 105,6 t TS/a ergeben. Der Glühverlust wurde mit 68 % ermittelt. Ein durchgeführter Pilottest mit einer Schneckenpresse lässt ein Entwässerungsergebnis von etwa 24 % TS im Austrag erwarten.

Bei der Vergleichsberechnung wurden folgende Szenarien angenommen:
1. Transport des Nass-Schlammes zu einer dezentralen Entwässerung (max. 50 km),
2. Fremdentwässerung durch Lohnentwässerer auf der Kläranlage und
3. Eigene Schneckenpresse auf der Kläranlage.

42.6.1 Kosten dezentraler Entwässerung/Transportkosten Nass-Schlamm zur zentralen Entwässerung

Für den Kostenvergleich wurden verschiedenen Preisangebote für Schlammtransporte eingeholt.

Die Preise schwanken sehr stark, abgängig von der Region und der Wettbewerbssituation. In den meisten Fällen werden die Transporte auf Stundenbasis abgerechnet. Als Stundenansatz inklusive aller Fahrzeug- und Treibstoffkosten kann von 80 bis 90 EUR/h ausgegangen werden. Über einen Transportweg von 25 bis 50 km gerechnet, ergeben sich damit Kosten von 20–22 EUR/t. Für die Kostengegenüberstellung wurde ein eher niedriger Wert von 20 EUR/t angesetzt [4]. Es ist jedoch davon auszugehen, dass sich die Transportkosten `in Zukunft aufgrund fehlender Kapazitäten – bereits heute gibt es nicht genug Fahrer – weiter erhöhen werden.

Zu den eigentlichen Transportkosten müssen die Entwässerungskosten auf der dezentralen Anlage addiert werden. Hierbei wurden drei Szenarien betrachtet:

1. eine neue Schlammentwässerung auf einer zentralen Kläranlage,
2. eine Entwässerung auf einer externen Kläranlage mit vorhandener Entwässerungspresse und
3. eine Zugabe in eine größere Anlage.

Der Einfachheit halber wurden für die schwer kalkulierbaren Kosten der dezentralen Entwässerung die Preise für eine Lohnentwässerung (ohne An-/Abfahrt) in die Gegenüberstellung mit aufgenommen.

Bei 9 EUR/m^3 ergeben sich damit Kosten in Höhe von 29.700 EUR/a. Das ist allerdings ein vergleichsweise konservativer Wert. Die Erfahrung zeigt, dass die Preise stark schwankend sind und teilweise bei einem Vielfachen dieses Betrages liegen.

42.6.2 Kosten für Dienstleister (Lohnentwässerung vor Ort)

Auch für diesen Posten wurden verschiedene Preisangebote eingeholt. Regionsabhängig kristallisieren sich Entwässerungskosten in Höhe von etwa 10 bis 15 EUR/m3 Dünnschlamm (3 % TS) heraus. Hinzu kommen die jeweilige An- und Abfahrt sowie die Rüstzeiten. Die genannten Preise beziehen sich auf die reine Schlammwässerung ohne Entsorgungskosten.

In unserem genannten Beispiel wurde das Entwässerungs-Unternehmen drei Mal pro Jahr bestellt. Wir sind hierbei von einer Schlamm-Lagerkapazität von 1000 m3 ausgegangen. Bei einem Entwässerungspreis von 12 EUR/m3 und An-/Abfahrts- sowie Rüstkosten von 2000 EUR pro Einsatz ergeben sich ca. 45.600 EUR/a.

Vielfach sind die erforderlichen Lagerkapazitäten auf der Kläranlage aber nicht vorhanden, sodass in kürzeren Abständen entwässert werden muss – was dann wiederum zu höheren Kosten führt.

42.6.3 Kosten eigener Entwässerung

Für die eigene Entwässerung wurde eine Schneckenpresse vom Typ AMCON Volute FS-202 (Abb. 42.4) zugrunde gelegt. Die Presse besitzt einen speziellen verstopfungsfreien Siebkorb und hat dadurch einen sehr niedrigen Wasserverbrauch. Die Durchsatzleistung beträgt bei aerob stabilisiertem Schlamm 26 kg TS/h.

Die Presse wurde so ausgelegt, dass der gesamte anfallende Schlamm innerhalb von fünf Arbeitstagen im 24h-Betrieb entwässert werden kann. Die gewählte Baugröße bietet sehr hohe Reserven und hat durch zwei Schnecken in einem Pressengehäuse zudem eine sehr hohe Betriebssicherheit. Sollte eine der Schnecken durch Wartung oder andere Umstände kurzzeitig ausfallen, so kann die zweite Schnecke unabhängig davon weiterbetrieben werden und immer noch einen großen Teil des Schlammes entwässern.

Für die Gegenüberstellung wird die Schneckenpresse in einem beheizten 20"- (6 m) -Container (Abb. 42.5) installiert, der die Beschickungspumpe, die Polymeraufbereitung, den Schaltschrank, die komplette

Neue Konzepte der Schlammentwässerung …

Abb. 42.4 Für den Kostenvergleich zugrunde gelegte eigene Schneckenpresse vom Typ Volute FS-202. (© AMCON Europe)

Abb. 42.5 Für den Kostenvergleich zugrunde gelegter eigener Container vom Typ Volute. (© AMCON Europe)

interne Verrohrung sowie eine Lagerfläche für das Polymer enthält. Ein schwenkbarer Schneckenförderer sorgt für die wechselweise Verteilung des entwässerten Schlamms auf zwei Kippmulden.

42.6.4 Kostenvergleich

Für den Kostenvergleich wurden leistungsspezifische Verbrauchskosten angesetzt, die ◘ Tab. 42.4 entnommen werden können. Der Kostenansatz (◘ Tab. 42.5) berücksichtigt neben der Schneckenpresse mit dem vorgenannten Zubehör auch die Kosten für die externe Anschluss-Verrohrung und Verkabelung sowie die Montage und Inbetriebnahme. Der Container kann anschlussfertig auf einem Streifenfundament oder einem befestigten Untergrund aufgestellt werden.

Die Gesamtkosten der Klärschlammentsorgung setzen sich im Wesentlichen aus den folgenden Einzelpositionen zusammen:
— der Dünnschlamm-Lagerung,
— dem Dünnschlamm-Transport,
— der Schlammentwässerung,
— dem Transport des entwässerten Schlamms und
— der Schlammverwertung.

◘ **Tab. 42.5** Kosten für die eigene Entwässerung basierend auf den für den Kostenvergleich gewählten Basiswerten

Bezeichnung	Kosten in EUR	Anmerkung
Investkosten Schneckenpresse im Container	140.000	
Abschreibung pro Jahr	(9333)	Laufzeit 15 Jahre
Strom	958	Leistungsaufnahme 0,73 kW*
Wasser	3732	40 L/h + 420 L für Polymeraufbereitung
Polymer	2640	10 kg WS/to TS
Wartung	2100	1,5 % pro Jahr
Personal	1745	5 min/Tag + 1 Tag Wartung/Jahr
Summe laufende Kosten pro Jahr	11.175	Ohne Abschreibung

© Wendel, Willing
*Energiekosten f. Beschickungspumpe nicht berücksichtigt, da in allen Varianten enthalten

◘ **Tab. 42.4** Leistungsspezifische Verbrauchskosten für die für den Kostenvergleich gewählte Konfiguration

Bezeichnung	Kosten	Einheit
Flüssigpolymer	2,50	EUR/kg Wirksubstanz
Trink- oder Brauchwasser	1,30	EUR/m³
Strom	0,21	EUR/kWh
Personal	34,00	EUR/Arbeitsstunde

© Wendel, Willing

Die Kostenpositionen „Dünnschlamm-Lagerung", „Transport entwässerter Schlamm" und „Verwertung" wurden im Sinne des Vergleichs nicht berücksichtigt (◘ Tab. 42.6). Für alle Varianten wurde eine jährliche Kostensteigerung in Höhe von 1,5 % angenommen. Die Transportkosten für die Variante „Dezentrale Entwässerung" wurden zur Information separat ausgewiesen. In der ◘ Tab. 42.7 und dem darauf basierenden ◘ Abb. 42.6 sind die kumulierten Kosten der einzelnen Varianten aufgelistet.

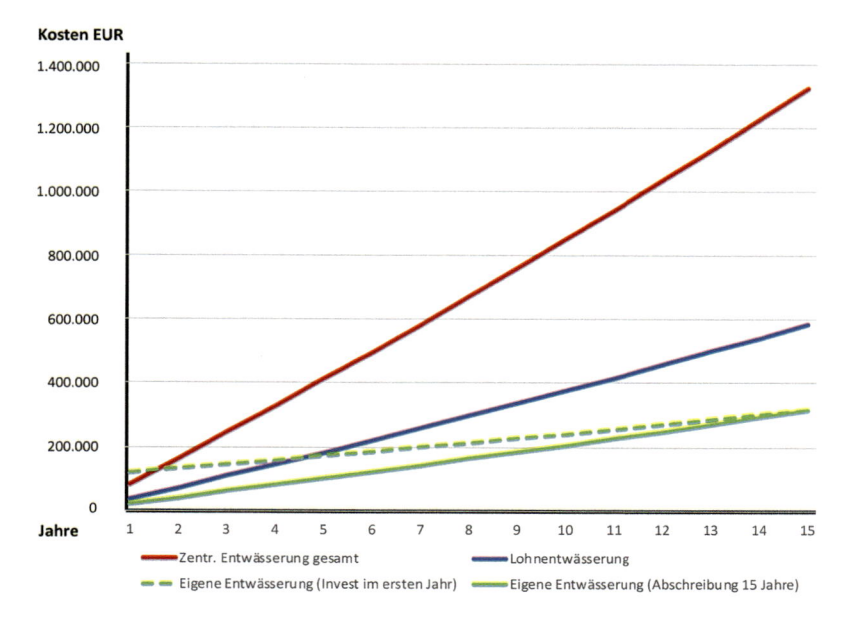

Abb. 42.6 Kostenvergleich der gewählten Varianten bezogen auf die Betriebsjahre. (© Wendel, Willing)

Tab. 42.6 Übersicht zu den berücksichtigten Positionen im Rahmen des Kostenvergleichs Deutschland, 2010 [3], **Tab. 6.2**

	Dezentrale Entwässerung	Dienstleister	Eigene Entwässerung
Dünnschlamm-Lagerung	Nein	Nein	Nein
Dünnschlamm-Transport	Ja	Nicht erforderlich	Nicht erforderlich
Schlamm-Entwässerung	Ja (Schätzpreis)	Ja	Ja
Transport entwässerter Schlamm zu Verwertung	Nein	Nein	Nein
Schlammverwertung (Verbrennung, etc.)	Nein	Nein	Nein

(© Wendel, Willing)

42.7 Fazit

Die Betreiber kleinerer Kläranlagen müssen sich aufgrund der immer schwieriger werdenden Bedingungen für die Entsorgung des anfallenden Klärschlammes zukünftig verstärkt mit der Entsorgungsthematik befassen. Ein wichtiger Aspekt ist dabei die Entwässerung des Schlammes.

◻ **Tab. 42.7** Kostenvergleich der gewählten Varianten bezogen auf die Betriebsjahre (Euro-Beträge in tausend Euro (T€))

Zentrale Entwässerung gesamt:	96 €	193 €	291 €	391 €	493 €	596 €	1.024 €	1.596 €
(Transportkosten zentr. Entwässerung):	66 €	133 €	201 €	270 €	340 €	411 €	706 €	1.101 €
Lohnentwässerung	46 €	92 €	139 €	187 €	235 €	284 €	488 €	761 €
Eigene Entwässerung (Invest im ersten Jahr)	151 €	163 €	174 €	186 €	198 €	210 €	260 €	326 €
Eigene Entwässerung (Abschreibung 15 Jahre)	21 €	41 €	62 €	83 €	104 €	126 €	213 €	3326 €
Jahr	1	2	3	4	5	6	10	15

© Wendel, Willing

Der Kostenvergleich zwischen dezentraler Entwässerung, Dienstleister (Lohnentwässerung) und eigener Entwässerung führt nach Abwägung aller Vor- und Nachteile zu dem Schluss, dass die eigene Entwässerungsmaschine auf der Kläranlage vor Ort in vielen Fällen die wirtschaftlich beste Lösung darstellt.

Im dargestellten Beispiel amortisiert sich die eigene Entwässerungsmaschine je nach Art der Investition bzw. Abschreibung bereits im ersten Jahr bzw. nach weniger als fünf Jahren. Die im Kostenvergleich zugrunde gelegten Zahlen entsprechen einer realen Anlage und sind eher konservativ angesetzt, sodass der Vorteil der eigenen Maschine in der Realität eher noch deutlicher wird.

Als geeignetes Entwässerungsverfahren für die Größenklassen 1–3 ist die Schneckenpresse zu bevorzugen zumal es mittlerweile Anbieter auf dem Markt gibt, welche geeignete kleine Maschinen anbieten. Für kostenorientiert und umweltbewusst handelnde Betreiber ist die Anschaffung einer eigenen Schneckenpresse somit alternativlos.

Literatur

1. Durth A., Kolvenbach F. Abwasser und Klärschlamm in Deutschland -statistische Betrachtungen, Korrespondenz Abwasser, Abfall - 2014 (61) Nr. 12, 2015 (62) Nr. 1
2. DWA-Arbeitsgruppe KEK-1.5, Auswirkungen der neuen Klärschlammverordnung auf die Klärschlammentsorgung, Korrespondenz Abwasser, Abfall – 2018 (65) Nr. 8,
3. DWA-Arbeitsgruppe KEK-1.5, Technische Hinweise zu bewährten Behandlungsverfahren für Klärschlamm, Korrespondenz Abwasser, Abfall 2019 (66) Nr. 3
4. Einholz A., Rutesheim, der Klärschlamm wird in Stuttgart verbrannt, Leonberger Kreiszeitung 27.04.2020, Zeitungsverlag Leonberg GmbH, ▶ https://www.leonberger-kreiszeitung.de/inhalt.rutesheim-der-klaerschlamm-wird-in-stuttgart-verbrannt.3efd40c3-8f92-4573-a636-ea394c959f73.html
5. Kreiszeitung Verlagsgesellschaft mbH & Co. KG, „Verbrennen von Wasser" kostet viel Geld, Klärschlammvererdung klappt nicht, Kreiszeitung.de – 21.09.2018, ▶ https://www.kreiszeitung.de/lokales/rotenburg/visselhoevede-ort52324/verbrennen-wasser-kostet-viel-geld-10261571.html
6. Münchener Zeitungs-Verlag GmbH & Co.KG, Prem hat Problem mit dem Klärschlamm, Onlineportal Merkur.de – 09.08.2011, ▶ https://www.merkur.de/lokales/schongau/prem-problem-klaerschlamm-1354933.html

Energieeffiziente Hochtemperatur-Wirbeltrocknung für Klärschlämme

Christian Struve

Vorgestellt wird ein Hochtemperatur-Wirbeltrockner, mit dem Klärschlämme und andere Schlämme mit feiner klebriger Struktur getrocknet werden können. Schwankende TS-Gehalte spielen keine Rolle, eine ganzjährige Durchsatzleistung kann eingerichtet werden. Die Phosphorverbindungen im Granulat können durch Verbrennung verfügbar gemacht werden.

Klärschlämme bringen unterschiedlichste Zusammensetzungen und Eigenschaften mit sich, bspw. was die Struktur und Korngrößenverteilung sowie die chemische Zusammensetzung und physikalisch/biologischen Eigenschaften anbelangt. Diese variieren von Kläranlage zu Kläranlage und im Jahresverlauf. Typischerweise weisen diese Schlämme Wassergehalte von 75–80 % auf. Eine Trocknung bietet sich häufig bei Klärschlamm an, um Entsorgungskosten sowie die Anzahl an Entsorgungsfahrten drastisch zu reduzieren. Zudem stellt die Trocknung einen notwendigen Schritt für die Verbrennung von Klärschlamm dar.

Zuerst erschienen in Wasser und Abfall 11/2020

Besonders anspruchsvoll wird es, wenn Schlämme mit besonders feinen Feststoffanteilen getrocknet werden müssen. Es fehlt dann Strukturmaterial für den Trocknungsprozess. Dieses wird im Allgemeinen benötigt, um Oberfläche zu erzeugen, eine ausreichende Durchmischung im Rework-Verfahren zu ermöglichen und somit u. a. Klumpenbildung zu vermeiden. Um feines und klebriges Material homogen zu trocknen, stellt ein Wirbeltrockner eine effiziente Möglichkeit dar.

43.1 Der Wirbeltrockner

Der abgepresste Klärschlamm wird von einem Vorlagebehälter bspw. mittels einer Förderschnecke in einen Mischer (◘ Abb. 43.1–1) befördert. In dem zweiwelligen Zwangsmischer wird der Nassschlamm mit bereits vorgetrocknetem Material zu einer krümeligen Struktur vorgemischt und anschließend über eine Eintragsschnecke in den Wirbeltrockner gefördert. Die Vormischung ist dabei entscheidend. Über die Länge der Mischstrecke, Paddelgeometrie und Anordnung

© Der/die Autor(en), exklusiv lizenziert an Springer Fachmedien Wiesbaden GmbH, ein Teil von Springer Nature 2023
M. Porth et al. (Hrsg.), *Wasser, Energie und Umwelt,*
https://doi.org/10.1007/978-3-658-42657-6_43

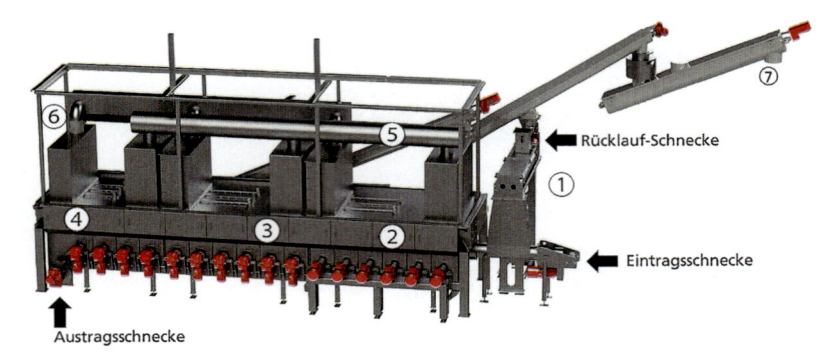

Abb. 43.1 Aufbau des Trockners: 1 – Zweiwellen-Zwangsmischer; 2, 3, 4 – Trocknungskammern; 5 – Zuluft; 6 – Abluft; 7 – Rückführungs-Schnecken. (© SeNa-Tec)

sowie über die Umdrehungszahl kann eine optimale Vormischung ohne größere Klumpen erzielt werden.

> **Kompakt**
> - Die Wirbeltrocknung von Klärschlamm mit feiner klebriger Struktur ermöglicht die Produktion von Granulat.
> - Dies ermöglicht sodann eine vollständige Verbrennung, was die Phosphorverfügbarkeit in der Asche maximiert.

Die Einschubschnecke befördert das Gemisch in Intervallen in die erste Kammer (Abb. 43.1–2). In den Kammern (Abb. 43.1–2, 3, 4) befinden sich Wellen, auf denen Paddel montiert sind. Die Wellen werden durch die rot dargestellten Asynchronmotoren angetrieben. Da sich intervallabhängig jede zweite Welle in die entgegengesetzte Richtung dreht, arbeiten die Wellen gegenläufig. Der Klärschlamm wird so von den Paddeln aufgewirbelt (Wirbeltrockner) und kontinuierlich in der Schwebe des heißen Luftstroms gehalten. Durch die Vormischung auf eine krümelige Struktur ergibt sich eine maximale Trocknungsoberfläche für das Trockengut. Die Trocknungstemperatur kann entsprechend der Anforderungen unter Beachtung der Schmelztemperatur des Trockenguts variabel eingestellt werden. Betrieben als Hochtemperaturtrocknung wird das Zellwasser in den Schlämmen aufgebrochen und es kommt zur spontanen Verdampfung, was einen sehr hohen thermischen Wirkungsgrad erzeugt. Am Ende jedes Intervalls ändert sich die Drehrichtung jeder zweiten Welle und ein Schieber öffnet die Verbindung zwischen je zwei Kammern. Da dann alle Wellen das Material in dieselbe Richtung paddeln, wird das Material in die nächste Kammer befördert. Nach dem Schließen der Klappe ändert jede zweite Welle wieder ihre Drehrichtung und der Prozess beginnt von vorn. So wird das Material zyklisch getrocknet und dabei von der vorderen in die hintere Kammer befördert.

Nach dem Trocknungsvorgang in der dritten Kammer (Abb. 43.1–4) wird das Material in die Austragsschnecke geworfen und über diese zu den Rückführungs-Schnecken (Rework-Schnecken, Abb. 43.1–7) transportiert. Diese fördern das Material in ein Lager. Ein Teil des Materials wird dabei über eine Rücklaufschnecke zurück in den Kreislauf (Mischer, Abb. 43.1–1) gegeben. Durch entsprechende Feuchtesensoren kann über die Anlagensteuerung ein gewünschter Trockensubstanzgehalt für das fertige Trockengut

Energieeffiziente Hochtemperatur-Wirbeltrocknung für Klärschlämme

festgelegt werden. Abhängig vom Ausgangsschlamm und dem Wärmeeinsatz können problemlos Trocknungsgrade über 90 % erzielt werden.

Als Wärmeenergie werden die heißen Abgase aus einer Wärmequelle genutzt. Neben Abwärme aus einem Industrieprozess können das die Abgase eines BHKWs oder eines Hackschnitzelofens sein (◘ Abb. 43.2). Auch der Einsatz von Thermoöl zur Heißlufterzeugung ist möglich. Vor dem Eintritt in den Trockner werden die Abgase mit Frischluft so weit vermischt, dass die gewünschte Trocknungstemperatur erreicht wird. Bei der Klärschlammtrocknung haben sich Temperaturen von etwa 360 °C etabliert. Bei anderen Schlämmen können die Trocknungstemperaturen je nach Bedarf höher oder niedriger liegen. Frischluft wird zur Temperaturregulierung beigemischt. Die heiße Luft wird dann angesaugt und der Trockner im Unterdruck gefahren. Über die Zuluftleitung wird die heiße Mischluft parallel in die jeweiligen Kammern gefördert. In dem aufgewirbelten Material mit seiner großen Oberfläche kommt es zur schlagartigen Verdampfung der einzelnen Wassermoleküle. Die jetzt wassergesättigte Luft wird in einer über der Kammer stehenden Beruhigungszone der Abluftreinigung zugeführt.

43.2 Abluftreinigung

Im wasserbeladenen Abluftstrom beim Trocknerausgang sind neben Staubpartikeln insbesondere Stickstoff/Ammoniak-Belastungen sowie Gerüche rauszufiltern. Die Ablufttemperatur beträgt etwa 80°C. Werden feine Schlämme getrocknet, entsteht bei der Trocknung automatisch eine Staubfracht. Der Einsatz herkömmlicher Zyklone ist dann meist nicht ausreichend. Alternativ bzw. ergänzend kann ein Gewebefilter eingesetzt werden, der es ermöglicht, die gesetzlichen Vorgaben einzuhalten. Auch der Einsatz von Elektrofiltern ist möglich, was durchaus Vorteile beim Stromverbrauch mit sich bringt. Auch können Anbackungen aufgrund von Kondensation im Staubfilter leichter gereinigt werden. Unabhängig vom Staubfiltersystem ist die Beibehaltung der Ablufttemperatur entscheidend. Sowohl der Gewebefilter als

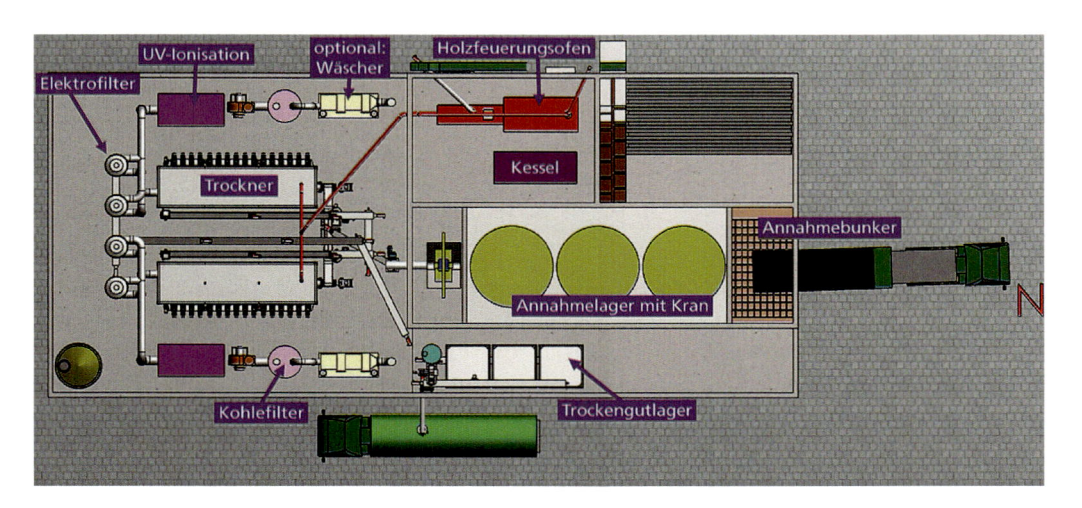

◘ **43.2** Anlagenplanung für einen Standort mit zwei Wirbeltrocknern und einem Hackschnitzelofen zur Wärmebereitstellung. (© SeNa-Tec)

auch der Elektrofilter müssen ausreichend isoliert werden, damit Kondensation vermieden wird.

Die weiterführende Art der Abluftbehandlung bestimmt die Energieausbeute und den Kondensatanfall. Hierbei kann entweder die Energieausbeute maximiert oder die Vermeidung von Kondensaten/Brüden optimiert werden.

43.2.1 Energieoptimierung – Gewinnung niederkalorischer Energie

Zur Energieoptimierung beruht die Abluftbehandlung auf einem Wäscherprinzip mit nachgeschaltetem Biofilter. Die den Staubfilter verlassende Abluft wird in dem Wäscher zunächst durch einen Luft-Wasser-Wärmetauscher geführt, um den Energiegehalt (Temperatur) des Luftstroms zu senken. Der Wärmetauscher besteht aus einer Vielzahl an feinen Kunststoffröhren, durch die das Kühlmedium gepumpt wird. Die wiedergewonnene Energie ist niederkalorisch (~50 °C) und kann als Prozesswärme bspw. zur Gewächshaus-, Fermenter- oder Gebäudebeheizung eingesetzt werden. Bis zu 40 % der eingesetzten Energie kann so wiedergewonnen werden.

Der Abluftstrom wird mit Wasser bedüst. Durch die Temperatursenkung kommt es zur Kondensatbildung, das Abwasser wird (zusammen mit dem Waschwasser aus der zweiten Wäscherstufe; s. u.) der Kanalisation/Kläranlage zugeführt. Der eigentliche Wäscher ist zweistufig ausgelegt. Die Abluft wird vor der ersten Filterwand intensiv mit feinsten schwefelsäureversetzten Wassertropfen in Verbindung gebracht. Die Staubpartikel werden von den Tropfen erfasst. Der flüchtige Ammoniumstickstoff wird dabei durch die im Waschwasser befindliche Schwefelsäure gebunden und in Ammoniumsulfat umgewandelt. An der zweiten Filterwand wird mit demselben Waschwasser wie beim Wärmetauscher die Abluft befeuchtet. Durch die große Oberfläche der Filterwand können sich die einzelnen noch in der Abluft befindlichen Feststoffanteile sehr gut absetzen. Gleichzeitig wird die weitergehende Rückhaltung des im Abluftstrom enthaltenen Wassers sichergestellt. Die dritte Filterwand dient abschließend der Abscheidung von Feinsttropfen. Ein Abluftventilator hinter dieser saugt die Luft vom Staubfilter kommend durch den kompletten Wäscher. Anschließend wird die Abluft einem Biofilter zugeführt, um die restlichen Gerüche aus dem Abluftstrom zu reduzieren, sodass sie – unter Einhaltung der Immissionsgrenzwerte der TA-Luft – an die Atmosphäre abgegeben werden kann.

43.2.2 Brüdenminimierung – quasi abwasserfreie Trocknung

Alternativ zum Energieaustrag aus dem Abluftstrom können auch durch den Einsatz einer UV-Ionisation die Gerüche reduziert werden (◘ Abb. 43.2). Eine sehr gute Vorabscheidung von Staubpartikeln ist hierfür zwingend notwendig. Durch das UV-Licht werden die Geruchsmoleküle oxidiert. Im Anschluss an eine UV-Oxidationsstufe ist stets eine Reaktionsstrecke notwendig, um den Oxidationsvorgang abzuschließen. Der Oxidationsstufe wird ein Aktivkohlefilter nachgeschaltet, der mögliche verbliebene Restgerüche absorbiert.

Der Einsatz eines chemischen Wäschers kann vorgesehen werden und ist abhängig vom Stickstoffanteil im Klärschlamm sinnvoll. Der Abluftstrom hat bei Eintritt in den Wäscher eine relative Feuchte von etwa 60 %. Durch eine gezielte Besprühung des Abluftstroms bei überschaubaren Wassermengen kann eine Auskondensation (weitestgehend) vermieden werden.

43.3 Trockengranulat

Der große Vorteil des Wirbeltrocknungsverfahrens ist es, dass durch die Vormischung im Zwangsmischer sowie die Verwirbelung durch die Paddelwellen das Trockengut nicht nur äußerst homogen getrocknet wird, sondern auch eine sehr feine Struktur entsteht, bei der > 95 Massenprozent einen Durchmesser von < 1 mm aufweisen. Je höher der Trocknungsgrad, desto feiner wird das Material. ◘ Abb. 43.3 zeigt eine Nahaufnahme des getrockneten Materials bei 90 % sowie bei 80 % TS-Gehalt. Bei TS = 80 % zeigt sich, dass die Granulatteilchen signifikant größer sind (etwa 1–4 mm).

Das feine Material mit einem TS-Gehalt ≥ 90 % ist problemlos einblasfähig und kann bspw. in Kraftwerken oder der Zementindustrie als Brennstoff eingesetzt werden. Aufgrund der sehr großen Oberfläche eignet es sich auch hervorragend für die Monoverbrennung. Aufgrund der kleinen Korngröße und der damit resultierenden vollständigen Verbrennung ist die Phosphorverfügbarkeit in der Asche maximiert.

43.4 Zusammenfassung

Der Wirbeltrocknungsansatz bietet die Möglichkeit, Klärschlamm und andere Schlämme mit feiner, klebriger Struktur extrem energieeffizient zu trocknen – insbesondere auch bei schwankenden TS-Eingangsgehalten. Aufgrund der hohen Trocknungstemperatur kann der Schlamm zudem ganzjährig mit gleichbleibender Durchsatzleistung getrocknet werden. Neben einer Brüdenminimierung kann auch der effektive Wärmeeinsatz über Wärmerückgewinnung minimiert werden. Das Verfahren wurde 2018 entwickelt und im Realmaßstab getestet. Seit Anfang 2019 läuft der eigene Wirbeltrockner im Dauerbetrieb.

◘ **Abb. 43.3** Trockengranulat nach der Trocknung im Wirbeltrockner; links: 90 % TS-Gehalt, rechts: 80 % TS-Gehalt. (© SeNa-Tec)

Die SeNa-Tec ist ein Zusammenschluss zwischen einem Anwender und einem Maschinenbauer und verfügt so über die Expertise des Anlagenbaus und des Betriebs des Trockners. Derzeit sind einige Vorhaben in der Planungs- und Genehmigungsphase. Die Realisierung soll ab 2021 erfolgen.

Der Beitrag basiert auf Inhalten der Berliner KlärschlammKonferenz vom 16.–17. November 2020 und ist parallel im dazugehörigen E-Book *Verwertung von Klärschlamm*, Band 3 erschienen.

Wasserwirtschaft und Klimawandel

Oberflächenwasserentnahme versus Mindestabfluss im Kontext von WRRL und Klimawandel

Dietmar Mehl, Marc Schneider, Anika Lange und Robert Dahl

Die Bereitstellung von Wasser als Nahrungsmittel, Rohstoff und für Brauchwasserzwecke bildet eine zentrale Ökosystemleistung der Oberflächengewässer und ihrer Auen. Zeitgemäße Bewässerungslösungen müssen sich in Bezug auf die Entnahme an umweltrechtlichen und -fachlichen Maßstäben messen lassen. Die Mindestwasserführung ist zu erhalten. Negative Auswirkungen durch Aufstaumaßnahmen in Fließgewässern sollen möglichst vermieden werden.

Die Bereitstellung von Wasser als Nahrungsmittel, Rohstoff und für Brauchwasserzwecke bildet eine zentrale Ökosystemleistung der Oberflächengewässer und ihrer Auen, da sie eine wesentliche Grundlage der menschlichen Existenz ist und maßgeblich das menschliche Wohlergehen bestimmt [1]. Das notwendige Entnehmen und Ableiten von Wasser aus oberirdischen Gewässern (Fließgewässer und Seen) fällt nach § 9 Absatz 1 WHG [2] unter den wasserrechtlichen Begriff der „Benutzungen". Wichtige Nutzungen durch den Menschen und damit Entnahmegründe sind vor allem

- die Trinkwassernutzung,
- die Tränkwasserentnahme für Nutztiere,
- die Brauch-/Betriebswassernutzung als Prozesswasser und Rohstoff, Kühlwasser, Löschwasser sowie Spülwasser,
- die Bewässerung von Land-, Forst- sowie Obst-, Gemüse- und Gartenbauflächen,
- Ausleitungen für Kraftwerke, Schleusen, Kanäle und Fischteiche,
- die Bewässerung von Grünanlagen, Gärten, Parks und Golfplätzen sowie
- Überleitungen in andere Gewässer und hydrologische Einzugsgebiete.

Benutzungen bedürfen einer wasserrechtlichen Erlaubnis oder Bewilligung. „Die Erlaubnis gewährt die Befugnis, die Bewilligung das Recht, ein Gewässer zu einem bestimmten Zweck in einer nach Art und Maß bestimmten Weise zu benutzen." (§ 10 Absatz 1 WHG). Sehr häufig sind Entnahme und Ableitung von Wasser aus

Zuerst erschienen in Wasser und Abfall 4/2020

Oberflächengewässern nach wie vor damit verbunden, dass ein Aufstauen des Gewässers erfolgt.

> **Kompakt**
> – Anforderungen an die Gewässerbewirtschaftung nach WRRL sowie zur Anpassung an den Klimawandel und Wasserentnahmen für Landwirtschaftliche Zwecke stehen zunehmend im Interessenskonflikt.
> – Eine Berücksichtigung beider Randbedingungen kann gelingen, denn Lösungen können identifiziert werden.
> – Wasserbewirtschaftung und Wassernutzung sind dabei zueinander beweglich einzurichten.

Sowohl die Wasserentnahme bzw. -ableitung für sich als auch das Aufstauen führen regelmäßig zu mehr oder weniger starken ökologischen Beeinträchtigungen für die betroffenen Gewässer, da sie unmittelbar in die hydrologischen Prozesse eingreifen. Ungestörte, natürliche (bzw. zumindest naturnahe) hydrologische, geohydrologische und hydrodynamische Prozesse bilden aber die Grundlage selbsttragender geoökologischer Prozesse und Strukturen in den Oberflächengewässern, im korrespondierenden Grundwasser und in den Auen. Sie setzen den abiotischen Rahmen für eine funktionsfähige Lebewelt, deren Schutz, Erhaltung und Wiederherstellung ausdrückliche Ziele entsprechend Artikel 1 a) WRRL [3] bilden. Seinen Niederschlag findet das folglich auch in den Nachhaltigkeitsgrundsätzen der Gewässerbewirtschaftung entsprechend § 6 Absatz 1 WHG: Erhaltung der Funktions- und Leistungsfähigkeit der Gewässer als Bestandteil des Naturhaushalts und als Lebensraum für Tiere und Pflanzen sowie Gebot des Schutzes vor nachteiligen Veränderungen von Gewässereigenschaften.

§ 6 Absatz 1 Satz 6 WHG fordert darüber hinaus explizit die Gewährleistung möglichst natürlicher Abflussverhältnisse. Zudem ist das Entnehmen oder Ableiten von Wasser aus einem oberirdischen Gewässer nur zulässig, wenn die Abflussmenge erhalten bleibt, die für das Gewässer und andere hiermit verbundene Gewässer erforderlich ist, um den Grundsätzen der Gewässerbewirtschaftung (§ 6 Absatz 1 WHG) und den Bewirtschaftungszielen (§§ 27 bis 31 WHG) zu entsprechen (§ 33 WHG Mindestwasserführung).

Da wichtige ökologische Faktoren des natürlichen Abflussregimes (1) Größe, (2) Frequenz, (3) Dauer, (4) Zeitpunkt und (5) Veränderungsrate der hydrologischen Bedingungen sind [4] (Abb. 44.1), ist auch § 33 WHG bzw. der o. g. wasserrechtliche Begriff „Mindestwasserführung" zusätzlich im Sinne einer ökologisch erforderlichen hydrologischen Dynamik zu interpretieren. Dies gilt umso mehr, als dass mit Anhang V WRRL bzw. OGewV [5] hydromorphologische Qualitätskomponenten zur Unterstützung der biologischen Qualitätskomponenten zur Zustandsbewertung der Oberflächengewässerwasserkörper (Flüsse – F, Seen – S) heranzuziehen sind. Hiervon bildet der „Wasserhaushalt" eine wichtige Qualitätskomponentengruppe mit den Parametern „Abfluss und Abflussdynamik" (F), „Verbindung zu Grundwasserkörpern" (F, S), „Wasserstandsdynamik" (S) sowie „Wassererneuerungszeit" (S).

Angesichts in Deutschland fehlender Bewertungsmethoden hatte die Bund-/Länderarbeitsgemeinschaft Wasser eine Verfahrensempfehlung zur Klassifizierung des Wasserhaushalts von Einzugsgebieten und Wasserkörpern erarbeiten lassen [6–8], bei der als eine wesentliche Belastungsgruppe auch die Wasserentnahmen bewertet werden (Abb. 44.2). Die umweltfachliche Notwendigkeit einer Betrachtung

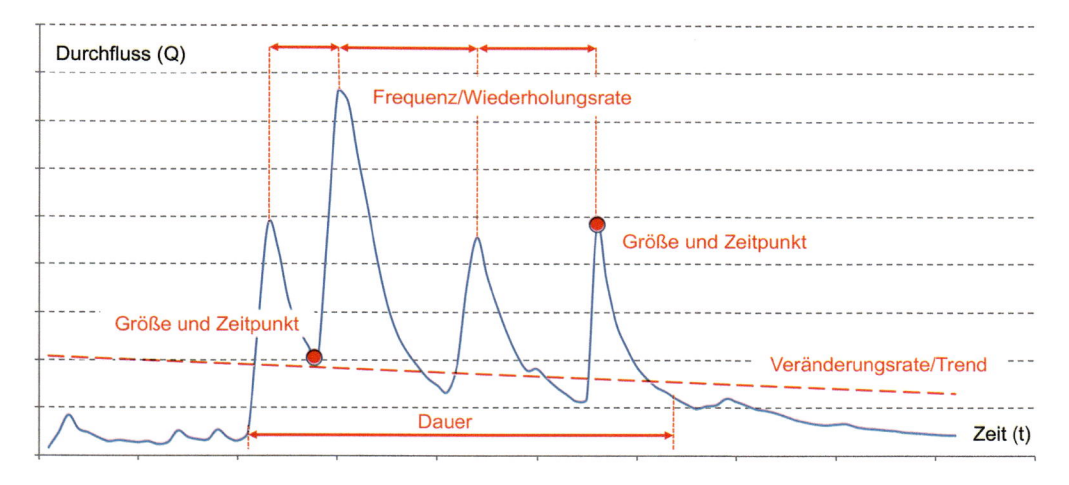

Abb. 44.1 Wesentliche Kennzeichen der Abflussdynamik im Sinne ökologischer Faktoren entsprechend [5]. (© Bundesministerium Justiz und für Verbraucherschutz)

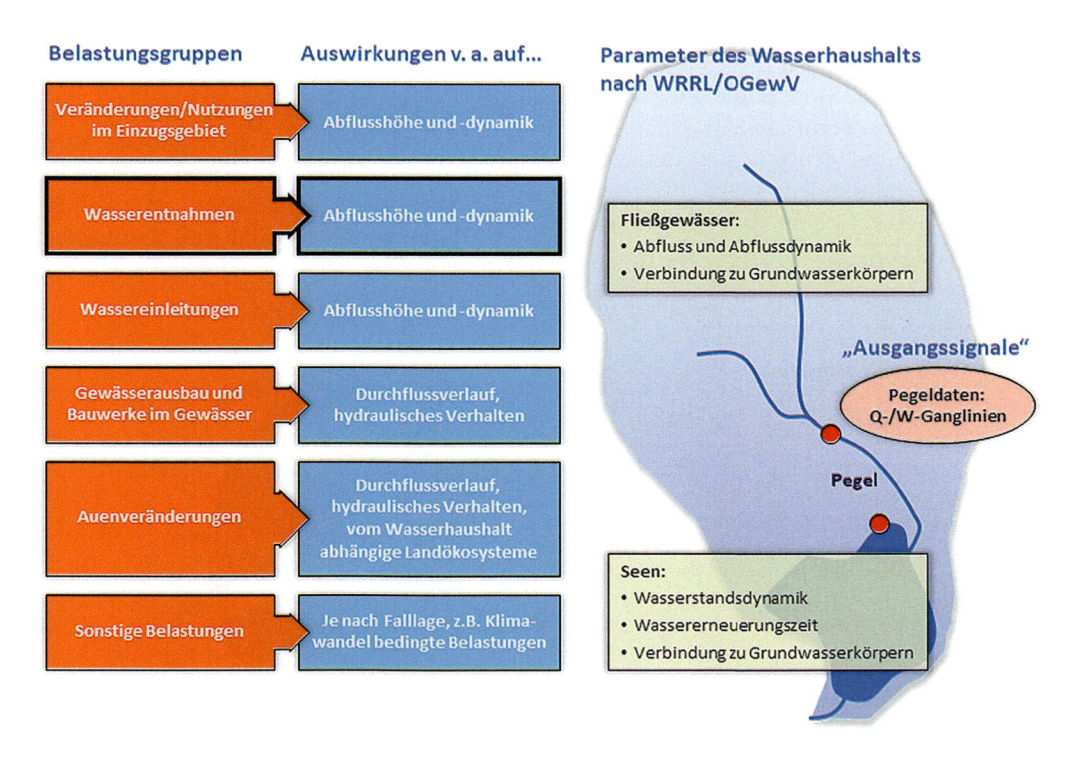

Abb. 44.2 Belastungsgruppen der LAWA-Verfahrensempfehlung zur Klassifizierung des Wasserhaushalts von Einzugsgebieten und Wasserkörpern, Hervorhebung der Belastungsgruppe „Wasserentnahmen", geändert nach [6, 8]. (© Dietmar Mehl et al.)

widerspiegelt sich ebenfalls im LAWA-BLANO Maßnahmenkatalog [9] zur Umsetzung von WRRL, HWRMRL [10] und MSRL [11]. Hier wurden Wasserentnahmen, Abflussregulierungen und morphologische Veränderungen, Veränderungen des Wasserhaushalts sowie Veränderungen der Durchgängigkeit explizit als Belastungstypen aufgenommen.

Daneben sind auch bei der Umweltprüfung entsprechend Anlage 1 UVPG [12] Vorhaben der Oberflächenwasserentnahme für landwirtschaftliche Zwecke prüfpflichtig, allerdings nur ab dem relativ hohen Jahresschwellenwert von 100.000 m³ a^{-1} und damit rechtlich unabhängig von der relativen „hydrologischen Leistungsfähigkeit" der Gewässer, was angesichts vieler kleinerer Gewässer, vielen Einzugsgebieten mit geringer mittlerer und/oder Niedrigwasserab-flusshöhe und im Hinblick auf die Folgen des Klimawandels (s. u.) fachlich kritisch gesehen werden muss. Des Weiteren greifen bei Wasserentnahmen grundsätzlich die Verbote und Prüfpflichten des europäischen und nationalen Arten- und Biotopschutzes, vgl. vor allem §§ 15, 34, 39 und 44 BNatSchG [13].

44.1 Umfang, Wesen und Kennzeichen der Oberflächenwasserentnahme

Nach den Zahlen des Statistischen Jahrbuches (Bezugsjahr 2016) [13] werden in Deutschland insgesamt 24,44 Mrd. m³ a^{-1} Wasser (Trink- und Brauchwasser) aus den verschiedenen Quellen gewonnen (◘ Abb. 44.3). Die Entnahme von Flusswasser stellt mit 14,81 Mrd. m³ a^{-1} den mit Abstand größten Anteil dar (rd. 61 %). Nahezu das gesamte entnommene Flusswasser (99,6 %) wird dabei nicht als Trink- sondern als Brauchwasser genutzt. Zudem erfolgt auch die Entnahme aus Seen und Talsperren in Höhe von 1,03 Mrd. m³ a^{-1} zu rd. 37,5 % zu Brauchwasserzwecken.

Den insgesamt ca. 24 Mrd. m³ a^{-1} Wasserentnahme (2016) steht ein potenzielles Dargebot von deutlich größeren 188 Mrd. m³ a^{-1} (Bezugsperiode 1961–1990) gegenüber [15]. Bereits mit Blick auf die regionale Verteilung der mittleren jährlichen Abflusshöhe und/oder der klimatischen Wasserbilanz im Hydrologischen Atlas von Deutschland [16] wird klar, dass die vermeintlich geringe

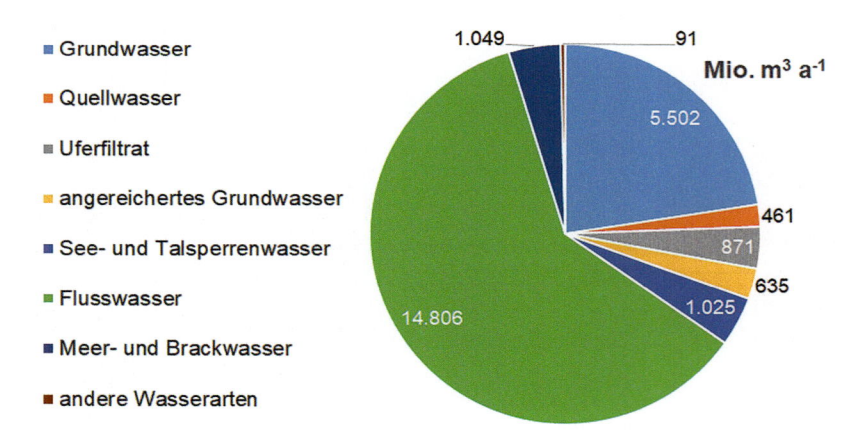

◘ **Abb. 44.3** Herkunft von Trink- und Brauchwasser in Deutschland insgesamt im Bezugsjahr 2016 nach Angaben des Statistischen Jahrbuches [14]. (© Statistisches Bundesamt)

Ausnutzung des Dargebots regional sehr unterschiedlich interpretiert werden muss. Vor allem große Gebietsanteile in den östlichen Bundesländern fallen durch negative klimatische Wasserbilanzen (Aridität) und durch sehr geringe (gebietsbürtige) Abflusshöhen auf.

Die objektive Verfügbar- und Nutzbarkeit von Wasser ist generell eine Frage des klimatisch gesteuerten Dargebots, als derjenigen Wassermenge, die in einer bestimmten Zeitspanne und in einem räumlichen Kontext als Abflusskomponente des Wasserkreislaufes auftritt. Dabei stehen am Ende das Oberflächen- und das Grundwasserdargebot im Blickpunkt des Nutzungsinteresses.

Während das potenzielle Dargebot jeweils durch die Summe des unter- oder oberirdischen Abflusses oder die Gesamtabflusssumme in einer Zeitspanne repräsentiert wird, hängt das variable Dargebot mit kurzfristigen Hochwasserabflüssen zusammen; es ist nur zeitweise verfügbar und grundsätzlich schwer nutzbar. Das stabile Dargebot in Form von Grundwasserneubildung/-abfluss bzw. Basisabfluss in den Gewässern ist hingegen bei geringer kurzfristiger Variabilität hinsichtlich der Menge im Regelfall gut zu nutzen. Ein reguliertes Dargebot basiert auf Speicherraum und einer geregelten Abgabe durch Wehre und insbesondere Talsperren. Die Speicherwirtschaft zielt auf diese Form der Abflussdämpfung und -vergleichmäßigung. Durch die aus dem Speichervorrat mögliche Aufhöhung des (Niedrigwasser-)Abflusses wird so ein Teil des variablen Dargebots zu stabilem Dargebot (zu Definitionen des Dargebots [vgl. 17, 18]).

Besonders in Gebieten mit autochthonem Gebietsabfluss (ohne nennenswerte Fremdzuflüsse) stellt bereits eine geringe mittlere Abflusshöhe ein Problem für die Wassernutzung dar. Gerade für die Oberflächenwasserentnahme bilden aber Niedrigwasserextreme nach Stärke und Andauer ein großes Problem. Im Regelfall sind diese die Folge von längeren oder häufiger eintretenden Hitze- und Dürreperioden. Aus der hohen hydrologischen Variabilität, gerade in Bezug auf sehr geringe Abflüsse, resultiert also eine weitere Gefährdung der Wassernutzung.

Verschärft wird dies durch den globalen Klimawandel, der sich regional zwar verschieden auswirkt und auswirken wird, aber insgesamt zu höheren Temperaturen, damit höherer mittlerer Verdunstung und sehr wahrscheinlich zu einer höheren hydrologischen Variabilität sowie zu längeren und ausgeprägten Dürrephasen führen wird [19]. Der Klimawandel führt zwangsläufig dazu, dass der Bewässerungsbedarf für Garten- und Obstbau sowie landwirtschaftliche Kulturen global, aber auch in Deutschland weiter steigen wird [20]. Zwar sind die gesamten Wasserentnahmen für die landwirtschaftliche Beregnung mit ca. 0,3 Mrd. m^3 a^{-1} aus allen Herkunftsarten (Bezugsjahr 2016 [15]) deutschlandweit bisher noch vergleichsweise gering, aber gerade in den hinsichtlich Dargebot benachteiligten Regionen werden heute schon hohe relative Anteile erreicht. Neben der Entnahme aus dem Grundwasser, wo die Entnahme zu Bewässerungszwecken zunehmend mit der Trinkwassernutzung konkurriert, nimmt auch die Entnahme aus den Oberflächengewässern in diesen Regionen immer weiter zu.

44.2 Lösungsstrategien für eine umweltverträgliche Entnahme von Bewässerungswasser aus Oberflächengewässern

Neben der Minimierung der Verluste aus der Bewässerung (Verhinderung von Leitungsverlusten, bedarfsorientierte Bewässerung, Mikrobewässerung usw. [20]) müssen sich zeitgemäße Bewässerungslösungen in Bezug auf die Entnahme an den o. g. umweltrechtlichen und -fachlichen Maßstäben messen lassen. Das bedeutet insbesondere, dass die Mindestwasserführung in den betroffenen Gewässern nach Höhe und Dynamik erhalten bleibt und negative Auswirkungen durch Aufstaumaßnahmen in Fließgewässern möglichst komplett vermieden werden.

Da der Bewässerungsbedarf generell stark zeitlich mit dem Witterungsverlauf korreliert ist, fallen ein hoher Bewässerungsbedarf und geringe und sehr geringe Abflüsse und Wasserstände im Regelfall zeitlich zusammen. Für autochthone hydrologische Verhältnisse (hydrologische „Eigenbürtigkeit"), die im Norden und Osten Deutschlands in der Fläche dominieren, gilt das in hohem Maße. Eine Ausnahme bilden natürlich Gewässer mit einem hohen Abflussanteil aus Zuflussgebieten hoher Abflussbildung (zeitliche Phasenverschiebung, z. B. in Folge von spät einsetzender Schnee-/Gletscherschmelze in Gebirgen) oder bei starker Grundwasserprägung mit langanhaltender Aquiferentlastung.

Als Lösungsstrategien für umweltgerechte Entnahmelösungen sowie die Absicherung des Entnahmebedarfes und damit der Grundlagen für eine nachhaltige Bewässerungslandwirtschaft sind daher zu sehen:

1. Vorheriges Ausschöpfen aller lokalen Möglichkeiten, ggf. bereits vorhandene Wasserressourcen für die Bewässerung zu nutzen (z. B. zwischengespeichertes, unbelastetes oder gereinigtes Niederschlagswasser von versiegelten Flächen).
2. Festlegung und regelmäßige Überprüfung/Anpassung einer Obergrenze der jährlichen und unterjährlichen Wasserentnahmemengen nach wasserwirtschaftlichen Bilanzierungsräumen und hydrologisch sachgerechten Strukturen in Abhängigkeit von Dargebot und Entnahmebedarf (behördliche Bewirtschaftungsaufgabe); hierbei Abstellen auf Bewirtschaftungsziele und -maßnahmen für die betroffenen Oberflächen- und Grundwasserkörper (§§ 27 ff. WHG).
3. Berechnung und Begründung des jeweiligen betrieblichen Entnahmebedarfes unter Berücksichtigung der technischen und technologischen Möglichkeiten zur Minimierung des Beregnungsbedarfes (mindestens Stand der Technik).
4. Zulassen der Entnahme nur oberhalb eines zu bestimmenden/festzulegenden Mindestabflusses/-wasserstandes entsprechend der rechtlichen Anforderungen des Gewässer- und Naturschutzes (hier sind neben bioökologischen auch hydromorphologische Aspekte zu berücksichtigen); dies sollte zur Vermeidung von Manipulation möglichst baulich „erzwungen" werden (feste Streichwehre).
5. Verlagerung der Entnahme in baulich abgetrennte Bereiche (Seen) und bei Fließgewässern zur Vermeidung von Aufstau und morphologisch nachteiligen Eingriffen in den Parallelschluss/in separate Entnahmebereiche (◘ Abb. 44.4 und 44.5).
6. Berücksichtigung des Schutzes von Fischen und anderen Organismen vor den Pumpen durch entsprechend dimensionierte Schutzeinrichtungen (Schutzgitter, Rechen).
7. Wenn möglich, dann Zwischenspeicherung des entnommenen Wassers, um den Wasserbedarf in Trockenzeiten aus Speicherung decken zu können; hier bieten sich künstliche Seen oder Speicherbecken an, die ggf. sogar noch zusätzlich ökologische und/oder landschaftsästhetische Funktionen übernehmen können.
8. Auch kann bei einer Zwischenspeicherung möglichst auf eine vor allem in Wasserüberschusszeiten (im Regelfall hydrologisches Winterhalbjahr) erfolgende Wasserentnahme fokussiert und somit eine asynchrone/phasenverschobene Entnahme-Nutzungs-Strategie zur Schonung der Wasserressourcen ermöglicht werden. Bei einem offe-

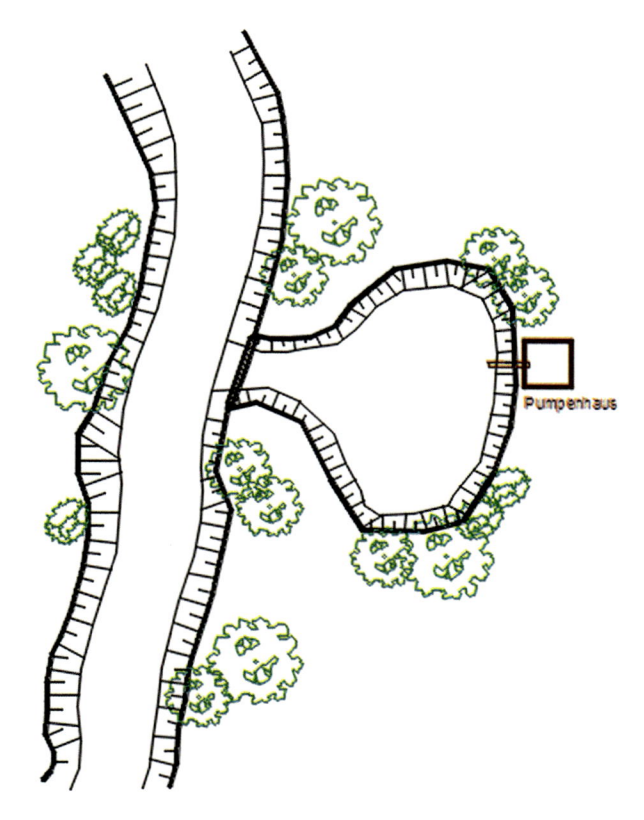

● **Abb. 44.4** Prinzip einer Entnahmelösung an einem Fließgewässer – mit Wand oder Damm getrennter Entnahmeteich. (© Biota)

nen, unabgedeckten Seenspeicher oder Becken übersteigt im Übrigen normalerweise (bzw. unter mittleren Bedingungen) im Winterhalbjahr die Niederschlagshöhe die Verdunstungshöhe, sodass sich im Regelfall ein bilanzieller Zugewinn einstellt.

Das detaillierte Lösungsprinzip zur Absicherung eines zu bestimmenden/festzulegenden ökologischen Mindestabflusses in einem Fließgewässer zeigt ● Abb. 44.6 schematisch (in Seen kann das analog im Hinblick auf den Wasserstand erfolgen). Danach wird durch Wand/Damm oder Sohlenbauwerk sichergestellt, dass nur dann Wasser in den Entnahmebereich mit Pumpstation gelangen kann, wenn der ökologische Mindestabfluss überschritten wird. Auch im Entnahmegewässer wird durch die Wahl entsprechender Ein- und Ausschaltpeile sichergestellt, dass immer ein Mindestwasserstand erhalten bleibt. Der Fischschutz (bzw. Schutz anderer aquatischer Tiere) kann durch geeignete Gitter/Lochblenden sichergestellt werden. Sowohl die Überfallbreite als auch die Größe des Entnahmegewässers bedürfen der sorgfältigen hydraulischen Planung. Das System Pumpenleistung, hydraulisch möglicher Zufluss und Volumen einer Bewirtschaftungslamelle ist hochgradig von den einzelnen Komponenten abhängig und bedarf der Abstimmung. Der ökologische Mindestabfluss ist entsprechend der umweltrechtlichen Anforderungen gewässerabschnittsgenau zu

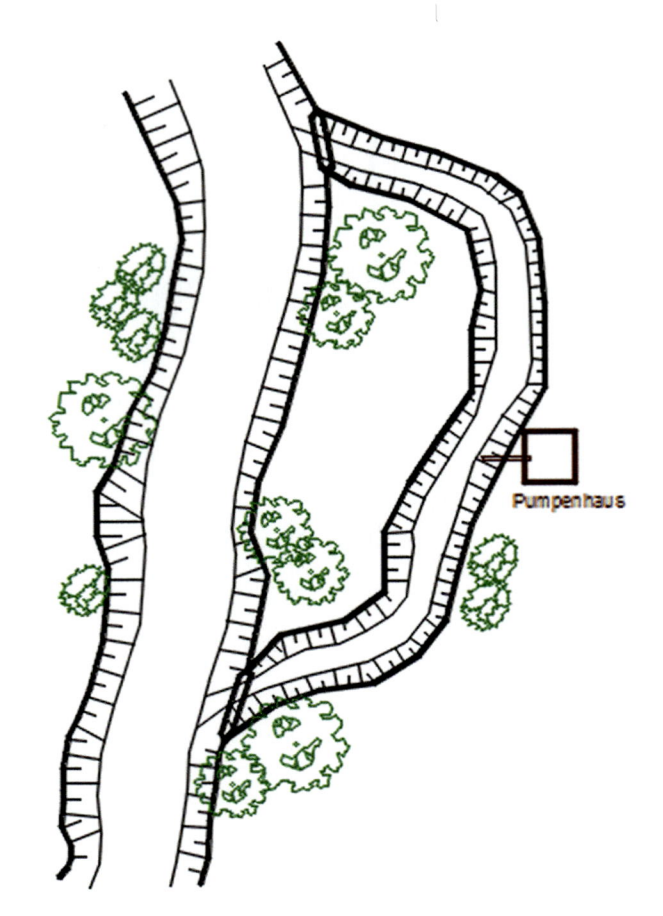

Abb. 44.5 Prinzip einer Entnahmelösung an einem Fließgewässer – mit Sohlenbauwerken getrennter künstlicher Altarm. (© Biota)

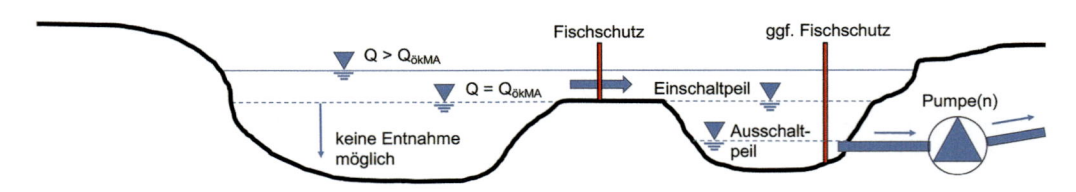

Abb. 44.6 Detailprinzip einer umweltgerechten Wasserentnahme zur Aufrechterhaltung des öko-logischen Mindestabflusses in einem Fließgewässer (ökohydrologisch bestimmte Entnahmebegrenzung). (© Biota)

ermitteln und muss dann sachgerecht hydraulisch in die Lösung transformiert werden. Die Hochwasserneutralität in Bezug auf die Wasserspiegellagen nach ober- und unterhalb wird durch die Parallelschlusslösung nicht beeinträchtigt.

44.3 Fallbeispiel: Entnahmelösung für einen Erdbeerproduzenten

Der überregional bedeutsame Erdbeerproduzent Karl's Erdbeerhof bewirtschaftet östlich der Hansestadt Rostock insgesamt ca. 450 ha Hektar Anbaufläche, die bedarfsorientiert beregnet werden. Hierzu wurde bislang örtlich gewinnbares Grundwasser genutzt. Allerdings ist das Grundwasserdargebot begrenzt (genehmigt sind 240.000 m^3 a^{-1}). Angesichts eines Beregnungsbedarfes von ca. 500.000 … 600.000 m^3 a^{-1} und der bereits spürbaren Auswirkungen des Klimawandels mussten erweiterte Lösungen gefunden werden. So wurde ein hydrologisch fundiertes Mengenkonzept unter der Prämisse größtmöglicher umweltfachlicher Nachhaltigkeit entwickelt [21]. Stetig wird daneben nach betrieblichen Optimierungsmöglichkeiten in Bezug auf die Bewässerung gesucht.

Das in seinen relevanten Teilen behördlich genehmigte und inzwischen vollumfänglich umgesetzte Konzept setzt auf folgende Lösungen:
a) Bau eines zentral in den Anbauflächen liegenden Speicherbeckens in Dammbauweise (maximaler Wasserstand liegt über Flur) für insgesamt 300.000 m^3 Speichervorrat.
b) Einspeisung in das Speicherbecken von bis zu 240.000 m^3 a^{-1} aus Grundwasserförderung.
c) Einspeisung von bis zu 100.000 m^3 a^{-1} aus der Rückgewinnung anfallenden Regenwassers der versiegelten Flächen.

d) Einspeisung von bis zu 344.000 m^3/a aus einer Oberflächenwasserentnahme (s. u.) (genehmigt als 3-jähriges Gleitmittel; damit darf der Wert in drei aufeinanderfolgenden Jahren nur 344.000 m^3/a im Mittel betragen, kann aber in einem Einzeljahr ggf. überschritten werden, wenn das Dargebot dies unter Einhaltung des Mindestabflusses hergibt).
e) Tröpfchenbewässerung und Verdunstungsreduktion: Die Erdbeeren werden bei Trockenheit in der Vegetationsperiode etwa alle 3 Tage mit 30 m^3 Wasser ha^{-1} beregnet (Tropfschläuche bei sehr niedrigem Druck von ca. 0,9 bar; die ca. 10 cm unter Erde und alle 30 cm sitzenden Tropfer geben ca. 500 ml h^{-1} ab; damit gelangt das Wasser direkt in den Wurzelbereich und es besteht keine Fäulnisgefahr für die Früchte).

f) Reduktion des Bewässerungsbedarfes durch maximale Dehnung des Anbauzeitraumes mittels zeitlicher Staffelung des Erdbeersorteneinsatzes und entsprechend gewählte Anbauverfahren. So müssen nie alle Flächen gleichzeitig beregnet werden, nur ca. 150 ha (rd. ein Drittel der Beregnungsfläche). Der Beregnungsbedarf liegt bei ca. 2×30 m^3 ha^{-1} Woche^{-1}, d. h. insgesamt bei ca. 9000 m^3 Woche^{-1}.

Bei der Oberflächenwasserentnahme wurde den o. g. Lösungsstrategien/Prinzipien in Gänze Rechnung getragen. Ein Querschnitt im Südarm des Peezer Baches (Teil einer bestehenden künstlichen Bifurkation – ◘ Abb. 44.9) in relativ naher Entfernung zum Speicherbecken wurde als dafür geeigneter Entnahmepunkt identifiziert (◘ Abb. 44.7). Aufbauend auf einem früheren Gutachten zum ökologischen Mindestabfluss des WRRL-berichtspflichtigen Nordarmes des Peezer Baches [22] wurden folgende Lösungen entwickelt [23]:
- Präferenzieller Abfluss Richtung Nordarm des Peezer Baches (vor wenigen Jahren renaturierter WRRL-Wasserkörper) durch hydraulisch bestimmte Abflussaufteilung, u. a. durch Setzen einer Sohlschwelle (◘ Abb. 44.10), Absicherung eines Mindestabflusses nach Höhe und Dynamik im Nordarm, selbstregulative „Beschickung" des Südarmes entsprechend der Aufteilung (◘ Tab. 44.1).
- Bei Ansatz mittlerer Abflüsse gelangen so insgesamt 568.000 m^3 a^{-1} an ca. 130 Tagen (◘ Abb. 44.8) in den Südarm (= 12 % des Gesamtabflusses des Peezer Baches bis zur Bifurkation). Der mittlere Abfluss (MQ) im Südarm beträgt jedoch lediglich 18 l s^{-1}, wobei der hauptsächlich abflussrelevante Zeitraum die Monate Dezember bis April umfasst. In den für die Beregnung

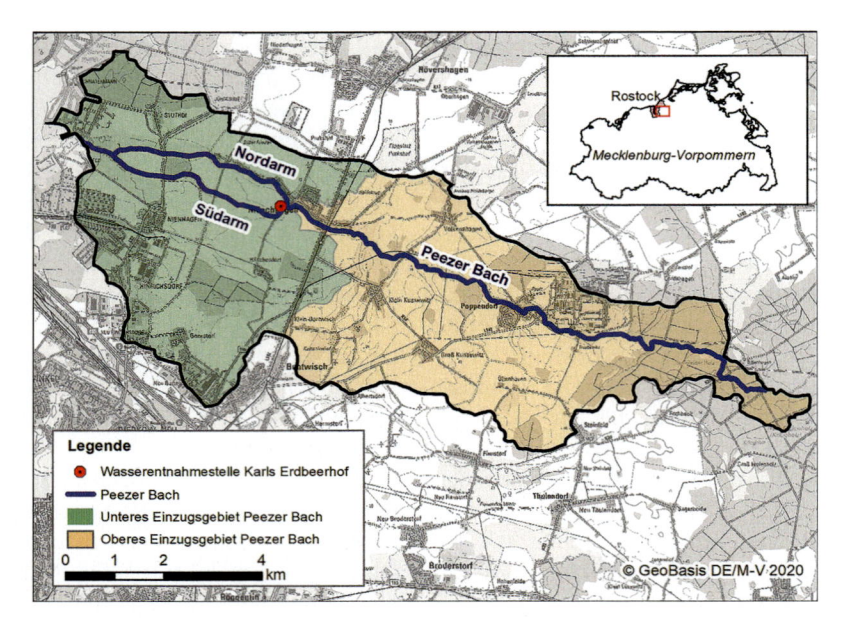

● **Abb. 44.7** Einzugsgebiet (EZG) des Peezer Baches (Mündung in die Unterwarnow bei Rostock, insgesamt 56,5 km²) und Lage des Entnahmepunktes im Südarm nach Verzweigung (bis Verzeigung 30,8 km² Einzugsgebiet, MQ = 0,148 m³ s⁻¹ entsprechend [23]). (© GeoBasis DE/M-V 2020)

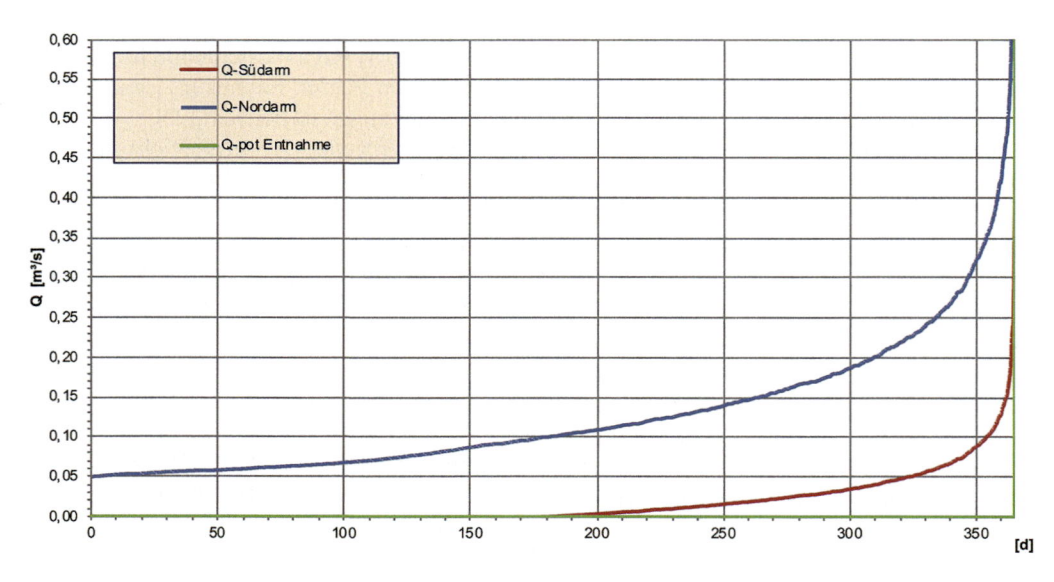

● **Abb. 44.8** Dauerlinien der berechneten Abflüsse (Q) im Nord- und Südarm des Peezer Baches sowie der potenziellen Entnahme unter Berücksichtigung einer Mindestwasserführung von 10 l/s, aus [23]. (© Biota)

Oberflächenwasserentnahme versus Mindestabfluss …

Abb. 44.9 Verzeigung des Peezer Baches in Südarm (Wasserentnahme) auf dem Bild links und Nordarm (rechts). (© Biota)

Abb. 44.10 Sohlschwelle mit Wehrcharakteristik zur Sicherstellung der berechneten Wasseraufteilung bei geringen Durchflüssen. (© Biota)

Tab. 44.1 Hydrologisch und hydraulisch bestimmte Abflussverteilung für den Peezer Bach, aus [23]

	MQ-Sommer	MQ	HQ2	HQ50	HQ100
Oberhalb Verzeigung	0,09	0,17	1,4	2,9	3,3
Teilstrecke Nordarm	0,09	0,14	1	2,1	2,4
Teilstrecke Südarm	0	0,03	0,4	0,8	0,9

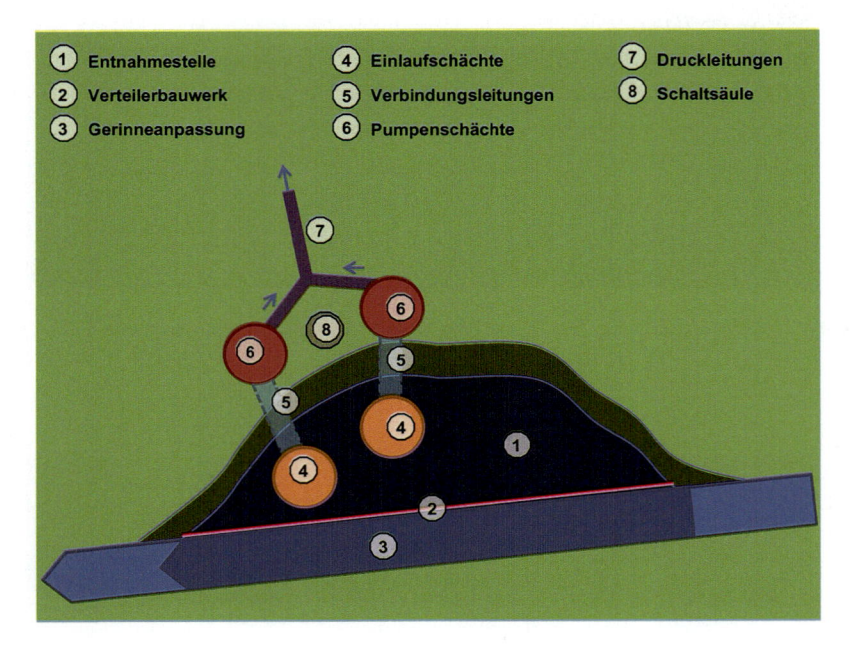

(© Biota)

Abb. 45.11 Schematische Darstellung des komplexen Entnahmebauwerks. (© Biota)

relevanten Monaten sinkt der mittlere Abfluss im Südarm auf unter 5 l s^{-1}, was die Notwendigkeit der gewählten Speicherlösung unterstreicht.
- Absicherung einer (zweiten) Mindestwasserführung von 10 l s^{-1} im Südarm durch entsprechende Höhe des Streichwehres (Spundwand) als Teil des Entnahmebauwerkes; Lochblende auf dem Streichwehr als Schutz für Fische und andere aquatische Organismen.
- Höhere Abflüsse in den Sommermonaten (z. B. gewitterbedingte Hochwasser) können bei der gewählten Lösung oberhalb der „doppelten"

Mindestwasserführung (Nordarm und Südarm) prinzipiell im Rahmen der genehmigten Jahresmenge (3-Jahres-Gleitmitel) zusätzlich entnommen werden.
- Einsatz von vier frequenzgesteuerten Pumpen à maximal 90 m^3 h^{-1}, sodass bereits ab ca. 1 m^3 h^{-1} gepumpt werden kann und immer ein angepasster Stromverbrauch realisiert wird. Über eine Wasserstandssensorik erfolgt die stufenweise Anpassung der Pumpenleistung an die gegebenen Zuflüsse bzw. sich einstellenden Wasserstände (Abb. 44.11 und 44.12).
- Behördliche gewässerkundliche Überwachung durch geeichte Wasseruhren

Abb. 44.12 Entnahmebauwerk am Südarm des Peezer Baches in der späten Bauphase (August 2019). (© Biota)

und ein System aus zwei hydrologischen Pegeln (Durchflusspegel, 1 x oberhalb der Verzeigung Nord-/Südarm, 1 x Nordarm).

Literatur

1. Podschun, S. A., Thiele, J., Dehnhardt, A., Mehl, D., Hoffmann, T. G., Albert, C., von Haaren, C., Deutschmann, K., Costea, G. & Pusch, M. (2018): Das Konzept der Ökosystemleistungen - eine Chance für integratives Gewässermanagement. – Hydrologie und Wasserbewirtschaftung 62 (6), 453–468.
2. WHG: Gesetz zur Ordnung des Wasserhaushalts (Wasserhaushaltsgesetz - WHG) vom 31. Juli 2009 (BGBl. I S. 2585), das zuletzt durch Artikel 2 des Gesetzes vom 4. Dezember 2018 (BGBl. I S. 2254) geändert worden ist.
3. WRRL (Europäische Wasserrahmenrichtlinie): Richtlinie 2000/60/EG des Europäischen Parlaments und des Rates vom 23. Oktober 2000 zur Schaffung eines Ordnungsrahmens für Maßnahmen der Gemeinschaft im Bereich der Wasserpolitik, Amtsblatt der EG Nr. L 327/1 vom 22.12.2000.
4. Poff, N. L., Allan, J. D., Bain, M. B., Karr, J. R., Prestegaard, K. L., Richter, B. D., Sparks, R. E. & Stromberg, J. C. (1997): The natural flow regime. – BioScience 47, S. 769–784.
5. Verordnung zum Schutz der Oberflächengewässer (Oberflächengewässerverordnung – OGewV) vom 20. Juni 2016 (BGBl. I S. 1373).
6. Mehl, D., Hoffmann, T. G. & Miegel, K. (2014): Klassifizierung des Wasserhaushalts von Einzugsgebieten und Wasserkörpern – Verfahrensempfehlung. a) Handlungsanleitung. – Bund-/Länderarbeitsgemeinschaft Wasser [Hrsg.], Ständiger Ausschuss „Oberirdische Gewässer und Küstengewässer (LAWA-AO), Sächsisches Staatsministerium für Umwelt und Landwirtschaft, Dresden, 72 S.
7. Mehl, D., Hoffmann, T. G. & Miegel, K. (2014): Klassifizierung des Wasserhaushalts von Einzugsgebieten und Wasserkörpern – Verfahrensempfehlung. b) Hintergrunddokument. – Bund-/Länderarbeitsgemeinschaft Wasser [Hrsg.], Ständiger Ausschuss „Oberirdische Gewässer und Küstengewässer (LAWA-AO), Sächsisches Staatsministerium für Umwelt und Landwirtschaft, Dresden, 161 S.
8. Mehl, D., Hoffmann, T. G., Friske, V., Kohlhas, E., Linnenweber, Ch., Mühlner, C. & Pinz, K. (2015): Der Wasserhaushalt von Einzugsgebieten und Wasserkörpern als hydromorphologische

Qualitätskomponentengruppe nach WRRL – der induktive und belastungsbasierte Ansatz des Entwurfs der LAWA-Empfehlung. – Hydrologie und Wasserbewirtschaftung 59 (3), 96–108.
9. LAWA-BLANO Maßnahmenkatalog (WRRL, HWRMRL, MSRL). – Bund/Länder-Arbeitsgemeinschaft Wasser. Kleingruppe „Fortschreibung LAWA Maßnahmenkatalog", LAWA-Arbeitsprogramm Flussgebietsbewirtschaftung, Stand 1. September 2015, beschlossen auf der 150. LAWA-Vollversammlung am 17. / 18. September 2015 in Berlin, 46 S.
10. HWRMRL (Europäische Hochwasserrichtlinie): Richtlinie 2007/60/EG des europäischen Parlaments und des Rates über die Bewertung und das Management von Hochwasserrisiken, Amtsblatt der EG Nr. L 288 vom 06.11.2007.
11. MSRL (Europäische Meeresstrategie-Rahmenrichtlinie): Richtlinie 2008/56/EG des Europäischen Parlaments und des Rates vom 17. Juni 2008 zur Schaffung eines Ordnungsrahmens für Maßnahmen der Gemeinschaft im Bereich der Meeresumwelt, Amtsblatt der EG Nr. L 164/19 vom 25.06.2008.
12. UVPG: Gesetz über die Umweltverträglichkeitsprüfung in der Fassung der Bekanntmachung vom 24. Februar 2010(BGBl. I S. 94), zuletzt geändert durch Artikel 2 des Gesetzes vom 12. Dezember 2019 (BGBl. I S. 2513).
13. BNatSchG: Bundesnaturschutzgesetz vom 29. Juli 2009 (BGBl. I S. 2542), zuletzt geändert durch Artikel 8 des Gesetzes vom 13.Mai 2019 (BGBl. I S. 706).
14. Statistisches Bundesamt [Hrsg.]: Statistisches Jahrbuch 2019, Kapitel 18 Umwelt, S. 455 – 486.
15. ► https://www.umweltbundesamt.de/daten/wasser/wasserressourcen-ihre-nutzung#textpart-1, Abruf am 02.01.2020.
16. ► https://geoportal.bafg.de/mapapps/resources/apps/HAD/index.html?lang=de, Abruf am 02.01.2020.
17. Dyck, S. (1988): Umfang und Probleme der Nutzung des Wasserdargebotes. – Geogr. Ber. 33 (1), 23–36.
18. Aurada, K.-D. (2011): Bildung, Nutzung und Bewirtschaftung des Wasserdargebotes in Deutschland, in: Lozán, J. L., Graßl, H., Hupfer, P, Karbe, L. & Schönwiese, C.-D.: Warnsignal Klima: Genug Wasser für alle? – Universität Hamburg, Institut für Hydrobiologie, 3. Aufl., 229–239.
19. IPCC (2018): Summary for Policymakers, in: Global Warming of 1.5 °C. An IPCC Special Report on the impacts of global warming of 1.5 °C above preindustrial levels and related global greenhouse gas emission pathways, in the context of strengthening the global response to the threat of climate change, sustainable development, and efforts to eradicate poverty. [V. Masson-Delmotte, P. Zhai, H. O. Pörtner, D. Roberts, J. Skea, P. R. Shukla,A. Pirani, W. Moufouma-Okia, C. Péan, R. Pidcock, S. Connors, J. B. R. Matthews, Y. Chen, X. Zhou, M. I. Gomis, E. Lonnoy, M. Maycock, M. Tignor, T. Waterfield (eds.)]. – Intergovernmental Panel on Climate Change IPCC, World Meteorological Organization, Geneva, Switzerland, 32 S.
20. Michel, R. & Sourell, H. [Hrsg.] (2014): Bewässerung in der Landwirtschaft. – Clenze (Agrimedia/ Erling Verlag), 176 S.
21. BIOTA (2013): Gutachten im Rahmen eines wasserwirtschaftlichen Genehmigungsverfahrens bezüglich Entnahme/Bereitstellung und Speicherung von Beregnungswasser. Hydrologisches und gewässerschutzfachliches Gutachten für eine Wasserentnahme aus Oberflächengewässern. – biota – Institut für ökologische Forschung und Planung GmbH im Auftrag von Karls Erdbeerhof, Rövershagen, 51 S.
22. BIOTA (2010): Bestimmung des ökologischen Mindestwasserabflusses im Nordarm des Peezer Baches. – biota – Institut für ökologische Forschung und Planung GmbH im Auftrag des Wasser- und Bodenverbandes Untere Warnow-Küste, 22 S.
23. BIOTA (2013): Genehmigungsplanung (LP 4). Entnahmestelle zur Bereitstellung und Speicherung von Wasser aus dem Südarm des Peezer Baches. – biota – Institut für ökologische Forschung und Planung GmbH im Auftrag von Karls Erdbeerhof, Rövershagen.

Zwischen Dürre und Überschwemmung – Wasserhaushaltsgrößen vor dem Hintergrund des Klimawandels

Falk Böttcher

Im Klimawandel sind die Veränderungen des Wasserhaushaltes bedeutsam, denn diese Veränderungen können Einschnitte in allen Bereichen des Lebens von der Trinkwasserbereitstellung über die Landwirtschaft und Nahrungsgüterproduktion bis zur Verteilung von Waren über wassergebundene Transportwege bedeuten. Weiterhin sind infrastrukturelle Ausstattungen und die Gestaltung von Naturräumen sowie Freizeitmöglichkeiten davon betroffen.

Das Klima war und ist immer Veränderungen unterlegen, die unterschiedliche Ursachen haben. In früheren Jahrhunderten waren dies immer nur natürlich ausgelöste astronomische, geophysikalische und geochemische Prozesse, auf die die Menschheit keinen Einfluss hat. Konkret sind dies beispielsweise Variationen der Erdbahn im Raum, Veränderungen der Sonnenaktivität und Vulkanausbrüche. Diese Zusammenhänge wurden seit dem 19. Jahrhundert untersucht und publiziert, wobei auch die Wirkung des Kohlendioxids insbesondere auf die Lufttemperatur schon 1896 in einer Veröffentlichung von Svante Arrhenius beschrieben wurde.

Heute ist die Klimatologie in der Lage mit gekoppelten Erdsystemmodellen den Klimawandel und seine Auswirkungen zu beschreiben. Dabei kommt den Wasserhaushaltsgrößen besondere Bedeutung zu. In der Klimatologie hat sich aus mehreren Gründen ein Mindestzeitraum von 30 Jahren für die Beschreibung der statistischen Eigenschaften der meteorologischen Parameter eingebürgert.

> **Kompakt**
> - Das Fachgebiet Meteorologie/Klimatologie kann hinsichtlich der Änderungen von Wasserhaushaltsgrößen Aussagen zum Niederschlag, zur potenziellen und aktuellen Verdunstung und zur Bodenfeuchte bereitstellen.

Zuerst erschienen in Wasser und Abfall 9/2019

> - Regional sind sehr unterschiedliche Veränderungen der Bodenwasserhaushaltsgrößen zu erkennen, bei einer hohen natürlicher Variabilität
> - Zur Erhöhung der Sicherheit der Aussagen sind Betrachtungen längerer Zeiträume nötig
> - Signale zur Zunahme der Herbst- und Winterniederschläge bei stärkerem Defizit und zusätzlich größerer Bodenwasserzehrung im Sommer sind klar vorhanden.

Die Weltorganisation für Meteorologie hat alle an der Thematik des Klimawandels arbeitenden Wissenschaftlerinnen und Wissenschaftler aufgerufen, die Zeitspanne von 1961–1990 als Referenz zu nutzen. Die Gründe dafür sind einerseits die flächendeckende Etablierung von vergleichbaren bodengebundenen meteorologischen Messnetzen nach dem Zweiten Weltkrieg auf allen Kontinenten und andererseits die weitgehend gleichbleibende Spannweite der meteorologischen Messergebnisse in diesem Zeitraum. Bei manchen Wetterelementen, wie unter anderem beim Niederschlag, wäre es zwar günstiger, längere homogene Messreihen zur Verfügung zu haben, aber dies ist nur an vergleichsweise wenigen Orten der Welt gegeben. Dies unterstreicht aber zusätzlich die Bedeutung eines dauerhaften qualitätsgesicherten meteorologischen Monitorings, das die historischen Mess- und Beobachtungsmethoden nutzt und diese mittels moderner Verfahren der Fernerkundung, wie Satelliten, Wetterradar oder SoDAR (Sonic Detection and Ranging) und LiDAR (Light Detection and Ranging) ergänzt und aufeinander abstimmt. Besonders bei dem im räumlich-zeitlichen Bezug sehr differenzierten Element Niederschlag zeigt die Kombination aus hergebrachter, stationsbezogener Klimatologie und moderner Methoden, die Fernerkundungsverfahren einbeziehen (Verfahren RADOLAN, das Wetterradardaten und punktbezogenen Niederschlagsmessungen zusammenführt), dass sich die stärkeren Differenzierungen auch im klimatologischen Bild reproduzieren und zum Teil neue Muster in die Betrachtung einbezogen werden müssen.

Dieses langfristige Monitoring zeigt, dass neben den natürlichen klimabildenden Prozessen noch weitere Prozesse wirken. Stand der Forschung ist dabei, dass es sich hierbei um klimawirksame Gase handelt, die der Erdatmosphäre beigemischt sind. Diese klimawirksamen Gase, es handelt sich in der Hauptsache um Wasserdampf, Kohlendioxid, Ozon, Lachgas, Ammoniak und Methan, kommen auf natürlichem Weg in die Erdatmosphäre, aber sie werden insbesondere seit dem Beginn der Industrialisierung und der Nutzung fossiler Brennstoffe sowie intensiver landwirtschaftlicher Produktionsmethoden über das natürliche Maß hinaus durch die menschlichen Tätigkeiten freigesetzt und beeinflussen so die Ausformung des Klimas mit. Die Forschung zeigt heute, dass der anthropogene Anteil am Klimawandel die entscheidende Größe sowohl für die Richtung als auch das Maß der Klimaänderungen darstellt und sich im Umkehrschluss die beobachteten Änderungen nur dadurch erklären lassen, dass die durch die Menschen verursachten Atmosphärenbestandteile in die Betrachtung einbezogen werden. Dies ist vom Intergovernmental Panel on Climate Change (IPCC), einer den Vereinten Nationen nachgeordneten Organisation, in deren regelmäßig erscheinenden Assessment Reports mit zunehmender Evidenz nachgewiesen worden. Letztmalig begann eine solche Veröffentlichungsperiode 2013 und die nächste ist ab 2020/21 angekündigt.

Wenn über den Klimawandel gesprochen wird, fällt meist sehr schnell der Begriff Treibhauseffekt. Die Atmosphäre unseres Planeten mit ihren Bestandteilen sorgt erst dafür, dass Leben in der gewohnten Form möglich ist. Gäbe es die klimawirksamen Gase nicht, würde auf unserer Erde eine um etwa 33 K geringere mittlere Lufttemperatur von – 18 Grad Celsius herrschen. Die Einheit Kelvin wird für Temperaturdifferenzen verwendet, wobei die Wertedifferenz derjenigen von Grad Celsius entspricht. Die klimawirksamen Gase in der Atmosphäre sorgen also dafür, dass die Temperatur im vorindustriellen Zeitalter etwa 15 Grad Celsius erreicht hatte. Dies wird als natürlicher Treibhauseffekt bezeichnet. Die einzelnen Gase haben einen unterschiedlichen Anteil an diesem Treibhauseffekt. Der größte Anteil wird vom Wasserdampf, der gasförmigen Form des Wassers, ausgelöst und beträgt nicht ganz 21 K. An zweiter Stelle folgt das Kohlendioxid. Sein Anteil wird mit etwas mehr als 7 K angegeben. Die restlichen etwa 5 K verteilen sich auf Ozon (2,4 K), Lachgas (1,4 K), Methan (0,8 K) und andere Gase (etwa 0,6 K). Weiterführende Aussagen hierzu sind dem aktuellen IPCC-Assessment Report von 2013 zu entnehmen.

Fragen des Klimawandels werden heute in Kombination von Monitoring und Modellierung bearbeitet. Dabei kommt zunächst der rückschauenden Betrachtung große Bedeutung zu, denn aus dem Vergleich zwischen den aus der Vergangenheit verfügbaren Monitoringergebnissen und einer in die Vergangenheit gerichteten Modellierung kann einerseits die Güte der Modelle abgeschätzt werden und andererseits kann über die Steuerung des Modellinputs genau erkundet werden, welche Prozesse am Klimawandel mitwirken. Über physikalisch begründete Szenarien, die wiederum ein künftiges Verhalten der Menschheit in Bezug auf die Veränderung der Emissionen klimawirksamer Gase beschreiben, wird mit den Klimamodellen eine Berechnung der klimatischen Zukunft vorgenommen.

Dies erfolgt über verschiedene zeitliche und räumliche Aggregationsstufen und in der Koppelung mit Wirkmodellen können dann sehr spezifische Informationen über die klimainduzierten Veränderungen in der Zukunft in verschiedenen Sektoren des menschlichen Lebens und darin eingebettet auch der wirtschaftlichen Tätigkeit gewonnen werden. Diese Wirkmodelle sind auch Wasserhaushaltsmodelle unterschiedlicher Komplexität, wobei die Nutzung solcher komplexen Modelle voraussetzt, dass die Modellkomplexität unter Beachtung der explizit zur Verfügung stehenden Inputdaten sowohl in der klimatologischen Vergangenheit als auch in der klimatologischen Zukunft abbildbar ist.

Informationen zu solchen Veränderungen sind beispielsweise dem vom Deutschen Wetterdienst im Internet publizierten Deutschen Klimaatlas zu entnehmen [1]. Die Datenbasis dieses Werkzeuges sind einerseits die meteorologischen Messungen, die heute unter vergleichbaren Messmethoden über Deutschland einen flächenhaften Blick in die Vergangenheit bis 1881 erlauben und in Richtung Zukunft wird andererseits mit Ergebnissen unterschiedlicher Klimasimulationen gearbeitet, die sich sowohl hinsichtlich des grundlegenden Szenarios als auch der Art der Modellierung und dem Grad der Regionalisierung unterscheiden. Auf diesem Gebiet ist die Forschung derzeit sehr aktiv, weil den Nutzern nicht zugemutet werden kann, aus all den verfügbaren Ergebnissen den jeweils nützlichsten Datensatz auszuwählen (Abb. 45.1).

Das Fachgebiet Meteorologie/Klimatologie kann hinsichtlich der Änderungen von Wasserhaushaltsgrößen Aussagen zum Niederschlag, zur potenziellen und aktuellen Verdunstung und zur Bodenfeuchte bereitstellen. Aussagen zu Veränderungen der ober- und unterirdischen Wasserflüsse bleiben der Hydrologie und Hydrogeologie vorbehalten.

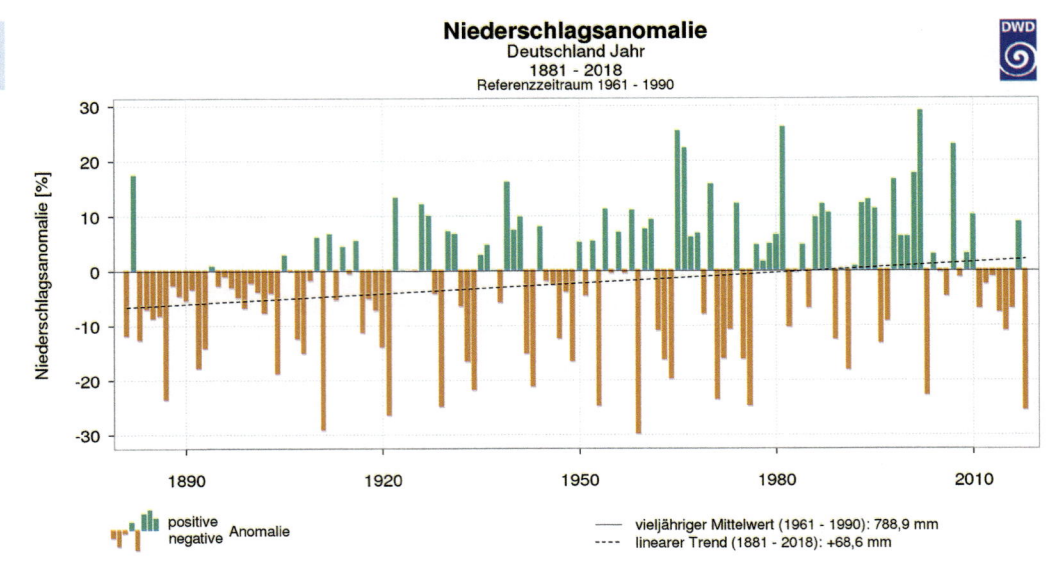

Abb. 45.1 Niederschagstendenz Deutschland. (© Falk Böttcher)

45.1 Änderungen des Niederschlages

Als einzige Inputgröße des Wasserhaushaltes soll der Niederschlag betrachtet werden. Im Flächenmittel über Deutschland ist eine um etwa 10–15 % zunehmende Jahresniederschlagssumme festzustellen. Dabei gibt es regionale Unterschiede. Während in den nördlichen, westlichen und südlichen Regionen diese Zunahme real bemerkbar macht, ist sie nach Osten hin kaum noch zu spüren und an der Oder-Neiße-Linie sind sogar Gebiete mit abnehmender Jahresniederschlagssumme zu verzeichnen. Die Veränderung des Niederschlages zeigt sich auf vielerlei Weise, so ändert sich die halbjährliche Verteilung über Deutschland. Im Winterhalbjahr nimmt die Niederschlagsmenge zu, während sie im Sommerhalbjahr abnimmt, wobei im Sommerhalbjahr selbst eine Niederschlagsabnahme in der ersten Hälfte und eine gewisse Zunahme in der zweiten Hälfte verzeichnet werden kann. Dies hat insbesondere auf die Land- und Forstwirtschaft sowie den Gartenbau Einfluss und zwingt in diesen Sektoren zu Anpassungen insbesondere im Hinblick des Anbauspektrums, der Sortenwahl und der Bodenbearbeitung sowie der Nutzung von Technologien, um die Niederschlagsdefizite auszugleichen. Hier sei als Beispiel die Zusatzbewässerung genannt, die natürlich nur dann wirksam werden kann, wenn Wasserreservoirs nutzbar sind und durch die Zusatzbewässerung keine Auswirkungen auf das Wasserdargebot erkennbar sind.

Neben der unterschiedlichen Veränderung der Niederschlagsmenge und -verteilung gibt es durch klimawandelbedingte Veränderungen der atmosphärischen Zirkulation insbesondere über den mittleren Breiten eine Veränderung in der Stabilität von Wetterlagen, die dazu führt, dass sich das Verhältnis zwischen warmfront- und kaltfrontgebundenen Niederschlägen verändert. Warmfrontniederschläge, die sogenannten Landregen, nehmen in ihrer Häufigkeit ab und Kaltfrontniederschläge, die überwiegend schauerartigen Charakter haben, nehmen zu. Die Zunahme der Kaltfrontniederschläge, die oft durch starke Intensitäten und starke Intensitätsschwankungen gekennzeichnet sind, werden meist schlechter in den Boden infiltriert und liefern damit gelegentlich Oberflächenabfluss, der in Kombination mit unbewachsenen oder nur spärlich bedeckten Böden in hügeligem oder bergigem Gelände Erosionsereignisse auslösen kann. Die Datenlage ist so, dass im Winterhalbjahr bei Starkniederschlägen, die auf der Basis von Tagessummen des Niederschlages mit einem Erreichen und Überschreiten der Grenze von 20 mm beschrieben werden, sowohl in Häufigkeit als auch in Intensität Zunahmen statistisch gesichert sind. Im Sommerhalbjahr sehen wir bei diesen Niederschlägen keine wesentliche Veränderung der Häufigkeit, aber zunehmende Intensitäten. Wenn die Einstufung des Niederschlages als Starkniederschlag auf kleinere Zeitschritte reflektieren soll, dann ist die Aussage noch mit Unsicherheiten behaftet, denn das dafür verfügbare Datenmaterial liefert für diese Aussagen eine noch nicht abgesicherte Basis. Der Grund liegt darin, dass erst seit Mitte der achtziger Jahre des 20. Jahrhunderts zunehmend elektronische Niederschlagsmesser eingeführt wurden, die auch kleinere Messintervalle bis zur Minutenauflösung bringen und die Daten der früher eingesetzten Regenschreiber gerade erst aufwendig digitalisiert werden.

Die Veränderung der Stabilität von Wetterlagen führt auch zunehmend zu längeren niederschlagsarmen oder niederschlagsfreien Perioden, was Auswirkungen auf die Wasserbewirtschaftung haben muss, um den Ansprüchen an eine ausreichende Menge und ungeschmälerte Qualität des bereitzustellenden Wassers zu genügen (Abb. 45.2).

Durch die mittlere Erwärmung kommt es im Winterhalbjahr auch zu Veränderungen des Schneefalls und bei den Schneedecken zu Veränderungen der Höhe, Andauer und des Abtauverhaltens. Zunächst ist durch die höhere Lufttemperatur das Wasserdampfaufnahmevermögen der Luft vergrößert, das kann unter Umständen in

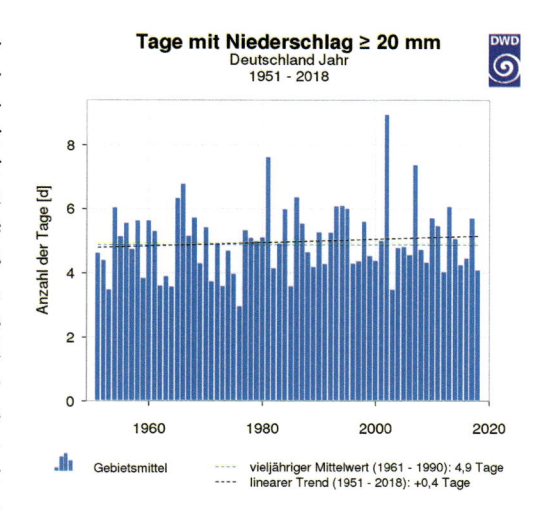

Abb. 45.2 Starkniederschagstage in Deutschland (© Falk Böttcher)

Zusammenhang mit eher schauerartigen Niederschlägen zu intensiveren Schneefällen führen mit höherer Neuschneeauflage. Insgesamt zeigt sich aber, dass sowohl im Tief- als auch im Bergland eine Abnahme der Tage mit einer Schneedecke zu erkennen ist. Damit wird das in der Schneedecke gebundene Wasser schneller frei und fließt ab, was auch unterstützt wird, wenn der winterliche Niederschlag bis in die Kammlagen der Mittelgebirge unmittelbar als Regen fällt, was eine zusätzliche Beschleunigung des Abtauens einer vorhandenen Schneedecke darstellt.

45.2 Änderungen der potenziellen und realen Verdunstung

Da die potenzielle Verdunstung unter anderem eine Funktion der Lufttemperatur ist, folgen Veränderungen der potenziellen Verdunstung in der Regel gleichsinnig den Änderungen der Lufttemperatur, zumal der Einfluss der Lufttemperatur den weiterer Wetterelemente (u. a. Luftfeuchte, Globalstrahlung, Wind) überprägt. Die potenzielle

Verdunstung ist als eine Beschreibung des atmosphärischen Aufnahmevermögens für Wasserdampf insofern nur bedingt für eine Beschreibung der Veränderungen des Wasserhaushaltes geeignet, als sie Pflanzenbewuchs und vorhandenes oder nicht vorhandenes Bodenwasser komplett aus der Betrachtung ausschließt. Insofern ist auch der Nutzen von solchen Wasserhaushaltsgrößen wie der Klimatischen Wasserbilanz als Differenz zwischen Niederschlag und potenzieller Verdunstung bei der Betrachtung über fester Erde begrenzt.

Die Veränderungen der aktuellen oder realen Verdunstung sind demgegenüber wesentlich aussagefähiger, weil sie die Bodeneigenschaften und gegebenenfalls die Eigenschaften des Pflanzenbestandes integrieren. Die Messung der aktuellen Verdunstung ist großflächig aufgrund des notwendigen Aufwandes nicht möglich und stützt sich im Wesentlichen auf wägbare Lysimeteranlagen. Die Ergebnisse dieser Anlagen dienen zur Qualifizierung entsprechender Modelle, und damit ist dann ein flächenhafter Blick auf die aktuelle Verdunstung und ihre zeitliche Veränderung im Kontext des Klimawandels möglich. Die Resultate zeigen die starke Abhängigkeit der aktuellen Verdunstung vom Bodenwasserdargebot des jeweiligen Standortes. So zeigen die Ergebnisse von Standorten mit einer vergleichsweise hohen Wasserspeicherfähigkeit (bspw. Schwarzerden in den Börden oder Lößlehm) bei gleichem Bewuchs eine Zunahme der aktuellen Verdunstung im Kontext des Klimawandels, während auf sandigeren Böden kaum eine Veränderung bei gleichem Bewuchs zu erkennen ist, was daher rührt, dass auf diesen Standorten der Boden keine weiteren Wassermengen zur Verdunstung bereitstellen kann. Im landwirtschaftlichen Bereich wird mittels der Steuerung der Dichte eines Kulturpflanzenbestandes über die Aussaatstärke versucht, in Abhängigkeit von der Wasserspeicherfähigkeit eine Minimierung der Evaporation bei gleichzeitiger Optimierung der Transpiration zu erreichen.

45.3 Änderungen der Bodenfeuchte

Die Bodenfeuchte als eine resultierende Größe des Wasserhaushaltes wird in Deutschland nicht flächendeckend gemessen, aber es gibt regional verteilte Messungen, die gemeinsam mit Modellierungen ein zuverlässiges Bild der Änderungen dieser Größe liefern. Hierbei sind auch das Wasserspeichervermögen und der jeweilige Bewuchs bedeutsam. Dabei spielt auch die durch die erreichbare Wurzeltiefe erschließbare Mächtigkeit des Bodens eine Rolle. Unter der Voraussetzung gleichmäßiger Wurzeltiefe zeigt sich im Kontext des Klimawandels ein Trend zur Abnahme der Bodenfeuchte unter den landwirtschaftlichen Kulturpflanzenarten aber auch unter Dauerkulturen sowohl in Landwirtschaft wie im Forst in den jeweiligen Vegetationsmonaten, während in den Monaten ohne nennenswerte Vegetationsregungen die Bodenfeuchte leicht zunimmt. Wie stark der Trend zur Abnahme in den Vegetationszeiten ist, hängt wiederum vom Bodenwasserspeichervermögen des jeweiligen Standortes ab. Es muss aber auch festgestellt werden, dass die Bodenfeuchte mit ihrem langperiodischen Verlaufsverhalten durch Niederschlagsarmut ausgelöste meteorologische Trockenheit in gewissem Umfang in der Landwirtschaft und im Forstbereich abpuffert.

Literatur

1. ▶ www.deutscher-klimaatlas.de. Ein ausführliches Literaturverzeichnis kann beim Autor abgefordert werden.

Unterstützungsbedarfe mittelgroßer Städte im Nordseeraum für die Anpassung an den Klimawandel

Helge Bormann und Mike Böge

Unterstützungsbedarfe mittelgroßer Städte im Nordseeraum für die Anpassung an den Klimawandel wurden identifiziert. Diesen Städten fehlt es oft an einer strategischen Ausrichtung. Beispiele guter Praxis können das Spektrum potenzieller Lösungsansätze erweitern.

Aus aktuellen Studien und Berichten geht zweifelsfrei hervor, dass der globale und regionale Klimawandel zunehmend voranschreitet und in den kommenden Jahrzehnten erhebliche Klimafolgen wie Starkregen oder Überschwemmungen nach sich ziehen wird [1, 2]. Auswirkungen werden regional unterschiedlich auftreten und in verschiedensten Sektoren zu verzeichnen sein [2]. Daraus werden sich erhebliche Anpassungserfordernisse ergeben [3]. Aufgrund der Trägheit des Klimasystems werden auch bei einer erfolgreichen Mitigation, d. h. bei einer Entschleunigung zukünftiger Klimaveränderungen aufgrund erfolgreicher Klimapolitik, ein gewisser Klimawandel und die damit verbundenen Klimafolgen unvermeidbar sein. Eng mit solchen Veränderungen verbunden ist eine Zunahme der Häufigkeit und Intensität von Extremereignissen [4].

Für urbane Gebiete mit einem hohen Anteil an versiegelten Flächen haben diese Trends eine Zunahme von Hochwasserrisiken zur Folge. Infolge der bereits beobachteten Ereignisse (z. B. Starkregen) hat in vielen großen Städten bereits ein städtebauliches Umdenken begonnen. So wurde beispielsweise bei der Umsetzung der EU-Hochwasserrisikomanagement-Richtlinie [5] erkannt, dass Fließgewässer offensichtlich mehr Raum benötigen, als ihnen in der Vergangenheit zugestanden wurde. Auch hat die zunehmende Flächenversiegelung dazu geführt, dass die Entwässerungssysteme in den Städten an die Grenzen stoßen.

Im Rahmen einer Anpassung an den Klimawandel muss nun den veränderten Rahmenbedingungen Rechnung getragen werden. Speziell in Küstengebieten wird

Zuerst erschienen in Wasser und Abfall 12/2020

zukünftig die Verwundbarkeit gegenüber dem Klimawandel zunehmen, da sich der Meeresspiegelanstieg mit anderen Klimafolgen wie z. B. Starkregen überlagern wird. Konsequenzen sind dabei auch jenseits von Hochwasserrisiken zu erwarten [6]. Damit werden auch die gesellschaftlichen Anpassungserfordernisse zunehmen [7, 8].

Anpassung erfolgt dabei auf verschiedenen räumlichen und administrativen Ebenen. Den Rahmen setzt in Deutschland die Deutsche Anpassungsstrategie an den Klimawandel [9] in Verbindung mit dem Aktionsplan Anpassung der Bundesregierung. Auch die Bundesländer haben Klimaanpassungsstrategien entwickelt [z. B.] [10], und auf der kommunalen Ebene findet nicht zuletzt ein Großteil der Umsetzung der notwendigen Maßnahmen statt. Während große Städte im Hinblick auf eine Klimaanpassung schon relativ gut aufgestellt sind, fehlt kleinen und mittelgroßen Städten oft die Kapazität, um einen strategischen Prozess der Klimaanpassung zu durchlaufen.

Die Unterstützungsbedarfe dieser kleinen und mittelgroßen Städte bei der Klimaanpassung wurden untersucht.

> **Kompakt**
>
> — Kleine und mittelgroße Städte benötigen Unterstützung bei der strategischen Ausrichtung von Klimaanpassungsmaßnahmen sowie im Rahmen des Monitorings und der Evaluation.
> — Die Entwicklung von Standards für Klimaanpassungsmaßnahmen sowie für deren Monitoring und Evaluation ist notwendig.
> — Kriterien für die Identifizierung und die Auswahl geeigneter Anpassungsmaßnahmen werden benötigt. Beispiele guter Praxis können ebenso wie die Dokumentation von Fehlern bei der Entwicklung von Aktivitäten zur Klimaanpassung helfen.

46.1 Besondere Herausforderungen mittelgroßer Städte

Die Größe einer Stadt spielt für den Prozess der Klimaanpassung eine wichtige Rolle. Kleine und mittelgroße Städte (20.000–200.000 Einwohner) nehmen in der Regel eine geringere Fläche ein, haben weniger Einwohner und verfügen über weniger Ressourcen als Großstädte. Während große Städte (z. B. Hamburg und Rotterdam) überwiegend sehr klare Prozesse und Strategien definiert haben und sich entsprechende Projekte bereits in der Umsetzung befinden, um ihre Anpassungsfähigkeit an den Klimawandel (Resilienz) steigern zu können, fehlt es diesbezüglich kleinen und mittelgroßen Städten oft an geeigneten finanziellen und personellen Mitteln, an Expertise sowie an Kapazitäten [11]. Der Klimaanpassungsprozess kann demzufolge dort nicht in vergleichbar integrativer Weise adressiert werden, wie es großen Städten möglich ist. Meist ist in Städten dieser Größe auch noch keine Klimaanpassungsstrategie entwickelt und verabschiedet worden, an die entsprechende Maßnahmen geknüpft werden können. Nicht zuletzt bieten sich kleinen und mittelgroßen Städten aufgrund des geringen Budgets auch nur in Ausnahmefällen Gelegenheiten, größere Investitionen im Rahmen der Klimaanpassung zu tätigen. Vielfach sind sie darüber hinaus stärker mit dem Umland bzw. umliegenden Gemeinden vernetzt, was zusätzliche Anforderung an eine Anpassungsstrategie bedingt und darüber hinaus die Kommunikation zwischen den unterschiedlichen Akteuren erschwert [12].

46.2 Das CATCH-Projekt

Das von der EU geförderte Interreg VB-Projekt CATCH *(water sensitive Cities: the Answer To CHallenges of extreme weather events*) hat zum Ziel, die Klimaresilienz kleiner und mittelgroßer Städte in Bezug auf Extremwetterereignisse zu stärken. Unterstützung soll dabei sowohl auf der strategischen wie auch auf der praktischen Arbeitsebene geleistet werden. Als hilfreich für eine passfähige Unterstützung wird sowohl die Einschätzung des Ist-Zustandes des urbanen Wassermanagementsystems als auch die Erfassung der spezifischen Bedürfnisse beispielhafter kleiner und mittelgroßer Städte angesehen. Beides wurde im Rahmen von CATCH am Beispiel von sieben Pilotstädten in sechs Ländern durchgeführt. Die Pilotstädte (◘ Tab. 46.1) stehen exemplarisch für kleine bis mittelgroße Städte in der Nordseeregion, die zukünftig vom Klimawandel betroffen sein werden bzw. vielfach bereits sind.

Als Basis der Selbsteinschätzung der Städte [13] dient das in Australien entwickelte Konzept der „wassersensiblen Stadt" [14]. Es beschreibt einerseits die historischen Entwicklungsstufen einer Stadt, beginnend mit der Wasserversorgung, der Abwasserentsorgung und der Regenwasserbewirtschaftung, zeigt aber andererseits auch zukünftige Entwicklungspfade auf, die vor allem durch eine multifunktionale und integrative Bewirtschaftung geprägt sind. Diese Entwicklungen sind immer durch sozio-politische Treiber wie (Gesundheits-)Vorsorge oder (Hochwasser-)Schutz geprägt (◘ Abb. 46.1). Das Konzept kann daher sowohl als Grundlage für eine Selbsteinschätzung (Wo befinden wir uns derzeit, und in welchen Bereichen gibt es Defizite?) als auch als zielorientierter Fahrplan zur „wassersensiblen Stadt" (Wo wollen wir hin, und was müssen wir dafür verbessern?) verwendet werden.

Das Konzept der „wassersensiblen Stadt" wurde in Australien entwickelt und basiert im Wesentlichen auf drei inhaltlichen Säulen:

- Städte werden als Einzugsgebiete betrachtet („*Cities as catchments*"). Ziel ist dabei insbesondere, die natürlichen hydrologischen Prozesse innerhalb einer Stadt zu fördern und Wasser auch als wertvolle Ressource zu betrachten. Anfallendes Regenwasser soll schonend dem Grundwasser zugeführt werden. Wasserressourcen sollen auch zur Deckung des regionalen Wasserbedarfs nutzbar sein.
- Städte werden als Anbieter von Ökosystemfunktionen verstanden („*Cities as ecosystem services providers*"). Hier ist beispielsweise die Steigerung der Lebensqualität durch Gewässer und Grünanlagen (Naherholung, Schattenspender) zu nennen.
- Die Förderung wassersensibler Gemeinschaften und Netzwerke stellt die dritte Säule dar („*Cities as water sensitive communities and networks*"). Die Umsetzung integrierter Lösungen bedarf einer intensiven Kommunikation der beteiligten Akteure, die durch geeignete Formate und Werkzeuge gefördert werden kann.

Das Konzept berücksichtigt damit sowohl den Nutzen des Wassers und der Gewässer als auch die Risiken, die von ihnen ausgehen. Es beruht unter anderem auf der historischen Entwicklung von Städten. Die Möglichkeit der Positionierung von Städten in diesem Konzept im Rahmen einer Selbsteinschätzung [13] macht das Konzept ebenso attraktiv wie auch die Einschätzung der strategischen Ausrichtung im Hinblick eine auf proaktive Berücksichtigung von Ressourcenknappheit, zukünftig zunehmende wasserbedingte Risiken und die integrative Anpassung an den Klimawandel.

46.3 Ermittlung der Unterstützungsbedarfe

Zur Erfassung der Rahmenbedingung und Bedürfnisse der Pilotstädte wurden diese vor Ort besucht und Interviews mit betroffenen Akteuren und Stakeholdern

Tab. 46.1 CATCH-Pilotstädte

Stadt	Land	Einwohner	Fläche [km²]	Wasserkörper – Hochwasserrisiken	Pilotprojekt
Arvika	Schweden	14.000	11	See – Starkregen, Wasserqualität	Reduktion des Nährstoffeintrags
Enschede	Niederlande	158.000	143	Kanal, Bach – Fluss-HW, Starkregen	Aufwertung von urbanen Fließgewässern
Herentals	Belgien	27.000	39	Fluss – Fluss-HW, Starkregen	Ausweitung der urbanen Auengebiete
Norwich	Großbritannien	140.000	49	Fluss – Fluss-HW, Starkregen	Urbaner Hochwasserschutz
Oldenburg	Deutschland	164.000	103	Fluss – Starkregen	Verkehrslenkung im Hochwasserfall
Vejle	Dänemark	55.000	144	Fjörd, Fluss – Fluss-HW, Starkregen, Sturmflut	Steigerung der Hochwasserresilienz
Zwolle	Niederlande	124.000	119	See, Fluss – Fluss-HW, Starkregen, Sturmflut	Urbane Klimaanpassung

© Helge Bormann

geführt. Im Rahmen einer SWOT-Analyse (*Strengths* (Stärken), *Weaknesses* (Schwächen), *Opportunities* (Chancen) und *Threats* (Risiken)) wurden anschließend Stärken und Schwächen des Klimaanpassungsprozesses identifiziert. Von Bedeutung sind in diesem Zusammenhang sowohl spezifische Herausforderungen (z. B. Lage, Gewässer und deren Bewirtschaftung, regionaler Klimawandel und regionale Klimafolgen, historischer Hintergrund) als auch die jeweiligen wasserwirtschaftlichen Risiken der Pilotstädte (z. B. Flusshochwasser, Sturzfluten, Sturmfluten, Gewässerverschmutzung; Tab. 46.1).

Insgesamt wurden in den sieben Pilotstädten 41 Interviews mit Personen aus der lokalen und regionalen Verwaltung, Wasserverbänden, Versorgungsunternehmen, Genossenschaften, NGO's und auch mit einzelnen Bürgern geführt. Die Interview-Partner wurden von den jeweiligen Projektpartnern der CATCH-Pilotstädte ausgewählt. Befragt wurden in allen Fällen sowohl Experten aus den Pilotprojekten als auch Praxisakteure, die nicht an den Pilotaktivitäten mitwirken.

In den Interviews wurde zunächst der Status eventueller lokaler und regionaler Klimaanpassungsstrategien abgefragt. In Bezug auf die konkrete Umsetzung von Klimaanpassungsmaßnahmen in den sieben Städten zielten die Fragen auf eine Bewertung der sechs Handlungsfelder des Management-Kreislaufs (Abb. 46.2; *problem solving cycle*) [15] ab, um daraus Unterstützungsbedarfe für eine strategische Anpassung an den Klimawandel sowie für konkrete Maßnahmenumsetzungen abzuleiten: 1) Problem-Definition,

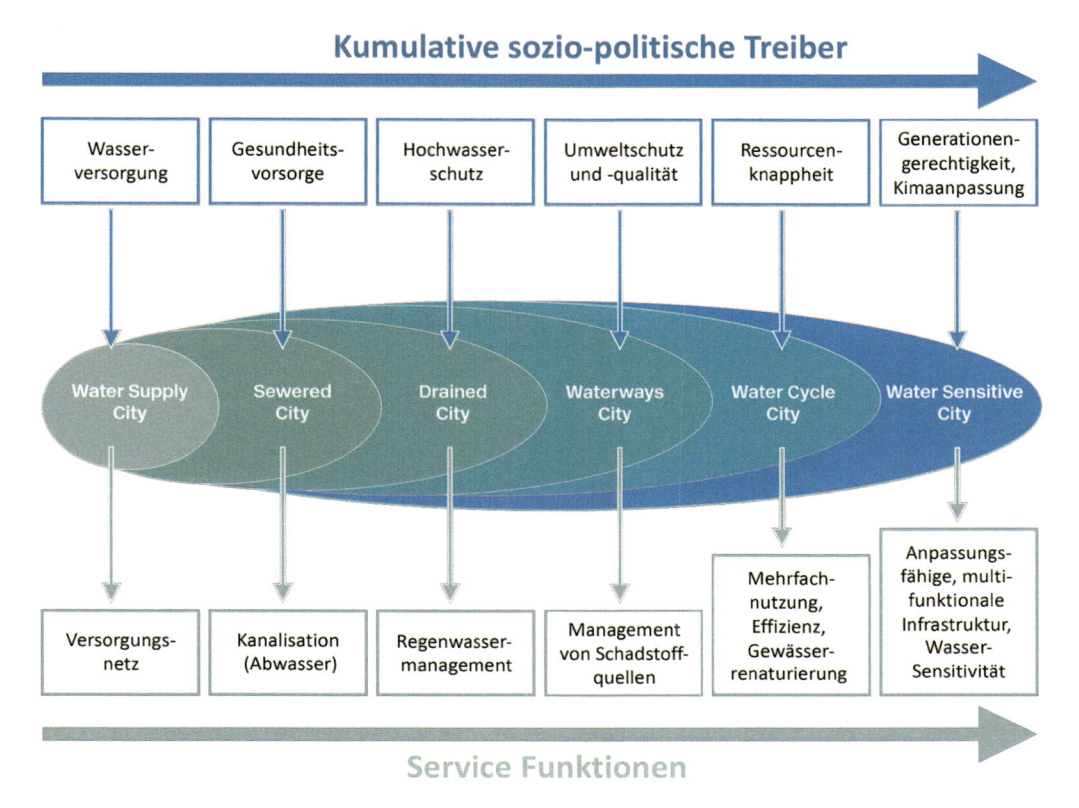

Abb. 46.1 Prinzip der wassersensiblen Stadt; verändert nach [12, 14]. (© Helge Bormann)

2) Problem-Spezifizierung, 3) Generierung von Lösungen, 4) Auswahl, 5) Implementierung, 6) Evaluation.

46.4 Ergebnisse

Die zu Projektbeginn durchgeführte Selbsteinschätzung der Pilot-Städte hatte ergeben, dass sich die meisten Städte bezogen auf das Konzept der wassersensiblen Stadt noch im Bereich der „Drained City" bzw. der „Waterways City" (Abb. 46.1) [13] befinden. Wasserversorgung, Abwasserentsorgung und Aufbereitung sowie Regenwassermanagement sind, trotz individueller und/oder lokaler Defizite, überwiegend auf einem zufriedenstellenden Stand und in die aktuellen Planungsprozesse integriert. Über eine adaptive, multifunktionale Infrastruktur verfügt aber noch keine der beteiligten Städte, und der strategische Planungsprozess dorthin ist entweder noch nicht angestoßen oder steckt noch in den Anfängen. Defizite sind überwiegend in der Säule der wassersensiblen Gemeinschaften und Netzwerke zu finden. Der Analyse und angemessenen Berücksichtigung der lokalen Governance kommt daher im Klimaanpassungsprozess eine große Bedeutung zu.

Diese vorab durchgeführte Selbsteinschätzung der Pilotstädte bestätigte sich im Rahmen der Interviews. Alle Pilotstädte nennen historische Hochwasser- und/oder Starkregen-Ereignisse als Trigger für die Aktivitäten im Bereich der Klimawandelanpassung (Tab. 46.2). Trotz dieser Erfahrungen geben bis auf Vejle (DK) alle Städte

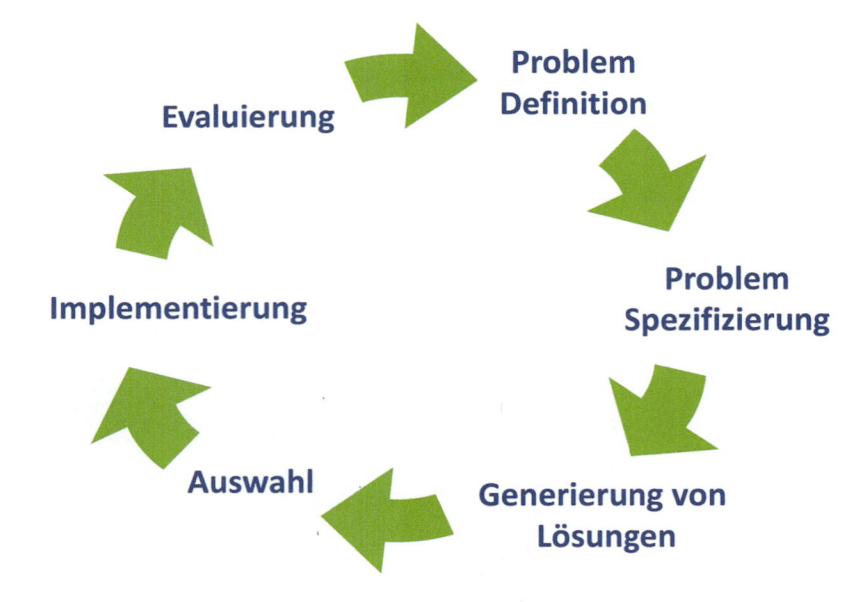

Abb. 46.2 Management Zyklus; verändert nach [15]. (© Helge Borman)

zu bedenken, dass es entweder noch keine lokale oder regionale **Klimaanpassungsstrategie** gibt, oder dass das Regenwasser- bzw. das Hochwasserrisikomanagement noch nicht in übergreifende Pläne integriert ist.

Deutlich besser aufgestellt sieht sich die Mehrheit der Pilotstädte in den Aufgabenfeldern der **Problemdefinition** und der **Problemspezifizierung**. Die Akteure bewerten die jeweilige Datenlage fast durchgehend mit gut, sind sich vor dem Hintergrund der verfügbaren Gefahren und Risikokarten der Hochwasser- und Starkregenrisiken bewusst und schätzen auch die ihnen zur Verfügung stehenden Modelle und Szenarien als gut genug ein. Gefahren- und Risikokarten gemäß EU-Hochwasserrisikomanagementrichtlinie [5] sind durchgehend vorhanden. Lediglich in Bezug auf Wasserqualitätsmodelle (Arvika, S) und Stresstest-Simulationen (Zwolle, NL) werden noch Ergänzungsbedarfe gesehen.

Basierend auf den zur Verfügung stehenden Daten und der jeweiligen Erfahrung mit technischen Lösungen sehen sich alle Pilotstädte in der Lage, v. a. technische **Lösungsansätze** zu identifizieren, die zur Klimaanpassung und zum Management von Wasser in den Pilotstädten beitragen können. Defizite werden eher in den zur Verfügung stehen **Auswahlkriterien** bzw. **Werkzeugen** gesehen, die überwiegend auf monetären Indikatoren, z. B. im Rahmen von Kosten-Nutzen-Analysen, beruhen. Standards sind für Maßnahmen im Bereich der Klimaanpassung in keiner der Pilotstädte verfügbar. Ökosystemfunktionen entsprechend dem Konzept der wassersensiblen Stadt finden nur in Ausnahmefällen Berücksichtigung. Ebenso sehen alle Pilotstädte Potenzial, durch Einbindung weiterer Stakeholder die unterschiedlichen Interessenlagen beim integrativen Planungsprozessen besser berücksichtigen zu können. Vereinzelt werden transparente Risikomatrix-basierte Verfahren genutzt (Enschede, NL), in anderen Fällen auch „nur" auf Erfahrung gesetzt (Herentals, B).

Sehr divers zeigt sich die Lage bei der Kommunikation der Aktivitäten im Rahmen der **Implementierung** von Maßnahmen. Während drei Pilotstädte we-

Tab. 46.2 Status Quo der Pilotstädte in Bezug auf die strategische Ausrichtung und die Umsetzung von Klimaanpassungsmaßnahmen auf Basis von Befragungen in den CATCH-Pilotstädten; grün: guter Status quo; gelb: Verbesserungen sind notwendig, Konzepte sind aber in Arbeit; rot: dringender Handlungsbedarf besteht (Bewertung basiert auf eigener Einschätzung)

Handlungsfeld	Arvika (S) 9 Interviews	Vejle (DK) 7 Interviews	Zwolle (NL) 7 Interviews	Enschede (NL) 3 Interviews	Oldenburg (D) 5 Interviews	Norwich (UK) 3 Interviews	Herentals (B) 7 Interviews
Motivation der Klimaanpassung	Hochwasser, Wasserqualitäts-Problem	Hochwasser von mehreren Seiten	Hochwasser von mehreren Seiten, Urbanisierung	Starkregen, Urbanisierung, Grundhochwasser	Starkregen, Regenwasser-Management	Starkregen, Hochwasser, Retentionsbedarf	Flusshochwasser, Zunahme der Bevölkerung
Klimaanpassungsstrategie	Regionale Strategie verfügbar, aber nicht lokal	Regionale Resilienz-Strategie verfügbar	Nationale Strategie verfügbar, regionale Strategie in Entwicklung	Sektorale Planung; regionale Strategie ist in Entwicklung	Keine Strategie verfügbar	Keine regionale Strategie verfügbar	Keine regionale Strategie verfügbar, aber eine strategische Planung
Problem-Definition, Daten-Verfügbarkeit	Risikokarten verfügbar, Projekt-basierter Lernprozess	Risikokarten, Modelle und Analysen vorhanden	Risikokarten und Analysen vorhanden	Risikokarten und Analysen vorhanden	Starkregen-Gefahrenkarte vorhanden	Risikokarten und Analysen vorhanden	Risikokarten und Modelle vorhanden
Problem-Spezifizierung	Messsysteme vorhanden, aber keine Vorhersage-Tools	Gute Verfügbarkeit von Daten, Szenarien und Modellen	Gute Verfügbarkeit von Szenarioanalysen und Modellen; Stress-Test fehlt	Gute Verfügbarkeit von Szenarioanalysen und Modellen	Gute Daten-Verfügbarkeit	Gute Daten-Verfügbarkeit	Gute Daten-Verfügbarkeit
Werkzeuge zur Generierung von Lösungen	GIS-Analysen und Modelle verfügbar; stärkerer Fokus auf Management erforderlich	Standards für Klimaanpassung fehlen; Mosaik von Projekten charakterisiert die Praxis	GIS-Analysen, Modelle und Analyse der Vulnerabilität vorhanden	Checklisten, Risikoanalyse und N-A-Modelle vorhanden	Standards fehlen; Lösungen für Neubaugebiete vorhanden, aber nicht im Bestand	N-A-Modelle und Erfahrung lokaler Gruppierung werden genutzt; Integrative Vorgehensweise fehlt	N-A-Modelle werden genutzt; fehlende Integrierung für Klimaanpassung
Auswahl einer geeignete Lösung	Kosten-Nutzen Analysen	Kosten-Nutzen Analysen	Kosten-Nutzen Analysen; aber keine ausreichende Integration	Kosten-Nutzen Analysen, Risikomatrix	Kosten-Nutzen Analysen, aber keine ausreichende Integration	Kosten-Nutzen Analysen, aber keine ausreichende Integration	Erfahrungs-basiertes Handeln
Kommunikation der Implementierung	Monitoring-System verfügbar, Kommunikations-Abteilung wurde eingerichtet	Schul-Events, Warn-App und Monitoring System sind vorhanden	Info-Kampagnen und Bewusstseins-Bildung werden durchgeführt	Kommunikation erfolgt über Newsletter und Nachbarschaften	Keine strategische Information; kein Monitoring	Kein Monitoring	Kein Monitoring, wenig Kommunikation
Evaluation	Kein Konzept zur Evaluation	Kein Konzept zur Evaluation	Kein Konzept zur Evaluation	Kein Konzept zur Evaluation	Kein Konzept zur Evaluation	Kein Konzept zur Evaluation	Kein Konzept zur Evaluation

© Helge Bormann

der über Monitoring-Systeme noch über Kommunikationspläne verfügen, sind sich vor allem Zwolle (NL) und Vejle (DK) der Bedeutung bewusst und haben viel in den Austausch mit den Bürgern investiert.

Den abschließenden Handlungsbereich der **Evaluation** von Maßnahmen, der besonders für die strategische Planung weiterer Maßnahmen genutzt werden sollte, hat bisher keine der Pilotstädte bearbeitet. Hier wird von allen Gesprächspartnern Nachholbedarf gesehen.

Zusammenfassend stellt sich damit die städteübergreifende Situation dar, dass Lösungsansätze für die Regionen-spezifische Problemstellungen in der Regel zwar passfähig erarbeitet werden können, deren Umsetzung sich jedoch aufgrund der oft fehlenden strategischen Ausrichtung und der limitierten Kapazität innerhalb der Kommunen als schwierig erweist. Vor dem Hintergrund des langen Zeithorizonts von Klimawandel und Klimaanpassung ist der Handlungsdruck oft so gering, dass andere Handlungsfelder immer wieder in den Vordergrund rücken. Es besteht demzufolge die Notwendigkeit einer verstärkten Kooperation mit anderen betroffenen Städten, um sich in Bezug auf eine gute Praxis basierend auf Beispielvorhaben auszutauschen.

Die Interviews mit den Akteuren und Stakeholdern in den Pilotstädten haben gezeigt, dass sich kleine und mittelgroße Städte im Nordseeraum vor dem Hintergrund der historischen Ereignisse der klimawandelbedingten Risiken bewusst sind, aber Unterstützung beim proaktiven Umgang mit diesen Risiken und bei der Initiierung eines Klimaanpassungsprozesses benötigen. Integrative Klimaanpassungskonzepte sind nur in Ausnahmefällen vorhanden.

Ebenso werden dringend eindeutige Kriterien für die Identifizierung und die Auswahl geeigneter Anpassungsmaßnahmen gebraucht. Erfahrung mit der Planung und Umsetzung technischer Maßnahmen weisen alle Pilotstädte auf, an Standards für Klimaanpassungsmaßnahmen und einer integrativen Einbettung von Maßnahmen in die Vision einer zukünftigen Entwicklung mangelt es aber fast überall. Hier können die Ergebnisse der Selbsteinschätzung [13] und die Handlungsfelder aus der Theorie der wassersensiblen Stadt wertvolle Anregungen geben, ebenso wie Beispiele guter Praxis aus anderen Pilotstädten. Kommunikationsstrategien in Bezug auf den Klimaanpassungsprozess fehlen in den meisten Pilotstädten, Konzepte für die Evaluation des Erfolges entsprechender Maßnahmen sind zwar erwünscht, aber nicht vorhanden.

Aus dieser Bestandsaufnahme lassen sich direkt spezifische Bedarfe für eine erfolgreiche Klimaanpassung ableiten. Neben der Unterstützung bei der Entwicklung von integrativen Klimaanpassungsstrategien werden vor allem Beispiele guter Klimaanpassungspraxis nachgefragt. In dieser Hinsicht können viele kleine und mittelgroße Städte im Sinne von „Städtenachbarschaften" voneinander lernen. Beispiele guter Praxis können ebenso wie die Dokumentation eventuell gemachter Fehler anderen Kommunen bei ihren Klimaanpassungsaktivitäten helfen. Im Rahmen des CATCH-Projekts wurde ein solcher Austausch projektbegleitend durch die gemeinsame Begehung aller Pilotmaßnahmen vor Ort ermöglicht. Der offene fachliche Austausch wurde von allen Beteiligten als ein erheblicher Mehrwert angesehen. Dieser Austausch über Landesgrenzen hinweg mündete bereits während der Projektlaufzeit in Kooperationen jenseits des Projekts.

46.5 Ausblick

Die Bedarfserhebung im Rahmen von CATCH hat gezeigt, dass kleine und mittelgroße Städte vor allem Unterstützungsbedarfe bei der strategischen Ausrichtung von Klimaanpassungsmaßnahmen sowie im Rahmen des Monitorings und der Evaluation von Maßnahmen haben. Darüber hinaus wurde der Erfahrungsaustausch zwischen den Pilotstädten als erheblicher Mehrwert angesehen. Um diesen Mehrwert auch für andere Städte und Gemeinden zugänglich zu machen, wird derzeit ein System zur Unterstützung von Entscheidungen *(decision support system)* entwickelt, das eben diese Beispiele guter Anpassungspraxis beschreibt und die Nutzer und Nutzerinnen auf ihrem Weg zur Klimaanpassung durch den Management-Zyklus unterstützen soll. Die Pilotstädte tragen selber aktiv zur Sammlung von Beispielen guter Umsetzungs-Praxis bei. Sie stellen eigene Planungs- bzw. Umsetzungsbeispiele für einen solches Tool bereit. Auf Basis von Beispielen guter Umsetzungs-Praxis kann es gelingen, den Anpassungsprozess von den betroffenen kleinen und mittelgroßen Städten nachhaltig anzustoßen und zu begleiten.

CATCH hat gezeigt, dass der Kreativität bei der Suche nach und der Umsetzung von geeigneten Klimaanpassungsmaßnahmen im Nordseeraum keine Grenzen gesetzt sind.

Danksagung Die Autoren danken der EU für die Förderung des Projekts CATCH im Rahmen des EU-Interreg VB Programm (North Sea Region Programme; 2017–2021; ▶ https://northsearegion.eu/catch/).

Literatur

1. IPCC (2013) "Climate Change 2013: The Physical Science Basis. Contribution of Working Group I to the Fifth Assessment Report of the Intergovernmental Panel on Climate Change" [Stocker, T.F., D. Qin, G. K. Plattner, M. Tignor, S.K. Allen, J. Boschung, A. Nauels, Y. Xia, V. Bex, P.M. Midgley (Ed.)]. Cambridge University Press, Cambridge, Großbritannien, und New York, NY, USA, 1535 S., 2013.
2. Brasseur, G., Jacob, D., Schuck-Zöller, S. (Hrsg., 2018): Klimawandel in Deutschland – Entwicklung, Folgen, Risiken und Perspektiven. SpringerOpen, 348 S.
3. IPCC (2014). Climate change 2014: Impacts, adaptation, and vulnerability. Part B: Regional aspects. In V. R. Barros, C. B. Field, D. J. Dokken, M. D. Mastrandrea, K. J. Mach, T. E. Bilir, et al. (Eds.), Contribution of Working Group II to the Fifth Assessment Report of the Intergovernmental Panel on Climate Change. (pp. 688). Cambridge, United Kingdom and New York, NY, USA: Cambridge University Press.
4. Quante, M., Colijn, F. (Hrsg., 2016): North Sea Region Climate Change Assessment. SpringerOpen, 528 S.
5. European Commission (2007) Directive 2007/60/EC of the European Parliament and of the Council of 23 October 2007 on the assessment and management of flood risks.
6. Dolman, N., Ogunyoye F. (2018): How water challenges can shape tomorrow's cities. In Proc. of the ICE - Civil Engineering, Volume 171, Issue 2: „Cities of the Future" themed issue - 37 S.
7. Bormann, H., Kebschull, J., Ahlhorn, F., Spiekermann, J., Schaal, P. (2018): Modellbasierte Szenarioanalyse zur Anpassung des Entwässerungsmanagements im nordwestdeutschen Küstenraum. Wasser und Abfall 20(7/8), 60–66.
8. Bormann, H., Kebschull, J., Ahlhorn, F. (2020): Challenges of Flood Risk Management at the German Coast. In: Negm, A.M., Zelenakova, M., Kubiak-Wojcocka, K. (Hrsg.): Water Resources Quality and Management in Baltic Sea Countries. Springer Water. S. 141–155.
9. Bundesregierung (2008), „Deutsche Anpassungsstrategie an den Klimawandel". Beschlossen vom Bundeskabinett am 17. Dezember 2008. Die Bundesregierung. Berlin.
10. Regierungskommission Klimaschutz (2012): Empfehlung für eine niedersächsische Strategie zur Anpassung an die Folgen des Klimawandels. Ministerium für Umwelt, Energie und Klimaschutz, Hannover.
11. Dolman, N.J. , Lijzenga, S., Özerol, G., Bressers, H., Böge, M., Bormann, H. (2018): Applying the Water Sensitive Cities framework for climate adaptation in the North Sea Region: First impressions from the CATCH project. Water Convention 2018, Marina Bay Sands, Singapore.
12. Böge, M., Bormann, H., Dolman, N.J., Özerol, G., Bressers, H., Lijzenga, S. (2019): CATCH – der Umgang mit Starkregen als europäisches Verbundprojekt. gwf Wasser/Abwasser, 160/2, S. 53–56.
13. Özerol, G., Dolman, N., Bormann, H., Bressers, H., Lulofs, K., Böge, M. (2020): Urban water management and climate change adaptation: A self-assessment study by seven midsize cities in the North Sea Region. Sustainable Cities and Society 55, 102066.
14. Wong, T., Brown, R. (2008): Transitioning to water sensitive cities: ensuring resilience through a new hydro-social contract. 11th International

Conference on Urban Drainage, Edinburgh, Scotland, UK. IWA.

15. Bormann, H., van der Krogt, R., Adriaanse, L., Ahlhorn, F., Akkermans, R., Andersson-Sköld, Y., Gerrard, C., Houtekamer, N., de Lange, G., Norrby, A., van Oostrom, N., De Sutter, R. (2015): Guiding Regional Climate Adaptation in Coastal Areas. In: Walter Leal Filho (Hrsg.): Handbook of Climate Change Adaptation. Springer-Verlag. S. 337–357.

Wasserhaushalt in Nordostniedersachsen durch Wassernutzung und -management ausgleichen

Ulrich Ostermann

Die Sicherung der Wasserversorgung für alle Bereiche der menschlichen Nutzung wird vor dem Hintergrund des Klimawandels eine der wichtigsten Herausforderungen unserer Gesellschaft in den kommenden Jahrzehnten sein, auch in Deutschland. Auf dieses Problemfeld wird von Wissenschaft und Fachingenieuren schon lange hingewiesen, bei der Politik ist es jedoch noch nicht angekommen.

Deutschland, besonders Niedersachsen, ist reich an Grund- und Oberflächenwasser, dennoch gibt es in Nordostniedersachsen Grundwasserkörper deren Wasserhaushalt angespannt ist. Zusätzlich wird durch den Klimawandel der Wasserbedarf insgesamt steigen. In [1, 2] wurde über verschiedene Projekte im Raum Nordostniedersachsen berichtet. Dieser Beitrag ergänzt die Veröffentlichung in WASSER UND ABFALL Heft 9.2018 [2], auf die hier ausdrücklich verwiesen wird.

In Niedersachsen liegen die meisten Beregnungsflächen Deutschlands. Die Größenordnungen ergeben sich aus Tab. 47.1. Dabei wird deutlich, dass in Niedersachsen etwa die Hälfe aller Beregnungsflächen liegen.

Diese Flächen konzentrieren sich auf den Nordosten des Niedersachsens, in dem mehr als 2/3 der Beregnungsflächen liegen. In Tab. 47.2 sind die Landkreise in Nordostniedersachsen mit ihren Flächen zusammengestellt. Aufgeführt sind auch die anteiligen Flächen, die beregnet werden bzw. beregnet werden können. Deutlich wird aus der Zusammenstellung, dass insbesondere die Landkreise Celle, Gifhorn und Uelzen den Schwerpunkt der Beregnung bilden. Hier können 85 bis 95 % der Ackerflächen bei Trockenheit beregnet werden.

Tab. 47.3 enthält die Wassermengen die über wasserrechtliche Erlaubnisse für die Feldberegnung in Nordostniedersachsen zur Verfügung stehen. Sie sind den Trickwasserentnahmen gegenübergestellt. Die Mengen sind mit den bekannten Erfahrungs-/Anhaltswerten ermittelt, sie können innerhalb der Region bzw. der jeweiligen Landkreise etwas variieren. Im langjährigen Mittel werden die genannten erlaubten Beregnungswassermengen zu rd. 65 % genutzt.

Zuerst erschienen in Wasser und Abfall 3/2019

Tab. 47.1 Beregnungsflächen in Deutschland. (Quelle: LWK Niedersachsen)

Bundesland	ldx. genutze Fläche (LF) ha [1]	Beregnungsfläche ha	Beregnungsfläche % der LF
Niedersachsen	2.617.700	300.000	11,5
Hessen	773.600	43.000	5,6
Rheinland-Pfalz	108.400	38.700	5,5
Bayern	3.224.700	31.200	1,0
Nordrhein-Westfalen	1.505.200	31.000	2,1
Brandenburg	1.336.400	25.000 [2]	1,9
Baden-Württemberg	1.437.200	23.000	1,6
Sachsen-Anhalt	1.175.100	20.000 [2]	1,7
Mecklenburg-Vorpommern	1.368.600	20.000	1,5
Sachsen	910.800	15.000 [2]	1,6
Thüringen	793.800	6600	0,8
Schleswig–Holstein	997.600	5900	0,6
Saarland	77.000	300 [2]	0,4
Berlin, Bremen, Hamburg	24.700	300 [2]	1,2
Deutschland gesamt	**16.950.800**	**560.000**	**3,3**

Umfrage des Bundesfachverbandes Feldberegnung 1995 und 2008, [1] Daten der Statistischen Ämter des Bundes und der Länder, [2] Daten von 1995 bzw. eigene Schätzung

Dabei gibt es regional aber in einzelnen Jahren große Unterschiede bzw. Schwankungen im Umfang der Entnahmen.

Kompakt

— Die Veränderung klimatischer Randbedingungen als Treiber erfordert zur Deckung eines steigenden Beregnungswasserbedarfs und der Sicherung der Trinkwasserversorgung ein ganzheitliches Wasserversorgungskonzept.
— Ohne einen politisch-gesellschaftlichen Konsens in der Frage der ganzheitlichen Betrachtung aller Wassernutzungen für die Daseinsvorsorge in Deutschland und besonders in Niedersachsen werden die Herausforderungen der Zukunft nicht zu bewältigen sein.

Aus Tab. 47.3 ist ersichtlich, welche Bedeutung die Feldberegnung bereits heute in der Region Nordostniedersachsen hat. Die erlaubten Wassermengen für die Feldberegnung sind mit 185 Mio. m^3/a mehr als doppelt so groß wie der Trinkwasserbedarf (rd. 72 Mio. m^3/a). Auch der tatsächliche durchschnittliche Beregnungswasserbedarf in Nordostniedersachsen liegt mit rd. 130 Mio. m^3/a (65–75 % der erlaubten Mengen) deutlich über dem Trinkwasserbedarf. Dabei variieren die tatsächlichen Entnahmemengen zwischen den einzelnen Jahren erheblich, bezogen auf Nordostniedersachsen zwischen 23 Mio. m^3/a (2017) und 230 Mio. m^3/a (2003). Die Entnahmemengen für das Jahr 2018 liegen noch nicht vor, werden aber bei 300 Mio. m^3 liegen.

Dieses Bild wird sich klimawandelbedingt in den kommenden Jahrzehnten noch einmal deutlich verändern. Deshalb ist es wichtig

Tab. 47.2 Beregnungswassermengen in Niedersachsen/Nordostniedersachsen (Stand 2018). (Quelle: Kreisverband der Wasser und Bodenverbände Uelzen (2018))

Landkreis	Gesamtfläche [ha]	Landwirtschaftliche Nutzfläche [ha]	Ackerfläche [ha]	Beregnete/ beregenbare Fläche [ha]	Anteil Beregnungsfläche von LN [%]	Anteil Beregnungsfläche von Acker [%]
Celle	154.500	52.230	41.170	38.500	74	94
Gifhorn	156.300	77.570	64.300	54.000	70	84
Harburg	124.500	54.920	36.060	15.000	27	42
Lüchow-Dannenberg	122.000	60.650	48.530	33.000	54	68
Lüneburg (mit Stadt LG)	132.400	62.200	46.340	28.000	45	60
Uelzen	145.400	74.500	67.420	62.500	84	93
Summen Nordost-Nds	835.100	382.070	303.820	231.000	60	76
Niedersachsen Stand 2018	4.761.400	2.620.000	1.965.000	310.000	12	16

rechtzeitig Maßnahmen für die zukünftige Wasserversorgung in Niedersachsen zu initiieren. Dabei muss sich der Focus auf alle Bereiche der Daseinsvorsorge – Trinkwasser – Brauchwasser – Beregnungswasser richten.

47.1 Historische Entwicklung in Nordostniedersachsen

In Nordostniedersachsen hat sich die Beregnung seit den 1960er-Jahren, nach dem extremen Trockenjahr 1959, etabliert. Die Anlagen wurden errichtet um die Ernteerträge auch in Jahren mit unterdurchschnittlichen Sommerniederschlägen zu sichern. Heute ist die Beregnung in den Frühjahrs- und Sommermonaten auch erforderlich, um gleichbleibende Produktqualitäten, die von Verbraucher/Handel erwartet werden, zu erzeugen. In ◘ Abb. 47.1 ist exemplarisch für das Gebiet des Landkreises Uelzen die Entwicklung der Beregnung von 1970–2013 dargestellt. Die Entwicklung verlief in den Nachbarlandkreisen sehr ähnlich.

Schon früh wurde vom Land Niedersachsen die Bedeutung der Beregnung für den Raum Lüneburg-Uelzen-Gifhorn erkannt. Bereits 1967 wurde in den Planfeststellungsverfahren für den Bau des Elbe-Seitenkanals (ESK) die Bereitstellung von Wasser für die Beregnung geregelt und eine Förderleistung von 5 m^3/s aus dem Kanal zur Verfügung gestellt. Mit dem Bau des Kanals wurden dann ab 1974 die Beregnungsverbände am ESK gegründet und die erforderlichen Anlagen errichtet. Heute werden rd. 15.000 ha landwirtschaftliche Fläche in den Landkreisen Gifhorn, Lüneburg und Uelzen aus dem ESK beregnet.

47.2 Klimatische Entwicklungen und Veränderungen

Die Veränderungen der klimatischen Randbedingungen sind in Nordostniedersachsen mess- und spürbar. Die mittleren Jahrestemperaturen sind gestiegen, die Vegetationsperiode ist länger geworden und

◘ Tab. 47.3 Beregnungswassermengen in Niedersachsen/Nordostniedersachsen (Stand 2018). (Quelle: Kreisverband der Wasser und Bodenverbände Uelzen (2018))

Landkreis	Gesamtfläche [ha]	Beregnungsfläche [ha]	Beregnung* [m³/a]	Einwohner	Trinkwasser** [m³/a]
Celle	154.500	38.500	30.800.000	179.000	10.740.000
Gifhorn ***	156.300	54.000	43.200.000	175.000	10.500.000
Harburg	124.500	15.000	12.000.000	250.000	15.000.000
Harburg – HamburgWasser					16.000.000
Lüchow-Dannenberg	122.000	33.000	26.400.000	49.000	2.940.000
Lüneburg (mit Stadt LG)	132.400	28.000	22.400.000	182.000	10.920.000
Uelzen ***	145.400	62.500	50.000.000	93.000	5.580.000
Summen Nordost-Nds	835.100	231.000	184.800.000	928.000	71.680.000
Niedersachsen	4.761.400	310.000	248.000.000	7.963.000	477.780.000

Stand 2018
* nach Wasserrecht, i. M. Wassermenge bei 800 m³/ha·a
** Trinkwasser 60 m³/E · a

die Wetterextreme werden häufiger. Für die Landwirtschaft macht sich insbesondere eine häufige Frühjahrstrockenheit bemerkbar. Im Ackerbau auf den in Nordostniedersachsen vorherrschenden Böden lässt sich das dann entstehende Wasserbilanzdefizit nur über die Beregnung verringern. Der Beregnungswasserbedarf wird in Zukunft weiter steigen. Untersuchungen des Landesamtes für Bergbau, Energie und Geologie (LBEG) in Niedersachsen sagen für das Jahr 2040 voraus, dass rd. 200 m³/ha•a mehr Zusatzregen (entsprechend 20 mm) als heute benötigt werden. Dies ergibt sich durch geringere Niederschlagsmengen in den Sommermonaten und die größere Verdunstung durch die höheren Mittel- und Spitzentemperaturen. ◘ Abb. 47.2 zeigt den Mehrbedarf als Zunahme der Beregnungsbedürftigkeit in mm bis zum Jahre 2040 (bezogen auf den Vergleichszeitraum 1990).

Der Witterungsverlauf 2018 hat in Deutschland, besonders in Niedersachsen, deutlich gemacht, dass der Klimawandel nicht mehr ignoriert werden kann. Dazu sind folgende Punkte besonders hervorzuheben:

— Die 10 wärmsten Jahre seit Beginn der Wetteraufzeichnungen liegen im 21. Jahrhundert, die wärmsten waren weltweit 2015, 2016, 2017 und in Deutschland 2000, 2014, 2015 und möglicherweise auch 2018.
— Die globalen Temperaturen haben sich bisher seit Beginn der Industrialisierung weltweit i. M. um + 1° bzw. am Nordpol i. M. um + 2° (+ 4° im Winter 2017/18) erhöht.
— Die Vegetationsperiode hat sich in den letzten 100 Jahren um rund 1 Monat verlängert.
— Aktuelle Berechnungen der Landwirtschaftskammer Niedersachsen ergeben

Wasserhaushalt in Nordostniedersachsen …

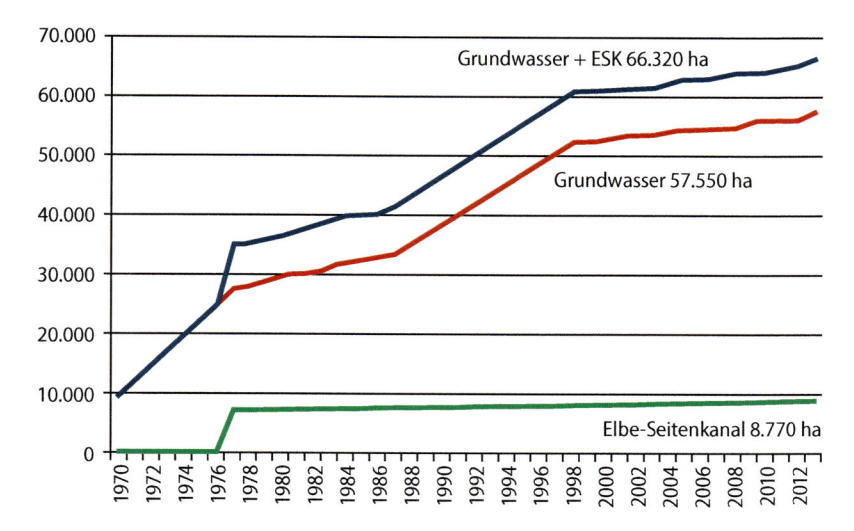

Abb. 47.1 Entwicklung der Beregnungsflächen im Landkreis Uelzen von 1970–2013 in ha. (© Kreisverband der Wasser- und Bodenverbände Uelzen (2013))

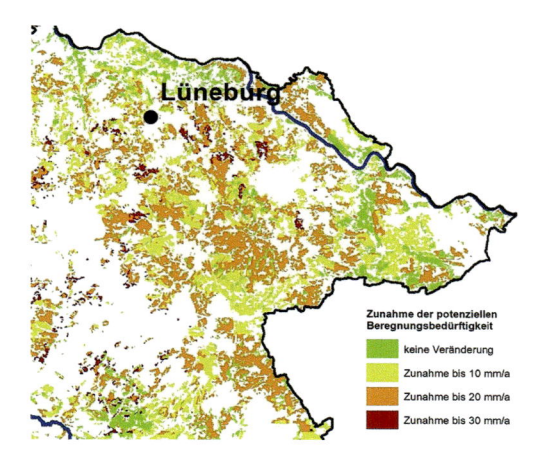

Abb. 47.2 Zunahme der Beregnungsbedürftigkeit 1990–2040. (© Heidt u. Müller, Geoberichte 20, LBEG, 2012)

auf Basis der Prognosen des Landesamtes für Bergbau, Energie und Geologie für 2050 einen zusätzlichen Wasserbedarf in der Landwirtschaft in Nordostniedersachsen von bis zu 35 mm/a.

— Der Sommer 2018 zeigt eine Projektion auf die klimatischen Bedingungen 2100 (vielleicht auch früher), das ist auch in der Öffentlichkeit angekommen (Die Zeit 2018 N° 31, 32 u. 34, Spiegel 32/2018, 3sat „Dürre in Deutschland" Sendung vom 13.12.2018).

Aus den klimatischen Veränderungen lässt sich ablesen, dass es zukünftig darum gehen wird, „Wie viel Wasser verfügbar ist und wie wir dieses Wasser am besten für Alle nutzen können". Neben den Vorrang für die Trinkwasserversorgung geht es deshalb darum Wasser zu sparen und wiederzuverwenden (WaterReuse), Wasserkreisläufe zu schließen sowie um eine sinnvolle Wasserverteilung und -verwendung. Dazu ist ein ganzheitliches Wasserversorgungskonzept erforderlich, das alle Bereiche der Daseinsvorsorge einschließt, um die wirtschaftliche Stabilität und Entwicklung Niedersachsens und Deutschlands zu sichern.

47.3 Projekte und Maßnahmen

In [2] wurden 3 Projekte zum Wassermanagement vorgestellt. Auf das dort kurz angerissene Projekt AQuaGEKKO, das Ende 2018 abgeschlossen wurde, wird näher eingegangen.

Die Wasserbewirtschaftung wird auch in Deutschland vor dem Hintergrund des Klimawandels eine zunehmende Bedeutung bekommen. Vorgestellt werden erste Ansätze und Vorbereitungen für eine neue überregionale Wasserbewirtschaftung, die in den nächsten Jahren weiterverfolgt werden sollen. Dies sind das „1.000 Wasserspeicherkonzept in Nordostniedersachsen" sowie ein Konzept zur Überleitung von Wasser aus den Gewässern Leine, Fuhse, Oker und Aller in den Beregnungsschwerpunkt Nordostniedersachsen.

47.3.1 AQuaGEKKO – Verwendung von Wasser aus einem Binnenpolder und dem Elbe-Seitenkanal

Im Projekt „Machbarkeitsstudie und Maßnahmenentwicklung zur Stabilisierung des Grundwasserhaushalts im Ostkreis des Landkreises Uelzen mit Wasser aus den Bodenteicher Seewiesen und/oder dem Elbe-Seitenkanal (AQuaGEKKO)" werden verschiedene Varianten und Kombinationen zur Wasserspeicherung, -bereitstellung und -nutzung für ein rd. 2.240 ha großes Beregnungsgebiet untersucht. Die Bereitstellung des Beregnungswassers soll aus dem Binnenpolder „Seewiesen" bei Bad Bodenteich und/oder dem Elbe-Seitenkanal (ESK) erfolgen.

Aus einem rd. 600 ha großen Binnenpolder (Abb. 47.3) werden in den sechs Wintermonaten (November bis April) im Mittel 1,2 Mio. m³ Wasser über ein Schöpfwerk abgeleitet. Diese Wassermengen werden zukünftig von Jahr zu Jahr stärker schwanken, sich aber durch den Klimawandel nicht verringern, weil im Projektgebiet zukünftig mit größeren Winterniederschlägen zu rechnen ist. Die in den Wintermonaten anfallenden Wassermengen müssen gespeichert werden, um sie für die Feldberegnung nutzbar zu machen. Die bisher in den Sommermonaten geschöpfte monatliche Wassermenge von rd. 80.000 m³ kann in einem Teilprojekt unmittelbar zur Feldberegnung verwendet werden.

Im Projekt wurde zunächst die Zwischenspeicherung des Wassers für die Verwendung im Sommer in zwei Becken mit 400.000 und 600.000 m³ Inhalt und dessen Verteilung in die Beregnungsflächen untersucht. Die Becken sollen entweder aus dem Polder oder dem ESK gefüllt werden. Die Planungen werden auch von einem in der Planfeststellung befindlichen Autobahnbau (A 39) tangiert, sodass die Rohrleitungsnetze und Beregnungsflächen ohnehin im

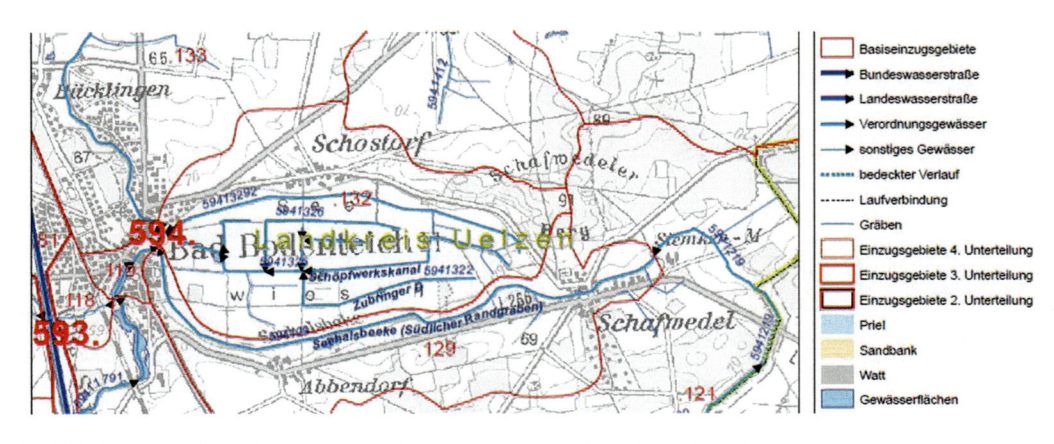

Abb. 47.3 Binnenpolder Seewiesen, Hydrographische Karte 2018 (© LGLN)

Rahmen einer Unternehmensflurbereinigung angepasst werden müssen.

Die Lage der Becken ergibt sich aus der Topografie, der Lage der geplanten Autobahn und den Schwerpunkten der Wassernutzung. In Abb. 47.4 sind neben der Lage der Becken (mit Alternativstandorten) auch die Sickerflächen (schwarze Rechtecke) und die Lage der Beregnungsflächen (farbige Flächen) dargestellt.

In der weiteren Planung (Variante 2) wurde untersucht, ob eine Grundwasseranreicherung über zwei Versickerungsanlagen für jeweils ca. 500.000 m³/a möglich ist. Die Nutzung des Grundwasserkörpers als Speicher hat deutliche Kostenvorteile und mit der Grundwasseranreicherung würde auch der Wasserhaushalt und die Basisabflüsse in den Gewässern stabilisiert werden. Dazu wurden in einem hydrogeologischen Modell, das derzeit für ein Gebiet von insgesamt rd. 3.800 km² aufgebaut wird, die Auswirkungen der Versickerung auf die Grundwasserstände untersucht (Consulaqua 2018). Für die potenziell geeigneten Versickerungsflächen (schwarze Rechtecke) wurden in einem Strömungsmodell die Veränderungen im Grundwasserkörper und die Anströmung der vorhandene Entnahmebrunnen (Abb. 47.5, rote Punkte) untersucht.

Die Grundwasseranreicherung führt zu einer flächenhaften Erhöhung der Grundwasserstände. Modellhaft konnte für den träge reagierenden Grundwasserkörper nachgewiesen werden, dass sich ein neuer Beharrungszustand für die Grundwasserstände und die Erhöhung der Basisabflüsse in den Gewässern nach 15–20 Jahren einstellt.

In einem weiteren Schritt wurde mit dem hydrologischen Modell untersucht, welcher Anteil des versickerten Wassers über die vorhandenen Brunnen bei gleichbleibenden mittleren Grundwasserständen entnommen werden kann. Unter dieser

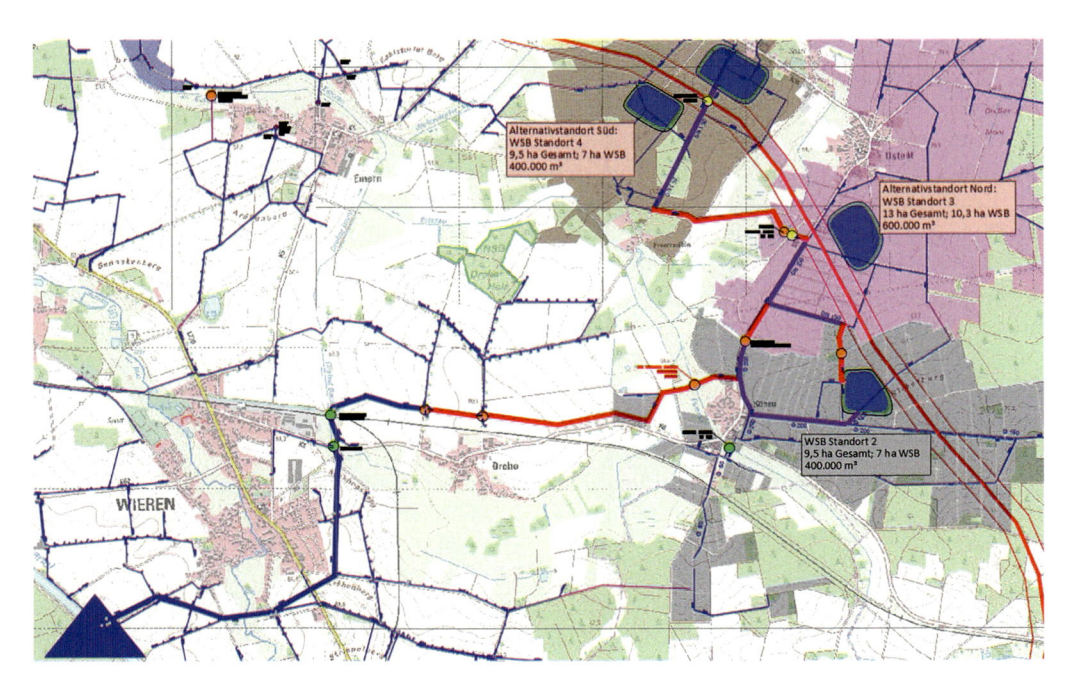

Abb. 47.4 Lageplan Beregnungsflächen (farbig), Versickerungsflächen (schwarze Rechtecke), Speicherbecken und Leitungsnetze. (© Kreisverband der Wasser- und Bodenverbände Uelzen)

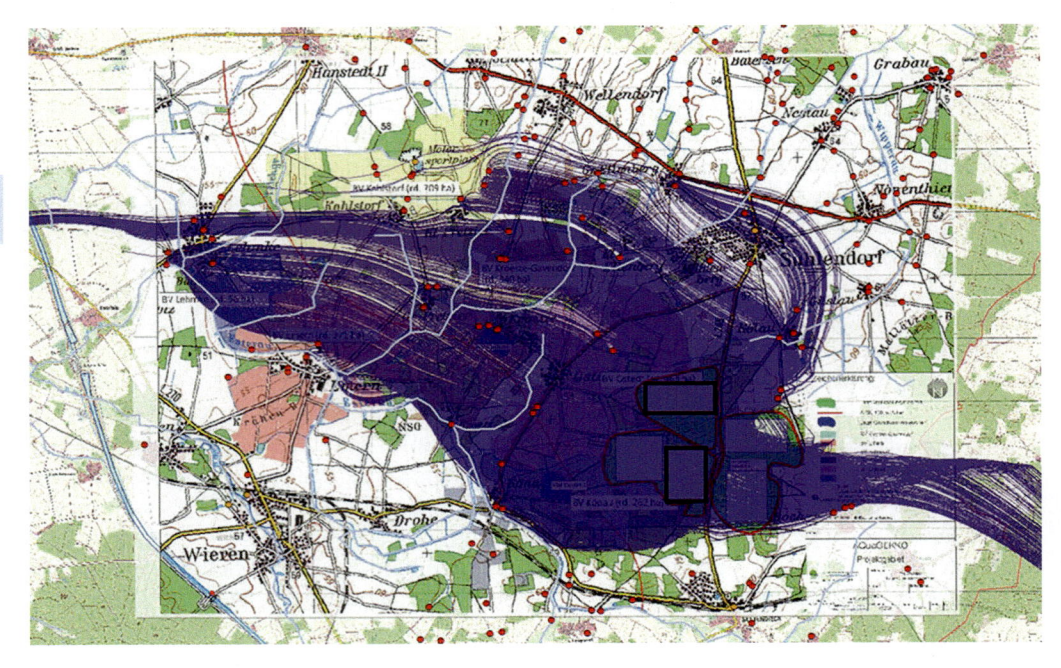

◘ **Abb. 47.5** Grundwasserströmungsmodell. (© Kreisverband der Wasser- und Bodenverbände Uelzen und Consulaqua (2018))

Prämisse können bis 74 % der versickerten Wassermengen zurückgewonnen und für die Feldberegnung genutzt werden. Die restlichen in das Grundwasser infiltrierten Wassermengen stabilisieren den Grundwasserhaushalt bzw. die Basisabflüsse in den Fließgewässern.

◘ Abb. 47.6 zeigt dazu in einem Schnitt durch das 3-dimensionale Grundwasserströmungsmodell den Verlauf der Stromlinien im Untergrund.

Nachdem die wasserwirtschaftlichen Grundlagen und Rahmenbedingungen ermittelt wurden, konnten für die verschiedenen Varianten technische Untersuchungen auf Vorplanungsniveau durchgeführt werden. Dazu gehörten neben den Speicherbecken und Versickerungsanlagen auch die Planung der erforderlichen Leitungsnetze (exemplarisch für eine Variante siehe ◘ Abb. 47.4) und der Pumpentechnik. Die ermittelten Kosten für verschiedene Varianten sind in ◘ Tab. 47.4 gegenübergestellt.

Zu den genannten Betriebskosten kommen die Kosten für die Wasserentnahme aus den Becken, bzw. der Entnahme des versickerten Wassers aus dem Grundwasserkörper in der Beregnungssaison. Die dafür aufzuwendenden Kosten liegen derzeit zwischen 13 und 18 ct/m^3. Aus den ermittelten Bau- und Betriebskosten wird deutlich, dass sowohl der Bau als auch der Betrieb der Anlage mit erheblichen Kosten verbunden sind, die deutlich über die bisherigen Kosten für die direkte Beregnungswasserentnahme aus dem Grundwasser oder dem Elbe-Seitenkanal hinausgehen. Die Kosten können von den landwirtschaftlichen Nutzern nicht allein getragen werden, deshalb wird es erforderlich sein, Fördermittel für die Anpassung der Beregnungsinfrastrukturen bereitzustellen.

Neben den vorstehend dargestellten Untersuchungen wurden noch weitere Untervarianten zur Wasserverwendung/Speicherung entwickelt, die hier nicht im Einzelnen

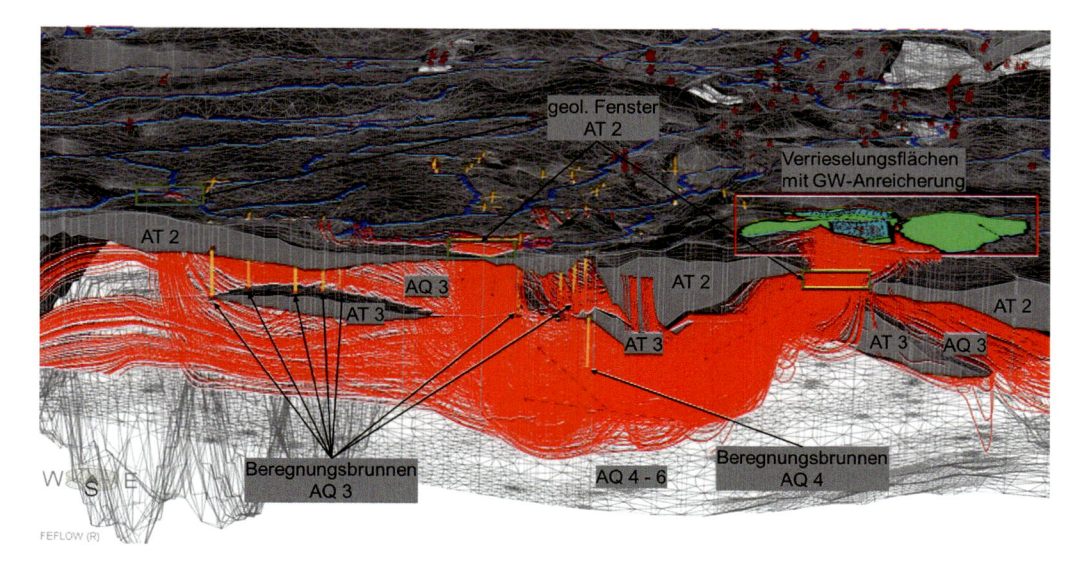

◘ **Abb. 47.6** Dreidimensionale Darstellung der berechneten Stromlinien im Schnitt. (© Kreisverband der Wasser- und Bodenverbände Uelzen und Consulaqua (2018))

◘ **Tab. 47.4** Kosten der verschiedenen Varianten in AQuaGEKKO. (Quelle: Kreisverband der Wasser und Bodenverbände Uelzen (2018))

Varianten	Wasserquelle	Baukosten	Jährliche Betriebskosten	
			€/a	€/m³ *
Variante 1 – Speicherbecken	ESK	11.500.000 €	157.000 €	0,16 €
	Seewiesen	11.900.000 €	161.000 €	0,16 €
Variante 2 – Versickerung	ESK	1.900.000 €	150.000 €	0,21 €
	Seewiesen	2.200.000 €	143.000 €	0,20 €

* bezogen auf die für die Feldberegnung zur Verfügung stehende Wassermenge (1 Mio. m³ bei Speicherung, bzw. 740.000 m³ bei Versickerung)

vorgestellt werden können. Vergleichbare Projekte sind auch für den Landkreis Gifhorn in Vorbereitung.

47.3.2 Versorgungskonzept 1000 Wasserspeicher

Das Projekt AQuaMille (Alternative Quellen anzapfen mit 1000 Wasserspeichern in Nordostniedersachsen) [6] soll vor dem Hintergrund der zukünftigen klimatischen Veränderungen als Projektidee die Anpassung an den Klimawandel durch eine Vielzahl an Einzelmaßnahmen steuern. Dazu gehört zunächst die Entwicklung eines überregionalen Konzeptes zur Speicherung/Rückhaltung von Wasser aus den verschiedensten Quellen. Das Konzept soll dazu dienen den für die Wasserversorgung erforderlichen Bedarf zu ermitteln sowie die dafür erforderlichen Maßnahmen und Finanzmittel abzuschätzen. Ziel ist es in Nordostniedersachsen zwischen Aller und

Elbe, Harburg und Mittellandkanal 1000 Wasserspeicher mit Volumina von 1000 m^3 bis 100.000 m^3 und mehr als Erdbecken mit einfacher Dichtung zu errichten, um Wasser aus verschiedenen Quellen (Kühlwasser, Hochwasser, Gewerbe usw.) zurückzuhalten und für die Beregnung nutzbar zu machen.

Dabei wird es ganz wesentlich darum gehen die Grundlagen für die Förderung von Projekten zur Wasserspeicherung und zum Wassermanagement aus Mittel der Europäischen Union, der Bundesrepublik Deutschland und des Landes Niedersachsen zu legen.

47.3.3 Wasserüberleitung

Die Projektidee AQuaMüller (Alternative Quellen anzapfen, MLK-Überleitung von Leine bis Aller) stellt exemplarisch die Möglichkeit dar, Wasser über das Kanalsystem des Mittelland- (MLK) und des Elbe-Seitenkanals in die beregnungsintensiven Bereiche Nordostniedersachsens überzuleiten. Die Überleitung kann nur erfolgen, wenn größere Abflüsse über MQ aus Hochwasser und Schneeschmelze zur Verfügung stehen. Der MLK wird von den Gewässern Leine, Fuhse, Oker und Aller in Süd-Nord-Richtung unterquert. Die Höhendifferenzen sind gering, sodass große Wassermengen mit geringen Betriebskosten auf das Kanalniveau gehoben werden können.

Über das Kanalsystem würde das Wasser zu dezentralen Wasserspeichen oder zur Grundwasseranreicherung übergeleitet werden, damit es in den Sommermonaten für die weitere Nutzung zur Verfügung steht. Damit ergibt sich eine unmittelbare Verknüpfung zum „1.000 Wasserspeicher-Projekt".

Die Umsetzung dieser überregional angesetzten Konzepte bedarf einer langwierigen konzeptionellen Aufbereitung und gesellschaftlich-politischer Akzeptanz. Die Projekte sollen in den nächsten Jahren entwickelt werden und erfordern einen Umsetzungszeitraum von mindestens zwei Jahrzehnten mit Kosten von mehr als 100 Mio. EUR.

47.4 Zusammenfassung und Ausblick

Die Veränderung der klimatischen Bedingungen wird zukünftig einen bewussteren Umgang mit den Wasserressourcen in Deutschland erfordern. Die vorstehenden Ausführungen stellen dafür nur einen kleinen Ausschnitt der Möglichkeiten dar. Bereits heute wird deutlich, dass es dazu umfassender Anstrengungen auf allen Ebenen bedarf. Dies muss auch die Trinkwasserversorgung einschließen, die grundsätzlich Vorrang vor den anderen Wassernutzungen hat. Ohne einen politisch-gesellschaftlichen Konsens in der Frage der ganzheitlichen Betrachtung aller Wassernutzungen für die Daseinsvorsorge in Deutschland und besonders in Niedersachsen werden die Herausforderungen der Zukunft nicht zu bewältigen sein.

■ **Dank**

Besonderer Dank gilt den Verbandsingenieurinnen Lena Städing und Sarina Brandenburg des Kreisverbandes der Wasser und Bodenverbände Uelzen, die das Projekt „AQuaGEKKO" entwickelt haben und den Wissenschaftlern Michael Bruns, Daniel-Phillip Nienstedt und Hilger Schmedding des Ingenieurbüros Consulaqua aus Hildesheim für die fruchtbare Diskussionen im Projekt und die guten Ideen zu den „Prognoserechnungen zur Grundwasseranreicherung im Rahmen des Projektes AquaGEKKO".

■ **Hinweis**

Der Beitrag entstand aus einem Vortrag des Autors im Rahmen des BWK-Bundeskongresses in Lüneburg am 21. September 2018.

Literatur

1. Ostermann, U. (2012): Beregnung in Nordostniedersachsen, WASSER UND ABFALL 12/2012
2. Ostermann, U. (2018): Wasserhaushalt in Nordostniedersachsen – Wassernutzung und -management in der Praxis, WASSER UND ABFALL 09/2018
3. Welzin, H. (2013): AQuaSewi Uelzen – Machbarkeitsstudie zur Nutzung von Wasser aus dem Binnenpolder Seewiesen; Uelzen (unveröffentlicht)
4. Brandenburg, S. und Städing, L. (2018): Machbarkeitsstudie und Maßnahmenentwicklung zur Stabilisierung des Grundwasserhaushalts im Ostkreis des Landkreises Uelzen mit Wasser aus den Bodenteicher Seewiesen und/oder dem Elbe-Seitenkanal; Uelzen (unveröffentlicht)
5. Consulaqua (2018): Untersuchungen zu Auswirkungen und Nutzen von Versickerungsmaßnahmen auf den Grundwasserhaushalt im Raum Gavendorf, Emern, Kahlstorf, Könau, Kroetze, Lehmke und Ostedt; Hildesheim-Uelzen (unveröffentlicht)
6. Dachverbände Feldberegnung in Nordostniedersachsen (2018): Zukunft der Beregnung in Nordostniedersachsen – Projekt AQuaMille: Alternative Quellen anzapfen mit 1000 Wasserspeichern in Nordostniedersachsen; Uelzen (unveröffentlicht)

Modellbasierte Szenarioanalyse zur Anpassung des Entwässerungsmanagements im nordwestdeutschen Küstenraum

Helge Bormann, Jenny Kebschull, Frank Ahlhorn, Jan Spiekermann und peter Schaal

Für das Verbandsgebiet des I. Entwässerungsverbandes Emden wurde untersucht, welche Auswirkungen durch den Klimawandel und die Veränderung der Flächennutzung auf das Entwässerungssystem zu erwarten sind. Zukünftig potenziell zu entwässernde Wassermengen wurden quantifiziert und den aufgrund des Meeresspiegelanstiegs abnehmenden Sielkapazitäten gegenübergestellt. Zukünftige Entwässerungsbedarfe konnten abgeschätzt und die Zukunftstauglichkeit der vorhandenen Entwässerungsinfrastruktur bewertet werden.

Seit Jahrhunderten ist die Entwässerung des Deichhinterlandes an der Nordseeküste die zentrale Voraussetzung für die Besiedlung und landwirtschaftliche Nutzung der Marschgebiete. Im Laufe der Zeit ist eine komplexe Entwässerungsinfrastruktur entstanden, die von Entwässerungsverbänden betrieben und unterhalten wird. Trotz des kontinuierlichen Ausbaus dieser Systeme gerät die Binnenentwässerung bereits heutzutage bei extremen Wettersituationen wie Sturmfluten, Starkregenereignissen und langanhaltenden Regenperioden an ihre Belastungsgrenze, so geschehen im Verbandsgebiet des I. Entwässerungsverbandes Emden nach ergiebigen Regenfällen im November 2015.

Klimaszenarien [1] lassen erwarten, dass die zukünftigen Anforderungen an die Binnenentwässerung signifikant steigen werden. Ein wesentlicher Grund dafür ist der Anstieg des Meeresspiegels. Während bisher zum Zeitpunkt des Tideniedrigwassers ein Großteil der Abflussbildung noch über Sielbauwerke entwässert werden kann, ist zukünftig damit zu rechnen, dass diese Zeit des Sielzugs fortschreitend kürzer wird. Gleichzeitig werden die zu entwässernden Wassermengen – zumindest saisonal – erheblich steigen, da v. a. von einer Zunahme der Winterniederschläge auszugehen ist. Auch das Starkregenrisiko wird zunehmen [2]. Schließlich führt die Zunahme der Flächenversiegelung dazu, dass die Abflussbildung

Zuerst erschienen in Wasser und Abfall 7–8/2018

© Der/die Autor(en), exklusiv lizenziert an Springer Fachmedien Wiesbaden GmbH, ein Teil von Springer Nature 2023
M. Porth et al. (Hrsg.), *Wasser, Energie und Umwelt*,
https://doi.org/10.1007/978-3-658-42657-6_48

v. a. in urbanen Gebieten ansteigen und damit das Entwässerungssystem zusätzlich belasten wird. Vor diesem Hintergrund müssen Alternativen zu den herkömmlichen Entwässerungsstrategien erarbeitet werden. Im Einklang mit der Deutschen Anpassungsstrategie an den Klimawandel [3] sollen diese Strategien nachhaltig sein und nach Möglichkeit Synergieeffekte mit anderen Handlungsfeldern berücksichtigen.

> **Kompakt**
>
> — Die Veränderungen hinsichtlich Klima, Flächennutzung und Meeresspiegel werden in Zukunft höchstwahrscheinlich die bestehenden Probleme der Binnenentwässerung erheblich verstärken.
> — Bereits auf Basis von Szenariorechnungen können generelle Hinweise für einen Anpassungsplanung abgeleitet werden.
> — Eine Einbindung der regionalen Akteure ist unumgänglich.

Voraussetzung für eine maßgeschneiderte und nachhaltige Anpassung an den globalen wie regionalen Wandel sind spezifische, regionale Impakt-Studien [4, 5]. Vor diesem Hintergrund wurden im Rahmen des durch das Bundesministerium für Umwelt, Naturschutz und nukleare Sicherheit (BMU) geförderten Verbundprojekts „Klimaoptimiertes Entwässerungsmanagement im Verbandsgebiet Emden" (KLEVER) in enger Zusammenarbeit mit dem I. Entwässerungsverband Emden (I. EVE), dem Landkreis Aurich, der Stadt Emden und dem Niedersächsischen Landesbetrieb für Wasserwirtschaft, Küsten- und Naturschutz regionale Folgenabschätzungen durchgeführt [6, 7]. Diese Folgenabschätzungen stellen eine essentielle Information dar, um gemeinsam mit regionalen Akteuren nachhaltige Strategien im Entwässerungsmanagement zur Anpassung an langfristige klimatische Veränderungen zu entwickeln [8].

48.1 Rahmenbedingungen in der Zielregion

Das Verbandsgebiet des I. EVE liegt im Nordwesten Niedersachsens in der Region Ostfriesland. Es wird meerseitig durch die Emsmündung, den Dollart und die Nordsee sowie landseitig durch den Ems-Jade-Kanal und durch die Entwässerungsverbände Aurich und Norden begrenzt (◘ Abb. 48.1). Die Größe des Verbandsgebiets beträgt 465 km^2 und weist einen Anteil von 78 % landwirtschaftlicher Fläche auf. Derzeit ca. 17 % entfallen auf Siedlungs- und Wirtschaftsfläche. Insgesamt ein Drittel der Verbandsfläche liegt unter Normalhöhennull (NHN).

Voraussetzung für die Besiedlung und die landwirtschaftliche und gewerbliche Nutzung des Verbandsgebiets ist eine dauerhafte und zuverlässige Entwässerung. Derzeit unterhält der I. EVE ein Gewässernetz von 1.100 km Länge, davon 940 km Gewässer 2. Ordnung und 160 km Gewässer 3. Ordnung. Sie leiten den Abfluss zu den zwei Siel- und Schöpfwerken Knock und Greetsiel, wo je nach Außenwasserstand entweder gesielt werden kann (freier Sielzug, wenn der Binnenwasserstand über dem Außenwassersstand liegt; derzeit ca. 1/3 des überschüssigen Wassers) oder in Ems und Nordsee gepumpt werden muss (derzeit ca. zwei Drittel des überschüssigen Wassers) [6].

In den Unterschöpfwerksgebieten (Binnenniederungen) liegt aufgrund der topographischen Lage deutlich unter NHN die besondere Situation vor, dass überschüssiges Wasser in jedem Fall in die höher gelegenen Sieltiefs gepumpt werden muss, um von dort dann je nach Außenwasserstand entweder über die Siele in Ems und Nordsee entwässert oder ein zweites Mal gepumpt zu werden. Für die zukünftige Entwässerung der Küstenniederungen stehen die regionalen Akteure vor mehreren Herausforderungen:

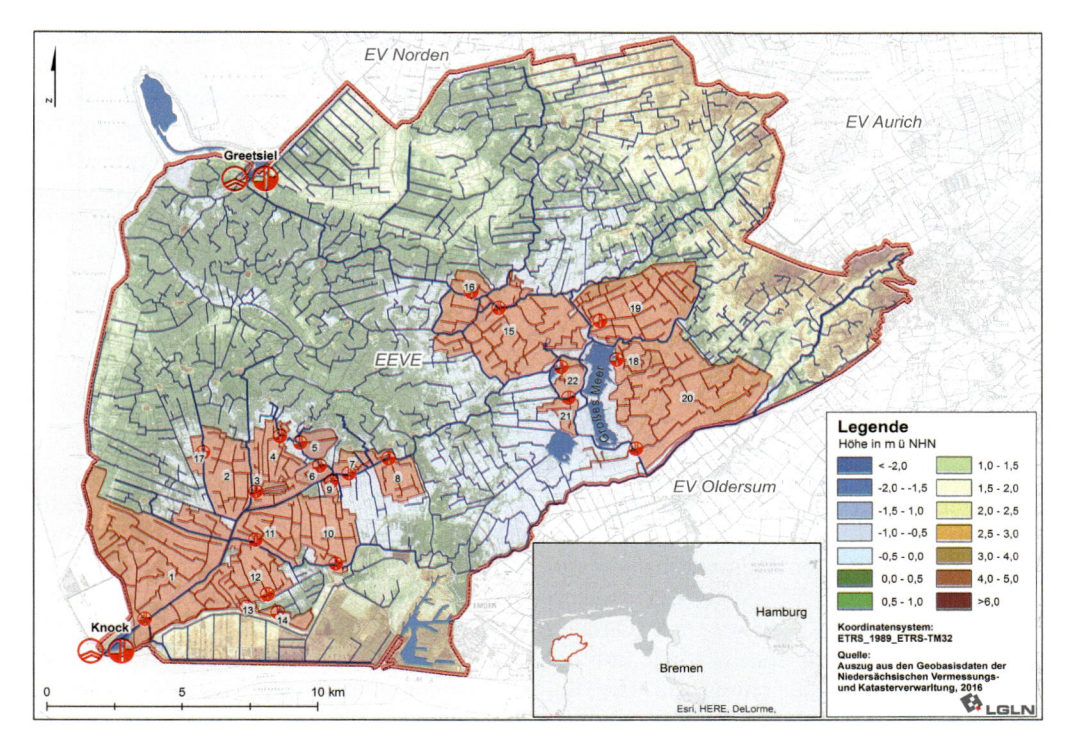

Abb. 48.1 Verbandsgebiet des I. EVE; dargestellt sind neben der Topographie die Verbandsgrenze (rote Linie), die Gewässer II. Ordnung (dunkelblau), die Unterschöpfwerksgebiete (orange, nummeriert) sowie die Siel- und Mündungsschöpfwerke Knock und Greetsiel. (© Jade Hochschule, Referat Forschung & Transfer)

1. Die globalen Klimamodelle projizieren einen signifikanten Meeresspiegelanstieg [1], der die Möglichkeiten des freien Sielzugs einschränken wird, um den Status quo der Entwässerung zu halten.
2. Der Meeresspiegelanstieg wird durch Senkungsprozesse der Geländeoberfläche verstärkt, die an der norddeutschen Küste relativ zum Meeresspiegel ca. 1 mm/a betragen [9].
3. Globale und regionale Klimamodelle projizieren eine Verschiebung der Saisonalität des Niederschlages in Richtung höherer Winterniederschläge [1, 2, 10]. Dies hat zur Folge, dass v. a. im Winter größere Abflussmengen entstehen und abgeführt werden müssen.
4. Es kann davon ausgegangen werden, dass sich die beobachtete Zunahme der Versiegelung [11] im Verbandsgebiet des I. EVE in einem gewissen Maße auch in Zukunft fortsetzen wird. Eine Zunahme der versiegelten Fläche ist mit einer Zunahme der Abflussbildung verbunden.

Vor diesem Hintergrund ist zukünftig von einem größeren Entwässerungsbedarf bei geringen Sielzugmöglichkeiten auszugehen. Da das Entwässerungssystem bei Extremereignissen vielerorts bereits heute an seine Kapazitätsgrenzen stößt, ist eine strategische Anpassung erforderlich, um die Resilienz des Küstenraums gegenüber den Auswirkungen des Klimawandels insgesamt zu erhöhen. Voraussetzung hierfür ist eine regionenspezifische Folgenabschätzung.

48.2 Methodik der modellasierten Szenarioanalyse

Die modellbasierte Abschätzung der Folgen des Wandels erfordert ein valides Wasserbilanzmodell, das die aktuellen hydrologischen Prozesse abbildet, sowie plausible und konsistente Szenarien, um die sich zukünftig ändernden Randbedingungen bei der Folgenabschätzung angemessen berücksichtigen zu können.

48.2.1 Modellkonzept

Die Quantifizierung der Effekte der projizierten Veränderungen erfolgte mit dem physikalisch basierten Wasserhaushaltsmodell SIMULAT [12, 13]. SIMULAT basiert auf der Richards'-Gleichung zur Darstellung des Bodenwasserflusses sowie auf der Penman–Monteith-Gleichung für die Berechnung der Evapotranspiration. Mithilfe des Modells werden kontinuierliche Simulationen der Wasserflüsse von homogenen hydrologischen Einheiten (HRU) durchgeführt und auf das Verbandsgebiet bzw. relevante Unterschöpfwerksgebiete hochgerechnet. Zum Antrieb des Modells stehen umfangreiche Datensätze zur Verfügung, die Topographie, Landnutzung, Bodenverhältnisse und Witterungsverhältnisse charakterisieren (Details zur Modellanwendung und Parametrisierung siehe [6]).

SIMULAT wurde sowohl zur Simulation der näheren Vergangenheit (Kalibrierung und Validierung) als auch der Abschätzung der zukünftigen Folgen von Klimawandel und Versiegelung eingesetzt (Szenario-basierte Projektionen). Aufgrund der limitierten Verfügbarkeit von Klima- und v. a. wasserwirtschaftlichen Daten (Sielzeiten und -mengen, Pumpzeiten und -mengen) wurden Kalibrierung und Validierung für den Zeitraum 2002–2007 durchgeführt, für der umfangreichste Datensatz vorliegt. Da im Untersuchungsraum aufgrund der naturräumlichen Gegebenheiten und der starken anthropogenen Beeinflussung keine Abflussmessungen vorliegen, wurden die simulierten Abflüsse im Rahmen von Kalibrierung und Validierung mit der Summe aus Siel- und Pumpmengen an den Mündungsschöpfwerken und Sielen verglichen.

48.2.2 Szenarioauswahl und -definition

Die Quantifizierung potenzieller Folgen des Wandels basiert auf der Definition bzw. Auswahl geeigneter Szenarien. Die Szenarien müssen sowohl dem aktuellen Stand des Wissens entsprechen als auch Akzeptanz bei den regionalen Akteuren finden, damit darauf basierende Folgenabschätzungen eine ausreichende Berücksichtigung im Beteiligungsprozess [8] finden können.

Als geeignete *Klimaszenarien* wurden vor diesem Hintergrund basierend auf dem Globalen Modell ECHAM sowohl aktuelle, regionalisierte Klimaszenarien des 5. Sachstandsberichts des IPCC (RCP-Szenarien) als auch die bei den Akteuren bekannteren, regionalen Modell-rechnungen auf Basis der SRES-Szenarien des IPCC verwendet [1]:

− RCP4.5- und RCP8.5-Szenarien des regionalen Klimamodells XDS;
− A1B-, B1- und A2-Szenarien der regionalen Klimamodelle REMO und WETTREG.

◘ Abb. 48.2 illustriert die projizierte deutliche Zunahme der Winterniederschläge um bis zu 20 mm im Monat bis Ende des 21. Jahrhunderts. Vor dem Hintergrund der saisonal hohen Abflusskoeffizienten kann mit ähnlich hohen Zunahmen der Abflussspende in den Wintermonaten gerechnet werden.

Als Szenarien des *Meeresspiegelanstiegs* wurden die regionalisierten Modellrechnungen des IPCC für die Szenarien

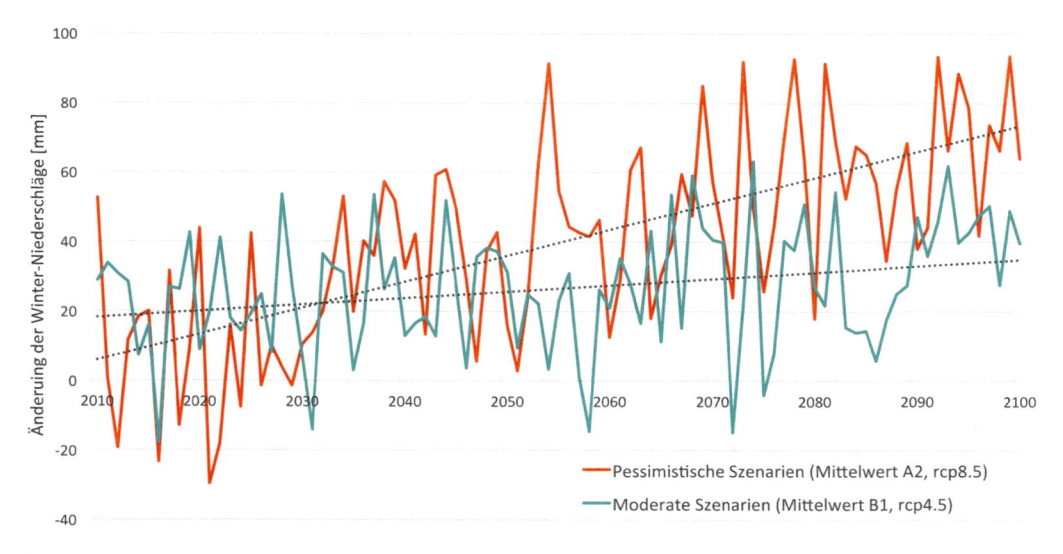

Modellbasierte Szenarioanalyse zur Anpassung des …

Abb. 48.2 Zu erwartende Veränderung der Winterniederschläge: Vergleich der pessi- mistischen (A2- Szenarien und rcp 8.5) und der moderaten Klimaszenarien (B1 und rcp4.5). (© Jade Hochschule, Referat Forschung & Transfer)

RCP4.5 und RCP8.5 verwendet [1], um auf Basis der neuesten Erkenntnisse eine maximale Konsistenz mit den ausgewählten Klimaszenarien herzustellen. Die Streuung der Modellsimulationen wurde berücksichtigt, indem die Auswirkungen für das 50 %- und das 95 %-Perzentil bestimmt wurden (Abb. 48.3). Nach Überlagerung des absoluten Meeresspiegelanstiegs mit der Landsenkungsrate ist von einem relativen Meeresspiegelanstieg in von 50 bis 110 cm bis Ende des 21. Jahrhunderts auszugehen. Durch die Differenzierung verschiedener Perzentile des Modellensembles wurde die Voraussetzung geschaffen, dass sich die Akteure mit dem Thema der Risikoakzeptanz auseinandersetzen. Zur Bestimmung der Entwicklung zukünftiger Sielzeiträume wurden die Projektionen des regionalen Meeresspiegelanstiegs mit einem wiederkehrenden 5-Jahres-Zeitraum hochaufgelöster Wasserstandsdaten des Siel- und Schöpfwerks Knock überlagert. Anschließend wird die jährliche Summe der Sielzeiten aus dem Abgleich jeder einzelnen Tide mit dem Binnen-Zielwasserstand berechnet.

In Bezug auf den fortschreitenden *Flächenverbrauch* wurden drei Szenarien angenommen, die das mögliche Spektrum der zukünftigen Flächenversiegelung abdecken (Abb. 48.4):
- Linear zunehmende Flächenversiegelung (ca. 5 % in 35a); Fortsetzung des seit 1980 beobachteten Trends;
- Umsetzung des Ziels der Niedersächsischen Landesregierung, die Versiegelungsrate bis 2030 auf 3 ha/Tag zu reduzieren;
- Umsetzung des Ziels der Europäischen Kommission, die Versiegelungsrate bis 2050 auf 0 ha/Tag zu reduzieren (Netto-Null).

Die Szenarien decken für den Zeitpunkt 2100 eine Spannweite von 18 % bis 27 % versiegelter Fläche ab.

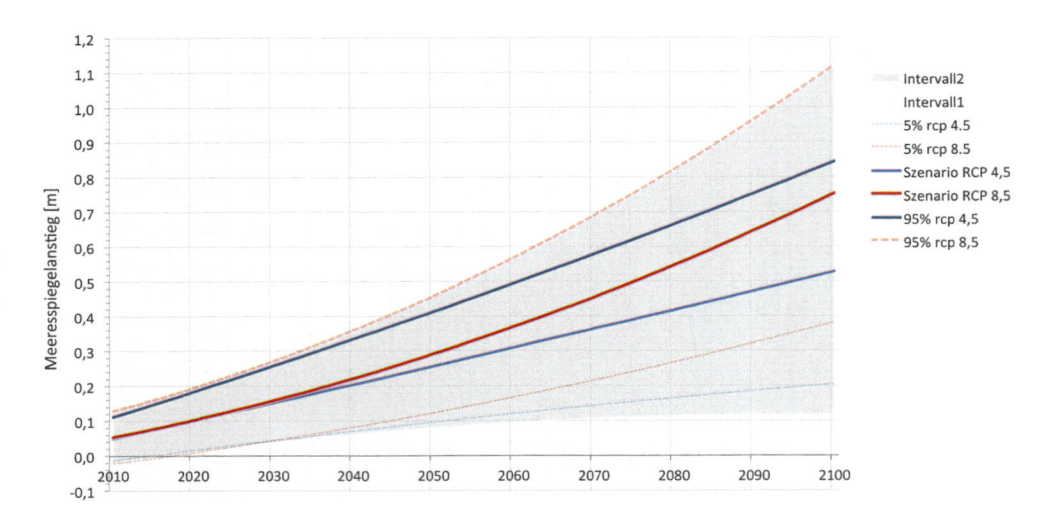

Abb. 48.3 Regionale Szenarien des Meeresspiegelanstiegs für die Deutsche Bucht basierend auf IPCC (2013). (© Jade Hochschule, Referat Forschung & Transfer)

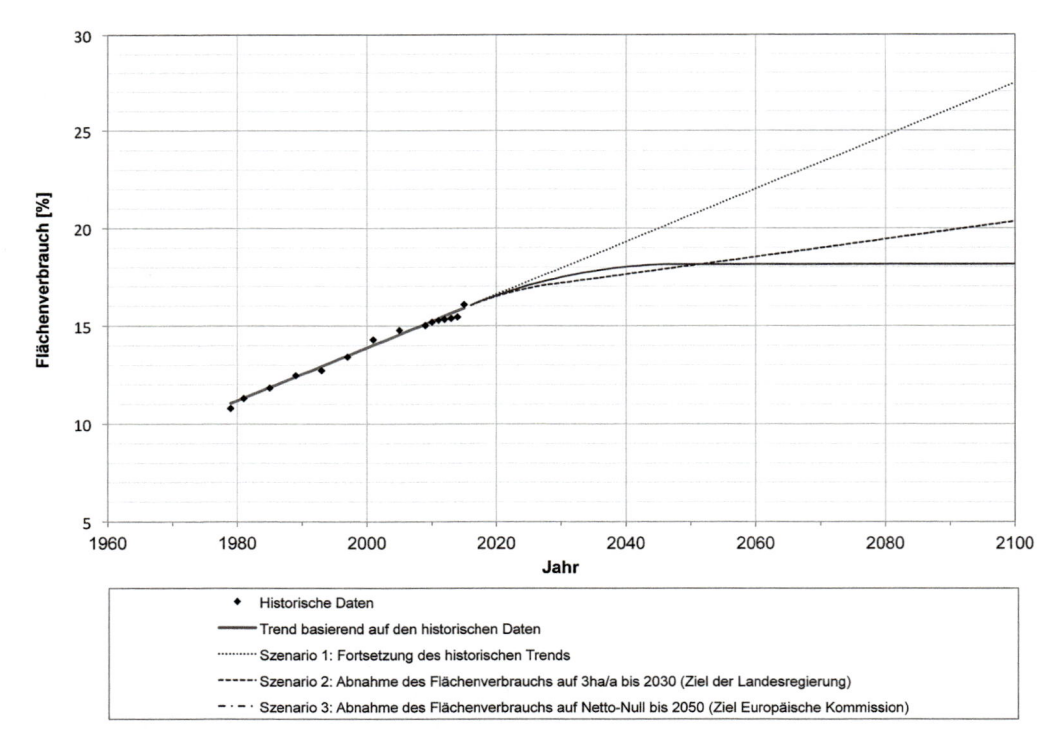

Abb. 48.4 Versiegelungsszenarien für das Gebiet des I. EVE: Verglichen werden die lineare Zunahme des in den vergangenen Jahrzehnten beobachteten Trends sowie die Ziele der Niedersächsischen Landesregierung und der EU hinsichtlich einer Reduzierung der Flächenversiegelung. (© Jade Hochschule, Referat Forschung & Transfer)

48.3 Ergebnisse der Szenarioanalyse und Diskussion

48.3.1 Modellkalibrierung und -validierung

Anhand der verfügbaren Daten zu Siel- und Pumpmengen konnten die von SIMULAT in täglicher Auflösung simulierten Abflüsse für wöchentliche und monatliche Entwässerungsvolumina kalibriert und validiert werden. Die simulierte Abflussdynamik gibt sowohl die saisonale Dynamik als auch Abflussspitzen wieder (◘ Abb. 48.5). Das Bestimmtheitsmaß beträgt für den Kalibrierungszeitraum (2002–2004) für monatliche Abflüsse 0,90 (0,84 für den Validierungszeitraum 2005–2007), für wöchentliche Abflüsse 0,84 (0,75 für den Validierungszeitraum). Auf Basis der Kalibrierungs- und Validierungsergebnisse kann davon ausgegangen werden, dass SIMULAT die Variabilität des Abflussverhaltens des Untersuchungsgebiets für die untersuchte Zeitskala (Wochen, Monate) hinreichend gut abbilden kann und damit auch für die Szenarioanalysen anwendbar ist.

48.3.2 Modellbasierte Szenarioanalyse

Der Fokus der Auswertung der mit SIMULAT durchgeführten Szenariorechnungen lag v. a. auf der Analyse jahreszeitlicher Trends sowie auf Veränderungen in der simulierten Wasserbilanz.

Die Auswertung der berechneten Effekte durch den *Klimawandel* wurde für das Ensemble der in ▶ Abschn. 13.2 beschriebenen Modell-Szenario-Kombinationen durchgeführt. Folgende zentrale Ergebnisse wurden erzielt:

- Auf Basis des verwendeten Szenario-Ensembles ist mit einer leichten Zunahme der jährlichen Abflussspende von etwa 11 bis 13 % bis Ende des 21. Jahrhunderts auszugehen (moderate vs. pessimistische Szenarien);
- Eine Zunahme der Abflussbildung aufgrund des Klimawandels ist v. a. im Winter zu erwarten. In der abflussreichen Jahreszeit ist bis Ende des 21. Jahrhunderts mit einem Anstieg der Abflussbildung um ca. 18 bis 26 % zu rechnen (moderate vs. pessimistische Szenarien), während die Abflussbildung im Sommer abnimmt (◘ Abb. 48.6);
- Die Zunahme des Abflusses in einzelnen Wintermonaten kann die saisonalen Änderungssignale noch deutlich übertreffen (◘ Abb. 48.6).

Diese Angaben beziehen sich auf mittlere Verhältnisse, nicht aber auf Extremereignisse. Die Unterschiede zwischen den verwendeten Klimamodellen waren größer als die zwischen den unterschiedlichen Klimaszenarien. Änderungssignale extremer Abflusssituationen können noch erheblich über den genannten Werten liegen. Die Muster der Änderungssignale sind mit vorausgegangenen Studien in ähnlichen Regionen konsistent, vgl. [4] für die Wesermarsch in NW-Niedersachsen.

Die Effekte der berechneten Szenarien für eine Zunahme der *Versiegelung* sind im Vergleich zu den Klimaeffekten zwar von untergeordneter Bedeutung, können aber gerade in den Wintermonaten die zukünftige Entwässerungsproblematik noch verschärfen (◘ Abb. 48.7). Infolge der zunehmenden Versiegelung ist im Verbandsgebiet des I. EVE bis Ende des Jahrhunderts mit einer Zunahme der Abflussbildung von monatlich bis zu 5 % zu rechnen (Ensemble-Mittelwert). Im Falle einer linear fortschreitenden Versiegelung wäre sogar von einem Anstieg der Abflussbildung von 12 % auszugehen. Während diese Zunahme das Abflussdefizit in den Sommermonaten überwiegend kompensieren kann, ist von November bis Mai damit zu rechnen, dass

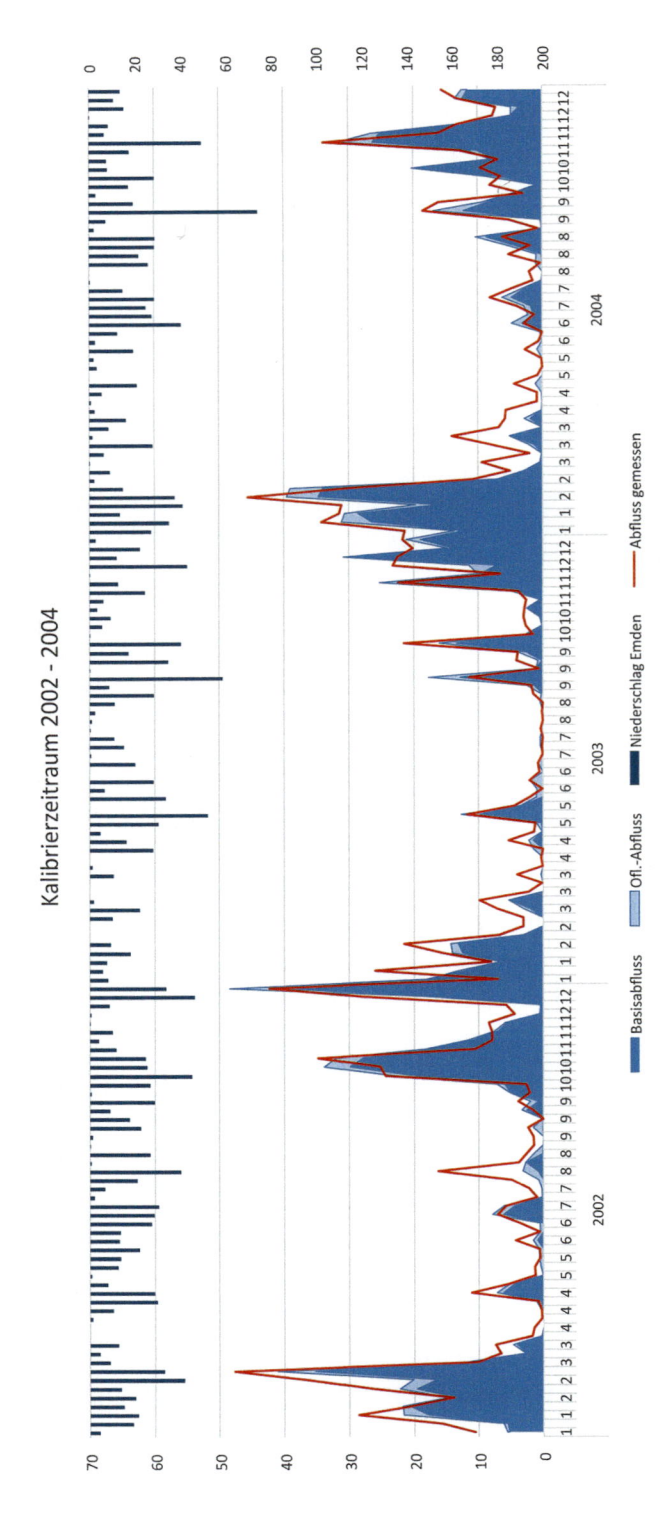

Abb. 48.5 Vergleich der simulierten Abflussdynamik mit den Siel- und Schöpfwerksdaten des Verbandsgebiets des I. EVE für den Kalibrierungszeitraum ($r^2 = 0{,}84$). (© Jade Hochschule, Referat Forschung & Transfer)

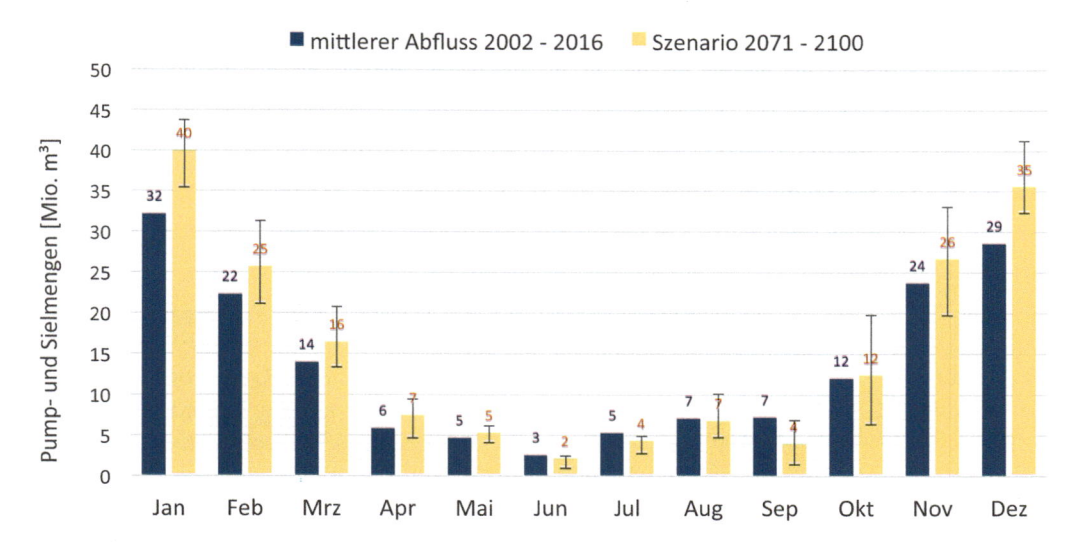

Modellbasierte Szenarioanalyse zur Anpassung des …

Abb. 48.6 Vergleich der gemessenen monatlichen Siel- und Pumpmengen des Zeitraums 2002–2016 mit den mit SIMULAT berechneten monatlichen Abflüssen für das Ende des 21. Jahrhunderts (2071–2100) basierend auf dem Ensemble der verwendeten Szenario- und Modellkombinationen. (© Jade Hochschule, Referat Forschung & Transfer)

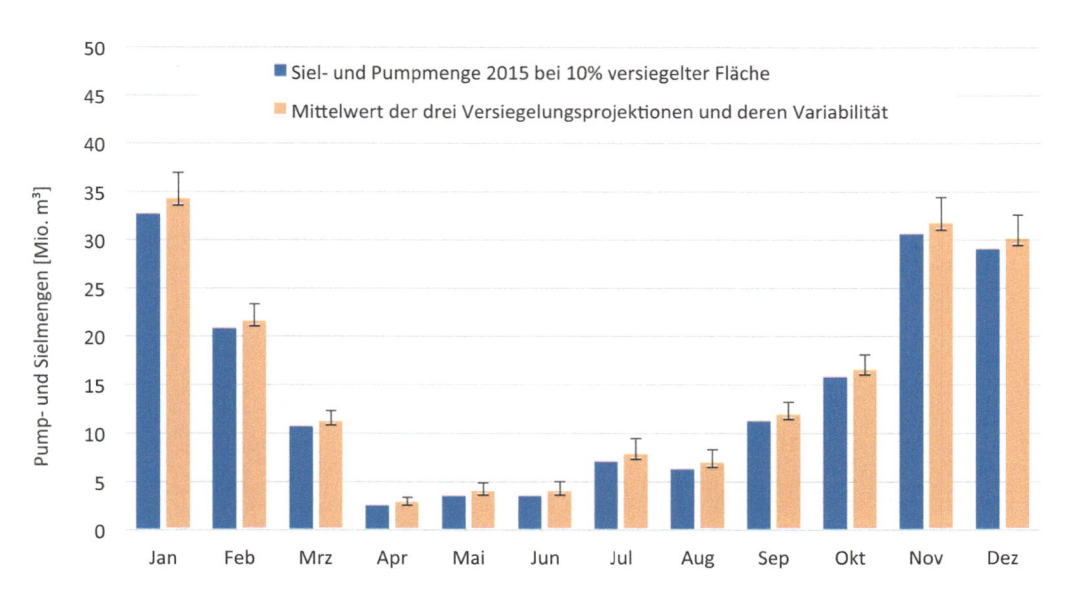

Abb. 48.7 Vergleich der gemessenen monatlichen Siel- und Pumpmenge (2015) mit den mit SIMULAT berechneten monatlichen Abflüssen für die drei Varianten der Zunahme der Flächenversiegelung. (© Jade Hochschule, Referat Forschung & Transfer)

sowohl der Klimawandel (Abb. 48.6) als auch die zunehmende Versiegelung die Abflussspende erhöhen werden.

Für eine Bestimmung der zukünftigen *Sielkapazitäten* wird in der Regel der mittlere Tideniedrigwasserstand (MTnw) der

Meeresspiegelanstiegs-Szenarien mit dem Binnenwasserstand verglichen. Sobald das MTnw diesen übersteigt, wird davon ausgegangen, dass das Sielen nicht mehr möglich ist. Je nach Szenario würde bei dieser Annahme zwischen 2040 (95 % Perzentil des RCP 8.5) und 2060 (50 %-Perzentil des RCP 4.5) im Verbandsgebiet des I. EVE keine Sielkapazität mehr bestehen. Da aber in der Realität Tideniedrigwasserstände aufgrund der äußeren Einflüsse (Sonnen-/Mondtide, Wind- und Strömungsverhältnisse) variabel sind, wurden im Rahmen von KLEVER die Szenarien des Meeresspiegelanstiegs mit einer 5-jährigen hochaufgelösten Tidekurve des Standorts Knock überlagert. Die Auswertung dieses Ansatzes ergab, dass sich die potenziellen Sielzeiten je nach Szenario bis 2040/2060 halbieren werden, und dass bis spätestens 2060/2080 kaum noch Sielkapazitäten bestehen werden (◘ Abb. 48.8). Die potenziellen Sielmengen werden noch schneller als die Sielzeiten abnehmen, da auch der Gradient zwischen Binnen- und Außenwasserstand bei Tideniedrigwasser kontinuierlich abnehmen wird. Vor dem Hintergrund des Zeithorizonts der Anpassungsplanung dürfen langfristige Anpassungsoptionen damit nicht mehr auf Entwässerung über die Siele vertrauen.

48.4 Schlussfolgerungen

Die modellbasierten Szenarioanalysen machen deutlich, dass die Veränderungen hinsichtlich Klima, Flächennutzung und Meeresspiegel in Zukunft höchstwahrscheinlich die bestehenden Probleme der Binnenentwässerung erheblich verstärken werden. Es ist davon auszugehen, dass der Klimawandel insbesondere durch den Anstieg der Winterniederschläge für erheblich zunehmende Abflussspenden und damit auch Entwässerungsbedarfe sorgen wird. Die zunehmende Versiegelung wird diese Tendenz verstärken. Aufgrund des zu erwartenden

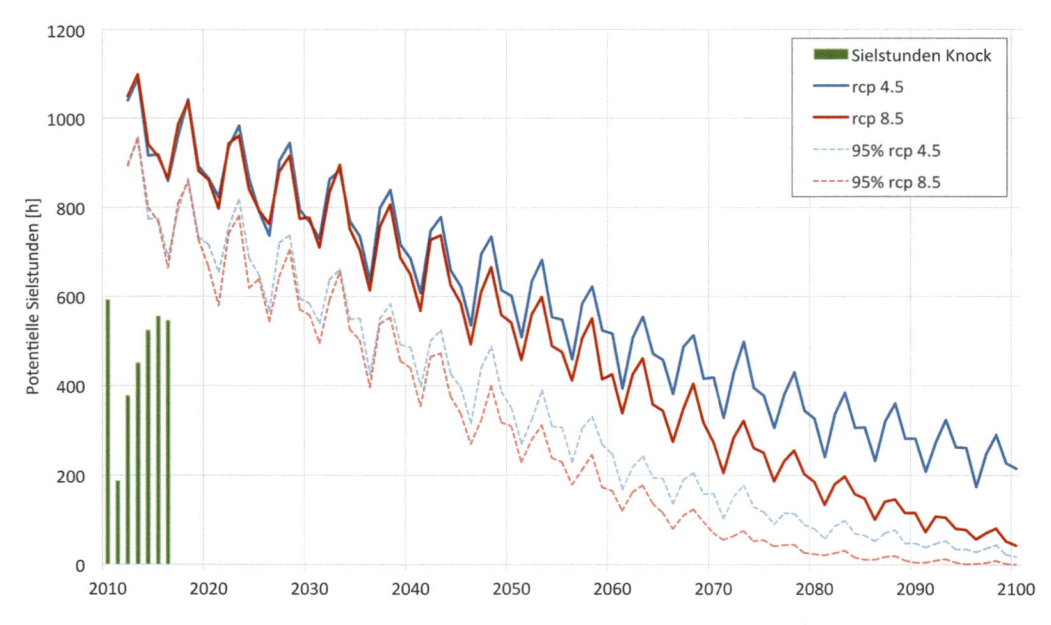

◘ **Abb. 48.8** Potenzielle Sielzeiten am Schöpfwerk Knock für vier verschieden Szenarien des Meeresspiegelanstiegs, gegenübergestellt gegen aktuelle, gemessene Sielzeiten. (© Jade Hochschule, Referat Forschung & Transfer)

Meeresspiegelanstiegs wird es bereits in wenigen Dekaden zu deutlichen Einschränkungen in der Sieltätigkeit kommen.

Bereits auf Basis dieser Szenariorechnungen können generelle Hinweise für einen Anpassungsplanung abgeleitet werden. Mittelfristiges Ziel sollte sein, die Flexibilität des Entwässerungssystems zu vergrößern, um die zur Verfügung stehenden Sielfenster optimal nutzen zu können. Hierzu empfiehlt es sich, Speichermöglichkeiten im Verbandsgebiet flexibler zu bewirtschaften und nach Möglichkeit auszubauen. Langfristig zu planende Maßnahmen der Klimaanpassung werden höchstwahrscheinlich in Gänze auf die Sieltätigkeit verzichten müssen. Sollen das Landschaftsbild und die Funktionalität des bestehenden Entwässerungssystems mit den heutigen Zielwasserständen gewährleistet bleiben, wird neben der Schaffung zusätzlicher Speichermöglichkeiten zur Abpufferung von Abflussspitzen auch ein Ausbau der Schöpfwerke erforderlich sein. Es sollte dabei angestrebt werden, diese durch den Einsatz regenerativer Energien klimaneutral zu betreiben.

Details einer konkreten regionalen Anpassungsplanung müssen aber in enger Kooperation mit den regionalen Akteuren erarbeitet werden [8]. Die Quantifizierung der vorgestellten regionalen Szenarien ist eine wesentliche Grundlage für eine solche Anpassungsplanung [4, 5] und eine große Motivation für die Beteiligung der regionalen Akteure am Anpassungsprozess [8]. In der Regel stehen derartige Informationen nicht in der benötigten Auflösung und Qualität zur Verfügung.

Dank

Die Autoren danken dem Bundesministerium für Umwelt, Naturschutz und nukleare Sicherheit für die Förderung des KLEVER-Projektes im Rahmen des DAS-Programms sowie den Kooperationspartnern des KLEVER-Projekts, dem I. Entwässerungsverband Emden, dem Niedersächsischen Landesbetrieb für Wasserwirtschaft, Küsten- und Naturschutz, dem Landkreis Aurich und der Stadt Emden, für die gute Zusammenarbeit, die Bereitstellung von Daten und Expertenwissen und ihren finanziellen Beitrag zum Projekt.

Hinweis

Parallel zu den beschriebenen Arbeiten wurden in enger Kooperation mit regionalen Akteuren Maßnahmenoptionen für alternative Entwässerungskonzepte erarbeitet und bewertet, um frühzeitig auf die zu erwartenden Änderungen reagieren zu können. Ergebnisse hierzu werden in einem separaten Beitrag in dieser Ausgabe von WASSER UND ABFALL [8] dargestellt.

Literatur

1. IPCC. "Climate Change 2013: The Physical Science Basis. Contribution of Working Group I to the Fifth Assessment Report of the Intergovernmental Panel on Climate Change" [Stocker, T.F., D. Qin, G.-K. Plattner, M. Tignor, S.K. Allen, J. Boschung, A. Nauels, Y. Xia, V. Bex, P.M. Midgley (Ed.)]. Cambridge University Press, Cambridge, Großbritannien, und New York, NY, USA, 1535 S., 2013.
2. Kunz, M., Mohr, S., Werner, P., „Niederschlag". In: Brasseur, G.P., Jacob, D., Schmuck-Zöller, S. (Ed.) „Klimawandel in Deutschland. Entwicklung, Folgen, Risiken, und Perspektiven", SpringerOpen, 57–66, 2017.
3. Bundesregierung, „Deutsche Anpassungsstrategie an den Klimawandel". Beschlossen vom Bundeskabinett am 17. Dezember 2008, Die Bundesregierung, Berlin, 2008.
4. Bormann, H., Ahlhorn, F., Klenke, T., „Adaptation of water management to regional climate change in a coastal region – hydrological change vs. community perception and strategies", Journal of Hydrology 454–455, 64–75, 2012.
5. Bormann, H., van der Krogt, R., Adriaanse, L., Ahlhorn, F., Akkermans, R., Andersson-Sköld, Y., Gerrard, C., Houtekamer, N., de Lange, G., Norrby, A., van Oostrom, N., De Sutter, R., „Guiding Regional Climate Adaptation in Coastal

6. Kebschull, J., Bormann, H., Spiekermann, J., Ahlhorn, F., Schaal, P., „Entwicklung nachhaltiger Strategien zum Entwässerungsmanagement an der Nordseeküste unter Berücksichtigung langfristiger klimatischer Veränderungen". Forum für Hydrologie und Wasserbewirtschaftung 38.17, 317–326, 2017.
7. Bormann, H., Kebschull, J., Spiekermann, J., Ahlhorn, F., Schaal, P. „Nutzung von Modellprojektionen für eine akteursbasierte Anpassung des Entwässerungsmanagements entlang der Nordseeküste an den Klimawandel". Forum für Hydrologie und Wasserbewirtschaftung 39.18, 181–191, 2018.
8. Ahlhorn, F., Spiekermann, J., Schaal, P. Bormann, H., Kebschull, J., „Akteursbeteiligung bei der Anpassung des Entwässerungsmanagements im norddeutschen Küstenraum", WASSER UND ABFALL, 7/8 2018.
9. Storch, H., Claussen, M., „Klimabericht für die Metropolregion Hamburg". Springer, Berlin Heidelberg, 2011.
10. UBA. „Neuentwicklung von regional hoch aufgelösten Wetterlagen für Deutschland und Bereitstellung regionaler Klimaszenarios auf der Basis von globalen Klimasimulationen mit dem Regionalisierungsmodell WETTREG auf der Basis von globalen Klimasimulationen mit ECHAM5/MPI-OM T63L31 2010 bis 2100 für die SRES-Szenarios B1, A1B und A2". Im Rahmen des Forschungs- und Entwicklungsvorhabens: "Klimaauswirkungen und Anpassungen in Deutschland – Phase I: Erstellung regionaler Klimaszenarios für Deutschland" des Umweltbundesamtes. Förderkennzeichen 204 41 138, Endbericht, 2007.
11. MUEK, „Abschlussbericht des Arbeitskreises Flächenverbrauch und Bodenschutz". Niedersächsisches Ministerium für Umwelt- und Klimaschutz, Dezember 2011.
12. Diekkrüger, B., Arning, M., "Simulation of water fluxes using different methods for estimating soil parameters", in: Ecological Modelling 81 (1–3), 83–95, 1995.
13. Bormann, H., "Sensitivity of a regionally applied soil vegetation atmosphere scheme to input data resolution and data classification" in: Journal of Hydrology 351, 154–169, 2008.

(continues from previous page)
Areas". In: Walter Leal Filho (Hrsg.), "Handbook of Climate Change Adaptation". Springer. 337–357, 2015.

Neue Ansätze zur überregionalen Bewirtschaftung von Grundwasserleitern

Michael Bruns, Björn Stiller und Hilger Schmedding

Zur Deckung des steigenden Bedarfs an Grundwasserentnahmen für die Feldberegnung ist eine nachhaltige, angepasste Bewirtschaftung des Grundwasserdargebots notwendig. Voraussetzung hierfür ist ein Monitoringsystem, das auch für große Bewirtschaftungsgebiete zeitnah und mit möglichst geringem Messaufwand die erforderlichen Informationen liefert, die für eine bedarfsgerechte Steuerung der Grundwasserentnahmen benötigt werden. Hierzu wurde ein Lösungsansatz entwickelt, der sich derzeit in der Realerprobung befindet.

Der seit Jahren steigende und bereichsweise mit der öffentlichen Trinkwasserversorgung konkurrierende Bedarf an Beregnungswasser (Zusatzwasserbedarf) für die Landwirtschaft wird als Folge des Klimawandels und der Intensivierung der Landwirtschaft weiter zunehmen. Die bedarfsangepasste Erhöhung der Wasserrechte ist deshalb eine wesentliche Voraussetzung für die wirtschaftliche Entwicklung der durch Bewässerungslandwirtschaft geprägten Region Nordostniedersachsen.

Zuerst erschienen in Wasser und Abfall 9/2018

Begrenzende Faktoren der Wasserentnahmen für die Feldberegnung sind, neben dem Grundwasserdargebot, negative Auswirkungen auf Schutzgüter und insbesondere auf die grundwasserabhängigen Landökosysteme. Dieses bezieht sich sowohl auf lokale Entnahmen (Einzelbrunnen) als auch auf die summarische (Fern-) Wirkung aller Entnahmen im betrachteten System. Gleiches gilt für die Beeinflussung der aus ökologischen Gründen notwendigen Mindestabflüsse in den mit dem Grundwasser interagierenden Fließgewässern. Speziell dieser Aspekt hat im Zusammenhang mit der EU-WRRL [1] an Bedeutung gewonnen und der Untersuchungsaufwand ist entsprechend gestiegen.

Aus hydrogeologischen Gründen sind oftmals nur kleine Flächenanteile des Gesamtgebietes von potenziell negativen Auswirkungen der Grundwasserförderung betroffen. Flächen mit hohen Grundwasserflurabständen oder artesisch gespannten Verhältnissen können vielfach außer Betracht gelassen werden.

Sehr viel größere Relevanz, auch im Hinblick auf das Grundwasserdargebot, hat die Betrachtung der summarischen

Einflüsse aller Entnahmen (Beregnung und weitere Wasserrechte); erst recht, wenn für deren Ermittlung die volle Ausschöpfung aller genehmigten Wasserrechte angesetzt werden muss [2]. Gleiches gilt für Zukunftsszenarien, die den prognostizierten gestiegenen Beregnungsbedarf berücksichtigen.

Vor diesen Herausforderungen stehen auch die Dachverbände Feldberegnung Lüneburg und Uelzen in Nordostniedersachsen, die für die anstehenden Wasserrechtsanträge der beiden Dachverbände umfangreiche hydrogeologische und wasserwirtschaftliche Untersuchungen durchführen müssen. Aufgrund der erheblichen Größe des Untersuchungsgebietes von ca. 3.850 km2 mit einer Beregnungsfläche von 776 km2, einer derzeit noch bewilligten Jahresentnahme aus dem Grundwasser von 56,5 Mio. m3 und einer Entnahme aus ca. 2.000 Beregnungsbrunnen ist ein „konventionelles" Bewirtschaftungsmonitoring mit hunderten von Überwachungsmessstellen (Grund- und Oberflächenwasser) weder für eine bedarfsgerechte zeitnahe Steuerung der Grundwasserentnahmen flexibel genug noch ökonomisch vertretbar.

Daher soll ein innovativer Monitoringansatz entwickelt werden, der Grundlagen und Handlungsspielräume für eine bedarfsgerechte Steuerung der anstehenden wasserrechtlichen Entscheidungen bieten kann und darüber hinaus ein verträgliches Mengenmanagement der zur Verfügung stehenden Grundwasservorkommen gewährleistet.

Kompakt

- Nur eine bedarfsorientierte, zugleich aber wasserwirtschaftlich verträgliche Steuerung der Beregnungsentnahmen ermöglicht die notwendige Flexibilität zur Anpassung der Beregnungslandwirtschaft an die zukünftigen Entwicklungen.
- Basis dieser Steuerung kann ein auf potenziell sensible Gebiete fokussiertes Messsystem sein, mit dem die Auswirkungen der Förderung analysiert und auf das Gesamtgebiet übertragen werden können.
- Eine solche Steuerung kann sich zu einem Entscheidungs-Unterstützungs-Instrument entwickeln, mit dem angepasste Entnahmevorgaben für das folgende Beregnungsjahr geliefert werden können.

49.1 Grundlagen/Systembeschreibung

Das Untersuchungsgebiet (= Modellgebiet, ◾ Abb. 49.1) befindet sich in Nordostniedersachsen und umfasst die in den Landkreisen Lüneburg und Uelzen vorkommenden Grundwasserkörper Ilmenau Lockergestein rechts, Ilmenau Lockergestein links, Jeetzel Lockergestein links sowie Örtze Lockergestein links.

Große Teile des Untersuchungsgebiets gehören zur östlichen Lüneburger Heide, einer Geest-Landschaft, die vor allem durch die Vereisungen der Elster- und Saale-Kaltzeiten geprägt ist.

Die wasserwirtschaftlich relevanten Schichten haben sich seit dem Tertiär (Miozän) abgelagert, beginnend mit dem unteren Glimmerton, der die Basis des Grundwasserleiterkomplexes bildet. Darauf folgen mit den Unteren und Oberen Braunkohlensanden bedeutsame Grundwasserleiter, die in weiten Teilen durch eine Tonschicht, der Hamburg-Formation, voneinander getrennt sind. Den Abschluss der tertiären Schichten bildet der Obere Glimmerton; dieser ist bereits großräumig erodiert und nur lokal von Bedeutung.

Das tertiäre Schichtpaket ist mit einem Netzwerk aus bis zu 350 m tiefen glazialen Erosionsrinnen durchzogen, die mit meist sandigen und kiesigen Sedimenten (Schmelzwassersande, Flussschotter), aber auch Feinsedimenten (Beckenablagerungen) der Elster-Kaltzeit verfüllt sind. Die glazialen

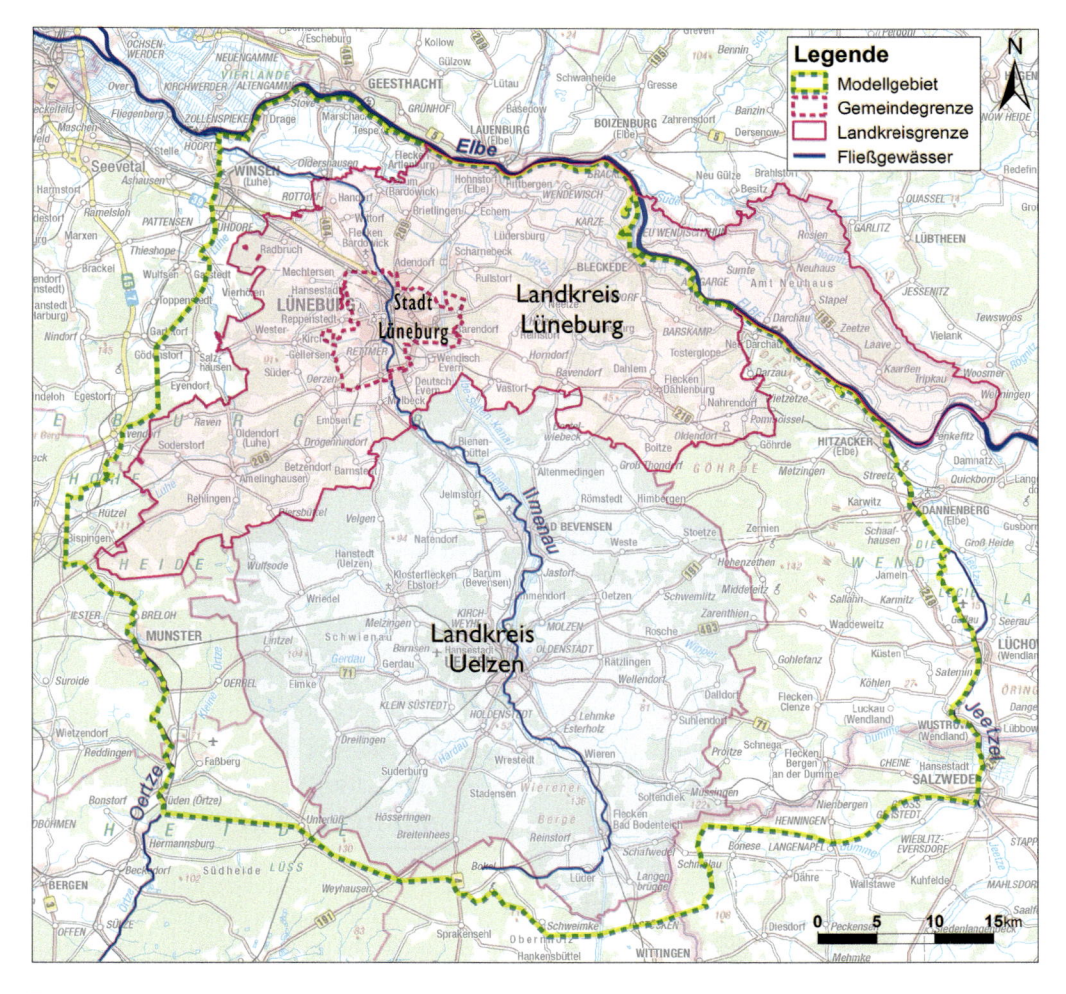

Neue Ansätze zur überregionalen Bewirtschaftung …

Abb. 49.1 Lageplan des Untersuchungsgebiets (= Modellgebiet). (© Michael Bruns, Consulaqua Hildesheim)

Rinnen sind bedeutende Grundwasserleiter; sie stehen über die Rinnenflanken häufig in hydraulischem Kontakt zu den benachbarten tertiären Grundwasserleitern.

Die darüber liegenden Sedimente der Saale-Kaltzeit formen mehrere Grundwasserstockwerke, bestehend aus einer Wechselfolge von Schmelzwassersanden und Grundmoränen (Abb. 49.2). Dabei stellen die Schmelzwassersande des Haupt-Drenthe Stadiums im Untersuchungsgebiet den Hauptförderhorizont der Beregnungsbrunnen dar.

Die Grundwasserflurabstände variieren von wenigen Metern in den Flusstälern, bis hin zu > 30 m in den Hochlagen, in denen gebietsweise auch schwebende Grundwasserleiter auftreten. Die überwiegend sandigen Böden weisen eine geringe Wasserhaltekapazität auf, woraus sich ein hoher Beregnungsbedarf ergibt.

Das Gebiet wird durch zahlreiche, überwiegend sand-/kiesgeprägte Gewässer mit der Ilmenau als Hauptvorflut in Richtung Elbe entwässert. In den Oberläufen sind die Gewässer vielfach influent oder entwässern

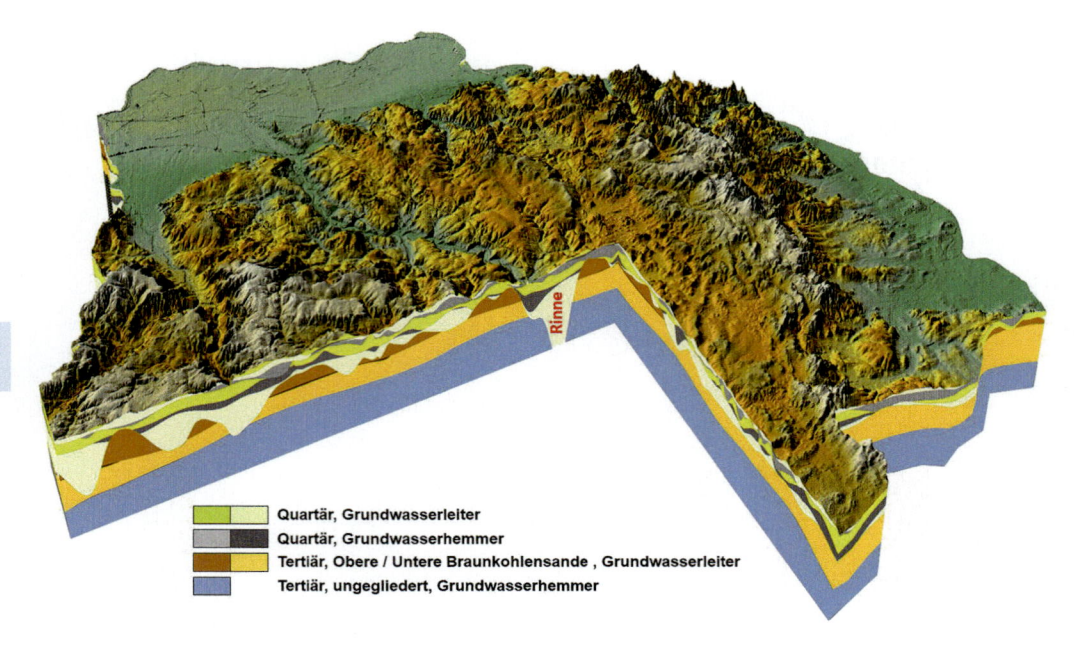

Abb. 49.2 Überhöhte 3D-Darstellung der Morphologie und der hydrogeologischen Verhältnisse im Untersuchungsgebiet. (© Björn Stiller, Consulaqua Hildesheim)

lokal begrenzte schwebende Grundwasserstockwerke.

49.2 Lösungsansatz/Methodik

Der fachliche Ansatz zum Aufbau eines Monitoringsystems zum flächendeckenden Grundwassermanagement geht von der Errichtung „repräsentativer Leitmessstellen" im Grundwasser und in den Gewässern an ausgesuchten Positionen im Gesamtgebiet aus [3]. Hierzu werden Bereiche mit potenziell förderbedingten Beeinflussungen durch eine Kombination der Berechnungsergebnisse eines numerischen Grundwasserströmungsmodells und GIS-gestützten Daten zu naturschutzfachlich sensiblen Flächen extrahiert.

49.3 Numerisches Grundwasserströmungsmodell

Ein das gesamte Untersuchungsgebiet umfassendes numerisches Grundwassermodell stellt das wesentliche Prognose- und Steuerungsinstrument dar. Da die Beregnung in Abhängigkeit von Feldfrucht, Bodenparametern und meteorologischen Bedingungen nur in kurzen Zeitintervallen (wenige Tage bis Wochen) erfolgt, ist eine Modellierung im instationären Modus unabdingbar. Insbesondere für die Analyse und Auswirkungsprognose der Entnahmen spielen das Speicherverhalten und die Reaktionszeiten sowie der Sättigungsgrad im Aquifersystem eine wesentliche Rolle. Hierbei lassen sich verträgliche Spitzenentnahmemengen sowie

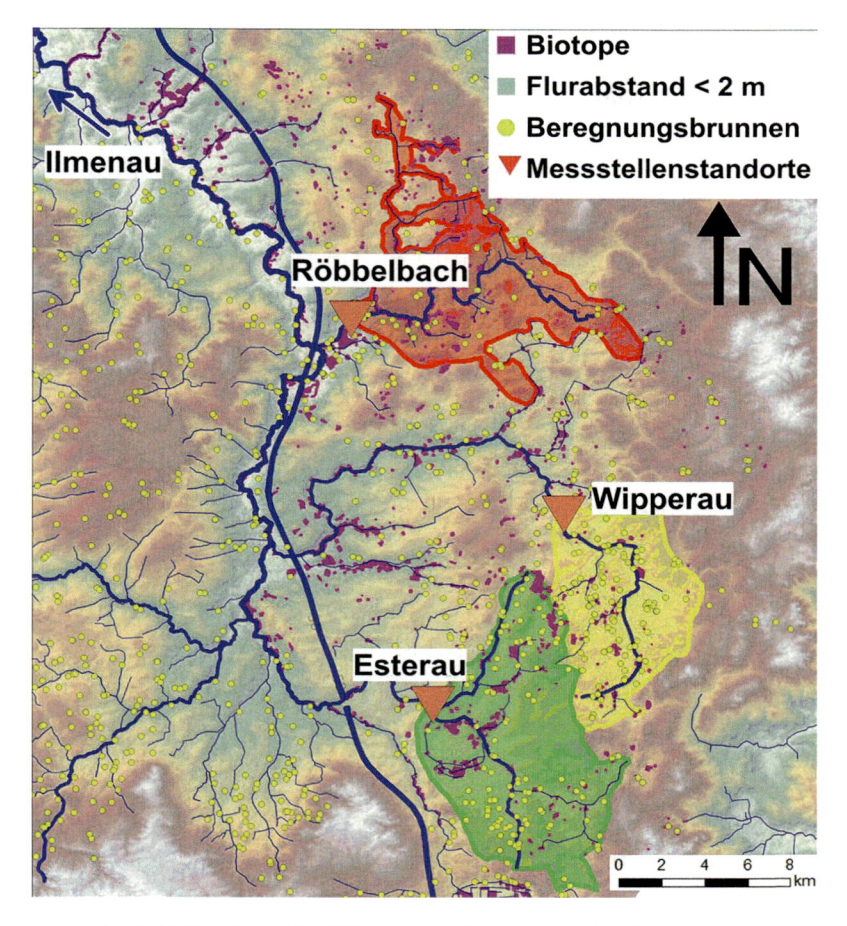

Neue Ansätze zur überregionalen Bewirtschaftung …

Abb. 49.3 Lage der drei Pilotgebiete. (© Michael Bruns, Consulaqua Hildesheim)

mittlere Entnahmen über einen längeren Zeitraum (z. B. Dekade) ermitteln.

Ein weiterer entscheidender Aspekt der Modellierung ist die Analyse der Interaktion zwischen Grund- und Oberflächenwasser. Hierauf aufbauend ist die Prognose der Auswirkungen veränderter Grundwasserentnahmen auf die grundwasserbürtigen Abflüsse, insbesondere die Niedrigwasser-Basisabflüsse in den Gewässern möglich. Kalibriert werden die modellberechneten Abflüsse auf Grundlage der Daten von 12 vom Niedersächsischen Landesbetrieb für Küsten- und Naturschutz (NLWKN) betriebenen Abflusspegeln sowie an den zusätzlichen Abflussmessungen des Monitoringsystems.

49.4 Innovativer Ansatz des Monitoringsystems

Das Monitoringsystem hat zwei unterschiedliche Aufgaben: Einerseits die Überwachung der Auswirkungen der Grundwasserentnahmen auf die einzelnen Schutzgüter sowie auf die Bewirtschaftungsziele gem. EU-WRRL und andererseits eine zeitnahe Bereitstellung der Datengrundlage für die Ermittlung des in der folgenden

Beregnungsperiode zur Verfügung stehenden Grundwasserdargebots und der ggf. damit einhergehenden mengenmäßigen und räumlichen Einschränkungen der Beregnung.

Um die Anzahl der zur Überwachung und Steuerung notwendigen Grundwassermessstellen und Abflusspegel auf ein praxistaugliches Maß zu begrenzen, erfolgt zunächst eine aus hydrogeologischer Sicht „abgeschichtete" Gebietsauswahl, die auf Bereiche mit geringmächtigen Grundwasserhemmern, niedrigen Grundwasserflurabständen und hoher Entnahmeaktivität ausgerichtet ist. Diese werden mit grundwasserabhängigen Landökosystemen, Naturschutz- und FFH- sowie weiteren naturschutzfachlich relevanten Gebieten und den zuvor ermittelten unterirdischen Einzugsgebieten der Ober- und Mittelläufe der WRRL-relevanten Gewässer verschnitten.

Hieraus resultieren Bereiche, die potenziell sensibel auf Änderungen der Grundwasserstände und der Basisabflüsse reagieren. Ein weiterer Aspekt ist die Repräsentativität der ermittelten Bereiche für das gesamte Untersuchungsgebiet, sodass ggf. eine spätere Übertragbarkeit der Erkenntnisse möglich ist. Im ersten Schritt wird die Überwachung auf die so ermittelten „Pilotgebiete" fokussiert.

Anhand von detaillierten elektronischen Abflussmessungen in den Gewässerabschnitten und kontinuierlichen Grundwasserstandsmessungen werden meteorologisch und entnahmebedingte Abfluss- und Aquiferreaktionen aufgezeichnet.

In Interaktion mit dem bestehenden, laufend fortgeschriebenen numerischen Grundwassermodell können hierdurch für die „Pilotgebiete" mit relativ wenigen Messstellen die förderbedingten Auswirkungen auf die relevanten Schutzgüter ermittelt und überwacht werden. Die zeitnahe Aus- und Bewertung des Systemzustands ermöglicht anschließend eine ressourcen- und bedarfsgerechte Steuerung der Beregnungsentnahmen.

49.5 Erprobung des Monitoringsystems unter Realbedingungen

Zur Prüfung der Praktikabilität eines solchen Monitoringsystems wurden im Rahmen eines Teilprojekts innerhalb des EU-Forschungsprogramms (Interreg North Sea Region) TOPSOIL [4] nach den o. g. Kriterien beispielhaft 3 Pilotgebiete an den Gewässeroberläufen der Esterau, Wipperau und des Röbbelbachs ausgewählt (Bild 3). Die Erprobung wurde mit dem Bau der Messstellen im Frühjahr 2018 begonnen und dauert über zwei Beregnungsperioden.

Am Gewässerausfluss der jeweiligen Pilotgebiete wurden Abflussmesssonden der neuesten Generation (Acoustic Doppler Current Profiler) installiert, die speziell für geringe Wasserstände ausgelegt sind, sodass auch Minimalabflussmengen (ab 8 cm Wassersäule über Sonde) erfasst werden können. Im Nahbereich der Abflussmessstellen wurde in Ergänzung der bestehenden Grundwassermessstellen jeweils eine neue Grundwassermessstellengruppe mit Filterlagen im oberflächennahen Grundwasserleiter bzw. im darunter liegenden Hauptförderhorizont gebaut und mit Datenloggern ausgerüstet.

Ziel dieser Messstellenkombination ist, in Verbindung mit den bereits vorhandenen Abfluss- und Grundwasserdaten, dezidierte Informationen zur Interaktion zwischen Grund- und Oberflächenwasser bzw. eine Gesetzmäßigkeit der Reaktionen auf die Beregnungsentnahmen ableiten zu können. Um diese von den meteorologisch bedingten Reaktionen zu separieren – fallende Wasserstände im Frühjahr überlagern sich mit dem Beginn der Beregnungsperiode – wird das instationäre Grundwassermodell in den Pilotgebieten verfeinert und regelmäßig nachkalibriert (◘ Abb. 49.3).

Stellt sich dieses Verfahren als geeignet für die Auswirkungsanalyse hinsichtlich der Schutzgüter und des Bewirtschaftungsplans heraus, werden analog weitere repräsentative Überwachungsgebiete identifiziert, in denen dieses Monitoringsystem eingerichtet wird. Aus deren Ergebnissen können dann Rückschlüsse auf das Grund- und Oberflächenwasserverhalten des gesamten Unter-suchungsgebiets gezogen werden.

49.6 Erste Ergebnisse/ Zwischenstand

Aussagekräftige Messergebnisse aus den Pilotgebieten liegen derzeit noch nicht vor. Eine wesentliche Herausforderung ist die exakte Kalibrierung der elektronischen Abflussmesssonden. Im Juni 2018 waren angesichts der andauernden Trockenheit die Wasserstände an den Messstellen und die Abflussraten bereits so gering, dass Vergleichsmessungen mit alternativen Geräten, z. B. Flügelrad, nur noch bedingt möglich waren und sich bereits geringe Veränderungen in der Hauptströmungsrichtung und des Gewässerquerschnitts erheblich auf die ermittelten Abflussmengen auswirkten. Es braucht also noch längere Zeitreihen und Mess- bzw. Methodenerfahrung, um belastbare Werte abbilden zu können.

Die bisher gewonnenen Ergebnisse aus der Grundwassermodellierung zeigen, dass sich Trocken- oder Feuchtjahre, sowie Entnahmeveränderungen offensichtlich über mehrere Jahre nivellieren. Grund hierfür sind das Aquiferspeicherverhalten und die unterschiedlich langen Fließzeiten in der ungesättigten und gesättigten Zone des Untergrundes.

◘ Abb. 49.4 zeigt einen unter gemessenen meteorologischen Bedingungen erstellten Vergleich der Grundwasserreaktionen mit Beregnungseinfluss (gelbe Ganglinie) und bei (modelltechnisch) abgeschalteter Beregnung (graue Ganglinie). Durch eine bis zum Ende des Berechnungszeitraums von fünf Jahren nicht abgeschlossene Zunahme der Differenz zwischen beiden Ganglinien (blaue Fläche = förderbedingte Grundwasserabsenkung) wird deutlich, dass es mehrere Jahre dauert, bis sich ein neues Gleichgewicht im Aquifersystem eingestellt hat. Diese Trägheit der Systemreaktionen kann für die Definition von bedarfsorientiert flexiblen Entnahmemengen, z. B. hohe Entnahmen zu Trockenzeiten, geringere zu Feuchtzeiten genutzt werden, ohne dass durch Spitzenentnahmen nicht reversible Auswirkungen auf Schutzziele entstehen.

49.7 Ausblick

Stellt sich bei der Erprobung das entwickelte und auf sensible Bereiche fokussierte Monitoringsystem als geeignet heraus, wird es auf repräsentative Gebiete des gesamten Untersuchungsraums ausgedehnt. Bei Beibehaltung oder sogar Steigerung der Aussagesicherheit ergibt sich gegenüber vergleichbar großen Untersuchungsgebieten und Entnahmemengen ein deutlich reduzierter Mess- und Auswerteaufwand. Die auf das Wesentliche konzentrierten Datenmengen fördern eine schnelle und flexible Auswertung. In Kombination mit dem Grundwassermodell wird die Erstellung von Entnahmevorgaben für das folgende Beregnungsjahr ermöglicht, die auf dem jeweiligen Aquiferzustand basieren und die zurückliegende Witterungs- und Entnahmesituation berücksichtigt. Dadurch werden eine verträgliche Nutzung des bestehenden Grundwasserdargebots und ggf. eine gezielte Planung von gegensteuernden Maßnahmen ermöglicht.

Durch die laufende Datengenerierung, dem stetig anwachsenden Systemverständnis sowie die ständige Aktualisierung des Grundwassermodells wird sich die Prognosezuverlässigkeit mit der Zeit weiter erhöhen. Somit wird neben dem Monitoringsystem zur Ermittlung der förderbedingten Auswirkungen auch ein Entscheidungs-Unterstützungs-System zum flächendeckenden

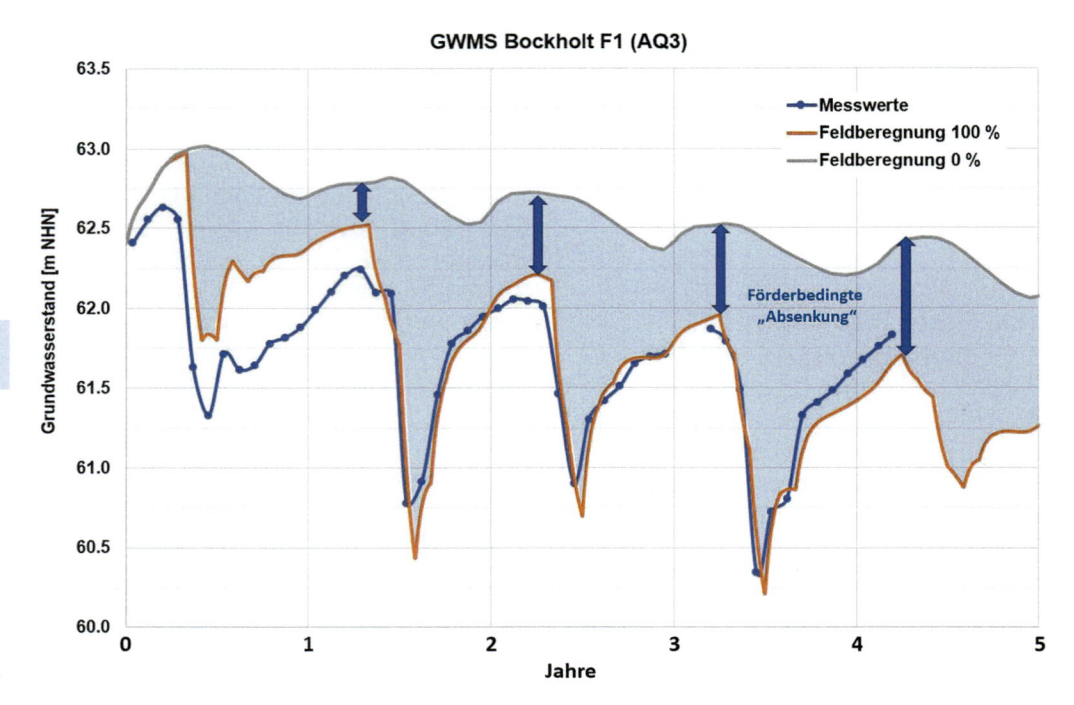

Abb. 49.4 Grundwasserganglinien-Vergleich mit(kalibriert nach Messwerten) und ohne (Modellberechnung) Einfluss der Beregnungsentnahmen. (© Michael Bruns, Consulaqua Hildesheim)

Grundwassermanagement aufgebaut und damit ein Planungs- und Prognoseinstrument zur nachhaltigen Bewirtschaftung des Grundwasservorkommens in der Region geschaffen.

Literatur

1. Richtlinie 2000/60/EG des Europäischen Parlaments und Rates zur Schaffung eines Ordnungsrahmens für Maßnahmen der Gemeinschaft im Bereich der Wasserpolitik vom 23.10.2000 (ABl. L 327 vom 22.12.2000, S. 1–72), zuletzt geändert durch Richtlinie 2014/101/EU der Kommission vom 30.10.2014 (ABl. L 311 vom 31.10.2014, S. 32)
2. Niedersächsischer Landesbetrieb für Wasserwirtschaft, Küsten- und Naturschutz (NLWKN), Leitfaden zur Berücksichtigung der Bewirtschaftungsziele für Oberflächengewässer im Rahmen von Zulassungsverfahren für Grundwasserentnahmen; Entwurf, Stand März 2018
3. Landwirtschaftskammer Niedersachsen; AquariusDem Wasser kluge Wege ebnen, Abschlussbericht, Uelzen 2012
4. TOPSOIL (Teilprojekt); Entwicklung und Erprobung eines Monitoring-Systems sowie von Vorschlägen für eine Bewirtschaftungssteuerung für großräumige Grundwasserkörper am Beispiel der Region Uelzen – Lüneburg

Auswirkungen von Klimaänderungen auf die Grundwasserneubildung in Niedersachsen

Gabriele Ertl, Frank Herrmann, Tobias Schlinsog und Jörg Elbracht

Das Wasserhaushaltsmodell mGROWA wird in Niedersachsen für die zeitlich und räumlich hochaufgelöste Berechnung der Grundwasserneubildung eingesetzt. Nur durch Multi-Modell-Ensembles aus regionalen Klimamodellen und mGROWA wird eine Abschätzung der zukünftigen Veränderung der Grundwasserneubildung durch den Klimawandel möglich.

Grundwasser ist eine erneuerbare Ressource. Wenn versickerndes Niederschlagswasser das Grundwasser erreicht, spricht man von Grundwasserneubildung. Dieser Prozess findet in Mitteleuropa hauptsächlich während des Winterhalbjahres von November bis April statt. Daten zur Grundwasserneubildung werden bei nahezu allen wasserwirtschaftlichen Verfahren mit Bezug zum Grundwasser benötigt. Aus diesem Grund bieten die Geologischen Dienste bzw. die Wasserwirtschaftsbehörden vieler Bundesländer flächenhafte Informationen zur Grundwasserneubildung an. In Niedersachsen stellt der Staatliche Geologische Dienst im Landesamt für Bergbau, Energie und Geologie (LBEG) seit vielen Jahren entsprechende Informationen zur Verfügung. Außerdem trägt das LBEG zur qualitativen und quantitativen Beurteilung der Grundwasserressourcen des Landes Niedersachsen bei, z. B. zur Erfüllung von Berichtspflichten aus den EU-Richtlinien mit Bezug zum Grundwasser.

50.1 Wasserhaushaltsmodelle zur Ermittlung der Grundwasserneubildung

Da die Grundwasserneubildung nicht flächendifferenziert gemessen werden kann, wird sie mithilfe von Wasserhaushaltsmodellen ermittelt. Dabei muss für realistische Ergebnisse eine Vielzahl räumlich und zeitlich stark veränderlicher Eingangsdaten berücksichtigt werden. Zum Beispiel sind die benötigten Klimagrößen „Niederschlag" und „Potenzielle Verdunstung über Gras" auf verschiedenen Raum- und Zeitskalen variabel, und eine Abschätzung ihrer langfristigen Veränderung durch den Klimawandel ist mit hohen Unsicherheiten verbunden. Außerdem werden für die

Zuerst erschienen in Wasser und Abfall 9/2018

Bestimmung hochaufgelöster räumlicher Muster der Grundwasserneubildung ebenso hochaufgelöste Boden- und Landnutzungsparameter benötigt, die ebenfalls zeitlichen Veränderungen unterliegen können. In den vergangenen Jahrzehnten sind diesbezüglich einerseits die Modellansätze methodisch kontinuierlich weiterentwickelt worden und andererseits ist die Qualität der Eingangsdaten sukzessive verbessert worden. Das LBEG hat diese Entwicklungen aktiv gefördert und stellt für wasserrechtliche Fragestellungen kontinuierlich Grundwasserneubildungsdaten nach jeweils aktuellem Kenntnisstand bereit.

> **Kompakt**
>
> — Zur Beantwortung wichtiger wasserwirtschaftlicher Fragen, z. B. zur räumlichen und zeitlichen Verteilung der Grundwasserneubildung, wird in Niedersachsen das Modell mGROWA verwendet.
> — Mit Multi-Modell-Ensembles aus regionalen Klimamodellen und Wasserhaushaltsmodellen kann eine zukünftige Veränderung der Grundwasserneubildung abgeschätzt werden.

In Niedersachsen wurde ab 1998 für die flächendifferenzierte Ermittlung der langjährigen mittleren Grundwasserneubildung das Modell GROWA [1] genutzt. Mit wachsendem Bewusstsein zu Fragen des Klimawandels rückte die Notwendigkeit einer zeitlich höher aufgelösten Berechnung des Wasserhaushaltes in den Fokus. Im Zuge dessen entwickelte das Forschungszentrum Jülich in Zusammenarbeit mit dem LBEG das Wasserhaushaltsmodell mGROWA [2]. Mit mGROWA können die in Niedersachsen relevanten Komponenten des terrestrischen Wasserhaushaltes – dies sind die tatsächliche Evapotranspiration, der Gesamtabfluss mit seinen Abflusskomponenten Direktabfluss, Drainageabfluss, etc. sowie die Grundwasserneubildung – in hoher räumlicher und zeitlicher Auflösung (Tage bzw. Monate) auf Landesebene über lange Zeiträume simuliert werden. Im Jahr 2013 wurde die erste Version von Grundwasserneubildungsdaten für Niedersachsen auf Basis des Modells mGROWA vom LBEG veröffentlicht. Seitdem sind weitere methodische Verbesserungen am Modell sowie eine Aktualisierung mehrerer Datengrundlagen vorgenommen worden. Aus diesem Grund veröffentlicht das LBEG im Jahr 2018 eine neue Version der Grundwasserneubildungsdaten.

Die für die neue Version verwendeten Datengrundlagen sind in ◘ Tab. 50.1 aufgeführt. Die rasterbasierte Simulation des Wasserhaushaltes mit dem Modell mGROWA erfolgt in zwei Stufen. Eine detaillierte Beschreibung aller Modellkomponenten kann [2] entnommen werden, sodass hier nur auf wichtige Aspekte und Neuerungen im Modell eingegangen wird. In der ersten prozessorientierten Stufe werden in Tagesschritten die tatsächliche Evapotranspiration und die AbflussBildung flächendifferenziert ermittelt. Grundlage hierfür ist die allgemeine hydrologische Wasserhaushaltsgleichung. Die Simulation erfolgt für unterschiedliche Oberflächentypen (z. B. Vegetation, versiegelte urbane Flächen, Hochmoore, etc.) mit jeweils an die spezifische Wasserspeicherfähigkeit angepassten Verfahren. Einen bedeutenden Einfluss auf die vegetationsspezifische tatsächliche Evapotranspiration hat beispielsweise die pflanzenverfügbare Menge des im Boden gespeicherten Wassers. Die damit verbundenen Prozesse werden mit dem in mGROWA integrierten ursprünglich am LBEG entwickelten Mehrschicht-Bodenwasserhaushaltsmodell BOWAB [3] ermittelt. Das Niederschlagswasser, das nicht auf der Oberfläche oder im Boden für die Verdunstung gespeichert werden kann, wird als Gesamtabfluss bilanziert. In vielen Teilen Niedersachsens sind die Flurabstände

◘ **Tab. 50.1** Datengrundlagen des Modells mGROWA 2018 in Niedersachsen. (Quelle: Autoren)

Datengrundlage	Datenquelle
Landnutzungstypen	ATKIS®-Basis-DLM 2015 (Bundesamtes für Kartographie und Geodäsie)
Versiegelungsgrade der Erdoberfläche	High Resolution Layer Imperviousness (2012) 20 m (Copernicus Land Monitoring Service)
Digitales Modell der Geländeoberfläche	DGM 25 (Landesamt für Geoinformation und Landesvermessung Niedersachsen)
Bodenkarte mit Bodenprofilen: – Horizontmächtigkeit, horizontspezifische Parameter (Feldkapazität, nutzbare Feldkapazität, etc.) – Staunässestufen, Grundwasserstufen	Bodenübersichtskarte 1:50.000 (LBEG Hannover)
Karten mit landwirtschaftlichen Dränflächen	Verfahren nach Tetzlaff [7] & Flächen mit Grundwasserdrainagen bekannter Tiefe (LBEG Hannover)
Klimadaten: – Niederschlag – Potentielle Verdunstung über Gras	DWD Climate Data Center (CDC): Historische tägliche Stationsbeobachtungen für Deutschland, Version v005, 2017
Hydrogeologische Gesteinseinheiten	Geologische Karte 1:50.000 (LBEG Hannover)

zum Grundwasser relativ gering (< 3 m). Dies kann bei ausreichendem Wasserdefizit im Boden einen kapillaren Aufstieg von Wasser aus dem Grundwasserleiter in die durchwurzelte Bodenzone zur Folge haben. Dieses kapillar aufsteigende Wasser stellt quasi eine Grundwasserzehrung dar und wird ebenso in der ersten Stufe bilanziert. In der neuen mGROWA Version 2018 kann der Grundwasserflurabstand variabel als Jahresgang dem Modell als Randbedingung vorgegeben werden. Dadurch kann nun auch besser die Aktivierung landwirtschaftlicher Drainagesysteme mit hohen Drainageabflüssen während des Winterhalbjahres abgeBildet werden. Dies ist in Niedersachsen vor allem im Nordwesten für die Marschen relevant.

In der zweiten empirischen Stufe des Modells mGROWA wird der bilanzierte Gesamtabfluss in die Direktabflusskomponenten und die Grundwasserneubildung separiert. Dabei kommen räumlich verteilte sogenannte empirische BFI-Werte zum Einsatz. Diese geben den Anteil der Grundwasserneubildung am Gesamtabfluss abhängig von spezifischen Standortmerkmalen an. Im Festgesteinsbereich des Landes wurden beispielsweise den hydrogeologischen Gesteinseinheiten abhängig von ihrer hydraulischen Permeabilität unterschiedliche BFI-Werte zugewiesen, die damit auch die Wasserspeicherfähigkeit der Gesteine widerspiegeln.

◘ Abb. 50.1 zeigt die mit der aktuellen mGROWA-Version simulierte langjährige mittlere Grundwasserneubildung der beiden Perioden 1961–1990 und 1981–2010 sowie die zugehörige Zeitreihe der landesweiten Gebietsmittelwerte der jährlichen Grundwasserneubildung. Die gesamte Simulation umfasst die 50 Jahre von 1961 bis 2010 und basiert auf Klimadaten aus den historischen täglichen Stationsbeobachtungen und daraus abgeleiteten Rasterdaten des Deutschen Wetterdienstes (DWD).

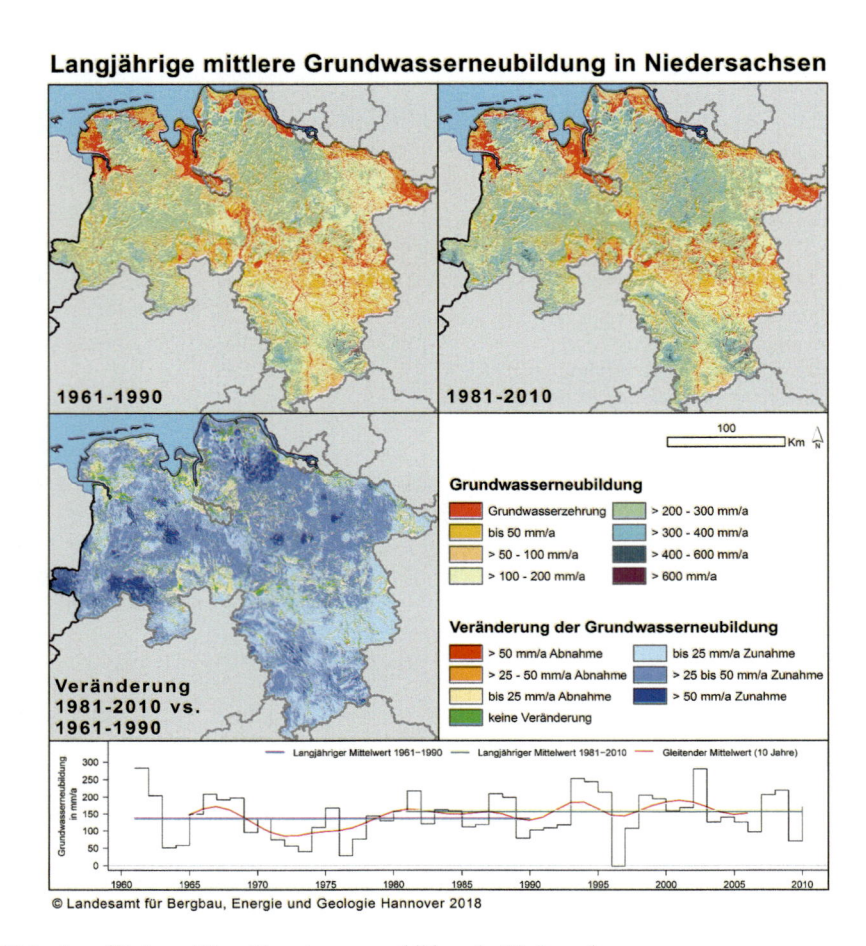

Abb. 50.1 Langjährige mittlere Grundwasserneubildung in Niedersachen

In der Periode 1961–1990 fand eine mittlere jährliche Grundwasserneubildung von ca. 134 mm/a statt. Für die Periode 1981–2010 resultiert eine höhere Grundwasserneubildung von ca. 156 mm/a. Aus der Differenzenkarte wird jedoch deutlich, dass diese nicht gleichmäßig im gesamten Land stattgefunden hat. Insbesondere die Grundwasserzehrgebiete, die Regionen mit geringem Flurabstand zum Grundwasser, in denen der kapillare Aufstieg aus dem Grundwasser im Sommerhalbjahr größer ist als die eigentliche GrundwasserneuBildung im Winterhalbjahr, konnten nicht von den höheren Niederschlägen der Periode 1981–2010 profitieren. Deutlich wird in der Zeitreihendarstellung auch, dass die Grundwasserneubildung zwischen einzelnen Jahren stark variieren kann. Außerdem sind mehrere Jahre umfassende Abschnitte sichtbar, in denen nur eine weit unterdurchschnittliche Grundwasserneubildung stattfindet. Die für solche intra- und interdekadische Schwankungen verantwortliche natürliche Klimavariabilität ist zusätzlich überprägt durch den anthropogenen Klimawandel.

50.2 Abschätzung zukünftiger Grundwasserneubildung mit Ensemblerechungen

Um mögliche zukünftige Veränderungen der Grundwasserneubildung durch den Klimawandel abzuschätzen, wird das Wasserhaushaltsmodell mGROWA am LBEG auch als sogenanntes „Impaktmodell" in einem Ensemble aus verschiedenen Szenarien zur globalen Erwärmung und verschiedenen globalen und regionalen Klimamodellen verwendet. Dazu sind erste Ergebnisse, die auf Klimaprojektionen der in Deutschland betriebenen regionalen Klimamodelle REMO und WETTREG2010 basieren, bereits veröffentlicht worden [4]. Die Spannbreite der in dieser Studie projizierten Veränderung der zukünftigen Grundwasserneubildung reicht von einem stärkeren Rückgang bis zum Ende des 21. Jahrhunderts (WETTREG2010+mGROWA) bis zu einem ungefähren Verbleib auf dem derzeitigen Niveau oder sogar einem leichten Anstieg (REMO+mGROWA). Es konnte im Rahmen der Studie dargestellt werden, wie die Vielfalt unterschiedlicher Standorteigenschaften in Niedersachsen (Bodenwasserspeicher, Grundwasserflurabstand, hydrogeologische Gesteinseigenschaften, etc.) in Kombination mit den Klimaänderungssignalen der Klimamodelle regional unterschiedliche nicht-lineare Veränderungen der Grundwasserneubildung verursachen.

Derzeit werden am LBEG weitere Simulationen zur möglichen zukünftigen Veränderung der Grundwasserneubildung anhand eines aktuellen Multi-Modell-Ensembles durchgeführt. Betrachtet wird das Klimaszenario RCP8.5, welches auch als das „weiter-wie-bisher"-Szenario betitelt wird. Die Klimaprojektionsdaten entstammen zum einen dem Projekt EURO-CORDEX [5], zum anderen dem Projekt ReKliEs-De [6]. Hierbei stehen drei Zeitabschnitte im Mittelpunkt der Untersuchungen: 1971–2000 als Referenzzeit, 2021–2050 als nahe Zukunft und 2071–2100 als ferne Zukunft. Ziel ist es, im Hinblick auf eine langfristig nachhaltige Grundwasserbewirtschaftung, Unsicherheiten zu verringern und innerhalb der Ergebnisbandbreite einen Trend in der möglichen zukünftigen Entwicklung der Grundwasserneubildung in Niedersachsen auszumachen. Dadurch können die Auswirkungen des Klimawandels besser beurteilt und entsprechende Anpassungsmaßnahmen entwickelt werden.

Literatur

1. Kunkel, R., Bogena, H., Tetzlaff, B. & Wendland, F. (2006): Digitale Grundwasserneubildungskarte von Niedersachsen, Nordrhein-Westfalen, Hamburg und Bremen: Erstellung und Auswertungsbeispiele. – Hydrologie und Wasserbewirtschaftung, 50 (5): 212–219.
2. Herrmann, F., Chen, S., Heidt, L., Elbracht, J., Engel, N., Kunkel, R., Müller, U., Röhm, H., Vereecken, H. & Wendland, F. (2013): Zeitlich und räumlich hochaufgelöste flächendifferenzierte Simulation des Landschaftswasserhaushalts in Niedersachsen mit dem Modell mGROWA. – Hydrologie u. Wasserbewirtschaftung, 57 (5): 206–224.
3. Engel, N., Müller, U., Schäfer, W. (2012): BOWAB – Ein Mehrschicht – Bodenwasserhaushaltsmodell. GeoBerichte – Landesamt für Bergbau, Energie und Geologie, 20: 85–98; Hannover.
4. Herrmann, F., Hübsch, L., Elbracht, J., Engel, N., Keller, L., Kunkel, R., Müller, U., Röhm, H., Vereecken, H. & Wendland, F. (2017): Mögliche Auswirkungen von Klimaänderungen auf die Grundwasserneubildung in Niedersachsen. Hydrologie u. Wasserbewirtschaftung, 61 (4): 245–261.
5. Jacob, D., Petersen, J., Eggert, B. et al. (2014): EURO-CORDEX: new high-resolution climate change projections for European impact research. Reg. Environ. Change 14, 563-578. ▶ https://doi.org/10.1007/s10113-013-0499-2
6. ▶ http://reklies.hlnug.de/startseite (14.05.2018)
7. Tetzlaff, B., Kuhr, P., Wendland, F. (2008): Ein neues Verfahren zur differenzierten Ableitung von Dränflächenkarten für den mittleren Maßstabsbereich auf Basis von LuftBildern und Geodaten. Hydrologie und Wasserbewirtschaftung, 52 (1): 9–18.

Die Brauchwasserversorgung aus den westdeutschen Schifffahrtskanälen

Burkhard Teichgräber, Michael Wette, Guido Geretshauser und Wolfgang König

Die westdeutschen Kanäle sind eine Multifunktionsanlage, die zum einen die Schifffahrt auf den Wasserstraßen und zum anderen den Verbund von Lippe, Ruhr und Rhein ermöglicht mit dem Ziel, kostengünstiges Brauchwasser für Kraftwerke, Industrie- und Gewerbe sowie Wasserversorgungsunternehmen aus den Kanälen bereitzustellen und die Niedrigwasserführung der Lippe in Trockenzeiten anzuheben. Der Wasserbedarf ist durch den Klimaschutz und die Anpassung an den Klimawandel einem Wandel unterworfen.

Der Abbau der Kohle an Ruhr und Emscher begünstigte die Ansiedelung von Handwerkern und Gewerbebetrieben zwischen Lippe und Ruhr. Die fortschreitende Industrialisierung erforderte zunehmend einen kostengünstigen Transport der Rohstoffe und produzierten Güter zu den Kunden. Da die Lippe durch Wehre und Schleusen schon für einen bescheidenen Schiffsbetrieb ausgebaut war, plante das Land Preußen zuerst, den Fluss zu kanalisieren und schiffbar zu machen.

Letztlich entschied man sich aber, Kanäle für Transport und Schifffahrt zu bauen. So entstand zwischen 1899 und 1931 das westdeutsche Kanalsystem, der Dortmund-Ems-Kanal, der Rhein-Herne-Kanal sowie der Lippe-Seitenkanal, bestehend aus dem Datteln-Hamm-Kanal und dem Wesel-Datteln-Kanal (Abb. 51.1).

Kanäle sind künstliche Wasserstraßen, die durch Verdunstung und Versickerung ständig Wasser verlieren. Durch Schleusungsvorgänge fließt ebenfalls Wasser ab, das ersetzt werden muss. Der Wasserverlust wird durch Speisungswasser ausgeglichen. Im Fall der westdeutschen Schifffahrtskanäle wird dieses Wasser überwiegend aus der Lippe genommen. Aus der Scheitelhaltung bei Hamm fließt Wasser über eine Wasserverteilungsanlage in freiem Fall dem Datteln-Hamm-Kanal zu und von dort weiter zu den übrigen Kanälen (Abb. 51.2). Zuerst hielt man eine Wassermenge von 2,2 m^3/s unterhalb von Hamm für ausreichend, die die Lippe behalten durfte. Alles darüber sollte in das Kanalsystem fließen. Die wachsende Industrie machte es aber erforderlich, dass die Mindestwasserführung des Flusses mehrfach angepasst wurde. 1938 wurde sie auf 7,5 m^3/s festgelegt.

Zuerst erschienen in Wasser und Abfall 5/2021

© Der/die Autor(en), exklusiv lizenziert an Springer Fachmedien Wiesbaden GmbH, ein Teil von Springer Nature 2023
M. Porth et al. (Hrsg.), *Wasser, Energie und Umwelt*,
https://doi.org/10.1007/978-3-658-42657-6_51

Gütertransport Prognose 2025

Seewärtige Zufahrten

Gütertransport ≥ 10 Mio. t

Gütertransport ≥ 5 Mio. t

Gütertransport ≥ 3 Mio. t

Gütertransport ≥ 1 Mio. t

Gütertransport ≥ 0,1 Mio. t

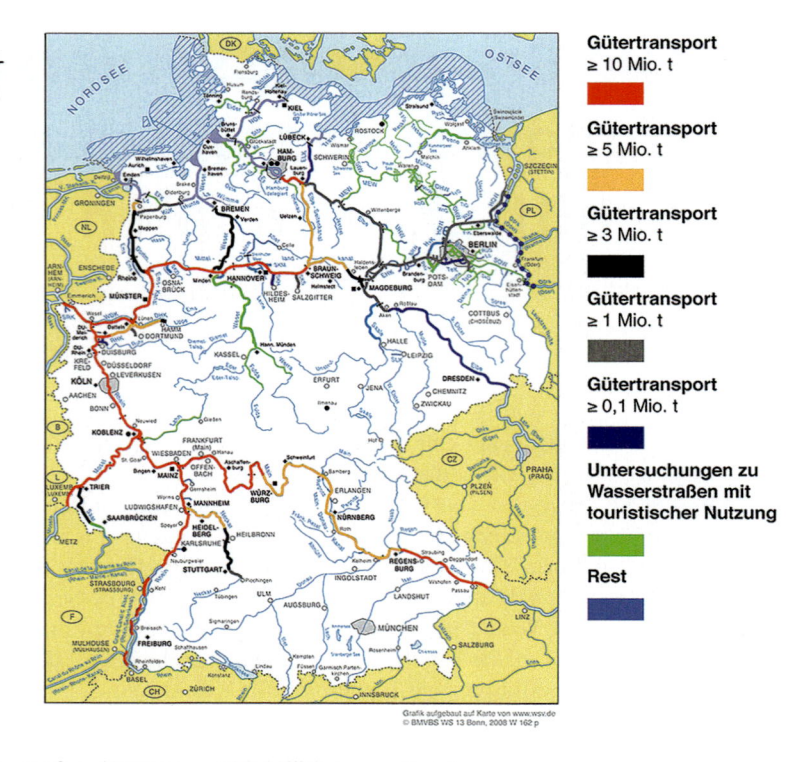

Untersuchungen zu Wasserstraßen mit touristischer Nutzung

Rest

◘ **Abb. 51.1** Bundeswasserstraßen. (© Wasser- und Schifffahrtsverwaltung)

> **Kompakt**
> – Das zwischen 1899 und 1931 entstandene west-deutsche Kanalsystem, der Dortmund-Ems-Kanal, der Rhein-Herne-Kanal sowie der Lippe-Seitenkanal, sichert die Schifffahrt und versorgt verschiedenste Anlieger mit Wasser. Dies ist aufwendig.
> – Der zunehmende Anteil regenerativer Energien und die Anpassung an den Klimawandel führen zu einem Wandel des Wasserbedarfs.
> – Das System der Brauchwasserversorgung aus den westdeutschen Schifffahrtskanälen kann dies auffangen.

Um weitere Betriebe anzusiedeln, gestattete man den Anliegern, ihren Betriebswasserbedarf mit Wasser aus den Kanälen zu decken. Dieses Wasser stammt aus Lippe und Ruhr, war von guter Qualität und kostengünstig. Die Betriebe nutzten das Wasser für viele Zwecke, die keine Trinkwasserqualität erforderten. Zur Förderung des Wassers wurden Entnahmebauwerke errichtet und für den Fall einer Rückführung Einleitungsbauwerke.

Die sich schnell entwickelnde Industrie war Grund dafür, dass das Speisungswasser der Lippe für die Nutzung des Kanalnetzes -Schifffahrt und Betriebswasserversorgung- bei weitem nicht mehr ausreiche. Beim Bau des Wesel-Datteln-Kanals wurden deshalb Rückpumpwerke an den Schleusen errichtet. Sie wurden später durch eine Pumpenkette am Rhein-Herne-Kanal erweitert. Wasser aus der Ruhrmündung oder vom Rhein konnte somit bis zur Scheitelhaltung nach Hamm hochgepumpt werden.

Nach dem Krieg nahm die Belastung der Lippe durch die aufblühende

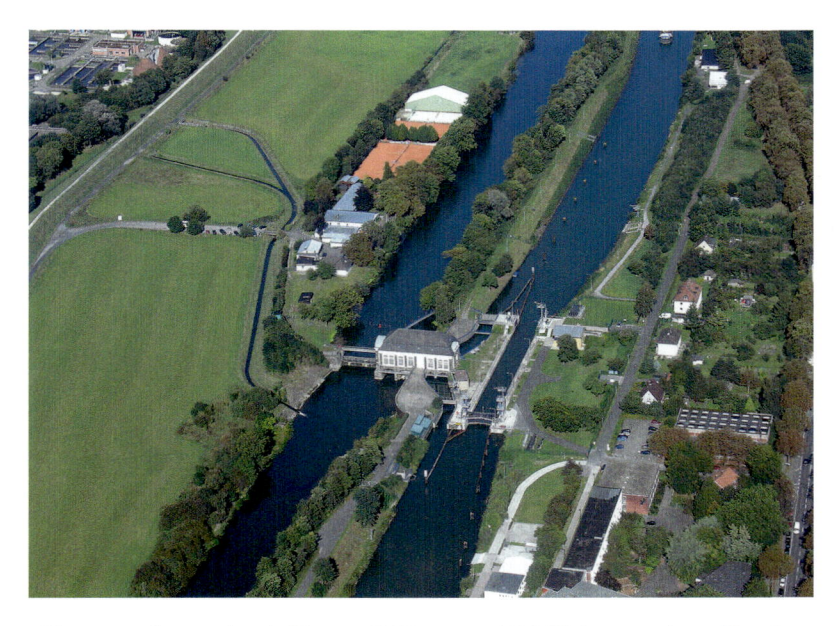

Abb. 51.2 Wasserverteilungsanlage in Hamm. (© Wasser- und Schifffahrtsverwaltung/Harst)

Wirtschaft immer weiter zu. Der Schifffahrtsverkehr auf den Kanälen und die Betriebswasserversorgung des Bundes erhöhten sich ebenfalls, sodass schließlich Maßnahmen erforderlich wurden, um einen Ausgleich zwischen Schifffahrt und Wasserwirtschaft herzustellen.

Um die überlastete Lippe zu schützen, regte der Lippeverband daher Abstimmungsgespräche aller Beteiligten an. Der Fluss sollte Wasser an die Kanäle nur noch bis zu einer Mindestwasserführung abgeben. Unter diesem Wert würde Wasser aus den Kanälen zur Stützung des Flusses in die Lippe übergeleitet. Mit dem Bau weiterer Pumpwerksketten am Rhein-Herne-Kanal und am Wesel-Datteln-Kanal sollte in Trockenzeiten Wasser aus der Ruhrmündung und aus dem Rhein bis zur Scheitelhaltung hochgepumpt werden, um die Wasserversorgung aus den Kanälen sicherzustellen. Außerdem musste die Wasserversorgung rechtlich neu geregelt werden, da nach einem Urteil des Bundesverfassungsgerichtes vom 30. Oktober 1962 hierfür das Land zuständig geworden war.

In dem Abkommen über die Verbesserung der Lippewasserführung, die Speisung der westdeutschen Schifffahrtskanäle mit Wasser und die Wasserversorgung aus ihnen vom 8. August 1968 legten die Vertragspartner – der Bund und das Land NRW – eine Mindestwasserführung der Lippe von 10 m^3/s am Wehr Hamm fest und eine Höchstentnahme zur Speisung der Kanäle auf 25 m^3/s. 1938 hatte man hierfür 7,5 m^3/s und 20 m^3/s festgelegt. Da sich durch die neue Vereinbarung die Entnahmemöglichkeiten des Bundes insgesamt verringerten, erhielt er zum Ausgleich eine größere Entnahme von 25 m^3/s gegenüber 20 m^3/s und eine kostenlose Stromlieferung für das Rückpumpen an den Schleusenstufen.

Das Land NRW gründete zur Wahrnehmung seiner Rechte und Pflichten aus dem Vertrag den Wasserverband Westdeutsche Kanäle (WWK). Im Wesentlichen hat der WWK folgende Aufgaben:
- Finanzierung der Pumpwerkskette I an den Schleusen des Rhein-Herne-Kanals mit je einer Pumpe von 5 m^3/s zur Anreicherung der Lippe in Trockenzeiten

- Finanzierung eines Bauwerkes zur Überleitung des von der Kette I geförderten Wassers aus dem Kanal in die Lippe bei Hamm
- Finanzierung der Pumpwerkskette II an den Schleusen des Rhein-Herne-Kanals mit je zwei Pumpen von 10 m^3/s und des Wesel-Datteln-Kanals mit je einer Pumpe von 5 m^3/s zur Sicherung und Weiterentwicklung der Wasserversorgung aus den Kanälen
- Sorge zu tragen für die Bereitstellung des Wassers zur Lippeanreicherung und zur Wasserversorgung aus den Kanälen
- Als Träger der Wasserversorgung die für die Wasserentnahme entstehenden Kosten mit der Wasser- und Schifffahrtsverwaltung zu verrechnen

Die Nutzer des Kanalwassers sind Mitglieder des WWK. Der Bund wird durch seine Wasserstraßen- und Schifffahrtsverwaltung (WSV) vertreten und zwar durch die Generaldirektion Wasserstraßen und Schifffahrt (GDWS) sowie dem nachgeordneten Wasserstraßen- und Schifffahrtsamt (WSA) Westdeutsche Kanäle mit Sitz in Rheine und Duisburg-Meiderich.

Der Bund plant, baut und betreibt Kanäle, Speisungsanlagen, Pumpwerke und Schleusen. Die Pumpwerke des Bundes und die vom WWK finanzierten Pumpwerke sind gemeinsam in denselben Gebäuden errichtet worden und werden von der WSV betrieben (Abb. 51.3).

Das durch das Abkommen geschaffene Konstrukt aus Lippe, Ruhr, Rhein und den Kanälen hat ganz wesentlich zur wirtschaftlichen Entwicklung der Region beigetragen. Wegen der gesicherten und preiswerten Wasserversorgung siedelten sich viele Betriebe an und brachten zahlreiche Arbeitsplätze mit. Ihren Energiebedarf deckten die an den Kanälen liegenden Kraftwerke.

Die westdeutschen Kanäle sind heute das verkehrsreichste und bedeutendste künstliche Wasserstraßennetz Europas. Der größte Ballungsraum Deutschland, das Ruhrgebiet, hat so einen Anschluss an das deutsche und europäische Wasserstraßennetz erhalten.

51.1 Der wasserwirtschaftliche Betrieb des Kanalsystems

51.1.1 Speisung der Kanäle

Das durch Verdunstung und Versickerung und durch die Schleusenvorgänge verlorene Wasser wird durch Wasser der Lippe ersetzt. Die Speisung der Kanäle stellt den Normalfall dar. Der Datteln-Hamm-Kanal liegt auf gleicher Höhe wie der durch das Wehr Hamm gestaute Fluss. Durch ein Verteilungsbauwerk wird das Wasser von der Lippe in den Kanal abgezweigt. Über die Scheitelhaltung des Dortmund-Ems-Kanals gelangt das Lippewasser dann durch Schleusenvorgänge und Freifallleitungen in den Rhein-Herne-Kanal und den Wesel-Datteln-Kanal. Der Lippe dürfen bis zu 25 m^3/s entnommen werden, wenn mindestens 10 m^3/s im Fluss verbleiben (Abb. 51.4).

Das Wasser läuft mit jeder Schleusung zum jeweiligen Unterwasser ab. In wasserreichen Zeiten mag das akzeptabel sein, in wasserarmen Zeiten muss das Wasser jedoch nach jeder Schleusung durch die Rückpumpwerke des Bundes mit einer Leistung von jeweils 10 m^3/s nach oben gepumpt werden. Um die Wasserversorgung aus den Kanälen zu sichern, wird Wasser aus der unteren Ruhr oder aus dem Rhein über den Rhein-Herne-Kanal und den Wesel-Datteln-Kanal in das Kanalnetz gepumpt. An den Schleusen des Rhein-Herne-Kanals stehen dafür jeweils zwei Pumpen mit einer Leistung von je 10 m^3/s und an den Schleusen des Wesel-Datteln-Kanals jeweils eine Pumpe mit 5 m^3/s zur Verfügung. Die sogenannte Pumpenkette II

Die Brauchwasserversorgung westdeutschen Schifffahrtskanälen

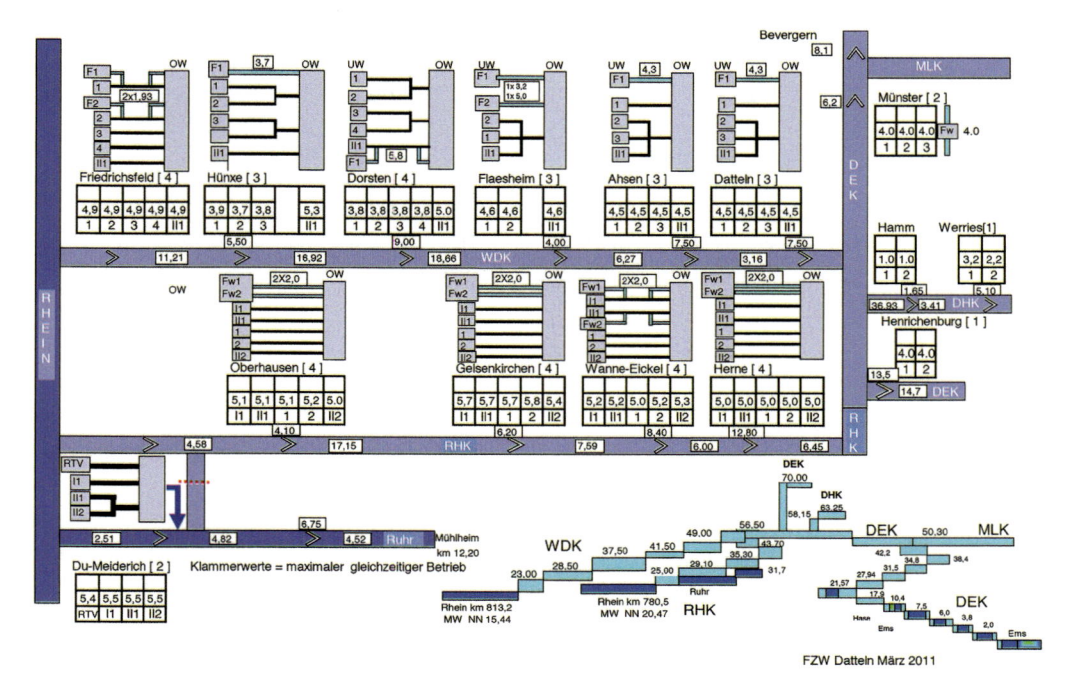

Abb. 51.3 Übersicht Pumpwerke. (© Wasser- und Schifffahrtsamt Duisburg-Meiderich)

wird vom WWK finanziert. Die beiden mit dem Rhein verbundenen Kanäle bilden eine Ringstruktur und gewährleisten eine ausreichende Wasserversorgung auch in extremen Trockenzeiten.

51.1.2 Anreicherung der Lippe

Wenn die Wasserführung der Lippe in niederschlagsarmen und heißen Zeiten oberhalb Hamm unter 10 m³/s sinkt, wird der Fluss gemäß dem Abkommen mit 4,5 m³/s aus den Kanälen angereichert. An jeder Schleuse des Rhein-Herne-Kanals gibt es eine Pumpe (die sogenannte Kette I, deren Kosten der Lippeverband trägt), mit denen Wasser aus der Ruhr und dem Rhein bis nach Hamm gepumpt werden kann, um den Abfluss der Lippe zu stärken. Die Wasser- und Schifffahrtsverwaltung hat in jeder Schleuse eine oder mehrere Pumpen aufgestellt, die den Kanalbetrieb jederzeit gewährleisten (Abb. 51.5).

Die Kette II verfügt im gegenwärtigen Ausbauzustand der Pumpwerke und Druckrohrleitungen über eine Nettoleistung von etwa 1,1 Mio. m³/d. Dem stehen derzeit 0,86 Mio. m³/d Erlaubnisse zur Verbrauchswasserentnahme gegenüber. Bis auf die seltenen Tage mit Anreicherung der Stever wird die erlaubte Entnahmemenge nicht ausgeschöpft.

Die Ausbauleistung der Kette berücksichtigte, dass die Spitzenentnahmen der Mitglieder nicht am selben Tag anfallen. Jährlich wird deshalb die höchste Gesamtentnahmemenge eines Tages zur Summe der zeitungleichen Tageshöchstentnahmen aller Mitglieder ins Verhältnis gesetzt. Der ermittelte Gleichzeitigkeitsgrad der Entnahmen liegt bei ca. 75 %.

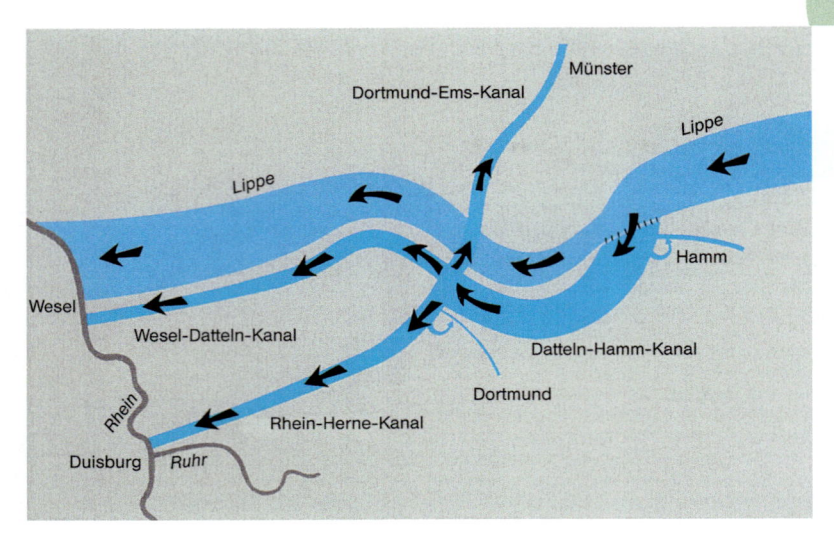

◘ **Abb. 51.4** Speisung der Kanäle. (© Wasserverband Westdeutsche Kanäle)

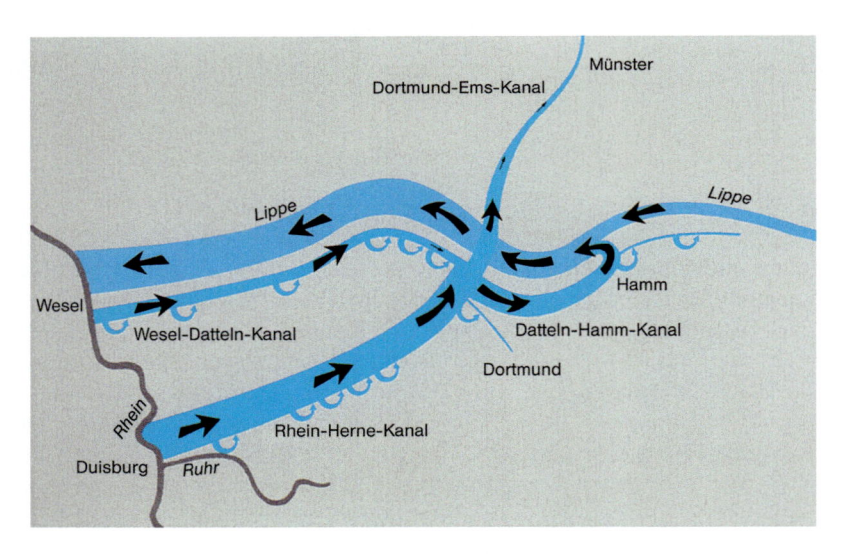

◘ **Abb. 51.5** Anreicherung der Lippe. (© Wasserverband Westdeutsche Kanäle)

Der Verband verfügt somit über reichliche Reserven an Wasser und damit auch an Pumpkapazität. Diese Reserven werden zum Teil genutzt, um Kapazitätslücken der Bundespumpen an den Stufen Oberhausen, Gelsenkirchen, Wanne-Eickel und Herne-Ost auszugleichen. Die Wasserstraßen- und Schifffahrtsverwaltung erstattet dem Verband für diese volkswirtschaftlich sinnvolle Lösung eine Nutzungsentschädigung.

51.1.3 Wasserentnahmen

Bei den Wasserentnahmen wird nach Ver- und Gebrauchswasser unterschieden. Die

Differenz zwischen der aus dem Kanal entnommenen Wassermenge und der dem Kanal wieder zugeführten Wassermenge wird als Verbrauchswasser bezeichnet. Gebrauchswasser ist die Wassermenge, die bis zur Höhe der Entnahme dem Kanal wieder zugeführt wird. Es muss unverändert und darf höchstens erwärmt sein.

Die Speisung der Kanäle sichert die Schifffahrt und versorgt die anliegenden Betriebe mit Wasser für Zwecke, die keine Trinkwasserqualität benötigen. Kühlwasser und Wasser zur Dampferzeugung für die Kraftwerke, Industrie- und Gewerbebetriebe entnehmen es für Produktions-, Betriebs- und Reinigungszwecke, die Landwirtschaft bewässert Felder und Anbauflächen, und Wasserversorgungsunternehmen versickern es im Boden zur Anreicherung des Grundwassers, um es später als Trinkwasser zu fördern. In Trockenzeiten fließt Wasser aus dem Dortmund-Ems-Kanal über die Stever zu den Halterner Stauseen, um dort den durch mangelnden Zufluss und Verdunstung entstandenen Wassermangel auszugleichen (Abb. 51.6).

Der Verband rechnet die Wasserentnahmen der Mitglieder mit dem Wasserstraßen- und Schifffahrtsamt ab. Mit diesen Kosten werden die Mitglieder veranlagt; der Verband zieht entsprechend ihrer Entnahmen Beiträge ein.

Seit einigen Jahren ist ein stetiger Rückgang der Wasserentnahmen zu beobachten. Der zunehmende Anteil der regenerativen Energie an der Stromzeugung führt zu einer geringeren Auslastung der Kraftwerke, die somit weniger Wasser zur Kühlung und zur Dampferzeugung entnehmen. Obwohl ein weiterer Rückgang der Wasserentnahmen für die Zukunft nicht auszuschließen ist, verharren die Entnahmen derzeit auf einem niedrigen Niveau.

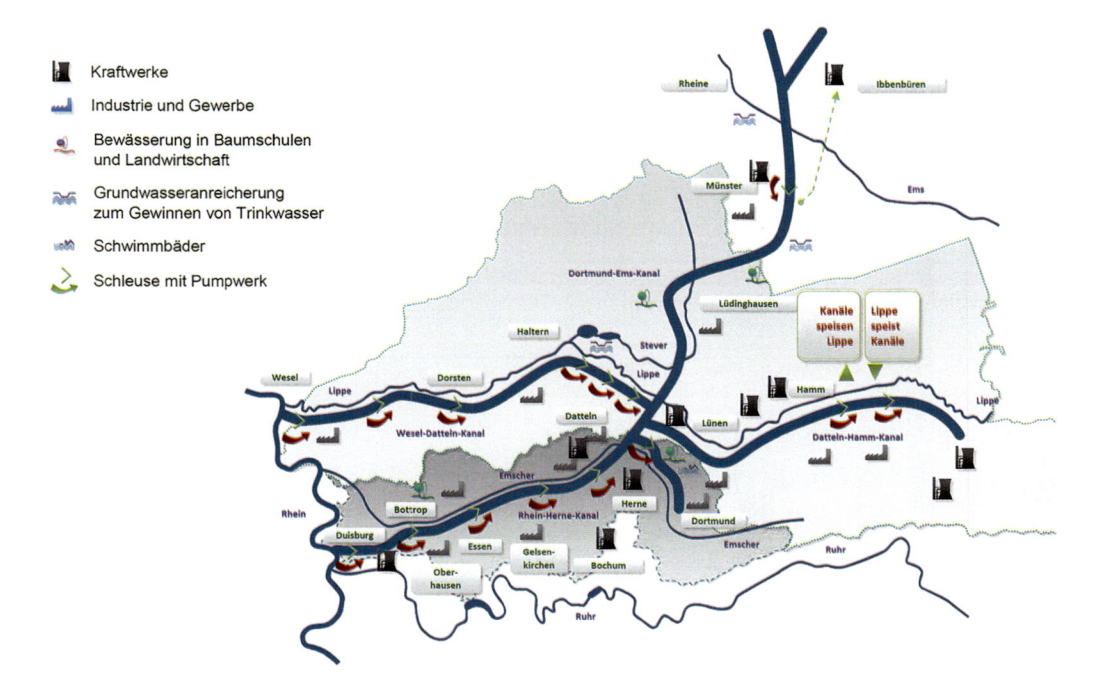

Abb. 51.6 Nutzung des Kanalsystems. (© Emschergenossenschaft)

Das kann hingenommen werden, weil sich bei sinkenden Einnahmen gleichzeitig die Kosten verringern. Es muss aber sorgfältig beobachtet werden, wie sich der Rückgang auf das System auswirkt und welche Maßnahmen erforderlich werden. Andererseits muss das System auch zukünftig in der Lage sein, Entnahmespitzen abzufedern, wenn die konventionellen Kraftwerke unter Volllast laufen, weil nicht genügend regenerativer Strom zur Verfügung steht.

51.1.4 Steuerung des Systems

Die Steuerung des Systems mit Pumpen und Schleusen ist Aufgabe der Fernsteuerzentrale Wasserversorgung (FZW) in Datteln. Sie liegt am Kreuzungspunkt der westdeutschen Wasserstraßen und überwacht die Wasserstände aller Kanäle sowie die für die Kanalspeisung maßgebenden Stauhaltungen der Lippe und Ruhr (Abb. 51.7).

51.2 Organisation und Management

51.2.1 Organisation

Der Wasserverband Westdeutsche Kanäle (WWK) wurde vom Land NRW als eine öffentlich-rechtliche Körperschaft nach dem Wasserverbandsgesetz gegründet. Die obere und zugleich oberste Aufsichtsbehörde ist das Ministerium für Umwelt, Landwirtschaft, Natur- und Verbraucherschutz des Landes NRW, die Bezirksregierung in Düsseldorf ist Aufsichtsbehörde. Der Verband verwaltet sich selbst. Seine Mitglieder bilden die Verbandsversammlung, wählen Vorstand und Verbandsvorsteher und beschließen den Wirtschaftsplan sowie die Veranlagungsregeln.

Der Verband hat keine eigenen Beschäftigten. Die Verbandsversammlung hat in Abstimmung mit dem Lippeverband beschlossen, dass dieser als wasserwirtschaftlich

Abb. 51.7 Fernsteuerzentrale. (© Wasser- und Schifffahrtsverwaltung)

Verantwortlicher in der Region die Geschäfte der laufenden Verwaltung mit seinen Mitarbeitern wahrnimmt und auch den nebenamtlichen Geschäftsführer stellt.

51.2.2 Mitglieder

Mitglieder des Verbandes sind mit Stand 1. Januar 2021 die an den Kanälen liegenden Unternehmen und Betriebe:
- der Lippeverband wegen seines Interesses an der Anreicherung der Lippe zur Verbesserung der Wasserführung,
- 39 Kraftwerke, Industrie- und Gewerbebetriebe, Chemiepark, Bergbau sowie Landwirtschafts- und Kommunalbetriebe als Entnehmer von Kanalwasser,
- 8 Unternehmen der öffentlichen Wasserversorgung als Entnehmer von Kanalwasser und als Lieferant von Betriebswasser an Dritte.

Die Mitglieder beteiligen sich an den Finanzierungskosten der Pumpwerke zur Wasserversorgung aus den Kanälen im Verhältnis der von ihnen gehaltenen Bezugsanteile. Insgesamt wurden 1,56 Mio. m^3/d Bezugsanteile ausgegeben. Sie sind ebenso maßgebend für die benötigten wasserrechtlichen Genehmigungen sowie für das Stimmrecht eines Mitgliedes in der Verbandsversammlung.

Bagatellentnehmer entnehmen höchstens 300 m^3/d oder 6000 m^3/a Verbrauchswasser, bzw. 60.000 m^3/a Gebrauchswasser. Sie sind keine Verbandsmitglieder und werden nicht an den Finanzierungskosten beteiligt. Für ihre Entnahmen werden sie zu Beiträgen veranlagt.

Als Maßstab zur Verteilung der Kosten auf die Mitglieder werden die Bezugsanteile m^3 pro Tag herangezogen. Es wird zwischen Ver- und Gebrauchswasser unterschieden, die Anteile für Gebrauchswasser werden nur mit einem Dreißigstel der Verbrauchswasseranteile gewertet. Die tatsächlich entnommenen Wassermengen rechnet der Verband mit der WSV ab. Mit diesen Kosten und einem entsprechenden Anteil an den Allgemeinen Ausgaben werden die Mitglieder ebenfalls veranlagt.

51.2.3 Folgen der Energiewende

Die Energiebranche befindet sich derzeit im Umbruch. Aufgrund der Ereignisse in Fukushima 2011 hatte die Bundesregierung beschlossen, den erneuerbaren Energien den Vorrang vor der konventionellen Stromerzeugung in Kern- und Kohlekraftwerken zu geben. Bis Ende 2022 sollten daher alle Kernkraftwerke abgeschaltet und bis Ende 2038 die Kohlekraftwerke außer Betrieb gehen. Nur einige Gaskraftwerke werden zur Grundsicherung betriebsbereit gehalten, falls die regenerative Stromerzeugung mangels Sonne und Wind ausfällt.

Dieser Beschluss wirkt sich unmittelbar auch auf den WWK aus; denn die Betreiber der Kraftwerke im Verband verantworten rd. 2/3 der jährlichen Wasserentnahmen. Die Betriebszeiten der Kraftwerke verringerten sich zunehmend, sodass immer weniger Wasser entnommen wurde. Mit wachsendem Anstieg des Anteils der erneuerbaren Energien an der gesamten Stromerzeugung legten die konventionellen Stromproduzenten nach und nach ganze Kraftwerksblöcke still. Parallel dazu sanken im Verband die jährlichen Wasserentnahmen erst langsam, dann zunehmend stärker. 2012 betrugen die Entnahmen aller Mitglieder rd. 75 Mio. m^3 Brauchwasser. Sie sanken dann kontinuierlich ab und liegen 2020 bei rd. 45 Mio. m^3.

51.2.4 Zusätzlicher Wasserbedarf aufgrund des Klimawandels

Der WWK gab 2017 beim IWW ein Gutachten in Auftrag, das künftige Nutzungspotenziale für das Wasser aus dem westdeutschen Kanalnetz aufzeigen sollte. Das Akquisitionspotenzial im Bereich Industrie und Gewerbe wurde aufgrund der stark zurückgegangenen Industrieproduktion in der Region als nachrangig eingeschätzt.

Das veränderte Niederschlags- und Temperaturverhalten aufgrund des Klimawandels führt jedoch in den Sommermonaten zu deutlich erhöhtem Wasserbedarf in der Region. Diesen wenigstens teilweise mit Brauchwasser aus dem System der Schifffahrtskanäle zu decken, könnte für den WWK mit freigewordenen Kontingenten aus der Kraftwerkswirtschaft möglich sein.

51.2.5 Auswirkungen des Klimawandels

Die bisher in Veröffentlichungen dokumentierten Untersuchungen zu den Auswirkungen des Klimawandels lassen für Nordrhein-Westfalen zwar keine übermäßigen Veränderungen für die jährliche Wasserbilanz erwarten, zeigen jedoch eine Verschiebung des Niederschlagsgeschehens in die Wintermonate und eine Zunahme der siedlungswasserwirtschaftlich bedeutsamen Starkregenereignisse auf. Die prognostizierten höheren Temperaturen und längeren Trockenperioden in den Sommermonaten werden zu häufigeren und längeren Perioden mit Niedrigwasserführung in den Gewässern führen. Dieser Effekt ist heute schon zu beobachten (Abb. 51.8).

Eine Überlagerung dieser Auswirkungen des Klimawandels kann zu Nutzungskonflikten führen, wenn sie mit einer Erhöhung des Wasserbedarfs für beispielsweise Trinkwasserversorgung, landwirtschaftliche Bewässerung oder Kühlwassernutzung durch Kraftwerke einhergeht. Einige der Bereiche, in denen es zukünftig zu einem höheren Wasserbedarf kommen könnte, werden im Folgenden näher beleuchtet.

51.2.6 Trinkwasser, vermehrter Rohwasserabsatz

Die Deckung des Trinkwasserbedarfs in Nordrhein-Westfalen erfolgt zu über 50 % durch aus Oberflächenwasser gestützten Ressourcen wie beispielsweise Uferfiltrat, Grundwasseranreicherung oder Oberflächengewässer beeinflusstem Grundwasser. Nach einer DVGW-Umfrage zum Trockenjahr 2018 hat bei einem Viertel der Unternehmen die Auslastung der rechtlich oder vertraglich gesicherten Wasserressourcen einen Auslastungsgrad von mindestens 90 % erreicht. Der Spitzenwert des Auslastungsgrades lag bei 125 %. Bezogen auf den Spitzentag lag der Ausnutzungsgrad sogar bei einem Drittel der Unternehmen über 90 %, der Spitzenwert lag bei 190 %.

Anders als zu erwarten, scheint sich die maximale Tagesabgabe kaum zu verändern, sehr wohl aber die Anzahl der Tage, an denen der Maximalwert erreicht wird. Je nach Struktur des Versorgungsgebietes kommt es auch zu einer Verschiebung der Abgabemenge im Tagesverlauf. In der Folge wollen Wasserversorgungsunternehmen Redundanzen bei den Gewinnungs- und Aufbereitungsanlagen sicherstellen und sich mit benachbarten Wasserversorgern vernetzen, um nutzbare Kapazitäten zu vergrößern.

Dass es trotz der extremen Witterungsperiode im Sommer 2018 zu keinen gravierenden Versorgungsengpässen kam, ist teilweise auch darauf zurückzuführen, dass die Versorgungsanlagen vor mehreren Jahrzehnten für den damals noch höheren spezifischen Wasserverbrauch dimensioniert wurden.

Sollte zukünftig aufgrund von weiteren Verschärfungen im Klimageschehen der Wasserverbrauch deutlich ansteigen oder sich aufgrund verschlechterter Randbedingungen die Wassergewinnung erschweren, steht im „Einzugsgebiet" des Wasserverbandes Westdeutsche Kanäle mit dem

Abb. 51.8 Ausgetrocknetes Gewässer. (© Burkhard Teichgräber)

Kanalwasser eine weitere sichere Ressource zur Verfügung.

51.2.7 Branchen Innenstadtkühlung

Zu den prognostizierten Auswirkungen des Klimawandels gehören unter anderem heißere, trocknere Sommer. Für die Kommunen bedeutet dies, dass sich insbesondere die Aufenthaltsqualität in den Innenstädten im Sommer verschlechtern wird (Stichwort city heat island effect). Für eine Abkühlung in diesen Bereichen könnte die Verdunstung auf innerstädtisch gelegenen Grün- und Parkflächen sorgen, wenn dort ausreichend Wasser für die Verdunstung zur Verfügung steht.

Im Rahmen von dynaklim durchgeführte Untersuchungen zeigen auf, dass gerade in trockenen Sommern bei größerem Wasserdargebot deutlich mehr Verdunstung stattfinden könnte, dass real zur Verfügung stehende Wasserdargebot aber so gering ist, dass die Pflanzen in Trockenstress geraten. Durch eine künstliche Bewässerung könnte die Verdunstung deutlich gesteigert werden, was der lokalen Erwärmung entgegenwirken würde. In heißen Sommern ergibt sich ein mittlerer Bewässerungsbedarf von $3\,\text{l}/(\text{m}^2 \cdot \text{d})$ um die Pflanzen ausreichend zu versorgen und entsprechend die Verdunstung zu erhöhen.

In der Nähe der Schifffahrtskanäle kann der WWK das erforderliche Wasser kostengünstig zur Verfügung stellen, ohne dass es zu einem Nutzungskonflikt mit der Nutzung von Trinkwasser kommt.

51.2.8 Neue Gewerbenutzungen, z. B. Wasserstoffproduktion

Die Ansiedlung wasserintensiver Industrie- und Gewerbebetriebe in Reichweite der Schifffahrtskanäle zählt zu den seltenen Ereignissen. Allerdings veranlasste die Kombination aus Ausbau regenerativer Energien und Förderung kommunaler Gliederungen aus Mitteln des Kohleausstiegs- und Strukturförderungsgesetzes die verschiedensten Vorhabenträger in der Emscher- und Lipperegion Projekte zur Produktion und Nutzung regenerativ erzeugten Wasserstoffs zu entwickeln. Wenn diese erfolgreich umgesetzt werden, ist mit einem zusätzlichen Wasserbedarf für den Betrieb von Elektrolyseuren zu rechnen. Derzeit werden in Deutschland 4 Mio Nm³/d Wasserstoff erzeugt, allerdings im Wesentlichen im Rahmen der chemischen Produktion aus fossilen Brennstoffen; nur 5 %, also 200.000 Nm³/d Wasserstoff stammen aus der Hydrolyse. Der zugehörige Wasserbedarf für ganz Deutschland beträgt ca. 20.000 m³/d. Allein das System des WWK könnte den zehnfachen Bedarf decken.

Auch bei starkem Ausbau der Wasserstoffproduktion durch Hydrolyse mit regenerativ erzeugtem Strom könnte der WWK den entstehen Wasserbedarf in der Reichweite des westdeutschen Kanalnetzes befriedigen.

51.2.9 Landwirtschaft

Der Wasserbedarf der Landwirtschaft steigt derzeit an. Während der Bedarf in der Tierproduktion zu Tränk- und Reinigungszwecken näherungsweise konstant bleibt, nimmt der Wasserverbrauch für die Bewässerung im Ackerbau kontinuierlich zu. Zur Sicherung einer gleichbleibend hohen Qualität und Produktionsmenge investieren immer mehr Bauern in Bewässerungssysteme, die mit Grundwasser oder Wasserentnahmen aus Oberflächengewässern betrieben werden. Die zunehmend trockenen Sommer infolge des Klimawandels veranlassen immer mehr Landwirte zu dieser Maßnahme und erhöhen die in Anspruch genommenen Wassermengen (Tab. 51.1).

Beim WWK stieg die Anzahl der landwirtschaftlichen Entnehmer in den vergangenen fünf Jahren um 45 %. Auch wenn die extreme Trockenheit der Jahre 2018 und 2019 die Verbräuche besonders forciert hat, zeichnet sich ab, dass die landwirtschaftlichen Entnehmer nicht nur im System des WWK verbleiben, sondern weitere hinzukommen werden. Die Jahresförderung wird in Abhängigkeit von den Sommerniederschlägen schwanken, allerdings mit steigendem Trend.

Die vorgenannten Daten zu landwirtschaftlichen Nutzern des WWK-Systems beruhen auf direkten Entnahmen von landwirtschaftlichen Betrieben entlang des Kanalsystems und einigen Fuhrunternehmern im Auftrag von nahegelegenen landwirtschaftlichen Betrieben. Für eine umfassendere Versorgung landwirtschaftlicher Betriebe im südlichen Münsterland mit Bewässerungswasser wäre ein Verteilsystem erforderlich, dass die Fläche für die Bewässerungswassernutzung erschließt. Derartige Systeme sind z. B. aus der landwirtschaftlichen Verregnung von Abwasser bei Braunschweig und Wolfsburg bekannt. Ihre Kapital- und Betriebskosten müssten allerdings auf die Nutzer umgelegt werden. Mit den im südlichen Münsterland vorhandenen Wasser- und Bodenverbänden sind

Tab. 51.1 Anstieg der landwirtschaftlichen Entnahmen 2016–2020

Jahr	Landw. Entnehmer	Jahresentnahme (m³/a)
2016	13	32.102
2017	15	32.602
2018	14	33.584
2019	14	34.684
2020	19	102.269

© Wasserverband Westdeutsche Kanäle

prinzipiell Strukturen vorhanden, zukünftig diese Aufgaben zu übernehmen und entsprechende Verteilsysteme zu errichten und zu verwalten.

51.3 Abkürzungen

DEK – Dortmund-Ems-Kanal
DHK – Datteln-Hamm-Kanal
FZW – Fernsteuerzentrale Wasserversorgung
GDWS – Generaldirektion Wasserstraßen und Schifffahrt
NRW – Nordrhein-Westfalen
RHK – Rhein-Herne-Kanal
WDK – Wesel-Datteln-Kanal
WSA – Wasserstraßen- und Schifffahrtsamt
WSV – Wasserstraßen- und Schifffahrtsverwaltung
WWK – Wasserverband Westdeutsche Kanäle

Literatur

1. Abkommen über die Verbesserung der Lippewasserführung, die Speisung der westdeutschen Schifffahrtskanäle mit Wasser und die Wasserversorgung aus ihnen vom 08. August 1968 (GV. NW 1968 S. 343) geändert am 22. Dezember 1972 (GV. NW 1973 S. 63)
2. Zulassung von Wasserentnahmen und Wasserableitungen aus den westdeutschen Schifffahrtskanälen, RdErl. D. Ministeriums für Ernährung, Landwirtschaft und Forsten I A 4 – 605/1–11889 vom 11. Juli 1984
3. Satzung des Wasserverbandes Westdeutscher Kanäle WWK vom 03. Dezember 1969, veröffentlicht im Amtsblatt für den Regierungsbezirk Düsseldorf Nr. 50 a), geändert am 13. Januar 1972 (Amtsblatt für den Regierungsbezirk Düsseldorf S. 39)
4. Speisung des westdeutschen Kanalnetzes/Schifffahrtskanäle zur Wasserversorgung; Broschüre der Wasser- und Schifffahrtsverwaltung des Bundes und des Wasserverbandes Westdeutsche Kanäle, 2010
5. „Wenn Sie Brauchwasser brauchen"; Broschüre des WWK 2003
6. „Schifffahrtskanäle als Fernwasserleitungen"; Broschüre des WWK zu 10 Jahre WWK, 1980
7. „Vom Plan zur Wirklichkeit"; Broschüre des WWK zu 25 Jahre WWK, 1995
8. Rahmenbenutzungsvertrag zwischen Wasser- und Schifffahrtsverwaltung des Bundes und WWK vom 09. September 1971
9. Die Westdeutschen Schifffahrtskanäle und die Lippe von Jürgen Ruppert und Jürgen Zach, 2003
10. Die Wasserversorgung im Trockenjahr 2018 – Stressindikatoren und Ergebnisse einer aktuellen DVGW-Umfrage, Berthold Niehues, Dr. Wolf Merkel, 2020
11. Auswirkungen der Sommertrockenheit 2018 auf die öffentliche Wasserversorgung, Stefan Simon, Rainer Schöpfer, Detlev Schumacher, Cord Meyer, 2019
12. Verfügbare Wasserressourcen in der Emscherregion für eine aktive Kühlung durch Böden während Trockenperioden, E. Damm, dynaklim-Publikation 47, 2014

Nutzungskonkurrenzen um Wasser in Zeiten des Klimawandels und wie sie gesteuert werden können

Jörg Rechenberg

Die Verantwortung für einen sorgsamen Umgang mit Wasser ist vielfältig verteilt. Da die Wasserverfügbarkeit für alle und für jeden Zweck keine Selbstverständlichkeit mehr ist, sind Nutzungskonkurrenzen zu identifizieren, abzugleichen und konstruktiv zu gestalten. Einige Beispiele sich abzeichnender Nutzungskonkurrenzen und ein möglicher Umgang damit werden dargestellt.

Am 8. Juni 2021 hat Bundesumweltministerin Svenja Schulze zusammen mit dem Präsidenten des Umweltbundesamtes Dirk Messner die nationale Wasserstrategie des BMU [1] und am 14. Juni 2021 die Klimawirkungs- und Risikoanalyse 2021 [2] für Deutschland mit diversen Wasseraspekten vorgestellt. Das Umweltbundesamt hat an beiden Dokumenten intensiv mitgearbeitet.

Zuerst erschienen in Wasser und Abfall 12/2021

52.1 Warum steht das Thema Wasser derzeit derart im Fokus?

Grund sind diverse Herausforderungen für die Wasserwirtschaft und den Gewässerschutz durch Klimawandel, Globalisierung, Stoffeinträge und demografischen Wandel. Die Trockenjahre 2018–2020 und die Starkregenereignisse im Sommer 2021 haben der breiten Öffentlichkeit vor Augen geführt, dass die Folgen des Klimawandels auch Deutschland betreffen. Wasserverfügbarkeit für alle und jeden Zweck ist keine Selbstverständlichkeit mehr. Um auch im Jahr 2050 und darüber hinaus einen nachhaltigen Umgang mit unseren Wasserressourcen zu sichern, den Zugang zu qualitativ hochwertigem Trinkwasser zu erhalten, den verantwortungsvollen Umgang mit Grund- und Oberflächengewässern von allen Nutzern zu gewährleisten, den natürlichen Wasserhaushalt und die ökologischen Entwicklung unserer Gewässer zu unterstützen sowie den Umgang mit Extremereignissen in Stadt und Land zu verbessern, ist konsequentes und strategisches Handeln erforderlich. Erforderlich ist vorsorgendes und sektorübergreifendes Planen und Handeln.

> **Kompakt**
> - Wasserverfügbarkeit für alle und für jeden Zweck ist keine Selbstverständlichkeit mehr.
> - Nutzungskonkurrenzen um Wasser erfordern sektorübergreifende Maßnahmen.
> - Die Betroffenen sind schnell zu einem gemeinsamen Handeln zur Sicherung der Ressource Wasser zu bewegen.

In der Klimawirkungs- und Risikoanalyse 2021 (KWRA) für Deutschland wurden über 100 Wirkungen des Klimawandels und deren Wechselwirkungen untersucht und bei rund 30 davon sehr dringender Handlungsbedarf festgestellt. Dazu gehören Hitzebelastungen, besonders in Städten, Wassermangel im Boden und häufigere Niedrigwasser, mit schwerwiegenden Folgen für alle Ökosysteme, die Land- und Forstwirtschaft sowie den Warentransport. Es wurden auch ökonomische Schäden durch Starkregen, Sturzfluten und Hochwasser an Bauwerken untersucht sowie der durch den graduellen Temperaturanstieg verursachte Artenwandel, einschließlich der Ausbreitung von Krankheitsüberträgern und Schädlingen.

52.2 Was wissen/messen wir?

Deutschland ist traditionell ein wasserreiches Land und der Wassernutzungsindex liegt seit dem Jahr 2004 unter der Wasserstressmarke von 20 %. Die erneuerbaren Wasserressourcen umfassen in Deutschland im langjährigen Mittel 188 Mrd. m^3. In einzelnen Jahren können sie aber deutlich darunterliegen, z. B. mit 119 Mrd. m^3 im Jahr 2018. Der Wassernutzungsindex zeigt eine kontinuierliche Abnahme seit dem Jahr 1991 (zumindest bis 2016) aufgrund der sinkenden Entnahmen [3].

Der Grundwasserstand unterliegt, je nach Nutzungsintensität und klimatischer Situation, Schwankungen. Während der beiden Hitzerekordjahre 2018 und 2019 ist der Grundwasserstand in vielen Regionen deutlich gesunken. Der Druck auf die Ressource Grundwasser könnte in Zukunft noch weiter steigen, insbesondere wenn die landwirtschaftliche Bewässerung zunimmt.

Das Grundwasser ist in manchen Regionen stark durch Nitrat und Pflanzenschutzmittel belastet. In Deutschland verfehlen gemäß den zweiten Bewirtschaftungsplänen der EU-Wasserrahmenrichtlinie (WRRL) 34,8 % der Grundwasserkörper den „guten chemischen Zustand", vor allem wegen zu hoher Nitratkonzentrationen, die überwiegend aus der Landwirtschaft stammen. Von den als „schlecht" eingestuften Grundwasserkörpern verfehlen knapp 74 % die Bewirtschaftungsziele wegen zu hoher Nitratkonzentrationen [4].

Die Zunahme der Luft- und Bodentemperatur führt langfristig zu einem Temperaturanstieg des Grundwassers, was sich zusätzlich negativ auf seine Qualität auswirkt [2].

Kein einziges Oberflächengewässer in Deutschland erreicht den guten chemischen Zustand, weil flächendeckend Schadstoffe wie Quecksilber oder polyzyklische aromatische Kohlenwasserstoffe die Grenzwerte überschreiten. Und diese Stoffe stellen nur einen Teil der chemischen Gewässerbelastungen dar. Der ökologische Zustand wird lediglich für acht Prozent der deutschen Oberflächengewässer mit „gut" oder „sehr gut" bewertet [5].

Mikroverunreinigungen (also Rückstände von Arzneimitteln, Bioziden, PSM und anderen Chemikalien) werden nicht zuletzt dank verfeinerter Analyseverfahren zunehmend in unseren Gewässern nachgewiesen. Sie können schon in geringen Konzentrationen nachteilige Wirkungen auf die Umwelt und die menschliche Gesundheit haben [6].

Bei Niedrigwasserbedingungen dominieren deutschlandweit Klarwasseranteile (also Anteile von behandeltem Kommunalabwasser im Oberflächengewässer) von > 10–20 % und liegen in etlichen Teileinzugsgebieten über weite Strecken bei > 20–30 % (z. B. Elbe/Saale, Weser, Mittelrhein). In einigen Flussabschnitten liegen die Klarwasseranteile mit > 30–50 % jedoch deutlich höher (z. B. Abschnitte des Mains, der Ems, der Weser und der Havel), teils sogar bei über 50 % (z. B. Teileinzugsgebiete des Neckars, der Ostsee, des Nieder- und Mittelrheins). Im Zuge des Klimawandels werden Klarwasseranteile in den Oberflächengewässern zunehmen und somit qualitativ sowohl für den ökologischen und chemischen Zustand des Gewässers als auch für die Trinkwasserversorgung eine noch größere Rolle spielen [7].

52.3 Versuch einer Definition dessen, was unter Nutzungskonkurrenzen verstanden wird

Eine Nutzungskonkurrenz liegt dann vor, wenn mindestens eine Nutzung einen unerfüllten Bedarf hat und dieser unerfüllte Bedarf auf eine andere oder mehrere andere Nutzungen im gleichen Bewirtschaftungsgebiet zurückzuführen ist. Dabei gehen wir von einem weiten Nutzungsbegriff aus, der auch die Bedarfe der Ökosysteme mitumfasst. Außerdem muss man unterscheiden, ob es um eine Konkurrenz um Oberflächenwasser oder Grundwasser geht.

Die Wechselwirkungen von Wasserquantität und -qualität beeinflussen die Konkurrenz um Wasser. Die Wasserqualität hat Auswirkungen auf die Wasserverfügbarkeit, insbesondere für Nutzungen/Schutzgüter, die auf eine hohe Wasserqualität angewiesen sind, wie z. B. die Trinkwasserversorgung. Die Wassermenge hat Auswirkungen auf die Wasserqualität, wie z. B. auf die Gewässerökologie, die auf bestimmte Mindestabflüsse und einen bestimmten Sauerstoffgehalt sowie geringe Schadstoffgehalte angewiesen ist.

52.4 Betroffene Sektoren der konkurrierenden Nutzungen

Betroffen von einer veränderten Wasserverfügbarkeit sind vielfältige Nutzungen und Schutzgüter: Gewässerbewirtschaftung, Siedlungswasserwirtschaft (Trinkwasserversorgung/Abwasserentsorgung), Energiewirtschaft (Kühlwasser/Wasserkraft), Landwirtschaft, Forstwirtschaft, Fischerei, Industrie & Gewerbe, Schifffahrt, Ökosysteme, Katastrophenschutz/Gefahrenabwehr, Tourismus sowie Stadt- und Regionalplanung.

52.5 Beispiele sich abzeichnender Nutzungskonkurrenzen

Der Anteil der bewässerten landwirtschaftlichen Fläche beträgt derzeit weniger als drei Prozent der Gesamtanbaufläche, mit steigender Tendenz. Durch den Klimawandel bedingt steigen die Temperaturen und Trockenperioden werden häufiger. In der Folge wird der Bewässerungsbedarf in Zukunft spürbar zunehmen. Die überwiegende Menge an Bewässerungswasser wird derzeit dem Grundwasser entnommen. In Verbindung mit einem erhöhten Bedarf an Bewässerungswasser könnte eine zunehmende Konkurrenz um die Ressource Grundwasser entstehen. Neben den klimatischen Bedingungen sind Entwicklungen der landwirtschaftlichen Produktion (unter anderem in Bezug auf Anbaufrüchte und Bewirtschaftung) und die technische

Umsetzung von Bewässerungsanlagen ausschlaggebend dafür, wieviel Bewässerungswasser benötigt wird [2]. Landwirtschaftliche Bewässerungsbedarfe werden also voraussichtlich mit den Bedarfen der Trinkwasserversorgung und den Bedarfen der Ökosysteme (Feuchtgebiete, Moore, Wälder) konkurrieren, die ebenfalls hauptsächlich auf Grundwasserressourcen angewiesen sind.

Die chemische Wasserqualität wird von der Landnutzung, der Nutzungsintensität und der Stoffkonzentration der eingebrachten Substanzen bestimmt. Stoffeinträge erfolgen aus der Landwirtschaft, dem Verkehr, der Industrie, dem Bergbau und privaten Haushalten. Der Verdünnungsgrad von chemischen Substanzen im Wasser hängt vom Abfluss des Gewässers ab. Sinkt der Abfluss, durch erhöhte Verdunstung aufgrund klimawandelbedingter Erwärmung oder veränderter Niederschläge, steigt die Konzentration der chemischen Substanzen [2]. Stofflich belastete Wasserressourcen stehen für Nutzungen nicht mehr oder nur eingeschränkt (d. h. nur mit aufwendiger Aufbereitung) zur Verfügung. Besonders deutlich wird dies am Beispiel von Grundwasservorkommen, die den Grenzwert von 50 mg/l Nitrat überschreiten. Diese können von den Wasserversorgern nicht mehr genutzt werden oder müssen mit anderem Wasser verschnitten werden. Eine Aufbereitung wird derzeit nur in seltenen Fällen praktiziert und würde zu erheblichen Kostensteigerungen bei den Trinkwasserpreisen/-gebühren führen [8].

52.6 Instrumente zum ausbalancieren der sich abzeichnenden Nutzungskonkurrenzen

Die einschlägigen Gewässerschutzrichtlinien der EU (Wasserrahmenrichtlinie, UQN-Richtlinie, Grundwasserrichtlinie, Meeresschutz-Rahmenrichtlinie, Hochwasserrisikomanagement-Richtlinie, Nitrat-Richtlinie), die u. a. durch das Wasserhaushaltsgesetz, die Oberflächengewässerverordnung und die Grundwasserverordnung in deutsches Recht überführt wurden, geben schon heute einen Rahmen mit anspruchsvollen Zielen vor, die noch nicht erreicht sind. Die Nationale Wasserstrategie des BMU [1] unterstreicht, dass das Ambitionsniveau der WRRL in Anbetracht der noch vorhandenen Defizite der Gewässerqualität, der steigenden Beanspruchung durch vielfältige Nutzungen und der Herausforderungen des Klimawandels aufrechtzuerhalten ist. Zudem gewährleisten die Bewertungsprinzipien der Richtlinien, dass alle Belastungen beachtet werden, ohne dabei die Nutzungen in der seit Jahrzehnten entwickelten Kulturlandschaft zu vernachlässigen. Sie bilden die Basis für ein integratives Gewässermanagement.

Konkrete neue Steuerungsanforderungen für Qualität und Menge ergeben sich aus der EU-Water-Reuse-Verordnung (zu den Chancen und Risiken s. [9]) und aus der novellierten EU-Trinkwasserrichtlinie, die auch Risikobewertungs- und managementvorgaben für Einzugsgebiete von Wassergewinnungsanlagen vorsieht.

Darüber hinaus benennt die Nationale Wasserstrategie des BMU [1] die Handlungsfelder (strategische Themen, ◘ Tab. 52.1), in denen Nachsteuerungsbedarf besteht und schlägt dazu ein Aktionsprogramm mit diversen Maßnahmen vor, die in den nächsten Jahren eingeleitet werden sollten. Das BMU schlägt darin einheitliche Entscheidungskriterien vor, entwickelt Standards und fördert Forschung und Best-Practice-Beispiele.

Die Strategie hat enge Bezüge zu laufenden Umweltschutzstrategien der EU-Kommission (European Green Deal), insbesondere der Zero-Pollution Ambition [10].

52.7 Schluss

Die Verantwortung für den sorgsamen Umgang mit Wasser ist vielfältig verteilt. Dem trägt der vorsorgende und sektorübergrei-

Tab. 52.1 Strategische Themen des Entwurfs der Nationalen Wasserstrategie

Nr.
1. Bewusstsein für die Ressource Wasser stärken
2. Wasserinfrastrukturen weiterentwickeln
3. Wasser-, Energie- und Stoffkreisläufe verbinden
4. Risiken durch Stoffeinträge begrenzen
5. Den naturnahen Wasserhaushalt wiederherstellen und managen – Zielkonflikten vorbeugen
6. Gewässerverträgliche und klimaangepasste Flächennutzung im urbanen und ländlichen Raum realisieren
7. Nachhaltige Gewässerbewirtschaftung weiterentwickeln
8. Meeresgebiete (Nord- und Ostsee) intensiver vor stofflichen Einträgen vom Land schützen
9. Leistungsfähige Verwaltungen stärken, Datenflüsse verbessern, Ordnungsrahmen optimieren und Finanzierung sichern
10. Gemeinsam die globalen Wasserressourcen nachhaltig schützen

© BMU 2021 [1]

fende Ansatz der Nationalen Wasserstrategie Rechnung.

Die notwendigen Veränderungen müssen auf verschiedenen Ebenen (EU, Bund, Länder und Kommunen) angestoßen und umgesetzt werden. Die Notwendigkeit sektorübergreifender Maßnahmen ist beim Thema Wasser und Nutzungskonkurrenzen offensichtlich, da die Zuständigkeitsbereiche vieler Akteure in Umwelt, Landwirtschaft, Wirtschaft, Verkehr, Forschung, Planung, u. a. betroffen sind. Es wird jetzt darauf ankommen, die Betroffenen schnell zu einem gemeinsamen Handeln zur Sicherung der lebenswichtigen Ressource Wasser zu bewegen.

Literatur

1. Nationale Wasserstrategie, Entwurf des Bundesumweltministeriums, Bonn, Juni 2021, ▶ https://www.bmu.de/fileadmin/Daten_BMU/Download_PDF/Binnengewaesser/langfassung_wasserstrategie_bf.pdf, Abruf 18.06.2021.
2. Klimawirkungs- und Risikoanalyse 2021 für Deutschland, Teilbericht 3: Risiken und Anpassung im Cluster Wasser, UBA Climate Change 22/2021, Uta Fritsch, Marc Zebisch Eurac Research, Bozen (Italien), Maike Voß, Manuel Linsenmeier, Walter Kahlenborn, Luise Porst, Linda Hölscher, Anke Wolff, Ulrike Hardner, Katarzyna Schwartz adelphi, Berlin, Mareike Wolf, Alexandra Schmuck, Konstanze Schönthaler Bosch & Partner, München, Enno Nilson, Helmut Fischer, Claudius Fleischer, Bundesanstalt für Gewässerkunde, Koblenz im Auftrag des Umweltbundesamtes, Juni 2021, ▶ https://www.umweltbundesamt.de/sites/default/files/medien/5750/publikationen/2021-06-10_cc_22-2021_kwra2021_wasser.pdf, Abruf 18.06.2021.
3. Ausgewählte Fachinformationen zur Nationalen Wasserstrategie, UBA-Texte 86/2021, Teresa Geidel, Thomas Dworak, Dr. Guido Schmidt, Dr. Magdalena Rogger, Christine Matauschek (Fresh Thoughts Consulting GmbH, Wien), Dr. Jeanette Völker (sconas. Science. Consulting. Aquatic Systems, Kassel), Prof. Dr. Dietrich Borchardt (Helmholtz-Zentrum für Umweltforschung UFZ, Leipzig) im Auftrag des Umweltbundesamtes, Dessau-Roßlau, Juni 2021, ▶ https://www.umweltbundesamt.de/publi-kationen/ausgewaehlte-fachinformationen-zur-nationalen, Abruf 18.06.2021.
4. Gewässer in Deutschland – Zustand und Bewertung, Umweltbundesamt, Dessau-Roßlau, August 2017, ▶ https://www.umweltbundesamt.de/publikationen/gewaesser-in-deutschland, Abruf: 18.06.2021.
5. Jahre Wasserrahmenrichtlinie: Empfehlungen des Umweltbundesamtes, Dessau-Rosslau, Position Januar 2021, ▶ https://www.umweltbundesamt.

6. Empfehlungen zur Reduzierung von Mikroverunreinigungen in den Gewässern, Umweltbundesamt, Hintergrundpapier, Dessau-Roßlau, April 2018, ▶ https://www.umweltbundesamt.de/publikationen/empfehlungen-zur-reduzierung-von-0, Abruf 18.06.2021.
7. Dynamik der Klarwasseranteile in Oberflächengewässern und mögliche Herausforderungen für die Trinkwassergewinnung in Deutschland, UBA-Texte 59/2018, von Prof. Dr.-Ing. Jörg E. Drewes, Sema Karakurt, M.Sc. Ludwig Schmid, B.Sc. Marian Bachmaier, B.Sc. Dr.-Ing. Uwe Hübner (Technische Universität München Lehrstuhl für Siedlungswasserwirtschaft), im Auftrag des Umweltbundesamtes, München, Juli 2018, ▶ https://www.umweltbundesamt.de/themen/klarwasser-in-fluessen-herausforderung-fuer-das, Abruf: 18.06.2021.
8. Quantifizierung der landwirtschaftlich verursachten Kosten zur Sicherung der Trinkwasserbereitstellung, UBA-Texte 43/2017, Dr. Mark Oelmann, Christoph Czichy, Ullrich Scheele, Sylvia Zaun, Oliver Dördelmann, Egon Harms, Markus Penning, Dr. Martin Kaupe, Dr. Axel Bergmann, Dr. Christian Steenpaß im Auftrag des Umweltbundesamtes, Dessau-Roßlau, Mai 2017, ▶ https://www.umweltbundesamt.de/publikationen/quantifizierung-der-landwirtschaftlich-verursachten%20, Abruf 18.06.2021.
9. Neue EU-Verordnung zu Wasserwiederverwendung, Umweltbundesamt, ▶ https://www.umweltbundesamt.de/themen/wasser/wasser-bewirtschaften/wasserwiederverwendung/neue-eu-verordnung-zu-wasserwiederverwendung, Abruf am 18.06.2021.
10. Pathway to a Healthy Planet for All, EU Action Plan "Towards Zero Pollution for Air, Water and Soil", Mitteilung der Kommission COM(2021) 400 final, Brüssel, 12.5.2021, ▶ https://ec.europa.eu/germany/news/20210512-null-schadstoffziel_de und ▶ https://ec.europa.eu/environment/pdf/zero-pollution-action-plan/communication_en.pdf, Abruf 18.06.2021.

Zum Klimawandel im Harz und seinen Auswirkungen auf die Wasserwirtschaft

Friedhart Knolle

Mit seinen relativ hohen Niederschlägen in den Hochlagen und seinen Talsperren spielt der Harz eine wichtige Rolle bei der Trinkwasserversorgung in Niedersachsen, Sachsen-Anhalt und Thüringen. Mit dem Projekt „Energie- und Wasserspeicher Harz" zur Anpassung an den Klimawandel und dem beispielgebenden „Integrierten Gewässer- und Auenmanagement Oker im Nördlichen Harzvorland" werden zwei Projekte vorgestellt, in denen auf den Klimawandel reagiert wird.

Der Klimawandel mit seinen vielfältigen Auswirkungen, insbesondere in der Folge der letzten Dürrejahre, hat erhebliche wasserwirtschaftliche Folgen für den Harz und sein Vorland. Regen und Schnee im Winter reichen nicht mehr aus, um den im Sommer fehlenden Regen auszugleichen. Es wird insgesamt trockener und die Niederschläge fallen irregulärer [1]. Dies ist nicht nur für viele der hier lebenden Pflanzen und Tiere ein Problem. Zudem nimmt die Zahl der Starkregenereignisse zu. Die Nord- und Westränder der Mittelgebirge und das Alpenvorland zählen zu den diesbezüglich gefährdetsten Gebieten in Deutschland. Lokale Überflutungen, Wegeschäden und Erdrutsche sind die Folge – auch im Harz.

Mit seinen relativ hohen Niederschlägen in den Hochlagen und seinen Talsperren spielt der Harz auch eine wichtige Rolle bei der Trinkwasserversorgung in Niedersachsen, Sachsen-Anhalt und Thüringen. Da es derzeit insbesondere Ausbaupläne für das niedersächsische Talsperrensystem gibt, sei dieser Fall hier konkreter beleuchtet.

53.1 Das Harzer Talsperrensystem am Beispiel der Harzwasserwerke GmbH – pro und contra

Die Harzwasserwerke müssen auf den Klimawandel reagieren und das tun sie. 2019 startete das Klimawandel-Projekt „Energie- und Wasserspeicher Harz". Das Niedersächsische Ministerium für Wissenschaft und Kultur unterstützt das Projekt für drei Jahre mit 1,6 Mio. EUR aus EU-Fördermitteln. Hintergrund der Forschungsarbeiten sind die Auswirkungen der Extremwettersituationen, wie sie in den Jahren 2017 und 2018 aufgetreten sind. Erst traf die Region ein 1.000-jähriges Hoch-

Zuerst erschienen in Wasser und Abfall 9/2021

© Der/die Autor(en), exklusiv lizenziert an Springer Fachmedien Wiesbaden GmbH, ein Teil von Springer Nature 2023
M. Porth et al. (Hrsg.), *Wasser, Energie und Umwelt*,
https://doi.org/10.1007/978-3-658-42657-6_53

wasser, kurz darauf folgte eine lang anhaltende Dürreperiode mit Rekordminuswerten beim Niederschlag. Jetzt erforschen die TU Clausthal und TU Braunschweig sowie die Hochschule Ostfalia zusammen mit den Harzwasserwerken und der Fa. HarzEnergie, wie sich der Harz mit seinen multifunktionalen Aufgaben im Bereich der Wasserwirtschaft und des Energiesystems an den Klimawandel anpassen kann [2].

> **Kompakt**
> - Der Klimawandel mit seinen vielfältigen Auswirkungen, insbesondere in der Folge der letzten Dürrejahre, hat erhebliche wasserwirtschaftliche Folgen für den Harz und sein Vorland.
> - Die wasserwirtschaftliche Gestaltung der Anpassung an den Klimawandel ist ein komplexes Vorhaben, was mit integrierten Konzepten geordnet angegangen werden kann.
> - Hochwasser- und Naturschutz, Gewässer- und Landentwicklung sind zusammenzubringen. Über das Gewässer hinaus sind die Aue, die gesamte Gewässerlandschaft und die Waldökosysteme einzubeziehen

„Dieses Projekt wird wichtige Erkenntnisse liefern und konkrete Maßnahmen vorschlagen, wie sich das System der Harzwasserwerke und viele niedersächsische Regionen in Zukunft an den Klimawandel anpassen können", sagte Dr. Christoph Donner, Technischer Geschäftsführer der Harzwasserwerke, zum Startschuss des Forschungsprojekts. „Mehr Sicherheit für die Trinkwasserversorgung, die aquatischen Ökosysteme und die Industrie an den Flüssen – wie wir das schaffen können, das erhoffen wir uns durch das Projekt herauszufinden."

„Durch die systemtechnische Vernetzung der wassergebundenen Harz-Dienstleistungen – Trinkwasser, Energie durch Wasser sowie Hoch- und Niedrigwasserschutz – ergibt sich eine nennenswerte Effizienzsteigerung bei der Nutzung der vorhandenen über- und untertägigen Infrastruktur", erklärte Projektleiter Prof. Dr. Hans-Peter Beck.

„Ohne Forschung und Transfer können die wichtigen gesellschaftlichen Herausforderungen unserer Zeit nicht gelöst werden. Mit den Themen Energiespeicherung, Trinkwasserversorgung und Klimafolgenforschung greift das Forschungszentrum Energiespeichertechnologien der TU Clausthal drei dieser Themen auf. Das enge Netz an universitären und außeruniversitären Forschungseinrichtungen im Westharz bietet dabei ideale Voraussetzungen, um neue Lösungsansätze zu entwickeln und zukunftsträchtige Ideen in der Praxis zu testen", sagte Dr. Sabine Johannsen, Staatssekretärin im Niedersächsischen Ministerium für Wissenschaft und Kultur.

53.1.1 Projektplanung und Ablauf

Nach der Übergabe der Förderbescheide durch Staatssekretärin Dr. Sabine Johannsen am 28. August 2019 begann das Expertenteam der niedersächsischen Hochschulen mit der Arbeit und wird dabei durch die Kooperationspartner Harzwasserwerke und HarzEnergie sowie einem Praxisbeirat begleitend unterstützt. In einem Zeitraum von drei Jahren wird der Harz in verschiedenen Arbeitsschritten untersucht. Dabei werden meteorologische Klimaszenarien beleuchtet, Systemoptimierungen ermittelt und mögliche Verbesserungen im Kontext mit soziologischen und ökonomischen Fragen bewertet.

Durch diese Daten und Berechnungen soll ermittelt werden, wie die bereits vorhandenen Anlagen der Harzwasserwerke optimiert werden können. Durch den jahrhundertelangen Bergbau existiert im Harz eine Vielzahl von unterirdischen Stollen und Schächten, die zum Beispiel mit Talsperren verbunden werden können, um Wasser noch besser zu verteilen und zu speichern. Schon im Zuge der extremen Trockenheit 2018 hatten die Harzwasserwerke das vernetzte System von Teichen und Gräben der Oberharzer Wasserwirtschaft genutzt. Neben der Verbesserung von bereits existierenden Anlagen thematisiert das Forschungsprojekt aber auch mögliche Neubauten und Erweiterungen von Talsperren. „Wir sind für alle Lösungswege offen und hoffen auf weitreichende Erkenntnisse", sagte Dr. Christoph Donner [2].

53.1.2 Kritik an den Ausbauplänen

Gern wird aus der aktuellen Klimakrise heraus die Notwendigkeit neuer Talsperren abgeleitet. „Wir wollen den Ausbau bestehender und die Planung neuer Talsperren und Rückhaltebecken vorantreiben, vor allem im und am Harz." So liest es sich denn auch im aktuellen Koalitionsvertrag der Landesregierung von SPD und CDU in Hannover, und dagegen regte sich schon früh Protest.

„Talsperren sind technischer Hochwasserschutz im Stil der 1970er Jahre und überholt", so die einhellige Einschätzung der niedersächsischen Umweltverbände BUND, NABU und NHB. „Die jüngsten Hochwasser mit ihrer flächenhaften Wirkung und schwer einschätzbaren lokalen Dynamik haben gerade wieder gezeigt, dass es wirkungsvoller ist, die Renaturierung der Fließgewässer, das Freihalten der Flussauen von Bebauung und die Ausweisung von weiteren Retentionsflächen im Bereich der niedersächsischen Flüsse voranzutreiben", so Dr. Holger Buschmann, NABU-Vorsitzender des Landes Niedersachsen (◘ Abb. 53.1).

Die Harzwasserwerke haben in den letzten Jahren viele neue Wasserverträge geschlossen und damit zugleich auch ökologisch sinnvolle Grundwasserwerke verdrängt. Daher stecken hinter der Forderung nach neuen Talsperren offensichtlich eher marktwirtschaftliche Interessen der Harzwasserwerke als gemeinwohlorientierte Überlegungen. „Hier zeigen sich nun die negativen Folgen des Verkaufs der Harzwasserwerke durch die seinerzeitige Schröder-Regierung", so Dr. Holger Buschmann.

Welche Täler sollen verbaut werden? Der Koalitionsvertrag nennt keine Details, aber nach den örtlichen Gegebenheiten und dem, was vor und hinter den Kulissen diskutiert wird, dürfte es den Harzwasserwerken um den Ausbau der Granetalsperre und der Innerstetalsperre bei Langelsheim sowie – das wurde schon offen ausgesprochen – um eine Neuaufnahme der in den 1980er Jahren wegen der hohen Schutzwürdigkeit des Tals gescheiterten Siebertalsperrenplanung gehen.

Diese Vorhaben wären ein völlig falsches Signal der Wasserpolitik in Niedersachsen und eine Kriegserklärung an den Naturschutz im Harz, so der BUND. Denn Talsperren zerstören nicht nur ganze Harztäler mit ihren Lebensräumen, sondern zerschneiden die natürlichen Fließgewässer sowie die Wanderwege von Fischen und vielen anderen wassergebundenen Lebewesen. Sie tragen auf diese Weise zum Artensterben bei, denn künstliche Talsperren sind nur für wenige Arten ein geeigneter neuer Lebensraum.

Neue Sperren würden somit vorwiegend dem Trinkwasserverkauf dienen. Denn im Falle des wasserwirtschaftlichen GAUs, d. h. dem Auftreten von Doppeltrockenjahren oder Doppelnassjahren, können auch Talsperren nicht helfen – sie sind dann lange Zeit trocken oder laufen über. Insofern lehnen die Kritiker neue Sperren ab, auch mit dem Hinweis, dass sie Verdünnungswasser für die güllebelasteten

Abb. 53.1 Starkregenschäden im Hasselbachtal, Nationalpark Harz, aufgenommen am 1. August 2017. (© Nationalpark Harz)

Grundwässer im Nordwesten Niedersachsens liefern würden – Naturverbrauch im Harz, um die fehlgeleitete Güllewirtschaft Niedersachsens zu prolongieren (ergänzt nach [3]).

53.2 Das IGAM Oker – ein Modellprojekt

Der Hochwasserschutz befindet sich in kommunaler Zuständigkeit. Wenn überregionale Steuerebenen fehlen, wie in Niedersachsen nach der Abschaffung der Bezirksregierungen, entsteht interkommunaler Handlungsbedarf. Mit dem „Integrierten Hochwasserschutzkonzept Nördliches Harzvorland" liegt bereits ein Handlungskonzept für den Hochwasserschutz an der Oker und ihren Nebengewässern vor (◘ Abb. 53.2). Der integrierte Charakter betont die gleichberechtigte Berücksichtigung von Gewässerentwicklung, Hochwasser- und Naturschutz. In den Themenfeldern Gewässerentwicklung und Naturschutz besteht ein Verbesserungspotenzial. Vor diesem Hintergrund wurde unter Betonung einer ganzheitlichen Betrachtungsweise das Hochwasserschutzkonzept um konkrete Maßnahmen und Handlungsempfehlungen im Sinne der EU-Wasserrahmenrichtlinie sowie des Naturschutzes (NATURA 2000) ergänzt und im Integrierten Gewässer- und Auenmanagement (IGAM) Oker im Nördlichen Harzvorland zusammengefasst [4]. Dieses Konzept hat sich im Harzvorland nunmehr seit Jahren bewährt und wird derzeit für die Innerste modifiziert weiterentwickelt.

Unter Bezugnahme auf den aktuellen Gewässerzustand hinsichtlich Qualität und Quantität sowie Defizite im Naturschutz und unter Zugrundelegung bereits vorhandener Planungen und Konzeptionen wurde der Ausgangszustand charakterisiert und daraus der Handlungsbedarf abgeleitet. Besonderes Augenmerk lag dabei auf der Zielkonvergenz zwischen Gewässerentwicklung, Hochwasserschutz, Naturschutz und Landwirtschaft. Das Gesamtkonzept umfasst

Abb. 53.2 Die Okertalsperre, Blick von der Vorsperre nach Norden in den Altenauer Arm am 10. November 2019. (© Siegfried Wielert)

eine Bestandsaufnahme, ein Zielkonzept sowie Maßnahmenvorschläge und ist gleichberechtigt an der Umsetzung der WRRL, der EU-Hochwasserrisikomanagementrichtlinie sowie der FFH-Richtlinie und der EU-Vogelschutzrichtlinie orientiert. Besonders wichtig sind dabei die Förderung der Bereitschaft und des Engagements vor Ort durch frühzeitige und intensive Einbeziehung aller relevanten Akteure. Das schließt gerade im stark landwirtschaftlich geprägten Harzvorland die Landwirtschaft mit ein. Insbesondere die limitierte Flächenverfügbarkeit sowie eingeschränkte Entwicklungsmöglichkeiten erfordern die integrierte und konvergente Betrachtung von Maßnahmen am Gewässer und in der Aue und die intelligente, multifunktionale Mehrfachnutzung von Flächen. Synergien zwischen Landwirtschaft, Gewässerentwicklung, Hochwasserschutz und Naturschutz sind für alle Belange und Beteiligten vorteilhaft.

Die Umsetzung der Maßnahmen aus dem Konzept zum Integrierten Gewässer- und Auenmanagement erfolgt durch die Flussgebietspartnerschaft Nördliches Harzvorland. Diese hat ihre Wurzeln in der Hochwasserpartnerschaft Nördliches Harzvorland. Die intensive interkommunale Zusammenarbeit ist aus dem gemeinsamen Ziel entstanden, das Integrierte Hochwasserschutzkonzept Nördliches Harzvorland umzusetzen und damit den Hochwasserschutz an Oker, Innerste und ihren Nebengewässern signifikant zu verbessern, unabhängig von kommunalen Grenzen. Die Weiterentwicklung der Konzepte zum Hochwasserschutz und zur Gewässerentwicklung erfolgt in enger Abstimmung mit Wasser- und Naturschutzbehörden, Naturschutzverbänden (BUND und NABU), Unterhaltungsverband Oker sowie den Kommunen und wird intensiv durch die IGAM-Steuerungsgruppe und regionale Arbeitskreise begleitet. Daraus ergab sich die formale Notwendigkeit, die vorhandenen Organisationsstrukturen der Hochwasserpartnerschaft zu erweitern und an die neuen Sichtweisen anzupassen. Initiiert durch die gemeinsame Umsetzung des IGAM-Projekts ist aus der Hochwasserpartnerschaft eine Flussgebietspartnerschaft Nördliches Harzvorland entstanden. Mit dieser Weiterentwicklung wird sich nun auch gemeinsam dem Gewässer- und dem Auenmanagement verstärkt gewidmet und damit der Ansatz zu einem weit gefassten Flussgebietsmanagement erweitert. Somit werden nicht nur die einzelnen fachlichen Aspekte des Hochwasser- und Naturschutzes und der Gewässerentwicklung sowie der Landentwicklung zusammengefasst, sondern der Blick auch über das Gewässer hinaus in die Aue und die gesamte Gewässerlandschaft gerichtet. Details zu diesem überregional vorbildlichen und häufig nachgefragten Modellprojekt können [4] entnommen werden.

53.3 Wald- und Klimakrise im Nationalpark Harz – aktuelle Forschungsaktivitäten

Auch der Harzer Nationalparkwald ist in der Klimakrise – das ist seit dem Dürrejahr 2018 nicht mehr zu übersehen. Die Waldökosysteme leiden unter den veränderten klimatischen und hydrologischen Bedingungen. In der Kernzone des Nationalparks Harz führt die Natur selbst Regie und zeigt, welchen Wald sie unter den heutigen Klimabedingungen eigenständig wachsen lässt. Außerhalb der Kernzone sind gemäß der Nationalparkgesetze noch Maßnahmen zur Borkenkäferbekämpfung und Initialpflanzungen von Rotbuchen, Bergahornen und Mischlaubhölzern entsprechend der ursprünglichen Mischwaldgesellschaften möglich, um die Biodiversität und Strukturvielfalt zu verbessern. Denn auch der Nationalpark Harz ist derzeit in weiten Gebieten noch von strukturarmen, schädlings- und sturmanfälligen Fichtenforsten geprägt. Dies ist ein Resultat der langen Waldnutzungsgeschichte in der Folge des Bergbaus und der Hüttenwerke mit ihrem großen Holzkohleverbrauch [5]. Der Nationalparkwald und seine Entwicklung rund um den Brocken wird bundesweit beachtet und diskutiert. Die seit langem zu trockene und zu warme Witterung beeinflusst die Waldentwicklung massiv. Das Klima hat die Kondition unserer Waldbäume weiter geschwächt, zunehmend sind nun auch andere Baumarten neben der Fichte stark in Mitleidenschaft gezogen. Diese Entwicklung hat inzwischen fast alle Wälder in weiten Teilen Deutschlands und Europas erreicht. Sie stellt den Wirtschaftswald vor große, teils existenzielle Probleme. Es zeigt aber auch, dass nicht die Verwirklichung des Nationalpark-Mottos „Natur Natur sein lassen" die Ursache für den besorgniserregenden Zustand vieler Wälder ist, sondern die inzwischen offenkundige Erderwärmung. Und trotzdem setzt sich eine Erkenntnis mehr und mehr durch: Trotz aller dramatischen Auswirkungen des Klimawandels, unter denen vor allem der Wirtschaftswald auch zukünftig leiden wird, stirbt der Harzwald nicht ab. Er wird sich in seinem Aussehen wandeln, aber er wird dem Harz als seine lebenswichtige Grundlage erhalten bleiben (◘ Abb. 53.3).

Die Nationalparkverwaltung hat keine eigenen wasserwirtschaftlichen Zuständigkeiten, ist jedoch permanent mit den einschlägigen Fragen befasst. Insbesondere wird mit den zuständigen Wasserbehörden sowie den Harzwasserwerken in Niedersachsen und dem Talsperrenbetrieb Sachsen-Anhalt zusammengearbeitet.

Nationalparke haben auch einen Forschungsauftrag. Wie laufen die Vorgänge ab, über die eine Kulturlandschaft sich in eine Naturlandschaft aus zweiter Hand wandelt? Es besteht die einmalige Chance, diesen Weg in einer beispiellosen Umbruchsphase im Nationalpark Harz zu verfolgen. Daher ist es Aufgabe des Umweltmonitorings im Nationalpark, die langfristige Entwicklung der vorhandenen Lebensräume, u. a. der Gewässer und Moore, mit deren Lebensgemeinschaften zu untersuchen, zu dokumentieren und so die Datenbasis zur Erforschung der zugrunde liegenden dynamischen Prozesse zu schaffen. Durch den Ablauf natürlich-dynamischer Prozesse

Abb. 53.3 Waldentwicklung am Meineberg bei Ilsenburg, Nationalpark Harz 2008–2018. (© Marzel Drube, Ingrid Nörenberg und Mandy Gebara)

sind nicht nur die Lebensräume des Schutzgebiets, sondern auch deren Artenbestand einer fortlaufenden räumlich-zeitlichen Entwicklung unterworfen. Die Basis für die langfristige Beobachtung von Veränderungen bildet die Inventarisierung typischer Artengemeinschaften sowie deren ständige Fortführung, um Zeitreihen zu erhalten. Über die regelmäßige Wiederholung flächendeckender Vegetationsaufnahmen wird das Sukzessionsgeschehen, also die natürliche zeitliche Veränderung von Lebensgemeinschaften, innerhalb der vielfältigen Landlebensräume dokumentiert. Die Waldforschungsflächen sind zentrale Bausteine für ein langfristiges Monitoring der natürlichen Entwicklung repräsentativer Waldgesellschaften. Sie sind Kernstück des Programms „Dauerbeobachtungsflächen im Nationalpark Harz" [6].

Die im Nationalpark gewonnenen Erkenntnisse zum Ablauf natürlicher Prozesse sowie zum Aufbau, zur Struktur und zur Dynamik verschiedener Lebensgemeinschaften stehen auch der Wasserwirtschaft innerhalb und außerhalb des Schutzgebiets zur Verfügung. Hierzu wird ein umfangreicher, langfristig nutzbarer Datenbestand aufgebaut, der auch für künftige Fragestellungen Informationen liefern soll.

Literatur

1. Harzwasserwerke GmbH: Wasserwirtschaft im Westharz. Hydrologische Untersuchungen mit Blick auf ein sich veränderndes Klima. 2. Aufl., 64 S., Hildesheim
2. Harzwasserwerke GmbH: Klimawandel-Projekt „Energie- und Wasserspeicher Harz" startet. Pressemitteilung vom 29.8.2019 (▶ www.harzwasserwerke.de, Abruf 14.6.2021)
3. BUND-Landesverband Niedersachsen, Niedersächsischer Heimatbund, NABU-Landesverband Niedersachsen: Umweltverbände warnen vor neuen Talsperren im Harz. – Pressemitteilung vom 14.12.2017 (▶ www.bund-niedersachsen.de, Abruf 14.6.2021)
4. Wasserverband Peine: Integriertes Flussgebietsmanagement „Nördliches Harzvorland". Es gibt nur eine Gewässerlandschaft. 15 S., Projektpräsentation (▶ www.aller-projekt.de, Abruf 14.6.2021)
5. Knolle, F., Wegener, U., Rupp, H. (2020): 6.000 Jahre Umweltfolgen der Harzer Montanwirtschaft. – In: Stedingk, K., Kleeberg, K. & Großewinkelmann, J., Hg.: Das reichste Erz – im UNESCO-Weltkulturerbe Rammelsberg. – Exkurs.f. und Veröfftl. DGG 265: 121–147
6. Nationalparkverwaltung Harz: Tätigkeitsbericht 2020. 90 S., Wernigerode (▶ www.nationalpark-harz.de, Abruf 14.6.2021)

Machbarkeitsstudie zum Wassermengenmanagement zwischen Oste und Elbe

Heinrich Reincke, Guido Majehrke und Robert Nicolai

Die wasserwirtschaftlichen Rahmenbedingungen werden sich durch den Klimawandel auch im Einzugsgebiet zwischen Oste und Elbe verändern. Dabei stehen die Bewirtschaftung des verfügbaren Wasserdargebots und ein angepasstes Wassermengenmanagement im Vordergrund. Die Effektivität der erforderlichen finanziellen Ressourcen und der baulichen Maßnahmen ist sicherzustellen, wobei die Akzeptanz bei den verschiedenen Interessengruppen und in der Öffentlichkeit erreicht werden muss. Über die Konzeption eines neuen Verbindungsgewässers mit Wasserspeicher wird berichtet.

Durch den Klimawandel werden sich die wasserwirtschaftlichen Rahmenbedingungen im Land Niedersachsen und somit auch im Kehdinger Land zwischen Oste und Elbe verändern. Langanhaltende Trockenwetterperioden im Sommer werden sich mit extremen Starkregenereignissen und zunehmenden Überflutungen abwechseln. Der aktiven Bewirtschaftung des verfügbaren Wasserdargebots wird daher eine wachsende Bedeutung zukommen.

Durch ein vorausschauendes und zielgerichtetes Wassermengenmanagement soll eine optimierte Bewirtschaftung des verfügbaren Wasserdargebots erreicht werden. Durch die multifunktionale Ausrichtung und Gestaltung soll ein Mehrfachnutzen der eingesetzten finanziellen Ressourcen und der notwendigen baulichen Maßnahmen sichergestellt und eine weitgehende Akzeptanz bei den verschiedenen Interessengruppen und in der Öffentlichkeit erreicht werden.

Kompakt

- Alle genannten Maßnahmen und Planungsergebnisse wurden in einem ausführlichen Erläuterungsbericht dokumentiert und mit einer Kostenschätzung hinterlegt.
- Konkrete Maßnahmenplanungen, Fragen der Flächenverfügbarkeit und genehmigungsrechtliche Belange bleiben nachfolgenden Planungsschritten vorbehalten.
- Durch den Klimawandel wird einer optimierten Bewirtschaftung des verfügbaren Wasserdargebots eine wachsende Bedeutung zukommen.
- Durch multifunktionale Ausrichtung und Gestaltung der Maßnahmen ist ein Mehrfachnutzen der eingesetzten finanziellen Ressourcen und der notwendigen baulichen

Zuerst erschienen in Wasser und Abfall 6/2022

© Der/die Autor(en), exklusiv lizenziert an Springer Fachmedien Wiesbaden GmbH, ein Teil von Springer Nature 2023
M. Porth et al. (Hrsg.), *Wasser, Energie und Umwelt*,
https://doi.org/10.1007/978-3-658-42657-6_54

Maßnahmen sicherzustellen und eine weitgehende Akzeptanz bei den verschiedenen Interessengruppen und in der Öffentlichkeit zu erreichen.
- Das konzipierte neue Verbindungsgewässer, die Wasserlandschaft und alle damit verbundenen Folgemaßnahmen bieten ein erhebliches wasserwirtschaftliches und ökologisches Potenzial.
- Die Ergebnisse der Studie eignen sich für weiterführende vertiefte Ansätze zur Kompensation von Großprojekten in der Unterelberegion, insbesondere hinsichtlich der Wasserlandschaft, die ein erhebliches Aufwertungspotenzial für Natur und Landschaft bietet.

54.1 Projektansatz

Der zentrale Maßnahmenansatz besteht in der Schaffung eines neuen Verbindungsgewässers von der Oste bis in die nördlichen Verbandsgebiete des Unterhaltungsverbandes Kehdingen (UHV Kehdingen). Dieses Gewässer dient der Entnahme von salzfreiem Wasser aus der Oste und einer Überleitung in den Bereich Kehdingen. Dort kann das Wasser weiterverteilt und für landwirtschaftliche Zwecke nutzbar gemacht werden.

Ergänzt wird das Verbindungsgewässer durch die Anbindung eines Speicherraums zum Rückhalt überschüssigen Wassers nach langanhaltenden oder intensiven Niederschlagsereignissen. Dies ermöglicht eine Zwischenspeicherung des anfallenden Niederschlagswassers zur Entlastung der Entwässerungsgräben und Schöpfwerke. Zugleich kann dieses Wasser in späteren Trockenwetterperioden wieder in das System zurückgeführt werden und für die Nutzung in der Landwirtschaft und zugleich auch für die ökologisch vorteilhafte Einhaltung von Mindestwasserständen in den Gewässersystemen genutzt werden (◘ Abb. 54.1 und 54.2). Die begleitenden Unterhaltungswege können auch für die Naherholung als Fuß- und Radwanderwege zur Verfügung gestellt werden. Durch die Anlage von Informationstafeln an geeigneten Aussichtspunkten werden zudem Orte des Naturerlebens und der Umweltbildung geschaffen.

Durch die differenzierte naturnahe Gestaltung der Gewässerquerschnitte, welche neben den wassertechnischen auch den gewässerökologischen Ansprüchen genügen, werden neue aquatische Lebensräume geschaffen und bestehende Gewässersysteme miteinander vernetzt.

Der Planungsprozess ist von Anfang an durch eine breite Beteiligung der örtlichen Interessengruppen und Träger öffentlicher Belange sowie durch eine aktive Öffentlichkeitsarbeit zu begleiten (◘ Abb. 54.2, 54.3 und 54.4).

54.2 Methodik der Machbarkeitsstudie

Als ersten Realisierungsschritt für dieses Vorhaben hat der Unterhaltungsverband Kehdingen eine Machbarkeitsstudie als konzeptionelle Planung eines Verbindungsgewässers zwischen der Oste und dem Verbandsgebiet Nordkehdingen an die Sweco GmbH, Niederlassung Stade, beauftragt (◘ Abb. 54.1). Neben der (wasser-)technischen Planung sind dabei auch naturschutzfachliche Aspekte zu berücksichtigen. Außerdem soll dieser erste Planungsschritt mit einem Moderationsprozess und einer aktiven Öffentlichkeitsarbeit begleitet werden. Für die letzteren Aufgabenstellungen wurde das Büro ARSU aus Oldenburg in die Bearbeitung eingebunden. Außerdem war der ehemalige Leiter der Unteren Wasserbehörde beim Landkreis Stade beratend an den Planungen beteiligt.

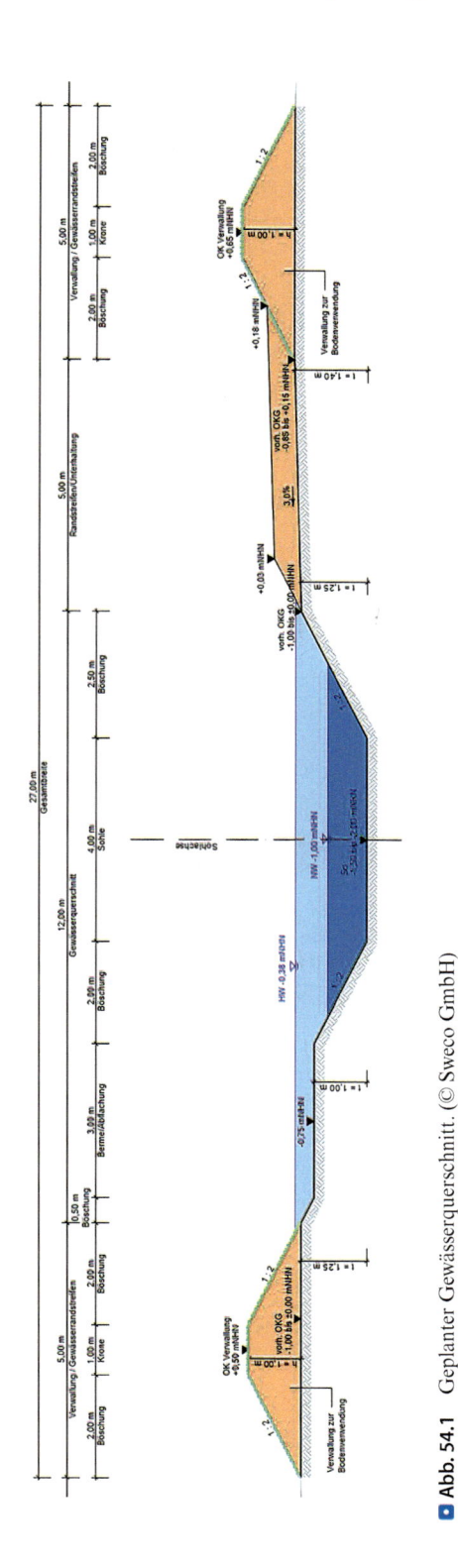

Im Rahmen der Projektbearbeitung, die im Wesentlichen dem vorab geplanten Vorgehen folgte, wurde zunächst eine umfassende Grundlagenermittlung, also eine Erfassung und Bewertung aller relevanten Rahmenbedingungen im Planungsraum, durchgeführt. Dazu gehörten wassertechnische Aspekte wie z. B.
- Ermittlung der Höhen- und Wasserstandsverhältnisse,
- Ermittlung des Wasserdargebots und der Salinität der Oste,
- Ansatz für Klimaveränderungen,
- Bewässerungsbedarfe in der Landwirtschaft.

Ebenso wurden relevante naturschutzfachliche Rahmenbedingungen erfasst, wie z. B.
- Vorgaben der Raum- und Landschaftsplanung,
- Vorgaben der EU-Wasserrahmenrichtlinie,
- Niedersächsische Aktionsprogramme zu Gewässer- und Moorlandschaften,
- ausgewiesene Schutzgebiete.

Darauf aufbauend erfolgten dann die eigentliche technische Planung des Verbindungsgewässers und des Speicherraums für das Wassermengenmanagement, jeweils ergänzt durch naturschutzfachliche Vorgaben und Planungen.

Begleitet wurde der Planungsprozess durch drei Öffentlichkeitstermine, die als „Runder Tisch" bezeichnet wurden. Zu diesen Veranstaltungen waren jeweils verschiedene Fachbehörden der betroffenen Landkreise Stade und Cuxhaven sowie verschiedenste Träger öffentlicher Belange, darunter die betroffenen Kommunen, die Wasser- und Naturschutzverbände, Vertreter der Landwirtschaft und der Tourismuswirtschaft sowie Jagd- und Fischereiverbände, geladen. Die Resonanz auf die Termine war groß und es herrschte eine rege Diskussionsbereitschaft (Abb. 54.2, 54.3 und 54.4).

Abb. 54.1 Geplanter Gewässerquerschnitt. (© Sweco GmbH)

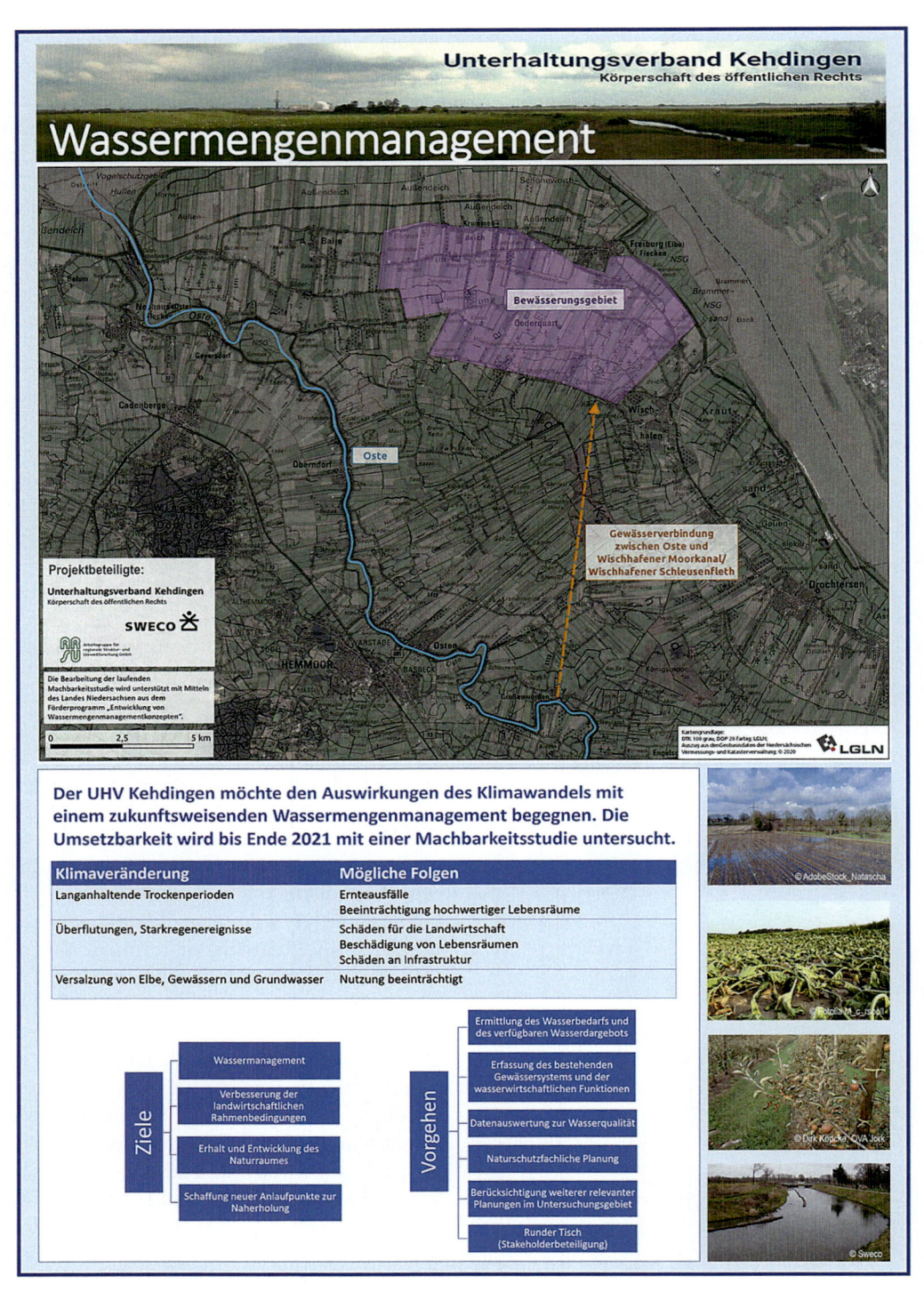

Abb. 54.2 Wassermengenmanagement. (© Sweco GmbH / ARSU GmbH)

54.3 Ergebnisse der Machbarkeitsstudie

Für das Verbindungsgewässer wurde zunächst eine passende Trasse herausgearbeitet. Hierzu wurde ein Variantenvergleich von insgesamt acht Varianten (vier Haupt- und mehrere Untervarianten) durchgeführt. Aus dem Vergleich gingen zwei Varianten als nahezu gleichwertig hervor (Abb. 54.3). In Abstimmung mit dem UHV Kehdingen als Auftraggeber wurde festgelegt, dass beide Varianten im Rahmen der Machbarkeitsstudie näher betrachtet und planerisch dargestellt werden sollten. Dabei handelt es sich um die

- Variante V3 (von Osten entlang der B495 nach Wischhafen-Dösemoor), sowie um die
- Variante V4 (von Großenwörden entlang des NSG „Die Scheidung" nach ebd.).

Bei der rd. 13 km langen Variante V3 können sowohl das vorhandene Schöpfwerk/Sielbauwerk am Oste-Deich als auch das vorhandene Altendorfer Dorffleth im ersten Teilabschnitt, auf rd. 4,5 km Länge, für die Zuwässerung verwendet werden. Die dann etwas höheren Wasserstände sind lokal verträglich. Allerdings müssen zwei einmündende Gewässersysteme durch neue Stufenschöpfwerke abgefangen und auf das neue Wasserstandsniveau gehoben werden. Die rd. 15,5 km lange Variante V4 muss dagegen komplett neu ausgebaut werden.

Im Weiteren wurden die erforderlichen Durchflussmengen für verschiedene Lastfälle und damit auch das hydraulische Leistungsvermögen des Verbindungsgewässers berechnet. Auf dieser Grundlage wurde der erforderliche Gewässerquerschnitt dimensioniert. Verifiziert wurden die Berechnungen durch eine sogenannte „Iterative Wasserspiegellinienberechnung", die dem Umstand Rechnung trägt, dass sich ein Wassertransport in Marschengewässern vorrangig im Wasserspiegelgefälle abbildet.

Im Ergebnis wurde das geplante Verbindungsgewässer als Trapezprofil mit einer Sohlbreite von 4,00 m, Böschungsneigungen von 1 : 2 und einer mittleren Tiefe zwischen 1,50 m und 2,50 m (je nach Geländeniveau) bemessen (Abb. 54.1). Hinzu kommen naturschutzfachliche Aufwertungsmaßnahmen, die den Anforderungen der EU-Wasserrahmenrichtlinie Rechnung tragen. Zur Verwendung des Bodenaushubs werden seitliche Verwallungen angelegt, die gleichzeitig als Gewässerrandstreifen dienen.

Für die erforderlichen Straßen- und Wegekreuzungen im Trassenverlauf werden Wellstahl-Maulprofil- Durchlässe anstelle von starr gegründeten Brückenbauwerken verwendet. Die gewählten Profile engen den Durchflussquerschnitt des Gewässers nur unwesentlich ein, sodass keine spürbaren hydraulischen Verluste eintreten. Zudem erfüllen die Bauwerke den Anspruch der Durchgängigkeit nach EU-WRRL.

Das bei Variante V4 erforderliche, neue Entnahmebauwerk an der Oste wird in Form eines Rohrdurchlasses DN 1.400 hergestellt. Eingebunden in ein Außen- und ein Binnenhaupt, an denen regulierbare Absperrorgane angeordnet werden, kann ein gesteuerter Zulauf in das Verbindungsgewässer erfolgen.

Südlich des vorgesehenen Bewässerungsgebietes (Entwässerungsverband Nordkehdingen, Abteilungen Wischhafen, Krummendeich und Freiburg) wird schließlich eine Wasserlandschaft initiiert, die als Speicherraum für das Wassermengenmanagement dienen soll (Abb. 54.4). Das hierfür in Aussicht genommene Sietland mit einer Fläche von rd. 170 ha befindet sich im Bereich „Neuer Lauf / Alter Lauf" zwischen der B 495 und dem Oederquarter Moor. Innerhalb dieser überwiegend als Grünland genutzten Fläche ist noch die marschentypische Beetstruktur erkennbar. Bei der Trassierung des Verbindungsgewässers, welches diese Fläche durchzieht, wurde eine ehemalige Prielstruktur aufgegriffen.Innerhalb die-

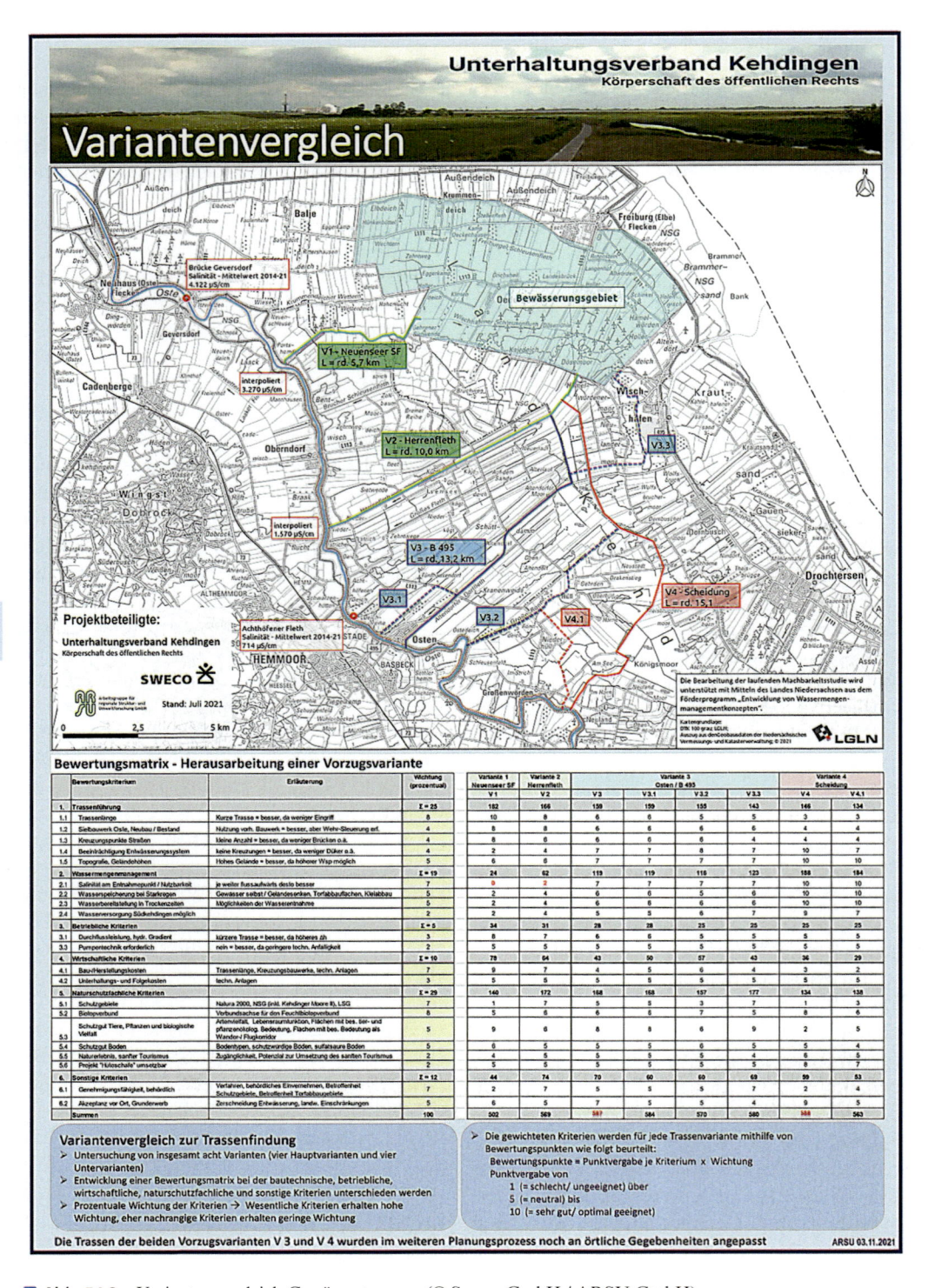

Abb. 54.3 Variantenvergleich Gewässertrassen. (© Sweco GmbH / ARSU GmbH)

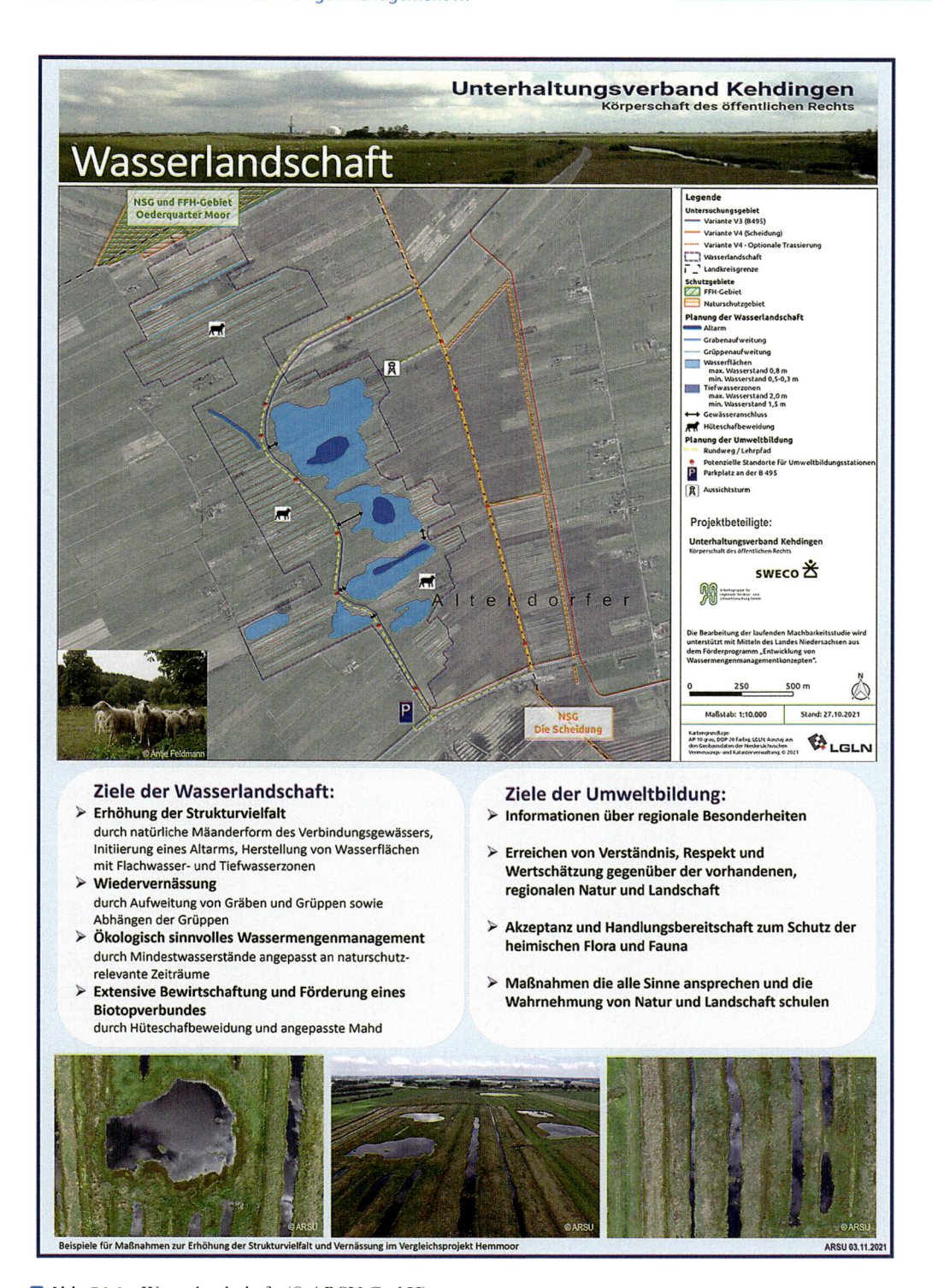

Abb. 54.4 Wasserlandschaft. (© ARSU GmbH)

ser Fläche werden vorhandene Gräben und Grüppen aufgeweitet, Altarme ausgebaut sowie offene Wasserflächen mit Tiefwasserzonen angelegt. Insgesamt bietet diese Fläche ein Speicherpotenzial von über 1 Mio. m3 Wasser. Die Beetrücken bleiben zumindest in den Sommermonaten extensiv bewirtschaftbar, beispielsweise durch eine Beweidung mit Schafen. Zielvorstellung ist eine jahreszeitlich und lokal überflutete Wasserlandschaft mit naturgemäß absinkenden Wasserständen in der Sommerzeit, die zudem durch umweltbildende Maßnahmen wie z. B. einen Lehrpfad/Rundweg, Aussichtsturm und Schautafeln begleitet wird.

Alle genannten Maßnahmen und Planungsergebnisse wurden in einem ausführlichen Erläuterungsbericht dokumentiert und mit einer Kostenschätzung hinterlegt.

Konkrete Maßnahmenplanungen, Fragen der Flächenverfügbarkeit und genehmigungsrechtliche Belange bleiben nachfolgenden Planungsschritten vorbehalten.

54.4 Fazit und Schlussbetrachtung

Insgesamt bieten das neue Verbindungsgewässer, die Wasserlandschaft und alle damit verbundenen Folgemaßnahmen ein erhebliches wasserwirtschaftliches und ökologisches Potenzial. Gezielte Zuwässerungsmöglichkeiten von uneingeschränkt nutzbarem Wasser aus der Oste sowie umfassende Speichermöglichkeiten für ein vorausschauendes und zielgerichtetes Wassermengenmanagement sorgen für eine optimierte Bewirtschaftung des verfügbaren Wasserdargebots für die Landwirtschaft und die potenzielle Vernässung von Hochmooren. Naturnah gestaltete Gewässerquerschnitte schaffen neue aquatische Lebensräume und vernetzen bestehende Gewässersysteme, während die angrenzenden Areale durch nachhaltige Bewirtschaftungsformen wie beispielsweise das Hüteschaf-Projekt des Landkreises Stade ökologisch entwickelt werden können. Überdies werden Naherholungsräume geschaffen und das Naturerleben und die Umweltbildung gefördert.

Im Rahmen der Machbarkeitsstudie wurden keine Hinderungsgründe identifiziert, die eine Umsetzung des Vorhabens aus heutiger Sicht infrage stellen. Dies gilt sowohl für (wasser-)technische Belange als auch für naturschutzfachliche Interessen. Dabei genießt der Schutz der Hochmoore höchste Priorität. Aus rein fachlicher Sicht würde demnach nichts dagegensprechen, die Planungen für das Wassermengenmanagement im UHV Kehdingen zu intensivieren. Vor diesem Hintergrund sollte das Projekt weiterverfolgt, eine mögliche Finanzierung aufgestellt und alsdann die nächsten Planungsschritte eingeleitet werden. Grundsätzlich eignen sich die Ergebnisse aus dieser Studie auch für weiterführende vertiefte Ansätze zur Kompensation von Großprojekten in der Unterelberegion. Dies gilt insbesondere hinsichtlich der Wasserlandschaft, die ein erhebliches Aufwertungspotenzial für Natur und Landschaft bietet.

Wassermengenmanagement in Schöpfwerksgräben zur Stärkung des Landschaftswasserhaushalts

Timo Krüger, Günter Wolters und Steffen Hipp

Vor dem Hintergrund der trockenen Jahre 2018–2020 wurden die Möglichkeiten und Grenzen einer an den Klimawandel angepassten Landschaftsentwässerung untersucht. Praxistaugliche Lösungen wurden entwickelt, um durch eine angepasste Landschaftsentwässerung Auswirkungen des Klimawandels möglichst zu kompensieren.

Durch den Klimawandel steigen die durchschnittlichen Jahrestemperaturen, worauf eine globale Änderung des Niederschlagsgeschehens folgt. Die Auswirkungen werden in Klimaprojektionen simuliert und die Änderungen von z. B. Temperatur, Niederschlag und Grundwasserneubildung berechnet. Die Stärke und Richtung dieser Auswirkungen sind hierbei stark von den verwendeten Annahmen und Modellen für diese Berechnungen abhängig [1, 2].

Die Auswirkungen werden sich sehr wahrscheinlich darin äußern, dass stabile Wetterlagen über Mitteleuropa häufiger auftreten und länger andauern. Das bedeutet auch eine Zunahme im Auftreten von Trockenphasen und Phasen mit hohen Niederschlagsmengen [3]. Weiterhin werden Extremniederschläge häufiger und intensiver sowie Trockenjahre öfter auftreten. Der Temperaturanstieg bis 2100 wird unterschiedlich berechnet und liegt zwischen 1 und 5 °C. Die Jahresniederschläge nehmen in diesem Zeitraum voraussichtlich um 1 bis 11 % zu [1, 4]. Die zeitliche Veränderung der Niederschläge wird voraussichtlich zu einem Abnehmen der Niederschläge in der Hauptvegetationsperiode, also im Sommer, führen. Zudem werden im Winterhalbjahr höhere Niederschläge prognostiziert. Weiterhin wird die Temperatur in der Hauptvegetationsperiode ansteigend vorhergesagt [4, 5].

Kompakt

— Die Anpassung an den Klimawandel in Schöpfwerkseinzugsgebieten erfordert eine Wassermengenbewirtschaftung, die Nutzungskonkurrenzen um das Wasser aufgreift

Zuerst erschienen in Wasser und Abfall 9/2022

© Der/die Autor(en), exklusiv lizenziert an Springer Fachmedien Wiesbaden GmbH, ein Teil von Springer Nature 2023
M. Porth et al. (Hrsg.), *Wasser, Energie und Umwelt*,
https://doi.org/10.1007/978-3-658-42657-6_55

und Sicherheitsbedürfnisse berücksichtigt: „Das Wasser darf bleiben, aber wenn es wegmuss, muss es weg können".
- Für eine angepasste Wassermengenbewirtschaftung sind alle Akteure durch Top-down- und Bottom-up-Methoden einzubinden, um Entscheidungen (Top-down) fällen zu können und aus Betroffenen Beteiligte zu entwickeln, die an den Entscheidungen mitwirken (Bottom-up).
- Motoren für eine langfristige Umsetzung der Lösungen sind zu finden. Ausreichend Zeitraum für die Evaluation der Lösungen ist einzuräumen. Im Beispiel sollten dies mindestens zwei Jahre sein.

Durch die klimatischen Änderungen werden voraussichtlich die Abflüsse im Winter ansteigen und der Pflanzenwasserbedarf im Sommer zunehmen. Hierdurch entsteht eine zeitliche Schere zwischen Wasserdargebot (höhere Niederschläge im Winter) und Wasserbedarf (weniger Niederschläge und höhere Temperaturen im Sommer). Dadurch wird die klimatische Wasserbilanz sinken und der Pflanzenwasserbedarf sowie die Beregnungsbedürftigkeit werden in Niedersachsen deutlich zunehmen. Durch die erforderliche höhere Beregnung und ein ohnehin geringeres Dargebot wird voraussichtlich Nutzungskonkurrenz um das Grundwasser zunehmen, da die Ressource begrenzt ist [4, 5].

Die Nutzungskonkurrenz um das Wasser kann durch ein sinkendes Wasserdargebot zu Konflikten führen. Interessen im Zusammenhang mit Wasser sind z. B. Entnahmen für Trinkwasser, Feldberegnung und Industrie, Schutzbedürfnisse wie Hochwasserschutz, Schutz vor Starkniederschlägen, Naturschutz, Sicherstellung des Mindestabflusses in Fließgewässern sowie weitere Nutzungen für z. B. Freizeit, Fischerei, Energiegewinnung, Kühlung und vieles mehr.

Durch eine klimawandelverursachte Verringerung des Wasserdargebots in der Vegetationsperiode verstärkt sich diese Konkurrenz und ggf. die Konflikte. Der Grundwasserstand wird sinken, grundwasserabhängige Biotope könnten weniger mit Wasser versorgt sein, der Basisabfluss in Fließgewässern könnte sinken und es könnte daraus resultierend weniger Grundwasser für Entnahmen zur Verfügung stehen.

An diesen Konflikten setzt das entwickelte Wassermengenmanagementkonzept an, indem es zur Methodenentwicklung auf einem Kommunikationskonzept aufbaut. Es werden alle Akteure zusammengebracht und diese können die Maßnahmen so diskutieren, dass für niemanden Nachteile entstehen. Die geplanten Maßnahmen sollen die Phasen von Grundwasser-Tiefständen in der Vegetationsperiode verkürzen, indem „Überschusswasser" aus den Wintermonaten oder Niederschlagsereignissen zurückgehalten wird. Dadurch können Niedrigwasserzeiträume im Frühjahr und Frühsommer reduziert werden. Das Zurückhalten von Oberflächenwasserabflüssen aus Sommerniederschlagsereignissen trägt dazu bei, dass die Grundwasserstände auch im Sommer positiv gestützt werden und eine deutliche Verbesserung des Landschaftswasserhaushaltes herbeigeführt wird.

Für die Umsetzung des Projekts wurden die vier zum Unterhaltungsverband „Fuhse-Aue-Erse" gehörenden, stark anthropogen geprägten Schöpfwerkseinzugsgebiete Bröckel-Eicklingen, Obershagen, Otze-Ramlingen und Wathlingen (◘ Abb. 55.1) ausgewählt. Diese sind besonders geeignet, da sie durch die in den 60er Jahren durchgeführten Flurbereinigungen über umfangreiche Entwässerungselemente wie Schöpfwerke und ein System von Entwässerungsgräben verfügen. In diesen Entwässerungssystemen kann mit verhältnismäßig geringem technischem Aufwand erprobt werden, welche Maßnahmen für den Wasserrückhalt besonders geeignet sind. Durch den Wasserrückhalt

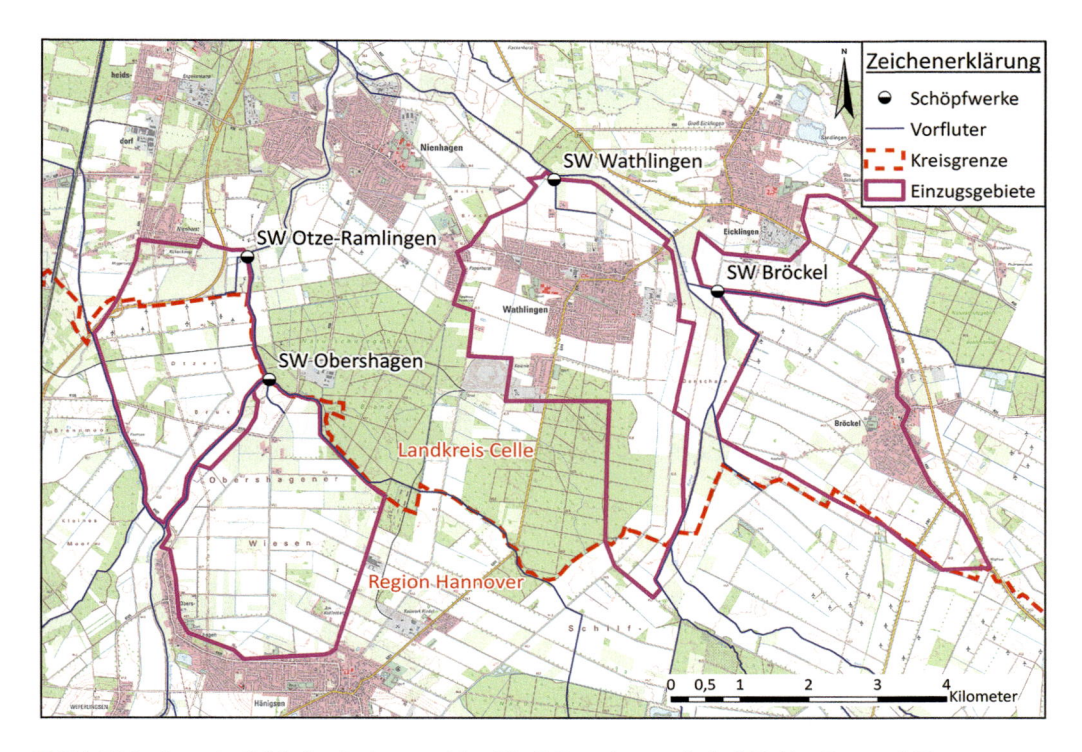

Abb. 55.1 Lage der Schöpfwerkseinzugsgebiete [7]. (© Ingenieurgesellschaft Heidt + Peters mbH)

sollen trotz klimatischer Veränderungen die Grundwasserstände dauerhaft angehoben werden. Daraus resultieren positive Effekte für Feuchtbiotope und eine Stärkung des Basisabflusses. Zudem tragen die Maßnahmen mit dazu bei, dass Konflikte um die Ressource Wasser verringert werden. Dies geschieht, indem der verfügbare Vorrat an Wasser durch höhere Grundwasserstände erhöht wird.

55.1 Kommunikationskonzept

Für die Durchführung des Projektes war es erforderlich, ein klares Kommunikationskonzept zu erarbeiten. Die wesentlichen Bausteine dieses Konzeptes sind
- eine Auftaktveranstaltung,
- Workshops in den Projektgebieten und
- eine Abschlussveranstaltung.

Das Kommunikationskonzept ist schematisch übersichtlich in Abb. 55.2 dargestellt und wurde von Anfang an den Teilnehmenden vorgestellt. Dadurch konnte sichergestellt werden, dass die zeitlichen Abläufe allen Beteiligten bekannt sein werden, sodass die Möglichkeiten, die eigenen Positionen und Interessen einzubringen, optimal genutzt werden können und der gemeinsamen Entwicklung von Lösungsideen ausreichend Raum gegeben wird.

Zu Beginn des Projektes fanden bilaterale Gespräche statt, in denen den Akteuren das Projekt sowie das Vorgehen im Projekt vorgestellt wurden. In dieser Phase ging es darum, die Akteure „abzuholen", das Interesse zu wecken und eine Zusammenarbeit zu vereinen.

Die **Auftaktveranstaltung** diente der Vorstellung des Projektes in einem breiteren Teilnehmerkreis. Auch hier wurde wie

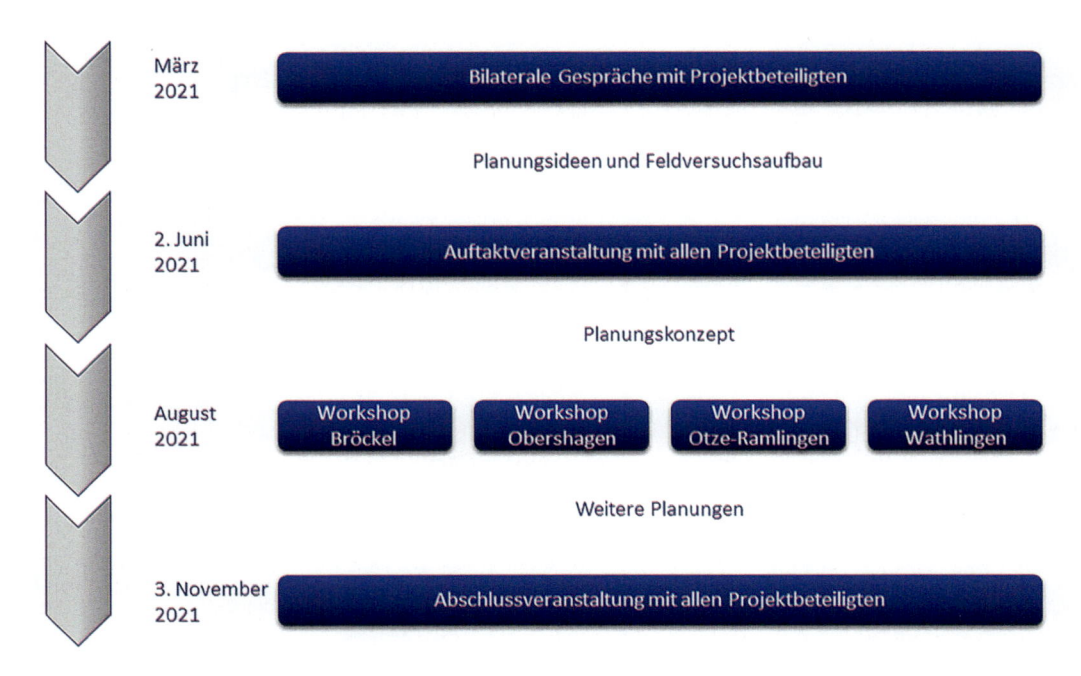

Abb. 55.2 Schema des Kommunikationskonzeptes [7]. (© Ingenieurgesellschaft Heidt + Peters mbH)

in den bilateralen Gesprächen das Projekt vorgestellt und zusätzlich Ideen gesammelt, deren Umsetzung im weiteren Projektverlauf diskutiert werden sollte.

Die **Gebietsworkshops** wurden nach Schöpfwerkseinzugsgebieten unterteilt abgehalten. Hier wird das zwischendurch aufgestellte Planungskonzept sowie die in der Auftaktveranstaltung gesammelten Ideen diskutiert. Weiterhin sollen Maßnahmen für das Wassermengenmanagementkonzept festgelegt werden.

Auf der **Abschlussveranstaltung** wurde die aus den Gebietsworkshops hervorgegangene Planung vorgestellt und diskutiert. Ziel war es, ein Einvernehmen über die in das Wassermengenmanagementkonzept aufzunehmenden Maßnahmen zu erzielen.

Dem gesamten Kommunikationskonzept liegt zugrunde, dass in unterschiedlichen Projektphasen sowohl das Top-down- als auch das Bottom-up-Prinzip angewendet wurde. Die Anwendung des Top-down-Prinzips fördert die Effizienz des Prozessablaufes, während das Bottom-up-Prinzip die Akzeptanz bei den Teilnehmenden fördert. Letzteres ist als Voraussetzung für die spätere Umsetzung von besonderer Bedeutung.

55.2 Projektgebiete

Das Untersuchungsgebiet liegt südlich bis südöstlich der Stadt Celle im Landkreis Celle sowie der Region Hannover und umfasst die vier Schöpfwerkseinzugsgebiete Bröckel-Eicklingen, Obershagen, Otze-Ramlingen und Wathlingen (◘ Abb. 55.1). Die Schöpfwerke wurden in den 1960er Jahren im Rahmen der Flurbereinigung errichtet und mit ihnen umfangreiche Grabensysteme, die der Landschaftsentwässerung dienen. Die damals feuchten Standorte sollten durch diese Maßnahmen als Ackerland nutzbar gemacht werden.

Die Gebiete liegen innerhalb der Aller-Fuhse Niederung und im Grundwasserkörper „Wietze/Fuhse Lockergestein" und haben ähnliche, aber leicht differierende Eigenschaften. So sind z. B. der Grabenausbau und die Morphologie unterschiedlich. In den Einzugsgebieten Bröckel-Eicklingen und Wathlingen liegen Ortschaften, in den anderen nicht, und auch die Leistung der Schöpfwerke ist nicht immer gleich. Es besteht erheblicher Nutzungsdruck auf den Wasser- und Naturhaushalt, da der Wasserhaushalt durch Entnahmen für die Feldberegnung sowie durch Entwässerungen für die Landwirtschaft angespannt ist. Vorfluter fallen in den Sommermonaten zum Teil trocken bzw. weisen nur geringe Abflüsse auf.

Im Projektgebiet herrscht nach der Klimaklassifikation von E. Neef der Klimatyp „Übergangsklima" der gemäßigten Klimazone [6] vor. Diese ist dadurch gekennzeichnet, dass die Temperaturen gemäßigt sind mit mäßigen Schwankungen und einem Maximum im Sommer. Die Niederschläge fallen ganzjährig, im Sommer erhöht. Das Gebiet ist ganzjährig unter Einfluss der außertropischen Westwinde und liegt in der Vegetationszone „sommergrüner Laub- und Mischwald".

Die mittlere Niederschlagshöhe an der Station Celle liegt im Zeitraum 1991–2020 bei 682,9 mm, die mittlere Temperatur bei 10,1 °C. An der etwas südlich des Projektgebietes liegenden Station Uetze wird der Niederschlag, aber nicht die Temperatur gemessen. Die mittlere Niederschlagshöhe im Zeitraum 1991–2020 liegt hier bei 677,2 mm, also etwa so hoch wie in Celle. Die Verteilung über die Monate ist ähnlich.

In der Nähe der Schöpfwerkseinzugsgebiete liegen FFH- sowie Naturschutzgebiete. Zwischen den Einzugsgebieten Obershagen und Wathlingen liegt das FFH- und Naturschutzgebiet Brand. Östlich des Einzugsgebietes Bröckel-Eicklingen liegt das FFH- und Naturschutzgebiet Bohlenbruch. Südöstlich des Einzugsgebietes Wathlingen liegt das FFH- und Naturschutzgebiet Fuhse Auwald bei Uetze sowie das FFH-Gebiet Erse. Das Einzugsgebiet Otze-Ramlingen liegt teilweise im Landschaftsschutzgebiet Burgdorfer Holz.

Der Untergrund unterhalb der Einzugsgebiete besteht aus ca. 40 m mächtigen quartären Sanden und Kiesen. Darunter stehen tertiäre Tone und Schluffe an. Im Bereich Wathlingen liegt eine Salzformation des Zechsteins in ca. 90 m u. GOK vor.

55.3 Veranstaltungen und Feldversuche

Das Kommunikationskonzept sah vor, das Wassermengenmanagementkonzept unter Beteiligung der Akteure zu erstellen. In den zunächst anberaumten bilateralen Gesprächen wurden die im Gebiet wirtschaftenden Landwirte und die Gemeinden eingeladen. In einem zweiten Termin wurden die Genehmigungsbehörden eingeladen. Alle Termine fanden direkt an den Schöpfwerken statt. Auf diesen Terminen wurde vereinbart, das Projekt mit Feldversuchen zum Wasserrückhalt zu begleiten.

Die **Feldversuche** wurden mit allen Akteuren einvernehmlich abgestimmt und in der Vegetationsperiode 2021 durchgeführt. Zum einen wurden in den Schöpfwerkseinzugsgebieten Bröckel-Eicklingen, Obershagen und Wathlingen die Schöpfwerke abgeschaltet. In Otze-Ramlingen wurden die Schaltpunkte der Pumpen erhöht, sodass diese erst bei höheren Wasserständen in Betrieb gingen. Weiterhin wurden in jedem Schöpfwerkeinzugsgebiet temporäre und reversible Wasserrückhaltemaßnahmen in den Entwässerungsgräben installiert. Wichtig war, dass sie einfach und kostengünstig zu installieren und wieder zu entfernen sein sollen. In jedem Schöpfwerkeinzugsgebiet kamen unterschiedliche Rückhaltemaßnahmen zur Ausführung, um am Projektende bewerten zu können, welche Maßnahmen geeignet sind (◘ Abb. 55.3).

Abb. 55.3 Die verwendeten temporären Staue: Stahlplatte, Holzplatte, Big-Bags und Sandsäcke [7]. (© Ingenieurgesellschaft Heidt + Peters mbH)

- In Bröckel-Eicklingen wurde ein Rahmendurchlass teilweise durch eine Stahlplatte verschlossen
- In Obershagen wurden an zwei Stellen Big-Bags in die Gräben eingebaut und ebenfalls eine Stahlplatte an einem Durchlass
- In Otze-Ramlingen wurden kaskadenförmig in mehreren hundert Metern Abstand Holzplatten vor Durchlässen installiert
- In Wathlingen wurden breite Gräben mit einem Sandsackstau aufgestaut

Mit den Akteuren wurde ein Meldeschema vereinbart, welches die Zuständigkeiten für die Staue klar regelt. Dieses Meldeschema ist beispielhaft in Abb. 55.4 dargestellt.

Während des Feldversuches waren die Ansprechpartner mit Namen und Telefonnummer benannt. So konnte bei einem Ereignis durch zum Beispiel Reduzierung der Stauhöhe, Entfernung des Staus oder Änderung der Schöpfwerkssteuerung auf zu hohe Wasserstände reagiert werden. Während der Versuchsdurchführung wurde in Otze-Ramlingen einer von drei Stauen gezogen, da nach einem Regenereignis von 70 mm Niederschlagshöhe ein Graben an einer Stelle überstaute. Weitere Staue mussten nicht verändert werden.

In der **Auftaktveranstaltung** wurden die Rahmenbedingungen für das Projekt dargelegt. Das Kommunikationskonzept wurde dargestellt und auch die bereits aufgebauten Feldversuche vorgestellt. Bei

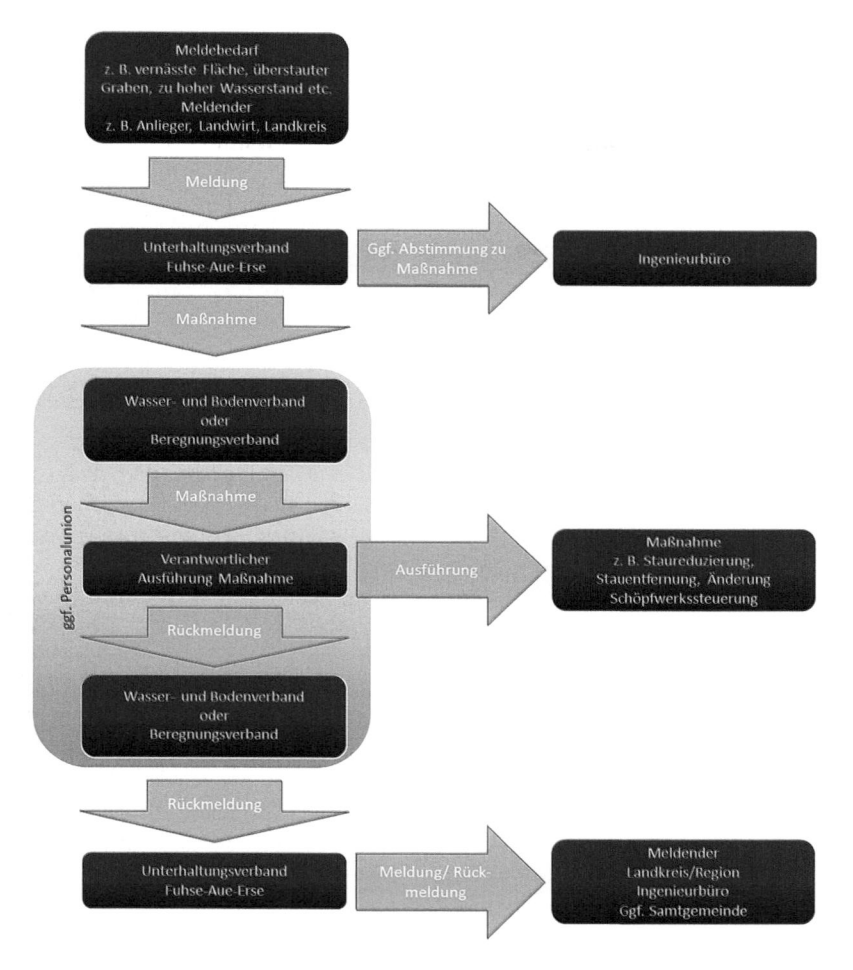

Abb 55.4 Das Meldeschema, nach dem mit Maßnahmen auf Ereignisse reagiert wird [7]. (© Ingenieurgesellschaft Heidt + Peters mbH)

der Darstellung der fachlichen Ziele und Rahmenbedingungen wurde auf folgende Punkte besonders eingegangen:
- Minimierung von Nutzungskonflikten
- Verbesserung der Wasserrückhaltung in den Projektgebieten
- Unterstützung der Planungen durch Feldversuche
- Intensive Einbeziehung der Akteure bei den Planungen

Die **Projektgebietsworkshops** wurden nach Schöpfwerkseinzugsgebieten getrennt abgehalten. Hier wurden durch das Ingenieurbüro erarbeitete Lösungsansätze diskutiert und die bisher gemachten Erfahrungen mit den Probestauen besprochen. Die Teilnehmenden waren aufgefordert, ihre Erfahrungen einzubringen und auch ihre Überlegungen zu weiteren konkreten Planungen einzubringen. Dazu wurden alle in der Auftaktveranstaltung gesammelten Vorschläge getrennt nach den Bereichen
- Schöpfwerk
- Gewässer
- landwirtschaftliche Praxis
- sonstige wasserwirtschaftliche Maßnahmen

- strukturelle und organisatorische Maßnahmen

aufgerufen und gemeinsam auf ihre Relevanz für das jeweilige Projektgebiet überprüft.

Die Ergebnisse der Diskussionen in den Projektgebietsworkshops wurden vom Ingenieurbüro zu konkreten Maßnahmenvorschlägen verarbeitet. Diese wurden dann im Abschlussworkshop allen Akteuren vorgestellt und Einvernehmen über die, teilweise in der Diskussion abgeänderten, Maßnahmen erzielt. Weiterhin wurden die folgenden Punkte diskutiert:
- Müssen wichtige ergänzende Anmerkungen zu einzelnen Maßnahmen aufgenommen werden?
- Was ist der jeweils nächste Arbeitsschritt?
- Wer übernimmt den nächsten Arbeitsschritt?
- Gibt es dafür strukturellen und/oder organisatorischen Anpassungsbedarf?
- Welche Überlegungen zur Finanzierung gibt es?

Mit den auf dem Abschlussworkshop getroffenen Festlegungen wurde dann durch das Ingenieurbüro das Wassermengenmanagementkonzept aufgestellt.

55.4 Wassermengenmanagementkonzept

Das Wassermengenmanagementkonzept ist unterteilt in Maßnahmen
- am Schöpfwerk,
- an den Gräben,
- in der landwirtschaftlichen Praxis,
- sonstiger wasserwirtschaftlicher Natur.

In allen Schöpfwerkseinzugsgebieten wurde großes Potenzial für den Wasserrückhalt festgestellt, indem der freie Abfluss aus den Schöpfwerkseinzugsgebieten durch die Rückschlagklappen der Schöpfwerke reduziert wird. Hierzu wurden kurzfristige und weniger kostenintensive sowie längerfristige und kostenintensivere Maßnahmen vorgeschlagen. Für diese Maßnahmen wurden die Stauziele festgelegt sowie geänderte Pumpenschaltpunkte vorgeschlagen. Die kurzfristigen Maßnahmen sahen Stein-/Kiesschüttungen als Sohlschwelle in den Poldergräben im Ablauf der Schöpfwerke vor, um einen Rückstau in das Schöpfwerkseinzugsgebiet zu erzeugen. Durch die Pumpen der Schöpfwerke kann das Gebiet im Bedarfsfall auch weiterhin tiefer als diese Sohlschwelle entwässert werden. Als längerfristige Maßnahme wurde der Einbau von automatisierten Überfallschützen in den Schöpfwerken (Abb. 55.5)

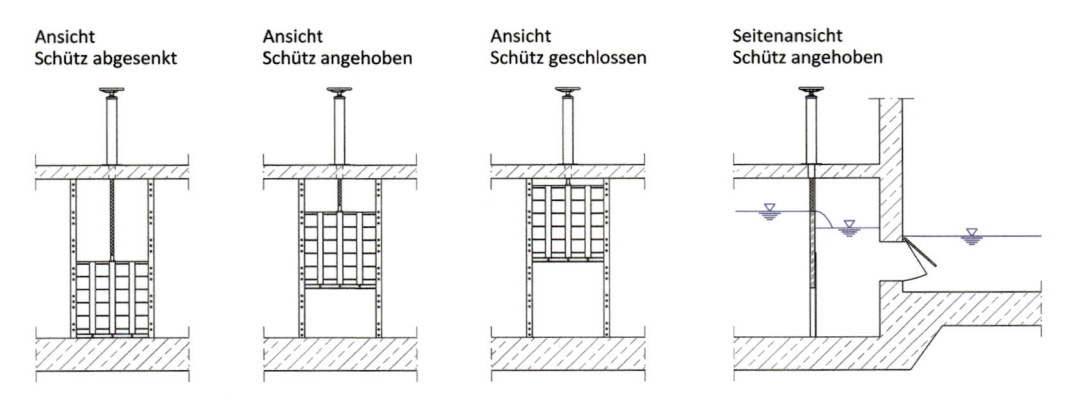

Abb 55.5 Skizze eines Überfallschützes [7]. (© Ingenieurgesellschaft Heidt + Peters mbH)

vorgeschlagen. Dadurch kann der freie Abfluss durch Heben des Schützes verringert und ein bestimmtes Stauziel des Schöpfwerkes gehalten und variabel verändert werden.

An den Gräben wurden mit den Erfahrungen der Feldversuche verschiedene Staue geplant. So wurde auf den Einsatz von Big-Bags verzichtet, da diese für den Ein- und Ausbau nicht gut zu handhaben waren. Die Art der Staue wurde auf den Workshops mit den Akteuren entsprechend der Bedingungen vor Ort festgelegt. Insgesamt wurden in allen vier Schöpfwerkseinzugsgebieten als kurzfristigere Maßnahmen

- 7 Staue mit Holz-/Stahlplatte,
- 6 Sohlanhebungen,
- 1 Bohlenwehr,
- 8 Sandsackstaue

geplant. Langfristige Maßnahmen zum Wasserrückhalt in den Gräben wären z. B. Sohlanhebungen auf längerer Strecke, Grabenverfüllungen, Bohlenwehre, Bohlenstaue an Durchlässen oder Mönche. Die Punkte landwirtschaftliche Praxis sowie sonstige wasserwirtschaftliche Maßnahmen sind in [7] aufgeführt.

Zur weiteren Umsetzung des Wassermengenmanagementkonzeptes existieren die groben Strukturen in Form der Gemeindeverwaltungen und der Wasser- und Bodenverbände bereits. Es braucht jedoch zum einen Zuständige für die Ausführung der Aufgaben. Viel wichtiger braucht es zum anderen Motoren, die dafür sorgen, dass weitere Schritte eingeleitet werden, um langfristig Maßnahmen umzusetzen. Aufgrund der Tätigkeit ist in den Schöpfwerkseinzugsgebieten Obershagen und Otze-Ramlingen der jeweilige Wasser- und Bodenverband geeignet, um Zuständige und Motoren auszuwählen und die Aufgaben im Rahmen einer Staukommission auszuüben. Bei den Schöpfwerkseinzugsgebieten Bröckel und Wathlingen sind die Gemeinden Eigentümer der Gräben. Hier ist es naheliegend, dass die Zuständigkeiten bei der Organisationseinheit für Gewässerunterhaltung angesiedelt werden sollte. Diese Zuständigkeiten könnten in Zusammenarbeit mit den jeweiligen Beregnungsverbänden ausgeübt werden.

Das Projekt zeigt, dass eine Übertragbarkeit auf andere Regionen durchaus gegeben ist. In Niedersachsen gibt es viele Regionen, die vergleichbar entwässert werden. Dort ist es sinnvoll, die Akteure zusammenzubringen und die Entwässerung kritisch zu beurteilen und ggf. neu zu denken. Dies muss sich nicht auf Bereiche mit Binnenschöpfwerken beschränken. So werden auch Gebiete durch Grabensysteme entwässert, die über kein Schöpfwerk verfügen. Auch in Küstengebieten, in denen über Schöpfwerke in die Nordsee entwässert wird, könnte der aktuelle Betriebsmodus mit den Akteuren vor Ort diskutiert und überdacht reduzieren.

Aus den Erfahrungen des Projektes ist es entscheidend, alle Akteure frühzeitig mit einzubinden. Durch die Kombination von Top-down- und Bottom-up-Methoden kommt es zum einen zu Entscheidungen (Top-down) und zum anderen werden aus den Betroffenen Beteiligte gemacht, die an dieser Entscheidung mitwirken (Bottom-up). Dadurch können die unterschiedlichen Akteure ihre gegenseitigen Bedürfnisse und Motivationen besser verstehen und gemeinsam auf ein Ziel hinarbeiten. Die Bewältigung des Klimawandels und Entwicklung von Anpassungsstrategien ist eine große Aufgabe, bei der jedoch jeder kleine Beitrag helfen kann. Daher ist es umso wichtiger, dass „alle an einem Strang ziehen".

55.5 Zusammenfassung

Der Unterhaltungsverband Fuhse-Aue-Erse hat vor dem Hintergrund des Klimawandels als eine Anpassungsstrategie an den Klimawandel den Wasserrückhalt in vier Schöpfwerkseinzugsgebieten untersucht und in Feldversuchen experimentell erprobt. Motivation ist, die durch den Klimawandel erwartete Verschiebung der Niederschläge vom Sommer in den Winter und auch länger anhaltende Trockenphasen in der Vegetationsperiode. Dadurch wird die schon jetzt bestehende Nutzungskonkurrenz um das Wasser zunehmen und möglicherweise zu Konflikten führen. Das erarbeitete Wassermengenmanagementkonzept setzt durch ein Kommunikationskonzept, welches auf Einbindung aller Akteure basiert, auf eine Kombination von Top-down- und Bottom-up-Ansatz, in dem alle Beteiligten an den Lösungsvorschlägen mitarbeiten. Dieser Prozess wurde extern moderiert und somit strukturiert und gleichberechtigt durchgeführt.

In der Vegetationsperiode wurden Feldversuche durchgeführt, in denen zum einen die Schöpfwerke abgeschaltet oder mit höheren Wasserständen betrieben wurden und zum anderen Rückhaltemaßnahmen in den Schöpfwerksgräben erprobt wurden. Diese Maßnahmen wurden mit den Akteuren gemeinsam festgelegt und durch den Unterhaltungsverband sowie ein Ingenieurbüro begleitet.

Die Ergebnisse sind zum einen die Erkenntnis, dass die Handlungsbereitschaft bei den Akteuren hoch ist. Eine Verschiebung der Einstellung von „Das Wasser muss weg" hin zu „Das Wasser darf bleiben, aber wenn es wegmuss, muss es weg können" findet statt. Zum anderen wurden eine Vielzahl von wasserwirtschaftlichen Maßnahmen an den Schöpfwerken und Entwässerungsgräben im Wassermengenmanagementkonzept entwickelt. Wichtig ist nun, darauf zu achten, dass Motoren gefunden werden, die es als ständige Aufgabe betrachten, die Maßnahmen umzusetzen und mit vorhandenen oder zu schaffenden Strukturen zu betreiben.

Das Projekt war durch die Förderung auf eine einjährige Laufzeit begrenzt. Dadurch konnten die Auswirkungen des Wasserrückhaltes im Winter und der folgenden Vegetationsperiode nicht erprobt werden, zudem konnten keine langfristigen Erfahrungen gesammelt werden. Dies wurde von allen Beteiligten bedauert, sodass bei vergleichbaren Projekten die Laufzeit mindestens zwei Jahre betragen sollte.

Danksagung Der Unterhaltungsverband „Fuhse-Aue-Erse" wurde bei der Umsetzung dieses Projektes durch ein vom niedersächsischen Umweltministerium geförderten Programm zur „Förderung der Entwicklung von Wassermengenmanagementkonzepten" unterstützt und bedankt sich für die Förderung.

Literatur

1. IPCC (2014). Climate Change 2014 Synthesis Report Summary for Policymakers - The Intergovernmental Panel on Climate Change, a United Nations body.
2. [Herrmann, F., Hübsch, L., Elbracht, J., Engel, N., Keller, L., Kunkel, R. Müller, U., Röhm, H., Vereecken, H., Wendland, F. (2017). Mögliche Auswirkungen von Klimaänderungen auf die Grundwasserneubildung in Niedersachsen. Hydrologie u. Wasserbewirtschaftung, 61 (4), 244–260, 8 Abb., 2 Tab., Koblenz (BfG).
3. Engel, N., Müller, U., Stadtmann, R., Harders, D. & Höper, H. (2020). Auswirkungen des Klimawandels auf Böden in Niedersachsen; Landesamt für Bergbau, Energie und Geologie; Hannover.
4. Scheihing, K. W. (2019). Klimawandel in Niedersachsen und mögliche Folgen für die Grundwasserbewirtschaftung: ein Review. Hydrologie u. Wasserbewirtschaftung, 63 (2), 85–97, 2 Abb., 2 Tab., Koblenz (BfG).
5. Heidt, L. (2009). Auswirkungen des Klimawandels auf die potenzielle Beregnungsbedürftigkeit Nordost-Niedersachsens, GeoBerichte 13 1/21; Landesamt für Bergbau, Energie und Geologie; Hannover.
6. Heyer (1988). Witterung und Klima, B.G. Teubner Verlagsgesellschaft, 1988.
7. Ingenieurgesellschaft Heidt + Peters mbH (2021). Nutzung von Schöpfwerksgräben als Speicher – Wassermengenmanagementkonzept, Celle, 2021. Online abrufbar unter ▶ https://www.heidt-peters.de/projekte/schoepfwerksgraeben-als-speicher

Vom Wassernotstand zum integrierten Wasserkonzept

Karsten Kutschera

Ausgehend von einer akuten Versorgungsknappheit transformiert die Gemeinde Mühltal ihre Wasserversorgung mit einem integrierten Wasserkonzept von einem rein operativ getriebenen Betrieb hin zu einer strategisch geleiteten Organisation. Vorhandene Informationen aber auch Projektionen der öffentlichen Wasserversorgung werden zusammengeführt.

Wie in anderen Kommunen brachten die Trockenperioden in 2019/2020 die Wasserversorgung der Gemeinde Mühltal an die Grenzen der Leistungsfähigkeit. Ursache waren nachlassende Quellschüttungen und parallel Spitzenwerte in der Trinkwasserabnahme, u. a. auch zur Gartenbewässerung.

Der Ortsteil Frankenhausen war durch fehlende Verbindung zum Hauptwassernetz der anderen Ortsteile besonders betroffen. Hier kam es 2019 zu einem ernstzunehmenden Versorgungsengpass. Die Wasserabnahme war über 7 Tage höher als die Wassergewinnung. In der lokalen Presse wurde das Thema aufgegriffen und der Begriff Wassernotstand geformt, da aufgrund des sinkenden Wasserpegels im Hochbehälter bereits Wasser mit Tanklastern aus anderen Ortsteilen geliefert werden musste.

Die Gemeinde Mühltal ist eine Flächengemeinde mit rund 14.000 Einwohnern. Die Wasserversorgung besteht aus einem eigenen Versorgungsnetz mit ca. 100 km Rohrnetzlänge, 21 eigenen Brunnen und Quellen und 7 eigenen Hochbehältern, die in einem eigenen kommunalen Wasserwerk organsiert sind. Personell ist das Wasserwerk mit 6 Stellen ausgestattet und organisatorisch im Sachgebiet Infrastruktur des Bauamts angegliedert. Der Wasserverbrauch liegt bei insgesamt 650.000 m^3/a. Davon müssen vom übergeordneten Versorger ca. 50 % zugekauft werden.

Die Infrastruktur wurde wie in vielen Kommunen in den vergangenen Jahren stiefmütterlich behandelt, während die Verbräuche und Anforderungen an die Qualität stetig gestiegen sind. Aufgerüttelt durch die Wasserknappheit, wurde nun die Erstellung eines strategischen Wasserkonzeptes gefordert und durch die Politik unterstützt.

Eine besondere Herausforderung war dabei, dass unmittelbar notwendige hohe Investitionen, wie die Standortsuche für neue Tiefbrunnen, die Sanierung großer Netzabschnitte oder der Bau eines neuen Hochbehälters, bereits unabhängig vom Wasserkonzept gestartet werden mussten.

Zuerst erschienen in Wasser und Abfall 4/2021

© Der/die Autor(en), exklusiv lizenziert an Springer Fachmedien Wiesbaden GmbH, ein Teil von Springer Nature 2023
M. Porth et al. (Hrsg.), *Wasser, Energie und Umwelt*,
https://doi.org/10.1007/978-3-658-42657-6_56

Eine einfache Matrix mit kurzfristigen, mittelfristigen und langfristigen Investitionen bildete hier eine hinreichende Entscheidungsgrundlage. Insbesondere war schnell klar, dass neben Investitionen auch interne organisatorische Maßnahmen notwendig waren, die im Rahmen eines Qualitätszirkels mit den Mitarbeitenden vorangetrieben wurden.

Pressearbeit und intensive Kommunikation mit Politik und Bürgerschaft war ein wesentlicher Schlüssel, um den Rückhalt für die hohen Investitionen zu bekommen. Für die Kommunikation mit den Bürgern wurde eine symbolische Wasserampel (Abb. 56.1) eingeführt. Als visuelle Darstellung konnte so die aktuelle Versorgungssituation der Bürgerschaft anschaulich vermittelt werden. Diese Information wurde dann sowohl per Website und soziale Medien als auch über die Presse verbreitet. Einmal etabliert, konnte so auch bei einem technischen Defekt kurzfristig auf dieses, von der Bürgerschaft stark angenommene Kommunikationsinstrument zurückgegriffen werden. Zusätzlich erfolgten regelmäßige Berichte in Fraktionsspitzenrunden.

56.1 Förderung durch das HMUKLV

Durch die Pressearbeit wurde auch das HMUKLV auf die Gemeinde Mühltal aufmerksam. So fördert das Land Hessen die Erstellung des Wasserkonzeptes sowie eine Machbarkeitsstudie für ein Trinkwassersubstitutionskonzept mit je 40.000 € als Pilotvorhaben im Rahmen des „Hessischen Leitbildes für Integriertes Wasserressourcen-Management" [1]. „Ein wichtiger Baustein des Leitbilds sind kommunale Konzepte für eine nachhaltige Wasserversorgung", sagte der hessische Umweltstaatssekretär Oliver Conz bei der Übergabe der Förderbescheide im Oktober 2020 (Abb. 56.2).

> **Kompakt**
> - Ein integriertes Wasserkonzept erhebt, bewertet und mobilisiert Trinkwassereinspar- und substitutionspotenziale, indem das Gesamtsystem der Trinkwasserversorgung betrachtet wird.
> - Neben der Betrachtung des Status quo werden Änderungspotenziale bis ins Jahr 2050 aufgezeigt, wobei kurz-, mittel- und langfristige, kommunale und regionale Entwicklungen, Flächennutzung, Bevölkerung und Wirtschaft aufgenommen werden.
> - Wichtig für seine Anwendbarkeit ist die Erstellung eines Maßnahmenkatalogs, der auch die Erfordernisse zur Anpassung der rechtlichen Rahmenbedingungen (Satzungsrecht etc.) umfasst. Alle Maßnahmen müssen priorisiert und zeitlich eingeordnet werden.

56.2 Das Wasserkonzept

Das Wasserkonzept kann auf eine 2018 veranlasste Grundlagenermittlung zur Sicherung der Trinkwasserversorgung aufbauen. Für die Weiterentwicklung der Versorgungsstruktur für wasserwirtschaftlich relevante Zeiträume ist in eine vertiefte und über rein technische Herangehensweise hinausgehende Betrachtung notwendig. Das Wasserkonzept soll das Wasserleitbild Hessens aufgreifen und die Trinkwassereinspar- und substitutionspotenziale erheben, bewerten und mobilisieren.

Neben technischen, topographischen und organisatorischen Rahmenbedingungen werden auch die rechtlichen Rahmenbedingungen erfasst. Zu diesen gehören unter anderem relevante, kommunale Satzungen, Wasserschutzgebiete und Wasserrechte der öffentlichen Trinkwasserversorgung und der Betriebswassergewinnung.

Ausgehend von den verfügbaren Wasserressourcen über die Trinkwasseraufbereitung

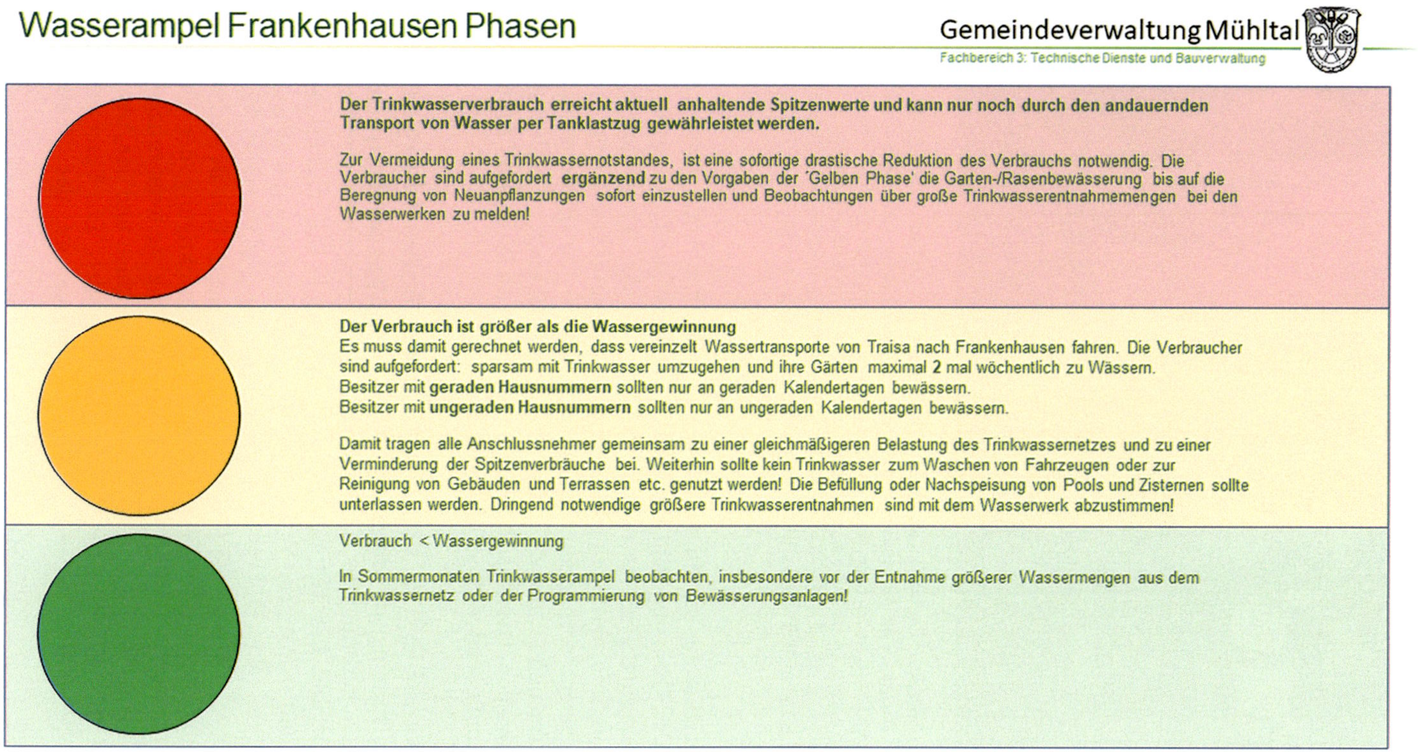

Vom Wassernotstand zum integrierten Wasserkonzept

Wasserampel Frankenhausen Phasen

Gemeindeverwaltung Mühltal
Fachbereich 3: Technische Dienste und Bauverwaltung

Rot: Der Trinkwasserverbrauch erreicht aktuell anhaltende Spitzenwerte und kann nur noch durch den andauernden Transport von Wasser per Tanklastzug gewährleistet werden.

Zur Vermeidung eines Trinkwassernotstandes, ist eine sofortige drastische Reduktion des Verbrauchs notwendig. Die Verbraucher sind aufgefordert ergänzend zu den Vorgaben der 'Gelben Phase' die Garten-/Rasenbewässerung bis auf die Beregnung von Neuanpflanzungen sofort einzustellen und Beobachtungen über große Trinkwasserentnahmemengen bei den Wasserwerken zu melden!

Gelb: Der Verbrauch ist größer als die Wassergewinnung

Es muss damit gerechnet werden, dass vereinzelt Wassertransporte von Traisa nach Frankenhausen fahren. Die Verbraucher sind aufgefordert: sparsam mit Trinkwasser umzugehen und ihre Gärten maximal 2 mal wöchentlich zu wässern. Besitzer mit geraden Hausnummern sollten nur an geraden Kalendertagen bewässern. Besitzer mit ungeraden Hausnummern sollten nur an ungeraden Kalendertagen bewässern.

Damit tragen alle Anschlussnehmer gemeinsam zu einer gleichmäßigeren Belastung des Trinkwassernetzes und zu einer Verminderung der Spitzenverbräuche bei. Weiterhin sollte kein Trinkwasser zum Waschen von Fahrzeugen oder zur Reinigung von Gebäuden und Terrassen etc. genutzt werden! Die Befüllung oder Nachspeisung von Pools und Zisternen sollte unterlassen werden. Dringend notwendige größere Trinkwasserentnahmen sind mit dem Wasserwerk abzustimmen!

Grün: Verbrauch < Wassergewinnung

In Sommermonaten Trinkwasserampel beobachten, insbesondere vor der Entnahme größerer Wassermengen aus dem Trinkwassernetz oder der Programmierung von Bewässerungsanlagen!

Abb. 56.1 Wasserampel für den Ortsteil Frankenhausen. (© Gemeindeverwaltung Mühltal)

Abb. 56.2 Der hessische Umweltstaatssekretär Oliver Conz (2. von links) übergibt Bürgermeister Willi Muth (links) die beiden Zuwendungsbescheide, die die Gemeindeverwaltung dazu nutzen wird, für Mühltal ein zukunftsfähiges Wasserkonzept zu erstellen. Der Übergabe wohnten außerdem bei (von rechts): Ulrich Wollenschläger (Sachgebietsleitung Infrastruktur), Karsten Kutschera (Fachbereichsleitung Bauen und Technische Dienste), Heidrun Buxmann-Hauke (Kreisverband Bündnis 90/Die Grünen) und Torsten Leveringhaus (Landtagsabgeordneter, Bündnis 90/Die Grünen). (© Gemeindeverwaltung Mühltal)

und Wasserspeicherung bis hin zur Wassernutzung soll das Gesamtsystem der Trinkwasserversorgung integriert betrachtet werden. Die Einzelinformationen dazu sind zum Großteil bereits vorhanden. Der systemische Zusammenhang und die darin verborgenen Potenziale lassen sich aber nur durch einen umfassenden Systemüberblick identifizieren.

Die Trinkwasserabgabe der öffentlichen Wasserversorgung soll untersucht werden hinsichtlich Verbräuchen der kommunalen Gebäude und Einrichtungen, Großverbraucher und sonstigen Verbrauchern (z. B. Grün- und Sportanlagen). Zusätzlich wird die Wasserabgabe der nichtöffentlichen (privaten) Wasserversorgung und die Betriebswassermengen inkl. Niederschlagswassernutzung abgeschätzt.

Dies bildet die Grundlage für eine Wasserbilanz im Status quo. Darauf aufbauend sollen Änderungspotenziale bis ins Jahr 2050 aufgezeigt werden.

In der Projektion sind insbesondere auch kurz- (bis 2030), mittel- und langfristige (bis 2050), kommunale und regionale Entwicklung, Flächennutzung, Bevölkerung und Wirtschaft zu betrachten.

56.3 Entwicklung des nutzbaren Wasserdargebots

Der Kern des Wasserkonzepts ist die Weiterentwicklung des Wasserdargebots; sowie die Potenzialanalyse für Trinkwassereinsparungen. Die Betrachtung erfolgt unter Berücksichtigung der Ergebnisse der Erkundung weiterer nutzbarer Grundwasservorkommen und der Auswirkungen des Klimawandels. Die Potenziale im Bereich der Verringerung des Trinkwasserverbrauchs werden mit besonderem Augenmerk auf die Trinkwassersubstitution hin untersucht. Damit ist gemeint, dass Anwendungen identifiziert werden, die zurzeit mit reinem, technisch aufbereiteten, kostbaren Trinkwasser betrieben werden, aber auch ggf. Wasser mit geringerer Qualität nutzen könnten. Dies ist insbesondere dort interessant, wo heute Wasserrechte auslaufen, da die Besiedlung die Ausweisung von Wasserschutzzonen nicht ermöglicht. Auch hier sind insbesondere technische, rechtliche, administrative und ökonomische Randbedingungen zu berücksichtigen.

Hohe Potenziale sind bei kommunalen Gebäuden und Einrichtungen, Großverbrauchern, Grün- und Sportanlagen, Landwirtschaft, aber auch in Einzel-Haushalten (z. B. Zisternennutzung) zu finden.

56.4 Trinkwassersubstitutionskonzept

In einem Pilotvorhaben soll ein konkretes Umsetzungsprojekt vorbereitet werden. Als Wasserressource dient ein alter Brunnen. Der Brunnen diente noch bis vor kurzem zur Trinkwassergewinnung wurde aber aus technischen Gründen vom Netz genommen. Erhebliche Wasserreserven befinden sich auch in einem alten Steinbruchsee in direkter Nachbarschaft.

Da die Siedlungsfläche unmittelbar an den engeren Einzugsbereich des Brunnens reicht, kann das Wasserrecht zur Nutzung als Trinkwasser nicht mehr gehalten werden. Das Wasser hat aber hinreichende Qualität, um es als Brauchwasser zu nutzen. Es soll untersucht werden, ob aufbauend auf diesen Ressourcen ein Brauchwassernetz errichtet werden kann. Ein eigener Sportplatz, der zur Bewässerung auch Betriebswasser nutzen könnte, sowie ein Industriebetrieb liegen innerhalb eines engen Radius. Weiteren Anliegern in einem Gewerbegebiet wie z. B. eine Autowaschstraße könnte Betriebswasser angeboten werden.

Der Platz um den Bahnhof liegt auf einer zentralen Anhöhe. Evtl. kann von hier die Wasserverteilung und Zwischenspeicherung aufgebaut werden. Im Anschluss daran liegt ein Bauentwicklungsareal eines privaten Investors. Es sind ca. 120 Wohneinheiten geplant, und der Investor muss eine eigene Löschwasservorhaltung betreiben. Auch hier sind weitere Chancen zur Trinkwassersubstitution.

In diesem überschaubaren Projekt lassen sich voraussichtlich verschiedene Möglichkeiten der Wassersubstitutionen modellhaft erproben (◘ Abb. 56.3).

56.5 Maßnahmen

Das Gesamtkonzept soll in der Bilanzierung des prognostizierten Wasserbedarfs mit dem zur Verfügung stehenden nutzbaren Wasserdargebotes bis zum Bilanzjahr 2050 münden.

Wichtig für die Anwendbarkeit des Wasserkonzepts wird die Erstellung eines konkreten Maßnahmenkatalogs der zum einen technische Maßnahmen beschreibt und ökonomisch bewertet, aber auch die Erfordernisse zur Anpassung der rechtlichen Rahmenbedingungen (Satzungsrecht etc.) aufzeigt. Alle Maßnahmen müssen nachvollziehbar priorisiert und zeitlich eingeordnet werden.

56.6 Umsetzung

Damit die Ergebnisse des Wasserkonzepts auch umgesetzt werden, müssen die Umsetzungsbedingungen klar definiert werden. Hierzu gehören neben der Benennung der Maßnahmenträger die erforderlichen Mit-

◘ **Abb. 56.3** Konzept für ein separates Wassernetz zur Trinkwassersubstitution. (© Karsten Kutschera/Luftbild Kommunales Orthofoto HVBG 2019)

tel. Im Vorfeld bekannte Herausforderungen für die einzelnen Akteure sind aufzuzeigen.

Wesentlicher Schlüssel für Akzeptanz ist eine transparente Kommunikation. Diese muss strukturiert und konzeptioniert verfolgt werden. Gut aufbereitete Informationsmaterialien und Anreize zur Trinkwassereinsparung und -substitution (z. B. Zisternennutzungssatzung; Anpassung des Gartenwasserpreises) werden langfristig gute Erfolge aufweisen.

Die Bearbeitung des Projektes soll zunächst durch ein Planungsbüro erfolgen. Von Seiten der Gemeinde Mühltal wird das Projekt durch die Leitung des Bauamts, der Sachgebietsleitung Infrastruktur und den Mitarbeitenden des Wasserwerkes unterstützt. Das Wasserkonzept soll in einem Zeitrahmen von 6 Monaten nach Beauftragung vorliegen. Dies ist insbesondere deshalb erforderlich, damit weitere anstehende Investitionen in die Wasserinfrastruktur zielgerichtet gesteuert werden können Das Wasserkonzept wird nach einer ersten Erstellung jedoch nicht abgeschlossen sein, sondern muss über die Jahre immer weiter fortgeschrieben werden.

56.7 Fazit

Mit der Förderung durch das Land Hessen erhält die Gemeinde Mühltal die Chance ihre Wasserversorgung strategisch und zukunftssicher neu auszurichten. Klar ist jedoch heute schon, dass die Kommune für die Umsetzung erhebliche finanzielle Mittel bereitstellen muss, um die Investitionen in die Infrastruktur leisten zu können. Es bleibt zu hoffen, dass hier Bund und Land auch unterstützend bereitstehen, um gemeinsam eine an den Klimawandel angepasste und robuste Infrastruktur für das wichtigste Lebensmittel für die nachfolgenden Generationen aufzubauen.

Literatur

1. Hessisches Leitbild für Integriertes Wasserressourcen-Management, HMUKLV vom 08.03.2019 ► https://umwelt.hessen.de/umwelt-natur/wasser/grundwasser-wasserversorgung/integriertes-wasser-ressourcen-management, Zugriff 10.03.2021

Begrenzung der landwirtschaftlichen Wasserentnahmen am Beispiel eines Beerenobstanbaugebietes

Nikolaus Geiler

In einem traditionellen Erdbeeranbaugebiet musste der stetig steigende Wasserbedarf der Beerenobstkulturen begrenzt werden. Der neue Wasserrechtsbescheid hat die Entnahmen aus Grund- und Oberflächengewässern durch die Beerenobstanbauer zu Gunsten der öffentlichen Wasserversorgung und des aquatischen Naturschutzes gedeckelt.

Vielerorts spitzen sich auch in Deutschland die Wasserverteilungskonflikte um den landwirtschaftlichen Bewässerungsbedarf zu. Der zunehmende Wasserbedarf der Landwirtschaft in Zeiten der Klimakrise tritt zunehmend in Konkurrenz zum Wasserbedarf der öffentlichen Trinkwasserversorgung. Darüber hinaus können auch die aquatischen Ökosysteme betroffen sein, wenn die Landwirtschaft in steigendem Umfang Oberflächengewässer für Zwecke der Beregnung nutzt. In einem Beerenobstanbaugebiet im südbadischen Breisgau lassen sich diese Konfliktlinien beobachten.

Die dort wirtschaftenden Beerenobstanbauer bauen in erster Linie Erdbeeren, darüber hinaus aber auch Brom- und Himbeeren, auf dem Elz-Glotter-Schwemmfächer bei Buchholz (etwa 15 km nördlich von Freiburg i./Br.) an. Die Elz ist ein etwa 120 km langer, aus dem Südschwarzwald kommender und in den Rhein mündender Mittelgebirgsfluss [1]. Dort, wo die Elz – und die benachbarte Glotter – aus dem Schwarzwald in die Rheinebene austreten, haben die beiden Mittelgebirgsflüsse den Elz-Glotter-Schwemmfächer aufgeschüttet [2]. Die breiten Renaturierungsstrecken der mittleren Elz können ihren ökologischen Vorteil nicht zur Gänze ausspielen, weil u. a. durch die Wasserentnahmen der Beerenobstanbauer die Niedrigwasserführung beeinträchtigt wird. In der benachbarten Glotter ist es deswegen schon zu einem Fischsterben gekommen. Die Elz ist Lachsprogrammgewässer nach der EG-WRRL. Der Lachs ist einer der Indikatoren für den angestrebten „guten ökologischen

Zuerst erschienen in Wasser und Abfall 9/2022

© Der/die Autor(en), exklusiv lizenziert an Springer Fachmedien Wiesbaden GmbH, ein Teil von Springer Nature 2023
M. Porth et al. (Hrsg.), *Wasser, Energie und Umwelt*,
https://doi.org/10.1007/978-3-658-42657-6_57

Zustand". Die Wiedereinbürgerung des Lachses in der Elz (ehemals ein hervorragendes Lachsgewässer) setzt eine adäquate Mindestwasserführung voraus [3].

> **Kompakt**
> - In Zeiten der Klimakrise treten der Wasserbedarf der Landwirtschaft, der öffentlichen Trinkwasserversorgung und die Anforderungen an eine Gewässerbewirtschaftung nach der EG-WRRL in Konkurrenz.
> - Der Abwägungsprozess zwischen diesen Randbedingungen erfolgt in Form von wasserbehördlichen Zulassungen, die nicht zwangsläufig alle Akteure vollinhaltlich zufrieden stellen müssen.
> - Für die Wirksamkeit ist es entscheidend, wie die Akteure im Prozess mitgenommen werden, wobei auch die Grenzen der sich verändernden Wasserbewirtschaftung klargestellt werden müssen.

57.1 Landwirtschaft unter Konkurrenzdruck und Preisdruck

Durch den Klimawandel verschärfen sich die Nutzungskonflikte um die vermutlich tendenziell rarer werdenden Wasserressourcen auf dem Elz-Glotter-Schwemmfächer. Die auf dem Schwemmfächer wirtschaftenden Beerenobstanbauer sind einem wachsenden Konkurrenzdruck durch die Billigimporte aus Polen, Südspanien und den Maghrebstaaten ausgesetzt. Ferner geben die Landwirte den Eindruck wieder, dass sie sich mit einem zunehmenden Preisdruck des Lebensmitteleinzelhandels (LEH) auseinandersetzen müssen. Hinzu kommen der steigende Mindestlohn für die Erntehelfer und die Auflagen aus dem baden-württembergischen Biodiversitätsstärkungsgesetz [4]. Das Gesetz verlangt von den Landwirten in den nächsten Jahren u. a. einen stetig sinkenden Einsatz von Pestiziden. Alles zusammengenommen führt dazu, dass sich die Landwirte ökonomisch erdrosselt fühlen.

57.2 Duldung der Überschreitung der genehmigten Wasserentnahmemengen.

Um gleichwohl wettbewerbsfähig zu bleiben, wurden und werden Fläche und Intensität des Beerenobstanbaus sukzessive erhöht. Demzufolge ist in den letzten Jahren – trotz des teilweise erfolgten Umstiegs auf Tröpfchenbewässerung und neuerdings auch auf „smart irrigation" – die Entnahme von Bewässerungswasser von den im Jahr 2003 genehmigten rd. 250.000 m^3 auf mittlerweile über 500.000 m^3 pro Jahr gestiegen. Die drastische Überschreitung der genehmigten Entnahmemenge von 250.000 m^3 wurde von der Unteren Wasserbehörde angesichts der prekären wirtschaftlichen Lage der Landwirte geduldet.

In den Wasserverteilungskonflikt auf dem Elz-Glotter-Schwemmfächer spielen auch die Interessen und Ansprüche des *Wasserversorgungsverbandes Mauracherberg* eine dominante Rolle (Abb. 57.1). Der Verband entnimmt ebenfalls Grundwasser im Elz-Glotter-Schwemmfächer [5]. Der Verband versorgt Emmendingen, Denzlingen, Waldkirch und weitere Kommunen im nördlichen Breisgau mit Trinkwasser. Der Verband befürchtet quantitative und qualitative Beeinträchtigungen durch die Wasserentnahmen der Beerenobstanbauer sowie durch den Fungizid- und Stickstoffdüngereinsatz.

Im Jahr 2020 hat die zuständige Wasserrechtsbehörde im Landratsamt Emmendingen den Versuch gestartet, die Wasserentnahmerechte für – die im *„Beregnungsverband Mittlere Elz"* zusammengeschlossen – Beerenobstanbauer neu zu ordnen, um die

Abb. 57.1 Bewässerte Erdbeerkulturen auf dem Elz-Glotter-Schwemmfächer im nördlichen Breisgau. Im Hintergrund der Mauracherberg, der namensgebend für den dortigen „Wasserversorgungsverband Mauracherberg" war. (© Nikolaus Geiler)

Ansprüche und Interessen des Wasserversorgungsverbandes Mauracherberg und des aquatischen Naturschutzes in und an der Elz stärker zu gewichten.

Da entsprechende Neuordnungen der Wasserentnahmerechte auch auf andere landwirtschaftliche Regionen zukommen werden, wird nachfolgend näher erläutert, wie das Landratsamt Emmendingen versucht hat, alle Interessen halbwegs unter einen Hut zu bekommen.

57.3 Der neue Wasserrechtsbescheid sorgt für Empörung bei den Landwirten

Mit Wirkung vom 1. Juli 2021 hatte die Wasserrechtsbehörde in einer neu ausgestellten wasserrechtlichen Erlaubnis die Wasserentnahmen aus Grund- und Oberflächengewässern durch den Beregnungsverband gedeckelt [6]. Dabei legte die Behörde nicht die im Jahr 2003 genehmigte Entnahmemenge von 250.000 Kubikmetern pro Jahr zugrunde, sondern bezog sich auf die Entnahmemenge, die in den letzten Jahren tatsächlich vom Beregnungsverband abgepumpt worden war – also auf 500.000 m^3 pro Jahr. Die Landwirte hatten argumentiert, dass in Dürrejahren ein wirtschaftlich lohnender Beerenobstanbau nur möglich wäre, wenn es einem atmenden Deckel geben würde – soll heißen, dass in niederschlagsarmen Jahren die Wasserentnahmen ausnahmsweise bis zu 750.000 m^3 pro Jahr möglich sein müssten. Diesem Ansinnen hatte die Wasserrechtsbehörde nicht entsprochen.

Generallinie des neuen Wasserrechtsbescheides ist, dass die Beerenobstanbauer zunehmend von der Entnahme von Oberflächenwasser auf die Nutzung von Grundwasser umsteigen sollten. In dem neuen Wasserrechtsbescheid wurde die zulässige Gesamtmenge von maximal 500.000

Kubikmetern auf eine Entnahme von 367.500 m³ aus Grundwasser und auf 122.500 m³ aus Oberflächengewässer aufgeteilt.

So darf das entnommene Oberflächenwasser aus den Kanälen, die aus der Elz ausgeleitet werden (◘ Abb. 57.2), nur noch für die Frostschutzberegnung im Frühjahr zwischen dem 15. März und dem 15. Mai eingesetzt werden. Zudem muss der Beregnungsverband die Entnahmen aus den Kanälen fortschreitend von Jahr zu Jahr reduzieren. So dürfen 2025 nur noch 36.000 m³ Oberflächenwasser für die Frostschutzberegnung entnommen werden.

Die zulässige Entnahme aus den Kanälen für die Frostschutzberegnung wurde ebenso wie die Grundwasserentnahmen auf zehn Jahre – also bis zum 30. Sept. 2031 – befristet. Für die Grundwasserentnahmen in Höhe von 367.500 m³ wurden u. a. folgende Rahmenbedingungen festgelegt:

» *„Die maximale monatliche Entnahmemenge von Grundwasser aus Brunnen hat sich an einem durchschnittlichen monatlichen Entnahmekontingent von 30.000 m³ zu orientieren. Höhere Entnahmemengen infolge niederschlagsarmen Phasen und für Frostschutzberegnung müssen durch geringere Entnahmen im Jahresverlauf ausgeglichen werden, damit die jährliche maximale Entnahmemenge nicht überschritten wird."*

Die Beerenobstanbauer empfanden den neuen Wasserrechtsbescheid nicht nur deshalb als Zumutung. Für die Mitglieder des Beregnungsverbandes drückte der Bescheid auch ein nicht gerechtfertigtes Misstrauen der Behörde gegenüber den Landwirten aus. Denn in dem Bescheid wurde u. a. bestimmt, dass die Mitglieder des Beregnungsverbandes *„alle Schlüssel bzw. Steuerinstrumente"* für die Wehranlagen und Stellfallen (◘ Abb. 57.3), über die

◘ **Abb. 57.2** Motorpumpe zur Entnahme von Beregnungswasser aus einem der von der Elz abgezweigten Kanäle. Künftig darf Oberflächenwasser nur noch für die Frostschutzberegnung abgepumpt werden. (© Nikolaus Geiler)

Wasser aus der Elz in die Kanäle abgeleitet wird, unverzüglich bis zum 20.07.2021 abzugeben hätten. Die Schlüsselabgabe innerhalb von nur 20 Tagen nach Inkrafttreten des Bescheides, sorgte neben vielen anderen Auflagen für böses Blut unter den Erdbeeranbauern. Maßgebend für die Verärgerung und Empörung der Landwirte war auch, dass in dem neuen Wasserrechtsbescheid eine Fülle von Nebenbestimmungen nach § 13 Wasserhaushaltsgesetz festgesetzt worden war. Die bislang nicht gewohnte Kontrolldichte und Detailliertheit des Bescheides wurde von den Beerenobstanbauern als völlig ungerechtfertigte Gängelung empfunden. Die Beerenobstanbauer legten deshalb Klage gegen den Bescheid ein, die mittlerweile zurückgezogen wurde. Die Behörde hatte vorsorglich den Sofortvollzug für die Bescheidauflagen angeordnet.

57.4 Der neue Bescheid fordert eine sparsamere und effizientere Wassernutzung

In dem Bescheid hatte die Behörde auch allgemeine Auflagen zum *„möglichst sparsamen und effizienten"* Wassergebrauch festgeschrieben. So heißt es in dem Wasserrechtsbescheid u. a.:

> *„Die Bewässerung ist pflanzenbedarfsgerecht durchzuführen. Sie ist so zu bemessen und durchzuführen, dass kein Sickerwasser aus dem Hauptwurzelraum austritt (z. B. Erdbeere > 0,3 m Bodentiefe). Hierzu sind Bewässerungsverfahren mit geeigneten Steuerungs- und Kontrollverfahren sowie wassersparende Ausbringungstechniken zu verwenden.*
> *Die Bemessung der bedarfsgerechten Beregnungsgaben muss standortspezifisch unter*

Abb. 57.3 Stellfalle zur Ausleitung von Bewässerungswasser aus der Elz. Das dort früher vorhandene Wagmattenwehr in der Elz ist zu einer rauen Rampe umgebaut worden. Die aus dem Südschwarzwald kommende Elz ist Lachsprogrammgewässer nach der EG-Wasserrahmenrichtlinie. (© Nikolaus Geiler)

Berücksichtigung der nutzbaren Feldkapazität und durch regelmäßige Bestimmung der Bodenfeuchte nach anerkannten Methoden erfolgen."

Ferner wurde bestimmt, dass der Beregnungsverband zur Kontrolle dieser Auflagen ein detailliertes „Beregnungstagebuch" führen muss. Zudem wurden umfangreiche Monitoringmaßnahmen – beispielsweise zur Messung der Nitrat- und Pestizidgehalte im Grundwasser – festgeschrieben. Darüber hinaus muss der Beregnungsverband „der Unteren Wasserbehörde zweijährlich eine aktualisierte Liste der eingesetzten Pflanzenschutz- und Biozidprodukte zur Verfügung" stellen.

Um den Beregnungsverband professioneller auszurichten wurde bestimmt, dass der Verband jeweils einen „Betriebsbeauftragten" für die Grund- und für die Oberflächenwasserentnahmen berufen muss. Die beiden Betriebsbeauftragten müssen u. a. gewährleisten, dass die Wasserentnahmen in „allen Tiefbrunnen innerhalb des Verbandsgebiets mit geeigneten Wasserzählern" gemessen werden. Die monatlich entnommenen Wassermengen müssen „dem Landratsamt Emmendingen als Einzelwerte je Brunnen sowie als monatlicher Summenwert aller Brunnen spätestens am 5. Tag des Folgemonats in digitaler Form (Excel-Tabelle)" mitgeteilt werden.

Seit der Zustellung des Bescheids im Juli 2021 ringt das Landratsamt mit Vorstand und Mitgliedern des Beregnungsverbandes um die Durchsetzung der Bescheidauflagen. Die Landwirte weisen daraufhin, dass der in ihren Augen „unfaire" Wasserrechtsbescheid dazu beitragen wird, dass der traditionelle Beerenobstanbau auf dem Elz-Glotter-Schwemmfächer zum Niedergang verurteilt sei. Dann würden noch mehr Erdbeeren beispielsweise aus Südspanien kommen. Und diese Erdbeeren würden einen ungleich höheren Bewässerungsbedarf und Transportenergieaufwand als die heimischen Beeren aus dem Breisgau aufweisen.

Die Dürre, die auch Südbaden im Sommer 2022 prägt, unterwirft das neue Bewässerungsregime einem Stresstest. Das Landratsamt Emmedingen ist entschlossen, ein mögliches Überziehen der erlaubten Entnahmemengen nach einer Bestandsaufnahme am Ende des Jahres ggf. zu sanktionieren.

57.5 Fazit

Die Reglementierung der landwirtschaftlichen Wasserentnahmen auf dem Elz-Glotter-Schwemmfächer ist in eine allgemeine Diskussion um die Verhältnismäßigkeit des Vorgehens gegenüber der Landwirtschaft eingebettet.

Hierbei muss der Erhalt der regionalen Landwirtschaft abgewogen werden mit den Interessen der öffentlichen Wasserversorgung und des aquatischen Naturschutzes. Das wird auch die Wasserrechtsbehörden anderenorts in Zeiten einer sich rasant verschärfenden Klimakrise vor schwierig zu lösende Herausforderungen und Zielkonflikte stellen.

Von besonderer Bedeutung ist es, dass hierbei alle davon betroffenen Akteure, hier die Trinkwasserversorgung (Wasserversorgungsverband Mauracherberg), die Landwirtschaft (Beregnungsverband Mittlere Elz) sowie Belange zur Umsetzung der Anforderungen nach der EU WRRL (Wasserbehörde) zusammengehen müssen. Dies fordert einen komplexen Abstimmungsprozess.

Literatur

1. ▶ https://de.wikipedia.org/wiki/Elz_(Rhein) (zuletzt abgerufen am 22.02.2022)
2. ▶ https://rp.baden-wuerttemberg.de/Themen/WasserBoden/WRRL/TBG31/Seiten/Begleitdokumentation.aspx --> Begleitdokumentation (zuletzt abgerufen am 22.02.2022). Im 3. Umsetzungszyklus der EG-Wasserrahmenrichtlinie (WRRL) von 2021 bis 2027 ist die Elz mit den Wasserkörperbezeichnungen WK 31–01 und WK 31–04 versehen worden

3. ▶ https://ig-elz.de/ziele/ (zuletzt abgerufen am 22.02.2022)
4. ▶ https://mlr.baden-wuerttemberg.de/de/unsere-themen/biodiversitaet-und-landnutzung/biodiversitaetsgesetz/(zuletzt abgerufen am 22.02.2022)
5. ▶ https://www.wvv-mauracherberg.de/) (zuletzt abgerufen am 22.02.2022).
6. Landratsamt Emmendingen - Amt für Wasserwirtschaft und Bodenschutz – Untere Wasserbehörde: „Wasserrechtsverfahren zur Entnahme aus Grundwasser und aus oberirdischen Gewässern zur Feldberegnung im Verbandsgebiet des Beregnungsverbandes Mittlere Elz" – Entscheidung vom 08.07.2021

VIII

Verbesserung der Gewässerökologie und der Gewässerstruktur

Gewässerunterhaltung zwischen notwendigen Unterhaltungsmaßnahmen und naturschutzfachlichen Forderungen

Volker Thiele und Claas Meliß

Die Unterhaltung der Gewässer ist eine gesetzliche Aufgabe, die aber eng mit dem nationalen wie europäischen Naturschutzrecht verknüpft ist. In Mecklenburg-Vorpommern sind in den letzten Jahren die Verantwortlichen in den Umweltbehörden und in den Wasser- und Bodenverbänden geschult worden, um bei der Gewässerunterhaltung den effizienten Schutz der Biotope und ihrer Lebewelt besser absichern zu können. Deutlich wird, welche wichtige Rolle dabei die ökologische Unterhaltungsbegleitung spielt.

Mit der Unterhaltung der oberirdischen Gewässer wird eine öffentlich-rechtliche Verpflichtung erfüllt, die im Interesse der Allgemeinheit liegt. Nach § 39 WHG [1] umfasst sie die Pflege und Entwicklung der Gewässer (Unterhaltungslast). Dazu gehören als Eckpunkte u. a. die Erhaltung des Gewässerbettes und damit die Sicherung des ordnungsgemäßen Wasserabflusses, aber auch der Schutz und die Förderung der ökologischen Funktionsfähigkeit des Gewässers, insbesondere als Lebensraum von wildlebenden Tieren und Pflanzen. § 27 WHG [1] bestimmt für natürliche Gewässer eine Bewirtschaftung, die eine Verschlechterung des ökologischen und chemischen Zustandes vermeidet und auf einen guten ökologischen wie chemischen Zustand als Ziel ausgerichtet ist. Für künstliche oder erheblich veränderte Gewässer soll eine Verschlechterung des ökologischen Potenzials und des chemischen Zustandes vermieden und ein gutes ökologisches Potenzial bzw. chemischer Zustand erhalten oder erreicht werden. Die Gewässerunterhaltung muss somit den Maßnahmenprogrammen nach § 82 WHG [1] entsprechen und der Leistungs- und Funktionsfähigkeit des Naturhaushaltes Rechnung tragen.

Bei der Gewässerunterhaltung gelten zudem die nationalen und europäischen Verordnungen und Gesetze des Arten- und Gebietsschutzes [2–5]. Das betrifft insbesondere den § 44 Abs. 1 Nr. 1–4 [4]. So sind beispielsweise die Zugriffsverbote des Artenschutzes im vollen Umfange auch bei der Gewässerunterhaltung zu beachten. Zudem müs-

Zuerst erschienen in Wasser und Abfall 7–8/2022

© Der/die Autor(en), exklusiv lizenziert an Springer Fachmedien Wiesbaden GmbH, ein Teil von Springer Nature 2023
M. Porth et al. (Hrsg.), *Wasser, Energie und Umwelt*,
https://doi.org/10.1007/978-3-658-42657-6_58

sen alle Veränderungen und Störungen, die zu einer erheblichen Beeinträchtigung eines Natura-2000-Gebiets (Erhaltungsziele oder Schutzzweck) führen, vermieden werden. In Mecklenburg-Vorpommern wurden mit der Erstellung eines Leitfadens zur Gewässerentwicklung und -pflege dazu konkrete Handlungsempfehlungen erarbeitet [6].

> **Kompakt**
>
> — Mit der Unterhaltung der oberirdischen Gewässer wird eine öffentlich-rechtliche Verpflichtung erfüllt, die im Interesse der Allgemeinheit liegt.
> — Bei landgebundenen Krautungen von Gewässern werden nicht unerhebliche Mengen aquatischer, teils geschützter Arten und Artengruppen entnommen.
> — Sowohl aus Sicht der Gewässergüte als auch aus Gründen des Artenschutzes ist eine ökologische Begleitung der Unterhaltungsmaßnahmen mit Erfassung und Zurücksetzung von aquatischen und semiaquatischen Tieren sinnvoll und notwendig.

Es ist aber häufig ein hohes Konfliktpotenzial zwischen notwendigen Maßnahmen der Gewässerunterhaltung und der Einhaltung einschlägiger Bestimmungen des Gebiets- und Artenschutzes gegeben. Das betrifft nicht nur die versehentliche Entnahme von geschützten Tier- und Pflanzenarten, sondern auch den unbeabsichtigten Verlust von Lebensräumen im Gewässer- und Uferbereich. Deshalb wird bei zahlreichen Gewässerunterhaltungen bereits eine ökologische Unterhaltungsbegleitung vorgenommen. Dabei suchen Biologen das Mähgut nach Organismen durch. Werden Fische, Mollusken, Krebse u. a. gefunden, so sind diese fachgerecht zurückzusetzen.

Das Staatliche Amt für Landwirtschaft und Umwelt Vorpommern lässt solche ökologischen Unterhaltungsbegleitungen bereits seit Jahren durchführen. Dabei wurde u. a. notiert, welche Arten wie häufig gefunden wurden. Es sind überraschende Ergebnisse zu Tage getreten, die nachfolgend nach bestimmten Parametern (u. a. Länge der Fließstrecke, Fließgewässertyp, Ausbaugrad des Gewässers) ausgewertet werden sollen.

58.1 Untersuchungsgebiet und Erfassungsmethodik

Unterhaltungsmaßnahmen mit ökologischer Begleitung wurden in jeweils einem Wasserkörper im Ober- und Mittellauf der Barthe und Trebel über drei Jahre durchgeführt. Dabei handelt es sich um Gewässer erster Ordnung, die im nordöstlichen Teil Mecklenburg-Vorpommerns verlaufen.

Beide Fließgewässer sind der Flussgebietseinheit Warnow/Peene zuzuordnen und fallen administrativ in die Zuständigkeit des Staatlichen Amtes für Landwirtschaft und Umwelt Vorpommern. Die Barthe ist vornehmlich als sand- und lehmgeprägter Tieflandfluss (LAWA-Typ 15) eingestuft, weist ein sehr geringes Wasserspiegelgefälle auf und mündet nach ca. 35 km Fließlänge direkt in die Darß-Zingster–Boddenkette. Die Trebel ist hingegen zumeist dem LAWA-Typ 12 (organisch geprägter Fluss) zuzuordnen und stellt mit über 70 km Fließstrecke einen bedeutenden Nebenfluss der Peene dar (Abb. 58.1). Auch sie weist ein geringes Gefälle auf und ist in Teilen noch relativ naturnah ausgeprägt. Beide Gewässer werden sukzessive ökologisch saniert. Der chemische Zustand der betrachteten Wasserkörper ist als „nicht gut", der ökologische Zustand zumeist als „unbefriedigend" ausgewiesen (Tab. 58.1, [7]).

Die zweimal durchgeführten, jährlichen Krautungen in Barthe und Trebel fanden mittels landgebundener Technik, jeweils von einer Uferseite aus, statt. Bei der Krautung mittels Mähkorb wurden auf mehreren

Gewässerunterhaltung zwischen notwendigen Unterhaltungsmaßnahmen ...

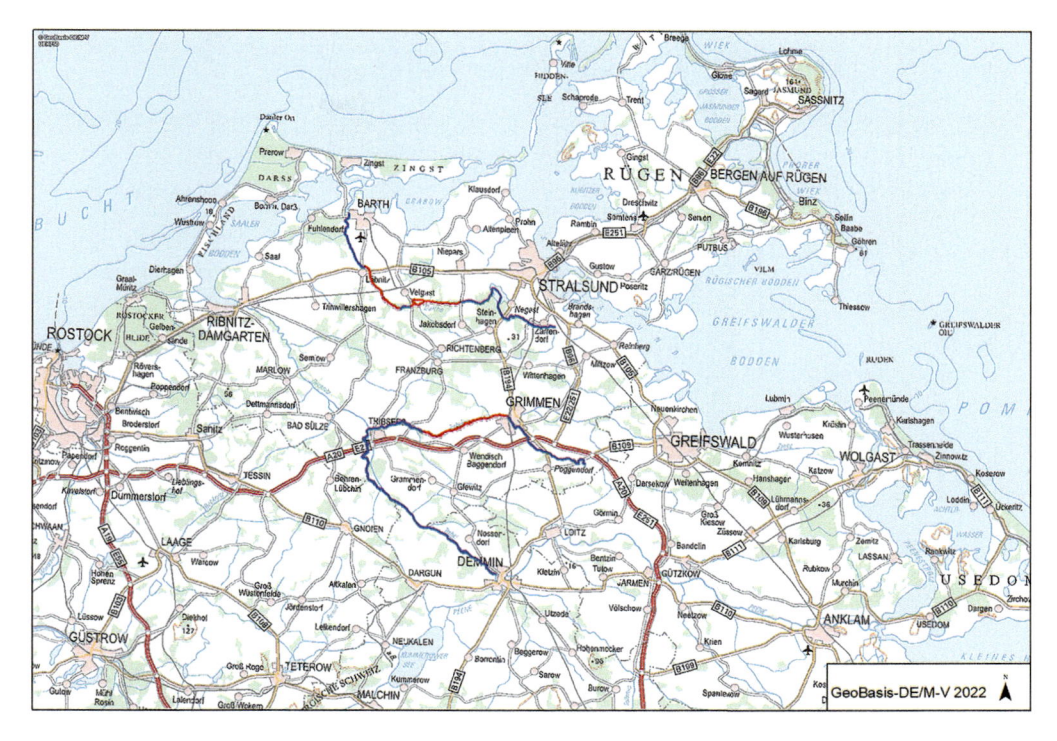

Abb. 58.1 Lage der betrachteten Unterhaltungsabschnitte (rot) in Barthe und Trebel (blau). (© GeoBasis-DE/M-V)

Tab. 58.1 Auflistung der Güteklassen in den Wasserkörpern der betrachteten Gewässer

Gewässer	Barthe	Trebel
Wasserkörper	BART-0400	TREB-0300
Ökologische Zustandsklassen	unbefriedigend	unbefriedigend
Makrophyten	unbefriedigend	mäßig
Makrozoobenthos	unbefriedigend	gut
Fischfauna	unbefriedigend	unbefriedigend
Chemische Zustandsklasse	nicht gut	nicht gut
Quelle: biota-Institut		

Kilometern zwischen Löbnitz und Obermützkow (Barthe) bzw. Zarrentin und Grimmen (Trebel) Makrophyten aus dem Wasserkörper entnommen sowie eine Böschungsmahd realisiert. Die erste Krautung im Jahr (Tab. 58.2, Code 01) konzentrierte sich vorwiegend auf das Freihalten eines Strömungsstriches, wobei die zweite Mahd (Code 02) auch den Böschungsbereich einbezog. Das entnommene Kraut wurde oberhalb der Böschung abgelegt (Abb. 58.2) und im direkten Anschluss durch einen Biologen

Tab. 58.2 Auflistung der durchgeführten, gewässerspezifischen Unterhaltungsbegleitungen der Jahre 2019 bis 2021 unter Nennung der Krautungszeiträume und Streckenlängen

Gewässer (Abschnitt)	Jahr	Strecken- länge [m]	Unterhaltungszeitraum
Trebel (Zarrentin – Grimmen)	01_2019	18.840	Juli/August
	02_2019	18.840	Oktober/November
	01_2020	18.840	Juli/August
	02_2020	18.840	Oktober/November
	02_2021	18.840	Oktober/November
Barthe (Löbnitz – Obermützkow)	01_2019	9.210	Juli
	02_2019	20.677	September/Oktober
	01_2020	9.210	Juli
	02_2020	20.677	September/Oktober
	01_2021	9.210	Juli/August
	02_2021	20.677	Oktober/November

Quelle: biota-Institut

Abb 58.2 Krautung mit Langarmbagger und Mähkorb. Im Vordergrund sieht man das abgelegte Mähgut. (© biota-Institut)

auf Vorkommen semiaquatischer und aquatischer Organismen hin untersucht. Dabei ist insbesondere auf Amphibien, Fische, Rundmäuler, Großmuscheln und Flusskrebse geachtet worden. Zur Detektion der Tiere wurde das Krautgut unter Verwendung von

Harken und Forken angehoben oder zur Seite gelegt. Dabei detektierte Individuen sind händisch aufgesammelt, bestimmt und in einen unbeeinträchtigten Gewässerbereich gleichen Types zurückgesetzt worden. Neben dem Krautgut wurden zudem die im Schwenkungsbereich des Baggers herausgefallenen Tiere geborgen.

Bezüglich des Amerikanischen Flusskrebses *(Orconectes limosus)* war gemäß Verordnung (EU) Nr. 1143/2014 [8] sowie [9] und den darauf basierenden landesweiten Hinweisen zum Umgang mit invasiven Arten [10] ein Zurücksetzen der Tiere untersagt. Stattdessen erfolgte eine fachgerechte Tötung mit anschließender Entsorgung bzw. Übergabe der Individuen zu wissenschaftlichen Zwecken.

58.2 Ergebnisse und Diskussion

58.2.1 Arten- und Individuenzahlen

In ◘ Tab. 58.3 wird die Anzahl an geborgenen Individuen, bezogen auf die jeweiligen Artengruppen, für die drei Betrachtungsjahre ausgewiesen. Dabei fallen vor allem die hohen Anteile der Fischfauna mit insgesamt mehr als 2500 (Barthe) bzw. 3600 (Trebel) Tieren auf (◘ Abb. 58.3, 58.4 und 58.5). Ein Großteil davon entfällt auf Jungstadien des Flussbarsches (Perca fluviatilis), die in der Barthe bis zu 82 % und in der Trebel bis 57 % (Trebel) an der Gesamtfischmenge stellen. Insgesamt konnten mittels der Krautgutuntersuchungen 17 (Trebel) bzw. 19 Fischarten (Barthe) dokumentiert werden. Dabei sind neben rheophilen Taxa (u. a. Döbel, Forelle, Aland) mit Steinbeißer und Schlammpeitzger auch sedimentgebundene Spezies erfasst worden. Letzteres verweist auf einen wahrscheinlichen, sporadischen Eingriff in die Gewässersohle. Diese Tatsache wird durch die ebenfalls geborgenen Großmuscheln untermauert (Abb. 58.6). Die Großmuscheln wurden in beiden Gewässern mit insgesamt mehreren hundert Tieren dokumentiert.

Unter Berücksichtigung der sohlgebundenen und versteckten Lebensweisen der Flusskrebse sind die partiell hohen Fundzahlen in dieser Artengruppe ebenfalls bemerkenswert. Über die drei Betrachtungsjahre wurden in der Trebel mehr als 1600 Flusskrebse dokumentiert. Während in diesem Fluss ausschließlich der Amerikanische Flusskrebs erfasst wurde, kommt in der Barthe parallel auch der Europäische Edelkrebs vor. Von den insgesamt fast 400 geborgenen Tieren entfallen ca. 30 % auf letztgenannte, streng geschützte Art [2].

◘ **Tab. 58.3** Individuenzahlen geborgener Arten/-gruppen je Krautungsintervall (01-Sommer, 02 – Herbst) der Jahre 2019–2021 in der Trebel und Barthe

Gewässer	Trebel					Barthe					
Jahr	2019		2020		2021	2019		2020		2021	
Krautungs-intervall	01	02	01	02	02	01	02	01	02	01	02
Fische	1.508	563	87	541	934	330	913	148	363	179	596
Groß-muscheln	178	63	44	127	27	54	168	14	21	30	10
Amphibien	34	43	66	81	56	7	28	1	11	10	107
Flusskrebse	579	208	661	150	22	91	104	61	79	11	50

Quelle: biota-Institut

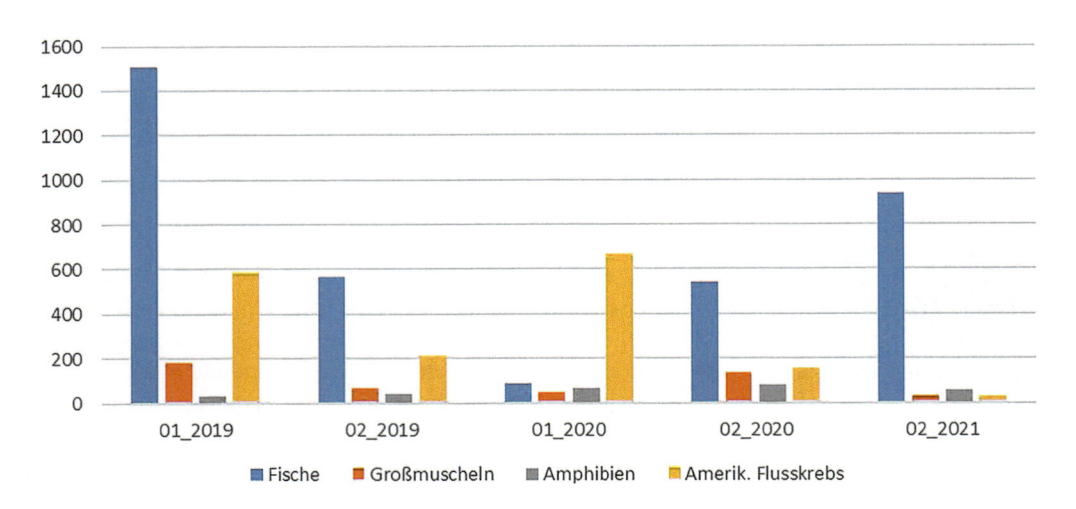

Abb. 58.3 Anzahl der in der Trebel geborgenen Individuen aus verschiedenen Arten-/gruppen je Krautungsintervall (01, 02) in den Jahren 2019–2021. (© biota-Institut)

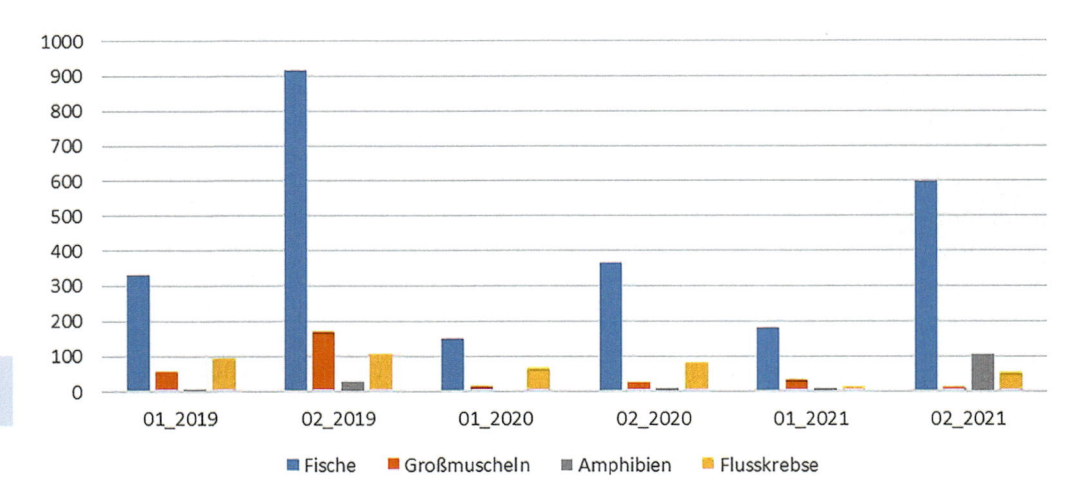

Abb. 58.4 Anzahl der in der Barthe geborgenen Individuen aus verschiedenen Arten-/gruppen je Krautungsintervall (01, 02) in den Jahren 2019–2021. (© biota-Institut)

Unabhängig vom Erfassungsjahr oder saisonalen Zeitpunkt sind grundsätzlich hohe Schwankungen in den geborgenen Individuenzahlen zu verzeichnen. Neben den Individuenzahlen waren insbesondere bei der Fischfauna auch deutliche Differenzen innerhalb des Arteninventars zu verzeichnen. So wurden beispielsweise 2019 50 Kaulbarsche in der Barthe erfasst, während in den zwei darauffolgenden Jahren die Art nicht mehr belegt werden konnte. Stattdessen sind im zweiten Krautungsintervall 2021 erstmalig über 30 Zander geborgen und wieder zurückgesetzt worden.

◘ **Abb. 58.5** Im Krautgut detektierte Karausche. (© biota-Institut)

◘ **Abb. 58.6** Mit dem Krautgut entnommene Großmuscheln, inklusive leerer Schalen. (© biota-Institut)

58.2.2 Artenschutz

Die Durchführung einer ökologischen Unterhaltungsbegleitung mit der Erfassung und Zurücksetzung von aquatischen und semiaquatischen Tieren diente einerseits der Erhaltung bzw. Verbesserung der Gewässergüte, andererseits ist sie aber auch im Arten- und Gebietsschutz verankert. Bezüglich der betrachteten Artengruppen unterliegen die in ◘ Tab. 58.4 aufgelisteten Arten bzw. -gruppen einem Schutzstatus, insbesondere nach [2] und [5]. In diesem Sinne sind von den Eingriffen v. a. alle Großmuscheln sowie Amphibien betroffen, die „besonders geschützt" sowie vereinzelt „streng geschützt" sind. In diesem Zusammenhang ist insbesondere auch auf den Europäischen Edelkrebs zu verweisen, der nur noch in wenigen Gewässern Mecklenburg-Vorpommerns vorkommt.

Während die geborgenen Amphibien aufgrund ihrer semiaquatischen, mobilen Lebensweise in der Lage sind, aus dem Krautgut wieder ins Wasser zurückzuwandern, besteht insbesondere bei den Fischen und Großmuscheln diese Möglichkeit nicht. Auch bei den Flusskrebsen muss aus Beobachtungen konstatiert werden, dass diese sich eher in feuchte Krautgutbereiche zurückziehen und dort verweilen, anstatt wenige Meter zum Gewässer zurück zu wandern.

Unter Berücksichtigung der unterhaltenen Gewässerstrecken in Barthe und Trebel sind über die letzten drei Jahre im Durchschnitt 3 bzw. 5 Großmuscheln je Kilometer Gewässerunterhaltung entnommen worden (◘ Tab. 58.5). Das klingt grundsätzlich nicht viel, summiert sich bezogen auf die landes- und bundesweit durchgeführten, partiell mehrfachen, jährlichen Unterhaltungsmaßnahmen jedoch auf. Insbesondere beim streng geschützten Edelkrebs können sich schon wenige entnommene Exemplare populationsgefährdend auswirken.

Aber auch unter Berücksichtigung der ökologischen Gewässergüte erscheinen Entnahmen von durchschnittlich ca. 40–50 Fischen je Kilometer Gewässerstrecke (max. bis 135 Individuen/km) als nicht unerheblich (◘ Tab. 58.5).

Inwieweit sich die vorliegenden Daten pauschal auf typgleiche Fließgewässer (LAWA-Einstufung) übertragen lassen, kann aktuell nur vermutet werden, da zu wenige Erfassungen vorliegen. Grundsätzlich zeigen die Beobachtungen jedoch, dass bei landgebundenen Krautungen von Gewässern nicht unerhebliche Mengen aquatischer, teils geschützter Arten und

◻ **Tab. 58.4** Individuenzahlen geborgener und nach nationalen sowie europäischen Gesetzen geschützter Arten-/gruppen je Krautungsintervall (01, 02) in den Jahren 2019–2021 in der Trebel und Barthe

Gewässer	Trebel					Barthe					
Jahr	2019		2020		2021	2019		2020		2021	
Krautungsintervall	01	02	01	02	02	01	02	01	02	01	02
Gemeine Teichmuschel (*Anodonta anatina*)	74	17	36	47	23	40	88	6	9	6	4
Große Teichmuschel (*Anodonta cygnea*)			1	31	3						
Teichmuschel unbest. (*Anodonta sp.*)	85	33		28			10				
Malermuschel (*Unio pictorum*)	19	13	7	21	1	14	70	4	6	9	
Bachmuschel (*Unio crassus*)											1
Steinbeißer (*Cobitis taenia*)	3	2		2					1		
Schlammpeitzger (*Misgurnus fossilis*)		2									
Bitterling (*Rhodeus amarus*)				1	6						
Europäischer Edelkrebs (*Astacus astacus*)						17	57	9	10	2	25
Amphibien (Grün-/ Braunfrösche, Erdkröte)	34	43	66	81	56	7	28	1	11	10	107

Quelle: biota-Institut

Artengruppen entnommen werden. Diese können zumeist nicht aus eigener Kraft wieder ins Gewässer zurückwandern. Es ist auch bemerkenswert, dass sediment- oder sohlgebundene, teils versteckt lebende Arten regelmäßig bei der Krautung aus ihrem Lebensraum entfernt werden. Trotz der Möglichkeit von schnellen Fluchtreaktionen ist die im Wasser sehr mobile Artengruppe der Fische und Rundmäuler häufig im Krautgut zu finden.

Prinzipiell muss konstatiert werden, dass sowohl aus Sicht der Gewässergüte als auch aus Gründen des Artenschutzes eine ökologische Begleitung der Unterhaltungsmaßnahmen sinnvoll und notwendig ist. Unabhängig von den Artengruppen weisen die meisten Individuen keine schwerwiegenden Verletzungen auf und konnten bei zeitnahem Auffinden unversehrt wieder zurückgesetzt werden. Nur in Einzelfällen sind Schnittverletzungen an Extremitäten von Amphibien oder gebrochene Großmuschelschalen dokumentiert worden.

Danksagung Die Autoren danken den projektbegleitenden Mitarbeitern des StALU Vorpommern (insbesondere Herrn Schneider), den Unterhaltungsbetrieben Schlüsser – Flora – Kompakt-Service, Teßmer – Gewässerentkrautung und Reetwerbung sowie Frau Martin vom Meeresmuseum für die Unterstützung und gute Zusammenarbeit. Für die fachlichen Hinweise, Anmerkungen sowie Korrekturlesungen möchten wir uns ausdrücklich bei Frau Zimmer und Frau Schulze (Staatliches Amt für Landwirtschaft und Umwelt Vorpommern) sowie bei Herrn Küchler (Landesamt für Umwelt, Naturschutz und Geologie Mecklenburg-Vorpommern) bedanken.

Tab. 58.5 Durchschnittliche Anzahl der in den Jahren 2019–2021 an Trebel und Barthe je Kilometer Unterhaltungsstrecke und je Krautungsintervall (01, 02) geborgenen Individuen. Unterteilung nach geschützten und ungeschützten Arten sowie Berechnung der durchschnittlichen Individuenzahlen je Kilometer [ø Individuen/km]

Gewässer	Trebel							Barthe						
Jahr	2019		2020		2021		Ø Ind./km	2019		2020		2021		Ø Ind./km
Krautungsintervall	01	02	01	02	01	02		01	02	01	02	01	02	
Geschützte Taxa/Gruppen														
Großmuscheln	9,4	3,3	2,3	6,7	1,4		4,62	5,9	8,1	1,1	0,7	1,6	0,2	2,93
Fische	0,2	0,2	–	0,2	0,3		0,18	0,0	0,0	0,0	0,0	0,1	0,0	0,02
Amphibien	1,8	2,3	3,5	4,3	3,0		2,98	0,8	1,4	0,1	0,5	1,1	5,2	1,52
Europ. Edelkrebs	0,0	0,0	0,0	0,0	0,0		0,00	1,8	2,8	1,0	0,5	0,2	1,2	1,25
Ungeschützte Taxa/Gruppen														
Fische	79,9	29,7	4,6	28,6	49,3		38,42	35,8	44,2	135,0	7,2	39,4	24,7	47,72
Amerik. Flusskrebs	30,7	11,0	35,1	8,0	1,2		17,20	8,0	2,3	13,1	2,5	7,5	5,9	6,55

Quelle: biota-Institut

> **Springer Professional**
> **ökologische Gewässerunterhaltung**
> Bach, M.: Ökologische Gewässerunterhaltungspläne und Beseitigung von Wanderhindernissen. In: WASSER UND ABFALL, Ausgabe 3/2016. Wiesbaden: Springer Vieweg, 2016.
> ▶ www.springerprofessional.de/link/7501974
>
> Zahn, S.; Schwarz, O.; Becker, P.: Ökologische Durchgängigkeit als Voraussetzung für ein erfolgreiches Wanderfischprogramm an der Nuthe. In: WASSER UND ABFALL, Ausgabe 1–2/2022. Wiesbaden: Springer Vieweg, 2022.
> ▶ www.springerprofessional.de/link/20110916

Literatur

1. WHG: Gesetz zur Ordnung des Wasserhaushalts (Wasserhaushaltsgesetz - WHG). Wasserhaushaltsgesetz vom 31. Juli 2009 (BGBl. I S. 2585), das zuletzt durch Artikel 2 des Gesetzes vom 18. August 2021 (BGBl. I S. 3901) geändert worden ist.
2. FFH-Richtlinie: Richtlinie 92/43/EWG des Rates vom 21. Mai 1992 zur Erhaltung der natürlichen Lebensräume sowie der wildlebenden Pflanzen und Tiere (Flora-Fauna-Habitat-Richtlinie). - (Abl. EG Nr. L 206 S. 7), zuletzt geänd. durch Akte v. 23.09.2003 (Abl. EG Nr. L 236 S. 33).
3. VSchRL: Richtlinie 2009/147/EG des Europäischen Parlaments und des Rates vom 30. November 2009 über die Erhaltung der wildlebenden Vogelarten (kodifizierte Fassung) (Vogelschutzrichtlinie – VSchRL), Amtsblatt der EG Nr. L 20/7 vom 26.1.2010.
4. BNatSchG: Gesetz über Naturschutz und Landschaftspflege (Bundesnaturschutzgesetz - BNatSchG) vom 29. Juli 2009 (BGBl. I S. 2542), zuletzt geändert durch Artikel 2 des Gesetzes vom 6. Oktober 2011 (BGBl. I S. 1986).
5. BArtSchV: Verordnung zum Schutz wildlebender Tier- und Pflanzenarten (Bundesartenschutzverordnung) vom 16. Februar 2005 (BGBl. I S. 258, ber. S. 896), zuletzt geänd. durch Art. 22 G zur Neuregelung des Rechtes des Naturschutzes und der Landschaftspflege v. 29.7.2009 (BGBl. I S. 2542).
6. LUNG M-V (2018): Leitfaden Gewässerentwicklung und –pflege. Berücksichtigung des Naturschutzes bei der Gewässerentwicklungs- und –pflegeplanung. Landesamt für Umwelt, Naturschutz und Geologie Mecklenburg-Vorpommern [Hrsg.]. Vorläufige Fassung: Stand Februar 2018, 48S.
7. FIS-Wasser (2022): Gewässersteckbriefe über ▶ https://fis-wasser-mv.de, Abfrage im März 2022
8. Verordnung (EU) Nr. 1143/2014 des Europäischen Parlaments und des Rates vom 22. Oktober 2014 über die Prävention und das Management der Einbringung und Ausbreitung invasiver gebietsfremder Arten.
9. NEHRING, S. & SKOWRONEK, S. (2017): Die invasiven gebietsfremden Arten der Unionsliste der Verordnung (EU) Nr.1143/2014 – Erste Fortschreibung 2017 – BfN-Skripten 471: 176 S.
10. LUNG-M-V (2018): Hinweise des LUNG M-V zum Umgang mit invasiven gebietsfremden Arten der Unionsliste der Verordnung (EU) Nr.1143/2014.

Defizite vor und nach ökologischen Sanierungen von Fließgewässern durch ökologische Profile erkennen

Volker Thiele, Daniela Kempke, Ricarda Börner, Franziska Neumann und André Steinhäuser

Im Zuge der Umsetzung der WRRL werden oft komplexe Sanierungen in und an Fließgewässern notwendig. Um zielgerichtete und defizitorientierte Maßnahmen identifizieren zu können, ist ein tiefes Verständnis ökologischer Zusammenhänge notwendig. Zur Vereinfachung der konkreten Maßnahmenplanung wurde mit den ökologischen Gildenprofilen ein Tool entwickelt, das typspezifische Defizite identifiziert und darauf ausgerichtete Maßnahmen ausgibt.

Fließgewässer sind sehr komplexe Ökosysteme und weisen in der Jungmoränenlandschaft Mecklenburg-Vorpommerns eine hohe Typenvielfalt auf. Diese reicht von langsam fließenden und zumeist torfgeprägten Gewässern bis hin zu gefällereichen und kiesgeprägten Flüssen der Moränenbildungen [1]. In der Vergangenheit wurden die Gewässer vielfältigen Nutzungen unterzogen, die häufig multiple ökologische Degradationen verursacht haben. Dies führte dazu, dass häufig auch nach durchgeführten Sanierungsmaßnahmen noch nicht der gute ökologische Zustand von Wasserkörpern nach EG-Wasserrahmenrichtlinie [2] erreicht wurde. Die Identifikation der sich vielfach überlagernden Defizite ist eine Herausforderung für Umweltbehörden und Planer. Es braucht ein Verfahren, das die Degradationen in Abhängigkeit vom Fließgewässertyp analytisch aufdeckt und Rückschlüsse auf zielführende Maßnahmen gestattet. Die ökologischen Gildenprofile bieten eine solche Möglichkeit.

Der Begriff „ökologische Gilde" geht auf Root [3] zurück. Er kennzeichnet eine Gruppe von Arten, die in einem Lebensraum dieselbe Klasse von Umweltressourcen in ähnlicher Weise nutzt. In einer Gilde werden Arten zusammengefasst, die eine Nischendifferenzierung in verschiedenen zeitlichen Dimensionen oder Kompartimenten aufweisen. So können sie beispielsweise in der gleichen Dimension unterschiedliche Kompartimente der Nische besetzen [4].

Zuerst erschienen in Wasser und Abfall 1–2/2022

© Der/die Autor(en), exklusiv lizenziert an Springer Fachmedien Wiesbaden GmbH, ein Teil von Springer Nature 2023
M. Porth et al. (Hrsg.), *Wasser, Energie und Umwelt*,
https://doi.org/10.1007/978-3-658-42657-6_59

Ökologische Gilden orientieren sich an einer Grobdifferenzierung der relevantesten, standörtlichen Verhältnisse des jeweiligen typspezifischen Gewässerlebensraumes. Vertreter einer ökologischen Gilde haben ähnliche Habitatansprüche und spiegeln damit bestimmte Faktorenkombinationen wider. So werden Biotoptypen, Vegetationselemente und abiotische Faktoren zur Einteilung genutzt. Dazu muss angemerkt werden, dass in Auswertung der Literatur eine Art nur selten einer ökologischen Gilde allein zugeordnet werden kann. Mehrfachnennungen sind die Regel [5–8].

> **Kompakt**
> - Ökologische Profile eignen sich zur Analyse von ökologischen Defiziten vor und nach der Fließgewässersanierung.
> - Sie leiten sich aus einem Vergleich zwischen Ist-Zustandskurve und Referenzprofil ab.
> - Ein spezielles Berechnungs- und Auswertetool (BATÖP) ermittelt die Profile und mögliche Maßnahmen.

Die ökologischen Gildenprofile sind ein Instrument, das es erlaubt, u. a. auf die Qualität von Habitatstrukturen anhand der autökologischen Ansprüche nachgewiesener Arten zu schlussfolgern. Dazu werden die erfassten Arten in sogenannte ökologische Gilden eingeordnet. Letztlich müssen die prozentualen Anteile jeder Gilde am Gesamt-Arteninventar einer Probestelle mit denen eines typgleichen Referenzprofils (naturnahe Abschnitte) verglichen werden. Abweichungen sind ein Indiz für Degradationen. So ist es möglich, auf Basis der Stärke der Abweichungen zwischen Ist-Zustandsbewertung und Referenz auf die konkreten Defizite und notwendige wasserbauliche Maßnahmen zu schließen.

Dabei ist aufgrund der Komplexität von Fließgewässerökosystemen nicht zu erwarten, dass eine eineindeutige Zuordnung von Defizit und Maßnahme existiert, sodass eine fachliche Bewertung der Ergebnisse unabdingbar ist. Für die praktische Anwendung wurden ein Berechnungsmodul mit dazugehöriger Verfahrensanleitung entwickelt. Nachfolgend werden die Herleitung der typspezifischen Gildenprofile sowie ihre Anwendung beschrieben.

59.1 Methodik

Seit mehreren Jahren werden in Mecklenburg-Vorpommern systematisch Probestellen unterschiedlicher Fließgewässertypen untersucht und mit Standardmethoden biologisch bewertet. Zudem sind durch das Landesamt für Umwelt, Naturschutz und Geologie Mecklenburg-Vorpommern (LUNG M-V) Referenzstellen auf den Grad ihrer Naturnähe hin klassifiziert worden. Dabei fand zumeist die Qualitätskomponente des Makrozoobenthos Anwendung. Der sich daraus ergebene Gesamtdatensatz stand für die Ableitung von Referenzprofilen zur Verfügung. Im ersten Schritt war eine kritische Reduktion des Gesamtdatensatzes unerlässlich. So sollten nur Probestellen ohne oder mit sehr geringen, erkennbaren anthropogenen Störeinflüssen einbezogen werden, die zudem nur der Güteklassen 1 und 2 zugeordnet sind. Bei Hinweisen auf vorhandene Störeinflüsse (u. a. erkennbare Spuren des Gewässerausbaus, atypisch geringe Artenzahlen, Gewässerunterhaltung) fanden die jeweiligen Stellen keine Berücksichtigung. Zudem konnten brackwasserbeeinflusste Fließgewässer und naturnahe Seeausflussbiozönosen nur eingeschränkt berücksichtigt werden. Für erstgenannte lagen nur wenige Ausgangsdaten vor, letztgenannte sind in ihrer Ausprägung sehr vielfältig und zumeist durch den vorgelagerten See beeinflusst. In der Summe standen die Monitoringergebnisse von ca. 70 Probestellen für die Entwicklung der ökolo-

Gilden, deren Vertreter spezifische Ansprüche an das Substrat stellen
- Sand-besiedelnde Arten (Sa)
- Kies- und Steine-besiedelnde Arten (St)
- Bindinge Substrate - besiedelnde ARten (Bs)
- Pflanzen-besiedelnde Arten (Pf)
- Detritus-besiedelnde Arten (De)
- Weichsubstrat-besiedelnde Arten (Ws)
- Totholz-besiedelnde Arten (Th)

Gilden, deren Vertreter an spezielle hydraulische Verhältnissen angepasst sind
- Arten schnell fließender Gewässer (Sf)
- Arten langsam fließender Gewässer (Lf)
- Arten stehender oder nur träge fließender Gewässer (Sfg)
- Arten temporärer Gewässer (Tg)

Gilden, deren Vertreter spezielle Ansprüche an verschiedene Gewässerbedingungen stellen
- Arten der Moorgewässer (Mg)
- Arten des Brackwassers (Bw)
- Merolimnische Arten (Mi)
- Arten, die stenotope Ansprüche haben (An)
- Neozoen (Ne)

Abb. 59.1 Gildeneinteilung. (© Institut biota Bützow)

gischen Referenzprofile zur Verfügung. Basierend auf einer gründlichen Literaturrecherche wurden die autökologischen Ansprüche der Arten zusammengestellt und mit den Gildendefinitionen [9] abgeglichen (Abb. 59.1). Dadurch konnten letztlich die Arten den Gilden zugeordnet werden.

59.2 Ergebnisse und Diskussion

59.2.1 Typspezifische Entwicklung der Referenzprofile

Eine besondere Herausforderung stellte die Ableitung von aggregierten Fließgewässertypen für die Referenzprofile dar. Es war aufgrund der unterschiedlichen Fließgewässernaturräume einerseits notwendig, eine Differenzierung innerhalb der Fließgewässertypen zu erstellen (hinreichende Widerspieglung der Gildenmerkmale), andererseits sollte das Verfahren handhabbar und einfach gehalten werden. Das hieß, so wenig Typen wie notwendig zu begründen. Für die Ableitung von Referenzprofilen wurden die prozentualen Anteile der in Gilden eingestuften Arten in einem Liniendiagramm aufgetragen (Abb. 59.2). Dieser Diagrammtyp wurde bewusst gewählt, weil die Muster durch das menschliche Auge besser zu erkennen und zu vergleichen sind. Anschließend sind ähnliche Profile in Gruppen zusammengefasst worden. Diese spiegelten bestimmte Fließgewässertypen wider. Der Median einer Gruppe repräsentiert dabei das jeweilige Referenzprofil.

Nachfolgend wurden Profile unterschiedlicher Fließgewässertypen basierend auf ähnlichen Kurvenverläufen (nahezu übereinstimmende prozentuale Zusammensetzung der Gilden) zusammengefasst, womit eine Datenreduktion erreicht wurde. So konnten die seeausflussgeprägten und rückgestauten Gewässer dem vollorganischen Typ der Niedermoorfließgewässer zugeordnet werden. Zudem wiesen die Fließgewässer der Sander und sandigen Aufschüttungen ein sehr ähnliches Profil wie die teilmineralischen Niedermoorfließgewässer auf.

In Abb. 59.3 sind die vier typspezifischen Referenzprofile dargestellt, die aus 7 Profilen durch Ähnlichkeitsvergleich und Überlagerung hervorgegangen sind:
- vollorganische Niedermoorfließgewässer (inklusive Seeausflüsse und rückgestauter Fließgewässer),
- Fließgewässer der Sander und sandigen Aufschüttungen (inklusive teilmineralischer Niedermoorfließgewässer),
- gefällearme Fließgewässer der Moränenbildung,
- gefällereiche Fließgewässer der Moränenbildung.

Darüber hinaus war es möglich, über die Abweichungen der Profilverläufe vom Median

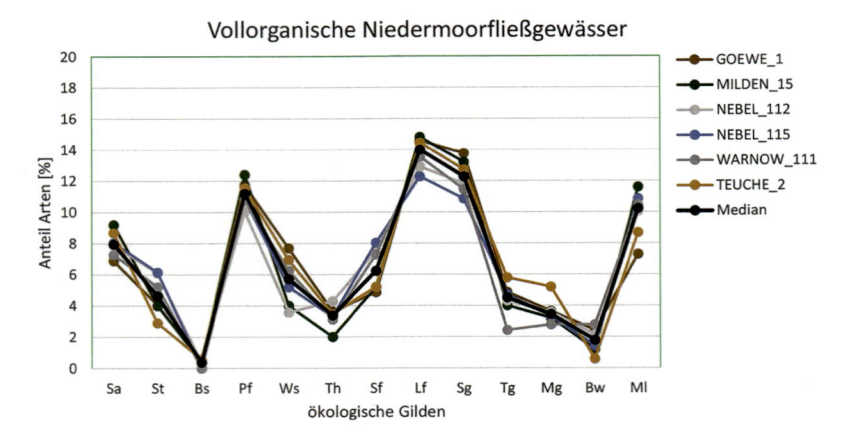

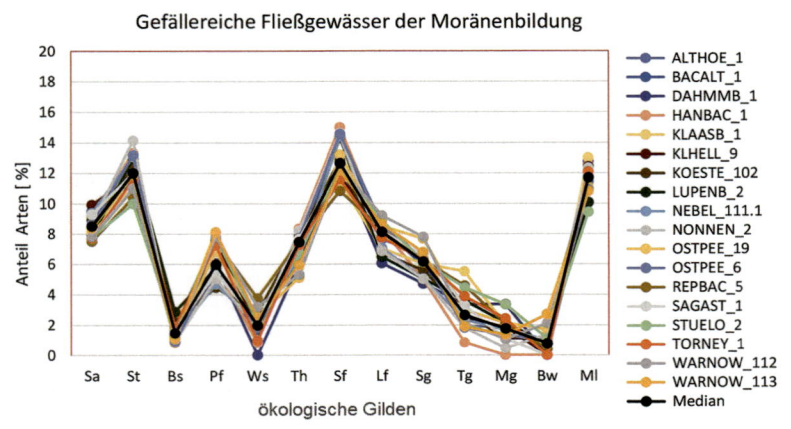

Abb. 59.2 Beispiele für die Ableitung von Referenzen durch Aggregation ähnlicher Profile. (© Institut biota Bützoww)

der einzelnen Gewässertypen die natürliche Gilden-Varianz in der Zusammensetzung der Biozönosen zu erfassen. Diese natürliche Schwankungsbreite ist eine wichtige Variable bei der späteren Interpretation der Abweichung des Ist-Zustandes vom Referenzprofil und der Ableitung von Maßnahmen.

Nachdem die typspezifischen Referenzkurven entwickelt worden waren, wurde ein Berechnungstool programmiert, das auf Basis der ermittelten Naturraumdefizite mögliche Sanierungsmaßnahmen ausgibt.

59.2.2 Zuordnung von Maßnahmenkomplexen beim Auftreten von bestimmten Defiziten

Beim Vergleich zwischen Ist-Zustandsprofilen und den Referenzprofilen werden positive wie negative Abweichungen sichtbar, die einer Interpretation bedürfen. Auf Grundlage dieser Abweichungen können Maßnahmen abgeleitet werden. Dabei ist zu beachten, dass die visuellen Interpretationen der Profilverläufe

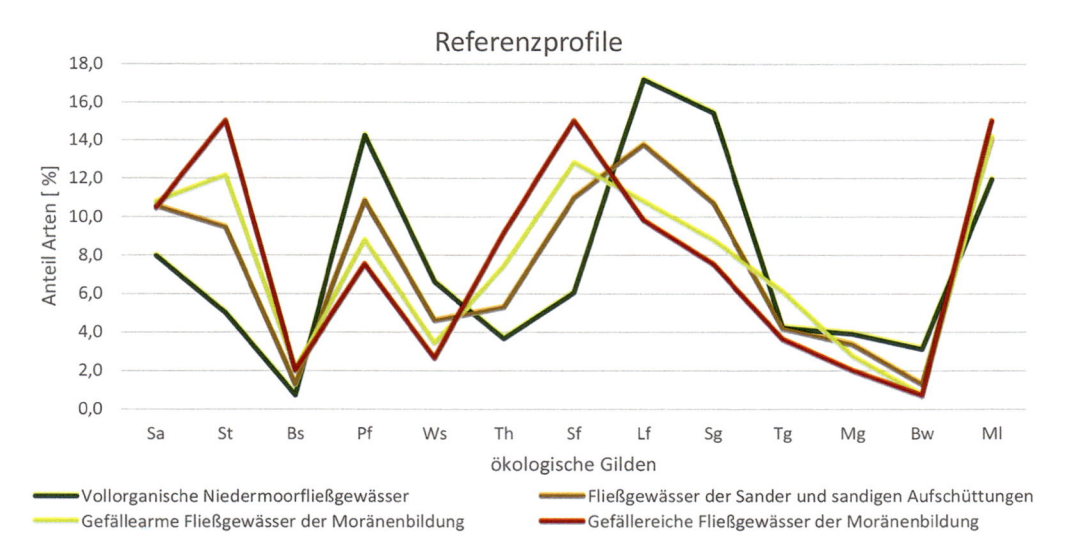

Abb. 59.3 Die vier Referenzprofile für aggregierte Typen im Vergleich. (© Institut biota Bützow)

- zum einen typspezifisch durchgeführt werden müssen,
- zum anderen nicht als eindeutige Zuordnung zu sehen sind.

So kann eine ursächlich begründete Abweichung je nach graduellem Niveau zu differierenden Wirkungen führen. Damit sind dann ggf. auch andere Maßnahmen verbunden. Zudem wechselwirken unter Umständen verschiedene Defizite miteinander und können sich aufsummieren. Somit wurden immer nur häufige Defizite benannt und mögliche Maßnahmen beschrieben. Bei sehr komplexen Defiziten, die partiell im Einzugsgebiet verortet sind (u. a. Stoffeinträge aus Erosion), muss die Ursache vor Ort analysiert werden. Die Defizit-/ Maßnahmenableitung darf nicht starr angewandt werden, sondern sollte immer individuell verifiziert werden. Da jedes Gewässer ein „Individuum" ist, können Maßnahmen auch in unterschiedlichem Maße variieren.

59.2.3 Entwicklung und Anwendung eines Berechnungs- und Auswertetools (BATÖP)

Für die praktische Anwendung der ökologischen Profile zur Defizit-/ Maßnahmenableitung wurde 2019 ein Berechnungs- und Auswertetool (BATÖP) entwickelt. Auf Basis des Programmes MS-Excel entstand ein benutzerfreundliches Tool, bei dem man innerhalb weniger Schritte von einer Artenliste zu einer grafischen Darstellung des Profils und zu möglichen Maßnahmen gelangt (Abb. 59.4).

Die Erstellung der Gildenprofile findet auf Grundlage des an der Probestelle mittels Multi-Habitat-Sampling (MHS) nachgewiesenen Makrozoobenthos statt. Zur korrekten Verarbeitung der Listen müssen die Arten nach der Nomenklatur von Mauch et al. [10] eingegeben werden, zusätzlich ist der ID-Code der operationellen Taxaliste [11] essentiell. Bei der Anwendung

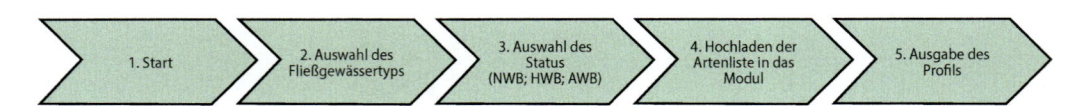

◘ **Abb. 59.4** Schrittfolge im Berechnungs- und Auswertetool (Legende: NWB = natürlicher Wasserkörper, HMWB = deutlich veränderter Wasserkörper, AWB = künstlicher Wasserkörper). (© Institut biota Bützoww)

des Tools ist auf die Auswahl des korrekten Fließgewässertyps zu achten, da die möglichen Maßnahmen typspezifisch ausgegeben werden. Über ein Drop-down-Menü kann zwischen den vier aggregierten Typen gewählt werden.

Anschließend ist der Gewässerstatus auszuwählen. Da das Modul in erster Linie für natürliche Gewässer (NWB) entwickelt wurde, können die Profile bei stark veränderten (HMWB) oder künstlichen Gewässer (AWB) zwar dargestellt werden, es findet jedoch keine Ausgabe von Maßnahmen statt. Die Darstellung der HMWB- bzw. AWB-Profile erfolgt, um die Abweichungen zum Referenzzustand zu verdeutlichen. Die Ausgabe der Maßnahmen unterbleibt hierbei, da bei dieser Gewässerkategorie meist umfassende ökologische Sanierungsmaßnahmen erforderlich sind.

Nach dem Einladen der Artenliste erfolgt eine grafische Darstellung des Ist-Zustandsprofils im Vergleich zum zuvor ausgewählten Referenzprofil. Das Tool erkennt die Abweichung zwischen Referenz- und Ist-Profil und erstellt eine Übersicht möglicher Maßnahmen, die als PDF-Datei exportiert werden kann (◘ Abb. 59.5). Es ist

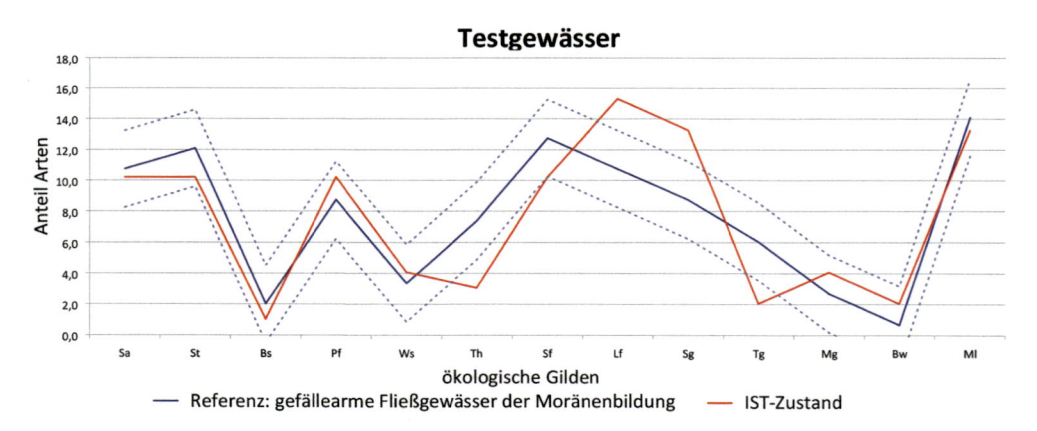

Anzahl Taxon eingestuft: 22

Maßnahmen
Einrichtung eines abgestuft bepflanzten Entwicklungskorridors (standorttypische und heimische Hochstauden, Sträucher und Bäume)
Verbesserung Wasserhaushalt der Niederung (Ursache für gestörten Wasserhaushalt prüfen und geeignete Maßnahmen einleiten)
Anpflanzung standorttypischer Ufergehölze
Belassen von standorttypischem (heimischem) Totholz im Gewässer und kontrollieren der Lagestabilität
Erarbeitung eines GEPP zur Beschränkung der Gewässerunterhaltung auf den notwendigen Umfang (z. B. bei Ausbildung von Gefahrensituationen, beobachtende Gewässerunterhaltung)
Anzahl der Neozoen: 1

◘ **Abb. 59.5** Mittels des Berechnungs- und Auswertetools (BATÖP) erstelltes ökologisches Profil und vorgeschlagene Maßnahmen für die ökologische Sanierung eines Testgewässers (Liste gekürzt). Legende: Abkürzungen siehe Bild 1. (© Institut biota Bützoww)

jedoch unerlässlich, die ausgegebenen Maßnahmen für den konkreten Fall auf ihre Relevanz und Anwendbarkeit hin zu prüfen. Das Berechnungs- und Auswertetool (BATÖP) kann beim LUNG M-V angefordert werden.

In der Praxis bieten sich eine Vielzahl von Anwendungsmöglichkeiten. Diese reichen von der Projektplanung, über die Maßnahmenplanung und -priorisierung bis hin zur Durchführung von Effizienzkontrollen nach erfolgter ökologischer Sanierung. Dabei kann das Berechnungs- und Auswertetool (BATÖP) sowohl von privaten Planungsbüros als auch von Umweltbehörden genutzt werden. Über die indikativen Leistungen der Gewässerorganismen kann eine analytische Schlussfolgerung zu vorhandenen Defiziten getroffen werden.

Dank Die Autoren danken Dipl.-Biol. Angela Berlin, Frau Dipl.-Ing Klaudia Lüdecke und Herrn Dipl. Geogr. Torsten Foy (Institut biota) für die intensive Mitarbeit bei der Entwicklung der ökologischen Profile und bei der technischen Umsetzung des Berechnungs- und Auswertetools (BATÖP).

Literatur

1. Mehl, D. & Thiele, V. (1998): Fließgewässer- und Talraumtypen des Norddeutschen Tieflandes.- 261 pp. (Parey Buchverlag) Berlin.
2. WRRL (2000): Richtlinie des Europäischen Parlamentes und des Rates zur Schaffung eines Ordnungsrahmens für Maßnahmen der Gemeinschaft im Bereich der Wasserpolitik (EU-Wasserrahmenrichtlinie). - Dokument 617 ENV, CODEC 513.
3. Root, R. (1967): The niche exploitation pattern of the blue-gray gnatcatcher. – Ecological Monographs 37: 317–350.
4. Begon, M. E., Harper, L. & Townsend, C.R. (1998): Ökologie. –Heidelberg, Berlin (Spektrum Verlag): 750 S.
5. Köppel (1997). Die Großschmetterlinge der Rastatter Rheinaue. Habitatwahl sowie Überflutungstoleranz und Überlebensstrategien bei Hochwasser. - Neue Entomologische Nachrichten 39: 1–624.
6. Thiele, V. & Cöster, I. (1999): Zur Kenntnis der Schmetterlingsfauna verschiedener Flußtaltypen in Mecklenburg-Vorpommern (Lep.). I. Untersuchungsräume und ihr Artenspektrum. – Ent. Nachr. Ber. 43, 87–99.
7. Thiele, V. (2000): Zur Kenntnis der Schmetterlingsfauna verschiedener Flußtaltypen in Mecklenburg-Vorpommern (Lep.). II. Zusammensetzung der Schmetterlingsvergesellschaftungen unterschiedlicher Taltypen. – Ent. Nachr. Ber. 44, 137–144.
8. Thiele, V., Degen, B., Berlin, A. & Blüthgen, G. (2003): Erfahrungen mit dem Instrument der Gewässerentwicklungspläne bei der ökologischen Sanierung der Uecker. – Wasser + Boden 55/5: 38–43.
9. Biota (2019): Erarbeitung von Referenzen für ökologische Profile. Im Auftrag des Staatlichen Amtes für Landwirtschaft und Umwelt Mittleres Mecklenburg. 51 S.
10. Mauch, E., Maetze, A. & Schmedtje, U. (2003–2017): Taxaliste der Gewässerorganismen Deutschlands zur Erfassung und Kodierung biologischer Erhebungen im und am Gewässer. - Informationsberichte des Bayerischen Landesamtes für Wasserwirtschaft 1/03: 1–388, (Bayerisches Landesamt für Wasserwirtschaft) München, digitale Fortführung.
11. AQEM Consortium (2014): ASTERICS (Version 4.0.4, herausgegeben im Oktober 2014) – einschließlich PERLODES – (Deutsches Bewertungssystem auf Grundlage des Makrozoobenthos), Software Handbuch für die deutsche Version. 125 S.

Auswirkungen historischer anthropogener Einflüsse auf den heutigen Gewässer- und Hochwasserschutz

Anna-Lisa Maaß

Menschliche Aktivitäten beeinflussen bereits seit Jahrhunderten die Fließgewässersysteme. Heutzutage werden vor allem kleine Fließgewässer renaturiert, da diese direkt abhängig von natürlichen und menschlichen Veränderungen im Einzugsgebiet sind und menschliche Aktivitäten die ursprünglichen Bedingungen überlagern. Doch ist die Rückkehr zu einem „morphologisch natürlichen" Zustand überhaupt möglich?

Die Mobilisierung, der Transport und die Ablagerung von Sedimenten sind dynamische Prozesse. Anthropogene Einflüsse in Form von Landnutzungsänderungen, Hochwasserschutzmaßnahmen, Wasserkraftanlagen, Bergbauaktivitäten, Schifffahrt und Trinkwasserversorgung haben nicht nur die Abflussdynamik, sondern auch die Morphodynamik der Fließgewässersysteme verändert und beeinflussen daher den heutigen Gewässer- und Hochwasserschutz (Abb. 60.1).

Es besteht nur selten ein umfangreiches Prozessverständnis über den dynamischen Transport von Sedimentströmen in Bezug zur gesamten Einzugsgebietsebene der meisten Fließgewässersysteme. Dennoch ist es entscheidend, die hydrodynamischen und morphodynamischen Prozesse unserer heutigen Fließgewässersysteme zu verstehen und dabei sowohl den historischen, annähernd natürlichen, als auch den heutigen, menschlich beeinflussten, Zustand zu untersuchen sowie zukünftige Entwicklungen zu analysieren. Bereits in der EG-Wasserrahmenrichtlinie (aus dem Jahr 2000) ist festgeschrieben, dass es nicht möglich ist, zu einem „natürlichen" morphologischen Zustand zurückzukehren, sodass bei Renaturierungsmaßnahmen Kompromisse eingegangen werden müssen [1].

> **Kompakt**
> - Die historischen anthropogenen Einflüsse sind ein irreversibler Bestandteil von Fließgewässersystemen, die sich zeitlich und räumlich überlagern.
> - Anthropogene Einflüsse in Form von Landnutzungsänderungen, Hochwasserschutzmaßnahmen, Wasserkraftanlagen, Bergbauaktivitäten, Schifffahrt und Trinkwasserversorgung

Zuerst erschienen in Wasser und Abfall 1–2/2021

haben nicht nur die Abflussdynamik, sondern auch die Morphodynamik der Fließgewässersysteme verändert und beeinflussen den heutigen Gewässer- und Hochwasserschutz.
- Auch wenn die historischen Randbedingungen bei der Umsetzung von Renaturierungsmaßnahmen berücksichtigt werden, scheint eine Rückkehr in einen „morphologisch natürlichen" Zustand fraglich.

Im Rahmen eines DFG-Forschungsprojektes am Institut für Wasserbau und Wasserwirtschaft der RWTH Aachen University wurden in den Jahren 2015–2019 die Auswirkungen beispielhafter menschlicher Einflussfaktoren auf die fluviale Morphodynamik kleiner Fließgewässersysteme untersucht und in einer kumulativen Dissertation veröffentlicht [1]. Das Ziel war es, das Verständnis von Sedimenttransportprozessen und morphodynamischen Veränderungen auf der Einzugsgebietsebene von kleinen Fließgewässern zu verbessern und dieses Wissen auf die Planung, Umsetzung und Kontrolle von Renaturierungsmaßnahmen zu übertragen.

Im Fokus standen dabei unterschiedliche technische Einflussfaktoren seit der Industriellen Revolution. Es wurden Querbauwerke in Form von Wassermühlen [2], bergbaulich bedingte Senkungen der Geländeoberfläche [3] und Renaturierungsmaßnahmen [4–6] als drei Beispiele für menschliche Einflussfaktoren in kleinen Flusseinzugsgebieten ausgewählt und hinsichtlich ihrer Einflüsse auf die fluviale Morphodynamik untersucht.

Die unterschiedlichen methodischen Herangehensweisen zur Analyse der Auswirkungen der drei Einflussfaktoren sowie die Ergebnisse der Untersuchungen werden nachfolgend zusammengefasst.

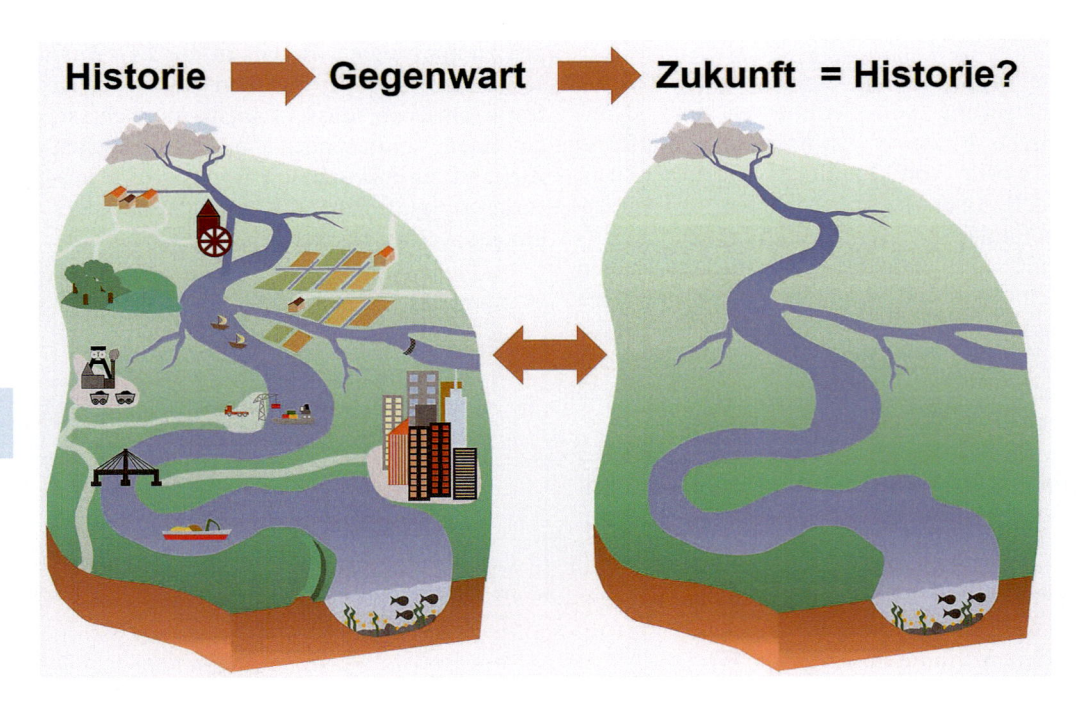

Abb. 60.1 Schematische Darstellung menschlicher Einflussfaktoren auf Fließgewässersysteme in Zentraleuropa seit Beginn des Holozäns (angelehnt an [7]). (© Anna-Lisa Maaß)

60.1 Auswirkungen von Wassermühlen

Für die Untersuchungen der Auswirkungen des Baus und Rückbaus von Querbauwerken in Form von Wassermühlen wurden physikalische Gleichungen zur Beschreibung des Längsprofils angewandt sowie Feldmessungen zur Bestimmung der Vorlandsedimentation im Staubereich von Mühlenwehren ausgewertet.

Die Ergebnisse der Untersuchungen zeigen, dass das Zusammenspiel von Bau und Rückbau einer Wassermühle zu einer lokalen Einschneidung der Gewässersohle und damit zu einer Entkopplung von Fluss und Vorland sowie hinsichtlich des Gewässer- und Hochwasserschutzes zu einer Verringerung der Überflutungsfrequenz und damit zu einer verringerten Deposition von Feinsediment auf den Vorländern führt [2].

60.2 Auswirkungen von Bergsenkungen

Die Auswirkungen von bergbaulich bedingten Senkungen auf die sog. *trapping efficiency* von Vorländern wurden mittels numerischer 2D-Modellierung (Anwendung der Software Delft3D) untersucht. Es wurden unterschiedliche Szenarien verglichen und hinsichtlich der mittleren Vorlandsedimentation analysiert. In den Szenarien wurden Tiefe, Ort und Ausdehnung der Bergsenkungen variiert.

Die Ergebnisse der numerischen Szenarioanalyse haben gezeigt, dass Bergsenkungen zu einer Erhöhung der Vorlandüberflutungsfrequenz führen und die Ausbreitung der Vorlandüberflutung erhöhen. Gleichzeitig stellen Bergsenkungen eine lokale Sedimentfalle dar und erhöhen somit die mittlere Vorlandsedimentation [3].

60.3 Auswirkungen von Gewässerverlegung und Gewässerrenaturierung

Anhand eines im Jahr 2005 renaturierten Gewässerabschnittes der Inde wurde beispielhaft untersucht, welche Auswirkungen Gewässerverlegung und Gewässerrenaturierung auf die Entwicklung eines Gewässersystems in Richtung eines morphodynamischen Gleichgewichts haben [3, 4]. Die Untersuchungen und Auswertungen basierten auf umfangreichen Feldmessungen in den Jahren 2005–2018. Insbesondere dieses konkrete Beispiel einer bereits umgesetzten Renaturierungsmaßnahme wurde genutzt, um zu untersuchen, ob es möglich ist, einen „morphologisch natürlichen" Zustand wiederherzustellen [1].

Die Ergebnisse der Untersuchungen zeigen, dass ein neu angelegtes Gewässerbett sehr gut geeignet ist, den Sedimenttransport und die morphologische Entwicklung eines Gewässers zu analysieren. Am Beispiel der Neuen Inde wurde deutlich, dass die Entwicklungsprozesse eines neu angelegten Gewässerabschnittes unmittelbar abhängig von den hydrologischen Verhältnissen nach Umschluss des neuen Abschnittes und der zu diesem Zeitpunkt vorherrschenden Vegetation sind und dass sich ein Gewässer bereits nach einer Zeit von rd. 10 Jahren in Richtung eines (morpho-)dynamischen Gleichgewichts entwickeln kann [3, 4].

60.4 Auswirkungen von Vorlandreaktivierungen

Nachdem die Auswirkungen der historisch geprägten menschlichen Einflussfaktoren beispielhaft untersucht und bereits anhand eines Fallbeispiels betrachtet wurden, wurden abschließend die Auswirkungen unterschiedlicher Varianten zum Wiederanschluss von Vorländern an die Gewässerdynamik bei Renaturierungsmaßnahmen anhand einer numerischen Szenarien-Studie (Anwendung der Software Delft3D) untersucht.

Die Ergebnisse der numerischen Szenarien-Studie zeigen, dass die Reaktivierung von Vorländern nicht zwangsläufig zu einer Remobilisierung von Feinsediment führt. Gleichzeitig zeigen die Ergebnisse jedoch, dass immer die fluviale Morphodynamik und eine eigenständige, natürliche Gewässerentwicklung angeregt wird. Grundsätzlich gilt, dass die Entkopplung von Fluss und Vorland ein kontinuierlicher und natürlicher Prozess ist, der durch menschliche Einflüsse eine erhebliche Beschleunigung erfahren kann [6].

60.5 Zusammenfassung und Synthese

Fließgewässersysteme sind (morpho-)dynamisch. Dabei greifen menschliche Einflüsse seit Jahrhunderten in die Gewässerentwicklung ein und es kommt zu einer zeitlichen und räumlichen Überlagerung der Einflussfaktoren. Beispielsweise wurde an vielen Gewässern nicht nur eine Wassermühle, sondern eine Kette von Wassermühlen gebaut, die zu einem in Längsrichtung ausgeprägten Einschneiden der Gewässersohle geführt hat. Im Laufe der Zeit kam es dann zu einer Überlagerung der Einflüsse von Wassermühlen und Bergsenkungen. Hierbei ist es möglich, dass bergbaulich bedingte Senkungen auf den Vorländern aufgrund des tiefen Einschneidens der Gewässersohle und der stark erhöhten Vorländer im Falle von Hochwasser gar nicht erst erreicht werden [1].

Die beiden historisch geprägten menschlichen Einflussfaktoren in Form von Wassermühlen und Bergsenkungen sind Beispiele für diverse menschliche Faktoren in kleinen Flusseinzugsgebieten, deren morphodynamische Konsequenz – eines tief eingeschnittenen Flusses mit hohen, steilen Ufern und entkoppelten Vorländern, die große Feinsedimentdepots beinhalten – charakteristisch ist für viele Gewässersysteme in Mittel- bis Westeuropa. Bei Gewässerrenaturierungsmaßnahmen muss die Reaktivierung dieser Feinsedimentdepots unabdingbar berücksichtigt werden, um negative Folgen für den Gewässer- und Hochwasserschutz zu vermeiden [1].

Generell gilt, dass die historischen (menschlichen) Einflussfaktoren ein irreversibler Bestandteil von Fließgewässersystemen sind und bei der Umsetzung von Renaturierungsmaßnahmen unabdingbar berücksichtigt werden müssen [1].

60.6 Hinweis

Der Beitrag fußt auf einer Dissertation [1] und basiert auf einer Präsentation, die beim Digitalen Fachforum beim 35. BWK Bundeskongress „Synergien aus Hochwasserschutz und Gewässerschutz" im Oktober 2020 gehalten wurde.

Literatur

1. Maaß A.-L. (2019): Looking back, looking forward: Human impacts on fluvial morphodynamics since the Industrial Revolution and the return to a natural morphological river state. Dissertation. ▶ https://doi.org/10.18154/RWTH-2019-08256.
2. Maaß A.-L., Schüttrumpf H. (2019): Elevated floodplains and net channel incision as a result of the construction and removal of water mills, Geografiska Annaler: Series A, Physical Geography. vol. 101, issue 2 ▶ https://doi.org/10.1080/04353676.2019.1574209.
3. Maaß A.-L., Schüttrumpf H. (2018): Long-term effects of mining-induced subsidence on the trapping efficiency of floodplains, Anthropocene 24:1–13. org/▶ https://doi.org/10.1016/j.ancene.2918.10.001.
4. Maaß A.-L., Esser V., Frings R. M., Lehmkuhl F., Schüttrumpf H. (2018) Morphodynami-

sche Entwicklung eines renaturierten Gewässers am Beispiel der neuen Inde, WASSER UND ABFALL 20 (6): 22–28.
5. Maaß A.-L., Esser V., Frings R.M., Lehmkuhl F., Schüttrumpf H. (2018): A decade of fluvial morphodynamics: relocation and restoration of the Inde River (North-Rhine Westphalia, Germany), Environmental Sciences Europe 30:40. ▶ https://doi.org/10.1186/s12302-018-0170-0.
6. Maaß A.-L., Schüttrumpf H. (2019): Reactivation of floodplains in river restorations: Long-term implications on the mobility of floodplain sediment deposits, Water Resources Research, 55. 8178–8196. ▶ https://doi.org/10.1029/2019WR024983.
7. Gibling M.R. (2018): River Systems and the Anthropocene: A Late Pleistocene and Holocene Timeline for Human Influence. Quaternary 1:21. ▶ https://doi.org/10.3390/quat1030021.

Aktives Flächenmanagement zur Vorbereitung von Fließgewässerrenaturierung

Dietmar Mehl, Johanna Schentschischin, Tim G. Hoffmann, Daniela Krauß, Martina Schimmelmann, Forstingenieur Watzek, Frank Blodow und Steve Bunzel

Maßnahmen zur Renaturierung von Fließgewässern benötigen Flächen, die im Regelfall Nutzungen zugeführt sind. Vorausschauendes Flächenmanagement sowie Kooperation und partizipatives Vorgehen sind hier notwendig, um die Belange der Grundstückseigentümer aufgreifen zu können und die benötigten Flächen verfügbar zu machen. Am Beispiel vom Vorpommern wird dieses prospektive und stategische Flächenmanagement vorgestellt.

61.1 Hintergrund und strategische Zielstellung

Flächenmanagement dient grundsätzlich der ziel- bzw. zweckorientierten Optimierung einer Flächeninanspruchnahme. Zur Vorbereitung von Maßnahmen einer Fließgewässerrenaturierung steht eine notwendige Verfügbarmachung von Flächen entlang der Fließgewässer im Vordergrund. Der rechtliche Hintergrund ergibt sich aus den Zielstellungen der WRRL [1] bzw. aus den Bewirtschaftungszielen für oberirdische Gewässer gemäß § 27 WHG [2]: Verbesserung des ökologischen Zustands/Potenzials der Gewässer.

Flächen sind primär erforderlich für hydromorphologische Verbesserungsmaßnahmen durch aktive bauliche, gestaltende Tätigkeiten, das Zulassen einer nicht nutzungsbeschränkten hydromorphologischen Eigendynamik des Gewässers und auch für eine Verbesserung des Hochwasserschutzes (zusätzlicher Retentionsraum sowie Risikoreduktion durch angepasste Nutzungen).

Für den beidseitig eines Fließgewässers für solche Zwecke bereitstehenden (Mindest-)Raum hat sich der Begriff des „Gewässerentwicklungskorridors" etabliert. „Entscheidend ist, dass den Fließgewässern wo immer möglich dieser Entwicklungsraum gelassen wird. Der nachhaltige Gleichgewichtszustand stellt sich innerhalb eines Entwicklungskorridors ein. Dieser ist dem Hochwasserabfluss angepasst, bietet gewässertypische Strukturen und Habitate, erfordert praktisch keinen Unterhaltungsaufwand und bietet verlässliche Grenzen gegenüber benachbarten Nutzungen" [3], sodass sogar Planungssicherheit für Dritte erreicht werden kann.

Zuerst erschienen in Wasser und Abfall 10/2020

© Der/die Autor(en), exklusiv lizenziert an Springer Fachmedien Wiesbaden GmbH, ein Teil von Springer Nature 2023
M. Porth et al. (Hrsg.), *Wasser, Energie und Umwelt*,
https://doi.org/10.1007/978-3-658-42657-6_61

> **Kompakt**
> - Der vorsorgenden Flächensicherung kommt bei der Umsetzung der WRRL oder der HMRM-RL eine große Bedeutung zu.
> - Hilfreich ist es daher, wenn Flurneuordnungsmaßnahmen im Zusammenhang mit der WRRL oder der HWRM-RL ein hohes Gewicht eingeräumt wird.
> - Eine systematische, andauernde und auf den Prinzipien von Kooperation und Partizipation mit den Betroffenen aufbauende Vorgehensweise kann dazu beitragen, die benötigten Flächen zu sichern und hilft, Ablehnungsquoten zu minimieren.

Das eigentliche Problem in der Kulturlandschaft besteht darin, dass die ursprünglich in der gesamten morphologischen Aue wirksamen natürlichen geo- und hydromorphologischen Prozesse für das Gros der Fließgewässer nutzungsbedingt eingeschränkt oder unterbunden sind, z. B. Analyse in [4]. Hierfür sind vor allem Flächennutzungen aller Art verantwortlich; in der freien Landschaft reichen die mehrheitlich landwirtschaftlich genutzten Flächen häufig bis an das Ufer der Fließgewässer.

Zur Umsetzung der o. g. Zielstellungen müssen, wo dies erreichbar ist, die Nutzungen zumindest aus dem Gewässerentwicklungskorridor zurückgedrängt werden. Dies berührt Eigentums- und Nutzungsverhältnisse und bedarf eines gemeinsamen und möglichst konsensualen Flächenmanagements. Interessenlagen müssen identifiziert, Kompensations- und Ersatzlösungen gefunden und Akzeptanz hergestellt werden. Besonders hohe Bedeutung hat dabei die Vermeidung wirtschaftlicher Nachteile für private Grundeigentümer und Nutzer. Erfolgreiche Renaturierungen bedürfen der Kooperation und der Partizipation [5, 6] (◘ Abb. 61.1).

In Mecklenburg-Vorpommern (M-V) bestehen dahingehend sehr positive Erfahrungen durch Verbindung von WRRL-Aktivitäten mit der „Integrierten ländlichen Entwicklung", insbesondere mit den Instrumentarien der Flurneuordnung, mit zusätzlichen Synergien (Naturschutz, Bodenschutz/Moorschutz, Umweltbildung usw.) sowie deutlichen Zeit- und Kostenersparnissen bei der Umsetzung der wasserwirtschaftlichen Vorhaben [7–10].

Die landesspezifischen wasserwirtschaftlichen Aktivitäten sind auch auf die vom Wasserhaushalt abhängigen Landökosysteme (Artikel 1 WRRL [1]) ausgerichtet, aber weder finanziell noch personell allein leistbar. So sind beispielsweise die großen nordostdeutschen Talmoore hydromorphologisch und hydrologisch/hydrogenetisch nur teilweise mit den Fließgewässern verknüpft (natürliche Grundwasserprägung, zum Talrand hin anwachsend). Hier wird daher eine Koordinierung und zielführende Abstimmung mit natur-/bodenschutzfachlichen Strategien praktiziert (insbesondere im Hinblick auf die Umsetzung des Moorschutzprogramms M-V [11]).

Eigens für Zwecke der WRRL-Umsetzung hatte das Land M-V im Jahr 2018 rund 2600 ha Fläche von der bundeseigenen BVVG Bodenverwertungs und -verwaltungs GmbH käuflich übernommen („WRRL-Flächenpool"). Die BVVG ist eine Nachfolgeeinrichtung der vereinigungsbedingt gegründeten Treuhandanstalt und privatisiert in den ostdeutschen Bundeländern ehemals volkseigene land- und forstwirtschaftliche Flächen der DDR. Im Jahr 2018 waren noch 3,08 % der gesamten landwirtschaftlichen Nutzfläche in Mecklenburg-Vorpommern in der Hand der BVVG; dies entspricht einer Fläche von 41.400 ha [12].

Aktives Flächenmanagement zur Vorbereitung …

Gewässerrenaturierung im Spannungsfeld der Interessen

An Gewässern treffen viele Interessen zusammen. Für Renaturierungsprojekte müssen neue Kompromisse gefunden und Nutzungskonflikte planerisch gelöst werden.

Frühzeitige, offene und regelmäßige Kommunikation zwischen allen Beteiligten erhöht die Zufriedenheit mit dem Renaturierungsergebnis.

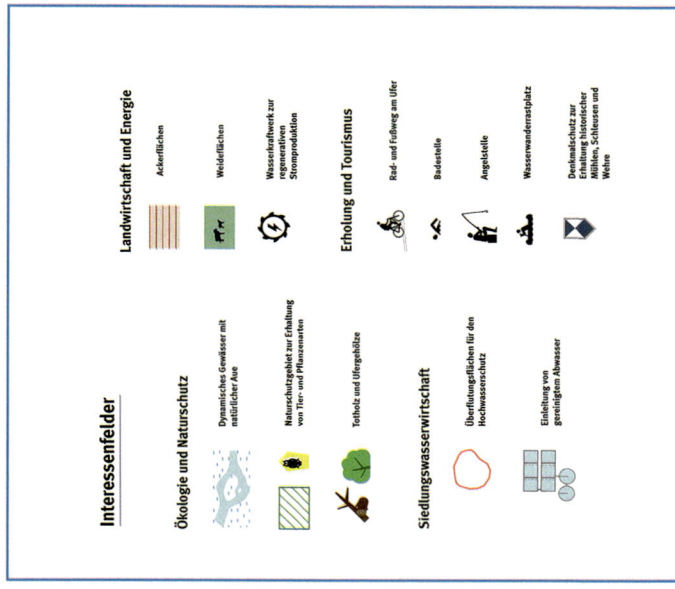

Interessenfelder

Ökologie und Naturschutz
- Dynamisches Gewässer mit natürlicher Aue
- Naturschutzgebiet zur Erhaltung von Tier- und Pflanzenarten
- Totholz und Ufergehölze

Siedlungswasserwirtschaft
- Überflutungsflächen für den Hochwasserschutz
- Einleitung von gereinigtem Abwasser

Landwirtschaft und Energie
- Ackerflächen
- Weideflächen
- Wasserkraftwerk zur regenerativen Stromproduktion

Erholung und Tourismus
- Rad- und Fußweg am Ufer
- Badestelle
- Angelstelle
- Wasserwanderrastplatz
- Denkmalschutz zur Erhaltung historischer Mühlen, Schleusen und Wehre

Mehr Infos zur Kooperation und Partizipation: uba.de/partnerat

CC BY-ND 4.0 Umweltbundesamt 2019 | www.uba.de/renaturierung

Abb. 61.1 Gewässerrenaturierung im Spannungsfeld der Interessen, Grafik (unverändert): Umweltbundesamt [6], Lizenz: CC BY-ND 4.0. (© Umweltbundesamt)

61.2 Aufgabenstellung, Organisation und Vorgehen

61.2.1 Aufgabenstellung

Strategisches Ziel der „Richtlinie zur Förderung nachhaltiger wasserwirtschaftlicher Vorhaben" im Land M-V (WasserFöRL M-V) [13] bildet insbesondere eine umweltverträgliche Bewirtschaftung der Wasserressourcen zur Umsetzung von WRRL [1], aber auch von MSRL [14] und HWRM-RL [15]. Die Richtlinie eröffnet die Möglichkeit zur Förderung konzeptioneller Projekte der naturnahen Gewässerentwicklung, getrennt von einer (eventuellen späteren) investiven Maßnahme. Vorhabenträger können auf per Rahmenvertrag mit dem Landesamt für innere Verwaltung M-V gebundene Fach- bzw. Gutachterbüros zurückgreifen [16].

Das Staatliche Amt für Landwirtschaft und Umwelt Vorpommern (StALU VP) hat auf diesem Wege im Jahr 2018 zwei Fachbüros beauftragt, welche im Amtsbereich (betrifft administrativ die Landkreise Vorpommern-Rügen und Vorpommern-Greifswald) „Flächenmanagementleistungen zur Vorbereitung/Durchführung von Gewässerentwicklungsvorhaben in Teileinzugsgebieten der Flussgebietseinheit Warnow/Peene" durchführen (◘ Abb. 61.2).

Dabei soll das Flächenmanagement prioritär bei aktuell laufenden Umsetzungsmaßnahmen wirksam werden, z. B. an der Barthe und an der Trebel [17, 18], als auch ausdrücklich der strategischen Vorbereitung von künftigen Maßnahmen dienen (kommende EU-Förderperiode). Relevant ist, dass das StALU VP sowohl als regionale Umweltfachbehörde als auch als untere Wasserbehörde für Gewässer 1. Ordnung nach § 107 LWaG [19] sowie als regionale Flurneuordnungsbehörde nach LwAnpG [20] und FlurbG [21] fungiert.

Besonders erwähnenswert ist, dass in M-V bei der Anordnung von Verfahren nach LwAnpG [20] oder FlurbG [21] (außer Freiwillige Landtauschverfahren nach LwAnpG und FlurbG und Verfahren zur Zusammenführung von Boden und Gebäudeeigentum nach LwAnpG) der

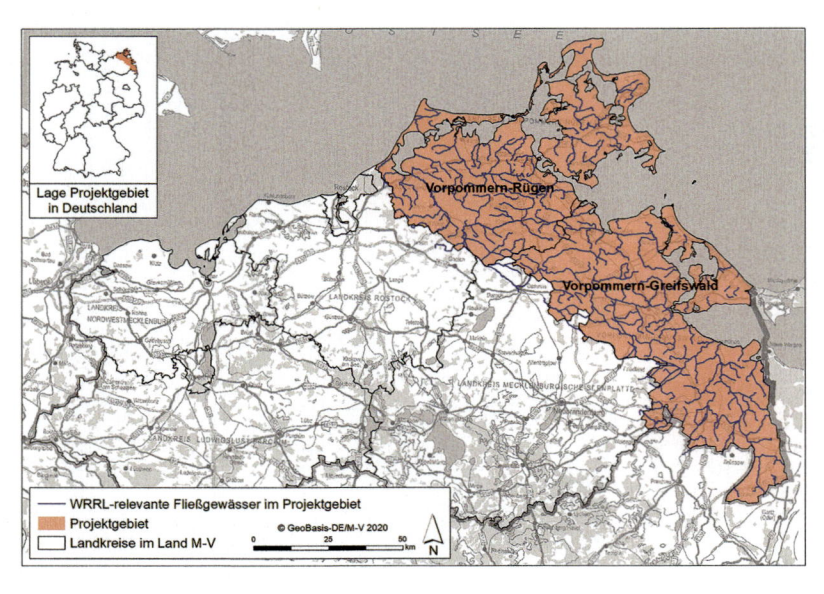

◘ **Abb. 61.2** Administrativer Raum in Mecklenburg-Vorpommern für die beauftragten Flächenmanagementleistungen: Landkreise Vorpommern-Rügen und Vorpommern-Greifswald. (© Institut Biota GmbH)

Umsetzung oder der Unterstützung von Maßnahmen im Zusammenhang mit der WRRL [1] oder der HWRM-RL [15] generell ein sehr hohes Gewicht eingeräumt wird, vgl. hierzu Bewertungskriterien nach aktuellem Flurneuordnungsprogramm M-V [22].

Die wesentlichen Aufgaben des beauftragten Flächenmanagements sind:

- Erarbeiten von räumlichen Zielkulissen (Gewässerentwicklungskorridore),
- Ermittlung von Eigentums- und Pachtverhältnissen (überwiegend innerhalb der Gewässerentwicklungskorridore),
- Ermittlung von Verkaufsbereitschaft und Vorbereitung des Ankaufes durch das Land Mecklenburg-Vorpommern bzw. durch andere Vorhabenträger bei Gewässern 2. Ordnung im Zuge der Projektförderung,
- Ermittlung der Möglichkeiten des freiwilligen Landtausches und/oder der Möglichkeiten des Flächentausches im Rahmen von laufenden Bodenordnungsverfahren nach LwAnpG [20] oder von Flurbereinigungsverfahren nach FlurbG [21]; Tauschkulisse: Flächen aus dem o. g. BVVG-Ankauf, Landesflächen, kommunale Flächen oder ggf. Flächen von Umwelt- und Naturschutzstiftungen; im gesamten Raum der beiden Landkreise stehen insgesamt ca. 733 ha aus dem WRRL-Flächenpool für Tauschzwecke zur Verfügung,
- Ermittlung und Aushandeln von Entschädigungsansprüchen (auch für Grunddienstbarkeiten) mit betroffenen Flächeneigentümern und -nutzern,
- Vorbereiten von Bauerlaubnissen, Planvereinbarungen, Kaufverträgen.

61.3 Organisationsstruktur und Vorgehen

Dem Flächenmanagement liegt organisatorisch und bezüglich der Kommunikations- und Informationsprozesse die Struktur entsprechend ◘ Abb. 61.3 zugrunde. Eine

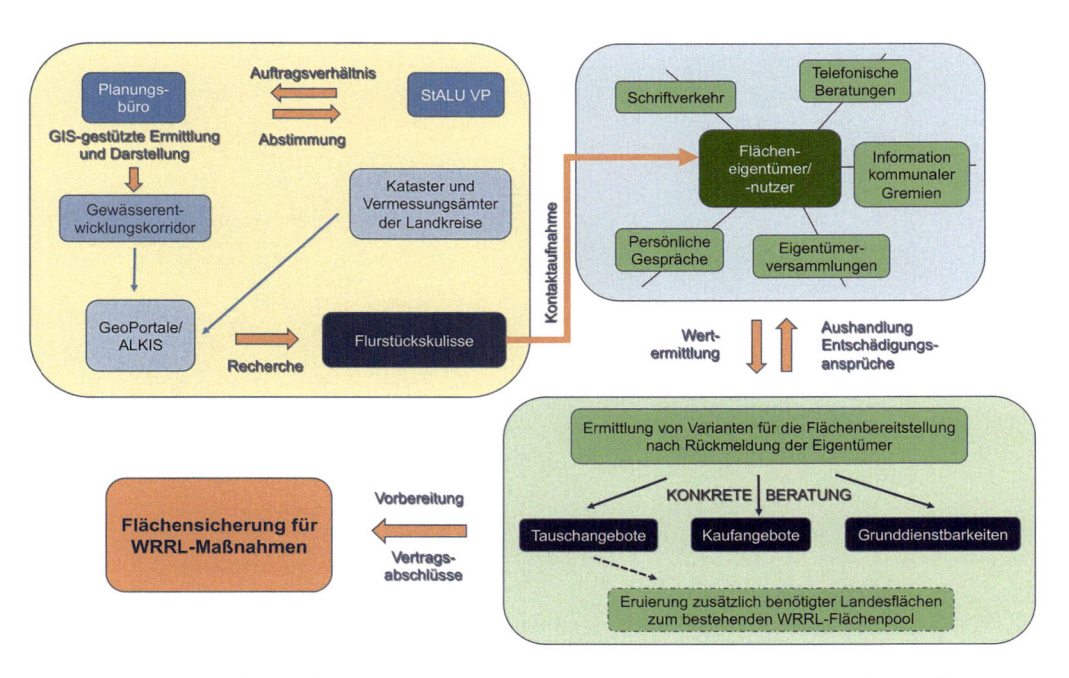

◘ **Abb. 61.3** Organisationsstruktur und Grundprinzipien des Flächenmanagements zur Sicherung der notwendigen Flächenkulisse (WRRL-Gewässerentwicklungskorridor). (© Institut Biota GmbH)

wichtige Grundlage ist, dass von den beiden Kataster- und Vermessungsverwaltungen der Landkreise den beauftragten Fachbüros das auf die Vertragslaufzeit begrenzte Recht eingeräumt wurde, per Fernzugang auf das digitale Amtliche Liegenschaftskataster-Informationssystem (ALKIS) zugreifen zu können. Das ALKIS stellt das bundeseinheitliche System zum Nachweis der Geobasisdaten des Liegenschaftskatasters dar und enthält u. a. den Flurstück-, Grundstücks- und Eigentumsnachweis, die Liegenschaftskarte sowie Ergebnisse der Bodenschätzung. Die Möglichkeit der Dateneinsichtnahme ist auf die potenziellen Suchräume begrenzt. Die Fachbüros fungieren in dieser Hinsicht als Helfer für die zuständige Flurneuordnungsbehörde.

Am Anfang des Vorhabens wurde zunächst der gewässertypspezifische Flächenbedarf für die Entwicklung von Fließgewässern ermittelt. Dabei wurde methodisch auf die LAWA-Verfahrensempfehlung für die Ermittlung des Raumbedarfes [23] zurückgegriffen. Diese stützt sich die Ermittlung der heutigen potenziell natürlichen (hpn) Gewässerbreite unter Einbeziehung der Mäanderlänge, der Windung sowie eines Dynamikfaktors. Die Ableitung umfasst eine ganze Reihe von Arbeitsschritten der GIS-Analyse (z. B. Talbodengefälle, Schwingungsamplitude), der Berechnung (z. B. bordvoller Abfluss bei hpn Gewässerbreite) und der Aussparung bebauter Bereiche; sie kann hier wegen der Umfänglichkeit nicht dargestellt werden. Die entsprechende Dokumentation findet sich bei [24]; ein kartographisches Beispiel zeigt ▫ Abb. 61.4. An den 2437 km WRRL-Fließgewässerwasserkörpern des Raumes ist ein Auen-/Niederungsraum von insgesamt ca. 145.658 ha potenziell relevant. Mit der o. g. Methodik und mittels Faktorengewichtung wurden hiervon 12.787 ha erweiterter und 9231 ha engerer (mindestens in der Breite erforderlicher) Gewässerentwicklungsraum ermittelt.

An die Vorbereitungsarbeiten schließt sich die Kontaktaufnahme und Verhandlung

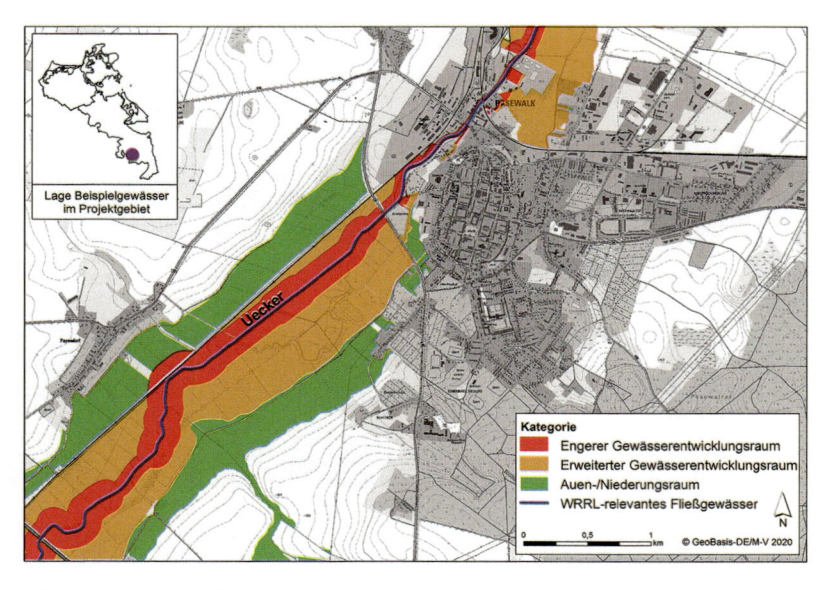

▫ **Abb. 61.4** Entsprechend LAWA (2016) [22] ermittelter Gewässerentwicklungskorridor für einen WRRL-Fließgewässerwasserkörper der Uecker (Ausschnitt). (© IInstitut Biota GmbH)

mit den Flächeneigentümern und -nutzern an (◐ Abb. 61.3). Zur Flächensicherung wird letztlich auf drei Säulen zurückgegriffen: a) wertgleicher Flächentausch, b) Flächenankauf, c) dingliche Sicherung im Grundbuch: Tolerierung von WRRL-Maßnahmen mit finanziell adäquatem Ausgleich der Nutzungs-/Ertragsminderung.

61.4 Bisherige Erfahrungen

Nach ca. zwei Jahren Vorhabenlaufzeit können aus dem Umgang mit Flächeneigentümern und -nutzern erfahrungsseitig erste Schlüsse gezogen werden. Erwartbar zeigt sich, dass vor allem die Reaktionen der privaten Landeigentümer und der landwirtschaftlichen Unternehmen insgesamt stark differieren, wobei persönliche und reale betriebliche/wirtschaftliche Gründe sowie Wertermittlungsmaßstäbe entscheidend sind (◐ Tab. 61.1). Zu konstatieren ist aber auch, dass ein hoher Einfluss auf die lokale/regionale Einstellung zur WRRL-Maßnahmenumsetzung und notwendiger Flächenbereitstellung von Meinungsführern ausgeht. Dies sind häufig Lokalpolitiker, aber auch leitende Kommunalbeamte oder Unternehmer. Die persönliche Einstellung Einzelner beeinflusst daher in hohem Maße die anfängliche Stimmungslage auf gemeindlicher Ebene. In der Mehrzahl der Fälle wird hierdurch eine positive Grundstimmung erzeugt. Bei gegenteiligen Situationen konnten vor allem durch moderierte Informations- und Abstimmungsveranstaltungen sehr häufig trotzdem positive Ergebnisse erzielt werden.

61.5 Erreichter Stand

Bislang wurde bei den gesetzten räumlichen Prioritäten mit ca. 300 Flächeneigentümern und -nutzern Kontakt aufgenommen. Dies umfasst das Anschreiben der Eigentümer/Nutzer, die telefonische Nachverfolgung, tlw. Internetrecherchen, Vor-Ort-Treffen sowie Beratungsgespräche. Die Aktivitäten erstrecken sich bislang auf ungefähr 3000 ha Fläche im Vorhabengebiet; davon sind bereits für ca. 163 ha (Fläche im Gewässerentwicklungskorridor) Lösungen im Sinne der WRRL-Flächensicherung erreicht oder sehr konkret absehbar.

Um die Lösungsvielfalt zu verdeutlichen, ist in ◐ Abb. 61.5 ein konkreter Flussabschnitt mit dem aktuellem (tatsächlichem) Stand dargestellt; aus Datenschutzgründen werden sowohl die konkrete Lage, als auch die Flächengeometrien anonymisiert bzw. schematisiert. Das Beispiel zeigt anschaulich, dass bereits für mehr als 83 % der Fläche (im engeren Entwicklungskorridor) bereits zielführende Resultate erzielt oder mindestens eine Verhandlungsbereitschaft erreicht werden konnte.

Interessant ist hier ein Vergleich mit Infrastruktur-Vorhaben, die gleichfalls ein Flächenmanagement benötigen. So benötigt z. B. die Deutsche Bahn (DB) u. a. naturschutzfachliche Kompensationsflächen im Zusammenhang mit Bahntrassenausbau und -modernisierung (im Regelfall über dingliche Sicherung, nachrangig auch über Flächenankauf). Während die Erfolgsquote für eine Überführung der durch Fachplanungen gestützten Maßnahmenflächen in ein Planfeststellungsverfahren im Durchschnitt noch mit 1:3 (Ablehnung durch Eigentümer zu Bestätigung durch Eigentümer) angegeben wird, bewegen sich die Werte für projektspezifische artenschutzrechtliche Maßnahmen nur zwischen 10:1 und 40:1 (DB Netz AG [25]), also ganz überwiegende Ablehnung (!).

61.6 Resümee

Die bisherigen Erfahrungen mit einem prospektiven Flächenmanagement zur Vorbereitung nachhaltiger Fließgewässerrenatu-

Tab. 61.1 Häufige Pro- oder Kontra-Gründe/-Argumente zu einer WRRL-Maßnahmenumsetzung und zu notwendiger Flächenbereitstellung in der Region Vorpommern sowie Lösungsstrategien

Aspekt	Pro Kontra	Von den Eigentümern präferierte oder akzeptierte Lösungsstrategien
Positive persönliche Einstellung zu Gewässer-, Natur sowie Auen- und Moorschutz	Pro	Bereitstellung von Fläche möglich (Verkauf, Tausch, Duldung/Dienstbarkeit)
Negative persönliche Einstellung zu Gewässer-, Natur sowie Auen- und Moorschutz („das Geld sollte man lieber für den Straßenbau ausgeben"); Zweifel an Notwendigkeit („die Gewässer sind doch in Ordnung")	Kontra	Leisten von Überzeugungsarbeit; „überzeugende" Tauschangebote für Fläche
Hoher objektiver Bedarf an Grünlandfläche wegen Milchwirtschaft (Auenraum)	Kontra	Minimierung des Gewässerentwicklungskorridors und/oder Verteilung von Flächenverlusten auf mehrere Eigentümer/Nutzer
Im Eigentum von Landwirtschaftsbetrieben stehende Grünlandflächen, die bei einer Ausrichtung des Betriebes auf Marktfruchtanbau wirtschaftlich nur eine untergeordnete Rolle spielen	Pro	Bereitstellung von Fläche möglich (Tausch, Duldung/Dienstbarkeit)
Entwässerungsbedingte Sackungen der vielfach gewässerbegleitenden Moore und entsprechende Bewirtschaftungsschwierigkeiten (fehlende Vorflut)	Pro	Bereitstellung von Fläche möglich (Tausch, Duldung/Dienstbarkeit)
Rückgewinnung von ehemaligen Überflutungsflächen (trocken gelegte Seen, Altauen) für Zwecke des regionalen Hochwasserschutzes (auch für landwirtschaftliche Flächen)	Pro	Bereitstellung von Fläche möglich (Tausch, Duldung/Dienstbarkeit)
Bestehen und Fortsetzung von Eigenjagd	Pro	Bereitstellung von Fläche möglich (Tausch, Duldung/Dienstbarkeit)
Ermittlung von Flächenpreisen und vorgesehener Ankauf nach Boden(preis)richtwerten	Kontra	Veräußerung von Fläche zu (höheren) Marktpreisen

© Institut Biota GmbH

rierung in der Region Vorpommern zeigen, dass dem vorsorgenden Weg der Flächensicherung gerade bei der WRRL-Umsetzung eine große Bedeutung zukommt. Trotz aller (in der Natur der Sache liegenden) Schwierigkeiten kann nur eine systematische, andauernde und auf den Prinzipien von Kooperation und Partizipation aufbauende Vorgehensweise beitragen, die für Gewässerkorridore benötigten Flächen zu sichern. Hierbei konnten durch die gewählte Vorgehensweise bereits in größerem Umfang Akzeptanz erreicht und öffentlich-rechtlich wie privat tragfähige Kompensations- und Ersatzlösungen gefunden werden.

Aktives Flächenmanagement zur Vorbereitung …

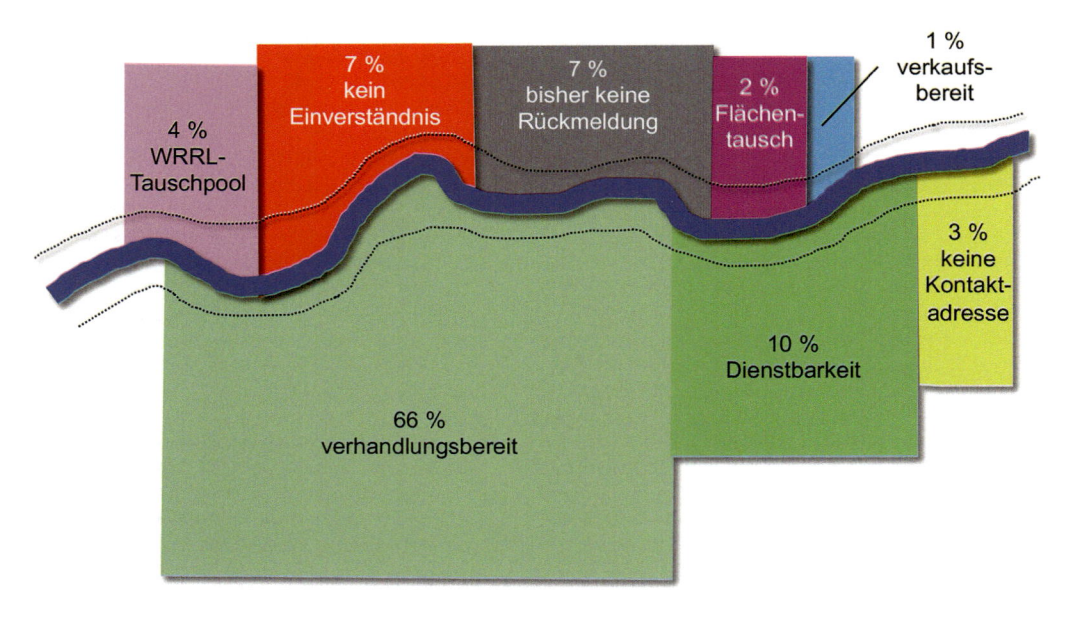

Abb. 61.5 Ergebnis des Flächenmanagements an einem vorpommerschen Flussabschnitt, Angaben in % der Fläche im engeren Entwicklungskorridor (508 ha insgesamt betroffene Fläche in 441 Flurstücken), Stand 03/2020 (realistische Verhältnisse, aber aus Datenschutzgründen schematisiert/anonymisiert). (© Institut Biota GmbH)

(Werte in der Abbildung: 4 % WRRL-Tauschpool; 7 % kein Einverständnis; 7 % bisher keine Rückmeldung; 2 % Flächentausch; 1 % verkaufsbereit; 3 % keine Kontaktadresse; 10 % Dienstbarkeit; 66 % verhandlungsbereit)

Literatur

1. WRRL (Europäische Wasserrahmenrichtlinie): Richtlinie 2000/60/EG des Europäischen Parlaments und des Rates vom 23. Oktober 2000 zur Schaffung eines Ordnungsrahmens für Maßnahmen der Gemeinschaft im Bereich der Wasserpolitik, Amtsblatt der EG Nr. L 327/1 vom 22.12.2000.
2. WHG: Gesetz zur Ordnung des Wasserhaushalts (Wasserhaushaltsgesetz - WHG) vom 31. Juli 2009 (BGBl. I S. 2585), das zuletzt durch Artikel 2 des Gesetzes vom 4. Dezember 2018 (BGBl. I S. 2254) geändert worden ist.
3. LAWA (2006): Leitlinien zur Gewässerentwicklung. Ziel und Strategien. – Bund-/Länderarbeitsgemeinschaft Wasser (LAWA), 16 S.
4. Brunotte, E., Dister, E., Günther-Diringer, D., Koenzen, U. & Mehl, D. [Hrsg.] (2009): Flussauen in Deutschland. Erfassung und Bewertung des Auenzustandes. – Schriftenr. Naturschutz und biologische Vielfalt [Hrsg.: Bundesamt für Naturschutz] 87, 141 S.
5. ▶ https://www.umweltbundesamt.de/flaechenbereitstellung-fuer#flaechenbedarf, Abruf am 28.03.2020.
6. ▶ https://www.umweltbundesamt.de/sites/default/files/medien/2113/bilder/dateien/grinteressen.pdf, Abruf am 28.03.2020.
7. Mehl, D. & Bittl, R. (2005): Der Beitrag integrierter ländlicher Entwicklungskonzepte und der Flurneuordnung zur Umsetzung von FFH- und Wasserrahmenrichtlinie in Mecklenburg-Vorpommern. – zfv – Zeitschrift für Geodäsie, Geoinformation und Landmanagement 130 (2), S. 63–69.
8. Mehl, D., Bollmohr, A., Zedler, S., Reimann, T., Bittl, R. & Winkelmann, D. (2011): Funktion und Bedeutung der Flurneuordnung bei der Integrierten ländlichen Entwicklung am Fallbeispiel eines Regionalmanagements nach GAK-Grundsätzen. – AVN – Allgemeine Vermessungsnachrichten 2/2011, S. 49–58.
9. Bittl, R. & Kolbow, D. (2014): Zusammenwirken von Wasserwirtschaftsverwaltung und Flurneuordnungsbehörde bei der Umsetzung von Maßnahmen nach WRRL. – Wasser und Abfall 16 (12), S. 16–22.
10. Mehl, D., Hoffmann, T. G., Iwanowski, J., Lüdecke, K. & Thiele, V. (2018): 25 Jahre Fließgewässerrenaturierung an der mecklenburgischen Nebel: Auswirkungen auf den ökologischen Zustand und

auf regulative Ökosystemleistungen. – Hydrologie und Wasserbewirtschaftung 62 (1), S. 6–24.
11. MLU M-V (2009): Konzept zum Schutz und zur Nutzung der Moore. Fortschreibung des Konzeptes zur Bestandssicherung und zur Entwicklung der Moore in Mecklenburg-Vorpommern (Moorschutzkonzept). – Ministerium für Landwirtschaft, Umwelt und Verbraucherschutz Mecklenburg-Vorpommern, 109 S.
12. BVVG (2018): Zahlen und Fakten 2018. – Bodenverwertungs- und -verwaltungs GmbH (BVVG) [Hrsg.], 25 S.
13. WasserFöRL M-V: Richtlinie zur Förderung nachhaltiger wasserwirtschaftlicher Vorhaben, Verwaltungsvorschrift des Ministeriums für Landwirtschaft, Umwelt und Verbraucherschutz vom 12. Februar 2016 (AmtsBl. M-V S. 106).
14. MSRL (Europäische Meeresstrategie-Rahmenrichtlinie): Richtlinie 2008/56/EG des Europäischen Parlaments und des Rates vom 17. Juni 2008 zur Schaffung eines Ordnungsrahmen für Maßnahmen der Gemeinschaft im Bereich der Meeresumwelt, Amtsblatt der EG Nr. L 164/19 vom 25.06.2008.
15. HWRM-RL (Europäische Hochwasserrichtlinie): Richtlinie 2007/60/EG des europäischen Parlaments und des Rates über die Bewertung und das Management von Hochwasserrisiken, Amtsblatt der EG Nr. L 288 vom 06.11.2007.
16. Mehl, D., Seefeldt, K., Hoffmann, T. G., Eberts, J. & Küchler, A. (2019): Förderung konzeptioneller Vorhaben zur nachhaltigen Entwicklung von Gewässern in Mecklenburg-Vorpommern. – Wasser und Abfall 06/2019, S. 22–27.
17. Mehl, D., Knüppel, M., Blodow, F. & Bunzel, S. (2018): Optimierung von Bewirtschaftungs-/Renaturierungsmaßnahmen im Einzugsgebiet der Barthe zur Verbesserung des Hochwasserschutzes. – Wasser und Abfall 01–02/2018, S. 40–47.
18. Mehl, D., Knüppel, M., Blodow, F. & Bunzel, S. (2018): Bewirtschaftungs-/Renaturierungsmaßnahmen im Einzugsgebiet der Barthe zur Verbesserung des Hochwasserschutzes. – Wasser und Abfall 03/2018, S. 35–40.
19. LWaG: Wassergesetz des Landes Mecklenburg-Vorpommern vom 30. November 1992 (GVOBl. M-V 1992 S. 669, zuletzt geändert durch Artikel 2 des Gesetzes vom 5. Juli 2018 (GVOBl. M-V S. 221, 228).
20. LwAnpG: Gesetz über die strukturelle Anpassung der Landwirtschaft an die soziale und ökologische Marktwirtschaft in der Deutschen Demokratischen Republik (Landwirtschaftsanpassungsgesetz) in der Fassung der Bekanntmachung vom 3. Juli 1991 (BGBl. I S. 1418), zuletzt geändert durch Artikel 40 des Gesetzes vom 23. Juli 2013 (BGBl. I S. 2586).
21. FlurbG: Flurbereinigungsgesetz in der Fassung der Bekanntmachung vom 16. März 1976 (BGBl. I S. 546), zuletzt geändert durch Artikel 17 des Gesetzes vom 19. Dezember 2008 (BGBl. I S. 2794).
22. LU M-V (2019): Flurneuordnungsprogramm für das Land Mecklenburg-Vorpommern 2019. – Ministerium für Landwirtschaft und Umwelt Mecklenburg-Vorpommern [Hrsg.], 28 S.
23. LAWA (2016): Typspezifischer Flächenbedarf für die Entwicklung von Fließgewässern. LAWA-Verfahrensempfehlung. Anwenderhandbuch, LFP-Projekt 04.13. – Bund-/Länderarbeitsgemeinschaft Wasser (LAWA), 16 S.
24. BIOTA (2018): Dokumentation – Ermittlung des typspezifischen Flächenbedarfs für die Entwicklung von Fließgewässern in Vorpommern. – biota – Institut für ökologische Forschung und Planung GmbH im Auftrag des Staatlichen Amtes für Landwirtschaft und Umwelt Vorpommern, 8 S.
25. DB Netz AG (Sitz Schwerin): Mündlich übermittelte Angaben zu Erfolgsquoten des Flächenmanagements für naturschutzfachliche Maßnahmen im Rahmen von Planfeststellungs- und Plangenehmigungsverfahren der Deutschen Bahn AG.

Angepasste Gewässerunterhaltung

Uwe Heinecke

Die Gewässerunterhaltung ist eine dynamische Aufgabe. Neben der Sicherung des Wasserabflusses sind nun auch Aspekte der Gewässerökologie und des Naturschutzes einzubinden. Unterhaltungspläne greifen dies auf, moderne Maschinen unterstützen dies.

Die Aufgabe der Gewässerunterhaltung unterliegt seit jeher einer Dynamik. Im Laufe der Jahrzehnte und Jahrhunderte vollzieht sich ein Wandel in den gesetzlichen Formulierungen zur Thematik Gewässerunterhaltung. Stand bis in die 1950er-Jahre der Wasserabfluss alleinig im Vordergrund, kam ab den 1960er-Jahren der Erholungswert und Schutz der Gesundheit hinzu. Ab den 1990er-Jahren wurden explizit die Belange des Naturhaushaltes erwähnt. Durch die Umsetzung der Wasserrahmenrichtlinie in nationales Recht wurden in das Wasserhaushaltsgesetz erstmals die „Pflege und Entwicklung" der Gewässer als Aufgabe der Gewässerunterhaltung eingeführt [1]. Der Blick auf die Gewässerunterhaltung und die Ausgestaltung der Aufgabe hat sich verändert. Dies zeigt sich auch in den aktuellen Rechtsprechungen.

Zuerst erschienen in Wasser und Abfall 10/2021

62.1 Gewässerunterhaltung heute

Die heutige Gewässerunterhaltung gestaltet sich oft als Spagat zwischen den naturschutzrechtlichen Anforderungen, der Gewässerentwicklung und den Anforderungen zur Sicherstellung des Wasserabflusses. Landwirtschaftliche Nutzungen am Gewässer, Anforderungen an die Gewässerunterhaltung aus Gründen der Siedlungsstruktur, Sicherung von Infrastrukturanlagen erfordern einen Abwägungsprozess gegenüber den artenschutzrechtlichen Belangen und Entwicklungszielen, der in Abhängigkeit der Witterungs- und damit einhergehenden Abflussbedingungen in den Gewässern für den Gewässerunterhaltungspflichtigen sehr schwierig aber unabdingbar durchzuführen ist.

> **Kompakt**
> – Die heutige Gewässerunterhaltung muss die naturschutzrechtlichen Anforderungen, die Notwendigkeiten der Gewässerentwicklung, die Anforderungen zur Sicherstellung des Wasserabflusses und die Auswirkungen des Klimawandels berücksichtigen.
> – Gewässerunterhaltung findet in einem sich jährlich änderndem Umfeld

© Der/die Autor(en), exklusiv lizenziert an Springer Fachmedien Wiesbaden GmbH, ein Teil von Springer Nature 2023
M. Porth et al. (Hrsg.), *Wasser, Energie und Umwelt*,
https://doi.org/10.1007/978-3-658-42657-6_62

> statt, was Unterhaltungsmaßnahmen nur sehr beschränkt planbar macht.
> – Durch geschickte Planung und Einsatz passender Geräte kann dies gelingen. Auf die Belange von Fauna und Flora kann erfolgreich Rücksicht genommen werden.

Der Abfluss in den Fließgewässern ist abhängig von den verschiedenen naturräumlichen Randbedingungen und dem jeweiligen Ausbau- bzw. Entwicklungszustand. Zusätzlich spielt die Besiedlung, die Art und Intensität der Landnutzung (sowie Querbauwerke, Brücken, Stauanlagen, Sohlschwellen, Durchlässe u. a. m.) eine wesentliche Rolle. Nach § 52 WG LSA ist der ordnungsgemäße Abfluss durch den Unterhaltungspflichtigen sicherzustellen. Der ordnungsgemäße Zustand eines Gewässers muss den ungehinderten Abfluss des Wassers gewährleisten, welches dem Gewässer nach den natürlichen Bodenverhältnissen gewöhnlich zufließt. In Abhängigkeit von den jeweiligen Rahmenbedingungen sind in wiederkehrenden Abständen und in angepasster Intensität Maßnahmen zur Abflusssicherung durchzuführen. Diese Arbeiten führen regelmäßig zu einer – in der Regel nur kurzfristigen – Störung der natürlichen Entwicklung und der Gewässerbiozönosen.

62.2 Unterhaltungsplanung

Gewässerunterhaltung findet in einem sich aufgrund verschiedenster Randbedingungen jährlich änderndem Umfeld statt. Unterhaltungsmaßnahmen sind daher nur sehr beschränkt im Vorfeld planbar, erstellte Unterhaltungspläne sind ständig zu prüfen und zu hinterfragen, Änderungen müssen auch kurzfristig möglich sein, um z. B. bei entsprechenden Witterungsbedingungen erforderliche Unterhaltungstechnologien einsetzen zu können. Aufgrund unterschiedlichster Witterungs- und Niederschlagsereignisse darf sich der „Umfang (der Gewässerunterhaltung), der zur Gewährleistung des ordnungsgemäßen Abflusses oder zum Erhalt der Gewässer notwendig ist" nicht an Momentaufnahmen orientieren, sondern muss den eventuell zu erwartenden Ereignissen gerecht werden. Eine Reduzierung der Gewässerunterhalt auf das Mindestmaß muss eine Anpassung der Gewässerunterhalt auf das erforderliche Maß sein. Bei der Unterhaltungsplanung darf aber nicht vergessen werden, dass „nicht alles auf einmal geht", Gewässerunterhaltung lässt sich nicht (nur) nach Kalender planen und das Wetter richtet sich nicht nach dem Unterhaltungsplan (◘ Abb. 62.1).

Die Auswirkung des Klimawandels muss für die in die Zukunft gerichtete Gewässerunterhaltung betrachtet werden. Die Sicherstellung der Vorflut gerade in den Wintermonaten ist für angrenzende landwirtschaftliche Nutzflächen zur Vermeidung von schädlichen Vernässungen erforderlich. In den Sommermonaten kann es zum Trockenfallen von Gewässern gerade kleinerer Einzugsgebiete kommen, aufgrund der anzunehmenden Zunahme von Extremereignissen (Sturm, Niederschlag) muss aber auch für die Sommermonate ein ordnungsgemäßer Abfluss sicherzustellen sein.

Ein Wasserrückhalt in der Fläche kann nicht ausschließlich mit Mitteln der Unterhaltung erfolgen, ein integriertes Wassermanagement unter Beachtung der verschiedensten Gesichtspunkte ist zu erarbeiten. Es ist zunehmend eine Konkurrenzsituation zwischen den Anforderungen der ökologischen Durchgängigkeit als Ziel der EU-WRRL und z. B. der Gebietswasserhaushaltsregulierung im Anspruch angrenzender Schutzanforderungen bzw. Flächennutzungen zu erkennen.

62.3 Gewässerunterhaltung in Sachsen-Anhalt

In Sachsen-Anhalt erfolgt derzeit unter Beteiligung des Ministeriums für Umwelt, Landwirtschaft und Energie (MULE), des Landesamtes für Umwelt (LAU), des Landesbetrieb für Hochwasserschutz und Wasserwirtschaft Sachsen-Anhalt (LHW), der Unterhaltungsverbände (UHV) vertreten durch den Wasserverbandstag (WVT) eine Überarbeitung des Leitfadens Gewässerunterhaltung Teil A sowie die inhaltliche Zusammenführung und Anpassung mit dem Leitfaden Teil B aus Niedersachsen [2, 3]. Die Leitfäden aus Niedersachsen und Sachsen-Anhalt sind inhaltlich ähnlich, Anpassungen erfolgen hinsichtlich abweichender Regelungen in den Landesgesetzen und natürlich in Bezug auf die unterschiedlichen Landschaftsräume und den sich daraus ergebenden Besonderheiten in der Gewässerunterhaltung. Der Leitfaden Artenschutz und Gewässerunterhaltung wird ebenfalls in vorgenannter Beteiligung unter Hinzuziehung des Fachbüros RANA aus Halle an die sachsen-anhaltinischen Bedingungen angepasst. Die Erstellung der zugehörigen Steckbriefe wurde über das Artensofortförderungsprogramm (ASF Programm) des Landes Sachsen-Anhalt gefördert. Ziel beider Publikationen ist es, den Gewässerunterhaltungspflichtigen Handlungshilfen und Abwägungsempfehlungen zur Verfügung zu stellen, um zuvor genannten Spagat zwischen den naturschutzrechtlichen Anforderungen, der Gewässerentwicklung und den Anforderungen zur Sicherstellung des Wasserabflusses gerecht werden zu können.

62.4 Unterhaltungstechnik

Wasserpflanzen stellen einen wesentlichen Bestandteil eines ökologisch intakten Fließgewässers dar. In Abhängigkeit von der Beschattung strukturieren sie den Unterwasserlebensraum eines Gewässers und bilden die Nahrungsgrundlage und den Lebensraum

Abb. 62.1 Polderbildung durch abschwimmende Brunnenkresse und nachfolgende Ausuferung der Jeetze bei Jeeben, September 2016. (© Uwe Heinecke)

für eine Vielzahl von Kleinlebewesen. Darüber hinaus nutzen Fische die Pflanzen als Deckung und Unterstand. Eine übermäßige, durchaus natürliche, aber auch vom Menschen hervorgerufene Entwicklung der Gewässervegetation führt dazu, dass die hydraulische Leistungsfähigkeit des Gewässers mit der Zunahme des Pflanzenvolumens abnimmt. Das Pflanzenwachstum kann im Hinblick auf den Wasserabfluss folglich nur bis zu einem bestimmten verträglichen Maß toleriert werden (◘ Abb. 62.2). Durch die vollständige oder teilweise Entnahme der Vegetation ist die hydraulische Leistungsfähigkeit wieder herzustellen, wenn anliegende Nutzungen beeinträchtigt werden. Für die gewässerökologisch bedeutsamen Wasserpflanzen stellen die zur Sicherstellung des Wasserabflusses erforderlichen abflusssichernden Maßnahmen regelmäßig eine Beeinträchtigung dar, die den Zielen der EG-WRRL und auch den naturschutzfachlichen Belangen entgegenstehen kann.

Im Bereich der Gewässer 2. Ordnung kommen in Sachsen-Anhalt hauptsächlich bislang für die Böschungsmahd Schlegelmäher bzw. Mulcher zum Einsatz, im Sohlbereich erfolgt die Krautung zum Großteil mit Mähkörben. Aus naturschutzfachlicher Sicht soll in einigen Bundesländern der Schlegler nicht mehr zum Einsatz kommen. In der Literatur findet sich oft eine einseitig negative Darstellung der Schlegelmähwerke. Ein alternativer Einsatz von Balkenmähern, Messerschneidwerken in Verbindung mit Kreiselharke oder Bandrechen ist auch unter ökologischen Gesichtspunkten nicht völlig unbedenklich. Mit diesen Geräten muss je nach Pflanzenbewuchs eine deutliche intensivere Unterhaltung durchgeführt werden (2-maliger Schnitt im Jahr), der Geräteeinsatz würde sich somit deutlich steigern, da je nach Technologie für die Böschungsmahd mehr Geräte notwendig werden, der Maschinen- und Personalaufwand steigt.

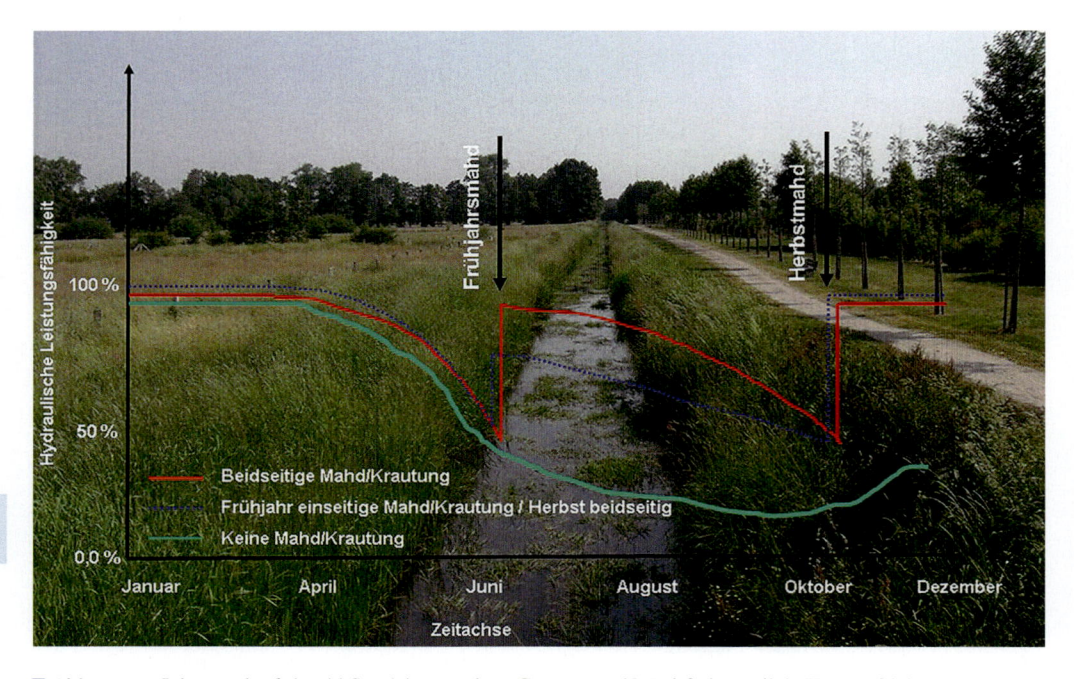

◘ **Abb. 62.2** Jahresverlauf der Abflussleistung eines Gewässers. (© Leitfaden Teil A, WVT, 2011)

Durch Schlegelmulcher gepflegte Grabenböschungen können ähnlich gut ausgeprägte Saumstrukturen hervorbringen wie solche, die mit Mähkorb, Balkenmäher, Sense oder Motorsense gemäht werden. Die Mahdzeit ist für die Pflanzenentwicklung bis hin zur Samenreife entscheidend. Durch späte Mahd der Böschungen gelingt es durchaus, strukturreiche Pflanzenbestände zu etablieren, die Pflanzen am Gewässer können sich voll entwickeln und stellen somit über lange Zeit im Jahr Nahrungsgrundlage beispielsweise für Insekten dar. Die Verbuschung der Unterhaltungsseite eines Gewässers kann verhindert werden und es kann wechselseitig gearbeitet werden. Dies ist insbesondere bei Gewässern mit dokumentierten Libellenvorkommen ein wichtiger Aspekt. Durch Vorgabe einer mindestens einzuhaltenden Arbeitshöhe bzw. zeitliche Befristung des Einsatzes dieser Mähwerke kann ebenso ein Schutz der Pflanzen und Tiere gewährleistet und die Vorteile des Schlegelmähwerkes genutzt werden. Bei Zulassen von Böschungsabbrüchen durch eigendynamische Gewässerentwicklung bzw. Astbruch von gewässerbegleitenden Gehölzbeständen ergeben sich bei der Böschungsmahd mit Schlegelmähwerken geringere technische Probleme als z. B. bei Messerschneidwerken.

62.5 Entwicklung neuer Geräte

In den vergangenen Jahren wurden bereits konstruktive Änderungen an den Mähwerken vorgenommen. Diese zielten auch auf die Minderung der ökologischen Auswirkungen. Bereits aus ökonomischen Überlegungen sind i. d. R. Mindestschnitthöhen von 10 cm und maximale Schnittgutlängen eingestellt. Seit einigen Jahren berücksichtigen die Hersteller von Mähtechnik verstärkt die ökologischen Aspekte. Als Beispiele, aber ausdrücklich nicht abschließend genannt, seien an dieser Stelle der Mähkorb S-Line der Firma Michaelis, welcher in Zusammenarbeit mit dem Ingenieurbüro Tschöpe und gefördert von der DBU entwickelt wurde. Dieser Mähkorb mit einer Breite von ca. 80 cm wird nicht wie ein konventioneller Mähkorb quer zur Fließrichtung verwendet, sondern im Profil mit der Fließrichtung geführt. Nutzung des Mähkorbes ist sowohl an Ketten- oder Radbaggern aber auch an Schleppern mit Auslegern möglich. Durch die Firma Herder wurde ein Ökologischer Mäher entwickelt, bei dem gegenüber einem Schlegelmähwerk kein Ansaugdruck mehr auf der Böschung entsteht. Eine Mähharkkombination zum Anbau an Auslegertechnik Schlepper wird von der Firma Berky entwickelt.

62.6 Einsatz der Geräte

Bei allen Untersuchungen und Erfassungen zum Einsatz der Technik zeigt sich aber, dass es neben der Technologie vor allem auf die Anwendung dieser ankommt. Eine Schulung der Mitarbeiter bzw. Ausführenden erscheint oftmals zielführender als die Diskussion über Vor- und Nachteile einzelner Technologien. Stromlinienmahd bzw. Schonung der Böschungsfüße im Bereich der Wasserwechselzone ist gerade bei kleineren Gewässern mit einer Breite <1,0 m nur mit einem quer zur Fließrichtung geführten Mähkorb möglich (◘ Abb. 62.3). Bei der Böschungsmahd steht nicht das optische Empfinden im Vordergrund, sondern die Unterhaltung unter Maßgaben Abflusssicherung in Verbindung mit Pflege und Entwicklung. Je nach Gewässerstruktur und angrenzender Nutzung sollte die Böschungsmahd möglichst wechselseitig und nur in dem Bereich erfolgen, wo sie aus hydraulischen oder technologischen Gründen erforderlich ist (◘ Abb. 62.4). Einzusetzende Mähkorbbreiten sind an Gewässerstruktur, FFH Vorgaben usw. anzupassen.

◘ **Abb. 62.3** Purnitz in der Altmark im Frühjahr 2020 nach erfolgter Stromlinienmahd im Herbst des Vorjahres. (© Uwe Heinecke)

62.7 Gewässerunterhaltung und Bachmuschel [4]

Für eine bachmuschelschonende Gewässerunterhaltung muss der Unterhaltungszeitraum außerhalb der Wirtsfischlaichzeiten liegen, zwischen August und November. Maschinelle Grundräumungen sind nur bei unbedingter Notwendigkeit durchzuführen, maximal punktuell bzw. abschnittsweis (100 m Abschnitte) in großen zeitlichen Abständen (mind. 4 Jahre), mit vorherigem Absammeln sichtbarer Tiere und Wiedereinsetzen derselben auf stabile, nicht verschlammte Sohlbereiche (ggf. kurze Hälterung) und/oder der unmittelbaren Kontrolle des entnommenen Materials auf Muscheln. Hartsubstrate und lagestabile Sohlbereiche sind konsequent zu schonen. Durch abschnittsweises Vorgehen sowie Stromstrichkrautung auf $\leq 2/3$ der Gewässerbreite zur Förderung einer gewundenen Stromrinne soll eine Komplettentnahme des Pflanzenmaterials verhindert werden. Eine Beeinträchtigung der Sohle ist durch ausreichenden Sohlabstand zu vermeiden. Belassen uferbegleitender, beschattender standortgerechter Gehölze, v. a. Erlen und Weiden fördert die Habitatstruktur für die Bachmuschel [4].

Gemäß Standarddatenbogen sind in den Gewässern des Gebietes FFH0288 die Anhang II-Fischarten Steinbeißer (*Cobitis taenia*), Schlammpeitzger (*Misgurnus fossilis*) und Bitterling (*Rhodeus amarus*) vorhanden. Neuere Untersuchungen zur lokalen Fischfauna gibt es aus dem Beekeabschnitt oberhalb von Wallstawe sowie dem dort abzweigenden Kalten Graben. Im Kalten Graben wurden 13 und in der Beeke 12 Fischarten gefangen.

Die Unterhaltungsarbeiten sollten lediglich abschnittsweise und außerhalb von Laich- und substratgebundenen Larvalzeiten der in den Gewässern gegebenenfalls vorkommenden Anhang II-Fischarten erfolgen. Maßnahmen im Sohlbereich sind dementsprechend frühestens ab Anfang August eines Jahres möglich. Hierbei ist besonders umsichtig zu arbeiten, um eine Mobilisierung von Sand- und Feinsedimentbänken zu verhindern. Bei der Krautung wird ein abschnittsweises bzw. einseitiges/wechselseitiges Vorgehen bzw. eine gewundene Stromstrichmahd mit dem Belassen von Seitenpolstern als Rückzugsbereiche empfohlen. Die Entkrautung sollte

Abb. 62.4 Einseitige Böschungsmahd bei Schonung des Böschungsfusses. (© Uwe Heinecke)

möglichst zeitlich gestaffelt und abschnittsweise mehrjährig (nicht jedes Jahr) mit einem Mähkorb bei ausreichenden Abstand zur Sohle erfolgen.

62.8 Gewässerunterhaltung und Vogel-Azurjungfer [5]

In den Jahren 2014/15 wurden in dem >4100 ha großen Untersuchungsraum mit einem Grabensystem von > 150 km Länge zwischen Hoyersburg und Arendsee im Zuge einer flächendeckenden Erstinventarisierung durch das Büro RANA im Auftrag des BUND zahlreiche Vorkommen der Vogel-Azurjungfer erfasst. Neben der Bestätigung einiger bereits in den Jahren 2009–2013 festgestellten Habitate konnten zahlreiche neue Reproduktionsorte festgestellt werden.

Mit der Ersterfassung der Vogel-Azurjungfer wurden im Jahr 2014 und der Bewertung der Habitate im Jahr 2015 wurden die Grundlagen für ein künftiges Monitoring geschaffen und Fachargumente für die Integration in der europäische Schutzgebietsystem NATURA 2000 gesammelt (Abb. 62.5).

Die bei RANA (2016) [5] dokumentierten allgemeinen Hinweise zur artverträglichen Unterhaltungspflege im Untersuchungsraum sind nach wie vor gültig und sollen hier – in Anpassung an die aktuellen

Abb. 62.5 Vogel-Azurjungfer. (© Uwe Heinecke)

Kartierungsergebnisse – nochmals aufgeführt werden. Alle Habitate unterliegen der Gewässerunterhaltung in Form einer mindestens einmaligen Böschungsmahd inkl. Sohlkrautung. Dieses Erfordernis besteht auch weiterhin, um das Zuwachsen der Habitate zu verhindern sowie die Fließbewegung und Besonnung (Erwärmung der Larvalhabitate) auch an kleineren Gräben aufrecht zu erhalten. Die regelmäßige Sohlkrautung und Böschungsmahd vor oder nach der Vegetationsperiode verhindert zudem eine zu starke Ausbreitung von Großröhrichten (Phragmites, Phalaris, Glyceria) oder die Entwicklung von Gehölzen. Da einige Grabenabschnitte aufgrund der geringen Gewässerbreite oder des vermehrten Anteils von Großröhrichten trotz herbst- oder winterlicher Gewässerunterhaltung sehr schnell ihre Habitateignung durch Beschattung oder Zuwachsen der Gewässersohle (verbunden mit Grabenanstau) verlieren, bedarf es habitat- oder abschnittsweise eines zusätzlichen Pflegedurchgangs in Form einer bedarfsweisen Sohlkrautung (Schonung der Kleinröhrichte und Berle, sofern nicht fließwasserbehindernd) und einseitigen (!) Böschungsmahd (Süd- oder West-/Ostseite) kurz vor oder während der Flugzeit der Imagines bzw. Eiablage zwischen Anfang Mai und Mitte Juni. Dieses Vorgehen wird bspw. erfolgreich am Katerhorster Graben bei Chüttlitz praktiziert, welcher die vergleichsweise größten Individuenzahlen und -dichten aufweist. Letztlich bedeutet dieser Pflegezeitraum auch einen Kompromiss zwischen zu vermeidender (starker) Schädigung von Larven, schlüpfenden Tieren und Imagines und der Herstellung günstiger Habitatverhältnisse zur Zeit der Eiablage. Zudem sind die innerbetrieblichen Rahmenbedingungen des Unterhaltungsverbandes nicht außer Acht zu lassen. In einigen Habitaten zwischen Hoyersburg und Arendsee wird die zweimalige Böschungsmahd/Sohlkrautung ebenfalls praktiziert (bspw. am Landgraben), in anderen Abschnitten mit entsprechendem Bedarf aber noch nicht.

In (potenziellen) Habitatabschnitten mit Vorherrschen des Schilf- oder Rohrglanzgrasröhrichts kann es sich als erforderlich erweisen, letztere gezielt durch häufigere Mahd oder Entfernung der Rhizome zu reduzieren. Die Mahd sollte bei sonnigem, warmem Wetter erfolgen, insbesondere damit frisch geschlüpfte Tiere und in der Vegetation sitzende Imagines rechtzeitig fliehen können. Die Mahdzeitpunkte im Mai/Juni kollidieren hierbei sehr oft mit den Interessen des Vogelschutzes, sodass eine Abwägung zwischen den Schutzzielen erfolgen muss (bspw. durch abschnittsweise, zeitlich und örtlich angepasste Nutzung).

Ein wesentliches Kriterium für die Eignung als Reproduktionsstandort ist die Besonnung der Gewässerabschnitte und der Gewässersohle. Neben hohen und dichten Röhrichtbeständen können abschnittsweise auch grabennahe oder beschattende Gehölze zu einer Wertminderung führen. An einigen Grabenabschnitten wird daher die Auflichtung oder kleinflächige Beseitigung von grabennahen Gehölzbeständen empfohlen (Bohldammgraben, LV Riebau, Parallelgraben, Mühlengraben) (Tab. 62.1). Die Gehölzreduzierung trägt örtlich auch dazu bei, dass die Unterhaltungspflege der Gewässer auch weiterhin gesichert ist.

■ **Tab. 62.1** Pflege- und Unterhaltungsmaßnahmen zum Erhalt und zur Förderung der Habitatqualität der Vogel-Azurjungfer. (© RANA)

Nr. lt. Abb.	Graben	Maßnahme									
		Böschungsmahd (Spätsommer-Winter)	zusätzliche Böschungsmahd (einseitig oder abschnittsweise zur Flugzeit, Mai/Juni)	bedarfsweise, schonende Sohlkrautung	abschnittsweise stärkere Entschlammung + Sohlkrautung nötig	Entfernung Großröhricht	Rückbau technischer Bauwerke	abschnittsweise Gehölzentfernung	Ausweisung von Randstreifen	(technische)Verbesserung der Wasserführung
1	**Perver Grenzgraben**	x	x	x	x	x			x	
2	**Bohldammgraben**	x		x	x		x	(x)	x	
3	Graben N Jeebel	x	x	x		x				
4	Riebauer Graben	x		x						
5	**LV Riebau**	x		x		x		x		
6	**Parallelgraben Jersauer Sack**	x	x	x	x	x		(x)		
7	Zulaufgraben Parallelgraben	x		x	(x)	(x)		(x)		
8	**Flötgraben südlich Mechau**	x	x	x						
9	Mahnsteingraben	x		x	x		x		x	
10	**Vorfluter zum Mahnsteingraben**	x	x	x			x		x	
11	Parallelgraben Burgberg	x		x	x	x				
12	Parallelgraben Abzweig Landgraben	x		x						x
13	**Landgraben**	x	x	x		x	x	(x)		
14	**Mühlengraben Schrampe**	x		x	x			x		
15	Flötgraben S Binde	x	x	x					x	
16	Flötgraben SW Thielbeer	x	x	x						
17	**Rademiner Fleetgraben**	x		x					x	

Legende: *fett: Graben mit aktuellem Vorkommen der Art in größerer Individuenzahl; x – Maßnahme erforderlich, wird bereits durchgeführt; (x) Ausführung der Maßnahme nicht vordringlich; x : Maßnahme empfohlen, aktuell noch nicht umgesetzt*

Literatur

1. Leben, L.; Gewässerunterhaltung unter den Bedingungen des Klimawandels, 2020
2. WVT; Gewässerunterhaltung in Niedersachsen. Teil A: rechtlich-fachlicher Rahmen. Beitrag der Gewässerunterhaltung zur Umsetzung der Ziele der Wasserrahmenrichtlinie in Niedersachsen. Hannover: Wasserverbandstag e. V., 2011
3. WVT; Gewässerunterhaltung in Sachsen-Anhalt. Teil A: Rechtlicher-fachlicher Rahmen. Beitrag der Gewässerunterhaltung zur Umsetzung der Ziele der Wasserrahmenrichtlinie in Sachsen-Anhalt. Hannover: Wasserverbandstag e. V.; 2021
4. IHU, Entwurf 2017/2018; Konzept zur FFH-verträglichen Gewässerunterhaltung unter besonderer Berücksichtigung der Bachmuschel (Unio crassus) im FFH-Gebiet „Beeke-Dumme-Niederung" für die Teilabschnitte Beeke, Kalter Graben und den zwischen ihren Einmündungen befindlichen Abschnitt der Salzwedeler Dumme. IHU Geologie und Analytik GmbH, Dr.-Kurt-Schumacher-Str. 23, 39576 Stendal
5. RANA 2016; Vorkommen der Vogel-Azurjungfer (Coenagrion ornatum) im Jahr 2016 am Grünen Band zwischen Hoyersburg und Arendsee. RANA – Büro für Ökologie und Naturschutz Frank Meyer, Mühlweg 39, 06114 Halle (Saale), Kartierung/Fachbeitrag: Dipl.-Biol. Martin Schulze, 2016

Totholzmanagement in der Entwicklung von Fließgewässern

Michael Seidel und Sascha Nickel

Das Potenzial von Totholz in der Gewässerentwicklung wird unzureichend genutzt. Empfehlungen werden gegeben, wie Totholz in Fließgewässern verstärkt belassen und der Einbau naturnah und rechtssicher gestaltet werden kann. Zudem wird über Praxiserfahrungen im Umgang mit Totholz im Pilotprojekt „Gewässerallianz" des Landes Niedersachsen berichtet.

Vor dem Hintergrund der EG WRRL besteht ein großer Bedarf an effektiven Maßnahmen zur ökologischen Gewässerentwicklung. Das Belassen und der Einbau von Holz haben hierfür durch die Aktivierung fließgewässertypischer Prozesse und damit der Erhöhung der Habitatvielfalt ein großes Potenzial. Im unmittelbaren Einflussbereich einer Totholzstruktur wird die Fließgeschwindigkeit infolge der Verengung örtlich beschleunigt, aber nach stromoberhalb und im Strömungsschatten auch verringert und damit diversifiziert. Dies erhöht z. B. die Substratvielfalt, die Tiefen- und Breitenvarianz sowie den Rückhalt von organischem Material, mit entsprechend positiver Wirkung auf Fließgewässerorganismen.

Je nach Gewässertyp sind in natürlichen Fließgewässern 10 bis 25 % der Sohle mit Holz bedeckt [1]. Dieser Anteil wird nur in einem Bruchteil der Fließgewässer in Deutschland erreicht. Erfassungen der Holzmenge über Strukturkartierungen ergaben z. B. für 13.100 km Fließgewässer in Nordrhein-Westfalen, dass 84 % der Strecken totholzfrei waren. Bezogen auf grobes Totholz ab 10 cm Durchmesser waren sogar 90 % der Strecken holzfrei [2]. Dies macht deutlich, wie weit insbesondere auch hinsichtlich des Totholzanteils die Fließgewässer vom natürlichen Zustand entfernt sind.

Kompakt
- Bereits ein reines Belassen von Totholz in Fließgewässern kann zu einer Verbesserung der ökologischen Qualität führen.
- Der Einbau von Totholz sollte gewässertypspezifisch, vor allem möglichst naturnah erfolgen und hinreichend dimensioniert sein, um morphodynamische Wirkung und letztlich Habitatfunktionen zu entfalten.
- Jegliche Akteure, unabhängig positiver Erfahrungen und geleisteter Erfolge anderenorts, müssen maßnahmenspezifisch überzeugt werden.

Zuerst erschienen in Wasser und Abfall 1–2/2021

© Der/die Autor(en), exklusiv lizenziert an Springer Fachmedien Wiesbaden GmbH, ein Teil von Springer Nature 2023
M. Porth et al. (Hrsg.), *Wasser, Energie und Umwelt*,
https://doi.org/10.1007/978-3-658-42657-6_63

> Förderung und qualifizierte Begleitung sind unerlässlich, um modernen Ansprüchen an den Ausbau und die Entwicklung von Fließgewässern erfolgreich zu begegnen.
> — Ein größerer Totholzanteil erhöht den beobachtenden Unterhaltungsaufwand und erfordert längerfristig eine fachlich qualifizierte Begleitung.

63.1 Belassen von Totholz

Eine Untersuchung von brandenburgischen Fließgewässerstrecken mit mindestens 10 % Holz auf der Sohle hat gezeigt, dass sich die strukturelle und ökologische Wirkung von Totholz auch in der Zustandsbewertung feststellen lässt [3]. Dafür wurden 31 holzreiche Gewässerstrecken mit jeweils einer oberhalb liegenden, holzfreien Kontrollstrecke verglichen. Die Untersuchungsgewässer waren auf 8 Fließgewässertypen im Norddeutschen Tiefland verteilt. Überlagernde Stressoren, also z. B. organische Belastungen, wurden weitgehend ausgeschlossen. In den Strecken wurde vergleichend unter anderem die Gewässerstruktur kartiert und das Makrozoobenthos nach dem EG WRRL konformen Standardverfahren PERLODES beprobt.

Die Gewässerstruktur war in den holzreichen Strecken überwiegend „gering verändert", in den holzfreien Strecken überwiegend „mäßig verändert". Damit ergab sich eine Verbesserung durch Totholz um eine Zustandsklasse. Aufwertende Einzelparameter waren vor allem die Substratdiversität, Strömungs-, Tiefen- und Breitenvarianz, besondere Laufstrukturen sowie Quer- und Längsbänke. Diese Einzelparameter zeigten eine um 1–3 Klassen bessere Gewässerstruktur. Das Totholz führte auch zu Verbesserungen der Zustandsbewertung beim Makrozoobenthos. Unabhängig vom Gewässertyp wurden in 45 % der Fälle (N = 14) die Holzstrecken um mindestens eine Klasse besser bewertet als die holzfreien Kontrollstrecken. Besonders erwähnenswert ist hierbei, dass in 26 % der Fälle (N = 8) durch Holz eine Zustandsverbesserung von „mäßig" zu „gut" oder „sehr gut" erfolgte. Die wesentlichen Verbesserungen wurden durch die Zunahme der Taxazahlen von Köcherfliegen und der prozentualen Häufigkeit der Eintags-, Stein- und Köcherfliegen verursacht. Für die hartsubstratreicheren Mittelgebirgsgewässer und die Organismengruppe Fische ist ein ähnlicher, aber vermutlich etwas geringerer Effekt zu erwarten. Generell scheinen für Fische weitere qualitative Faktoren relevant, wie z. B. eine verstärkte Bildung von Unterständen durch Totholzstrukturen mit naturnahen Furt-Kolk-Abfolgen [4], um potenzielle Lebensräume, insbesondere von strukturgebundenen Arten (z. B. Bachforelle, *Salmo trutta fario*), gezielter mit Habitaten anzureichern.

Vor dem Hintergrund des mit ca. 36 % sehr hohen Anteils von Fließgewässern im ökologisch mäßigen Zustand in Deutschland [5] zeigt sich daher ein hohes Potenzial von Totholz zur Umsetzung der EG WRRL. Auch über Anpassungen der Gewässerunterhaltung sollte diese Möglichkeit besser genutzt werden [6].

Die rechtlichen Grundlagen der Gewässerunterhaltung erfordern nach § 39 WHG sowohl die Entnahme (Pflege) als auch das Belassen von Totholz (Entwicklung). Dabei greift die Verpflichtung zur Gewährleistung des ordnungsgemäßen Abflusses in der Gewässerunterhaltung nicht so weit, wie häufig von den Akteuren in der Praxis verstanden. Nach DWA (2010) kann der ordnungsgemäße Abfluss nur derjenige sein, der sich am konkreten Bewirtschaftungsziel des Gewässers orientiert [7], wobei ein klarer Bezug auch zur EG WRRL und naturschutzrechtlichen Vorgaben besteht. Das Belassen von Totholz kann also auch Gegenstand eines ordnungsgemäßen Abflusses sein. Vor dem Hintergrund der Zustandsverbesserung von Fließgewässern durch Totholz ist unter Umständen auch zu prüfen, ob eine umfangreiche Entnahme in relevanten Abschnitten eines Wasserkörpers nicht auch gegen das Verschlechterungsverbot nach Art. 4 der EG WRRL verstoßen kann. Festzuhalten ist aber letztlich, dass die rechtlichen Grundlagen den Weg für ein vermehrtes Belassen von Totholz und eine Abwendung von der konventionellen Gewässerunterhaltung hin zur Gewässerentwicklung ebnen. Die Entscheidung über die Maßnahmen der Gewässerunterhaltung liegt letztlich beim Träger der Unterhaltung und bleibt eine abzuwägende Einzelfallentscheidung. Empfehlenswert scheint daher vor allem ein allmähliches Herantasten an die Möglichkeiten des Belassens von Totholz in weniger kritischen Gewässerbereichen, z. B. durch folgende drei Möglichkeiten:

63.1.1 Einrichtung von Modell-, Test- oder Übergangsstrecken

Die Einrichtung von Modell- oder Teststrecken eignet sich immer dann, wenn eine Totholzanreicherung zunächst nicht auf größerer Fließlänge gelingt. Sie dienen vor allem der Akzeptanzförderung, sollten gut zugänglich sein und ihre Entwicklung sollte eng begleitet und gut dokumentiert werden. Vorzugsstrecken sind z. B. im Unterwasser von Gefällelagen oder extensiv genutzten (Wald-)Gebieten, um hydraulische Spielräume auszunutzen und mit der Abflusswirksamkeit und morphologischen Wirkungsweise unterschiedlicher Einbauten zu experimentieren.

Übergangsstrecken dienen dazu, eingetragenes Totholz bereits im großen Abstand zu neuralgischen Punkten zu überwachen. Dafür sind vor allem strukturreiche Strecken geeignet, in denen sich Totholz bereits nach kurzer Transportdistanz wieder festlegt und bei Begehungen entnommen oder lagestabiler positioniert und ggf. auch fixiert werden kann. Potenziell gefährlich sind instabile Hölzer, die länger als die Breite einer unterhalb liegenden Engstelle sind, und somit Initialelement einer Verklausung sein können.

63.1.2 Errichtung von Driftholzfängern oberhalb neuralgischer Punkte

Es eignen sich wasserbauliche Maßnahmen aus Rechen, Netzen oder Sperren in unterschiedlichen Anordnungen und Formen [8]. Diese finden überwiegend Anwendung im Gebirgsraum. Für die Retention von Driftholz in Bächen und kleinen Flüssen des weit weniger gefährdeten Tieflands können auch stabile, fängige Holzstrukturen errichtet werden. Da der Holztransport überwiegend bei hohen Abflüssen stattfindet, eignen sich vor allem Strukturen, die bei Hochwasser noch über dem Wasserspiegel liegen und direkt angeströmt werden.

63.1.3 Anpassung der Lage oder Fixierung von Holzelementen

Kriterien für lagestabiles Totholz sind aus mehreren Studien zusammengefasst und in ◘ Tab. 63.1 dargestellt [3]. Beispiele für lagestabil eingebaute/fixierte Holzelemente zeigen ◘ Abb. 63.1 und 63.3. Die Lagestabilität von Stämmen ist zudem wesentlich erhöht, wenn sie noch einen Wurzelstubben haben oder zumindest teilweise im Sohlsubstrat oder angrenzenden Böschungsbereich verankert werden.

Tab. 63.1 Kriterien für die Lagestabilität eines Holzelementes [3]

Stabil liegendes Holzelement	Instabil liegendes Holzelement
Holzlänge 1,3 bis > 2,5-faches der Gewässerbreite, oder >70 % auf dem Ufer liegend, oder <15 % im Wasser, oder <30° zur Fließrichtung, oder beide Enden fest liegend	Kürzer als Gewässerbreite, oder <30 % auf dem Ufer liegend, oder >40 % im Wasser, oder >60° zur Fließrichtung, oder ein Ende nicht fest liegend

© Michael Seidel

Abb. 63.1 Einbau und Sicherung einer längsseits in Profilmitte angeströmten, lagestabilen Stammholzstruktur mit Wurzelstubben und einer Länge von mehr als der 2-fachen Gewässerbreite. Der Einbau erfolgte durch den Kreisverband der Wasser- und Bodenverbände Harburg mit dem örtlichen Fischereiverein als Maßnahmenträger an der Este bei Langeloh (LK Harburg). (© M. Nickel, Gewässerallianz Luhe-Seeve-Este, verändert)

63.2 Leitbildkonformität von Holzeinbauten

Das Belassen von Totholz in Fließgewässern hat schon aus Gründen der Wirtschaftlichkeit Vorrang vor dem Einbau. Insbesondere aber ist die Vielfalt der Habitatbildung von natürlich eingetragenem Holz deutlich höher als von eher technischen Holzeinbauten.

Eine ähnliche Untersuchung wie zum Belassen von Totholz in Fließgewässern (siehe vorne) wurde zum Einbau von Holz durchgeführt. Dazu wurden 7 Strecken mit impulsgebenden Maßnahmen mit jeweils einer unveränderten Kontrollstrecke verglichen [3]. Die Untersuchung erfolgte in Schleswig–Holstein an 4 sand- und kiesgeprägten Tieflandbächen. Die insgesamt 55 Einbauten umfassten 11 Furten, 6 Laufverengungen und 38

Strömungslenker, überwiegend aus Holz. Die Maßnahmen führten zu einer Erhöhung der Tiefenvariabilität durch Bildung von Kolken und Bänken. Es entstanden dabei aber nur Erosionskolke. Die darüberhinausgehende morphologische Ausgangslage (z. B. Sinuosität/Laufentwicklung, Querprofil und Sohlsubstrat) blieb nahezu unverändert.

Der Zustand des Makrozoobenthos war in den natürlicherweise sandgeprägten Strecken bereits ohne Maßnahmen gut. In den kiesgeprägten Strecken verbesserte sich der Zustand von unbefriedigend zu mäßig, vor allem aber aufgrund der Furten, da diese den Kiesanteil erhöhten. Bei den Fischen zeigte sich keine eindeutige Wirksamkeit der Maßnahmen. Als eine Ursache für die geringen Veränderungen kann neben überlagernden Stressoren aus dem Gewässerumfeld (Nährstoffe, Feinsediment, Gewässerstruktur) die fehlende Leitbildkonformität der impulsgebenden Maßnahmen angenommen werden. Strömungslenker imitieren nur ansatzweise die natürliche Formen- und Strukturvielfalt natürlichen Holzeintrags. Eine Kategorisierung von Totholz-Initialstrukturen in naturnahen Tieflandbächen ergab 6 Grundtypen (◘ Abb. 63.2). Je nach Verbauungsgrad, Lage zur Fließrichtung und der Anlagerung von Driftholz können so mehr als 100 Varianten natürlicher Holzstrukturen differenziert werden [3].

Diese wirken letztlich auch unterschiedlich auf die Gewässerstruktur. So gibt es

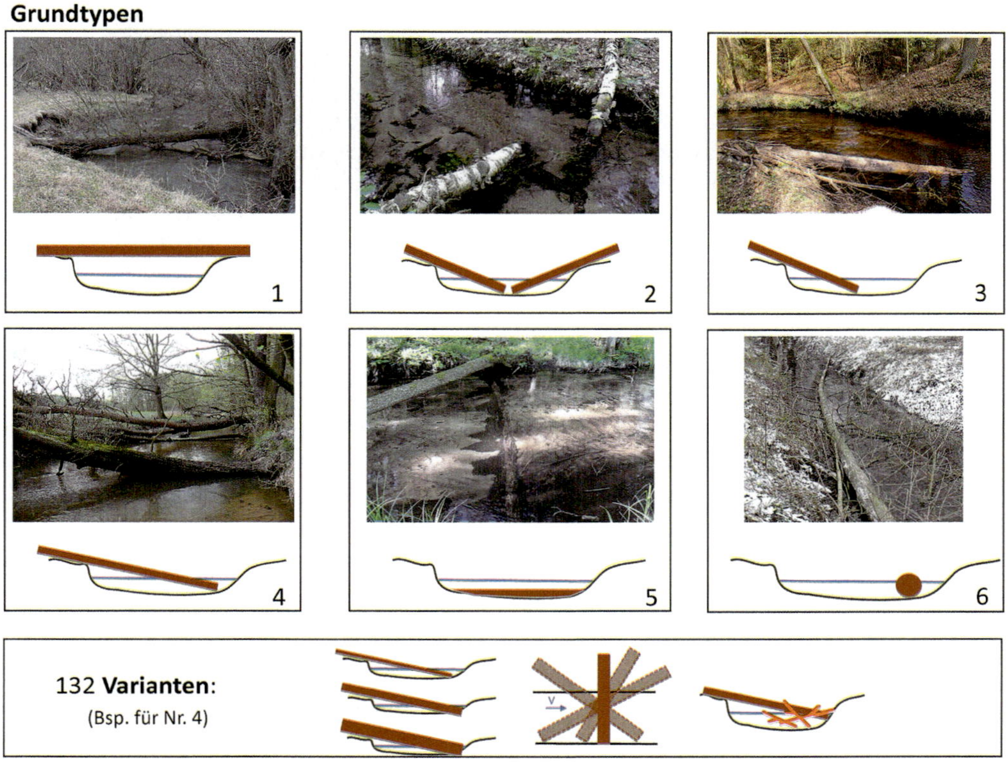

Grundtypen

132 Varianten:
(Bsp. für Nr. 4)

◘ **Abb. 63.2** Kategorisierung natürlicher Totholzstrukturen in sechs Grundtypen. Diese sind Initialelemente zur Bildung größerer und komplexerer Holzstrukturen durch Anlagerung weiterer Holzelemente oder stellen bereits als Einzelelement ein Endstadium dar [3]. (© Michael Seidel)

in naturnahen Fließgewässern neben den von Strömungslenkern meist nur bewirkten Erosionskolken z. B. auch Sturz-, Engen-, Kehrwasser-, Unterströmungs- und Stillwasserkolke. Diese Vielfalt kann durch Strömungslenker allein nicht initiiert werden, die lediglich den Grundtyp Nr. 3 aus ◘ Abb. 63.1 imitieren. Für Fische ist neben Kolken als Unterstand zudem die Deckung von oben wichtig. Diese entsteht in Kombination nur durch die Grundstrukturtypen 1 und 4. Für das Makrozoobenthos ist hingegen die besiedelbare Oberfläche deutlich relevanter als das Holzvolumen. Strömungslenker bieten aber nur wenig besiedelbare Oberfläche. Natürliche Holzstrukturen, insbesondere komplexe Strukturen mit Driftholzanlagerung, sind daher wesentlich leitbildkonformer. An diese werden z. B. auch Hölzer mit unterschiedlichen Zerfallsstadien angelagert, die unterschiedlich besiedelt werden.

63.3 Einbau von Totholz

Sofern der natürliche Eintrag von Totholz weder quantitativ noch zeitlich in ausreichendem Ausmaß gegeben ist, kann der Einbau sinnvoll sein. Dieser sollte aus o. g. Gründen möglichst leitbildkonform sein und die natürliche Variabilität von Holzstrukturen und den natürlichen Driftholzrückhalt berücksichtigen. Als Randbedingungen für den Einbau können hohe, mittlere und geringe Restriktionsgrade unterschieden werden. Bei hoher Restriktion (z. B. Siedlungsbereich) sind jegliche Erosion und erhöhter Wasserstand nicht tolerierbar. Bei mittlerer Restriktion (z. B. Grünland, Acker) sind örtliche Erosionen der Sohle und leicht erhöhte Wasserstände möglich oder auch erwünscht. Wenn nur geringe Restriktionen vorliegen (z. B. Wald), kann auch das Ufer erodiert werden. Je nach Grad der Restriktion können für den Einbau von Holz dementsprechend als Maximalziele die Korngrößensortierung (hohe Restriktion), Förderung der Sohldynamik (mittlere Restriktion) und die Laufentwicklung (geringe Restriktion) formuliert werden. Aus der Literatur und auf Grundlage von Erfahrungswerten können für jeden Restriktionsgrad Orientierungswerte für den Holzeinbau hergeleitet werden. Beispielsweise wird die Hydraulik eines Fließgewässers kaum verändert, wenn der Verbauungsgrad des Fließquerschnitts durch Holz unter 10 % bei MHQ liegt, der Winkel des Holzementes zur Fließrichtung unter 30° beträgt und die Holzstruktur bereits bei Basisabfluss überströmt wird und somit oberhalb MHQ eine abflussneutrale Wirkung gewährleistet bleibt. Ähnliche Angaben konnten auch für die anderen Restriktionsgrade hergeleitet werden (◘ Tab. 63.2, [3]).

Der Einbau von Holz kann dabei auch im Rahmen der Gewässerunterhaltung zur Entwicklung des Gewässers erfolgen, sofern dies nicht zu wesentlichen Veränderungen eines Gewässers führt. Dies ist in der Regel der Fall, wenn durch den Holzeinbau das Ufer nicht erodiert und der Abfluss nicht oder nur unwesentlich verändert werden. Insbesondere in unkritischen Gewässerabschnitten sollte daher zunächst geprüft werden, ob dies ohne großen Planungs- und Verwaltungsaufwand im Rahmen der Gewässerunterhaltung erfolgen kann. Durch den Einbau von Holz zur Förderung der Eigendynamik können das Gewässer oder seine Ufer aber auch zielgerichtet umgestaltet werden, was dann dem Tatbestand des Gewässerausbaus bzw. einer wesentlichen Umgestaltung nach § 67 Abs. 2 WHG entsprechen kann. Der Beurteilungs- und somit Handlungsspielraum ist in dieser Frage relativ groß, da die Wesentlichkeit einer Umgestaltung nicht näher definiert ist. Wenn durch den Einsatz öffentliche und private Belange betroffen sind, z. B. bei Maßnahmen mit dem Ziel eigendynamischer Gewässerentwicklung, sollten die Maßnahmen

Tab. 63.2 Orientierungswerte für den Holzeinbau in Abhängigkeit zum Grad der Restriktionen [3]

Orientierungswerte	Restriktion		
	Hoch	Mittel	Gering
Maximalziel	Korngrößensortierung	Sohldynamik	Laufentwicklung
Totholzmenge/100m²	Vorgabe nicht sinnvoll	~0,2–0,4 m³	> 0,5 m³
Stämme/100 m²	3–6	3–5	4–7
Deckung Sohle	1–5 %	5–25 %	5–25 %
Verbau bei MHQ	<10 %	10–30 %	>30 %
Überströmung	bei NQ	Bei MQ	bei > MHQ
Winkel zur Fließrichtung	<30°	30–60°	Vorgabe nicht sinnvoll

© Michael Seidel

immer als Gewässerausbau angesehen werden [9]. Dies bedarf nach § 68 WHG einer Planfeststellung oder Plangenehmigung. Dadurch wird Rechtssicherheit erreicht und der Einbau kann bedenkenlos so großzügig dimensioniert werden, dass Änderungen an der Sohle und den Ufern auftreten. Dies ist auch für die ökologische Wirkung, und damit die Zielerreichung des Holzeinsatzes förderlich.

63.4 Erfahrungen der Gewässerallianz Niedersachsen

Im Pilotprojekt „Gewässerallianz" wird die naturnahe Gewässerentwicklung als Vertragspartnerschaft zwischen NLWKN und ausgewählten Unterhaltungsverbänden seit 2015 in mittlerweile 14 Projektgebieten Niedersachsens überwiegend an Tieflandgewässern verfolgt. Das Land gewährt den Projektträgern eine 80 %-Anteilsfinanzierung zur Beschäftigung bzw. Beauftragung von qualifiziertem Fachpersonal zur Bekümmerung ihrer sog. Schwerpunktgewässer. Hauptaufgabe der durch die Unterhaltungsverbände auf regionaler Ebene eingesetzten Gewässerkoordinatoren/innen ist die verstärkte Umsetzung von Gestaltungsmaßnahmen nach den Zielen der EG WRRL auf Basis breitgefächerter Förder- und Finanzierungsprogramme [10, 11], sowie die Optimierung der Fließgewässerunterhaltung. Erfahrungen im Bereich des Totholzmanagements sind auch hier Bestandteil der Projektziele.

Naturräumliche Gegebenheiten der Projektgebiete wie z. B. Geländerelief, Landnutzung und Gehölzanteile variieren sehr stark. Insofern sind auch die Erfahrungen im Umgang mit Totholz bzw. in der Dimensionierung tolerierbarer Holzanteile regional je nach Gefällelage, auftretenden Hochwasserrisiken oder individuellen Ansprüchen von Maßnahmenträgern, Flächenanliegern und Genehmigungsbehörden sehr unterschiedlich. Überwiegend erfolgt die Duldung oder der Einbau von Totholzstrukturen unter dem Aspekt der Risikominimierung.

Als limitierende Faktoren beim Belassen und Einbau von Totholz werden, neben einer fehlenden gesamtheitlichen Akzeptanz innerhalb der Unterhaltungsverbände selbst, vor allem flächenspezifische Bedenken durch Anlieger beschrieben. Dazu zählen insbesondere die Befürchtung zunehmender Hochwasser- und Bewirtschaftungsrisiken

(Vernässung) oder direkter Flächenverluste (Uferabbrüche oder Aufweitungen). Sobald Holz auch oberhalb des Niedrigwasserabflusses Wirkung entfalten soll, ist es daher wichtig, vorab die beeinflussten Flächen zur Gewässerentwicklung eigentumsrechtlich zu beschaffen oder die Zustimmung von Anliegern einzuholen bzw. sogar konkrete Entschädigungsleistungen z. B. über Gestattungsverträge bei Inanspruchnahme von Privatflächen zu vereinbaren. Andernfalls gilt es, vorrangig Flächen der öffentlichen Hand zu beanspruchen.

Weitere Hemmnisse ergeben sich infolge strenger Vorgaben der Genehmigungsbehörden hinsichtlich einzureichender hydraulischer Berechnungsgrundlagen im Zuge von Zulassungsverfahren. Sowohl bei der Unterhaltung als beim auch Ausbau zeigt sich bereits im Planungsprozess ein großes Verlangen nach dauerhafter Beherrschbarkeit der Holzelemente, sodass eine möglichst naturnahe Förderung morphodynamischer Entwicklungsprozesse und hydraulische Berechenbarkeit hier gewissermaßen im Widerspruch stehen. Es mangelt bislang sowohl an allgemeingültigen Berechnungsansätzen als auch an Kenntnissen über dauerhaft zuverlässige, naturnahe Befestigungsmöglichkeiten stationärer Totholzelemente. Oftmals erweist sich im Quartett aus Maßnahmenträger, -genehmiger, -bewilliger und Flächennutzer bereits ein einziger Bedenkenträger als limitierender Faktor.

Als praxistauglich für das Belassen und den Einbau von Totholz hat sich daher die oben beschriebene Etablierung von Modell- und Teststrecken bewährt, auf denen Lebend- und Totholz kontrolliert zugelassen wird und deren zeitliche Entwicklung im Zuge von Gewässerschauen nach § 78 NWG auch gegenüber verbandseigenen Gremien sowie behördlicher Aufsicht durch die Landkreise im Schauprotokoll dokumentiert wird (◘ Abb. 63.3). Im Rahmen

◘ **Abb. 63.3** Belassen eines Sturzbaums durch Längsverlagerung und Sicherung innerhalb einer Totholzteststrecke im Unterlauf der Visbeker Aue (LK Oldenburg). Mit dem Ziel, die hydraulische Wirksamkeit durch eine stärker angeströmte Lage künftig noch zu erhöhen, erfolgt eine enge fachliche Begleitung und Dokumentation der Strukturentwicklung. (© I. Zylka, Gewässerallianz Hunte-Ochtum)

der Maßnahmenkonzeption und Dokumentation nutzen Gewässerkoordinatoren GIS-basierte Handlungskonzepte. Konkret werden z. B. Sturzbaumkataster aufgestellt und es wird Arbeitszeit aufgewendet, um die Holzstrukturen in ihrer Entwicklung über Wasserspiegellagen- und Profilvermessung, Abflussberechnung, Vergleichsbilder oder z. B. im Hinblick auf ihre Detailstrukturgüte hin zu untersuchen. Über solche morphologischen Erfolgskontrollen hinaus werden anlassbezogen in Eigenregie der Unterhaltungsverbände oder in Zusammenarbeit mit kooperierenden Behörden (hier: NLWKN, LAVES = Nds. Landesamt für Verbraucherschutz und Lebensmittelsicherheit (hier: Fachdezernat Binnenfischerei – Fischereikundlicher Dienst)) auch biologische Erfolgskontrollen (z. B. Fische, Makrozoobenthos) empfohlen und durchgeführt. Zur langfristigen Förderung des natürlichen Holzeintrags gehört mithin die Förderung von Lebendgehölzen im Gewässerrandstreifen. Die Schaffung von Pionierflächen („Ufer schwarz machen") birgt hier zusätzliches Potenzial für autochthone Verpflanzungen von Jungerlen in benachbarte Fließgewässerstrecken, um nicht auf Baumschulware zurückgreifen zu müssen. Um Holzanteile auch in der Sukzession (planerisch) fest zu verankern, ist oftmals eine Anpassung des Unterhaltungsregimes erforderlich, z. B. durch Verzicht auf Ufermahd in deklarierten Entwicklungsstrecken. Die Ableitung der Unterhaltungsintensität erfolgt in Niedersachsen zunehmend nach gewässerökologischen und artenschutzrechtlichen Erfordernissen [12, 13] in Abstimmung mit der Aufsicht durch die Landkreise (Unterhaltungspläne). Als hilfreiches und freiwilliges Instrument für die Unterhaltungspflichtigen hat sich darüber hinaus zudem die Festschreibung von Entwicklungszielen in Unterhaltungsrahmenplänen etabliert.

In Vorbereitung von Holzeinbauten hat es sich für Unterhaltungsverbände bewährt, anfallendes Holz bereits frühzeitig zu passenden Gelegenheiten (Windwurf nach Sturmlagen, Baustellen) in Kooperation mit z. B. öffentlichen Einrichtungen wie Landesforsten oder Kommunen ortsnah und kostengünstig oder sogar zum Nulltarif zu beschaffen. Vorteile dieser frühzeitigen Holzakquise sind eine längerfristige Planung und handverlesene Selektion individueller Strukturelemente, sofern entsprechende Zwischenlager möglichst in Gewässernähe zur Verfügung stehen. Problematisch ist jedoch das Austrocknen der Stämme. Der Einbau selbst sollte möglichst bei Mittelwasser und keinesfalls bei Extremwasserlagen erfolgen. Besonders die Abflussjahre 2017 bis 2019 können in ihrer Eignung somit nicht als sonderlich repräsentativ gelten, haben aber durchaus Erkenntnisse in der Eignung unterschiedlicher Befestigungsmethoden zutage gefördert. So ist der erkennbare Trend hin zu naturnäheren Befestigungstechniken zu begrüßen, um die konventionelle Drahtanbindung durch Naturfasergeflechte wie z. B. Sisal zu ersetzen.

63.5 Fazit und Ausblick

Totholz ist ein natürliches Element in Fließgewässern und beeinflusst den ökologischen Zustand positiv. Daher spielt Totholz für die Entwicklung von Fließgewässern und auch für das Erreichen der Ziele der EG WRRL eine entscheidende Rolle. Der natürliche Eintrag hat Vorrang gegenüber dem Einbau. Ein Einbau sollte vor allem möglichst naturnah erfolgen und hinreichend dimensioniert sein, um morphodynamische Wirkung und letztlich Habitatfunktionen zu entfalten. In absehbarer Zeit wird Totholz aber nicht zum „Selbstgänger" und aus fließgewässerökologischer Sicht in weiten Bereichen unserer vergleichsweise waldarmen Gewässerlandschaft unterrepräsentiert bleiben. Zudem müssen jegliche Akteure, unabhängig positiver Erfahrungen und geleisteter Erfolge anderenorts, maßnahmenspezifisch überzeugt werden. Daher treten selbst in hydraulisch unbedenklichen Lagen unabhängig der geleisteten Vorarbeit flächenspezifisch häufig wieder neue Restriktionen auf. Auch der Öffentlichkeitsarbeit kommt daher eine zunehmende Bedeutung zu.

Ein Mehr an Gehölzen am und im Gewässer bedeutet auch, dass insbesondere in abflussreichen Jahren durchaus auch unerwünschte Effekte auftreten können, z. B. die Verstärkung von Verklausungen an Bauwerken wie Brücken, Durchlässen oder auch Fischaufstiegsanlagen. Dies wiederum erhöht den Unterhaltungs- bzw. fachqualifizierten Beobachtungsaufwand und veranschaulicht umso mehr, dass eine dauerhafte und professionelle Befassung mit dem Thema Totholz unerlässlich ist. Ein verstärktes Zulassen durch Einbau oder Belassen von Gehölzen an Fließgewässern zwingt die Träger der Unterhaltung zugleich zu einer intensivierten ingenieurfachlichen Begleitung und Beobachtung der Gewässerstrecken. Dieser Zusatzaufwand ist regulär aus den Verbandssatzungen oft nicht abzudecken und reicht über die gesetzlichen Pflichtaufgaben zur Pflege und Entwicklung von Fließgewässern nach § 61 NWG (§ 39 WHG) hinaus. Daher ist eine gezielte Förderung und fachlich qualifizierte Begleitung wie im Beispiel der Gewässerallianz Niedersachsen nahezu unerlässlich, um modernen Ansprüchen an den Ausbau und die Entwicklung von Fließgewässern erfolgreich zu begegnen. So ist bereits über die Laufzeit der Gewässerallianz die Anzahl und Qualität von Holzstrecken durch die fachliche und akzeptanzfördernde Beratung der Gewässerkoordinator/innen in Kombination mit dem Erfahrungsgewinn der verbandseigenen Bauhöfe deutlich gestiegen.

Das Thema Totholz wird in der wasserwirtschaftlichen Praxis also immer relevanter, und auch von Seiten der EU-Kommission ist angesichts mehrheitlich viel zu schwacher Umsetzungserfolge der EG WRRL [14] zunehmend mit höheren Anforderungen zu rechnen. Konkret bedeutet dies, dass auch hydromorphologische Maßnahmen verbindlicher quantifiziert und lokalisiert werden. Das umschließt auch das referenzspezifische Totholzaufkommen und könnte diesen Strukturen künftig den gebotenen Vorschub verleihen, sowohl Mengenanteile als auch Einbauqualitäten stärker als bislang in den Fokus zu nehmen. Möglichst allgemeingültige Handlungsempfehlungen zu „Totholz in der Gewässerunterhaltung" werden daher derzeit in der DWA-Arbeitsgruppe GB-2.20 erarbeitet. Zur Verbesserung der Planung und Genehmigung arbeitet parallel dazu die DWA-Arbeitsgruppe WW-3.8 zur „Rauheitswirkung und Fließwiderstand von Totholz in Gewässern". Interessenten sind gern aufgerufen, sich konstruktiv zu beteiligen, insbesondere auch was Vorbehalte gegenüber Totholz in Fließgewässern anbelangt.

Literatur

1. UBA (Hrsg.) (2014): Strategien zur Optimierung von Fließgewässer-Renaturierungen und ihrer Erfolgskontrolle. Umweltbundesamt (UBA). Dessau-Roßlau (Texte 43/2014).
2. Koenzen (2009): Totholzanteil in den Fließgewässertypen. Vortrag auf dem WWF Fachkolloquium „Flussholz" am 13.11.2019 in Dessau (online verfügbar unter ▶ https://wilde-mulde.de/2019/12/20/bericht-Fachkolloquiumflussholz-unverzichtbar-im-flussbett-oder-risikoelement/; Stand: 04.04.2020)
3. Seidel, M. (2018): Naturnaher Einsatz von Holz zur Entwicklung von Fließgewässern im Norddeutschen Tiefland. Dissertation, BTU Cottbus. Erschienen in: Magdeburger Wasserwirtschaftliche Hefte, Band 15. Shaker Verlag, Aachen (online verfügbar unter ▶ https://opus4.kobv.de/opus4-btu/frontdoor/index/index/docId/4431).
4. Brunke, M., Purps, M. und C. Wirtz (2012): Furten und Kolke in Fließgewässern des Tieflands: Morphologie, Habitatfunktion für Fische und Renaturierungsmaßnahmen. Hydrologie und Wasserbewirtschaftung 56 (3): 100–110.
5. BMUB/UBA (Hrsg.) (2016): Die Wasserrahmenrichtlinie. Deutschlands Gewässer 2015. Bonn, Dessau.

6. Ostermann, U. (2020): Gewässerunterhaltung in Niedersachsen. Wasser und Abfall 05/2020, S. 34–41.
7. DWA (2010): Neue Wege der Gewässerunterhaltung - Pflege und Entwicklung von Fließgewässer. Juni 2010. Hennef (Sieg): Deutsche Vereinigung für Wasserwirtschaft, Abwasser und Abfall (DWA-Regelwerk, M 610).
8. Bergmeister, K. (2009): Schutzbauwerke gegen Wildbachgefahren. Grundlagen, Entwurf und Bemessung, Beispiele. Berlin: Ernst & Sohn.
9. Reinhardt, M. (2008): Eigendynamische Gewässerentwicklung zwischen Benutzung, Unterhaltung und Ausbau. Wasserwirtschaft (3), S. 12–15.
10. Bardowicks, N., Nickel, S., Pinz, K. und R. Gade (2017): Konzentrieren und Kümmern – die Gewässerallianz Niedersachsen. Wasser und Abfall 5/2017, S. 36–40.
11. Harms, A. und P. Sellheim (2019): Strategien, Instrumente und Möglichkeiten – Wege zur Umsetzung des Aktionsprogramms Niedersächsische Gewässerlandschaften. Korrespondenz Wasserwirtschaft 2019 (12) Nr. 10: 573–580
12. Wasserverbandstag e.V. (Hrsg.) (2020): Gewässerunterhaltung in Niedersachsen – Teil B: Entscheidungs- und Umsetzungsprozesse in der Gewässerunterhaltung.
13. NLWKN (Hrsgb.) (2020): Leitfaden Artenschutz – Gewässerunterhaltung. Eine Arbeitshilfe zur Berücksichtigung artenschutzrechtlicher Belange bei Maßnahmen der Gewässerunterhaltung in Niedersachsen - 2. aktualisierte Fassung/Stand März 2020
14. Reese, M., Bedtke, N., Gawel, E., Klauer, B., Köck, W. und S. Möckel (2018): Wasserrahmenrichtlinie – Wege aus der Umsetzungskrise. Rechtliche, organisatorische und fiskalische Wege zu einer richtlinienkonformen Gewässerentwicklung am Beispiel Niedersachsens. – Leipziger Schriften zum Umwelt- und Planungsrecht, Band 37. NOMOS-Verl., Leipzig, 243 S.

Kolmationsmonitoring an einer Renaturierungsstrecke der Wupper

Johanna Reineke und Thomas Zumbroich

In der Wupper in Wuppertal-Laaken wurde im Anschluss an eine Renaturierung ab 2017 ein Kolmationsmonitoring durchgeführt und hierbei ein neues Messgerät auf seine Eignung für das Monitoring der räumlichen und zeitlichen Kolmationsdynamik innerhalb des obersten Sohlbereichs getestet. Dazu bot sich der frisch renaturierte Gewässerabschnitt aufgrund der maschinellen Sedimentumlagerungen an. Die Untersuchungsergebnisse werden hier vorgestellt.

Unter Kolmation wird nach Beyer & Banscher [1] „die Verdichtung eines Gesteins/Erdstoffs durch die Ablagerung von Sinkstoffen, Schwebstoffen und Ausfällungsproduktion des Wassers an der Oberfläche (äußere Kolmation) und/oder in den Klüften/Poren (innere Kolmation)" verstanden. Diese „Selbstdichtung des Kieslückenraumes (Interstitial) von Fließgewässersohlen [2]" ist ein natürlicher Prozess, der einerseits das Versickern von Fließgewässern verhindern und somit eine gewisse Abgrenzung zu darunterliegenden Grundwasserkörpern darstellen kann. Andererseits kommt es bei zunehmender Kolmationsintensität zur Hemmung wichtiger Austauschprozesse im durchströmten Interstitial, was sich negativ auf die Habitatbedingungen auswirkt.

Im Lückensystem kies- und schottergeprägter Fließgewässer wechseln sich Phasen der Kolmation, in welchen sich Feinsedimente auf der Gewässersohle ablagern und in diese infiltrieren, und Phasen der Dekolmation, während welcher Feinsedimente aus der Gewässersohle ausgespült werden, ab. Dieser Wechsel gehört zu einem natürlichen Zyklus aus Sedimentation und Erosion der Gewässersohle, der zu einer heterogenen Habitatverteilung und dem Funktionieren des aquatischen Ökosystems beiträgt, beispielsweise durch die Umlagerung des Sohlsediments und damit der Verteilung und dem Austausch sedimentgebundener Nährstoffe [3].

> **Kompakt**
>
> – Maßgebend für Kolmation sind Vorgänge, die die Sedimentfracht erhöhen sowie Abflüsse und Fließgeschwindigkeiten vermindern
> – Neben der Verschlechterung der biologischen Qualitätskomponenten zur Bewertung der Gewässergüte nach WRRL führt übermäßige Kolmation zu einer Homogenisierung der Gewässersohle und damit zu einem Diversitätsverlust an Habitaten und

Zuerst erschienen in Wasser und Abfall 1–2/2021

© Der/die Autor(en), exklusiv lizenziert an Springer Fachmedien Wiesbaden GmbH, ein Teil von Springer Nature 2023
M. Porth et al. (Hrsg.), *Wasser, Energie und Umwelt*,
https://doi.org/10.1007/978-3-658-42657-6_64

> Arten sowie einer Veränderung der Artenzusammensetzung.
> – Kleinräumige Morphologie und das daraus resultierende Strömungsbild können sich auf das Kolmationsmuster eines Gewässerabschnitts auswirken. Die Ausprägung des Kolmations- bzw. Dekolmationszustandes dürfte von einem komplexeren Wirkungsgefüge aus weiteren Einflussfaktoren abhängen

Generell wird Kolmation durch anthropogene Feinsedimenteinträge verstärkt, maßgebend sind hier Vorgänge, die die Sedimentfracht erhöhen und/oder die Abflüsse und Fließgeschwindigkeiten vermindern. Hauptsächliche Ursachen erhöhter Sedimentfrachten in Fließgewässern sind Veränderungen der Landnutzung im Einzugsgebiet wie Entwaldung und Entfernung der natürlichen Vegetationsdecke sowie die Intensivierung der Landwirtschaft. Sie können zu einer Steigerung der Bodenerosion und damit zu einem erhöhten Feinsedimenteintrag in die Gewässer führen. Weitere Faktoren sind die zunehmende Flächenversiegelung im Zuge wachsender Urbanisierung. Dabei spielen insbesondere Straßenentwässerungen und die Einleitung von Schmutzwasser eine wichtige Rolle [3, 4].

Neben den Eintragspfaden sind die gewässereigenen Abflussbedingungen bedeutsam, da sie die Transportkapazität der fließenden Welle beeinflussen. Wasserentnahmen oder Abflusssteuerungen durch z. B. Talsperrenbetrieb wirken auf die Kolmationsdynamik. Die Absenkung des Grundwasserspiegels kann zu einer Verminderung des Austausches zwischen fließender Welle und Grundwasser führen, was die Bildung einer Kolmationsschicht erleichtert. Bauliche Maßnahmen, beispielsweise zur Energiegewinnung oder zum Hochwasserschutz, beeinflussen die natürlichen Abflussmuster und damit die raum-zeitliche Verteilung der Feinsedimentakkumulation [3, 4].

Descloux et al. [5] beschreiben den massiven Feinsedimenteintrag in Gewässer als eine der Hauptproblematiken der Fließgewässer Europas und der USA, da er eine Reihe an negativen Auswirkungen generiert.

Die Steigerung der Sedimentfracht über die Transportkapazität eines Gewässers hinaus führt zur vermehrten Sedimentation und Akkumulation an der Gewässersohle und letztendlich häufig zu einer das natürliche Maß übersteigenden Kolmation durch das Infiltrieren der Feinsedimente von der Sohloberfläche in das Interstitial. Dies schränkt die hydraulische Konnektivität und damit die Stoffflüsse zwischen fließender Welle, Interstitial und Grundwasser ein, vermindert die Interstitialpermeabilität und beeinträchtigt die Habitatqualität der Sohle und des Interstitials für aquatische Makrophyten, benthische Invertebraten, Diatomeen und Fische [3].

Im Großen und Ganzen führt die übermäßige Kolmation zu einer Homogenisierung der Gewässersohle und damit zu einem Diversitätsverlust an Habitaten und Arten sowie einer Veränderung der Artenzusammensetzung [3, 4]. Es sind somit auch die biologischen Qualitätskomponenten zur Bewertung der Gewässergüte im Rahmen der Europäischen Wasserrahmenrichtlinie betroffen. Es ist anzunehmen, dass die Kolmation eine mögliche Ursache der sog. allgemeinen Degradation ist, welche verantwortlich dafür ist, dass Gewässer trotz guter morphologischer Zustände im Anschluss an Renaturierungen nicht immer den guten Zustand erreichen [6].

Die Reduktion der Konnektivität zwischen fließender Welle, Interstitial und Grundwasser und dem damit verbundenen Stoffaustausch beeinträchtigt die biochemischen Prozesse innerhalb des hyporheischen Interstitials, was zur Verminderung der Selbstreinigungskraft des Gewässers führt. Auch wird die natürliche Temperaturregulierung des Gewässers durch den verminderten oder fehlenden Wasseraustausch gehemmt [3, 7].

Einerseits versorgen Feinsedimente das Fließgewässersystem mit an ihre Oberfläche gebundenen Nährstoffen, andererseits fungieren dieselben ebenso als Träger von Schad- und Giftstoffen, beispielsweise von Straßenabläufen [3, 8].

Der Prozess der Kolmation und Dekolmation unterliegt einem komplexen Wirkungsgefüge aus physikalischen, chemischen und biologischen Variablen [9]. Dazu zählen Fließgeschwindigkeit, Sohlschubspannung, hydraulischer Gradient, Richtung der Interstitialflüsse, Konzentration der Suspensionsfracht, Korngrößenverteilung und -form, Vorhandensein von Algen und Biofilmen sowie Stoffe und Konzentration der gelösten Fracht [3]. Beschta & Jackson [10] beschreiben die Strömungsverhältnisse und die Partikelgröße dabei als Schlüsselparameter.

Schälchli [9] unterscheidet vier Kolmations- bzw. Dekolmationsphasen, in Abhängigkeit des Abflusses:

- Phase I – Kolmationsphase: Lediglich geringe Bewegung der Sohlsedimente, die Deckschicht bleibt stabil, die hydraulische Leitfähigkeit innerhalb der Sohlsedimente sinkt,
- Phase II – Übergangsphase: Die Schubspannung erreicht einen Grenzwert, ab welchem der Geschiebetransport initiiert wird, Feinsediment beginnt ausgespült zu werden, die hydraulische Leitfähigkeit der oberen Sohlsedimentschicht steigt an,
- Phase III – Spülphase: Die obere Sohlschicht bricht auf und die hydraulische Leitfähigkeit im Sedimentkörper erreicht ein Maximum,
- Phase IV – Flussbettmobilisierung: Die gesamte Gewässersohle wird mobilisiert und umgelagert.

64.1 Die Fließgeschwindigkeit als Steuerungsgrö

In einigen Feldstudien wird davon ausgegangen, dass eine geringe Fließgeschwindigkeit die Kolmation durch das ermöglichte Absinken von Feinsedimenten begünstigt und eine hohe Fließgeschwindigkeit durch die stärkere Partikelmobilisierung zu einer Dekolmation führt [3].

Levasseur et al. [11] weisen jedoch in den Ergebnissen ihrer Feldstudie zu saisonalen Mustern der Feinsedimentdynamik und der abflussbedingten Sedimenttransportkapazität darauf hin, dass Feinsedimentinfiltration besonders bei geringer Transportkapazität stattfindet, eine hohe Transportkapazität, beispielsweise ausgelöst durch ein Hochwasser, allerdings nicht zwangsläufig zur Ausspülung von Feinsedimenten aus dem Interstitial führt. Sie schließen daraus, dass auch die kleinräumigen geomorphologischen Charakteristika der einzelnen Probestellen einen wichtigen Einfluss auf die Kolmations-/Dekolmationsprozesse nehmen. Diesen unterstreicht auch Diplas [12] in seiner Studie zum Effekt der Sohlmorphologie auf die Infiltration und Ausspülung von Feinsedimenten. Demnach neigen Pools und Bereiche im Strömungsschatten eher zur Akkumulation und werden später dekolmatiert als beispielsweise der Riffelkopf.

64.2 Kolmationsmessung mit dem Kolmameter

Zur Ermittlung des Kolmationszustandes gilt die hydraulische Leitfähigkeit der Sohlsedimente als zuverlässiger Parameter, da dieser stark mit dem Feinsedimentgehalt innerhalb der Sohle korreliert [5]. Dies macht sich das Kolmameter zunutze. Das Kolmameter (◘ Abb. 64.1) wurde 2015 als mobiles Messgerät zur minimalinvasiven Erhebung der Permeabilität poröser Umweltmedien entwickelt [13].

Das Prinzip der Messung ist die Injektion von Wasser über eine Lanze mit perforierter Spitze (◘ Abb. 64.2) in die Gewässersohle unter bestimmtem Druck über bestimmte Zeit. Gemessen wird dabei der Durchfluss, welcher je nach Widerstand

Abb. 64.1 Messung mit dem Kolmameter. (© Planungsbüro Zumbroich)

Abb. 64.2 Kontrolle des Ausflusses aus der Lanzenspitze an Land. (© Planungsbüro Zumbroich)

des die Spitze umgebenden Substrats variiert. Grundannahme dabei ist, dass sich in gut durchlässige, poröse, nicht kolmatierte Medien unter gleichen Druckbedingungen größere Wassermengen injizieren lassen als in schlecht durchlässige, kolmatierte Medien. Aus dem Messwert im Sediment und einem in der fließenden Welle genommenen Referenzwert wird anschließend die Ausflussreduktion berechnet, welche durch den Substratwiderstand im Gegensatz zur Messung in der fließenden Welle entsteht.

Durch das Injizieren von Wasser unter definiertem Druck über ein definiertes

Tab. 64.1 Empirisch durch Messungen in Normsubstrat abgeleitete Kolmameter-Klassen zur Klassifizierung des Kolmationsgrades [14]

Ausflussreduktion [%]	Kolmameter-Klasse
≤ 5	1: Keine innere Kolmation
≤ 25	2: Schwache innere Kolmation
≤ 42,5	3: Mittlere innere Kolmation
≤ 60	4: Starke innere Kolmation
> 60	5: Sehr starke innere Kolmation

© Thurmann

Zeitintervall wird auf die Permeabilität des Interstitials rückgeschlossen.

Zur Einordnung der Messergebnisse wurden im Labor mithilfe von verschiedenen Normsubstraten mit bekannten kf-Werten Referenzwerte ermittelt, und analog zu den in der Gewässerökologie gebräuchlichen Klassifizierungen eine fünfstufige Ordinalskala abgeleitet [14] (◘ Tab. 64.1).

64.3 Kolmationsmessungen in der Wupper bei Laaken

Die Untersuchungen erfolgten in einem Abschnitt im Unterstrom der Wuppertalsperre. Hier war im Jahr 2017 auf ca. 600 m das Flussbett verbreitert worden. Nach Entfernung der Wasserbausteine von der Sohle wurden zunächst ca. 10.000 m³ der Bodendeckschicht des Gewässernahbereiches, der Teil des zukünftigen Gewässers werden sollte, entfernt. Der darunter lagernde Kies wurde im alten und neuen Wupperbett verteilt, um eine naturnahe Kiessohle herzustellen. Zusätzlich wurden 1500 t große Natursteine eingebracht [15].

Im Anschluss an die Renaturierung begann das Kolmationsmonitoring. Dabei wurde angenommen, dass die massive Umlagerung der gesamten Sohle zu einer vollständigen Dekolmation geführt hatte.

Ziel des Monitorings war es, die Entwicklung des Kolmationszustandes ab diesem Nullpunkt zu beobachten, um daraus verfahrenstechnische Hinweise bezüglich der Untersuchungsmethodik abzuleiten. Da aus limnologischer Sicht die oberen Sedimentschichten besonders interessant sind, erfolgten die Messungen in einer Sohltiefe von 10 cm.

Es wurden in Abhängigkeit des Strömungsmusters Messpunkte ausgewählt, an welchen im Laufe des Monitorings immer wieder gemessen wurde (◘ Abb. 64.3). Insgesamt dauerte die Phase 1,5 Jahre, in welchen fünf Mal im Abstand mehrerer Monate gemessen wurde.

64.4 Ergebnisse

zeigt für jeden Messpunkt (◘ Abb. 64.3) die an dem jeweiligen Messtermin erhobene Kolmameter-Klasse. Es zeigt sich hierbei zunächst eine große Variabilität der Messergebnisse

Tab. 64.2 Ergebnisse der Kolmametermessungen in Kolmationsklassen (Legende: s. ◘ Tab. 64.1)

Datum	1	2	3	4	5	6	7	MITTEL
24.10.2017		2	1	2	5	2	2	2,3
09.03.2018		1	2	1	2	4	3	2,2
28.08.2018	5	4	5	2	5	2	3	3,7
22.01.2019	5	5	4	2	3	4	4	3,9
30.04.2019	3	2	2	1	5	3	5	3,0
MITTEL	4,3	2,8	2,8	1,6	4,0	3,0	3,4	
Strömung	+	0	0	-	++	0	++	

© Planungsbüro Zumbroich

◘ **Abb. 64.3** Positionierung der Messpunkte an repräsentativen Stellen unterschiedlicher Strömungseigenschaften. Blaue Schraffur: durch die Renaturierung geschaffenes neues Wupperbett; grün: durch die Renaturierung entstandene Inseln; orange: Skizzierung der Strömung. (© Johanna Reineke; Luftbild: Google Maps)

sowohl zwischen den einzelnen Messpunkten als auch den verschiedenen Messterminen.

Für die Auswertung hinsichtlich der räumlichen Kolmationsdynamik wurden die Messergebnisse aller Messtermine für die einzelnen Messpunkte gemittelt und in Bezug zur Strömung gesetzt (◘ Tab. 64.3, Abb. 64.4). Es zeigt sich, dass die Messpunkte in Bereichen schwächerer Strömung weniger stark kolmatiert sind als die Messpunkte in Bereichen stärkerer Strömung. Dabei sticht besonders der Messpunkt 4 heraus, welcher im Strömungsschatten einer kleinen Insel liegt. Hier wurden an allen fünf

◘ **Tab. 64.3** Rangfolge der Probestellen, sortiert nach mittlerer Kolmationsklasse über den gesamten Monitoring-Zeitraum

Rangfolge	Kolmationsklasse	Strömung
Messpunkt 4	1,6	–
Messpunkt 2	2,8	0
Messpunkt 3	2,8	0
Messpunkt 6	3,0	0
Messpunkt 7	3,4	++
Messpunkt 5	4,0	++
Messpunkt 1	4,3	+

© Planungsbüro Zumbroich

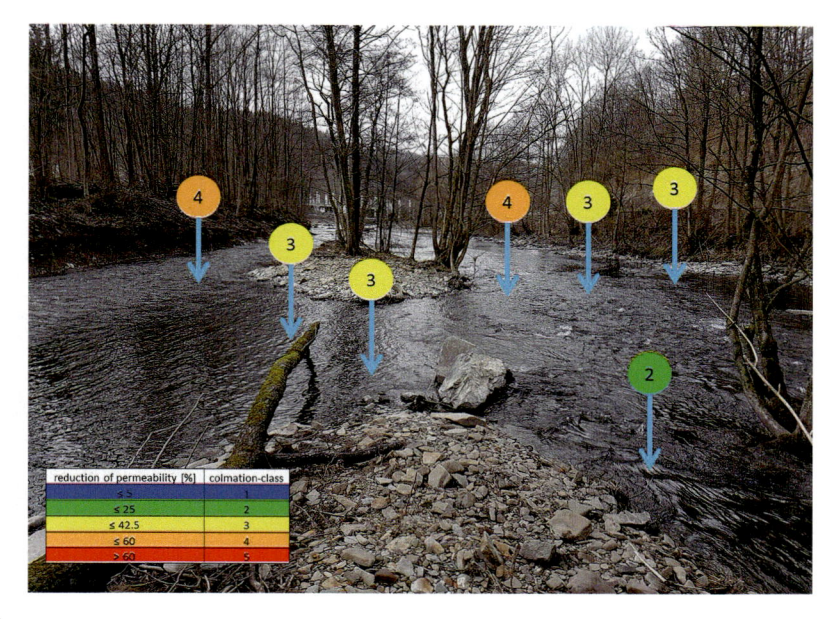

○ **Abb. 64.4** Mittlere Kolmationsklasse über den gesamten Monitoring-Zeitraum der einzelnen Messpunkte. Deutlich zu sehen sind die räumlichen Unterschiede der Kolmationsintensität der oberen Sohle (10 cm Tiefe). (© Johanna Reineke; Planungsbüro Zumbroich)

Messterminen die Kolmameter- Klassen 1–2 erhoben, also keine bis schwache innere Kolmation.

Für die Auswertung der zeitlichen Kolmationsdynamik wurden die Messergebnisse aller Messpunkte für die einzelnen Messtermine gemittelt, um die Prozesse für den Flussabschnitt insgesamt abzuleiten (○ Tab. 64.4). Diese wurden in Bezug zum Abfluss gesetzt (○ Abb. 64.5).

Es zeigt sich, dass zwischen den ersten beiden Messterminen zunächst eine Phase der Dekolmation stattfand, gefolgt von einer längeren Phase der Kolmation zwischen dem zweiten, dritten und vierten Messtermin. Zwischen dem vierten und fünften

○ **Tab. 64.4** Darstellung der Kolmations- und Dekolmationsphasen über den Monitoring-Zeitraum

Datum	MITTEL		Prozess
24.10.2017	2,3		Dekolmation
09.03.2018	2,2		
28.08.2018	3,7		Kolmation
22.01.2019	3,9		Kolmation
30.04.2019	3,0		Dekolmation

© Planungsbüro Zumbroich

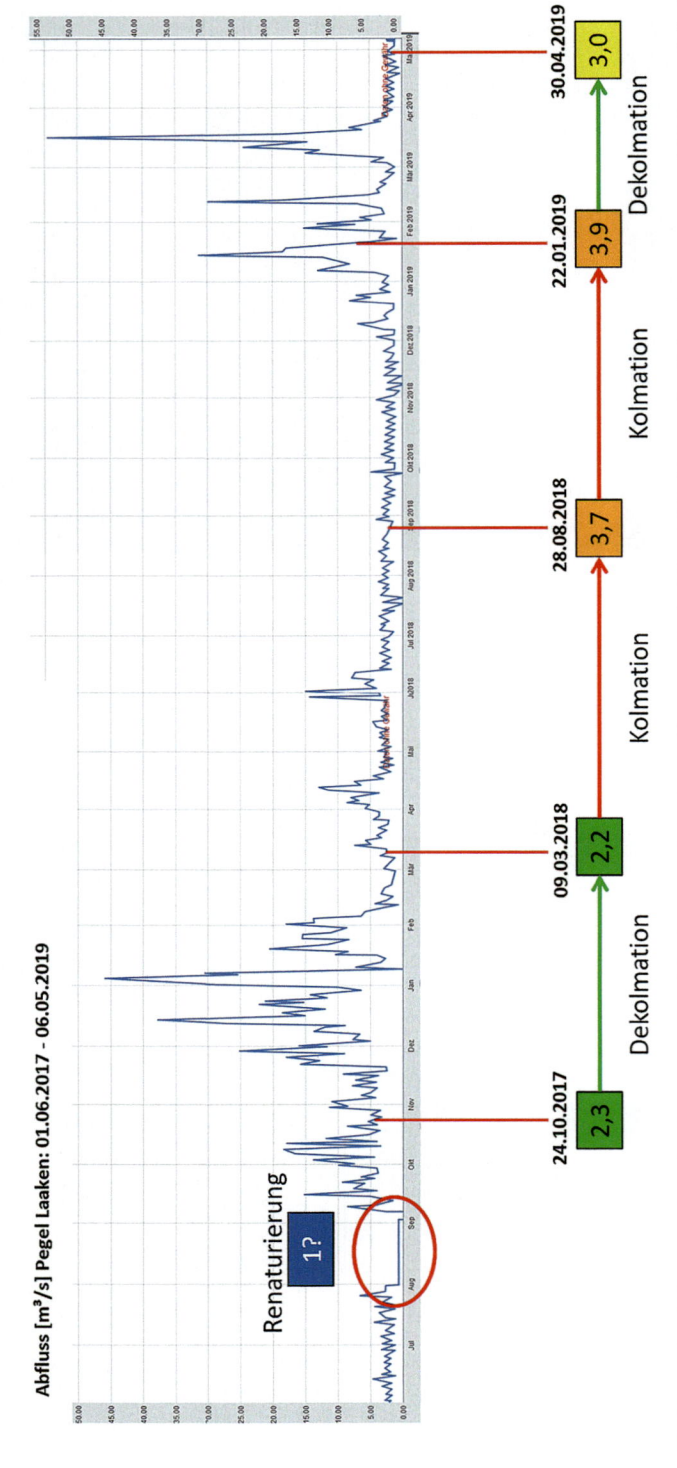

Abb. 64.5 Abflussganglinie der Wupper am Pegel Laaken vom 1. Juni 2017 bis zum 6. Mai 2019 mit Markierung der Kolmationsmessungen. (© Johanna Reineke; Pegel: Wupperverband)

Messtermin lag wieder eine Phase der Dekolmation. In ◘ Abb. 64.5 ist deutlich zu erkennen, dass die Phasen der Dekolmation mit Phasen einhergehen, in denen besonders hohe Abflüsse verzeichnet wurden.

64.5 Fazit zum Messprogramm und der Methode

Anhand der Kolmametermessungen lassen sich sowohl räumliche Unterschiede innerhalb des Gewässerabschnitts als auch zeitliche Dynamiken zwischen den Messzeitpunkten feststellen.

Auch wenn der Probenumfang zu gering ist, um gesicherte Schlussfolgerungen zu treffen, so weisen doch die Messergebnisse darauf hin, dass das lokale Strömungsmuster einen nicht unerheblichen Einfluss auf die kleinräumige Kolmationsentwicklung innerhalb eines Gewässerabschnitts haben könnte. Da dieses maßgeblich durch die lokale Morphologie geleitet wird, passen die Ergebnisse ins Bild der Forschungsergebnisse von Levasseur et al. [11] und Diplas [12]. Interessant ist jedoch, dass in der vorliegenden Untersuchung diejenigen Messpunkte eine geringere Kolmation aufweisen, an welchen auch eine schwächere Strömung verzeichnet wurde, da sie z. B. wie Messpunkt 4 im Strömungsschatten liegen. Nach Diplas (1994) [12] neigen genau solche Bereiche eher zu einer vergleichsweise stärkeren Kolmation.

Dies könnte bedeuten, dass die kleinräumige Morphologie und das daraus resultierende Strömungsbild zwar steuernden Einfluss auf das Kolmationsmuster eines Gewässerabschnitts nehmen, die Ausprägung des Kolmations- bzw. Dekolmationszustandes aber von einem komplexeren Wirkungsgefüge aus den zahlreichen oben genannten Einflussfaktoren abhängt, und nicht allein durch die Strömungsverhältnisse valide abgeschätzt werden kann.

Betrachtet man den beprobten Gewässerabschnitt als Gesamtheit, so deuten die Ergebnisse im Vergleich mit der Abflussganglinie auf einen deutlichen und bereits viel beschriebenen Zusammenhang des Kolmationszustandes mit dem Abfluss hin (z. B. [9, 11]). Interessant wäre an dieser Stelle die Frage nach einer potenziell gewässerspezifischen Grenzsohlschubspannung, die notwendig für die Einleitung eines Dekolmationsprozesses in verschiedenen Sohltiefen ist.

Sowohl im Bereich der zeitlichen als auch der räumlichen Kolmationsdynamik finden sich zahlreiche Ansätze zur weiteren Forschung. Ein längerfristiges Monitoring bietet dafür einen guten Rahmen.

Die hier verwendete Methode der Ableitung des Kolmationszustandes anhand der Interstitialpermeabilität führte im durchgeführten „investigativen Monitoring" zu plausiblen Ergebnissen und eignet sich nach ersten Erkenntnissen gut für dieses und ähnliche Untersuchungsprogramme zur Erfassung der Kolmationsdynamik. Dabei ist eine Abwandlung des Messprogramms zur Anpassung an spezifische Erkenntnisinteressen möglich, beispielsweise durch die Anordnung der Messpunkte, die zeitlichen Abstände der Messungen oder auch die Tiefenlage der Messungen innerhalb der Sohle.

Danksagung Wir bedanken uns für die organisatorische Unterstützung des Wupperverbandes.

Literatur

1. Beyer, W. & E. Banscher (1975): Zur Kolmation der Gewässerbetten bei der Uferfiltratgewinnung. In: Zeitschrift für angewandte Geologie, Band 21, 1975.12. S. 565–570.
2. Thurmann, C., Zumbroich, Th. (2013): Resilienzvermögen von Interstitialräumen verschiedener Gewässertypen bezüglich Kolmation In: UBA-Texte 90/2012
3. Wharton, G., Mohajeri, S. H. & Righetti, M. (2017): The pernicious problem of streambed colmation: a multidisci-plinary reflection on the

mechanisms, causes, impacts, and management challenges. - WIREs Water, 4:e1231. ▶ https://doi.org/10.1002/wat2.1231.
4. Brunke, M & T. Gonser (1997): The ecological significance of exchange processes between rivers and groundwater. In: Freshwater Biology (1997) 37, 1–33.
5. Descloux, S., Datry, T., Philippe, M- & P. Marmonier (2010): Comparison of Different Techniques to Assess Surface and Subsurface Streambed Colmation with Fine Sediments. In: International Review of Hydrobiology 95:520–540.
6. Zumbroich, T., Thurmann, C. & H.J. Hahn (2018): Labor- und Feldversuche an porösen Medien zur Interpretation von Kolmametermessungen, Tagungsbericht 2017 der Deutschen Gesellschaft für Limnologie (DGL), Hardegsen.
7. Brunke, M., Mutz, M., Marxsen, J., Schmidt, C., Schmidt, S. & J.H. Fleckenstein (2015): Das hyporheische Interstitial von Fließgewässern: Strukturen, Prozesse und Funktionen In: Brendelberger et al. (Hrsg.): Limnologie Aktuell, Band 14: Grundwassergeprägte Lebensräume. Stuttgart. S. 133–214
8. Ingenieurgesellschaft für Stadthydrologie mbH (2018): Immissionsbezogene Bewertung der Einleitung von Straßenabflüssen. Im Auftrag der Niedersächsischen Landesbehörde für Straßenbau und Verkehr
9. Schälchli, U. (1992): The clogging of coarse gravel river beds by fine sediment. In: Hydrobiologia 235/236: 189–197.
10. Beschta, R. L. & W. L. Jackson (1979): The intrusion of fine sediments into a stable gravel bed. J. Fish. Res. Board Can. 36: 204–210
11. Levasseur, M., Bergeron, N. E., Lapointe, M. F. & F. Bérubé (2006): Effects of silt and very fine sand dynamics in Atlantic salmon (Salmo salar) redds on embryo hatching success. In: Canadian Journal of Fisheries and Aquatic Sciences, 2006, 63(7): 1450–1459, ▶ https://doi.org/10.1139/f06-050
12. Diplas, P. (1994): Modelling of fine and coarse sediment interaction over alternate bars. In: Journal of Hydrology 159 (1994) 335–351
13. Zumbroich, Th., Hahn, H.J. (2018):Feinsedimenteinträge in Gewässer und deren Messung - Kolmation als bedeutsamer Faktor bei der Umsetzung der EG-WRRL, Forum für Hydrologie und Wasserbewirtschaftung Heft 39.18, Dresden.
14. Thurmann, C. (2017): Vergleich von Kolmameter-Messungen, Infiltrationsversuchen und Methoden der Kolmationserfassung zur Untersuchung der Durchströmbarkeit poröser Umweltmedien. Diplomarbeit an der Universität Koblenz-Landau, unveröffentlicht.
15. Mündliche Mitteilung durch R. Offermann, Wupperverband (2017)

Neu-Entstehung von Uferabbrüchen durch die natürliche Gewässerdynamik an der mittleren Ruhr

Jörg Drewenskus

Die Verbesserung der Gewässerstruktur an Flüssen und ihren Auen ist neben der Güte eine wesentliche Voraussetzung zum Erreichen der Ziele der Wasserrahmenrichtlinie. Dort, wo eine natürliche Gewässerdynamik zugelassen wird oder werden kann, können auch Hochwasserereignisse unterstützend wirken. Die zeitliche Entwicklung wird an einem Beispiel dargestellt.

In den letzten 25 Jahren erweiterte die Ruhr in einem Bereich bei Haus Füchten zunehmend ihren Gewässerraum bis in die landwirtschaftlich genutzte Aue hinein. Auf einer Länge von 150 m hat sich so die Gewässerbreite durch dynamische Fließprozesse verdoppelt. Es kam zur Verlagerung des Hauptstromes in Grünlandflächen hinein. Im Weiteren wird die Abhängigkeit einer Flächenzunahme der Abbrüche von Hochwasserereignissen dargestellt.

Zuerst erschienen in Wasser und Abfall 11/2021

65.1 Untersuchungsgebiet

Das Untersuchungsgebiet liegt auf etwa 145 m Höhe im Gebiet der Gemeinde Ense, Kreis Soest. Es gehört zum Teileinzugsgebiet der mittleren Ruhr nach dem Zusammenfluss mit der Möhne wenige Kilometer oberhalb, bei Arnsberg-Neheim (◘ Abb. 65.1). Die Lauflänge der Ruhr beträgt in diesem Abschn. 58 km bei einem mittleren Gefälle von 1,38 Promille. Die Ruhr entspringt auf 679 m Höhe über dem Meeresspiegel bei Winterberg im Hochsauerland und mündet bei Duisburg-Ruhrort auf einer Höhe von 20 m rechtsseitig in den Rhein.

> **Kompakt**
>
> — Geplante und gebaute Renaturierungen mittels Bodenabtrag zur Schaffung einer Sekundäraue sind oft sehr kostenintensiv und bieten nur die zweitbeste Lösung, wenn die Gewässerdynamik fehlt und das Gewässer zu stark in die Aue eingetieft ist.

— Wenn eine hydromorphologische Umgestaltung eines Gewässers durch Hochwasserereignisse zugelassen werden kann, entstehen ökologisch wertvolle Strukturen innerhalb und außerhalb des Stromfadens. Voraussetzung ist, dass die Anrainer einer natürlichen Gewässerentwicklung positiv gegenüberstehen.

65.2 Material und Methode

Historische Karten des Untersuchungsgebietes von 1840 und 1890 wurden ausgewertet. Zur Dokumentation der Abbrüche in Fließrichtung linksseitig (Prallufer) wurden die vorliegenden digitalen Orthofotos (DOP = Senkrechtluftbild) der Jahre 1996, 2001, 2006, 2009, 2011, 2014 und 2017 mittels GIS-Bearbeitung ausgewertet. Die linksseitigen Abbrüche wurden dazu digitalisiert und konnten so flächenmäßig erfasst und berechnet werden. Die ebenfalls vorhandenen Abbrüche rechtsseitig, dem Gleitufer, waren und sind derzeit noch von geringer Flächenausdehnung und wurden daher nicht ausgewertet.

Ausgewertet wurden die Pegeldaten des Landespegels Bachum (Ruhr), der sich etwa 1 km stromaufwärts befindet. Der Pegel ist seit 1986 dauerhaft in Betrieb. Damit verfügt die Wasserwirtschaftsverwaltung des Landes NRW über Datenreihen von über 30 Jahren. Im statistischen Mittel beträgt das mittlere Niedrigwasser (MNQ) 10,6 m^3/s, das Mittelwasser (MQ) 26,2 m^3/s sowie das mittlere Hochwasser (MHQ) 192,8 m^3/s. Aus dem MHQ wurde ein Schwellenwert von > 185 m^3/s für zu berücksichtigende Hochwasserereignisse am Ort der Abbrüche abgeleitet und für die Auswertungen zugrunde gelegt (◘ Tab. 65.1).

65.3 Fachliche Grundlagen

Bei der letzten Gewässerstrukturgütekartierung des Landes Nordrhein-Westfalen aus den Jahren 2011–2013 wurde der oben beschriebene Ruhrabschnitt (500 m) in der funktionalen Einheit Sohle als „gering verändert" eingestuft [1]. Die funktionalen Einheiten Ufer rechts und Umfeld rechts (Mähweide) wurden als „mäßig verändert"

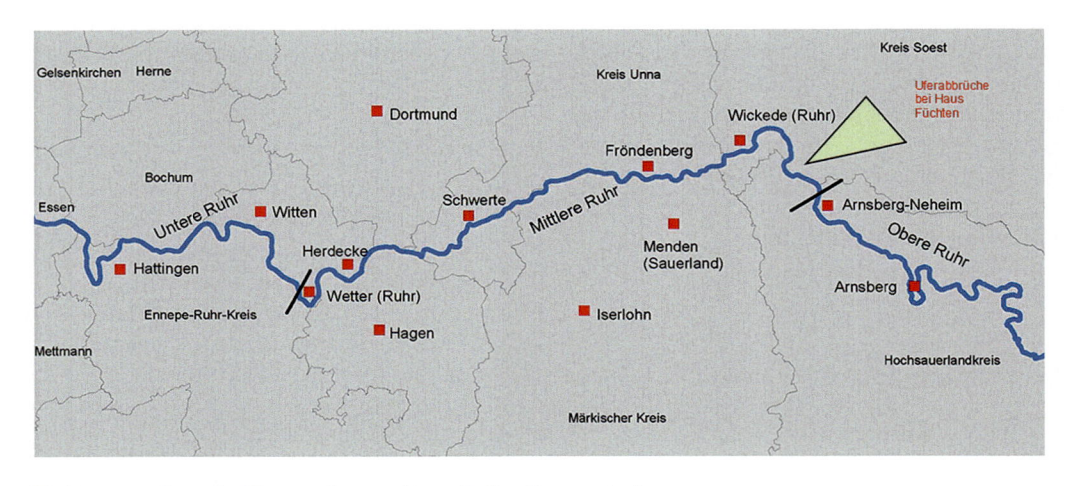

◘ Abb. 65.1 Lage des Untersuchungsgebiets. (© Jörg Drewenskus)

◘ Tab. 65.1 Hochwasserereignisse, Aufnahmezeitpunkt von Orthofotos und Flächenabtrag von 1996–2017

Datum Hoch-wasserereignis	HQ > 185m³/s am Ruhr-Pegel Bachum	Datum Orthofoto	Fläche Uferabbrüche linksseitig (m²)
30. Januar 1995	285		
		17. Juni 1996	8,2
29. Oktober 1998	279		
03. März 1999	255		
		26. Juni 2001	103,7
27. Februar 2002	249		
04. Januar 2003	212		
13. Februar 2005	199		
		03. Juli 2006	263,1
23. August 2007	299		
		24. Mai 2009	349,2
09. Januar 2011	256		
14. Januar 2011	275		
		21. März 2011	612,3
		07. Juni 2014	630,0
01. Dezember 2015	187		
		27. März 2017	1.013,0

© Jörg Drewenskus

sowie die funktionale Einheit Ufer links „mäßig verändert" und das Umfeld links (Standweide) als „deutlich verändert" bewertet. Der Habitatindex bewertet diesen Bereich mit „gering verändert". In der Fischgewässertypologie ist dieser Bereich als „oberer Barben-Typ Mittelgebirge" dargestellt. In der Fließgewässertypologie NRW ist die Ruhr in diesem Abschnitt als „schottergeprägter Fluss des Deckgebirges" ausgewiesen. Dies entspricht dem LAWA-Typ „9.2: große Flüsse des Mittelgebirges" [2]. In der Bewertung der Oberflächenwasserkörper nach Wasserrahmenrichtlinie für den vierten Zyklus (2015–2018) ist dieser Bereich für die biologische Qualitätskomponente Fischfauna mit „unbefriedigend" bewertet worden [3, 4]; für die Komponente Perlodes, allgemeine Degradation, mit „sehr gut".

65.4 Ergebnisse

65.4.1 Entwicklung bisher

Die Auswertung der preußischen Uraufnahme um 1840 (◘ Abb. 65.2), zeigt für den betrachteten Bereich einen nahezu identischen Ruhrverlauf im Vergleich zu heute (◘ Abb. 65.4). Die Ruhraue ist als Grünland dargestellt. Die Bezeichnung „Sander" (Kartenrand unten in ◘ Abb. 65.2) könnte ein Hinweis auf die in diesem Bereich vermehrt abgelagerten Feinsedimente der Ruhr (Sand) sein.

Die preußische Neuaufnahme (◘ Abb. 65.3) um 1890 zeigt die fortgesetzte Grünlandnutzung der Aue mit der Anlage einer Vielzahl von Weidezäunen entlang der Eigentümergrenzen. Der Ruhrverlauf ist unverändert.

Abb. 65.2 Die Lage des Untersuchungsgebiets (rote Markierung) übertragen in die preußische Uraufnahme um 1840. (© verändert nach Geobasis NRW)

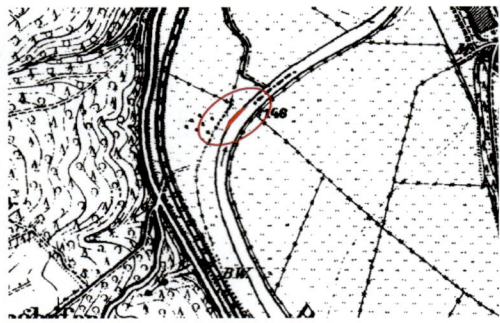

Abb. 65.3 Die Lage des Untersuchungsgebiets (rote Markierung) übertragen in die preußische Neuaufnahme um 1890. (© verändert nach Geobasis NRW)

Abb. 65.4 Die Lage des Untersuchungsgebiets (rote Markierung) im aktuellen Luftbild (2017). (© verändert nach Geobasis NRW)

Auf dem Luftbild vom 17. Juni 1996 (Abb. 65.5) ist die Ruhr in einem kleinen Ausschnitt des kilometerlangen Füchtener Bogens dargestellt. Im Ausschnitt fließt die Ruhr von Südwesten (links unten) nach Nordosten (rechts oben). Nur bei sehr genauem Hinsehen sind kleine, lokale Ufer-Abbrüche von wenigen Quadratmetern ($8\ m^2$) zu erkennen (s. rote Markierung sowie auch Tab. 65.1), etwa in Abb.mitte links zwischen den Baum-Gruppen als helle Fläche sichtbar. Ein Hochwasserereignis am 30. Januar 1995 mit einem Spitzenabfluss von $285\ m^3/s$ ist vorausgegangen. Dies entspricht einem Wasserstand von 3,79 m am Pegel Bachum, bei MQ sind es 1,12 m. Das Hochufer in Fließrichtung rechts wird seit Jahrzehnten als Mähwiese genutzt, gegebenenfalls mit Nachbeweidung durch Schafe, wie in der oberen rechten bildecke

Neu-Entstehung von Uferabbrüchen durch die natürliche ...

Abb. 65.5 Luftbild vom 17. Juni 1996. (© verändert nach Geobasis NRW)

sichtbar. Dieses Gleitufer ragt gut 3 m über dem Wasserspiegel auf. Die Grünlandflächen am linken Ufer, dem Prallufer, liegen nur etwa 1 m über dem Mittelwasserspiegel der Ruhr. Weiter nach Westen (am linken bildrand ◘ Abb. 65.5) steigt das Gelände an, sodass dort eine ackerbauliche Nutzung möglich wird, da dieser Bereich verlässlich Hochwasser frei bleibt.

Fünf Jahre später (Luftbild vom 26. Juni 2001, ◘ Abb. 65.6) hat sich die aufgerissene Uferstelle zu einer deutlichen

Abb. 65.6 Luftbild vom 26. Juni 2001. (© verändert nach Geobasis NRW)

Gewässeraufweitung mit einer muldenartigen Struktur entwickelt (s. rote Ellipse links), die etwa 104 m² groß ist (◘ Tab. 65.1). Zwei Hochwasserereignisse am 29.10.1998 mit einem Spitzenabfluss von 279 m³/s sowie am 3. März 1999 (255 m³/s) sind dem vorausgegangen. Dies entspricht einem Wasserstand von 3,77 m bzw. 3,57 m am Pegel Bachum (MQ 1,12 m). Die Fläche wird beweidet und es sind Trittspuren zur Viehtränke an dieser Stelle sichtbar. Der Viehtritt mit dem Verletzen der Grasnarbe wirkt sich für weitere Hochwasserereignisse günstig aus. Der Ufer-Einzelbaum, der im Luftbild einen Teil des Abbruchs verschattet und überdeckt, dürfte zu dieser Zeit schon als Prallbaum von der fließenden Welle herausgearbeitet worden sein. Am Gleit-Hochufer rechts werden erste Abbrüche sichtbar (s. rote Ellipse rechts).

Im Laufe des Jahres 2006 (◘ Abb. 65.7) sind die Abbrüche weiter fortgeschritten und erreichen bereits eine Ausdehnung von etwa 263 m² (◘ Tab. 65.1). Drei Hochwasserereignisse sind dem vorausgegangen: am 27. Februar 2002 mit einem Spitzenabfluss von 249 m³/s, am 4. Januar 2003 (212 m³/s) sowie am 13. Februar 2005 (199 m³/s) (s. rote Ellipse links). Die Gehölzgruppe linksseitig, die früher aus drei Bäumen bestand, ist schon um den mittleren Baum beräumt worden. Der große Baum unterhalb scheint das Ufer noch mit seinem Wurzelwerk befestigen zu können. Bei den Ufergehölzen handelt es sich um Ruhr-Weiden *(Salix x rubens)*. Am linken Ufer sind die Trittspuren durch das Weidevieh, es sind schwarz-bunte Rinder zu erkennen, sichtbar. Dies wird später zu einer Sollbruchstelle für weitere Abbrüche führen. Die Abbrüche am Gleit-Hochufer rechts werden größer und ein Sturzbaum (Weide) landete auf (s. rote Ellipse rechts).

Im Jahre 2009 (◘ Abb. 65.8) ist der kleine Inselbaum verschwunden (s. rote Ellipse links). Es bleibt nur eine kleine Schotterstelle, die ehemalige Uferbefestigung aus Eichenpfählen und Steinschüttung, sichtbar. Die Abbrüche erreichen eine Ausdehnung von etwa 349 m² (◘ Tab. 65.1). Ein seltenes Sommerhochwasser am 23. August 2007 mit dem Maximalabfluss von 299 m³/s ist vorausgegangen.

◘ **Abb. 65.7** Luftbild vom 3. Juli 2006. (© verändert nach Geobasis NRW)

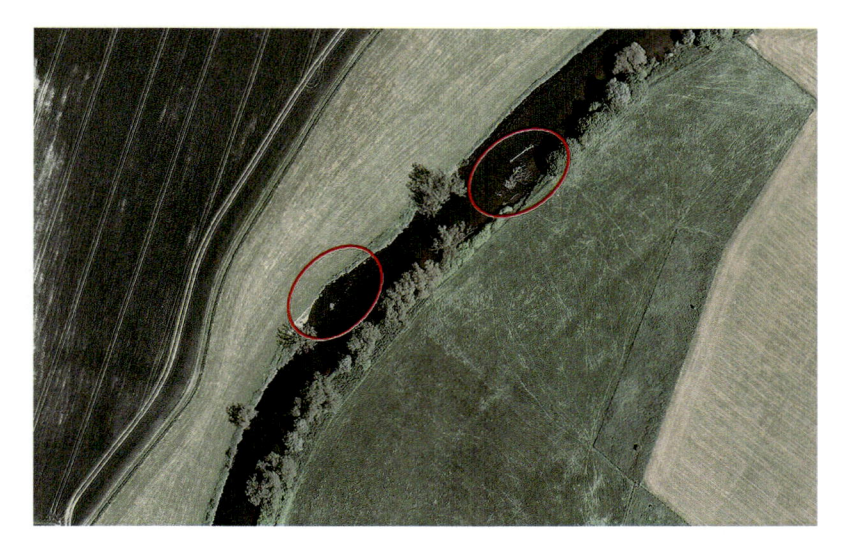

Neu-Entstehung von Uferabbrüchen durch die natürliche ...

Abb. 65.8 Luftbild vom 24. Mai 2009. (© verändert nach Geobasis NRW)

Dies entspricht einem Wasserstand von 4,30 m am Pegel Bachum (MQ 1,12 m). Der große Einzelbaum, links oberhalb, scheint zu diesem Zeitpunkt noch einigermaßen lagestabil zu sein. Im Stromstrich wird der Verlauf der alten Uferbefestigung, die Eichenpfähle erweisen sich als sehr beständig, sichtbar. Am Gleitufer rechtsseitig, etwa 50 m unterhalb, sind kleinräumige Uferabbrüche sowie der Lage stabile Sturzbaum (Weide) sichtbar. Ein Baumstamm landete parallel dazu auf (s. rote Ellipse rechts).

Zwei Hochwasserereignisse am 9. Januar 2011 sowie wenige Tage später am 14. Januar 2011 mit einem Spitzenabfluss von 256 bzw. 275 m^3/s leiten das Jahr 2011 ein. Dies entspricht Wasserständen von 3,63 bzw. 3,80 m am Pegel Bachum (MQ 1,12 m). Im Frühjahrsluftbild vom 21. März 2011 (Abb. 65.9) ist die große Ruhr-Weide am Beginn der Abbrüche noch zu erkennen. Sie hält zu dieser Zeit noch die Steinschüttung fest. Daran anschließend hat sich eine Gewässerverbreiterung um bis zu 10 m manifestiert (s. rote Ellipse links). Die Abbrüche links erreichen jetzt eine Ausdehnung von etwa 612 mm^2 (Tab. 65.1). Auch die Sturzbäume und der Baumstamm etwa 50 m rechtsseitig unterhalb am Gleitufer sind relativ lagestabil geblieben und haben durch ihre Strömungslenkung zur weiteren Unterschneidung des etwa 3 m hohen Hochufers geführt (s. rote Ellipse rechts).

Im Jahr 2014 (Abb. 65.10) ist die große Ruhr-Weide durch die fließende Welle um acht Meter versetzt worden und steht jetzt fast mittig im Stromstrich (s. rote Ellipse links). Die Flächenausdehnung der Abbrüche linksseitig hat geringfügig auf etwa 630 mm^2 (Tab. 65.1) zugenommen. In den vergangenen drei Jahren sind Hochwasserereignisse ausgeblieben. Die Hauptfließrichtung hat sich in den Bereich der Uferabbrüche verlagert. Auch 50 m unterhalb, dem Gleitufer gegenüber, haben sich die dortigen beiden Ruhr-Weiden im Gewässerbett halten können und wachsen ebenfalls weiter (s. rote Ellipse rechts).

Ein Hochwasserereignis am 1. Dezember 2015 führt zu einem Spitzenabfluss von 187 m^3/s. Dies entspricht einem Wasserstand von >3,80 m am Pegel Bachum (MQ

◘ **Abb. 65.9** Luftbild vom 21. März 2011. (© verändert nach Geobasis NRW)

◘ **Abb. 65.10** Luftbild vom 7. Juni 2014. (© verändert nach Geobasis NRW)

1,12 m). Dem entsprechend ist im Luftbild vom 27. März 2017 (◘ Abb. 65.11) die große Ruhr-Weide als gelegt zu erkennen (s. rote Ellipse links). Der Ruhrhauptlauf hat sich noch weiter in den Bereich der Uferabbrüche hinein verlagert, bildet dort abwechslungsreiche Fließbilder. Der ehemalige Standort der großen Ruhr-Weide ist noch als Steinschüttungshaufen keilförmig zu erkennen und wird auch schon hinterströmt. Der Stromstrich bewegt sich am Ruhrufer auf die nächste Weidengruppe zu. Kurz davor ist eine noch intakte Eichenpfahlreihe zu erkennen (s. auch

Abb. 65.11 Luftbild vom 27. März 2017. (© verändert nach Geobasis NRW)

Abb. 65.14). Die Abbrüche linksseitig haben jetzt eine Fläche von 1013 mm² abgetragen (Tab. 65.1), was einem geschätzten Boden-Abtrag von mindestens 2.400 m³ Auelehm sowie überschlägig etwa 200 m³ an verlagerten Schottermassen entsprechen dürfte. Direkt unterhalb dieser Weidengruppe (zwischen den roten Markierungen) hat sich eine neue Kiesbank gebildet (s. rote Ellipse rechts). Benachbart finden sich hier immer noch in Fließrichtung liegende Baumstämme in der Ruhr sowie oberhalb jetzt gelegte Ruhr-Weiden.

Abb. 65.12 Übersichtsfoto der Abbrüche in Fließrichtung nach Nordosten (13 Juli 2020). (© Jörg Drewenskus)

65.4.2 Der aktuelle Zustand

Auf dem Abb. 65.12 sind die Abbrüche in ihrer vollen Breitenentwicklung sichtbar. Der Betrachter steht auf den Resten der alten Uferbefestigung und die alte Uferlinie ist als rot gestrichelte Linie heute in Strommitte zu erkennen. Diese Linie geht an einer Sturzweide und einer kleinen Inselbank weiter (Abb. 65.13, rot gestrichelte Linie). Der Hauptstrom hat sich linksseitig in die ehemalige Grünlandfläche hinein verlagert. Abb. 65.14 ist anschaulich zu entnehmen, dass die Ruhr inzwischen die doppelte Gewässerbreite einnimmt. Bei den linksseitigen Abbrüchen hat sich die ehemalige Uferbefestigung mittels Eichenpfählen und Steinschüttung noch halten können, sodass die Ruhr dieses Hindernis quasi wie eine Sohlschwelle überwindet (rot gestrichelte Linie). Die Dimension der Uferabbrüche in Fließrichtung links wird aus Abb. 65.15 ersichtlich. Es handelt sich um 1,10–1,20 m mächtige Auelehm-Abla-

◘ **Abb. 65.13** Detailfoto mit Kiesbänken, Sturzbäumen und Totholzablagerungen (13. Juli 2020). (© Jörg Drewenskus)

◘ **Abb. 65.15** Detailfoto der Uferabbrüche in Fließrichtung links (13. Juli 2020). (© Jörg Drewenskus)

mittels Echolot durch das Planungsbüro NZO am 24. Februar 2021 ergab eine Wassertiefe unter dem Lehmsteilufer von 1,40–1,50 m. Der Wasserstand entsprach an diesem Tag etwa MQ von 1,12 m am Pegel Bachum oberhalb. In der Gewässersohle steht Lehm an. Der Auelehm hat somit eine Gesamtmächtigkeit von > 2,6 m. Auf dem gegenüberliegenden Gleitufer finden sich bis zu 3 m hohe Uferabbrüche, die von Kiesbereichen unterfüttert sind (◘ Abb. 65.16). In Fließrichtung linksseitig unterhalb der Abbrüche hat sich in den letzten Jahren eine mächtige Ufer-Schotterbank gebildet

◘ **Abb. 65.14** Detailfoto mit Resten der Eichpfahlreihe als „Sohlschwelle" (13. Juli 2020). (© Jörg Drewenskus)

gerungen, die relativ lagestabil sind. Partiell gibt es kleinere Einlagerungen von historischen Kiesbänken (◘ Abb. 65.16 oben links). Eine beauftragte Senkrechtmessung

◘ **Abb. 65.16** Detailfoto der Uferabbrüche in Fließrichtung rechts (13. Juli 2020). (© Jörg Drewenskus)

Neu-Entstehung von Uferabbrüchen durch die natürliche ...

Abb. 65.17 Detailfoto der Uferschotterbank links, gegen Fließrichtung (13. Juli 2020). (© Jörg Drewenskus)

(◘ Abb. 65.17). Diese hat eine Längenausdehnung von 33 m bei einer mittleren Breite von etwa 8 m und einer gewölbten Erhebung über der Mittelwasserlinie von etwa 0,8 m. Hier sind teilweise bis zu handtellergroße, kantengerundete Schotter der mittleren Ruhr finden.

65.5 Diskussion

Die ◘ Tab. 65.1 zeigt deutlich den Zusammenhang zwischen Hochwasserereignissen und entsprechendem Flächenabtrag. Auffällig sind die häufigen Hochwasserereignisse in den späten 1990er Jahren sowie den frühen 2000er-Jahren. Im Zeitraum 2010–2020 gab es deutlich weniger Hochwasserereignisse. Jedoch haben die Abbrüche ab Mitte der 2010er-Jahre solche Dimensionen erreicht, dass auch „kleinere Hochwässer" unter 185 m^3/s zur weiteren Abbrüchen führen, da sich der Hauptstrom in den ehemaligen Landbereich verlegt hat.

Die Uferabbrüche erreichen oberhalb des Mittelwasserspiegels nur eine geringe Höhe von 1,15 m und sind damit als Ort für eine neu zu gründende Uferschwalbenkolonie von zu geringer Dimension. Brutröhren des Eisvogels sind hier wahrscheinlich. Der Fluss hat hier über 20 Jahre seine Dynamik ausspielen können. Dies war auch nur möglich, weil der Grundstückseigentümer der natürlichen Gewässerentwicklung durchaus positiv gegenübersteht. So hat die kontinuierliche Unterschneidung der Uferbereiche durch die fließende Welle heute eine Fläche von >1000 mm^2 (◘ Tab. 65.1) abgetragen. Dies entspricht einer Fläche von im Mittel etwa 7,5 m Breite und 135 m Länge.

Die ◘ Tab. 65.2 visualisiert den relativen Anteil der Abbrüche nach den jeweiligen Hochwässern bezogen auf die aktuelle Größe. Prägend für die Initiierung der Abbrüche waren die Hochwasserereignisse 1998/99, die zu einem Flächenanteil von knapp 10 % in 2001 (absolut 104 mm^2, ◘ Tab. 65.1) sowie die frühen 2000er-Jahre, mit ihren fast jährlichen Hochwasserereignissen (s. auch ◘ Tab. 65.1). Diese führten bis 2006 zu einem Flächenanteil von fast 16 % bezogen auf die aktuelle Größe. Dieser Wert verdoppelte sich nahezu bis zum Frühjahr 2011 auf 26 % (absolut 612 m^2, ◘ Tab. 65.1), wobei die beiden Hochwasserereignisse zu Jahresbeginn 2011 die Ursache gewesen sind. Wegen ausbleibender Hochwasserereignisse gab es bis zum Sommer 2014 nur eine geringe Flächenzunahme um knapp 2 %, auf absolut 630 m^2 (◘ Tab. 65.1). Erst mit dem Hochwasser im Dezember 2015 wurde eine Entwicklung in Gang gesetzt, die schließlich die Abbrüche auf aktuell über 1000 m^2 vergrößert hat.

Im Gegensatz zu den künstlich angelegten Abbrüchen an der Ruhr oberhalb, in Arnsberg-Neheim [5], die sich leider als nicht beständig herausgestellt haben [6], sollte die Sinnhaftigkeit solcher Maßnahmen durchaus hinterfragt werden. Obwohl Anrisse am Gewässerufer natürlich zu begrüßen sind, so gestaltet sich die Schaffung von Abbrüchen mittels der Baggerschaufel doch als nicht so einfach. Meist ist es nicht möglich, den Stromstrich an diese Steilwände exakt heranzuführen und

■ **Tab. 65.2** Relativer Anteil der jeweiligen Hochwässer bezogen auf die aktuelle Größe der Abbrüche. (© Jörg Drewenskus)

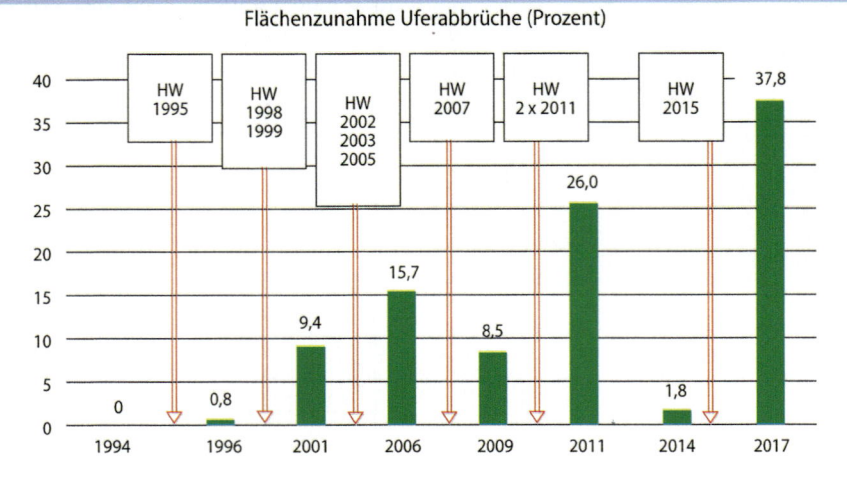

Flächenzunahme Uferabbrüche (Prozent)

Jahr	Hochwasser	Prozent
1994		0
1996	HW 1995	0,8
2001	HW 1998 1999	9,4
2006	HW 2002 2003 2005	15,7
2009	HW 2007	8,5
2011	HW 2×2011	26,0
2014	HW 2015	1,8
2017		37,8

so dauerhafte Abbrüche zu initiieren. Vielmehr werden zwar vollendete Uferabbrüche geschaffen, sie sind aber fern vom Stromstrich und meist nicht am Prallufer zu realisieren und fallen dann der natürlichen Sukzession anheim. Die Abbrüche selbst wachsen innerhalb kürzester Zeit zu und sind dann als Lebensraum für die Uferschwalbe und andere Spezialisten unbrauchbar. Die eigentlich positive Strukturanreicherung erweist sich nicht als dauerhaft.

65.6 Zusammenfassung und Schlussfolgerungen

Es zeigt sich, wie wichtig sowohl dynamische Abschnitte an unseren Fließgewässern, als auch entsprechende Ufer- und Auenflächen sind, die in Anspruch genommen werden können. Hier ist der Fluss der bessere Baumeister. Renaturierungen mittels Bodenabtrag zur Schaffung einer Sekundäraue sind oft sehr kostenintensiv und nur die zweitbeste Lösung, wenn die Gewässerdynamik fehlt und das Gewässer zu stark in die Aue eingetieft ist. Deutlich wird, wie wichtig es ist, über entsprechende Aueflächen direkt am Ufer zu verfügen, sodass sich der Fluss hier nach Abtrag alter Uferbefestigungen aus seinem alten künstlichen Korsett befreien und wieder annähernd natürliche Gewässerbreiten und Sohlstrukturen schaffen kann.

Danksagung Ich danke Frau Diplom-Ingeneurin (FH) Beate Kahl aus meinem Hause für die Bereitstellung und Aufbereitung der Pegeldaten.

Literatur

1. LANUV (2012): Landesamt für Natur, Umwelt und Verbraucherschutz Nordrhein-Westfalen, (Hrsg.) Gewässerstruktur in Nordrhein-Westfalen, Kartieranleitung für die kleinen bis großen Fließgewässer (LANUV Arbeitsblatt 18), Recklinghausen.
2. LAWA (2004): Länderarbeitsgemeinschaft Wasser. Abschließende Arbeiten zur Fließgewässertypisierung entsprechend den Anforderungen der EU-WRRL – Teil II Endbericht. Bearbeitung: umweltbüro essen
3. MUNLV (2009): Ministerium für Umwelt und Naturschutz, Landwirtschaft und Verbraucherschutz des Landes Nordrhein-Westfalen, (Hrsg.): Leitfaden Monitoring Oberflächengewässer, Teil A, Grundlagen, Probenahme, messstellen- und parameterbezogene Bewertung; Düsseldorf.
4. MUNLV (2021): Ministerium für Umwelt und Naturschutz, Landwirtschaft und Verbraucherschutz des Landes Nordrhein-Westfalen Bewertung der

5. Drewenskus, J. (2019): Renaturierungen an der oberen Ruhr im Vergleich der landesweiten Gewässerstrukturkartierung in Nordrhein-Westfalen (2000 – 2012). In: Wasser und Abfall, Ausgabe 7–8/2019. S. 68 – 73, Wiesbaden: Springer 2019
6. NZO (2018): Renaturierung der Ruhr in Arnsberg, Untersuchungen zu Erfolgskontrolle im Jahr 2017, Ergebnisbericht im Auftrag der Bezirksregierung Arnsberg.

Oberflächenwasserkörper in ELWAS-WEB. Abgerufen am 19.02.2021 von ▶ https://www.elwasweb.nrw.de/elwas-web/index.jsf

Weidenspreitlagen an Flussufern fördern Biodiversität, Selbstreinigung und Klimaschutz

Lars Symmank und Katharina Raupach

Durch den großflächigen Einbau technischer Uferbefestigungen an Flüssen in Deutschland haben viele Uferflächen wichtige ökologische Funktionen verloren. Naturnahe, ingenieurbiologische Bauweisen, wie Weidenspreitlagen, können Flussufer stabilisieren und gleichzeitig zum Schutz der biologischen Vielfalt und des Klimas beitragen.

Naturnahe Flüsse und Flussauen sind Zentren der Artenvielfalt und leisten eine Vielzahl wichtiger ökologischer Funktionen [1, 2]. Jedoch wurden die Flusslandschaften in Mitteleuropa seit Jahrhunderten zugunsten der Schifffahrt, des Hochwasserschutzes und intensiver Landnutzung vom Menschen stark verändert. Vor dem Hintergrund eines immer deutlich werdenden Klimawandels und des fortschreitenden Verlustes der Artenvielfalt sucht man verstärkt nach Möglichkeiten, Flüsse und Flussauen wieder in einen naturnäheren Zustand zu überführen. Aufgrund des hohen Nutzungsdrucks in Auen, z. B. durch Landwirtschaft und Siedlungsbau, ist die Durchführung von Renaturierungsprojekten in Deutschland jedoch schwierig [3]. Mit anhaltendem Bevölkerungs- und Wirtschaftswachstum wird sich diese Situation auch in absehbarer Zukunft nicht merklich entspannen.

Die unmittelbaren Uferbereiche der Flüsse hingegen haben in den meisten Fällen keine weitere wirtschaftliche Bedeutung. Hier bietet sich die Möglichkeit, schnell naturnahe Auenhabitate zu schaffen. Ein Großteil der Flussufer in Deutschland wurde in den letzten Jahrhunderten durch technische Uferbefestigungen, wie z. B. Steinschüttungen, künstlich befestigt (Abb. 66.1). An einigen besonders ausgebauten Bundeswasserstraßen, wie z. B. der Saar, kann der technische Uferschutz bis zu 95 % der Uferflächen ausmachen. Der flächendeckende Uferverbau hat jedoch zu einem Verlust wichtiger ökologischer Funktionen in Flussauen geführt [4]. Die Entfernung künstlicher Uferbefestigungen ist daher die beste Maßnahme, um eine natürliche Uferentwicklung zu fördern.

Zuerst erschienen in Wasser und Abfall 7–8/2022

Abb. 66.1 Vegetationsfreie Steinschüttung bei Lampertheim am Rhein (KM 440). (© Katja Behrendt, BfG)

Kompakt

- Durch den großflächigen Einbau technischer Uferbefestigungen an Flüssen in Deutschland haben viele Uferflächen wichtige ökologische Funktionen verloren.
- Die ökologische Aufwertung ungenutzter Flächen ist eine Möglichkeit, die nationalen Bestrebungen zum Klima- und Artenschutz zu unterstützen. In den Uferbereichen der Fließgewässer stehen hierfür weiträumig Flächen zur Verfügung.
- Weidenspreitlagen stabilisieren das Ufer, schaffen naturnahe Uferbiotope, fördern die biologische Vielfalt an Fließgewässern, erhöhen das Selbstreinigungspotenzial von Flüssen und bilden natürliche Kohlenstoffspeicher.

Da eine Stabilisierung der Ufer in vielen Fällen jedoch weiterhin notwendig ist, um angrenzendes Eigentum und Infrastruktur zu schützen, können alternative, naturnahe Bauweisen zukünftig eine wichtige Rolle spielen. Besonders Weidenspreitlagen haben sich dabei als sehr effizient erwiesen. Bei dieser Maßnahme werden geschnittene Weidenäste flächig auf vorher entsteinte Uferböden gelegt (◘ Abb. 66.2). Innerhalb weniger Monate bildet sich daraus ein dichtes Geflecht aus überflutungstoleranten Grob- und Feinwurzeln, welches den Boden

Abb. 66.2 Einbau von Weidenspreitlagen an der Aller bei Eilte (KM 67). (© Kathrin Schmitt, BfG)

flächig stabilisiert und so Ufer vor unerwünschter Erosion schützt. Oberirdisch bilden die strauchartigen Weiden innerhalb weniger Jahre ein dichtes Ufergehölz, welches sich durch seine hohe Biegsamkeit unempfindlich gegenüber Hochwasser zeigt. Schon seit Jahrhunderten gehört diese Form der Uferbefestigung zum festen Inventar der Wasserbaukunst [5]. Langjährige Feldversuche der Bundesanstalt für Gewässerkunde (BfG) und Bundesanstalt für Wasserbau (BAW) haben die Tauglichkeit von Weidenspreitlagen auch an befahrenen Wasserstraßen in Bereichen mit geringen und mittleren hydraulischen Belastungen belegt [6–8]. Im Folgenden wird ein Überblick über aktuelle Erkenntnisse gegeben und gezeigt, welchen zusätzlichen ökologischen Mehrwert Weidenspreitlagen neben der Uferstabilisierung aufweisen.

66.1 Biodiversität

Flussufer sind das zentrale Bindeglied zwischen Fluss und Aue und beeinflussen Organismen beider Ökosysteme. Untersuchungen zeigen, dass Steinschüttungen an Flussufern deutlich weniger ufertypische Pflanzenarten aufweisen als naturnahe Ufer [9]. Die mehrere Dezimeter dicken Steinpackungen können zwar oberflächig von Pflanzen überwachsen sein, jedoch handelt es sich dabei meist um niederwüchsige, standortfremde Arten mit geringer ökologischer Bedeutung. Ein natürlicher Uferbewuchs wird weitestgehend verhindert. Auch der Anteil feuchteliebender Pflanzenarten auf Steinschüttungen ist deutlich geringer als in Weidenspreitlagen [8]. Die Artzusammensetzung in Weidenspreitlagen hingegen wird mit der Zeit derjenigen an Naturufern immer ähnlicher [10]. Die Spreitlagen entwickeln sich schnell zu naturnahen Weichholzauengebüschen und bieten vielen Tierarten geeignete Lebensräume [11]. Untersuchungen an Weser und Rhein ergaben, dass bis zu dreimal mehr Vogelarten in Weidenspreitlagen rasten und nisten, als in den umgebenden Referenzbereichen [12].

In vielen aufgeräumten Agrarlandschaften bilden flussbegleitende Weiden oft die einzigen zusammenhängenden Gehölzstrukturen. Diese können dazu beitragen, die selten gewordenen naturnahen Auengebiete in Deutschland miteinander zu verbinden und so den genetischen Austausch von auentypischen Tier- und Pflanzenarten zu unterstützen. Auch auf aquatische Organismen haben Weidenspreitlagen einen positiven Einfluss [11]. Die Entfernung der Steinschüttung und die damit zusammenhängende Bereitstellung eines natürlichen Ufersubstrates fördert einheimische Fischarten und verringert den Anteil invasiver Neozoen [11, 12]. Ein ähnlicher Trend ist bei wirbellosen aquatischen Organismen (Makrozoobenthos) zu beobachten, welche durch den Eintrag organischen Materials, z. B. durch in das Wasser ragende Wurzeln, profitieren. Dieser positive Einfluss von Weidenspreitlagen kann jedoch nur erreicht werden, wenn die damit einhergehende Uferentsteinung auch unterhalb der Mittelwasserlinie durchgeführt wird. Untersuchungen an der Weser zeigen, dass es bei geeigneter Standortwahl auch an befahrenen Wasserstraßen zu keinem negativen Einfluss auf die Uferstabilität kommt [8].

66.2 Selbstreinigung

Viele Gewässer in Deutschland leiden unter zu hohen Nährstoffbelastungen. Ein Hauptgrund dafür sind diffuse Einträge aus der Landwirtschaft [13]. Über die Fließgewässer gelangen Nährstoffe letztendlich auch in Nord- und Ostsee und verändern dort die chemischen und biologischen Zusammensetzungen der marinen Ökosysteme. Die hohen Nährstoffkonzentrationen in deutschen Gewässern sind ein Grund für das kontinuierliche Verfehlen der Ziele der

EG-Wasserrahmenrichtlinie und der EU-Meeresstrategie-Rahmenrichtlinie [13]. Ein naturnaher Uferbewuchs kann dazu beitragen, die Nährstofffracht in Fließgewässern zu senken.

Das im Oberflächenwasser gelöste Nitrat wird durch Mikroorganismen in den Uferböden abgebaut und als Stickstoff (N_2) in die Atmosphäre abgegeben. Die Abbauleistung erhöht sich dabei mit zunehmender Bodenfeuchte [14]. Weidenspreitlagen weisen im Vergleich zu Steinschüttungen eine deutlich höhere Bodenfeuchte auf. Einerseits werden durch die Entfernung der Wasserbausteine die Ufer bereits um mehrere Zentimeter abgesenkt, sodass mehr Flusswasser die Uferböden überfluten kann. Zusätzlich sorgen Ufergehölze für eine Beschattung der Böden und erwirken so einen besseren Verdunstungsschutz. Auch das Vorhandensein organischen Kohlenstoffs fördert den Abbau von Nitrat [14]. Herabfallendes Laub und jährlich absterbende Feinwurzeln der Weiden sorgen für einen kontinuierlichen Eintrag organischen Kohlenstoffs in Uferböden. Berechnungen ergaben, dass Weidenspreitlagen deshalb einen bis zu 30-mal höheren Beitrag zur Nitratreduktion im Bereich der Flussufer leisten können als konventionelle Steinschüttungen [15]. Bei einer zusätzlichen Abflachung der Uferneigung kann dieser Effekt noch einmal deutlich erhöht werden.

Auch auf den Rückhalt von Phosphor in den Uferbereichen haben Weidenspreitlagen einen positiven Einfluss. Da ein Großteil des Phosphors in Gewässern an Sedimente gebunden ist, hängt das Rückhaltevermögen stark von der vorherrschenden Ufervegetation ab. Bei Überflutungen verringern die dichtwachsenden Weiden in Spreitlagen die Fließgeschwindigkeit des durchströmenden Wassers und fördern so natürliche Sedimentationsprozesse. Der damit verbundene Rückhalt von Phosphor ist ca. 20-mal höher als an vegetationsarmen versteinten Ufern [15]. Die Berechnungen verdeutlichen das hohe ökologische Potenzial von Weidenspreitlagen beim Rückhalt von Nährstoffen. Diese naturnahen Ufersicherungen sind in den meisten Fällen zwar nur wenige Meter breit (Abb. 66.3),

Abb. 66.3 Weidenspreitlage neben einem konventionell gesicherten Ufer bei Volkach am Main (KM 311). (© Hans Werner Herz, BfG)

können jedoch bei einem großflächigen Einsatz einen nicht zu unterschätzenden Teil der rezenten Flussauen ausmachen.

Der Einbau von Weidenspreitlagen an nur 5 % der Ufer der Bundeswasserstraßen beispielsweise könnte eine ähnlich hohe Selbstreinigungsleistung erbringen, wie das Großprojekt „Deichrückverlegung Lödderitzer Forst" [15].

Darüber hinaus können Weidenspreitlagen auch den direkten Eintrag von Nährstoffen aus der Landwirtschaft verringern [16]. Die Pufferwirkung bewachsener Gewässerrandstreifen ist weitgehend bekannt und im Wasserhaushaltsgesetz (§ 38) verankert. Der Austausch von Steinschüttungen durch Weidenspreitlagen kann daher besonders in landwirtschaftlich stark genutzten Gebieten eine schnelle und einfache Maßnahme darstellen, um diffuse Nährstoffeinträge in Fließgewässer zu verringern.

66.3 Klimaschutz

Der Klimawandel stellt eine der größten Herausforderungen unserer Zeit dar. Auf nationaler und internationaler Ebene wurden deshalb weitreichende politische Ziele formuliert, um die Konzentration klimaschädlicher Treibhausgase in der Atmosphäre zu verringern. Jedoch wurden die selbstgesteckten Klimaschutzziele der Bundesregierung bislang deutlich verfehlt. Noch größere Anstrengungen sind notwendig, um den Klimawandel zu begrenzen.

Der Aufbau zusätzlicher Biomasse ist eine natürliche Möglichkeit, der Atmosphäre klimaschädliches Kohlenstoffdioxid zu entziehen und Kohlenstoff langfristig zu binden. Eine aktuelle Studie zeigt, dass die Aufforstung gehölzfreier Flächen eine effektive Maßnahme im Kampf gegen den Klimawandel darstellt [17]. In den hiesigen meist dicht besiedelten und landwirtschaftlich intensiv genutzten Landschaften sind die Möglichkeiten zu großflächigen Aufforstungen jedoch stark begrenzt. Die Förderung von Gehölzen an Flussufern bietet die Möglichkeit, Flächen, welche meist keiner wirtschaftlichen Nutzung unterliegen, in natürliche Kohlenstoffspeicher zu verwandeln. Untersuchungen zeigen, dass die derzeit vorherrschenden Steinschüttungen an Flussufern nur sehr wenig Kohlenstoff speichern [15]. Mit zunehmenden Alter können Wasserbausteine zwar von Pflanzen überwachsen werden und beherbergen manchmal sogar kleine Sträucher und Bäume, jedoch bleibt der Großteil der Vegetation oft niederwüchsig und bildet wenig Biomasse.

Weidenspreitlagen hingegen speichern deutlich mehr Kohlenstoff, besonders in den verholzten Pflanzenteilen. Da die Weidenstämme in Spreitlagen sehr dicht wachsen (◘ Abb. 66.4), können sie viel Kohlenstoff auf verhältnismäßig kleiner Fläche binden. Die Kohlenstoffkonzentration der Weiden ist bis zu 30-mal höher als in Steinschüttungen. Konservative Berechnungen ergeben, dass eine ausgewachsene Weidenspreitlage von 5 m Breite und 100 m Länge mehr als vier Tonnen Kohlenstoff speichert [15]. Der Einbau von Weidenspreitlagen an nur 5 % der Bundeswasserstraßen könnte somit dieselbe Menge Kohlenstoff speichern, wie die gesamten Weichholzauen im „Donau National Park", dem größten natürlichen Auwald Zentraleuropas. Die zielgerichtete Begrünung von Flussufern stellt somit eine verhältnismäßig einfache Möglichkeit dar, Kohlestoff langfristig zu binden und zum Erreichen der nationalen Klimaschutzziele beizutragen.

66.4 Politische Rahmenbedingungen

In der „Naturschutzstrategie für Bundesflächen" verpflichtet sich die Bundesregierung zur vorbildlichen Berücksichtigung der Biodiversitätsbelange für alle Flächen im Besitz der öffentlichen Hand [18]. Der Einbau

◻ **Abb. 66.4** Dichtwachsende Weidenstämme in einer Spreitlage an der Weser bei Stolzenau (KM 249). (© Lars Symmank)

von Weidenspreitlagen als Alternative zu einem rein technischen Uferschutz ist ein gutes Beispiel für die ökologische Aufwertung öffentlicher Flächen in einem dicht besiedelten Agrar- und Industrieland (◻ Abb. 66.5).

Mit dem „Gesetz über den wasserwirtschaftlichen Ausbau an Bundeswasserstraßen" erhält die Wasserstraßen- und Schifffahrtsverwaltung des Bundes (WSV) den gesetzlichen Auftrag, durch geeignete Maßnahmen den Erhalt der Gewässerökosysteme zu unterstützen [3]. Die zunehmende Bedeutung von Flussufern spiegelt sich in verschiedenen Konzepten zur zukünftigen

◻ **Abb. 66.5** Ausgewachsene Weidenspreitlagen an der Weser bei Stolzenau (KM 249). (© Katharina Raupach)

Entwicklung der Fließgewässer in Deutschland wider. Im „Masterplan Freizeitschifffahrt" des Bundesministeriums für Digitales und Verkehr prüft die WSV die Anwendung ingenieurbiologischer Maßnahmen in Bereichen, in welchen eine Ufersicherung auch weiterhin notwendig ist [19].

Auch im Bundesprogramm „Blaues Band Deutschland" (BBD) können ingenieurbiologische Bauweisen eine wichtige Rolle spielen [20]. Das Programm sieht vor, Nebenwasserstraßen, welche nur noch in geringem Umfang für den Güterverkehr benötigt werden, großflächig zu renaturieren. Weidenspreitlagen können hier zielgerichtet eingesetzt werden, um Lücken zwischen größeren Projektgebieten zu schließen und so den angestrebten Biotopverbund von nationaler Bedeutung zu unterstützen. Auch entlang der verkehrsreichen Hauptwasserstraßen sieht das BBD Maßnahmen in Form „Ökologischer Trittsteine" vor. Damit diese jedoch wirken können, darf der Abstand zwischen ihnen die überbrückbare Migrationsdistanz von Fluss- und Auenorganismen nicht überschreiten [21]. Durch den Einbau ingenieurbiologischer Ufersicherungen können dort naturnahe Biotope geschaffen werden, wo ein kontrollierter Uferschutz weiterhin notwendig ist. Diese unterstützenden Maßnahmen können Lücken zwischen den Trittsteinbiotopen schließen und den genetischen Austausch zwischen den Projektgebieten im BBD fördern.

Auch für das Erreichen der Ziele der EU-Wasserrahmenrichtlinie können Weidenspreitlagen von Bedeutung sein, da sie sich positiv auf Qualitätskomponenten zur Bewertung der Hydromorphologie von Fließgewässern auswirken [22]. In Bereichen mit beschränkten hydromorphologischen Gestaltungsmöglichkeiten bieten sie die Möglichkeit, ohne eine Flächen- und Laufveränderung der Gewässer die Uferstruktur zu verbessern.

Darüber hinaus können Weidenspreitlagen, wie bereits dargestellt, zielgerichtet eingesetzt werden, um klimaschädliches Kohlendioxid zu speichern. Die Europäische Union beschreibt im „Europäischen Green Deal" die Förderung der biologischen Vielfalt als „... *schnelle und kostengünstige Lösung(en) für die Kohlenstoffabscheidung und -speicherung ...*" [23].

Im neuen „Aktionsprogramm Naturnaher Klimaschutz" der Bundesregierung sollen deshalb u. a. gezielt Gehölzstrukturen entlang der Bundesverkehrswege gefördert werden [24]. Durch den Einbau von Weidenspreitlagen an den Bundeswasserstraßen bietet sich somit die Möglichkeit, auf Flächen der öffentlichen Hand einen Beitrag zum Erreichen deutscher und europäischer Klimaschutzziele zu leisten.

Aber auch an Landesgewässern kann durch eine naturnahe Ufergestaltung zum Klimaschutz beigetragen werden. Der prioritäre Einsatz von Weiden für den Uferschutz ist in verschiedenen Regelwerken der Bundesländer verankert (z. B. [25–27]). Darüber hinaus sind Gehölze an Flussufern auch vonseiten der Bevölkerung ausdrücklich erwünscht. Eine umfangreiche Befragung von Anwohnern an Werra und Fulda, zwei Flüssen im BBD, zeigte, dass die Bevölkerung einen naturnahen Uferbewuchs technisch gesicherten Ufern vorzieht und sogar bereit wäre, sich am Umbau der Ufer finanziell zu beteiligen [28].

66.5 Fazit

Die ökologische Aufwertung ungenutzter Flächen, ist eine Möglichkeit, die nationalen Bestrebungen zum Klima- und Artenschutz zu unterstützen. An Fließgewässern können Weidenspreitlagen als Alternative zu technischen Bauweisen eingesetzt werden, um die notwendige Uferstabilität zu gewährleisten. Diese bilden wertvolle Ufergehölze mit einem positiven Einfluss auf terrestrische und aquatische Auenorganismen. Weidenspreitlagen stehen somit beispielhaft für die Verbindung wirtschaftlicher und ökologischer Interessen. Darüber hinaus können sie als natürliche Kohlenstoffspeicher fungieren. In mehreren Bundesprogrammen und -strategien werden deshalb Weidenspreitlagen an Flussufern direkt oder indirekt aufgeführt, um politische Zielstellungen zu erreichen. Aber auch an Straßen und Schienenwegen, können Gehölze eingesetzt werden, um Verkehrsbegleitflächen naturnah zu gestalten und somit den ökologischen Herausforderungen der Zeit zu begegnen.

Danksagung Ein Großteil der Erkenntnisse dieser Veröffentlichung basieren auf Ergebnissen der F+E-Projekte „Förderung Floristischer Vielfalt" und „Technisch-biologische Ufersicherungen an Binnenwasserstraßen" der Bundesanstalt für Gewässerkunde (BfG). Beide Projekte wurden durch das Bundesministerium für Digitales und Verkehr (BMDV) finanziert. Der Inhalt der Veröffentlichung gibt die Meinung der Autoren wider. Die Verantwortung für den Inhalt liegt bei den Autoren.

Literatur

1. Nilsson, C., & Svedmark, M. (2002). Basic principles and ecological consequences of changing water regimes: riparian plant communities. Environmental management, 30(4), 468–480.
2. Tockner, K., & Stanford, J. A. (2002). Riverine flood plains: present state and future trends. Environmental conservation, 29(3), 308–330.
3. Steege, V., Engelbart, D., Hädicke, N. T., Schäfer, K., & Wey, J. K. (2022). Germany's federal waterways–A linear infrastructure network for nature and transport. Nature Conservation, 47, 15–33.
4. Florsheim, J. L., Mount, J. F., & Chin, A. (2008). Bank erosion as a desirable attribute of rivers. BioScience, 58(6), 519–529.
5. Evette, A., Labonne, S., Rey, F., Liebault, F., Jancke, O., & Girel, J. (2009). History of bioengineering techniques for erosion control in rivers in Western Europe. Environmental Management, 43(6), 972.
6. BfG & BAW (2007): Untersuchungen zu alternativen, technisch-biologischen Ufersicherungen an Binnenwasserstraßen. Teil 2: Versuchsstrecke Stolzenau/Weser km 241,550–242,300. BfG-Bericht 1484. Koblenz: Bundesanstalt für Gewässerkunde (BfG).
7. BfG & BAW (2020): Versuchsstrecke mit technisch-biologischen Ufersicherungen Rhein-km 440,6 bis km 441,6, rechtes Ufer. Abschlussbericht der Monitoringphase 2012 bis 2017. BfG-Bericht 1677. Koblenz: Bundesanstalt für Gewässerkunde (BfG).
8. Bornemann, V., Terwei, A., Symmank, L., Schröder, U., & Schmitt, K. (2021). Ingenieurbiologische Ufersicherungen an der Weser – Betrachtungen eines Fallbeispiels zur vegetationsökologischen Uferentwicklung von Weidenpflanzungen. In: Mitteilungen der Gesellschaft für Ingenieurbiologie 49/März 2021
9. Wollny, J. T., Otte, A., & Harvolk-Schöning, S. (2019). Dominance of competitors in riparian plant species composition along constructed banks of the German rivers Main and Danube. Ecological Engineering, 127, 324–337.
10. Tisserant, M., Bourgeois, B., González, E., Evette, A., & Poulin, M. (2021). Controlling erosion while fostering plant biodiversity: A comparison of riverbank stabilization techniques. Ecological Engineering, 172, 106387.
11. Cole, L. J., Stockan, J., & Helliwell, R. (2020). Managing riparian buffer strips to optimise ecosystem services: A review. Agriculture, Ecosystems & Environment, 296, 106891.
12. Schmitt, K., Schäffer, M., Koop, J., & Symmank, L. (2018). River bank stabilisation by bioengineering: Potenzials for ecological diversity. Journal of Applied Water Engineering and Research, 6(4), 262–273.
13. Umweltbundesamt (2017): Gewässer in Deutschland: Zustand und Bewertung. Dessau-Roßlau.
14. Kaden, U. S., Fuchs, E., Geyer, S., Hein, T., Horchler, P., Rupp, H., ... & Weigelhofer, G. (2021). Soil Characteristics and Hydromorphological Patterns Control Denitrification at the Floodplain Scale. Front. Earth Sci, 9, 708707.
15. Symmank, L., Natho, S., Scholz, M., Schröder, U., Raupach, K., & Schulz-Zunkel, C. (2020). The impact of bioengineering techniques for riverbank protection on ecosystem services of riparian zones. Ecological Engineering, 158, 106040.
16. Naiman, R. J., & Decamps, H. (1997). The ecology of interfaces: riparian zones. Annual review of Ecology and Systematics, 28(1), 621–658.
17. Bastin, J. F., Finegold, Y., Garcia, C., Mollicone, D., Rezende, M., Routh, D., ... & Crowther, T. W. (2019). The global tree restoration potenzial. Science, 365(6448), 76–79.
18. BMUB (2016): Naturschutzstrategie für Bundesflächen. (▶ https://www.bmuv.de/fileadmin/Daten_BMU/Pools/Broschueren/strategie_biodiversitaet_stroeff_bf.pdf; Abruf 02.06.2022).
19. BMVI (2021): Masterplan Freizeitschifffahrt. (▶ https://masterplan-freizeitschifffahrt.bund.de/downloads/publications/0/Masterplan%20Freizeitschifffahrt_barrierefrei.pdf; Abruf 02.06.2022).

20. BMVI & BMUB (2019): Bundesprogramm Blaues Band Deutschland -Modellprojekte als ökologische Trittsteine an den Bundeswasserstraßen. (► https://www.blaues-band.bund.de/Projektseiten/Blaues_Band/DE/SharedDocs/Downloads/BBD_Modellprojekte.pdf?__blob=publicationFile&v=6; Abruf 02.06.2022).
21. Deutscher Rat für Landespflege (2008). Kompensation von Strukturdefiziten in Fließgewässern durch Strahlwirkung. Schriftenreihe des Deutschen Rates für Landespflege, 81, 5–20.
22. Sachverständigenrat für Umweltfragen (2019). Analyse und Bewertung der Maßnahmen zur Umsetzung der Wasserrahmenrichtlinie in Bezug auf hydromorphologische Herausforderungen – Abschlussbericht. (SRU), Berlin. (► https://www.umweltrat.de/SharedDocs/Downloads/DE/03_Materialien/2016_2020/2019_07_Studie_Wasserrahmenrichtlinie.pdf?__blob=publicationFile&v=5; Abruf 02.06.2022).
23. Europäische Union (2021): Europäischer Grüner Deal – Die Verwirklichung unserer Ziele. Luxemburg. (► https://ec.europa.eu/commission/presscorner/api/files/attachment/869811/EGD_brochure_DE.pdf.pdf; Abruf 02.06.2022).
24. BMUV (2022): Aktionsprogramm Natürlicher Klimaschutz – Eckpunktepapier. (► https://www.bmuv.de/fileadmin/Daten_BMU/Download_PDF/Klimaschutz/aktionsprogramm_natuerlicher_klimaschutz_bf.pdf; Abruf 02.06.2022).
25. SMUL (2005): Anwendung ingenieurbiologischer Bauweisen im Wasserbau Handbuch (1), Dresden. (► https://publikationen.sachsen.de/bdb/artikel/11219/documents/11434; Abruf 02.06.2022).
26. LUBW (2019): Gewässerentwicklung und Gewässerbewirtschaftung in Baden-Württemberg. Teil 3 – Maßnahmenplanung, -umsetzung, -unterhaltung. Karlsruhe
27. MLUK (2019): Richtlinie für die Unterhaltung von Fließgewässern im Land Brandenburg, Potsdam.
28. Symmank, L., Profeta, A., & Niens, C. (2021). Valuation of river restoration measures–Do residential preferences depend on leisure behaviour?. European Planning Studies, 29(3), 580–600.

Sandfangzäune als nature-based Solution im Küstenschutz

Christiane Eichmanns und Holger Schüttrumpf

Die jüngsten Sturmflutereignisse an der deutschen Nordseeküste im Januar und Februar dieses Jahres, der steigende Meeresspiegel infolge des Klimawandels sowie das wachsende Umweltbewusstsein der Bevölkerung zeigen die Notwendigkeit der fortwährenden Anpassung von Küstenschutzmaßnahmen. Diese sollen einerseits den Sturmflutereignissen standhalten, dabei andererseits möglichst naturnah gebaut werden. Dies stellt Küsteningenieurinnen und Küsteningenieure vor neue Herausforderungen und zeigt den Bedarf zur Implementierung von Nature-based Solutions im Küstenschutz.

Küstendünen nehmen zahlreiche unterschiedliche Funktionen ein: sie stellen Habitate für Tierarten dar, haben eine hohe touristische Bedeutung und sind zudem ein integraler Bestandteil von Küstenschutzmaßnahmen, indem sie das tiefer liegende Hinterland bei Sturmfluten gegen Hochwasser schützen. Der Großteil der sandigen Küstengebiete erfährt Erosionen durch energetische Prozesse, die durch Wellen, Wind und Strömungen induziert werden (◘ Abb. 67.1). Es wird angenommen, dass sich diese Erosion aufgrund des fortschreitenden Klimawandels und des damit verbundenen Anstiegs des Meeresspiegels sowie der Zunahme von Sturmfluten beschleunigen wird [1].

Die Tatsache, dass etwa 33 % der Weltbevölkerung in einem Umkreis von 100 km zur Küste leben [2], zeigt die Wichtigkeit der Wiederherstellung und Erhaltung von Küstendünen [3]. Die Notwendigkeit, die Küstendünen als Küstenschutzmaßnahmen zu erhalten, erfährt daher immer mehr Bedeutung [4].

Der Bedarf an multidisziplinären Ansätzen zur Bewältigung der Herausforderungen des Küstenschutzes ist hoch, unter anderem aufgrund des wachsenden Umweltbewusstseins der Bevölkerung und des zunehmenden sozioökonomischen Drucks auf Küstengebiete. Bei der Umsetzung von Küsteninfrastrukturen können Nature-based Solutions eine wirksame Erweiterung zu harten Ingenieurbauten wie Deichen, Deckwerken oder Wellenbrechern sein und gleichzeitig die Nutzung von natürlichen Ressourcen und natürlichen Prozessen unterstützen [5].

Zuerst erschienen in Wasser und Abfall 4/2022

◘ Abb. 67.1 Erodierter Dünenfuß mit teilweise weggespültem Buschmaterial des Sandfangzauns bei Oostland, Borkum (Aufnahme vom 01. Januar 2022). (© Christiane Eichmanns)

Kompakt

- Die jüngsten Sturmflutereignisse an der deutschen Nordseeküste, der steigende Meeresspiegel infolge des Klimawandels sowie das wachsende Umweltbewusstsein der Bevölkerung erfordern eine fortwährende Anpassung von Küstenschutzmaßnahmen.
- Sandfangzäune sind eine wirksame Nature-based Solution im Küstenschutz und können das Wachstum des Dünenfußes initiieren bzw. unterstützen.
- Die bisherigen Ergebnisse des Forschungsvorhabens ProDune liefern wesentliche theoretische und praktische Unterstützung für die Installation und Gestaltung von Sandfangzäunen in Küstengebieten.

In den letzten Dekaden haben sich Strand- und/oder Sandaufspülungen, die Anpflanzung von Vegetation sowie die Errichtung von Sandfangzäunen als wirksame Methode zur Unterstützung der natürlichen Dynamik von sandigen Küstendünen erwiesen. Strand- und/oder Sandaufspülungen sind im Vergleich zur Errichtung von Sandfangzäunen sehr kostenintensiv. Natürliche Komponenten wie bspw. Vegetation sind generell harten Strukturen vorzuziehen. Da die Vegetation oft einige Zeit braucht, um sich zu etablieren, können Sandfangzäune von Vorteil sein, da diese direkt nach der Installation die Sedimentanlagerung am Sandfangzaun begünstigen. Speziell eine Kombination aus den genannten Küstenschutzmaßnahmen hat sich als effektiv erwiesen [6–8].

67.1 Einsatz von Sandfangzäunen im Küstenschutz

Die positive Wirkung von Sandfangzäunen ergibt sich aus der lokalen Verringerung der Windgeschwindigkeiten. Das äolisch transportierte Sediment kann sich windabwärts an dem Sandfangzaun ablagern [9, 10]. In Küstenregionen können Sandfangzäune somit zur Wiederherstellung erodierter Bereiche in Dünen dienen, den Dünenfuß stärken, Sandverwehungen verhindern oder die Entwicklung von neuen Dünen durch selektive Sedimentakkumulation initiieren bzw. unterstützen. Zudem wird durch den Bau von Sandfangzäunen der unrechtmäßige Zugang von Menschen oder Tieren in die Dünen eingeschränkt [11–13].

Die Sandfangeffektivität von Sandfangzäunen in Küstengebieten wird nur in wenigen detaillierten Studien untersucht. Daher ist die Erforschung der Funktionsfähigkeit von Sandfangzäunen notwendig. Speziell das Prozessverständnis von äolischem Sedimenttransport, Küstendünen und Sandfangzäunen zueinander ist entscheidend, damit das Küstenmanagement die geeignete Konstruktionsweise und Anordnung für Sandfangzäune finden können [7, 12, 14–16].

67.2 Verschiedene Konstruktionsweisen und Anordnungen

Für den Bau von Sandfangzäunen an der Küste können verschiedene Materialien verwendet werden. Die Baumaterialien umfassen bspw. Holz, Kunststoff, Jute und Buschbündel. Abhängig vom gewählten Material kann die Porosität des Sandfangzauns stark variieren. Für die Ostfriesischen Inseln sind beispielsweise Sandfangzäune aus natürlich vorkommenden Buschmaterial üblich (◘ Abb. 67.2).

◘ **Abb. 67.2** Drohnenaufnahme von einem Sandfangzaun auf Langeoog (oben) sowie Buschmaterial des Sandfangzauns als Nahaufnahme (unten) vom 12. März 2021. (© Christiane Eichmanns)

Darüber hinaus kann auch die Anordnung des Sandfangzauns je nach Standort und Funktion unterschieden werden. Die Anordnung der Zäune variiert in Bezug auf die Anzahl der Reihen (einfach, doppelt oder mehrere Reihen), die Ausrichtung zur Küstenlinie (orthogonal, parallel oder schräg angeordnet) und die gewählte Konstruktionsart, die sich in gerade oder zickzack-förmige Konstruktion unterscheidet [17]. In ◐ Abb. 67.3 ist eine Übersicht an häufig installierten Konfigurationen von Sandfangzäunen an sandigen Küstenlinien dargestellt.

Die Zaunkonfigurationen haben unterschiedliche Vor- und Nachteile, die bei der Planung der Sandfangzäune berücksichtigt werden müssen. Gerade Zäune erfordern weniger Baumaterial pro Küstenlinie, weshalb sie die am häufigsten verwendete Konfiguration sind. Außerdem sind gerade Zäune die einfachste Konstruktion; sie ermöglichen daher einen schnelleren Bauprozess und niedrigere Kosten für Installation und Wartung. Zick-Zack-Zäune weisen generell eine hohe Sandfangeffektivität auf, da ihre Geometrie eine von der Windrichtung unabhängige Sedimentakkumulation ermöglicht. Auch bei Zäunen parallel zur Küstenlinie kann eine höhere Sandfangeffektivität erzielt werden, indem zusätzlich orthogonale Zaunreihen aufgestellt werden. Diese Anordnung ist vorteilhaft für Küsten, an denen die Hauptwindrichtung überwiegend parallel zur Küstenlinie verläuft. Darüber hinaus können doppel- oder mehrreihige Zäune im Vergleich zu einreihigen Zäunen effektiver die Windgeschwindigkeit reduzieren und somit das vom Wind transportierte Sediment zurückhalten [17, 18].

67.2.1 Erweiterung des Prozessverständnisses von Sandfangzäunen

Um eine natürliche Dünenentwicklung im Sinne eines nachhaltigen Küstenschutzes zu fördern, wird im BMBF-Projekt „Prozesse des äolischen Sedimenttransports zur Unterstützung eines aktiven Küstenschutzes" (kurz: *ProDune*) windinduzierte Sedimenttransportprozesse, deren Wechselwirkung mit Sandfangzäunen sowie den Einfluss von Sandfangzäunen auf das Wachstum des Dünenfußes untersucht.

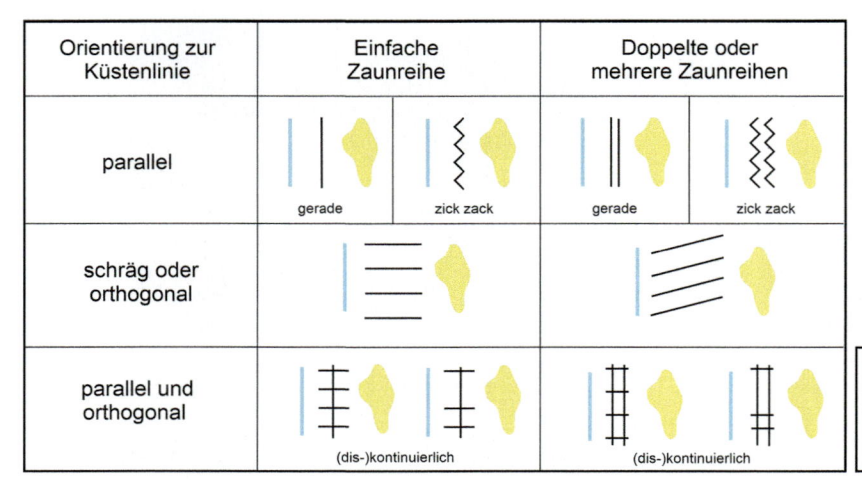

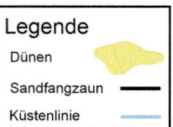

◐ **Abb. 67.3** Häufig installierte Konfigurationen von Sandfangzäunen an sandigen Küstenlinien (basierend auf [9, 17]). (© C. Eichmanns et al. / R. Grafals-Soto, R.)

67.2.2 Das Projekt ProDune

Das Forschungsvorhaben wird zusammen mit dem Niedersächsischen Landesbetrieb für Wasserwirtschaft, Küsten- und Naturschutz (NLWKN) in dem Zeitraum vom 01. Oktober 2018 bis 31. Mai 2022 durchgeführt. Nachfolgend werden die vom Institut für Wasserbau und Wasserwirtschaft (IWW) der RWTH Aachen University durchgeführten Untersuchungen kurz dargestellt.

Die bisherigen Ergebnisse des Forschungsvorhabens ProDune liefern wesentliche theoretische und praktische Unterstützung für die Installation und Gestaltung von Sandfangzäunen in Küstengebieten.

67.2.3 Bestandsaufnahme von Sandfangzäunen weltweit

Die Bestandsaufnahme zu Sandfangzäunen weltweit hat gezeigt, dass es derzeit keine einheitlichen Richtlinien für die Installation von Sandfangzäunen gibt. Einige nationale Behörden haben jedoch lokale Richtlinien für den Einsatz von Sandfangzäunen veröffentlicht. Die Gestaltung von Sandfangzäunen in Küstengebieten, d. h. die Anordnung und Anzahl der einzelnen Zaunreihen, das Material, die Geometrie (Höhe, Breite, Länge), die Porosität und die Position im Verhältnis zum Dünenprofil unterscheidet sich weltweit stark. Derzeit beruht der Bau von Sandfangzäunen größtenteils auf empirischen Erfahrungswerten. Ein genauer Kenntnisstand der Konstruktionsparameter ist jedoch für das Küstenmanagement sehr wichtig, um zu entscheiden, wie und wo Sandfangzäune an sandigen Küsten optimal installiert werden. Es ist daher notwendig, einen intensiven Erfahrungsaustausch zwischen den Küstengebieten zu ermöglichen und weltweit gemeinsam an dem Thema Sandfangzäune im Küstenschutz zu arbeiten. Für detaillierte Informationen siehe [9].

67.2.4 Dem Sedimenttransport auf der Spur

Im Rahmen einer Messkampagne auf der Insel Langeoog im Jahr 2021 wurden die Windprofile, die vertikalen Sedimenttransportprofile sowie die äolischen Sedimenttransportraten an den verschiedenen Messorten Strand, Dünenfuß, Dünenkrone und Sandfangzaun detailliert untersucht (◘ Abb. 67.4). Am Strand, am Dünenfuß und auf der Dünenkrone konnte das stationäre Windprofil mithilfe des law of the wall gut beschrieben werden. Weiter konnte der gesättigte äolische Sedimenttransport am Strand und am Dünenfuß gut vorhergesagt werden. Hierzu wurden weit verbreitete empirische Modelle, basierend auf der Schubspannungsgeschwindigkeit, angewandt. Zwischen den Buschreihen des Sandfangzauns jedoch konnten diese empirischen Transportmodelle nicht angewendet werden, da dort kein logarithmisches

◘ Abb. 67.4 Teil der Messtechnik am Strand von Langeoog, bestehend aus Sedimentfalle, zwei übereinander angeordneten Saltiphonen sowie einem Windtower mit sechs Anemometern und sechs Windrichtern (Aufnahme vom 23. Mai 2020). (© Christiane Eichmanns)

Windprofil vorlag. In Hauptwindrichtung hat sich das Sediment an den Buschreihen akkumuliert und der Sedimenttransport nahm ab, was zu einer erhöhten Abweichung von den gesättigten Transportbedingungen geführt hat. Die vollständigen Ergebnisse können [7] entnommen werden.

67.2.5 Monitoring der Dünenfußentwicklung

Zwischen Mai 2020 und März 2021 fanden regelmäßig Messkampagnen an zwei Sandfangzäunen auf der Insel Norderney und Langeoog statt. Die Sandfangzäune wurden für das Forschungsprojekt vom Projektpartner NLWKN errichtet. Beim Bau der Sandfangzäune wurden verschiedene Konfigurationen installiert, die sich in Anordnung und Porosität der Buschreihen unterschieden. Anhand von wiederholten unbemannten Befliegungen mit Luftbildern wurden digitale Höhenmodelle zu den Sedimentakkumulationen an den Sandfangzäunen gewonnen (Abb. 67.5). Das Wachstum des Dünenfußes war unmittelbar nach dem Bau eines neuen Sandfangzauns signifikant und nahm mit der Zeit ab. Den in dieser Studie vorgestellten Ergebnissen zufolge spielten bei Sandfangzäunen, die schon länger bestanden, die Höhe der herausragenden Buschreihen und die Porosität der verbleibenden Äste eine untergeordnete Rolle. Sandfangzäune mit geringerer Porosität begünstigten ein lokales Wachstum des Dünenfußes direkt an den Buschreihen, während Zäune mit höherer Porosität eine stärkere Sedimentakkumulation weiter windabwärts ermöglichten. Der Trend der Volumenänderung um den Dünenfuß konnte über den Versuchszeitraum grob durch Integration der potenziellen Sedimenttransportraten, welche auf den stündlichen, meteorologischen Winddaten beruhen, bestimmt werden. Die Ergebnisse sind in [12] ausführlich beschrieben und diskutiert.

67.2.6 Windkanalversuche zur Sedimentanlagerung am Sandfangzaun

Weiterhin wurden systematische physikalische Modellversuche in der Versuchshalle des IWW mit einem eigens gebauten Windkanal durchgeführt. Dieser wurde mit einem beweglichen Sedimentbett ausgestattet und verschiedene Zaunkonfigurationen, variierend in Zaunhöhe und Zaunporosität, untersucht (Abb. 67.6). Ziel dieser Untersuchung war es, die Sandfangeffektivität in Abhängigkeit von Zaunhöhe und Zaunporosität zu erforschen. Die Ergebnisse der durchgeführten physikalischen Modellversuche werden derzeit ausgewertet.

Danksagung Die Autorin und der Autor bedanken sich für die Förderung des Forschungsvorhabens ProDune – Prozesse des äolischen Sedimenttransports zur Unterstützung eines aktiven Küstenschutzes (Förderkennzeichen: 03KIS125) bei dem Bundesministerium für bildung und Forschung (BMBF) und dem Kuratorium für Forschung im Küsteningenieurwesen (KFKI) durch den Projektträger Jülich (PTJ).

Abb. 67.5 Drohne (Aufnahme vom 09. März 2021). (© Christiane Eichmanns)

◘ **Abb. 67.6** Windkanalversuche mit einem modellierten, porösen Sandfangzaun (Aufnahme vom 12. März 2022). (© Christiane Eichmanns)

Literatur

1. Hesp, P. Dune Coasts. Earth Systems and Environmental Sciences 2011, 193–221, ► https://doi.org/10.1016/B978-0-12-374711-2.00310-7.
2. NASA. Living Ocean. Available online: ► https://science.nasa.gov/earth-science/oceanography/living-ocean.
3. Niedersächsicher Landesbetrieb für Wasserwirtschaft, Küsten- und Naturschutz. Generalplan Küstenschutz Niedersachsen: Ostfriesische Inseln, Küstenschutz Band 2: Ostfriesische Inseln. NLWKN 2010, Band 2.
4. de Vries, S.; Southgate, H.N.; Kanning, W.; Ranasinghe, R. Dune behavior and aeolian transport on decadal timescales. Coastal Engineering 2012, 67, 41–53, doi:► https://doi.org/10.1016/j.coastaleng.2012.04.002.
5. Scheres, B.; Schüttrumpf, H. Nature-based Solutions in Coastal Research – A New Challenge for Coastal Engineers? APAC 2019; Viet, N.T., Xiping, D., Tung, T.T., Eds.; Springer Singapore: Singapore, 2020; 2020, 76, 1383–1389, ► https://doi.org/10.1007/978-981-15-0291-0_677.
6. de Jong, B.; Keijsers, J.; Riksen, M.; Krol, J.; Slim, P.A. Soft Engineering vs. a Dynamic Approach in Coastal Dune Management: A Case Study on the North Sea Barrier Island of Ameland, The Netherlands. Journal of Coastal Research 2014, 30, 670, ► https://doi.org/10.2112/JCOASTRES-D-13-00125.1.
7. Eichmanns, C.; Schüttrumpf, H. Investigating Changes in Aeolian Sediment Transport at Coastal Dunes and Sand Trapping Fences: A Field Study on the German Coast. JMSE 2020, 8, 1012, ► https://doi.org/10.3390/jmse8121012.
8. Staudt, F.; Gijsman, R.; Ganal, C.; Mielck, F.; Wolbring, J.; Hass, H.C.; Goseberg, N.; Schüttrumpf, H.; Schlurmann, T.; Schimmels, S. The sustainability of beach nourishments: A review of nourishment and environmental monitoring practice - Review Article, 2021.
9. Eichmanns, C.; Lechthaler, S.; Zander, W.; Pérez, M.V.; Blum, H.; Thorenz, F.; Schüttrumpf, H. Sand trapping fences as a Nature-based Solution for Coastal Protection: An International Review with a Focus on Installations in Germany. Environments 2021, 8, 135, ► https://doi.org/10.3390/environments8120135.
10. Adriani, M.J.; Terwindt, J. Sand stabilization and dune building; Gov. Publ. Off; Government Publ. Office: The Hague, 1974, ISBN 9012004985.
11. O'Connel, J. Coastal Dune Protection & Restoration: Using 'Cape' American Beach Grass and Fencing. Available online: ► https://www.whoi.edu/fileserver.do?id=87224&pt=2&p=88900.
12. Eichmanns, C.; Schüttrumpf, H. Influence of Sand Trapping Fences on Dune Toe Growth and Its Relation with Potenzial Aeolian Sediment Transport. JMSE 2021, 9, 850, doi:► https://doi.org/10.3390/jmse9080850.
13. Li, B.; Sherman, D.J. Aerodynamics and morphodynamics of sand fences: A review. Aeolian Research 2015, 17, 33–48, ► https://doi.org/10.1016/j.aeolia.2014.11.005.
14. Ruz, M.-H.; Anthony, E.J. Sand trapping by brushwood fences on a beach-foredune contact: the primacy of the local sediment budget. Zeit für Geo Supp 2008, 52, 179–194, ► https://doi.org/10.1127/0372-8854/2008/0052S3-0179.
15. Anthony, E.J.; Vanhee, S.; Ruz, M.-H. An assessment of the impact of experimental brushwood fences on foredune sand accumulation based on digital elevation models. Ecological Engineering 2007, 31, 41–46, ► https://doi.org/10.1016/j.ecoleng.2007.05.005.
16. Itzkin, M.; Moore, L.J.; Ruggiero, P.; Hacker, S.D. The effect of sand fencing on the morphology of natural dune systems. Geomorphology 2020, 352, 106995, ► https://doi.org/10.1016/j.geomorph.2019.106995.
17. Grafals-Soto, R. Understanding the Effects of Sand Fence Usage and the Resulting Landscape, Landform and Vegetation Patterns: A New Jersey Example.: Ph.D. Thesis, University of New Brunswick, United States of America, New Brunswick, New Jersey, 2010.
18. Lima, I.A.; Araújo, A.D.; Parteli, E.J.R.; Andrade, J.S., JR.; Herrmann, H.J. Optimal array of sand fences, 2017.

Kosten und Nutzen von weitergehenden Reinigungsstufen zur Spurenstoffelimination

Henning Knerr, Birgit Valerius, Ulrich Dittmer, Heidrun Steinmetz, Ralf Hasselbach, Gerd Kolisch und Yannick Taudien

Die Gesamtemissionen eines Gewässereinzugsgebietes am Beispiel der Blies im Saarland wurden für ausgewählte Spurenstoffe frachtbasiert ermittelt. Hierauf aufbauend wurden verschiedene emissions- und immissionsbasierte Szenarien zur Integration weitergehender Reinigungsstufen auf den kommunalen Kläranlagen untersucht und in ihren Kosten sowie in dem gewässerspezifischen Nutzen bewertet.

Von Menschen künstlich hergestellte (anthropogene), chemische Verbindungen finden sich in allen Lebensbereichen und sind eine der Grundlagen des Lebensstandards moderner Industriegesellschaften. Nach Gebrauch gelangen die meisten dieser Substanzen in den Abwasserpfad. Viele Stoffe sind bereits ubiquitär verbreitet und werden zum Teil in sehr geringen Konzentrationen (in Spuren) in den Gewässern nachgewiesen, wo sie alleine oder im Zusammenwirken mit anderen Stoffen eine negative Wirkung auf die Ökosysteme haben können.

Priorität sollte die Vermeidung bzw. Verminderung des Eintrags der sogenannten Spurenstoffe in den Wasserkreislauf haben, die sich nach der Bewertung als umweltgefährdend oder trinkwasserrelevant erwiesen haben. Verminderungs- bzw. Vermeidungsstrategien können sowohl beim Produzenten als auch beim Anwender der Produkte ansetzen.

Da kommunale Kläranlagen für zahlreiche Spurenstoffe einen bedeutenden Eintragspfad in Oberflächengewässer darstellen [1, 2], kann die öffentliche Abwasserreinigung ergänzend dort wirken, wo quellenorientierte Maßnahmen nicht ausreichen. Durch die Ergänzung zusätzlicher Reinigungsstufen (z. B. Ozonung, Aktivkohleadsorption) können bestimmte Spurenstoffe im Kläranlagenablauf reduziert werden. Derzeit gibt es jedoch keine rechtliche Vorgabe für eine Nachrüstung kommunaler Kläranlagen mit weitergehenden Reinigungsstufen auf Basis stoff- oder stoffgruppenspezifischer Anforderungswerte. Aus Vorsorgegründen ist dennoch eine Reduzierung der Einträge aus kommunalen Kläranlagen geboten.

Zuerst erschienen in Wasser und Abfall 10/2022

> **Kompakt**
>
> — Stoffflussmodellierungen sind ein geeignetes Werkzeug zur Bewertung des Nutzens von Maßnahmen zur gezielten Spurenstoffelimination.
> — Immissionsbetrachtungen zu Nutzen und Kosten von weitergehenden Reinigungsstufen sind essentiell im Hinblick auf die Auswahl von effizienten Maßnahmen. Einher geht eine Verschiebung bei der Priorisierung der relevanten Kläranlagen, hin zur Betrachtung auch kleinerer Kläranlagen, was angepasster Verfahrenstechnik für die Spurenstoffelimination bedarf.
> — Die Einführung von weitergehenden Reinigungsstufen zur Spurenstoffelimination bietet die Chance, durch Definition der örtlichen Nutzungsanforderungen an die Gewässer, Synergieeffekte gezielt zu nutzen.

Bislang ist die Datenlage zur Bewertung der Belastung saarländischer Gewässer mit Spurenstoffen sehr lückenhaft. Hier besteht erheblicher Untersuchungsbedarf. Für das Schmerzmittel Diclofenac wurde allerdings an mehreren Gewässermessstellen eine Überschreitung der als Umweltqualitätsnorm (UQN) diskutierten Konzentration von 0,05 µg/l festgestellt [3]. Dies verdeutlicht den Handlungsbedarf für einen verbesserten Gewässerschutz im Saarland.

Im Projekt „Stoffflusssimulation der Gesamtemissionen an Spurenstoffen im Einzugsgebiet der Blies und Übertragung der Ergebnisse auf das Saarland" wurden Empfehlungen für eine Strategie im Umgang mit abwasserbürtigen Spurenstoffen im Saarland entwickelt. Bei dem Projekt wurde die Belastung der Gewässer mit Spurenstoffen systematisch auf Basis eines umfangreichen Messprogramms und unter Verwendung eines Massenbilanzmodells untersucht und in ihren Kosten sowie in dem gewässerspezifischen Nutzen bewertet. Zusätzlich wurden Synergieeffekte für den Parameter Phosphor abgeschätzt, die sich aus dem Betrieb der Verfahren zur Spurenstoffelimination ergeben [4, 5]. Der Beitrag liefert einen Überblick über die Ergebnisse dieser Kosten-Nutzen-Betrachtungen.

68.1 Stoffflussmodellierung im Einzugsgebiet der Blies

Als Referenzgewässer für eine Bilanzierung der Gesamtemissionen an Spurenstoffen im Saarland wurde das Einzugsgebiet (EZG) der Blies bis zur Einmündung des Schwarzbachs ausgewählt (Abb. 68.1). Die Blies ist mit einer Länge von ca. 100 km der größte Nebenfluss der Saar und weist bis zur Einmündung des Schwarzbachs keine wesentlichen Einflüsse aus benachbarten Bundesländern auf. Im Betrachtungsgebiet der oberen Blies befinden sich 33 kommunale Kläranlagen der Größenklassen 1–4, in denen das Abwasser von rund 210.000 angeschlossenen Einwohnern behandelt wird.

Zur Ableitung von Maßnahmen zur Reduzierung des Spurenstoffstoffeintrags aus der kommunalen Abwasserreinigung wurde eine Modellierung der Fließgewässer im EZG der oberen Blies durchgeführt. Die Stoffflussmodellierung erfolgte mittels des im Rahmen des Interreg-V-A-Projektes „EmiSûre – Entwicklung von Strategien zur Reduzierung des Mikroschadstoffeintrags in Gewässer im deutsch-luxemburgischen Grenzgebiet" entwickelten gleichnamigen Massenbilanzmodells [7–9]. Der Bilanzraum wurde hierzu als georeferenziertes Gewässernetz abgebildet. An allen Verzweigungspunkten und den Einleitstellen wurde das Gewässernetz durch Knoten in Segmente unterteilt. Jedes Segment wurde mit einem Abflusswert für mittleren Abfluss (MQ) und mittleren Niedrigwasserabfluss (MNQ) versehen. Ferner wurden alle im

Bilanzraum gelegenen Kläranlagen mit den dazugehörigen Mischwasserentlastungen und angeschlossenen Krankenhäusern georeferenziert abgebildet.

Das Modell bilanziert in Gewässer eingeleitete Stofffrachten aus Punktemissionen (Kläranlagen, Mischwasserüberläufe). Die emittierten Frachten werden den definierten Gewässersegmenten zugeordnet, durch eine stromabwärts gerichtete Verknüpfung aufsummiert und in Konzentrationen umgerechnet. Die Immissionsbilanzierung erfolgt unter Berücksichtigung von Transformationsprozessen der Stoffe in den Gewässern. Die Stofftransformation wird unter Annahme einer Kinetik erster Ordnung berechnet, wozu eine substanzspezifische Verlustratenkonstante und die Aufenthaltszeit im betrachteten Gewässerabschnitt verwendet werden. Die Emissions- und Immissionsbilanzierung erfolgt auf Basis von Jahresdurchschnittswerten, wobei eine räumlich inhomogene Verteilung der Emissionen berücksichtigt werden kann [7–9].

Es wurde eine Stoffflussmodellierung für 15 abwasserbürtige gebietsspezifische Referenzsubstanzen durchgeführt (Szenario 0). Die Substanzen umfassen neun Arzneimittel,

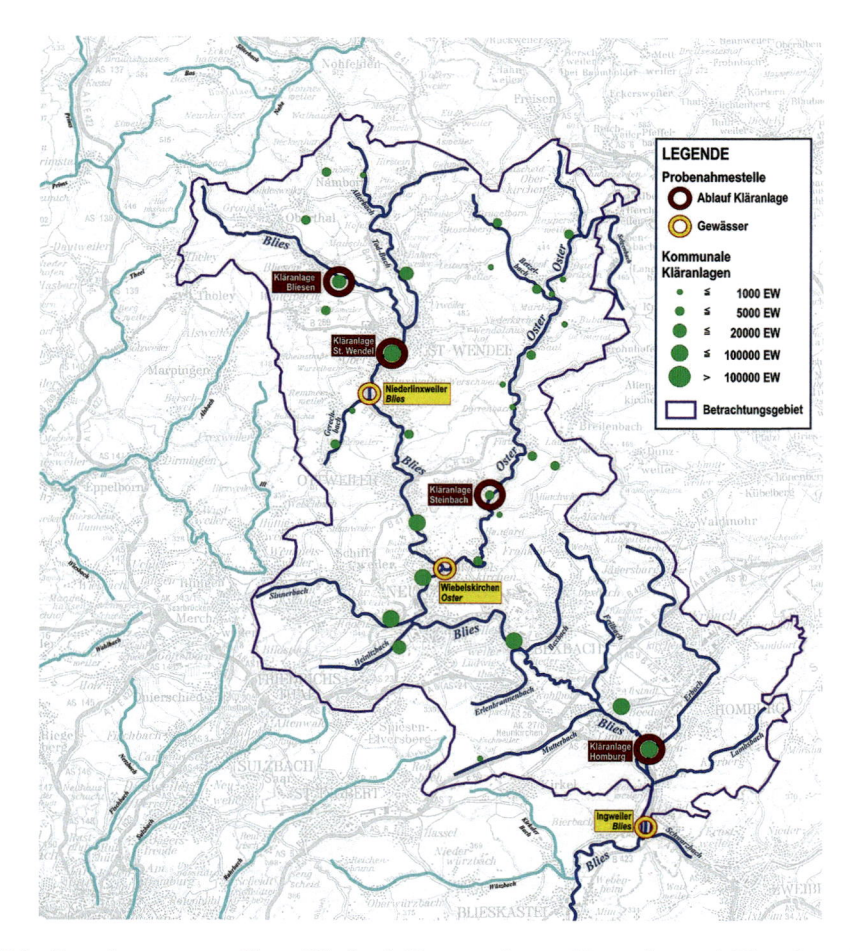

◘ **Abb. 68.1** Betrachtungsraum „Obere Blies" mit Hauptgewässern, Messstellen und Kläranlagen [6] (© R. Hasselbach et al.)

zwei Diagnostika, zwei Lebensmittelzusatzstoffe sowie zwei Industriechemikalien. Die Einführung weitergehender Reinigungsstufen zur Spurenstoffelimination und deren Einfluss auf die Gewässersituation wurden in vier Ausbauszenarien im Vergleich zu dem Ist-Zustand untersucht (◘ Tab. 68.1). Die Szenarien 1 und 2 stellen emissionsorientierte Betrachtungen dar. Im Szenario 3 werden Kläranlagen anhand des Abwasseranteils an der Einleitstelle bei MNQ und der Ausbaugröße ausgewählt. In Szenario 4 wird die Wirkung auf die Gewässer bei der Auswahl der Kläranlagen in die Betrachtung einbezogen. Szenario 4b beinhaltet zudem quellenorientierte Maßnahmen bei der Herstellung und Verwendung von Substanzen mit einer pauschal angenommenen Emissionsminderung. [4]

Exemplarisch sind in ◘ Abb. 68.2 die Ergebnisse der Stoffflussmodellierung für den Ist-Zustand (Szenario 0) und die Szenarien 2, 3 und 4b für das Schmerzmittel Diclofenac bei mittlerem Abfluss (MQ) anhand des sogenannten Belastungsfaktors BF dargestellt. Der BF ist hierbei der Verhältniswert aus der simulierten Gewässerkonzentration PEC (Predicted Environmental Concentration) und einem substanzspezifisch festgelegten Qualitätskriterium QK. Grundlage für die im Projekt verwendeten Qualitätskriterien sind Konzentrationswerte, die zum Teil in der EU-Richtlinie 2013/39/EU [10] und der Oberflächengewässerverordnung [11] als Umweltqualitätsnorm (UQN) in Form eines Jahresdurchschnittswertes (JD-UQN) festgelegt sind. Die Mehrzahl der untersuchten Substanzen ist derzeit jedoch nicht gesetzlich geregelt. Aus diesem Grund wurden Ersatzwerte, z. B. die ökotoxikologisch abgeleitete „Null-Effekt-Konzentration" PNEC (Predicted No Effect Concentration) oder die zulässige jährliche Durchschnittskonzentration AA-EQS (Annual Average Environmental Quality Standards) des Schweizerischen Zentrums für angewandte Ökotoxikologie (Ökotoxzentrum) [12], herangezogen.

◘ **Tab. 68.1** Betrachtete Szenarien [4]

Nr	Bezeichnung	Beschreibung
Sz. 0	Ist-Zustand	Vorhandene Belastungssituation
Sz.1	Ausbau aller Kläranlagen > 50.000 E	Nach Ausbaugröße (2 Kläranlagen, 142.000 E)
Sz. 2	Ausbau aller Kläranlagen > 10.000 E	Nach Ausbaugröße (7 Kläranlagen, 240.500 E)
Sz. 3	Ausbau der Kläranlagen an Belastungsschwerpunkten	Nach Abwasseranteil > 50 % bei MNQ und Ausbaugröße > 2.500 E (5 Kläranlagen, 212.000 E)
Sz. 4a	Ausbau der Kläranlagen, die den größten Nutzen für das Gewässer haben	Nach Unterschreitung des Qualitätskriteriums bei MQ im Gewässer (10 Kläranlagen, 247.500 E)
Sz. 4b	Ausbau der Kläranlagen nach Gewässernutzen und Berücksichtigung von Maßnahmen an der Quelle und Toleranz geringer Überschreitungen des Qualitätskriteriums	Nach Unterschreitung des Qualitätskriteriums bei MQ im Gewässer (6 Kläranlagen, 221.00 E)

Quelle: T. G. Schmitt et al.

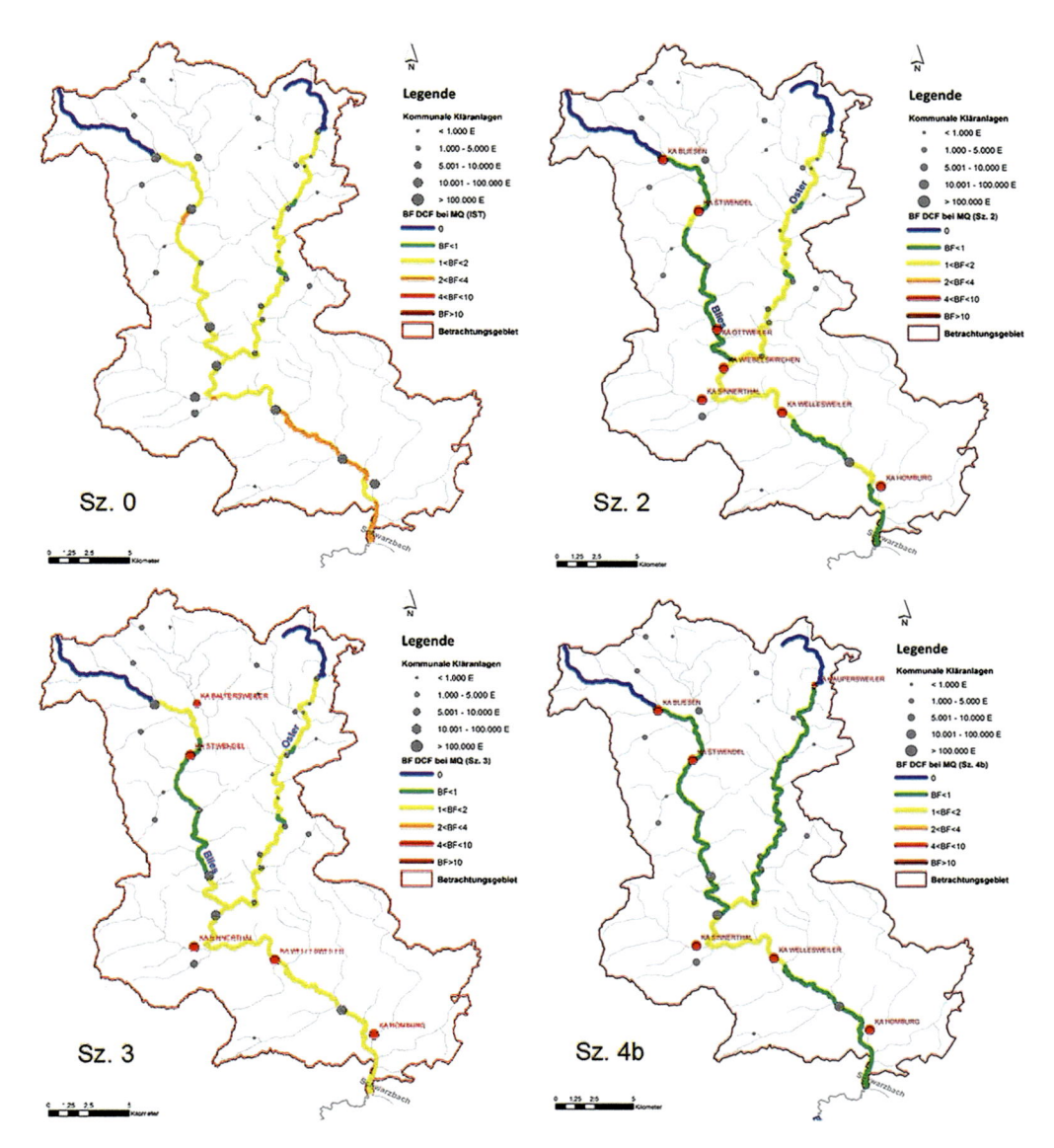

Abb. 68.2 Ergebniskarten zum Belastungsfaktor BF für Diclofenac bei MQ für den Ist-Zustand und für drei Kläranlagenausbauszenarien; die im Modell mit weitergehenden Reinigungsstufen ausgestatteten Kläranlagen sind rot markiert [4]. (© T. G. Schmitt et al.)

68.2 Nutzen der Einführung weitergehender Reinigungsstufen

68.2.1 Nutzen für die Spurenstoffbelastung

Gemäß EU-Wasserrahmenrichtlinie (WRRL) (2000/60/EG) [13] wird der Gewässerzustand für alle Wasserkörper bewertet, die aus mindestens zehn Quadratkilometer großen Einzugsgebieten bestehen. Es wird eine flächendeckende Bewertung des Einzugsgebietes angestrebt. Der erzielte Nutzen für das Gewässer ist allerdings nicht eindeutig definiert. Im Projekt wurde der Nutzen daher indirekt über die Reduktion der Spurenstofffracht am Gebietsauslass (frachtbezogen) und über die prozentuale Veränderung der Gewässerkonzentration an den für die WRRL-Bewertung relevanten Messstellen bzw. über den zusätzlichen Anteil des Gewässersystems, der einen BF < 1 erreicht, (qualitätsbezogen) bewertet. Die Ergebnisse der Szenarienbetrachtung sind für die Bezugsgröße MQ in den ◘ Tab. 68.2 und 68.3 zusammengefasst.

Bezogen auf die Frachtveränderung am Gebietsauslass ergibt sich bzgl. der Summe der hier betrachteten Spurenstoffe eine Reduktion um insgesamt rund 820 g/d (Sz. 1) bzw. 1.200 g/d (Sz. 2/4b). Das tatsächliche Reduktionspotenzial liegt dagegen deutlich darüber, da nur eine Auswahl der im Gewässer vorzufindenden Substanzen

◘ **Tab. 68.2** Frachtbezogener Nutzen durch die Integration von weitergehenden Reinigungsstufen zur Spurenstoffelimination; Differenz zum Ist-Zustand an der Messstelle Ingweiler/Blies bei MQ [4]

Substanz		Szenario				
		1	2	3	4a	4b
		[g/d]				
Lebensmittelzusatzstoff	Acesulfam	−48	−84	−67	−90	−109
	Sucralose	−52	−80	−73	−81	−114
Arzneimittel	Bezafibrat	−3	−4	−3	−4	−4
	Carbamazepin	−20	−31	−29	−31	−31
	Diclofenac	−37	−50	−45	−51	−52
	Metoprolol	−31	−47	−41	−49	−48
	Sotalol	−4	−5	−5	−6	−6
	Clarithromycin	−10	−14	−13	−15	−15
	Sulfamethoxazol	−11	−12	−11	−12	−12
	N4-Sulfamethoxazol	−4	−7	−6	−7	−7
	Primidon	−5	−9	−8	−9	−10
	Amidotrizoesäure	−91	−119	−108	−120	−57
	Iomeprol	−257	−270	−266	−272	−310
Sonstige	PFOS	0	−1	−1	−1	−1
	1 H-Benzotriazol	−250	−291	−280	−296	−319
Summe		−823	−1204	−956	−1044	−1195

Quelle: T. G. Schmitt et al.

Tab. 68.3 Qualitätsbezogener Nutzen durch die Integration von weitergehenden Reinigungsstufen zur Spurenstoffelimination; Differenz zum Ist-Zustand bei MQ [4]

Substanz		QK [ng/l]	Prozentuale Veränderung der Gewässerkonzentration im Vergleich zu Szenario 0 an den Messstellen										Zusätzliche Fließkilometer mit BF < 1 bei MQ				
			MS Ingweiler/Blies					MS Wiebelskirchen/Oster					EZG Blies+Oster				
			Szenario [%]					Szenario [%]					Szenario [km]				
			1	2	3	4a	4b	1	2	3	4a	4b	1	2	3	4a	4b
Lebensmittelzusatzstoff	Acesulfam	100	−18	−31	−25	−33	−38	0	0	0	−22	−27	–	–	–	2	7
	Sucralose	/	−18	−28	−25	−28	−40	0	0	0	−15	−25	–	–	–	–	–
Arzneimittel	Bezafibrat	2.300	−32	−45	−37	−47	−49	0	0	0	−28	−29	0	0	0	0	0
	Carbamazepin	500	−49	−75	−70	−76	−76	0	0	0	−38	−32	0	0	0	0	0
	Diclofenac	50	−49	−65	−60	−68	−68	0	0	0	−36	−30	0	30	12	68	56
	Metoprolol	43.000	−38	−58	−50	−60	−60	0	0	0	−34	−31	0	0	0	0	0
	Sotalol	12.000	−39	−59	−53	−65	−62	0	0	0	−42	−33	0	0	0	0	0
	Clarithromycin	100	−52	−74	−68	−75	−75	0	0	0	−35	−31	0	0	0	0	0
	Sulfamethoxazol	600	−66	−74	−71	−75	−77	0	0	0	−34	−30	0	0	0	0	0
	N4-Sulfamethoxazol	/	−33	−58	−51	−59	−60	0	0	0	−33	−30	–	–	–	–	–
	Primidon	320	−26	−46	−42	−50	−52	0	0	0	−29	−29	0	0	0	0	0
	Amidotrizoesäure	1.000	−25	−33	−30	−34	−44	0	0	0	−16	−25	0	0	0	0	0
	Iomeprol	1.000	−52	−55	−54	−55	−63	0	0	0	−25	−28	0	0	0	0	0
Sonstige	PFOS	0,65	−21	−70	−464	−70	−71	0	0	0	−36	−31	0	6	1	7	7
	1H-Benzotriazol	19.400	−52	−60	−58	−61	−66	0	0	0	−30	−29	0	0	0	0	0
Summe			–	–	–	–	–	–	–	–	–	–	0	36	13	77	70

Quelle: T. G. Schmitt et al.
Die über die 33 Kläranlagen im Ist-Zustand eingeleitete Phosphorfracht liegt bei etwa 30 t/a P_{ges} (Abb. 68.3). In den Maßnahmenszenarien kann die emittierte Gesamtfracht, je nach Anzahl der ausgebauten Kläranlagen um 32 bis 57 % verringert werden. Die P_{ges}-Emission läge somit nur noch bei 12,6 bis 20,1 t/a P_{ges}, womit eine entsprechende Entlastung der Gewässer einhergeht.

betrachtet wurde. Mit Blick auf die Frachtreduktion ergibt sich für den emissionsorientierten Ansatz des Szenario 2 ein nahezu identisches Ergebnis wie bei dem immissionsorientierten Ansatz des Szenario 4b.

Im Hinblick auf die Gewässersituation können zwischen 13 km (Sz. 3) und bis zu 77 km (Sz. 4a) der abgebildeten Fließstrecke (86 km) durch die gezielte Spurenstoffelimination zusätzlich auf einen BF < 1 verbessert werden. Der überwiegende Anteil der auf das Fließgewässer bezogenen Verbesserung entfällt auf das Schmerzmittel Diclofenac, was auf die hohe Belastung im Ist-Zustand (Abb. 68.2) und die gute Eliminierbarkeit in weitergehenden Reinigungsstufen dieser Substanz zurückzuführen ist (83 % Aktivkohleadsorption, 95 % Ozonung). Neben Diclofenac ergaben sich im Ist-Zustand nur für Acesulfam (Süßstoff) und PFOS (Perfluoriertes Tensid) eine Bewertung mit BF > 1. Mit nur etwa 50 % Elimination ist Acesulfam weder gut oxidierbar noch adsorbierbar. PFOS weist eine sehr niedrige JD-UQN in Höhe von $6{,}5 \cdot 10^{-4}$ µg/l auf, weswegen durch die Einführung weitergehender Reinigungsstufen nur wenige Gewässerabschnitte unter das QK gebracht werden können.

Die prozentuale Veränderung der Gewässerkonzentration an den für die WRRL-Bewertung relevanten Messstellen im Bilanzraum ergibt ebenfalls bereits in Szenario 2 ein positives Ergebnis, das sich aber auf die Blies beschränkt. Für Diclofenac wird eine Verbesserung von 65 % für die Messstelle (MS) Ingweiler/Blies (Gebietsauslass) berechnet. Im Hinblick auf eine Verbesserung der Oster ist eine Auswahl der Kläranlagen in den Szenarien 1–3 nicht ausreichend.

68.2.2 Nutzen für die Phosphor-Elimination

Bei nahezu allen Verfahren ist eine nachgeschaltete Filtration Bestandteil des Spurenstoffeliminationsverfahrens [14]. Die Gründe für die Filtration sind unterschiedlich. Die nachgeschaltete Filterstufe ist verfahrenstechnisch erforderlich,

– um den Rückhalt der Pulverkohle zu gewährleisten,
– um die Möglichkeit der Filtration über Kornkohle (Festbett) zu geben und
– um als Nachbehandlung nach einer Ozonbehandlung Transformationsprodukte im Filter abzubauen. [4]

Aus der Zielsetzung einer gezielten Spurenstoffelimination ergeben sich damit Synergieeffekte, im Sinne automatischer Nebeneffekte zu anderen Abwasserparametern. Bedingt durch den zusätzlichen Partikelrückhalt der Filtration kann bspw. eine P_{ges}-Verringerung von 0,1–0,5 mg P_{ges}/mg AFS [15] erreicht werden. In Kombination mit einer parallelen chemischen Phosphor-Elimination sind P_{ges}-Ablaufwerte im Jahresmittel von $\leq 0{,}1$ mg/l P_{ges} erreichbar [16].

68.3 Kosten der Einführung weitergehender Reinigungsstufen

Die Kosten für den Bau und den Betrieb der weitergehenden Reinigungsstufen wurden auf Basis von Literaturangaben geschätzt. Für die Kostenschätzung wurden die Behandlungskosten in [€/m^3] mit den einwohnerspezifischen Kostenfunktionen des Kompetenzzentrums Mikroschadstoffe Nordrhein-Westfalen [17] ermittelt und über die Bemessungswassermenge in [m^3/a] der weitergehenden Reinigungsstufe die Jahreskosten in [€/a] bestimmt. Die Festlegung der Bemessungswassermenge erfolgte gemäß den Handlungsempfehlungen des Kompetenzzentrums Spurenstoffe Baden-Württemberg [18, 19], da die weitergehende Reinigungsstufe aus Gründen der Wirtschaftlichkeit nur auf eine entsprechende Teilstrombehandlung ausgelegt wird. Aus den Jahreskosten wurden entsprechend den LAWA-Leitlinien zur Durchführung dynamischer Kostenvergleichsrechnungen [20] die Investitionskosten berechnet. In Anlehnung an Türk et al. [21] wurde eine Aufteilung von 40 % für Bautechnik, 40 % für Maschinentechnik und 20 % für EMSR angesetzt. Der Anteil der Kapitalkosten an den Jahreskosten wurde dabei einmal mit 40 % und einmal mit 60 % angenommen, da dieser stark vom Verfahren und von den Vorort-Bedingungen abhängt. Um eine Kostenanpassung an zurückliegende Preissteigerungen sowie an eine zukünftige Planung und Realisierung in einem Zeithorizont von 3 bis 5 Jahren zu berücksichtigen, wurde in der Kostenfunktion eine Preissteigerung in Höhe von 30 % angesetzt. Damit ergeben sich die in ◘ Tab. 68.4 dargestellten Bandbreiten der Kosten für die einzelnen Szenarien.

Der Ausbau der zwei Kläranlagen im Szenario 1 verursacht erwartungsgemäß die niedrigsten Investitionskosten. Der Ausbau der zehn Anlagen im Szenario 4a verursacht (ebenso erwartungsgemäß) die höchsten Investitionskosten, hat aber auch den größten Nutzen für das Gewässer. Die Unterschiede zwischen Szenario 3 und 4b sind bei Betrachtung der spezifischen Kosten mit 13,9 bzw. 14,0 € pro Einwohner und Jahr sehr gering. Die höchsten spezifischen Kosten weist das Szenario 4a mit fast 20 € pro Einwohner und Jahr auf. Gemäß ◘ Tab. 68.3 steht den hohen spezifischen Kosten von Szenario 4a aber auch eine Verbesserung der Gewässerqualität von rd. 80 km mit einem BF < 1 gegenüber. Beim Szenario 3 resultieren dagegen lediglich 13 zusätzliche Fließkilometer mit einem BF < 1.

68.4 Kosten-Nutzen-Betrachtung.

Dem mithilfe der Modellierung abgeleiteten Nutzen für die Spurenstoffbelastung der Gewässer stehen die berechneten Kosten der weitergehenden Reinigungsstufe gegenüber. Als maßgebender Kennwert für den Kosten-Nutzen-Vergleich werden die je Szenario geschätzten Jahreskosten herangezogen. Aus dem Quotienten der Jahreskosten und den zusätzlichen Fließkilometern mit BF < 1, der prozentualen Verbesserung der Gewässerkonzentration an den Messstellen bzw. der am Gebietsauslass reduzierten Jahresfracht wird die Effizienz der in den untersuchten Szenarien beschriebenen Maßnahmen für alle Parameter bewertet (◘ Abb. 68.4).

Bei einer frachtbezogenen Bewertung weist Szenario 1 die höchste Kosteneffizienz auf. Die Szenarien 2–4 unterscheiden sich nur unwesentlich voneinander.

Die Kosteneffizienz in Bezug auf eine prozentuale Verbesserung an den Gewäs-

◘ **Tab. 68.4** Zusammenstellung der Kosten der Szenarien [4]

			Szenario				
			1	2	3	4a	4b
Investitionskosten	Min	[Mio. €]	7,5	18,4	16,4	23,2	16,5
	Max	[Mio. €]	11,3	27,6	24,6	34,7	24,8
Jahreskosten		[Mio. €/a]	1,3	3,2	2,9	4,0	2,9
Spezifische Kosten		[€/E_{Ausbau}/a]	4,3	10,6	9,4	13,3	9,5
		[€/$E_{Einwohner}$/a]	6,4	15,6	13,9	19,6	14,0

Quelle: T. G. Schmitt et al.

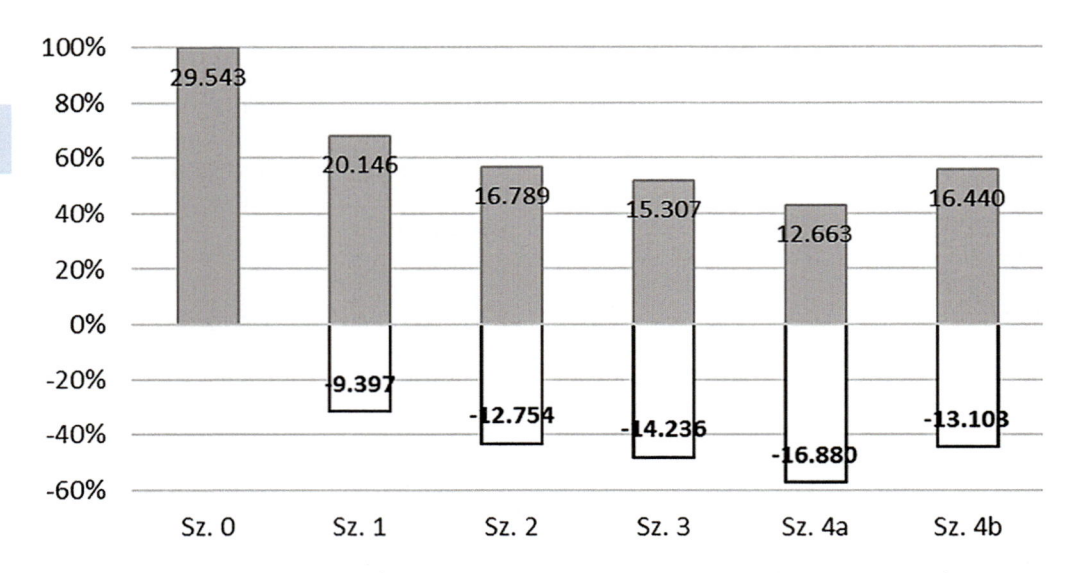

Abb. 68.3 Erreichbare Reduzierung der P_{ges}-Einträge durch die Maßnahmen, verändert nach [4] (© T. G. Schmitt et al.)

sermessstellen steigt von Szenario 1 bis Szenario 4 kontinuierlich an. Der Unterschied von Szenario 1 zu Szenario 4b beträgt etwa 40 %. Die höhere Effizienz der Szenarien 3 und 4 ist dabei auf die selektive Auswahl der Kläranlagen anhand der Gewässerbelastung zurückzuführen.

Bezogen auf die zusätzlichen Fließkilometer mit BF < 1 kann eine hohe Kosteneffizienz entweder durch den Ausbau einer großen Anzahl an Kläranlagen (Sz. 2) oder durch immissionsorientiert ausgewählte Anlagen (Sz. 4a, b) erreicht werden. Das Szenario 3, bei dem die Anlagen nach Belastungsschwerpunkten über einen Abwasseranteil bei MNQ ausgewählt wurden, ergeben eine verhältnismäßig niedrige Kosteneffizienz. Hier ist zu prüfen, ob eine Anpassung des Grenzwertes für den Abwasseranteil bzw. die Bezugsgröße des Gewässerabflusses eine Auswahl mit höherem Gewässernutzen ermöglicht.

Die auf die emittierten P_{ges}-Frachten bezogene Bewertung der Synergieeffekte ergeben das gleiche Bild, wie bei der frachtbezogenen Bewertung der Spurenstoffbelastung (ohne Abbildung). Das Szenario 1 weist eine etwa doppelt so hohe Effizienz im Vergleich zu den Szenarien 2–4 auf.

68.5 Zusammenfassung und Ausblick

In dem Projekt „Stoffflusssimulation der Gesamtemissionen an Spurenstoffen im Einzugsgebiet der Blies und Übertragung der Ergebnisse auf das Saarland" wurden die Kosten und Nutzen, die aus einer Einführung weitergehender Reinigungsstufen zur Elimination von Spurenstoffen auf kommunalen Kläranlagen resultieren, aufgezeigt. Hierzu wurden der fracht- und

Kosten und Nutzen von weitergehenden Reinigungsstufen ...

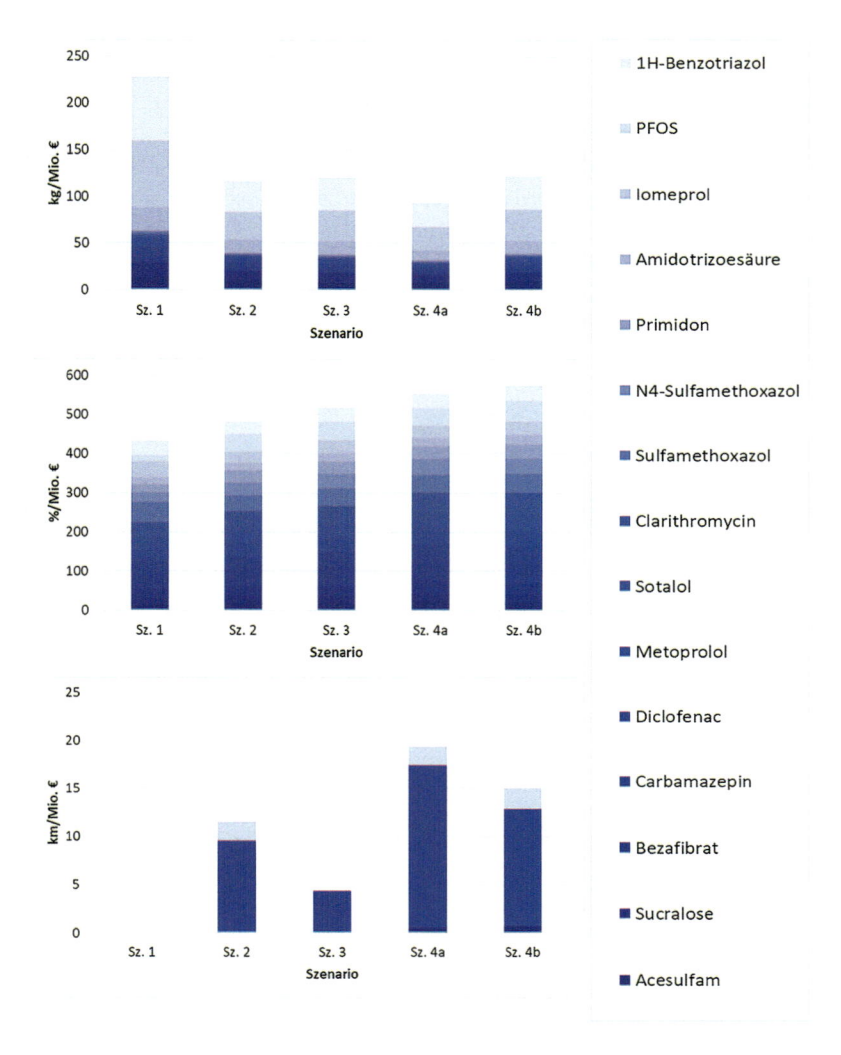

Abb. 68.4 Kosteneffizienz der Szenarien je kg reduzierter Fracht am Gebietsauslass (oben), %-Veränderung der Gewässerkonzentration kumuliert über die drei Messstellen (Mitte) und zusätzlichen Fließkilometern mit BF < 1 (unten) [4]. (© T. G. Schmitt et al.)

qualitätsbezogene Nutzen verschiedener Kläranlagenausbauszenarien für 15 abwasserbürtige Spurenstoffe auf die jeweiligen Jahreskosten bezogen. Die Betrachtung der Kosteneffizienz wurde auf der Grundlage simulierter Gewässerkonzentrationen bei MQ durchgeführt. Zusätzlich wurden Synergieeffekte, die aus dem Betrieb der Verfahren der Spurenstoffelimination auf den Parameter Phosphor resultieren, abgeschätzt.

Für den Betrachtungsraum liegen die geschätzten Jahreskosten mit Bezugsjahr 2020 bei rund 1,3–4,0 Mio. €/a bzw. rd. 7,5–35 Mio. € Investitionskosten. Die spezifischen Kosten der Elimination können eine

Größenordnung von bis zu 20 € pro Einwohner und Jahr erreichen.

Hinsichtlich der Frachtreduktion zeigt der Ausbau großer und damit belastungsintensiver Standorte die größte Kosteneffizienz auf. Eine allein emissionsorientierte Auswahl von Kläranlagen zur Nachrüstung mit einer weitergehenden Reinigungsstufe ist im vorliegenden Fall allerdings nicht zielführend, da bezogen auf die simulierten Gewässerstrecken im Bilanzraum nur ein relativ geringer Nutzen erzielt wird. Bei Betrachtung der Reduktion der Spurenstoffkonzentrationen in der Blies und der Oster und in Bezug auf eine prozentuale Verbesserung der Gewässerkonzentration kumuliert über drei WRRL- Messstellen, zeigen die immissionsbasierten Szenarien die größte Kosteneffizienz.

Die Ergebnisse verdeutlichen, dass Immissionsbetrachtungen zu Nutzen und Kosten zur Nachrüstung kommunaler Kläranlagen mit weitergehenden Reinigungsstufen essentiell im Hinblick auf die Priorisierung von auszubauenden Kläranlagen sind. Auch wird der Handlungsbedarf nachgeschalteter technischer Maßnahmen in Form von weitergehenden Reinigungsstufen als kurz- bis mittelfristige Optionen zur Verbesserung der Gewässerqualität deutlich. Allerdings gelingt das nicht für alle Spurenstoffe in ausreichendem Maß, was den Handlungsbedarf im Bereich quellenorientierter Vorsorgemaßnahmen nachdrücklich unterstreicht.

Mit Immissionsbetrachtungen einher geht eine Verschiebung bei der Priorisierung der relevanten Kläranlagen, hin zur Betrachtung auch kleinerer Kläranlagen. Die Verfahrenstechnik für die Spurenstoffelimination ist gemäß dem Stand der Technik eher auf die Anwendung auf großen Kläranlagen ausgelegt. Im Bereich von kleinen und mittleren Kläranlagen gibt es noch Forschungsbedarf. Vor diesem Hintergrund wurde das im Januar 2021 gestartete Interreg-V-A-Projekt „CoMinGreat – Competence platform for Micro-pollutants in the Greater region" ins Leben gerufen, welches u. a. das Ziel verfolgt, Verfahren bzw. Verfahrenskombinationen zur Spurenstoffelimination für kleinere und mittelgroße Anlagen zu erforschen [22].

Die vereinfachte Betrachtung der Synergieeffekte auf den Parameter Phosphor verdeutlicht, dass die Reduzierung der Spurenstoffe im Ablauf der Kläranlagen durch weitergehende Verfahren, nicht als alleiniger Maßstab für die Bewertung des Nutzens herangezogen werden sollte. Vielmehr ist durch den Betrieb dieser Verfahren in vielfältiger Hinsicht eine geringere Gewässerbelastung gegeben. Die derzeitige Diskussion über die Einführung von weitergehenden Reinigungsstufen zur Spurenstoffelimination bietet daher die Chance, durch Definition der örtlichen Nutzungsanforderungen an die Gewässer, die vorhandenen Synergieeffekte, im Sinne des Vorsorgeprinzips, gezielt zu nutzen.

Literatur

1. Bode, H.; Grünebaum, T.; Klopp, R. (2010): Anthropogene Spurenstoffe aus Kläranlagen. Teil 2: Maßnahmen bei der Abwasserbehandlung - Möglichkeiten, Notwendigkeiten und Voraussetzungen. In: Korrespondenz Abwasser 2010 (57) Nr. 3, 240–244.
2. UBA (2016): Maßnahmen zur Verminderung des Eintrages von Mikroschadstoffen in die Gewässer – Phase 2. UBA Texte 60/2016. Dessau-Roßlau.
3. LUA (2015): Messdaten des Landesamtes für Umwelt- und Arbeitsschutz des Saarlands (unveröffentlicht). 2015.
4. Schmitt, T. G.; Knerr, H.; Valerius, B.; Kolisch, G.;Taudien, Y. (2019): Stoffflussmodellierung der Gesamtemissionen an Spurenstoffen im Einzugsgebiet der Blies und Übertragung der Ergebnisse auf das Saarland. Studie im Auftrag des Entsorgungsverband Saar (EVS). Oktober 2019.
5. Valerius, B.; Knerr, H.; Steinmetz, H.; Schmitt, T. G.; Taudien, Y.; Kolisch, G.; Hasselbach, R.; Vollerthun, T. (2020): Zielgerechte Erhebung von Messdaten zur Spurenstoffbilanzierung größerer Gewässersysteme. In: KA - Korrespondenz Abwasser, Abfall, 2020 (67). Nr. 11. 868–875.

6. Hasselbach, R.; Vollerthun, T.; Knerr, H.; Valerius, B., Taudien, Y, (2020): Stoffflussmodellierung im Einzugsgebiet der Blies - Kosten und Nutzen von 4. Reinigungsstufen, Betreuer- und Obleutetage des DWA Landesverbandes Hessen/Rheinland-Pfalz/Saarland 2020. 04.02.2020. Wiesbaden-Naurod.
7. Knerr, H.; Srednoselec, I.; Schmitt, T.G.; Hansen, J.; Venditti, S. (2018): EmiSûre - Entwicklung von Strategien zur Reduzierung des Mikroschadstoffeintrags in Gewässer im deutsch-luxemburgischen Grenzgebiet. Wasser und Abfall (20). Nr. 12. 22–28.
8. Knerr, H.; Gretzschel, O.; Valerius, B.; Srednoselec, I.; Zhou, J.; Schmitt, T. G.; Steinmetz, H.; Dittmer, U.; Taudien, Y.; Kolisch, G. (2020): Modellgestützte Bilanzierung von Mikroschadstoffen in Gewässern. In: gwf-Wasser | Abwasser, 3/2020, 55–65.
9. Venditti, S.; Kiesch, A.; Brunhoferova, H.; Schlienz, M.; Knerr, H.; Dittmer, U.; Hansen, J. (2022): Assessing the impact of micropollutant mitigation measures using vertical flow constructed wetlands for municipal wastewater catchments in the greater region: a reference case for rural areas. Water Science & Technology 86(1). DOI: ▶ https://doi.org/10.2166/wst.2022.191
10. EU (2013): Richtlinie 2013/39/EU des Europäischen Parlaments und des Rates vom 12. August 2013 zur Änderung der Richtlinien 2000/60/EG und 2008/105/EG in Bezug auf prioritäre Stoffe im Bereich der Wasserpolitik, L. 226.
11. OGewV (2016): Verordnung zum Schutz der Oberflächengewässer (Oberflächengewässerverordnung-OGewV) vom 20. Juni 2016, BGBl. I S. 1373.
12. Ökotoxzentrum (2018): Qualitätskriterienvorschläge Oekotoxzentrum. [Online] 2018. ▶ https://www.oekotoxzentrum.ch/expertenservice/qualitaetskriterien/qualitaetskriterienvorschlaege-oekotoxzentrum/
13. EU (2000): Richtlinie 2000/60/EG des Europäischen Parlaments und des Rates vom 23. Oktober 2000 zur Schaffung eines Ordnungsrahmens für Maßnahmen der Gemeinschaft im Bereich der Wasserpolitik, ABl. L 327.
14. Metzger, S.; Keysers, C.; Duschek, K. (2019): Synergieeffekte der Spurenstoffelimination im Kontext der weitergehenden Abwasserreinigung. DWA Landesverbandstagung Baden-Württemberg am 15./16.10.2019. Pforzheim.
15. DWA (2019): Arbeitsblatt DWA-A 203, Abwasserfiltration durch Raumfilter nach biologischer Reinigung. Februar 2019.
16. Acosta, L.; Launay, M.; Zettl, U. (2021): Untersuchungen zur Kombination von weitestgehender P-Elimination und Spurenstoffelimination auf kommunalen Kläranlagen, Abschlussbericht, März 2021.
17. Kom-M.NRW (2016): Anleitung zur Planung und Dimensionierung von Anlagen zur Mikroschadstoffelimination. Hrsg.: ARGE Kompetenzzentrum Mikroschadstoffe.NRW, Köln, 2. überarbeitete und erweiterte Auflage, Stand 01.09.2016.
18. KOMS (2018): „Handlungsempfehlungen für die Vergleichskontrolle und den Betrieb von Verfahrenstechniken zur gezielten Spuzrenstoffelimination", Hrsg.: Kompetenzzentrum Spurenstoffe Baden-Württemberg, Stuttgart Stand 03/2018.
19. KOMS (2020): „Leitfaden, Machbarkeitsstudien zur Spurenstoffelimination auf kommunalen Kläranlagen", Bearbeiter: Fenrich, E.; Metzger, S.; Morck, T.; Launay, M.; Hrsg.: Kompetenzzentrum Spurenstoffe Baden-Württemberg, Stuttgart Stand 09/2020.
20. LAWA – Bund/Länder-Arbeitsgemeinschaft Wasser (2012): Leitlinien zur Durchführung dynamischer Kostenvergleichsrechnungen (KVR-Leitlinien). Hrsg.: DWA – Deutsche Vereinigung für Wasserwirtschaft, Abwasser und Abfall e. V., Hennef, 8. überarbeitete Auflage.
21. Türk, J., Dazio, M., Dinkel, F., Ebben, T., Hassani, V., Herbst, H., Hochstrat, R., Matheja, A., Montag, D., Remmler, F., Schaefer, S., Schramm, E., Vogt, M., Werbeck, N., Wermter, P., Wintgens, T. (2013): Abschlussbericht zum Forschungsvorhaben „Volkswirtschaftlicher Nutzen der Ertüchtigung kommunaler Kläranlagen zur Elimination von organischen Spurenstoffen, Arzneimitteln, Industriechemikalien, bakteriologisch relevanten Keimen und Viren (TP 9)", gerichtet an das Ministerium für Klimaschutz, Umwelt, Landwirtschaft, Natur und Verbraucherschutz des Landes Nordrhein-Westfalen (MKULNV).
22. Vollertun, T.; Hansen, J.; Knerr, H. (2022): Wissenstransfer und Kommunikation grenzüberschreitend gestalten, in: WASSER UND ABFALL 10/2022, 32–37.

Reduzierung der Salzabwässer aus der Aufbereitung von Kalisalzen

Heiko Spaniol und Martin Voigt

Die Kaliproduktion geht mit Eingriffen in die Natur einher. Diese Eingriffe und ihre Auswirkungen sind zu verringern. Lösungen müssen Ökologie und Ökonomie vereinbaren. Ausgereifte Abbau- und Aufbereitungsverfahren sind anzuwenden. Die Eindampfung mit nachfolgender Kristallisation und Flotation ist eine Möglichkeit, entstehende Salzwassermengen zu reduzieren und gleichzeitig die Salze als Wertstoffe zu gewinnen.

Die K+S KALI GmbH setzte in den Jahren 2011 bis 2015 zahlreiche Großprojekte für den Gewässerschutz mit dem Ziel um, die Salzabwassermengen im Werk Werra von 14 Mio. m^3 auf 7 Mio. m^3 pro Jahr zu senken sowie die darin gelöste Salzfracht zu halbieren. Nach erfolgreicher Realisierung dieses Maßnahmenpaketes begann im Herbst 2015 der Bau einer Kainit-Kristallisations- und Flotationsanlage, kurz KKF-Anlage, die die Salzabwassermengen nochmals um 1,5 Mio. m^3 pro Jahr reduzieren und weitere Wertstoffe für die Herstellung von hochwertigen Düngemitteln aus dem Abwasser separieren wird.

Der Bau der KKF-Anlage ist ein wichtiger Meilenstein in den Bemühungen der K+S KALI GmbH, die Salzabwassermengen weiter zu senken und in Verbindung mit weiteren zukünftigen Maßnahmen die Einleitung von Salzabwasser in den Untergrund (Versenkung) im Jahr 2021 endgültig beenden zu können. Die KKF-Anlage ist sowohl Bestandteil des mit der hessischen Landesregierung entwickelten langfristigen Entsorgungskonzeptes für das Werk Werra und hat als zentraler Baustein auch Eingang in den Bewirtschaftungsplan der Flussgebietsgemeinschaft (FGG) Weser gefunden. Sie ist ein weiterer Schritt, die Zukunftsfähigkeit der Arbeitsplätze im hessisch-thüringischen Kalirevier zu sichern.

Nach zweijähriger Bauzeit konnten im Herbst 2017 die Funktionstests und die Inbetriebnahmephase mit Wasser abgeschlossen werden, sodass Anfang 2018 die Inbetriebnahmephase mit Salzabwässern planmäßig beginnen konnte.

Der Realisierung der KKF-Anlage ist eine mehrjährige Entwicklungs- und Planungsphase vorausgegangen, in der auch eine Reihe externer Kooperationspartner wie die Firma K-UTEC etc. mit eingebunden waren. Die verfahrenstechnischen Grundlagen wurden im Analytik- und Forschungszentrum der K+S AG entwickelt und im Werk Werra der K+S KALI GmbH zur Betriebsreife geführt. Der Vorteil des Verfahrens besteht darin, dass im Vergleich

Zuerst erschienen in Wasser und Abfall 3/2018

zur konventionellen Eindampfung aus den Salzlösungen auch noch weitere Wertstoffe gewonnen werden. Neben der Reduzierung der Abwassermenge um 1,5 Mio. m3 pro Jahr können somit jährlich ca. 260.000 t an verkaufsfähigen Kali- und Magnesiumdüngemitteln gewonnen werden.

> **Kompakt**
>
> — Ökonomie und Ökologie sind bei der Kaliproduktion zu vereinbaren. Ausgereifte Abbau- und Aufbereitungsverfahren sind anzuwenden.
> — Alle Produktionsschritte, vom Abbau über die Minderung und Aufbereitung der Salzabwässer, bis hin zur Haldenabdeckung sind zur Minderung der Umweltbelastung zu durchleuchten und zu optimieren. Ihre integrierte Umsetzung ermöglicht eine deutliche Verringerung der Umweltauswirkungen.

69.1 Das Verfahren

Die KKF-Anlage besteht aus den drei Prozessschritten Eindampfung, Kühlkristallisation und Aufbereitung durch Flotation, die auch Namensgeber des Verfahrens sind. Aus den bei der Kalirohsalzaufbereitung anfallenden Hartsalzlösungen, die bisher als Salzabwasser entsorgt werden mussten, wird im ersten Prozessschritt durch Eindampfung der Lösungen unter definierten Bedingungen ein Kristallisat, das Doppelsalz Kainit (KMg[ClSO$_4$] 2,75H$_2$O) erzeugt. Da die Hartsalzlösungen aus Magnesiumchlorid, Magnesiumsulfat, Kaliumchlorid, Natriumchlorid und Wasser bestehen, fallen neben dem Kainit beim Eindampfen noch Natriumchlorid (NaCl) und Kaliumchlorid (KCl) als Kristallisate an. Diese durchlaufen anschließend einen Kühlkristallisationsprozess, durch den weiteres NaCl und KCl kristallisiert. Der Eindampf- und der Kühlkristallisationsprozess sind so gestaltet, dass die Kristallisate des Kainits in der Korngröße feiner anfallen als die restlichen Kristallisate. Dadurch ist es möglich, vor dem eigentlichen Trennschritt, dem Flotationsverfahren, einen gewissen Anteil an Kainit abzutrennen und der Herstellung von sulfatischen Düngemitteln zuzuführen. Die noch nicht abgetrennten Kainit-Kristalle werden im letzten Prozessschritt durch Flotation gewonnen. NaCl und KCl werden bei der Flotation als Rückstand abgetrennt und das KCl als noch zu gewinnender Wertstoff dem Löseprozess zugeführt. In ◘ Abb. 69.1 ist das Blockfließbild des Verfahrens dargestellt.

69.2 Eindampfen der Salzabwässer

Den Hartsalzlösungen wird in einem dreistufigen Verdampfungsprozess Wasser entzogen. Dadurch konzentrieren sich die einzelnen Bestandteile bis über die Sättigungskonzentration der Lösung auf. Anschließend wird diese Übersättigung in der jeweiligen Stufe mit der Erzeugung des gewünschten Kristallisates abgebaut. Pro Stufe herrschen unterschiedliche Konzentrationszustände, was die Art und Menge der ausfallenden Salze direkt beeinflusst. Die Eindampfung erfolgt so, dass kein MgCl2-haltiges Kristallisat ausfällt. Als Folge steigt die MgCl$_2$-Lösungskonzentration in dem dreistufigen Prozess von ca. 150–180 g/l auf ca. 300 g/l (bei 25 °C) an. Eine weitere Eindampfung auf eine höhere MgCl$_2$-Konzentration der Lösung ist nicht vorgesehen, da sich aus Lösungen mit MgCl$_2$-Konzentrationen deutlich über 300 g/l unerwünschte Kristallisate abscheiden würden. In ◘ Abb. 69.2 ist das Prinzip des Eindampfprozesses schematisch dargestellt.

Die Hartsalzlösungen werden vorgewärmt und dem ersten Verdampfungskreislauf zugeführt. Alle Verdampfer sind als Zwangs-Umlaufverdampfer ausgeführt. In

Reduzierung der Salzabwässer aus der Aufbereitung …

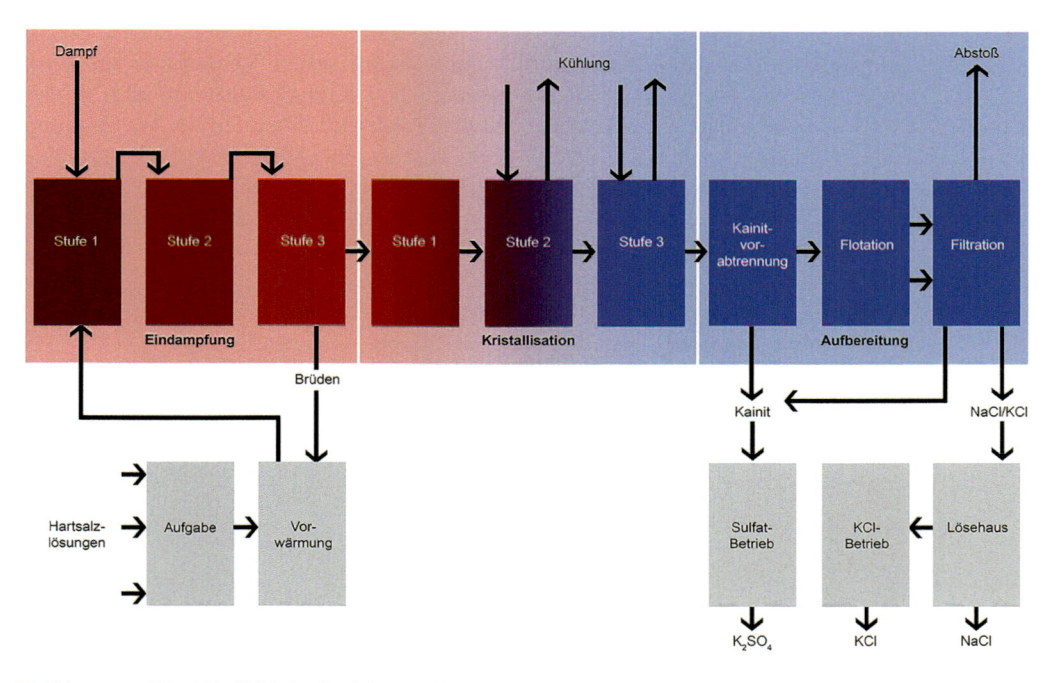

Abb. 69.1 Blockfließbild des Verfahrens. (© K+S)

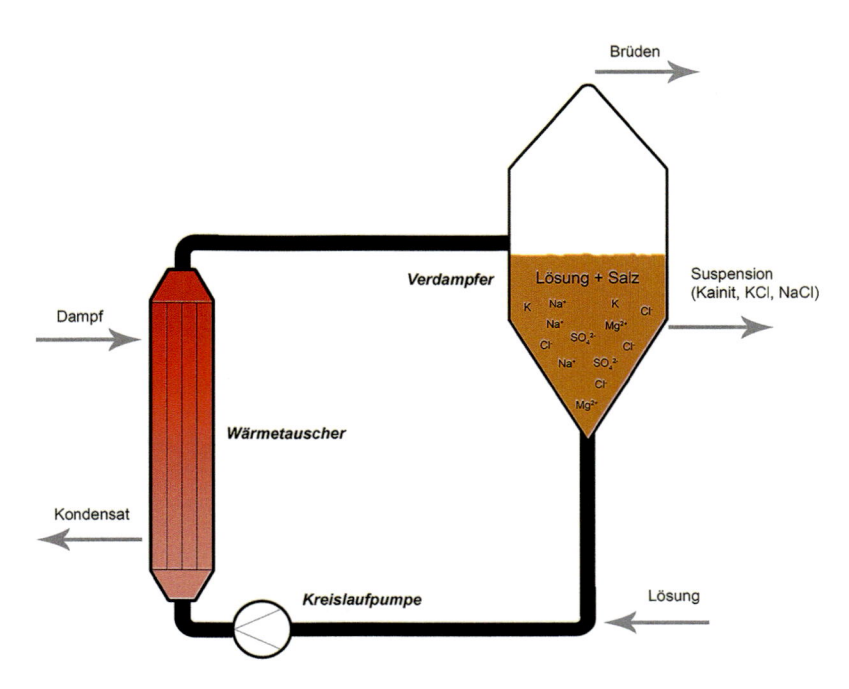

Abb. 69.2 Schematische Darstellung des Eindampfprozesses. (© K+S)

einer außen liegenden Heizkammer wird Prozessdampf aufgegeben, der die Lösung auf ca. 90 °C erhitzt. Da die Lösung in der Heizkammer unter hydrostatischem Druck steht, wird die Lösung zunächst überhitzt, die Verdampfung tritt erst beim Eintritt in den Verdampfer ein, wenn sich die Lösung auf den dort herrschenden Druck entspannt. Wegen der Untersättigung der heißen Lösung kommt es im ersten Verdampfer zu keiner wesentlichen Kristallisation. In ◘ Abb. 69.3 ist der Brüdenteil, über den der Wasserdampf dem Verdampfer entzogen wird, dargestellt.

Die Lösung aus der ersten Stufe gelangt dann in die zweite Verdampferstufe, die auf ca. 68 °C beheizt wird. ◘ Abb. 69.4 zeigt

◘ **Abb. 69.3** Ansicht Brüdenteil eines Verdampfers. (© K+S)

◘ **Abb. 69.4** Ansicht Kreislaufpumpe im Verdampferkreislauf. (© K+S)

eine der Pumpen, die die Lösung mit über 20.000 m³/h im Kreislauf fördert. Durch die in dieser Stufe weiter fortschreitende Eindampfung kristallisieren NaCl sowie bedingt Kainit und KCl. Der Brüden der ersten beiden Verdampferstufen wird zur Wärmerückgewinnung einer Vorwärmung der zu verarbeitenden Hartsalzlösung zugeführt. Dadurch kann der Einsatz von Prozessdampf signifi signifikant reduziert werden.

Anschließend wird die entstandene Suspension aus den Kristallisaten und der Salzlösung in die dritte Verdampferstufe überführt, die bei einer Temperatur von ca. 47 °C betrieben wird. Hier kristallisiert weiteres NaCl und KCl sowie Kainit aus. Nach dieser dritten Verdampferstufe wird die Suspension in Rührreaktoren gefördert und es beginnt die Kühlkristallisation.

69.3 Kühlkristallisation

In den Rührreaktoren erfolgt eine homogene Durchmischung. Die Verweilzeit ist so gewählt, dass die Übersättigung der Suspension an Magnesiumsulfat ($MgSO_4$) weiter abgebaut wird. Die daraus resultierende und fortschreitende Kainitkristallisation kann je nach Auslegungsfall durch Umkristallisation der Nebensalze KCl und NaCl begleitet werden. Anschließend wird die Suspension stufenweise auf eine Temperatur von ca. 47 °C auf ca. 25 °C abgekühlt. Die erste Kühlstufe ist als Entspannungsverdampfung realisiert, während die Kühlung der folgenden Stufen durch Kühlmedien umgesetzt wurde. Aufgrund der Abkühlung der Suspension kristallisiert weiteres NaCl und KCl in allen Kühlstufen. Ein geringer Anteil an bereits kristallisiertem Kainit geht dabei wieder in Lösung. Dieser Prozessschritt gewährleistet jedoch das größtmögliche Wertstoffausbringen und vermeidet einen zu großen Wärmeeintrag in nachfolgende Prozesse. Nach dem Kristallisieren der gewünschten Salze und dem Abkühlen auf ca. 25 °C wird hier schon ein Teil des Kainits in einem Zwischenschritt abgetrennt. Die verbleibende Suspension wird der Flotationsanlage zugeführt. Durch diese Vorabtrennung des Kainits wird der in der Flotation zu gewinnende Massenstrom an Kainit deutlich verringert, sodass der Einsatz an Flotationshilfsmitteln erheblich gesenkt werden kann.

69.4 Flotationsverfahren

Die letzte Verfahrensstufe ist die Flotation. Bei der Flotation werden die in der Suspension verbliebenen Kristallisate aufgrund ihrer unterschiedlichen Oberflächenbenetzbarkeit voneinander getrennt. Dazu wird ein Flotationshilfsmittel zugegeben, welches die Oberflächen der Kainit-Kristallisate wasserabweisend macht (hydrobiert). Die sehr feinen Kainit-Kristallisate werden durch das dann erfolgende Anhaften von Gasblasen spezifisch leichter und wandern an die Suspensionsoberfläche, wo sie abgetrennt werden können. Anschließend erfolgt eine Fest-flüssig-Trennung, bei der das Material entwässert und der Kainit der Kaliumsulfatproduktion zugeführt wird. Der Rückstand, bestehend aus NaCl, KCl und Resten von Kainit, wird eingedickt und dem Löseprozess zugeführt. im Löseprozess wird das noch enthaltene KCl gewonnen und den weiteren Veredelungsprozessen zugeführt. Die Flotation erfolgt in pneumatischen Flotationszellen, Bauart K+S, die sich für solche Anwendungen erfolgreich etabliert haben.

69.5 Die Umsetzung

Für die Umsetzung der KKF-Anlage mussten die Voraussetzungen an die Infrastruktur des Standortes Hattorf des Werkes Werra sowie die Möglichkeit der Fertigung der Großkomponenten geschaffen werden. Für die Dampfversorgung wurde das bestehende Industriekraftwerk am Standort Hattorf umgebaut und durch eine 23-MW-Dampfturbine ergänzt. Zur Sicherstellung der Stromversorgung wurde die elektrotechnische Infrastruktur grundlegend erweitert und die Bereitstellung der Kühlwasserversorgung erfolgte durch die Realisierung einer Kühlturmanlage mit einer Kühlleistung von ca. 60 MW.

Der Standort der KKF-Anlage wurde so gewählt, dass eine spätere Instandhaltung der Anlage trotz der Hanglage des Standortes Hattorf mit mobilen Kränen möglich ist und keine schon vorhandenen Fabrikanlagen nachteilig beeinflusst werden, z. B. durch Wasserdampf von der neu errichteten Kühlturmanlage.

Da die Großkomponenten der KKF-Anlage Dimensionen haben, die nicht mehr über das öffentliche Straßennetz bei vorhandenen Brückenbauwerken mit einer Durchfahrtshöhe von max. 4,5 m transportiert werden können, musste eine lokale Fertigung dieser Anlagenteile gefunden werden. Eine Fertigung auf dem Standort Hattorf war wegen der Hanglage der Fabrikanlagen und fehlender Montageflächen nicht möglich. In Kooperation mit lokalen Fachfirmen konnte ein Fertigungs- und Logistikkonzept entwickelt werden, bei dem die Großkomponenten in Werksnähe gefertigt und mit Spezialtransporten just in time angeliefert und montiert wurden.

Für die Realisierung der KKF-Anlage mussten über 40.000 m^3 Bodenaushub vor Baubeginn bewegt werden. Es wurde der Neubau eines Gebäudes mit ca. 110.000 m^3 umbauten Raum erforderlich, für das über 1000 t Stahl für Stahlbetonarbeiten und über 6.000 t Stahl für das Tragwerk benötigt wurden.

Die Großkomponenten wurden so terminlich gefertigt, dass sie mit der Montage des Stahlbaus angeliefert und montiert werden konnten. Nur so war eine schnelle Bauweise möglich. Aufgrund der Abmessungen und Lasten der Großkomponenten war der Einsatz des stärksten Teleskopkranes erforderlich, der den weltweit längsten Teleskopausleger bei Realisierung sehr hoher Traglasten aufweist. Dieser Kran, Typ Liebherr LTM 11.200, konnte die Verdampfer mit Durchmessern bis 7,4 m und die Heizkörper mit ca. 110 t Leergewicht an ihre Positionen in ca. 45 m Höhe setzen.

Bei der Montage der KKF-Anlage wurden über 80 Behälter und Apparate, über 800 Armaturen, über 1000 Messstellen, ca. 180 km Kabel und ca. 40 km Rohrleitungen verbaut. Die KKF-Anlage wurde mit einem sehr hohen Automatisierungsgrad konzipiert.

Da die KKF-Anlage im Verbund mit den anderen Fabrikteilen arbeitet, war für deren Anbindung der Bau von 500 m neuen Rohrbrücken und die Erweiterung von 450 m vorhandener Rohrbrücken erforderlich. Dazu wurden über 500 t Stahl bei laufendem Produktionsbetrieb installiert.

Der Umsetzung der KKF-Anlage gingen neben der verfahrenstechnischen Entwicklung auch zahlreiche Entwicklungen und Tests bei den zum Einsatz kommenden Werkstoffen voraus. So hat K+S im Rahmen des Maßnahmenpaketes zum Gewässerschutz eine Eindampfanlage Kainit am Standort Wintershall des Werkes Werra errichtet, die etwa ein Drittel so groß wie die Eindampfanlage der KKF-Anlage ist. In dieser Eindampfanlage in Wintershall wurden zahlreiche Entwicklungen in neue oder verbesserte Werkstoffe großtechnisch umgesetzt. Die dabei gewonnenen Erfahrungen flossen in die Auslegung der KKF-Anlage ein. Ohne dieses Upscaling und die gesammelten Erfahrungen in neue oder verbesserte Werkstoffe wäre der Bau der KKF-Anlage deutlich erschwerter und risikoreicher gewesen.

Dabei standen drei Aspekte bei den werkstofftechnischen Untersuchungen im Vordergrund:

− Einsatz von korrosionsbeständigen Stählen bei $MgCl_2$-haltigen Lösungen und Suspensionen bei hohen Temperaturen,

- Einsatz von abrasionsbeständigen Werkstoffen bei Kieserit- und Kainit-haltigen Suspensionen und
- Erhöhung der Korrosions- und Abrasionsbeständigkeit durch Beschichtungen.

Es wurden zahlreiche Stähle für den Einsatz bei hohen Temperaturen bis 120 °C in $MgCl_2$-haltigen Lösungen und Suspensionen getestet und prototypische Bauteile unter Realbedingungen untersucht. Im Ergebnis hat sich die noch junge Legierung 1.4562 oder Alloy31 am besten bewährt. 1.4562 ist eine Eisen-Nickel-Chrom-Molybdän-Legierung mit Stickstoffzusatz, die die Lücke zwischen hochlegierten austenitischen Sonderedelstählen und Nickellegierungen schließt. 1.4562 hat sich für den Einsatz in hoch-$MgCl_2$-haltigen Lösungen oder Suspensionen bei hohen Temperaturen am besten bewährt und kam so in den Eindampfanlagen an den Standorten Wintershall und Hattorf erfolgreich zum Einsatz. Weiterhin konnten spezielle mit Molybdän und Nickel legierte Titanlegierungen sowie Alubronzen eingesetzt werden, die lange Standzeiten garantieren.

Da Kainit oder Kieserit ein sehr hohes Abrasionsverhalten besitzen, ist der Einsatz dagegen beständiger Werkstoffe eine Voraussetzung für die technische Realisierbarkeit solcher verfahrenstechnischen Anlagen wie einer KKF. Werkstoffe aus Basalt oder Emaille haben sich seit vielen Jahren bewährt, kommen aber wegen ihrer Anfälligkeit für mechanische Beschädigungen meist nur im Rohrleitungsbau zum Einsatz. Daher wurde im Rahmen der Verarbeitung von Kainit-haltigen Suspensionen ein spezieller GFK-Werkstoff entwickelt, der im Apparatebau als abrasionsbeständiger Werkstoff erfolgreich eingeführt werden konnte. Neben dem Einsatz solcher Bauteile wurden auch neuartige Abrasionsschutzschichten untersucht und weiterentwickelt. In den letzten Jahren hat es sehr vielversprechende Entwicklungen von solchen Beschichtungen gegeben, die auf Basis von Siliziumcarbid auch in der KKF-Anlage zum Einsatz kamen. Darüber hinaus wurden Hartstoff- und Keramikauskleidungen sowie spezielle Gummierungen eingesetzt.

Für die Auslegung der Behälter und Apparate wurden verschiedene Simulationstools verwendet, um das optimale Design zu ermitteln. Neben den verfahrenstechnischen Aspekten und der statischen Behälteroptimierung standen Betrachtungen zur Verringerung des Abrasionsverhaltens durch Strömungssimulationen sowie der Verhinderung von ungewollten Kristallisationen oder Verstopfungen im Vordergrund. Nach Vorliegen fundierter Betriebserfahrungen können mit den Strömungssimulationstools entsprechende Anlagenoptimierungen durchgeführt werden.

Für eine erfolgreiche Umsetzung einer solchen Anlage wie der KKF ist die Kenntnis von spezifischen Messgrößen bei der Kalisalzaufbereitung von großer Bedeutung. Daher wurde eine Online-Messtechnik entwickelt, die es ermöglicht, diese Werte in Echtzeit zur Verfügung zu stellen, um den verfahrenstechnischen Prozess zu steuern. Dadurch konnte eine große Zahl der periodisch notwendigen Beprobungen und Analysen reduziert werden. Die gewonnenen Erfahrungen werden auch beim weiteren Ausbau der Online-Messtechnik für die bestehenden Fabrikprozesse genutzt. So können die Anlagen effizienter betrieben werden und die Anlagenbediener haben die Möglichkeit, bei stofflichen Veränderungen schneller eingreifen zu können.

69.6 Ausblick

Die Kaliproduktion geht – wie andere Rohstoffindustrien auch – mit Eingriffen in die Natur einher. Diese Eingriffe zu verringern und Lösungen zu erarbeiten, wie Ökologie und Ökonomie zu vereinbaren sind, ist Aufgabe und Anspruch eines modernen Unternehmens wie K+S. Um Umweltschutz und

Wirtschaftlichkeit in Einklang zu bringen, wendet K+S – auch mit Einsatz hoher finanzieller Mittel – ausgereifte Abbau- und Aufbereitungsverfahren an.

Mithilfe des Maßnahmenpaketes zum Gewässerschutz im Zeitraum 2011 bis 2015 konnte die anfallende Salzabwassermenge des Verbundwerkes Werra von 14 Mio. m3/a im Jahr 2006 auf 7 Mio. m^3/a gesenkt werden (◘ Abb. 69.5).

Dabei wurden auch die bisherigen Kapazitäten zur Eindampfung von Salzlösungen ausgebaut. Die Anwendung von Einda Eindampfverfahren auf komplexe Salzlösungen steht immer vor der Herausforderung, den Eindampfprozess so zu konzipieren, dass keine unerwünschten oder störenden Kristallisate auftreten und das aus den entstehenden Kristallisaten anschließend Wertstoffe abgetrennt und somit gewonnen werden können. Mit der neu entwickelten KKF-Anlage gelingt dies auf beeindruckende Weise. Mit diesem Verfahren, ist es nicht nur möglich, die Salzabwassermenge nochmals um 1,5 Mio. m^3 jährlich zu verringern, sondern auch noch weitere Wertstoffe zu gewinnen.

Der dafür erforderlich hohe Einsatz an Energie, ist dadurch gerechtfertigt.

Die vollständige Vermeidung aller Salzabwässer aus der Kalirohsalzaufbereitung durch Eindampfverfahren ist dagegen nicht möglich und kein Stand der Technik.

Wollte man die nach der Inbetriebnahme der KKF-Anlage noch verbleibende Menge an Salzabwasser von rund 5,5 Mio. m^3/a ebenfalls weiter aufbereiten und darin enthaltene Wertstoffe gewinnen, so wäre dafür ein nicht vertretbarer technischer und finanzieller Aufwand erforderlich. Dabei sind die durch den notwendigen sehr hohen Energieaufwand resultierenden Umweltauswirkungen noch nicht berücksichtigt. Wie eine aktuelle Studie der K-UTEC im Auftrag der K+S zeigt, verbleiben am Ende eines solchen Aufbereitungsprozesses noch erhebliche Mengen an hochkonzentrierten $MgCl_2$-Lösungen, die dann immer noch zu entsorgen wären.

Aus diesem Grund sind im aktuellen Maßnahmenprogramm der FGG-Weser weitere Entsorgungs- und Vermeidungsoptionen für die noch verbleibenden Salzabwässer

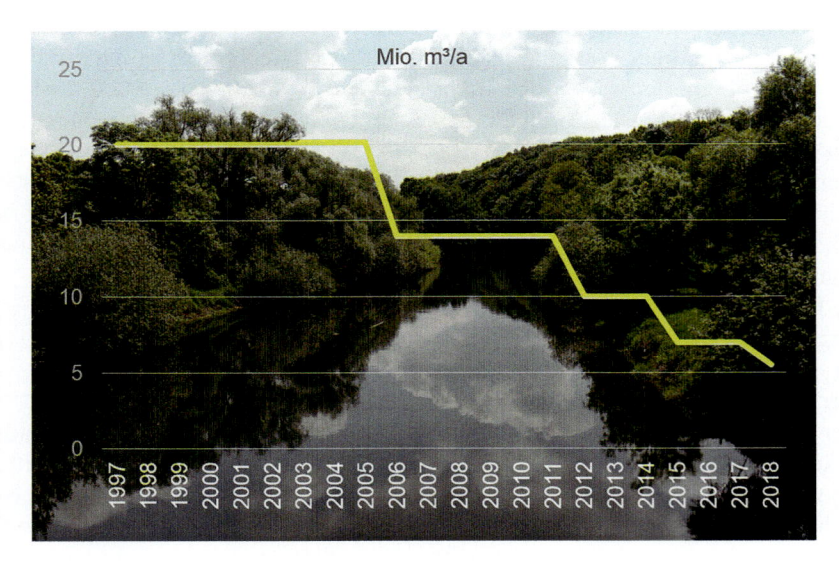

◘ **Abb. 69.5** AEntwicklung Salzwasseranfall Werk Werra. (© K+S)

vorgesehen. Dabei handelt es sich zum einen um die Frage, ob zukünftig ein Teil der Salzlösungen in geeigneten Grubenhohlräumen entsorgt werden kann. Zum anderen sollen mittel- und langfristig die Rückstandhalden abgedeckt und begrünt werden, sodass der Anfall von salzhaltigem Haldenwasser weitestgehend vermieden wird. Darüber hinaus wird auch im Rahmen von F&E-Vorhaben daran gearbeitet, die Wertstoffausbeute weiter zu optimieren und das Entstehen von Salzabwässern in den Aufbereitungsprozessen zu vermeiden. Dadurch wird nicht nur der Stand der Technik in der Kalirohsalzaufbereitung weiterentwickelt sondern auch das Ziel weiter verfolgt, in Werra und Weser wieder Süßwasserqualität zu erreichen.

Dezentrale Grauwasseraufbereitung mit schwerkraftbetriebenen Membransystemen

David Gaeckle, Andreas Aicher und Jörg Londong

Der Einsatz Neuartiger Sanitärsysteme (NASS) ermöglicht die Verwendung innovativer Aufbereitungstechnologien zur Abwasserbewirtschaftung im urbanen und peripheren Raum. Vorgestellt werden Untersuchungen an einem Membranbioreaktor zur Grauwasserbehandlung mit etwa 700 Einwohnerwerten.

Die zunehmende Verknappung wertvoller Rohstoffe und Ressourcen erfordert weitreichende Veränderungen im Hinblick auf Wahrnehmung und Umgang mit Stoffströmen des urbanen Raums. Insbesondere der Bestand an fortschreitend antiquierten Infrastrukturen im Bereich der klassischen Siedlungswasserwirtschaft wird mittelfristig von massiven Herausforderungen betroffen sein, wobei die progressive Ausgestaltung künftiger Abwassertechnologien ein erhebliches Forschungs- und Innovationspotenzial bereithält. Die Bauhaus-Universität Weimar hat sich mit ihrem Institut für zukunftsweisende Infrastruktursysteme (b.is) einer stetigen Transformation bestehender Entsorgungsstrukturen hin zu nachhaltigen und verantwortungsvolleren Systemlösungen verschrieben, wobei zahlreiche Projekte im Bereich einer neuartigen Abwasserbewirtschaftung realisiert worden sind. Herzstück derartiger Zukunftskonzepte ist der Einsatz Neuartiger Sanitärsysteme (NASS), bei denen die anfallenden Abwasserströme vollständig separat erfasst und gemäß ihrer chemophysikalischen Eigenschaften jeweils gesonderten Behandlungen zugeführt werden können. Entsprechend der aufzubereitenden Stofffrachten sind so für jeden einzelnen Teilstrom optimale Verfahrensführungen kombinierbar, was mit einer beträchtlichen Reduktion des Kosten-, Energie- und Ressourcenverbrauchs bei einem hohen Maß an Skalierbarkeit einhergeht [1]. Mit dem KMU-Verbundprojekt „Entwicklung schwerkraftbetriebener Membran-Reinigungsanlage für Abwasser und Teilströme" (MeSRa) soll die Eignung einer ausschließlich passiv durch die Schwerkraft angetriebenen Membranfiltration unter weitgehender Vermeidung klassischer Rückspülungen untersucht werden, wobei ein additionales Klinoptilolith-Granulat

Zuerst erschienen in Wasser und Abfall 7–8/2020

als vielversprechendes Adsorbens zur temporären Pufferung von Ammonium geprüft werden soll.

> **Kompakt**
> - Wahrnehmung und Umgang mit Stoffströmen des urbanen Raumes ändern sich angesichts zunehmender Verknappung von Rohstoffen und Ressourcen. Die Veralterung der Infrastrukturen im Bereich der klassischen Siedlungswasserwirtschaft hält Herausforderungen für Abwassertechnologien bereit.
> - Neuartige Sanitärsysteme (NASS) ermöglichen eine innovative Bewirtschaftung und Verwertung menschlicher Abwasserströme, modernere Behandlungssysteme werden nutzbar.
> - Aktiv belüftete Membranbioreaktoren zum Abbau von Ammonium und Kohlenstoffverbindungen eignen sich zur Aufbereitung von Grauwasser.

70.1 Das Projekt „MeSRa"

70.1.1 Veranlassung und theoretischer Hintergrund

Im Bereich der Wasserwirtschaft wurden und werden Membranfilteranlagen klassischerweise mit möglichst hohen Flächenbelastungen (Flux) beaufschlagt, um einen größtmöglichen Permeatdurchsatz pro Zeiteinheit herbeizuführen. Einem unveränderten Transmembrandruck zum Trotz sinkt die flächenbezogene Filtrationsleistung bei kontinuierlichem Fortbetrieb im chronologischen Verlauf stetig ab, da die ursprüngliche Permeabilität der Membranschicht durch verschiedenartige Störeinflüsse zunehmend reduziert wird. Partikuläre oder suspendierte Feststoffe organischer und anorganischer Herkunft führen typischerweise zu einer kolloidalen Verstopfung der Membranporen mitsamt der Ausbildung eines oberflächlichen Filterkuchens (Fouling), wobei sich der durchströmbare Porenraum teils drastisch verringert [2, 8]. Auch die durch Salze oder andere gelöste Wasserinhaltsstoffe im Rahmen potenzieller Ausfällungseffekte hervorgerufenen Schwebfrachten oder Kristallisationsschichten (Scaling) verursachen unweigerlich einen Druckanstieg [3], was signifikante Einflüsse auf die pumpenbedingten Energiekosten ausübt. Nicht zuletzt durch die fortschreitende Akkumulation von Mikroorganismen [4] können bei ausreichenden Nährstoffgehalten im Rohwasser und dem Vorhandensein einer Initialpopulation auch Biofilme an der Trenngrenze zwischen Membranoberfläche und Medium entstehen [5], welche durch den typischen Aufbau einer extrazellulären polymeren Substanz (EPS) stark vor mechanischen Außeneinwirkungen geschützt sind [2, 6]. Durch diese im Rahmen des Biofoulings auftretende Freisetzung von Proteinen, Nukleinsäuren, Lipopolysacchariden und anderen makromolekularen Substanzen wird die verfügbare Membranoberfläche weiter eingeschränkt [2], weshalb eine wiederkehrende Regeneration der eingebrachten Membranmodule erforderlich wird.

Üblicherweise werden hierfür in periodischen Intervallen durchgeführte Rückspülungen (Back-Flushes) veranlasst, bei denen die Fließrichtung invertiert und somit Spülwasser in Gegenstromrichtung durch die Membran gedrückt wird. Optional kann ein intensiver Wasser-/Lufteintrag oder ein Gemisch aus Wasser mit zusätzlichen Reinigungschemikalien zum Einsatz kommen [2, 3, 7–9], wobei selbst die Bestandteile abgetöteter Biofilme oftmals irreversibel auf den Membranoberflächen zurückbleiben [5].

Neben gesteigerten Betriebskosten durch den Permeabi-litätsrückgang sorgt damit auch die gegenwirkende Durchführung von Spülungen oder Rückspülungen für einen gewissen Mehraufwand, da deren praktische Anwendung zwangsweise mit erheblichem Technikeinsatz verbunden ist.

Studien haben zudem gezeigt, dass insbesondere bei hohen Transmembrandrücken von einer wesentlich geringeren Reversibilität der unerwünschten Verblockungserscheinungen auszugehen ist [2], weshalb die Membrane gegebenenfalls sogar einem kompletten Austausch unterliegen müssen [8, 10].

Einen neuartigen Ansatz beschreiben biologisch aktivierte Membranbioreaktoren (BAMBi – „Biologically Activated Membrane Bioreactor"), bei denen der Aufwuchs eines Biofilms auf den Membranflächen bereitwillig akzeptiert wird [11]. Dies führt zu sehr langen Betriebsphasen ohne den Bedarf häufiger Reinigungs- und Wartungseinsätze [11, 12], wobei als großer Vorteil, wie auch bei konventionellen Membranbioreaktoren auf Basis des Belebtschlammprinzips, das hohe Schlammalter unabhängig von der hydraulischen Verweilzeit des Abwasserstroms anzuführen ist [2]. Der limitierende Faktor in Form eines üblicherweise erforderlichen Nachklärbeckens zur Schlammseparation entfällt dabei vollständig [13].

Die bei geeigneten Rahmenbedingungen mitunter hervorragende Eignung zum Abbau organischer Substanzen erschließt den allgemeinen Einsatz von MBR-Systemen in zahlreichen verschiedenen Feldern der Abwasserwirtschaft [10], wobei die Membranmodule je nach Bauart vollständig in ein mit Rohabwasser gefülltes Becken eingetaucht sind („Submerged Membrane-Bioreactor"). Eine feed- oder permeatseitig anliegende Druckdifferenz sorgt dabei für den Durchgang des Mediums durch die Membran. Entgegen der ursprünglichen Erwartung konnte in Versuchen bei gänzlich ausbleibender Rückspülung sowohl bei Flusswasser [14] als auch bei Grauwasser [12, 15] eine Stabilisierung des Membranflux zwischen 2 $Lm^{-2}h^{-1}$ bis 6 $Lm^{-2}h^{-1}$ [14] bzw. 4 $Lm^{-2}h^{-1}$ bis 10 $Lm^{-2}h^{-1}$ [12, 15] festgestellt werden, ohne dass sich die Durchflussrate weiter verringerte.

Basierend auf der Absorption und anschließenden Metabolisierung mikrobiell verwertbarer Nährstoffe aus dem Abwasserstrom wird bei ausreichend langer hydraulischer Verweilzeit ein biologischer Abbau erzielt, der affin den konventionellen Belebtschlammanlagen zu einer Degradation enthaltener Stofffrachten führt. Als Herausforderung kann dabei die erforderliche Hydrolysezeit organischer Feststoffe betrachtet werden, da bei Überschreitung der Hydrolysekapazität des Reaktors aufgrund überhöhter Zulaufwerte eine Akkumulation von Feststoffen im Reaktorbecken eintreten wird [16]. Im Gegenzug konnte unter Einhaltung ausreichend langer Verweilzeiten ein Gleichgewichtszustand zwischen Zulauffracht und Abbauleistung hergestellt werden, was zu ausbleibendem Nettozuwachs von Biomasse und ausbalanciertem Metabolismus mit Solubilisierung der Nährstoffe führte [17], wobei die modellbasierte Evaluation für Herausforderungen sorgt [18].

Vielversprechende Praxisansätze zu biologisch aktivierten Membranbioreaktoren erfolgten unter anderem durch die EAWAG im Rahmen einer Handwasch- bzw. Spülwasseraufbereitung für die „Blue Diversion Toilet" [11, 16, 19], wobei die obligatorische doch aufgrund des nicht vollumfänglich erfüllten Makronährstoffbedarfs feststellbare Abbauleistung bei Reinigung von Grauwasser anfänglich stark gehemmt war. Erst durch Zugabe externer Nährstoffe in die genutzte Handwaschseife konnte diese Limitierung abschließend beseitigt werden [19].

Studien konstatieren hieraus, dass Grauwasser aus Waschbecken vermutlich eine vergleichsweise höhere biologische Abbaubarkeit als häusliches Mischabwasser aufweist, dessen geringeres Nährstoff-/Kohlenstoff-Verhältnis insbesondere im Hinblick auf Stickstoff und Phosphor jedoch für Herausforderungen sorgen kann [19]. Hier setzt das Forschungsprojekt MeSRa an, welches die Konstruktion zweier Versuchsanlagen sowie die wissenschaftlich-technische Durchführung zahlreicher Messreihen an einer Pilotanlage im Technikum der Bauhaus-Universität Weimar sowie deren Skalierung auf eine großtechnische Demonstrationsanlage im Projektgebiet Hamburg Jenfelder Au als Schwerpunkte hat.

70.1.2 Praxisbeispiel Hamburg Water Cycle

Im Gegensatz zur herkömmlichen Schwemmkanalisation mit ihren verschiedenartigen Nachteilen verfolgt das Innovationsprojekt „Hamburg Water Cycle" einen neuartigen Weg: Neben einer getrennten Erfassung von Schwarz- und Grauwasser noch am Ort der Entstehung kommt nachfolgend eine Vakuumentwässerung zum Einsatz, bei der das Schwarzwasser durch einen zentral am Sternpunkt der Leitungsführung induzierten Unterdruck in das System eingebracht wird. Das gesamte Projektgebiet wurde hierfür in zwei Druckzonen unterteilt, wobei an den Abflussübergängen der Endgeräte elektrisch betätigte Ventile zur Freischaltung des netzseitigen Unterdrucks installiert sind. Bei Auslösung des Spülvorgangs wird die Verbindung zur Anschlussleitung für wenige Sekunden geöffnet, womit die saugseitige Druckdifferenz zu einem unmittelbaren Abfluss der eingebrachten Konglomerate führt. Als großer Vorteil derartiger Vakuumentwässerungen im Vergleich zu konventionellen Systemen ist die geradezu drastische Reduktion des erforderlichen Spülwasserbedarfs zu nennen: Während klassische Toilettenanlagen pro Zyklus einen Wasserbedarf von ungefähr 6 l (Standard-Armatur) bzw. 4 l (Wasserspar-Armatur) aufweisen [1], so konnte dieser Wert bei der Hamburger Vakuumentwässerung auf etwa 1 l pro Spülgang reduziert werden [23]. In Konsequenz steht die hohe Sortenreinheit der abgeführten Teilströme, da Schwarzwasser in Form von Fäzes und Urin mit deutlich geringerem Störwasseranteil erfasst und somit weitaus effizienter behandelt werden kann. Im Umkehrschluss liegt das aufzubereitende Rohabwasser im vorliegenden Untersuchungsfall als ungestörtes Grauwasser vor, welches aufgrund der separaten Ableitung von Schwarzwasser mit deutlich niedrigeren Schmutzfrachten beladen wird, wobei Haustechnik mit vergleichsweise geringem Schmutzeintrag (Duschwasser, Waschwasser, Spülwasser, u. ä.) separat von den Toiletten in einer zusätzlichen Hausanschlussleitung abgeführt wird.

Konträr zu den vorher genannten BAM-Bi-Untersuchungen entstammt das zugeführte Grauwasser hier nicht ausschließlich nur verfügbaren Handwaschbecken, sondern beinhaltet darüber hinaus auch die Wasserspenden aus hochkonzentrierteren Speisepunkten wie Geschirrspülmaschinen, Waschmaschinen oder Duschen, womit die ergänzende Präsenz geringer Anteile menschlicher Ausscheidungen wie Fäzes und Urin [16] von Windeln oder persönlicher Analhygiene für eine vielversprechende Einstellung des erforderlichen C/N-Verhältnisses sorgen wird [19].

70.1.3 Versuchskonzeption

Kernelemente aller MeSRa-Versuchsanlagen sind jeweils Tauchbecken zur überdeckten Installation der Membranmodule des Projektpartners WTA Technologies GmbH, eine Belüftungseinrichtung mittels Platten- bzw. Rohrbelüftern, ein Bodenablauf zum regelmäßigen Abzug des Überschussschlamms sowie kontinuierlich erfassende Messsysteme zur betriebstechnischen Überwachung (◘ Abb. 70.1).

Während die Laboranlage mit einer aktiven Membranfläche von einem Quadratmeter für parallel ablaufende Pilotversuche bereitsteht, so beinhaltet die Demonstrationsanlage im großtechnischen Maßstab drei Membranmodule mit je 101 m^2 bzw. 182 m^2 je Modul in drei verschiedenen Filterkammern. Diese Variabilität ermöglicht eine flexible Skalierbarkeit der genutzten Membranflächen abhängig von der Quantität des

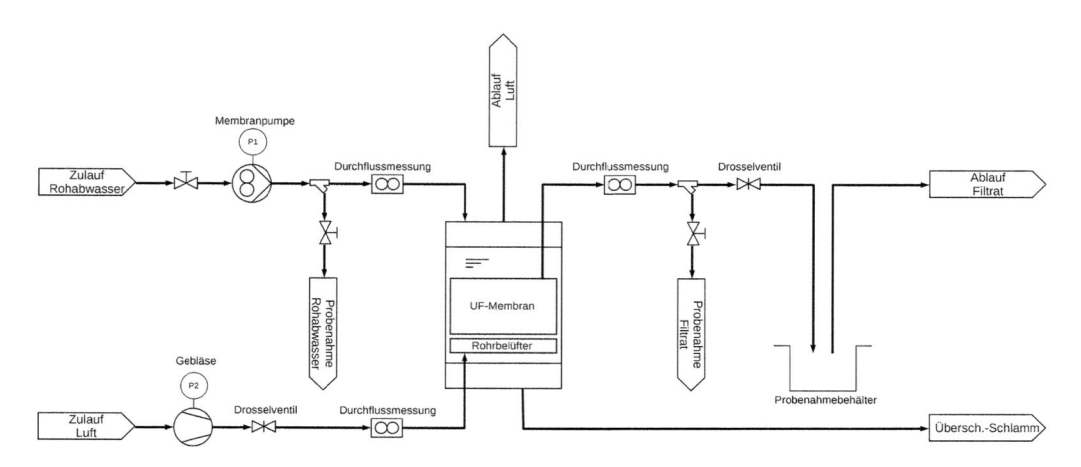

Abb. 70.1 Verfahrensfließschema der Pilotanlage, in der das Rohwasser zunächst in einen Kunststoffbehälter mit getauchter UF-Membran gepumpt wird. Von dort erfolgt die Entnahme über eine fallende Wassersäule, die für einen permeatseitigen Unterdruck von ungefähr 0,13 bar sorgt. (© David Gaeckle)

zugeführten Grauwasserstroms je nach Anwendungsfall. Installiert wurde die Demonstrationsanlage von der TIA Technologien zur Industrie-Abwasser-Behandlung GmbH in einem verstärkten Hochseecontainer mit besonderen Adaptionen, wobei unter anderem statische Stützkonstruktionen sowie Zugangsöffnungen im Lichtraumprofil zur kopfseitigen Entnahme der Membranmodule integriert worden sind.

Die eigentlichen Filtermodule bestehen aus einem Trägergestell mit Belüfterrohren und zentraler Permeatableitung, wobei letztere in hydraulischer Verbindung mit den vertikalen Plattenmembranen steht. Je nach Einbauposition weisen die Membranplatten Abmessungen bis knapp 900 mm Breite auf, wobei zwischen 20 bis 50 Platten je Modul auf zwei Stockwerken verbaut sind. Der spezifische Abscheidegrad der Membranporen zwischen 20 kDa bis 50 kDa erlaubt die Separation von partikulären Wasserinhaltsstoffen und Bakterien sowie großvolumigen Viren (Ultrafiltration), was die Zielvorgabe einer Aufbereitung des Grauwassers in Badewasserqualität hinreichend erfüllt.

Eine periodisch aktivierte Belüftung sorgt für die regelmäßige Durchmischung des Beckeninhalts sowie die Abscherung der überschüssigen Biomasse auf den Membranflächen, wobei die optimale Einstellung des Belüftungsregimes durch experimentelle Vorversuche ermittelt wird. Externe Studien an schwerkraftbetriebenen Membranbioreaktoren haben gezeigt, dass bei Betrieb gänzlich ohne Belüftung (nur 0,4 mg l^{-1} bis 0,6 mg l^{-1} O2) erwartungsgemäß eine deutlich niedrigere biologische Abbauaktivität und ein geringerer Flux nachweisbar waren [20]. Der biochemische Gesamtprozess im Tauchbecken kann damit in der Theorie als simultane Nitrifikation und Denitrifikation betrachtet werden [16], weshalb der Sauerstoffgehalt für die im anoxischen Milieu lebenden, heterotrophen Denitrifikanten bestimmte Grenzwerte nicht überschreiten darf. Gleichzeitig erfordern die aeroben, sessil auf den Membranflächen angesiedelten Nitrifikanten eine Mindestmenge an Gelöstsauerstoff zur Umwandlung des zugeführten Ammoniums in Nitrit und Nitrat (Katabolismus), sofern dessen Quantität den Stickstoffbedarf des anabolen Zellaufbaus übersteigt. Im praktischen Versuchsbetrieb sind die aeroben Bedingungen folglich sehr kurzzeitig gewählt, um eine biochemische Gefährdung der Denitrifikanten weitestgehend zu vermeiden. Alternativ wäre auch der Betrieb in Form einer intermittierenden Denitrifikation andenkbar. Im Wettbewerb gegenüber konventionellen Systemen erfolgen damit sowohl Nitrifikation, Denitrifikation als auch Schlammseparation völlig zeitgleich in ein und demselben Behältnis ohne den Bedarf weiterer Folgeprozesse.

Das Projektgebiet Jenfelder Au gilt als zukunftsweisendes Leuchtturmprojekt der modernen Siedlungsentwässerung, in dem Grauwasser von gegenwärtig etwa 700 Einwohnern über eine Schwerkraftentwässerung in einen semizentralen Sammelschacht (Gesamtvolumen 10 m³) geleitet wird. Von dort erfolgt eine pegel- und bedarfsgesteuerte Pumpenförderung in einen Parallelcontainer, in dem eine Siebschnecke und ein Festbett-Bioreaktor mit Lamellenabscheider für vergleichende Parallelversuche bereitstehen. Je nach Untersuchungsgegenstand und Lastfall kann der Grauwasserstrom aus dem Container abgeleitet und dem benachbarten MeSRa-Container zugeführt werden, wobei eine stetige Befüllung der drei hydraulisch ausgeglichenen Filterkammern eintreten wird. Verursacht durch die permeatseitig anliegende Wassersäule mit dementsprechender Unterdruckeinwirkung wird das Permeat ohne künstlichen Energiebedarf durch die Membrantaschen und über einen zwischengeschalteten Probenahmebehälter nach außen geleitet. Ungestörte Vorversuche an der Laboranlage erfüllten bereits die Erwartungen, weshalb zum gegenwärtigen Stand mit einem hohen Erkenntnisgewinn gerechnet wird.

70.1.4 Einsatz von Zeolith als Ammonium-Adsorbens

Die Membrankörper werden durch die Integration spezieller Klinoptilolith-Granulate im Bereich der Filterplatten fortschreitend ergänzt, wobei der im Grauwasser überwiegend als Ammonium vorhandene Stickstoff zu Spitzenzeiten an den Granulatoberflächen adsorbiert und in Schwachlastphasen desorbiert und von der Biologie metabolisiert werden soll [21, 22]. Zum Einbau der Granulate konnten nach umfassenden technischen Erörterungen drei verschiedene Positionen ermittelt werden, wobei unterschiedliche Erfolgsaussichten an den jeweiligen Lokalisationen zu erwarten sind. Als hoffnungsvollster Ort des Eintrags kann nach derzeitiger Erkenntnis eine Lage unmittelbar über dem Biofilm an der Membran genannt werden, wobei ein direkter Kontakt mit der empfindlichen Oberflächenschicht aufgrund der erheblichen Abrasionsgefahr vermieden werden soll. Ferner wäre der Einsatz auf einem permeablen, grobmaschigen Trägermaterial im Freiraum zwischen den Filtertaschen (Abb. 70.2) oder auf den Drainagevliesstoffen innerhalb der Membranplatten vorstellbar, wobei im Falle des letzteren aufgrund der zwischenliegenden Barrierenschicht trotz Konzentrationsgradient nicht von einer Stoffmigration in Gegenstromrichtung zum Biofilm ausgegangen werden kann.

Neben der einstellbaren Adsorptionswirkung stellt auch der mechanische Auftrag des sandförmigen Granulats einen Forschungsgegenstand im Projekt MeSRa dar, wobei zunächst eine thermisch generierte Bindung durch die Adhäsions-eigenschaften der Kunststoffträger erprobt wurde. Im Falle des anfänglich genutzten Polyestergeflechts waren erst ab etwa 200 °C plastisch-adhäsive Bedingungen zu erwarten, wozu die oberflächliche Temperaturstabilität der Zeolith-Granulate zunächst mit einem Rasterelektronenmikroskop untersucht wurde (Abb. 70.3). Optisch waren hierbei keine Unterschiede zwischen Nullprobe und einer im Zieltemperaturbereich exponierten Probemenge erkennbar, weshalb die thermische Verklebung der Granulate aussichtsreich erschien. Die

Dezentrale Grauwasseraufbereitung ...

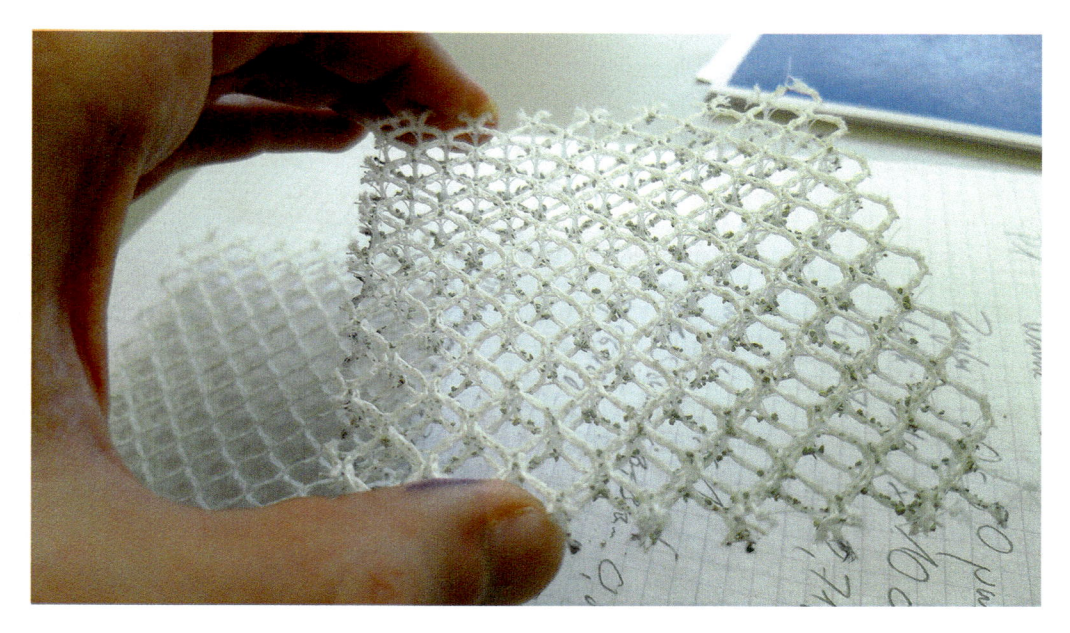

Abb. 70.2 Abstandsgewirk als Zeolith-Träger zwischen den Membrantaschen. (© David Gaeckle)

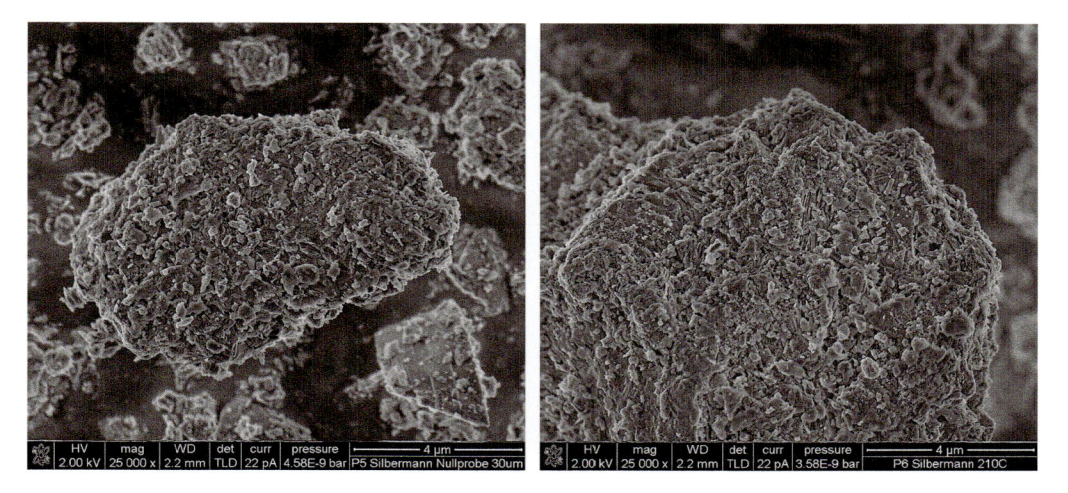

Abb. 70.3 Vergleich einer unbehandelten Nullprobe (a) und einer abgekühlten, zuvor auf 210 °C erhitzten Heißprobe (b) bei einer mikroskopischen Auflösung von 4 μm in einem Rasterelektronenmikroskop. (© Christian Matthes)

nachfolgende Einbettung der Trägermatten in verschiedene Körnungen erreichte jedoch sowohl bei der flächen- als auch bei der volumenbezogenen Bestimmung materialbedingt kaum signifikante Haftungswerte, weshalb die Herstellung einer dauerhaften Verbindung noch gegenwärtigen Versuchsansätzen unterliegt.

70.2 Fazit

Mit seinem umfassenden Verwertungspotenzial stellt das Wohnquartier Jenfelder Au schon jetzt einen wichtigen Meilenstein auf dem Weg zu einer nachhaltigeren Abwasserbewirtschaftung dar, wobei große Virtualitäten in der dezentralen Grauwasser-Rezirkulation und Weiterverwertung enthaltener Nährstoffe aus dem Schwarzwasser erwartet werden. Ein Beschluss des Deutschen Bundestags vom 15. Mai 2020 (Drucksache 19/19152) schürt Hoffnung auf die weitere Umsetzung und Entwicklung derartiger Vorhaben [24].

Danksagung Für die Finanzierung des Forschungsprojektes MeSRa danken wir dem Bundesministerium für Bildung und Forschung (BMBF) herzlich. Das Vorhaben ist Bestandteil der Fördermaßnahme „Nachhaltiges Wassermanagement". Zudem danken die Autoren allen beteiligten Projektpartnern für deren großes Interesse und den unermüdlichen Einsatz für den Erfolg des Projekts.

Literatur

1. Bauhaus-Universität Weimar: Weiterbildendes Studium Wasser und Umwelt. „Neuartige Sanitärsysteme : Begriffe, Stoffströme, Behandlung von Schwarz-, Braun-, Gelb-, Grau-, und Regenwasser, Stoffliche Nutzung". ger. 2. Auflage. VIII, 250 Seiten, Illustrationen, Diagramme, 30 cm, 977 g. Weimar, 2015. isbn: 978-3-95773-179-1.
2. AWWA Membrane Technology Research Committee. Committee Report: „Membrane processes". In: Journal - AWWA 90.6 (1998), S. 91–105. doi: ▶ https://doi.org/10.1002/j.1551-8833.1998.tb08457.x. eprint: https://awwa.onlinelibrary.wiley.com/doi/pdf/10.1002/j.1551-8833.1998.tb08457.x. url: https://awwa.onlinelibrary.wiley.com/doi/abs/▶ https://doi.org/10.1002/j.1551-8833.1998.tb08457.x.
3. S. Ognier, C. Wisniewski und A. Grasmick. „Characterisation and modelling of fouling in membrane bioreactors". In: Desalination 146.1 (2002), S. 141–147. issn: 0011-9164. https://doi.org/10.1016/S0011-9164(02)00508-8. url: ▶ http://www.sciencedirect.com/science/article/pii/S0011916402005088.
4. Sunny Wang, Greg Guillen und Eric Hoek. „Direct Observation of Microbial Adhesion to Membranes". In: Environmental science & technology 39 (Okt. 2005), S. 6461–9. ▶ https://doi.org/10.1021/es050188s.
5. H.-C. Flemming, G. Schaule, T. Griebe, J. Schmitt und A. Tamachkiarowa. „Biofouling—the Achilles heel of membrane processes". In: Desalination 113.2 (1997). Workshop on Membranes in Drinking Water Production Technical Innovations and Health, Aspects, S. 215–225. issn: 0011-9164. ▶ https://doi.org/10.1016/S0011-9164(97)00132-X. url: ▶ http://www.sciencedirect.com/science/article/pii/S001191649700132X.
6. Attinti Ramesh, D Lee und J.Y. Lai. „Membrane biofouling by extracellular polymeric substances or soluble microbial products from membrane bioreactor sludge". In: Applied microbiology and biotechnology 74 (Apr. 2007), S. 699–707. ▶ https://doi.org/10.1007/s00253-006-0706-x.
7. Riina Liikanen, Jukka Yli-Kuivila und Risto Laukkanen. „Efficiency of various chemical cleanings for nanofiltration membrane fouled by conventionally-treated surface water". In: Journal of Membrane Science 195 (Jan. 2002), S. 265–276. ▶ https://doi.org/10.1016/S0376-7388(01)00569-5.
8. Johannes Pinnekamp und Harald Friedrich. „Membrantechnik für die Abwasserreinigung", 2006. url: ▶ https://www.fiw.rwth-aachen.de/neo/fileadmin/pdf/membranbuch/D_Membranbuch_300106.pdf (besucht am 20.05.2020).
9. Lenntech Water Treatment Solutions. „Membrane cleaning methods". url: ▶ https://www.lenntech.com/membrane-cleaning.htm (besucht am 20.05.2020).
10. Thipsuree Kornboonraksa, Hong Shin Lee, Seung Hwan Lee und Chart Chiemchaisri. „Application of chemical precipitation and membrane bioreactor hybrid process for piggery wastewater treatment". In: Bioresource Technology 100.6 (2009), S. 1963–1968. issn: 0960-8524. ▶ https://doi.org/10.1016/j.biortech.2008.10.033. url: ▶ http://www.sciencedirect.com/science/article/pii/S0960852408008912.
11. Rahel Künzle, Wouter Pronk, Eberhard Morgenroth und Tove Larsen. „An energy-efficient membrane bioreactor for on-site treatment and recovery of wastewater". In: Journal of Water, Sanitation and Hygiene for Development 5 (Sep. 2015). ▶ https://doi.org/10.2166/washdev.2015.116.
12. Maryna Peter-Varbanets, Frederik Hammes, Marius Vital und Wouter Pronk. „Stabilization of flux during dead-end ultra-low pressure ultrafiltration". In: Water Research 44.12 (2010), S. 3607–3616. issn: 0043-1354. ▶ https://doi.org/10.1016/j.

watres.2010.04.020. url: ▶ http://www.sciencedirect.com/science/article/pii/S0043135410002605.
13. Eoin Casey. „Membrane Bioreactors for Wastewater Treatment". In: International Journal of Food Science & Technology 44.7 (2009), S. 1464–1466. doi: 10.1111/j.1365-2621.2009.01974.x. eprint: https://ifst.onlinelibrary.wiley.com/doi/pdf/10.1111/j.1365-2621.2009.01974.x. url: https://ifst.onlinelibrary.wiley.com/doi/abs/▶ https://doi.org/10.1111/j.1365-2621.2009.01974.x.
14. A. Chomiak, J. Traber, E. Morgenroth und N. Derlon. „Biofilm increases permeate quality by organic carbon degradation in low pressure ultrafiltration". In: Water Research 85 (2015), S. 512–520. issn: 0043-1354. https://doi.org/10.1016/j.watres.2015.08.009. ▶ http://www.sciencedirect.com/science/article/pii/S0043135415301603.
15. Maryna Peter-Varbanets, Jonas Margot, Jacqueline Traber und Wouter Pronk. „Mechanisms of membrane fouling during ultra-low pressure ultrafiltration". In: Journal of Membrane Science 377.1 (2011), S. 42–53. issn: 0376-7388. ▶ https://doi.org/10.1016/j.memsci.2011.03.029. url: ▶ http://www.sciencedirect.com/science/article/pii/S0376738811002055.
16. Kristin T. Ravndal, Rahel Künzle, Nicolas Derlon und Eberhard Morgenroth. „On-site treatment of used wash-water using biologically activated membrane bioreactors operated at different solids retention times". In: Journal of Water, Sanitation and Hygiene for Development 5.4 (Sep. 2015), S. 544–552. issn: 2043-9083. 10.2166/washdev.2015.174. eprint: https://iwaponline.com/washdev/article-pdf/5/4/544/385551/washdev0050544.pdf. url: https://doi.org/▶ https://doi.org/10.2166/washdev.2015.174.
17. Giuseppe Laera, Alfieri Pollice, Daniela Saturno, C Giordano und A Lopez. „Zero net growth in a membrane bioreactor with complete sludge retention". In: Water research 39 (Jan. 2005), S. 5241–9. ▶ https://doi.org/10.1016/j.watres.2005.10.010.
18. Mathieu Spérandio u. a. „Modelling the degradation of endogenous residue and 'unbiodegradable' influent organic suspended solids to predict sludge production". In: Water science and technology : a journal of the International Association on Water Pollution Research 67 (Jan. 2013), S. 789–96. ▶ https://doi.org/10.2166/wst.2012.629.
19. Christopher Ziemba, Odile Larivei, Eva Reynaert und Eberhard Morgenroth. „Chemical composition, nutrient-balancing and biological treatment of hand washing greywater". In: Water Research 144 (2018), S. 752–762. issn: 0043-1354. ▶ https://doi.org/10.1016/j.watres.2018.07.005. url: ▶ http://www.sciencedirect.com/science/article/pii/S0043135418305372.
20. An Ding u. a. „A low energy gravity-driven membrane bioreactor system for grey water treatment: Permeability and removal performance of organics". In: Journal of Membrane Science 542 (2017), S. 408–417. issn: 0376-7388. ▶ https://doi.org/10.1016/j.memsci.2017.08.037. url: ▶ http://www.sciencedirect.com/science/article/pii/S0376738817307639.
21. Qian Lu u. a. „A novel approach of using zeolite for ammonium toxicity mitigation and value-added Spirulina cultivation in wastewater". In: Bioresource Technology 280 (2019), S. 127–135. issn: 0960-8524. doi: ▶ https://doi.org/10.1016/j.biortech.2019.02.042. url: http://www.sciencedirect.com/science/article/pii/S0960852419302421.
22. Kotoulas u. a. „Zeolite as a Potential Medium for Ammonium Recovery and Second Cheese Whey Treatment". In: Water 11 (8. Jan. 2019), S. 136. doi: ▶ https://doi.org/10.3390/w11010136.
23. Hamburger Stadtentwässerung Anstalt des öffentlichen Rechts. Schwarzwasser im HAMBURG WATER Cycle. 19. Sep. 2019. url: ▶ https://www.hamburgwatercycle.de/hamburg-water-cycler/schwarzwasser (besucht am 18.05.2020).
24. Ralph Brinkhaus, Alexander Dobrindt und Rolf Mützenich. Drucksache 19/19152. Antrag: Wasser- und Sanitärversorgung für alle nachhaltig gewährleisten. Antrag der Fraktionen der CDU/CSU und SPD. Deutscher Bundestag. 12. Mai 2020. url:▶ https://dip21.bundestag.de/dip21/btd/19/191/1919152.pdf (besucht am 18.05.2020).

Neue Abwassertechnologien

Simultane Pulveraktivkohledosierung im kommunalen Membranbelebungsverfahren

Daniel Bastian, David Montag, Thomas Wintgens, Kinga Drensla, Heinrich Schäfer und Sven Baumgarten

Eine Direktdosierung von Pulveraktivkohle in Membranbioreaktoren kommunaler Kläranlagen verbindet die Reinigungsleistung eines Membranbioreaktors für Kohlenstoffverbindungen, Nährstoffe, Mikroplastik und Mikroorganismen mit einer verfahrenstechnisch einfachen Spurenstoffelimination. Darüber hinaus gehende positive Auswirkungen auf den Gesamtprozess, wie eine verbesserte Filtrationsleistung, ein niedrigerer Luftbedarf für die Nitrifikation und eine erhöhte Schlammentwässerbarkeit wurden bestätigt.

Neben den Reinigungsanforderungen für Nährstoffe und organische Verbindungen rücken vermehrt neue Ziele der Abwasserbehandlung in den Fokus, wie die Elimination von Spurenstoffen, der Rückhalt von Viren und (antibiotikaresistenten) Bakterien sowie die Entfernung von Partikeln, wie z. B. Mikroplastik, die zusätzliche Reinigungsstufen notwendig machen. Darüber hinaus werden auch Verschärfungen bei den konventionellen Verschmutzungsparametern vorgenommen. Die Mindestanforderungen der Abwasserverordnung an das Einleiten von gereinigtem Abwasser für die Parameter Gesamtstickstoff (N_{ges}), Ammoniumstickstoff und Phosphor [1] entsprechen häufig nicht mehr den tatsächlich einzuhaltenden Überwachungswerten. Beispielhaft sind im Einzugsgebiet der Erft verschärfte Überwachungswerte am Ober- und Mittellauf der Erft und für viele kleinere Nebengewässer vorgeschrieben, sodass zum Teil ganzjährig zum Beispiel 1,5 mg NH_4-N/l oder 0,5 mg P/l im Kläranlagenablauf einzuhalten sind. In konventionellen Kläranlagen führt dies zu größeren Belebungsbecken, hohem Fällmittelverbrauch zur Phosphatfällung sowie zur Notwendigkeit nachgeschalteter Klarwassernitrifikationen und Flockungsfiltrationen.

Für alle zuvor genannten Anforderungen des Gewässer- und Gesundheitsschutzes kann eine Kombination aus Membrantechnik und Dosierung von Pulveraktivkohle zur Spurenstoffelimination einen wichtigen Beitrag leisten.

Zuerst erschienen in Wasser und Abfall 10/2022

> **Kompakt**
>
> — Neben den Reinigungsanforderungen für Nährstoffe und organische Verbindungen rücken vermehrt neue Anforderungen der Abwasserbehandlung in den Fokus, wie die Elimination von Spurenstoffen, der Rückhalt von Viren, Bakterien sowie die Entfernung von Partikeln, wie z. B. Mikroplastik, die zusätzliche Reinigungsstufen notwendig machen.
>
> — Eine Direktdosierung von Pulveraktivkohle in Membranbioreaktoren kann eine Schlüsseltechnologie für die Kläranlage der Zukunft darstellen, da ein breites Spektrum an Reinigungszielen in kompakter Form adressiert werden kann und das System zudem in bestehende Klärtechnik integrierbar ist.

71.1 Simultane Pulveraktivkohledosierung in Membranbioreaktoren

Beim Membranbioreaktor (MBR) werden – anstelle einer Nachklärung – Membranmodule zur Abtrennung des biologisch gereinigten Abwassers vom belebten Schlamm eingesetzt. Optimierungen der Membransysteme und des MBR-Betriebs haben in den letzten 20 Jahren zu erheblichen Effizienzsteigerungen des Verfahrens, vor allem im Hinblick auf den Energiebedarf, geführt. Mit der langen Nutzungszeit der Membranen von z. T. mehr als 15 Jahren konnten zudem deren Wirtschaftlichkeit und hohe Betriebsstabilität nachgewiesen werden. Im Kontext der weitergehenden Reinigungsanforderungen sind auch die Vorteile der Membrantechnik wieder verstärkt in den Fokus der Planer und Kläranlagenbetreiber gerückt.

Die direkte Dosierung von Pulveraktivkohle (PAK) in die biologische Stufe einer kommunalen Kläranlage bietet den Vorteil, dass keine zusätzliche Adsorptionsstufe benötigt wird. Dies reduziert den Flächenbedarf und die notwendigen Investitionskosten der PAK-Dosierung. Weitergehend ermöglicht die Membranstufe einen vollständigen PAK-Rückhalt, während für konventionelle Kläranlagen der Abtrieb von PAK beschrieben wird [2, 3], sodass es „in der Regel des Betriebs einer Filteranlage unter Zusatz von Fällmitteln" bedarf [4].

Die Auswirkungen unterschiedlicher PAK-Dosiermengen auf die Ablaufqualität von PAK-MBR oder simultaner PAK-Dosierung in konventionellen Belebungsbecken sind bereits untersucht worden [5–8]. Häufig wurde jedoch im halbtechnischen Maßstab der Zulaufvolumenstrom zur Belebung nicht variiert. Zudem erfolgte die PAK-Dosierung zumeist ausschließlich volumenstromproportional.

Wichtig beim simultanen Einsatz von PAK ist, dass diese im Gegensatz zur in nachgeschalteten Filtern eingesetzten, granulierten Aktivkohle (GAK) mit dem Überschussschlamm der Kläranlage abgezogen wird und nicht reaktiviert werden kann. Der Primärenergie- und Primärkohlebedarf bei der Herstellung von Aktivkohle kann sich daher insbesondere bei einer PAK-Anlage in einem großen CO_2-Fußabdruck auswirken. Neben dem Einsatz von z. B. reaktivierter GAK, die zu PAK vermahlen wurde, sind mögliche Energieeinsparungen im Anlagenbetrieb und bei der Schlammentsorgung durch die PAK-Dosierung wichtige Ansatzpunkte zur Verbesserung der Ressourceneffizienz.

Der PAK-MBR kann eine Schlüsseltechnologie für die Kläranlage der Zukunft darstellen, da ein breites Spektrum an Reinigungszielen in kompakter Form adressiert werden kann und das System zudem in bestehende Klärtechnik integrierbar ist.

71.2 Der Membranbioreaktor des Gruppenklärwerks Nordkanal

Das Gruppenklärwerk (GKW) Nordkanal (◘ Abb. 71.1) mit einer Ausbaugröße von 80.000 EW wurde im Jahr 2004 als weltweit größter kommunaler MBR mit 84.500 m² Membranfläche in Betrieb genommen.

Die biologische Stufe besteht aus vier parallel betreibbaren MBR mit getrennten Schlammkreisläufen, vorgeschalteter Denitrifikation und jeweils zwei mit eigenen Filtrationspumpen ausgestatteten Membranstraßen je Nitrifikationsbecken. In drei der Belebungsbecken sind noch die ursprünglichen Hohlfasermembranen vom Typ ZeeWeed 500 C mit einer Trenngrenze von 0,04 µm verbaut. Mit dem Bau und der Inbetriebnahme der Schlammfaulungsanlage und der Integration einer Vorklärung wurde das GKW Nordkanal bis Anfang 2019 auf eine anaerobe Stabilisierung umgerüstet. Durch die Primärschlammentnahme und die Reduzierung des Schlammalters im Belebungsbecken wurde bei weiterhin sehr guter Reinigungsleistung der Trockensubstanzgehalt im MBR reduziert, was sich positiv auf die Membranfiltration und den Energiebedarf zur Nitrifikationsbelüftung auswirkte.

71.3 Versuche zur Dosierung von Pulveraktivkohle in den MBR Nordkanal

Trocken angelieferte Aktivkohle wird durch Vermischung mit Wasser suspendiert und anschließend in das Nitrifikationsbecken

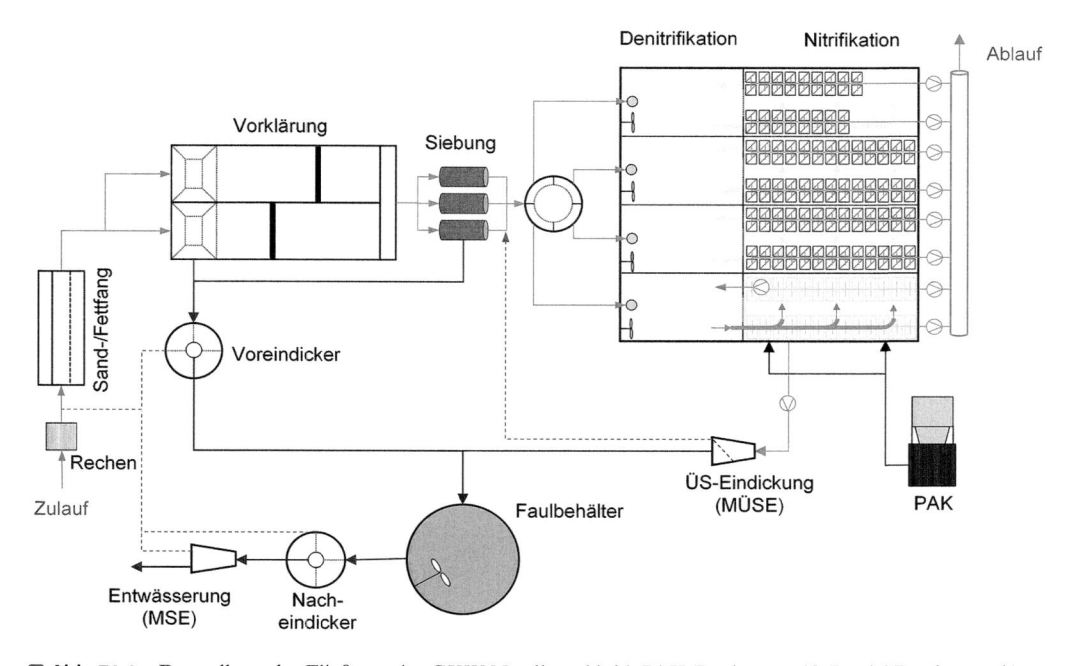

◘ **Abb. 71.1** Darstellung der Fließwege im GKW-Nordkanal inkl. PAK-Dosierung. (© Daniel Bastian et al.)

des MBR Belebungsbecken 4 (BB4) gefördert. Belebungsbecken 3 (BB3) diente als Referenz.

Im Rahmen der Versuche wurden zwei unterschiedliche Dosierstationen verglichen. Dosierstation 1 bestand aus einem System mit Zellenradschleuse, hochgenauer Waage und anschließender Dosierung über eine Förderschnecke in einen trichterförmigen Vortex (Disperser). Hier wird die PAK mittig von oben in einen Wasserwirbel zugegeben und in einen kontinuierlichen Volumenstrom von 1,2–1,4 m^3/h Betriebswasser dispergiert. Die PAK-Zugabemenge wird durch die Dosierschnecke zwischen 0,5 und 10 kg/h variiert. Unterhalb des Dispersers befindet sich eine Wasserstrahlpumpe.

Dosierstation 2 arbeitet nach einem batchweisen Prinzip. Vom Aufgabepunkt wird die PAK über eine Dosierschnecke ins Innere der Dosierstation geleitet. Die batchweise Anmischung der PAK-Wasser-Slurry erfolgt in einem geschlossenen Behälter mit Rührwerk, der auf einer Plattformwaage mit automatischer Ablesung steht. Je Batch werden 15 kg Aktivkohle mit 140 kg Wasser angemischt und anschließend mit einer Wasserstrahlpumpe innerhalb weniger Minuten dem jeweiligen Belebungsbecken zugegeben. Die Batchdosierung wird je Belebungsbecken zweimal täglich wiederholt.

Es wurden die drei nachfolgenden PAK-Dosierstrategien ausgearbeitet und experimentell untersucht:
— Kontinuierliche, konstante Dosierung (Dosierstation 1),
— Zulaufvolumenstromproportionale Dosierung (Dosierstation 1),
— Zweifache tägliche Stoßdosierung zur Mittagszeit (Dosierstation 2).

Der Zielwert für die mittlere Dosierung lag dabei immer bei 15 g PAK/m^3 Abwasser bezogen auf die mittlere Jahresschmutzwassermenge des GKW Nordkanal von 3,2 Mio. m^3/a (~ 10 g PAK/m^3 bezogen auf Jahresabwassermenge 5,1 Mio. m^3/a), die jedoch aus betrieblichen Gründen häufig unterschritten wurde.

Die einzelnen Versuchszeiträume fanden zu den in ◘ Tab. 71.1 genannten Zeiträumen statt. In den Zeiträumen 1–4 und 6–7 wurde jeweils nur in das Belebungsbecken 4 dosiert. In Versuchszeitraum 5 während des

◘ **Tab. 71.1** Versuchszeiträume (VZ), Dosierstrategien und verwendete Dosierstation

VZ	Bezeichnung	Dosierstation	Startdatum	Laufzeit in Tagen	PAK-Dosis [g/m^3] (MW ± Stabw)
1	Kontinuierliche Dosierung (Einfahrbetrieb)	1	01.04.2019	106	
2	Kontinuierliche Dosierung (Trockenwetter)	1	16.07.2019	83	10,5 ± 7,3
3	Volumenstromproportionale Dosierung	1	07.10.2019	75	6,5 ± 5,7
4	Kontinuierliche Dosierung (Regenwetter)	1	21.12.2019	71	7,4 ± 5,0
5	keine Dosierung	-	01.03.2020	192	0
6	Stoßdosierung (Einfahrbetrieb)	2	09.09.2020	61	
7	Stoßdosierung (Regelbetrieb)	2	09.11.2020	120	7,8 ± 6,9
8	Stoßdosierung (alle Becken)	2	08.03.2021	fortlaufend	

Quelle: Daniel Bastian et al.

Wechsels der Dosierstationen wurde keine PAK dosiert. Im Versuchszeitraum 8 wurde eine PAK-Dosierung in alle vier Belebungsbecken vorgenommen, um erwartete Verbesserungen bei der Faulschlammentwässerung quantifizieren zu können.

71.4 Elimination von Kohlenstoff-, Stickstoff- und Phosphorverbindungen

Für die Parameter DOC und SAK_{254} zeigte der PAK-MBR BB4 eine Verbesserung der Elimination gegenüber dem Referenz-MBR BB3 (◘ Abb. 71.2). Die mittlere Verbesserung über alle Versuchszeiträume lag beim SAK_{254} bei 14 % (n = 46). Für den DOC lagen in 32 von 39 Messungen höhere Eliminationen im BB4 vor. Somit war eine Verbesserung der mittleren DOC-Elimination durch die PAK-Dosierung erkennbar.

Auch die Mittelwerte für CSB, NH_4-N, NO_3-N und NO_2-N lagen im PAK-MBR BB4 niedriger als in der Referenz BB3, während für Pges keine signifikante Änderung feststellbar war (◘ Tab. 71.2).

Im Zeitraum des Betriebs mit Dosierstation 1 wurden keine Überschreitungen des Abwasserabgaben-relevanten Schwellenwerts von 20 mg CSB/l im Ablauf des PAK-MBR festgestellt (alle Werte < 17 mg/l). Im Zeitraum des Betriebs mit Dosierstation 2 (Stoßdosierung) kam es zu einzelnen Überschreitungen. Hier wurde jedoch der CSB über eine andere Analysemethode bestimmt, sodass die Werte nicht direkt vergleichbar sind. Die zweifach Stoßdosierung innerhalb einer Stunde zeigte in der SAK_{254}-Online-Messung eine sehr gute Eliminationsleistung um die Mittagszeit. Eventuell kann die CSB-Elimination im Tagesmittel durch eine zeitlich weiter auseinander liegende Dosierung der zwei PAK-Chargen pro Tag verbessert werden.

71.5 Elimination von Spurenstoffen

Zum Vergleich der Eliminationsleistung für Spurenstoffe vom PAK-MBR (BB4) und Referenz-MBR (BB3) wurden 13 Indikatorsubstanzen quantifiziert. Die Eliminations-

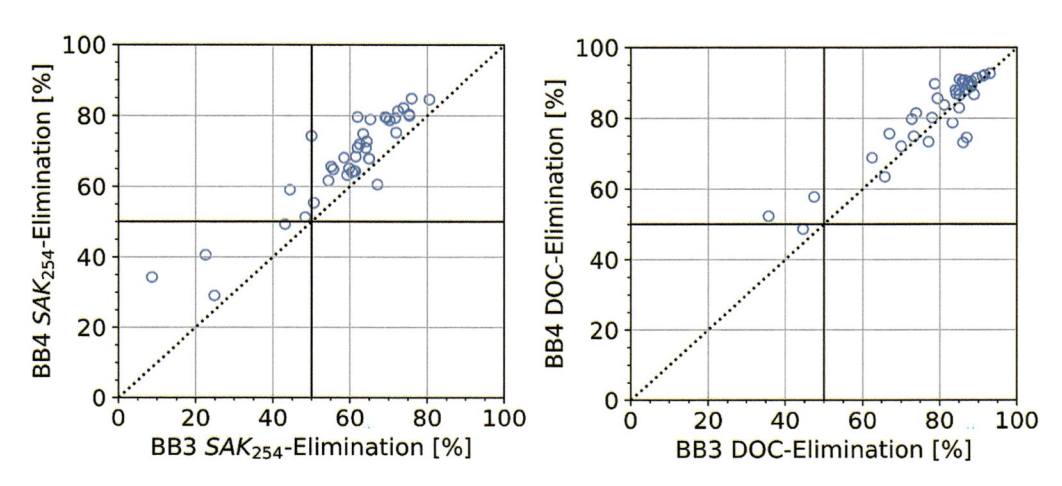

◘ **Abb. 71.2** Vergleich der SAK_{254}- und DOC-Eliminationen von Referenz BB3 und PAK-MBR BB4. (© Daniel Bastian et al.)

Tab. 71.2 Konzentrationen der Summenparameter und Nährstoffe im Zu- und Ablauf des BB4 und im Ablauf des BB3 (Mittelwert und Standardabweichung)

Parameter	Zulauf BB4 mg/l (n)	Ablauf BB4 mg/l (n)	Ablauf BB3 mg/l (n)
CSB_{hom}	533 ± 798 (45)	12,9 ± 3,9 (51)	15,0 ± 4,9 (51)
$NH_4\text{-}N$	30,9 ± 19 (47)	0,74 ± 0,92 (51)	1,01 ± 1,17 (51)
$NO_3\text{-}N$	–	6,10 ± 2,36 (49)	7,86 ± 2,71 (48)
$NO_2\text{-}N$	–	0,057 ± 0,035 (49)	0,080 ± 0,069 (49)
P_{ges}	6,1 ± 5,3 (45)	0,38 ± 0,13 (51)	0,40 ± 0,29 (51)

Quelle: Daniel Bastian et al.

leistung – aufgeteilt nach Versuchszeiträumen – ist in ◘ Tab. 71.3 zusammengefasst. Nähere Informationen zu den ausgewählten Einzelstoffen finden sich im Abschlussbericht des Vorhabens MBR-AKTIV [9]. Bestimmt wurden jeweils die mittleren Frachteliminationen im jeweiligen Versuchszeitraum. In ◘ Tab. 71.3 zeigt sich eine deutliche Verbesserung der Spurenstoffelimination durch PAK-Dosierung.

Während der konstanten PAK-Dosierung bei Trockenwetterbedingungen (TW) in VZ2 lag die PAK-Dosis im Mittel bei 10,5 g PAK/m³ Abwasser. Dort waren die höchsten mittleren Spurenstoffeliminationen zu verzeichnen. Bei der kontinuierlichen Dosierung im Zeitraum mit hohem Niederschlagsaufkommen (RW) in VZ4 war die PAK-Dosis auf im Mittel 7,4 g PAK/m³ reduziert. Dies zeigte sich v. a. bei der Elimination von Candesartan, Diclofenac, Methylbenzotriazol und Tramadol. Auch beim Versuchszeitraum mit volumenstromproportionaler Dosierung (VZ3) und Stoßdosierung (VZ7) war die mittlere PAK-Dosis vergleichbar mit der kontinuierlichen Dosierung im VZ4 bei hohem Niederschlagsaufkommen. Dennoch ist bei Diclofenac und Candesartan eine geringere Eliminationsleistung zu beobachten. Auch Methylbenzotriazol wurde in geringerem Umfang eliminiert.

Der zurückgezogene Entwurf der Novelle des Abwasserabgabengesetzes [10] enthält als Indikatorsubstanzen neun Stoffe, von denen sechs im Mittel zu 80 % eliminiert werden sollen (unterstrichene Stoffe wurden in diesem Projekt analysiert): Carbamazepin, Clarithromycin, Diclofenac, Hydrochlorothiazid, Irbesartan, Metoprolol, Sulfamethoxazol, Benzotriazol, ∑4- und 5-Methylbenzotriazol. Die Kontrolle der Spurenstoffelimination sollte dabei in 48-h-Mischproben (volumen- oder mengenproportional) erfolgen. Bei Vergleich der Stoffliste mit den gemessenen Eliminationen der analysierten Stoffe zeigt sich, dass bei der Auswahl der Aktivkohle zusätzliches Potenzial besteht, die stoffspezifische Elimination zu beeinflussen. Die verwendete Aktivkohle zeigte bereits bei der Vorauswahl schlechtere Eliminationsergebnisse für Benzotriazol und Metaboliten, was sich im Verlauf der großtechnischen Versuche bestätigte.

Der Vergleich der unterschiedlichen Dosierstrategien zeigte, dass bei ähnlicher PAK-Dosis nur geringfügige Änderungen zwischen den Strategien zu beobachten waren. Insgesamt zeigte die kontinuierliche Dosierung die beste mittlere Spurenstoffelimination. So wurde das o. g. Eliminationsziel bei mittleren Dosierkonzentrationen von 10,5 g PAK/m³ im Trockenwetterzeitraum erreicht. Die Inkonsistenz bei der vo-

Tab. 71.3 Mittlere Fracht-Eliminationen der Spurenstoffe in den Versuchszeiträumen (VZ)

	Konstante Dosis		Volumenproportional	Stoßdosierung	Referenzstraße BB3		
	TW	RW					
	VZ2	VZ4	VZ3	VZ7	VZ2	VZ4	VZ3
Mittlere PAK-Dosis im Versuchszeitraum [g_{PAK}/m^3]:	10,5 ± 7,3	7,4 ± 5,0	6,5 ± 5,7	7,8 ± 6,9	0	0	0
Parameter							
Benzotriazol (BZT)	71,3	81,2	75,8	65,7	57,4	77,5	71,8
Bisoprolol (BIS)	96,3	92,8	92,9	94,4	80,0	75,7	56,5
Candesartan (CAN)	63,3	51,5	46,1	42,1	< 20	45,5	22,6
Carbamazepin (CBZ)	65	69,6	65	65,0	< 20	44,6	< 20
Clarithromycin (CLA)	81,5	37,5*)	16,7*)	80,0*)	59,3	< 20	< 20
Diclofenac (DCF)	73,7	65,8	42,8	57,3	39,2	47,6	< 20
Methylbenzotriazol (M-BZT)	82,9	75,6	58,1	60,2	51,5	66,6	53,7
Metoprolol (MET)	96,7	92,5	93,7	90,3	79,4	81,4	71,6
N-Acetyl-SMX (NAc-SMX)	92,4	95,0	95,0	96,7	88,0	95,8	94
Sulfamethoxazol (SMX)	85,5	80,3	85,3	78,3	64,5	71,2	77,6
Telmisartan (TEL)	97,2	96,6	96,3	97,6	71,2	71,1	56,9
Tramadol (TMD)	51,6	40,8	< 20	37,8	< 20	30,3	< 20
Valsartan (VAL)	96,6	87,7	89,7[2)]	88,7	93,3	89,2	86,1

* Ablaufkonzentration durchgängig kleiner 0,05 µg/l
Quelle: Daniel Bastian et al.

lumenstromproportionalen Dosierung und eine festgestellte hohe Zahl an Anlagenproblemen [9] führt dazu, dass diese Strategie mit der verwendeten Dosierstation für die Dosierung in diskontinuierlich betriebene Belebungsbecken wie die MBR in Nordkanal nicht empfohlen werden kann. Insgesamt scheint eine mittlere Dosierkonzentration von ≥ 10 g PAK/m³ als Startpunkt für die simultane Dosierung von PAK in MBR geeignet.

71.6 Rückhalt von Mikroorganismen

Der Ablauf des GKW Nordkanal entspricht auch nach langjähriger Betriebszeit der Membranen den Anforderungen an Badegewässer der EU-Richtlinie 2006/7/EG.

Unter den im Abwasser enthaltenen Organismen befinden sich auch resistente bzw. multiresistente Mikroorganismen. Im BMBF-geförderten F&E-Vorhaben

"HyReKA" [11] wurde eine vergleichende Risikobewertung unterschiedlicher Eintragspfade antibiotikaresistenter Krankheitserreger in die Gewässer durchgeführt. Der Erftverband hat Ablaufproben des GKW Nordkanal auf Resistenzen untersucht und mit den Ergebnissen des GKW Flerzheim (konventionelle Kläranlage mit Sandfiltration und Klarwassernitrifikation) verglichen. Im Ablauf des GKW Flerzheim konnten antibiotikaresistente Mikroorganismen festgestellt werden, während im Ablauf des Membranbioreaktors Nordkanal nahezu keine Vancomycin-resistenten Enterokokken, MRSA oder ESBL-bildende E. coli identifiziert wurden. Der MBR Nordkanal bietet einen weitestgehenden Rückhalt von Viren und (antibiotikaresistenten) Bakterien [12].

71.7 Entwässerbarkeit des Faulschlamms

Der anfallende Faulschlamm wird über eine Zentrifuge entwässert. Die Messung des Trockensubstanzgehalts im Dünnschlamm erfolgt online. Der Austrag der Zentrifuge wird durch werktägliche Trockenrückstand-Stichproben kontrolliert. Die Entwässerungsleistung der Zentrifuge ist in ◘ Abb. 71.3 dargestellt. Die Leistung dieses neu angeschafften Entwässerungsaggregats wurde zu Beginn der Versuchslaufzeit durch Betriebsoptimierungen kontinuierlich verbessert, wie der Anstieg des TR im Schlammkuchen (TR_{SK}) von April bis September 2019 zeigt. Zusätzlich kann auch die PAK-Dosierung – die jedoch lediglich in eins von vier Becken erfolgte – eine leichte Auswirkung gehabt haben. Das Absinken des TR_{SK} von Januar bis März 2020 kann aber auch auf niedrige Temperaturen zurückzuführen sein. Zu diesem Zeitpunkt wurde der Faulschlamm noch im Nacheindicker zwischengespeichert.

Die hohen TR_{SK}-Werte im Sommer 2020 sind v. a. auf den störungsarmen und optimierten Betrieb der Zentrifuge bei geringerem Schlammaufkommen im Sommer und hohen Schlammtemperaturen zurückzuführen, der eine direkte Beschickung aus dem Faulbehälter ermöglichte. Etwa anderthalb bis zwei Monate zeitversetzt zur erneuten PAK-Dosierung im September 2020 ist ein Anstieg der TR_{SK}-Werte auf

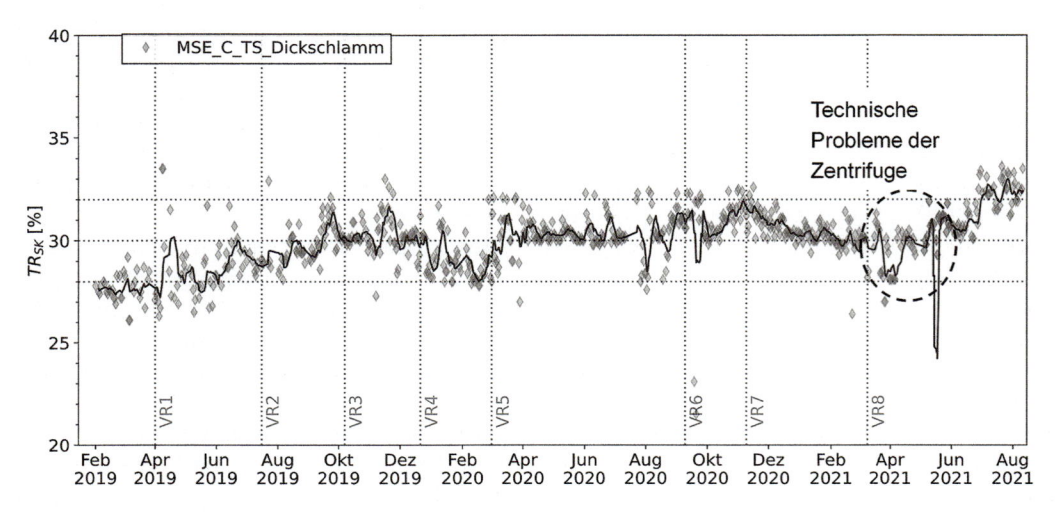

◘ **Abb. 71.3** Trockenrückstand des Schlammkuchens nach großtechnischer Zentrifuge (Tageswerte, Linie: gleitendes 7-Tage-Mittel; Versuchszeiträume nach ◘ Tab. 71.1). (© Daniel Bastian et al.)

31 bis 32 % zu beobachten. Dieser Trend hält sich jedoch nicht durchgängig. Im Verlauf der Versuche mit PAK-Stoßdosierung traten technische Probleme an der Zentrifuge auf, die z. T. Stillstandzeiten und längere Umbauten erforderlich machten. Nach Umstellung der PAK-Dosierung von der Dosierung in ein Becken auf die Dosierung in alle vier Becken und nach Behebung der Probleme am Aggregat ist eine signifikante Verbesserung des TR_{SK} zu beobachten, der bis zum Ende des Aufzeichnungszeitraums auf 32 bis 33 % im Wochenmittel und bis zu 34 % in der Spitze anstieg. Verglichen mit dem Zeitraum Juli/August 2020 (keine PAK-Dosierung) lag der TR_{SK} im Juli/August 2021 um ca. 2–3 Prozentpunkte höher. Dies entspricht einer Reduzierung der zur Entsorgung anfallenden Schlammmasse um ca. 6–9 %.

71.8 Betrieb der PAK-Dosierung

Im Rahmen des Projekts fand eine detaillierte Auswertung von Betriebsstörungen bei der PAK-Dosierung statt. Die meisten Störungen der PAK-Dosierstation 1 resultierten aus Wassermangel und einem instabilen Wasserdruck im Brauchwassersystem. Dadurch ergaben sich direkte Ausfälle der Station oder Brückenbildungen und Verblockungen im Disperser, die in einem Ausfall der Dosierung resultierten. Das zur Verfügung stehende Betriebswasser ist für die kontinuierliche Deckung des Wasserbedarfs von ca. 1,4 m³/h mit konstantem Wasserdruck zusätzlich zum Betrieb der Schlammeindickung und -entwässerung, Membranrückspülung sowie der Membranreinigung nicht ausreichend. Bei der PAK-Stoßdosierung mit Dosierstation 2 traten diese Probleme nicht auf. Hier ist der Wasserbedarf, selbst bei Dosierung in alle vier Belebungsbecken, sehr niedrig und beträgt ca. 4 m³/d und liegt somit nur bei 12–14 % des Wasserbedarfs der kontinuierlichen Dosierung. Die Dosierung der vollständigen PAK-Tagesmenge während der Arbeitszeit erlaubt zudem die direkte Kontrolle des gesamten Dosiervorgangs. Aufgrund des Pilotcharakters der Dosierstation 2 musste diese jedoch im Rahmen der Untersuchungen häufiger technisch angepasst werden. Während des Betriebs beider Anlagen konnten wichtige Erfahrungen gewonnen werden, die im Abschlussbericht des Projekts MBR-AKTIV ausgeführt sind [9].

71.9 Auswirkungen auf den Betrieb des MBR

Der Betrieb des Membranbioreaktors wurde durch die PAK-Dosierung nicht negativ beeinflusst. Im Gegenteil konnten durch die PAK-Dosierung im GKW Nordkanal sogar eine Verbesserung der Schlammfiltrierbarkeit und der Schlammabsetzbarkeit, die Reduzierung der Gehalte an Fouling-fördernden Substanzen sowie eine Verbesserung der biologischen Reinigungsleistung auch bei gleichzeitig reduziertem Trockensubstanzgehalt in der biologischen Stufe festgestellt werden. Die Permeabilität des PAK-MBR BB4 war v. a. in den Wintermonaten im Vergleich zu den Filtrationsstraßen der Becken BB2 und BB3 deutlich verbessert, wodurch der Energiebedarf der Permeatpumpen reduziert wird und ggf. auch eine Reduzierung der Cross-Flow-Belüftung vorgenommen werden kann. Das Einsparpotenzial für Membranen mit Cross-Flow-Belüftung nach neustem Stand der Technik sollte in weiteren Untersuchungen quantifiziert werden. Durch die Verbesserung der Schlammqualität im PAK-MBR konnte eine Verringerung des Luftbedarfs der Nitrifikation festgestellt werden, die mit ca. 10–15 % reduzierten Luftvolumenströmen einherging.

Es ist zu beachten, dass die genannten Vorteile mit sehr geringen PAK-Dosierkonzentrationen erreicht wurden. Je nach

Reinigungsziel könnte die PAK-Dosis höher liegen und somit auch die Verbesserungen in der Betriebsstabilität durch den PAK-Einfluss zunehmen, wie verschiedenen Veröffentlichungen zu halbtechnischen MBR-Versuchen entnommen werden kann [13, 14].

71.10 Kosten

Auf die gesamte produzierte Permeatmenge von ca. 5.100.000 m^3/a liegen die erwarteten Mehrkosten durch die PAK-Dosierung bei ca. 3,1 Ct/m^3. Es wurde ein zehnjähriger Bewertungszeitraum mit Preissteigerungen vom Bezugsjahr 2020 gerechnet. Die spezifischen Kosten sind Nettokosten für PAK, Abschreibung der Dosierstation und erwarteter Personalbedarf (3 % Lohnkostensteigerung p. a.). Die Investitionskosten für das GKW Nordkanal für eine betriebsfertige Dosierstation mit Silo inkl. Baumaßnahmen (Fundamentplatte) liegen nach Angeboten aus 2020 im Bereich von 250.000 bis 350.000 €. Demgegenüber stehen geschätzte Einsparungen von mindestens 1,3 Ct/m^3 (Reduzierung Nitrifikationsbelüftung, geringere Klärschlammmenge zur Entsorgung und Einsparung aus der Abwasserabgabe). Entsprechend liegen die spezifischen Nettokosten für die zusätzliche Spurenstoffelimination für die Kläranlage Kaarst bei ca. 1,8 Ct/m^3. Diese können noch weiter reduziert werden, wenn z. B. Reduzierungen bei Cross-Flow-Belüftung und den Reinigungschemikalien umgesetzt werden können. Genauere Angaben sind dem Abschlussbericht des Vorhabens zu entnehmen [9].

Danksagung Die Autoren bedanken sich beim MULNV NRW für die finanzielle Unterstützung und beim LANUV NRW für die fachliche Begleitung des Projektes MBR-AKTIV.

Literatur

1. AbwV (2020): Abwasserverordnung in der Fassung der Bekanntmachung vom 17. Juni 2004 (BGBl. I S. 1108, 2625), die zuletzt durch Artikel 1 der Verordnung vom 16. Juni 2020 (BGBl. I S. 1287) geändert worden ist
2. Krahnstöver, T.; Wintgens, T. (2018): Separating powdered activated carbon (PAC) from wastewater – Technical process options and assessment of removal efficiency, Journal of Environmental Chemical Engineering, Vol. 6, No. 5, pp. 5744 – 5762
3. Malms, S.; Krahnstöver, T.; Montag, D.; Wintgens, T.; Benstöm, F.; Fischer, J.; Segadlo, S.; Schumacher, S., Pinnekamp, J.; Linnemann, V. (2018a): Bewertung von Verfahren zum Nachweis von Pulveraktivkohle im Kläranlagenablauf (BePAK). Abschlussbericht an das MULNV NRW
4. DWA (2019): Aktivkohleeinsatz auf kommunalen Kläranlagen zur Spurenstoffentfernung. Verfahrensvarianten, Reinigungsleistung und betriebliche Aspekte, Arbeitsgruppe KA-8.6, Deutsche Vereinigung für Wasserwirtschaft, Abwasser und Abfall, Aufl. 1, ISBN: 3887217977, Hennef
5. Malms, S.; Montag, D.; Ehm, J.-H.; Pinnekamp, J. et al (2018b): Simultane Aktivkohlezugabe in die biologische Reinigungsstufe (SIMPAK), Im Rahmen des Förderprogramms „Ressourceneffiziente Abwasserreinigung NRW" - Förderbereich 6: Forschungs- und Entwicklungsprojekte zur Abwasserbeseitigung
6. Wessling, M.; Yüce, S.; Malms, S.; Herr, J.; Martí, C.; Montag, D.; Hochstrat, R.; Kolvenbach, D.; Zimmermann, B.; Weber, M.; Drensla, K.; Janot, A.; Kühn, W.; Pinnekamp, J. (2018): Ertüchtigung kommunaler Kläranlagen durch den Einsatz der Membrantechnik – MIKROMEM. Abschlussbericht, gefördert vom MULNV NRW.
7. Baumgarten, S.; Herbst, H.; Wittau, J. (2017): Mikroschadstoffelimination mittels PAK-MBR und nachgeschalteter PAK-UF, RWTH Aachen, 2017, Aachen
8. Baumgarten, S.; Di Pofi, M.; Lehky, M.; Lehmann, C. (2015): PAC-MBR technology for the removal of micro pollutants from municipal wastewater. In: Wessling, M.; Pinnekamp, J., Mainz, ISBN: 978-3-95886-056-8, Aachen
9. Bastian, D.; Drensla, K.; Baumgarten, S.; Wachendorf, N.; Thiemig, C.; Ehlen, K.; Le, H.; Montag, D.; Wingens., T. (2022): Bewertung und Optimierung des Betriebs von Membranbioreaktoren bei simultaner Pulveraktivkohle-Zugabe – MBR-AKTIV.

Abschlussbericht zum gleichnamigen Forschungsvorhaben, gefördert vom Ministerium für Umwelt, Landwirtschaft, Natur- und Verbraucherschutz des Landes Nordrhein-Westfalen (in Vorbereitung)

10. Gawel, E.; Strunz, S.; Holländer, R.; Lautenschläger, S.; Stumpf, L.; Jaschek, G.; Spillecke, H. (2021): Reform des Abwasserabgabengesetzes - mögliche Aufkommens- und Zahllasteffekte. (UBA TEXTE 60/2021), Ressortforschungsplan des Bundesministeriums für Umwelt, Naturschutz und nukleare Sicherheit, Forschungskennzahl 3719212990

11. Exner, M. e. et al (2020): Hygienisch-medizinische Relevanz und Kontrolle Antibiotika-resistenter Krankheitserreger in klinischen, landwirtschaftlichen und kommunalen Abwässern und deren Bedeutung in Rohwässern (HyReKA)

12. Schäfer, H.; Drensla, K.; Brepols, C.; Trimborn, M.; Ahring, A.; Bastian, D. et al. (2020): Membranbioreaktoren mit simultaner Pulveraktivkohledosierung zur Elimination organischer Spurenstoffe und antibiotikaresistenter Bakterien. Großtechnische Untersuchungen auf dem Gruppenklärwerk Nordkanal des Erftverbands. In: Korrespondenz Abwasser 67 (10), S. 789–798.

13. Ng, C. A.; Sun, D.; Bashir, M.; Wai, S. H.; Wong, L. Y.; Nisar, H.; Wu, B.; Fane, A. G. (2013): Optimization of membrane bioreactors by the addition of powdered activated carbon, Bioresource technology, No. 138, pp. 38–47

14. Remy, M. J. (2012): Low concentration of powdered activated carbon decreases fouling in membrane bioreactors, Wageningen, Univ., Diss., 2012, ISBN: 978-94-6173-230-9

Zur Kombination von Spurenstoff- und weitestgehender Phosphorelimination

Ulrike Zettl

Filterstufen sind ein wesentlicher Bestandteil der Verfahrenskonzepte zur Spurenstoffelimination. Sie leisten auch zur weitestgehenden Phosphorelimination einen relevanten Beitrag. Wichtige Fragestellungen zur Kombination von Verfahrenskomponenten wurden zusammengetragen und Betriebsdaten kommunaler Kläranlagen ausgewertet. Zur Bilanzierung und Bewertung der Synergien für die gängigen Verfahrenskombinationen im großtechnischen Betrieb werden weitergehende Untersuchungen auf baden-württembergischen Kläranlagen durchgeführt.

Um in den nächsten Jahren einen guten ökologischen Zustand in baden-württembergischen Wasserkörpern zu erreichen, sind auf mehr als 450 kommunalen Kläranlagen weitergehende Anforderungen an die Phosphorelimination umzusetzen. Auf diesen ausgewählten Kläranlagen der Größenklasse 3–5 sind Ablaufkonzentrationen für $P_{ges} \leq 0{,}3$ mg/L und $PO_4\text{-}P \leq 0{,}16$ mg/L (jeweils im Jahresmittel) einzuhalten. Kläranlagen, die bereits mit einer Filtrationsanlage ausgestattet sind, sollen zukünftig $\leq 0{,}2$ mg/L P_{ges} im Jahresmittel unterschreiten.

Zuerst erschienen in Wasser und Abfall 10/2022

Bei den derzeit gängigen Verfahrenskonzepten zur Spurenstoffelimination wird ebenfalls eine Filtrationsanlage benötigt. Die sich daraus ergebenden Synergieeffekte können genutzt werden, um mit möglichst wenig zusätzlichem Aufwand beide Reinigungsziele zu erreichen und so den Ausbau zur Spurenstoffelimination weiter voran zu bringen.

Kompakt

- Um in den nächsten Jahren einen guten ökologischen Zustand nach WRRL in den Wasserkörpern zu erreichen, sind auf vielen kommunalen Kläranlagen weitergehende Anforderungen an die Phosphorelimination umzusetzen. Filterstufen sind ein wesentlicher Bestandteil der Verfahrenskonzepte zur Spurenstoffelimination, leisten aber auch zur weitestgehenden Phosphorelimination einen relevanten Beitrag.
- Zur Bewertung der Synergien für die gängigen Verfahrenskombinationen im großtechnischen Betrieb sind die bisher meist an halbtechnischen

© Der/die Autor(en), exklusiv lizenziert an Springer Fachmedien Wiesbaden GmbH, ein Teil von Springer Nature 2023
M. Porth et al. (Hrsg.), *Wasser, Energie und Umwelt*,
https://doi.org/10.1007/978-3-658-42657-6_72

> Pilotanlagen untersuchten Zusammenhänge mit Betriebsdaten aus dem Normalbetrieb kommunaler Kläranlagen zu untermauern.

Nun stellen sich die Fragen, welche Verfahrenstechniken zur weitestgehenden Phosphorelimination und zur Spurenstoffelimination sich bei den vorherrschenden Randbedingungen der jeweiligen Kläranlage sinnvoll kombinieren lassen und welche Eliminationsleistungen im realen Kläranlagenbetrieb für P_{ges}, CSB und abfiltrierbare Stoffe (AFS) erzielt werden können. In Kooperation mit dem Kompetenzzentrum Spurenstoffe Baden-Württemberg wurden die relevanten Fragestellungen und Auswertungen von Messdaten großtechnischer Kläranlagen mit Spurenstoffelimination zusammengetragen [1]. Hierfür wurden 34 Machbarkeitsstudien zum Ausbau kommunaler Kläranlagen zur Spurenstoffelimination ausgewertet. In einigen Machbarkeitsstudien hatte die P-Elimination Einfluss auf die Auswahl des Filtrationsverfahren. Allerdings schätzen die Ingenieurbüros die P-Eliminationsleistungen der Filtrationsanlagen teils gegensätzlich ein und schlagen vereinzelt aufgrund von Wissensdefiziten Pilotanlagen vor. Dies wird nach einer Auswertung von Veröffentlichungen durchaus nachvollziehbar. Meist stehen die Spurenstoffe im Fokus, gelegentlich wird CSB oder P_{ges} stichprobenartig mitgemessen. Es fehlt schlichtweg eine Datenlage, aus der sich für die jeweiligen Verfahrenskombinationen das Eliminationsverhalten verschiedener Verschmutzungsparameter im Realbetrieb ableiten lässt.

72.1 Weitestgehende P-Elimination mit einer Filtrationsanlage

Phosphor liegt in unterschiedlichen Fraktionen im Abwasser vor. Die gelösten P-Fraktionen werden in reaktive (z. B. Orthophosphat als PO_4-P) und nicht reaktive Phosphorverbindungen eingeteilt. Orthophosphat lässt sich durch die Zugabe von Fällmittel ausfällen. Die gelösten, nicht reaktiven Phosphorverbindungen lassen sich dagegen nicht gezielt aus dem kommunalen Abwasser entfernen. Partikulär gebundener Phosphor $P_{partikulär}$ wird je nach Partikelgröße in Filtrationsanlagen entnommen. Da P_{ges} sich aus diesen verschiedenen P-Fraktionen zusammensetzt, bedarf es einer differenzierten Betrachtung der Fraktionen zur Auswahl und Kombination geeigneter Verfahrenskonzepte.

Mit einer gut strukturierten Fällung, einem höherwertigen Automationskonzept und einer sehr guten Abscheideleistung in der Nachklärung können im Ablauf der Belebungsstufe $P_{ges} \leq 0{,}3$ mg/L im Jahresmittel erreicht werden. Bei $P_{ges} \leq 0{,}25$ mg/L wird hingegen eine Abwasserfiltration empfohlen [2].

Bei der Abwasserfiltration soll durch einen signifikanten Rückhalt von abfiltrierbaren Stoffen der partikuläre Phosphor im Kläranlagenablauf vermindert werden. Zur Unterstützung der weitestgehenden P-Elimination kommen in der Kläranlagenpraxis bislang überwiegend Raumfilter zum Einsatz. Seit einigen Jahren werden vermehrt Tuchfilter (Flächenfilter) eingesetzt, die sich gegenüber Raumfiltern durch einen deutlich geringeren baulichen und energetischen Aufwand auszeichnen.

Die AFS-Entnahmewirkung der (Raum-)Filterstufe ist in weiten Bereichen nahezu unabhängig von der Filtergeschwindigkeit. Sie wird vielmehr von der Partikelgrößenverteilung im Zufluss bestimmt, weshalb die Entnahmewirkung durch Zugabe von Fäll- und Flockungsmitteln verbessert werden kann. Prinzipiell verringert sich die Entnahmeleistung mit abnehmender Zulaufkonzentration (◘ Tab. 72.1). Um im Ablauf der Filtration möglichst niedrige Konzentrationen abfiltrierbarer Stoffe zu erreichen, ist die AFS-Konzentration bereits im Zulauf entsprechend niedrig zu

Tab. 72.1 Abschätzung sicher unterschrittener Feststoffgehalte AFS im Ablauf von Raumfiltern [2]

Ablauf	NKB [mg/l]	Raumfiltration [mg/l]	Entnahme [%]
AFS	40	<10	>75
AFS	30	<10	>65
AFS	20	<8	>60
AFS	10	<5	>50
AFS	5	<3	>40

Quelle: Peter Baumann/Klaus Jedele

halten (beispielsweise durch eine sehr guter Abtrennleistung in der Nachklärung oder im Sedimentationsbecken der Stufe mit Zugabe von Pulveraktivkohle (PAK).

Flächenfilter haben weder eine Raumwirkung noch eine nennenswerte biologische Aktivität. Die AFS-Abscheidung entspricht den Werten der Raumfiltration, Mikrosiebe erreichen etwas schlechtere Werte [2]. Die Trübung im Ablauf von Tuchfiltern ist unabhängig von der Trübung im Zulauf und der Partikelrückhalt tendenziell höher als bei der Raumfiltration [3]. Auch wird bei höherer Feststoffbelastung eine verbesserte Abscheidung von Trübstoffen festgestellt sowie beim Einsatz von Fällmitteln durch die Steigerung der Feststoffbelastung und einer damit verbundenen Ausbildung eines Filterkuchens ein positiver Effekt auf die Ablaufqualität beobachtet [4].

Wird die Filtration zur Feststoffentnahme nach der Nachklärung eingesetzt, lässt sich die erforderliche Entnahmewirkung hinsichtlich des partikulären Phosphors je nach P-Gehalt in den aus der Nachklärung abtreibenden Schlammflocken abschätzen. Ausgehend von einem P-Gehalt von 20 gP/kgTS wird bei einer Reduktion der AFS-Konzentration von 10 mg/L auf 5 mg/L gleichzeitig die $P_{partikulär}$-Konzentration um 0,1 mg/L vermindert. Durch Zugabe von Fäll- und Flockungsmitteln lässt sich die P-Eliminationsleistung noch erhöhen.

72.2 Filtrationsanlagen als Bestandteil der Spurenstoffelimination

Derzeit werden zur Spurenstoffelimination Kombinationsverfahren mit Einsatz von Aktivkohle oder Ozon eingesetzt. Bei den gängigen Spurenstoffeliminationsverfahren ist eine Filtration Bestandteil der Verfahrenskombination (Tab. 72.2).

Bei den PAK-Verfahren dient die Filterstufe der Abtrennung von Pulveraktivkohle (PAK). Die Verfahrensstufe mit granulierter Aktivkohle (GAK) wirkt vorrangig als Adsorber, fungiert als Festbettverfahren aber auch als Filtrationsanlage. Nach der Ozonung wird ein biologisch aktiver

Tab. 72.2 Gängige Verfahrenskombinationen zur Spurenstoffelimination [5]

Verfahren
PAK-Dosierung in eiene separate Stufe („Ulmer Verfahren")
PAK-Doseierung vor Filter
PAK-Doseierung ins Belebungsbecken
GAK-Fllter
GAK-Filter mit Vorfilter
Ozonung

Quelle: Steffen Metzer et al.

Ein-/Mehrschichtfilter benötigt, um die Transformationsprodukte aus der Oxidation biologisch abzubauen.

Die Filtrationsanlagen, die zur Spurenstoffelimination eingesetzt werden, tragen durch den Partikelrückhalt zur Phosphorelimination bei. Bei den PAK-Verfahren wird durch die Fällmitteldosierung zur Flockung zusätzlich eine Phosphatfällung erwirkt.

72.3 Synergiewirkung am Beispiel einer kommunalen Kläranlage mit Spurenstoffelimination mittels PAK-Dosierung und Raumfilter

Exemplarisch sind in ◘ Abb. 72.1 die Betriebsdaten einer kommunalen Kläranlage vor und nach der Inbetriebnahme der Spurenstoffelimination mittels einer PAK-Stufe mit Sedimentationsbecken dargestellt. Bei den Konzentrationsangaben handelt es sich jeweils um Medianwerte aus 24h-Mischproben. Diese Kläranlage verfügte bereits über einen Raumfilter mit niedrigen AFS-Ablaufkonzentrationen unter 4 mg/L. Vor der Inbetriebnahme der PAK-Stufe wurde bereits die Fällmitteldosiermenge erhöht und dabei P_{ges}-Konzentrationen unter 0,3 mg/L erzielt. Nach der Inbetriebnahme des Reaktionsbeckens mit PAK- und Fällmitteldosierung sowie des Sedimentationsbeckens sanken die CSB-Konzentrationen um 6 mg/L und die P_{ges}-Konzentrationen um ca. 0,06 mg/L. Die zukünftigen Anforderungen an die P-Elimination mit $P_{ges} \leq 0,2$ mg/L werden noch nicht eingehalten. Die AFS-Konzentrationen sanken im ersten Jahr nach der Inbetriebnahme auf ca. 2,5 mg/L, stiegen dann aber wieder auf ihr Niveau vor der Inbetriebnahme an.

72.4 Zusammenwirken von Fällung und Filtration

In ◘ Tab. 72.3 werden für verschiedene Szenarien die erforderlichen Eliminationsleistungen bilanziert, um im Vollstrombetrieb den Jahresmittelwert von $P_{ges} \leq 0,2$ mg/L einzuhalten. Die Szenarien unterscheiden sich in den AFS- und P_{ges}-Konzentrationen im Ablauf der Nachklärung. Es zeigt sich, dass allein die Feststoffentnahme nicht ausreichend ist, um die neuen Reinigungsziele zu erreichen, sondern dass auch die Fällung von PO_4-P zu forcieren ist (Szenarien a und c). Und dies umso mehr, je schlechter die AFS-Abtrennleistung in der Nachklärung ist (Szenario b).

Wichtige Voraussetzung für eine effiziente Abtrennung von PAK in der Filterstufe ist eine optimale Flockung durch Zugabe von Fäll- und Flockungshilfsmittel. Dadurch erhöht sich die Feststoffbelastung der Filterfläche. Durch die strömungsbedingten Scherkräfte können die Flocken in kleinere Partikel zerfallen, weiter ins Filterbett hineingetragen (Raumwirkung) werden und ggf. zu einer Zunahme der Trübung im Filterablauf führen.

Vor dem GAK-Filter wird von einer dauerhaften Dosierung von Fäll- und Flockungsmitteln abgeraten [6]. Vielmehr wird bei hoher Feststoffbelastung im Zulauf empfohlen, einen Vorfilter zur Feststoffentnahme vorzuschalten [7].

72.5 Filtrationsanlagen im Teilstrombetrieb

Viele der bereits in Deutschland realisierten Verfahrensstufen zur Spurenstoffelimination sind für einen Teilstrombetrieb ausgelegt. Die PAK-Stufe mit Filtration einer exemplarischen Kläranlage ist für einen Teilstrombetrieb auf 55 % des maximalen

Zur Kombination von Spurenstoff …

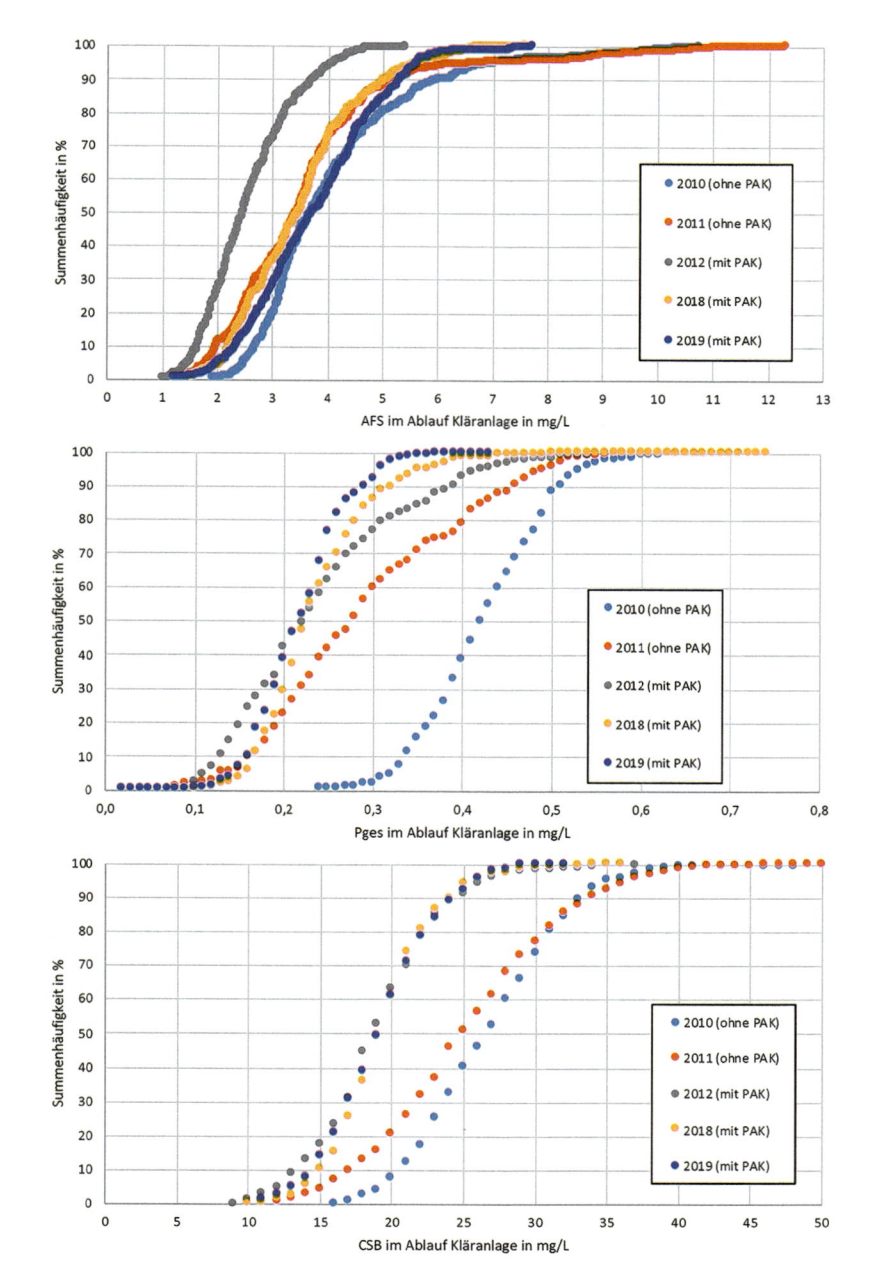

Abb. 72.1 Betriebsdaten AFS, P_{ges} und CSB vor und nach der Inbetriebnahme der Spurenstoffelimination mit PAK, modifiziert nach [1]. (© Lilia Acosta et al.)

Mischwasserzuflusses Q_M ausgelegt. Die statistische Auswertung der Kläranlagenzuflüsse ergibt, dass damit 85 % der Jahresabwassermenge Q_a über die Filterstufe geführt wird. Jedoch werden bis zu 45 % von Q_M und 15 % der Jahresabwassermenge Q_a im Bypass an der Filtrationsanlage vorbei geleitet.

Tab. 72.3 Bilanzierung der P-Fraktionen im Vollstrombetrieb

	Szenario a)	Szenario b)	Szenario c)
Mittlere Konzentrationen im Ablauf der Nachklärung $c_{A,NK}$			
P_{ges} [mg/L]	0,31	0,46	0,5
AFS [mg/L]	5	10	5
$P_{partikulär}$ [mg/L] (20 gP/kgTS)	0,1	0,2	0,1
PO_4-P [mg/L]	0,21	0,26	0,4
Mittlere Konzentrationen im Ablauf der Filtration $c_{A,F}$ (Vollstrom), um $P_{ges} \leq 0,2$ mg/l zu erreichen			
Entnahmewirkung η_{AFS} [%]	≥40	≥50	≥40
$P_{partikulär}$ [mg/L] (20 gP/kgTS)	≤0,06	≤0,10	≤0,06
Erforderliche PO_4-P [mg/L]	0,14	0,1	0,14
Quelle: Ulrike Zettl			

Die Anforderungen an die weitergehende P-Elimination sind zum einem in der qualifizierten Stichprobe (Überwachungswert aus der wasserrechtlichen Erlaubnis) und zum anderen als Jahresmittelwert in der 24h-Mischprobe einzuhalten, weshalb Mischungsrechnungen nach unterschiedlichen Ansätzen für Konzentrationen und Durchflüsse zu erfolgen haben. In ◻ Abb. 72.2 sind die relevanten Stoffströme für die Mischungsrechnung dargestellt.

Aus der Frachtbilanz für die Stoffströme

$$C_{A,KA} \cdot Q_{ges} = Q_{Teilstrom} \cdot C_{A,F} + (Q_{ges} - Q_{Teilstrom}) \cdot C_{A,NK}$$

ergibt sich dann die Ablaufkonzentration wie folgt

$$C_{A,KA} = \frac{Q_{Teilstrom}}{Q_{ges}} \cdot C_{A,F} + \left(1 - \frac{Q_{Teilstrom}}{Q_{ges}}\right) \cdot C_{A,NK}$$

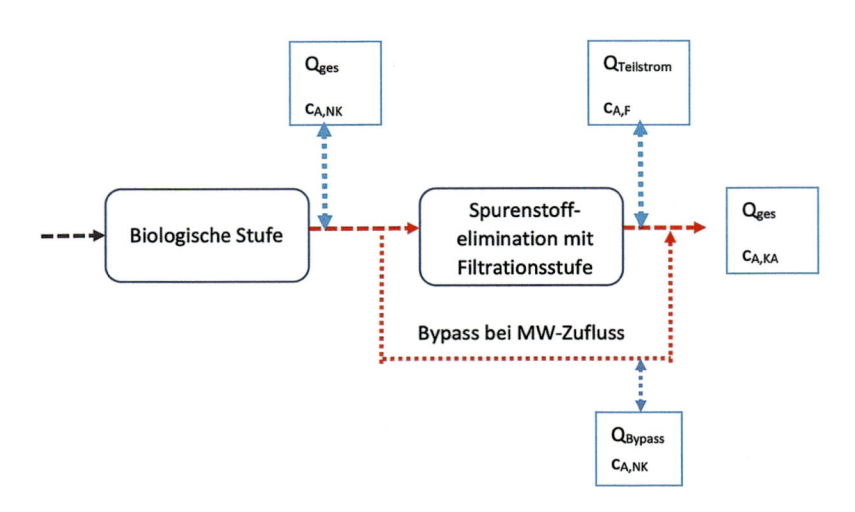

Abb. 72.2 Bilanzierung zur Mischungsrechnung im Teilstrombetrieb [9]. (© Ulrike Zettl)

Im Folgenden soll nun exemplarisch die Entnahmewirkung für einen Teilstrombetrieb anhand von Betriebsdaten einer PAK-Anlage abgeschätzt werden, bei der – neben dem Rückhalt von partikulärem Phosphor – durch Zugabe von Fällungsmittel auch Phosphat gefällt wird. Aus den Betriebsdaten dieser Kläranlage ergibt sich für das Gesamtjahr mit mittleren P_{ges}-Konzentrationen im Ablauf Nachklärung $c_{A,NK} = 0{,}21$ mg/L und $c_{A,F} = 0{,}1$ mg/L eine mittlere P_{ges}-Konzentration im Kläranlagenablauf von $c_{A,KA} = 0{,}117$ mg/L. Durch den hier dargestellten Teilstrombetrieb wird rechnerisch im Jahresmittel eine um 17 % höhere P_{ges}-Konzentration als beim Vollstrombetrieb eingeleitet. Für die dargestellte Kläranlage ist dies unproblematisch, da bereits in der Belebungsstufe sehr niedrige P_{ges}-Ablaufwerte erzielt werden. Bei höheren P_{ges}-Konzentrationen im Ablauf der Nachklärung müssen im Teilstrombetrieb jedoch entsprechend höhere P-Eliminationsleistungen in der Belebungsstufe erzielt werden, um bei Mischwasserzufluss bzw. im Jahresmittel die Anforderungen an die weitestgehende Phosphorelimination einzuhalten.

72.6 Anforderungen an Belastungssituation und Auslegung von Filtrationsanlagen

Filtrationsanlagen werden für Filtergeschwindigkeiten und Feststoffbelastungen ausgelegt. Typische Bemessungswerte für unterschiedliche Filtertypen und Einsatzziele sind in ◘ Tab. 72.4 zusammengestellt.

Für die Auslegung als Filterstufe ist neben der Filtergeschwindigkeit die Feststoffbelastung relevant, da sie die Spülzyklen und folglich die verfügbare Filterfläche bestimmt. Die Feststoffbelastung hängt wiederum von der Trennleistung der Vorabtrenneinheit (Nachklär- bzw. Sedimentationsbecken oder sogar Vorfilter) ab. Je nach Einsatzziel sind Partikel mit unterschiedlicher Größenverteilung und Scherfestigkeit zurückzuhalten und somit unterschiedliche Bemessungsansätze für die Filtergeschwindigkeit zu wählen. Auch das Filterbett ist an die Aufgabenstellung anzupassen (Korngröße, Bettporosität, Filterbetthöhe).

Die Auslegung der GAK-Festbetten erfolgt hinsichtlich der Adsorptionswirkung über die Leerbettkontaktzeit und die

◘ **Tab. 72.4** Bemessungswerte für Filtrationsanlagen

Filtertyp	Filtergeschwindigkeit	Zulässige Feststoffbelastung
Raumfilter ohne Chemikaliendosierung [8]	20 m/h	2–3 kgTS/(m³ Filterbett · Spülzyklus)
Raumfilter als Flockungsfilter [8]	15 m/h	2–3 kgTS/(m³ Filterbett · Spülzyklus)
Raumfilter zur Restnitrifikation oder Restdenitrifikation [8]	10 m/h	2–3 kgTS/(m³ Filterbett · Spülzyklus)
Raumfilter zur Abtrennung von PAK [7]	15 m/h	Wie Flockungsfilter
Tuchfilter zur Abtrennung von PAK (davor Tropfkörperstufe, Herstellerangabe)	8 m/h	Feststoffflächenbelastung $B_A = 0{,}2$ kgTS/(m² · h)
GAK offen, abwärts durchströmt aufwärts durchströmt [7]	9 m/h 5–9 m/h	

Quelle: Ulrike Zettl

daraus resultierende Filtergeschwindigkeit. Mit der Zeit lagert sich nach dem Rückspülen des GAK-Filters eine feinkörnige GAK-Fraktion auf der Filteroberfläche ab und begünstigt eine Oberflächenfiltration mit Ausbildung eines Filterkuchens [7]. Um dennoch einen längeren Spülzyklus zu erhalten, ist die Feststoffbelastung im Zulauf entsprechend zu vermindern.

Somit lassen sich Raumfilter, die zur Verbesserung der P-Elimination ausgelegt sind (sog. Flockungsfilter), nicht ohne weiteres als GAK-Filter oder biologisch aktivierter Filter nutzen. In beiden Fällen ist die Filtergeschwindigkeit zu senken, infolgedessen ist die Filterfläche zu vergrößern oder die hydraulische Durchsatzleistung zu drosseln, beispielsweise durch eine Umstellung auf Teilstrombetrieb, ebenfalls ist die Filterbetthöhe anzupassen.

72.7 Schlussfolgerungen für Verfahrenskombinationen

Die Filtration unterstützt durch ihre Partikelentnahme die P-Elimination, ist aber für sich allein nicht ausreichend, um die hohen Anforderungen an die weitestgehende P-Elimination einzuhalten. In der Belebungsstufe ist auf eine stabile Simultanfällung sowie eine hohe Abtrennleistung für abfiltrierbare Stoffe in der Nachklärung zu achten. Dies gilt insbesondere bei GAK-Filtern und Ozonungsverfahren, damit der Filter mit einer niedrigen Feststoffbelastung bzw. mit langen Spülzyklen betrieben wird. Für diese beiden Verfahrenskonzepte zur Spurenstoffelimination ist der Rückhalt von partikulärem Phosphor nur als Mitnahmeeffekt anzusetzen. Lediglich bei der PAK-Dosierung in eine separate Stufe („Ulmer Verfahren") trägt die zur Abtrennung der PAK erforderliche Fällmitteldosierung als Nachfällung zur P-Elimination bei.

Wird die Filtrationsanlage als Bestandteil der Spurenstoffelimination für den Teilstrombetrieb ausgelegt, sind an die Phosphorelimination insbesondere in der Belebungsstufe noch höhere Anforderungen zu stellen, um die geforderten Ablaufwerte im Jahresmittel einzuhalten.

Die verfahrenstechnischen Zusammenhänge der einzelnen Prozesse wurden oft an halbtechnischen Pilotanlagen untersucht. Um das Synergiepotenzial realistisch einzuschätzen, ist es mit Betriebsdaten aus dem Normalbetrieb kommunaler Kläranlagen zu untermauern.

72.8 Ausblick

2022 sind in Baden-Württemberg die unterschiedlichsten Verfahrenskonzepte zur Spurenstoffelimination umgesetzt und in Betrieb. Derzeit werden in Kooperation mit dem Kompetenzzentrum Spurenstoffe Baden-Württemberg Betriebsdaten ausgewählter Kläranlagen ausgewertet und mit Unterstützung des Betriebspersonals Messkampagnen durchgeführt. Die Erkenntnisse daraus werden Anfang 2023 veröffentlicht.

Danksagung Das Projektteam bedankt sich beim Ministerium für Umwelt, Klima und Energiewirtschaft Baden-Württemberg für die Förderung. Zudem bedanken wir uns bei den Mitarbeitern der beteiligten Kläranlagen für die Zusammenarbeit und die Unterstützung bei der Probennahme und den Analysen.

Literatur

1. Acosta, Lilia; Launay, Marie und Zettl, Ulrike (2021): Untersuchungen zur Kombination von weitestgehender P-Elimination und Spurenstoffelimination auf kommunalen Kläranlagen – Abschlussbericht zur Phase 1, ▶ https://koms-bw.de/

cms/content/media/2021_03_02_Abschlussbericht_KomS_HS%20Biberach.pdf, Abruf 17.06.2022
2. Baumann, Peter; Jedele, Klaus (2019): Phosphorelimination – Optimierung auf Kläranlagen. Praxisleitfaden für den Betrieb von Kläranlagen. DWA-Landesverband Baden-Württemberg, ISBN 978-3-88721-815-7
3. Metcalf & Eddy (2014): Wastewater engineering: Treatment and ressource recovery, McGraw-Hill International Edition, 5th edition, ISBN 978-1-259-01079-8
4. Fundneider, Thomas (2020): Filtration und Aktivkohleadsorption zur weitergehenden Aufbereitung von kommunalem Abwasser – Phosphor und Spurenstoffentfernung. Dissertation, Schriftenreihe IWAR 259 Darmstadt, ISBN 978-3-940897-60-2
5. Metzger, Steffen; Keysers, Christopher; Duschek, Kai (2019): Synergieeffekte der Spurenstoffelimination im Kontext der weitergehenden Abwasserreinigung. DWA-Landesverbandstagung Baden-Württemberg in Pforzheim, 15.10.2019
6. VSA und EAWAG (2020): Spurenstoffe aus kommunalem Abwasser – Konsenspapier zum Workshop vom 9.12.2019 an der EAWAG. ▶ https://micropoll.ch/wp-content/uploads/2020/08/2020_VSA_B_Konsens-papier-GAK-Dimensionierung_de.pdf, Abruf 17.06.2022
7. Merkblatt DWA-M 285–2 (2021): Spurenstoffentfernung auf kommunalen Kläranlagen – Teil 2: Einsatz von Aktivkohle – Verfahrensgrundsätze und Bemessung
8. Arbeitsblatt DWA-A 203 (2019): Abwasserfiltration durch Raumfilter nach biologischer Reinigung
9. Zettl, Ulrike (2020): Teilstrombehandlung bei P-Elimination – Bypasslösungen bei der Abwasserfiltration. Vortrag zum Online-Expertenforum Phosphorelimination – Optimierung auf Kläranlagen des DWA-Landesverbands Baden-Württemberg, 22.07.2020

Rückgewinnung von kohlenstoffbasierten Stoffen aus kommunalem Abwasser

Inka Hobus, Gerd Kolisch und Heidrun Steinmetz

In dem Interreg-Nord-West-Europa-Projekt „WOW! Wider business Opportunities for raw materials from Wastewater" wurden für fünf kohlenstoffbasierte Produkte technische Lösungen der Rückgewinnung entwickelt, Marktpotenziale und Hemmnisse ermittelt und eine technisch-ökonomische Bewertung durchgeführt. Damit wurden wichtige Grundsteine auf dem Weg der Transition der Abwasserentsorgung von einer linearen Entsorgungswirtschaft hin zu einer Kreislaufwirtschaft gelegt.

Abwasser enthält wertvolle Ressourcen, die als Rohstoffe wiederverwendet werden können. Bislang steht die Nutzung des Wertstoffpotenzials von Abwasser nicht im Fokus. Lediglich bezüglich des Energieeinsatzes auf Kläranlagen gibt es seit langem Ansätze, effizienter zu werden, z. B. [1–4]. Daneben bestand das Streben, im Klärschlamm enthaltene Nährstoffe (N, P, K) in der landwirtschaftlichen Klärschlammverwertung zu nutzen, was jedoch künftig in dieser Form durch strengere rechtliche Rahmenbedingungen nur noch eingeschränkt möglich ist. Die Entwicklung zu einer gezielten Rückgewinnung hat mit der Novellierung der Klärschlammverordnung [5] begonnen, in der erstmals die Verpflichtung zur Ressourcenrückgewinnung von Phosphor gesetzlich verankert wurde. Bislang weitgehend unbeachtet sind die Möglichkeiten, weitere im kommunalen Abwasser und Klärschlamm enthaltenen Wertstoffe wie organischen Kohlenstoff, Stickstoff und Kalium zurückzugewinnen. In dem Interreg-Nord-West-Europa-Projekt „WOW! – Wider business Opportunities for raw materials from Wastewater" wurden im Zeitraum 2018–2022 die Möglichkeiten zur stofflichen Rückgewinnung von kohlenstoffbasierten Stoffen, sogenannter carbon based elements (CBE), untersucht. Hierbei wurde neben der technischen Umsetzung auf der Kläranlage die gesamte Wertschöpfungskette für CBEs aus Abwasser betrachtet, um den Weg zu einer zirkulären Nutzung der Sekundärrohstoffe aufzuzeigen. ◘ Abb. 73.1 zeigt ein vereinfachtes Schema zur Rückgewinnung der im Rahmen des Projektes untersuchten CBE.

> **Kompakt**
> − Die theoretische Produktionsmenge für biobasierte Rohstoffe aus Abwasser ist erheblich.

Zuerst erschienen in Wasser und Abfall 5/2022

- Im Pilotmaßstab konnte bei Verwendung von Primärschlamm als Substrat die Anreicherung von Biopolymeren mit einer relativ konstanten Zusammensetzung unabhängig von der Jahreszeit erreicht werden.
- Der Abbau von Marktbarrieren für die Verarbeitung, den Handel und den Verkauf von aus Abwasser gewonnenen Rohstoffen ist erforderlich. Unter anderem ist der „end-of-waste"-Status für ein aus dem Abwasser zurückgewonnenes Produkt eindeutig zu formulieren.

In einem ersten Verfahrensansatz zur Anreicherung von Lipiden wird der Abwasserzufluss nach dem Rechen für die Kultivierung des lipidspeichernden Bakteriums *Microthrix parvicella* verwendet. Die Lipide können nachfolgend aus der Biomasse extrahiert, verarbeitet und zur Produktion von Biodiesel genutzt werden. In einem zweiten Verfahren wird mit einer Feinstsiebung Zellulose im Bereich der mechanischen Reinigung aus dem Abwasser abgetrennt. Die Zellulose wird anschließend entwässert, getrocknet und pyrolysiert. Während des Pyrolyseprozesses werden flüchtige Stoffe von der festen Biomasse abgetrennt und in Biokohle, Bioöl und Essigsäure umgewandelt. In einem dritten – im Folgenden näher beschriebenen – Verfahrensansatz wird Primärschlamm zunächst unter anaeroben Bedingungen versäuert, wobei durch die Prozessführung eine Biogasbildung vermieden wird. In einem nachfolgenden aeroben biologischen Prozess werden Polyhydroxyalkanoate (PHA) aus dem versäuerten Rohschlamm erzeugt und in Bakterienzellen angereichert. Die PHA können aus der Biomasse extrahiert und für die Herstellung von Biokunststoffprodukten genutzt werden. Die drei Verfahrensansätze wurden jeweils bis in den Pilotmaßstab mit unterschiedlichen technischen Technologie-Reifegraden (TRL) auf kommunalen Kläranlagen in den Niederlanden, in Deutschland und in Frankreich untersucht.

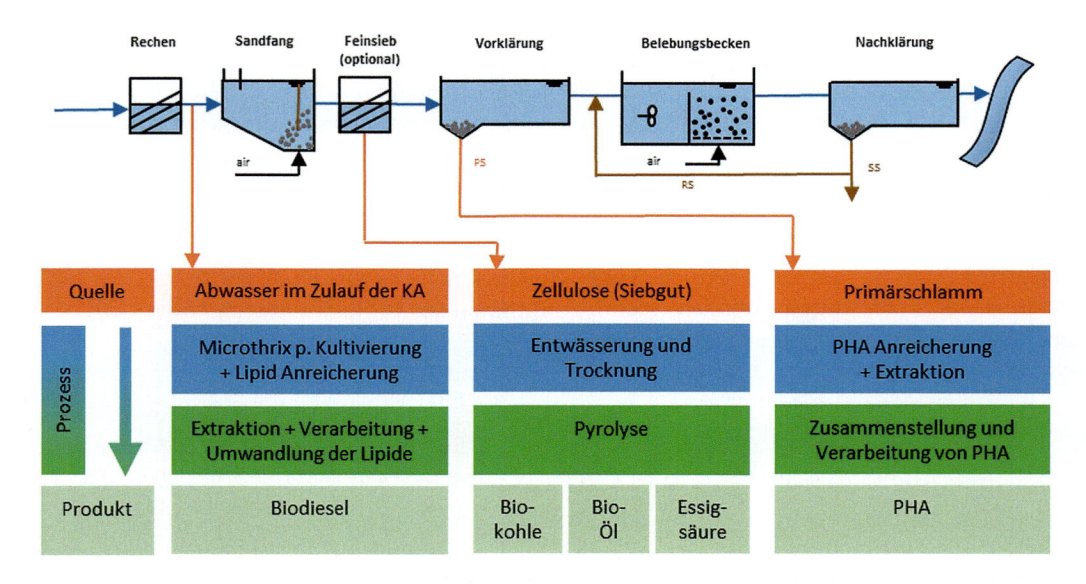

Abb. 73.1 Rückgewinnung von kohlenstoffbasierten Rohstoffen (CBE) aus dem Abwasser [6]. (© WOW)

73.1 Marktpotenzial für biobasierte Rohstoffe

Neben der technischen Realisierung der Prozesse wurde für den Bereich Nord-West Europas (NWE) die theoretische Produktionskapazität für die abwasserbasierten Rohstoffe berechnet. Das Marktpotenzial und die Marktakzeptanz wurden bewertet. Da es bisher noch keine Umsetzung im industriellen Maßstab gibt, wurde eine theoretische Produktionskapazität für jedes Produkt auf Grundlage von Literaturangaben abgeleitet [7–11]. Als Einzugsgebiet wurden die kommunalen Kläranlagen in NWE berücksichtigt. Das potenzielle PHA-Angebot aus Abwasser beläuft sich auf 120.000 t/a, was 339 % der jährlichen weltweiten PHA-Produktion im Jahr 2019 entspricht (◘ Abb. 73.2). Der bestehende Markt ist also groß genug, um PHA aus Abwasser zu gewinnen. Auch aktivierte Biokohle aus Abwasser kann einen wichtigen Beitrag bezogen auf die aktuelle Weltmarktproduktion liefern. Der Anteil an Biodiesel, der aus Abwasser gewonnen werden könnte, ist in Bezug auf die heutige weltweite Produktion dagegen gering [6].

Für die Beurteilung der Marktakzeptanz wurden Hersteller hinsichtlich der wichtigsten Triebkräfte und Hindernisse für den Einsatz von abwasserbasierten Rohstoffen befragt. Triebkräfte sind u. a. die gesetzlichen Anforderungen, mehr biobasierte Produkte zu verwenden, und die erwartete Verknappung konventioneller Rohstoffe in der Zukunft. Im Gegensatz dazu sind die Haupthindernisse die hohen Preise für die Verwertung aufgrund der geringen Anlagengröße (was sich in Zukunft ändern könnte) und die rechtlichen Probleme bei der Zulassung von Produkten, die aus Abwässern gewonnen werden. Darüber hinaus ist zu berücksichtigen, dass die Betreiber von Kläranlagen häufig öffentliche Einrichtungen sind, die nicht privatwirtschaftlich tätig sein dürfen, und eine ausreichende Marktakzeptanz erst geschaffen werden muss.

73.2 PHA-Erzeugung aus kommunalem Abwasser

Im Folgenden werden die Ergebnisse zur Erzeugung und Anreicherung von Biopolymeren in Form von PHA aus kommunalem Abwasser näher dargestellt. Die Pilotversuche hierzu erfolgten über einen Zeitraum von

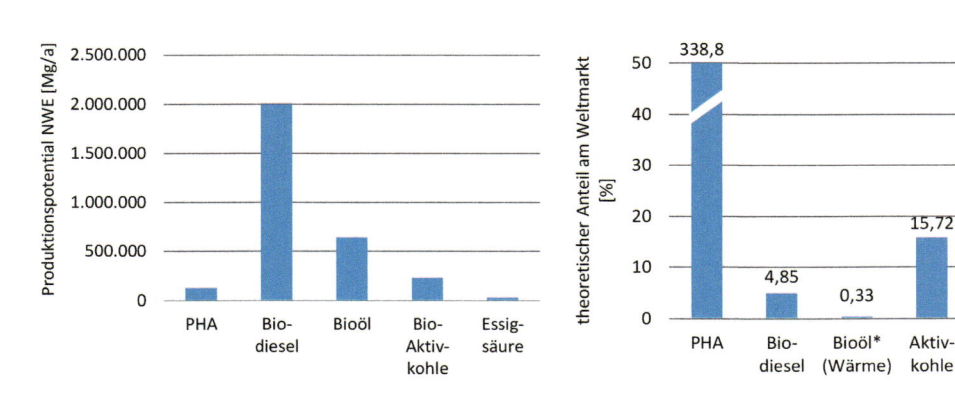

◘ **Abb. 73.2** Extrapolation der Produktmengen in Kläranlagen im Bereich Nord-West-Europa (NWE) und der theoretisch möglichen Marktanteile für die fünf aus Abwasser gewonnenen CBE (*Verbrauch in Europa) [6]. (© WOW)

mehr als 12 Monaten auf der Kläranlage Buchenhofen des Wupperverbandes. Das zugrunde liegende Verfahrensprinzip ist in [12] und die Methoden sind in [13] beschrieben.

Im Rahmen des Pilotbetriebes wurde untersucht, ob ganzjährig allein mit Stoffströmen einer kommunalen Kläranlage zunächst eine stabile Versäuerung und darauf aufbauend eine stabile PHA-Zusammensetzung erreicht werden kann.

◘ Abb. 73.3 verdeutlicht, dass unabhängig von der Jahreszeit eine annähernd konstante Zusammensetzung der organischen Säuren mit jeweils ca. 40 % Essigsäure und Propionsäure im Versäuerungsschritt erzielt werden konnte. Damit wurden die im Laborversuch erzielten Ergebnisse [12] im Pilotmaßstab unter deutlich variableren Randbedingungen reproduziert und bestätigt.

Das stabile molare Verhältnis an organischen Säuren mit gerader Anzahl an C-Atomen zu solchen mit ungerader Anzahl von $45 \pm 3\%$ zu $55 \pm 3\%$ lässt eine stabile Zusammensetzung des PHA Co-Polymers aus Hydroxybutyrat (HB) und Hydroxyvalerat (HV) erwarten.

In ◘ Abb. 73.4 kann die Bestätigung dafür entnommen werden, dass die gemessene Zusammensetzung der gebildeten PHA Co-Polymere relativ stabil ist und ein Verhältnis von Hydroxybutyrat (HB) zu Hydroxyvalerat (HV) von $47 \pm 7\%$ zu $53 \pm 7\%$ aufweist. Ebenso ist in ◘ Abb. 73.4 erdeutlicht, dass die Berechnung nahe an der tatsächlichen Zusammensetzung liegt und insgesamt ein ausgewogenes Verhältnis der beiden Komponenten gegeben ist, was eine gute Ausgangsbasis für die Herstellung von Endprodukten mit definierten Eigenschaften darstellt. Ursachen für leichte Schwankungen und Abweichungen zwischen dem theoretischen und dem tatsächlichen Wert sollen in zukünftigen Untersuchungen ermittelt werden.

Die Pilotversuche haben gezeigt, dass Primärschlamm als ganzjährig verfügbares Substrat gut geeignet ist, auch unter veränderlichen Bedingungen im Jahresverlauf eine stabile PHA- Zusammensetzung zu erzielen, was für die weitere Bearbeitung bis zum fertigen Produkt von erheblicher Bedeutung ist.

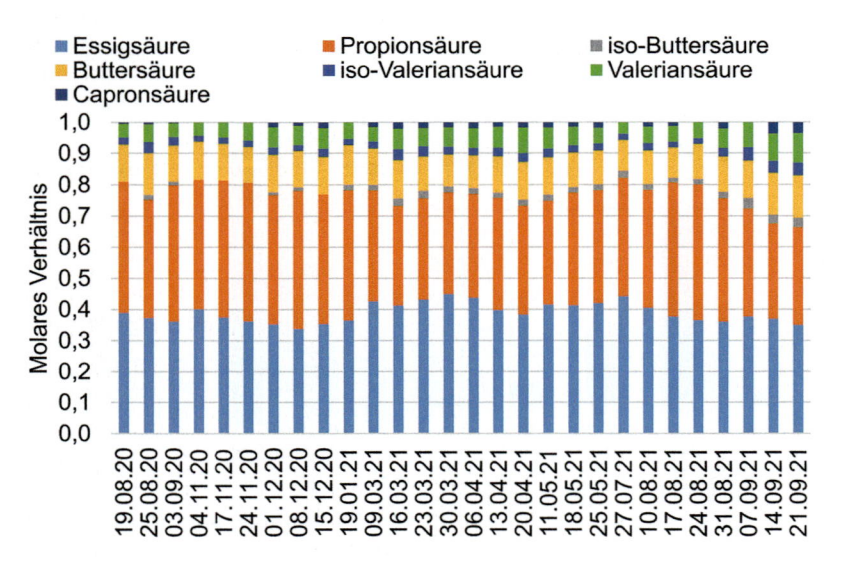

◘ **Abb. 73.3** Zusammensetzung der organischen Säuren bei Batch-Versuchen in der Pilotanlage auf der Kläranlage Wuppertal-Buchenhofen (n = 31) [13]. (© Uhrig et al.)

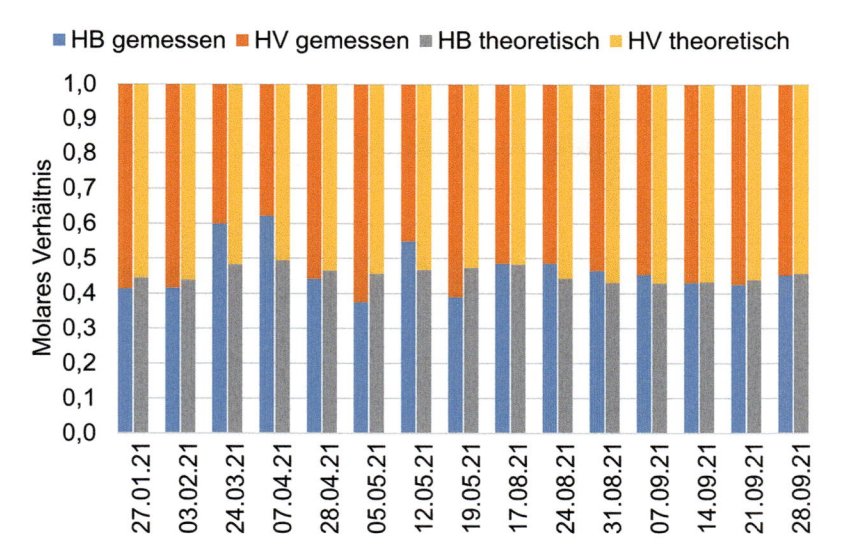

Abb. 73.4 Zusammensetzung der PHA nach Versäuerung von Primärschlamm auf der Pilotanlage der Kläranlage Wuppertal-Buchenhofen (n = 15). (© TUK)

73.3 Einfluss der PHA-Produktion auf die Abwasserreinigung

Die Erzeugung und Rückgewinnung von PHA aus kommunalem Abwasser hat Auswirkungen auf die Reinigungsleistung und die CSB-Bilanz der Kläranlage. Um den Einfluss auf die Prozesse der Abwasser- und Schlammbehandlung zu quantifizieren, wurden Berechnungen für eine Modell-Kläranlage mit einer Auslegungskapazität von 250.000 Einwohnergleichwerten und anaerober Schlammstabilisierung, einem spezifischen Zulauf von 130 l/(E · d), einem Fremdwasseranteil von 30 % und einer spezifischen CSB-Fracht von 120 g/(E · d) durchgeführt [14]. In einer konventionellen Kläranlage werden 36 % des über den CSB bilanzierten Kohlenstoffs veratmet, 33 % über die Schlammfaulung in Biogas umgewandelt und 24 % mit dem ausgefaulten Schlamm entsorgt. Rund 7 % des CSB gelangen in inerter, gelöster Form in den Vorfluter. Abb. 73.5 zeigt im Vergleich hierzu die CSB-Bilanz für eine Kläranlage mit PHA-Rückgewinnung. Rund 35 % des CSB im Zulauf werden für die PHA-Rückgewinnung verwendet. Allerdings werden nur etwa 10 % dieses CSB-Anteils als PHA-haltige Biomasse aus dem System entfernt, während ca. 23 % des gesamten CSB aus der PHA-Anreicherung nach der Extraktion als Reststoffe der Biomasse wieder dem Fermenter zugeführt werden. Aufgrund der CSB-Entnahme reduziert sich der CSB-Anteil, der in Biogas umgewandelt wird, auf 24 %. Dies führt zu einer rund 30 % geringeren Biogaserzeugung in der Faulstufe.

73.4 Techno-ökonomische Bewertung der PHA-Rückgewinnung

Bei der Entwicklung innovativer Technologien, wie der Herstellung von PHA aus Primärschlamm und dessen Umwandlung in ein Endprodukt, ist es wichtig, die Faktoren zu kennen, die einen Einfluss auf die Wirtschaftlichkeit des Prozesses haben. Eine Techno-ökonomische Bewertung

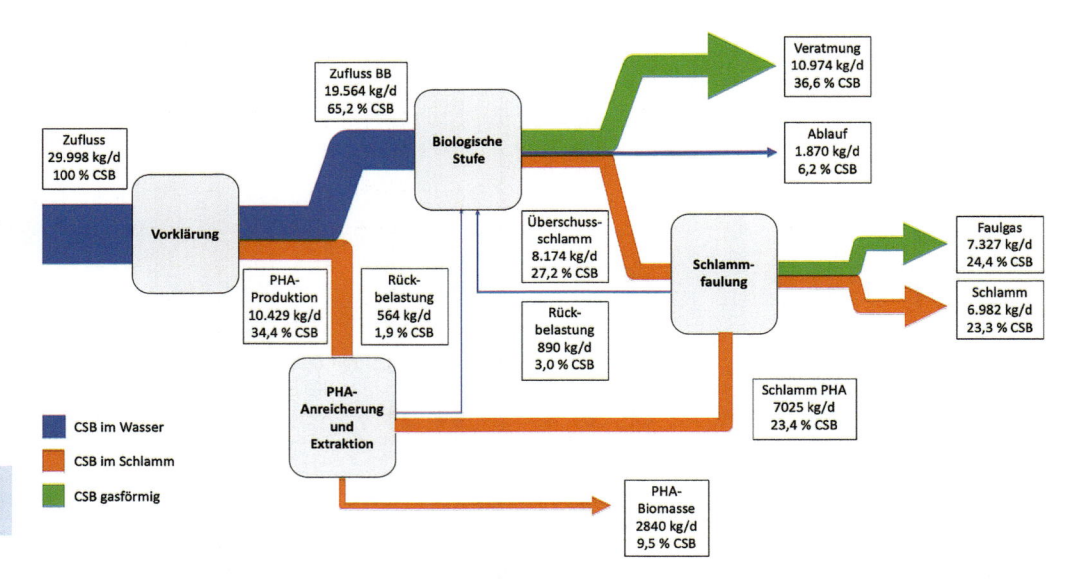

◘ **Abb 73.5** CSB-Bilanz einer Modell-Faulungsanlage mit 250.000 EW mit integrierter PHA-Produktion [14]. (© J. Abels)

(techno economic assessment, TEA) hilft dabei, die gesamte Wertschöpfungskette zu berücksichtigen und die maßgebenden Parameter, die einen Einfluss auf die Wirtschaftlichkeit haben, zu bestimmen. Mit dem Verfahren der TEA wurde überprüft, ob die Produktion von PHA aus Abwasser wirtschaftlich zielführend ist [15]. Die Untersuchung zeigt unter den getroffenen Annahmen, dass für eine wirtschaftliche Umsetzung des Verfahrens semi-zentrale Lösungen zur Produktion von PHA-reicher Biomasse erforderlich sind. Die erzeugte PHA-reiche Biomasse muss dann zu einer zentralen PHA-Extraktionsanlage transportiert werden. Mit einer zentralen PHA-Extraktionsanlage einer Kapazität von 5000 Mg PHA/a bzw. ca. 2,2 Mio. erfasster abwasserbezogener Einwohnergleichwerte werden als Ergebnis des TEA Produktionskosten erreicht, die leicht unter dem heutigen Marktpreis für PHA von 4000 €/Mg liegen. Die ergänzend durchgeführten Sensitivitätsanalysen zeigen, dass die PHA-Ausbeute und der Wassergehalt in der mit PHA angereicherten Biomasse einen starken Einfluss auf die Produktionskosten haben (◘ Abb. 73.6) und hier weiteres Optimierungspotenzial besteht.

73.5 Schlussfolgerungen und Ausblick

Im Rahmen des Interreg-Nord-West-Europa-Projekts WOW konnte für PHA wie auch für Zellulose und Lipide gezeigt werden, dass eine stoffliche Rückgewinnung von kohlenstoffbasierten Rohstoffen aus kommunalem Abwasser möglich ist und diese Stoffe für neue, biobasierte Produkte verwendet werden können. Abwasser hat ein hohes Potenzial für Sekundärrohstoffe und ist in der Regel durchgängig verfügbar. Als Herausforderungen für die Rückgewinnung von Rohstoffen aus dem Abwasser sind folgende Punkte zu nennen:

– Schwankende Abwasserzusammensetzung, die zu wechselnden Produkteigenschaften führen kann,

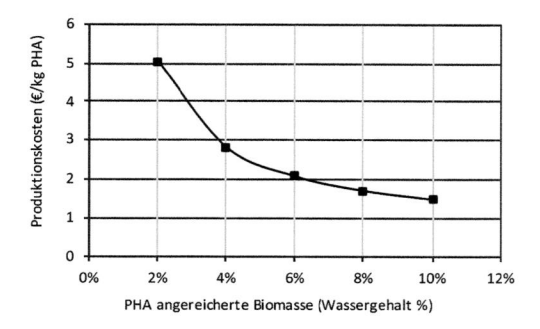

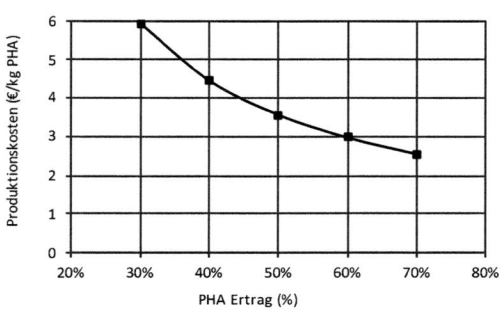

Abb. 73.6 PHA-Produktionskosten in Abhängigkeit vom PHA-Ertrag und dem Wassergehalt der mit PHA angereicherten Biomasse für eine Anlagengröße von 5000 Mg PHA/a bzw. 2,1 Mio. Einwohner [15]. (© Nazeer Khan et al.)

- Teilweise zu geringe Eingangskonzentrationen für eine wirtschaftliche Rückgewinnung,
- Technisch erforderliche Anlagengrößen für die Weiterverarbeitung von PHA sind nur mit zentralen Aufbereitungsanlagen erreichbar,
- Rechtliche Randbedingungen (end of waste-Status (EoW), öffentliche Betreiber, etc.) und noch nicht vorhandene Marktakzeptanz.

In dem Anschlussprojekt WOW! CAP-Call soll bis Ende 2023 eine weitere technische Umsetzung unter Berücksichtigung der vorgenannten Teilpunkte im Detail untersucht werden. Mit einem GIS-basierten Modell sollen für drei Einzugsgebiete in Deutschland, Schottland und Irland Konzepte für eine Rückgewinnung von PHA im Hinblick auf dezentrale Lösungen (Kläranlage) bzw. zentrale Aufbereitungen (Extraktion) entwickelt werden.

Um zur Erhöhung der Rohstoffmenge die Gewinnung von PHA auch aus verbleibenden Stoffströmen der lebensmittelverarbeitenden Industrie zu erforschen, werden zunächst im Labormaßstab unterschiedliche Abwässer und Reststoffe aus der Lebensmittelindustrie auf ihre Eignung als Substrat für eine Biopolymerproduktion untersucht. Mit zwei dieser Stoffströme werden im Anschluss in der Pilotanlage größere Mengen Biopolymere produziert und für das Upscaling der Extraktion dem Projektpartner Avans University of Applied Sciences zur Verfügung gestellt. Der so erzeugte Rohstoff wird für Untersuchungen zum 3D-Druck mit Biopolymeren an der Lahti University of Applied Sciences in Finnland genutzt. Damit können zukünftig neue Einsatz- und Geschäftsfelder erschlossen werden.

Eine wesentliche Herausforderung für die Erzeugung von Produkten aus Abwasser liegt in den rechtlichen Rahmenbedingungen und den damit verbundenen Unsicherheiten. Insbesondere das Verfahren zur Festlegung des sogenannten „end-of-waste"-Status (EoW) für ein aus dem Abwasser zurückgewonnenes Produkt ist bisher weder auf europäischer noch auf nationaler Ebene eindeutig formuliert. Hier sind insbesondere eine Ausweitung der Möglichkeiten zur Vereinbarung eines End-of-Waste-Status für dieselbe Art von Rohstoffen für verschiedene Standorte und Kunden erforderlich sowie der Abbau von Marktbarrieren für die Verarbeitung, den Handel und den Verkauf von aus Abwasser gewonnenen Materialien. Dies beinhaltet einen freien Handel von Ressourcen und Produkten aus Abwasser mit und ohne Abfallstatus innerhalb der EU [16]. Zielführend wäre weiterhin eine Ausweitung der gesetzlichen Verpflichtungen für die Sammlung, das Recycling und die Verwendung von wiedergewonnenen Rohstoffen aus Abwässern. Derzeit wird der unmittelbaren wirtschaftlichen Durchführbarkeit neuer nachhaltiger Techniken zu viel Aufmerksamkeit geschenkt. In der Praxis hat sich gezeigt, dass immer eine gewisse Größenordnung erforderlich ist, um die Kosten zu senken und die wirtschaftliche Machbarkeit neuer Techniken zu verbessern. Ein klarer (finanzieller) Anreiz für Endnutzer und Erstanwender könnte die Markteinführung daher beschleunigen.

Danksagung Die vorliegenden Ergebnisse stammen aus dem Projekt „WOW! Wider business Opportunities for raw materials from Wastewater", das durch Interreg NWE gefördert wurde. Die Autoren danken dem Projektträger für die Finanzierung der Projekte. Weitere Informationen hierzu gibt es unter ▶ https://www.nweurope.eu/projects/project-search/wow-wider-business-opportunities-for-raw-materials-from-wastewater/

Literatur

1. UBA (2021): Öffentliche Abwasserentsorgung. Umweltbundesamt ▶ https://www.umweltbundesamt.de/daten/wasser/wasserwirtschaft/oeffentliche-abwasserentsorgung#rund-10-milliarden-kubikmeter-abwasser-jahrlich, Zugriff am 19.01.2022
2. Pinnekamp, J.; Schröder, M.; Bolle, F.-W.; Gramlich, E., Gredigk-Hoffmann, S.; Koenen, S.; Loderhose, M.; Miethig, S.; Ooms, K.; Riße, H.; Seibert-Erling, G.; Schmitz, M.; Wöffen, B. (2017): Energie in Abwasseranlagen. Handbuch NRW 2. vollständig überarbeitete Fassung Ministerium für Umwelt, Landwirtschaft, Natur- und Verbraucherschutz des Landes Nordrhein-Westfalen (Hrsg.) Düsseldorf. ▶ https://www.umwelt.nrw.de/fileadmin/redaktion/Broschueren/energie_abwasseranlagen.pdf, Zugriff am 17.01.2022
3. Steinmetz, H.; Reinhardt, T.; Gasse, J.; Meyer, C.; Maier, W.; Poppe, B.; Baumann, P.; Morck, T.; Kolisch, G.; Taudien, Y. (2015): Leitfaden Energieeffizienz auf Kläranlagen. Ministerium für Umwelt, Klima und Energiewirtschaft Baden-Württemberg (Hrsg.) Stuttgart. Online verfügbar unter ▶ https://um.baden-wuerttemberg.de/fileadmin/redaktion/m-um/intern/Dateien/Dokumente/2_Presse_und_Service/Publikationen/Energie/151010_Leitfaden_Energieeffizienz_auf_Klaeranlagen.pdf, Zugriff am 17.01.2022
4. DWA (2015): DWA-A 216 – Energiecheck und Energieanalyse. Instrumente zur Energieoptimierung von Abwasseranlagen. Deutsche Vereinigung für Wasserwirtschaft, Abwasser und Abfall e. V., Hennef
5. AbfKlärV (2017): Verordnung zur Neuordnung der Klärschlammverwertung, 2017.
6. WOW (2020): Designing value chains for carbon based elements from sewage water: A market potential study. ▶ https://www.nweurope.eu/media/12964/201230_market-potential-study-final_01.pdf, Zugriff am 7.03.2022
7. Pittmann, T., Steinmetz, H. 2016 Potenzial for polyhydroxyalkanoate production on German or European municipal waste water treatment plants. Bioresource technology 214, S. 9–15. ▶ https://doi.org/10.1016/j.biortech.2016.04.074
8. Siddiqee, M. N., Rohani, S. 2011a Experimental analysis of lipid extraction and biodiesel production from wastewater sludge. Fuel Processing Technology 92(12), 2241–2251. ▶ https://doi.org/10.1016/j.fuproc.2011.07.018
9. Siddiquee, M. N., Rohani, S. 2011b Lipid extraction and biodiesel production from municipal sewage sludges: A review. Renewable and Sustainable Energy Reviews 15(2), 1067–1072. ▶ https://doi.org/10.1016/j.rser.2010.11.029
10. Patiño, Y., Mantecón, L.G., Polo, S., Faba, L., Díaz, E., Ordóñez, S. 2018 Effect of sludge features and extraction-esterification technology on the synthesis of biodiesel from secondary wastewater treatment sludges. Bioresour. Technol. 247, 209–216. ▶ https://doi.org/10.1016/j.biortech.2017.09.058
11. PulsedHeat 2019 personal message from PulsedHeat BV. The quantities are based on a mass balance derived from a pyrolysis experiment. Not published.
12. Uhrig, T.; Zimmer, J.; Rankenhohn, F.; Steinmetz, H. (2020): Biopolymerproduktion aus Abwasserströmen

für eine kreislauforientierte Siedlungswasserwirtschaft. Wasser und Abfall 06/2020, S. 13–18. Springer Verlag.
13. Uhrig, T.; Zimmer, J.; Bornemann, C.; Steinmetz, H. (2022): Report on optimised PHA production process layout. WOW-Report, ▶ https://www.nweurope.eu/media/17027/wpt2_delivarable-21-pha-pilot.pdf, Zugriff am 21.03.2022
14. Abels, J. 2019: Kosten-Nutzen-Bewertung der Gewinnung kohlenstoffbasierter Rohstoffe aus kommunalem Abwasser. Masterarbeit, RWTH Aachen.
15. Nazeer Khan, M.; Uhrig, T.; Steinmetz, H.; de Best, J.; Raingue, A. (2020): Techno-economic assessment of producing bioplastics from sewage ▶ https://www.nweurope.eu/media/16741/1wpt1_deliverable_3_1_pha_tea_final.pdf, Zugriff am 7.03.2022
16. de Best, J. (2022): EU Roadmap – call for action: The potenzial of resource ecovery from sewage ▶ https://www.nweurope.eu/media/17152/wow_eu_roadmap_def.pdf, Zugriff am 20.04.2022

Building Information Modeling in der Abwasserableitung mit openBIM

Bernhard Bock und Eberhard Michaelis

Building Information Modeling erlangt im Bauwesen weltweit zunehmend an Bedeutung. Eine softwareneutrale Zusammenarbeit ist durch die Anwendung von openBIM und dem IFC-Austausch-Standard möglich. Die Funktionsweise dieses Standards wird anhand eines Beispiels erläutert. Es werden erforderliche Schritte aufgezeigt, um offene Bauteilbibliotheken verfügbar zu machen, welche für Planung und Bestandsdokumentation verwendet werden können. Für die Dokumentation von großen Bauwerkssystemen, wozu auch Entwässerungssysteme gehören, wird als Alternative zu Dateisammlungen die Anwendung einer Datenbank vorgestellt.

74.1 BIM aus Sicht der Datenverarbeitung

Building Information Modeling (BIM) ist aus Sicht der Datenverarbeitung eine Methode, welche Bauobjekte mit 3D-Geometrie und Sachdaten in einer Bauteil- oder Bauwerksdefinition gemeinsam beschreibt.

Zuerst erschienen in Wasser und Abfall 5/2019

Da BIM Informationsmodellierung ist, ist für eine konsistente Geometriebeschreibung die dritte Dimension als Grundlage für die ggf. auch 2-dimensionale Darstellung erforderlich (◌ Abb. 74.1).

Wesentlicher Unterschied zu klassischem CAD, GIS oder Netzdatenbanken ist, dass Bauteile eigene Klassen wie Wände, Decken, Aussparungen, Fenster, Türen, Treppen bilden und hochgradig spezialisiert sind.

74.2 Organisation von openBIM

Der Begriff „openBIM" wird in Abwandlungen in unterschiedlicher Weise verwendet. Dieser Beitrag behandelt openBIM von buildingSMART, was den weltweiten Standard IFC definiert. buildingSMART wird international über ▶ http://buildingsmart.org repräsentiert.

Die nachfolgenden nationalen Organisationen haben eigene Internetseiten, die am Ende des Artikels zusammengestellt sind.

In Skandinavien haben sich Finnland, Dänemark und Schweden zu buildingSMART Nordic zusammengeschlossen. Norwegen ist ein unabhängiges Mitglied

---

© Der/die Autor(en), exklusiv lizenziert an Springer Fachmedien Wiesbaden GmbH, ein Teil von Springer Nature 2023
M. Porth et al. (Hrsg.), *Wasser, Energie und Umwelt*,
https://doi.org/10.1007/978-3-658-42657-6_74

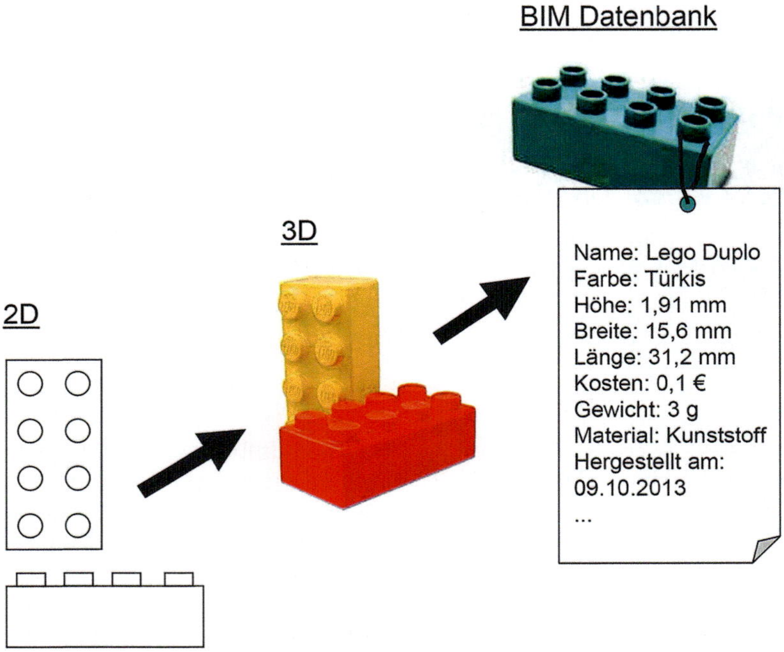

Abb. 74.1 Veranschaulichung des BIM-Begriffes [3]. (© Obermeyer)

von buildingSMART International. In den USA ist die „buildingSMART alliance" der Rat des „National Institute of Building Sciences" und unterstützt „COBie" und das „Bridge Information Model (BrIM)". Auch England, Frankreich, Spanien und Japan sind im Internet für buildingSMART vertreten. Japan war auch Gastgeber für das buildingSMART International Autumn Summit 2018 in Tokio, welches 2019 in Düsseldorf stattfand. Die unvollständige Liste lässt sich beliebig fortsetzen.

> **Kompakt**
> - Durch den Stufenplan Digitales Planen und Bauen des BMVI gewinnt openBIM nun auch in Deutschland zunehmend an Bedeutung.
> - Der weltweite openBIM-Standard IFC ermöglicht eine werthaltige Grundlage.
> - Die bisherigen Maßketten in DIN-Vorschriften müssen um Festlegungen zu Einfügepunkt und Ausrichtung ergänzt werden, um produktneutrale Planungen mit herstellerspezifischen Bauteilen digital verbauen zu können.

„buildingSMART Germany" oder „buildingSMART Deutschland" ist ein eingetragener Verein und das deutschsprachige Chapter von buildingSMART International (bSI). Es gibt auch in vielen Bundesländern BIM-Cluster, die sich mit dem Thema openBIM auseinandersetzen (Abb. 74.2). Auch für Deutschland ist die Auflistung der Organisationen unvollständig.

74.3 Stufenplan Digitales Planen und Bauen

Im Dezember 2015 wurde vom Bundesministerium für Verkehr und digitale Infrastruktur der „Stufenplan Digitales Planen und Bauen" veröffentlicht. Darin ist der in Abb. 74.3 dargestellte Zeitplan vorgesehen:

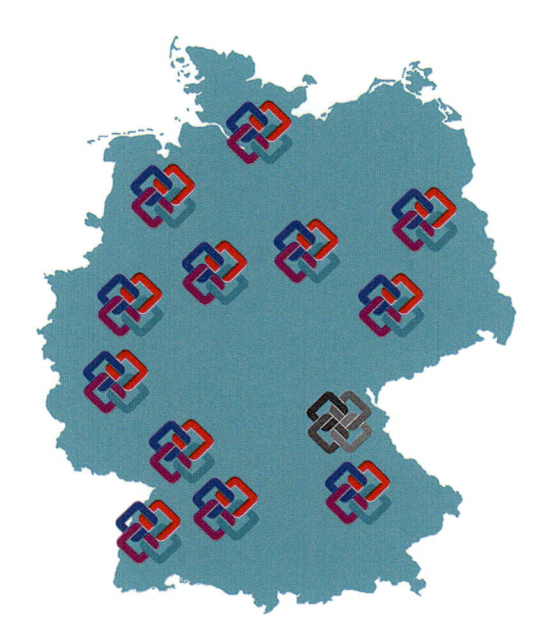

Abb. 74.2 Regionale BIM-Initiativen in Deutschland [4]. (© buildingSMART)

Weiterhin:

„Leistungsniveau 1 beschreibt die Mindestanforderungen, die ab Mitte 2017 in der erweiterten Pilotphase und dann ab 2020 in allen neu zu planenden Projekten mit BIM erfüllt werden sollen. Öffentliche Auftraggeber im Zuständigkeitsbereich des BMVI müssen bis dahin in der Lage sein, die hier spezifizierten Anforderungen in Neuausschreibungen von Planungsleistungen anzuwenden."

Der Stufenplan betrifft derzeit nur die Baumaßnahmen des Bundes. Da dort aber viele Gewerke enthalten sind, betrifft es die ganze Baubranche – auch die Abwasserwirtschaft. Da gemäß Stufenplan bestimmte Softwareprodukte nicht vorgegeben werden dürfen, bezieht sich der Stufenplan für den herstellerneutralen und offenen Datenaustausch auf den IFC-Standard. Auf diesen wird nachfolgend eingegangen.

„Nachdem die grundlegenden Voraussetzungen vorliegen, soll ab Ende 2020 BIM mit Leistungsniveau 1 regelmäßig im gesamten Verkehrsinfrastrukturbau bei neu zu planenden Projekten Anwendung finden."

74.4 Industry Foundation Classes – IFC

Die Industry Foundation Classes – kurz IFC – sind nicht nur eine Datenschnittstelle, sondern vielmehr eine Modellvorstel-

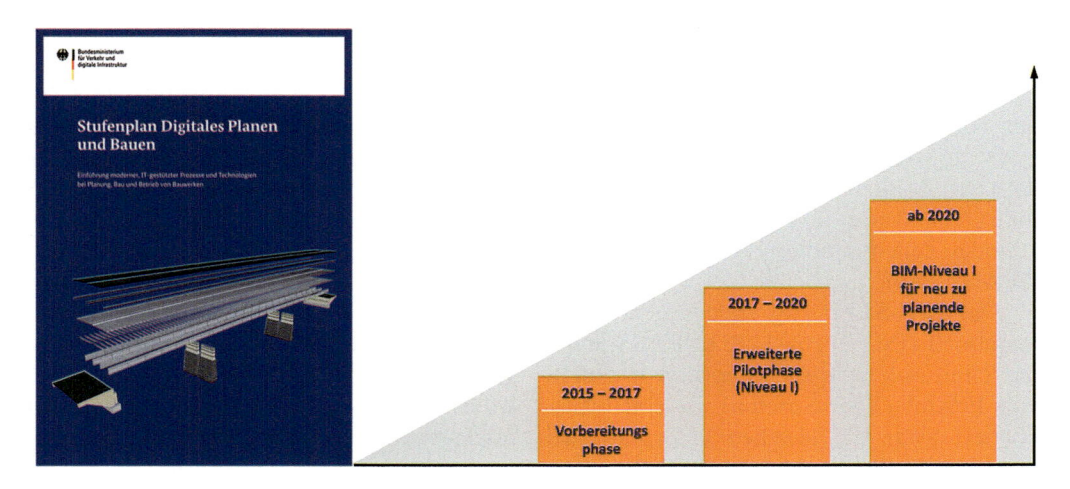

Abb. 74.3 Zeitplan aus dem „Stufenplan Digitales Planen und Bauen", Herausgeber: Bundesministerium für Verkehr und digitale Infrastruktur, Stand Dezember 2015 [5]. (© BMVI)

lung, welche über STEP (ISO 10303-21), XML (ifcXml) und weitere andere Datenformate ausgetauscht werden kann. IFC ist über <<DIN EN ISO 16739:2017-04, Industry Foundation Classes (IFC) für den Datenaustausch in der Bauindustrie und dem Anlagen-Management – buildingSMART Standard "IFC">> standardisiert. Die zentrale und einzige offizielle Internetseite des buildingSMART-Standards IFC ist ▶ http://www.buildingsmart-tech.org/.

IFC kann neben Sachdaten und der Möglichkeit der Projektstrukturierung mehrere unterschiedliche Typen von dreidimensionaler Geometrie verarbeiten, z. B.:

1. Boundary-Repräsentation, kurz BREP, welches die Umhüllende von Körpern über zusammengesetzt Knoten, Kanten und Flächen beschreibt,
2. Verschiedene Extrusionstypen und andere Grundformen,
3. Boolsche Operationen auf Volumenkörpern (Addition, Subtraktion, …).

Durch die Vielzahl von Möglichkeiten, innerhalb IFC dreidimensionale Körper zu beschreiben, werden hohe Anforderungen an Visualisierungsprogramme und Importmodule gestellt.

IFC-Dateien im STEP-Format, als die kompakteste Repräsentation des IFC-Formates, bestehen aus einer führenden Raute mit nachfolgender Integer-Zahl (Adresse). Danach folgt ein Gleichheitszeichen und der Name der IFC-Klasse, welche die jeweils zugehörigen Attribute in Klammern enthält. „$" steht für nicht besetzte Attribute (Null-Werte). Die Reihenfolge der Zeilen oder Zeilennummern (#nnn) ist beliebig (◘ Abb. 74.4).

Das IFC-STEP zugrunde liegende Datenmodell (ISO 10303-11 EXPRESS-Schemadefinition) ist quasi identisch mit dem von IfcXml (XSD-Schema). ifcXml transportiert zwar die gleichen Informationen wie IFC-STEP, hat aber ein deutlich größeres Datenvolumen.

```
#502=ifcLocalPlacement($,#105);
```

◘ **Abb. 74.4** Auszug einer IFC-Datei im STEP-Format mit farblicher Syntax-Hervorhebung. (© Bernhard Bock/Eberhard Michaelis)

In der EXPRESS-Schemadefinition ist festgelegt, welche Klassen es gibt, welche Attribute sie haben und wie sie miteinander kombiniert werden dürfen. Beispielsweise ist dort festgelegt, dass ein Fenster nicht in eine Wand eingefügt werden darf, sondern in eine Aussparung, welche in der Wand erst vorhanden sein muss. Die Schemadefinition (EXPRESS-Schema) der IFC-Version 4.0 umfasst 782 Klassen (ENTITY) wie Koordinaten, Treppen, Fenster, Türen, 130 Typen (TYPE), die überwiegend Maß-Typen abbilden, 207 Aufzählungstypen (ENUM), welche ihrerseits jeweils eigene Aufzählungseinträge haben und 60 Auswahltypen (SELECT). Zusätzlich zu dieser Schemadefinition gibt es Wertelisten zu Eigenschaftslisten, die außerhalb des EXPRESS-Schemas in XML-Dateien definiert sind.

74.5 Hello pipe – ein IFC-Anwendungsbeispiel

Das in ◘ Abb. 74.5 im Quelltext dargestellte Beispiel einer IFC-Datei im STEP-Format beschreibt ein einzelnes Betonrohr. Auf die Verwendung von Globally Unique Identifiers (GUID's) oder objektbezogene Erstellerhistorie (OwnerHistory) wurde aus Gründen der besseren Lesbarkeit verzichtet. Eine umfangreichere Fassung des Beispiels befindet sich unter dieser Internet-Adresse: ▶ www.team-solutions.de/ifc-examples/

Erläuterung des Quelltextes in ◘ Abb. 74.5:

Building Information Modeling in der Abwasserableitung ...

```
ISO-10303-21;
HEADER;
FILE_DESCRIPTION (('hello pipe'), '2;1');
FILE_NAME ('', '2018-09-22T17:42:16', ('Bock'), (''), 'C#2Ifc2html', '', '');
FILE_SCHEMA (('IFC4'));
ENDSEC;
DATA;
/* local coords:                                                            */
#101=ifcCartesianPoint((0.000,0.000,0.000));/* origin */
#102=ifcDirection((1.000,0.000,0.000));/* X-axis */
#103=ifcDirection((0.000,1.000,0.000));/* Y-axis */
#104=ifcDirection((0.000,0.000,1.000));/* Z-axis */
#105=ifcAxis2Placement3D(#101,#104,#102);/* cartesian coordinate system */
/* unit-declaration:                                                        */
#121=ifcSIUnit(*,.LENGTHUNIT.,$,.METRE.);/* e.g. cartesian point coordinates */
#122=ifcSIUnit(*,.PLANEANGLEUNIT.,$,.RADIAN.);/* rotation angles */
#123=ifcUnitAssignment((#121,#122));
/* ways to display:                                                         */
#142=ifcGeometricRepresentationContext('3D body','3D-Models VR',3,*,#105,*);
#145=ifcGeometricRepresentationSubContext('body300','LOD300',*,*,*,*,#142,$,.MODEL_VIEW.,$);
/* assign global coords to 3D representation context:                       */
#161=ifcProjectedCRS('EPSG:25832','UTM in band 32','ETRS89','DHHN92','UTM','UTM32',#121);
#162=ifcMapConversion(#142,#161,439949,5466152,130,1,0,1);/* base of local coords */
/* assign contexts, units to project:                                       */
#181=ifcProject($,$,'hello pipe project',$,$,$,$,(#145),#123);
/* 3D-body-context LOD 300:                                                 */
#201=ifcCartesianPoint((0.000,0.200));/*   (1): x=0             , y=ri  */
#202=ifcCartesianPoint((0.000,0.263));/*   (2): x=0             , y=rsp */
#203=ifcCartesianPoint((0.100,0.263));/*   (3): x=lso           , y=rsp */
#204=ifcCartesianPoint((0.100,0.275));/*   (4): x=lso           , y=ra  */
#205=ifcCartesianPoint((2.784,0.275));/*   (5): x=l-3*(rg-ra)   , y=ra  */
#206=ifcCartesianPoint((3.000,0.347));/*   (6): x=l             , y=rg  */
#207=ifcCartesianPoint((3.100,0.347));/*   (7): x=l+lso         , y=rg  */
#208=ifcCartesianPoint((3.100,0.272));/*   (8): x=l+lso         , y=rso */
#209=ifcCartesianPoint((3.000,0.272));/*   (9): x=l             , y=rso */
#210=ifcCartesianPoint((3.000,0.200));/*  (10): x=l             , y=ri  */
#211=ifcPolyline((#201,#202,#203,#204,#205,#206,#207,#208,#209,#210));
#212=ifcArbitraryClosedProfileDef(.AREA.,$,#211);/* declare poly as area */
#213=ifcAxis2Placement3D(#101,#104,#102);/* revolve-plane */
#214=ifcAxis1Placement(#101,#102);/* rotation axis */
#215=ifcRevolvedAreaSolid(#212,#213,#214,6.28318530717959);/* how */
#216=ifcShapeRepresentation(#145,'body300',$,(#215));/* as */
/* product shape definition, placement and instancing:                      */
#501=ifcProductDefinitionShape($,$,(#216));/* with */
#502=ifcLocalPlacement($,#105);/* where */
#503=ifcFlowSegment($,$,'pipe',$,$,#502,#501,$);/* what */
/* assign properties to pipe:                                               */
#701=ifcPropertySingleValue('DN',$,IFCREAL(400),$);
#702=ifcPropertySet($,$,'pipe-properties',$,(#701));
#703=ifcRelDefinesByProperties($,$,$,$,(#503),#702);
/* assign elements to project:                                              */
#901=ifcRelAggregates($,$,$,$,#181,(#503));
ENDSEC;
END-ISO-10303-21;
```

Abb. 74.5 hello_pipe.ifc – IFC-Datei eines Betonrohres im STEP-Format (mit Syntaxhervorhebung, ohne GUIDs). (© Bernhard Bock/Eberhard Michaelis)

- Die Datei *hello_pipe.ifc* beginnt wie jede IFC-STEP-Datei mit einem Vorspann, welcher Informationen zur Datei enthält.
- Kommentare werden analog den C-Sprachen oder SQL mit „/*" und „*/" umschlossen.
- In den Zeilen #101 bis #105 wird das verwendete lokale Koordinatensystem festgelegt und in #121 bis #123 die verwendeten Einheiten.
- In den Zeilen #142 und #145 wird das Darstellungsformat definiert. Auf dieses wird später bei der geometrischen Beschreibung von Objekten verwiesen.
- In den Zeilen #161 und #162 werden die globalen Koordinaten (hier UTM) den

lokalen Koordinaten der 3D-Darstellung (#142) zugeordnet. Auf diese Weise ist es möglichst, auch globale Koordinaten eines Bauwerkspunktes abzugreifen.
- In Zeile #181 wird das Projekt definiert und den Darstellungsformaten und Einheiten zugeordnet.
- Die Zeilen #201 bis #210 definieren die Eckpunkte des Rohr-Rotationskörper-Profils, welche zur 3D-Darstellung verwendet werden (Abb. 74.6).
- #211 fasst die Punkte zu einem Polygon zusammen, welches als Profildefinition in #212 verwendet wird. Dieses Profil wird dann als Rotationskörper #215 in der Ebene #213 um die Achse #214 um 360° entsprechend der Winkeleinheitsfestlegung in #122 im Bogenmaß (2 · 3,14) definiert. Dieser so definierte Körper wird mit #216 dem Darstellungsformat #145 zugeordnet.
- Die Zuordnung der Darstellungsformen (hier nur eine 3D-Darstellung) wird in Zeile #501 zusammengefasst, in #502 platziert und dem Objekt #503 vom Typ ifcFlowSegment zugeordnet.
- Die Zeile #702 definiert einen Eigenschaftensatz mit einer Eigenschaft Nennweite in #701 (hier: DN 400). Der Eigenschaftensatz wird in #703 dem ifcFlowSegment #503 zugewiesen.
- In Zeile #901 werden zuvor definierten Objekte dem Projekt zugeordnet (hier nur ein Rohr-Objekt). Abschließend folgt ein zweizeiliger Nachspann, welcher das Ende der IFC-Datei signalisiert.

Die in Abb. 74.5 und oben beschriebene IFC-Datei kann nun softwareneutral mit verschiedenen kostenlosen IFC-Viewern geöffnet werden (Abb. 74.7).

74.6 Bauteildefinitionen als Grundlage für eine Bauteilbibliothek

Im obigen Beispiel „hello pipe" wurde das Bauteil Rohr ohne Typisierung verwendet. D. h. Geometrie und Attribute sind nur der Bauteilinstanz zugeordnet, nicht dem Bauteil-Typ.

In IFC können auch Bauteil-Typen (hier: ifcFlowSegmentType) definiert werden, welche gemeinsame Geometrie und Attribute enthalten. Sie können analog den im CAD-Umfeld bekannten Blöcken eingefügt und auch skaliert werden. Die Skalierung ist im Fall des Rohrbeispiels (und anderen Bauteilen) jedoch nicht geeignet, da z. B. die Wandstärke nicht proportional zur Nennweite ist. Auch in Achsrichtung ist die Skalierung bei Einzelrohrdarstellung nicht geeignet, da die Rohre feste Baulängen haben und es z. B. zu einem Verzug der Glockenmuffe kommen würde. Eine Typen-At-

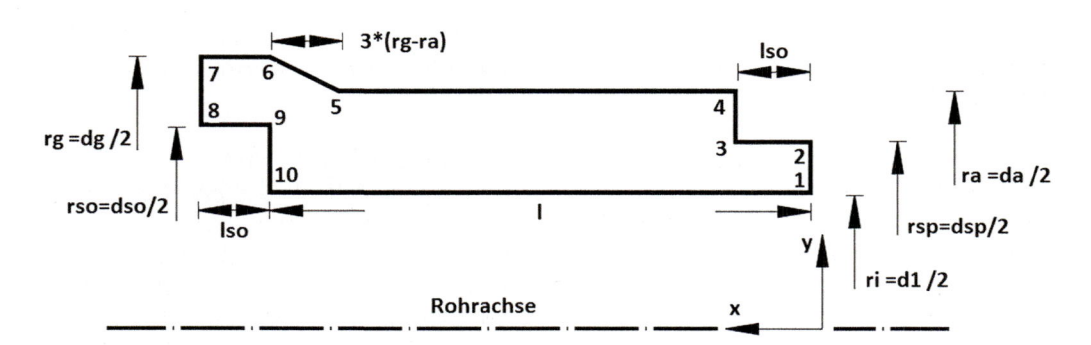

Abb. 74.6 Maßkette für Stahlbetonrohr DN400 DIN V 1201-DIN EN1916-Typ 2-SB-K 3000 in Zeile #201 bis #210. (© Bernhard Bock/Eberhard Michaelis)

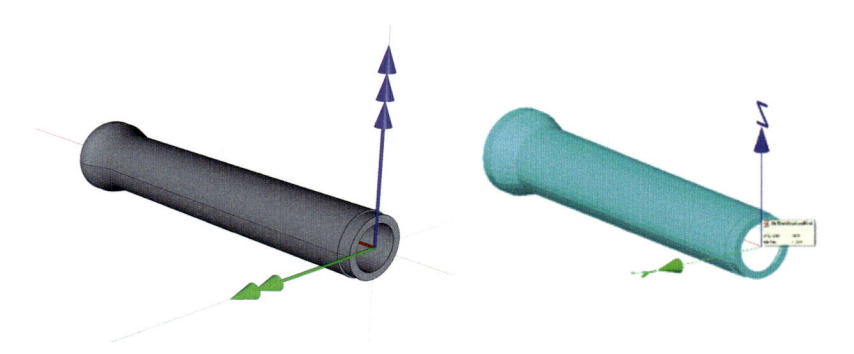

Abb. 74.7 Links Darstellung von „hello_pipe.ifc" im IFC++ -Viewer [6], rechts im FZK-Viewer [7]. (© Bernhard Bock/Eberhard Michaelis)

tributierung wie z. B. Nennweite würden ebenfalls nicht mehr zutreffen.

Die Typisierung von Bauteilen fasst Geometrie (in verschiedenen Ausprägungen) und Attributierung (Semantik) zu einer Typdefinition zusammen und ist damit als Grundlage für eine Bauteilbibliothek geeignet.

Bei der Verwendung von vorgefertigten Bauteilen ist beim virtuellen Bauen eine Festlegung des Bezugspunktes am Bauteil und der Ausrichtung (entspricht zusammen dem lokalen Koordinatensystem „ifcLocalPlacement") erforderlich. Nur so ist es möglich produktneutrale Bauteilplatzhalter gegenüber Herstellerbauteilen auszutauschen oder Produktvarianten zu wechseln. Diese Vereinbarung ist unabhängig vom IFC-Format, da diese Vereinbarung ohnehin über IFC transportiert werden kann.

Es müssen also je Bauteiltyp Festlegungen zum lokalen Koordinatensystem getroffen werden. Bei Rohren kann dies z. B. der Achspunkt am Spitzende mit Ausrichtung zur Muffe (x) und vertikaler Ausrichtung nach oben (z) als lokales Koordinatensystem sein. Hilfreich ist auch die Festlegung von Vermessungspunkten, die auch nach Einbau zugänglich sind und als solche am Bauteil gekennzeichnet oder eindeutig ermittelbar sind. Denkbar ist z. B. der nach Einbau noch sichtbare Bereich auf der Spitzende-Seite (lso) an der Rohroberkante (z-Richtung) und die äußerste Oberkante der Rohrglocke (Abb. 74.8).

74.7 Abbildung von Konnektivität

Um leitungsgebundene Bauwerkssysteme topologisch auszuwerten (für Fließwegverfolgung oder hydraulische Berechnungen), ist die Abbildung der Verbindungen erforderlich. Das IFC-Modell verwendet hierfür die auch in der online-Version von „hello_pipe.ifc" angewendeten Anschlusspunkte (*ifcDistributionPort*), welche Objekten mit *ifcRelConnectsPortToElement* zugeordnet werden und mit anderen Anschlusspunkten über *ifcRelConnectsPort* verbunden werden können. Damit ist auch die Abbildung von Anschlüssen an Einzelrohre möglich, was Abb. 74.9 und 74.10 entnommen werden kann.

74.8 openBIM für die Bauwerksdokumentation

Durch das offene und dokumentierte IFC-Datenmodell bietet sich dieser Standard auch für eine detaillierte Bestandsdokumentation an.

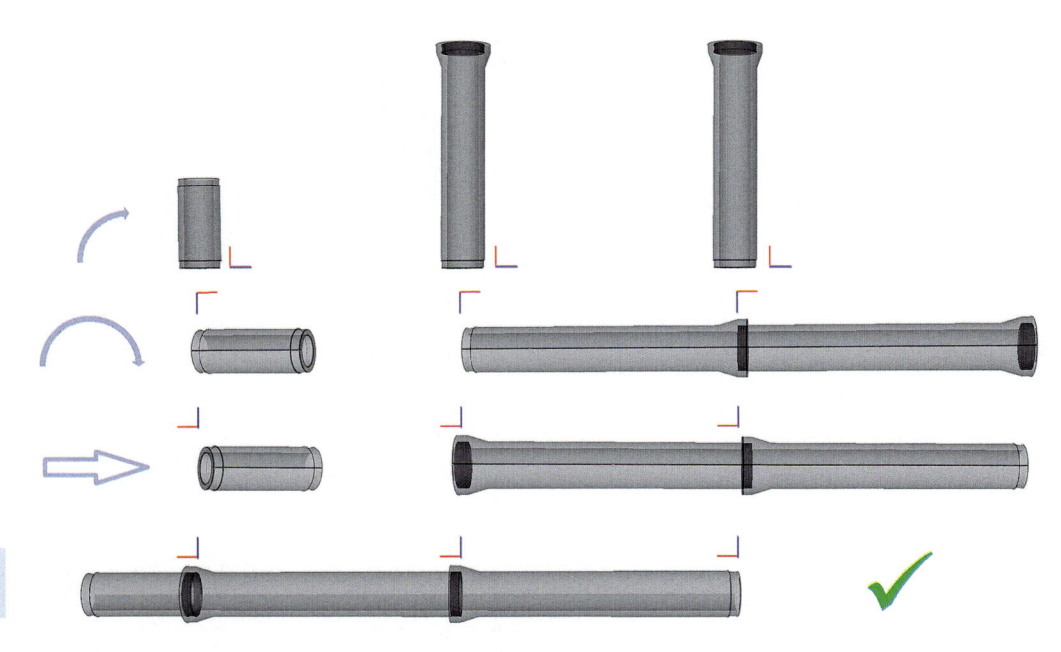

■ **Abb. 74.8** Auswirkung fehlender Festlegungen zu Einfügepunkt und Ausrichtung von Bauteilen. (© Bernhard Bock/Eberhard Michaelis)

■ **Abb. 74.9** 3D-Darstellung einer IFC-Datei mit 3 Rohren und einem Schacht (hier ohne Anschlussleitungen). (© Bernhard Bock/Eberhard Michaelis)

Würde man die IFC-Bestandsdokumentation mit Einzeldateien durchführen (Koffer-Analogie), verliert man schnell den Überblick. Eine Situation, die in der linienorientierten Netzdokumentation durch Datenhaltung in einer Datenbank (Schrank-Analogie) bereits gelöst ist (■ Abb. 74.11).

Für die Speicherung und den Abruf von IFC-Daten der Beispiele in diesem Artikel wurde folgender Ansatz für eine IFC-Datenbank gewählt: Um zu vermeiden, dass die Datenbank für jede der o. g. 782 Klassen eine Tabelle enthält, wurde das Datenbankmodell in eine Entity-Tabelle und Basistypen-abhängige Attribut-Tabellen aufgeteilt (Auszug

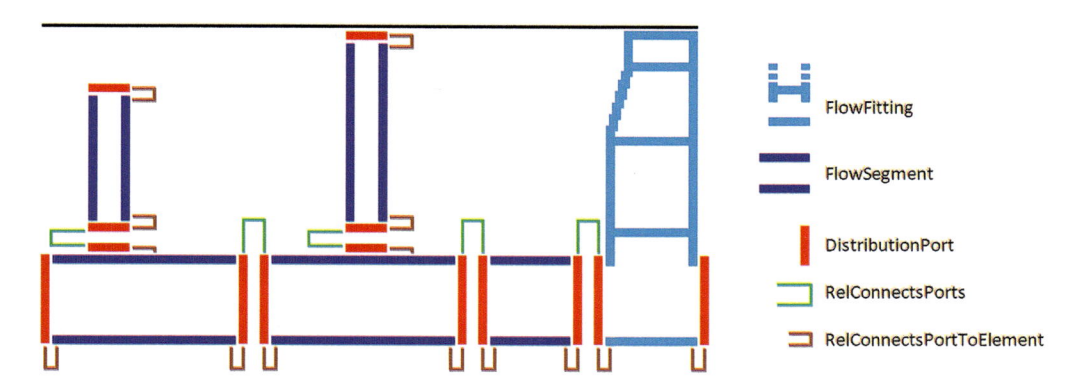

Building Information Modeling in der Abwasserableitung …

Abb. 74.10 IFC-Konnektivitäts-Schema am Beispiel von 3 Rohren mit zwei Anschlussleitungen und einem Schacht. (© Bernhard Bock/Eberhard Michaelis)

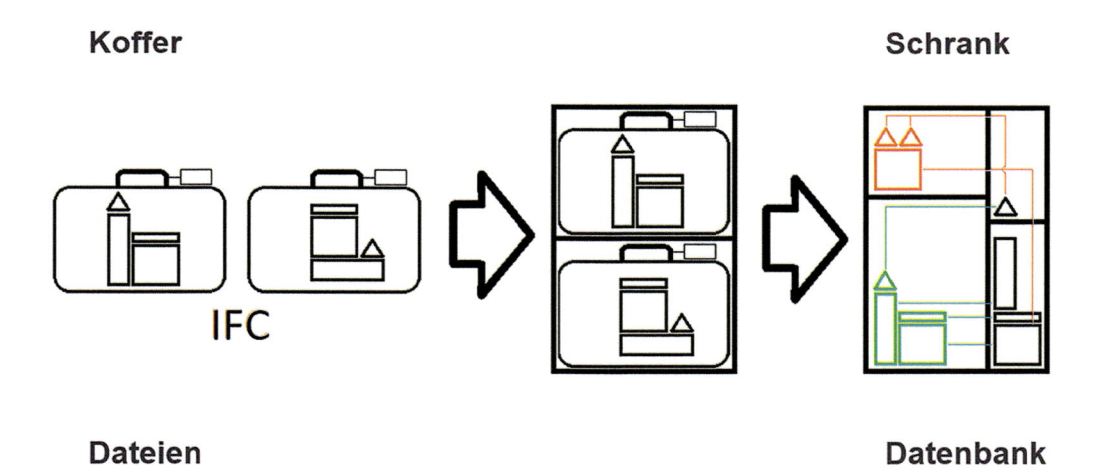

Abb. 74.11 Koffer-Schrank-Analogie für die Verwendung einer Datenbank anstelle von Einzeldateien. (© Bernhard Bock/Eberhard Michaelis)

siehe Abb. 74.12). Auf diese Weise lässt sich der IFC-Datenbestand in wenigen Tabellen speichern. Ein Ansatz, der in ähnlicher Form auch OpenStreetMap zugrunde liegt. Die Datenkonsistenz gemäß EXPRESS-Schema wird dabei durch integriertes Abfragen von Schema-Tabellen bei jedem Einfüge- oder Änderungsvorgang sichergestellt.

Vorteile bei der Verwendung einer IFC-Datenbank anstelle von IFC-Dateien sind die projektübergreifende Durchsuchbarkeit, Auswahl, Aktualisierbarkeit und Versionsfortführung.

74.9 Erforderliche Schritte und Ausblick

Derzeit existieren Normen mit Maßketten (z. B. DIN EN 1916, DIN V 1201) und die IFC-Norm (DIN EN ISO 16739:2017-04) noch losgelöst voneinander. Im DIN-Umfeld

- ifcSQL
  - Tables
    - ifcInstance.Entity
    - ifcInstance.EntityAttributeOfBoolean
    - ifcInstance.EntityAttributeOfEntityRef
    - ifcInstance.EntityAttributeOfEnum
    - ifcInstance.EntityAttributeOfFloat
    - ifcInstance.EntityAttributeOfInteger
    - ifcProject.EntityInstanceIdAssignment
    - ifcProject.Project
    - ifcSchema.EntityAttribute
    - ifcSchema.EnumItem
    - ifcSchema.Type

Abb. 74.12 Auszug des Datenbankschemas für die IFC-konforme Speicherung von Bauwerksdaten. (© Bernhard Bock/Eberhard Michaelis)

ist daher die Verbindung dieser Normen incl. Festlegung des jeweiligen lokalen Koordinatensystems der Bauteile sowie der Messpunkte erforderlich, um die Anwendung von openBIM reibungsfrei zu ermöglichen.

Die wesentlichen Eigenschaftskennzahlen sind bereits in den bestehenden Normen festgelegt und müssen nun noch als Eigenschaftssätze benannt werden. Die Festlegung von weitergehenden einheitlichen Eigenschaftssätzen (Property-Sets) oder Festlegungen zu Detaillierungsgraden könnten z. B. über die Herstellerverbände koordiniert werden. Auch die Festlegung, wo welche IFC-Elemente zum Einsatz kommen (z. B.: „ifcBuildingPart" bei Schachtbauteilen, oder besser ein neues Element „ifcSewerManholePart" mit Typen-Enumeration), ist in diesem Kreis vermutlich sinnvoll angesiedelt. Ein vergleichbarer Festlegungs-Vorgang findet gerade mit dem IFC4precast Project [8] statt.

Derzeit fehlen im IFC-Standard auch noch spezifische Typen (Klassen) für die Entwässerung außerhalb von Gebäuden. Diese könnten dann z. B. Typen wie Schacht („ifcSewerManhole"), Schachtbauwerk („ifcSewerStructure"), Haltung („ifcSewerLine") oder Entlastungsbauwerk („ifcSewerDischargeStructure") sein. Vorschläge hierzu gibt es bereits aus Korea.

Sucht man nach einem umfassenden Lehrbuch für IFC, wird man derzeit nicht fündig. Gute Ansätze sind in [1] (dort ▶ Abschn. 14.2 und ▶ Kap. 74) und [2] zu finden. Da die Akzeptanz von openBIM sehr stark vom Verstehen dieser Modellvorstellung abhängt, ist ein Grundverständnisses von openBIM und hier insbesondere der IFC durch entsprechende Fortbildungsangebote erforderlich und sollte auch fester Bestandteil der Hochschulausbildung sein.

Hersteller von Bauteilen müssen sich voraussichtlich darauf einstellen, dass ihre Bauteile zunächst nur digital verbaut werden. Hierzu ist die Bereitstellung von IFC-konformen Bauteilkatalogen z. B. über eine geeignete gemeinsame Plattform Grundvoraussetzung. In England wurde dies z. B. mit der NBS National BIM Library umgesetzt, die aber nur einen Teil der real verfügbaren Bauteile abdeckt und keine herstellerneutrale Basis mit den in diesem Artikel beschriebenen Grundlagen hat.

Für Betreiber von Abwasserkanälen öffnet sich die Chance, einen begehbaren digitalen Zwilling des Entwässerungssystems, insbesondere der Bauwerke aufzubauen. Durch den Einsatz von IFC als offener und weltweiter Datenstandard lässt sich dieser Bestand auch bei Wechsel der Software weiterverwenden.

buildingSMART.
International home of openBIM

Glossar

BIM Building Information Modeling, Bauwerks-Informations-ModellierungBuilding Information Modeling, Bauwerks-Informations-Modellierung

BREP „boundary-representation", geometrische Beschreibung eines Körpers über seine Außenhülle,„boundary-representation", geometrische Beschreibung eines Körpers über seine Außenhülle

COBie „Construction Operations Building Information Exchange", Datenstandard für Gebäudeinformationen (BIM) und definiert nicht-geometrische Attribute für die Anforderungen von Facilitymanagement„Construction Operations Building Information Exchange", Datenstandard für Gebäudeinformationen (BIM) und definiert nicht-geometrische Attribute für die Anforderungen von Facilitymanagement

EXPRESS Meta-Sprache gemäß ISO 10303–11 zur Datenmodellierung, mit der sämtliche Sprachbestandteile definiert werdenMeta-Sprache gemäß ISO 10303–11 zur Datenmodellierung, mit der sämtliche Sprachbestandteile definiert werden

STEP „Standard for the Exchange of Product model data", Produktdatenaustauschformat, bei dem jede Zeile mit eine Raute mit nachfolgender Zahl eingeleitet wird„Standard for the Exchange of Product model data", Produktdatenaustauschformat, bei dem jede Zeile mit eine Raute mit nachfolgender Zahl eingeleitet wird

XML „Extensible Markup Language", Auszeichnungssprache und Datenformat, welches Begriffe mit eckigen Klammern umschließt, wie z. B. <XML>„Extensible Markup Language", Auszeichnungssprache und Datenformat, welches Begriffe mit eckigen Klammern umschließt, wie z. B. <XML>

XSD „XML Schema Definition", definiert die Struktur von XML-Dokumenten, XSD ist selbst auch ein XML-Dokument„XML Schema Definition", definiert die Struktur von XML-Dokumenten, XSD ist selbst auch ein XML-Dokument

Literatur

1. Building Information Modeling, Technologische Grundlagen und industrielle Praxis, Borrmann, A., König, M., Koch, C., Beetz, J. (Hrsg.), Springer Vieweg, 2015
2. buildingSMART International Modeling Support Group, IFC 2x Edition 3 Model Implementation Guide, Thomas Liebich, Version 2.0 May 18, 2009
3. Obermeyer Planen + Beraten, Dieter Renth. BIM Week & Forum –Potenzial und Herausforderung. 2013.
4. ▶ https://www.buildingsmart.de/bim-regional (abgerufen am 19.07.2018)
5. ▶ https://www.bmvi.de/SharedDocs/DE/Publikationen/DG/stufenplan-digitales-bauen.pdf
6. IFC++- Viewer, ▶ http://www.ifcquery.com/ (abgerufen am 10.10.2018)
7. FZK Viewer, ▶ https://www.iai.kit.edu/1648.php (abgerufen am 10.10.2018)
8. ▶ https://www.buildingsmart.org/ifc4precast-project/(abgerufen am 10.10.2018)